TREE DOCTOR

나무의사

필기

예문사

PREFACE

오늘날 지구온난화가 점점 심화되면서 자연을 잘 가꾸고 유지하는 일이 중요해졌습니다. 특히, 도시 내 공원 숲, 학교 숲, 공동주택의 숲 등을 체계적으로 관리·유지하여 사람들에게 양질의 자연환경 및 여가와 취미를 즐길 수 있는 장소를 제공하는 일이 중요해졌고, 이러한 업무를 수행할 직업군이 주목받게 되었습니다. 이러한 시대적 요구에 따라 숲을 체계적이고 전문적으로 관리하는 숲관리 전문가로서 나무의사가 탄생하게 되었습니다.

나무의사 자격시험은 학습해야 할 양이 방대하고 전문용어를 익히기가 쉽지 않아 처음 접하는 수험자에게는 결코 쉽지 않은 시험입니다. 필자 역시 같은 어려움을 겪었고, 경험을 바탕으로 수험생들이 좀 더 쉽고 효율적으로 학습할 수 있도록 내용을 구성했습니다. 일반적으로 나무의사 시험을 공부하는 수험생들이 가장 어려워하는 과목은 '병리학'과 '해충학'으로, 이 책에서는 병리학의 분류와 개념 정립, 해충학의 해충별 분류를 효과적으로 제시하고 있습니다.

이 책의 특징은 다음과 같습니다.

1. 공통된 부분과 차이점을 비교하여 기억하기 쉽게 하였습니다.
2. 핵심 단어를 컬러로 표시하여 주목성을 높이면서, 중요 내용을 한눈에 알아볼 수 있도록 하였습니다.
3. 어려운 용어는 별단에 상세 풀이를 제공하여, 내용을 이해하는 데 어려움이 없도록 하였습니다.
4. 중요 이론 옆에 관련 기출문제를 수록하여 시험 유형에 익숙해지도록 하였습니다.
5. 2025년 최신 문제를 포함한 기출문제 총 7회분을 수록하였습니다.
6. 기출문제 해설에 중요 내용을 반복·제시함으로써 출제단원 내용을 자연스럽게 습득할 수 있도록 하였습니다.

수험생 여러분들이 시험에 꼭 합격하시어, 같은 나무의사로서 동종 업계에서 뵙기를 바랍니다. 끝으로 이 책이 나오기까지 애써주신 주신 많은 분들께 깊이 감사드립니다.

나무의사 김태성

나무의사 소개

1. 수목진료 제도

① 수목진료 : 수목의 피해를 진단 · 처방하고, 그 피해를 예방하거나 치료하기 위한 모든 활동

② 나무의사 : 수목의 피해를 진단 · 처방하고, 그 피해를 예방하거나 진료를 담당하는 전문가(처방전 발급)(산림보호법 제21조의6 제1항에 따라 나무의사 자격증을 발급받은 사람)

③ 수목치료기술자 : 나무의사의 진단 · 처방에 따라 예방과 치료를 실제 담당하는 전문가(산림보호법 제21조의6 제2항에 따라 수목치료기술자 자격증을 발급받은 사람)

2. 수목진료 체계

나무의사가 있는 나무병원을 통해서만 수목진료가 가능함

① 농작물을 제외하고 산림과 산림이 아닌 지역의 수목, 즉 모든 나무를 대상으로 함

② 본인 소유의 수목을 직접 진료하는 경우, 국가 또는 지방자치단체가 실행하는 산림병해충 방제사업의 경우 제외

③ 기존 나무병원 등록자는 유예기간(~2023년) 안에 자격을 취득하여야 함

3. 나무의사(Tree Doctor)가 되는 법

"나무의사 양성기관"에서 일정 기간(약 150시간) 교육 이수 후 자격시험에 합격한 자

※ 자격요건 : 수목진료 학과 졸업, 석사 또는 박사학위 취득자 및 국가기술자격 취득자 등

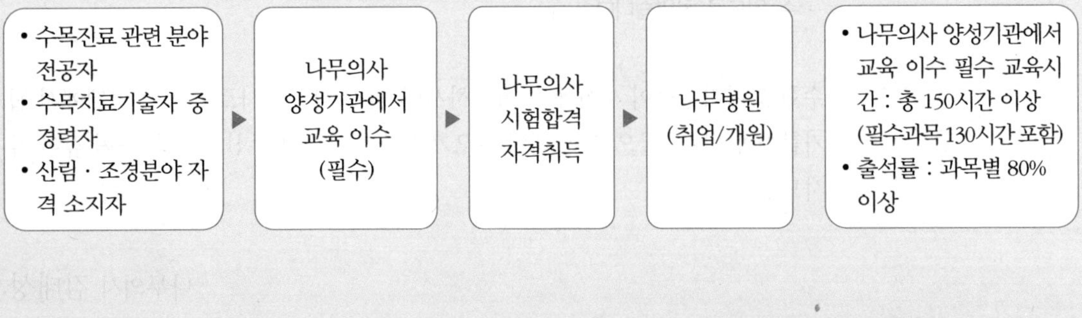

4. 나무의사 자격시험 응시자격

① 「고등교육법」 제2조 각 호의 학교에서 수목진료 관련 학과의 석사 또는 박사 학위를 취득한 사람

② 「고등교육법」 제2조 각 호의 학교에서 수목진료 관련 학과의 학사학위를 취득한 사람 또는 이와 같은 수준의 학력이 있다고 인정되는 사람으로서 해당 학력을 취득한 후 수목진료 관련 직무분야에서 1년 이상 실무에 종사한 사람

③ 「초 · 중등교육법 시행령」 제91조에 따른 산림 및 농업 분야 특성화고등학교를 졸업한 후 수목진료 관련 직무분야에서 3년 이상 실무에 종사한 사람

④ 다음의 어느 하나에 해당하는 자격을 취득한 사람

㉠ 「국가기술자격법」에 따른 산림기술사, 조경기술사, 산림기사 · 산업기사, 조경기사 · 산업기사, 식물보호기사 · 산업기사 자격

㉡ 「자격기본법」에 따라 국가공인을 받은 수목보호 관련 민간자격으로서 「자격기본법」 제17조 제2항에 따라 등록한 기술자격

㉢ 「문화재수리 등에 관한 법률」에 따른 문화재수리기술자(식물보호 분야) 자격

⑤ 「국가기술자격법」에 따른 산림기능사 또는 조경기능사 자격을 취득한 후 수목진료 관련 직무분야에서 3년 이상 실무에 종사한 사람

⑥ 수목치료기술자 자격증을 취득한 후 수목진료 관련 직무분야에서 3년 이상 실무에 종사한 사람

⑦ 수목진료 관련 직무분야에서 5년 이상 실무에 종사한 사람

비고

- "수목진료 관련 학과"란 조경과, 농업과, 임업과 및 수목의 피해를 진단 · 처방하고, 그 피해를 예방하거나 치료하는 활동과 관련된 학과로서 산림청장이 별도로 정하는 학과를 말한다.
- "수목진료 관련 직무분야"란 나무병원, 나무의사 양성기관 등 수목피해 진단 · 처방 · 치료와 관련된 사업 분야로 산림청장이 별도로 정하여 고시하는 분야를 말한다.
- 나무의사 자격시험 응시를 위해서는 양성기관 교육을 필수로 이수해야 한다(양성기관 교육이수 150시간).

5. 「산림보호법」에 따른 나무의사 등의 결격사유

제21조의4(나무의사 등의 자격 취득)

⑥ 나무의사 등의 자격증 발급 신청서 접수일을 기준으로 제21조5의 결격사유에 해당하는 사람은 해당 자격을 취득할 수 없다.

제21조의5(나무의사 등의 결격사유)

다음 각 호의 어느 하나에 해당하는 사람은 나무의사 등이 될 수 없다.

① 미성년자

② 피성년후견인 또는 피한정후견인

③ 이 법, 「농약관리법」 또는 「소나무재선충병 방제특별법」을 위반하여 징역의 실형을 선고받고 그 집행이 종료(집행이 종료된 것으로 보는 경우를 포함한다)되거나 집행이 면제된 날부터 2년이 지나지 아니한 사람

6. 나무의사 자격 발급현황

(2024년 9월 기준)

2019년	2020년	2021년	2022년	2023년	2024년	누계
52명	233명	249명	369명	470명	166명	1,539명

자격검정 정보

1. 나무의사 자격정보

① 자격명 : 나무의사
② 자격의 종류 : 국가전문자격
③ 자격발급기관 : 한국임업진흥원(KOFPI)
④ 검정수수료 : 1차 20,000원, 2차 : 47,000원
⑤ 관련 근거 : 산림보호법 및 같은 법 시행령, 시행규칙

2. 자격관리기관 정보

① 기관명 : 한국임업진흥원(KOFPI)
② 대표자 : 한국임업진흥원장 최무열
③ 연락처 : 1600－3248(나무의사 4번)
④ 소재지 : (35209) 대전시 서구 한밭대로 755 삼성생명 둔산빌딩 5층 소나무재선충병 모니터링센터

3. 시험과목

구분	시험과목	시험방법	배점	문항수
제1차 시험	1. 수목병리학	객관식 5지 택일형	100점	25
	2. 수목해충학		100점	25
	3. 수목생리학		100점	25
	4. 산림토양학		100점	25
	5. 수목관리학(가~다 포함) 가. 비생물적 피해(기상 · 산불 · 대기 오염 등에 의한 피해) 나. 농약관리 다. 「산림보호법」 등 관계 법령		100점	25

구분	시험과목	시험방법	배점	문항수
제2차 시험	서술형 필기시험 • 수목피해 진단 및 처방	논술형 및 단답형	100점	–
	실기시험 • 수목 및 병충해의 분류, 약제처리와 외과수술		100점	–

※ 시험과 관련하여 법률 · 규정 등을 적용하여 정답을 구하여야 하는 문제는 시험시행일 기준으로 시행 중인 법률 · 기준 등을 적용하여 그 정답을 구하여야 함

4. 2026년도 나무의사 자격시험 시행 일정(예정)

나무의사 자격시험위원회에서 결정한 2026년도 나무의사 자격시험 일정은 다음과 같다.

구분		시행 월
제12회 나무의사 자격시험	1차	2026년 2월 중
	2차	2026년 7월 중

※ 자세한 사항은 2026년도 나무의사 자격시험 시행계획 참고

나무의사 자격시험 1차 시험문제 출제범위

※검정방법은 객관식으로 시험시간은 과목당 25분

과목명	주요항목	세부항목
수목병리학	1. 수목병리학 일반	1. 수목병리학 일반 2. 수목병리학의 역사 3. 기타
	2. 수목병의 원인	1. 비생물적 병원 2. 생물적 병원(바이러스 포함) 3. 기타
	3. 수목병해의 발생	1. 수목병의 성립 2. 수목병해의 병환 3. 병환 구성요소 및 단계별 특성 4. 기타
	4. 수목병해의 진단	1. 진단의 중요성과 절차 2. 진단법의 종류 3. 진단법의 특징 및 적용 4. 기타
	5. 수목병의 관리	1. 수목병의 치료 2. 수목병의 방제 3. 종합적 관리 4. 병해관리의 실행 요소 5. 기타
	6. 수목병해	1. 곰팡이 병해 2. 세균 병해 3. 선충 병해 4. 파이토플라스마 병해 5. 바이러스 병해 6. 종자식물, 조류 등에 의한 병해 7. 쇠락과 마름 8. 기타
	7. 기타	
수목해충학	1. 곤충의 이해	1. 곤충의 번성과 진화 2. 곤충의 분류 3. 기타
	2. 곤충의 구조와 기능	1. 외부구조와 기능 2. 내부구조와 기능 3. 기타

과목명	주요항목	세부항목
수목해충학	3. 곤충의 생식과 생장	1. 곤충의 생태적 특징 2. 곤충의 생장과 행동 3. 기타
	4. 수목해충의 분류	1. 수목해충의 정의 및 특징 2. 수목해충의 구분 3. 기타
	5. 수목해충의 예찰 및 방제	1. 수목해충의 예찰 2. 수목해충의 방제 3. 종합적 관리 4. 기타
	6. 수목해충	1. 잎을 갉아먹는 해충 2. 즙액을 빨아먹는 해충 3. 종실 및 구과에 피해를 주는 해충 4. 벌레혹을 만드는 해충 5. 줄기나 가지에 구멍을 뚫는 해충 6. 기타
	7. 기타	
수목생리학	1. 수목생리학 정의	1. 수목의 정의 2. 세포의 생사 3. 기타
	2. 수목의 구조	1. 영양구조와 생식구조 2. 통도조직 3. 분열조직 4. 잎과 눈 5. 수간(가지) 6. 뿌리 7. 특수 구조 8. 기타
	3. 수목의 생장	1. 생장의 종류 2. 수목의 분열조직 3. 줄기(수고)생장형 4. 직경생장 5. 수관형 6. 수피

과목명	주요항목	세부항목
수목생리학	3. 수목의 생장	7. 뿌리 생장 8. 균근 9. 기타
	4. 광합성	1. 햇빛의 중요성과 생리적 효과 2. 광색소와 광합성 3. 기타
	5. 호흡	1. 호흡의 중요성 2. 호흡 기작 3. 기타
	6. 탄수화물 대사	1. 탄수화물의 기능과 종류 2. 운반, 축적 및 분포 3. 기타
	7. 단백질과 질소대사	1. 아미노산과 단백질 2. 질소 대사 3. 수목 내 분포 및 계절적 변화 4. 기타
	8. 지질대사	1. 기능과 종류 2. 수목 내 분포 3. 기타
	9. 무기영양	1. 무기양분의 종류와 요구도 2. 무기양분의 체내 분포와 변화 3. 무기염 흡수기작 4. 기타
	10. 수분생리와 증산작용	1. 물의 특성과 기능 2. 뿌리의 수분 흡수와 물의 이동 3. 증산의 기능 4. 증산 억제 5. 수액 상승 6. 기타
	11. 유성생식과 개화생리	1. 유성생식 기간과 특징 2. 개화생리 3. 기타

과목명	주요항목	세부항목
수목생리학	12. 식물 호르몬	1. 특징과 역할 2. 종류와 기능 3. 호르몬과 수목 생장 4. 기타
	13. 스트레스 생리	1. 수분 2. 온도 3. 빛, 바람, 기타 4. 기타
	14. 기타	
산림토양학	1. 산림토양의 개념	1. 산림토양의 정의와 특성 2. 토양의 생성 3. 산림토양의 구성 4. 기타
	2. 토양분류 및 토양조사	1. 토양분류 체계 2. 토양조사 일반 3. 토양조사의 종류 및 방법 4. 기타
	3. 토양의 물리적 성질	1. 토양의 입경구분과 조성 2. 토성 및 토양 3상 3. 토양의 밀도와 공극 4. 토양의 구조와 입단 생성 5. 토양견밀도(토양경도)와 토양공기 6. 토양수 등 7. 기타
	4. 토양의 화학적 성질	1. 토양교질물 2. 토양의 이온교환 3. 토양산도와 토양반응 4. 질소 및 인산의 형태와 순환 5. 기타
	5. 토양생물과 유기물	1. 토양생물의 종류 및 기능 2. 균근 3. 토양유기물 4. 기타

과목명	주요항목	세부항목
산림토양학	6. 식물영양과 비배관리	1. 영양소의 종류와 기능 2. 영양소의 순환과 생리 작용 3. 토양비옥도 4. 식물의 영양진단 및 평가 5. 비료의 종류와 특성 6. 기타
	7. 특수지 토양 개량 및 관리	1. 해안매립지 2. 쓰레기매립지 등 3. 기타
	8. 토양의 침식 및 오염	1. 토양침식 2. 토양오염 3. 기타
	9. 기타	
수목관리학	1. 수목관리학 서론	1. 수목관리학 서론 2. 기타
	2. 식재 수목선정	1. 서론 2. 식재목적과 수목의 편익/비용 3. 식재 부지의 기후와 환경 4. 식재 부지의 수분환경 5. 수목의 특성 6. 식재 수목 확보 7. 기타
	3. 어린 수목 식재	1. 서론 2. 종자, 유묘, 삽목 3. 식재 4. 식재 후 관리 5. 기타
	4. 대경목 이식	1. 서론 2. 수목선정 3. 부지 특성 4. 이식적기 5. 뿌리분 제작 6. 식재 및 사후관리 7. 성공에 대한 평가 8. 기타

과목명	주요항목	세부항목
수목관리학	5. 특수환경관리	1. 포장지역의 수목 2. 뿌리/포장 간 충돌 3. 하수구 내 수목뿌리 4. 폐목재 재활용 5. 내화성 경관 관리 6. 뿌리와 건물 7. 기타 특수 환경 관리 8. 기타
	6. 공사 중 수목보호	1. 수목보전의 필요성 2. 수목보전 목표와 원칙 3. 토지개발 과정과 수목보전 과정 4. 공사 충격완화 설계 5. 공사 전 조치 6. 공사 중 수목보호 7. 기타
	7. 수분관리	1. 서론 2. 토양수분 3. 수목의 수분 이용 4. 자연적인 수분공급에 대한 수목의 적응 5. 추가적인 수분공급에 대한 수목의 적응 6. 물 보전 7. 기타 물보전 방법 8. 침수/배수 관리 9. 기타
	8. 전정(가지치기)	1. 서론 2. 전정기초이론 3. 전정의 영향, 시기, 도구 4. 전정절단 5. 농장에서의 어린 수목구조 전정 6. 중년목 전정 7. 성목 전정 8. 특수 전정 9. 뿌리 전정 10. 관목 전정 11. 기타

과목명	주요항목	세부항목
수목관리학	9. 수목 위험평가와 관리	1. 서론 2. 기상악화 3. 수목의 결함 4. 수목 파손에 영향을 주는 요소 5. 수목결함 점검 6. 수목의 결함과 평가 7. 피해 경감 방안 8. 피뢰시스템 9. 기타
	10. 수목 상처와 공동관리	1. 서론 2. 수목상처관리 3. 공동관리 4. 기타
	11. 수목 건강관리	1. 서론 2. 정의와 기본정신 3. 건강한 수목이란? 4. 수목의 방어 기제 5. 수목건강관리 절차 6. 건강관리 전략 7. 건강관리 대안 8. 기타
	12. 수목관리 작업 안전	1. 서론 2. 개인보호장구 3. 안전일반 4. 체인톱 안전 5. 교목 벌도와 제거 6. 중장비 안전 7. 안전조치 8. 기타
	13. 기타	
비생물적 피해	1. 비생물적 피해 서론	1. 비생물적 피해의 정의 2. 비생물적 피해의 특성 3. 기타
	2. 기상적 피해 발생 기작과 피해 증상 및 대책	1. 고온 피해 • 엽소 • 피소 • 기타

과목명	주요항목	세부항목
비생물적 피해	2. 기상적 피해 발생 기작과 피해 증상 및 대책	2. 저온 피해 • 냉해 • 동해 • 서리 피해와 상렬 • 동계건조 • 기타 3. 수분 피해 • 건조 피해 • 과습 피해 • 기타 4. 기타 피해 • 염해 • 풍해, 설해, 우박 피해, 그늘 피해 • 낙뢰 피해 등 • 기타
	3. 인위적 피해 발생 기작과 피해 증상 및 대책	1. 물리적 상처 2. 산불(화재) 3. 농약해 및 비료해 4. 대기오염 피해 5. 토양환경 변화 피해 6. 기타
	4. 양분 불균형 발생 기작과 피해 증상 및 대책	1. 양분 종류별 피해 증상 2. 양분 불균형 방제법 3. 기타
	5. 기타	
농약학	1. 농약학 서론	1. 농약의 정의 및 명칭 2. 농약의 기능 및 중요성 3. 기타
	2. 농약의 분류	1. 방제 대상에 따른 분류 2. 화학조성에 따른 분류 3. 농약의 작용기작에 따른 분류 4. 제형에 따른 분류 및 기타 5. 기타
	3. 농약의 작용기작	1. 살균제 2. 살충제 3. 제초제 4. 기타
	4. 농약의 제제 형태 및 특성	1. 농약 제형의 종류와 특성 2. 부제 및 보조제 3. 기타

과목명	주요항목	세부항목
농약학	5. 농약의 사용법	1. 처리제 조제 2. 약제 혼용 3. 약제 처리 4. 기타
	6. 농약의 독성 및 잔류성	1. 농약 독성의 종류와 증상 2. 농약의 잔류와 안전 사용 3. 농약 저항성 4. 기타
	7. 기타	
「산림보호법」 등 관계 법령	1. 산림정책	1. 최근 3년간 산림청 주요 업무계획 2. 올해부터 달라지는 주요 산림정책 3. 산림보호 정책 4. 기타
	2. 생활권 수목 건강관리 관련 법령	1. 산림보호법 2. 소나무재선충병 방제특별법 3. 농약관리법 4. 기타
	3. 기타	

나무의사 자격시험 2차 시험문제 출제범위

실기과목	검정방법	세부항목	세세항목
서술형 필기시험	논술형 및 단답형	수목 피해 진단 및 처방	1. 수목의 생리, 토양, 병, 해충, 기상, 인위적 원인 등 수목 피해와 관련된 제반 요인들의 특성 및 상호 관계를 이해할 수 있다. 2. 수목의 피해를 종합적으로 진단하고 피해를 줄이거나 원천적으로 차단할 수 있는 방법을 제시하고 적용할 수 있다. 3. 진단 결과에 따라 진단 및 처방서를 작성할 수 있다. 4. 기타
실기시험		수목 및 병해충의 분류	1. 수목의 기관(잎, 줄기, 꽃, 열매 등) 사진을 보고 수목명과 특성(생리적, 이용적, 분류적)을 제시할 수 있다. 2. 수목 피해 사진 또는 유해생물의 사진을 보고 병원체, 해충, 비생물적 피해의 종류를 파악하고 원인 및 피해 특성을 설명할 수 있다. 3. 수목진단장비의 종류와 사용방법을 이해하고, 활용하여 병원체 및 해충의 특성을 파악하고 동정할 수 있다. 4. 기타
		약제처리와 외과수술	1. 농약을 방제 대상, 화학조성, 작용기작, 제형에 따라 분류할 수 있다. 2. 대상 수목 및 병해충에 맞는 농약처리방법을 알고 있다. 3. 수목의 외과수술 대상과 시술의 장단점을 파악할 수 있다. 4. 외과수술 대상에 적합한 시술방법을 알고 있다. 5. 외과수술 사후관리방법에 대해 설명할 수 있다. 6. 기타

해충 정리노트

➤ 응애류

구분	내용	
발생횟수 · 월동태	보통 연 수회, 성충 월동	
특징	• 육안관찰 어려움 • 피해 시 잎이 회갈색으로 변색 • 잎에서 거미줄이 관찰됨 • 확대경을 이용하여 진단	
방제	겨울에 기계유제, 여름에 석회황합제	
종류	전나무잎응애	연 5~6회, 알 월동
	벚나무응애	연 5~6회, 성충 월동
	점박이응애	연 8~10회, 성충 월동
	차응애	연 수회, 성충 월동
천적	검정명주딱정벌레, 긴털이리응애, 칠레이리응애, 꽃노린재, 흑선두리먼지벌레, 납작선두리먼지벌레	

➤ 진딧물류

구분	내용	
발생횟수 · 월동태	보통 연 수회, 알 월동	
특징	• 잎의 변색(백색, 은색, 회색), 반점 • 감로와 배설물로 인해 그을음병 유발 • 솜이나 밀랍 형태의 물질 분비 • 바이러스병의 매개충	
종류	조록나무혹진딧물	연 4회, 성충 월동, 이동 없음
	조팝나무진딧물	성충 월동, 겨울 – 조팝나무
	복숭아가루진딧물	겨울 – 벚나무속 / 여름 – 억새, 갈대
	붉은테두리진딧물	겨울 – 매실나무, 장미과 / 여름 – 볏과 식물
	복숭아혹진딧물	겨울 – 복사나무 / 여름 – 무, 배추
	목화진딧물	겨울 – 무궁화, 개오동나무 / 여름 – 오이, 고추

▶ 방패벌레류

구분	내용	
발생횟수 · 월동태	보통 연 3~4회, 성충 월동	
특징	• 피해흔이 진딧물, 응애류와 흡사 • 잎 뒷면에 벌레 배설물, 탈피각 붙음 • 잎의 변색(백색, 은색, 회색), 반점	
종류	버즘나무방패벌레	연 3회, 성충 월동
	배나무방패벌레	연 3~4회, 성충 월동
	물푸레방패벌레	연 4회, 성충 월동
	진달래방패벌레	연 4~5회, 성충 월동

▶ 깍지벌레류

구분	내용		
발생횟수 · 월동태	보통 연 1회, 성충 월동		
특징	• 감로로 인해 그을음병 유발 • 솜이나 밀랍 형태의 물질 분비		
종류	거북밀깍지벌레	연 1회	성충 월동
	뿔밀깍지벌레		성충 월동
	루비깍지벌레		성충 월동
	쥐똥밀깍지벌레		성충 월동
	공깍지벌레		약충 월동
	줄솜깍지벌레		3령 약충 월동
	후박나무굴깍지벌레		성충 월동
	주머니깍지벌레	연 2회	알 월동
	소나무가루깍지벌레		약충 월동
	소나무굴깍지벌레		성충 월동
	장미흰깍지벌레		성충 월동
	식나무깍지벌레		성충 월동
	사철깍지벌레		성충 월동

구분	내용		
종류	이세리아깍지벌레	연 2~3회	성충, 약충 월동
	갈색깍지벌레		성충 월동
	뽕나무깍지벌레		성충 월동
	벚나무깍지벌레		성충 월동

➤ 방제약

(1) 해충

구분	내용
깍지벌레류	페니트로티온 수화제 · 유제, 이미다클로프리드 분산성 액제
응애류	만코제브 수화제, 밀베멕틴 유제, 에마멕틴 벤조에이트 유제
방패벌레류	이미다클로프리드 분산성 액제, 에토펜프록스 수화제 · 유제
진딧물류	아세타미프리드 수화제, 미탁제, 입상수용제, 에토펜프록스 유제
나방류	아세타미프리드 수화제, 에토펜프록스 수화제
매미충류	아세타미프리드 수화제, 에토펜프록스 유제
미국선녀벌레	이미다클로프리드 액상수화제, 페니트로티온 유제
나무좀류	페니트로티온 유제
혹진딧물류	아세타미프리드 수화제
잎벌류	아세타미프리드 수화제

(2) 병해

구분	내용
가지마름병류	베노밀 수화제
흰가루병류	베노밀 수화제
녹병류	테부코나졸 수화제
잎마름병류	베노밀 수화제
그을음병류	등록 약제 없음
갈색무늬구멍병	디페노코나졸 수화제
점무늬병	테부코나졸 수화제

구분	내용
떡병	등록 약제 없음
갈색무늬병	디페노코나졸 수화제
검은무늬병	베노밀 수화제

(3) 흰가루병과 그을음병의 비교

흰가루병		그을음병	

특징	• 분생포자, 흰색
	• 기주선택성
	• 생장 위축, 미관 해침, 새 가지 고사
	• 연중 발생(겨울×), 6~7월 시작 후 장마 이후에 급속 진전
	• 대개 잎에 발생, 열매, 어린 줄기에도 발생
	• 흰가루=무성세대 분생포자
	• 기주의 광합성 방해, 양분 탈취(절대기생체)
	  -잎 : 뒤틀리고 일그러짐
	  -꽃 : 제대로 피지 않고 낙화
	  -자줏빛곰팡이병=뒷면흰가루병(가시나무류)
		특징	• 자낭각, 균사로 월동, 흑색
			• 잎의 표면을 젖은 종이로 닦으면 지워짐
			• 잎 표면에만 곰팡이가 자람
			• 기주선택성 없음
			• 진딧물과 깍지벌레 등의 분비물로 병균이 자람(양분 탈취 없음. 기생체)
			• 광합성 방해, 미관 해침
			• 대부분 자낭균(Lembosia)에 의해 불완전균(Capnodium) 생김
			• 온도, 습도가 높은 7~8월에 통풍과 햇빛이 잘 들지 않는 곳에 발생

방제	• 병든 잎을 모아서 소각한다. • 자낭구가 붙은 어린가지를 제거한다. • 발병 예정시기에 적용약제를 수회 살포한다. • 통기불량, 일조부족, 질소과다 등의 원인을 제거한다.	방제	• 흡즙성 해충 구제(기계유제 20~25배액, 페니트로티온 유제 1,000배액) • 질소비료 시용 자제 • 만코지 수화제(800배), 지오판 수화제(1,500배액)

CONTENTS

PART

01

수목병리학

CHAPTER 01

수목병리학 일반

1. 수목병리학의 역사

1) 수목병리학의 발달

(1) 서양의 수목병리학 발달

① 식물학의 원조 : 테오프라스투스(Theophrastus, BC 370～286)는 올리브나무의 병을 인식 및 기록하였고, 신의 노여움 때문이라고 기록

② 수목병리학의 아버지 : 19세기 로버트 하티그로가 균사와 자실체 관계를 처음으로 밝힘

③ 세계 3대 수목병 : 밤나무 줄기마름병, 잣나무 털녹병(오엽송류 털녹병), 느릅나무 시들음병

(2) 우리나라의 수목병리학 발달

구분	내용
서유구	• 『행포지』라는 저서에서 배나무붉은무늬병(적성병)과 향나무 관계 인정 • '배나무 주위에 향나무를 심는 것은 위험한 일이다.'
임업시험장 (1922～1945)	• 송충이, 솔잎혹파리, 오리나무잎벌레, 굼벵이 등 연구 • 병에 관한 연구는 적음
다카키 구로쿠 (Takaki Guroku)	• 1936년 가평에서 잣나무 털녹병 처음 발견 • Cryphonectria ribicola 피해로 인정 • 히라츠카 나오히데(Hiratsuka Naohide)에게 검정
조선임업회보 (1937)	• '조선에서 새로 발견된 잣나무 병해' • 병원균의 피해 상황과 병원균에 관한 최초 기술
조선산수균 (1935～1942)	• 히라츠카 나오히데가 저술 • 우리나라 녹병균 분류에 관한 최초의 연구
선만실용임업편람	• 수목병 92종, 버섯류 163종 기록 • 당시 수목병을 살펴본 유일한 문헌
식물분류지리 (조선삼림식물 병원균의 연구)	헤미 타케오(1943)는 식물병 표본 125개 중에서 단풍나무 갈색점무늬병균(Septoria acerina)을 비롯하여 14종의 균을 동정하고 자세히 기술

핵심문제

20세기 초 대규모로 발생하여 수목병리학의 발전을 촉진시키는 계기가 된 병을 나열한 것은? [22년 8회]

❶ 밤나무 줄기마름병, 느릅나무 시들음병, 잣나무 털녹병
② 참나무 시들음병, 느릅나무 시들음병, 배나무 불마름병(화상병)
③ 대추나무 빗자루병, 포플러 녹병, 소나무 시들음병(소나무 재선충병)
④ 향나무 녹병, 밤나무 줄기마름병, 소나무 시들음병(소나무 재선충병)
⑤ 소나무 시들음병(소나무 재선충병), 잣나무 털녹병, 소나무류(푸자리움) 가지마름병

구분	내용
1950년대	• '측백나무에 기생하는 병원성 Pestalotia병에 관한 연구' • '한국의 진균성 식물병 목록', '포플러엽고병에 관한 연구' – 해방 후 처음으로 수목병에 관한 연구라는 의의가 있음
1960년대	임업시험장 보호과 → 산림병해충부 → 수목병리학과 신설, 보호과 설치
산림보호에 관한 교육	1906년 수원농림학교 → 1963년 서울대학교 농과대학 농생물학과에 최초의 수목병리학 강좌 개설
2012~2015년	전국 각 도에 1곳씩 8개 국립대학에 수목진단센터 설립

2) 우리나라의 주요 수목병 연구

(1) 포플러류 녹병

1956년 이태리포플러 집단조림 후 잎녹병 발생으로 인해 조기낙엽 현상이 일어나 생장에 장해를 초래하였다.

① 포플러 녹병균의 종류와 중간기주
- ㉠ Melampsora larici-populina : 일본잎갈나무, 댓잎현호색
- ㉡ M. magnusiana : 일본잎갈나무, 현호색

② 포플러 잎에서 월동한 여름포자가 1차 전염원이 될 수 있다.

③ 저항성 품종 개발 : 이태리포플러 1호, 2호(국내 최초의 사례로, 포플러류 녹병에 걸리지 않음)

(2) 잣나무 털녹병

① 1936년 가평 발생 → 1965년 평창군 발생 후 집중 연구하였다.
② 중간기주가 송이풀인 것을 최초로 밝혔다.
③ 국내에서는 까치밥나무가 중간기주로 발견된 적은 없다.
④ 감수성 : 스트로브잣나무 > 잣나무
⑤ 저항성 : 섬잣나무(털녹병에 걸리지 않음)

(3) 대추나무 빗자루병

① 광복 이전 보은에서 산발적으로 발생하다 1950년경에 크게 퍼졌다.
② 1973년 파이토플라스마에 의한 것을 밝혔다.
③ 매개충 : 모무늬매미충(Hishimonus sellatus)
④ 치료제 : 1976년 옥시테트라사이클린을 수간주사

핵심문제

포플러 잎녹병에 관한 설명으로 옳은 것은? [22년 7회]

❶ 병원균은 Melampsora 속으로 일본잎갈나무가 중간기주이다.
② 봄부터 여름까지 병원균의 침입이 이루어지며 나무를 빠르게 고사시킨다.
③ 한국에는 병원균이 2종 분포하며, 그중 Melampsora magnusiana에 의하여 해마다 대발생한다.
④ 포플러 잎에서 월동한 겨울포자가 발아하여 형성된 자낭포자가 중간기주를 침해하면 병환이 완성된다.
⑤ 4~5월에 감염된 잎 표면에 퇴색한 황색 병반이 나타나며, 잎 뒷면에는 겨울포자퇴와 겨울포자가 형성된다.

핵심문제

다음 중 절대기생체가 아닌 것은?

① 포도 노균병
② 장미 흰가루병균
❸ 복숭아 세균성 구멍병균
④ 포플러 모자이크바이러스
⑤ 대추나무 빗자루병균

(4) 오동나무 빗자루병

① 1970년대에는 이 병으로 조림을 중단하였다.
② 매개충 : 담배장님노린재(Nesidiocoris tenuis), 썩덩나무노린재(Halyomorpha halys), 오동나무애매미충(Empoasca sp.)

(5) 소나무 재선충병

① 1988년 부산의 금정산 일대에서 처음 발견되었으며, 제주도를 포함하여 전국에 발생하였다.
② 소나무재선충(Bursaphelenchus xylophilus)은 소나무, 곰솔 등을 감염시키며, 이때 스스로 이동할 수 없어 매개충을 통해 확산된다.
③ 매개충
㉠ 솔수염하늘소(Monochamus alternatus)
㉡ 북방수염하늘소(M. saltuarius) : 2006년 경기도 광주시에서 잣나무에 발생시킴

(6) 소나무류 송진가지마름병

① 1996년 인천지역의 리기다소나무림에서 처음 발견되었으며, 제주도를 포함한 전국에서 발생하였다.
② 감수성 : 곰솔, 리기테다소나무, 테다소나무, 버지니아소나무, 구주소나무, 방크스소나무
③ 방제 : 테부코나졸이 효과적

(7) 참나무 시들음병

① 2004년 경기도 성남시 신갈나무에서 처음 발견되었다.
② 병원체 : Raffaelea quercus－mongolicae(불완전균)
③ 매개충 : 광릉긴나무좀(Platypus koryoensis)

핵심문제

국내에서 큰 피해를 초래한 다음 나무 병에 대한 설명으로 옳지 않은 것은? [21년 6회]

❶ 소나무하늘소는 소나무재선충을 매개한다.
② 잣나무 털녹병균의 중간기주에 여름포자가 형성된다.
③ 담배장님노린재가 오동나무 빗자루병균을 매개한다.
④ 포플러류 녹병균의 중간기주는 낙엽송과 현호색류이다.
⑤ 참나무 시들음병은 국내에서는 2004년 처음 발견되었다.

핵심문제

푸사리움 가지마름병에 대한 설명 중 틀린 것은?

❶ 자낭균류에 속한다.
② 피해가지는 송진이 흐르며 고사한다.
③ 병원균은 잎의 기공을 통하여 침입한다.
④ 묘목으로부터 대경목까지 모든 크기의 나무가 피해를 받는다.
⑤ 피해수종은 리기다소나무, 해송, 리기테다소나무이다.

핵심문제

한국의 참나무 시들음병에 대한 설명으로 옳지 않은 것은? [21년 5회]

① 병원균은 인공배지에서 잘 자란다.
② 병원균은 Raffaelea quercus－mongolicae이다.
③ 참나무류 중에서 신갈나무에 주로 발생한다.
❹ 피해가 심해지면 자낭반이 수피틈을 뚫고 나온다.
⑤ 물 관부의 주요 기능인 물과 무기양분의 이동을 방해한다.

2. 수목병해의 원인

1) 수목병의 생물적 · 비생물적 원인

생물적 원인	비생물적 원인
• 곰팡이 : 점무늬병, 탄저병, 흰가루병, 그을음병, 떡병, 가지마름병, 시들음병, 뿌리썩음병, 녹병 등 대부분의 수목병 • 세균 : 뿌리혹병, 세균궤양병, 불마름병 • 바이러스 : 모자이크병 등 • 파이토플라스마 : 빗자루병, 오갈병 등 • 원생동물 : 코코넛야자 Heart Rot병 등 • 선충 : 소나무재선충병 등 • 기생성 종자식물 : 새삼, 겨우살이 등	• 온도스트레스 : 고온 및 저온 등 • 수분스트레스 : 대기의 과습과 과건, 토양의 과습과 과건 등 • 토양스트레스 : 토양 습도의 과부족, 양분의 불균형, 토양경화, 산소부족 및 유해가스의 과다, 염류 집적, 중금속 오염, 토양산도의 부적당 등 • 대기오염 : 일산화탄소, 아황산가스, 탄화수소, 아질산, PAN, 오존, 산성비 등 • 화학물질 : 제초제, 제설제 등

2) 병원과 기주의 상호작용

(1) 기주 – 병원체 인식

① 접촉 후 기주를 인식한다.

② 병원체가 기주로부터 초기의 인식 신호전달체계에서 병원체의 생장과 발달에 유리하게 작용하면 병이 발생하고, 억제하면 병이 발생하지 않는다.

③ 엘리시타(Elicitor)가 방어반응을 시작하면 병원체의 활동이 감소되거나 중지되어 병이 발생하지 않는다.

엘리시타(Elicitor)
파이토알렉신의 생산을 유도하는 병원체의 원인물질

(2) 병원성

① 효소 : 병원체가 수목에 침입하기 위해서는 수목 표피조직의 주요 화학 구성성분인 큐틴, 펙틴, 섬유소, 리그닌 등을 분해해야 할 경우가 있는데, 이러한 물질들을 분해할 수 있는 큐틴분해효소, 펙틴분해효소, 섬유소분해효소, 리그닌분해효소 등의 생산능력이 병원성에 영향을 미친다.

② 식물독소

㉠ 독소 : 병원체가 기주를 감염시킨 후에 분비하는 식물에 유해한 작용을 나타내는 물질

ⓛ 식물독소의 특징

구분	병원균	독소
기주 특이적 독소	배나무 검은무늬병 (Alternaria alternata f. sp. Kikuchiana)	AK 독소
	사과나무 점무늬낙엽병 (Alternaria alternata f. sp. Mali)	AM 독소
기주 비특이적 독소	느릅나무 시들음병 (Ophiostoma ulmi)	Ceratoulmin
	자주날개무늬병 (Helicobasidium)	Helicobasidin
	밤나무 줄기마름병 (Cryphonectria parasitica)	Oxalic acid

✎ 식물독소

특정 기주식물에서만 병원성을 나타내는 '기주특이적 독소'와 기주 이외의 식물에도 병원성을 나타내는 '기주비특이적 독소'가 있다.

(3) 저항성

① 식물체의 방어체계

㉠ 기존적 방어 : 병원체의 공격 이전부터 가지고 있는 기존의 구조적 특성 및 생화학적 물질에 의한 방어

예 표피 세포벽의 구조, 기공 및 피목의 구조(크기, 위치, 형태 등), 페놀화합물, 파이토안토시티시핀, 타닌, 사포닌 등

ⓛ 유도적 방어 : 병원체의 공격에 의한 유도된 구조적 특성 및 생화학적 물질에 의한 방어로, 원래 없었던 구조나 물질들이 병원체의 침입에 의해 유도되어 생성

- 감염으로 유도되는 방어구조 : 코르크층 형성, 이층 형성, 전충체 형성, 검물질 침전 및 조직 괴사를 동반하는 과민성 반응 등
- 감염으로 유도되는 생화학물질 : 페놀화합물, 파이토알렉신 및 발병 관련 단백질 등

② 유전적 특성에 의한 방어체계

㉠ 진정저항성 : 식물체에서 1개 또는 다수의 유전자에 의하여 조절되는 병에 대한 저항성

- 수직저항성(질적 저항성) : 식물체가 특정 병원체의 레이스에 대해서만 나타내는 저항성
- 수평저항성(양적 저항성) : 식물체가 대부분의 병원체 레이스에 대하여 나타내는 저항성

㉡ 외견상 저항성

- 병회피 : 유전적으로 감수성인 식물이 발병에 필요한 요인이 동시에 잘 맞아 떨어지지 않아 적당한 시기나 충분한 기간 동안 상호작용하지 못해 감염이 일어나지 않는 것
- 내병성 : 식물이 병원체에 의해 감염되어 있음에도 병징이 나타나지 않거나 수량에는 큰 영향이 없는 등 기주가 실질적인 피해를 적게 받는 능력

3. 수목병해의 발생

1) 수목병의 성립

(1) 병삼각형

① 발병 관계 3대 요소 : 병원체, 수목, 환경

② 모든 요소를 정량화하면 세 변에 의해 형성되는 삼각형의 면적 : 병의 총량

③ 어느 하나라도 0이 되면 병은 발생하지 않는다.

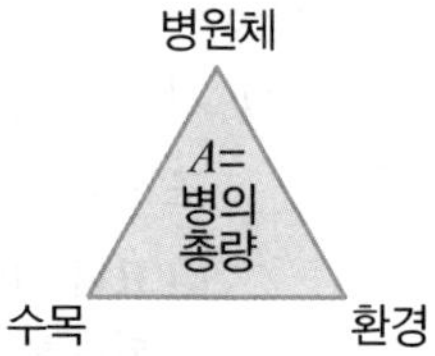

▎병삼각형▎

(2) 병환

① 생물적 요인에 의한 전염병의 일련의 사건이 연속적으로 일어난다.

② 접촉 → 침입 → 기주인식 → 감염 → 침투 → 정착 → 생장 및 증식 → 병징 발현 → 전반 또는 월동 → 재접종의 과정을 거친다.

➤ 수목병에 병을 일으키는 곰팡이의 포자 및 균사체의 생존기간

병원균	병명	세대	처리 상태(조건)	생존기간
Armillaria mellea	아밀라리아 뿌리썩음병	균사체	수목 뿌리나 토양	6~14년
Cronartium ribicola	잣나무 털녹병	녹포자	10℃	8주
		여름포자	10℃	7개월
		겨울포자	10℃	2개월
Cronartium ribicola	잣나무 털녹병	담자포자	상대습도(90%)	10분
			대기건조	5~6일
Cryphonectria parasitica	밤나무 줄기마름병	자낭포자	수피에서 건조	6개월(0.5)~1년
		분생포자	포자덩이	1년

핵심문제

다음 중 감염 단계의 순서가 바르게 연결된 것은?

❶ 접종-침입-감염-정착-전파
② 접종-감염-침입-정착-전파
③ 침입-접종-정착-감염-전파
④ 침입-접종-감염-정착-전파
⑤ 정착-침입-접종-감염-전파

✎ **접종**
병원체가 기주수목과 접촉

✎ **전염원**
접촉한 상태의 병원체 또는 감염시킬 수 있는 병원체의 특정 세포

병원균	병명	세대	처리 상태(조건)	생존기간
Fusarium sp.		분생포자	한천배지, 7℃	2개월~ 8년
Heterobasidion Annosum	안노섬 뿌리썩음병	균사체	낙엽송, 그루터기	63년
		담자포자	토양 내 수피	18개월 이상
Melampsora Medusae	포플러 녹병	여름포자	동결건조	5년
Phaeolus schweinitzii	그루터기썩음병	담자포자	건조, 상온	162~ 170일
Phellinus pini	침엽수 줄기썩음병	담자포자	건조, 상온	65일
Phytophthora cinnamomi	파이토프토라 뿌리썩음병	유주포자	토양	32주
		균사체	토양	2개월
		후벽포자	토양	10개월 (0.8)~1년

(3) 수목병의 잠복기

병명	잠복기
포플러 잎녹병	4~6일
낙엽송 가지끝마름병	10~14일
낙엽송 잎떨림병	1~2개월
소나무 재선충병	1~2개월
소나무 혹병	9~10개월
소나무 잎녹병	10~22개월
잣나무 털녹병	3~4년

2) 수목병의 발생

(1) 전염원

① 1차 전염원 : 월동하면서 휴면 상태로 생존하였다가 봄이나 가을에 감염을 일으키는 전염원이다.

② 2차 전염원 : 1차 감염으로부터 형성되는 전염원이다.

(2) 곰팡이 병원균의 침입

① 대부분의 곰팡이는 상처를 통해서만 수목 내로 침입할 수 있다.

② 일부 곰팡이는 기공, 피목, 수공, 밀선 등 자연개구를 통해 침입한다.

③ 일부는 직접 기주수목의 세포 내로 침입한다.

핵심문제

수목병의 병원체 잠복기로 옳지 않은 것은? [21년 5회]

① 포플러 잎녹병 : 4일에서 6일
② 잣나무 털녹병 : 3년에서 4년
③ 소나무 혹병 : 9개월에서 10개월
④ 낙엽송 잎떨림병 : 1개월에서 2개월
❺ 낙엽송 가지끝마름병 : 2개월에서 3개월

(3) 곰팡이에 의한 수목병의 발생

① 수목에서는 감염된 조직을 먼저 구획화한다.

② 구획화는 꽃, 잎, 가지, 줄기, 뿌리 등 수목의 모든 부분에서 일어날 수 있다.

(4) 곰팡이병 발생에 좋은 조건

① 곰팡이는 생장을 위해 산소와 유기물질을 필요로 한다.

② 균사는 어둡고 습기가 많은 곳에서 가장 잘 자란다. 생육적온은 20~30℃이다.

(5) 세균에 의한 병의 발생

① 세균은 조직을 직접 침입할 수 없다.

② 상처, 기공, 피목, 수공, 밀선과 같은 자연개구를 통해 침입한다.

(6) 선충에 의한 수목병

① 선충은 일반적으로 토양에 서식하며 식물의 유근을 가해한다.

② 뿌리를 가해하여 괴사나 병반, 혹 등이 형성되고, 물과 양분 흡수가 감소된다.

③ 다른 병원균의 침입을 용이하게 하여 바이러스도 전염시킨다.

(7) 바이러스에 의한 병의 발생

① 바이러스는 전염성 병원체와는 대조적으로 기주세포나 조직에서 양분을 취하지 않는다(식물체 내에서 증식만 한다).

② 전신병원체로, 큰 수목은 전신으로 퍼지는 데 1~4년 정도 소요된다.

③ 매년 봄 싹, 형성층, 뿌리 등에 새로 생성된 조직이 바이러스 피해를 입는다.

④ 여름에 기주체 조직의 생장이 둔화되고 성숙하게 되면 바이러스 감염에 저항성을 나타낸다.

⑤ 수목이 바이러스에 감염되어도 오랫 동안 생존하는 이유는 급속한 세포 생장, 느린 세포 성장 그리고 휴면기를 반복하기 때문이다(생장기가 아닐 때 세포와 기관을 형성하여 감염을 막는다).

Reference 전염

- 곤충에 의한 매개와 상처를 통해 전염
- 주로 진딧물과 매미충 같은 흡즙성 곤충, 접목, 전정에 의해 발생
- 선충, 종자, 꽃가루로도 전염

(8) 파이토플라스마에 의한 병의 발생

① 대부분 체관부에서 발견되는데 당의 이동을 방해한다(필수적인 에너지 저장화합물이 잎에서 뿌리로 이동하는 것을 방해).

② 병징으로 유관속 막힘, 에너지 소실과 비정상적인 생장 등이 나타난다.

파이토플라스마는 매개충 내에서 약 10~20일간 잠복한다. 이를 보독충이라고 하며 바이러스에도 나타나지만 일반적이지 않다. 경란전염은 되지 않는다.

4. 수목병해의 진단

1) 진단의 정의

진단은 기주에 나타나는 표징과 병징 등으로부터 병의 원인을 확인하는 과정이다.

2) 생물적 요인에 의한 수목병의 진단

① 수목, 병원균 및 환경에 의해 시간이 경과하면서 발달한다. 이들 세 가지 관계의 상호작용을 인식하는 것은 병을 진단하는 데 매우 중요하다.

② 원인은 대부분 진균, 세균, 바이러스 등이다.

3) 비생물적 요인에 의한 수목병의 진단

① 비생물적 장해는 물리적인 상처에 의한 것과 유사하여 병징이 발현되는 시간도 짧은 편이며, 며칠 내에 균일한 증상이 급작스럽게 나타난다.

② 어떤 증상이 비생물적 증상이라는 사실을 증명하려면 병원체가 존재하지 않는다는 것을 밝혀야 한다.

핵심문제

수목병 진단 시 생물적 원인(기생성)과 비생물적 원인(비기생성)에 의한 병 발생의 일반적인 특성으로 옳지 않은 것은? [22년 7회]

	항목	생물적	비생물적
①	발병 면적	제한적	넓음
②	병원체	있음	없음
③	종 특이성	높음	낮음
④	병 진전도	다양	유사
❺	발병 부위	수목 전체	수목 일부

4) 진단절차

① 정상과 비정상의 판별

② 나무의 생육 및 재배환경과 이력조사

현재 상태도 중요하지만 어떠한 환경에서 자라고 있으며, 어떻게 관리해 오는지가 중요한 판단근거다.

➤ 기생성(전염성)과 비기생성(비전염성)의 특성

특징	기생성병	비기생성병
발병 부위	식물체 일부	식물체 전체
발병 면적	제한적	넓음
병 진전도	다양함	비슷함
종 특이성	높음	매우 낮음
병원체 존재	병환부에 있음	없음

③ 병징과 표징의 관찰

구분	내용
병징	기주식물에 나타나는 기능장애로 세포, 조직, 기관 등에 형태적 · 생리적 이상이 외부로 나타나는 반응이다.
표징	감염된 병원체가 증식하여 병원체의 전체 또는 일부가 겉으로 드러나 확인할 수 있는 것이다.

④ 원인의 검출

㉠ 가장 간단한 방법은 육안검사

㉡ 병든 조직을 배양하거나 현미경 관찰

㉢ 생리화학적 방법으로 병원균 탐색

- 접종시험
- 면역학적 진단법과 분자생물학적 진단법

⑤ 조사 및 검출자료의 분석과 판단

5) 병징

① 병징의 종류

구분	내용
시들음	수분공급 장애, 참나무 시들음병, 느릅나무 시들음병, 소나무 재선충병 등
위축	• 가지, 줄기, 잎 등 기관의 생육저하로 소형화 • 뽕나무 오갈병, 뿌리썩이선충병, 바이러스 감염

구분	내용
잎의 변색	황화, 퇴색, 점무늬, 모자이크 등
구멍	• 이층 형성 • 벚나무 갈색무늬구멍병, 복숭아나무 세균성 구멍병 등
혹(암종) 또는 비대	세균성 뿌리혹병, 소나무 혹병, 뿌리썩이선충병 등
총생 (Rosette)	• 총생 또는 빗자루 병징은 잎이나 가지가 밀집하여 발생 • 파이토플라스마에 의한 병, 벚나무 빗자루병
탈락	• 기관의 일부가 이탈되는 현상, 조기에 낙엽이나 가지가 떨어짐 • 소나무 잎의 수명 : 3~4년, 잣나무 잎의 수명 : 4~5년 • 잣나무 잎떨림병, 낙엽송 잎떨림병 등
가지마름	소나무류 피목가지마름병, 소나무류 푸사리움가지마름병 등
궤양 및 줄기마름	• 주로 줄기 또는 굵은 가지에 나타나는 마름 증상 • 수피 균열, 유합조직 형성, 환부 함몰 등 • 밤나무 줄기마름병, 활엽수 궤양병(Nectria galligena), 감귤 궤양병(Xanthomonas axonopodis)
썩음	아밀라리아뿌리썩음병, 리지나뿌리썩음병, 모잘록병, 목재부후병
분비	• 주로 가지나 줄기의 감염 부위에서 수지가 누출 • 소나무류 푸사리움가지마름병, 잣나무 수지동고병 등

② 저장물질 수송장애 : 광합성 산물이 다른 곳으로 잘 이동하지 못하는 현상

③ 수분과 무기염류의 장애 : 뿌리에 이상이 생겨 토양 중에 있는 물질을 흡수하지 못하는 현상

④ 수분수송장애 : 물이 잘 이동하지 못하는 것으로, 유관속 시들음병으로 인해 유발될 수도 있음

⑤ 물질이동장애 : 나무 내에서 물질이 제대로 이동하지 못함

⑥ 기능장애 : 황화, 수화작용, 괴저 증상, 고무질, 수지즙액 분비 등

⑦ 2차 대사의 장애 : 안토시아닌의 발달이 지연되어 색깔의 변화가 나타나는 것

⑧ 재생능력의 장애 : 개화 및 착과 장애 등

6) 표징

① 병원체의 일부 또는 전체가 외부로 드러나 있는 것을 말한다.

② 진단과정을 크게 단축하며 정확성을 높일 수 있다.

핵심문제

뿌리혹, 가지혹, 줄기혹, 털뿌리 등의 병징이 나타나는 세균은?

❶ Agrobacterium
② Clavibacter
③ Erwinia
④ Pseudomonas
⑤ Xanthomonas

핵심문제

옥신의 양이 증가되어 이상비대 증상을 일으키는 병이 아닌 것은? [25년 11회]

① 철쭉 떡병
② 소나무 혹병
③ 향나무 녹병
④ 감나무 뿌리혹병
❺ 대추나무 빗자루병

핵심문제

소나무류 잎떨림병에 대한 설명으로 틀린 것은?

① 추우면서 습기가 많은 곳에서 피해가 심하다.
② 주로 15년생 이하 소나무류(잣나무, 곰솔 등)의 수관 하부에서 발생이 심하다.
③ 강우가 많거나 가을에서 겨울 사이의 기온이 따뜻하면 이듬해엔 피해가 심하다.
④ 4~5월에 2년생 이상의 침엽이 낙엽 또는 갈색으로 변하면서 대량으로 떨어진다.
❺ 표징은 자낭각이다.

▶ 표징의 종류

구분	표징의 관찰방법	수목병
포자	육안관찰 가능	흰가루병, 그을음병, 녹병 등
자실체	육안관찰이 가능한 경우	아밀라리아뿌리썩음병, 목재부후병
	루페나 확대경을 이용해야 하는 경우	• 피목가지마름병 : 자낭반 • 낙엽송 잎떨림병 : 자낭각
	가루 모양의 자실체	삼나무 붉은마름병, 그을음병, 흰가루병 등, 녹병균류의 여름포자퇴
균사조직 및 세균분출물	기주에 독특한 형태의 균사조직을 형성	잎집무늬마름병, 잿빛곰팡이병
	매트 모양의 균사층	자주빛날개무늬병, 흰날개무늬병
	부채 모양의 균사층	아밀라리아뿌리썩음병

7) 수목병의 진단법

(1) 육안관찰

① 가장 쉬우면서 가장 어렵다. 병징을 가지고 병을 진단하는 방법이다.
② 숙련된 나무의사는 최단 시간 내 가장 정확한 진단이 가능하다.
③ 오진 확률도 가장 높다.

▶ 병징별 원인

병징	원인
황화	• 병해 : 뿌리썩음, 물관부기생균, 바이러스, 파이토플라스마, 선충, 기생식물 • 장해 : 영양 부족, 뿌리 손상, 토양 내 수분 부족 및 과다, 저온, 햇빛 부족, 제초제, 복토 • 충해 : 흡즙성 해충, 줄기천공성 해충
잎가마름, 마름, 시들음, 가지마름	• 병해 : 뿌리썩음, 물관부기생성 시들음, 줄기마름, 기생식물, 선충, 물관부국재성 세균 • 장해 : 토양 내 수분 부족 및 과다, 뿌리 손상, 제초제, 복토 • 충해 : 줄기천공성 해충
기타 잎색깔 변화	• 병해 : 바이러스, 곰팡이 • 장해 : 영양 부족, 고온, 대기오염물질 • 충해 : 흡즙성 해충, 줄기천공성 해충
점무늬	• 병해 : 점무늬병균, 바이러스 • 장해 : 대기오염물질 • 충해 : 흡즙성 해충
구멍	• 병해 : 바이러스, 세균, 곰팡이 • 장해 : 동해, 물리적 피해 • 충해 : 흡즙성 해충

핵심문제

수목에 나타나는 빗자루 증상의 원인이 아닌 것은? [22년 8회]

① 곰팡이
❷ 제설제
③ 제초제
④ 흡즙성 해충
⑤ 파이토플라스마

병징	원인
궤양	• 병해 : 곰팡이 • 장해 : 동해, 물리적 피해
빗자루	• 병해 : 곰팡이, 파이토플라스마 • 장해 : 제초제 • 충해 : 흡즙성 해충
오갈	• 병해 : 바이러스, 파이토플라스마, 선충, 기생식물 • 장해 : 영양 부족, 저온, 토양 내 수분 부족
위축	• 병해 : 곰팡이, 세균, 바이러스, 파이토플라스마, 선충, 기생식물 • 장해 : 영양 부족, 뿌리 손상, 토양 내 수분 부족 및 과다, 저온, 대기오염물질 • 충해 : 흡즙성 해충
엽화	• 병해 : 바이러스, 파이토플라스마 • 장해 : 제초제
혹	• 병해 : 곰팡이, 바이러스, 세균, 선충, 기생식물 • 장해 : 토양 내 수분 과다 • 충해 : 흡즙성 해충, 충영 형성 해충

(2) 배양적 진단

구분	내용
여과지 습실처리법	• 병징이나 표징이 나타나지 않을 때 사용하는 방법 • 수입종자를 검역할 때 가장 많이 사용 • 페트리접시에 여과지를 2장 넣고, 멸균수로 적신 후 병든 식물체를 잘라 20~25℃ 항온기에 3~7일 정도 배양하여 포자를 관찰하며 동정 • 이때 해부현미경을 사용하여 관찰
영양배지법	• 습실처리법으로 포자 및 구조체가 잘 만들어지지 않는 경우에 사용 • 식물체의 일부를 차아염소산나트륨으로 표면소독한 다음, 한천배지나 영양배지에 치상하고 생장한 포자와 균총을 관찰

(3) 생리화학적 진단

식물이 병에 걸려 변하는 화학적 성질을 조사하여 병을 진단한다.

① 황산구리법

㉠ 감자의 바이러스병 진단

㉡ 즙액에 황산구리와 수산화칼륨을 첨가하여 즙액의 착색 정도(자색)로 진단하는 방법

핵심문제

〈보기〉의 병원체의 종류와 증상을 옳게 나열한 것은? [25년 11회]

ㄱ. 곰팡이
ㄴ. 세균
ㄷ. 바이러스
ㄹ. 파이토플라스마
ㅁ. 기생식물
ㅂ. 선충

① 혹 : ㄴ, ㄹ, ㅂ
❷ 점무늬 : ㄱ, ㄴ, ㄷ
③ 목재부후 : ㄱ, ㄷ, ㅁ
④ 뿌리썩음 : ㄱ, ㄹ, ㅂ
⑤ 빗자루 : ㄱ, ㄴ, ㄷ, ㄹ, ㅁ

✎ 포자 형성이 잘 되지 않는 경우 근자외선이나 형광등을 사용하여 명암처리한 후 포자 형성을 유도한다.

② 세균 동정

㉠ Biolog에 의한 탄소원 이용 여부의 검정방법이 많이 응용됨

㉡ 정확한 동정을 위해서는 70여 가지의 영양원(당류, 아미노산 등) 분해 및 반응검사가 필요

㉢ 일반적인 동정은 Gram 염색 및 10여 가지의 영양원과 생리화학 반응검사를 실시하여 세균의 속과 종을 결정

(4) 해부학적 진단

현미경이나 육안으로 조직 내외부에 존재하는 병원균의 형태 또는 조직 내부의 변색, 식물세포 내의 X－체 등을 관찰하여 진단한다.

① 시들음 증상 : 먼저 곰팡이에 의한 것인지, 세균에 의한 것인지 구별해야 한다. 이를 위해 컵에 물을 채우고 지제부의 줄기를 잘라 물에 담근 다음 5～10분 정도 관찰한다. 이때 우윳빛 세균들이 물관부에서 누출되면 세균병으로 진단한다(풋마름병의 진단).

② 자실체를 정확하게 떼어내기 위해서 손칼 또는 미세절편기로 절편하여 동정한다. 주의할 점은 자실체가 손상되지 않고 원형 그대로 유지되어야 한다.

(5) 현미경적 진단

<table>
<tr><th colspan="2">구분</th><th>내용</th></tr>
<tr><td colspan="2">해부현미경</td><td>• 육안으로 진단되지 않는 병원균을 관찰한다.
• 1차적인 진단을 수행하며, 병원성 검정을 통해 병원균을 결정한다.</td></tr>
<tr><td colspan="2">광학현미경</td><td>• 해부현미경보다 높은 배율에서 진균과 세균을 관찰한다.
• 병징과 건전부 경계에서 조직을 분리하여 슬라이드 글라스에 치상하고 진균의 포자, 균사, 세균을 관찰한다.</td></tr>
<tr><td rowspan="3">전자현미경</td><td colspan="2">• 가시광선보다 파장이 짧은 전자빔을 광원으로 사용한다.
• 광학현미경보다 고배율, 고해상도로 관찰한다.</td></tr>
<tr><td>투과현미경
(TEM)</td><td>• 시료를 투과한 전자빔의 투과 정도에 따라 명암 대비로 상을 형성한다.
• 세포의 내부, 세균의 부속사, 바이러스 입자 등을 관찰한다.</td></tr>
<tr><td>주사현미경
(SEM)</td><td>• 전자빔을 시료에 주사하여 반사된 전자빔을 포획하여 상을 형성한다.
• 진균, 세균, 식물의 표면 정보를 얻는다.
• 특히 포자 표면의 돌기, 무늬 등을 관찰할 수 있다.
• 버섯, 녹병균 분석에 많이 이용한다.</td></tr>
</table>

핵심문제

수목병의 진단에 사용되는 재료나 방법의 설명으로 옳지 않은 것은? [22년 7회]

① 표면살균에 차아염소산나트륨(NaOCl) 또는 알코올을 주로 사용한다.
② 광학현미경 관찰 시 일반적으로 저배율에서 고배율로 순차적으로 관찰한다.
③ 병원균 분리에 사용되는 물한천배지는 물과 한천(Agar)으로 만든 배지이다.
❹ 식물 내의 바이러스 입자를 관찰하기 위해서는 주사현미경을 사용한다.
⑤ 곰팡이 포자 형성이 잘 되지 않는 경우 근자외선이나 형광등을 사용하여 포자 형성을 유도한다.

(6) 면역학적 진단

① 항혈청을 이용한 진단법이다.

② 항혈청을 만든 다음 진단하려는 식물즙액이나 분리한 병원체와 반응시켜 이미 알고 있는 병원체와 같은 것인지를 조사하는 방법이다.

③ 바이러스 진단에 많이 사용되었으나, 최근에는 진균 및 세균 진단에도 많이 사용한다.

Reference 면역학적 진단법의 종류

- 응집과 침강 반응
- 면역확산법(한천이중확산법)
- IF법
- 면역효소항체법(ELISA법) : 식물병 진단에 가장 많이 이용

④ 수목병 바이러스 진단에는 앞의 진단법뿐만 아니라 ISEM법, Dot-blot Assay, Dip-stick법 등이 있다.

⑤ 면역학적 진단에는 다클론항체를 사용했으나 1970년 이후 단클론항체가 개발 및 사용되었다.

(7) 분자생물학적 진단

① 식물병원균의 진단과 동정에 DNA를 이용하는 방법이다.

② 병원균에서 DNA를 추출한 후 PCR를 이용하여 특정유전자 또는 DNA 부위를 증폭하여 DNA 데이터베이스의 유전자 또는 DNA 염기서열과 비교하여 병원균을 동정한다.

8) 코흐의 원칙

① 병든 식물의 병징 부위에서 병원체를 찾을 수 있어야 한다.

② 병원체는 반드시 분리되고 영양배지에서 순수배양되어 그 특성을 알아낼 수 있어야 한다.

③ 순수배양된 병원체는 병이 나타난 식물과 같은 종 또는 품종의 건전한 식물에 접종하였을 때 그 식물체에서와 똑같은 증상을 일으켜야 한다.

④ 병원체는 재분리하여 배양할 수 있어야 하며, 그 특성은 ②와 같아야 한다.

면역학적 진단법의 장점

- 특이성과 신속성
- 잠복감염, 변이가 일어난 균을 정확하게 진단

핵심문제

수목 바이러스병의 진단방법으로 옳지 않은 것은? [21년 5회]

① 전자현미경에 의한 진단
② 항혈청에 의한 면역학적 진단
③ 지표식물에 의한 생물학적 진단
④ 감염세포 내 봉입체 확인에 의한 진단
❺ 16S rDNA 분석에 의한 분자생물학적 진단

핵심문제

새로운 병의 진단에 사용하는 코흐(Koch)의 원칙에 대한 설명으로 옳지 않은 것은? [21년 5회]

❶ 복합감염된 병에는 적용할 수 없다.
② 병원체는 병든 부위에 존재해야 한다.
③ 분리한 병원체는 순수 배양이 가능해야 한다.
④ 동종 수목에 접종했을 때, 병원체를 분리했던 병징이 재현되어야 한다.
⑤ 접종에 의해 재현된 병징에서 접종했던 병원체와 동일한 것이 분리되어야 한다.

5. 수목병해의 관리

1) 수목병해의 방제 목표

산림에서의 병의 방제 목표는 병에 의한 임목 생산의 양적 · 질적 피해 손실을 경제적 피해허용수준 이하로 억제하는 데 있다.
하지만 소나무 재선충병과 같은 위협적인 유행병의 확산을 방지하기 위해서는 경제적 피해 허용 수준과 관계없이 병원체의 박멸을 목적으로 철저한 방제가 필요하다.
또한 환경조성용 조경수나 천연기념물 수목 같은 경우에도 경제적 피해 허용 수준과 관계없이 방제가 필요하다.

수목병의 방제 수단
전염원의 제거, 발병환경의 개선, 내병성 품종의 이용, 약제방제 등

2) 산림병해충 방제 규정

① 「산림보호법」 '제3장 산림병해충의 예찰 · 방제'에 규정되어 있다.
② 「소나무재선충병 방제특별법」도 제정되어 시행되고 있다.
③ 「산림보호법」 제21조 제3항에서는 산림청장, 시 · 도지사 또는 지방산림청장이 수목 진료에 관한 시책을 수립하여 시행하도록 하고 있다.

3) 식물검역

외국으로부터 병원체가 국내에 유입되어 전파되는 것을 법령에 따라 예방하는 것이다. 우리나라의 식물방역은 다음과 같이 발전하였다.

① 1912년 : 수입과수 및 벚나무 검역이 시초
② 1953년 : 국제식물보호협약에 가입하여 국제적인 식물보호국이 됨
③ 2007년 : 국립식물검역소에서 국립식물검역원으로 승격

식물검역

구분	내용
소나무 재선충병	1988년, 소나무, 곰솔, 잣나무
밤나무줄기 마름병균	1900년경 미국 동부지방
잣나무 털녹병	1900년경 유럽 → 북아메리카

※ FAO의 국제식물보호협약에 따라 가입국 간에 검역을 실시한다.

4) 수목병의 발생예찰

(1) 발생예찰의 목적

언제, 어디에, 어떤 병이 얼마만큼 발생하여 피해가 얼마나 될 것인지를 추정함으로써 사전에 적절한 예방책을 강구하는 데 그 목적이 있다.

(2) 발생예찰의 예

구분	내용
1960년대	솔잎혹파리, 솔나방, 흰불나방 등
1970년대	잣나무 털녹병 포함

구분	내용
2017년 기준	소나무 재선충병, 참나무 시들음병, 잣나무 털녹병을 비롯한 수병 11종류와 새로운 돌발수목병에 대한 예찰 및 발생상황을 조사하고 있다.

5) 내병성 품종의 이용

① 산림병해의 약제방제는 효과가 낮고 환경오염을 유발하여 적용에 한계가 있다.

② 저항성 수종을 이용하는 것은 실용화하기까지 오랜 시간이 소요되더라도 가장 확실하고 경제적이며 친환경적인 방제법이다.

포플러 잎녹병의 저항성
- 이태리포플러 1호와 2호
- 우리나라 첫 번째 내병성 품종

6) 전염경로의 차단

(1) 전염원 제거

① 1차 전염원을 제거하는 것이 효과적이다.

예 칠엽수 얼룩무늬병(*Guignardia aesculi*) : 낙엽에서 위자낭각(僞子囊殼) 상태로 월동 후 봄에 자낭포자가 1차 감염을 일으킴

② 무육작업 : 전염원이 되는 각종 병에 감염된 나무와 가지들을 벌채, 제거하여 임지의 환경을 위생적으로 관리하면 병을 예방하는 데 효과적

위자낭각
자낭균 분류에서 소방자낭균강의 자낭과는 자낭자좌로 되어 있다. 이 자낭자좌에 있는 자좌실 안에 자낭이 생기는데 이 자낭을 위자낭각이라 부른다.

자낭포자
자낭균의 유성번식체로 자낭(Ascus)을 만들고 그 안에 보통 8개의 자낭포자를 형성한다.

(2) 중간기주 제거

① 대부분의 녹병균은 기주교대를 하는 이종기생균으로, 중간기주를 거쳐 전염된다.

② 1970~1980년대에는 잣나무 털녹병 방제를 위해 송이풀을 지속적으로 제거하였다(성공).

③ 미국 스트로브잣나무, 몬티콜라잣나무의 털녹병을 방제하기 위해 까치밥나무 박멸사업을 실시하였다(실패). → 송이풀이 중간기주인 것을 간과

④ 포플러 잎녹병의 기주와 중간기주는 포플러-낙엽송이고, 향나무 녹병의 기주와 중간기주는 향나무-장미과 수목이며, 소나무 혹병 기주와 중간기주는 소나무-참나무류이다.

(3) 토양소독

토양전염성 병을 예방하는 데 가장 직접적이고 효과적인 방법이다.

➤ 토양의 소독방법

구분	소독법	
물리적인 방법	• 토양에 열을 가하는 방법으로 소토법, 열탕소독법, 전기가열법, 증기소독법 등이 있다. • 주로 파종상, 양묘장 같은 경제성이 높은 소규모 면적에 사용한다.	
화학적인 방법	토양관주법	메탈락실, 하이멕사졸, 프로파모카브 등
	토양훈증법	메탐소듐 액제, 다조멧 입제 등

(4) 작업기구류 및 작업자의 위생관리

① 농기구는 물로 깨끗하게 씻은 후에 다른 장소에 보관한다.

② 포자가 묻은 옷을 갈아입고 건전묘 작업을 실행한다.

③ 작업 시 사용하는 기구와 작업자의 손을 70% 에틸알코올로 자주 소독한다.

7) 발병환경의 개선(생태적 방제법, 임업적 방제법)

(1) 건전묘의 식재

병 발병의 주요한 원인 중 하나가 감염목을 분주하여 심는 것이다. 아래의 예들은 감염목 식재로 발생할 수 있는 병들이다.

예 잣나무 털녹병, 밤나무 줄기마름병, 밤나무 혹병(근두암종병), 오동나무 빗자루병, 대추나무 빗자루병

(2) 조림시기와 식재방법

① 조림을 할 때에는 정상적으로 육묘 관리한 묘목을 휴면기에 이식하는 것이 원칙이다.

② 낙엽송, 편백, 분비나무, 활엽수류 등의 묘목은 휴면 전이나 이미 생장을 개시한 휴면 후에 심으면 뿌리썩음병, 페스탈로치아병, 잿빛곰팡이병, 탄저병, 줄기마름병이 발생한다.

③ 침엽수의 가을식재는 활착한 후에 월동을 할 수 있도록 일찍 하는 것이 중요하다.

④ 묘목이 불량하거나 식재방법이 잘못되면 아밀라리아 뿌리썩음병, 자줏빛날개무늬병, 흰날개무늬병 등에 걸리기 쉽다.

(3) 토양환경의 개선

일반적으로 토양전염병은 일광이 부족하거나 토양습도가 부적당할 때 많이 발생한다.

▶ 토양환경에 따른 수목병

구분	수목병
습도가 높은 토양에서 피해	Rhizoctonia solani 및 Pythium debaryanum
건조한 토양에서 피해	Fusarium
미분해유기물(낙엽, 나뭇가지)을 다량 함유한 개간 직후의 임지	자줏빛날개무늬병

(4) 비배관리

질소질비료를 과용하면 동해나 냉해를 받기 쉽고, 침엽수의 모잘록병, 삼나무 붉은마름병 등의 발생이 증가한다.

(5) 돌려짓기

토양 중 병원균의 밀도를 낮추고 양분이 부족하지 않게 한다.

▶ 돌려짓기(윤작)가 효과적인 병과 비효율적인 병

구분	수목병의 종류
윤작이 효과적인 병	오리나무 갈색무늬병균, 오동나무 탄저병균
윤작이 비효율적인 병	침엽수의 모잘록병(Rhizoctonia solani), 자주날개무늬병균, 흰비단병균 등

(6) 임지무육

구분	내용
풀베기	• 잡초나 잡목에 의해 나무가 피압되면 잿빛곰팡이병, 페스탈로치아병, 삼나무 · 편백 검은돌기잎마름병, 삼나무 붉은마름병, 소나무류 잎떨림병, 피목가지마름병 등이 발생한다. • 녹병류의 중간기주에도 효과적이다.
덩굴치기	• 덩굴류가 번성하여 나무가 압박을 받으면 피목가지마름병, 낙엽송 잎떨림병, 삼나무 가지마름병, 삼나무 검은돌기잎마름병, 편백 검은돌기잎마름병 등이 발생한다. • 눈이 많은 지방에서 편백 조림목은 설압해의 피해가 증가한다. • 낙엽송 가지끝마름병은 여름에 덩굴치기를 하면 상처가 생겨 가지끝마름병 피해가 증가한다.
제벌과 간벌	• 무육작업에 의한 수목방제수단의 핵심이다. • 병든 나무를 제거하거나 도태시키는 목적이 있다. • 피소나 상렬(동렬), 재질부후병, 줄기마름병을 유발할 수 있다.

핵심문제

배수가 불량한 곳에서 피해가 특히 심한 수목병으로 나열된 것은? [22년 8회]

① 밤나무 잉크병, 장미 검은무늬병
② 라일락 흰가루병, 회양목 잎마름병
③ 향나무 녹병, 단풍나무 타르점무늬병
④ 소나무류(푸자리움) 가지마름병, 철쭉류 떡병
❺ 밤나무 파이토프토라뿌리썩음병, 전나무 모잘록병

핵심문제

적절한 풀베기로 병 발생 또는 피해 확산을 감소시킬 수 있는 수목병만을 나열한 것은? [25년 11회]

① 소나무 혹병, 향나무 녹병
② 곰솔 잎녹병, 전나무 잎녹병
❸ 전나무 빗자루병, 전나무 잎녹병
④ 잣나무 털녹병, 오리나무 잎녹병
⑤ 모과나무 붉은별무늬병, 회화나무 녹병

핵심문제

나무병의 임업적 방제법으로 옳은 것은? [21년 6회]

① 토양 배수환경을 개선하면 빗자루병 발생을 줄일 수 있다.
❷ 솎음전정으로 통풍 환경을 개선하여 잎점무늬병 발생을 줄일 수 있다.
③ 무육작업은 발병을 줄이는 한편, 각종 병해 조기발견 기회를 감소시킨다.
④ 오동나무 임지의 탄저병은 돌려짓기(윤작)를 통해 발생을 줄일 수 있다.
⑤ 황산암모늄은 토양을 알칼리화하여, 뿌리썩음병 발생이 증가하므로 과용하지 말아야 한다.

8) 화학적 방제

수목의 전염성 병을 방제하는 가장 일반적인 수단이다.

▶ 화학적 방제의 종류

구분	내용
보호살균제	• 병원균의 포자가 발아하여 식물체 내에 침입하는 것을 방지하기 위해 살포한다. • 보르도액(약효 15~20일), 수산화구리제 등이 있다.
직접살균제	• 병원균의 발아와 침입을 방지하고 침입한 병원균을 살멸시키는 약제이다. • 예방과 치료에 모두 사용한다. • 테부코나졸, 티오파네이트메틸, 베노밀 등 • 등록농약과 사용방법에 대해서는 한국작물보호협회에서 매년 발행하는 '작물보호제 지침서'를 참고한다.

9) 생물학적 방제

길항작용을 나타내는 미생물을 이용하여 병해를 방제한다.

▶ 생물학적 방제의 종류

병해	길항미생물
잣나무 털녹병 (Cronartium ribicola)	Tuberculina maxima
모잘록병 (Rhizoctonia solani)	• Trichoderma lignorum • Trichoderma viride
밤나무 줄기마름병	ds RNA(저병원성 균주)
목재부후균	Trichoderma harzianum
안노섬뿌리썩음병 (Heterobasidion annosum)	Phlebiopsis gigantea(좀아교고약버섯)
세균성 뿌리혹병 (Agrobacterium tumefaciens)	Agrobacterium radiobacter

6. 수목병해의 치료

1) 수목병해 치료의 의의

정원수, 가로수, 공원수, 노거수, 천연기념물, 보호수 같은 경제적 · 문화적 가치를 지닌 나무에 병이나 상처가 발생하였을 때 피해가 확산되는 것을 방지하고, 나무를 보호하기 위해 적극적인 치료가 필요하다.

핵심문제

수목병의 생물적 방제에 대한 설명으로 옳은 것은? [21년 5회]

① 소나무 재선충병 감염목을 벌채 후 훈증한다.
② 포플러 잎녹병 방제를 위해 저항성 품종을 육종한다.
③ 항생제를 수간주입하여 대추나무 빗자루병을 방제한다.
④ 잣나무 털녹병 방제를 위해 중간 기주인 송이풀을 제거한다.
❺ 밤나무 줄기마름병 방제를 위해 병원균의 저병원성 균주를 이용한다.

핵심문제

뿌리혹병(근두암종병)에 관한 설명으로 옳지 않은 것은? [23년 9회]

① 목본과 초본 식물에 발생한다.
② 토양에서 부생적으로 오랫동안 생존할 수 있다.
③ 한국에서는 1973년 밤나무 묘목에 크게 발생하였다.
④ 병원균은 그람음성세균이며 짧은 막대 모양의 단세포이다.
❺ 주요 병원균으로는 Agrobacterium tumefaciens, A. radiobacter K84 등이 있다.

트리코데르마(Trichoderma)
불완전 균의 한 속. 토양, 낙엽, 그루터기, 썩은 나무 따위에 나는 곰팡이로 생태계 속에서는 유기물의 분해에 중요한 역할을 한다. 세균이나 곰팡이에 대한 항생 물질을 생산하기 때문에 식물의 병원균 퇴치에 쓴다.

수목병해 치료방법
- 내과적 치료방법 : 수간주사
- 외과적 치료방법 : 가지치기, 상처치료, 외과수술

2) 수목병해 치료방법

(1) 내과적 치료방법

① 약제의 수간주입

㉠ 수간주입법의 장점

- 환경오염을 일으키지 않음
- 연 1회의 소량 주입으로 보통 수개월 이상의 높은 방제효과 지속
- 파이토플라스마, 소나무 재선충병과 같은 전신감염병의 치료 · 예방에 효과적

㉡ 수간주입법의 주의점

- 주입공을 작게 뚫을 것
- 주입공의 위치가 아래쪽에 가까울수록 약액이 골고루 퍼지므로 줄기 밑동에 가깝게 함
- 직경 0.45~0.5cm의 구멍을 뚫음
- 30~45° 가량 경사지게 뚫기
- 깊이는 목질부로부터 2cm 길이 : 2cm 이상 뚫을 필요 없음

㉢ 수간주사 시기 : 수액이동이 활발한 4월 초순부터~10월 초에 실시하는 것이 효과적

② 나무주사법의 종류

구분	내용
중력식 수간주입법	• 중력에 의해 저농도의 약액을 다량으로 주입할 때 사용한다. • 일반적으로 1L통에 약액을 담아서 호스와 플라스틱주입관을 통해 주입한다. • 1L 주입하는 데 보통 12~24시간 소요된다. • 옥시테트라사이클린 주입 시 사용한다.
압력식 미량 수간주입법	• 소형의 플라스틱 압력식 수간주입용기를 사용하여 수간에 주입한다. • 가장 널리 사용되는 수간주입 방법이다. • 소량의 약제(5~10mL)가 들어 있는 캡슐 내 공기를 압축하여 주입한다. • 소나무의 경우 송진의 유동으로 3~11월에 연중 주입이 가능하다.
유입식 수간주입법	• 중력이나 압력을 이용하지 않고 약액이 유입되도록 하는 방법이다. • 소형의 플라스틱 주입캡슐을 사용한다(압력 ×). • 줄기에 큰 구멍을 뚫고 약액을 가득 채워 넣는 방법 : 구멍의 직경 1cm, 깊이 10cm의 구멍을 뚫는다.

직경 10cm 이하의 수목에는 수간주사를 실시하지 않는다.

(2) 외과적 치료방법

① 올바른 가지치기

가지치기는 나무의 건강 및 미관, 안전을 유지하기 위해 필수적인 작업이다.

㉠ 나무의 건강을 위한 가지치기

- 죽은 가지, 병든 가지, 부러진 가지, 긴 가지터기 등은 일찍 제거
- 가지와 잎이 지나치게 무성하여 공기유통이 잘 안 되고, 햇빛이 잘 닿지 않는 경우는 적절히 가지를 솎아내야 함

㉡ 나무의 미관을 증진시키기 위한 가지치기

조경수는 미관이 중요하므로 균형 있는 수형을 유지하기 위해 적절한 가지치기를 해야 한다.

예 웃자란 가지, 겹친 가지, 과밀하게 자란 가지, 나무 안쪽으로 자란 가지, 밑으로 처진 가지, 역지 이하의 가지, 원줄기에 발생한 잔가지, 자르다 만 긴 가지터기 등

㉢ 인명과 재산의 안전을 위한 가지치기

㉣ **가지 치는 시기**

- 형성층의 세포분열은 봄에 개엽과 더불어 시작되므로 이보다 조금 일찍, 즉 수목이 **휴면 상태에 있는 늦겨울**에 가지치기를 해서 봄 일찍부터 상처가 아물도록 하는 것이 좋음
- 우리나라 중부지방 : **2월 중순~하순이 가장 적절한 시기**

Reference 활엽수

- **낙엽이 진 후~봄 생장을 개시하기 전에 실시한다.**
  ※ 휴면기 아무 때나 가능
- **추운 지방에서는 늦겨울**에 실시한다.
- **단풍나무나 자작나무**는 이른 봄에 가지치기를 하면 수액이 상처의 치유를 지연시킨다. 이런 수종들은 **늦가을이나 겨울, 아니면 잎이 완전히 나온 후에 가지치기를 한다.**

㉤ 올바른 가지치기 방법 : **자연표적 가지치기(NPT)**

- 그림에서 Ⓐ와 Ⓑ는 자연표적인 지피융기선과 지륭을 연결하는 선임
- 지륭 안에 가지보호대라고 부르는 독특한 화학적 방어층을 가지고 있음. 방어물질은 **활엽수(페놀), 침엽수(테르펜)**를 주체로 한 물질로 조성되어 있음
- 밀착절단은 지륭이 잘려 나가 잘 아물지 않음

핵심문제

다음 중 수간주입방법에 대한 설명으로 틀린 것은?

① 중력식 수간주사는 수액 이동시기인 4월 말~5월 초에 하는 것이 가장 좋다.
② 중력식은 우리나라에서 가장 많이 사용하며, 저농도로 많은 양을 주입한다.
③ 미세압력식은 당해에 생겨난 목재까지만 구멍을 뚫고 물질을 주입하여도 최대로 흡수되고 퍼질 수 있다.
❹ 미세압력식은 중력식에 비해 약액이 주입되는 속도가 느리다.
⑤ 흡수식은 주입기 없이 직접 뚫어 설치하므로 주입속도가 빠르고 설치비용도 적게 든다.

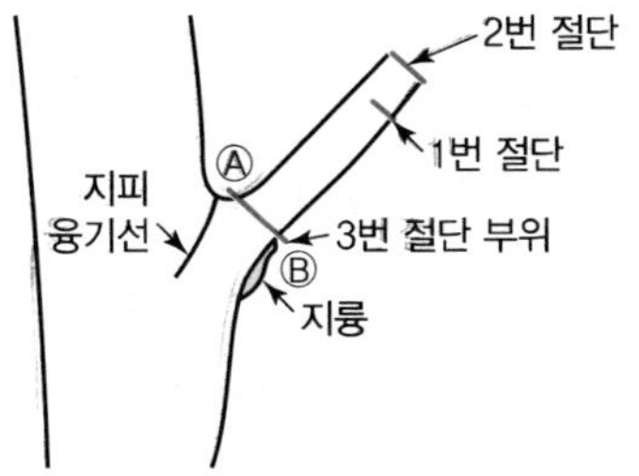

▌올바른 가지치기▐

ⓗ 가지치기의 위치 : 활엽수와 침엽수를 막론하고 모든 가지는 줄기와 가지의 결합 부위 및 가지와 가지의 결합 부위에서 자르며, 가지의 마디 사이에서 자르면 안 됨

ⓐ 지륭이 뚜렷한 가지 자르기 : 굵은 가지를 자를 때는 1차 부분절단, 2차 부분절단으로 가지의 하중을 줄인 다음 매끈하게 자름

ⓑ 지륭이 뚜렷하지 않은 가지 자르기 : 기본방법에 준해서 제거

ⓒ 죽은 가지 자르기 : 지륭이 손상되지 않게 제거

ⓓ 줄기 자르기 : 원줄기나 곁줄기가 부러졌을 때 또는 나무의 크기를 줄이고자 할 때 실시

ⓔ 굵은 가지 자르기(3단계 절단법)

- 최종적으로 자르려는 위치보다 20cm가량 위쪽의 가지 밑을 30～40% 자름
- 첫 번째 부분 절단위치로부터 2～3cm 위쪽을 완전히 제거
- 마지막으로 자연표적 가지치기에 맞춰 절단

ⓢ 상처도포제

ⓐ 락발삼도포제, 티오파네이트메틸도포제, 테부코나졸도포제를 사용하여 병원균의 침입을 방지하고 유합조직 형성을 촉진

ⓑ 검증되지 않은 상처도포제나 수성페인트, 유성페인트, 크레오소트, 콜타르 등을 사용하면 안 됨

ⓒ 벚나무나 은행나무와 같이 부후에 취약한 나무는 가지를 자르고 나서 상처도포제를 바름

ⓓ 단풍나무나 자작나무와 같이 봄에 가지치기를 하면 수액이 많이 흘러나오는 나무는 수액이 완전히 마른 후에 도포제를 바르거나 또는 수액이 흘러나오지 않는 겨울철에 가지치기를 한 다음 도포제를 바름

핵심문제

수목병의 관리에 관한 설명으로 옳은 것은? [22년 7회]

❶ 티오파네이트메틸은 상처도포제로 사용된다.
② 나무주사는 이미 발생한 병의 치료 목적으로만 사용된다.
③ 잣나무 털녹병 방제를 위해 매발톱 나무를 제거한다.
④ 보르도액은 방제효과의 지속시간이 짧으나 침투이행성이 뛰어나다.
⑤ 공동 내의 부후부를 제거할 때는 변색부만 제거하되 건전부는 도려내면 안 된다.

② 수목의 상처치료

수세가 왕성할수록 상처 가장자리에 형성된 상처유합재의 생장이 활발하여 상처가 빨리 아문다. 상처치료를 한 후에는 봄에 비료를 충분히 주고, 여름철 가물 때에는 충분히 관수하며, 죽은 가지는 제거하고, 멀칭을 하여 수세를 증진시킨다.

㉠ 수피상처의 원인

구분	예
인위적 원인	차량, 중장비, 예초기, 기계적 마찰, 밧줄이나 지주, 당김줄, 도로공사, 박피 등
기상적 원인	피소, 상렬, 강풍, 적설, 낙뢰 등
생물적 원인	노루, 멧돼지, 토끼, 들쥐 등

㉡ 나무의 상처가 아무는 과정

상처 → 형성층의 미분화된 분열조직인 유합조직 형성 → 수피조직과 목질부조직을 갖춘 상처유합재 → 상처 닫기

㉢ 상처도포제

락발삼, 티오파네이트메틸(톱신페이스트), 테부코나졸(실바코도포제)

㉣ 나무에 갓 생긴 상처의 응급치료

ⓐ 차량 충돌이나 작업 중에 수피가 벗겨졌을 때

- 즉시 목질부와 수피 사이에 있는 부서진 조각이나 이물질을 제거
- 상처가 마르기 전에 벗겨진 수피를 제자리에 잘 맞추어 밀착시킴
- 작은 못을 박거나 접착테이프를 붙여서 고정
- 상처 부위가 마르지 않도록 물티슈나 젖은 키친타월, 젖은 천 등으로 패드를 만들어 상처 부위 전체를 덮음
- 햇빛이 투과하지 않도록 청색의 보호테이프로 단단히 고정
- 상처 부위에 햇빛이 직접 비치지 않게 함
- 2주를 기다린 후 유합조직이 자라고 있는지 확인
- 유합조직이 자라고 있으면 비닐과 패드를 제거하고 햇빛만 비치지 않게 함

ⓑ 유합조직이 자라고 있지 않을 경우

- 붙였던 수피조각을 모두 제거하여 상처를 노출
- 칼로 노출된 상처의 모양을 따라 바깥쪽 1~2cm 이내에 있는 온전한 수피를 모가 나지 않게 둥글게 도려냄

• 칼을 70% 에틸알코올에 자주 소독
• 노출된 형성층 부위와 목질부에는 상처도포제를 발라 줌

ⓜ 어린 상처의 치료

ⓐ 오래되지 않은 상처의 경우 그대로 방치하면 유합조직이 들쭉날쭉하게 자라면서 상처가 더디게 아물고 울퉁불퉁한 흉터가 남음

ⓑ 따라서 상처 가장자리에서 유합조직이 자라기 전에 가장자리를 둥글게 다듬어 유합조직이 균일하게 자라 빨리 아물도록 함(들뜬 지저깨비 제거)

ⓒ 상처를 방추형, 타원형으로 다듬을 필요는 없음

ⓓ 온전한 수피를 최소한으로 도려내면 됨

ⓑ 상렬, 피소 또는 낙뢰로 인한 상처의 치료

ⓐ 상렬(동렬)의 상처는 잘 아물기 때문에 특별히 치료할 필요는 없음

ⓑ 다만 수피가 폭넓게 벗겨져 있을 때는 수피를 말끔히 제거한 후 상처도포제를 발라 줌

➤ 피소(볕뎀)와 낙뢰의 특징

구분	내용
피소	피소의 상처는 가장자리에 유합조직이나 상처유합재가 이미 형성되어 있는 경우가 많다. 이때에는 유합조직이나 상처유합재를 덮고 있는 들뜬 수피를 제거하고 상처도포제를 바른다.
낙뢰	• 상처 부위에 상처도포제를 바른다. • 부서진 수피는 제거하지 말고 약 1년 정도 두었다가 상처 가장자리에 유합조직이 형성된 후에 제거한다.

ⓢ 오래된 상처의 치료

ⓐ 줄기의 수피가 벗겨진 지 수개월 내지 1년 이상 지난 상처의 가장자리에는 대부분 융기된 유합조직이나 상처유합재가 형성되어 있음

ⓑ 상처유합재가 완전 노출되어 있으면 이물질을 씻어 내고 상처도포제를 발라 줌

ⓒ 상처유합재가 수피에 깊숙이 갇혀 있으면 완전히 드러나게 함

ⓞ 수피이식

ⓐ 수피이식 가능 조건 : 수평으로 많이 벗겨지고 간격이 좁으면 가능

핵심문제

나무줄기 상처치료에 대한 설명으로 옳지 않은 것은? [21년 6회]

① 수피 절단면에 햇빛을 가려주면 유합조직 형성에 도움이 된다.
❷ 상처조직 다듬기에 사용하는 도구들은 100% 에탄올에 담가 자주 소독한다.
③ 상처 주변 수피를 다듬을 때는 잘 드는 칼로 모가 나지 않게 둥글게 도려낸다.
④ 상처에 콜타르, 아스팔트 등을 바르면 목질부의 살아 있는 유세포가 피해를 볼 수 있다.
⑤ 물리적 힘에 의해 수피가 벗겨졌을 때는 즉시 제자리에 붙이고 작은 못이나 접착테이프로 고정한다.

구분	내용
상처 크기가 줄기둘레의 25% 미만	상처가 아물면서 나무는 회복한다.
상처 크기가 줄기둘레의 50% 이상	일부 가지들이 죽으면서 나무는 쇠약해지고 고사할 수 있다.

ⓑ 수피 이식 순서 : 들뜬 수피를 제거 → 상처의 위아래에서 높이 약 2cm가량의 수피를 수평으로 벗겨냄 → 신선한 수피를 이식 → 넓을 경우 5cm 길이로 연속해서 이식

✎ 가지와 줄기에는 극성이 있어 상하가 바뀌지 않아야 한다. 모두 고정하고 물티슈나 젖은 천으로 패드를 만들어 덮은 후, 묶어서 건조와 이탈을 막는다.

ⓩ 뿌리의 상처치료 : 노출된 뿌리목이나 굵은 뿌리의 껍질이 벗겨졌을 때에는 상처 부위를 깨끗이 다듬고, 상처도포제를 발라 병원균의 침입을 방지하여 상처가 빨리 아물게 하기

③ 수목의 외과수술

공동의 추가적인 부패의 확대를 막고, 나무를 보호하기 위한 조치로서 잘 되면 나무의 건강 및 미관, 안전을 증진시키며, 부실하게 되면 부패를 조장한다.

㉠ 수목외과수술의 역사

ⓐ 1640년 토마스 로튼 : "상처로 인해 생긴 나무의 공동을 따뜻한 모르타르로 메운다."라고 저술

ⓑ 1791년 영국 왕실 정원사 W. 포사이스 : 신선한 쇠똥, 묵은 석회, 숯, 모래 등을 섞어 공동을 메움

ⓒ 1914년 미국 J.F 콜린스 : 콘크리트 충전법을 제시(공동을 메울 때는 부후부는 물론, 변색부도 완전히 제거해서 건전부를 노출시킨 다음 충전재로 메움)

ⓓ 1960~1970년 : 수목외과수술의 일대 혁신

ⓔ 1977년 **샤이고 박사의 CODIT 이론(수목부후의 구획화) 등장**으로 과학적인 **수목외과수술 방법이 확립됨**

ⓕ 우레탄폼의 등장과 CODIT 이론 등장으로 새로운 외과수술의 시대 도래

➤ 우레탄폼의 특징

특징	내용
장점	• 접착성과 유연성이 월등하다. • 흡습성과 보수성이 낮다. • 메우기 어려운 요철과 굴곡도 빈틈없이 메울 수 있고 사용이 편리하다.
단점	강도가 낮고 직사광선에 쉽게 부서진다.

ⓛ 올바른 수목외과수술의 개념 : 샤이고 박사는 상처 입은 나무가 여러 방향으로 방어벽을 만들어 부후균과 부후균에 감염된 조직을 입체적으로 칸에 가두어 봉쇄하는 자기방어기작을 수목부후의 구획화(CODIT)라고 부름

➤ **방어벽의 종류**

구분	내용
방어벽 1	부후가 상처의 위아래로 물관이나 헛물관을 폐쇄시키면서 만든 벽이다.
방어벽 2	부후가 나무의 중심부를 향해 방사 방향으로 진전되는 것을 막기 위해 나이테를 따라 만든 방어벽이다.
방어벽 3	부후가 나이테를 따라 둘레 방향으로 즉, 접선 방향으로 진전되는 것을 저지하기 위해 방사단면에 만든 벽이다.
방어벽 4	노출된 외부 상처를 밖에서 에워싸기 위해 상처가 난 후에 형성층이 세포분열을 통해 만든 신생세포로 된 방어벽이다.

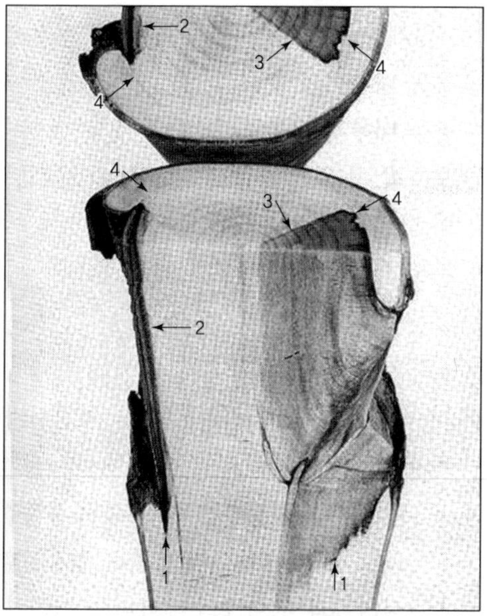

▌방어벽의 단면▐

방어벽의 강도
방어벽 4 > 방어벽 3 > 방어벽 2 > 방어벽 1

ⓒ 외과수술 시기
- 외과수술은 이른 봄이 실행 적기
- 늦여름이나 가을에 외과수술을 하면 상처유합재의 발달이 미약해짐

ⓔ 외과수술의 실제

ⓐ 외과수술 대상목의 결정

- 외과수술은 상처나 공동이 너무 크고 깊지 않을 때 실행하

면 부패를 방지하고 나무의 건강을 증진하는 데 효과적임
- 밑동이 크게 썩었거나 줄기나 가지의 공동이 지나치게 크고 깊으면 좋은 결과를 기대하기 어려움

ⓑ 외과수술 전후의 활력도 측정
- 외과수술의 목적은 나무의 건강회복과 수세증진임
- 수세진단기를 통해 수술 전후에 정기적(4월과 8월)으로 측정
- 나무의 활력도를 측정해서 비교 점검해야 함
- 수술 후의 정기적인 활력도 측정은 필수

ⓒ 공동 내 썩은 조직 제거
- 부후가 진행 중인 공동의 경우 : 푸석한 썩은 조직을 제거하고, 썩은 조직을 둘러싸고 있는 단단한 조직은 다치지 않게 하며 변색되었더라도 보존(방어벽 보존)
- 부후가 멈춘 공동의 경우 : 썩은 조직이 없는 경우 공기압축기로 내부 나무조직의 잔재를 제거(유합조직은 다치지 않게 함)

ⓓ 공동 내부의 살충처리

ⓔ 공동 내부의 건조처리

ⓕ 보호막 처리 : 상처도포제를 발라 우레탄폼이 직접 목질부와 닿는 것을 방지

ⓖ 공동 가장자리의 형성층 노출

ⓗ 공동 메우기
- 작은 공동의 경우
  - 상처유합재 처리와 성장을 촉진시켜 스스로 아물도록 하는 것이 바람직
  - 형성층 노출작업을 마친 후 공동충전은 실리콘+코르크로 충전하며, 이때 노출 형성층보다 5mm 낮게 충전
  - 실리콘과 코르크의 배합비는 실리콘 500mL에 코르크 100g
- 큰 공동의 경우 : 우레탄폼을 주로 충전제로 사용

ⓘ 표면처리(외피처리)

ⓙ 외과수술 후의 관리
- 정기적인 조사와 지속적인 관리를 통해 수세증진과 자기방어시스템 강화
- 발근 촉진제, 토양 관주, 영양제 수간주사, 토양 개량, 멀칭, 복토 제거, 엽면시비 등 생육환경 개선

CHAPTER 02

생물적 요인에 의한 수목병해

1. 수목병을 일으키는 여러 생물적 요인

1) 식물병

① 식물체 기능에 이상이 발생하여 증상이 나타나는 것이다.
② 병의 증상=병징
③ 병을 일으키는 생물적 요인=병원체

2) 주요 병원체

곰팡이, 세균, 파이토플라스마, 바이러스, 원생동물, 선충, 기생성 종자식물이 있다.

3) 병원체

① 식물에 기생하여 영양분을 섭취하는 기생체이다.
② 절대기생체 : 바이러스, 파이토플라스마, 식물기생선충, 원생동물, 기생식물, 일부 곰팡이
③ 임의기생체, 임의부생체 : 대다수의 곰팡이와 세균

4) 원생동물

① 단세포의 운동성이 있는 유기체이다.
② 대부분 자유생활을 하지만 편모충의 일부가 식물병을 유발한다.
③ 주로 유관속 세포에 번식하여 전신성 병해를 유발하며, 뿌리접목이나 곤충을 통해 전염시킨다.

2. 곰팡이 병해

1) 곰팡이의 개념

① 진균(사상균, 곰팡이)과 점균

㉠ 진균 : 진균은 사상균과 효모로 나뉘는데, 효모는 식물병원균이 없으므로 다루지 않음. 따라서 진균이라 함은 사상균을 의미

㉡ 점균

- 원생동물계 점균문에 해당하므로, 균계가 아님
- 점균과 유사한 균류로는 난균이 있으며, 난균은 색조류계 난균문에 해당

② 지구상에는 약 10만 종의 곰팡이가 알려져 있으며 대부분 유기물의 분해자 역할을 하는 유익한 생물군이다. 단지 약 300종이 인체 병원균이나 가축 및 반려동물의 동물병원균으로 알려져 있다.

③ 식물병 곰팡이는 무려 30,000종 이상에 달한다.

2) 곰팡이의 형태

(1) 곰팡이

① 사상균과 효모

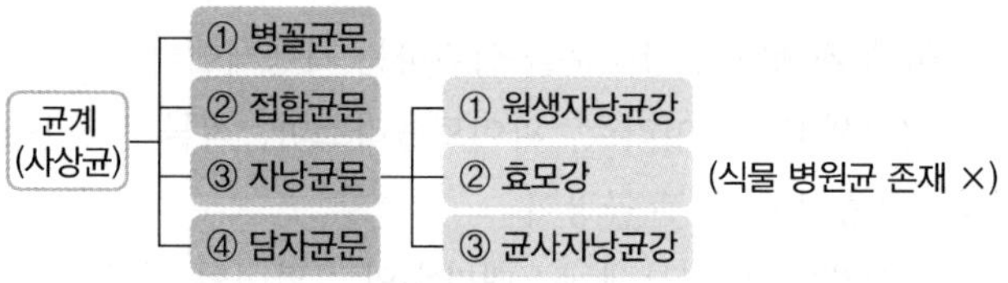

▌진정균류▐

② 효모는 식물병원균으로 알려진 것이 없다.

(2) 균사체

실 모양의 균사체로 그중 일부를 균사라고 한다.

(3) 균사

① 세포벽이 있다.

② 격벽이 있는 것과 없는 것이 있다.

▶ 하등균류와 고등균류의 종류

하등균류(무격벽균사)	고등균류(유격벽균사)
• 네오칼리마스티고균문 • 병꼴균문 • 블라스토클라디오균문 • 글로메로균문	• 자낭균문 • 담자균문

✎ 하등균류는 세포 내에 여러 개의 핵이 있으며, 고등균류는 하나의 세포에 1개 또는 2개의 핵이 있다.

3) 곰팡이의 번식과 생활환

(1) 곰팡이의 번식

곰팡이는 주로 포자로 번식한다.

▶ 무성생식세대와 유성생식세대의 종류

무성생식	유성생식
• 무성포자 : 무성생식으로 만들어지는 포자 • 분열포자 : 균사의 일부가 잘리듯이 형성 • 후벽포자 : 두꺼운 껍데기에 싸임 • 분아포자 : 싹 트는 모양과 같음 • 분생포자 : 분생포자경이 생겨 그 끝에서 형성. 분생포자각, 분생포자반에서 포자 형성 • 유주포자 : 균사의 일부분에서 유주포자낭경이 생기며 그 끝에 유주포자낭이 달리고 그 속에 형성	• 원형질융합과 핵융합, 감수분열을 거쳐 발생 • 난포자, 접합포자, 자낭포자, 담자포자 등

핵심문제

곰팡이의 유성생식에 대한 설명 중 틀린 것은?

① 유성생식은 원형질융합, 핵융합, 감수분열의 과정을 거친다.
② 유성세대는 대개 월동이나 휴면 또는 유전적 변이를 통한 환경적응의 기작이다.
❸ 접합균류는 유성생식에서 크기가 다른 배우자낭과 합쳐서 접합포자가 된다.
④ 반자낭균강의 자낭은 단일벽이다.
⑤ 담자포자는 담자기 위에 4개의 담자포자가 형성된다.

(2) 생식기관

구분	내용
유성포자	• 난포자, 접합포자, 자낭포자, 담자포자 • 원형질융합, 핵융합, 감수분열의 단계를 거쳐 형성
무성포자	분생포자, 분열포자, 분아포자, 후벽포자, 유주포자 등

✎ 불완전균류
• 유성포자를 만들지 않거나 유성세대를 발견하지 못한 균류를 총칭한다.
• 대부분 자낭균류에 속한다.

Reference 포자를 형성하지 않고 번식하는 경우

균핵, 자좌, 뿌리꼴균사다발 등은 균사가 서로 밀착하여 발생

✎ 곰팡이의 생활환은 무성세대와 유성세대를 포함한다.
식물을 가해하는 시기는 대부분 무성세대이고 유성세대는 대개 월동이나 휴면 또는 유전적 변이를 통한 환경적응의 기작이다.

(3) 영양기관

① 기본적인 영양기관 : 균사, 균사의 집단(균사체)
② 세포벽이 있고, 키틴이 주성분이다.

③ 유격벽균사, 무격벽균사(다핵균사)가 있으며 격벽의 유무에 따라 나뉜다.

④ 핵, 선단소체, 골지체, 미토콘드리아, 소포체, 액포 등의 구조를 가진다.

⑤ 종류 : 균사층, 균사속, 근상균사속, 자좌, 균핵 등

⑥ 자좌 : 균사가 치밀하게 접합하여 된 조직, 주로 균사다발이나 번식기관의 주변에 형성

⑦ 균핵 : 균사가 서로 엮여서 짜인 구형 또는 타원형 조직(영양분을 저장)

4) 곰팡이의 분류

> 곰팡이의 명명법
> • 2013년부터 1균 1명 체계를 채택하였다.
> • 그동안 유성세대와 무성세대명을 인정하던 것을 단 하나의 학명을 사용하게 하였다.

과거 : 생물 5계설	현재 : 생물 7계설
• 식물계 • 동물계 • 균계 – 점균문 – 진균문 – 유주포자균아문 – 접합균아문 – 자낭균아문 – 담자균아문 – 불완전균아문 • 원생동물계 • 원핵생물계	• 세균계 • 고균계 • 원생동물계 : 점균문 • 색조류계 : 난균문 • 식물계 • 균계 – 네오칼리마스티고균문 – 병꼴균문 – 블라스토클라디오균문 – 글로메로균문 – 자낭균문 – 담자균문 • 동물계

(1) 난균류(Oomycetes)

> 현재의 분류체계에 따르면 난균은 부등편모조류문(Heterokontophyta)에 속하므로 균계에 속하지도 않고 진정한 곰팡이도 아니다.

① 특징

㉠ 실 모양의 몸체

㉡ 몸체는 분지(分枝)함

㉢ 몸체는 균사, 격벽이 없는 다핵균사임

㉣ 몸체 끝부분에서만 자라는 정단생장

㉤ 포자를 형성

㉥ 조류의 한 종류 : 세포벽에는 키틴을 함유하지 않고, 글루칸과 섬유소를 가지는 조류의 한 종류

② 난균류의 생식과 포자의 특징

구분	내용
난균류의 유성생식	대형의 장란기(Oogonium)+소형의 장정기(Antheridium)=수정되어 난포자 형성
난균류의 무성생식	유주포자낭에서 유주포자를 형성하거나 직접 발아하는데, 발아하는 경우의 유주포자낭을 분생포자라고 한다.
유주포자	2개의 편모를 갖는다(털꼬리형, 민꼬리형). • 편모 2개가 앞으로 향한 것(1차형 유주포자) • 털꼬리형은 앞쪽으로, 민꼬리형은 뒤쪽으로 향한 것(2차형 유주포자)

③ 난균의 종류

병명	병원균의 종류
흰녹가루병	Albugo, Pustula, Wilsoniana
모잘록병, 뿌리썩음병	Pythium, Aphanomyces
역병	Phytophthora
노균병	Basidiophora, Bremia, Bremiella, Hyaloperonospora, Paraperonospora, Perofascia, Peronosclerospora, Peronospora, Plasmopara, Pseudoperonospora, Sclerophthora, Sclerospora

(2) 병꼴균문(병꼴균류)

① 유주포자를 형성하는 호기성 균류이다.

② 담수, 염호, 해양 등 수환경과 토양에 서식하는 부생균 또는 병원균이다.

③ 수목병원균은 잘 알려져 있지 않다.

④ 식물병원균류로는 감자 암종병을 일으키는 Synchytrium endobioticum이 유명하다.

⑤ 균사 발달은 미약하며, 격벽이 없는 다핵균사이다.

⑥ 영양체 전부가 생식체인 유주포자낭으로 변하는 전실성인 것이 많다.

⑦ 무성포자인 유주포자는 후단에 1개의 민꼬리형 편모를 갖는다.

(3) 접합균류(Zygomycetes)

① 세포벽에 키틴을 가지며, 균사를 형성하고 포자로 번식하는 균계에 속한다.

② 접합균류의 중요한 특징 : 유성생식에서 모양과 크기가 비슷한 배우자낭이 합쳐져 접합포자를 만든다.

핵심문제

밤나무 잉크병의 병원체에 관한 설명으로 옳지 않은 것은? [22년 8회]

① 격벽이 없는 다핵균사를 형성한다.
② 세포벽의 주성분은 글루칸과 섬유소이다.
❸ 장정기(Antheridium)의 표면이 울퉁불퉁하다.
④ 무성생식으로 편모를 가진 유주포자를 형성한다.
⑤ 참나무 급사병 병원체와 동일한 속(Genus)이다.

✎ 유주포자는 대부분 물 또는 습한 토양에 서식하는 부생균

▶ 접합균류의 종류

구분	내용
균근곰팡이	Endogone
곤충기생곰팡이	Entomophthora, Massospora
식물병원균	Choanephora, Mucor, Rhizopus

(4) 자낭균문(Ascomycota)

64,000종 이상이 알려져 곰팡이의 약 70%가 여기에 속한다. 지의류를 형상하는 곰팡이는 거의 다 자낭균이다.

① 자낭균의 특징 : 균사의 세포벽은 키틴으로 구성되고, 단순격벽공이 있다. 균사조직으로는 자좌, 균핵 등을 형성한다.
② 유성세대 : 완전세대 또는 자낭포자세대라고 하며, 자낭포자를 형성한다.
③ 무성세대 : 불완전세대 또는 분생포자세대라고 하며, 분생포자를 형성한다.

▶ 자낭균문의 특징과 종류

분류	특징	종류
반자낭균강 (나출자낭균)	• 자낭과를 형성하지 않는다. • 단일격벽이다. • 자낭은 병반 위에 나출한다.	• Saccharomyces속 : 대부분의 효모류는 당효모아문 • Taphrina속 : 벚나무빗자루병, 복숭아잎오갈병
부정자낭균강	• 자낭과는 자낭구이다. • 자낭구 : 머릿구멍 또는 다른 개구조직이 없다.	• 병원균(아래 병원균은 목재오염균과 청변균이다) • Penicilliium, Aspergillus, Ceratocystis, Ophiostoma
각균강	• 자낭과는 자낭각이다. • 자낭각 : 위쪽에 머릿구멍이 있거나 없으며, 단일벽의 자낭이 자낭과 내에 배열되어 있다.	Cordyceps를 비롯한 버섯류와 흰가루병균, 맥각병균, 탄저병균, 일부 그을음병균 등
반균강	• 자낭과는 자낭반, 내벽은 나출된 자실층으로, 자낭이 나출되어 배열된다. • 자낭은 단일벽	Rhytisma, Lophodermium, Rhizina, Cenangium, Sclerotinia(균핵병균), Scleroderris(궤양병)
소방자낭균강	자낭과는 자낭자좌, 자낭은 이중벽이다.	• Elsinoe, Venturia, Mycosphaerella, Guignardia속과 각종 수목의 그을음병이 속한다. • Elsinoe에 의한 병 : 두릅나무 더뎅이병, 오동나무 새눈무늬병

핵심문제

벚나무 빗자루병에 관한 설명으로 옳지 않은 것은? [22년 8회]

① 병원균은 Taphrina wiesneri이다.
❷ 유성포자인 자낭포자는 자낭반의 자낭 내에 8개가 형성된다.
③ 벚나무류 중에서 왕벚나무에 피해가 가장 심하게 나타난다.
④ 감염된 가지에는 꽃이 피지 않고 작은 잎들이 빽빽하게 자라나오며 몇 년 후에 고사한다.
⑤ 병원균의 균사는 감염 가지와 눈의 조직 내에서 월동하므로 감염가지는 제거하여 태우고 잘라낸 부위에 상처 도포제를 바른다.

핵심문제

수목병과 병원균의 구조물에 대한 연결이 옳지 않은 것은? [21년 5회]

① Hypoxylon 궤양병 – 자낭각
❷ 밤나무 줄기마름병 – 자낭구
③ 벚나무 빗자루병 – 나출자낭
④ Scleroderris 궤양병 – 자낭반
⑤ 소나무류 피목가지마름병 – 자낭반

(5) 담자균문

① 1,600여 속에 31,000여 종이 알려져 있다.
② 곰팡이 중에서 진화도가 가장 높은 고등균류이다.
③ 녹병균아문, 깜부기병균아문, 버섯아문과 미분류인 두 개 분류군이 있다.
④ 유연공격벽과 담자기 위에 담자포자를 형성한다.
⑤ 담자포자는 원형질의 융합, 핵융합, 감수분열의 결과로 형성된다.
⑥ 각 담자기 위에 대개 4개의 담자포자가 형성된다.

(6) 불완전균류

① 유성세대가 상실되었거나 발견되지 않아 무성세대만 알려진 균류를 통칭한다.
② 흰가루병균이나 녹병균과 같이 분류학적 위치가 명백한 경우에는 무성세대만으로도 유성세대의 분류군에 소속시켜 왔다.
③ 균사에 격벽이 없는 하등균류는 불완전균류에 소속시키지 않았다.
④ 실제 모두 자낭균문에 소속시킨다.

▶ 불완전균류의 분류

분류	균류의 특징	병원균의 종류
유각균류	분생포자각	Ascochyta, Macrophoma, Phoma, Pomopsis, Phyllosticta, Septoria 등
	분생포자반	Colletotrichum, Cylindrosporium, Entomosporium, Marssonina, Pestalotiopsis 등
총생균류	분생포자좌, 분생포자경다발(분생포자경속), 분생포자경	• Alternaria, Aspergillus, Botryis, Cercospora 및 관련 속 • Cladosporium, Corynespora, Fusarium, Helminthosporium 및 관련 속 • Penicillium, Pyricularia, Verticillium 등
무포자균류	분생포자를 형성하지 않고 균사만 알려져 있다.	Rhizoctonia, Sclerotium 속
분아균류	식물병원균이 없어 다루지 않는다.	

⑤ 유각균류 : 분생포자경 및 분생포자는 분생포자과의 안쪽에 형성된다.
㉠ 분생포자각을 형성하는 속 : Ascochyta, Macrophoma, Phoma, Phomopsis, Phyllosticta, Septoria 등

핵심문제

다음은 담자균류에 대한 설명이다. 틀린 것은?
① 녹병균, 깜부기병균, 목재부후균 및 대부분의 버섯이 담자균이다.
② 담자균의 영양체는 잘 발달된 균사로 격벽이 있다.
③ 담자포자는 일반적으로 1핵의 단상체이며 자낭포자와 마찬가지로 원형질융합, 핵융합, 감수분열의 결과로 형성된다.
❹ 균사의 격벽은 자낭균류보다는 간단한 구조를 가지고 있다.
⑤ 유성세대로는 담자기 위에 유성포자인 담자포자를 형성한다.

✎ Septoria에 의한 병
불완전아균문 유각균강 분생포자각균목

병명	병원균	병징 및 병환
오리나무 갈색 무늬병	Septoria alni	다각형 내지 부정형 병반
느티나무 흰별 무늬병	Septoria beliceae	다각형 내지 부정형 병반
밤나무 갈색점 무늬병	Septoria quercus	경계 황색의 띠
가중나무 갈색 무늬병	Septoria sp.	겹둥근무늬, 흰색 포자 덩이
자작나무 갈색 무늬병	Septoria betulae	적갈색 점무늬, 분생포자각
말채나무 점무늬명	Septoria cornicola	자갈색 병반 → 회갈색 병반
가래나무 점무늬병	Septoria juglandis	병반 위 흰 분생포자

✎ **쉽게 외우기**
오느밤 가자 말 가래[말채나무 점무늬병, 가래나무 점무늬병 (Sphaerulina)]

㉡ 분생포자반을 형성하는 속 : Colletotrichum, Cylindrosporium, Entomosporium, Marssonina, Pestalotiopsis 등

➤ 주요 병원균과 병의 종류

Colletotrichum의 근연 병원균에 의한 탄저병	Entomosporium	Marssonina	Pestalotiopsis
• 오동나무 탄저병 • 동백나무 탄저병 • 사철나무 탄저병 • 호두나무 탄저병 (1차 전염원 : 자낭포자) • 개암나무 탄저병 • 버즘나무 탄저병	• 홍가시나무 점무늬병 • 채진목 점무늬병	• 포플러류 점무늬잎떨림병 • 참나무 갈색둥근무늬병 • 장미 검은무늬병 (1차 전염원 : 자낭포자)	• 은행나무 잎마름병 • 삼나무 잎마름병 • 동백나무 겹둥근무늬병 • 철쭉류 잎마름병

⑥ 총생균류

㉠ 분생포자과를 형성하지 않음

㉡ 균사조직 : 분생포자좌, 분생포자경다발(분생포자경속), 분생포자경을 형성

㉢ 종류

- Alternaria, Aspergillus, Botryis, Cercospora 및 관련 속
- Cladosporium, Corynespora, Fusarium, Helminthosporium 및 관련 속
- Penicillium, Pyricularia, Verticillium 등

➤ 주요 병원균과 병의 종류

Cercospora	Corynespora	기타 총생균에 의한 병
• 소나무 잎마름병 • 삼나무 붉은마름병 • 포플러 갈색무늬병 • 느티나무 갈색무늬병 • 벚나무 갈색무늬구멍병 • 명자나무 점무늬병 • 무궁화 점무늬병 • 배롱나무 갈색무늬병 • 족제비싸리 점무늬병 • 때죽나무 점무늬병 • 두릅나무 뒷면모무늬병 • 쥐똥나무 둥근무늬병 • 멀구슬나무 갈색무늬병 • 모과나무 점무늬병	• 무궁화 점무늬병 • 가중나무, 순비기나무, 황매화 등에도 발생	소나무류 갈색무늬잎마름병

✎ 쉽게 외우기

- Colletotrichum : 오동 사호 개버즘
- Entomosporium : 홍채
- Marssonina : 포참장
- Pestalotiopsis : 은삼이와 동철이

핵심문제

Cercospora속 또는 Pseudocercospora속이 일으키는 수목병에 관한 설명으로 옳지 않은 것은? [25년 11회]

① 소나무 잎마름병은 주로 묘목에 발생한다.
② 때죽나무점무늬병균은 월동한 후 분생포자가 1차 전염원이 된다.
③ 느티나무흰무늬병균은 병반 안쪽에 분생포자경 및 분생포자가 밀생한다.
④ 벚나무갈색무늬구멍병균은 흑색 돌기 형태의 분생포자퇴나 자낭각을 형성한다.
❺ 무궁화 점무늬병이 심하게 발생하면 기주의 수세는 약해지나 개화에는 영향이 없다.

핵심문제

병원균의 속(Genus)이 동일한 병만 고른 것은? [23년 9회]

ㄱ. 밤나무 잉크병
ㄴ. 참나무 급사병
ㄷ. 삼나무 잎마름병
ㄹ. 철쭉류 잎마름병
ㅁ. 포플러 잎마름병
ㅂ. 동백나무 겹둥근무늬병

① ㄱ, ㄴ, ㄹ
② ㄱ, ㄴ, ㅁ
③ ㄷ, ㄹ, ㅁ
❹ ㄷ, ㄹ, ㅂ
⑤ ㄷ, ㅁ, ㅂ

Reference 1차 전염원이 자낭포자인 것

모과나무 점무늬병, 벚나무 갈색무늬구멍병, 포플러 갈색무늬병

⑦ 무포자균류

㉠ 분생포자를 형성하지 않고 균사만 알려져 있음

㉡ 종류 : Rhizoctonia, Sclerotium 속

5) 곰팡이의 역할

곰팡이는 수목과의 관계에서 부생 · 기생 · 공생관계를 갖는데, 기생의 경우 수목에 병을 일으키게 된다.

(1) 부생성 곰팡이

곰팡이는 효소를 분비하여 목재에 축적되어 있는 섬유소와 리그닌을 분해함으로써 산림생태계에서 분해자의 역할을 담당한다. 세균이 물질을 분해하도록 도와주는 역할을 한다.

(2) 기생성 곰팡이

산림생태계에서 기생성 곰팡이는 작은 부분을 차지하고 있다.

① 물질순환의 한 고리이다.

② 병원균의 대부분을 차지한다.

(3) 공생성 곰팡이

곰팡이 중에 조류와 공생하여 지의류를 형성하기도 하고, 식물체의 뿌리에 공생하여 균근을 형성하기도 한다. 그중 균근의 특징은 다음과 같다.

① 생태적 기능

㉠ 토양에 공생균이 없는 상태에서 묘목을 식재한 경우 활착 실패

㉡ 현화식물의 95% 정도에서 나타나며 특히 난초과, 철쭉과, 건전 식물체, 침엽수종에서 중요

㉢ 인의 순환에 중요한 역할을 하며, 병원성 미생물의 침입으로부터 보호하는 역할을 함

지의류
- 황무지에서 생물천이를 시작하는 개척자
- 공해에 민감하여 대기오염의 지표생물로 활용

② 형태

㉠ 균근 형성에 관여하는 뿌리는 보통 2차 생장을 하지 않고, 근관이 없는 잔뿌리로서 침엽수종에서 총뿌리의 90~95%를 차지함

㉡ 침엽수에 균근 곰팡이가 침입하면 뿌리는 부풀고, 소나뭇과에서는 분지가 많으며, 색깔을 띰

㉢ 속씨식물의 뿌리는 침엽수 뿌리처럼 부피가 증가하거나 분지되지 않음

③ 분류

㉠ 내생균근 : 균사체는 기주의 뿌리 피층세포 내에 존재하며, 두꺼운 균사층을 형성하지 않음. 내생균근은 균사의 격벽 유무에 따라 두 가지로 분류

ⓐ 격벽이 없는 균사

- VA[Vesicular(구형)－Arbuscular(나뭇가지)] 내생균으로 가장 일반적이며 대부분의 식물이 해당

외생균근과 내생균근을 모두 형성하는 수목
오리나무, 버드나무, 유칼리나무 등

Reference **내생균근의 종류**

접합균문에 속하는 Acaulospora, Endogone, Entrophospora, Gigaspora, Glomus, Sclerocystis, Scutellospora 등

- 어떤 VA곰팡이도 접합포자를 형성하는 것은 알려진 것이 없음
- VA균근을 형성하는 곰팡이는 합성배지에서 배양할 수 없으므로 토양이나 포자를 수확한 후 인공접종 실시

▶ 격벽이 없는 균사의 종류

구분	내용
Vesicular (구형)	항상 지질로 가득 차 있고 저장과 증식에 관여하는 구조체이다.
Arbuscular (나뭇가지)	주로 식물체와 곰팡이가 양분교환을 하고 짧은 시간만 존재하는 구조체이다.

ⓑ 격벽이 있는 균사

구분	내용
난초형	난초형은 난초목에 한정되고 가장 복잡한 공생관계 중의 하나이다.

구분	내용	
철쭉형	Arbutoid Type	진달랫과에 속하는 철쭉, 월귤나무, 진달래, 가울테리아, 레우코토에, 산앵도나무 등에서 발생한다(균근곰팡이의 종류 : Amanita, Cortinarius, Boletus).
	Ericoid Type	인위적으로 균근을 형성시키는 유일한 곰팡이이다(균근곰팡이의 종류 : Pezizella ericae).

㉡ 외생균근

- 온대지역의 산림수목, 특히 소나뭇과, 참나뭇과, 자작나뭇과 피나뭇과, 버드나뭇과 등에서 일반적으로 형성됨
- 일부 진달랫과, 콩과, 도금양과, 장미과 등 2,000종 이상의 목본식물을 포함
- 외생균근이 형성된 소나무 뿌리는 Y자형으로 분지하며, 하티그망(Hartig Net)을 형성하고, 균투가 발달함

✎ 균투

외생균근을 형성하는 균류의 균사는 대개 잔뿌리 바깥쪽에 빽빽하게 얽혀져 균사층을 형성한다.

✎ 하티그망

외생균근의 균류는 뿌리 속으로 들어가기는 하지만 피층세포 둘레에서만 자라면서 세포 사이의 세포 중벽을 대체한다. 이것을 하티그망이라 한다.

➤ **외생균근의 종류**

구분	내용
담자균문	• 광대버섯속(Amanita), 그물버섯속(Boletus), Hebeloma, Laccaria, Lactarius, Pisolithus, 알버섯속(Rhizopogon), 무당버섯속(Russula), Suillus, Tricholoma 속 • Suillus grevillei와 Suillus cavipes는 낙엽송에만 균근 형성 • 모래밭버섯(Pisolithus tinctorius)은 소나뭇과 14종에 균근 형성 • 소나무류 : Laccaria laccata, Cenococcum graniforme, Suillus brevipes, Leucopaxillus cerealis • 버지니아소나무 : 광대버섯속(Amanita), 그물버섯속(Boletus), 우단버섯속(Paxillus involutus), 알버섯속(Rhizopogon), 무당버섯속(Russula)
자낭균문	• Cenococcum, Tuber 속 • Cenococcum graniforme는 가장 흔한 균근곰팡이

㉢ 내외생균근

- 내생균근과 외생균근의 중간적인 균근임
- 피층세포 내 세포에 침입한 균사와 하티그망을 동시에 형성
- 두꺼운 균사층이 형성되기도 하고 형성되지 않기도 함
- 일반적으로는 뿌리털이 없고 부풀지 않음
- 소나무, 낙엽송, 전나무, 가문비나무 등 침엽수에서도 발견됨
- 내외생균근은 자낭균문임

6) 곰팡이 병해의 종류

1 뿌리병해

(1) 뿌리병해의 발생 및 병징

① 발생 : 병든 수목과의 뿌리 접촉 및 뿌리 접목, 죽은 뿌리, 지하부의 상처를 통해 침입

② 어린 묘목 : 모잘록병, 유묘 고사

③ 지하부 : 뿌리 변색 및 괴사, 뿌리 썩음, 잔뿌리 탈락 등의 증상 발현

(2) 뿌리병해의 진단

① 자실체나 구조체를 확인(표징)한다.

② 표징이 없는 경우에는 조직을 배양배지에 치상하여 분리한 후 진단한다.

③ 병원균을 선택적으로 분리하는 방법

구분	내용
미끼를 이용하는 방법	예로 *Phytophthora cinnamomi*에 의한 뿌리병은 사과나 루피너스 종자를 미끼로 하여 병원균을 분리한다.
인공배지를 이용하는 방법	대부분 복합감염의 결과이다.

(3) 뿌리병해의 방제

① 예방 차원에서 손상을 받지 않게 관리한다.

② 병든 묘목의 이식을 금지한다.

③ 토양살균제를 살포한다.

④ 외과수술을 하거나 뿌리와 그루터기를 제거한다.

⑤ 객토를 할 수도 있다.

(4) 뿌리병해의 종류

① 병원균 우점병

㉠ 모잘록병

ⓐ 특징

- 수종에 관계없이 발생하여 묘목생산에 큰 피해를 줌
- 당년의 묘목에서 심하게 발생하며, 불규칙하게 발생
- 밀식하거나 습한 경우 햇빛이 잘 들지 않는 조건, 종자활력이 약하거나, 너무 깊이 파종한 경우 발생

ⓑ 병징

구분	내용
출아 후 모잘록	지상부에 출현한 후 지제부가 흑갈색으로 변하고 잘록해진다.
출아 전 모잘록	• 땅속에서 발아하기 전이나 발아 직후에 부패한다. • 유묘기를 넘기면 잘 발생하지 않는다(병원균 우점병의 대표적인 특징).

ⓒ 병원균 및 병환

중요한 병원균은 Pythium spp.와 Rhizoctonia solani

- Pythium
  - 환경이 좋지 않으면 난포자로 휴면, 조건이 적합하면 난포자, 포낭유주포자, 포자낭이 발아하여 어린 조직에 침입
  - 뿌리세포에 2차 세포벽이 형성되면 저항성을 가짐
  - 잔뿌리에서 침입하여 지제부 줄기까지 위로 진전
  - 물리적 침입 : 부착기와 침입관을 형성하여 침입
  - 화학적 침입 : 대부분은 효소를 분비하여 조직을 연화시킨 후 침입
- Rhizoctonia solani
  - 습한 곳과 비교적 건조한 곳에서도 발생. 모잘록병 이외에도 여러 병을 유발
  - 자연개구, 상처나 균사로 직접 침입하기도 함
  - 물리적 침입과 화학적 침입을 함
  - 뿌리나 토양입단에서 균핵 또는 균사로 월동
  - 지제부 줄기가 감염된 후 아래로 병이 진전
  - 큰 수목에도 발생

ⓓ 방제법

- 토양소독
- 종자소독
- 묘포의 살균제 처리
- 묘포가 과습하지 않도록 철저히 배수
- 밀식되지 않도록 파종량을 조절 및 적기에 솎아주기
- 오래 묵힌 종자의 사용 금지

ⓛ 파이토프토라뿌리썩음병

ⓐ 특징

- 병원균 우점형으로 조직 비특이적 병해의 하나임. 연화성

핵심문제

수목의 뿌리에 발생하는 병에 관한 설명 중 옳은 것은? [22년 7회]

① 어린 묘목에서는 뿌리혹병이 많이 발생한다.
② 뿌리썩음병을 일으키는 주요 병원균은 세균이다.
③ 리지나뿌리썩음병균은 담자균문에 속하고 산성토양에서 피해가 심하다.
❹ 유묘기 모잘록병의 주요 병원균은 Pythium 속과 Rhizoctonia solani 등이 있다.
⑤ 아밀라리아뿌리썩음병균은 자낭균문에 속하며 뿌리꼴균사다발을 형성한다.

병해로 여겨짐
- 뿌리, 줄기, 과실 등 거의 모든 부위를 침입
- 묘목에서 큰 나무까지 뿌리썩음병을 일으킴
- Pythium와 달리 Phytophthora는 모두 병원균임

ⓑ 병징

구분	내용
초기	잔뿌리가 죽고, 그 후에 큰 뿌리에 갈색~흑색 병반이 확대되어 지주근까지 진전한다.
침엽수	당년 형성된 잎은 크기가 작아지고 녹색이 옅어지며, 이듬해에는 잎 전체가 황화되고, 가지 끝 잎은 작고 잎이 꼬부라져 타래처럼 보인다.
활엽수	초기에 잎이 작아지고 퇴색하며 조기낙엽되고, 해마다 증세가 심해진다. 가지마름 증상이 나타나고 심하면 고사한다.

ⓒ 병원균 : Phytophthora cactorum, Phytophthora cinnamomi
- 열대 및 아열대 지역에서 문제
- 미국 남동부 지역 : 적송 묘목, 밤나무에 큰 피해
- 미국, 중남미, 남아프리카, 호주 지역 : 아보카도가 피해
- 습하고 배수가 불량한 토양에서 심하게 발생
- 사과나무 줄기밑동썩음병을 일으킴

ⓓ 병환
- 습한 토양 : 운동성이 있는 유주포자 형성
- 겨울철이나 건조한 시기 : 휴면포자인 후벽포자를 형성
- 균근이 형성되면 감염을 차단. 그러나 유묘는 균근 형성률이 25%로 보호받지 못함

ⓒ 리지나뿌리썩음병

ⓐ 특징
- 소나무류, 전나무류, 가문비나무류, 낙엽송류, 솔송나무 등 침엽수에 발생
- 온대, 아한대 지역에서 문제가 됨
- 1982년 경주에서 처음 발견
- 불난 자리나 묘를 솎아내어 뿌리가 약해진 산지에서 다발

ⓑ 병징
- 초기 : 토양 근처의 잔뿌리가 흑갈색으로 부패하고, 점차 뿌리 전체가 갈색으로 변색
- 나무 밑동 부위의 낙엽과 가지 더미에 자실체를 형성

핵심문제

다음 Phytophthora병에 대한 설명 중 틀린 것은?

❶ 기주우점병으로 조직 특이적 병해 중의 하나이다.
② 밤나무잉크병은 학명이 Phytophthora. katsurae이다.
③ 개비자, 일본잎갈나무, 편백나무에 감염되는 역병균은 Phytophthora. cinnamomi이다.
④ 묘목의 경우 수세가 쇠약해져 생장이 불량하고 침엽은 연녹색을 띤다.
⑤ 뿌리를 살펴보면 뿌리의 일부가 검은색으로 썩는 것을 관찰할 수 있다.

핵심문제

리지나뿌리썩음병에 대한 설명이다. 옳은 것을 모두 고른 것은? [21년 5회]

ㄱ. 병원균의 담자포자는 수목 뿌리 근처의 온도가 45℃이면 발아한다.
ㄴ. 초기 병징은 땅가의 잔뿌리가 흑갈색으로 부패하고, 점차 굵은 뿌리로 확대된다.
ㄷ. 산성토양에서 피해가 심하므로 석회로 토양을 중화시키면 발병이 감소한다.
ㄹ. 뿌리의 피층이나 물관부를 침입하며, 감염된 세포는 수지로 가득 차게 된다.

① ㄱ, ㄴ
② ㄱ, ㄷ
❸ ㄴ, ㄷ
④ ㄴ, ㄹ
⑤ ㄷ, ㄹ

• 땅속에서 감염된 뿌리에서 분지되는 수지가 토양입자와 섞여 딱딱한 덩어리가 되고, 지상부에는 잎이 누렇게 되며 수세가 약해져 고사

ⓒ 병원균

• 자낭균문 반균강, 주발버섯목에 속하는 파상땅해파리버섯(Rhizina undulata)이 병원체이며, 파상땅해파리버섯은 자실체는 대가 없고, 적갈색이며 넓게 퍼져 자람

• 산불이 난 자리에서 왕성하게 번식

• 소나무 뿌리 근처의 온도가 40~50℃인 곳에서 발아하여 뿌리의 피층이나 체관부에 침입하며, 감염된 세포는 수지로 가득참

• 섬유소분해효소 또는 펙틴분해효소가 관여하는 연화성 병

ⓓ 방제법 : 임지 내에서는 모닥불을 피우거나 취사행위를 금지. 피해목은 벌채하고 산성토양을 중화시킴

② 기주우점병

병원균보다 기주가 병 발생에 더 많은 영향을 미치는 병으로, 대부분의 뿌리썩음병과 시들음병이 속한다. 수목은 빨리 죽지 않으며, 생장이 지연되거나 결실률이 저하된다. 조직 특이적병(특정 부위에 걸리는 병)으로 Verticillium과 Fusarium 등이 있다.

㉠ 아밀라리아뿌리썩음병 : 한대, 온대, 열대지방의 자연림과 조림지에서 자라는 침엽수와 활엽수 모두에 큰 피해를 줌

ⓐ 병원균

• Armillaria mellea : 천마와 공생하여 내생균근을 형성

• Armillaria solidipes : 잣나무가 극히 감수성이 있음

• Armillaria gallica, Armillaria sinapina, Armillaria tabescens

• 병원성이 약한 Armillaria 종들은 부생체로서 역할을 함

• 병원성이 강한 Armillaria 종들은 자연간벌자로서의 역할을 함

ⓑ 표징

• 뿌리꼴균사다발(근상균사속) 및 부채꼴균사판, 뽕나무버섯 형성

• 감염된 잣나무는 밑동부분에서 토양 근접부분까지 송진이 굳어 있는 경우가 있음

핵심문제

다음 특징을 나타내는 뿌리병은? [25년 11회]

• 병원체보다 기주가 병 발생에 더 큰 영향을 미친다.
• 침엽수와 활엽수에 모두 발생한다.
• 병원체의 영양생장기관에는 유연공 격벽이 존재한다.

① 뿌리혹선충병
② 흰날개무늬병
③ 리지나뿌리썩음병
❹ 아밀라리아뿌리썩음병
⑤ 파이토프토라뿌리썩음병

핵심문제

침엽수와 활엽수를 모두 가해하는 뿌리썩음병만 고른 것은? [23년 9회]

ㄱ. 흰날개무늬병
ㄴ. 자주날개무늬병
ㄷ. 리지나뿌리썩음병
ㄹ. 안노섬뿌리썩음병
ㅁ. 아밀라리아뿌리썩음병
ㅂ. 파이토프토라뿌리썩음병

① ㄱ, ㄴ, ㄹ
② ㄱ, ㄴ, ㅁ
③ ㄱ, ㄷ, ㄹ
④ ㄴ, ㄷ, ㅂ
❺ ㄴ, ㅁ, ㅂ

핵심문제

아밀라리아뿌리썩음병의 표징으로 옳지 않은 것은? [21년 5회]

❶ 자낭포자
② 뽕나무버섯
③ 부채꼴균사판
④ 뽕나무버섯붙이
⑤ 뿌리꼴균사다발

- 백색부후균이며, 부후된 부분에서 대선을 볼 수 있음

➤ **아밀라리아뿌리썩음병의 3대 표징**

구분	내용
뿌리꼴 균사다발	• 뿌리같이 보이는 갈색~흑갈색의 보호막 안에 실처럼 가는 균사가 뭉쳐 있는 다발이다. • 구두끈처럼 보인다. • 뿌리 접촉에 의해 전염된다.
부채꼴 균사판	• 수피와 목질부 사이에서 자라는 하얀 부채 모양의 균사조직이다. • 버섯냄새가 난다.
뽕나무버섯	• 매년 발생하지 않고 발생 후 몇 주 안에 고사한다. • 늦은 여름 또는 가을(8~10월)에만 관찰이 가능하다.

ⓒ 병환
- 국소적인 감염으로 감염된 수목에서 건강한 수목으로 감염시키는 경우
- 담자포자가 기주를 감염시키는 경우

ⓓ 방제법
- 저항성 수종 식재
- 그루터기 제거
- 기타 방제법 : 경쟁관계의 곰팡이 이용, 산성토양을 중성화, 토양소독제를 사용

㉡ 안노섬뿌리썩음병

ⓐ 특징
- 건강한 수목에는 발생하지 않음
- 감수성 수종 : 소나무, 가문비나무

ⓑ 병징
- 영양결핍현상, 황화현상, 생장 저조
- 병든 뿌리는 부패되어 섬유질 모양을 함
- 자실체는 표면이 갈색이고 아랫부분은 흰색으로 다공성이며, 나무 밑동이나 뿌리에 발생

ⓒ 병원균 : Heterobasidion annosum
- 담자균문(Basidiomycota), 민주름버섯목(Aphyllophorales), 구멍장이버섯과(Polyporaceae), 말굽버섯속(Heterobasidion, Fomes)
- 150여 종의 수목에 발생하며 주로 침엽수에 피해를 입힘

핵심문제

나무병의 방제법에 대한 설명으로 옳은 것은? [21년 6회]

① 장미 모자이크병은 항생제를 엽면살포한다.
② 뽕나무 오갈병 감염목은 벌채 후 훈증한다.
❸ 아밀라리아뿌리썩음병은 감염목의 그루터기를 제거한다.
④ 회화나무 녹병은 중간 기주인 일본잎갈나무를 제거한다.
⑤ 소나무 시들음병(소나무재선충병)은 살균제를 나무주사한다.

핵심문제

수목에 병을 일으키는 다음 곰팡이의 포자 및 균사체 중에서 생존기간이 가장 긴 것은?

① 아밀라리아뿌리썩음병 균사체 (수목뿌리나 토양)
② 잣나무 털녹병 담자포자(상온)
❸ 안노섬뿌리썩음병 균사체 (낙엽송 그루터기)
④ 밤나무 줄기마름병 자낭포자 (수피에서 건조)
⑤ 파이토프토라뿌리썩음병 후벽포자(토양)

• 담자포자, 뿌리 접촉, 접목을 통해서 전염

ⓓ 방제법 : 식재거리를 넓게 하고, 그루터기에 요소, 붕사, 질산나트륨, 길항미생물 포자현탁액 처리

㉢ 자주날개무늬병

ⓐ 특징

• 활엽수와 침엽수에 모두 발생하는 다범성 병해
• 병원균이 뿌리에 기생하여 뿌리를 썩게 함으로써 나무를 고사시킴

ⓑ 병징

• 수세 약화
• 새가지 생장불량
• 잎이 작아짐
• 조기황화
• 조기낙엽
• 시들음(위조)현상 발생
• 6~7월에는 이 균사층의 표층에 담자포자가 많이 형성되어 흰 가루처럼 보임

ⓒ 지하부 병징 : 뿌리 표면에 자갈색의 균사가 퍼지며 끈 모양의 균사다발로 휘감기고 균핵이 형성됨

ⓓ 병든 나무의 토양 부근 : 균사망이 발달하여 부근의 흙덩이나 잔가지 등을 감싸 자갈색의 헝겊 같은 피막을 형성

ⓔ 병원균

• Helicobasidium mompa
• 담자균문(Basidiomycota), 날개무늬병균목(Helicobasidiales)
• 일반적인 버섯과는 달리 헝겊처럼 땅에 깔리는 모습
• 자실체의 색깔은 자색으로 표면에 담자포자를 형성

ⓕ 방제법

• 잡목림의 잔재가 충분히 썩은 다음에 묘목을 조림
• 석회를 살포하거나, 보호목의 경우에는 외과수술을 실시

㉣ 기타 뿌리썩음병

ⓐ 흰날개무늬병

• 10년 이상된 사과 과수원에서 주로 발생
• 지상부 병징은 자주날개무늬병과 유사하고, 뿌리는 흰색의 균사막으로 싸여 있으며, 굵은 뿌리의 수피를 제거하면

핵심문제

자주날개무늬병에 대한 설명으로 옳게 나열한 것은? [21년 5회]

ㄱ. 다범성 병해
ㄴ. 뿌리꼴균사다발 형성
ㄷ. 심재가 먼저 썩고 나중에 변재가 썩음
ㄹ. 균사망이 발달하여 자갈색의 헝겊 같은 피막 형성
ㅁ. 6, 7월경에 균사층의 자낭포자가 많이 형성되어 흰 가루처럼 보임

① ㄱ, ㄴ
❷ ㄱ, ㄹ
③ ㄴ, ㄷ
④ ㄷ, ㄹ
⑤ ㄹ, ㅁ

✎ 줄기밑동썩음병

- 아까시재목버섯(아까시흰구멍버섯)에 의해 발생한다.
- 활엽수 성목과 오래된 나무에 주로 발생한다.
- 아까시나무, 느티나무, 벚나무, 백합나무 등이 피해가 크다.
- 심재가 먼저 썩고 나중에 변재도 썩는다.
- 초여름에서 가을에 아까시재목버섯이 발생한다.

핵심문제

줄기에 발생하는 궤양 중 윤문형 궤양에 대한 설명으로 틀린 것은?

① 궤양 표면과 가장자리에 유합조직이 많다.
② 둥근 모양의 궤양이 나타난다.
❸ 궤양 내에서는 병원균의 이동이 확산형 궤양에 비해 상대적으로 빠르다.
④ 대부분의 경우 수목의 수피생장 증가와 궤양의 생장이 비슷하다.
⑤ 병원균은 상처를 통하여 들어가고 휴면기 동안 수피를 침입하여 죽인다.

부채 모양의 균사막과 실 모양의 균사다발이 있음

- 병원균 : Rosellinia necatrix
- 자낭균문(Ascomycota), 꼬투리버섯목(Xylariales)

ⓑ 구멍장이버섯속(Polyporus sp.)

- 뿌리를 침해하는 담자균
- 오래된 나무에서 많이 발생하는 목재부후균

2 줄기병해

줄기에 발생하는 병해는 주로 수피와 형성층 조직상에 병반을 형성한다.

(1) 궤양의 발달과정

① 병원균이 상처를 통해 들어간 후 휴면기 동안에 수피에 침입하여 죽인다.
② 수목은 감염부 가장자리에 유합조직을 형성하여 병원균의 침입을 억제시키려 한다.
③ 병원균은 다음 휴면기간 동안 유합조직에 침입한다.
④ 수목은 새로운 유합조직을 형성한다.

➤ 궤양의 발달 형태에 따른 종류

구분	형태 및 특징
윤문형	• 궤양 표면과 가장자리에 유합조직이 많고 둥근 모양의 궤양이 나타난다. • 병원균의 이동이 상대적으로 느리고, 직경생장량과 궤양의 생장이 비슷하다.
확산형	• 궤양 가장자리에 유합조직이 거의 없고 길쭉한 타원형 모양으로 나타난다. • 병원균의 이동이 윤문형보다 빠르고, 가장자리에 유합조직이 거의 나타나지 않는다. • 수목의 부피생장량보다 궤양의 생장이 더 빠르다. • 결국 환상박피가 일어난다.
궤양마름	• 둥글거나 타원형의 궤양을 형성하고 생장기간 동안 급속히 발달한다. • 유합조직이 전혀 없거나 거의 나타나지 않는다. • 급속히 발달하여 1~2년 내에 고사한다.

(2) 밤나무 줄기마름병(동고병)

① 특징

㉠ 일본 → 1900년경 북아메리카 → 유럽 → 유럽과 미국 동부지역 밤나무림 황폐화

㉡ 일본밤나무와 중국밤나무는 저항성 있음

② 병원균

㉠ Cryponectria parasitica – 자낭균문 각균강

㉡ 수피 밑 자좌(황갈색)의 밑에 플라스크 모양의 자낭각을 형성

③ 병징

㉠ 가지나 줄기에 생긴 상처를 중심으로 병반 형성

㉡ 수세가 약한 나무는 괴저가 급속히 확대되고, 건강한 나무는 유합조직이 형성되어 암종 모양으로 부풀며 길이 방향으로 균열이 발생

㉢ 병환부 수피를 벗기면 황색의 균사판이 나타남

④ 방제법

㉠ 배수가 불량한 장소와 수세가 약한 경우 피해가 큼

㉡ 가지치기나 인위적인 상처에 발병

㉢ 질소비료를 과용할 때

㉣ 동해를 막기 위해 백색페인트 도포

㉤ 천공성 해충의 피해가 없도록 살충제 살포

㉥ 저항성 품종(이평, 은기 등)을 식재하고 감수성(옥광 등) 조림을 피함

㉦ 진균기생바이러스(ds RNA)에 감염된 저병원성 균주가 발견되어 이를 이용한 생물적 방제에 대한 연구가 활발히 진행되고 있음

(3) 밤나무 잉크병(파이토프토라뿌리썩음병)

① 특징

㉠ 밤나무 줄기마름병과 함께 가장 큰 피해를 입힘

㉡ 병든 뿌리와 수간의 하부에서 잉크처럼 검은색 액체가 스며 나옴

㉢ 1917년 처음 동정

② 병원균 : Phytophthora katsurae, Phytophthora cinnamomi, Phytophthora cambivora

③ 병징

㉠ 습하고 배수가 불량한 임지에서 유주포자가 뿌리를 가해하고 감염시킴

핵심문제

세계 3대 수목병 중 하나인 밤나무 줄기마름병에 관한 설명으로 옳지 않은 것은? [22년 7회]

① 가지나 줄기에 황갈색~적갈색의 병반을 형성한다.
② 병원균의 자좌는 수피 밑에 프라스크 모양의 자낭각을 형성한다.
❸ 저병원성 균주는 dsDNA 바이러스를 가지며 생물적 방제에 이용한다.
④ 병원균은 Cryphonectria parasitica로 북아메리카지역에서 큰 피해를 주었다.
⑤ 일본 및 중국 밤나무 종은 상대적으로 저항성이고, 미국과 유럽 종은 상대적으로 감수성이다.

핵심문제

다음 중 나무주사의 예방 또는 방제 효과가 가장 낮은 것은? [25년 11회]

① 뽕나무 오갈병
② 느릅나무 시들음병
③ 대추나무 빗자루병
❹ 밤나무 줄기마름병
⑤ 소나무 재선충병(시들음)병

핵심문제

배수가 불량한 곳에서 피해가 특히 심한 수목병으로 나열된 것은? [22년 8회]

① 밤나무 잉크병, 장미 검은무늬병
② 라일락 흰가루병, 회양목 잎마름병
③ 향나무 녹병, 단풍나무 타르점무늬병
④ 소나무류(푸자리움) 가지마름병, 철쭉류 떡병
❺ 밤나무 파이토프토라뿌리썩음병, 전나무 모잘록병

㉡ 줄기로 진전되고, 궤양을 형성
㉢ 궤양을 쪼개면 검은색의 액체가 흘러나옴
㉣ 잎의 수와 크기가 작아짐
㉤ 잎이 미성숙 상태에서 마름
㉥ 밤송이는 성숙되지 않고 달려 있음

④ 특징적인 증상
㉠ 깃 부위에 검은 괴저 증상
㉡ 수피 제거 건전부와 변색부 경계가 뚜렷
㉢ 변색부는 주근 → 수간으로 진전됨
㉣ 미국밤나무, 유럽밤나무는 감수성, 중국밤나무와 일본밤나무는 저항성
㉤ 우리나라는 2007년 처음 보고됨

⑤ 방제법
㉠ 배수관리를 철저히 함
㉡ 저항성 대목을 사용

(4) 밤나무 가지마름병(지고병)

① 특징
㉠ 세계적으로 20과 100여 속의 수목에 발생하는 다범성 병해
㉡ 사과나무, 배나무, 복숭아나무 등의 과수와 밤나무, 호두나무, 대추나무 등의 유실수를 포함하여 수목의 줄기와 가지에 발생
㉢ 특히 밤나무와 사과나무에서는 과실이 썩음

② 병원균
㉠ *Botryosphaeria dothidea* – 자낭균 각균강
㉡ 자낭각은 대체로 구형 암갈색 또는 검은색으로, 목(Neck)부분의 돌기가 표피 밖으로 나옴

③ 병징
㉠ 6~8월경 감염 부위에 분생포자각, 자낭각이 형성됨
㉡ 뿌리에 감염되면 7월경부터 황화현상 → 적갈색으로 변하며 말라죽음(고사한다)
㉢ 초기에는 가는 뿌리 → 굵은 뿌리, 피층이 벗겨져 목질부만 남고 검은색으로 변하며 자낭각이 형성됨
㉣ 열매에 감염되면 흑색썩음병이 발생하며, 과육은 진물이 나고 연부되며 검은색으로 변색되고 특유의 술 냄새가 남

핵심문제

밤나무에 발생하는 줄기마름병(㉠)과 가지마름병(㉡)에 관한 설명으로 옳지 않은 것은? [25년 11회]

① ㉠균보다 ㉡균의 기주범위가 훨씬 넓다.
② ㉠균과 ㉡균 모두 감염부위에 자낭각을 만든다.
❸ ㉠균은 감염부위에 분생포자각을 만들지만 ㉡균은 분생포자반을 만든다.
④ ㉠균과 ㉡균 모두 밤나무 가지와 줄기를 감염하지만, 병원균 속(Genus)은 다르다.
⑤ ㉠과 ㉡의 발생을 줄이기 위해서는 밤나무의 비배와 배수 관리에 유의하여야 한다.

핵심문제

나무병에 대한 설명으로 옳지 않은 것은? [21년 6회]

① 철쭉류 떡병은 잎과 꽃눈이 국부적으로 비대해진다.
② 버즘나무 탄저병이 초봄에 발생하면 어린싹이 검게 말라 죽는다.
③ 밤나무 가지마름병균이 뿌리를 감염하면 잎이 황변하며 고사한다.
❹ 전나무 잎녹병은 당년생 침엽 뒷면에 담황색을 띤 여름포자퇴를 형성한다.
⑤ 소나무류 잎마름병은 침엽의 윗부분에 황색 반점이 생기고, 점차 띠 모양을 형성한다.

④ 방제법

㉠ 감염된 가지는 잘라서 태우며, 비배 및 배수관리에 유의

㉡ 햇빛이 부족할 경우 가지치기 실시

㉢ 접목 시 칼을 수시 소독

㉣ 아까시나무는 주요 전염원이므로 밤나무, 호두나무, 사과나무 재배 시 아까시나무는 제거

(5) 포플러류 줄기마름병(동고병)

① 특징

㉠ 우리나라에서는 1965년 이태리포플러 재배단지에서 처음 발견됨

㉡ 동해, 서리, 건조, 산불 등에 의해 줄기에 상처가 나거나 약해지면 발생하기 쉬움(특히 추운지방에서 발생이 심하다)

② 병원균

㉠ Valsa sordida – 자낭균 각균강(핵균강)

㉡ 분생포자각, 자낭각은 수피 밑에 형성됨

㉢ 비가 온 후 또는 습할 때 적갈색 포자를 분출

③ 병징

㉠ 수피가 얇은 어린가지는 함몰된 갈색병반을 형성

㉡ 병반이 한 바퀴 돌면 윗부분은 고사

㉢ 굵은 가지는 사마귀 모양으로 분생포자각이 형성됨

㉣ 수피 밑은 검게 변하고 악취가 나며, 변재와 심재가 변색됨

④ 방제법

㉠ 상처의 예방과 수세의 유지에 노력

㉡ 삽수의 채취나 접목 시 상처 부위에 도포제를 발라 주고, 칼을 수시로 소독. 추운 지방에서는 가을 식재를 피함

㉢ 저항성 품종인 Populus nigra(양버들), Maximowiczii(황철나무), Populus euramericana I–214를 식재

(6) 오동나무 줄기마름병(부란병)

① 특징

㉠ 가지치기 후에 생긴 상처, 죽은 잔가지 및 얼어 터진 상처 등을 통해 병원균이 침입

㉡ 오동나무 빗자루병과 함께 오동나무에 치명적인 병해

핵심문제

수목병의 관리방법으로 옳지 않은 것은? [23년 9회]

① 쥐똥나무 빗자루병 – 매개충 방제
❷ 밤나무 가지마름병 – 주변 오리나무 제거
③ 밤나무 잉크병 – 물이 고이지 않게 배수관리
④ 전나무 잎녹병 – 발생지 부근의 뱀고사리 제거
⑤ 소나무 리지나뿌리썩음병 – 주변에서 취사행위 금지

② 병원균

㉠ Valsa paulowniae(무성세대 : Cytospora paulowniae) – 자낭균류 각균강

㉡ 분생포자각은 5월경부터 성숙하고, 연중 병든 부위에 존재

㉢ 분생포자는 6~10월에 비산하여 침입

㉣ 자낭각은 분생포자각보다 약간 늦은 8월부터 이듬해 4월까지 병든 부위에 나타나고, 8~10월에 자낭포자를 방출

③ 병징

㉠ 수피가 얇은 어린 줄기나 가지에서 자갈색의 괴저가 생기고, 경계가 뚜렷

㉡ 굵은 가지나 수세가 왕성한 나무에는 동심원 모양의 다년생 유합조직이 형성됨

㉢ 수피 표면에 구형 내지 반구형의 분생포자각과 자낭각을 형성

④ 방제법 : 상처 예방과 치료, 시비 및 배수관리 철저, 줄기에 백색페인트를 칠함

(7) 호두나무 검은돌기가지마름병(흑축지고병)

① 특징

㉠ 호두나무, 가래나무에서 발생

㉡ 10년 이상된 나무에서 통풍과 채광이 부족한 수관 내부의 2~3년생 가지나 도장지에서 발생

㉢ 어린나무에서는 줄기에 발생하여 고사

② 병원균

㉠ Melanconis juglandis – 불완전균류 유각균강 분생포자반

㉡ 병든 가지는 회갈색 내지 회백색으로 죽고 약간 함몰되므로 건전 부위와 뚜렷히 구별됨

㉢ 포자는 빗물에 씻겨 수피로 흘러내리면서 잉크를 뿌린 듯이 보임

③ 방제법 : 병든 가지는 소각, 상처에는 도포제, 비배 및 배수관리, 가지치기, 8~10월에 보르도액 살포

(8) Nectria 궤양병

① 특징 : 전형적인 다년생 윤문을 형성

② 병원균 : Nectria galligena – 자낭균문, 각균강, 육좌균목(Hypocreales)

핵심문제

병 발생에 관여하는 환경 조건 개선 방법으로 옳지 않은 것은?

[21년 5회]

① 밤나무 줄기마름병을 예방하기 위하여 배수를 개선한다.
❷ 오동나무 줄기마름병을 예방하기 위하여 간벌을 강하게 한다.
③ 소나무 피목가지마름병을 예방하기 위하여 덩굴류를 제거한다.
④ 일본잎갈나무 묘목은 뿌리썩음병을 예방하기 위하여 생장 개시 전에 식재한다.
⑤ 미분해 유기물이 많은 임지에서는 자주날개무늬병 피해가 심하므로 석회를 처리한다.

핵심문제

다음 증상을 나타내는 수목병은?

[22년 8회]

- 죽은 가지는 세로로 주름이 잡히고 성숙하면 수피 내 분생포자반에서 포자가 다량 유출된다.
- 포자가 빗물에 씻겨 수피로 흘러내리면 마치 잉크를 뿌린 듯이 잘 보인다.

① 밤나무 잉크병
② Nectria 궤양병
③ Hypoxylon 궤양병
④ 밤나무 줄기마름병
❺ 호두나무 검은(돌기)가지마름병

③ 병징

㉠ 감염 후 매년 형성층을 조금씩 파괴

㉡ 봄에 유합조직을 형성하면 병원균은 죽은 체관부와 물관부에 부생균으로 생존

㉢ 늦은 여름~겨울 사이에 다시 형성층에 침입을 반복하여 윤문 형태의 궤양을 만듦

㉣ 호두나무, 백양나무, 단풍나무, 자작나무, 느릅나무, 참피나무, 사과나무 등 활엽수에는 일반적인 병해

㉤ 상처를 통해 침입

(9) Hypoxylon 궤양병

① 특징 : 1921년 처음으로 보고된 백양나무의 병해

② 병원균 : Hypoxylon mammatum – 자낭균류 각균강 콩꼬투리버섯목(Xylariales)

③ 병징

㉠ 수피 내에 형성되는 검은색과 흰색의 전형적인 얼룩으로 진단할 수 있음

㉡ 시간이 경과하면 수피와 목재 조직은 검게 변하고 균열이 생김

㉢ 감염된 이듬해 무성세대가 나타나 수피가 털 모양으로 벗겨짐

㉣ 유성세대는 감염 후 2~3년이 지나 나타남

㉤ 자낭각은 초기에 흰색 → 검은색으로 변색

(10) Scleroderris 궤양병

① 특징

㉠ 병이 진전되기 전에는 진단이 어려움

㉡ 소나무와 방크스소나무에 발생하고, 1966년에 최초로 보고됨

㉢ 미국 : Scleroderris Canker, 유럽 : Brunchorstia Disease

② 병원균

㉠ Gremmeniella abietina – 자낭균류 반균강

㉡ 불완전세대는 Brunchorstia pinea의 분생포자, 완전세대는 Gremmeniella abietina의 자낭반을 형성

㉢ 북아메리카균주는 북위 44° 이북에만 존재하고, 유럽균주는 러시아를 비롯한 유럽전역에 존재하며, 병원성이 더 강함

핵심문제

수목병과 병원균의 구조물에 대한 연결이 옳지 않은 것은? [21년 5회]

① Hypoxylon 궤양병 – 자낭각
❷ 밤나무 줄기마름병 – 자낭구
③ 벚나무 빗자루병 – 나출자낭
④ Scleroderris 궤양병 – 자낭반
⑤ 소나무류 피목가지마름병 – 자낭반

③ 전형적인 병징

㉠ 침엽 기부가 노랗게 변하고, 형성층과 목재조직이 연두색을 띠며, 심하면 고사

㉡ 날씨가 추운 지역에서 병원균 생장이 양호

④ 방제법 : 전염원의 밀도를 감소시키기 위해 아랫가지를 전정

(11) 소나무류 수지궤양병(송진가지마름병, 푸사리움가지마름병)

① 특징

㉠ 1946년 미국 노스캐롤라이나 지역에서 최초 보고

㉡ 줄기, 가지, 새가지, 구과 등에서 수지가 흘러내리는 궤양이 형성

㉢ 암꽃과 구과에도 피해를 입힘

② 병원균 : Fusarium circinatum－불완전균류 총생균강

③ 병징

㉠ 줄기, 가지, 새가지, 구과, 노출된 뿌리에서 궤양이 형성되어 수지가 흘러내림

㉡ 병환부 목질부는 수지에 젖어 있어 건전부와 확연히 구별됨

㉢ 수관 상부는 마름 증상으로 회갈색이나 밤갈색으로 변색

㉣ 감염 부위가 수지로 젖게 되는 것은 수지궤양병의 특징

㉤ 감수성 수종 : 리기다소나무, 곰솔, 테다소나무, 리기테다소나무

㉥ 소나무혹병(Cronartium quercuum)과 관련이 있는 것으로 추정

④ 방제법 : 종자를 티아벤다졸에 담금처리, 종자를 30% 과산화수소에 담금처리

(12) 소나무류 피목가지마름병

① 특징

㉠ 줄기와 가지에서 발생

㉡ 소나무, 곰솔, 잣나무, 전나무, 가문비나무

㉢ 해충 피해, 이상건조 등에 의해 수세가 약해지면 넓은 면적에 발생

㉣ 따뜻한 가을이 지나고 겨울철 기온이 매우 낮을 때 심함

㉤ 1988년 가을과 겨울의 건조현상 이후에 남부지역의 소나무, 곰솔과 중부지역의 잣나무에 큰 피해가 발생

② 병원균 : Cenangium ferruginosum－자낭균문 반균강 균핵병균목(Helotiales)

핵심문제

Fusarium 속 병원균에 의해 발생하는 수목병으로만 나열한 것은? [21년 5회]

ㄱ. 칠엽수 얼룩무늬병
ㄴ. 소나무류 피목가지마름병
ㄷ. 소나무류 수지궤양병
ㄹ. 소나무류 모잘록병
ㅁ. 오리나무 갈색무늬병
ㅂ. 밤나무 가지마름병

① ㄱ, ㄷ
② ㄴ, ㅁ
❸ ㄷ, ㄹ
④ ㄹ, ㅁ
⑤ ㄹ, ㅂ

핵심문제

수목 병원체의 동정 및 병 진단에 관한 설명으로 옳은 것은? [22년 7회]

① 분리된 선충에 구침이 없으면 외부기생성 식물기생선충이다.
❷ 세균은 세포막의 지방산 조성을 분석함으로써 동정할 수 있다.
③ 향나무 녹병균의 담자포자는 200배율의 광학현미경으로 관찰할 수 없다.
④ 파이토플라스마는 16s rRNA 유전자 염기서열 분석으로 동정할 수 없다.
⑤ 바이러스에 감염된 잎에서 DNA를 추출하여 면역확산법으로 진단한다.

③ 병징

㉠ 2~3년생 이상의 가지가 적갈색으로 고사

㉡ 침엽은 기부에서 위로 갈변

㉢ 수피를 벗기면 건전부와 병환부의 경계가 뚜렷

㉣ 경계부에서는 송진이 나오지만 병환부에는 나오지 않음

㉤ 늦은 봄~여름까지 가지와 줄기의 피목에 자낭반을 형성

㉥ 4월에 자낭반 형성(올해 죽은 가지나 줄기)

㉦ 장마철 이후에 자낭포자가 비산하여 침입 후 균사로 월동

㉧ 무성포자를 생성하지 않고 1차 전염원은 자낭포자임

④ 방제법

㉠ 뿌리가 노출된 임지는 관목을 무육하여 피해를 줄임

㉡ 병든 가지는 6월까지 제거

(13) 소나무 가지끝마름병(디플로디아 순마름병)

① 특징

㉠ 건강한 수목은 당년생 가지가 죽고, 수세가 약한 나무는 굵은 가지도 죽음

㉡ 산림보다 정원이나 조경지에서 주로 발생

② 병원균

㉠ Sphaeropsis sapinea(Diplodia pinea) – 불완전균류 유각균 분생포자각

㉡ 검은색 구형으로 소공이 있는 분생포자각이 수피나 침엽조직 내에 단독 또는 집단으로 형성됨

③ 병징

㉠ 6월부터 새가지의 침엽이 짧아지면서 갈색이나 회갈색으로 변색

㉡ 어린가지는 고사하고 밑으로 처짐

㉢ 피해 입은 새가지와 침엽은 수지에 젖어 있고, 수지가 굳으면 쉽게 부러짐

㉣ 명나방류나 얼룩나방류의 유충 피해와 유사하지만 가해터널이 없음

㉤ 병든 낙엽, 가지 또는 지피물에서 임의기생균으로 월동

㉥ 빗물이나 바람에 의해서 전반(傳搬)됨

㉦ 기공이나 상처, 눈 등을 통해 침입

㉧ 새가지가 생장하는 4월 상순~6월 상순에 발생

핵심문제

소나무류 병명과 병원체 속(Genus)의 연결이 옳지 않은 것은?

① 혹병 – Cronartium
② 가지마름병 – Fusarium
❸ 피목가지마름병 – Diplodia
④ 가지끝마름병 – Sphaeropsis
⑤ 재선충병 – Bursaphelenchus

핵심문제

소나무 가지끝마름병의 설명으로 옳지 않은 것은? [22년 7회]

① 피해를 입은 새 가지와 침엽은 수지에 젖어 있고 수지가 흐른다.
② 명나방류나 얼룩나방류의 유충에 의해 고사하는 증상과 비슷하다.
❸ 말라 죽은 침엽의 표피를 뚫고 나온 검은 자낭각이 중요한 표징이다.
④ 간염된 리기다소나무의 어린 침엽은 아래쪽 일부가 볏짚색으로 퇴색된다.
⑤ 세 가지의 침엽이 짧아지면서 갈색 내지 회갈색으로 변하고 말라 죽은 어린 가지는 구부러지면서 밑으로 처진다.

④ 방제법 : 비배관리, 병든 낙엽은 소각, 풀베기, 수관 하부를 가지치기, 수세 관리

(14) 낙엽송 가지끝마름병(선고병)

① 특징
- ㉠ 일본잎갈나무와 잎갈나무 등에 발생
- ㉡ 10년 내외의 일본잎갈나무에 피해가 심함
- ㉢ 고온 다습하고 강한 바람이 부는 임지에서 심함

② 병원균
- ㉠ *Guignardia laricina* – 자낭균류 소방자낭균강(자낭자좌)
- ㉡ 구형의 자낭각을 단독 또는 집단으로 형성
- ㉢ 1개의 자낭에 8개의 자낭포자

③ 병징
- ㉠ 새로 나온 잎이나 가지가 감염됨
- ㉡ 감염 부위는 퇴색 및 수축되고, 흘러내린 수지로 하얗게 보임
- ㉢ 6~7월에는 수관의 위쪽만 남기고 낙엽이 되어 가지 끝이 아래로 처지고, 8~9월에는 고사
- ㉣ 어린 묘목은 감염부 위쪽이 고사하고, 이식목은 죽은 가지가 총생하여 빗자루 모양이 됨
- ㉤ 7월에 분생포자각이 형성되고, 1차 전염원은 자낭포자

④ 방제법 : 7월 상순부터 2주 간격으로 3~4회 약제 살포

핵심문제

낙엽송 가지끝마름병에 대한 설명으로 옳은 것은? [21년 6회]

① 고온건조한 곳에서 피해가 심하다.
② 디플로디아순마름병이라고도 한다.
③ 명나방류 유충이 피해를 증가시킨다.
❹ 초여름 감염과 늦여름 감염의 증상이 다르다.
⑤ 감염된 조직에서 수지가 흘러나오지는 않는다.

(15) 편백 · 화백 가지마름병(수지동고병)

① 특징 : 측백나뭇과 수목에 발생하며, 1987년 국내에 최초 보고

② 병원균
- ㉠ *Seiridium unicorne* – 불완전균류, 유각균강, 분생포자반균목(분생포자층)
- ㉡ 분생포자는 방추형으로 6개의 세포로 나누어져 있고, 양끝의 세포는 무색이며 각각 1개의 부속사를 가지고 중앙의 4개는 암갈색임

③ 병징
- ㉠ 이식묘 또는 10년 이하의 어린나무에 주로 발생
- ㉡ 수피가 세로로 찢어지면서 수지가 흐름
- ㉢ 수지가 굳어져 흰색으로 보임

핵심문제

곰팡이 병원균의 분류군이 같은 수목병으로 나열한 것은? [21년 5회]

ㄱ. 소나무 혹병
ㄴ. 편백 가지마름병
ㄷ. 철쭉류 떡병
ㄹ. 배롱나무 흰가루병

① ㄱ, ㄴ
❷ ㄱ, ㄷ
③ ㄱ, ㄹ
④ ㄴ, ㄷ
⑤ ㄷ, ㄹ

④ 방제법

㉠ 건전한 부위까지 잘라 내어 소각

㉡ 생육기에 보르도액이나 적용약제를 월 2회 정도 살포

(16) 잣나무 수지동고병(줄기마름병)

① 특징 : 1988년 경기도 가평군 잣나무 조림지에서 처음 발견

② 병원균

㉠ Valsa abietis – 자낭균류 각균강 줄기마름병균목(동고병균목, Diaporthales)

㉡ 분생포자각은 육안으로 확인할 수 있음

㉢ 자낭각은 수피조직에 파묻혀 형성됨

③ 병징

㉠ 1～2m 높이의 줄기가 가지치기 상처를 중심으로 감염되며, 점차 아래로 진전

㉡ 병환부가 함몰하면서 갈변하고, 수피가 터지면서 송진이 맺힘

㉢ 병이 줄기를 한 바퀴 돌면 윗부분은 죽게 됨

④ 방제법 : 수세 증가, 병든 나무 제거, 상처 예방 등

(17) 참나무 급사병

① 특징

㉠ 1991년 후반 미국 오리건에서 4종의 참나무가 수피궤양으로 고사

㉡ 유럽에서는 철쭉류 가지마름병을 일으키는 원인균

② 병원균 : Phytophthora ramorum

③ 병징

㉠ 돌참나무류, 참나무류에서 초기에 시들음 증상이 나타나고, 지제부에 적갈색 점액이 누출되는 점액누출궤양이 생김

㉡ 1～2년 이내에 대부분 고사하고 잎이 매달려 있기도 함

(18) 회색 · 갈색고약병

① 특징 : 그늘지고 통풍이 불량한 곳에서 잘 발생

② 기주 : 느티나무, 벚나무, 오동나무, 호두나무, 뽕나무, 매실나무 등 다수의 활엽수

③ 병원균 : Septobasidium bogoriense – 담자균류

핵심문제

편백, 화백 가지마름병에 관한 설명으로 옳지 않은 것은? [23년 9회]

① 병반 조직 수피 아래에 분생포자층을 형성한다.
② 감염된 가지와 줄기의 수피가 세로로 갈라진다.
③ 분생포자는 방추형이며 세포 6개로 나뉘어 있다.
❹ 감염 부위에서 누출된 수지가 굳어 적색으로 변한다.
⑤ 병원균은 Seiridium unicorne(= Monochaetia unicorns)이다.

핵심문제

회색고약병에 관한 설명으로 옳지 않은 것은? [23년 9회]

① 병원균은 깍지벌레 분비물을 영양원으로 이용한다.
② 두꺼운 회색 균사층이 가지와 줄기 표면을 덮는다.
❸ 병원균은 외부기생으로 수피에서 영양분을 취하지 않는다.
④ 병원균은 Septobasidium spp.로 담자포자를 형성한다.
⑤ 줄기 또는 가지 표면의 균사층을 들어내면 깍지벌레가 자주 발견된다.

④ 병징
- ㉠ 가지와 줄기에 회백색의 부드러운 우단 모양의 균사층
- ㉡ 6~7월경 균사층 표면에 담자포자가 흰가루처럼 덮임
- ㉢ 균사가 한 바퀴 둘러싸면 가지가 말라 죽음
- ㉣ 깍지벌레의 분비물을 섭취하여 증식

⑤ 병환
- ㉠ 초기 깍지벌레의 분비물로부터 영양을 섭취하여 번식
- ㉡ 이후 균사로 영양 섭취
- ㉢ 깍지벌레는 균사층에 의해 보호됨

⑥ 방제법
- ㉠ 겨울철 석회황합제를 살포하고 깍지벌레를 방제
- ㉡ 균사층을 긁어내고 지오판도포제를 바름
- ㉢ 가지나 줄기를 잘라 내어 태움
- ㉣ 통풍과 채광이 잘 되게 함

(19) 벚나무 빗자루병

① 특징 : 벚나무에서 가장 중요한 병

② 기주 : 왕벚나무에서 가장 큰 피해가 발생

③ 병원균 : Taphrina wiesneri – 자낭균류 반자낭균강(나출자낭)

④ 병징
- ㉠ 감염된 가지가 혹처럼 부풀어 오르고 잔가지가 많이 나와 빗자루처럼 보임
- ㉡ 발병 1~2년 후에 잔가지가 많아져 빗자루처럼 보임
- ㉢ 감염 가지는 꽃이 피지 않고, 크기가 작은 잎들이 빽빽하게 나옴
- ㉣ 4~5년 후에는 가지 전체가 고사
- ㉤ 4월 하순~5월 중순에 잎의 뒷면에 회백색 가루(나출자낭)로 덮이고, 잎의 가장자리가 흑갈색으로 말라 죽음

⑤ 병환
- ㉠ 균사는 감염된 가지와 눈의 조직에서 월동
- ㉡ 포자는 표면에 붙어서 월동

⑥ 방제법
- ㉠ 감염된 가지는 잘라 태움
- ㉡ 잘라 낸 부분에 지오판도포제를 바름

핵심문제

벚나무 빗자루병에 관한 설명으로 옳지 않은 것은? [22년 8회]

① 병원균은 Taphrina wiesneri이다.
❷ 유성포자인 자낭포자는 자낭반의 자낭 내에 8개가 형성된다.
③ 벚나무류 중에서 왕벚나무에 피해가 가장 심하게 나타난다.
④ 감염된 가지에는 꽃이 피지 않고 작은 잎들이 빽빽하게 자라나오며 몇 년 후에 고사한다.
⑤ 병원균의 균사는 감염 가지와 눈의 조직 내에서 월동하므로 감염가지는 제거하여 태우고 잘라낸 부위에 상처 도포제를 바른다.

3 잎병해

(1) 점무늬병(총생균류)

① 분생포자과를 형성하지 않고 분생포자경, 분생포자경다발, 분생포자좌에서 분생포자를 형성한다.

② 종류 : Alternaria, Aspergillus, Botryis, Cercospora 및 관련 속, Cladosporium, Corynespora, Fusarium, Helminthosporium 및 관련 속, Penicillium, Pyricularia, Verticillium 등

➤ **주요 병원균과 병의 종류**

Cercospora	Corynespora	기타 총생균에 의한 병
• 소나무 잎마름병 • 삼나무 붉은마름병 • 포플러 갈색무늬병 • 느티나무 갈색무늬병 • 벚나무 갈색무늬구멍병 • 명자나무 점무늬병 • 모과나무 점무늬병 • 배롱나무 갈색무늬병 • 족제비싸리 점무늬병 • 때죽나무 점무늬병 • 두릅나무 뒷면모무늬병 • 무궁화점무늬병	• 무궁화 점무늬병 • 가중나무 • 순비기나무 • 황매화	소나무류 갈색무늬잎마름병

③ Cercospora류에 의한 병 : 대부분 잎의 병원체이며, 어린 줄기도 침해

㉠ 소나무 잎마름병

ⓐ 기주

- 소나무, 곰솔
- 저항성 : 잣나무, 리기다소나무

ⓑ 병원균 : Pseudocercospora pini-densiflorae

ⓒ 병징

- 봄에 침엽의 윗부분에 띠 모양으로 누런 점무늬 생성
- 분생포자경 및 분생포자 형성. 분생포자는 10월까지 새잎을 침해
- 1차 전염원 : 분생포자

ⓓ 방제법

- 주로 묘포에서 피해, 예방약제를 살포
- 습한 지역에서 많이 발생

1차 전염원이 자낭포자인 병의 종류
포플러 갈색무늬병, 벚나무 갈색무늬구멍병, 모과나무 점무늬병

점무늬병
명자나무, 무궁화, 때죽나무, 모과나무(자낭포자 월동)

갈색무늬병
포플러(자낭포자 월동), 배롱나무, 멀구슬나무, 느티나무, 벚나무(자낭포자 월동)

핵심문제

Cercospore로 인해 잎에 발생하는 병이 아닌 것은?

① 소나무 잎마름병
② 삼나무 붉은마름병
③ 포플러 갈색무늬병
④ 느티나무 갈색무늬병
❺ 가중나무 갈색무늬병

핵심문제

분생포자가 1차 전염원이 아닌 수목병은? [23년 9회]

① 사철나무 탄저병
❷ 포플러 갈색무늬병
③ 느티나무 갈색무늬병
④ 쥐똥나무 둥근무늬병
⑤ 소나무류 갈색무늬병(갈색무늬잎마름병)

- 통풍을 잘 되게 하고, 과습하지 않게 하며, 피복을 하면 발병을 줄일 수 있음

ⓛ 삼나무 붉은마름병

ⓐ 기주 : 삼나무, 낙우송

ⓑ 병원균 : Passalora sequoia

ⓒ 병징

- 잎과 어린 줄기가 빨갛게 말라 죽음
- 최초의 발병은 지면에 가까운 잎이나 줄기에서 나타남
- 점차 위로 확대
- 9~10월에는 병반 위쪽이 고사
- 1차 전염원 : 분생포자

ⓓ 방제법 : 봄비가 온 직후 예방약제 살포, 병든 묘는 소각하고, 통풍에 유의하며, 과습하지 않도록 함

ⓒ 포플러 갈색무늬병(갈반병)

ⓐ 기주 : 이태리포플러, 은백양, 황철나무 등

ⓑ 병원균 : Pseudocercospora salicina

ⓒ 병징

- 잎에 갈색 점무늬가 나타나고, 암갈색으로 확대되어 대형 병반으로 발전
- 병반은 앞면에서는 뚜렷하고, 뒷면은 옅은 색
- 8월부터 병든 잎은 낙엽됨
- 1차 전염원 : 자낭포자

ⓓ 방제법 : 병든 낙엽을 소각하고, 7~10월에 살균제를 살포

ⓔ 느티나무 흰무늬병(갈색무늬병, 갈반병)

ⓐ 특징

- 느티나무 묘목에서 주로 발생
- 조기낙엽을 일으키고 묘목의 생장을 위축시킴

ⓑ 병원균 : Pseudocercospora zelkowae

ⓒ 병징

- 누런색의 점무늬가 확대 · 융합되면서 분생포자경 및 분생포자가 밀생
- 병든 잎은 안쪽으로 말리면서 조기낙엽
- 1차 전염원 : 분생포자

ⓓ 방제법 : 이른 봄에 병든 묘목을 모아 태우거나, 5월부터 살균제를 살포

ⓜ 벚나무 갈색무늬구멍병(천공성 갈반병)

ⓐ 특징

- 벚나무에서 흔히 발생
- 생장에는 지장이 없으나 미관을 해침

ⓑ 병원균 : Mycosphaerella cerasella

ⓒ 병징

- 5~6월경부터 나타나기 시작하여 장마철 이후에는 급격히 심해짐
- 건전부와의 경계에 이층이 생겨 병환부가 탈락하고 구멍이 뚫림
- 세균성 구멍병과 달리 구멍이 다소 부정형이고 옅은 겹둥근 무늬가 생기며, 검은색의 작은 돌기(분생포자퇴 또는 자낭각)가 생기므로 장마철 이후 구별이 가능
- 1차 전염원 : 자낭포자(자낭각으로 월동)

ⓓ 방제법 : 병든 잎을 모아 소각하거나 묻고, 5월과 장마철 이후에 살균제를 3~4회 살포

ⓑ 명자나무 점무늬병

ⓐ 특징 : 조기낙엽되고 관상가치가 하락

ⓑ 병원균 : Pseudocercospora cydoniae

ⓒ 병징

- 병원균은 낙엽에서 월동
- 1차 전염원 : 분생포자

ⓢ 무궁화 점무늬병(반점병)

ⓐ 특징 : 잎이 조기낙엽되어 관상가치가 하락

ⓑ 병원균 : Pseudocercospora abelmoschi

ⓒ 병징

- 잎 표면에 옅은 점무늬 → 흑갈색 점무늬로 진전
- 병환부에 회색의 털 같은 균사체(분생포자경 및 분생포자)가 밀생
- 병든 잎은 황색을 띠고 조기낙엽함
- 1차 전염원 : 분생포자

ⓓ 방제법 : 장마철 이전에 10일 간격으로 3~4회 살균제 살포

ⓞ 배롱나무 갈색무늬병(갈반병)

ⓐ 특징

- 병든 잎에 갈색 병반이 생기고 조기낙엽되어 관상가치가

핵심문제

벚나무 갈색무늬구멍병에 대한 설명으로 틀린 것은?

① 병원체는 Mycosphaerella cerasella이다.
② 5~6월부터 발생하기 시작해서 7~9월에 피해가 급격히 심해진다.
❸ 피해는 수관의 상부층 잎에서 발생되어 점차 아래로 퍼진다.
④ 병반은 더 확대되지 않으며 나중에 병반과 건전부의 경계에 엷은 갈색의 이층이 생기면서 병반이 떨어져 나가고 잎에는 작은 둥근 구멍이 뚫린다.
⑤ 병원균은 분생포자와 자낭포자를 형성하며 자낭각의 형태로 병든 잎에서 월동하여 이듬해에 1차 전염원이 된다.

떨어짐
- 관리가 부실한 나무에서 발생하고 흰가루병과 그을음병이 복합적으로 발생

ⓑ 병원균 : Pseudocercospora lythracearum

ⓒ 병징
- 잎에 흑갈색 점무늬가 확대
- 병반 뒷면에는 분생포자경 및 분생포자가 밀생하여 암회색 융단처럼 보임
- 조기낙엽됨
- 1차 전염원 : 분생포자

ⓙ 족제비싸리 점무늬병(반점병)

ⓐ 특징
- 5~6월부터 발생하여 장마철 이후에 급속 진전
- 조기낙엽되어 9월 중하순에 앙상한 가지만 남음

ⓑ 병원균 : Paramycovellosiella passaloroides

ⓒ 병징
- 잎의 작은 점에서 암갈색 병반으로 진전
- 잎자루에도 흑갈색 괴저병반을 형성
- 1차 전염원 : 분생포자

ⓚ 때죽나무 점무늬병(반점병)

ⓐ 특징 : 조기낙엽을 일으키고, 수관 하부의 잎이나 그늘에 있는 잎에 많이 발생

ⓑ 병원균 : Pseudocercospora fukuokaensis

ⓒ 병징
- 부정형의 병반이 산재하며, 주변은 넓게 황화됨
- 병반 안쪽이 흑회색으로 변하면서 작고 검은 점(자좌)이 생김
- 1차 전염원 : 분생포자

ⓛ 두릅나무 뒷면모무늬병(각반병)

ⓐ 특징
- 어린 나무에서 흔히 발생
- 조기낙엽되고, 수세를 약화시킴

ⓑ 병원균 : Pseudocercospora araliae

ⓒ 병징

- 잎 뒷면에 뚜렷한 모무늬를 나타내며, 잎 앞면은 퇴록 증상을 나타냄
- 모무늬는 분생포자경 및 분생포자가 밀생한 것
- 1차 전염원 : 분생포자

ⓔ 쥐똥나무 둥근무늬병(원형 반점병)

ⓐ 특징

- 주로 가을에 흔히 발생
- 그늘진 쪽의 나무나 산지에 자생하는 나무에 다발생

ⓑ 병원균 : Pseudocercospora ligustri

ⓒ 병징

- 암갈색의 둥근 무늬를 나타냄
- 전체적으로 색깔이 옅어 보임
- 조기낙엽되어 가지 끝에 어린잎만 앙상함
- 1차 전염원 : 분생포자

ⓟ 멀구슬나무 갈색무늬병(갈반병)

ⓐ 특징

- 장마철 이후에 흔히 발생
- 병반이 있는 잎이 조기낙엽됨

ⓑ 병원균 : Pseudocercospora subsessilis

ⓒ 병징

- 점무늬가 확대되면서 둥글거나 모난 병반이 생김
- 초기 분생포자는 갈색, 후기에는 흰색으로 보임
- 1차 전염원 : 분생포자

ⓗ 모과나무 점무늬병(반점병)

ⓐ 특징

- 붉은별무늬병과 함께 모과나무에서 흔히 볼 수 있는 병
- 심한 조기낙엽을 일으킴
- 붉은별무늬병은 5~6월, 점무늬병은 8~9월에 발생

ⓑ 병원균 : Sphaerulina chaenomelis

ⓒ 병징

- 적갈색의 각진 병반이 나타나고 점차 확대됨
- 분생포자가 밀가루를 뿌린 듯 보임
- 1차 전염원 : 자낭포자(봄, 여름)
- 2차 전염원 : 분생포자

퇴록 증상
엽록체의 녹색이 퇴색되는(연해지는) 현상

➤ Cercospora류에 의한 병과 전염원

병명	전염원
• 소나무 잎마름병	• 1차 전염원 : 분생포자
• 삼나무 붉은마름병	• 1차 전염원 : 분생포자
• 포플러 갈색무늬병(갈반병)	• 1차 전염원 : 자낭포자
• 느티나무 흰무늬병(갈색무늬병)	• 1차 전염원 : 분생포자
• 벚나무 갈색무늬구멍병	• 1차 전염원 : 자낭포자
• 명자나무 점무늬병	• 1차 전염원 : 분생포자
• 무궁화 점무늬병(반점병)	• 1차 전염원 : 분생포자
• 배롱나무 갈색무늬병(갈반병)	• 1차 전염원 : 분생포자
• 족제비싸리 점무늬병(반점병)	• 1차 전염원 : 분생포자
• 때죽나무 점무늬병(반점병)	• 1차 전염원 : 분생포자
• 두릅나무 뒷면모무늬병(각반병)	• 1차 전염원 : 분생포자
• 쥐똥나무 둥근무늬병(원형 반점병)	• 1차 전염원 : 분생포자
• 멀구슬나무 갈색무늬병(갈반병)	• 1차 전염원 : 분생포자
• 모과나무 점무늬병(반점병)	• 1차 전염원 : 자낭포자 (봄, 여름) 2차 전염원 : 분생포자

④ Corynespora류에 의한 병

㉠ 주로 잎의 병원체이며 어린 줄기에도 침입

㉡ 분생포자경이 길고 분생포자도 크므로 병반에서는 짧은 털이 밀생한 것처럼 보임

㉢ 전문가는 루페만으로 진단이 가능

㉣ 무궁화 점무늬병

ⓐ 특징

- 그늘지고 습한 곳에서 흔히 발생
- 일조가 양호하고, 통풍이 양호한 곳에서는 발생하지 않음

ⓑ 병원균 : Corynespora cassiicola

ⓒ 병징

- 장마철 이후에 발생
- 수관의 하부에서 위쪽으로 진전
- 8월부터 황화되며 낙엽이 지고, 9월에는 앙상함
- 검은 점무늬가 확대되면서 겹둥근무늬가 나타남
- 잎의 주맥, 측맥에 의해 병반이 제한됨
- 1차 전염원 : 분생포자

핵심문제

Corynespore cassiicola에 의한 무궁화점무늬병에 관한 설명으로 옳은 것은? [22년 8회]

① 이른 봄철부터 발생한다.
② 건조한 지역에서 흔히 발생한다.
③ 어린잎의 엽병 및 어린줄기에서도 나타난다.
④ 수관 위쪽 잎부터 발병하기 시작하여 아래쪽 잎으로 진전된다.
❺ 초기에는 작고 검은 점무늬가 나타나고 차츰 겹둥근무늬가 연하게 나타난다.

⑤ 기타 총생균에 의한 병

㉠ 소나무류 갈색무늬잎마름병(갈반병)

ⓐ 특징

- 소나무에 심한 낙엽을 일으켜 생장을 방해
- 주로 곰솔의 묘목에서 피해가 크고 미관을 해침

ⓑ 병원균 : Lecanosticta acicula

ⓒ 병징

- 새로 감염된 잎에는 가을부터 황색~회록색의 반점이 생기고, 이후에 황갈색 띠를 형성
- 잎이 갈변되면 조기낙엽됨
- 가을에 분생포자 형성
- 1차 전염원 : 분생포자

㉡ 소나무류 디플로디아순마름병(가지끝마름병)

ⓐ 특징

- 세계 각지에서 발생하는 소나무류의 중요한 병
- 소나무, 곰솔, 잣나무, 백송, 리기다소나무 등

ⓑ 병원균 : Sphaeropsis sapinea(수목병리학책에서는 기타 총생균으로 분류하였으나 불완전균류 유각균, 분생포자각이 맞는 분류임)

ⓒ 병징

- 새순과 어린 침엽이 회갈색으로 변하면서 급격히 고사
- 새순(새 가지)에 송진이 흘러나와 굳으면 가지는 쉽게 부러짐
- 초여름~초가을에 잎의 기부(잎집)에 까만 점(분생포자각)이 보임(진단 시 중요 단서)
- 2년생 솔방울의 인편에도 분생포자각이 형성됨
- 1차 전염원 : 분생포자

(2) 점무늬병(유각균류)

분생포자경 및 분생포자는 분생포자과의 안쪽에 형성된다.

Reference 분생포자각을 형성하는 속

Ascochyta, Macrophoma, Phoma, Pomopsis, Phyllosticta, Septoria 등

✎ 갈반병 = 갈색무늬병

핵심문제

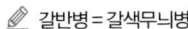

다음에 해당하는 소나무 병해는?

> 소나무류에 심한 낙엽을 일으켜 생장을 저해한다. 주로 묘포나 가로수 혹은 정원수에서 발생하며, 병이 발생한 나무는 일부의 침엽이 일찍 떨어지지만 고사하지는 않는다. 우리나라에서는 곰솔의 묘목과 어린 나무에서 피해가 크며, 때로는 곰솔 분재에서 심한 낙엽을 일으켜 관상가치를 떨어뜨린다. 세계적으로도 구주적송 등에 심한 낙엽을 일으키는 중요한 소나무류 잎 병 중의 하나이다.

❶ 소나무류 갈색무늬병
② 소나무류 그을음잎마름병
③ 소나무류 잎녹병
④ 소나무류 잎떨림병
⑤ 소나무류 가지끝마름병

핵심문제

소나무 가지끝마름병에 대한 설명으로 옳지 않은 것은? [21년 5회]

① 새 가지와 침엽은 수지에 젖어 있다.
❷ 병원균은 Septobasidium bogoriense이다.
③ 수피를 벗기면 적갈색으로 변한 병든 부위를 확인할 수 있다.
④ 6월부터 새 가지의 침엽이 짧아지면서 갈색 내지 회갈색으로 변한다.
⑤ 침엽 및 어린 가지의 병든 부위에는 구형 내지 편구형의 분생포자각이 형성된다.

Septoria에 의한 병
불완전아균문 유각균강 분생포자각균목

쉽게 외우기
오느밤 가자 말 가래[말채나무 점무늬병, 가래나무 점무늬병 (Sphaerulina)]

병명	병원균	병징 및 병환
오리나무 갈색 무늬병	Septoria alni	다각형 내지 부정형 병반
느티나무 흰별 무늬병	Septoria beliceae	다각형 내지 부정형 병반
밤나무 갈색점 무늬병	Septoria quercus	경계 황색의 띠
가중나무 갈색 무늬병	Septoria sp.	겹둥근무늬, 흰색 포자 덩이
자작나무 갈색 무늬병	Septoria betulae	적갈색 점무늬, 분생포자각
말채나무 점무늬명	Septoria cornicola	자갈색 병반 → 회갈색 병반
가래나무 점무늬병	Septoria juglandis	병반 위 흰 분생포자

쉽게 외우기
- Colletotrichum : 오동 사호 개버즘
- Entomosporium : 홍채
- Marssonina : 포참장미
- Pestalotiopsis : 은삼이와 동철이

핵심문제

Marssonina 속에 의해 발생하는 잎병의 분생포자 형태는?
❶ 분생포자반
② 분생포자각
③ 유주포자
④ 후벽포자
⑤ 분절포자

Reference 분생포자반을 형성하는 속

Colletotrichum, Cylindrosporium, Entomosporium, Marssonina, Pestalotiopsis 등 하나를 추가하면 Seiridium(편백 · 화백 가지마름병원균) 정도이다.

➤ 주요 병원균과 병의 종류

Colletotrichum의 근연 병원균에 의한 탄저병	Entomosporium	Marssonina	Pestalotiopsis
• 오동나무 탄저병 • 동백나무 탄저병 • 사철나무 탄저병 • 호두나무 탄저병 (1차 전염원 : 자낭포자) • 개암나무 탄저병 • 버즘나무 탄저병	• 홍가시나무 점무늬병 • 채진목 점무늬병	• 포플러류 점무늬잎떨림병 • 참나무 갈색둥근무늬병 • 장미 검은무늬병 [1차 전염원 : 자낭포자(자낭반)]	• 은행나무 잎마름병 • 삼나무 잎마름병 • 동백나무 겹둥근무늬병 • 철쭉류 잎마름병

① Marssonina에 의한 병 – 불완전균문 유각균강 분생포자반균목
㉠ 모두 잎에 점무늬병을 일으킴
㉡ 분생포자반에 분생포자(흰색)를 형성

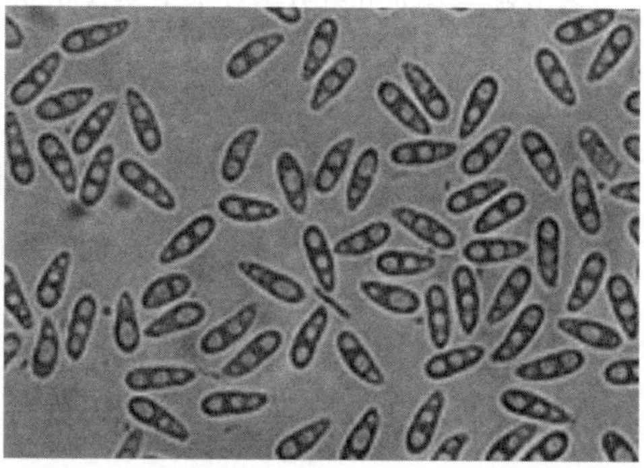

▌Marssonina ▌

㉢ 포플러류 점무늬잎떨림병(낙엽병)
ⓐ 특징
- 감수성 : 이태리계 개량포플러
- 저항성 : 은백양, 일본사시나무 등

ⓑ 병원균
- Drepanopeziza brunnea(Marssonina brunnea)
- 불완전균문 유각균강 분생자반균목

ⓒ 병징

- 6월 하순부터 발생하여 장마철에 심해짐
- 수관 아랫잎에서 위쪽으로 진전
- 8월 초부터 낙엽이 지고 8월 하순에는 어린잎만 남음
- 잎자루, 잎맥, 어린 줄기의 병반조직이 괴사되어 흑갈색으로 함몰
- 병반 위에 분생포자(흰색)가 다량 형성됨
- 1차 전염원 : 분생포자반의 분생포자

ⓓ 방제법

- 묘목과 성목 모두에 발생하며 병든 낙엽을 소각하고, 수세를 증강함
- 6월에 살균제를 2주 간격으로 살포
- 저항성 수종 : 은백양, 사시나무류를 식재

㉣ 참나무 갈색둥근무늬병

ⓐ 특징 : 피해는 경미한 것으로 잎이 지저분하게 보이며, 조기 낙엽

ⓑ 병원균

- Marssonina martini
- 불완전균문 유각균강 분생자반균목

ⓒ 병징

- 잎에 둥글고 작은 회갈색 점무늬가 많이 나타남
- 잎 앞면에 건전부와 병환부의 경계가 뚜렷
- 잎 뒷면에 분생포자가 밀생
- 1차 전염원 : 분생포자

㉤ 장미 검은무늬병(흑반병)

ⓐ 특징

- 장미는 묘목과 성목에 모두 발생
- 장마철 이후에 피해가 심하고, 비가 잦으면 5~6월에도 심하게 발생
- 조기낙엽으로 관상가치가 하락
- 8월에 앙상한 가지만 남고 새잎이 일부 남

ⓑ 병원균

- Diplocarpon rosae(Marssonina rosae)
- 불완전균문 유각균강 분생자반균목

핵심문제

장미 검은무늬병에 관한 설명으로 옳지 않은 것은? [22년 7회]

① 감염된 잎은 조기 낙엽되고 심한 경우 모두 떨어지기도 한다.
② 장마 후에 피해가 심하나 봄비가 잦으면 5~6월에도 피해가 발생한다.
❸ 병원균은 감염된 잎에서 자낭구로 월동하고 봄에 자낭포자가 1차 전염원이 된다.
④ 병든 낙엽은 모아 태우거나 땅속에 묻고, 5월경부터 10일 간격으로 적용 살균제를 3~4회 살포한다.
⑤ 잎에 암갈색~흑갈색의 병반과 검은색의 분생포자층 및 분생포자를 형성하여 곤충이나 빗물에 의해 전반된다.

✎ Diplocarpon
자낭균문 반균강(유성세대)

ⓒ 병징

- 잎에 검은 점이 나타남
- 습할 때 분생포자가 다량 형성되어 흰 점질물의 포자덩이가 하얗게 보임
- 충매, 수매, 풍매 전염됨
- 1차 전염원 : 자낭반의 자낭포자

② Entomosporium에 의한 병 – 불완전균문 유각균강 분생포자반균목 : 분생포자는 곤충을 연상시키는 독특한 모양을 하고 있음

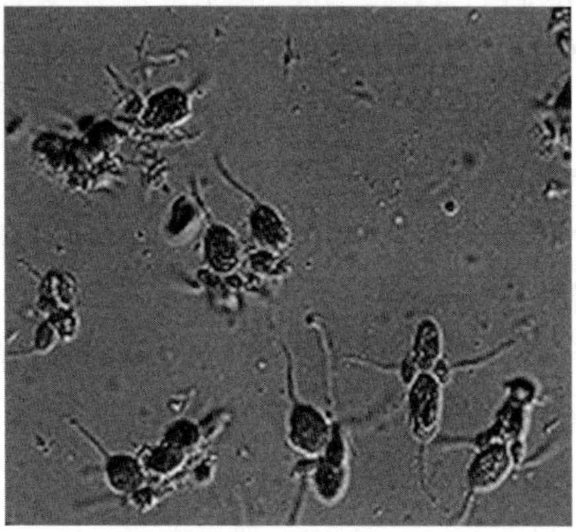

▌Entomosporium ▌

㉠ 홍가시나무 점무늬병

ⓐ 특징 : 미적 가치가 떨어지고, 조기낙엽이 짐

ⓑ 병원균

- Diplocarpon mespili(Entomosporium mespili)
- 불완전균문 유각균강 분생포자반균목

ⓒ 병징

- 4월 하순경부터 새잎과 어린가지에 발생
- 붉은색 점 → 회갈색 점
- 병반 가운데에 까만 딱지(분생포자층)
- 5월경 월동한 병든 잎이 낙엽되고, 새잎들도 조기낙엽됨
- 1차 전염원 : 분생포자

㉡ 채진목 점무늬병

ⓐ 병원균

- Diplocarpon mespili(Entomosporium mespili)
- 불완전균문 유각균강 분생포자반균목

ⓑ 병징

• 봄비가 잦으면 새잎과 어린가지에 점무늬가 생김
• 6월 말에 잎의 90%가 떨어지고, 가지 끝에 작은 잎만 남음
• 1차 전염원 : 분생포자

③ Pestalotiopsis에 의한 병 : 불완전균문 유각균강 분생포자반균목

㉠ Pestalotiopsis는 대부분 잎을 침해하는 병
㉡ 잎 가장자리에 병반 → 잎마름 증상이 나타남
㉢ 검은 점(병반)은 분생포자반에 암갈색의 분생포자가 나타나기 때문임
㉣ 분생포자는 중앙의 세 세포는 착색되어 있고, 양쪽 세포는 무색이며, 부속사를 갖음

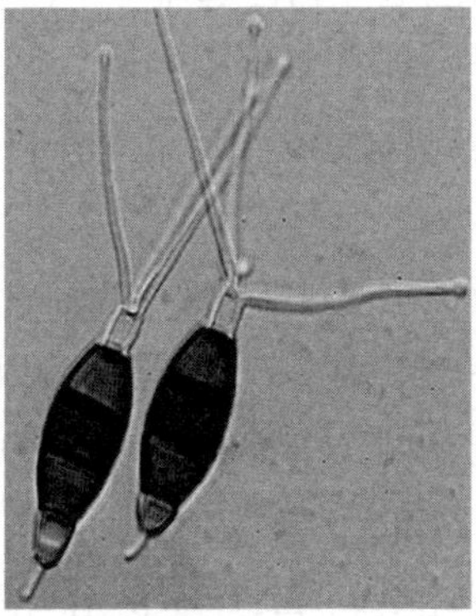

▌Pestalotiopsis ▌

㉤ 은행나무 잎마름병(엽고병) – 불완전균문 유각균강 분생포자반균목

ⓐ 특징 : 성목에서는 거의 발생하지 않음
ⓑ 병원균 : Pestalotia ginkgo
ⓒ 병징

• 여름철 고온 건조한 날씨에 잎이 데거나, 강풍, 식해 피해 등의 상처로 인해 발생
• 잎의 가장자리부터 갈색으로 고사
• 부채꼴 모양으로 진전
• 경계부는 황록색
• 병반 위에 분생포자반이 검은색으로 형성됨
• 1차 전염원 : 분생포자

핵심문제

Pestalotiopsis sp.에 의해 발생하는 수목병은? [22년 8회]

① 사철나무 탄저병
❷ 철쭉류 잎마름병
③ 회양목 잎마름병
④ 참나무 둥근별무늬병
⑤ 홍가시나무 점무늬병

쉽게 외우기

은삼이와 동철이

ⓗ 삼나무 잎마름병(엽고병) – 불완전균문 유각균강 분생포자반균목
ⓐ 특징
• 통기가 불량하거나 다습할 때 다른 병과 함께 발생
• 상처를 통해 발생하고 수형이 엉성해지며 관상가치가 하락
ⓑ 병원균 : Pestalotiopsis glandicola
ⓒ 병징
• 잎과 어린 줄기에 갈색 병반이 생기고 회백색으로 변함
• 병반 위에 검은 점(분생포자반)이 생김
• 1차 전염원 : 분생포자

ⓢ 동백나무 겹둥근무늬병 – 불완전균문 유각균강 분생포자반균목
ⓐ 특징
• 오래된 잎과 어린 열매에서 흔히 발생
• 잎과 열매가 일찍 떨어짐
ⓑ 병원균 : Pestalotiopsis guepinii
ⓒ 병징
• 병반은 겹둥근무늬를 나타내며 점점 회색으로 변색
• 병든 잎은 뒤틀리고, 병반이 탈락
• 병반 위에 검은 점(분생포자반)이 형성됨
• 1차 전염원 : 분생포자

ⓞ 철쭉류 잎마름병 – 불완전균문 유각균강 분생포자반균목
ⓐ 특징 : 다습한 환경에서 다발
ⓑ 병원균 : Pestalotiopsis sp.
ⓒ 병징
• 잎끝이나 가장자리에 병반이 생김
• 병든 잎은 갈변되면서 뒤틀리고 낙엽이 됨
• 병반은 옅은 둥근무늬가 형성되고, 검은 점(분생포자반)이 형성됨
• 1차 전염원 : 분생포자

④ Collectotrichum 및 근연 병원균에 의한 탄저병 – 불완전균문 유각균강 분생포자반균목
㉠ 각종 식물의 탄저병으로, 거의 모든 과수에서 문제가 됨
㉡ 분생포자반에 강모가 있으면 Collectotrichum 속, 분생포자반에 강모가 없으면 Gloeosporium 속으로 구분해 왔음
㉢ 탄저병균은 잎, 어린 줄기, 과실을 움푹 들어가게 하고 흑갈색의 병반을 형성

핵심문제

갈색 테두리를 가진 회백색 병반을 형성하는 탄저병은? [21년 6회]
① 개암나무 탄저병
② 버즘나무 탄저병
❸ 사철나무 탄저병
④ 오동나무 탄저병
⑤ 호두나무 탄저병

㉣ 분생포자반은 짧고 무색인 분생포자경의 위에 무색의 분생포자가 형성됨

㉤ 오동나무 탄저병 – 불완전균문 유각균강 분생포자반균목

ⓐ 특징

- 5~6월부터 발생하여 장마철에 심해짐
- 어린 묘목은 모잘록병과 비슷한 증상, 성목은 줄기마름병과 비슷한 증상을 나타냄

ⓑ 병원균 : Colletotrichum kawakamii

ⓒ 병징

- 담갈색의 점이 생기고 병반 주위는 퇴색하여 노랗게 됨
- 잎맥과 잎자루에 심하게 발병
- 잎은 기형이 되고, 줄기는 함몰됨
- 새눈무늬병과 비슷하지만 탄저병은 병반 부위가 함몰되고, 새눈무늬병은 딱지가 앉음
- 1차 전염원 : 분생포자반의 분생포자

ⓓ 방제법 : 토양소독, 토양피복, 살균제 살포, 병든 잎과 가지 소각 등

㉥ 동백나무 탄저병 – 불완전균문 유각균강 분생포자반균목

ⓐ 특징 : 잎, 과실, 어린가지에도 발생

ⓑ 병원균 : Collectotrichum sp.

ⓒ 병징

- 잎 가장자리부터 퇴색되며 나중에는 회색이 됨
- 병반 앞쪽에는 검은색의 돌기(분생포자반)가 생겨 겹둥근무늬를 형성
- 1차 전염원 : 분생포자반의 분생포자

㉦ 사철나무 탄저병 – 불완전균문 유각균강 분생포자반균목

ⓐ 특징 : 잎에 점무늬가 생기고 함몰되면서 미관을 해치고 조기낙엽됨

ⓑ 병원균 : Gloeosporium euonymicola

ⓒ 병징

- 회백색의 병반 바깥쪽은 갈색의 경계띠가 형성되고, 안쪽은 회백색의 병반에 검은 돌기가 형성됨
- 검은 돌기는 분생포자반으로 강모가 있음
- 1차 전염원 : 분생포자반의 분생포자

쉽게 외우기
오동 사호 개버즘

ⓞ 호두나무 탄저병 – 불완전균문 유각균강 분생포자반균목

ⓐ 특징

• 비교적 따뜻하고 습한 곳에서 발생

• 잎, 잎자루, 어린가지를 침해

ⓑ 병원균 : Ophiognomonia leptostyla(Gloeosporium juglandis)

ⓒ 병징

• 5~6월부터 발생

• 병환부는 검고 움푹 들어가 어린 줄기가 고사

• 잎자루와 잎맥에 흑갈색 병반이 형성되면 잎이 기형으로 변하고, 잎 전체가 검게 죽음

• 주로 묘목에서 발생

• 1차 전염원 : 자낭포자

ⓙ 개암나무 탄저병 – 불완전균문 유각균강 분생포자반균목

ⓐ 병원균 : Piggotia coryli(Gloeosporium coryli)

ⓑ 병징

• 6월 초부터 점무늬가 나타나고, 확대되면서 분생포자반이 형성되어 겹둥근무늬를 형성

• 1차 전염원 : 분생포자

ⓚ 버즘나무 탄저병 – 불완전균문 유각균강 분생포자반균목

ⓐ 특징 : 봄비가 잦은 해에 어린잎과 가지가 고사하여 서리를 맞은 듯함

ⓑ 병원균 : Apiognomonia veneta

ⓒ 병징

• 초봄에 발생하면 어린 싹이 까맣게 말라 죽음

• 잎이 전개된 후에 발생하면 잎맥을 중심으로 번개 모양의 갈색반점을 형성하고 조기낙엽됨

• 잎맥 주변에 무수히 작은 점(분생포자반)이 나타남

• 1차 전염원 : 분생포자

⑤ Elsinoe에 의한 병 – 자낭균문 소방자낭균강(자좌)

㉠ 각종 수목류와 초본류에 더뎅이병을 일으킴

㉡ 오렌지류 더뎅이병원균인 Elsinoe fawcettii가 잘 알려져 있음

㉢ 산수유, 두릅나무, 으름에서 흔하게 나타남

㉣ 두릅나무 더뎅이병(창가병) – 자낭균문 소방자낭균강(자좌)

ⓐ 특징 : 장마철 전후, 특히 태풍과 비바람이 지나간 후에 많이 발생

ⓑ 병원균 : Elsinoe araliae(Sphaceloma araliae)

ⓒ 병징

- 어린가지와 잎에 발생
- 작은 점이 잎맥을 따라 생기고 잎은 뒤틀리며 기형이 됨
- 병반은 코르크화되고 부스럼 딱지처럼 보임
- 병원균은 균사 상태로 월동
- 1차 전염원 : 분생포자

ⓜ 오동나무 새눈무늬병(두창병) – 자낭균문 소방자낭균강(자좌)

ⓐ 특징 : 탄저병보다 일찍 발생하며, 봄비가 심할 때 다발

ⓑ 병원균 : Sphaceloma tsujii

ⓒ 병징

- 잎에 갈색 점무늬가 생기고, 작은 부스럼 딱지 같은 병반이 형성
- 어린잎의 잎맥과 잎자루 그리고 어린 줄기에서 심함
- 습할 때 분생포자가 다량 형성되어 흰가루 모양을 나타냄

⑥ Septoria와 Sphaerulina에 의한 병 – 불완전균류 유각균강 분생포자각균목

㉠ 주로 잎에 작은 점무늬를 형성하며, 잎자루나 줄기는 거의 침해하지 않음

㉡ 분생포자각을 형성

㉢ 분생포자는 막대기형으로 2~10개의 격벽이 있고 무색

㉣ 병든 잎에서 균사 또는 분생포자각으로 월동

㉤ 1차 전염원 : 분생포자

㉥ Septoria와 Sphaerulina(자낭균문 소방자낭균강)는 형태적으로 구분하기 어렵고, 분자적으로 구분

㉦ 오리나무 갈색무늬병

ⓐ 특징

- 묘목에서 흔히 발생
- 병든 잎은 일찍 떨어짐
- 성목은 통풍이 불량한 곳에서 흔히 발생

ⓑ 병원균 : Septoria alni

ⓒ 병징

- 잎에 갈색의 점무늬가 나타남
- 병반 위에 작은 돌기 모양의 점(분생포자각)이 생김
- 6월부터 발생하여 장마철에 가장 심하고 늦가을까지 발생

핵심문제

병원균의 속(Genus)이 다른 나무병은? [21년 6회]

❶ 포플러 갈색무늬병
② 가중나무 갈색무늬병
③ 밤나무 갈색점무늬병
④ 오리나무 갈색무늬병
⑤ 자작나무 갈색무늬병

쉽게 외우기

오느밤 가자 말 가래

ⓞ 느티나무 흰별무늬병

ⓐ 특징

- 묘목에 흔히 발생
- 성목은 그늘에 심은 나무에 발생
- 조기낙엽되지는 않음

ⓑ 병원체 : Sphaerulina abeliceae(Septoria abeliceae)

ⓒ 병징

- 잎에 갈색의 점무늬가 나타남
- 병반의 가운데는 회백색임
- 병반 위에 흑갈색의 분생포자각이 형성됨

ⓩ 밤나무 갈색점무늬병

ⓐ 특징 : 유묘와 성목에서 흔히 발생

ⓑ 병원균 : Septoria quercus

ⓒ 병징

- 잎 표면에 흑갈색의 점무늬가 나타남
- 건전부와의 경계에 황색 띠 생성
- 잎 뒷면에 분생포자각을 형성

ⓩ 가중나무 갈색무늬병

ⓐ 특징 : 장마철에 조기낙엽으로 수세가 약화됨

ⓑ 병원균 : Septoria sp.

ⓒ 병징

- 주로 성숙한 잎에 갈색반점이 나타남
- 겹둥근무늬병과 혼동될 때도 있음
- 병반의 뒷면에 분생포자각이 형성됨

ⓚ 자작나무 갈색무늬병

ⓐ 특징

- 묘목과 어린 나무에 흔히 발생
- 잎이 황화되고, 조기낙엽됨
- 습한 환경에서 많이 발생

ⓑ 병원균 : Sphaerulina betulae(Septoria betulae)

ⓒ 병징

- 6월 초순부터 성숙잎에서 적갈색 점무늬가 나타남
- 잎 뒷면에 검은 점이 생기는데 이는 분생포자각임
- 습할 때는 분생포자각이 뿔 모양으로 돌출
- 8월 말쯤에 잎이 거의 떨어져 앙상한 모습

ⓔ 말채나무 점무늬병

ⓐ 특징 : 장마철 이후에 잎에 흔히 발생

ⓑ 병원균 : Sphaerulina cornicola(Septoria cornicola)

ⓒ 병징

- 장마철 이후에 나타나, 9월에 심해짐
- 자갈색 병반이 회갈색 병반으로 변하고 병반 안쪽에 분생포자각을 형성

ⓕ 가래나무 점무늬병

ⓐ 특징 : 가래나무의 병해 중 가장 큰 피해를 나타냄

ⓑ 병원체 : Sphaerulina juglandis(Septoria juglandis)

ⓒ 병징

- 주로 장마철에 점무늬가 발생
- 병반 위에 분생포자가 밀생하여 흰색으로 보임

(3) 기타 점무늬병

① 가죽나무 겹둥근무늬병

㉠ 특징

- 묘목과 성목에 모두 발생
- 습한 상태에서 발생
- 조기낙엽됨

㉡ 병원균 : Ascochyta sp.

㉢ 병징

- 갈색의 점무늬가 점차 흑갈색의 겹둥근무늬로 확대됨
- 병반 위에 분생포자각을 형성

② 다릅나무 회색무늬병

㉠ 특징 : 장마철에 흔히 발생하고, 조기낙엽됨

㉡ 병원균 : Stagonospora maackiae(총생균강)

㉢ 병징

- 갈색 점무늬가 나타나고 안쪽은 회색
- 병반에는 검은 돌기 모양의 분생포자각이 형성됨

③ 회양목 잎마름병

㉠ 특징 : 병든 잎은 조기낙엽되어 앙상한 모양

㉡ 병원균 : Hyponectria buxi(각균강), Dothiorella candollei (총생균강)

핵심문제

수목병과 증상의 연결이 옳지 않은 것은? [22년 8회]

① 소나무 잎마름병 – 봄에 침엽의 윗부분(선단부)에 누런 띠 모양이 생긴다.
② 소나무류(푸사리움) 가지마름병 – 신초와 줄기에서 수지가 흘러내려 흰색으로 굳어 있다.
❸ 회양목 잎마름병 – 병반 주위에 짙은 갈색 띠가 형성되며, 건전 부위와의 경계가 뚜렷하다.
④ 버즘나무 탄저병 – 잎이 전개된 이후에 발생하면 잎맥을 중심으로 번개 모양의 갈색 병반이 형성된다.
⑤ 참나무 갈색둥근무늬병 – 잎의 앞면에 건전한 부분과 병든 부분의 경계가 뚜렷하게 적갈색으로 나타난다.

핵심문제

수목병의 병징에서 병든 부분과 건전부분의 경계가 뚜렷하지 않은 것은? [23년 9회]

① 붉나무 모무늬병
② 포플러 잎마름병
❸ 회양목 잎마름병
④ 쥐똥나무 둥근무늬병
⑤ 참나무류 갈색둥근무늬병

핵심문제

병든 낙엽 제거로 예방 효과를 거둘 수 있는 수목병으로 나열된 것은? [22년 8회]

① 모과나무 점무늬병, 참나무 시들음병
❷ 칠엽수 얼룩무늬병, 소나무류 잎떨림병
③ 버즘나무 탄저병, 소나무류 피목가지마름병
④ 소나무류(푸지리움) 가지마름병, 사철나무 탄저병
⑤ 소나무 시들음병(소나무재선충병), 단풍나무 타르점무늬병

㉢ 병징
- 잎 뒷면에 회갈색의 점무늬가 나타남
- 잎 뒷면의 병반 위에 검은 돌기(분생포자각)를 형성. 병반 주위에 갈색띠 형성, 건전부와의 경계는 뚜렷하지 않음

④ 참나무 둥근무늬병
㉠ 특징 : 참나무류에서 흔히 발생하며 조기낙엽되지 않음
㉡ 병원균 : Macrohoma quercicola(유각균강 분생포자각)
㉢ 병징
- 5월부터 잎에 회갈색의 둥근 점무늬가 나타나고, 병반이 많으면 뒤틀림
- 7월에 분생포자각을 형성

⑤ 참나무 갈색무늬병(튜바키아 점무늬병)
㉠ 특징 : 참나무류에서 흔히 발생
㉡ 병원균 : Tubakia japonica(총생균강)
㉢ 병징
- 적갈색의 점무늬가 형성되고 조기낙엽됨
- 병반의 앞면에는 검은색 돌기(분생포자)를 형성

⑥ 소나무류 잎떨림병–자낭균문 반균강
㉠ 특징
- 우리나라에서는 소나무, 곰솔, 잣나무, 스트로브잣나무 등 묘목과 조림목에 모두 발생
- 특히 15년생 이하의 어린 잣나무에서 발생
- 봄에 잎이 적갈색으로 변하므로 죽은 나무로 보임
- 치명적인 병은 아님

㉡ 병원균 : Lophodermium spp.
- Lophodermium, Pinastri 등 대부분 병원성이 약하거나 부생균
- Lophodermium seditiosum만 소나무류의 당년생 잎을 감염시키는 병원성이 있음

㉢ 병징
- 3~5월에 묵은 잎의 1/3 이상이 적갈색으로 변하고 대량으로 낙엽됨
- 6~7월에 낙엽에서 자낭반이 형성됨
- 7~9월에 비를 맞으면 자낭포자가 비산하여 새잎에 침해

㉣ 방제법
- 비배관리를 철저히 함

• 늦봄부터 초여름 사이에 병든 잎을 모아 태움
• 수관 하부에 주로 발생하므로 풀깎기와 가지치기를 함

⑦ 포플러 잎마름병
㉠ 특징 : 주로 봄부터 장마철까지 조기낙엽의 주원인
㉡ 병원균 : Septotis populiperda－불완전균문 유각균강 분생포자각균목
㉢ 병징
• 어린잎에 갈색 점무늬가 겹둥근무늬로 되면서 급격히 진전
• 병반에 회색의 분생포자퇴를 형성
• 병환부와 건전부의 경계는 뚜렷
• 균핵으로 월동
• 3～4월에 자낭반이 형성되고 자낭포자가 비산

⑧ 칠엽수 얼룩무늬병(잎마름병)
㉠ 특징 : 8～9월 병세가 가장 심하지만 봄부터 장마철까지 지속적으로 발생
㉡ 병원균 : Phyllosticta paviae(Guignardia aesculi)
㉢ 병징
• 어린잎에 적갈색 얼룩무늬를 형성
• 병반 위에 검은 점(분생포자각)이 나타남
• 1차 전염원 : 위자낭각의 자낭포자
• 2차 전염원 : 분생포자각의 분생포자

(4) 철쭉류 떡병

① 특징 : 봄비가 잦은 해에 다발
② 병원균 : Exobasidium spp.
③ 병징
㉠ 4월 말부터 잎과 꽃눈이 국부적으로 비후되면서 흰색의 덩어리로 변함
㉡ 담자기와 담자포자가 밀생하여 밀가루로 덮인 듯함
㉢ 햇빛을 쪼인 면은 안토시아닌 색소로 핑크색으로 변색
㉣ 흰 부분이 흑회색으로 변하는 것은 Cldosporium류의 곰팡이 때문임
㉤ 1차 전염원 : 담자포자

핵심문제

칠엽수 얼룩무늬병에 관한 설명으로 옳지 않은 것은? [22년 7회]

① 발생은 봄부터 장마철까지 지속되나, 8～9월에 병세가 가장 심하다.
② 진균병으로 병원균은 자낭균문에 속하며, 자낭포자와 분생포자를 형성한다.
③ 땅에 떨어진 병든 잎을 모아 태우거나 땅속에 묻어 월동 전염원을 제거한다.
④ 묘포는 통풍이 잘 되도록 밀식을 피하고 빗물 등의 물기를 빠르게 마르도록 한다.
❺ 어린잎에 물집 모양의 반점이 생기고 진전되면 병반의 크기가 일정하고 뚜렷해진다.

핵심문제

곰팡이 병원균의 분류군이 같은 수목병으로 나열한 것은? [21년 5회]

ㄱ. 소나무 혹병
ㄴ. 편백 가지마름병
ㄷ. 철쭉류 떡병
ㄹ. 배롱나무 흰가루병

① ㄱ, ㄴ
❷ ㄱ, ㄷ
③ ㄱ, ㄹ
④ ㄴ, ㄷ
⑤ ㄷ, ㄹ

(5) 타르점무늬병

① 특징 : 타르점무늬병균은 아황산가스에 민감하므로 인구밀집지역이나 공장지대에는 발생하지 않음

② 병원균

구분	병원균
단풍나무	대형의 자좌를 형성하는 균(Rhytisma acerinum)
	소형의 자좌를 형성하는 균(Rhytisma punctatum)
버드나무류	대형의 자좌를 형성하는 균(Rhytisma salicinum)
키버들	대형의 자좌를 형성하는 균(Rhytisma filamentosum)
인동덩굴	대형의 자좌를 형성하는 균(Rhytisma lonicericola)

③ 병징

㉠ 처음 황색의 점무늬가 점점 타르를 바른 듯한 검은 점(자좌)이 됨

㉡ 1차 전염원 : 자낭반의 자낭포자

(6) 흰가루병

① 특징

㉠ 치명적인 병은 아니지만 생육이 위축되고, 외관을 나쁘게 함

㉡ 자낭구의 부속사 형태와 자낭구 내 자낭수에 따라 6개 속

㉢ Uncinula, Phyllactinia, Erysiphe, Sphaerotheca(자낭구 내 자낭수 1개), Microsphaera, Podosphaera(자낭구 내 자낭수 1개) 나머지는 여러 개

② 병원균 : 자낭균문 각균강 흰가루병균목, 절대기생체, Cystotheca, Erysiphe, Phyllactinia, Podosphaera, Sawadaea

③ 병징

㉠ 전 생육기를 통해 발생하나, 수종에 따라 발생시기가 다름

㉡ 대개 6~7월에 발생하여 장마철 이후에 급격히 심해짐

㉢ 어린 줄기와 열매에도 발생

㉣ 밀가루를 뿌려 놓은 듯한 무성세대인 분생포자경 및 분생포자

㉤ 광합성을 방해하고, 양분을 탈취

㉥ 1차 전염원 : 자낭구의 자낭포자(각균강으로 분류되나 자낭구를 형성)

㉦ 2차 전염원 : 분생포자

핵심문제

자낭반이 형성되는 나무병이 아닌 것은? [21년 6회]

① 타르점무늬병
② 잣나무 잎떨림병
③ 리지나뿌리썩음병
④ Scleroderris 궤양병
❺ 낙엽송 가지끝마름병

핵심문제

수목병 감염 시 나타나는 생리기능 장애 증상이 바르게 연결되지 않은 것은? [22년 7회]

① 회양목 그을음병 – 광합성 저해
❷ 조팝나무 흰가루병 – 양분의 저장 장애
③ 감나무 열매썩음병 – 양분의 저장, 증식 장애
④ 소나무 안노섬뿌리썩음병 – 물과 무기양분의 흡수 장애
⑤ 소나무 시들음병(소나무 재선충병) – 물과 무기양분의 이동 장애

핵심문제

수목의 흰가루병에 관한 설명으로 옳지 않은 것은? [22년 7회]

① 단풍나무에 흰가루병이 발생하면 발병 초기에 집중 방제를 한다.
② 쥐똥나무에 발생하면 잎이 떨어지고 관상가치가 크게 떨어진다.
③ 목련류 흰가루병균은 식물의 표피세포 속에 흡기를 뻗어 양분을 흡수한다.
❹ 배롱나무 개화기에 발생하면 잎을 회백색으로 뒤덮는데 대부분 자낭포자와 균사이다.
⑤ 장미의 생육후기에 날씨가 서늘해지면 자낭과를 형성하고 자낭에 8개의 자낭포자를 만든다.

➤ **흰가루병균의 종류**

병원균	기주
Erysiphe	사철나무류, 목련류, 쥐똥나무류, 인동류, 꽃댕강나무, 양버즘나무, 단풍나무류, 배롱나무, 꽃개오동
Podosphaera	벚나무류, 장미류, 조팝나무류
Phyllactinia	물푸레나무류
Sawadaea	모감주나무
Pseudoidium	수국류

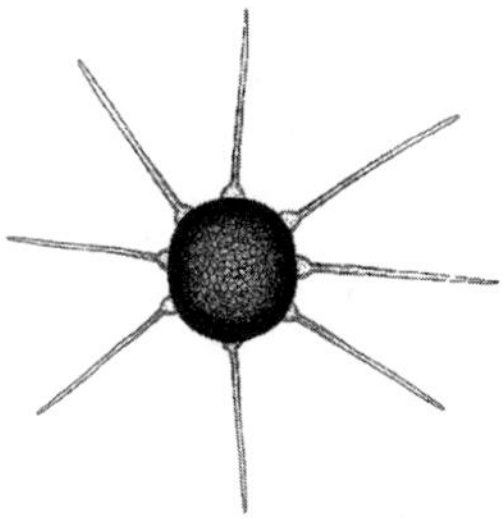

| Phyllactinia |

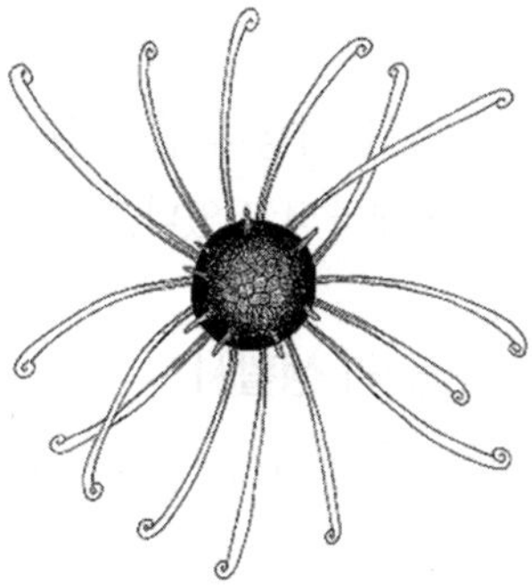

| Uncinula |

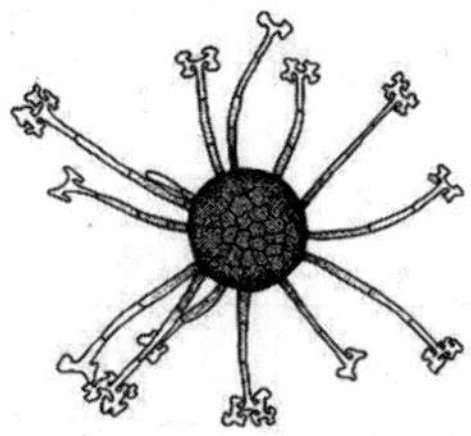

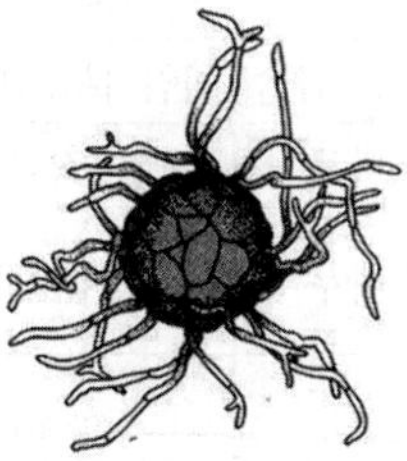

| 흰가루병균의 형태 |

(7) 그을음병

① 병원균은 기주식물을 직접 침해하는 것이 아니다.

② 진딧물, 깍지벌레, 가루이 등 흡즙성 곤충의 분비물을 영양원으로 번성하는 부생성 외부착생균이다.

흰가루병 식별
자낭구의 부속사와 내부의 자낭 수로 6개 속을 구별

핵심문제

곤충이 병원체의 기주 수목 침입에 관여하지 않은 병은? [22년 8회]

① 참나무 시들음병
② 대추나무 빗자루병
❸ 사철나무 그을음병
④ 사과나무 불마름병(화상병)
⑤ 소나무 푸른무늬병(청변병)

③ 광합성을 방해하고, 관상가치를 떨어뜨린다.
④ 병원균은 기주특이성이 없고 발병 상황에 따라 균종이 달라진다.
⑤ 대부분 그을음병원균은 Melioaceae과 및 Capnodiaceae과에 속한다.
⑥ 균사 또는 자낭각의 상태로 겨울을 나고 1차 전염원이 된다.

4 녹병

(1) 녹병균

① 담자균문 녹병균목에 속하며, 약 150속 6,000종이 알려져 있다.
② 순활물기생체이며 펩톤이나 효모추출물 등이 첨가된 인공배지에서 배양되고 있다.

(2) 녹병균의 생활사

이종기생균이며, 기주교대를 한다.

(3) 기주와 중간기주 및 동종기생균의 정의

① 경제적으로 중요한 쪽을 기주, 그렇지 않은 쪽을 중간기주라고 한다.
② 한 종의 기주에서 생활사를 마치는 것을 동종기생균이라고 한다.

➤ 주요 수목의 이종기생 녹병균

녹병균	병명	기주식물	
		녹병정자, 녹포자	여름포자, 겨울포자
Cronartium ribicola	잣나무 털녹병	잣나무	송이풀, 까치밥나무
Cronartium quercuum	소나무 혹병	소나무, 곰솔	졸참나무, 신갈나무 등
Cronartium flaccidum	소나무 줄기녹병	소나무	모란, 작약, 송이풀
Coleosporium asterum	소나무 잎녹병	소나무	참취, 쑥부쟁이
Coleosporium phellodendri	소나무 잎녹병	소나무	황벽나무
Gymnosporangium asiaticum	향나무 녹병	배나무	향나무(겨울포자 세대만 형성)
Melampsora larici-populina	포플러 잎녹병	낙엽송	포플러류
Uredinopsis komagatakensis	전나무 잎녹병	전나무	뱀고사리
Chrysomyxa rhododendri	산철쭉 잎녹병	가문비나무	산철쭉

핵심문제

녹병균의 핵상이 2n인 포자가 형성되는 기주와 병원균의 연결이 옳지 않은 것은? [22년 8회]

① 향나무 – 향나무 녹병균
② 신갈나무 – 소나무 혹병균
③ 산철쭉 – 산철쭉 잎녹병균
❹ 전나무 – 전나무 잎녹병균
⑤ 황벽나무 – 소나무 잎녹병균

➤ 녹병균의 5가지 포자형

포자형	핵상	특징
녹병정자	n	• 녹병정자는 녹병정자기 안에 형성되는 극히 작은 단세포로, 표면은 평활하다. • 기주의 표피 또는 각피 아래에 형성된다. • 녹병정자기의 형태 및 형성위치는 분류의 중요한 기준이다. • 다른 정자기에서 온 정자와 수정하여 2핵균사(n+n)가 만들어진다. • 2핵균사에서 녹포자세대(녹포자퇴와 녹포자)가 형성된다. • 녹병정자는 곤충을 유인할 수 있는 독특한 향이 있다.
녹포자 (수포자)	2핵(n+n) 균사	• 단세포로 구형 내지 난형이며, 녹포자기에서 연쇄상으로 형성된다. • 녹포자기의 시원체도 녹병정자기와 2핵균사에서 만들어진 녹포자기에서 녹포자가 형성된다. • 녹포자가 발아하면 2핵(n+n)균사가 형성되고, 이 균사에서 여름포자와 겨울포자가 형성된다. • 정자기는 주로 잎의 앞면에, 녹포자기는 그 잎의 뒷면에 형성된다. • 녹포자의 표면에는 독특한 무늬돌기가 있다. 이는 중요한 동정 기준이 된다.
여름포자	n+n	• 단세포로 구형 내지 난형이다. • 여름포자의 표면에도 다양한 무늬돌기가 존재한다. • 반복전염된다.
겨울포자	n+n → 2n	• 갈색 내지 흑갈색의 단세포 또는 다세포로 세포벽이 두꺼운 월동포자이다. • 겨울포자는 형성 직후나 이듬해 봄에 발아한다. • 감수분열하여 격벽이 있는 4개의 담자기를 만들며 각각의 담자기에 담자포자를 만든다.
담자포자	n	• 작고 무색의 단핵포자(소생자)이다. • 기주교대를 한다.

➤ 녹병균의 생활사와 핵상

기호	세대	포자이름	핵상	비고
0	녹병정자	녹병정자	n	원형질융합을 하여 녹포자 형성, 유성생식
1	녹포자	녹포자	n+n	녹포자의 발아로 n+n균사 형성, 기주교대

핵심문제

수목에 발생하는 녹병과 중간기주의 연결이 옳은 것은? [21년 5회]

ㄱ. 후박나무 녹병
ㄴ. 포플러 잎녹병
ㄷ. 산철쭉 잎녹병
ㄹ. 소나무 혹병
ㅁ. 오리나무 잎녹병
a. 황벽나무
b. 뱁고사리
c. 까치밥나무
d. 쑥부쟁이
e. 없음

❶ ㄱ－e
② ㄴ－b
③ ㄷ－a
④ ㄹ－c
⑤ ㅁ－d

기호	세대	포자이름	핵상	비고
2	여름포자	여름포자	n+n	여름포자 발아로 n+n균사 형성, 반복감염
3	겨울포자	겨울포자	n+n → 2n	핵융합으로 핵상은 2n이 되고, 발아할 때 감수분열을 하여 담자포자 형성, 월동포자
4	담자포자	담자포자	n	담자포자의 발아로 n균사 형성, 기주교대

㉠ 대부분의 녹병균은 기주의 형성층과 체관부의 세포간극에 침입한 후 흡기를 내어 세포벽을 뚫고 세포 내로 들어가지만 원형질막을 파괴하지 않아 기주세포는 살아 있게 됨

㉡ 정확한 진단을 위해서는 코흐의 원칙에 따른 검증이 필요

㉢ 녹병의 방제는 중간기주를 제거하여 생활사의 고리를 차단하는 것이 일반적

(4) 녹병의 종류

① 잣나무 털녹병

㉠ 특징

- 해발 700m 이상의 지역에서 주로 발생
- 1936년 강원도 회양군, 경기도 가평에서 처음 발견
- 1965년 강원도 평창군에서 재발견

㉡ 병원균 : *Cronartium ribicola*

㉢ 병징

- 병든 가지나 줄기의 수피는 노란색 또는 갈색으로 변색
- 수피가 거칠어지고 수지가 흘러 지저분함
- 5~20년생의 잣나무에서 많이 발생
- 일주(환상으로 침해)하면 형성층이 파괴되어 당년에 고사

㉣ 병환

- 담자포자(중간기주) → 잣나무 잎의 기공으로 침입
- 균사는 당년에 가지로 확산

▶ 잣나무 털녹병의 감수성 · 저항성 · 중간기주

구분	수종
감수성	잣나무, 스트로브잣나무
저항성	섬잣나무, 눈잣나무
중간기주	송이풀, 까치밥나무류

핵심문제

수목병리학의 역사에 관한 설명 중 옳지 않은 것? [22년 7회]

① 독일의 Robert Hartig는 수목병의 아버지로 불린다.
② 식물학의 원조로 불리는 Theophrastus가 올리브나무 병을 기록하였다.
③ 실학자인 서유구가 배나무 적성병과 향나무의 기주교대현상을 기록하였다.
④ 미국의 Alex Shigo가 CODIT 모델을 개발하여 수목외과 수술 방법을 제시하였다.
❺ 한국 발생 소나무 줄기녹병은 Takaki Goroku가 경기도 가평군에서 처음으로 발견하여 보고하였다.

- 병든 부위는 황색, 연한 황색을 띰
- 병든 부위는 1～2년 후에 적갈색으로 변하고, 8월 이후에 수피가 갈라지며 달콤한 점액이 흐름. 이 점액에는 정자가 들어 있음
- 녹병정자가 형성되고 10개월 후인 이듬해 4～6월에는 녹포자기가 돌출
- 4월부터 녹포자가 송이풀에 침입하고, 잎 뒷면에 여름포자퇴를 형성
- 겨울포자퇴에서 담자포자가 형성되어 잣나무의 잎으로 침입
- 녹포자 비산거리는 수백 km, 담자포자의 비산거리는 300m 내외임

㉤ 방제법
- 병든 나무, 중간기주를 지속적으로 제거
- 수고 1/3까지 가지치기를 하여 감염경로를 차단
- 녹포자가 발생한 가지를 비닐로 감쌈
- 송이풀 자생지에는 잣나무 식재를 지양

② 소나무 줄기녹병

㉠ 특징
- 각종 2엽송에 큰 피해를 줌
- 1978년 강원도 태백시에서 처음 발견
- 1985년 경북 영덕군에서 재발견

㉡ 중간기주 : 백작약, 참작약, 모란 등

㉢ 병원균 : Cronartium flaccidum

㉣ 병징
- 소나무류 묘목이나 조림목의 줄기 또는 가지에 발생
- 봄(4～5월)에 황색의 녹포자가 돌출하여 중간기주로 날아감
- 중간기주의 잎 뒷면에 여름포자 → 겨울포자퇴를 형성

㉤ 방제법 : 중간기주를 제거

③ 소나무류 잎녹병

㉠ 특징 : 잎은 일찍 떨어져 생장이 둔화되지만 급속히 고사하지 않음

㉡ 병원균
- 전 세계 20여 종이 있고, 우리나라에는 여름포자세대의 기주와 중간기주가 모두 보고되어 있는 것은 5종임

- 2엽송
  - 솔잎이 2개인 종류
  - 소나무, 곰솔
- 3엽송 : 리기다소나무, 백송(잣나무에 해당)
- 5엽송 : 잣나무류(잣나무, 섬잣나무, 눈잣나무)

• 소나무와 잣나무에 피해 : Coleosporium asterum, Coleosporium phellodendri
• 산초나무에 피해 : Coleosporium zanthoxyli

➤ 국내에 보고된 병원균별 기주와 중간기주

병원균	기주	중간기주
Coleosporium asterum	소나무, 잣나무	참취, 개미취, 과꽃, 개쑥부쟁이, 까실쑥부쟁이
Coleosporium eupatorii	잣나무	골등골나물, 등골나물
Coleosporium campanulae	소나무	금강초롱꽃, 넓은잔대
Coleosporium phellodendri	소나무	넓은잎황벽나무, 황벽나무
Coleosporium zanthoxyli	곰솔	산초나무
Coleosporium plectranthi	소나무	소엽(차즈기), 들깨, 들깨풀, 산박하

ⓒ 병징(Coleosporium phellodendri에 대하여 기술)
  • 4월 잎에 녹병정자기 형성
  • 이후에 녹포자기 형성
  • 6월 하순부터 7월 중순경에 여름포자퇴를 형성하고, 여름포자가 8월 말까지 반복 전염시킴
  • 8~9월 중순에 겨울포자퇴를 형성하고 담자포자를 형성하여 소나무 잎에 침입
  • 담자포자의 침입을 위한 유효거리는 3~10m
ⓓ 방제법 : 중간기주 제거, 적용약제를 9~10월에 3주 간격으로 2~3회 살포

④ 소나무 혹병
ⓐ 특징 : 소나무, 곰솔에 발생
ⓑ 중간기주 : 졸참나무, 상수리나무, 떡갈나무 등 참나무속
ⓒ 병원균 : Cronartium quercuum
ⓓ 병징
  • 소나무와 곰솔의 가지나 줄기에 형성
  • 혹의 표면은 거칠고 조직이 약하여 바람 또는 폭설에 부러지기 쉬움

핵심문제

병 발생과 병원체 전반에 곤충이 관여하지 않는 수목병이 나열된 것은? [22년 7회]

ㄱ. 목재청변
ㄴ. 라일락 그을음병
ㄷ. 밤나무 흰가루병
ㄹ. 참나무 시들음병
ㅁ. 명자나무 불마름병
ㅂ. 오동나무 빗자루병
ㅅ. 단풍나무 타르점무늬병
ㅇ. 소나무 리지나뿌리썩음병
ㅈ. 소나무 시들음병(소나무 재선충병)

① ㄱ, ㄴ, ㄷ
② ㄱ, ㅂ, ㅈ
③ ㄱ, ㅁ, ㅅ
❹ ㄷ, ㅅ, ㅇ
⑤ ㄹ, ㅁ, ㅈ

- 4~5월경 이 혹에서는 단맛이 나는 점액이 흐르며 점액에 녹병정자가 포함
- 5~6월에 중간기주의 잎 뒷면에 여름포자퇴, 7월 이후에 갈색의 겨울포자퇴 형성
- 9~10월에 담자포자를 형성
- 담자포자는 침입한 후에 10개월의 잠복기를 거침

ⓜ 방제법

- 병든 부분은 잘라서 소각
- 소나무와 곰솔 임지에는 참나무류를 식재하지 않음
- 병든 나무에서 종자를 채취하지 않음

⑤ 전나무 잎녹병

㉠ 특징

- 1986년 강원도 횡성의 전나무에서 처음 발견
- 병든 잎이 조기낙엽되나 나무는 죽지 않음

㉡ 중간기주 : 뱀고사리

㉢ 병원균 : Uredinopsis komagatakensis

㉣ 병징

- 5~7월 중순에 당년생 침엽에 반점이 나타나고, 뒷면에는 녹병정자를 함유한 점액이 맺힘
- 침엽의 뒷면에 2줄의 녹포자기 형성
- 6월 중순부터 녹포자가 비산하고, 7월 중순 이후에 여름포자퇴가 돌출
- 겨울포자퇴는 월동하는 병든 조직의 표피 밑에 형성
- 4월 하순부터 5월 상순에 담자포자가 전나무에 침입

⑥ 향나무 녹병

㉠ 특징

- 대부분의 Gymnosporangium 속 균은 향나무에는 큰 피해를 주지 않음
- 눈향나무 등 일부 향나무에서는 Gymnosporangium juniperum에 의해 줄기나 가지가 고사

㉡ 병원균

- Gymnosporangium spp.
- 2003년 노간주나무에서 Gymnosporangium clavariaeforme와 G. cornutum이 보고됨
  - 배나무를 기주교대 : Gymnosporangium asiaticum

핵심문제

수목병의 병원체 잠복기로 옳지 않은 것은? [21년 5회]

① 포플러 잎녹병 : 4일에서 6일
② 잣나무 털녹병 : 3년에서 4년
③ 소나무 혹병 : 9개월에서 10개월
④ 낙엽송 잎떨림병 : 1개월에서 2개월
❺ 낙엽송 가지끝마름병 : 2개월에서 3개월

핵심문제

CODIT 이론 설명으로 옳은 것은? [21년 6회]

❶ 방어벽 3은 나이테 방향으로 만들어진다.
② CODIT 박사가 만든 부후균 생장모델이다.
③ 방어벽 1이 파괴되면 CODIT 방어는 완전히 실패한 것이다.
④ 주된 내용은 부후재와 건전재 경계에 방어벽을 형성하는 것이다.
❺ 방어벽 4는 나무에 상처가 생긴 후 만들어진 조직(세포)에 형성된다.

–사과나무를 기주교대 : Gymnosporangium yamadae

• 여름포자세대를 형성하지 않는 대표적인 중세대형 녹병균

㉢ 병징

• 향나무류, 노간주나무 : 돌기, 혹, 빗자루 증상, 가지 및 줄기 고사 등 장미과수목(녹포자세대)의 병징은 유사함

Reference 배나무와 기주교대하는 Gymnosporangium asiaticum의 생활사

• 4~5월에 겨울포자퇴에서 담자포자가 형성된다.
• 담자포자가 배나무에 침입할 때는 개화기 직후이다.
• 6~7월에 녹병정자와 녹포자가 형성된다.
• 녹포자는 비산되어 향나무의 잎과 줄기 속에 침입한 후 균사로 월동한다.

㉣ 방제법

• 향나무와 2km 이상 떨어져야 함
• 향나무 3~4월과 7월에 중간기주인 장미과 식물에 4~6월에서 10일 간격으로 약제를 살포

⑦ 버드나무 잎녹병

㉠ 특징 : 우리나라에서는 일본잎갈나무가 중간기주로 발견되지 않았음

㉡ 병원균 : 우리나라에서는 3종만 기록되어 있음

• 호랑버들 : Melampsora capraearum
• 육지꽃버들 : Melampsora epitea
• 키버들 : Melampsora humilis

㉢ 병징

• 6월부터 버드나무의 잎 뒷면과 작은 가지에 여름포자가 나타나 반복 전염시킴
• 겨울포자는 낙엽에서 월동 후 이듬해 봄에 중간기주인 일본잎갈나무로 침입하거나 새로 나온 버드나무 잎에 침입

㉣ 방제법 : 5~9월에 적용약제를 10일 간격으로 3~4회 살포

⑧ 포플러 잎녹병

㉠ 특징 : 여름부터 가을에 걸쳐 감염되면 1~2개월 일찍 낙엽됨

㉡ 중간기주 : 일본잎갈나무, 현호색 등

핵심문제

향나무 녹병에 관한 설명으로 옳지 않은 것은? [22년 7회]

① 감염된 장미과 식물의 잎과 열매에는 작은 반점이 다수 형성된다.
② 병원균은 향나무와 장미과 식물을 기주교대하는 이종 기생균이다.
❸ 향나무에는 겨울포자와 담자포자, 장미과에는 녹병포자, 녹포자, 여름포자가 형성된다.
④ 향나무와 노간주나무의 줄기와 가지가 말라 생장이 둔화되고 심하면 고사한다.
⑤ 방제방법으로 향나무와 장미과 식물을 2km 이상 거리를 두고 식재하는 방법과 적용 살균제를 살포하는 방법이 있다.

핵심문제

포플러 잎녹병에 관한 설명으로 옳은 것은? [22년 7회]

❶ 병원균은 Melampsora 속으로 일본잎갈나무가 중간기주이다.
② 봄부터 여름까지 병원균의 침입이 이루어지며 나무를 빠르게 고사시킨다.
③ 한국에는 병원균이 2종 분포하며, 그중 Melampsora magnusiana에 의하여 해마다 대발생한다.
④ 포플러 잎에서 월동한 겨울포자가 발아하여 형성된 자낭포자가 중간기주를 침해하면 병환이 완성된다.
⑤ 4~5월에 감염된 잎 표면에 퇴색한 황색 병반이 나타나며, 잎 뒷면에는 겨울포자퇴와 겨울포자가 형성된다.

㉢ 병원균

병원균	기주	중간기주
Melampsora larici-populina	포플러류, 사시나무	일본잎갈나무, 댓잎현호색
Melampsora magnusiana	포플러류, 사시나무	일본잎갈나무, 현호색

㉣ 병징

- 4~5월에 일본잎갈나무의 잎 표면에 황색병반, 뒷면에 녹포자가 형성됨
- 5월 초 녹포자가 비산하여 포플러의 잎에 여름포자퇴를 형성
- 가을에 겨울포자퇴가 형성되어 겨울포자로 월동
- 이듬해 담자포자가 형성되어 일본잎갈나무, 현호색을 침해

⑨ 오리나무 잎녹병

㉠ 특징

- Melampsoridium 속의 녹병균
- 기주 : 오리나무, 두메오리나무
- 중간기주는 일본잎갈나무로 우리나라에서는 보고되지 않음

㉡ 병원균

- 오리나무 : Melampsoridium hiratsukanum
- 두메오리나무 : Melampsoridium alni

㉢ 병징

- 6~7월경부터 잎에 황색 반점, 뒷면에 여름포자
- 조기낙엽
- 겨울포자로 월동
- 봄에 담자포자가 일본잎갈나무에 침입

⑩ 회화나무 녹병

㉠ 특징 : 가지와 줄기에 길쭉한 혹을 만듦

㉡ 병원균

- Uromyces truncicola
- 기주교대를 하지 않는 동종기생성

㉢ 병징

- 잎, 가지 및 줄기에 발생
- 혹에서 겨울포자의 상태로 월동
- 7월 초부터 여름포자가 반복 전염시킴
- 8월 중순부터 흑갈색 포자덩이인 겨울포자가 나타남

핵심문제

한국에서 선발육종하여 내병성 품종 실용화에 성공한 사례는? [22년 8회]

❶ 포플러 잎녹병
② 벚나무 빗자루병
③ 장미 모자이크병
④ 대추나무 빗자루병
⑤ 밤나무 줄기마름병

핵심문제

수목에 발생하는 녹병과 중간 기주의 연결이 옳은 것은? [21년 5회]

ㄱ. 후박나무 녹병
ㄴ. 포플러 잎녹병
ㄷ. 산철쭉 잎녹병
ㄹ. 소나무 혹병
ㅁ. 오리나무 잎녹병
a. 황벽나무
b. 뱀고사리
c. 까치밥나무
d. 쑥부쟁이
e. 없음

❶ ㄱ－e
② ㄴ－b
③ ㄷ－a
④ ㄹ－c
⑤ ㅁ－d

➤ 그 밖의 수목 녹병

구분	병원균	중간기주
두릅나무 녹병	Aecidium araliae	밝혀지지 않음, 일본에서는 사초속 식물
버드나무 잎녹병	Melampsora capraearum	일본잎갈나무
산초나무 잎녹병	Coleosporium zanthoxyli	곰솔
오리나무 잎녹병	Melampsoridium alni	일본잎갈나무
회화나무 녹병	Uromyces truncicola	기주교대하지 않음
후박나무 녹병	Endophyllum machili	기주교대하지 않음

5 시들음병해

(1) 느릅나무 시들음병

① 특징
㉠ 유럽에서 발병되어, 미국의 느릅나무를 모두 고사시킴
㉡ 2021년 경기도 동두천시에서 후지검은나무좀(Scolytus jacobsoni)에 의해 발생

② 병원균
㉠ Ophiostoma ulmi
㉡ 자낭균문 부정자낭균강 Ophiostomataceae(오피오스토마과)－(Ophiostoma, Ceratocystis)

③ 병징
㉠ 매개충
- 유럽느릅나무좀(Scolytus multistriatus)이 잔가지를 상처낼 때 감염됨
- 미국느릅나무좀(Hylurgopinus rufipes)

㉡ 주로 봄철에 감염
㉢ 나무좀은 목부 형성층 부위를 가해할 때 물관이 노출되고, 병원균이 물관부로 유입
㉣ 병원균은 수목의 아랫부분으로 이동하여 뿌리접목으로 다른 나무의 물관부로 이동
㉤ 병원균은 나무좀의 번데기나 터널 내에 형성

④ 방제법
㉠ 미국느릅나무는 감수성
㉡ 시베리아느릅나무와 중국느릅나무 등 아시아계는 저항성
㉢ 유인목이나 페로몬을 이용하여 매개충을 유인
㉣ 생물적 방제법으로 Pseudomonas 속, Ophiostoma, Verticillium 속 균주를 미리 접종

(2) 참나무 시들음병(한국)

① 특징
㉠ 2004년 경기도 일원에서 발견
㉡ 주로 신갈나무(Quercus mongolica)에서 나타남
㉢ 일본에서는 병원균은 Raffaelea quercivorus, 매개충 Platypus quercivorus
② 병원균 : Raffaelea quercus-mongolicae
③ 매개충 : 광릉긴나무좀(Platypus koryoensis)
④ 병징
㉠ 광릉긴나무좀의 수컷이 침입한 후 페로몬을 발산하여 암컷을 유인
㉡ 목재 내에 수정하여 산란하고 터널에서 생장한 곰팡이를 먹이로 성장
㉢ 외부로 밀려나온 목재부스러기로 쉽게 관찰이 가능
㉣ 수간 하부에서 2m 이내에 주로 분포
㉤ 물관부에서 물과 양분의 이동을 방해하여 시들음 증상을 나타냄
㉥ 고사한 신갈나무는 죽은 나무에 달린 채로 남아 있음
⑤ 방제법
㉠ 매개충 침입을 방지
㉡ 끈끈이롤트랩을 설치
㉢ 감염목을 훈증처리

(3) 참나무 시들음병(미국)

① 특징 : 루브라참나무와 큰떡갈나무에 특히 심하게 발생하는 병해
② 병징
㉠ 매개충 : Nitidulid는 나무이가 아니고, 밑빠진 벌레과를 말함. '곤충강 – 딱정벌레목 – 풍뎅이아목 – 밑빠진 벌레과'임

핵심문제

느릅나무 시들음병에 관한 설명으로 옳지 않은 것은? [23년 9회]

① 세계 3대 수목병 중 하나이다.
② 매개충은 나무좀으로 알려져 있다.
❸ 병원균은 뿌리접목으로 전반되지 않는다.
④ 방제법으로는 매개충 방제, 감염목 제거 등이 있다.
⑤ 병원균은 자낭균문에 속하며, 학명은 Ophiostoma(novo –)ulmi 이다.

핵심문제

수목병과 생물적 방제에 사용되는 미생물의 연결이 옳지 않은 것은? [22년 8회]

① 모잘록병 – Trichoderma spp.
② 잣나무 털녹병 – Tuberculina maxima
③ 안노섬뿌리썩음병 – Peniophora gigantea
❹ 참나무 시들음병 – Ophiostoma piliferum
⑤ 밤나무 줄기마름병 – dsRNA 바이러스에 감염된 Cryphonectria parasitica

ⓒ 균사매트에서 나오는 달콤한 냄새에 유인됨
ⓓ 매트 위에 형성된 포자는 곤충, 청설모, 새 등에 의해서도 전반됨
ⓔ 병원균은 물관 내에서 느릅나무시들음병과 유사

③ 방제법
ⓐ 상처의 발생을 줄임
ⓑ 매개충을 훈증방제함

(4) Verticillium 시들음병

① 특징
ⓐ 토양 전염원과 뿌리접촉을 통해 감염
ⓑ 작물에는 보고되었지만 수목에는 보고되지 않았음

② 병원균 : Verticillium dahliae

③ 병징
ⓐ 단풍나무와 느릅나무에서 가장 심함
ⓑ 병원균은 가지에 완만한 시들음 증상을 일으키고 결국엔 고사
ⓒ 특징적 병징은 가지, 줄기, 뿌리의 목부에 녹색이나 갈색의 줄무늬가 생김
ⓓ 다른 시들음병과 다르게 뿌리의 상처를 통해서 전염
ⓔ 균핵으로 존재하는 근처를 뿌리가 통과할 때 감염

6 목재부후 및 변색

(1) 목재부후

① 특징 : 목재가 여러 가지 원인에 의해 목재조직이 열화되는 현상
ⓐ 살아 있는 나무 : 주로 심재가 피해를 받음
ⓑ 죽은 나무, 벌채목 : 변재에 침입하여 피해를 입힘
ⓒ 목재부후를 탐색하는 방법
- 파괴적인 방법 : 생장추
- 비파괴적인 방법 : 육안검사, 이온조사, 컴퓨터 단층촬영, 열, 전자파, 화상기법, 면역탐색법, 분자생물학적 탐색법 등
- 광학현미경을 이용하여 염색기법으로 목재부후를 탐색하면 건전 목재 – 붉은색, 부후부 – 푸른색으로 나타남
- 목재보존제 : Creosotes, Pentachlorophenol, Copper-chrome Arsenate
- 최근에는 ACQ(알칼리성 구리화합물)를 많이 사용

핵심문제

한국에서 발생한 참나무 시들음병에 관한 설명으로 옳지 않은 것은? [22년 7회]

① 매개충은 천공성 해충인 광릉긴나무좀이다.
❷ 주요 피해 수종은 물참나무와 졸참나무이다.
③ 병원균은 자낭균으로서 Raffelea quercus–mongolicae이다.
④ 감염된 나무는 물관부의 수분 흐름을 방해하여 나무 전체가 시든다.
⑤ 고사한 나무는 벌채 후 일정 크기로 잘라 쌓은 후 살충제로 훈증처리하여 매개충을 방제한다.

핵심문제

시들음병에 대한 설명으로 옳은 것은? [21년 6회]

① Verticillium 시들음병과 느릅나무 시들음병의 매개충은 나무좀류이다.
② 느릅나무 시들음병균의 균핵은 토양 내에 존재하다가 뿌리상처를 통해 침입할 수 있다.
❸ Verticillium 시들음병균에 감염된 느릅나무 가지는 변재부 가장자리가 녹색으로 변한다.
④ 광릉긴나무좀은 시들음병균이 신갈나무 수피 아래에 만든 균사매트의 달콤한 냄새에 유인된다.
⑤ 한국참나무 시들음병균과 미국참나무 시들음병균은 같은 속(Genus)이지만 종(Species)이 다르다.

핵심문제

수목의 내부 부후 진단 시 상처를 최소화한 기기 또는 방법은? [23년 9회]

① 생장추
② 저항기록드릴
③ 현미경 조직검경
④ 분자생물학적 탐색
❺ 음파 단층 이미지 분석

㉣ 목재부후균

뿌리부후균		줄기부후균
주로 뿌리	뿌리 및 그루터기	
• Inonotus dryadeus • Meripilus giganteus • Ganoderma resinaceum	• Armillaria spp. • Ganoderma applanatum • Grifola frondosa • Pholiota squarrosa • Heterobasidion annosum • Ustulina deusta • Phaeolus schweinitzii	• Polyporus squamosus • Laetiporus sulphureus • Phellinus igniarius • Fomitopsis pinicola • Phellinus robustus • Inonotus hispidus • Piptoporus betulinus • Fomes fomentarius • Ganoderma adspersum • Fistulina hepatica • Pleurotus ostreatus

ⓐ 주요 목질부후균 : 살아 있는 나무의 변재나 심재 병원체 및 부후균

구분	일반명	기주	부후 특징
Echinodontium tinctorium	침이빨버섯	소나무 등 침엽수	백색, 작은 가지
Fomes fomentarius	말굽버섯	자작나무 등 활엽수	백색, 상처
Fomitopsis officinalis	말굽잔나비버섯	침엽수	갈색, 큰 흰색 버섯
Ganoderma applanatum	영지버섯속	침엽수, 활엽수	백색, 생나무에서도 발생
Inonotus glomeratus	시루뻔버섯속	단풍나무	백색, 작은 버섯
Inonotus obliquus	차가버섯	자작나무 등 활엽수	백색, 딱딱한 큰 버섯
Laetiporus sulphureus	붉은덕다리버섯	침엽수, 활엽수	갈색, 죽은 나무 줄기
Phellinus igniarius	진흙버섯	활엽수	백색, 진흙덩이 같은 버섯
Phellinus pini	낙엽진흙버섯	침엽수	백색, 흰색 포켓 형성
Polyporus squamosus	구멍장이버섯	침엽수, 활엽수	백색, 큰 부채 모양
Stereum sanguinolentum	꽃구름버섯	침엽수	갈색, 적색의 심재부후버섯

ⓑ 뿌리와 그루터기 병원체 및 부후균

구분	일반명	기주	부후 특징
Armillaria spp.	뽕나무버섯속	침엽수, 활엽수	백색, 뿌리 모양 균사 발달
Fomitella fraxinea	아까시재목버섯	활엽수	백색, 뿌리 근처 밑동에서 발생
Heterobasidion annosum	벽돌빛뿌리버섯	침엽수, 활엽수	백색, 뿌리 그루터기에서 발생
Inonotus tomentosus	시루뻔버섯속	침엽수	백색, 단년생
Perenniporia subacida	흰구멍버섯속	침엽수, 활엽수	백색, 밑동에서 발생
Phaeolus schweinitzii	해면버섯	침엽수, 활엽수	갈색, 오래된 고목에서 발생
Phellinus weirii	진흙버섯속	침엽수	백색, 나이테가 책장처럼 분해

ⓒ 서 있는 고사목 및 벌채목 부후균

구분	일반명	기주	부후 특징
Bjerkandera adusta	줄버섯	포플라 등 활엽수	백색, 단년생 얇은 육질버섯
Cryptoporus volvatus	한입버섯	침엽수	백색, 산불 피해 고사목에서 발생
Daedalea quercina	미로버섯	활엽수	갈색, 기둥과 밑동 부후
Fomitopsis pinicola	소나무잔나비버섯	침엽수, 활엽수	갈색, 통나무 부후
Ganoderma oregonense	영지버섯속	침엽수	백색, 그루터기와 통나무에서 발생
Ganoderma tsugae	츠가불로초	침엽수	백색, 그루터기와 통나무에서 발생
Gloeophyllum sepiarium	조개버섯	침엽수, 활엽수	갈색, 선반 같은 두꺼운 버섯
Schizophyllum commune	치마버섯	활엽수	백색, 작은 치마 부채 모양
Trametes versicolor	구름버섯, 운지	활엽수	백색, 변재 부후
Trametes rubescens	구름버섯속	활엽수	백색, 변재 부후

핵심문제

산불로 고사한 소나무에서 발생하는 백색부후균으로 옳은 것은? [21년 5회]

❶ 한입버섯
② 해면버섯
③ 꽃구름버섯
④ 붉은덕다리버섯
⑤ 소나무잔나비버섯

핵심문제

다음 버섯과 관련된 설명으로 옳지 않은 것은? [25년 11회]

> ㉠ 말(발)굽잔나비버섯 (Fomitopsis officinalis)
> ㉡ 말뚱진흙버섯 (Phellinus igniarius)

① ㉠과 ㉡은 모두 목재부후균이다.
② ㉠은 주로 침엽수를, ㉡은 주로 활엽수를 감염한다.
③ ㉡의 피해가 심해지면 목질부가 스펀지처럼 쉽게 부서진다.
④ ㉠의 피해를 심하게 받은 목질부는 네모 모양으로 금이 가면서 쪼개진다.
❺ ㉠은 리그닌을 완전히 분해하지만, ㉡은 리그닌을 거의 분해하지 못한다.

② 세포벽의 구조

㉠ 주요 성분 : 셀룰로스(40~50%), 헤미셀룰로스(25~40%), 리그닌(20~35%), 균류의 생장 억제물질인 페놀화합물 등

㉡ 세포벽은 2중의 세포벽

- 1차 세포벽 : 펙틴, 셀룰로스
- 2차 세포벽 : 리그닌, 셀룰로스, 헤미셀룰로스
- 인접한 세포벽 사이 : 세포간엽이 있음

③ 구획화

㉠ 상처의 발생과 변색 및 부후의 진전에 대한 수목 방어기작

㉡ 로버트 하티그가 곰팡이가 침입하여 목재 부후가 진전된다는 것을 기술

㉢ 샤이고가 목재 부후에 대한 현대적인 개념을 확립

㉣ 위험수목의 진단과 벌채 여부 판단 시에 부후에 대한 반응과 부후 확산패턴에 대한 이해 및 예측이 가능하여 정확한 진단이 가능하게 됨

④ 목재 부후의 종류 : 갈색부후, 백색부후, 연부후로 구분

㉠ 갈색부후

구분	내용
갈색부후	• 셀룰로스, 헤미셀룰로스는 분해되지만, 리그닌은 잘 분해되지 않고 남아 있다. • 암황색의 네모난 형태의 금이 생기고 잘 부서진다. • 주로 침엽수에 나타나지만 활엽수에도 나타난다.
대부분 담자균	실버섯류(Coniophora puteana), 구멍버섯류(Postia placenta), 전나무조개버섯(Gloeophyllum abietinum), 조개버섯(Gloeophyllum sepiarium), 잣버섯(Lentinus lepideus), 진황녹슨버짐버섯(Serpula lacrymans), 개떡버섯(Tyromyces palustris)

㉡ 백색부후

구분	내용
백색부후	• 셀룰로스, 헤미셀룰로스, 리그닌도 분해된다. • 주로 활엽수에 나타나지만 침엽수에도 나타난다.
대부분 담자균	말굽버섯(Fomes fomentarius), 잎새버섯(Grifola frondosa), 조개껍질버섯(Lenzites betulina), 간버섯(Pycnoporus coccineus), 치마버섯(Schizophyllum commune), 거북꽃구름버섯(Stereum frustulosu), 송편구름버섯(Trametes versicolor), 흰구름버섯(Coriolus hirsutus), 벌집버섯(Favolus arcularius), 영지버섯(Ganoderma lucidum), 표고버섯(Lentinus edodes), 느타리버섯(Pleurotus ostreatus) 등

세포벽의 구조

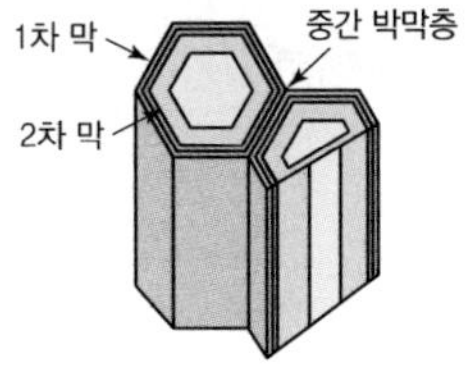

핵심문제

목재부후에 관한 설명으로 옳지 않은 것은? [25년 11회]

① 연부후 피해 목재는 마르면 할렬이 나타난다.
② 일부 진균과 방선균은 목재부후균 생장 억제 효과가 있다.
③ 감염부위에 따라 뿌리 · 밑동, 줄기 · 가지 썩음으로 구분할 수 있다.
❹ 아까시흰구멍버섯은 갈색부후균으로 심재를 먼저 분해하고 변재를 분해한다.
⑤ 음파 전기저항 특성 등을 이용해 수목 내부 부후 정도를 측정할 수 있다.

ⓒ 연부후

구분	내용
연부후	• 목재가 함수율이 높은 상태에서 발생하는 부후이다. • 표면이 연해지고 암갈색으로 변하지만 내부는 건전 상태를 유지한다. • 피해목재를 건조시키면 할렬이 길이 방향으로 나타난다.
자낭균	콩버섯(Daldinia), 콩꼬투리버섯(Xylaria), Hypoxylon, Alternaria, Bisporomyces, Diplodia, Paecilomyces

(2) 목재 변색

목재부후균과 달리 강도에는 영향이 없고 목재의 질이 저하된다.

① 목재 변색의 원인
 ㉠ 변색곰팡이
 ㉡ 목재부후균
 ㉢ 화학적 반응

② 목재 표면의 서식 오염균 : Penicillium(녹색, 누런색), Aspergillus(검은색, 녹색), Fusarium(붉은색), Rhizopus(회색)

③ 목재 방사유조직에 침입 : 푸른색 변색(청변균)
 ㉠ Ceratocystis, Graphium, Ophiostoma, Hypoxylon, Xylaria, Diplodia, Cladosporium 등
 ㉡ 목재청변곰팡이의 주 매개충 : 소나무좀, 소나무줄나무좀
 ㉢ 청변곰팡이는 침엽수, 특히 소나무류의 변재 부위를 가장 먼저 침입
 ㉣ Ceratocystis, Ophiostoma의 청변균들은 변재 부위에 가장 먼저 침입하며, 방사상 유조직세포와 수지관에 주로 존재
 ㉤ 균사 내의 멜라닌색소에 기인함
 ㉥ Ophiostoma 속의 곰팡이는 DHN 경로에 의해 멜라닌을 합성
 ㉦ 방제법 : 무색균주인 Cartapip이 시판되고 있는데, 이 균주는 Triglyceride, 지방산, Diterpenoid, 수지산 등의 목재 추출물을 분해할 수 있음

핵심문제

소나무 푸른무늬병(청변병)에 관한 설명으로 옳은 것은? [22년 8회]

① 목재 구성성분인 셀룰로오스, 헤미셀룰로오스, 리그닌이 분해된다.
② 상처에 송진분비량이 감소하고 침엽이 갈변하며 나무 전체가 시들기 시작한다.
❸ 멜라닌 색소를 함유한 균사가 변재 부위의 방사유조직을 침입하고 생장하여 변색시킨다.
④ 감염목의 변재 부위는 병원균의 증식으로 갈변되고 물관부가 막혀서 수분이동 장애가 발생된다.
⑤ 습하고 배수가 불량한 지역에서 뿌리가 감염되고 수피 제거 시 적갈색의 변색 부위를 관찰할 수 있다.

쉽게 외우기

페지와(P-gy), 아부지(A-bg), 파랑색(F-r), 알그래(R-gray)

3. 세균병해

1) 세균의 특징

① 세균은 단세포 생물이다.
② DNA가 막으로 둘러싸여 있지 않은 원핵생물이다.
③ DNA와 리보솜이 있는 세포질로 이루어져 있다.
④ 1878년 사과나무 불마름병으로 밝혀졌다.
⑤ 약 9,000종의 세균이 보고되었고, 식물병 세균은 180여 종이다.

2) 세균의 분류

세균은 Bergey's Manual에 따라 분류한다.

➤ 세균의 과거와 현재 분류 비교

과거	현재
Agrobacterium	Agrobacterium
Corynebacterium	Arthrobacter, Clavibacter, Curtobacterium, Rathayibacter, Rhodococcus
Erwinia	Erwinia, Pantoea
Pseudomonas	Acidovorax, Herbaspirillum, Pseudomonas, Burkholderia, Ralstonia
Streptomyces	Streptomyces
Xanthomonas	Xanthomonas, Xylophilus
Fastidious xylem-limited bacteria	Xylella

3) 세균의 형태와 증식

(1) 형태

① 세균은 현미경을 통해서만 볼 수 있다.
② 광학현미경으로 관찰하기 매우 어렵다. 고체배지에서 배양하면 균총이 형성된다.
③ 공 모양, 나선 모양, 막대 모양, 곤봉 모양 등이 있다.
④ 편모, 리보솜, 플라스미드, DNA, 선모, 피막, 세포벽, 세포막, 세포질로 구성된다.
⑤ 세균은 가장 바깥쪽에 얇지만 단단한 세포벽과 그 안쪽에 세포막을 가지고 있다.

핵심문제

식물병원체 중 세포벽을 가지고 있는 원핵생물의 생태에 관한 설명으로 옳지 않은 것은? [25년 11회]

① 주로 상처나 자연개구를 통하여 기주식물로 침입한다.
② 화상병균은 토양 속에서 기주식물이 없으면 수가 급격히 감소한다.
③ 기주식물 밖에서도 살 수 있지만, 대부분 기주식물 안에서 기생한다.
❹ 매개충에 의해 전반되는 것은 많으나, 매개충 체내에서 증식하는 것은 없다.
⑤ 뿌리혹병균(Agrobacterium tumefaciens)은 기주식물이 없어도 토양 속에서 오랫동안 살 수 있다.

⑥ 세포벽은 대부분 점성이 있는 끈끈한 물질로 덮여 있다.

➤ 세균의 세포벽과 플라스미드 특징

구분	내용
점질층	두께가 얇고 확산되어 있으면 점질층이다.
피막	두껍고 세포 주위 한계가 명확하면 피막이다.
플라스미드	• 세균은 하나 또는 그 이상의 작은 원형의 유전물질인 플라스미드를 가지고 있다. • 병원성과 약제저항성 등 유전정보가 들어 있다.

(2) 증식

세균은 증식을 하면 균총을 만든다.

① 생리적 특성

㉠ 대부분 이분법 또는 분열이라는 무성생식으로 증식

㉡ 세균의 생장곡선 : 어떤 세균이 주어진 시간 동안 증식하는 양을 대수표로 표시한 것

㉢ 유도기, 대수기, 정상기, 사멸기로 구분

➤ 세균의 생장곡선 분류

구분	내용
유도기	• 균을 새로운 배지에 접종하고 배양할 때 배지에 적응하는 시기이다. • 각종 효소단백질을 생합성하고, 세포가 커지며, 호흡활성도가 높아진다. 또한 세포 내의 RNA량이 현저하게 증가하며, 효소단백질의 합성이 왕성하다.
대수기	이 시기에 세균은 일정한 생장률을 보이고, 세포의 크기, 세균수, 단백질 함량 및 건물량이 같은 속도로 증가하며, 세포의 생리적 활성이 가장 강하다.
정상기	세균이 더 이상 생장하지 않는 단계로, 영양물질의 고갈, 대사생산물의 축적, 배지 pH의 변화, 산소 공급의 부족 등에 의해 세균수가 증가하지 않는다.
사멸기	세균수가 감소하는 시기로, 각종 가수분해효소의 작용으로 자기소화가 일어나 세포가 용해되고 사멸한다.

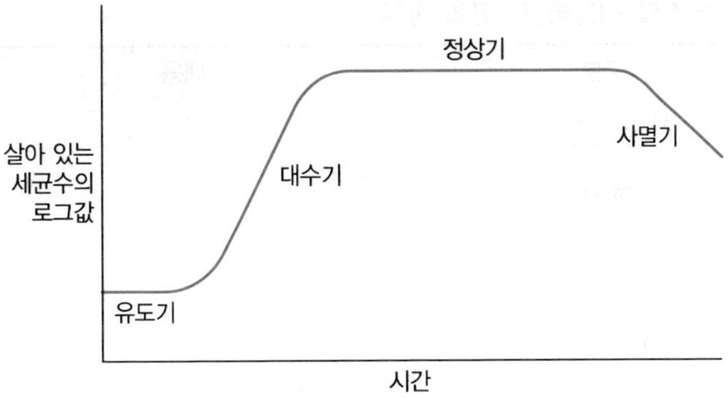

▌세포의 생장곡선▐

② 생태적 특성
　㉠ 대부분 기생생활
　㉡ 자연개구를 통해 침입

(3) 세균의 침입경로

① 기공, 피목, 수공, 밀선 등의 식물체에 나 있는 구멍을 통하여 침입한다.
② 주로 상처를 통하여 침입한다.
③ 세균은 기주식물에 옮겨지기 전에 주로 식물체의 잔재나 흙속의 유기물에 부생적으로 살아간다.

(4) 진단 및 방제

① 유조직병 : 주로 유조직이 침해되는 것으로, 조직의 부패, 반점, 잎마름, 궤양 등
② 유관속병 : 관다발의 조직, 특히 물관이 침해되는 것
③ 증생병 : 세균의 침입으로 분열조직의 증식이 자극되어 암종을 만듦

4) 병징

주로 점무늬, 마름, 과일 · 뿌리 · 저장기관의 무름과 시들음, 과대생장 등이 있다.

핵심문제

식물세균에 대한 설명 중 틀린 것은?
① 세균의 형태는 구형, 타원형, 막대형 등이 있다.
② 대부분의 식물병원세균은 단세포이다.
③ 세균에 따라서는 플라스미드, 내생포자를 가지고 있는 것도 있다.
④ 세균은 스스로 이동할 수 있는 능력을 갖고 있다.
❺ 유성 · 무성생식법으로 매우 빠르게 증식한다.

핵심문제

수목 병원체가 기주에 침입하는 방법에 관한 설명으로 옳지 않은 것은? [25년 11회]
① 바이러스는 선충에 의해 침입할 수 있다.
② 곰팡이와 세균은 자연개구로 침입할 수 있다.
③ 파이토플라스마는 매개충에 의해 침입할 수 있다.
④ 곰팡이는 수목 세포 내부로 직접 침입할 수 있다.
❺ 세균은 부착기와 흡기로 수목에 직접 침입할 수 있다.

핵심문제

〈보기〉의 수목병을 일으키는 병원균의 속(Genus)이 같은 것은? [25년 11회]

ㄱ. 감귤 궤양병
ㄴ. 배나무 뿌리혹병
ㄷ. 사과나무 화상병
ㄹ. 포도나무 피어스병
ㅁ. 살구나무 세균구멍병

① ㄱ, ㄷ
❷ ㄱ, ㅁ
③ ㄴ, ㅁ
④ ㄴ, ㄹ
⑤ ㄷ, ㄹ

핵심문제

뿌리혹병(근두암종병)에 관한 설명으로 옳지 않은 것은? [23년 9회]

① 목본과 초본 식물에 발생한다.
② 토양에서 부생적으로 오랫동안 생존할 수 있다.
③ 한국에서는 1973년 밤나무 묘목에 크게 발생하였다.
④ 병원균은 그람음성세균이며 짧은 막대 모양의 단세포이다.
❺ 주요 병원균으로는 Agrobacterium tumefaciens, A. radiobacter K84 등이 있다.

▶ 주요 식물병원세균의 종류

구분	내용
Agrobacterium	뿌리혹, 가지혹, 줄기혹, 털뿌리
Clavibacter	감자 둘레썩음, 토마토궤양 및 시들음, 과일 점무늬, 접합대생
Erwinia	마름, 시들음, 무름
Pseudomonas	점무늬, 혹(올리브나무), 바나나 시들음, 마름(라일락), 궤양 및 눈마름
Xanthomonas	점무늬, 썩음, 흑색잎맥, 인경 썩음, 귤나무류 궤양, 호두나무 마름
Streptomyces	감자 더뎅이, 고구마 썩음

5) 방제

① 특정 세균병을 방제하기 위해서는 한 가지 이상의 방제수단이 요구된다.
② 종자와 묘가 세균에 의해 오염되는 것을 피해야 한다.
③ 도구 및 사람의 손에 의해 전반되는 것을 방지한다.
④ 비료 및 관수를 조절한다.
⑤ 윤작, 저항성 품종을 사용한다.
⑥ 오염토양은 포름알데히드 등으로 처리한다(온실).
⑦ 오염된 종자는 차아염소산나트륨과 염산용액, 아세트산으로 소독한다.
⑧ 52℃의 온도에서 20분 정도 처리한다.
⑨ 항생제로 스트렙토마이신, 옥시테트라사이클린이 효과가 있다.

6) 세균의 수목병

(1) 혹병

① 기주 : 과수와 밤나무, 호두나무 등 유실수와 포플러, 벚나무 등 많은 목본식물과 초본식물에 발생
② 병징
㉠ 뿌리나 줄기의 지제부에 혹이 생기는 것이 일반적
㉡ 병환부는 우윳빛 → 암갈색으로 점차 커짐
㉢ 특히 접목묘의 접목부에서 잘 발생
㉣ 혹의 크기는 다양

③ 병원균

구분	내용
병원균	Agrobacterium tumefaciens, 막대 모양, 단세포, 그람음성
뿌리혹병	Agrobacterium tumefaciens
털뿌리병	Agrobacterium rhizogens
줄기혹병	Agrobacterium rubi
포도나무 뿌리혹병	Agrobacterium vitis

㉠ 짧은 막대 모양으로 하나의 극모를 가지고 있음
㉡ 13개의 단극편모를 가진 그람음성균으로 비항산성, 호기성임
㉢ 14～30℃에서 생육하고, 생육적온은 22℃이며, 10℃ 이하나 35℃ 이상에서는 생육하지 않음
㉣ 최적 pH는 7.3, 사멸온도는 51℃
㉤ 병든 식물조직에서 월동하지만, 흙속에서도 수년을 살 수 있고, 겨울에도 150일 이상 생존
㉥ 고온 다습한 염기성 토양에서 잘 발생
㉦ 혹의 형성은 복숭아나무는 1년 미만, 배나무와 사과나무는 1년, 감나무와 포도나무는 1년 이상 걸림

④ 방제법
㉠ 상처의 발생을 줄임
㉡ 상처에 석회황합제나 도포제를 바름

(2) 불마름병

① 특징
㉠ 주로 장미과 수목에서 나타남
㉡ 일제 강점기에 발생 기록이 있음
㉢ 1990년대부터 배나무에서 유사 가지마름병이 발생하고 있음
㉣ 2015년 경기도 안성에서 시작하여 불마름병 발생이 확인

② 병징
㉠ 늦은 봄에 어린잎과 꽃, 작은 가지들이 갑자기 시들음
㉡ 처음에는 물에 스며든 듯한 모양을 보임
㉢ 빠르게 갈색, 검은색으로 변하고 불에 탄 듯 보임
㉣ 초기 병징은 잎 가장자리에서 나타나고, 잎맥을 따라 발달
㉤ 꽃은 암술머리에서 처음 발생

핵심문제

병원체의 유전물질이 식물에 전이되는 형질전환 현상에 의해 이상비대나 이상증식이 나타나는 병은? [22년 7회]

① 철쭉 떡병
② 소나무 혹병
❸ 밤나무 뿌리혹병
④ 소나무 줄기녹병
⑤ 오동나무 뿌리혹선충병

✎ 병원성이 없는 Agrobacterium radiobacter(길항미생물)

핵심문제

나무에 발생하는 불마름병에 대한 설명으로 옳지 않은 것은? [21년 6회]

① 과실에서는 수침상 반점이 생긴다.
② 꽃은 암술머리가 가장 먼저 감염된다.
③ 잎에서는 가장자리에서 증상이 먼저 나타난다.
④ 늦은 봄에 어린잎과 작은 가지 및 꽃이 갑자기 시든다.
❺ 큰 가지에 형성된 병반으로부터 선단부의 작은 가지로 번져간다.

ⓑ 보통 선단부의 작은 가지에서 큰 가지로 번져나가 궤양을 일으킴

ⓢ 따뜻하고 습도가 높은 날에는 우윳빛 물질이 스며나와, 곤충을 유인

ⓞ 줄기에는 뿌리 가까운 곳에서 시작하여 수침상 병반이 생김

③ 병원균

㉠ Erwinia amylovora

㉡ 짧은 막대 모양, 4~6개의 주생편모를 가짐

㉢ 생육 최저온도는 3℃, 최고온도는 30℃

㉣ 궤양 주변부에서 월동

㉤ 봄에 비가 내릴 때 활동을 시작

ⓑ 흘러나오는 세균점액은 파리, 개미, 진딧물, 벌, 딱정벌레 등을 유인

ⓢ 감염은 봄 생장이 끝날 때, 개화기~한 달 뒤까지 계속

④ 방제법

㉠ 줄기의 궤양은 늦여름이나 가을, 겨울에 외과수술을 함

㉡ 감염된 가지는 감염 부위로부터 최소한 30cm 이상 아래로 잘라내야 함

㉢ 양쪽으로 10cm 정도 잘라 냄

㉣ 감수성 수종은 스트렙토마이신과 구리계 살균제를 조합하여 예방

㉤ 인산, 칼리질 비료를 시비하고, 매개충을 방제

ⓑ 개화기에 농용신수화제나 아크로마이신수화제를 살포

(3) 잎가마름병

① 특징

㉠ 활엽수의 물관부에 기생하여 잎 가장자리가 갈색으로 마름

㉡ 물관부에만 존재하면서 통도 조직의 기능에 이상을 일으킴

> **통도 조직**
> 물관+체관으로 이루어진 식물의 수분이나 양분의 이동통로가 되는 조직

② 기주 : 느릅나무, 뽕나무, 참나무, 양버즘나무 등 조경수와 녹음수, 과수 등

③ 병징

㉠ 잎 가장자리가 갈색으로 변색

㉡ 안쪽의 조직이 물결무늬 모양이나 둥근 모양을 나타냄

㉢ 한 가지에 나타나지만, 수관 전체에 나타나기도 함

㉣ 수분을 공급하여도 마름 증상이 계속됨

> **유관속(관다발) 조직**
> 물관+체관+형성층

④ 병원균

㉠ Xylella fastidiosa

㉡ 병원균은 매미충류 곤충과의 접촉에 의해 전반

㉢ 물관부국제성 세균(FXLB)

⑤ 방제법

㉠ 수세가 약한 나무에 발생이 심함

㉡ 항생제를 주입

(4) 세균성 구멍병

복숭아나무, 자두나무, 살구나무, 매실나무 등 핵과류에 발생한다.

① 병징

㉠ 잎맥을 따라 병반에 구멍이 생기며 낙엽됨

㉡ 이른 봄 비가 많이 오는 해에 다각형 수침상 병반이 생김

㉢ 2년생 열매가지 및 새 가지에 부푼 병반균열이 생김

- 봄형 가지병반 : 이른 봄 열매가지에 형성된 병반
- 여름형 가지병반 : 6~8월경 새 가지에 동일한 병반

㉣ 과실 표면에 균열이 생기고 수지를 유출하는 경우가 많음

② 병원균

㉠ Xanthomonas arboricola

㉡ 1개의 극모를 가진 막대 모양 세균

㉢ 호기성, 그람음성균

㉣ 생육 최적온도는 24~28℃, 최고온도는 37℃

㉤ 병원균은 피하조직의 세포간극에서 월동

㉥ 봄형 가지병반 : 4월에 흑갈색 병반을 형성

㉦ 여름형 가지병반 : 6~7월에 새 가지에서 병반을 형성

㉧ 잎에서 병원균의 잠복기간

- 16℃에서 16일
- 20℃에서 9일
- 25℃에서 4~5일
- 30℃에서 8일

③ 방제법

㉠ 봉지를 씌워 재배

㉡ 무대재배의 경우 적과시기를 늦추어 피해과 적과와 최종 적과를 동시에 실시

㉢ 농용신수화제가 효과적

핵심문제

활엽수의 구멍병에 대한 설명으로 옳지 않은 것은? [21년 6회]

① 세균 또는 곰팡이에 의한 증상이다.
② 나무 생장 저해 효과보다는 미관을 해치는 피해가 더 크다.
❸ 병원균이 이층(떨켜)을 형성하여 조직을 탈락시킨 결과이다.
④ 병원균은 기주식물의 잎 이외에 열매나 가지를 감염하기도 한다.
⑤ 구멍은 아주 작은 것부터 수mm에 이르는 것까지 크기가 다양하다.

(5) 감귤 궤양병

① 특징
㉠ 감귤류 병 중에 가장 심각한 세균병
㉡ 과실, 잎, 잔가지에 괴사병징을 나타냄

② 병징
㉠ 잎과 과실에 많이 발생하면 조기낙엽되고 낙과됨
㉡ 오래된 병반 중앙부는 코르크화됨

③ 병원균
㉠ Xanthomonas axonopodis
㉡ 짧은 막대 모양, 1개의 편모
㉢ 호기성, 생육 최저온도는 5℃, 최고온도는 35℃, 최적온도는 20～30℃
㉣ 52℃에서 10분이면 사멸됨. 생육 pH 6.1～8.8로 최적 pH 6.6
㉤ 월동전염원은 늦여름에 형성된 병반임
㉥ 비를 동반한 6～8m/sec 이상의 강풍이 불 때 많이 감염됨

④ 방제법
㉠ 방풍림을 조성
㉡ 귤굴나방을 방제
㉢ 질소과다 시용을 피함

4. 파이토플라스마에 의한 수목병해

1) 파이토플라스마

(1) 특징

① 마이코플라스마는 원핵생물계 몰리큐트강에 속한다.
② 1898년 Nocard와 Roux에 의하여 소의 흉막폐렴 병원균으로 처음 발견되었다.
③ 1967년 Doi 등이 전자현미경으로 사부의 체관에서 발견하였다.
④ 16S rRNA 유전자가 분자계통학적으로 큰 변이가 있다.
⑤ 순활물기생체이다.

(2) 파이토플라스마의 특성과 진단

파이토플라스마의 형태는 구형, 난형 및 불규칙한 타원형이고, 필라멘

핵심문제

세균에 의한 수목병으로 옳은 것은? [21년 5회]

❶ 감귤 궤양병
② 소나무 잎녹병
③ 장미 모자이크병
④ 밤나무 줄기마름병
⑤ 배나무 붉은별무늬병

핵심문제

병원균의 세포벽에 펩티도글리칸(Peptidoglycan)이 포함된 수목병은? [22년 8회]

❶ 감귤 궤양병
② 포플러 잎녹병
③ 참나무 시들음병
④ 두릅나무 더뎅이병
⑤ 느티나무 흰별무늬병

핵심문제

수목병 및 병원체 진단에 관한 설명으로 옳지 않은 것은? [25년 11회]

① 습실처리법은 곰팡이 감염이 의심될 때 주로 사용한다.
② 광학현미경으로 바이러스 감염에 의한 봉입체를 관찰할 수 있다.
③ 곰팡이에 의한 병 중에도 코흐의 원칙을 적용할 수 없는 경우가 있다.
④ 면역학적 진단을 하려면 대상 병원체에 대한 항혈청을 가지고 있어야 한다.
❺ 썩고 있는 뿌리를 DAPI로 염색하여 형광현미경으로 관찰하면 감염 여부를 알 수 있다.

파이토플라스마 감염 분석방법
단일크론항체, DNA Probes, REPL Profile 및 16S rRNA 유전자 분석 등

트 형태도 관찰된다. 진정한 세포벽이 없고, 원형질막으로만 둘러싸인 세포질이 있으며, 리보솜과 핵물질 가닥이 존재한다.

① 파이토플라스마 입자를 간단히 검정
  ㉠ Toluidine Blue의 조직염색에 의한 광학현미경 기법
  ㉡ Dienes 염색약을 사용한 광학현미경 기법
  ㉢ Confocal Laser Microscopy(레이저 현광현미경의 일종. 조금 더 선명하게 보임)
② 파이토플라스마의 감염 여부 확인
  ㉠ 형광현미경 : DAPI(4, 6-diamidino-2-phenylindole · 2HCl) 등의 형광염색소를 사용하여 확인
  ㉡ 파이토플라스마 입자 관찰은 어려움
  ㉢ 형광염색소가 DNA와 결합하는 성질이 있어 체관 속에 있는 파이토플라스마는 특이적인 형광을 나타냄
③ 형광염색소 : DAPI, Berberine Sulfate, Bisbenzimide(Hoechst 33258), Acridine Orange 등 Callose－특이 염색약인 Aniline Blue(형광현미경 기법)
④ 최근 개발된 기법 : DNA Probes, REPL Probes, 16S rRNA 유전자 분석법

(3) 파이토플라스마의 분류

① 세포벽이 없다는 것 외에는 세균과 비슷하다.
② 세균과는 달리 나선형 및 필라멘트형의 입자가 많다.
③ 세포벽 대신 원형질막으로 둘러싸여 있다.
④ 파이토플라스마는 스피로플라스마를 포함하지 않으며, 마이코플라스마속이나 아콜레플라스마속 중에 아콜레플라스마에 가깝다.

(4) 파이토플라스마의 생태

① 파이토플라스마와 식물스피로플라스마는 주로 식물의 체관 즙액 속에 존재한다.
② 매미충류에 의해 식물체에 전염된다.
③ 나무이와 멸구류에 의해서도 전염된다.
④ 체관부에만 존재한다.
  ㉠ 성숙한 식물보다 어린 식물을 흡즙할 때 보독이 더 잘됨
  ㉡ 흡즙한 후 바로 전염시키지 못함

핵심문제

파이토플라스마의 설명으로 옳지 않은 것은? [21년 5회]

① 수목에 전신감염을 일으킨다.
② 세포 내에 리보솜이 존재한다.
❸ 일반적으로 크기는 바이러스보다 작다.
④ 염색체 DNA의 크기는 530~1,130kb까지 다양하다.
⑤ Aniline Blue를 이용한 형광염색법으로 검정이 가능하다.

핵심문제

수목병과 진단방법의 연결이 옳지 않은 것은? [21년 5회]

① 장미 모자이크병－ELISA
❷ 호두나무 탄저병－DAPI 염색법
③ 뽕나무 오갈병－형광현미경기법
④ 사과나무 불마름병－그람염색법
⑤ 소나무 리지나뿌리썩음병－영양배지법

핵심문제

다음 특성을 가진 나무 병원체에 대한 설명으로 옳지 않은 것은? [21년 6회]

• 구형 또는 불규칙한 타원형이다. • 세포벽을 가지지 않고 원형질막으로 둘러싸여 있다. • 세포질이 있고 리보솜과 핵물질 가닥이 존재한다.

① 주로 체관부에서 발견된다.
② 주로 매미충류에 의해 전염된다.
③ 대추나무 빗자루병균이 해당된다.
❹ 페니실린계 항생물질에 감수성이다.
⑤ DAPI를 이용한 형광현미경 기법으로 진단한다.

✎ **매개충의 병원균 증식과정**
구침 → 창자 → 헤모림프 → 내장 → 뇌, 침샘(증식) → 전염

ⓒ 30℃에서는 10일, 10℃에서는 45일의 증식기간을 거친 후에 전염 가능
ⓓ 보독기간이 필요하며, 전염력은 폐사할 때까지 유지
ⓔ 성충보다는 약충에 효과적으로 들어가고 탈피과정에도 살아남음

✐ 보독기간
파이토플라스마가 곤충 체내에 흡즙된 후 감염능력을 회복하기 위한 증식에 필요한 기간으로, 전염능력은 곤충이 폐사할 때까지 영구적이다.

(5) 파이토플라스마의 수목병

약 1,000여 종 이상 보고되었고, 우리나라에서는 60여 종 이상 보고되었으며, 약 25종 이상이 파이토플라스마병으로 보고되었다.

① 오동나무 빗자루병
ⓐ 매개충
- 담배장님노린재(*Cytopeltis tenuis*)
- 썩덩나무노린재(*Halyomorpha halys*)
- 오동나무애매미충(*Empoasca sp.*)

ⓑ 기주 : 오동나무, 일일초, 나팔꽃, 금잔화
ⓒ 병징
- 새 가지나 줄기에서 연약한 가지가 총생하고, 작은 잎이 밀생하여 빗자루나 새 둥지 같은 모양이 됨
- 꽃대 전체에서 엽화 증상이 나타남
- 병든 가지는 일찍 시들거나 조기낙엽되고, 가지도 말라 떨어짐

ⓓ 병환 : 매개충에 의해 전염되며, 분근묘를 통해서도 전염됨
ⓔ 방제법
- 건전묘를 생산
- 옥시테트라사이클린 수용액을 나무주사
- 7~9월까지 비피유제나 메프수화제 1,000배액을 2주 간격으로 살포

➤ **옥시테트라사이클린 수간주입**

흉고직경	1회 주입량	주입횟수	주입시기
10cm 이하	1g/1L	1	5~9월
10~20cm	2g/1L		
20~30cm	6g/2L		
30~40cm	8g/3L		

② 대추나무 빗자루병 : 1950년부터 크게 발생하였다.

㉠ 매개충 : 마름무늬매미충(Hishimonus sellatus)

㉡ 기주 : 대추나무, 뽕나무, 쥐똥나무, 일일초

㉢ 병징

- 잔가지와 작은 잎이 밀생하여 빗자루 같은 모양임
- 꽃봉오리가 잎으로 변하는 엽화현상이 발생

Reference 병징의 세 가지 형태

- 엽화현상으로 시작되는 빗자루 증상
- 엽화현상은 일어나지 않고 잔가지가 총생하는 빗자루 증상
- 빗자루 증상은 없고, 잎 전체가 황화

㉣ 병환

- 뽕나무, 쥐똥나무, 일일초에도 매개전염
- 가을에 뿌리로 이동하여 겨울에 월동하고 봄에 수액의 이동과 더불어 줄기부분으로 올라와 증식
- 분주, 접목으로 전염

㉤ 방제법

- 병든 나무는 벌채 후 소각
- 옥시테트라사이클린을 수간주사
- 매개충은 6~10월에 걸쳐 비피유제나 메프수화제 1,000배액을 2주 간격으로 살포

➤ 옥시테트라사이클린 수간주사

흉고직경	1회 주입량	주입횟수	주입시기
10cm 이하	1g/1L	1~2	5~10월
10~15cm	1g/1L		
15~20cm	2g/2L		
20~25cm	3g/3L		

③ 뽕나무 오갈병

㉠ 특징 : 1973년 상주에서 크게 발생하여 150만 그루 이상 제거

㉡ 매개충 : 마름무늬매미충(Hishimonus sellatus)

㉢ 기주 : 뽕나무, 대추나무, 일일초, 화이트클로버, 레드클로버, 라디클로버, 자운영

㉣ 병징

- 조기 위황 증상을 나타냄

핵심문제

수목 기생체 중 세포벽이 없는 것으로 나열된 것은? [22년 7회]

ㄱ. 겨우살이
ㄴ. 소나무재선충
ㄷ. 대추나무 빗자루병균
ㄹ. 쥐똥나무 흰가루병균
ㅁ. 밤나무혹병(근두암종병)균
ㅂ. 벚나무 번개무늬병 병원체

① ㄱ, ㄴ, ㅁ
② ㄱ, ㄷ, ㅂ
③ ㄴ, ㄷ, ㅁ
❹ ㄴ, ㄷ, ㅂ
⑤ ㄷ, ㄹ, ㅂ

✎ 위황
시들고 황색으로 변색

- 생육이 억제되고, 가지 사이가 짧아짐
- 오갈 증상을 보임(잎이 쭈글해짐)

ⓜ 병환 : 접목 전염은 되지만 종자, 즙액, 토양 전염은 되지 않음

ⓗ 방제법 : 저항성 품종 식재, 무병주 채취, 옥시테트라사이클린 수간주입, 매개충 방제(7~10월)

④ 붉나무 빗자루병 : 1973년 전북에서 처음 발견되었다.

㉠ 매개충 : 마름무늬매미충(Hishimonus sellatus)

㉡ 기주 : 붉나무, 대추나무, 일일초, 새삼

㉢ 병징

- 잎이 작아지고 황화됨
- 줄기가 짧아지고 위축됨
- 잔가지가 총생하고, 엽화현상이 발생

㉣ 병환

- 마름무늬매미충과 새삼에 의해 전파됨
- 종자, 토양, 즙액 전염은 되지 않음

⑤ 쥐똥나무 빗자루병 : 1980년대 전북지방의 왕쥐똥나무에서 처음 발견

㉠ 매개충 : 마름무늬매미충(Hishimonus sellatus)

㉡ 기주 : 쥐똥나무, 왕쥐똥나무, 좀쥐똥나무, 광나무

㉢ 병징

- 잔가지와 작은 잎이 총생하고 황화 증상을 나타내어 전형적인 빗자루 증상을 나타냄
- 지제부 줄기에서 총생한 잔가지가 빗자루 증상을 나타냄

(6) 파이토플라스마의 방제

전신감염성으로, 즙액 전염, 종자 전염, 토양 전염은 되지 않는다.

▶ 파이토플라스마 병징의 특징

구분	내용
외부 병징	위황, 잎의 왜소화, 절간생장 감소 및 위축, 엽화현상, 가지의 과도한 이상생장, 빗자루 증상, 불임 등
내부 병징	• 형성층의 괴저현상 • 옥시테트라사이클린에 감수성, 페니실린에 저항성을 나타냄 • 병든 식물을 30~37℃의 환경조절장치에서 며칠, 몇 주 또는 몇 달 넣어 두고, 영양기관을 50℃의 온수에 10분간, 30℃의 물에 3일간 침지하면 효과가 있음

핵심문제

수목병과 병원체를 매개하는 곤충과의 연결이 옳은 것은? [22년 7회]

① 뽕나무 오갈병 – 뽕나무하늘소
② 참나무 시들음병 – 붉은목나무좀
③ 느릅나무 시들음병 – 썩덩나무노린재
❹ 붉나무 빗자루병 – 모무늬(마름무늬)매미충
⑤ 소나무 시들음병(소나무재선충병) – 알락하늘소

핵심문제

표징으로 육안진단할 수 없는 병은? [21년 5회]

① 철쭉류 떡병
② 향나무 녹병
③ 벚나무 빗자루병
❹ 붉나무 빗자루병
⑤ 잣나무 수지동고병

2) 스피로플라스마

① 스피로플라스마는 구형 또는 달걀형, 나선형 및 비나선형 필라멘트 형태를 하고 있다.
② 인공배양이 가능하다.
③ 액체배지에서 나선형을 이루고, 분열법으로 증식한다.
④ 세포벽은 없고, 단위막으로 둘러싸여 있다.
⑤ 나선형 필라멘트는 필라멘트의 파상운동과 나선의 돌림운동에 의해 움직이지만 편모는 없다.
⑥ 한천배지상 스피로플라스마의 균총은 달걀프라이 모양이다.

5. 선충에 의한 수목병

1) 선충의 특징

① 선충은 선충문(Nematoda)에 속하는 무척추 하등동물이다.
② 식물성 기생선충(식물기생선충, 식물선충)의 대부분은 생활사의 일부 또는 전부가 토양을 경유하는 토양선충이다.
③ 편의상 식물기생선충을 제외한 토양선충을 부생선충이라고 한다.
④ 자연림은 유기적인 관계를 이루는 안정된 상태로, 수목에 피해를 줄 만큼 밀도가 증가하는 경우는 드문 경우이다.

먹이습성에 따라 구분
식균성, 식세균성, 포식성, 잡식성, 식물기생성, 곤충기생성 등으로 구분

2) 선충의 형태

① 대부분 길이가 1mm 내외이다.
② 육안으로 식별이 어렵고 현미경을 통해 관찰할 수 있다.
③ 일반적으로 암수 형태는 비슷하지만, 일부는 자웅이형이다.
④ 선충은 큐티클(각피)로 덮여 있다.
⑤ 각피에는 환문(가로무늬)과 종문(세로무늬)이 있다.
⑥ 각피 바로 밑에는 진피가 있다. 진피 안쪽에는 근육세포와 복강(의체강)이 있다.

핵심문제

뿌리혹선충에 관한 설명으로 옳지 않은 것은?

① 구침을 가지고 있으며 알로 증식한다.
② 2기 유충이 뿌리에 침입하여 정착한다.
③ 감염한 기주식물에 거대세포 형성을 유도한다.
④ 밤나무, 아까시나무, 오동나무 등 주로 활엽수 묘목을 가해한다.
❺ 4차 탈피를 마치고 성충이 되면 암수의 형태가 유사해진다.

Reference 선충의 형태적 특징

- 종류별 모양 : 대부분 가늘고 긴 원통형, 머리와 꼬리가 있는 양끝 방향으로 가늘어지는 실 모양, 방추형이다.
  - 뿌리혹선충 암컷 : 서양배 모양
  - 시스트선충 암컷 : 레몬 모양
  - 자웅이형 : 일반적으로 암수의 형태는 비슷하지만 일부 선충은 암컷과 수컷의 모양이 전혀 다른 자웅이형임
- 구침의 형태 : 식도형 구침, 구강형 구침(절구 모양의 구침절구가 있음)
- 식도의 분류 : 전부식도구, 중부식도구, 후부식도구로 나뉘어 있다.
- 생식기
  - 수컷
    - 항문 부위에 교접자를 갖고 있고, 교접낭에 싸여 있음
    - 보통 1개의 고환으로 구성됨
  - 암컷
    - 몸의 중앙부, 후부에 음문이 있음
    - 난소, 나팔관, 수정낭, 자궁, 질, 음문으로 구성됨

3) 선충의 성장과 생활사

알, 유충, 성충으로 나눌 수 있다.

(1) 유충의 성장

① 탈피를 통해 성장하지만 생식기관을 제외하고, 세포수가 증가하지 않고 크기가 커진다.
② 성충은 유충보다 3~10배 정도 커진다.
③ 생활주기는 1 : 4 : 4 : 1
한 번의 알, 네 번의 탈피, 네 번의 유충단계, 마지막 성충단계이다.
④ 알에서 부화한 유충은 제2기 유충단계 : 기주 식물체를 뚫고 들어가는 침입기이다.

✎ 소나무재선충은 예외적으로 분산기 4기 유충이 침입기에 해당한다.

(2) 생식방법

양성생식, 단위생식, 처녀생식 등을 한다.

4) 선충의 기생 형태와 생태

식물선충은 절대활물기생체로 뿌리에 기생한다.

➤ 기생방법과 암컷의 운동성에 따른 선충 분류

구분	내용	
기생방법에 따른 분류	외부기생선충, 내부기생선충, 반내부기생선충	
암컷의 운동성에 따른 분류	고착성 및 이주성 선충	
	고착성 선충	대부분 몸이 비대해진다.
	이주성 선충	• 식도형 구침의 선충은 모두 이동성 외부기생선충이다. • 구강형 구침의 선충은 종류에 따라 기생 형태가 다르다.

5) 발병과 병징

① 선충에 의한 영양분의 탈취와 물리적인 손상도 중요하지만, 선충이 분비하는 침과 분비물에 의한 생리적 변화가 더 큰 요인이다.

② 뿌리조직 내에 양육세포, 합포체, 거대세포가 형성되어 통도기능에 이상이 생긴다.

㉠ 지상부 증상 : 식물의 성장저해, 위축, 황화, 시들음, 고사, 쇠락 증상

㉡ 지하부 증상 : 뿌리의 괴저병반, 뿌리혹, 토막뿌리 등

6) 선충병의 진단과 선충의 분리

(1) 선충병의 진단

지상부와 지하부 증상을 확인한 후 진단한다.

(2) 선충을 분리하는 방법

① Baermann Funnel법

㉠ 토양이나 식물조직을 화장지 위에 놓고, 물을 채운 깔때기에 담가 놓아 선충이 빠져나오면 깔때기 밑으로 가라앉게 함

㉡ 선충을 페트리접시에 받아 광학현미경으로 관찰

② 선충의 비중을 이용하는 방법

③ 여러 가지 크기의 채를 이용하는 방법

7) 선충의 동정과 분류

식물선충은 선충문(Nematoda)의 Dorylaimida 목과 Tylenchida 목에 포함된다.

핵심문제

수목 병원체의 동정 및 병 진단에 관한 설명으로 옳은 것은? [22년 7회]

① 분리된 선충에 구침이 없으면 외부기생성 식물기생선충이다.
❷ 세균은 세포막의 지방산 조성을 분석함으로써 동정할 수 있다.
③ 향나무녹병균의 담자포자는 200배율의 광학현미경으로 관찰할 수 없다.
④ 파이토플라스마는 16s rRNA 유전자 염기서열 분석으로 동정할 수 없다.
⑤ 바이러스에 감염된 잎에서 DNA를 추출하여 면역확산법으로 진단한다.

(1) Dorylaimida 목

① Dorylaimoid형 식도, 식도형 구침을 갖고 있다.
② 주요 속 : Xiphinema, Longidorus, Trichodorus, Paratrichodorus
③ Xiphinema, Longidorus는 벚나무, 포도나무, 나무딸기, 복숭아나무, 자두나무 등에서 Nepovirus를 전염시킨다.
④ Trichodorus, Paratrichodorus는 관상식물에 Tobravirus를 매개한다.

(2) Tylenchida 목

Aphelenchina와 Tylenchida로 나뉜다.

① Aphelenchina
㉠ 중부 식도구가 체폭의 2/3 이상인 선충
㉡ 주요 속으로 지상부 가해선충인 Aphelenchoides, Bursaphelenchus 등
㉢ 식균선충 Aphelenchus(꼬리 끝이 둥글어 다른 Aphelenchoides와 구별)

② Tylenchida 아목
㉠ 가장 많은 식물선충이 포함됨
㉡ 두 상과인 Criconematoidea와 Tylenchoidea로 구성
ⓐ Criconematoidea(3과로 구분)
- 각피 환문이 톱니 모양인 이주성 외부기생성 Criconematidae(주름선충과)
- 각피가 매끄러운 이주성 외부기생성 Paratylenchidae(침선충과)
- 암컷이 자루 모양인 고착성 반내부기생성 Tylenchulidae(감귤선충과)

ⓑ Tylenchoidea : 내부 · 외부 기생성, 이주성, 고착성 등 다양한 기생성을 가짐

➤ 선충의 분류

구분	내용
Anguinidae	• 실 모양의 선충 • 암수 고리가 원뿔 모양 • 구침은 작고 약함 • 난소 1개

구분	내용
Tylenchorhynchidae	• 암수 모두 실 모양 • 구침 및 구침절구가 잘 발달했음 • 난소 2개 • 수컷의 교접낭은 길고 꼬리 끝까지 도달
Belonolamidae	• 암수 모두 실 모양 • 난소 2개 • 수컷의 교접낭은 길고 꼬리 끝까지 도달
Pratylenchidae (썩이선충과)	• 모두 내부기생성 선충, 암수 모두 실 모양 • 성숙한 암컷은 콩팥이나 자루 모양으로 비대해짐 • Pratylenchinae아과는 암수 모두 실 모양의 이주성 선충 • Nacobbinae아과는 암컷이 비대해지는 고착성 선충
Hoplolaimidae	• 내외부 기생성 및 이주성, 고착성 선충 • 암수 모두 실 모양 또는 암컷은 콩팥, 자루 모양임 • 강한 구침과 뚜렷한 구침절구가 있음 • 암컷이 실 모양인 이주성 Hoploaiminae아과 • 암컷이 콩팥 모양으로 비대해지는 내부기생성 고착성 Rotylenchulinae아과
Dolichodoridae	• 암수 모두 실 모양 • 몸이 큰 외부기생성 이주성 선충 • 구침과 구침절구가 잘 발달되어 있음 • 수컷의 교저낭은 3엽으로 되어 있음
Heteroderidae	• 고착성 내부기생성 선충 • 유충과 수컷은 실 모양 • 암컷은 공 모양, 배 모양, 레몬 모양으로 비대해짐 • 수컷은 교접낭은 없음 • 각피가 가죽질인 암컷이며 시스트로 변하는 시스트선충 • 각피가 얇은 암컷이며 혹을 형성하는 뿌리혹선충

8) 선충에 의한 수목병

(1) 지상부 선충병

우리나라의 유일한 지상부 선충병은 Bursaphelenchus xylophilus (소나무재선충)와 유사한 어리소나무재선충 Bursaphelenchus mucronatus으로 제주도에서 발견되었다.

① 소나무 시들음병

㉠ 특징

- 1900년대 초부터 일본에서 보고됨
- 오래 전부터 존재하였으나 1979년 미국에서 처음 보고됨
- 1988년 부산에서 처음 발견

㉡ 기주

- 감수성 : 소나무, 곰솔, 일본잎갈나무, 가문비나무, 향나무, 잣나무
- 저항성 : 리기다소나무, 테다소나무

㉢ 병징

- 갑자기 침엽이 변색하여 나무 전체가 말라 죽음
- 감염 후 송진량부터 감소
- 송진 감소 후 몇 주 내에 침엽이 황화됨
- 나무 전체가 죽음

㉣ 병원체 : Bursaphelenchus xylophilus

㉤ 매개충 : 솔수염하늘소(Monochamus alternatus)

- 후식 때 기문에 있던 선충이 침입
- 통도작용을 저해

Reference 소나무재선충의 생활사와 병징

- 소나무재선충을 보유한 매개충이 우화하여 고사목에서 탈출한 후 성적 성숙을 위하여 소나무류 가지의 내수피를 갉아 먹는다.
- 이때 매개충에서 탈출한 소나무재선충(분산기 4기 유충)이 가지에 난 상처를 통하여 소나무 체내로 침입한다.
- 소나무 체내로 침입한 분산기 4기 유충은 바로 탈피하여 성충이 되고 교미하여 증식한다.
- 소나무재선충의 유충들은 수지구를 통해 이동하면서 수지구 주변의 상피세포나 형성층 또는 방사조직에 있는 유세포들의 영양분을 섭취하여 피해를 준다.
- 부화한 유충은 내수피를 먹다가 3령 유충이 되면 변재부 안쪽으로 파먹어 들어가며 갱도를 목분과 배설물로 막아 놓는다.
- 완전히 성숙한 4령 유충은 갱도 끝에 번데기방을 만들어 월동하고 이듬해 봄에 번데기가 된다.
- 소나무재선충은 밀도가 급격히 늘어나면 증식기 2기 유충의 일부가 분산기 3기로 변하며, 이들은 매개충 유충이 만든 번데기방으로 모여든다.
- 매개충이 번데기 또는 성충이 되면 소나무재선충 분산기 3기 유충은 분산기 4기 유충으로 탈피하고 매개충의 숨구멍에 올라탄다.
- 매개충은 우화 직후 바로 탈출하지 않고 1주일 정도 경화과정을 거치는데 이때 침입한다.

- 소나무재선충은 Botrytis cinerea
- 건전한 나무(Rhizosphaera, Pestalotia)
- 병든 나무(Ceratocystis, Diplodia, Fusarium) 등에서 잘 증식

핵심문제

다음 나무병의 공통점으로 옳은 것은? [21년 6회]

- 소나무 시들음병(소나무 재선충병)
- 잣나무 털녹병
- 참나무 시들음병

① 방제방법이 없다.
② 병원체는 주로 물관에 기생한다.
❸ 병원체는 줄기나 가지를 감염한다.
④ 최근 발생이 급격히 증가하고 있다.
⑤ 병원체는 천공성 해충에 의해 전반된다.

② 야자나무 시들음병

㉠ 병원균 : Bursaphelenchus cocophilus

㉡ 병징

- 오래된 잎의 끝부분부터 황화되고, 죽은 잎은 매달려 있음
- 점차 어린잎으로 진전
- 줄기를 횡단하면 갈색 윤문이 형성됨

㉢ 매개충

- 야자바구미(Rhynchophorus palmarum), 사탕수수바구미(Metamasius sp.)
- 선충의 생활사는 9~10일 소요

(2) 지하부 선충병

① 내부기생성 선충에 의한 뿌리병은 고착성 내부기생선충, 이주성 내부기생선충으로 구분된다.

㉠ 고착성 내부기생선충

➤ 고착성 내부기생

구분	내용
뿌리혹선충 (Meloidogyne spp)	가장 피해가 큼
시스트선충 (Heterodera spp)	자작나무시스트선충(Heterodera betulae), 콩시스트선충(Heterodera glycines)
감귤선충(Tylenchulus semi penetrans)	감나무, 라일락, 올리브나무 등에서 기생

ⓐ 뿌리혹선충

- 특징
  - 따뜻한 지역이나 온실에서 그 피해가 심함
  - 뿌리혹의 형성에 의해 뿌리 끝이 말라 죽음
- 기주 : 침엽수와 활엽수. 주로 활엽수의 피해가 심함
- 병징
  - 묘목의 뿌리에 수많은 혹을 만듦
  - 혹은 흰색 → 검은색으로 변함
- 병원체
  - 뿌리혹선충(Meloidogyne spp) – 고착성 내부기생성 선충
  - 암컷은 서양배 모양, 수컷은 벌레 모양의 자웅이형

• 병환

－알 → 부화한 2령 유충 → 뿌리에 정착(소시지 모양) → 구침으로 흡즙하며, 2, 3, 4차 탈피 → 성충

－거대세포에는 세포벽 이입생장이 형성되어 주변으로부터 물과 무기물 유입을 촉진

－거대세포는 양육세포 역할을 함

－약해진 뿌리는 Fusarium, Pythium, Rhizoctonia 등이 쉽게 침입

－거대세포의 형성이 저해되면 선충은 죽음

• 방제법 : 윤작, 토양 소독, 토양개량제, 저항성 품종

ⓑ 시스트 선충(Heterodera spp.) : 수목에는 자작나무 선충(Heterodera belulae), 과수에는 콩시스트 선충(Heterodera glyeines)이 사과나무, 뽕나무, 포도나무 등에 발생한다. 수목에 콩시스트 선충이 가해하는지는 알려져 있지 않다.

ⓒ 감귤선충

• 병징 : 잎은 황화되고 조기낙엽됨

• 병원체

－감귤선충(Tylenchulus semi penetrans)－고착성 반내부기생선충

－유충과 수컷은 벌레 모양

－성충이 되면 내초에 들어감

• 방제법 : 무병 묘목, 살선충제

ⓛ 이주성 내부기생선충

➤ 이주성 내부기생

구분	내용
뿌리썩이선충	Pratylenchus Radopholus

ⓐ 뿌리썩이선충

• 특징

뿌리선충과 Pratylenchus과 Radopholus, Hirschmanniella 중에 Pratylenchus과 Radopholus가 수목에 피해를 줌

• 기주

－Pratylenchus 속 기주 : 삼나무, 편백, 소나무, 일본잎갈나무, 가문비나무 등이 감수성

－Radopholus 속 기주 : 아보카도, 바나나, 코코넛, 귤나무 등

• 병징 : 갈변되다 검은색으로 변색

② 외부기생성 선충에 의한 뿌리병은 대부분 이주성 선충이다.

㉠ 토막(코르크)뿌리병 : 이 병은 Dorylaimida 목의 창선충속(Xiphinema)과 궁침(활)선충속(Trichodorus, Paratrichodorus)에 의해서 주로 발생

➤ 토막뿌리병을 일으키는 선충

구분	내용
창선충속 (Xiphinema)	• 보통 식물선충의 10배, 식도형 구침, 바이러스를 매개한다. • 피해 부위는 부풀어 오르거나 코르크화된다.
궁침(활)선충속 (Trichodorus, Paratrichodorus)	바이러스 매개, 창선충보다는 작으나 보통 선충보다 크다.

㉡ 참선충목(Tylenchida)의 외부기생성 선충 : 참선충과의 Tylenchus와 Ditylenchus는 산림토양에 가장 많이 분포하는 식물선충

➤ 주요 속

Anguinidae 과	Ditylenchus
나선선충과 (Hoploaimidae)	Hoplolaimus, Rotylenchus, Helicotylenchus
위축선충류	Belonolaimus, Tylencorhynchus
주름선충과 (Criconematidae)	Criconema, Criconemoides, Hemicriconemoides, Hemicycliophora 등
침선충과 (Paratylenchidae)	Paratylenchus

㉢ 균근과 관련된 뿌리병

ⓐ 특징

• 식균성 토양선충은 병원균을 가해하여 발병을 억제하는 생물적 방제제 역할을 함

• 하지만 균근균을 가해하여 수목에 피해를 주는 경우가 더 많음

ⓑ 토양식균선충 : Tylenchus, Ditylenchus, Aphelenchoides, Aphelenchus 등

균근균을 가해하는 선충
- Aphelenchoides spp.
- Aphelenchus avenae
- 이미 형성된 균근에는 피해를 주지 않지만, 근권의 균사를 섭식하여 균근 형성을 저해한다.

6. 바이러스에 의한 수목병해

1) 바이러스와 바이로이드의 발견

① 살아 있는 세포 내에서만 증식하고, 기주생물에 병을 일으킬 수 있는 감염성을 지닌 핵단백질 입자이다.
② 절대생활물기생체이다.
③ 세계 최초로 발견된 바이러스는 담배모자이크바이러스(TMV)로 19세기 말에 발견되었다.
④ 1886년에 Mayer는 병든 즙액을 주사하면 모자이크병이 전염되는 것을 발견하였다.
⑤ 1934년 Stanley는 처음으로 TMV를 정제하였다.
⑥ 1967년의 감자 걀쭉병은 바이로이드에 의한 병이다.
⑦ 바이러스는 모든 생물군에서 발견되며, 바이러스 종류는 2,000종이 넘는다.

2) 바이러스의 구조와 형태

① 바이러스입자의 기본구조는 게놈, 핵산 + 단백질 외피(캡시드)로 구성된 뉴클레오캡시드(핵단백질구조물)이다.
② 대부분의 식물바이러스는 외가닥 RNA이다.

➤ 바이러스입자 구조에 따른 분류

구분	내용
단립자성 바이러스	크기와 형태가 균일한 하나의 바이러스 입자 내에 게놈, 핵산이 모두 들어 있다.
다립자성 바이러스	게놈의 크기가 같거나 다른 2종 이상의 입자가 들어 있다.

③ 식물바이러스 총 1,000여 종 중 외가닥 RNA(약 800종), 겹가닥 RNA(50종), 외가닥 DNA(약 110종), 겹가닥 DNA(40종)이다.
④ 외가닥 RNA(800종) > 외가닥 DNA(110종) > 겹가닥 RNA(50종) > 겹가닥 DNA(40종)

➤ 바이러스의 분류

구분	내용
Ss DNA	게놈이 외가닥인 바이러스
ds DNA	게놈이 겹가닥인 바이러스

핵심문제

식물에 기생하는 바이러스의 일반적인 특성으로 옳지 않은 것은? [22년 7회]

① 감염 후 새로운 바이러스 입자가 만들어지는 데는 대략 10시간이 소요된다.
❷ 바이러스 입자는 인접세포와 체관에서 빠르게 이동한 후 물관에 존재한다.
③ 세포 내 침입 바이러스는 외피에서 핵산이 분리되어 상보 RNA 가닥을 만든다.
④ 바이러스의 종류와 기주에 따라서 얼룩, 줄무늬, 엽맥투명, 위축, 오갈, 황화 등의 병징이 나타난다.
⑤ 바이러스의 종류에 따라 영양번식기관, 종자, 꽃가루, 새삼, 곤충, 응애, 선충, 균류 등에 의하여 전염될 수 있다.

구분	내용
ss RNA(+)	게놈이 외가닥인 바이러스이며, 캡시드단백질 없이 핵산 단독으로도 감염성이 있는 바이러스
ss RNA(−)	게놈이 외가닥 바이러스인 바이러스이며, 핵산만으로는 감염성이 없고, 캡시드단백질이 있어야만 감염성이 있는 바이러스
ds RNA	게놈이 겹가닥인 바이러스
RT	역전사효소를 가지고 있는 바이러스

3) 식물 바이러스병의 병징

식물바이러스병의 병징에는 조직이나 세포의 변성, 괴사, 세포 내 봉입체 등의 외부 병징과 광학현미경 또는 전자현미경으로만 관찰이 가능한 내부 병징, 전신 병징이 있다.

(1) 외부 병징

① 엽록소의 결핍 : 모자이크, 잎맥투명, 꽃얼룩무늬, 퇴록둥근무늬, 황화 등

② 생육 이상 : 위축, 왜화

③ 조직의 변형 : 잎의 기형화

④ 조직의 괴사 : 괴저병반

(2) 내부 병징

① 특징

㉠ 감염 세포 내에 나타나는 이상구조를 봉입체라고 함

㉡ 담배모자이크바이러스에 감염된 세포에서 결정상봉입체, 과립상봉입체를 발견(봉입체는 광학현미경으로 관찰 가능)

② 바이러스 내부 병징의 종류

㉠ 결정상 봉입체 – 광학현미경

- 다각체 또는 바늘 모양의 결정을 결정상 봉입체라고 함
- 주로 세포질 내에서 관찰되지만 핵 내에서도 관찰됨

㉡ 과립상 봉입체 – 광학현미경

- 다각체 또는 바늘 모양의 결정을 결정상 봉입체라고 함
- 주로 세포질 내에서 관찰되지만 핵 내에서도 관찰

핵심문제

수목 바이러스의 특징과 감염으로 인한 수목의 피해가 옳게 나열된 것은? [21년 5회]

ㄱ. 절대 기생성
ㄴ. 기주 특이성
ㄷ. DNA로만 구성
ㄹ. 세포로 구성
a. 물관부 폐쇄
b. 균핵 형성
c. 잎의 기형
d. 모자이크 증상

① ㄱ, ㄹ – a, d
② ㄱ, ㄷ – b, c
❸ ㄱ, ㄴ – c, d
④ ㄴ, ㄷ – b, d
⑤ ㄴ, ㄹ – a, c

국부감염

특정 바이러스를 검정식물의 잎에 접종하였을 때 다른 곳으로 이동하지 않고 접종부에만 머무는 것이다(국부감염을 일으키는 경우는 거의 없다).

- 단독감염 : 한 종류의 바이러스에 의한 감염
- 중복감염 : 복수의 바이러스에 의한 감염

ⓒ 이상 미세구조 – 전자현미경 관찰

- 광학현미경으로 관찰되지 않았던 이상 미세구조가 전자현미경에 의해 발견됨
- 감자Y바이러스 같은 Potyvirus
- 풍차 모양 봉입체, 다발 모양 봉입체, 층판상 봉입체 등 봉입체가 관찰됨

✎ 병징 은폐

환경이 변하면서 병징이 일시적으로 소실되는 것(고온, 저온에서 잘 일어난다)

4) 식물바이러스의 전염

(1) 즙액 전염(기계적 전염)

전염력과 내성이 강하고 또 감염식물 체내에 고농도로 함유되어 있는 바이러스이다.

(2) 접목 및 영양번식에 의한 전염

어미식물에 있는 바이러스는 모두 삽수를 통해 자손에게 전달된다.

(3) 매개생물에 의한 전염

곤충, 응애, 선충, 곰팡이 등에 의해서 전반된다.

▶ **매개충전염의 영속성에 따른 분류**

구분	내용
비영속성 전반 (순환형 바이러스)	곤충이 바이러스 감염 식물에서 흡즙할 때 구침에 묻은 바이러스가 수초~수분 내에 기계적으로 전반되는 것(구침전반형 바이러스 – 대부분 진딧물에 의함)
영속성 전반 (증식형 바이러스)	바이러스가 체내에서 순환하거나 또는 증식하는 등 충체 내에서 일정 잠복기간이 지난 후에 바이러스가 타액과 함께 배출되어 식물에 전반되는 것

(4) 종자 및 꽃가루에 의한 전염

종자 전염은 종자의 배 안에 들어 있는 바이러스에 의해 발생한다. 종피나 배유에도 들어 있는 경우가 있다.

Reference 바이러스가 종자의 배에 들어가는 경로

- 어미식물에서 직접 배로 옮겨가는 것
- 수분할 때 바이러스를 지닌 꽃가루가 배에 들어가는 것(꽃가루 전염)

핵심문제

병든 가지를 접수로 사용하였을 때 접목부를 통하여 전염되는 병이 아닌 것은? [25년 11회]

① 벚나무 번개무늬병
② 오동나무 빗자루병
③ 쥐똥나무 빗자루병
❹ 포플러류 갈색무늬병
⑤ 포플러류 모자이크병

핵심문제

병원체의 침입방법에 대한 설명 중 옳지 않은 것은? [21년 5회]

① 세균은 기공을 통해 침입할 수 있다.
② 선충은 식물체를 직접 침입할 수 있다.
③ 균류는 식물체의 표피를 통해 직접 침입할 수 있다.
④ 파이토플라스마와 바이로이드는 식물체를 직접 침입할 수 없다.
❺ 바이러스는 상처나 매개생물 없이 식물체를 직접 침입할 수 있다.

5) 감염과 증식

(1) 감염

즙액 전염(기계적 전염), 접목 및 영양번식에 의한 전염, 매개생물에 의한 전염, 종자 및 꽃가루에 의해 감염된다.

(2) 증식

일반적인 식물바이러스의 주종을 이루는 외가닥 RNA 바이러스의 감염 및 증식과정은 다음과 같다.

① 세포 내에 침입하면 외피단백질로부터 핵산(RNA)을 분리한다(탈외피).
② 탈피된 RNA는 기주세포의 리보솜에 의존하여 RNA 복제효소를 합성한 후 복제한다.
③ 이때 일시적으로 RNA는 겹가닥 RNA 형태를 취하는데, 이를 복제형이라고 한다.
④ 식물바이러스의 세포 간 이동통로는 원형질연락사이며, 원거리 이동통로는 체관부이다.

6) 수목 바이러스병의 진단

(1) 외부 병징에 의한 진단

바이러스병이라고 판명되면 효소결합항체법(ELISA)이나 중합효소연쇄반응법(PCR)을 이용하여 정확하게 진단한다.

(2) 전자현미경에 의한 진단

① 일반적으로 Direct Negative 염색법(DN법)을 사용한다.
② Direct Negative 염색법(DN법)은 병이 의심되는 잎의 즙액을 1~2% 인산텅스텐산 용액으로 염색하여 전자현미경으로 검사한다. 그러나 바이러스입자의 형태나 크기만으로는 바이러스 종류를 정확히 동정할 수 없어 ELISA법이나 PCR법을 사용한다.

(3) 내부 병징에 의한 진단

① 결정상 봉입체, 과립상 봉입체(X-체)를 광학현미경으로 관찰한다.
② 간단한 보조수단으로 사용한다.
③ 모든 바이러스가 봉입체를 만들지 않는다.

핵심문제

수목병의 진단에 사용되는 재료나 방법의 설명으로 옳지 않은 것은? [22년 7회]

① 표면살균에 차아염소산나트륨(NaOCl) 또는 알코올을 주로 사용한다.
② 광학현미경 관찰 시 일반적으로 저배율에서 고배율로 순차적으로 관찰한다.
③ 병원균 분리에 사용되는 물한천배지는 물과 한천(Agar)으로 만든 배지이다.
❹ 식물 내의 바이러스 입자를 관찰하기 위해서는 주사현미경을 사용한다.
⑤ 곰팡이 포자 형성이 잘 되지 않는 경우 근자외선이나 형광등을 사용하여 포자 형성을 유도한다.

핵심문제

수목 바이러스병의 진단방법으로 옳지 않은 것은? [21년 5회]

① 전자현미경에 의한 진단
② 항혈청에 의한 면역학적 진단
③ 지표식물에 의한 생물학적 진단
④ 감염세포 내 봉입체 확인에 의한 진단
❺ 16S rDNA 분석에 의한 분자생물학적 진단

(4) 검정식물에 의한 진단

명아주, 동부콩, 오이, 호박, 천일홍, Nicotiana glutinosa(담배)가 바이러스 검정에 널리 사용된다.

(5) 면역학적 진단

① 바이러스 특이항체를 이용한 면역학적 진단법은 매우 중요하다.
② 효소결합항체법(ELISA)이 가장 널리 사용된다.
③ 20분 만에 200여 종의 식물바이러스를 진단할 수 있다.

(6) 중합효소연쇄반응법에 의한 진단

① 중합효소연쇄반응법(PCR)이 많이 사용되고 있다.
② 바이러스의 정밀한 동정과 유연관계를 밝히는 데 주로 사용된다.

➤ 진단

<table>
<tr><th>구분</th><th colspan="2">내용</th></tr>
<tr><td>병징을 이용하는 진단</td><td colspan="2">모자이크, 얼룩무늬, 둥근무늬, 색깔의 변화, 주름, 잎말림, 잎 모양의 변형 및 위축, 줄기홈 같은 생장 이상</td></tr>
<tr><td>봉입체를 통한 진단</td><td colspan="2">결정상 봉입체, 과립상 봉입체, 이상 미세구조</td></tr>
<tr><td rowspan="3">투과전자 현미경을 이용하는 진단</td><td>침지법</td><td>• 감염 식물 즙액 내의 바이러스를 직접 관찰
• 공 모양보다 실 모양 또는 막대 모양의 바이러스 검경에 주로 이용</td></tr>
<tr><td>면역 전자현미경법</td><td>침지법에 특정 바이러스의 항혈청반응을 조합시켜 전자현미경으로 관찰하는 방법</td></tr>
<tr><td>초박절편기</td><td>병든 조직을 화학적으로 고정하고 초박절편기로 절편을 제작하여 검경하는 방법은 모든 형태의 바이러스에 적용 가능</td></tr>
<tr><td rowspan="3">면역학적 진단</td><td colspan="2">외피단백질을 항원으로 하는 면역학적인 방법을 많이 이용</td></tr>
<tr><td>한천젤 이중확산법</td><td>소수의 시료를 진단하는 데 유용</td></tr>
<tr><td>효소결합항체법(ELISA)</td><td>많은 양의 시료를 진단하는 데 유용</td></tr>
<tr><td>분자생물학적 진단</td><td colspan="2">• 중합효소연쇄반응(PCR) 및 핵산교잡법 : 바이러스병의 진단에 많은 활용
• RNA 바이러스에 감염된 식물체에서는 겹가닥 RNA(ds RNA)가 존재하기 때문에 식물체에서 ds RNA를 추출하여 전기영동(전기이동)으로 분석</td></tr>
<tr><td>지표식물을 이용하는 진단</td><td colspan="2">담배, 명아주, 콩 등</td></tr>
</table>

7) 식물바이러스의 명명과 분류

① 바이러스의 명명은 1966년에 조직된 국제바이러스분류위원회(ICTV)가 한다.

② 등록된 1,343종 식물바이러스가 31개과, 142개 속으로 분류되어 있다.

Reference 바이러스의 분류

- 바이러스 핵산의 종류 : RNA, DNA
- 핵산의 가닥수 : 외가닥, 겹가닥
- 핵산의 극성 : 양성가닥, 음성가닥
- 바이러스입자의 형태와 크기 : 간상, 사상, 구형 등
- 바이러스입자의 단백질외피를 둘러싼 외막의 유무
- 바이러스게놈의 분포양식 : 단일게놈, 분절게놈, 단립자성, 다립자성
- 바이러스게놈의 염기서열 : 상동성, 유연관계
- 생물적 성질 : 기주범위, 전염방법 등
- 혈청학적 성질 : 바이러스 단백질의 혈청학적 유연관계

8) 수목 바이러스병의 방제

① 바이러스에 감염되지 않은 무병묘목 생산이 주축이 된다.

② 느릅나무녹반바이러스(Elm mottle virus), 장미의 Prunus necrotic ringspot virus는 많이 존재한다.

③ 감염 시 온실에서 열풍으로 열처리한다(35~40℃, 7~12주간).

④ 감염식물을 생장점배양(경정배양)한다.

⑤ 장미묘목은 38℃에서 약 4주간 열처리한다.

> 경정배양(정단조직배양)
> - 고등식물의 줄기 또는 뿌리의 정단부(頂端部)를 작출하여 무균적으로 배양하는 방법이다.
> - 감염식물의 경정배양을 통해 바이러스가 없는 무독식물을 얻을 수 있다.

9) 우리나라의 수목 바이러스

Reference 바이러스병의 종류

포플러류 모자이크병, 아까시나무 모자이크병, 벚나무 번개무늬병, 장미 모자이크병, 사철나무 모자이크병, 오동나무 모자이크병, 동백나무 잎무늬병(반엽병), 남천 모자이크병, 수국 모자이크병, 식나무 둥근무늬병, 수수꽃다리 윤문병, 협죽도 모자이크병 등

(1) 공 모양 바이러스

구분	내용	
	병원체	기주
Cucumovirus	• 기주 범위가 가장 넓은 식물바이러스 • 지름 30nm, 3개의 입자에 4개의 분절게놈이 존재하는 다입자성 바이러스 • 즙액, 진딧물, 접목 등에 의하여 전염	
	Cucumovirus Mosaic Virus (CMV)	개나리, 꾸지뽕나무, 남천, 서향, 수국
	Peanut stunt virus(PSV)	아까시나무
Ilarvirus	• 공 모양 또는 바실루스 모양의 불안정한 상태의 입자 구조 • 3∼4개의 입자에 4개의 분절게놈이 나뉘어 존재하는 다입자성 바이러스 • 즙액, 접목, 꽃가루 등에 의해 전염	
	Apple mosaic virus(Apmv)	사과나무
	Prunus necrotic ringspot virus (PNRSV)	복숭아나무
Nepovirus	• 지름 30nm, 보통 2개의 입자에 2개의 분절게놈이 나뉘어 존재하는 다입자성 바이러스 • 토양선충, 즙액, 접목, 종자에 의해 전염	
	Citrus mosaic virus(CiMV), Satsuma dwarf virus(SDV)	감귤나무
	Cherry leaf roll virus(CLRV)	딱총나무
	Cycas necrotic stunt virus(CNSV)	서향나무

(2) 실 모양 바이러스

구분	내용
Ampelovirus	• 크기가 12∼15×1,800∼2,000nm, 단일게놈의 단일입자성 바이러스 • 깍지벌레에 의해 쌍떡잎식물에만 감염 • 포도나무 : Grapevine leafroll-associated virus 1(GLRaV-1), Grapevine leafroll-associated virus 3(GLRaV-3)
Capillovirus	• 크기가 12∼20×600∼700nm, 단일게놈의 단일입자성 바이러스 • 즙액 및 접목에 의하여 감염 • 사과나무 : Apple stem grooving virus(ASGV) • 감귤나무 : Citrus tatter leaf virus(CTLV) • 배나무 : Pear Black Necrotic Leaf Spot Virus(PBNLSV), Pear Necrotic Leaf Spot Virus(PNLSV)
Carlavirus	• 크기가 13×675nm 단일게놈의 단일입자성 바이러스 • 즙액, 접목, 꽃가루 등에 의해 감염 • 포플러 : Poplar Mosaic Virus(PopMV)

구분	내용
Closterovirus	• 크기가 12×2,000nm 단일게놈의 단일입자성 바이러스 • 즙액, 접목 등에 의해 감염 • 감귤나무 : Citrus Tristeza Virus(CTV)
Potyvirus	• 크기가 11×680～730nm, 단일게놈의 단일입자성 바이러스 • 즙액, 접목 등에 의해 감염 • 꾸지뽕나무 : Potato Virus Y(PVY)
Trichovirus	• 크기가 12×720～740nm, 단일게놈의 단일입자성 바이러스 • 선충, 즙액, 접목 등에 의해 감염 • 사과나무 : Apple Chlorotic Leaf Spot Virus(ACLSV)
Foveavirus	• 크기가 12～15×800nm, 단일게놈의 단일입자성 바이러스 • 즙액, 접목에 의해 전염 • 사과나무 : Apple Stem Pitting Virus(ASPV)

(3) 그 외 모양에 따른 분류

① 포플러류 모자이크병(실 모양, 단입자성 바이러스)

㉠ 특징

- 건전나무에 비해 40～50%의 재적 감소를 초래
- 모든 종류의 포플러에 발생하는데 특히 Deltoides 계통의 포플러에 다발

㉡ 병징

- 늦봄부터 잎에 퇴록반점이 나타나 모자이크 증상으로 발전
- 병이 진전되면 잎자루와 주맥에 괴사반점이 생김
- 잎은 뒤틀리면서 일찍 떨어짐
- 모자이크 증상은 기온이 높은 여름철에 일시적으로 사라졌다가 가을에 다시 나타남

㉢ 병원체

- Poplar Mosaic Virus(PopMV)
- Carlavirus 속이고 실 모양의 외가닥 RNA 바이러스

㉣ 전염 : 삽수를 통해 전염되며, 종자 전염은 되지 않음

㉤ 진단 : 지표식물인 Nicotiana megalosiphon(담배)와 동부(Vigna sinensis)에 국부병반을 형성(ELISA법으로 잎과 겨울눈에서 검출)

㉥ 방제법 : 무병삽수 채취, 사용 칼은 제2인산소다 10%에 소독

② 장미 모자이크병(공 모양, 다입자성 바이러스) : 적어도 4종류의 바이러스가 모자이크 증상을 유발

㉠ 병징 : 봄부터 잎에 황백색의 모자이크 증상 발현

핵심문제

포플러류 모자이크병의 병징으로 옳지 않은 것은? [23년 9회]

❶ 잎의 황화
② 잎의 뒤틀림
③ 잎자루와 주맥에 괴사반점
④ 기형이 되는 잎들은 조기낙엽
⑤ 잎에 불규칙한 모양의 퇴록반점

핵심문제

다음 중 절대기생체가 아닌 것은?

① 포도 노균병
② 장미 흰가루병균
❸ 복숭아 세균성 구멍병균
④ 포플러 모자이크바이러스
⑤ 대추나무 빗자루병균

ⓛ 병원체

▶ **장미모자이크병 병원체**

병원체	분류	발생빈도
Apple Mosaic Virus (ApMV)	ilarvirus 속	다발생하는 바이러스
Prunus Necrotic Ring Spot Virus (PNRSV)	ilarvirus 속	다발생하는 바이러스
Arabis Mosaic Virus(ArMV)–	Nepovirus 속	–
Tobacco Streak Virus(TSV)–	ilarvirus 속	–

ⓒ 전염

- 4종 모두 접목 전염
- Prunus necrotic ringspot virus(PNRSV) : 꽃가루와 종자에 의해서도 전염
- Arabis mosaic virus(ArMV) : 선충에 의해서도 전염

ⓔ 진단 : ELISA법

ⓜ 방제법 : 건전묘목 육성, 감염 대목은 38℃에서 4주간 열처리

③ 벚나무 번개무늬병(공 모양, 다입자성 바이러스)

ⓖ 특징

- 왕벚나무를 비롯한 여러 종의 벚나무에서 다발생
- 매실나무, 자두나무, 복숭아나무, 살구나무 등에도 발생

ⓛ 병징

- 5월쯤부터 잎맥을 따라 번개무늬 모양이 나타남
- 병징은 항상 봄에 자란 잎에서만 나타나고, 그 후에 자란 잎에는 나타나지 않음

ⓒ 병원체

- American Plum Line Pattern Virus(APLPV)
- Ilarvirus 속, 다입자성 외가닥 RNA

ⓔ 전염 : 접목 전염, 종자 전염이나 매개충 전염은 밝혀지지 않음

ⓜ 진단 : 지표식물인 Nicotiana megalosiphon(담배)와 동부(Vigna sinensis)에 국부병반을 형성(ELISA법으로 잎과 겨울눈에서 검출)

핵심문제

전자현미경으로만 병원체의 형태를 관찰할 수 있는 수목병들을 바르게 나열한 것은? [22년 7회]

ㄱ. 뽕나무 오갈병
ㄴ. 버즘나무 탄저병
ㄷ. 장미 모자이크병
ㄹ. 버드나무 잎녹병
ㅁ. 벚나무 빗자루병
ㅂ. 붉나무 빗자루병
ㅅ. 동백나무 겹둥근무늬병

❶ ㄱ, ㄷ, ㅂ
② ㄱ, ㄹ, ㅅ
③ ㄴ, ㄷ, ㅁ
④ ㄴ, ㅂ, ㅅ
⑤ ㄷ, ㅂ, ㅅ

핵심문제

수목병과 진단에 사용할 수 있는 방법의 연결이 옳지 않은 것은? [22년 8회]

① 근두암종 – ELISA 검정
② 뽕나무 오갈병 – DAPI 형광염색법
③ 흰가루병 – 자낭구의 광학현미경 검경
❹ 벚나무 번개무늬병 – 병원체 ITS 부위의 염기서열 분석
⑤ 소나무 시들음병(소나무재선충병) – Baermann 깔때기법으로 분리 후 현미경 검경

7. 종자식물에 의한 수목병해

1) 기생성 종자식물

(1) 기생성 종자식물의 특징과 겨우살이의 분류

① 기생성 종자식물은 약 2,500여 종, 모두 쌍떡잎식물이다.

② 뿌리 대신 흡기라는 특이 구조를 갖는다.

➤ 겨우살이의 분류

구분	내용
겨우살이	• 겨우살이속 : 산에 드물게 자라는 반기생성 상록 떨기나무이다. 참나무속, 밤나무속, 팽나무속, 오리나무속, 자작나무속, 배나무속 등의 식물줄기에 기생한다. 전체가 새 둥지처럼 둥글게 자란다. • 동백나무겨우살이속 : 해발 700m 아래 동백나무, 감탕나무, 모새나무 등의 줄기나 가지에 기생하는 상록 반떨기나무이다.
꼬리겨우살이류	• 꼬리겨우살이속 : 밤나무나 참나무류의 가지에 기생하는 낙엽 활엽 반기생성 떨기나무이다. 가지는 짙은 자갈색이며, 털이 없고 서로 엇갈려 있는 모양으로 갈라져 새 둥지 모양으로 된다. • 참나무겨우살이속 : 구실잣나무, 동백나무, 후박나무, 육박나무, 생달나무, 참나무 등 낮은 지대의 상록수에 반기생하는 상록성 작은떨기나무로 높이는 40~60cm이다.
난쟁이겨우살이	송백류(소나무 종류)가 자라는 곳에 발생하고 미국에 널리 퍼져 있다.

(2) 겨우살이

① 특징

㉠ 주로 활엽수와 녹음수에 기생

㉡ 가지에 침입하여 흡기를 만들고 영양분을 흡수하며, 물리적 강도를 떨어뜨림

② 기주 : 활엽수, 특히 참나무류에 큰 피해를 줌

③ 병징

㉠ 흡기를 만들어 국부적으로 이상비대가 발생

㉡ 강풍에 의해 부러지는 경우가 많음

㉢ 미성숙 노쇠, 종자 형성 불량, 목재의 질 저하, 병해충에 대한 저항성 감소 등의 피해가 나타남

핵심문제

수목에 기생하는 종자식물에 관한 설명으로 옳지 않은 것?

[22년 7회]

❶ 기생성 종자식물에는 새삼, 마녀풀, 더부살이, 칡 등이 있다.

② 흡기라는 특이 구조체를 만들어 기주수목에서 수분과 양분을 흡수한다.

③ 진정겨우살이에 감염된 기주는 생장이 위축되고 가지 변형이 심하면 고사할 수 있다.

④ 소나무(난쟁이)겨우살이는 암, 수꽃이 화분수정하고 장과를 형성하여 증식한다.

⑤ 겨우살이에는 침엽수에 기생하는 소나무(난쟁이)겨우살이, 활엽수에 기생하는 진정겨우살이가 있다.

④ 병원체

구분	내용
활엽수 기생	• 겨우살이에는 Viscum album, Loranthus sp.이 있음 • 상록식물로 광합성을 할 수 있으나, 뿌리는 없음 • 잎은 두껍고 질기며, Y자형으로 마주남 • 이른 봄에 암수딴몸의 작은 꽃이 핀 후 종자가 하나씩 들어 있는 다육질의 열매를 맺음 • 종자는 배설물에 섞여서 다른 나무로 옮겨짐
침엽수 기생	• Arceuthobium 속에 속하는 것들로 Pinaceae(소나뭇과)와 Cupressaceae(측백나뭇과)의 기주들에 기생 • 구과류의 겨우살이들은 잎과 줄기가 인편 모양으로 퇴화하여 전적으로 기주식물에 의존

⑤ 방제법 : 겨우살이가 자라는 부위로부터 아래쪽으로 50cm 잘라 냄

(3) 새삼

① 특징 : 뿌리는 물론 엽록체도 거의 없음

② 기주 : 아까시나무, 싸리나무, 버드나무, 포플러, 오동나무 등

③ 병징 : 새삼은 정상적인 잎이 없이 주황색의 줄기만으로 이루어져 있음

④ 병원체 : 새삼(Cuscuta spp.)

㉠ 봄과 여름에 꽃을 피워 씨를 맺음

㉡ 새삼, 갯새삼, 실새삼 등 4종이 국내 분포

ⓐ 새삼

- 아까시나무, 싸리나무, 버드나무, 포플러, 오동나무 등
- 어린 오동나무에 혹을 유발
- 1년생 초본식물

ⓑ 갯새삼 : 순비기나무 등

ⓒ 실새삼

- 미국실새삼까지 4종이 국내에 존재
  미국실새삼 : 경작지 주변의 수로변 또는 밭고랑을 따라 주로 분포, 주로 주변부의 작물에 기생
- 실새삼 : 콩과식물(초본류)에 주로 기생하고, 수목에 대한 피해는 알려진 것은 없음

(4) 그 밖의 기생성 종자식물

우리나라에는 오리나무더부살이만 보고되었다.

2) 비기생성 종자식물

① 얽혀사는 식물 : 칡
② 감고 사는 식물 : 압박으로 인해 기형적인 생장으로 잘 부러질 수 도 있고 수분과 양분의 이동이 불량해짐

8. 동물에 의한 수목의 피해

1) 상처

대부분 들쥐, 토끼, 다람쥐, 청설모 등 설치류에 의해서 발생한다.

➤ 동물에 의한 상처 종류

구분	내용
나무에 구멍	딱따구리
과실 가해	물까치, 동박새, 산비둘기
어린순 가해	산까치, 박새 등
종자 가해	참새, 할미새 등

2) 배설물에 의한 피해

배설물에 의한 토양의 산도 변화, 부숙되지 않은 유기물로 인한 가스 등의 피해가 생긴다.

3) 토양경화에 의한 피해

토양경화(답압)에 의한 피해는 대공극의 감소로 인한 통기성의 저하와 모세관현상에 의한 과습피해 또는 뿌리의 생장 방해가 있다.

9. 조류에 의한 수목의 피해

① 수서생태계에서 광합성 산물의 주요 생산자이다.
② 습한 환경을 선호하고 질소원을 이용하여 급속하게 성장한다.
③ 시아노박테리아 : 산호 공생자에 검은띠병을 유발시킴
④ Prototheca 속의 무색 녹조류 : 인간에게 피부병을 발생시킴
⑤ Cephaleuros virescens : 200여 종 이상의 식물에 점무늬병을 발생시킴

✎ 녹조류(Cephaleuros)
- 세포가 배열된 디스크 모양의 엽상체로 구성되어 있다.
- 엽상체는 기주식물의 각피와 표피세포 사이에서 생장하고 유주포자낭을 만드는 사상체이다.

10. 지의류에 의한 수목의 피해

① 균류와 조류의 공생체이다.

② 균류와 뚜렷히 구분되는 엽상체를 형성한다.

③ 지의류는 아황산가스(SO_2), 불소에 민감하여 대도시 주변에 서식하지 못한다.

④ 지의류는 고착형, 엽형, 수지형으로 나뉜다.

㉠ 고착형 : 엽상체가 기질에 납작하게 붙어 있음

㉡ 엽형 : 식물의 잎을 닮았으며, 기질에 느슨하게 붙어 있음

㉢ 수지형 : 나뭇가지처럼 위로 뻗은 모양

⑤ 수목에 서식하는 지의류는 외생성 지의류이다.

⑥ 외생성 지의류 대부분은 남조류와 공생하여 질소를 고정한다.

PART

02

수목해충학

CHAPTER 01

곤충의 다양성

린네(Linne)가 모든 동식물에 대하여 현대적인 명명체계(이명법)를 만든 이후, 곤충학자들이 100만 종 이상의 곤충을 명명하고 기재하였으며 식물계는 40~50만 종을 기재하였다.

➤ **곤충의 기원**

구분	시기	생물	연대 (100만 년 전)
고생대 (Paleozoic)	• 캄브리아기(Cambrian) • 오르도비스기(Ordovician) • 실루리아기(Silurian) • 데본기(Devonian) • 석탄기(Carboniferous) • 이첩기(Permian)	• 절지동물(삼엽충, 갑각류) • 척추동물 • 육지동물 • 무시곤충류 출현 • 유시곤충류 출현 • 다양한 곤충 출현 및 소멸	600 500 440 400 345 280
중생대 (Mesozoic)	• 삼첩기(Triassic) • 쥐라기(Jurassic) • 백악기(Cretaceous)	근대 곤충류 출현	220 195 135
신생대 (Cenozoic)	제3기	근대 곤충류 번성	65

핵심문제

곰팡이, 바이러스, 선충을 매개하는 곤충을 순서대로 나열한 것은? [22년 7회]

① 갈색날개매미충 – 오리나무좀 – 솔수염하늘소
② 광릉긴나무좀 – 솔수염하늘소 – 목화진딧물
❸ 광릉긴나무좀 – 목화진딧물 – 북방수염하늘소
④ 북방수염하늘소 – 솔껍질깍지벌레 – 복숭아혹진딧물
⑤ 오리나무좀 – 복숭아혹진딧물 – 벚나무사향하늘소

1. 곤충의 번성

1) 외골격

① 공격이나 상해로부터 보호한다.
② 체액의 손실을 최소화한다.
③ 이동 시 근육에 힘과 민첩성을 부여한다.

2) 작은 몸집

① 생존과 생식에 필요한 최소한의 자원으로 유지가 가능하다.
② 포식자의 위험으로부터 탈출할 수 있다.

3) 비행능력

① 날 수 있는 유일한 무척추동물이다.
② 포식자로부터 탈출하는 수단이다.
③ 새로운 서식지로 빠르게 확장할 수 있다.

4) 번식능력

① 높은 생식능력과 높은 수정능력을 갖고 있다.
② 암컷의 저장낭에 수컷의 정자를 수개월에서 수년간 보관한다.
③ 무성생식이 가능하다.
예 진딧물, 깍지벌레, 총채벌레, 각다귀 등

5) 변태

곤충강 27개 목 중 9개 목만 완전변태한다(모든 곤충종의 약 86%).

6) 환경적응 능력

대부분의 곤충은 크고 다양한 개체군, 높은 생식능력, 상대적으로 짧은 생활사로 변화하는 환경에 빠르게 적응할 수 있는 유전자원급을 갖추었다.

2. 곤충의 분류

곤충류는 무척추동물문(Arthropoda)인 절지동물의 곤충강에 속하는 동물의 총칭이다.
모든 절지동물은 키틴성 외골격, 관절화된 부속지, 잘 발달된 머리와 입틀, 가로무늬근, 등쪽에 심장이 있는 개방순환계를 가지고 있는 점이 환형동물의 조상과 다르다.

Reference 분류의 단위

- 강(Class)
- 아강(Subclass)
- 목(Order)
- 아목(Suborder)
- 상과(Superfamily)[접미사 －oidea]
- 과(Family)[접미사 －idae]
- 아과(Subfamily)[접미사 －ina]
- 족(Tribe)
- 아족(Subtribe)
- 속(Genus)
- 아속(Subgenus)
- 종(Species)[접미사 －ini]
- 아종(Subspecies)

➤ 절지동물문

구분	내용	
다지류 (Myriapods)	지네강(Chilopoda), 노래기강(Diplopoda), 결합강, 소각강 지네류, 모든 다지류는 무변태 발육	
협각류 (Chelicerata)	송곳니 모양의 협각과 다리수염(입틀과 같은 역할), 4쌍의 보행지로 구성된 6마디의 부속지가 존재	
	퇴구강 (Merostomata)	말굽 모양의 몸과 복부에 책아가미가 있는 해양포식자
	바다거미강 (Pycnogonida)	• 작은 몸과 길고 가는 다리를 가진 해양포식자 • 극지방의 물속 조하대에 흔함
	거미강 (Arachnida)	• 거미류, 진드기류, 응애류, 전갈류 등 • 전체부와 후체부로 나뉨
범갑각류 (Pancrustacea)	갑각류 (Crustacea)	• 두흉부와 복부로 구성 • 머리에 2쌍의 더듬이, 두 갈래의 부속지가 있어 다른 절지동물과 다름
	육발이류 (Hexapods)	• 머리, 가슴, 배의 3가지 기능영역 • 머리는 겹눈과 1쌍의 더듬이, 6개의 다리 – 오르도비스기 후기 또는 실루리아기 초기(4억~5억 년 전)

➤ 주요 목명

구분		특징 및 해당 곤충
노린재목 (Hemiptera)	노린재아목(Heteroptera)	모든 종은 찌르고 빠는 입틀, 후구식
	매미아목(Auchenorrhyncha)	매미, 멸구, 매미충
	진딧물아목(Sternorrhyncha)	진딧물, 가루이, 깍지벌레 등
파리목 (Diptera)	• 혹파리과(Cecidomyiidae) • 굴파리과(Agromyzidae) • 꽃파리과(Anthomyiidae) • 각다귀과(Tipulidae)	–
벌목 (Hymenoptera)	• 송곳벌과(Siricidae) • 등에잎벌과(Argidae) • 솔잎벌과(Diprionidae) • 납작잎벌과(Pamphiliidae) • 잎벌과(Tenthredinidae) • 혹벌과(Cynipidae) • 꼬리좀벌과(Torymidae) • 씨살이좀벌과(Eurytomidae) • 개미과(Formicidae)	–
딱정벌레목 (Coleoptera)	• 비단벌레과(Buprestidae) • 거위벌레과(Attelabidae) • 왕바구미과(Dryophthoridae)	–

구분		특징 및 해당 곤충
딱정벌레목 (Coleoptera)	• 바구미과(Curculionidae) • 긴나무좀아과(Platypodinae) • 나무좀아과(Scolytinae) • 하늘소과(Cerambycidae) • 잎벌레과(Chrysomelidae) • 풍뎅이과(Rutelidae) • 거저리과(Tenebriondae) • 방아벌레과(Elateridae) • 통나무좀과(Lymexylidae)	–

1) 속입틀류

① 입틀이 앞쪽으로 열린 공동으로 에워싸인 방식이다.

② 낫발이목, 좀붙이목, 톡토기목이 이에 해당된다.

③ 진정한 곤충은 겉입틀류이다. 진정한 곤충은 아니다.

2) 겉입틀류(곤충강)

(1) 날개의 유무

무시아강, 유시아강으로 나뉜다.

① 무시아강 : 돌좀목, 좀목

② 유시아강

구분			내용
고시군	하루살이목, 잠자리목		
신시군	외시류	메뚜기 계열 (저작형)	강도래목, 흰개미붙이목, 바퀴목, 사마귀목, 메뚜기목, 대벌레목, 집게벌레목, 귀뚜라미붙이목, 대벌레붙이목, 민벌레목
		노린재 계열 (흡즙형)	다듬이벌레목, 이목, 총채벌레목, 노린재목
	내시류		풀잠자리목, 딱정벌레목, 부채벌레목, 밑들이목, 날도래목, 나비목, 파리목, 벼룩목, 벌목

(2) 날개의 접힘 여부

① 고시군 : 날개가 접히지 않음

② 신시군 : 날개가 접힘

(3) 번데기의 유무

① 완전변태류(내시류), 불완전변태류(외시류)

② 딱정벌레 > 나비목 > 파리목 > 벌목 > 노린재목

핵심문제

곤충 분류체계에서 고시군(류) – 외시류 – 내시류에 해당하는 목(Order)을 순서대로 나열한 것은?

[22년 8회]

① 좀목 – 잠자리목 – 메뚜기목
❷ 하루살이목 – 노린재목 – 벌목
③ 돌좀목 – 하루살이목 – 잠자리목
④ 잠자리목 – 딱정벌레목 – 파리목
⑤ 하루살이목 – 사마귀목 – 노린재목

CHAPTER 02

곤충의 구조와 기능

1. 곤충의 외부 구조

가장 큰 특징으로는 몸의 구조가 머리, 가슴, 배의 세 부분으로 명확히 나누어진다는 것이다. 또한 충체의 가운데를 중심으로 좌우 대칭을 이루며, 크기는 1～300mm 정도까지 그 변화가 매우 크다는 것을 들 수 있다.

1) 외골격(체벽)

체벽은 표피층, 표피세포층, 기저막으로 구성되어 있다.

구분	내용
외표피	• 표피층의 가장 바깥 부분으로, 수분 손실을 줄이고 이물질의 침입을 차단 • 시멘트층이 왁스층으로 덮여 마모로부터 왁스층을 보호
원표피	진피세포의 바로 위에 존재하며, 내원표피와 외원표피로 나뉨
진피	• 주로 상피세포의 단일층으로 형성된 분비조직 • 탈피액을 분비하고 분해된 내원표피 물질을 흡수하며 상처를 재생시키는 역할을 함
기저막	표피세포의 내벽 역할을 하며, 외골격과 혈체강을 구분지어 줌

(1) 기저막

기저막은 체벽의 가장 아래쪽에 있는 부위로, 표피세포들을 혈림프들과 물리적으로 분리해 주는 비세포성 구조이다.

Reference 기저막의 성분

- 점액성 다당류, 콜라겐, 섬유단백질, 지질체, 혈구 등이다.
- 기저막의 두께 : 0.5μm 이하
- 기저막은 표피세포층뿐만 아니라 곤충의 근육, 신경, 지질체, 생식기관 등 체내의 거의 모든 조직을 감싸고 있다.

핵심문제

곤충 체벽에 관한 설명으로 옳은 것은? [22년 8회]

① 표면에 있는 긴 털은 주로 후각을 담당한다.
② 원표피에는 왁스층이 있어 탈수를 방지한다.
③ 원표피의 주요 화학적 구성성분은 키토산이다.
④ 허물벗기를 할 때는 유약호르몬의 분비량이 많아진다.
❺ 단단한 부분과 부드러운 부분을 모두 가지고 있어 유연한 움직임이 가능하다.

(2) 표피세포층(진피층)

① 표피층을 향한 주름진 표피세포막을 표피세포플라스크라고 하며, 주로 외부의 외표피층을 이루는 물질인 키틴을 분비하는 역할을 한다.

② 곤충의 새로운 표피를 만드는 탈피과정에서는 표피세포층이 표피층 내로 신장하여 공관 안으로 발달한다.

③ 새로운 표피층 형성, 단백질 합성, 혈림프 방출, 혈림프 내 단백질을 흡수하여 표피층으로 운반하는 기능이 있다.

④ 표피세포 중 일부는 편도세포나 피부샘, 감각기 등으로 분화한다.

➤ 표피세포층의 결합구조

구분	내용
접착대	표피세포 중 가장 바깥쪽의 결합 부위
격벽접착반	표피세포들 사이를 연결하며, 안쪽의 표피세포막 사이 공간을 표피층으로부터 격리시켜 주고, 접착반은 안쪽 표피세포들을 물리적으로 묶어 주는 역할을 함

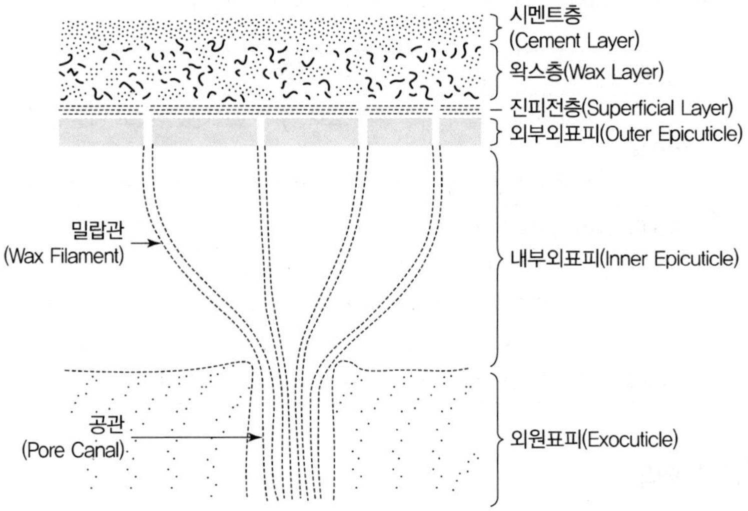

▌외표피층의 단면▐

➤ 표피세포층의 분화

구분	내용
편도세포	• 크기가 100μm 또는 그 이상, 개별 또는 군집으로 분포 • 외표피층의 지질과 지질단백질을 합성하여 분비하는 역할 • 곤충의 탈피주기와 비슷한 생리활성주기
피부샘	• 표피세포층이 표피세포와 혼재하는 한 개 또는 여러 개의 세포가 모여 만드는 외분비샘 • 주요 기능은 외표피층을 덮고 있는 시멘트층을 형성

핵심문제

곤충의 외골격에 관한 설명으로 옳지 않은 것은? [22년 7회]

① 몸의 보호, 근육 부착점 기능을 한다.
② 외표피, 원표피, 진피, 기저막으로 이루어진다.
③ 외표피의 시멘트층과 왁스층은 방수 및 이물질 차단과 보호역할을 한다.
④ 진피는 상피세포층으로서 탈피액을 분비하여 내원표피 물질을 분해하고 흡수한다.
❺ 원표피층은 다당류와 단백질이 얽힌 키틴질로 구성되며 칼슘 경화를 통해 강화된다.

구분	내용
감각기	표피세포 중 일부는 공기의 흐름 등을 감지하는 기계적 감각기나, 맛 또는 휘발성 화학물질을 감지하는 화학적 감각기 등으로 분화

(3) 표피층

표피층은 크게 외표피층과 원표피층으로 구성되어 있다.

① 외표피층

㉠ 내부 외표피층 : 지질단백질이 주성분이고, 외원표피와 마찬가지로 경화반응이 일어남

㉡ 외부 외표피층 : 곤충이 탈피할 때 가장 먼저 분비되며 분비와 동시에 경화가 일어나고, 곤충 몸 표면의 모든 구조를 결정

㉢ 왁스층

- 주요 구성성분 : 탄화수소, 지방산 및 에스터화합물
- 가장 중요한 기능은 수분 증산 억제이며, 표피세포에서 만들어지고, 공관과 왁스관을 통하여 표피세포에서 분비됨

㉣ 시멘트층 : 단백질과 지질로 구성되며, 왁스층을 보호하는 역할

② 원표피층

탄수화물인 키틴과 단백질로 구성되며, 원표피층의 물리적 성질은 키틴과 단백질의 종류, 함량 및 경화반응에 따라 결정됨

㉠ 내원표피 : 두께가 10～20μm이며 표피층의 대부분을 차지하고, 새로운 표피층을 만들 때 표피세포에 흡수된 후 다시 사용됨

㉡ 외원표피

- 단백질 분자들이 퀴논 등으로 서로 연결되어 3차원 구조를 형성
- 표피층이 딱딱해지는 경화반응이 일어나는 부위
- 근육의 부착점으로 매우 단단하고 안정된 구조
- 곤충의 몸을 지탱하는 외골격의 역할

2) 머리

(1) 머리덮개

뇌, 입 개구부, 입틀, 주요 감각기관(더듬이, 겹눈, 홑눈, 포함)이 있다.

① 전구식 : 딱정벌레과

② 하구식 : 메뚜기

핵심문제

곤충 체벽의 구조와 기능에 대한 설명으로 옳지 않은 것은? [21년 5회]

① 표피층은 외부와 접해 있고 몸 전체를 보호한다.
② 외표피층은 곤충의 수분 증발을 억제하는 기능을 한다.
③ 원표피층은 키틴 당단백질로 구성되며 퀴논 경화를 통해 단단해진다.
❹ 표피층은 바깥쪽에서부터 왁스층, 시멘트층, 외원표피, 내원표피 순으로 구성된다.
⑤ 표피층 아래 표피세포(Epidermis)는 단일 세포층으로 표피형성 물질과 탈피액 분비 등에 관여한다.

핵심문제

곤충의 외표피에 관한 설명으로 옳지 않은 것은? [25년 11회]

① 표피층의 가장 바깥쪽 부분이다.
② 가장 바깥층을 시멘트층이라 한다.
❸ 색소침착이 일어나 진한 색을 띤다.
④ 방향성을 가진 왁스층이 표피소층 바로 위에 있다.
⑤ 수분 손실을 줄이고 이물질의 침입을 차단하는 기능을 한다.

✎ 머리의 부속기관

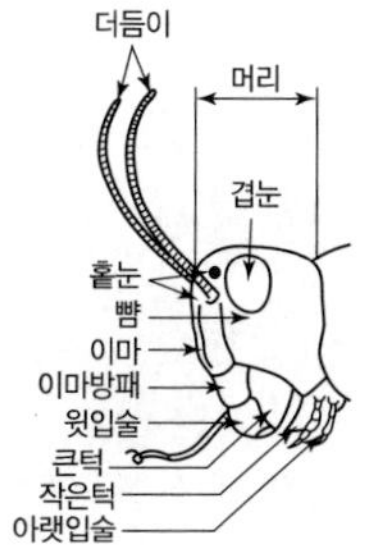

③ 후구식 : 노린재

(2) 더듬이

냄새를 맡는 역할(후각수용체), 소리 감지 역할(존스턴 기관), 습도 감지 역할을 한다.

① 제1마디 : 자루마디
② 제2마디 : 팔굽마디(존스턴 기관 – 소리)
③ 제3마디 : 채찍마디(냄새를 맡는 감각기)

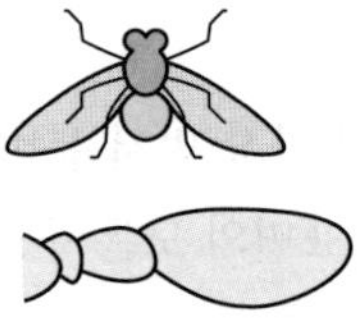

집파리

| 가시털(자모상) |

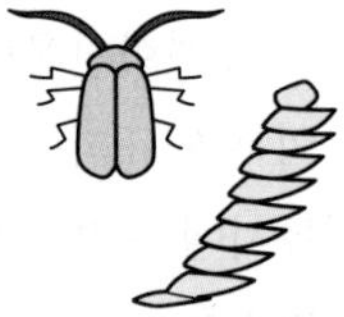

방아벌레류, 하늘소류

| 톱니 모양 |

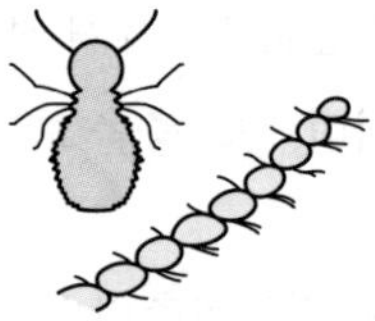

흰개미

| 염주 모양(구슬) |

딱정벌레과, 귀뚜라미, 바퀴류, 하늘소류

| 실 모양(사상) |

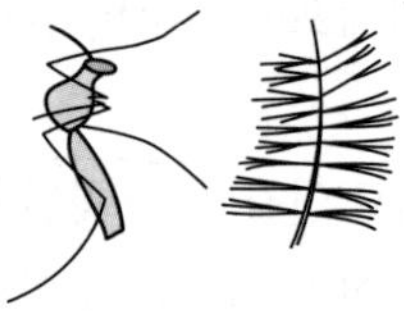

나방의 수컷, 모기류

| 깃털 모양(우모상) |

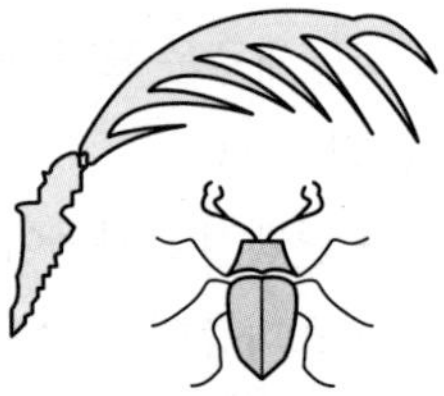

홍날개, 잎벌류, 뱀잠자리류

| 빗살 모양(즐치상) |

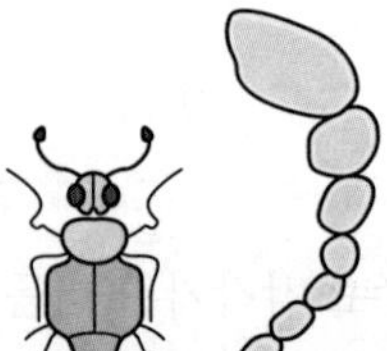

송장벌레, 꽃등에, 무당벌레

| 곤봉 모양(방망이) |

✎ 더듬이의 구성

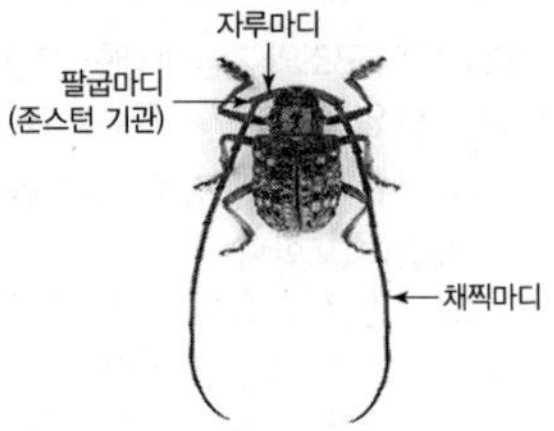

핵심문제

성충의 외부 구조에 관한 설명으로 옳은 것은? [23년 9회]

① 백송애기잎말이나방은 머리에 옆홑눈이 있다.
② 네눈가지나방의 기문은 머리와 배 부위에 분포한다.
③ 갈색날개매미충의 다리는 3쌍이며 배 부위에 있다.
❹ 알락하늘소의 더듬이는 머리에 있으며 세 부분으로 구성된다.
⑤ 진달래방패벌레의 날개는 앞가슴과 가운뎃가슴에 각각 1쌍씩 있다.

(3) 눈

한 쌍의 겹눈과 3개까지의 홑눈이 있다.

① 겹눈

㉠ 대형의 시각기로 많은 낱눈으로 구성

㉡ 한 개의 겹눈을 구성하는 낱눈의 수는 적게는 1~8개, 많게는 20,000개 내지 그 이상도 있음

② 홑눈

㉠ 성충의 경우 보통 머리 앞면에 2~3개가 있고, 없는 종도 있음

㉡ 앞홑눈

- 곤충의 모든 성충과 불완전변태류의 약충 머리 앞쪽에 역삼각형으로 3개가 발달되어 있음(2개나 없는 것도 있음)
- 방향잡기나 낮은 광도에서의 활동에 관여

㉢ 옆홑눈

- 겹눈이 없는 완전변태류 유충에서만 발견
- 머리 양쪽에서 1~6쌍까지 다양
- 각막렌즈와 수정렌즈를 가지며, 모양을 형성할 수 있음(형태를 느낌)

③ 낱눈 : 렌즈계, 망막세포, 부속세포로 구성

㉠ 렌즈계 : 빛을 모으는 역할을 하며 각막렌즈와 수정체로 구성되어 있음

㉡ 망막세포

- 광에너지를 받아들이는 단극성 세포로, 망막돌기에 축색돌기를 내어 시엽에 전달
- 한 낱눈에 보통 8개의 망막세포가 원통형으로 배열

㉢ 감간소체

- 광색소인 로롭신 분자들이 결합된 미세융모 집단
- 낱눈 내의 모든 감간소체를 감간체로 지칭

(4) 입틀

① 윗입술 : 먹이를 담을 수 있는 입술 역할

② 큰턱 : 먹이를 분쇄하거나 갈기 위한 1쌍의 턱으로 좌우로 움직임

③ 작은턱 : 밑마디(기절), 자루마디(절교절), 바깥조각(외엽) 및 안조각(내엽)

✎ 먹이를 먹는 방법에 따른 분류
씹는 형 입틀, 빠는 형 입틀

④ 하인두 : 먹이와 타액을 섞을 수 있는 혀와 같은 돌기
⑤ 아랫입술 : 뒤쪽 입술로 후기절과 전기절로 구분

3) 가슴

(1) 가슴경판

① 등판
　㉠ 날개등판 : 격막이 있고, 날개와 연결
　㉡ 뒷등판 : 다른 격막이 있고 직접 날개와 연결되지 않음
② 옆판 : 앞옆판, 뒷옆판
③ 배판
　㉠ 앞가슴판
　㉡ 가슴아래판
　㉢ 작은가슴판

(2) 다리

다리의 형태

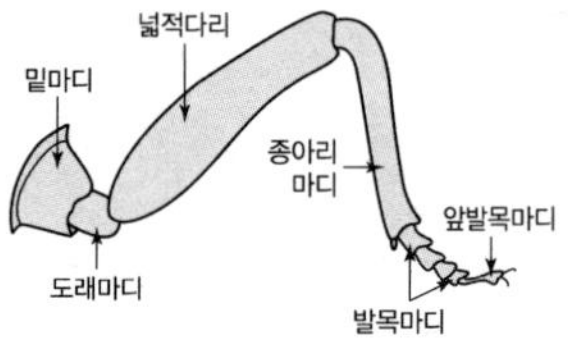

① 다리의 형태
　㉠ 밑마디(기절)
　㉡ 도래마디(전절)
　㉢ 넓적마디(퇴절) : 뛰는 곤충에서 발달
　㉣ 종아리마디(경절)
　㉤ 발목마디(부절)
② 다리의 다양성
　㉠ 기본형은 보행지
　㉡ 경주지 : 달리는 데 적응
　㉢ 헤엄지 : 물방개
　㉣ 도약지 : 메뚜기
　㉤ 굴착지 : 땅강아지
　㉥ 포획지 : 사마귀

(3) 날개

① 시맥상 : 날개는 외골격이 늘어난 것으로, 시맥으로 모양을 유지

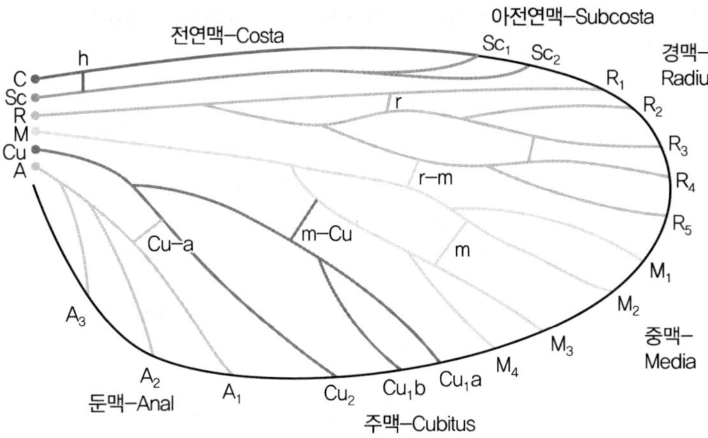

▌시맥상▐

② 앞 · 뒷날개의 연결방식

구분	내용
날개가시형	뒷날개의 기부 앞쪽에 날개가시가 나와 앞날개의 간직틀에 연결(나비목)
날개걸이형	앞날개의 날개걸이가 뒷날개의 기부와 연결(나비목)
날개고리형	뒷날개의 앞쪽 날개걸쇠가 앞날개를 연결하는 방식(벌목)

③ 날개의 변형

구분	내용
딱지날개(초시)	뒷날개의 보호덮개 역할(딱정벌레목, 집게벌레목)
반초시	기부는 가죽이나 양피지 같고 끝으로 갈수록 막질인 앞날개(노린재목의 노린재아목)
가죽날개(두텁날개)	전체가 가죽이나 양피지 같은 앞날개(메뚜기목, 바퀴목, 사마귀목)
평균곤	• 비행 중 회전운동의 안정기 역할 • 곤봉 모양의 뒷날개(파리목) • 부채벌레는 앞날개가 평균곤(수컷)

2. 곤충의 내부 구조

1) 감각계

(1) 기계감각기

곤충의 몸 표면 어디에서나 발견할 수 있으며, 압력, 중력, 진동 등과

핵심문제

곤충의 형태에 관한 설명으로 옳은 것은? [25년 11회]

① 대벌레 머리는 후구식이다.
② 미국흰불나방의 번데기는 위용이다.
③ 소나무좀 유충은 배다리를 가지고 있다.
④ 매미나방 수컷성충의 더듬이는 실 모양이다.
❺ 아까시잎혹파리의 뒷날개는 곤봉 형태로 변형되어 있다.

핵심문제

곤충과 날개의 변형이 옳지 않은 것은? [23년 9회]

❶ 대벌레 – 연모(Fringe)
② 오리나무좀 – 초시(Elytra)
③ 갈색여치 – 가죽날개(Tegmina)
④ 아까시잎혹파리 – 평균곤(Haltere)
⑤ 갈색날개노린재 – 반초시(Hemelytra)

같이 에너지가 몸을 변형시킬 때 나타나는 변화를 감지한다.

① 기계감각기의 자극에 대한 감지 부위
  ㉠ 접촉수용체 : 주변 사물의 움직임 감지
  ㉡ 자기수용체 : 몸과 부속지의 위치나 방향에 대한 감각
  ㉢ 소리수용체 : 소리의 진동에 반응
② 자극에 대한 반응에 따른 분류
  ㉠ 위상성 반응 : 자극을 받으면 활성화될 때 한 번, 비활성화될 때 다시 한 번 흥분
  ㉡ 긴장성 반응 : 자극이 지속되는 한 반복적으로 흥분
③ 기계감각기의 종류
  ㉠ 털감각기 : 신경의 수상돌기가 털의 기부 근처에 붙어 있음
  ㉡ 종상감각기 : 외골격이 구부러질 때마다 반응
  ㉢ 신장수용기 : 마디 사이의 세포막과 소화기관의 근육성 벽에 내장
  ㉣ 압력수용기 : 수서곤충의 수심에 대한 감각정보
  ㉤ 현음기관
    ⓐ 무릎아래기관 : 다리에 위치하며, 매질의 진동에 매우 민감하게 반응
    ⓑ 고막기관 : 소리의 진동에 반응
      • 가슴 : 노린재 일부
      • 복부 : 메뚜기류, 매미류, 나방류
      • 앞다리 종아리마디 : 귀뚜라미류, 여치류
    ⓒ 존스턴 기관 : 더듬이의 흔들마디에 존재

(2) 화학감각기

① 미각수용체 : 입틀에 가장 많이 존재하며, 더듬이, 발목마디, 생식기에도 존재
② 후각수용체 : 더듬이에 가장 많이 존재하며, 입틀, 외부생식기에도 있을 수 있음

(3) 광감각기

① 겹눈
  ㉠ 대형의 시각기로, 많은 낱눈으로 구성

핵심문제

곤충의 감각기관에 관한 설명으로 옳은 것은? [25년 11회]

① 다리의 진동과 청각 기능을 수행하는 것은 존스톤기관이다.
② 완전변태류의 유충에 있는 유일한 광감각기관은 윗홑눈이다.
③ 압력, 중력, 진동 등의 물리적 자극을 감지하는 것은 감간체이다.
❹ 근육과 연결조직 등에 분포하여 다극성 신경세포를 가지고 있는 것은 신장감각기이다.
⑤ 구기, 다리, 산란관 등에 분포하여 용액 상태의 물질에 반응하는 것은 냄새감각기이다.

㉡ 한 개의 겹눈을 구성하는 낱눈의 수는 적게는 1~8개, 많게는 20,000 내지 그 이상도 있음

② 홑눈 : 성충의 경우 보통 머리 앞면에 2~3개가 있고, 없는 종도 있음

2) 소화계

(1) 전장

인두, 식도, 소낭 및 전위로 분화된다.

① 전구강 : 윗입술과 입틀 사이의 공간

② 인두 : 입과 식도 사이의 부분

③ 식도 : 머리의 뒷부분에서 가슴의 앞부분까지

④ 모이주머니(소낭) : 식도의 뒷부분에서 다소 늘어난 부분

⑤ 전위 : 모이주머니 뒷부분으로, 메뚜기류, 딱정벌레목 곤충에서 발달

⑥ 전위분문판막 : 먹이의 역류 방지

(2) 중장

구조적인 분화 없이 단순한 관 모양으로, 소화효소를 분비하고 소화된 영양분들을 흡수하는 역할을 한다.

① 중장세포

㉠ 중장벽을 구성하는 가장 중요한 세포로, 소화기관의 벽세포 중 가장 발달한 것

㉡ 대부분은 기둥세포로 구성되어 있으며 매우 규칙적인 미세융모를 가지고 있음

㉢ 중장세포의 주된 기능은 소화효소의 생성과 분비 및 영양물질을 흡수하는 것

② 위식막

㉠ 일종의 보호층으로, 주요 구성성분은 단백질성의 막 바탕에 키틴 섬유의 망상조직으로 이루어져 있음

㉡ 주요 기능은 섭취한 먹이가 중장세포와 직접적으로 접촉하여 상처를 낼 수 있기 때문에 물리적으로 막아 주는 보호벽 역할

㉢ 외래 미생물로부터의 면역보호막 기능뿐만 아니라 중장의 소화와 흡수를 효율적으로 도와주는 역할

③ 여과실
㉠ 주로 식물 즙액을 흡수하는 노린재목 곤충에서 많이 나타나는 소화기관
㉡ 식물 즙액은 영양분이 적어 다량 흡수하는데, 이때 다량의 물을 체내로 흡수하기 때문에 혈림프의 염농도 및 삼투압 유지에 문제가 발생할 수 있음
㉢ 이러한 문제를 해결하기 위하여 중장의 앞 · 뒷부분 및 후장의 앞부분이 겹쳐져 얇은 막으로 된 여과실을 생성하는데, 중장 앞부분의 물을 뒷부분 또는 후장 앞부분으로 직접 흡수하여 몸 밖으로 빨리 배설할 수 있게 해 줌

(3) 후장

소화기관의 맨 뒷부분으로 유문, 회장 및 직장으로 구성되어 있다.

① 유문 : 중장에서 소화되고 남은 찌꺼기들이 후장으로 넘어가는 것을 조절하는 판
② 회장 : 찌꺼기가 직장으로 통하는 단순한 좁은 관 모양의 조직이며, 목재 가해 해충에서는 발효실을 형성하기도 함
③ 직장 : 후장에서 가장 크고 잘 발달한 소화기관의 제일 마지막 부분으로, 말피기소관과 중장에서 내려간 배설물 중의 물과 무기이온, 아미노산, 6탄당 등과 같은 소형 유기물들을 다시 흡수하고 최종 배설물을 항문을 통하여 배출

(4) 머리부속샘

① 곤충은 소화기관과 관련이 있는 머리부속샘을 가지고 있다.
② 머리부속샘은 구기 기부에 출구가 있는 외배엽성 조직으로, 크게 큰턱샘, 작은턱샘, 혀샘, 아랫입술샘으로 구성되어 있다.
③ 주요 역할은 소화효소 또는 구기를 적셔 주는 물질을 분비한다.

3) 배설계

① 말피기관 : 수분과 이온류의 재흡수가 일어난다.
② 지방체 : 영양물질의 저장소 역할을 한다.
③ 편도세포 : 탈피호르몬을 생산한다.
④ 공생균기관 : 방선균인 Actinomyces는 곤충의 알을 통해 다음 세대로 전해져서 수용성 비타민류와 필수아미노산을 기주에게 공급한다.

핵심문제

곤충 배설계에 관한 설명으로 옳지 않은 것은? [22년 8회]

① 말피기관은 후장의 연동활동을 촉진한다.
② 배설과 삼투압은 주로 말피기관이 조절한다.
③ 육상곤충은 일반적으로 질소를 요산 형태로 배설한다.
④ 수서 곤충은 일반적으로 질소를 암모니아 형태로 배설한다.
❺ 진딧물의 말피기관은 물을 재흡수하며 소관 수는 종에 따라 다르다.

핵심문제

곤충 소화기관에 관한 설명으로 옳지 않은 것은? [25년 11회]

① 위식막은 중장의 상피세포를 보호한다.
❷ 여과실은 식엽성 곤충에서 발달된 구조이다.
③ 소화기관은 전장, 중장, 후장으로 구성된다.
④ 중장은 소화된 영양분을 상피세포를 통하여 혈림프로 흡수한다.
⑤ 모이주머니는 일시적인 먹이 저장소로 종에 따라 모양이 다양하다.

㉠ 공생미생물은 소화관의 벽이나 관내 또는 장벽에서 돌출한 낭상체 안에 들어 있다.
㉡ 톱가슴머리대장, 가루개나무좀, 쌀바구미 등의 딱정벌레목과 노린재목에서 발달한다.
㉢ 주로 효모균으로 들어 있으나 세균류가 있는 경우도 있다.

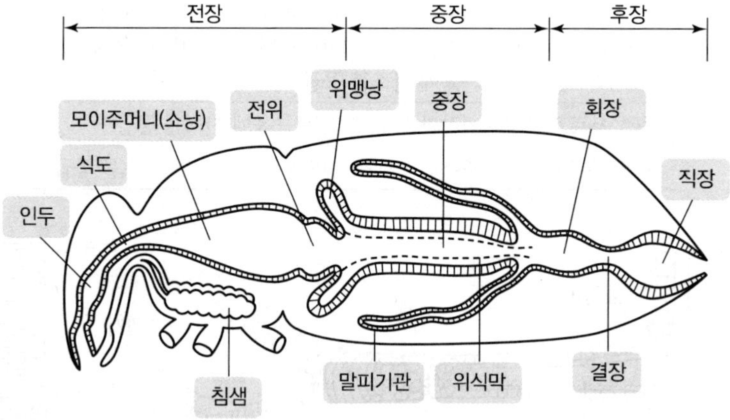

▌소화계와 배설계▐

4) 호흡계

기문 – 기관(기관지, 기관소지) – 근육의 기관계로 구성되어 있다.

(1) 기문

10쌍이 대부분이지만 종에 따라 다르다.

① 앞가슴과 가운데가슴 사이 : 1쌍
② 가운데가슴과 뒷가슴 사이 : 1쌍
③ 배마디 : 8쌍

(2) 기관, 기관지, 기관소지

① 측면 세로기관지, 등면 세로기관지, 복면 세로기관지를 형성한다.
② 기관지는 체벽이 함입된 구조로, 체벽과 같이 표피세포와 표피층으로 구성되며 외표피층과 외원표피층이 일정한 간격마다 두꺼워지는 나선사 구조를 가지고 있어 내부 압력이 낮아져도 기관지가 찌그러지지 않게 한다.

핵심문제

곤충의 말피기관에 관한 설명으로 옳은 것은? [23년 9회]

① 맹관으로 체강에 고정된 상태이다.
② 중장 부위에 붙어 있으며 개수는 종에 따라 다르다.
③ 분비작용 과정에서 많은 칼륨 이온이 관외로 배출된다.
④ 육상 곤충의 단백질 분해 산물은 암모니아 형태로 배설된다.
❺ 대사산물과 이온 등 배설물을 혈림프에서 말피기관 내강으로 분비한다.

③ 비행하는 곤충에서 발달한 공기주머니라고 하는 큰 기관지가 부풀어 만들어진 것이 있는데, 비행근육에 산소를 공급하고, 내부 조직의 성장 및 수서곤충의 경우 물에 쉽게 뜨게 하는 역할을 한다.

▶ 기관지의 종류

구분	내용
측면 세로기관지	전후 방향으로 나뉘어 T자 모양으로 신장하며, 작은 가지들이 분지되어 소화관, 생식기관, 다리 및 날개, 근육에 산소를 공급
등면 세로기관지	심장과 등면에 있는 근육에 산소를 공급
복면 세로기관지	중추신경계와 복면에 있는 근육에 산소를 공급

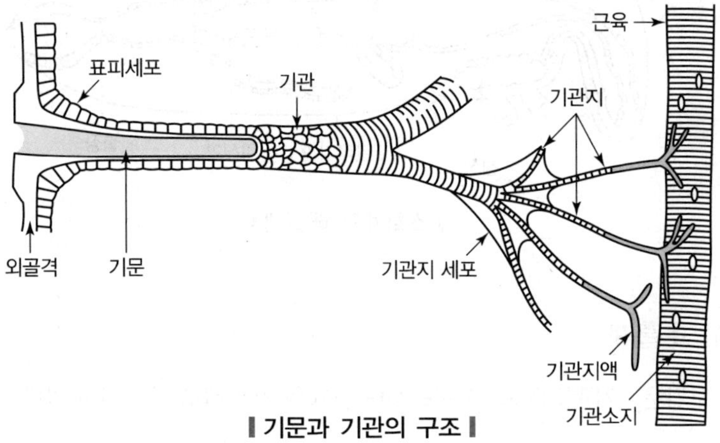

▌기문과 기관의 구조▐

5) 순환계

(1) 곤충의 순환계 특징

① 곤충의 순환계는 개방혈관계로 혈림프(혈장 + 혈구)가 있는 곳을 혈강이라고 한다.

② 곤충의 순환계는 크게 등핏줄, 부속박동기관, 등면격막 및 복면격막으로 구성되어 있다.

(2) 등혈관

① 특징

㉠ 소화관의 등 쪽에 있으며, 1개의 단순한 관 모양

㉡ 곤충의 몸 등 쪽 가운데에서 앞뒤로 뻗어 있음

㉢ 앞쪽 끝이 뇌와 식도 사이에서 열려 있고 뒤쪽은 폐쇄되어 있음

㉣ 전반부에 대동맥, 후반부에 심장이 있음

② 심장

㉠ 일련의 마디 또는 심실로 구성

㉡ 심장에는 측면 개구부인 심문이 있고 혈강 내 연결조직인 익상근으로 지탱

㉢ 심장 이완기에는 심문이 열리면서 혈림프가 심장 안으로 유입되고, 수축기에는 심문이 닫히면서 등핏줄 내 혈림프는 앞쪽 방향으로만 흐름

③ 등면격막

㉠ 등면격막은 등핏줄 바로 아래에 있으며, 등핏줄이 있는 심장주위강과 소화관이 있는 내장주위강으로 나뉨

㉡ 등면격막은 막혀 있지 않고 구멍들이 많으며 체벽에 군데군데 부착되어 있어 혈림프가 두 체강 사이를 자유롭게 이동할 수 있음

④ 복면격막

㉠ 복면격막은 신경계인 복면신경색 바로 위에 있으며 내장주위강과 신경주위강을 분리해 줌

㉡ 복판 양쪽 끝에 있지만 완전히 밀폐되어 있지 않아 혈림프가 내장주위강과 신경주위강 사이를 자유롭게 이동

⑤ 부속 박동기관

㉠ 곤충은 개방혈관계를 가지고 있기 때문에 혈림프 순환에 뚜렷한 방향성이 없어 다리, 촉각, 미모 및 날개와 같은 부속지에 혈림프를 전달하는 데 어려움이 있음

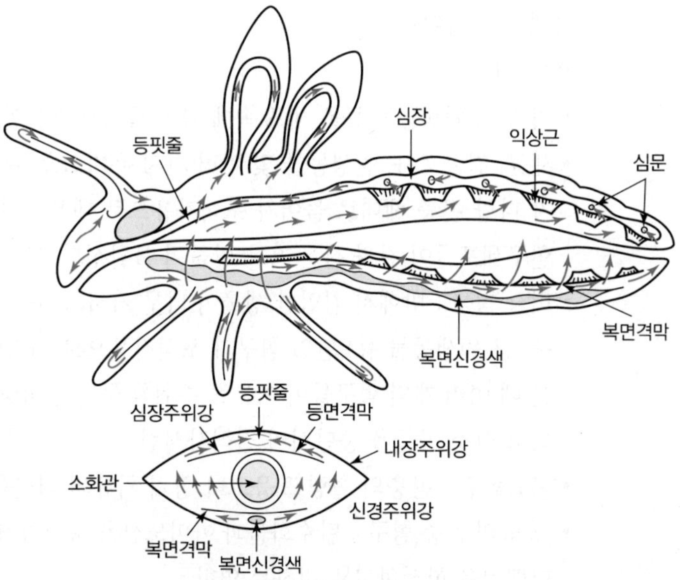

▌곤충의 순환계▐

ⓛ 이를 해결하기 위하여 부속지 기부에 위치한 부속 박동기관들이 혈림프의 흐름을 도와줌

(3) 혈액

혈장과 혈구로 구성되어 있다.

① 혈장

㉠ 특징

- 혈장에는 여러 가지 유기물과 무기물이 포함되어 있음
- 혈장의 pH는 보통 6.4~6.8

ⓛ 혈장의 주요 기능

- 수분의 보존, 양분의 저장, 영양물질과 호르몬의 운반
- 소화관과 저장소, 저장소와 이용 조직 간에 영양분을 수송하고 호르몬을 순환시키는 역할
- 물질 저장고 역할 : 에너지원인 트레할로스, 지방, 아미노산, 단백질 등을 저장
- 곤충 체내의 압력을 변화시키는데, 특히 곤충이 우화할 때 혈림프의 압력을 상승시켜 우화를 도와줌
- 체온 조절 역할

② 혈구

㉠ 특징

원시혈구, 부정형 혈구, 과립혈구, 소구형 혈구, 응고혈구 등(중배엽에서 기원)

ⓛ 주요 기능

- 미생물, 원생동물 등을 세포 속에 넣어 죽이거나 불활성시킴
- 세균, 진균포자, 원생동물 및 여러 가지 유기 또는 무기 입자가 다량 곤충 체내로 들어가 포식자용으로 대응하지 못하면 혈구세포들이 감싸 작은 혹을 만들어 불활성화시킴
- 피낭 형성 : 밖에서 침입한 생물이 너무 커서(선충, 내부기생충, 큰 원생동물 등) 단일 혈구가 포식작용으로 처리할 수 없을 때 여러 개의 혈구들이 이물질 주위를 둘러싸 피낭을 형성하고 산소 공급을 중단시켜 질식사시킴
- 응고혈구 : 곤충의 혈림프 응고나 상처 치유의 역할을 함
- 그 밖의 곤충 혈구 : 탄수화물과 아미노산을 축적하거나 여러 단백질을 합성하고 분비하는 역할

(4) 혈액의 순환

① 심장의 박동 → ② 심장벽 근육세포 수축 → ③ 심장 확장 시 심문을 통해 혈액 유입 → ④ 대동맥을 통해 머리와 더듬이로 이동 → ⑤ 날개로 갈 때는 전연부를 통하고, 돌아올 때는 둔연부(둔맥)를 통함

6) 생식계

① 수컷 : 정자는 수정관을 통해 저장낭에 이동하여 한곳에 모인다.
② 암컷 : 정자를 저장낭에 보관한다.

7) 신경계(뉴런, 수상돌기, 축삭)

(1) 중앙신경계

구분	역할
전대뇌	겹눈과 홑눈의 시신경을 담당
중대뇌	더듬이
후대뇌	윗입술과 전위를 담당
식도하신경절	윗입술을 제외한 입의 나머지 신경을 담당
복면신경색	• 곤충 몸의 복면 중앙에 위치한 몸마디 신경절들이 1쌍의 세로연결신경에 의하여 연결 • 식도하신경절 이후의 가슴과 복부신경절들만을 포함

(2) 내장신경계

전위신경계, 복면내장신경계, 미부내장신경계로 구분한다.

(3) 주변신경계

① 중앙신경계와 내장신경계 좌우로 뻗어 나온 신경들이다.
② 운동뉴런과 감각뉴런을 포함한다.

8) 내분비계

(1) 앞가슴샘

표피세포에 키틴과 단백질의 합성을 자극하고 탈피를 촉진하는 스테로이드호르몬(엑디손 포함) 그룹인 엑디스테로이드(탈피호르몬)를 생산한다.

핵심문제

곤충의 생식계에 관한 설명으로 옳지 않은 것은? [21년 6회]

① 벌의 독샘은 부속샘이 변형된 것이다.
② 암컷의 부속샘은 알의 보호막이나 점착액을 분비한다.
❸ 난소에 존재하는 난소소관의 수는 종에 관계 없이 일정하다.
④ 암컷 저정낭(Spermatheca)은 교미 시 수컷으로부터 받은 정자를 보관한다.
⑤ 수컷의 저정낭(저장낭, Seminal Vesicle)은 정소소관의 정자를 수정관을 통해 모으는 곳이다.

핵심문제

곤충 생식기관 부속샘의 분비물에 관한 설명으로 옳지 않은 것은? [23년 9회]

❶ 정자를 보관한다.
② 알의 보호막 역할을 한다.
③ 암컷의 행동을 변화시킨다.
④ 정자가 이동하기 쉽게 한다.
⑤ 산란 시 점착제 역할을 한다.

핵심문제

곤충의 신경연접과 신경전달물질에 관한 설명으로 옳지 않은 것은? [22년 7회]

① 신경세포와 신경세포가 만나는 부분을 신경연접이라 한다.
② Gamma－aminobutyric Acid (GABA)는 억제성 신경전달물질이다.
③ 전기적 신경연접은 신경세포 사이에 간극 없이 활동전위를 빠르게 전달한다.
④ Acetylcholine은 흥분성 신경전달물질로 Acetylcholinesterase에 의해서 가수분해된다.
❺ 화학적 신경연접은 신경세포 사이에 간극이 있어 신경전달물질을 이용하여 휴지막전위를 전달한다.

핵심문제

곤충의 내분비계에 관한 설명으로 옳은 것은? [23년 9회]

① 알라타체는 탈피호르몬을 분비한다.
② 카디아카체는 유약호르몬을 분비한다.
③ 내분비샘에서 성페로몬과 집합페로몬을 분비한다.
④ 신경분비세포에서 분비되는 호르몬은 엑디스테로이드이다.
❺ 성충의 유약호르몬은 알에서의 난황축적과 페로몬 생성에 관여한다.

✎ 이들 호르몬의 전구체는 콜레스테롤과 같은 스테롤로 식식성 곤충은 체내에서 만들 수 없어 식물을 통하여 얻는다. 성충이 된 후에는 앞가슴샘이 수축하고 퇴화한다.

핵심문제

곤충의 호르몬에 관한 설명으로 옳지 않은 것은? [25년 11회]

① 유약호르몬은 알라타체에서 분비된다.
❷ 앞가슴샘자극호르몬은 카디아카체에서 합성된다.
③ 번데기로 용화할 때는 유약호르몬의 농도가 낮아진다.
④ 탈피호르몬은 앞가슴샘에서 합성되어 혈림프로 분비된다.
⑤ 허물벗기호르몬(Eclosion hormone)은 뇌의 신경분비세포에서 합성된다.

(2) 카디아카체

신호증폭기 역할을 하며 뇌의 신경세포에서 신호를 보내 앞가슴자극호르몬을 자극 및 방출하게 한다.

(3) 알라타체

유약호르몬을 분비한다.

(4) 신경분비세포

뇌호르몬, 경화호르몬, 이뇨호르몬, 알라타체자극호르몬 등이 있으며, 곤충 호르몬의 종류는 다음과 같다.

① 스테로이드호르몬(Steroid Hormone)
  ㉠ 가장 대표적인 스테로이드호르몬 : 엑디스테로이드
  ㉡ 앞가슴자극호르몬의 자극을 받은 앞가슴에서 생성하고 분비하며, 절지동물류의 탈피과정에 관여하고 여러 발육단계에 걸쳐 광범위한 영향을 줌
  ㉢ 엑디스테로이드 : 알파엑디손은 엑디손이라고 불리고 베타엑디손은 간단히 20E(20－Hydroxyecdysone)라고 불리며 가장 일반적인 엑디스테로드임
② 세스퀴테르펜류(Sesquiterpene)
  ㉠ 대표적인 세스퀴테르펜류 호르몬으로 유약호르몬이 있음
  ㉡ 세스퀴테르펜은 유충의 특성 발현을 촉진시키는 역할
  ㉢ 알라타체에서 합성
  ㉣ 유약호르몬과 탈피호르몬이 같이 작용할 때는 탈피
  ㉤ 유약호르몬의 농도가 낮아지고 탈피호르몬의 농도가 높아지면 용화가 일어남
③ 펩타이드류(Peptide)
  ㉠ 페로몬 생합성 활성화 신경펩타이드(PBAN) : 성페로몬의 합성에 관여하는 효소를 활성화
  ㉡ 경화호르몬(Bursicon) : 표피를 경화시키는 과정을 조절
  ㉢ 허물벗기유기호르몬
④ 바이오아민류 : 대부분 신경연접에서의 신경전달물질이며, 대표적으로 세로토닌, 옥토파민, 티라민 등이 있음

9) 외분비계

(1) 페로몬

동일 종에서 개체 간 정보를 전달하는 화학물질이다.

① 성페로몬 : 이성을 유인하기 위한 페로몬
② 집합페로몬 : 개체들을 모이게 하여 교미상대를 쉽게 찾음
③ 분산페로몬 : 너무 많은 개체가 모인 경우, 간격호르몬은 산란 시 간격 유지
④ 길잡이페로몬 : 개미
⑤ 경보페로몬 : 사회성 곤충이나 뿔매미, 진딧물 등

(2) 이종 간 통신물질

① 카이로몬 : 분비개체는 불리, 감지개체는 유리
② 알로몬 : 분비개체는 유리, 감지개체는 불리
③ 시노몬 : 분비개체, 감지개체 모두 유리

(3) 기타 외분비샘

왁스샘, 랙샘, 머리샘(큰턱샘, 작은턱샘, 아랫입술샘), 실샘, 방어샘, 유인샘, 독샘 등이 있다.

핵심문제

곤충 카이로몬의 작용과 관계가 없는 것은? [22년 8회]

① 누에나방은 뽕나무가 생산하는 휘발성 물질에 유인된다.
❷ 복숭아유리나방 수컷은 암컷이 발산하는 물질에 유인된다.
③ 포식성 딱정벌레는 나무좀의 집합페르몬에 유인된다.
④ 소나무좀은 소나무가 생산하는 테르펜(Terpene)에 유인된다.
⑤ 꿀벌응애는 꿀벌 유충에 존재하는 지방산에스테르화합물에 유인된다.

CHAPTER 03

곤충의 생식과 성장

1. 알

암컷의 알 형성, 산란, 알의 세포막(난황막), 난각은 이산화탄소의 가스교환 통로로 존재한다.

2. 배자 발생

구분	내용
외배엽	표피, 외분비샘, 뇌 및 신경계, 감각기관, 전장 및 후장, 호흡계, 외부생식기
중배엽	심장, 혈액, 순환계, 근육, 내분비샘, 지방체, 생식선(난소 및 정소)
내배엽	중장

핵심문제

곤충의 기관계에 관한 설명으로 옳지 않은 것은? [21년 6회]

① 체벽이 함입되어 생성된다.
② 기관(Trachea)은 외배엽성이다.
❸ 내부 기생봉의 유충은 개방기관계로 되어 있다.
④ 솔수염하늘소 기문은 몸마디 양측면에 위치한다.
⑤ 수분 증발을 막기 위해 기문을 닫을 수 있도록 해주는 개폐장치가 있다.

3. 형태 형성

1) 탈피

탈피과정을 요약하면 다음과 같다.

① 1단계 : 표피층 분리 – 진피세포로부터 옛 외골격 분리
② 2단계 : 진피세포에서 불활성 탈피액 분비
③ 3단계 : 새로운 외골격을 위한 표피소층 생산
④ 4단계 : 탈피액의 활성화
⑤ 5단계 : 옛 내원표피의 소화 및 흡수
⑥ 6단계 : 진피세포가 새로운 원표피 분비
⑦ 7단계 : 탈피 – 옛 외원표피 및 외표피의 허물벗기
⑧ 8단계 : 새로운 외골격의 팽창
⑨ 9단계 : 검게 굳히기 – 새로운 외원표피의 경화

➤ 물리적 외형에 따른 유충의 5가지 분류

유충 형태	일반명	특징	예
나비유충형	나비목 유충	몸은 원통형, 짧은 가슴다리, 2~8개 배다리	나비류, 나방류
좀붙이형	기는 유충	길고 납작한 몸, 돌출된 더듬이, 꼬리돌기	무당벌레류, 풀잠자리류
굼벵이형	풍뎅이유충	몸은 뚱뚱함, C자형, 배다리 없고 가슴다리 짧음	풍뎅이류, 소똥구리류
방아벌레형	방아벌레유충	몸은 길고 원통형, 외골격은 단단하고, 가슴다리 매우 짧음	방아벌레류, 거저리류
구더기형	파리류 유충	몸은 살찐 지렁이, 보행지 없음	집파리류, 쉬파리류

2) 변태

구분	내용
피용(나비 번데기)	부속지가 껍질 같은 외피로 몸에 밀착됨(나비류, 나방류)
	• 수용 : 복부 끝의 갈고리 발톱을 이용하여 머리를 아래로 하고 매달림(네발나비과) • 대용 : 갈고리 발톱으로 몸을 고정하고 띠실로 몸을 지탱하는 띠를 두른 번데기(호랑나비과, 흰나비과, 부전나비과)
나용	발육하는 모든 부속지가 자유롭고, 외부적으로 보임(딱정벌레류, 풀잠자리류)
위용	유충의 마지막 탈피각이 단단한 외골격 내에 몸이 들어 있음(파리류)

4. 행동

1) 타고난 행동

① 유전적으로 프로그래밍된 행동

② 타고난 행동의 특성

㉠ 유전성 : DNA에 코드화되고, 대대로 이어짐

㉡ 내인성 : 다른 동물과 격리되어 자란 동물에 있음

㉢ 상동성 : 각 개체에 매번 같은 방식으로 행해짐

㉣ 경직성 : 발육이나 경험에 의해 수정되지 않음

㉤ 완벽성 : 첫 번째 행함에서 완전하게 발육되거나 표현됨

➤ **타고난 행동의 유형**

구분	내용
반사	• 타고난 행동의 가장 기본적인 단위는 반사궁임 • 감각신경은 자극을 감지하고 작동세포에서 반응을 일으키는 운동신경과 연결됨 • 반사의 하부작용이 정위행동이 아님
정위행동	외부자극에 반응하여 발생하는 조율된 행동(걷기, 헤엄치기, 날기 등)
무정위행동	비방향성(제멋대로 걷기)
주성	• 자극으로 바로 향하는 또는 자극에서 멀어지는 운동 • 양성주성 : 자극원에 접근하는 것 • 음성주성 : 자극원에서 멀어지려고 하는 것

2) 학습된 행동

① 비유전성 : 관찰이나 경험을 통해서만 획득
② 외인성 : 다른 동물과 격리되어 자란 동물에게는 없음
③ 치환성 : 시간이 지남에 따라 패턴이나 순서가 변화될 수 있음
④ 적응성 : 변화하는 조건에 맞게 수정이 가능
⑤ 진보성 : 훈련을 통해 개선하거나 세련되게 할 수 있음

➤ **학습된 행동의 유형**

구분	내용
관습화	중요하지 않거나 무의미하거나 반복적인 자극을 무시하도록 학습하는 과정
고전적 조건화	하나의 자극을 관련되지 않은 다른 자극과 연관짓도록 학습하는 과정 예 꿀벌이 꽃의 색깔과 향기를 꿀의 존재와 연관시켜 학습하는 과정
도구적 학습	과거 사건의 결과를 기억하고, 그에 따라 미래의 행동을 수정하는 동물의 능력에 달린 학습 과정
잠재학습	행동과 관련된 어떠한 보상이나 처벌 없이도 패턴이나 사건을 기억하는 학습
각인	생명체 초기의 결정적인 기간으로 특수한 경우로 프로그래밍된 학습

3) 복합적 행동

동물의 행동은 100% 타고난 행동도 아니고, 100% 학습된 행동도 아니다.

4) 주기적 행동

① 일일 활동주기
  ㉠ 주행성
  ㉡ 야행성
  ㉢ 박영박모성 : 새벽과 황혼에 활동적

② 일일활동주기보다 긴 리듬의 주기적 활동
  ㉠ 월주리듬 : 달의 위상과 동기화되어 28일의 주기를 가지고 있음
  ㉡ 연주리듬 : 연중 계절과 동기화되어 약 12개월의 주기를 가지고 있음

③ 동조 : 환경적 신호와 자신의 행동을 동기화시키고 유지하는 과정
  ㉠ 외인성 동조 : 환경적 신호에 직접 반응하여 특정 행동의 시작과 종료가 촉발됨
  ㉡ 내인성 동조 : 시간의 흐름을 측정하고 신경계에 시작과 끝 신호를 보내는 내부적인 생체시계가 작동함

핵심문제

소리를 통한 곤충의 의사소통에 관한 설명으로 옳은 것은? [22년 7회]

❶ 곤충은 주파수, 진폭, 주기성으로 소리를 표현한다.
② 귀뚜라미와 매미는 몸의 일부를 비벼서 마찰음을 만들어 낸다.
③ 모기와 빗살수염벌레는 날개 진동을 통해 소리를 만들어 낸다.
④ 메뚜기와 여치는 앞다리 종아리마디의 고막기관을 통해 소리를 감지한다.
⑤ 꿀벌과 나방류는 다리의 기계감각기인 현음기관을 통해 소리의 진동을 감지한다.

5) 곤충의 의사소통

(1) 촉감

장점	단점
• 즉각적인 되먹임이 가능 • 한정된 지역에서 효과적 • 개체별 수신자가 존재 • 어둠 속에서 효과적	• 먼 거리에서 효과 없음 • 생명체는 직접 접촉해야만 함 • 메시지가 각 수신자에게 반복되어야 함 • 진동신호를 포식자가 감지할 수 있음

✎ 소리를 감지하는 부위별 곤충
- 고막이 복부에 있는 경우 : 메뚜기류, 나방류
- 고막이 앞다리 종아리마디에 있는 경우 : 귀뚜라미류, 여치류
- 다리의 기계감각기(현음기관)로 진동을 감지 : 개미, 꿀벌, 흰개미, 뿔매미의 일부 종

(2) 소리

장점	단점
• 환경적인 장벽에 한정되지 않음 • 먼 거리에서 효과적 • 다양하고 빠른 변화로 정보의 양이 많음	• 발신자의 위치가 포식자에게 노출 • 떠들썩한 환경에서 효과 떨어짐 • 생성하는 데 대사적으로 고가 • 발신자로부터 멀어짐에 따라 강도가 급격히 감소

✎ 소리를 생성하는 기작별 곤충
- 마찰음 : 귀뚜라미, 땅강아지, 긴꼬리여치
- 막의 진동 : 깽깽매미, 17년 매미
- 부딪치거나 두드리기 : 빗살수염벌레
- 치찰음(기문을 통한 강제환기) : 마다가스카르휘파람바퀴
- 날개진동 : 모기, 기생고치벌, 꿀벌

(3) 화학

장점	단점
• 환경적인 장벽에 한정되지 않음 • 먼 거리에서 효과적 • 낮과 밤 모두 효과적 • 시각이나 청각 신호보다 오래 지속됨 • 적은 양만 필요하기 때문에 대사적으로 저렴	• 정보의 양이 적음 • 위쪽 방향으로는 효과가 없음

(4) 시각

장점	단점
• 먼 거리에도 효과적 • 움직일 때도 이용할 수 있음 • 빛의 속도로 빠름 • 모든 방향에서 효과적 • 수동적인 신호는 에너지의 소비를 필요로 하지 않음	• 시야가 트여야 함 • 시각신호를 포식자가 가로챌 수 있음 • 대낮에만 효과적 • 능동적인 신호를 생성하는 데 대사적으로 고가

5. 생존

1) 곤충의 생존전략

(1) 이주

① 천적으로부터 피신한다.
② 보다 유리한 양육조건을 찾는다.
③ 경쟁을 감소하거나, 과밀화를 경감시킨다.
④ 새로운 서식처를 점유한다.
⑤ 대체 기주식물로 분산한다.
⑥ 근친교배를 최소화한다.

(2) 휴면

일반적으로 개체는 섭식과 성장을 중단한 채 저장된 먹이원으로 연명한다.

(3) 내한성

극지나 고산환경에서 생존하는 종은 월동 단계에서 대규모 탈수를 하여 얼음결정체에 세포가 손상되지 않는다.

(4) 단위생식

① 수컷생산 단위생식 : 벌목(개미류, 꿀벌류, 말벌류), 일부 총채벌레류, 깍지벌레류
② 암컷생산 단위생식 : 많은 진딧물류, 깍지벌레류, 일부 바퀴류, 대벌레류, 몇몇 바구미류

(5) 다형현상

단일 종에서도 개체별로 생김새가 다르다.

2) 곤충의 방어

(1) 화학적 방어

① 기피 : 악취가 나거나 맛이 없으면 포식자가 단념함
② 청소 유도 : 자극성 화합물로 포식자에게 청소 행동을 유발하여 피식자가 탈출할 시간을 줌
③ 접착 : 접착제처럼 경화되어 공격자를 무력화시키는 끈적한 화합물
④ 고통이나 불쾌감 유발 : 일부 유충 내 아픈 자극을 주는 속이 빈 털이 있음(독나방, 쐐기나방 등)

(2) 보호색

① 은폐 : 주변 환경과 색이 유사한 곤충은 포식자와 기생자에 의한 탐지를 피할 수 있음
② 모방 : 주변 환경의 다른 물체와 닮아서 눈에 띄지 않음
③ 경고색 : 주로 밝은색으로, 능동적인 방어수단
④ 의태 : 뚜렷한 시각적인 외형이 맛없는 곤충을 연상하게 함

핵심문제

곤충의 방어행동 관련 용어에 대한 설명으로 옳지 않은 것은?

[25년 11회]

① 의사는 적의 공격을 받았을 때 갑자기 죽은 체하는 행동이다.
② 위장은 주변과 유사하게 색깔을 바꾸어 구별하기 어렵게 하는 행동이다.
③ 경고는 냄새, 소리, 눈에 띄는 몸색깔 등으로 상대에게 위협을 가하는 행동이다.
④ 은폐는 잎에 앉아 있는 곤충이 사람이 다가가면 잎의 뒷면으로 숨는 행동을 포함한다.
❺ 베이트형 모방은 독을 가지고 있는 곤충들끼리 유사한 패턴을 유지하여 공격을 피하는 전략적 행동이다.

CHAPTER 04

수목해충 일반

1. 수목해충

1) 외래 수목해충

외래곤충은 천적의 부재로 밀도가 크게 증가하여 해충이 될 수 있다.

✎ 동북아시아 → 북아메리카
- 유리알락하늘소
- 서울호리비단벌레

구분	발생시기 및 지역
미국흰불나방	• 1958년 미국 • 산림해충의 기존인식을 침엽수에서 활엽수, 도시림으로 전환하는 계기가 됨
버즘나무방패벌레	1995년 미국
소나무재선충	• 1988년 북미 • 매개충 : 솔수염하늘소, 북방수염하늘소
미국선녀벌레	2009년 미국
주홍날개꽃매미	2006년 중국
갈색날개매미충	2010년 중국
밤나무혹벌	1958년 일본
솔잎혹파리	1929년 일본

핵심문제

외래해충이 아닌 것은? [21년 6회]

① 솔잎혹파리
② 미국선녀벌레
❸ 솔수염하늘소
④ 이세리아깍지벌레
⑤ 버즘나무방패벌레

2) 우리나라 수목해충

구분	발생시기 및 지역
송충이	• 고려 숙종에 개경, 조선 정조 때 사도세자의 묘에 발생 • 조선 숙종 때 해괴제등록에 발생 기록이 있고, 태종실록에도 20여 차례 기록됨
솔잎혹파리	• 1929년에 창경궁과 목포에서 처음 발견 • 1967년 솔잎혹파리 나무주사법 개발 • 1977년 솔잎혹파리먹좀벌과 혹파리살이먹좀벌을 대량 사육하여 생물방제법으로 사용
솔껍질깍지벌레	1963년 전남 고흥에서 발견
잣나무별납작잎벌	1980년 중반~1990년 잣나무에 큰 피해 발생
이태리포플러	1962년 이태리포플러를 조림하면서 버들재주나방과 줄하늘소 방제를 연구함

구분	발생시기 및 지역
오리나무잎벌레	1970년대 척박지나 황폐지에 식재하여 오리나무잎벌레의 방제를 위한 연구 실행
버즘나무방패벌레	1995년 북아메리카에서 유입
참나무 시들음병	매개충 : 광릉긴나무좀
밤나무해충	밤나무산누에나방, 붉은 매미나방, 밤나무혹벌(1957년 제천), 밤바구미, 복숭아명나방

2. 수목해충의 구분

1) 진화계통에 따른 구분

분류학적으로 절지동물문의 곤충강에 해당하는 곤충을 중심으로 구분하고, 응애류는 거미강 응애목에 해당하므로 별로도 분류한다.

2) 경제적 · 생태적 측면에 따른 구분

구분	내용
주요 해충(관건해충) : 1차 해충	• 매년 지속적으로 심한 피해를 일으키는 해충 • 일반평형밀도 > 경제적 피해허용수준
돌발해충	• 평상시에는 일반평형밀도 < 경제적 피해허용수준 • 환경조건의 변화로 대발생 • 매미나방류, 잎벌류, 대벌레, 주홍날개꽃매미, 미국선녀벌레, 갈색날개매미충 등
2차 해충	• 피해를 주지 않는 해충 • 해충의 방제 등으로 생태계의 평형이 파괴되어 대발생 • 응애류, 진딧물류
비경제해충	• 피해가 경미하여 방제의 필요성이 없는 해충 • 생태적 균형에 의해 밀도가 유지됨

3) 가해 형태에 따른 구분

구분	내용
식엽성 해충 (씹는 해충)	수목의 잎을 갉아먹는 해충으로 입틀이 씹는 형이고, 식물체를 먹이로 이용하며, 수목해충의 50%를 차지한다.
흡즙성 해충 (빠는 입틀)	• 즙액을 빨아 먹는 해충으로 빠는 형 입틀을 가지고 있다. • 진딧물류, 깍지벌레류, 방패벌레류, 나무이류, 선녀벌레, 매미충류 등 노린재목
종실, 구과해충	활엽수의 열매나 침엽수의 구과, 종자를 가해하는 해충을 말한다.

핵심문제

곤충 목(Order)의 특징에 관한 설명으로 옳은 것은? [25년 11회]

① 참나무 시들음병 매개충은 노린재목에 속한다.
② 벼룩목은 원래 날개가 없는 무시아강에 속한다.
③ 기생성 천적에는 사마귀목에 속하는 종이 있다.
④ 나비목 유충의 입 구조는 찔러 빠는 형태이다.
❺ 총채벌레목 곤충은 줄쓸어빠는 비대칭형 입틀을 가진다.

핵심문제

격발현상(Resurgence)에 관한 설명이다. 2차 해충에게 이러한 현상이 일어나는 이유를 옳게 나열한 것은? [23년 9회]

> 살충제 처리가 2차 해충에 유리하게 작용하여 개체군의 증가 속도가 빨라지거나 그 밀도가 종전보다 높아지는 현상이다.

① 항생성, 생태형
② 생태형, 천적 제거
③ 천적 제거, 항생성
④ 경쟁자 제거, 항생성
❺ 천적 제거, 경쟁자 제거

구분	내용
충영 형성 해충	가해를 받은 식물체의 조직이 이상비대를 일으켜 벌레혹이 생기며 그 안에서 즙액을 흡즙하는 해충이다.
천공성 해충	수목의 줄기나 가지에 산란된 알에서 부화한 유충이 수목의 목질부를 가해하거나 성충이 줄기나 가지에 구멍을 뚫고 들어가 가해하는 해충이다.

핵심문제

〈보기〉의 수목해충 중에서 광식성만을 모두 고른 것은? [25년 11회]

ㄱ. 뽕나무이
ㄴ. 미국흰불나방
ㄷ. 왕공깍지벌레
ㄹ. 전나무잎응애
ㅁ. 검은배네줄면충
ㅂ. 뽕나무깍지벌레
ㅅ. 식나무깍지벌레
ㅇ. 줄마디가지나방

① ㄱ, ㄴ, ㄷ, ㄹ
❷ ㄴ, ㄹ, ㅂ, ㅅ
③ ㄴ, ㅂ, ㅅ, ㅇ
④ ㄴ, ㅁ, ㅂ, ㅅ
⑤ ㄷ, ㄹ, ㅁ, ㅇ

4) 기주 범위에 따른 구분

구분	내용
단식성	• 회화나무 : 줄마디가지나방 • 회양목 : 회양목명나방 • 개나리 : 개나리잎벌 • 자귀나무, 주엽나무 : 자귀뭉뚝나방 ※ 밤나무혹벌(밤나무), 혹응애류, 솔껍질깍지벌레(소나무, 곰솔), 검은배네줄면충(느릅나무)
협식성	• 기주수목이 1～2개 과로 한정 • 솔나방, 소나무좀, 애소나무좀, 노랑애나무좀과
광식성	• 독나방, 매미나방, 천막벌레나방, 애모무늬잎말이나방 • 진딧물 : 목화진딧물, 조팝나무진딧물, 복숭아혹진딧물, 붉나무소리진딧물 등 • 깍지벌레 : 뿔밀깍지벌레, 거북밀깍지벌레, 뽕나무깍지벌레, 식나무깍지벌레, 가루깍지벌레, 이세리아깍지벌레, 샌호제깍지벌레 등 • 잎응애류 : 전나무잎응애, 점박이응애, 차응애 등 • 천공성 : 대부분 오리나무좀, 알락하늘소, 왕바구미, 가문비왕나무좀, 붉은목나무좀 등

5) 수목해충의 주요 분류군

(1) 메뚜기류 및 귀뚜라미류

① 여치과
② 땅강아지과
③ 메뚜기과

(2) 대벌레류

대벌레과

(3) 흰개미류

흰개미과

(4) 총채벌레류

① 총채벌레과(Thripidae)
② 관총채벌레과(Phlaeothripidae)

(5) 노린재류

① 노린재과(Pentatomidae)
② 허리노린재과(Coreidae)
③ 긴노린재과(Lygaeidae)
④ 방패벌레과(Tingidae)
⑤ 장님노린재과(Miridae)

(6) 매미, 매미충류

① 쥐머리거품벌레과(Cercopidae)
② 매미과(Cicadidae)
③ 뿔매미과(Membracidae)
④ 매미충과(Cicadellidae)
⑤ 큰날개매미충과(Ricaniidae)
⑥ 선녀벌레과(Flatidae)
⑦ 꽃매미과(Fulgoridae)

(7) 나무이, 가루이, 진딧물, 깍지벌레류

① 나무이과(Psyllidae)
② 가루이과(Aleyrodidae)
③ 솜벌레과(Adelgidae)
④ 뿌리혹벌레과(Phylloxeridae)
⑤ 진딧물과(Aphididae)
⑥ 짚신깍지벌레과(Monophlebidae)
⑦ 가루깍지벌레과(Pseudococcidae)
⑧ 주머니깍지벌레(Eriococcidae)
⑨ 밀깍지벌레(Coccidae)
⑩ 테두리깍지벌레(Asterolecaniidae)
⑪ 깍지벌레(Diaspididae)

핵심문제

버즘나무방패벌레의 목, 과, 학명이 바르게 연결된 것은? [22년 7회]

① Diptera, Tingidae, Hyphantria cunea
❷ Hemiptera, Tingidae, Corythucha ciliata
③ Lepidoptera, Erebidae, Lymantria dispar
④ Hemiptera, Pseudococcidae, Corythucha ciliata
⑤ Orthoptera, Coccidae, Matsucoccus matsumurae

핵심문제

수목 해충의 분류학적 위치(종명－과명－목명)의 연결이 옳지 않은 것은? [21년 6회]

① 솔잎혹파리－Cecidomyiidae－Diptera
❷ 벚나무깍지벌레－Cicadidae－Hemiptera
③ 소나무왕진딧물－Aphididae－Hemiptera
④ 갈색날개매미충－Ricaniidae－Hemiptera
⑤ 좀검정잎벌－Tenthredinidae－Hymenoptera

구과, 종실 가해
- 일부 잎말이나방과 명나방류
- 백송애기잎말이나방, 솔알락명나방, 복숭아명나방 등

줄기 가해
- 복숭아유리나방
- 박쥐나방

핵심문제

매미나방의 분류 체계를 나타낸 것이다. ( ) 안에 들어갈 명칭을 순서대로 나열한 것은? [23년 9회]

강 Class : Insecta
목 Order : Lepidoptera
과 Family : (ㄱ)
속 Genus : (ㄴ)
종 Species : (ㄷ)

❶ (ㄱ) Erebidae, (ㄴ) Lymantria, (ㄷ) Dispar
② (ㄱ) Erebidae, (ㄴ) Lymantria, (ㄷ) Auripes
③ (ㄱ) Notodontidae, (ㄴ) Ivela, (ㄷ) Dispar
④ (ㄱ) Notodontidae, (ㄴ) Ivela, (ㄷ) Auripes
⑤ (ㄱ) Notodontidae, (ㄴ) Lymantria, (ㄷ) Dispar

(8) 나비, 나방류

구분	내용
박쥐나방과 (Hepialidae)	• 암컷은 해 질 무렵 많이 날아다니며, 지표에 매우 많은 알을 낳아 뿌림 • 1만 개 이상의 알을 낳는 종도 있음 • 유충은 수목의 줄기에 침입하여 내부에 터널을 만듦 • 어린 유충(부화유충) : 초본류위 줄기 속을 가해 • 유충 : 수목의 줄기를 환상형으로 가해
잎말이나방과 (Tortricidae)	• 홑눈과 털융기가 있으며, 주둥이에 인편털이 없음 • 수컷은 앞날개 가장자리 기부가 접혀 겹치는 경우가 있음(날개주름) • 잎을 말거나 철하는 종이 많음 • 유충은 민첩하고, 줄기, 열매, 과실에 잠입하기도 함 • 알은 일반적으로 편평 • 대표적 수목해충 : 차잎말이나방, 매실애기잎말이나방, 대추애기잎말이나방, 소나무순나방 등
주머니나방과 (Psychidae)	• 암컷은 날개가 없거나 퇴화된 종이 많고, 일부는 도롱이 속에서 교미하고 산란함 • 은행나무의 검정주머니나방, 남부지방의 남방차주머니나방
집나방과 (Yponomeuti-dae)	• 정원수나 과수 등 목본류의 해충 • 대부분 앞날개는 흰색 또는 회색 바탕에 다수의 검은 점이 있음 • 중부지방 귀룽나무의 벚나무집나방, 화살나무의 화살나무집나방
유리나방과 (Sesiidae)	• 성충의 날개 일부분에 인편(가루)이 없음 • 복부는 오렌지색이나 황색과 검은색의 호(원) 모양 • 성충은 벌과 유사하고, 낮에 비행함 • 유충은 덩굴식물이나 수목, 특히 과수에 침입하여 가지와 줄기 가해 • 벚나무의 복숭아유리나방, 대왕참나무의 밤나무장수유리나방
뿔나방과 (Gelechiidae)	• 작은 나방류로 아랫입술수염이 뒤로 뒤집혀 정수리를 넘으며, 그 끝마디는 가늘고 뾰족함 • 향나무뿔나방, 철쭉뿔나방 등
알락나방과 (Zygaenidae)	• 성충은 나비와 같이 화려한 색을 지닌 종이 많고, 금속광택을 지님 • 수컷의 더듬이는 빗살 모양 • 유충은 땅딸막하고, 화려한 색을 지녔으며, 포식자가 싫어하는 분비물 배출 • 대나무쐐기알락나방, 벚나무알락나방의 유충은 접촉하면 통증 유발 • 노랑털알락나방은 사철나무에 대량 발생

구분	내용
쐐기나방과 (Limacodidae)	• 성충은 날개에 비하여 굵고 튼튼한 몸을 가지며, 야간에 특히 빠르게 비행 • 유충은 폭이 넓고, 육질이 두꺼우며, 몸에는 독가시가 있어 심한 통증을 유발 • 대부분 광식성 • 목본류의 잎을 식해함
명나방과 (Pyralidae)	• 유충의 식성이 다양 • 잎을 말거나 철하며, 줄기나 과일 속을 파고 들어가 해를 끼침
솔나방과 (Lasiocampidae)	• 성충은 대형으로 주둥이는 흔적만 있거나 없으며, 암컷이 수컷보다 큼 • 솔송나방과 솔나방은 개체변이가 심함 • 유충은 털벌레로 독가시털이 있어 염증 유발 • 천막벌레나방은 많은 수목을 식해하고, 가지에 실을 늘어뜨리고 살아감
재주나방과 (Notodontidae)	• 대부분의 유충이 애벌레형, 일부는 털벌레형 • 유충의 가슴다리가 뚜렷하게 긺 • 유충의 휘는 동작 때문에 재주나방이라고 함
밤나방과 (Noctuidae)	• 기본적으로 4쌍의 배다리를 가짐 • 낮에는 지표 가까이나 땅속에 들어가 있고, 야간에 출몰하여 식해함 • 목본류, 초본류, 양치식물, 지의류 등을 먹음

(9) 풍뎅이, 하늘소, 잎벌레, 바구미, 나무좀류

구분	내용
풍뎅이과 (Scarabaeidae)	• 중요한 해충종이 다수 포함되어 있음 • 구리풍뎅이, 우단풍뎅이, 검정풍뎅이 등은 유충이 뿌리를 가해함 • 오리나무풍뎅이, 구리풍뎅이 등은 성충도 식물의 잎을 식해함
비단벌레과 (Buprestidae)	• 금속광택을 내는 아름다운 색채를 지니고, 낮의 강한 빛 속에서 활발하게 활동함 • 산림해충이 많고, 팽나무, 참나무, 벚나무 등의 목재부를 가해함 • 밤나무비단벌레는 밤나무, 졸참나무에서 기생함
하늘소과 (Cerambycidae)	• 더듬이가 길고 가늘고 긴 체형 • 주로 쇠약하거나 고사한 수목을 가해하지만, 살아 있는 나무도 가해
잎벌레과 (Chrysomelidae)	• 대부분의 종은 식물의 잎을 식해, 유충과 성충 모두 식엽성인 종과 성충은 식엽성이고 유충은 식근성인 것으로 나뉨 • 유충은 배설물을 등에 지니고 다니거나, 배설물이나 식물체 조직을 철한 은신처에서 잠입하거나 긴 가시로 무장

핵심문제

곤충의 과명 – 목명 연결이 옳은 것은? [22년 8회]

❶ 솔잎혹파리 – Cecidomyiidae – Diptera
② 솔나방 – Lasiocampidae – Hymenoptera
③ 오리나무잎벌레 – Diaspididae – Coleoptera
④ 갈색날개매미충 – Ricaniidae – Lepidoptera
⑤ 벚나무깍지벌레 – Chrysomelidae – Hemiptera

구분	내용
거위벌레과 (Attelabidae)	• 성충이 활엽수의 잎을 원통형으로 말아 그 속에 알을 낳음 • 주둥이거위벌레류는 과수나 장미의 주요 해충으로 새싹, 잎, 꽃봉오리, 과실 등을 절단하여 식해
왕바구미과 (Dryophthoridae)	대부분 단자엽류의 초목에 의존하여 생활
바구미과 (Curculionidae)	• 주둥이가 긴 바구미류 • 유충은 다리가 없고 식물체 조직 속으로 들어가는 식이형태 • 농림상 중요한 해충
나무좀아과 (Scolytinae)	• 나무껍질 밑을 식해하는 것, 목재 속으로 먹어 들어가 집을 짓는 것, 작은 가지에 천공하는 것 등이 있음 • 목재로 먹어 들어가는 종은 갱도에 공생균을 배양하며 이것을 먹고 자람 • 공생균을 저장하는 기관이 있음
긴나무좀아과 (Platypodinae)	• 암브로시아 비틀이라 불리며, 나무좀류보다는 큼 • 갱도 내에서 균을 배양하고, 이것을 기주로 성충과 유충이 같이 준사회생활을 영위 • 쇠약한 나무, 고사한 나무를 가해

(10) 잎벌류 및 벌류

구분	내용
납작잎벌과 (Pamphiliidae)	• 성충은 편평함 • 잎벌아목은 톱니 모양의 산란관으로 기주의 잎이나 줄기를 절개하여 조직 속에 산란하나, 납작잎벌은 기주의 잎 표면에 알을 부착시킴
송곳벌과 (Siricidae)	• 송곳벌아과의 유충은 침엽수를 가해 • 참송곳벌아과의 유충은 피자식물의 목재를 가해 • 송곳벌과 암컷은 대부분 균실이 있어, 그 안에 목재부후균의 포자를 저장하고, 산란할 때 알과 함께 접종함 • 유충은 연약해진 목재를 먹고 자람
잎벌과 (Tenthredinidae)	• 유충은 주로 쌍자엽식물을 기주로 함 • 잎에 잠입하는 것, 줄기에 구멍을 내는 것, 과실에 구멍을 내는 것 등이 있음 • 남포잎벌은 산림해충
등에잎벌과 (Argidae)	• 성충의 더듬이 채찍마디가 1마디로 되어 있음 • 잎 가장자리에서 독특한 자세로 나란히 있고, 쌍자엽식물의 관목, 어린잎을 가해함
솔잎벌과 (Diprionidae)	솔잎벌, 누런솔잎벌 등의 침엽수 해충을 다수 포함

구분	내용
혹벌과 (Cynipidae)	• 대부분 참나무속을 기주로 하며, 유성세대와 무성세대가 있음 • 유성세대의 암수의 출현은 여름철, 무성세대는 암컷이 가을~겨울에 출현함 • 밤나무혹벌은 암컷만으로 번식

(11) 파리류

① 혹파리과(Cecidomyiidae) : 구슬 모양의 더듬이, 식물체에 벌레혹을 만듦

② 굴파리과(Agromyzidae) : 유충은 표피나 엽육의 잠엽성이다. 단식성의 종류가 많다.

(12) 응애류

구분	내용
잎응애과 (Tetranychidae)	• 낮은 습도를 좋아함 • 구침을 엽육 속으로 찔러 흡즙하기 때문에 흡즙흔을 남김
혹응애과 (Eriophyidae)	• 육안으로 관찰 불가 • 몸은 구더기 모양이며, 다리 2쌍을 가짐

CHAPTER 05

수목해충의 예찰과 진단

1. 수목해충의 예찰

해충의 방제를 위해서는 해충의 발생시기나 발생밀도를 예측하여 사전에 방제대책을 세워야 한다. 예찰은 가해시기보다 이전 발육단계의 발생상황, 생리 상태, 기후조건 등을 조사하여 해충의 분포상황, 발생시기, 발생량을 사전에 예측하는 것을 말한다.

1) 예찰 이론

구분	내용
선형모형의 이론 (적산온도 모형)	• 온도와 발육률이 선형적인 관계에 있다는 가정하에 적온영역에 속한 자료만으로 모형식(직선회귀식)을 추정하는 것이다. • 적은 실험자료로 매개변수를 추정할 수 있으며 쉽고 간편하게 이용할 수 있다.
다른 생물현상과의 관계 이용	식물의 개화기 또는 어떤 곤충의 발생시기를 대상해충과 연관하여 예찰하는 방법이다. 예 솔잎혹파리 우화 = 아까시나무 개화시기
생명표 이용	• 연령생명표 : 단기간 내 출생한 동시 출생집단의 경과를 추적하여 제작한다. • 시간생명표 : 어떤 시점에 존재하는 개체군의 연령 구성으로부터 각 연령 간격의 사망률을추정하여 제작한다.
기타 방법	• 통계적 예찰방법은 온도, 강우량, 일조시간 등 장기간에 축적된 기상적 자료를 바탕으로 발생량과 발생시기를 예찰하는 방법이다. • 최근에는 컴퓨터 데이터 처리능력이 향상되어 복잡한 변수를 처리할 수 있는 다양한 방법이 시도되고 있다.

핵심문제

수목해충의 예찰 이론에 관한 설명으로 옳지 않은 것은? [22년 7회]

① 예찰이란 해충의 분포상황, 발생시기, 발생량을 사전에 예측하는 일을 말한다.
② 온도와 곤충 발육의 선형관계를 이용한 적산온도모형으로 발생시기를 예측한다.
③ 축차조사법은 해충의 밀도를 순차적으로 조사, 누적하면서 방제 여부를 판단하는 방법이다.
❹ 연령생명표는 어떤 시점에 존재하는 개체군의 연령별 사망률을 추정한 것이지만 취약 발육단계를 구분하기는 어렵다.
⑤ 해충이 수목을 가해하는 특정 발육단계에 도달하는 시기와 발생량을 추정하기 위하여 환경조건과 기주범위 등에 대한 조사가 필요하다.

(1) 적산온도법칙(선형모형 이론)

$$D=\frac{K}{T-T_0}\ ,\ V=\frac{T-T_0}{K}$$

여기서, D : 발육단계를 완료하는 데 필요한 시간
K : 정수로서 유효적산온도
T : 이 기간 중의 평균온도
T_0 : 발육이 시작되는 최저온도, 즉 발육한계온도(발육영점온도)
V : 발육속도

- 온도와 곤충의 성장관계를 나타내는 법칙
- 단위는 D가 일수로 표현되었다면 일도(DD, Degree Day)를 의미한다.
- 발육기간 D와 온도 T의 관계는 쌍곡선을 이룬다.
- 이 역수로서의 발육속도 $V=\frac{1}{D}$와 온도 사이에는 직선관계가 성립한다.
- 실체 추정된 발육한계온도는 보통 0℃ 전후에서 15℃까지 나타나지만, 온대에 서식하는 종은 9~12℃이다.

(2) 생명표

생명표는 기간, 초기 개체수, 사망수, 사망요인, 사망률 등으로 이루어진다.

(3) 생존곡선의 유형

구분	내용
제1형	연령이 어린 개체들의 사망률이 낮음 예 사람
제2형	연령에 관계없이 사망률이 일정
제3형	연령이 어린 개체들의 사망률이 높음 예 곤충

생존곡선의 유형을 종의 고정적인 유형이라고 생각하면 옳지 않다. 생존곡선의 유형은 환경조건이나 밀도의 영향을 받아 변하기도 한다.

핵심문제

두 해충의 온도(X)와 발육률(Y)의 관계에 관한 설명으로 옳은 것은? [23년 9회]

- 해충 A : y=0.01x−0.1
- 해충 B : y=0.02x−0.2

❶ 두 해충의 발육영점온도는 같다.
② 두 해충의 유효적산온도는 같다.
③ 해충 A의 발육영점온도는 12℃이다.
④ 해충 A의 유효적산온도는 50온일도(Degree Day)이다.
⑤ 같은 환경 조건에서 해충 A의 발육이 해충 B보다 빠르다.

핵심문제

어떤 곤충의 온도(x)에 따른 발육률(y)은 아래와 같이 추정되었다. 아래 그래프를 보고 유효적산온도(온일도)를 계산한 값은? [21년 5회]

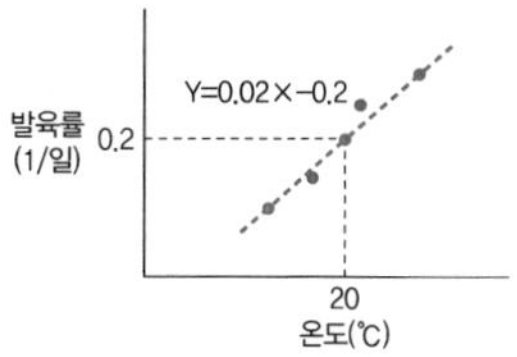

① 5　② 10
❸ 50　④ 100
⑤ 200

핵심문제

곤충 A의 발육영점온도는 15℃이고, 유효적산온도를 300DD(Degree−Day)라고 하면, 평균 25℃ 조건에서 알에서 우화까지의 발육기간(일)은? [21년 6회]

① 10　② 15
③ 20　④ 25
❺ 30

핵심문제

A 곤충의 온도(X)와 발육률(Y)의 회귀식이 Y=0.05X-0.5이다. 1년 중 7~8월에는 일일 평균 온도가 12℃이고, 그 외의 달은 10℃ 이하로 가정하면, A 곤충의 연간 발생세대수는?(단, 소수점 이하는 버린다.)

[22년 8회]

① 1회 ② 2회
③ 4회 ❹ 6회
⑤ 8회

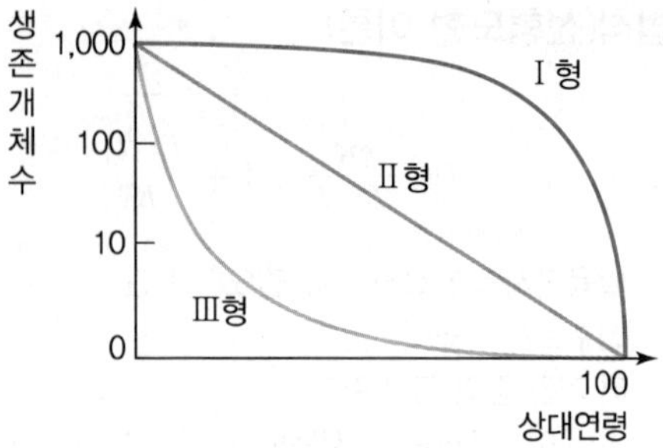

▌생존곡선의 유형▐

(4) 개체군의 상호작용

① 종내경쟁

㉠ 무서열경쟁 : 임계밀도를 넘으면 자원을 균일하게 배분하여 대부분의 개체들이 사멸함

㉡ 서열경쟁 : 임계밀도를 넘어도 자원을 일부 개체들만이 독점하여 경쟁 후에도 일정 밀도가 유지됨

② 종간경쟁

㉠ 두 종 이상의 종이 서식환경과 자원을 같이 하는 경우 필연적으로 발생하며, 두 종 모두 단독으로 존재할 때보다 생존율, 출산율 등이 감소

㉡ 종간경쟁을 설명하기 위하여 생태적 지위를 기본지위와 실현지위로 구분하여 설명

➤ 종간경쟁을 위한 생태적 지위

구분	내용
기본지위	경쟁자가 없는 경우에 점유할 수 있는 생태적 지위로, 잠재적으로 점유할 수 있는 생태적 지위
실현지위	경쟁자가 존재할 경우에도 점유하는 생태적 지위로, 실제 자연계에서 점유하고 있는 생태적 지위
형질치환	• 동일한 지위에서 종의 형태 변화가 나타나는 현상 • 경쟁을 완화시키고 유전적 격리를 강화하여 서식처의 종다양성을 유지하는 데 기여

(5) 군집의 생태

① 군집 어느 한 지역에 살고 있는 종 개체군의 집합체

㉠ 군집에 관한 연구는 정성적이고 서술적인 것이 많음

㉡ 수집한 자료를 해석하는 데 필요한 통계학의 발달로 정량적이고 이론적인 접근이 가능

② 종 다양성

지역군집다양성 (알파다양성)	일반적으로 특정 서식환경 또는 특정식물 종에 서식하는 곤충
베타다양성	더 많은 서식환경 또는 다양한 식물 종을 대상으로 채집하였다면, 서식처의 다양성에 따라 곤충 다양성도 증가
지역다양성 (감마다양성)	특정 서식환경 또는 지역의 경계 내의 모든 곤충을 채집

③ 일반적으로 많이 사용하는 지수

㉠ 다양도지수(H')

㉡ 우점도지수(D)

㉢ 균등도지수(J')

- 종수가 증가하거나 종 간의 균등도가 높아지면 Shannon 지수(H')의 값 역시 증가하고, 이는 다양도가 높다는 것이다.
- Simpson지수(D)의 값은 커질수록 다양성이 낮아지고 우점도는 높아진다.
- 균등도지수(J')는 Shannon 지수(H')지수를 기반으로 하며, 군집 내 모든 종이 동일한 개체수가 될 때 최댓값이 된다.

2) 수목해충의 발생조사

(1) 직접조사

구분	내용
전수조사	• 대상지 내 서식하는 해충이나 해충의 흔적을 전부조사 • 정확한 정보수집이 가능하나 시간과 비용이 많이 듦
표본조사	• 전수조사가 불가능한 경우 집단의 일부를 조사하여 전체 집단에 대한 정보를 유추하는 방법 • 단일 식물재배지나 산림에 적용 가능
축차조사	해충의 밀도조사를 순차적으로 누적하면서 방제 여부를 결정
원격탐사	위성영상이나 유 · 무인항공기로 촬영한 항공사진 등을 이용하여 발생과 피해를 평가

(2) 간접조사

구분	내용
유아등	주광성이 있고 활동성이 높은 성충 대상
황색수반트랩	물이 들어 있는 황색 수반에 날아드는 해충을 채집하여 조사
페로몬트랩	페로몬을 인위적으로 합성하여 해충을 유인 · 포획
먹이트랩	미끼를 이용하여 해충을 포획
우화상	해충이 약충이나 번데기에서 탈피하여 성충으로 우화하는 것을 조사하는 장치
흡충기	공기 흡입력을 이용하여 잎에 서식하는 미소곤충 등을 빨아들이는 방법
쓸어잡기	포충망을 이용하여 잡관목이나 지피식물 주변을 휘둘러 채집
말레이즈트랩	곤충이 날아다니다 텐트 형태의 벽에 부딪히면 위로 올라가는 습성을 이용하여 가장 높은 지점에 수집용기를 부착하여 포획
털어잡기	지면에 일정한 크기의 천이나 끈끈이판을 놓고 수목을 쳐서 떨어지는 곤충을 조사하는 방법
툴그렌트랩	토양에 서식하는 곤충을 채집하는 방법으로 건조통 모양의 트랩에 수집한 토양을 넣고 위에서 백열등으로 가열하였을 때 열을 피해 아래로 떨어지는 곤충을 조사
기타 조사법	끈끈이트랩(광릉긴나무좀), 함정트랩(딱정벌레, 거미류), 유인제트랩(알코올)

(3) 곤충의 집합과 분산

유리한 점	불리한 점
• 무기환경조건에 대한 저항성 증대 • 개체 상호작용을 통하여 생존기능을 확대 • 암컷과 수컷의 교미기회가 높아짐 • 먹이 획득이 용이 • 포식자로부터의 공격방어 및 회피능력이 증대	• 먹이 부족으로 사망률이 증가 • 병 감염으로 집합개체군이 전멸할 위험 • 공식현상이 증대 ※ 공식현상 : 동물이 동종의 다른 개체를 먹는 것

(4) 개체군의 성장과 밀도

밀도효과 : 환경수용력 이상으로 상승한 개체군의 밀도를 낮추거나 너무 낮아진 밀도를 회복시키는 등 평형밀도를 유지하는 기작이다.

(5) 산림해충의 밀도 변동

① 안정된 개체군 밀도를 유지한 패턴

② 개체군의 밀도가 주기적으로 변동하는 패턴

핵심문제

해충과 밀도 조사방법의 연결이 옳지 않은 것은? [23년 9회]

① 소나무좀 – 유인목트랩
❷ 벚나무응애 – 황색수반트랩
③ 복숭아명나방 – 유아등트랩
④ 잣나무별납작잎벌 – 우화상
⑤ 솔껍질깍지벌레 – 성페로몬트랩

핵심문제

지표면을 기어다니는 절지동물(먼지벌레, 거미)의 예찰에 적합한 것은? [21년 6회]

❶ 함정트랩(Pitfall Trap)
② 수반트랩(Water Trap)
③ 유아등트랩(Light Trap)
④ 깔때기트랩(Funnel Trap)
⑤ 말레이즈트랩(Malaise Trap)

③ 오랜 기간 낮은 개체군의 밀도가 유지되다가 밀도가 점차 상승하여 크게 발생하는 패턴

3) 주요 수목해충의 예찰조사 현황

(1) 소나무 재선충병 매개충

솔수염하늘소, 북방수염하늘소의 우화상황을 조사하기 위하여 전년도 11월 말까지 우화 조사목을 우화상에 적치 완료하고, 매년 4~8월까지 우화상 내 기온 및 우화하는 솔수염하늘소, 북방수염하늘소의 우화상황을 매일 조사한다.

(2) 솔잎혹파리

우화상황과 충영 형성률을 조사한다.

(3) 솔껍질깍지벌레

피해가 대부분 남부지역에 국한되므로 선단지를 조사한다.

> 선단지(피해확산예상지)
> 피해가 최근에 발생하였고, 향후 피해 규모가 커질 가능성이 많은 지역

(4) 솔나방

전국에 고정조사지를 설치하고 고정조사지 내에서 임의로 20본을 선정하여 각 조사목의 수관 상부와 하부에서 직경×길이가 100cm^2 정도되는 가지 1개씩을 택해 유충수를 조사한다.

(5) 오리나무잎벌레

5월과 7월에 전국의 고정조사지에서 30본의 조사목을 선정 후 수관 상부잎 100개와 하부잎 200개로 구분하여 매년 밀도를 조사한다.

(6) 참나무 시들음병 매개충

① 광릉긴나무좀은 우화시기에 대하여 예찰조사를 실시한다.

② 매년 4월 15일까지 조사지에 유인목을 설치하고 끈끈이롤트랩을 부착한 후 4월 중순부터 8월까지 개체수, 우화 초일 및 우화최성기를 조사한다.

(7) 잣나무별납작잎벌

5월경 고정조사지에서 0.5×0.5m의 조사구를 10개소씩 선정한 후 지표면으로부터 30cm 깊이까지 땅을 파면서 토중 유충수를 조사하여 발생량을 예측한다.

핵심문제

수목해충 예찰조사의 시기와 방법에 관한 설명으로 옳지 않은 것은? [21년 5회]

① 솔수염하늘소 : 4~8월에 우화목 대상 우화 상황 조사
② 잣나무별납작잎벌 : 5월경 잣나무림 토양 내 유충수 조사
❸ 복숭아유리나방 : 6월에 벚나무 잎 200개에서 유충 섭식 피해도 조사
④ 광릉긴나무좀 : 유인목에 끈끈이트랩을 설치하고 4~8월에 유인 개체수 조사
⑤ 오리나무잎벌레 : 5~7월에 상부 잎 100개, 하부 잎 200개에서 알덩어리와 성충밀도 조사

(8) 미국흰불나방

구분	내용
발생량 조사	6월과 8월에 전국에 설치된 29개소의 고정조사지에서 각각 50본을 조사목으로 피해율과 본당 충소수(부화한 유충이 모인 집단의 수)를 조사
발생시기 조사	5~9월에 전국 9개 지역에서 유아등 또는 페로몬트랩에 채집된 성충수를 조사

(9) 버즘나무방패벌레

2001년부터 매년 8월경 전국 9개 지역의 가로수 1km 구간에서 일정 간격으로 조사목 30본을 선정하여 피해도를 조사하고, 조사목 중 1개의 가지에서 10개의 잎을 채취하여 잎당 약충수와 성충수를 조사한다.

➤ **버즘나무방패벌레의 피해도 기준**

피해도	피해 상태
경	수관부 면적의 20% 미만이 피해로 변색
중	수관부 면적의 20~50%가 피해로 변색
심	수관부 면적의 50% 이상이 피해로 변색

(10) 밤나무해충

① 종류 : 복숭아명나방, 밤바구미, 밤나무혹벌 등

② 7~9월에 각 도별 밤재배지 3개군에 3개 조사구를 설치하여 복숭아명나방과 밤바구미는 피해율과 우화시기를, 밤나무혹벌은 피해율을 조사한다.

(11) 돌발산림해충

매년 5~9월에 월 1회 고정조사지나 이동경로상의 병해충 종류, 피해상황, 가해수종, 방제효과에 대한 모니터링을 실시한다.

(12) 농림지 동시다발 해충

주홍날개꽃매미, 미국선녀벌레, 갈색날개매미충 등이 산림이나 농가에 동시다발적으로 발생하여 피해를 주고 있다.

2. 수목해충의 진단

1) 수관부 조사

잎, 가지, 종실 및 구과, 꽃, 눈 등을 가해하는 해충의 피해를 진단하기 위하여 가해 부위를 직접 조사하거나 벌레똥, 피해흔 등을 조사하여 간접적으로 밀도를 추정하는 방법이 있다.

➤ 해충별 피해의 특징 및 종류

해충의 종류	특징
응애류	• 육안으로 관찰이 어려움 • 피해 진전 시 잎이 회갈색으로 변색 • 거미줄 발견
방패벌레류	• 피해 흔적이 진딧물, 응애류와 비슷 • 잎 뒷면에 벌레똥과 탈피각의 존재
실을 만들어 잎을 철하는(붙이는) 종류	잣나무별납작잎벌, 회양목명나방, 자귀뭉뚝날개나방
잎을 마는 종류	잎말이나방류
거미줄로 집을 짓는 경우	천막벌레나방, 미국흰불나방
잎살에 굴을 뚫는 경우	느티나무벼룩바구미

2) 수간부 조사

수간 표면, 인피부, 목질부 등을 가해하는 해충을 조사한다.

> ✎ 인피부(Phloem)
> • 체관, 사부유조직, 사부섬유, 반세포로 구성된 복합조직
> • 물질의 이동통로

➤ 수간부 조사

구분	내용
수간 표면 조사	흡즙성 해충, 식엽성 해충
인피부 및 목질부 조사	천공성 해충(나무좀류, 비단벌레류, 하늘소류, 유리나방류, 박쥐나방류, 송곳벌류 등)

➤ 광릉긴나무좀의 목설(배설물) 형태

충태	수컷 성충	암수 교미 후	유충
형태	원통형	구형	분말형
시기	5~6월	6~7월	8~9월

3) 토양 조사

뿌리를 가해하는 해충(땅강아지, 풍뎅이류 유충)과 토양에 사는 해충의 밀도를 조사한다.

CHAPTER 06

수목해충의 방제

1. 법적 방제

① 「소나무재선충병 방제특별법」에 따라 발생지역 2km의 행정 동, 리 단위로 소나무류의 반출을 금지시킨다.

② 구역을 지정하고 이동을 제한하여 확산을 방지한다.

➤ 주요 외래 침입해충

해충	가해 수종	유입국	발견 연도
이세리아깍지벌레	귤	미국, 대만	1910년
솔잎혹파리	소나무	일본	1929년
미국흰불나방	활엽수류	미국, 일본	1958년
밤나무혹벌	밤나무	일본	1958년
솔껍질깍지벌레	곰솔	불명	1963년
버즘나무방패벌레	버즘나무	미국	1995년
아까시잎혹파리	아까시나무	미국 추정	2002년
주홍날개꽃매미	활엽수류	중국	2006년
미국선녀벌레	활엽수류	미국, 유럽	2009년
갈색날개매미충	활엽수류	중국	2010년

2. 물리적 방제

해충의 특성	방법
온도	• 변온동물이기 때문에 온도 변화에 민감 • 소나무재선충병 피해목을 목재의 중심부 온도를 56℃에서 30분 유지, 전자파를 이용하여 피해목을 최저 60℃에서 1분 이상 유지 • 밤을 30℃ 온탕에서 7시간 침지하여 밤바구미를 방제
습도	• 곤충의 체내에서 수분이 차지하는 비율은 50~90%인데, 크기가 작아 체내에 보유할 수 있는 수분량에 비해 체표면적이 크므로 외골격의 방수성으로 수분 손실을 최소화해야 하는 특징이 있음 • 습도가 높으면 곰팡이 감염 상승(백강균)

핵심문제

식엽성 해충에 관한 설명으로 옳지 않은 것은? [22년 7회]

① 솔나방은 5령 유충으로 월동하고 4월경부터 활동하면서 솔잎을 먹고 자란다.

❷ 오리나무잎벌레는 연 2~3회 발생하고 성충은 잎 하나당 한 개의 알을 낳는다.

③ 버들잎벌레는 연 1회 발생하며 성충으로 월동하고, 잎 뒷면에 알덩어리를 낳는다.

④ 회양목명나방은 연 2~3회 발생하며, 유충이 실을 분비하여 잎을 묶고 잎을 섭취한다.

⑤ 주둥무늬차색풍뎅이는 연 1회 발생하며, 주로 성충으로 월동하고 참나무 등의 잎을 갉아 먹는다.

해충의 특성	방법
습도	• 솔잎혹파리는 봄철에 지피물을 긁어 제거하고 토양을 건조시켜 토양 속 유충의 폐사를 유도 • 원목을 물에 저장하면 나무좀, 하늘소류 방제 • 벌채목을 함수율 19% 이하로 처리
색깔의 이용	• 밤에 활동하는 해충은 빛으로 유인 • 낮에 활동하는 해충인 진딧물류, 멸구류는 빛의 파장 중 황색계에 유인되므로 황색수반을 사용 • 진딧물류는 백색, 은색을 기피
이온화에너지	• 감마선이나 X선, 전자빔과 같은 이온화에너지를 일정량 조사하여 해충을 죽이거나 불임화함 • 훈증제에 비해 처리시간이 짧고, 잔류물질이 남지 않음 • 초기비용 많이 듦
기타 방제법	음파, 전기를 이용하는 방제법

3. 기계적 방제

손이나 간단한 기구를 이용하여 해충을 방제한다.

➤ 기계적 방제법의 종류

종류	방법
포살법	손이나 간단한 기구를 이용하여 해충의 알, 유충, 번데기, 성충을 직접 잡아 죽이는 방법
유살법	• 해충의 특수한 습성 및 주성 등을 이용하여 방제하는 방법 • 잠복장소유살법(나방류), 번식장소유살법(천공성 해충), 등화유살법(주광성이 강한 나방류), 페로몬유살법(친환경적 방제법)
소각법	해충의 피해 확산을 막기 위하여 해충 자체나 해충이 들어가 있는 수목조직을 소각
매몰법	• 해충이 들어 있는 목재를 땅속에 묻어서 죽이거나 우화하더라도 탈출하지 못하게 함 • 유실되지 않는 지역 선택
박피법	• 목재의 수피를 제거하여 목재에 산란하는 해충의 산란을 저지하거나 수피 아래에 서식하는 해충을 노출시켜 방제 • 나무좀류, 바구미류 등
파쇄, 제재법	소나무재선충병의 매개충인 하늘소류를 방제하는 방법으로 1.5cm 이하로 파쇄
진동법	• 지표면에 천 등을 깔고 나무를 흔들어 지표면에 떨어진 곤충을 채집하여 죽이는 방법 • 풍뎅이류, 무당벌레류, 잎벌레류, 바구미류, 하늘소류 등

핵심문제

해충의 기계적 방제에 대한 설명으로 옳지 않은 것은? [22년 8회]

① 일부 깍지벌레류는 솔로 문질러 제거한다.
② 해충이 들어 있는 가지를 땅속에 묻어 죽인다.
③ 소나무 재선충병 피해목은 두께 1.5cm 이하로 파쇄한다.
❹ 광릉긴나무좀 성충과 유충은 전기 충격으로 제거한다.
⑤ 주홍날개꽃매미나 매미나방은 알 덩어리를 찾아 문질러 제거한다.

종류	방법
차단법	• 해충의 이동을 차단하여 방제 • 솔잎혹파리 우화시기에 비닐을 피복하여 성충의 우화를 차단 • 하늘소류가 피해목에서 우화하여 확산되는 것을 그물망 피복법으로 차단 • 참나무시들음병의 매개충 방제(끈끈이롤트랩) • 복숭아유리나방은 수피에 산란하므로 석회와 접착제를 섞어 바름

4. 생태적 방제(임업적 방제)

1) 내충성 품종

수목이 해충에 대한 방어능력을 유전적으로 지닌 것을 말한다. 내충성은 항객성, 항생성, 내성 등 세 가지 요인으로 이루어져 있다.

(1) 항객성(수목 → 해충 행동에 영향)

센털, 털, 경피조직과 같은 수목의 형태적 특징이나 기피물질을 발산한다(비선호성).

(2) 항생성(수목 → 해충 생리에 영향)

① 수목의 2차 대사물질에 의한 독소, 생장저해물질과 같은 화학적 특성이나 수목의 과민반응, 털 등의 형태적 특성

② 솔잎혹파리 – 리기다소나무 : 산란율은 같으나 생존율이 현저히 저하

(3) 내성(곤충 → 수목에 영향)

소극적 의미의 내충성 요인이다. 해충의 가해에 대하여 수목의 생육이 영향을 적게 받거나 피해에 대한 회복능력이 우수한 형질을 의미한다.

① 밤바구미 : 우화최성기가 9월 상순에서 중순이어서 조생종은 피해가 적고, 중생종과 만생종은 피해가 큼

② 복숭아명나방 : 2회 발생 시기가 7월 하순에서 8월 상순으로 조생종의 피해가 큼

2) 생육환경의 개선

수세가 건강하면 쇠약한 나무보다 해충에 대한 내성이 높아진다. 제초작업, 중간기주 제거, 해충의 번식처 제거 등으로 수세를 건강하게 유지하도록 노력한다.

핵심문제

해충이 어떤 식물을 섭식하였을 때 유독물질이나 성장저해물질로 인하여 죽거나 발육이 지연되는 내충성 기작은? [21년 5회]

① 감수성
② 선호성
③ 항상성
❹ 항생성
⑤ 비선호성

✎ 조생종(조생품종)
같은 종류의 식물이더라도 다른 것보다 일찍 성숙하여 결실의 시기가 빠른 품종

✎ 중생종
조생종과 만생종 사이에 결실을 맺는 품종

✎ 만생종
같은 종류의 식물임에도 늦게 성숙하고 수확시기가 늦는 품종

▶ 중간기주가 있는 주요 진딧물류

해충명	중간기주	중간기주 체류기간	주요 가해수종	주요 산란장소
목화진딧물	오이, 고추	5~10월	무궁화, 석류나무	무궁화 눈, 가지
복숭아혹 진딧물	무, 배추 등	5~10월	복숭아나무, 매실나무 등	복숭아나무 겨울눈 부근
때죽납작 진딧물	나도바랭이새	7월~가을	때죽나무	때죽나무 가지
사사키잎혹 진딧물	쑥	5~10월	벚나무류	벚나무류 가지
외줄면충	대나무	5~10월	느티나무	느티나무 수피 틈
조팝나무 진딧물	명자나무, 귤나무	5~10월	사과나무, 조팝나무	조팝나무 눈, 사과나무도장지
일본납작 진딧물	조릿대, 이대	여름철	때죽나무	때죽나무
검은 배네줄면충	벼과식물	7~9월	느릅나무, 참느릅나무	느릅나무 수피 틈
복숭아가루 진딧물	억새, 갈대	6월 ~가을	벚나무류	벚나무류
벚잎혹 진딧물	쑥	6월~가을	벚나무류	벚나무류

3) 숲가꾸기

수광량을 증가시켜 하층식생이 다양해지고 생태적으로 풍요로워지며, 임목이 건강하게 자랄 수 있는 여건을 조성한다.

5. 생물적 방제

곤충병원성 미생물, 포식성 천적, 기생성 천적과 같은 생물적 요인을 이용하여 자연계의 평형을 유지시키는 방제법이다.

Reference 생물적 방제의 장점(화학적 방제와 비교)

- 인간을 비롯한 야생동물에 미치는 영향이 적다.
- 방제효과가 영구적이다.
- 대상 해충만 선별적으로 방제한다.
- 해충에 대한 저항성이 발생하지 않는다.
- 예방적 방제에 적합하다.

핵심문제

복숭아가루진딧물에 대한 설명으로 옳지 않은 것은? [21년 6회]

① 산란형 암컷(Ovipara)은 무시형이다.
② 벚나무속 수목의 눈에서 알로 월동한다.
③ 양성(암/수)의 출현은 1차 기주로 돌아오는 가을철 세대에서만 나타난다.
❹ 간모(Fundatrix)에서 태어난 유시형 암컷은 여름 기주인 감자 등 작물로 이동한다.
⑤ 짝짓기는 월동기주인 벚나무속 수목에서 산란형 암컷과 유시형 수컷에 의해 일어난다.

✎ 생물적 방제의 단점

- 방제효과의 발현이 늦다.
- 살충력이 다소 떨어질 수 있다.

1) 천적

(1) 기생성 천적

해충의 몸에 산란하고 성장하여 기주인 해충을 죽이는 곤충으로 기생벌류(맵시벌상과, 먹좀벌상과, 좀벌상과 등)와 기생파리류(쉬파리과, 기생파리과 등)가 있다.

▶ 기생성 천적의 분류

종류	습성
내부기생성 천적	긴 산란관으로 기주의 체내에 알을 낳고 부화유충은 체내에 기생 예 먹좀벌류, 진디벌류
외부기생성 천적	기주의 체외에서 영양을 섭취하는 기생곤충 예 개미침벌, 가시고치벌 등

▶ 기주의 양식

기생 형태	습성
내부포식기생	기주 체내에서 영양 섭취
외부포식기생	기주 체외에서 영양 섭취
단포식기생	내부기생과 외부기생 모두 단 1마리의 기생충이 생육
다포식기생	2마리 이상의 동종개체가 1마리의 기주에 기생
제1차 포식기생	난기생, 난과 유충기생, 유충기생, 용기생
과기생	1마리 기주 체내에 정상으로 생육할 수 있는 범위를 초월하여 다수의 동종개체가 기생. 종내 경쟁 결과 1마리의 우세한 개체만이 생존
중기생	고차기생이라고도 하며, 일정 포식기생충이 다른 포식기생충에 기생하는 것으로 2차 기생자, 3차 기생자가 존재
공기생	1마리 기주에 2종 이상의 포식기생충이 동시에 기생하는 것으로 대부분 종간 경쟁 결과 1마리만이 생육

(2) 포식성 천적

해충을 먹이로 하는 생물종이다.

▶ 포식성 천적의 입틀 형태와 곤충 외 천적의 종류

입틀 형태	종류
씹는 형 입틀	무당벌레, 사마귀, 풀잠자리, 말벌류
빠는 형 입틀	꽃등에 유충, 풀잠자리 유충, 침노린재, 애꽃노린재
곤충 외 천적	포식성 응애류, 거미류, 조류, 양서류, 파충류, 포유류 등

핵심문제

수목해충의 천적에 관한 설명으로 옳은 것은? [23년 9회]

① 꽃등에의 유충과 성충 모두 응애류를 포식한다.
② 개미침벌은 솔수염하늘소 번데기에 내부기생한다.
③ 중국긴꼬리좀벌은 밤나무혹벌 유충에 외부기생한다.
❹ 혹파리살이먹좀벌은 솔잎혹파리 유충에 내부기생한다.
⑤ 홍가슴애기무당벌레는 진딧물류의 체액을 빨아 먹는 포식성이다.

➤ **천적관계**

해충	천적
매미나방, 붉은매미나방	집시나방벼룩좀벌, 독나방살이고치벌
황다리독나방	나방살이납작맵시벌
낙엽송잎벌	낙엽송잎벌살이뾰족맵시벌
호두나무잎벌레	남생이무당벌레
솔잎벌	솔잎혹파리먹좀벌, 혹파리살이먹좀벌, 혹파리등불먹좀벌, 혹파리반뿔먹좀벌
밤나무혹벌	중국긴꼬리좀벌, 남색긴꼬리좀벌, 노랑왕꼬리좀벌, 큰다리남색꼬리좀벌, 배잘록왕꼬리좀벌, 참나무혹살이좀벌
아까시잎혹파리	아까시민날개납작먹좀벌
북방수염하늘소, 솔수염하늘소	성페로몬(모노카몰, 알파피넨) 및 에탄올로 구성된 유인제

(3) 천적유지식물

방제가 성공적으로 이루어져 해충의 밀도가 낮아지면 먹이자원이 부족해지면서 천적의 밀도도 감소하여 천적의 방사효과가 일회성에 그친다. → 천적유지식물의 필요성

2) 곤충병원성 미생물

(1) 바이러스

핵다각체병바이러스(NPV), 과립병바이러스(GV)와 세포질다각체병바이러스(CPV), 곤충폭스바이러스(EPV)가 있다.

① 핵다각체병바이러스
　㉠ 대부분 나비목 유충을 기주로 함
　㉡ 경구를 통해 감염, 감염 유충은 3~12일 만에 미라 형태로 죽음

② 과립병바이러스
　㉠ 주로 나비목 유충을 기주로 함
　㉡ 경구 및 경란 전염, 4~25일 만에 유충의 색이 연해지면서 죽음

✎ 기주세포핵에서 병원체 복제
- 핵다각체병바이러스
- 과립병바이러스

✎ 기주세포질에서 병원체 복제
- 세포질다각체병바이러스
- 곤충폭스바이러스

(2) 세균

① 상용화된 세균은 내생포자를 형성하는 포자형성세균류이다. 포자형성세균류는 환경 변화에 대한 저항성이 강하고, 다른 살충제와 혼용이 가능하며, 속효적이고 선택성이 있다. 대표적 포자형성세균류

는 청국장을 발효시키는 Bacillus spp.이다.

② BT제(Bacillus Thuringiensis)는 나비목 유충의 방제용이다.

(3) 곰팡이

① 주로 씹는 형 입틀에 적용되나 포자가 직접 해충의 체벽을 뚫고 침입하므로 흡즙성 해충도 적용이 가능하다.

② 곰팡이는 90% 이상의 높은 습도를 요구한다.

➤ 곤충병원성 곰팡이

구분	내용
백강균	해충의 전 생육단계에 걸쳐 침입하며, 감염된 해충은 흰색의 가루 같은 분생포자에 덮여서 죽음
녹강균	초기에는 해충의 몸 전체가 흰색을 띠는 포자와 균사로 뒤덮인 후 점차 초록색을 띠며 굳음

(4) 선충

곤충병원성 선충은 곤충에 기생하며 해충을 죽이는데 일부는 불임을 유발하거나 생식력을 감소시킨다.

6. 화학적 방제

1) 살충제의 명칭

명칭	내용	표기
시험명	농약 개발을 위한 시험단계의 명칭	Bay 41831
화학명	유효성분의 화학구조에 따라 IUPAC(국제 순수 및 응용화학연합)에서 명칭을 정함	O, O-DimethylO-(3-methyl-4-nitrophenyl) phosphorothioate
일반명	농약을 구성하는 유효성분이나 구조 등을 단순화한 것으로 ISO(국제표준화기구)에서 정함	Fenitrothion
품목명	농약을 등록할 때 필요한 분류명으로, 일반명을 한글로 표시하고 뒤에 제형을 붙임	페니트로티온 유제
상표명	농약을 상품으로 판매할 때의 명칭으로 농약회사에서 임의로 정하므로 같은 품명명도 다양한 상표명을 가지게 됨	파워벨, 새메프, 스미치온

2) 살충제의 분류

(1) 화학성분에 따른 분류

① 무기살충제 : 독성 문제로 사용 금지

② 유기살충제

㉠ 천연유기살충제 : 제충국(피레트린), 담배(니코틴), 콩과 데리스(로테논), 님 종자(아자디락틴)

㉡ 유기합성살충제 : 유기염소계, 유기인계, 카바메이트계, 합성 피레스로이드계, 네오니코티노이드계, 벤조일우레아계, 네레이스톡신계, 마크로라이드계

➤ 유기합성살충제

종류	특징
유기염소계	• 염소결합 분자구조, 강력한 살충력과 넓은 적용 범위, 저렴한 가격 • 1962년 레이첼 카슨의 저서 『침묵의 봄』에서 생물농축 문제 제기
유기인계	• 인을 중심으로 산소와 황이 결합 • 신경전달물질인 아세틸콜린의 분해효소인 아세틸콜린에스테라제의 활성을 저해 • 소화중독, 접촉독, 호흡독 등의 증상 유발 • 효과가 빠르고 적용 해충 범위가 넓으며, 살충력이 강하고, 잔류성이 낮음
카바메이트계	• 카르밤산을 기본구조로 하는 화합물 • AChE를 저해, 유기인계보다 체내에서 빨리 분해, 인체 독성이 낮음 • 접촉독으로 작용, 속효성, 침투이행성이 우수 • 식엽성 해충, 흡즙성 해충에 효과
합성 피레스로이드계	• 국화과에 속하는 제충국에서 추출한 살충성분인 피레트린 • 강력한 살충력, 빛에 약하고 빨리 분해됨 • 위생해충과 농업해충에서 높은 살충효과, 속효성, 인축에 대한 독성 낮음 • 신경섬유인 축삭에 작용, 반복 흥분을 유발하는 녹다운 효과
네오니코티노이드계	• 담배에서 추출한 니코틴, 노르니코틴, 아나바신 등의 화합물 • 포유류에 대한 독성이 강함, 분해가 잘 되어 잔효성 짧음, 접촉독제로 사용 • 아세틸콜린수용체(AChR)와 결합하여 신경전달 저해 • 접촉 및 소화중독 작용 • 꿀벌의 집단붕괴현상의 원인

종류	특징
벤조일 페닐우레아계	• 곤충의 표피를 구성하는 키틴의 생합성을 저해 • 곤충의 생장조절제 • 곤충과 포유류에 대한 선택독성이 높고 인축독성이 낮으며, 환경오염이 적음
네레이스톡신계	• 바다 갯지렁이에서 추출한 네레이스톡신 • 시냅스 후막으로의 ACh 전달을 차단하여 살충
마크로라이드계	• 방선균에서 분리 • 살비, 살충, 살선충 효과가 있음

(2) 체내 침입경로에 따른 분류

① 소화중독제
  ㉠ 살포된 줄기나 잎 등을 가해하는 과정에서 입을 통해 소화관으로 들어가 살충
  ㉡ 유기인계 살충제, BT제, 저작형 입틀 해충에 효과적
② 접촉제
  ㉠ 약제를 접촉시켜 기공이나 체표면을 통하여 침투된 약제가 살충
  ㉡ 유기염소계, 유기인계, 카바마이트계, 합성피레스로이드계 등
③ 훈증제
  ㉠ 가스 상태의 약제가 해충의 기문을 통하여 체내에 침투하여 살충
  ㉡ 메틸브로마이드, 포스핀, EDN, 메탐소듐, 디메틸디설파이드 등
④ 침투성 살충제 : 수목의 뿌리, 잎, 가지, 줄기 등에 약제를 침투시킨 후 수목의 전체로 이행하여 살충
⑤ 유인제
  ㉠ 해충을 유인하기 위해 사용
  ㉡ 에탄올, 테르펜, 메틸유게놀 등의 휘발성 물질, 성페로몬, 집합페로몬 사용
⑥ 기피제 : 나프탈렌
⑦ 화학불임제

(3) 작용기작에 따른 분류

① 신경계에 관여하는 살충작용 : 신경세포＝세포체＋축삭＋수상돌기
  ㉠ AChE(ACh의 분해제)의 활성 저해
    • ACh → 콜린과 초산으로 분해하는 것을 방해
    • 유기인계, 카바메이트계
  ㉡ 축삭 전달 저해

• Na이온 통로 조절로 과다한 신경자극이 전달되어 경련과 마비가 일어남
• 유기염소계, 피레트린계

㉢ 시냅스 후막의 신경전달물질 수용체 저해

• 네오니코티노이드계 ACh수용체와 친화력이 높아 자극을 과도하게 전달하여 경련과 마비를 일으킴
• 네레이톡신계는 ACh수용체와 결합 후 자극의 전달을 차단하여 살충

② 에너지대사에 관여하는 살충작용 : 미토콘드리아 내의 전자전달복합체를 저해하는 것과 ATP합성효소를 저해하는 것으로 구분

㉠ 미토콘드리아 내의 전자전달복합체를 저해하는 것 : 로테논, 메틸브로마이드, 클로로피크린, 인화알루미늄, 포스핀, 인화마그네슘

㉡ ATP합성효소를 저해하는 것 : 프로파자이트, 테트라디폰, 사이헥사틴 등 살비제

③ 성장조절에 관여하는 살충작용

㉠ 키틴합성 저해제

• 잣나무별납작잎벌 : 벤조일우레아계(디플루벤주론, 클로르플루아주론)
• 솔껍질깍지벌레 : 뷰프로페진

㉡ 곤충호르몬 기능 교란물질

• 유약호르몬 분비 저해 : 메토프렌(최초의 유약호르몬)
• 가루이류 방제 : 페녹시카브, 피리프록시펜

(4) 제형과 살포방법에 따른 분류

살충제의 제형과 살포방법은 다음과 같다.

① 살충제의 제형

제형	종류
희석살포제	• 가루 형태 : 수화제, 수용제 • 모래 형태 : 과립수화제 • 바둑알 형태 : 정제상 수화제 • 액체 형태 : 액제, 분산성 액제, 액상수화제, 미탁제, 유제, 유탁제, 캡슐현탁제

제형	종류
직접살포제	• 가루 형태 : 미립제, 분제, 미분제, 저비산분제 • 모래 형태 : 입제, 세립제 • 바둑알 형태 : 캡슐제, 수면부상성 입제 • 액체 형태 : 종자처리액상수화제, 직접살포액제
특수 형태	훈증제, 훈연제, 과립훈연제, 연무제, 도포제, 비닐멀칭제, 판상줄제

② 살충제 살포방법의 종류

<table>
<tr><th>살포방법</th><th colspan="2">특징</th></tr>
<tr><td>분무법</td><td colspan="2">• 약제를 물에 희석하여 분무기로 살포
• 약액을 100～200μm 정도의 입자로 분무
• 액제, 유제, 수화제, 수용제, 액상수화제, 미탁제, 분산성 액제, 캡슐현탁제 등</td></tr>
<tr><td>분제살포법</td><td colspan="2">• 물에 타지 않고 사용(250～300mesh의 입자)
• 장점 : 물이 부족한 산지에서 운반의 편이성, 희석시간 절약
• 단점 : 고착성 떨어짐, 표류에 의한 환경오염, 수목의 오염</td></tr>
<tr><td>입제살포제</td><td colspan="2">• 8～60mesh 범위의 작은 입자로 제조된 약제
• 뿌리로 흡수된 후 수목 전체로 확산(침투이행성이 좋아야 함)
• 미립제 : 분제와 입제의 중간 크기로 75～200mesh의 입경</td></tr>
<tr><td>미스트법</td><td colspan="2">• 약제를 고농도로 희석하여 살포입자 크기를 35～100μm의 미립자로 살포
• 살포량을 1/3～1/5로 줄임</td></tr>
<tr><td>연무법</td><td colspan="2">살포액의 입자 크기를 10～20μm 이하의 연무질 형태로 살포</td></tr>
<tr><td>훈증법</td><td colspan="2">• 휘발성 강한 약제를 밀폐된 공간이나 토양 속에 처리하여 살충
• 메틸브로마이드, 메탐소듐액제 25%, 메탐소듐액제 45%, 디메틸디설파이드 직접살포액제, 마그네슘포스파이드 판상훈증제</td></tr>
<tr><td>관주법</td><td colspan="2">• 약액을 토양에 주입하여 토양 속에 있는 병해충을 살충
• 침투이행성이 강한 약제를 사용하여 흡즙성 해충을 방제</td></tr>
<tr><td>도포법</td><td colspan="2">점착제나 페이스트 제형에 약제를 혼합한 뒤 나무줄기에 발라서 이동하는 해충을 잡는 방법(연고를 바른다고 생각하면 됨)</td></tr>
<tr><td rowspan="4">나무주사법</td><td>유입식</td><td>직경 10mm 내외의 천공날을 이용하여 수간에 구멍을 뚫고 약제를 주입하는 유입식이 많이 이용됨</td></tr>
<tr><td>삽입식</td><td>수간부에 구멍을 뚫고 캡슐 형태로 제작된 약제를 형성층까지 밀어 넣어 약제를 주입하는 방식</td></tr>
<tr><td>압력식
미량주입법</td><td>• 소형 용기에 담긴 약액에 압력을 가하여 주입하는 방법
• 스프링식, 용기압축식, 가스압력식 등</td></tr>
<tr><td>중력식</td><td>다량의 약제를 주입할 때 사용</td></tr>
<tr><td>항공살포법</td><td colspan="2">고농도로 희석하거나 원액을 그대로 사용</td></tr>
</table>

3) 살충제 사용의 문제점

살충제 사용의 문제점은 다음과 같다.

(1) 저항성 해충의 출현

① 해충 체벽투과율이 감소하여 약제가 작용점에 도달되는 양이 줄어든다.
② 해독효소와 대사작용에 의해 약제의 배설이 촉진되어 체내 잔류량이 적어지며 저항성이 상승한다.
③ 작용점의 감수성 저하로 살충제에 대한 내성이 나타난다.

➤ **저항성의 종류**

종류	내용
교차저항성	1종의 살충제에서 저항성 유전자가 기인한 경우
복합저항성	2종 이상의 살충제에서 저항성 유전자가 기인한 경우
역상관교차저항성	1종의 살충제에 대한 저항성이 증가하고, 다른 살충제에 대한 감수성이 높아지는 경우

(2) 살충제에 의한 환경오염

잔류기간이 긴 살충제의 경우 오염물질이 생물체 내로 유입된 후 분해되지 않고 잔류하는 생물농축이 발생한다.

(3) 격발현상

대상 해충뿐만 아니라 천적과 경쟁자까지 제거함으로써 약제 살포 후 해충의 밀도와 회복속도가 빨라지고 약제처리 전보다 밀도가 높아지거나 2차 해충의 피해가 발생하여 피해가 증대되는 것이다.

(4) 약해 피해

살충제가 수목의 생리작용에 이상을 일으키는 현상이다.

4) 살충제의 구비조건

다음 조건을 갖추고 반드시 농약관리법에 의해 등록된 농약을 사용해야 한다.

① 적은 양으로 확실한 효과과 있어야 한다.
② 대상수목과 인축에 안전해야 한다.
③ 물리성이 양호하고 품질이 균일해야 한다.

④ 다른 약제와 혼용이 가능해야 한다.
⑤ 저렴하고 사용이 간편해야 한다.
⑥ 장기간 보관이 가능해야 한다.
⑦ 대량생산이 가능해야 한다.

5) 살비제

살비제는 겨울철 월동기(기계유제)와 봄철(석회황합제)에 살포한다. 살비제의 조건은 다음과 같다.

① 성충, 유충, 약충뿐만 아니라 알까지 죽이는 효과가 있어야 한다.
② 약제에 대한 저항성 유발이 적어야 한다.
③ 천적 및 유용생물에는 안전해야 한다.
④ 다양한 종류의 응애에 효과가 있어야 한다.
⑤ 격발현상이 없어야 한다.

7. 해충의 종합관리

해충종합관리(IPM)는 경제적 피해수준 이하로 억제하는 방향으로 관리해야 한다.

➤ 해충종합관리(IPM)와 관련된 중요용어

용어	정의
일반평형밀도	약제방제와 같은 외부 간섭을 받지 않고 천적의 영향으로 장기간에 걸쳐 형성된 해충 개체군의 평균밀도
경제적 피해수준	해충에 의한 피해액과 방제비가 같은 수준의 밀도로 경제적 손실이 나타나는 최저밀도
경제적 피해허용수준	해충의 밀도가 경제적 피해수준에 도달하는 것을 억제하기 위하여 방제수단을 써야 하는 밀도수준
주요 해충	일반평형밀도 > 경제적 피해허용수준
돌발해충	환경조건에 의해 경제적 피해허용수준을 넘는 경우
2차 해충	방제 등으로 인해 생태계의 평형이 파괴되어 밀도 급증

핵심문제

종합적 해충관리에 관한 설명으로 옳지 않은 것은? [21년 5회]

❶ 일반평형밀도를 높여 방제 횟수를 줄인다.
② 예찰자료에 기반하여 방제 의사를 결정한다.
③ 경제적 피해허용수준 이하로 밀도를 관리한다.
④ 천적 등 유용생물에 영향이 적은 방제제를 사용한다.
⑤ 약제 저항성 발달 및 약제 잔류 등의 부작용을 최소화한다.

CHAPTER 07

가해 형태별 해충

1. 식엽성 해충

1) 대벌레

① 피해

㉠ 성충과 약충이 집단으로 대이동하면서 잎 전체를 갉아 먹음

㉡ 환경조건에 따라 단위생식

② 발생횟수 및 월동태 : 연 1회, 알로 월동

> ✎ 단위생식(단성생식, 처녀생식)
> - 암컷배우자가 수컷배우자 없이 새로운 개체를 만드는 생식방법이다.
> - 수컷단위생식 : 벌목의 모든 종
> - 암컷단위생식 : 많은 진딧물류, 깍지벌레류 등

2) 주둥무늬차색풍뎅이

① 피해

㉠ 대부분의 활엽수를 가해하는 광식성 해충

㉡ 성충 : 잎을 잎맥만 남기고 식엽

㉢ 유충 : 땅속에서 뿌리를 식해, 특히 잔디에 큰 피해

② 발생횟수 및 월동태 : 연 1회, 성충 월동, 야행성, 불에 잘 모임

3) 무당벌레

(1) 꼽추무당벌레

① 피해 : 성충과 유충이 물푸레나무, 쥐똥나무의 잎 뒷면에서 잎살만 식해, 그물 모양의 가해흔, 4－4－2 반점 배열

② 발생횟수 및 월동태 : 연 1회

(2) 큰이십팔점박이무당벌레

① 피해 : 이른 봄에서 늦가을까지 성충과 유충이 구기자나무의 잎 뒷면에서 잎맥만 남기고 식해. 피해가 크게 나타남

② 발생횟수 및 월동태 : 연 3회 성충 월동

핵심문제

해충과 피해 특성의 연결로 옳지 않은 것은?

❶ 잎벌레류, 노린재류 : 잎을 갉아먹는다.
② 하늘소류, 유리나방류 : 나무의 줄기를 가해한다.
③ 진딧물류, 깍지벌레류 : 흡즙하고, 감로를 배출한다.
④ 순나방류, 나무좀류 : 줄기나 새순에 구멍을 뚫는다.
⑤ 혹응애류, 혹파리류 : 식물 조직의 비대생장 또는 혹 형성을 유발한다.

핵심문제

월동태가 알, 번데기, 성충인 곤충을 순서대로 나열한 것은? [22년 8회]

① 황다리독나방, 솔잎혹파리, 목화진딧물
② 외줄면충, 느티나무벼룩바구미, 호두나무잎벌레
③ 백송애기잎말이나방, 솔알락명나방, 복숭아명나방
④ 미국선녀벌레, 버즘나무방패벌레, 오리나무잎벌레
❺ 소나무왕진딧물, 미국흰불나방, 버즘나무방패벌레

4) 잎벌레

➤ 잎벌레의 생활사

해충명	발생횟수	월동태(월동처)
호두나무잎벌레	연 1회	성충(낙엽 밑, 수피 틈)
버드나무잎벌레	연 1회	성충(지피물 밑, 토양 속)
참긴더듬이잎벌레	연 1회	알(겨울눈, 가지)
오리나무잎벌레	연 1회	성충(지피물 밑, 토양 속)
두점알벼룩잎벌레	연 1～2회	성충(지피물 밑)

(1) 호두나무잎벌레

① 피해
 ㉠ 호두나무, 가래나무 등에 피해
 ㉡ 부화유충은 집단 가해, 2령 유충부터 분산
② 발생횟수 및 월동태 : 연 1회, 성충 월동(낙엽 밑, 수피 틈)
③ 방제법 : 천적인 남생이무당벌레, 다리무늬침노린재, 거미류, 조류 등을 보호

(2) 버드나무잎벌레

① 피해 : 성충과 유충이 잎을 식해, 묘목이나 어린 나무에서 피해가 큼
② 발생횟수 및 월동태
 ㉠ 연 1회, 성충 월동(지피물, 토양 속)
 ㉡ 4월 일평균기온이 15℃ 이상 수 일간 지속되는 시기에 활동 시작
 ㉢ 잎 뒷면에 산란(4월)

(3) 참긴더듬이잎벌레

① 피해
 ㉠ 왜나무, 가막살나무, 분꽃나무, 백당나무, 딱총나무 등에 피해
 ㉡ 유충은 새잎을 식해, 성충은 7월 상순에서 8월 상순에 많이 나타남
② 발생횟수 및 월동태 : 연 1회, 알로 월동(겨울눈, 가지)

(4) 오리나무잎벌레

① 피해
 ㉠ 오리나무류, 박달나무류, 개암나무류 등에 피해

㉡ 성충과 유충이 동시에 잎을 가해, 수관 아래 → 수관 위로 식해

② 발생횟수 및 월동태 : 연 1회, 성충 월동(지피물 밑, 토양 속)

(5) 두점알벼룩잎벌레

① 피해

㉠ 피해유충 : 물푸레나무, 딱총나무, 이팝나무 등

㉡ 유충은 잎살 속을 가해, 성충은 잎살만 가해

② 발생횟수 및 월동태 : 연 1～2회, 성충 월동(지피물 밑)

5) 느티나무벼룩바구미

① 피해

㉠ 느티나무, 비술나무의 잎살을 성충과 유충이 가해

㉡ 성충은 잎 표면에 구멍을 뚫어 가해, 유충은 잎 가장자리부터 터널을 형성하며 가해

② 발생횟수 및 월동태 : 연 1회, 성충 월동(지피물, 토양 속, 수피 틈)

③ 방제법 : 끈끈이롤트랩, 월동 성충의 활동기에 이미다클로프리드 분산성 액제를 나무주사

핵심문제

성충으로 월동하는 곤충으로 바르게 나열된 것은? [21년 5회]

① 솔수염하늘소, 밤바구미
② 회양목명나방, 솔잎혹파리
③ 거북밀깍지벌레, 복숭아명나방
④ 솔껍질깍지벌레, 버즘나무방패벌레
❺ 느티나무벼룩바구미, 오리나무잎벌레

6) 잎벌

➤ 잎벌의 생활사

해충명	발생횟수	월동태(월동처)
잣나무별납작잎벌	연 1회	유충(흙속)
장미등에잎벌	연 3회	유충(흙속)
극동등에잎벌	연 3～4회	유충(낙엽 밑, 흙속)
솔잎벌	연 2～3회	유충(지피물 밑)
개나리잎벌	연 1회	유충(흙속)
남포잎벌	연 1회	유충(흙속)
좀검정잎벌	연 1회	유충(흙속)

핵심문제

흡즙성(Piercing and Sucking) 해충이 아닌 것은? [21년 6회]

① 뽕나무이
② 외줄면충
❸ 개나리잎벌
④ 미국선녀벌레
⑤ 버즘나무방패벌레

(1) 잣나무별납작잎벌

① 피해

㉠ 1953년 경기 광릉에서 최초 발견

㉡ 20년 이상된 잣나무에 대발생

㉢ 유충 한 마리당 약 9,500mm를 갉아 먹음

② 가해 특징 : 부화유충은 잎 기부에 실을 토하여 잎을 묶어 집을 지은 후 그 속에서 잎을 절단하여 끌어당기면서 가해

③ 발생횟수 및 월동태 : 연 1회, 유충 월동(토양 속 5～25cm에 흙집)

④ 방제법

㉠ 흙속의 유충은 9월부터 다음해 4월에 호미나 괭이로 굴취하여 소각

㉡ 흙속의 우화 성충이 수관으로 이동하는 것을 방지

㉢ 곤충병원성 미생물인 BT균이나 핵다각체병바이러스를 살포

㉣ 알－알좀벌, 유충－벼룩좀벌 등의 기생성 천적 보호

핵심문제

수목해충의 산란행동에 관한 설명으로 옳지 않은 것은? [25년 11회]

① 개나리잎벌은 잎의 조직 속에 1~2줄로 산란한다.
② 복숭아유리나방은 수피 틈에 1개씩 산란한다.
③ 박쥐나방은 날아다니면서 알을 지면에 떨어뜨린다.
④ 솔껍질깍지벌레는 가지에 알주머니 형태로 낳는다.
❺ 극동등에잎벌은 잎 가장자리 조직 속에 덩어리로 산란한다.

(2) 장미등에잎벌

① 피해

㉠ 장미, 찔레꽃, 해당화 등에 피해

㉡ 유충이 무리를 지어 잎을 식해, 잎 가장자리부터 가해

② 발생횟수 및 월동태 : 연 3회, 유충 월동(토양 속)

(3) 극동등에잎벌

① 피해

㉠ 진달래, 철쭉류, 장미 등에 피해

㉡ 유충이 무리를 지어 잎을 식해, 잎의 가장자리부터 가해

② 발생횟수 및 월동태 : 연 3～4회, 유충 월동(낙엽 밑, 토양 속), 잎 가장자리에 산란

(4) 솔잎벌

① 피해

㉠ 소나무, 곰솔, 방크스소나무, 잣나무 등에 피해

㉡ 항상 침엽의 끝을 향해 머리를 두고 잎을 식해

㉢ 묘포장이나 생활권 수목에서 많이 발생

② 발생횟수 및 월동태

㉠ 연 2～3회, 유충 월동(지피물 사이)

㉡ 잎 하나당 한 개의 알. 1세대 유충－묵은 잎, 2세대 유충－새잎을 식해

(5) 개나리잎벌

① 피해 : 유충이 무리를 지어 잎을 식해, 발생밀도가 높을 때 잎 전체를 식해

② 발생횟수 및 월동태 : 연 1회, 노숙유충 월동(땅속 1cm), 4월 잎의 조직 속에 1~2줄로 산란

(6) 남포잎벌

① 피해 : 신갈나무, 떡갈나무 등, 굴참나무는 가해하지 않음

② 발생횟수 및 월동태 : 연 1회, 노숙유충은 7월 상순부터 땅으로 떨어진 후 월동에 들어감(토양 속)

(7) 좀검정잎벌

① 피해

㉠ 개나리, 광나무, 쥐똥나무 등에 피해

㉡ 개나리잎벌과 달리 잎살을 불규칙한 원형으로 가해, 가해시기도 늦음

② 발생횟수 및 월동태 : 연 1회, 노숙유충 월동(토양 속)

7) 매실애기잎말이나방

① 피해

㉠ 매실나무, 벚나무류, 배나무, 사과나무, 쥐똥나무, 회양목 등에 피해

㉡ 유충이 어린가지의 잎을 여러 장 묶거나 말고 그 속에서 잎을 식해

② 발생횟수 및 월동태 : 연 3~5회, 알로 월동(가지와 줄기)

③ 방제법

㉠ 피해 잎을 채취 후 소각, 거미류, 좀벌류, 맵시벌류, 기생파리류 등의 천적 보호

㉡ 뷰프로페진, 에토펜프록스 입상수화제, 페니트로티온 유제 등의 약제 살포

8) 자귀뭉뚝날개나방

① 피해

㉠ 자귀나무, 주엽나무 등에 피해

✎ 노숙유충
먹이활동을 중단하고 번데기가 되기 직전의 유충

핵심문제

식엽성 해충의 방제방법으로 옳지 않은 것은? [21년 5회]

① 제주집명나방 : 벌레집을 채취하여 포살한다.
② 호두나무잎벌레 : 피해 잎에서 유충과 번데기를 제거한다.
❸ 좀검정잎벌 : 볏짚 등을 이용하여 유인한 후 제거한다.
④ 느티나무벼룩바구미 : 끈끈이 트랩을 이용하여 성충을 제거한다.
⑤ 황다리독나방 : 줄기에서 월동 중인 알덩어리를 채취하여 제거한다.

핵심문제

목해충인 잎벌류와 기주수목의 연결이 옳지 않은 것은? [25년 11회]

① 극동등에잎벌 – 진달래, 철쭉
❷ 남포잎벌 – 아광나무, 쥐똥나무
③ 솔잎벌 – 곰솔, 잣나무
④ 장미등에잎벌 – 찔레꽃, 해당화
⑤ 좀검정잎벌 – 개나리, 광나무

㉡ 유충이 실을 토하여 잎끼리 겹치게 그물망을 만들고 집단으로 식해

㉢ 배설물이 그물망 안에 남아 지저분하게 보임

② 발생횟수 및 월동태 : 연 2회, 번데기 월동(수피 틈, 지피물)

9) 명나방

▶ 명나방의 생활사

해충명	발생횟수	식성	월동태(월동처)
회양목명나방	연 2회	단식성	유충(피해수목)
뽕나무명나방	연 4회	단식성	유충(가지 사이, 낙엽)
목화명나방	연 2~3회	협식성	유충(낙엽)
제주집명나방	연 1회	단식성 (후박나무)	유충(흙속)
복숭아명나방	연 2~3회	광식성	• 유충 • 활엽수형 – 유충 월동(수피 틈) • 침엽수형 – 유충 월동(벌레주머니 속)

(1) 회양목명나방

① 피해 : 회양목 단식성, 유충이 실을 토하여 잎을 묶고 그 속에서 잎의 표피와 잎살을 식해

② 발생횟수 및 월동태 : 연 2회, 유충 월동

③ 방제법 : BT균, 핵다각체병바이러스 살포, 페로몬트랩 사용

(2) 뽕나무명나방

① 피해

㉠ 유충이 6월 중순부터 나타남

㉡ 뽕잎을 접거나 두세 장 겹쳐 안에서 뽕잎을 가해

㉢ 띠무늬들명나방과 비슷

② 발생횟수 및 월동태 : 연 4회, 유충 월동(가지 사이, 낙엽, 잡초)

(3) 목화명나방

① 피해

㉠ 무궁화, 벽오동, 참오동나무, 아왜나무 등

㉡ 무궁화를 가해하는 최대 해충

㉢ 유충이 잎을 둥글게 말고 그 속에서 거미줄을 치고 잎을 가해

핵심문제

종실 해충의 생태와 피해에 관한 설명으로 옳은 것은?

❶ 솔알락명나방은 잣 수확량을 감소시키는 주요 해충으로 연 1회 발생한다.
② 복숭아명나방은 밤의 주요 해충으로 알로 월동하며 밤송이를 가해한다.
③ 밤바구미는 성충으로 월동하며 유충은 과육을 가해하므로 피해 증상이 쉽게 발견된다.
④ 백송애기잎말이나방은 연 3회 발생하고 번데기로 월동하며 유충은 구과나 새 가지를 가해한다.
⑤ 도토리거위벌레는 성충으로 땅속에서 흙집을 짓고 월동하며 성충은 도토리에 주둥이로 구멍을 뚫고 산란한다.

㉣ 어린 유충－잎맥을 따라 가해, 노숙유충－잎맥도 남기지 않음

② 발생횟수 및 월동태

㉠ 연 2～3회, 유충 월동

㉡ 1화기 : 5～6월, 2화기 : 7월, 3화기 : 8～9월

③ 방제법 : 천적인 먹수염납작맵시벌, 가시은주둥이벌, 애꽃노린재류, 갈색주둥이노린재, 주둥이노린재, 흑선두리먼지벌레, 고동배감탕벌 등을 보호

(4) 제주집명나방

① 피해

㉠ 주로 후박나무를 가해하는 후박나무 단식성

㉡ 잎 여러 개나 작은 가지를 묶어서 커다란 바구니 모양의 벌레주머니를 만들고 그 속에서 가해, 눈에 쉽게 띔

② 발생횟수 및 월동태 : 연 1회, 유충 월동(토양 속)

10) 노랑털알락나방

① 피해

㉠ 사철나무에서 피해가 큼, 화살나무, 참빗살나무, 줄사철나무, 사스레피나무, 비쭈기나무 등에 피해

㉡ 매년 동일 장소에서 반복적으로 발생

㉢ 대발생 시 가지만 남기고 잎 전체를 가해

② 발생횟수 및 월동태

㉠ 연 1회, 알로 월동(가는 가지)

㉡ 유충은 잎 뒷면에서 집단으로 탈피하여 탈피각을 남김

㉢ 5월에 잎을 묶어서 고치를 짓고 번데기가 됨

11) 벚나무모시나방

① 피해

㉠ 벚나무류, 매실나무, 복숭아나무, 사과나무, 살구나무, 자두나무 등 장미과 식물에 피해

㉡ 어린 유충 : 잎 뒷면의 잎살을 가해

㉢ 중령유충 : 잎에 작은 구멍을 만들며 가해

㉣ 노숙유충 : 잎 전부를 식해

핵심문제

수목해충의 월동생태에 관한 설명으로 옳지 않은 것은? [25년 11회]

① 호두나무잎벌레는 성충으로 월동한다.
② 거북밀깍지벌레는 교미 후 암컷성충만 월동한다.
③ 점박이응애는 수정한 암컷성충으로 수피나 낙엽 등에서 월동한다.
❹ 벚나무모시나방은 노숙유충으로 지피물이나 낙엽 밑에서 집단으로 월동한다.
⑤ 솔알락명나방은 노숙유충으로 흙 속에서 월동하거나 알이나 어린유충으로 구과에서 월동한다.

② 발생횟수 및 월동태 : 연 1회, 유충 월동(지피물, 낙엽에 집단으로 모여서 월동)

12) 대나무쐐기알락나방

① 피해
㉠ 어린 유충이 집단으로 잎 뒷면에서 잎살을 가해하여 흰색으로 보임
㉡ 여러 마리가 한 줄로 줄지어 잎을 식해, 노숙유충의 식해량이 많음
② 발생횟수 및 월동태 : 연 2회, 유충 월동(잎 위에서 전용으로 월동)

✎ 전용
- 전용은 우화를 위한 번데기와 비슷한 번데기 형태를 만들지만 번데기는 아니다.
- 알 → 유충 → 전용(유충단계) → 번데기(용) → 선충

13) 노랑쐐기나방

① 피해
㉠ 다양한 수종을 어린 유충은 잎 뒷면에서 잎살만 식해, 성장하면 주맥만 남기고 식해
㉡ 피부에 닿으면 통증과 염증 유발
② 발생횟수 및 월동태 : 연 1회, 유충 월동(새알 모양의 고치)

14) 별박이자나방

① 피해
㉠ 쥐똥나무, 광나무, 물푸레나무, 층층나무, 수수꽃다리 등 중에서 특히 쥐똥나무가 피해
㉡ 유충이 실을 토하여 잎과 가지에 거미줄을 치고 집단으로 가해
② 발생횟수 및 월동태 : 연 1회, 중령유충 월동(가지, 잎에 거미줄)

15) 줄마디가지나방

① 피해
㉠ 회화나무 가로수 및 조경수 가해
㉡ 2003년 기흥나들목에서 처음 피해 발생
② 발생횟수 및 월동태 : 연 2회, 번데기 월동(토양)

핵심문제

곤충 형태에 관한 설명으로 옳지 않은 것은? [22년 8회]
① 매미나방 유충은 씹는 입틀을 갖는다.
❷ 줄마디가지나방 유충은 배다리가 없다.
③ 아까시잎혹파리 성충은 날개가 1쌍이다.
④ 미국선녀벌레 성충은 찔러 빠는 입틀을 갖는다.
⑤ 뽕나무이 약충은 배 끝에서 밀랍을 분비한다.

16) 남방차주머니나방

① 피해

㉠ 상록활엽수와 침엽수를 가해하는 잡식성

㉡ 유충이 주로 잎맥 사이에 구멍을 뚫고 식해, 낙엽 후에도 주머니가 가지에 달림

② 발생횟수 및 월동태 : 연 1회, 유충 월동[주머니(도롱이) 형태로 유충 집을 짓고 그 속에 매달려 생활]－주머니 상단을 가는 가지에 고정(유충 머리는 위쪽)

17) 솔나방

① 피해

㉠ 소나무 해충으로 보통 유충을 송충이라고 함. 유충 한 마리의 가해 솔잎 길이는 수컷 40m, 암컷 78m, 평균 64m

㉡ 월동 후의 유충기에 95% 식해, 묵은 잎 식해

② 발생횟수 및 월동태

㉠ 연 1회, 5령 유충으로 10～11월에 월동(수피, 지피물 밑), －17℃ 이상의 기온이 계속되는 4월부터 활동

㉡ 유충기간은 약 320일, 야행성, 주광성

㉢ 8월경 비가 많이 내리면 발생량 감소

③ 방제법

㉠ 월동 시 나무에서 내려올 때 잠복소를 설치 또는 BT균 살포

㉡ 기생성 천적인 좀벌류, 맵시벌류, 알좀벌류, 기생파리류 등을 보호

㉢ 포식성 천적인 무당벌레류, 풀잠자리류, 거미류, 박새, 찌르레기 등 조류를 보호

㉣ 월동기에 아바멕틴유제, 아바멕틴 · 설폭사플로르 분산성 액제를 나무주사

핵심문제

해충과 천적의 연결이 옳지 않은 것은? [22년 8회]

❶ 솔나방－어비진디벌
② 솔수염하늘소－개미침벌
③ 점박이응애－긴털이리응애
④ 밤나무혹벌－남색긴꼬리좀벌
⑤ 솔잎혹파리－혹파리살이먹좀벌

18) 밤나무산누에나방

① 피해

㉠ 주로 밤나무 피해, 57종 이상, 대형 나방으로 암컷은 38mm, 수컷은 30mm

㉡ 4월부터 잎 뒷면에서 집단으로 가해, 3령기 이후 분산 가해

② 발생횟수 및 월동태 : 연 1회, 알로 월동(수피)

③ 방제법

㉠ 알 – 벼룩좀벌류, 유충 – 고치벌류, 맵시벌류 · 번데기 – 침파리류 보호

㉡ 포식성 천적인 노린재류, 개미류, 노랑때까치, 까치, 박새, 참새, 꾀꼬리 등을 보호

19) 재주나방

➤ 재주나방의 생활사

해충명	발생횟수	월동태(월동처)
참나무재주나방	연 1회	번데기(흙속)
꼬마버들재주나방	연 2~3회	번데기(지피물, 흙속)
버들재주나방	연 3~4회	유충(줄기의 기부)

(1) 참나무재주나방

① 피해 : 주로 참나무류 가해, 유충은 모여 살면서 한 가지씩 모조리 식해

② 발생횟수 및 월동태 : 연 1회, 번데기 월동(땅속), 6~8월에 잎 뒷면에 알을 무더기 산란

(2) 꼬마버들재주나방

① 피해 : 버드나무류, 어린 유충은 잎을 말거나 철하고 그 속에서 집단으로 잎을 그물 모양으로 가해. 분산한 유충은 잎을 말고 그 속에 머물며 밖으로 나와 잎을 가해

② 발생횟수 및 월동태 : 연 2~3회, 번데기 월동(지피물, 땅속)

③ 방제법 : 천적인 밤나무방살이자루맵시벌, 좀벌류, 알좀벌류, 기생파리류, 무당벌레류, 풀잠자리류를 보호

(3) 버들재주나방

① 피해

㉠ 포플러류에 큰 피해, 부화유충 – 모여서 잎살만 가해하고 자라면서 나무 전체로 분산하여 잎자루만 남기고 전부 식해

㉡ 유충 1마리당 식엽량은 암컷 $95cm^2$, 수컷 $60cm^2$

② 발생횟수 및 월동태 : 연 3~4회, 유충 월동(줄기의 기부), 발생이 불규칙하기 때문에 동일 장소에 같은 시기에 각 충태를 발견할 수 있음

20) 독나방

➤ 독나방의 생활사

해충명	발생횟수	월동태(월동처)
독나방	연 1회	유충(잡초, 낙엽 사이)
차독나방	연 2회	알(잎 뒷면)
황다리독나방(단식성)	연 1회	알(줄기)

(1) 독나방

① 피해

㉠ 감나무, 단풍나무, 느티나무, 매실나무 등 많은 활엽수를 가해

㉡ 부화유충 : 잎을 그물 모양으로 가해하고, 자라면서 잎 뒷면에 모여 잎끝부터 잎맥만 남기고 식해. 사람에 닿으면 가려움과 통증 유발

㉢ 낮에는 잎 뒷면에 있다가 밤에 가해

② 발생횟수 및 월동태 : 연 1회, 유충 월동(잡초, 낙엽 사이)

(2) 차독나방

① 피해

㉠ 상록활엽수인 차나무, 동백나무, 애기동백, 귤나무류 등에 피해

㉡ 어린 유충은 잎을 그물 모양으로 식해하고, 성충, 유충, 고치, 알에 독침이 있어 닿으면 통증과 염증을 유발. 성충은 불빛으로 유인

㉢ 잎 뒷면에서 머리를 나란히 하고 잎을 식해

② 발생횟수 및 월동태 : 연 2회, 알로 월동(잎 뒷면)

(3) 황다리독나방

① 피해 : 층층나무를 주로 가해하는 단식성

② 발생횟수 및 월동태 : 연 1회, 알로 월동(줄기)

③ 방제법 : 천적인 황다리독나방기생고치벌을 보호

21) 매미나방(집시나방)

① 피해 : 벚나무류, 참나무류, 느릅나무류 등 활엽수와 침엽수, 유충 1마리가 700~1,800cm^2 식해

핵심문제

식식성 곤충의 먹이 범위에 관한 설명으로 옳지 않은 것은?

[21년 5회]

① 식물과 곤충의 공진화의 결과이다.
② 식물 1, 2개 과(Family)를 가해하는 협식성 곤충은 솔나방이다.
③ 식물 한 종 또는 한 속을 가해하는 단식성 해충은 회양목명나방이다.
④ 먹이 범위는 식물의 영양, 곤충의 소화와 해독 능력에 의해 결정된다.
❺ 식물 4개 과(Family) 이상의 식물을 먹이로 하는 광식성 해충은 황다리독나방이다.

② 형태

㉠ 크기와 색깔이 암수가 다름

㉡ 수컷 : 41～54mm 암갈색, 암컷 : 78～93mm 회백색

㉢ 100～1,000개의 알덩어리가 연한 노란색 털로 덮임

③ 발생횟수 및 월동태

㉠ 연 1회, 알로 월동(줄기, 가지), 4월 부화유충은 거미줄에 매달려 분산

㉡ 암컷은 멀리 날지 못함, 수컷은 활발하게 비행

④ 방제법

㉠ 우화기인 7월 유아등으로 유인하여 방제, 4월 이전에 알 제거, BT균, 핵다각체병바이러스 살포

㉡ 천적인 풀색명주딱정벌레, 검정명주딱정벌레, 청노린재, 무늬수중다리좀벌, 긴등기생파리, 나방살이납작맵시벌, 송충알벌, 독나방살이고치벌, 짚시나방벼룩좀벌, 황다리납작맵시벌, 송충잡이자루맵시벌을 보호

22) 미국흰불나방

① 피해

㉠ 어린 유충은 실을 토해 잎을 싸고 집단으로 모여서 식해하다 5령 이후에 분산해 잎맥을 제외한 잎 전체를 가해

㉡ 1화기보다 2화기의 피해가 큼

② 형태

㉠ 1화기 : 날개에 점 있음

㉡ 2화기 : 날개에 점 없음

③ 발생횟수 및 월동태 : 연 2～3회, 번데기 월동(수피, 지피물 밑)

④ 방제법

㉠ 잠복장소유살법, BT균과 핵다각체병바이러스 살포

㉡ 천적인 꽃노린재류, 검정명주딱정벌레, 흑선두리먼지벌레, 납작선두리먼지벌레, 무늬수중다리좀벌, 긴등기생파리, 나방살이납작맵시벌, 송충알좀벌 등을 보호

㉢ 에마멕틴벤조에이트유제, 아바멕틴미탁제, 아바멕틴 분산성 액제를 나무주사

핵심문제

수목해충에 관한 설명으로 옳은 것은? [25년 11회]

❶ 소나무허리노린재는 최근 정착한 외래해충으로 잣나무 종실을 가해한다.
② 황다리독나방은 일부 지역의 회화나무 가로수에서 돌발적으로 대발생하며, 섭식량도 많다.
③ 미국흰불나방은 북미로 출항하는 선박에 알덩어리가 존재하는지 여부를 검사받아야 한다.
④ 갈색날개노린재는 암컷성충이 산란을 위해 2년생 가지에 상처를 내기 때문에 가지가 말라 죽게 된다.
⑤ 매미나방은 연 2회 발생하는 것으로 알려졌으나 최근 남부지방에서 3화기 성충이 확인되고 있다.

핵심문제

수목해충의 방제방법에 대한 설명으로 옳은 것은? [21년 6회]

① 솔수염하늘소는 분산페로몬을 이용하여 대량포집한다.
❷ 미국흰불나방은 분산하기 전 어린 유충기에 방제하는 것이 효율적이다.
③ 북방수염하늘소의 유충을 구제하기 위하여 지제부에 잠복소를 설치한다.
④ 밤나무혹벌 유충이 가지에 출현하여 보행할 때 침투성 살충제를 처리한다.
⑤ 밤바구미는 배설물을 종실 밖으로 배출하므로 배설물이 보이지 않는 시기에 훈증한다.

23) 큰붉은잎밤나방

① 피해

㉠ 무궁화, 부용, 복숭아나무, 사과나무 등에 피해

㉡ 주로 무궁화의 잎을 잎맥만 남기고 식해하며 8~9월 큰 피해 유발

② 발생횟수 및 월동태 : 연 2회, 번데기 월동 추정

24) 두충밤나방

① 피해

㉠ 중국이 원산으로 2014년 최초 발견, 두충나무에 큰 피해 유발

㉡ 잎맥만 남기고 식해

② 발생횟수 및 월동태 : 자세한 생활사는 밝혀지지 않았고, 연 1회 발생하는 것으로 추정

2. 흡즙성 해충

1) 볼록총채벌레

① 피해

㉠ 은행나무, 아왜나무, 인동덩굴 등에 피해

㉡ 과수 : 꽃, 과일을 가해

㉢ 수목 : 성충, 약충이 잎의 뒷면에서 집단으로 흡즙하며 응애류나 방패벌레류의 피해 형태와는 다르게 잎 뒷면이 깨끗함

② 발생횟수 및 월동태 : 연 7회 이상, 성충 월동(낙엽, 수피, 겨울눈)

2) 방패벌레

➤ 방패벌레의 생활사

해충명	발생횟수	월동태(월동처)
버즘나무방패벌레	연 3회	성충(수피 틈)
물푸레방패벌레	연 4회	성충(잘 알려지지 않음)
후박나무방패벌레(단식성)	잘 알려지지 않음	
배나무방패벌레	연 3~4회	성충(수피 밑, 낙엽 밑)
진달래방패벌레	연 4~5회	성충(지피물 밑, 낙엽 사이)

(1) 방패벌레류의 일반적인 특징

① 보통 3~4회, 성충 월동
② 피해흔이 진딧물, 응애류와 흡사
③ 잎 뒷면에 벌레똥, 탈피각 붙음
④ 잎의 변색(백색, 은색, 회색), 반점

(2) 버즘나무방패벌레

① 피해
㉠ 1995년 미국 원산. 버즘나무류, 물푸레나무류, 닥나무를 가해
㉡ 양버즘나무에 큰 피해
㉢ 성충과 약충이 동시에 잎 뒤면을 집단 가해. 응애 피해와 비슷하지만 배설물과 탈피각이 붙어 있어 구분 가능
② 발생횟수 및 월동태 : 연 3회, 성충 월동(수피 틈)
③ 방제법 : 잎을 채취 후 소각, 발생 초기에 에토펜프록스 유제 및 이미다클로프리드 분산성 액제를 나무주사

핵심문제

버즘나무방패벌레와 진달래방패벌레에 관한 공통적인 설명으로 옳은 것은? [23년 9회]

① 성충이 잎 앞면의 조직에 1개씩 산란한다.
② 성충의 날개에 X자 무늬가 뚜렷이 보인다.
③ 낙엽 사이나 지피물 밑에서 약충으로 월동한다.
④ 약충이 잎 앞면과 뒷면을 가리지 않고 가해한다.
❺ 잎응애 피해 증상과 비슷하지만 탈피각이 붙어 있어 구별된다.

(3) 물푸레방패벌레

① 피해
㉠ 물푸레나무, 들메나무에 큰 피해
㉡ 성충과 약충이 동시에 잎 뒷면의 잎맥에서 모여 집단 가해
㉢ 응애 피해와 비슷하지만 배설물과 탈피각이 있어 구분이 가능
② 발생횟수 및 월동태 : 연 4회, 잘 알려지지 않음

(4) 후박나무방패벌레

① 피해
㉠ 후박나무를 가해하는 단식성
㉡ 성충과 약충이 잎 뒷면에서 흡즙
㉢ 배설물과 탈피각이 존재, 기온이 높고 건조한 해에 큰 피해 발생
② 발생횟수 및 월동태 : 잘 알려져 있지 않음

(5) 배나무방패벌레

① 피해
㉠ 벚나무류, 배나무, 사과나무, 자두나무, 살구나무, 명자나무, 장미 등에 피해

㉡ 잎 뒷면에서 집단으로 흡즙 가해

㉢ 약충 한 마리당 가해면적 $2cm^2$, 성충은 $1cm^2$

② 발생횟수 및 월동태 : 연 3~4회, 성충 월동(수피 밑, 낙엽 밑)

(6) 진달래방패벌레

① 피해

㉠ 밤나무, 진달래, 산철쭉 등 산철쭉, 영산홍의 피해가 큼

㉡ 띠띤애매미충의 피해와 비슷하지만 배설물과 탈피각이 있어 구분 가능

㉢ 고온 건조 시에 큰 피해 발생

② 발생횟수 및 월동태 : 연 4~5회, 성충 월동(낙엽 사이, 지피물 밑)

3) 갈색날개노린재

① 피해

㉠ 감나무, 밤나무, 편백, 벚나무 등에 피해

㉡ 성충 : 과실 가해, 약충 : 잎 뒷면 가해

㉢ 과육이 흰 스펀지 모양으로 변함

② 발생횟수 및 월동태 : 연 2회, 성충 월동(낙엽 밑, 풀뿌리 근처)

4) 매미충

(1) 철쭉띠띤애매미충

① 피해

㉠ 철쭉류 가해, 잎 뒷면에서 성충과 약충이 가해

㉡ 진달래방패벌레와 피해가 유사하지만, 배설물이 없음

② 발생횟수 및 월동태 : 자세한 생활사는 알려져 있지 않으며, 5월 중순에서 9월 하순에 각 충태가 동시에 나타남

(2) 외점애매미충

① 피해

㉠ 복숭아나무, 매실나무, 자두나무, 벚나무 등 벚나무속

㉡ 성충과 약충이 동시에 잎 뒷면을 집단 가해

㉢ 방패벌레와 피해가 유사하지만 배설물이 없고 탈피각은 있음

② 발생횟수 및 월동태 : 자세한 생활사는 알려져 있지 않으며, 5월 중순에서 9월 하순에 각 충태가 동시에 나타남

핵심문제

해충의 생태에 대한 설명으로 옳지 않은 것은? [21년 5회]

① 자귀나무이는 잎 뒷면을 흡즙하고 끈적한 배설물을 분비한다.
② 회화나무이는 성충으로 월동하고 흡즙하여 잎을 말리게 한다.
❸ 철쭉띠띤애매미충은 잎 앞면을 흡즙하며 검은 배설물을 많이 남긴다.
④ 뽕나무이는 잎, 줄기, 열매에 모여 흡즙하고 하얀 실 같은 밀납물질을 분비한다.
⑤ 전나무잎말이진딧물은 하얀 밀납으로 덮여 있고, 신초를 흡즙하여 잎을 말리게 한다.

(3) 갈색날개매미충

① 피해 : 2010년 국내에서 발견. 산수유, 감나무, 밤나무, 단풍나무 등 53과 114종에 피해

② 주목도 피해

㉠ 성충이 가지에 산란하여 고사(1년생 가지에 2열로 산란 후 톱밥과 밀랍물질로 덮음)

㉡ 성충과 약충이 잎과 어린가지, 과실을 가해하여 부생성 그을음병 유발

㉢ 약충은 항문을 중심으로 노란색 밀랍물질을 부채살 모양으로 펼침

③ 발생횟수 및 월동태 : 연 1회, 알로 월동(가지)

④ 방제법 : 끈끈이롤트랩 설치, 알 제거, 발생 초기에 아세타미프리드수화제 살포

5) 선녀벌레

① 피해

㉠ 성충과 약충이 가지나 잎을 흡즙하며 감귤나무는 낙과함

㉡ 약충이 솜 같은 물질을 분비, 부생성 그을음병 유발

② 발생횟수 및 월동태 : 연 1회, 알로 월동(가지)

6) 미국선녀벌레

① 피해

㉠ 2009년 국내에서 발견, 아까시나무, 감나무, 참나무류 등과 농작물, 초본류 등 145종 가해, 리기다소나무 피해도 발견됨

㉡ 성충과 약충이 가지와 잎을 집단으로 흡즙, 부생성 그을음병 유발

㉢ 약충은 하얀색에서 밝은 녹색을 띰. 배면에 하얀색 밀납물질이 부착되어 있음

② 발생횟수 및 월동태 : 연 1회, 알로 월동

③ 방제법 : 기주식물의 범위가 넓어 산림지, 농경지, 생활권의 수목에 공동방제를 해야 효과적이며, 약충기인 5～6월과 성충기 7월에 아세타미프리드 수화제 살포

핵심문제

갈색날개매미충과 미국선녀벌레에 관한 설명 중 옳지 않은 것은? [21년 6회]

① 미국선녀벌레 약충은 흰색 밀랍이 몸을 덮고 있다.
② 갈색날개매미충은 1년에 1회 발생하며, 알로 월동한다.
③ 갈색날개매미충은 잎과 어린가지 등에서 수액을 빨아먹는다.
④ 갈색날개매미충의 수컷은 복부 선단부가 뾰족하고, 암컷은 둥글다.
❺ 미국선녀벌레는 1년생 가지 표면을 파내고 2열로 알을 낳는다.

7) 주홍날개꽃매미

① 피해

㉠ 2006년 국내에서 발견, 가해수종이 광범위

㉡ 약충과 성충이 기주식물을 흡즙하여 고사, 감로배설로 부생성 그을음병 발생

② 형태

㉠ 암컷은 배 끝마디에 붉은색 산란관(수컷과 다름) 존재

㉡ 3령 약충까지는 검은 바탕에 흰색 반점, 4령 이후에는 붉은색 바탕에 흰점

③ 발생횟수 및 월동태 : 연 1회, 알로 월동(줄기, 가지), 4월에 부화약충 발생

④ 방제법 : 알 제거, 끈끈이롤트랩 이용, 가죽나무 제거, 이미다클로프리드 수화제 살포

8) 말매미

① 피해

㉠ 벚나무, 사과나무, 느티나무 등에 피해

㉡ 2년생 가지에 산란(말라 죽음)

㉢ 성충이 흡즙한 자리에 그을음병 유발, 병원균 침입 시 부란병 유발

② 발생횟수 및 월동태

㉠ 6년에 1세대가 완성, 알과 약충으로 월동

㉡ 산란 첫해는 알로 월동하고, 이듬해부터 약충으로 월동

✎ 부란병
사과나무의 줄기나 가지에 발생하는 것으로, 나무껍질이 갈색으로 변하면서 부풀어 오른다.

9) 나무이

➤ 나무이의 생활사

해충명	발생횟수	2차 병해	월동태(월동처)
자귀나무이(단식성)	미상	그을음병	밝혀지지 않음
뽕나무이	연 1회	그을음병	성충
돈나무이	연 2~3회	그을음병	성충
큰팽나무이	연 2회	충영 형성 (고깔 모양)	알로 월동 (수피 틈, 지피물)
회화나무이	연 1회 추정	그을음병	성충

핵심문제

단식성 해충으로 나열한 것은? [23년 9회]

① 박쥐나방, 큰팽나무이
② 박쥐나방, 붉나무혹응애
❸ 큰팽나무이, 붉나무혹응애
④ 노랑쐐기나방, 큰팽나무이
⑤ 노랑쐐기나방, 붉나무혹응애

(1) 자귀나무이

① 피해

㉠ 자귀나무만 가해하는 단식성, 성충과 약충이 집단으로 잎을 흡즙

㉡ 배설물로 그을음병 유발

② 발생횟수 및 월동태 : 자세한 생활사가 밝혀지지 않았으며, 5~10월에 성충과 약충이 자귀나무만 가해

(2) 회화나무이

① 피해

㉠ 회화나무에 피해, 성충과 약충이 집단으로 흡즙, 잎이 말리고 기형

㉡ 부생성 그을음병 유발

② 발생횟수 및 월동태 : 연 1회, 성충 월동

(3) 뽕나무이

① 피해

㉠ 뽕나무류에 피해, 약충이 잎, 줄기, 열매 등을 집단 흡즙, 흰색 밀납물질 분비

㉡ 피해 잎은 오그라들고 고사, 분비물로 부생성 그을음병 유발

② 발생횟수 및 월동태 : 연 1회, 성충 월동, 5~6월 침엽수 및 잡초로 기주 이동

(4) 돈나무이

① 피해

㉠ 돈나무에 피해, 약충이 새순이나 새잎의 앞면을 흡즙하고 흰색 밀납물질 분비

㉡ 피해 잎은 앞쪽으로 말리거나 기형, 부생성 그을음병 유발

② 발생횟수 및 월동태 : 연 2~3회, 성충 월동

10) 진딧물

➤ 진딧물의 생활사

해충명	발생횟수	월동태(월동처)	중간기주
소나무왕진딧물	연 3~4회	알	중간기주 없음
곰솔왕진딧물	연 수회	알	
호리왕진딧물	연 수회	알	
쥐똥나무진딧물	미상		
목화진딧물	연 수회	알(겨울눈, 가지)	• 여름기주 : 오이, 고추 • 겨울기주 : 무궁화, 개오동
조팝나무진딧물	연 수회	알(조팝나무)	• 여름기주 : 명자나무, 귤나무 등 • 겨울기주 : 조팝나무 등
복숭아가루진딧물	연 수회	알(벚나무속)	• 여름기주 : 억새, 갈대 • 겨울기주 : 벚나무속
붉은테두리진딧물	연 수회	알(벚나무속의 겨울눈, 가지)	• 여름기주 : 벼과식물 • 겨울기주 : 벚나무속
복숭아혹진딧물	연 수회	알로 월동 (겨울눈 부근)	• 여름기주 : 배추, 무 • 겨울기주 : 복숭아나무
사사키잎혹진딧물	연 수회	알로 월동	여름기주 : 쑥
때죽납작진딧물	연 수회	알로 월동	여름기주 : 나도바랭이새
조록나무혹진딧물	연 4회	성충 월동	중간기주 없음
배롱나무알락진딧물	연 수회	알로 월동(수피 틈)	
팽나무알락진딧물	연 수회	알로 월동(가지)	
느티나무알락진딧물	연 수회	알로 월동(겨울눈)	
대륙털진딧물	연 수회	알로 월동(수피 틈)	
진사진딧물	연 수회	알로 월동(잎눈의 기부)	
모감주진사진딧물	연 수회	알로 월동(잎의 기부)	
가슴진딧물	연 수회	무시충으로 월동 추정	
전나무잎말이진딧물	연 3회	알로 월동(수피 틈)	
물푸레면충	연 수회 발생	알로 월동 (물푸레나무 등 수피 틈)	
외줄면충	연 수회	알로 월동 (수피 틈)	• 여름기주 : 대나무류 • 겨울기주 : 느티나무

(1) 진딧물류의 특징

① 보통 연 수회, 알로 월동

② 잎의 변색(백색, 은색, 회색), 반점

핵심문제

노린재목에 관한 설명으로 옳지 않은 것은? [23년 9회]

① 노린재아목, 매미아목, 진딧물아목 등으로 나뉜다.
❷ 진딧물은 찔러 빨아 먹는 전구식 입틀을 갖고 있다.
③ 식물을 가해하면서 병원균을 매개하는 종도 있다.
④ 노린재아목의 일부 종은 수서 또는 반수서 생활을 한다.
⑤ 진딧물아목의 미성숙충은 성충과 모양이 비슷하지만 기능적인 날개가 없다.

핵심문제

진딧물류 중 기주전환을 하지 않는 종만을 나열한 것은? [25년 11회]

① 곰솔왕진딧물, 붉은테두리진딧물
② 물푸레면충, 소나무왕진딧물
❸ 소나무왕진딧물, 조록나무혹진딧물
④ 외줄면충, 호리왕진딧물
⑤ 조팝나무진딧물, 진사진딧물

✎ 무시충

날개가 없는 산란성의 암컷

③ 감로와 배설물로 인해 그을음병 유발
④ 솜이나 밀랍 형태의 물질 분비
⑤ 바이러스병의 매개충

(2) 소나무왕진딧물

① 피해
㉠ 소나무, 곰솔 가해, 성충과 약충이 5~6월에 가지를 집단 흡즙
㉡ 밀도가 높으면 부생성 그을음병 유발
② 발생횟수 및 월동태
㉠ 연 3~4회 발생, 알로 월동
㉡ 약충은 2년생 가지나 어린 나무 줄기를 가해
③ 방제법 : 가지치기

(3) 곰솔왕진딧물

① 피해
㉠ 소나무, 곰솔에 피해, 성충과 약충이 봄에 새 가지를 집단 흡즙
㉡ 부생성 그을음병 유발
② 발생횟수 및 월동태 : 연 수회, 알로 월동

(4) 호리왕진딧물

① 피해 : 소나무, 곰솔, 리기다소나무에 피해, 집단으로 흡즙, 부생성 그을음병 유발
② 발생횟수 및 월동태 : 연 수회, 알로 월동

(5) 쥐똥나무진딧물

① 피해
㉠ 쥐똥나무, 인동덩굴, 백당나무 등에 피해
㉡ 성충과 약충이 가지와 잎 뒷면에서 집단으로 흡즙, 흰색 밀납물질 분비
㉢ 잎보다 새 가지를 가해, 잎이 불규칙하게 말리고 기형
㉣ 부생성 그을음병 유발
② 발생횟수 및 월동태 : 잘 알려져 있지 않음

핵심문제

진딧물의 천적이 아닌 것은? [21년 6회]

① 진디혹파리
② 칠성풀잠자리
③ 칠성무당벌레
❹ 칠레이리응애
⑤ 콜레마니진디벌

(6) 목화진딧물

① 피해

㉠ 이른 봄에 무궁화에 큰 피해, 성충과 약충이 새 가지와 잎 뒷면에서 집단 흡즙

㉡ 부생성 그을음병 유발, 식물바이러스 매개

② 발생횟수 및 월동태

㉠ 연 수회, 알로 월동(겨울눈 부근, 가지)

㉡ 겨울기주 : 무궁화, 개오동나무 – 단위생식으로 몇 세대 경과한 후 유시충 출현하여 이동

㉢ 여름기주 : 오이, 고추

(7) 조팝나무진딧물

① 피해

㉠ 조팝나무류, 모과나무, 명자나무, 벚나무류 등에 피해

㉡ 성충과 약충이 새 가지와 잎에서 집단으로 흡즙, 잎이 뒷면으로 말림

㉢ 사과나무, 배나무, 귤나무의 주요 해충, 각종 바이러스 매개, 부생성 그을음병 유발

② 발생횟수 및 월동태

㉠ 연 수회, 알로 월동(조팝나무)

㉡ 여름기주 : 명자나무, 귤나무 등

㉢ 겨울기주 : 조팝나무 등

(8) 복숭아가루진딧물

① 피해

㉠ 벚나무속 식물에 피해, 성충과 약충이 잎 뒷면에서 집단으로 흡즙

㉡ 잎이 세로로 말리고, 피해 부위가 흰색 밀납물질로 덮임

㉢ 부생성 그을음병 유발

② 발생횟수 및 월동태

㉠ 연 수회, 알로 월동(벚나무속)

㉡ 여름기주 : 억새, 갈대

㉢ 겨울기주 : 벚나무속

핵심문제

진딧물류의 생태와 피해에 관한 설명으로 옳지 않은 것은? [22년 7회]

❶ 복숭아가루진딧물의 여름 기주는 대나무이다.
② 목화진딧물의 겨울 기주는 무궁화나무이고 알로 월동한다.
③ 조팝나무진딧물은 기주의 신초나 어린잎을 가해한다.
④ 소나무왕진딧물은 소나무 가지를 가해하며 기주전환을 하지 않는다.
⑤ 복숭아혹진딧물의 겨울 기주는 복숭아나무 등이고 양성생식과 단위생식을 한다.

핵심문제

복숭아가루진딧물에 대한 설명으로 옳지 않은 것은? [21년 6회]

① 산란형 암컷(Ovipara)은 무시형이다.
② 벚나무속 수목의 눈에서 알로 월동한다.
③ 양성(암/수)의 출현은 1차 기주로 돌아오는 가을철 세대에서만 나타난다.
❹ 간모(Fundatrix)에서 태어난 유시형 암컷은 여름 기주인 감자 등 작물로 이동한다.
⑤ 짝짓기는 월동기주인 벚나무속 수목에서 산란형 암컷과 유시형 수컷에 의해 일어난다.

(9) 붉은테두리진딧물

① 피해

㉠ 매실나무에 큰 피해, 성충과 약충이 새 가지나 어린잎을 흡즙

㉡ 잎이 뒤틀리면서 말려 기형이 됨

② 발생횟수 및 월동태

㉠ 연 수회, 알로 월동(벚나무속의 겨울눈, 가지)

㉡ 여름기주 : 볏과식물

㉢ 겨울기주 : 벚나무속

(10) 복숭아혹진딧물

① 피해

㉠ 복숭아나무, 매실나무, 벚나무류 등에 피해

㉡ 성충과 약충이 잎 뒷면에서 집단으로 흡즙, 잎이 세로로 말리고 갈색 변색

㉢ 부생성 그을음병 유발, 각종 바이러스 매개

② 발생횟수 및 월동태

㉠ 연 수회, 알로 월동(겨울눈 부근)

㉡ 여름기주 : 배추, 무

㉢ 겨울기주 : 복숭아나무 등

(11) 배롱나무알락진딧물

① 피해

㉠ 배롱나무, 성충과 약충이 잎 뒷면이나 새 가지에서 집단으로 흡즙

㉡ 새 가지, 잎, 꽃대, 꽃봉오리 등을 가해

㉢ 배설물로 끈적거리고 그을음병 유발

② 발생횟수 및 월동태

㉠ 연 수회, 알로 월동(수피 틈)

㉡ 유시충으로 증식하고, 10월에 무시충 산란, 여름철 이후에 밀도가 높음

(12) 팽나무알락진딧물

① 피해

㉠ 팽나무, 풍게나무, 푸조나무 등에 피해

㉡ 성충과 약충이 잎 뒷면에서 집단으로 흡즙하면 피해 부위는 황색 변색 → 밀도가 높을 경우 갈색 후 낙엽

㉢ 잎 뒷면에 솜 같은 분비물로 덮고, 부생성 그을음병 유발

② 발생횟수 및 월동태 : 연 수회, 알로 월동(가지)

(13) 느티나무알락진딧물

① 피해

㉠ 느티나무에 피해, 성충과 약충이 잎 뒷면에서 집단으로 흡즙

㉡ 그을음병 유발

② 발생횟수 및 월동태 : 연 수회, 알로 월동(겨울눈)

(14) 대륙털진딧물

① 피해

㉠ 버드나무류에 피해, 성충과 약충이 잎 뒷면의 주맥을 따라 집단 흡즙

㉡ 부생성 그을음병 유발

② 발생횟수 및 월동태 : 연 수회, 알로 월동(수피 틈)

(15) 진사진딧물

① 피해

㉠ 단풍나무류에 피해, 성충과 약충이 잎 뒷면이나 새 가지에서 집단으로 흡즙

㉡ 잎이 오그라들고 변색

② 발생횟수 및 월동태 : 연 수회, 알로 월동(잎눈의 기부)

(16) 모감주진사진딧물

① 피해

㉠ 모감주나무에 피해, 성충과 약충이 잎 뒷면에서 집단으로 흡즙

㉡ 잎은 오그라들면서 변색, 부생성 그을음병 유발

② 발생횟수 및 월동태 : 연 수회, 알로 월동(잎의 기부), 여름 이후에는 가해수목에서 발견되지 않음

(17) 가슴진딧물

① 피해

㉠ 가시나무, 구실잣밤나무, 녹나무, 식나무, 참식나무 등에 피해, 제주도에 분포

㉡ 성충과 약충이 어린가지에서 집단으로 흡즙 → 가지만 가해

㉢ 부생성 그을음병 유발

② 발생횟수 및 월동태 : 무시충으로 월동 추정

(18) 전나무잎말이진딧물

① 피해

㉠ 전나무, 일본전나무, 분비나무, 종비나무 등에 피해

㉡ 성충과 약충이 새잎의 기부에서 흡즙 가해

㉢ 잎이 오그라들거나 구부러짐, 하얀 솜 같은 물질 분비

② 발생횟수 및 월동태 : 연 3회, 알로 월동(수피 틈), 알 기간은 10개월

11) 물푸레면충

① 피해

㉠ 여름기주 : 전나무, 겨울기주 : 물푸레나무, 들메나무

㉡ 이른 봄에 잎과 어린가지를 흡즙, 가해 부위가 오그라드는 증상

㉢ 면충이 집단으로 군집한 모습이 흰눈과 같음

② 발생횟수 및 월동태

㉠ 연 수회 발생, 알로 월동(물푸레나무 등 수피 틈)

㉡ 여름기주인 전나무의 줄기 밑동 부근으로 이동하여 뿌리에서 7~8세대 경과(개미와 공생생활)

12) 소나무솜벌레

① 피해

㉠ 소나무, 곰솔, 가문비나무, 섬잣나무, 스트로브잣나무 등에 피해

㉡ 성충과 약충이 가지나 수피 틈에서 흡즙, 흰색 분비물을 분비

㉢ 조경수익 반송에 큰 피해

㉣ 통기성, 수광량이 부족한 경우가 자주 발생

② 발생횟수 및 월동태 : 연 수회, 약충 월동(가지, 줄기의 수피 틈)

핵심문제

해충에 의한 피해 또는 흔적의 연결로 옳지 않은 것은?

① 때죽납작진딧물 – 잎에 혹 형성
❷ 물푸레면충 – 줄기나 새순에 구멍이 뚫림
③ 전나무잎응애 – 잎의 변색 또는 반점 형성
④ 천막벌레나방 – 거미줄과 유사한 실이 있음
⑤ 매실애기잎말이나방 – 잎을 묶거나 맒

13) 귤가루이

① 피해

㉠ 감나무, 광나무, 배롱나무, 쥐똥나무 등에 피해

㉡ 성충과 유충이 새잎의 뒷면에서 집단 흡즙

㉢ 잎 뒷면에 탈피각 존재, 부생성 그을음병 유발

② 발생횟수 및 월동태

㉠ 연 2회, 3령 유충이나 번데기로 월동

㉡ 잎 뒷면에 세로로 산란

㉢ 통기성이 불량할 경우 다발

14) 깍지벌레

➤ 깍지벌레의 생활사

해충명	발생횟수	월동태
거북밀깍지벌레	연 1회	성충 월동
뿔밀깍지벌레		성충 월동
루비깍지벌레		성충 월동
쥐똥밀깍지벌레		성충 월동
공깍지벌레		약충 월동
줄솜깍지벌레		3령 약충 월동
후박나무굴깍지벌레		성충 월동
솔껍질깍지벌레		후약충 월동
이세리아깍지벌레	연 2~3회	성충, 약충 월동
갈색깍지벌레		성충 월동
뽕나무깍지벌레		성충 월동
벚나무깍지벌레		성충 월동
주머니깍지벌레	연 2회	알 월동
소나무가루깍지벌레		약충 월동
소나무굴깍지벌레		성충
장미흰깍지벌레		성충
식나무깍지벌레		성충
사철깍지벌레		성충

(1) 깍지벌레류 특징

① 보통 연 1회, 성충 월동

② 감로로 인해 그을음병 유발

③ 솜이나 밀랍 형태의 물질 분비

핵심문제

수목해충별 가해부위 연간 발생횟수, 월동태의 연결이 옳은 것은?
[25년 11회]

① 붉은매미나방 : 잎-1회-유충
② 솔알락명나방 : 잣송이-1회-성충
③ 사철나무혹파리 : 잎-1회-번데기
❹ 루비깍지벌레 : 줄기·가지·잎-1회-암컷성충
⑤ 밤혹응애(밤나무혹응애) : 잎-1회-암컷성충

(2) 거북밀깍지벌레

① 피해

㉠ 1930년에 국내에서 발견, 충체가 밀랍으로 덮여 있어 약제가 침투 안 됨

㉡ 농약의 남용으로 방제 어려움

㉢ 동백나무, 감나무, 치자나무 등 34종의 수종이 기주식물

㉣ 성충과 약충이 가지와 잎에서 수액을 흡즙, 그을음병 유발

② 발생횟수 및 월동태 : 연 1회, 암컷 성충 월동

③ 방제법 : 붉은깡충좀벌, 밀깍지깡충좀벌 등 기생성 천적, 애홍점박이무당벌레 등 포식성 천적을 보호

(3) 뿔밀깍지벌레

① 피해

㉠ 중국 원산, 1930년에 국내 발견

㉡ 감나무, 치자나무, 차나무, 동백나무, 단풍나무 등에 피해

㉢ 명아주, 망초 등에도 기생

㉣ 성충과 약충이 가지와 잎에서 흡즙, 그을음병 유발

② 발생횟수 및 월동태 : 연 1회, 암컷 성충 월동

③ 방제법 : 천적인 붉은깡충좀벌, 밀깍지깡충좀벌, 애홍점박이무당벌레 보호

(4) 루비깍지벌레

① 피해

㉠ 열대지방 원산, 가시나무, 동백나무, 후박나무 등 상록활엽수, 감나무, 쥐똥나무 등 낙엽활엽수에 피해

㉡ 성충과 약충이 줄기, 가지, 잎에서 흡즙, 그을음병 유발

② 발생횟수 및 월동태 : 연 1회, 암컷 성충 월동, 암컷 성충은 이동하지 않음

③ 방제법 : 천적인 루비붉은깡충좀벌, 루비검정깍지좀벌, 애홍점박이무당벌레, 꼬마무당벌레 보호

(5) 쥐똥밀깍지벌레

① 피해

㉠ 쥐똥나무, 광나무, 물푸레나무, 이팝나무, 수수꽃다리 등에 피해

㉡ 성충과 약충이 잎과 가지를 집단으로 흡즙, 수컷은 흰색 밀랍물질로 충체를 덮음

㉢ 2령충 가지 이동, 기주 간 수평적 이동능력 높음

② 발생횟수 및 월동태 : 연 1회, 암컷 성충 월동

③ 방제법 : 천적인 애홍점박이무당벌레, 쥐똥밀깍지깡충좀벌 등을 보호

(6) 공깍지벌레

① 피해

㉠ 매실나무에 큰 피해, 살구나무, 자두나무, 벚나무류, 사철나무, 밤나무 등

㉡ 부화약충은에 피해 잎 뒷면에 기생하며 흡즙 → 월동 전 가지로 이동하여 흡즙

② 생활사 : 연 1회, 종령약충 월동(가지)

(7) 줄솜깍지벌레

① 피해

㉠ 오리나무, 뽕나무, 벚나무류, 단풍나무류 등에 피해

㉡ 성충과 약충이 잎과 가지에서 흡즙, 암컷성충은 고리 모양의 알주머니를 만듦

② 생활사 : 연 1회, 3령약충 월동(가지)

③ 방제법 : 천적인 솜깍지깡충좀벌 보호

(8) 후박나무굴깍지벌레

① 피해

㉠ 후박나무, 참식나무, 붓순나무, 녹나무 등 상록활엽수에 피해

㉡ 성충과 약충이 주로 잎 뒷면에서 집단으로 흡즙, 종종 가지에도 기생

② 발생횟수 및 월동태 : 연 1회, 암컷 성충 월동

③ 방제법 : 천적인 후박나무굴깍지좀벌 보호

핵심문제

해충의 화학적 방제에 관한 설명으로 옳지 않은 것은? [21년 5회]

① 솔잎혹파리는 성충 우화기인 5~7월에 수관살포한다.
❷ 솔껍질깍지벌레는 후약충기인 7월에 나무에 살포한다.
③ 버즘나무방패벌레는 발생 초기인 5, 6월에 경엽처리한다.
④ 솔나방은 유충 가해기인 4~6월과 8, 9월에 경엽처리한다.
⑤ 미국흰불나방은 유충 발생 초기인 5월과 8월에 경엽처리한다.

✎ 후약충

여름잠(하면) 후의 약충을 이르는 말

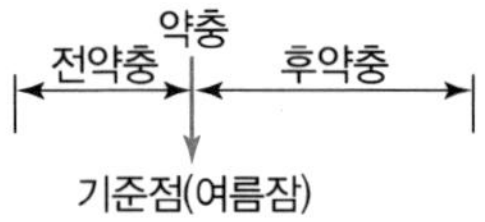

(9) 솔껍질깍지벌레

① 피해

㉠ 1963년 국내에서 발견, 곰솔, 소나무에 피해

㉡ 약충이 가지에서 실 모양의 구침을 인피부에 꽂고 흡즙

㉢ 세포를 파괴하는 타액을 분비하여 세포막 파괴 및 세포 내 물질 분해

㉣ 3~5월에 수관 하부의 잎부터 갈색 변색, 7~22년 이하의 수령에 큰 피해

㉤ 11월~3월 후약충시기에 가장 큰 피해

② 발생횟수 및 월동태

㉠ 연 1회, 후약충 월동

㉡ 암컷 : 불완전변태, 수컷 : 완전변태(전성충과 번데기)

㉢ 우화최성기는 4월 중순

③ 방제법

㉠ 선단지 강도의 솎아베기 또는 간벌

㉡ 피해도 '심' 이상이고 수종갱신이 필요한 경우 모두베기

㉢ 2~5월에 페로몬트랩 이용

㉣ 피해도 '중' 이상 시 나무주사(에마멕틴벤조에이트유제, 이미다클로프리드 분산성 액제)

(10) 이세리아깍지벌레

① 피해

㉠ 호주 원산, 낙엽활엽수, 상록활엽수에 피해

㉡ 암컷 성충과 약충이 가지와 잎에서 흡즙, 부생성 그을음병 유발

② 발생횟수 및 월동태 : 연 2~3회, 3령 약충 또는 성충 월동

③ 방제법 : 천적인 베달리아무당벌레 보호

(11) 갈색깍지벌레

① 피해

㉠ 귤나무, 황철나무, 녹나무, 후박나무, 무궁화, 팔손이, 회양목 등에 피해

㉡ 잎에서만 기생, 흡즙 후 황화되며 낙엽

② 발생횟수 및 월동태 : 연 2~3회, 암컷 성충 월동

(12) 뽕나무깍지벌레

① 피해
　㉠ 벚나무속 수목에 큰 피해
　㉡ 성충과 약충이 가지, 줄기에서 집단으로 흡즙
　㉢ 2~3년생 가지에 집중 분포, 밀도가 높으면 흰 가루가 덮인 듯함
② 발생횟수 및 월동태 : 연 2~3회, 암컷 성충 월동(가지, 줄기)

(13) 벚나무깍지벌레

① 피해
　㉠ 벚나무류, 복숭아나무, 매실나무, 살구나무 등 핵과류에서 큰 피해
　㉡ 뽕나무깍지벌레의 피해와 유사
② 발생횟수 및 월동태 : 연 2~3회, 암컷 성충 월동(가지, 줄기)

(14) 주머니깍지벌레

① 피해
　㉠ 배롱나무, 석류나무, 팽나무, 예덕나무, 회양목 등에 피해
　㉡ 주머니깍지벌레와 감나무주머니깍지벌레는 다름
　㉢ 성충과 약충이 잎, 가지, 줄기에서 흡즙, 그을음병 유발
　㉣ 배롱나무에서는 잎에도 기생, 석류나무, 팽나무, 예덕나무, 회양목은 주로 가지, 줄기에 기생
② 발생횟수 및 월동태 : 연 2회, 알로 월동(암컷 깍지 속)
③ 방제법 : 겨울철에 기계유제, 석회황합제 살포

(15) 소나무가루깍지벌레

① 피해
　㉠ 소나무, 곰솔, 잣나무 등에 피해
　㉡ 성충과 약충이 새 가지나 전년도 가지의 잎 사이에서 집단으로 흡즙
　㉢ 그을음병 유발, 피목가지마름병 유발
② 발생횟수 및 월동태 : 연 2회, 약충 월동(가지의 수피 틈)

(16) 소나무굴깍지벌레

① 피해

㉠ 소나무, 곰솔, 스트로브잣나무, 방크스소나무, 테다소나무 등에 피해

㉡ 성충과 약충이 잎에 기생하여 흡즙, 부생성 그을음병 유발

㉢ 당년 잎보다 오래된 잎, 잎끝부분보다 중앙부와 밑부분을 가해

② 발생횟수 및 월동태 : 연 2회, 암컷 성충 월동

(17) 장미흰깍지벌레

① 피해

㉠ 장미, 해당화, 찔레 등에 피해

㉡ 성충과 약충이 줄기, 가지, 잎에 기생하며 흡즙, 수컷은 주로 잎에 기생

㉢ 밀도가 높으면 흰 가루가 덮인 듯 보임

② 발생횟수 및 월동태 : 연 2회, 암컷 성충 월동(가지, 줄기)

③ 방제법 : 천적인 흰깍지깡충좀벌 보호

(18) 식나무깍지벌레

① 피해

㉠ 감나무, 고욤나무, 목련, 식나무, 협죽도 등에 피해

㉡ 성충과 약충이 잎, 가지, 줄기, 과실을 흡즙, 주로 잎 뒷면에서 흡즙

㉢ 배설물에 의한 그을음병 유발

② 발생횟수 및 월동태 : 연 2회, 암컷 성충 또는 암컷 약충 월동(가지)

(19) 사철깍지벌레

① 피해

㉠ 꽝꽝나무, 동백나무, 화살나무, 회양목 등에 피해

㉡ 성충과 약충이 잎, 가지, 줄기에서 집단으로 흡즙

㉢ 갈색고약병, 회색고약병 유발

② 형태 : 암컷 성충은 갈색의 굴껍데기 모양

③ 발생횟수 및 월동태 : 연 2회, 암컷 성충 월동(잎, 가지, 줄기)

핵심문제

각 수목해충의 기주와 가해 부위를 옳게 나열한 것은? [23년 9회]

❶ 식나무깍지벌레 성충 – 사철나무, 잎
② 벚나무모시나방 유충 – 벚나무, 가지
③ 황다리독나방 유충 – 층층나무, 가지
④ 주둥무늬차색풍뎅이 유충 – 벚나무, 잎
⑤ 느티나무벼룩바구미 성충 – 느티나무, 가지

15) 응애

➤ 응애의 생활사

해충명	발생횟수	월동태
전나무잎응애	연 5~6회	알 월동
벚나무응애	연 5~6회	성충 월동
점박이응애	연 8~10회	성충 월동
차응애	연 수회	성충 월동

(1) 응애류의 특징

① 보통 1년 수회 성충으로 월동한다.
② 육안관찰이 어렵다.
③ 피해 시 잎이 회갈색으로 변색된다.
④ 잎에서 거미줄이 관찰된다.
⑤ 확대경을 이용하여 진단한다.

(2) 전나무잎응애

① 피해
㉠ 전나무, 잣나무, 소나무, 곰솔, 삼나무, 밤나무, 굴참나무, 떡갈나무 등에 피해
㉡ 성충과 약충이 주로 잎 앞면에서 흡즙
② 발생횟수 및 월동태 : 연 5~6회, 알로 월동

(3) 벚나무응애

① 피해
㉠ 벚나무류에 피해
㉡ 성충과 약충이 잎 뒷면에서 집단으로 흡즙
② 발생횟수 및 월동태 : 연 5~6회, 암컷 성충 월동(수피 틈)

(4) 점박이응애

① 피해
㉠ 벚나무류, 산수유 등과 배나무, 복숭아나무, 사과나무 등 과수, 채소류에 피해
㉡ 성충과 약충이 잎 뒷면에서 집단으로 흡즙, 바늘에 찔린 듯한 하얀 점 유발

핵심문제

감로와 분비물로 인해 발생되는 그을음병과 관련이 없는 해충류는? [25년 11회]

❶ 잎응애류 ② 나무이류
③ 매미충류 ④ 가루이류
⑤ 깍지벌레류

㉢ 방패벌레 피해와 비슷하나 배설물, 탈피각이 없음
② 발생횟수 및 월동태
㉠ 연 8~10회, 암컷 성충 월동(수피, 잡초, 낙엽)
㉡ 평균기온이 5~6℃ 되는 3월 중순경에 산란, 4~5월에 잡초에서 증식, 5월에 나무로 이동, 7~8월 밀도가 가장 높음
③ 방제법
㉠ 긴털이리응애, 칠레이리응애, 꽃노린재, 검정명주딱정벌레, 흑선두리먼지벌레, 납작선두리먼지벌레 등의 천적 보호
㉡ 에마멕틴벤조에이트유제, 아바멕틴미탁제 등을 나무주사

(5) 차응애

① 피해
㉠ 차나무, 뽕나무, 아까시나무, 탱자나무 등에 피해
㉡ 성충과 약충이 기주의 잎 뒷면에서 집단으로 흡즙
② 발생횟수 및 월동태
㉠ 연 수회, 암컷 성충 월동(잎 뒷면)
㉡ 평균기온이 8~9℃ 되는 3월에 산란, 4~6월에 차나무에서 밀도가 높고, 7~8월에 감소
③ 방제법 : 천적인 긴털이리응애, 칠레이리응애 등을 보호

핵심문제

수목을 가해하는 소나무좀, 매미나방, 차응애가 모두 공유하는 특징은? [21년 6회]

① 알로 월동한다.
❷ 표피가 키틴질이다.
③ Hexapoda에 속한다.
④ 먹이를 씹어 먹는다.
⑤ 협각(Chelicera)이 있다.

3. 종실 및 구과 해충

1) 도토리거위벌레

① 피해
㉠ 상수리나무, 신갈나무 등 참나무류의 도토리에 피해
㉡ 암컷 성충이 7~8월에 주둥이로 도토리에 구멍을 뚫고 산란한 후 가지를 절단하여 땅에 떨어뜨림
② 발생횟수 및 월동태 : 연 1회, 노숙유충 월동(땅속 3~9cm 깊이에 흙집)

2) 밤바구미

① 피해
㉠ 밤나무, 종가시나무, 참나무류의 종실을 가해

㉡ 종피와 과육 사이에 산란 → 유충은 과육을 먹고 성장, 배설물을 내보내지 않음

㉢ 조생종보다 중 · 만생종에 피해가 크고, 가시밀도가 높은 품종이 피해가 적음

② 발생횟수 및 월동태

㉠ 연 1회, 노숙유충 월동(토양 속 18~36cm에 흙집) → 9월 중순 이동

㉡ 7월 중순부터 번데기, 8~9월에 우화(최성기 9월)

3) 대추애기잎말이나방

① 피해

㉠ 대추나무, 헛개나무 등에 피해

㉡ 유충이 이른 봄에 잎을 여러 장 묶어 그 속에서 잎을 식엽하고, 가을에는 과실 껍질 식해

㉢ 과실에 잎을 1~2장 붙여 놓는 특징이 있음

② 발생횟수 및 월동태 : 연 3회, 번데기 또는 성충 월동

4) 복숭아명나방

① 피해

㉠ 소나무, 잣나무, 리기다소나무, 구상나무, 전나무, 은행나무 등의 침엽수에 피해

㉡ 밤나무, 상수리나무, 참나무류, 호두나무, 감나무, 사과나무, 배나무, 복숭아나무 등의 활엽수 종실에 피해

㉢ 침엽수형 : 유충은 새 가지에서 잎이나 작은 가지를 여러 개 묶고 그 속에서 식엽하고 배설물을 붙여 놓음, 잣나무의 구과가 피해가 큼

㉣ 활엽수형 : 유충은 과육을 먹고 자라며, 배설물과 찌꺼기를 밖으로 내보내 붙여 놓음, 밤나무에서는 조생종 피해가 큼

② 발생횟수 및 월동태

㉠ 연 2~3회, 활엽수형 – 유충 월동(수피 틈), 침엽수형 – 유충 월동(벌레주머니 속)

㉡ 침엽수형 : 5월부터 활동

㉢ 활엽수형 : 4월부터 활동

핵심문제

종실을 가해하는 해충은?

[22년 8회]

① 도토리거위벌레, 전나무잎응애
② 복숭아명나방, 오리나무잎벌레
③ 솔알락명나방, 호두나무잎벌레
④ 대추애기잎말이나방, 버들바구미
❺ 백송애기잎말이나방, 도토리거위벌레

㉣ 1세대 성충은 6월에 복숭아나무, 자두나무, 사과나무 등의 과실에 산란

㉤ 2세대 성충은 7~8월에 밤나무 종실에 산란

③ 방제법 : 성페로몬트랩 이용

4. 충영 형성 해충

1) 큰팽나무이

① 피해

㉠ 팽나무만 가해하는 단식성

㉡ 약충이 잎 뒷면에 기생, 잎 표면에 고깔 모양의 벌레혹, 잎 뒷면에는 흰색 분비물로 된 깍지를 만듦

㉢ 여름형 – 동심원형, 가을형 – 편심원형

② 발생횟수 및 월동태 : 연 2회, 알로 월동(수피 틈, 지피물)

2) 사사키잎혹진딧물

① 피해

㉠ 벚나무류에 피해

㉡ 성충과 약충이 벚나무 새 눈에 기생하며 잎 뒷면에서 흡즙

㉢ 가해 부위가 오목하게 들어가고 잎 앞면에는 잎맥을 따라 주머니 모양이 벌레혹 형성

② 발생횟수 및 월동태

㉠ 연 수회, 알로 월동(가지)

㉡ 5~6월에 유시충 암컷 출현 후 여름기주인 쑥으로 이동한 다음 잎 뒷면에서 기생

㉢ 10월경 암컷과 수컷이 출현하여 벚나무로 이동

3) 진딧물

(1) 때죽납작진딧물

① 피해 : 때죽나무에 피해, 간모가 잎의 측아 속에서 흡즙하여 바나나 모양의 벌레혹 형성

② 발생횟수 및 월동태

㉠ 연 수회, 알로 월동(가지)

핵심문제

다음 설명에 해당하는 해충을 〈보기〉 순서대로 나열한 것은?

[22년 8회]

〈보기〉
ㄱ. 수피와 목질부 표면을 환상으로 가해한다.
ㄴ. 기주전환을 하며 쑥으로 이동하여 여름을 난다.
ㄷ. 유충이 겨울눈 조직 속에서 충방을 형성하여 겨울을 난다.
ㄹ. 바나나 송이 모양의 황록색 벌레 혹을 만들고 그 속에서 가해한다.

① 박쥐나방 – 복숭아혹진딧물 – 붉나무혹응애 – 밤나무혹벌
❷ 박쥐나방 – 사사키잎혹진딧물 – 밤나무혹벌 – 때죽납작진딧물
③ 알락하늘소 – 목화진딧물 – 때죽납작진딧물 – 사철나무혹파리
④ 복숭아유리나방 – 사사키잎혹진딧물 – 큰팽나무이 – 솔잎혹파리
⑤ 복숭아유리나방 – 조팝나무진딧물 – 사사키잎혹진딧물 – 큰팽나무이

✎ 간모
진딧물의 월동란이 봄에 부화하여 발육한 것으로 날개가 없이 새끼를 낳는 단위생식 형태의 암컷

㉡ 7월 하순에 유시충이 출현하여 여름기주인 나도바랭이새로 이주

㉢ 나도바랭이새의 잎 뒷면에 흰 솜털 형성 후 가을에 다시 때죽나무로 이동

(2) 조록나무혹진딧물

① 피해 : 조록나무에 피해, 잎에 벌레혹을 형성하고 그 안에서 성충, 약충이 흡즙

② 발생횟수 및 월동태 : 연 4회, 성충 월동, 1년 내내 조록나무에서만 생활

4) 외줄면충

① 피해

㉠ 간모가 느티나무 잎 뒷면에서 흡즙하여 잎 표면에 표주박 모양의 담녹색 벌레혹을 형성

㉡ 유시충이 탈출하면 갈색으로 변색, 피해 잎은 기형이 됨

② 발생횟수 및 월동태

㉠ 연 수회, 알로 월동(수피 틈)

㉡ 5～6월에 유시형 성충이 여름기주인 대나무류로 이동

㉢ 10월경 유시형 성충이 느티나무로 이동

5) 밤나무혹벌

① 피해

㉠ 밤나무에 피해, 유충이 밤나무 눈에 기생하여 붉은색 벌레혹을 형성하며 벌레혹 주위에는 작은 잎이 다발로 생성

㉡ 7월 성충 탈출 후 벌레혹이 마르기 시작

㉢ 피해나무는 가지가 정상적으로 성장하지 못함

② 발생횟수 및 월동태

㉠ 연 1회, 유충 월동(충방)

㉡ 6～7월에 우화하여 산란(단위생식)

③ 방제법

㉠ 내충성 품종 : 산목률, 순역, 옥광률, 상림 등의 토착종을 식재

㉡ 유마, 이취, 삼조생, 이평 등의 도입종 저항성 품종 식재

㉢ 중국긴꼬리좀벌을 4월 하순～5월 상순에 ha당 5,000마리 방사

핵심문제

「농촌진흥청 농약안전정보시스템」에 등록된 약제의 해충 방제 시기 및 방법에 관한 설명으로 옳은 것은? [25년 11회]

① 매미나방은 유충발생 초기인 7월에 경엽처리를 한다.
② 솔잎혹파리는 유충발생 초기인 4월에 수관처리를 한다.
❸ 밤나무혹벌은 성충발생최성기인 7월에 수관처리를 한다.
④ 오리나무잎벌레는 유충발생 초기인 4월에 경엽처리를 한다.
⑤ 잣나무별납작잎벌(잣나무넓적잎벌)은 유충발생 초기인 4~5월에 경엽처리를 한다.

㉣ 남색긴꼬리좀벌, 노란꼬리좀벌, 큰다리남색좀벌, 상수리좀벌 등의 천적 보호

6) 혹파리

➤ 혹파리의 생활사

해충명	발생횟수	월동태(월동처)
솔잎혹파리	연 1회	유충(흙속)
아까시잎혹파리	연 2~3회	번데기(흙속)
사철나무혹파리	연 1회	유충(벌레혹)

(1) 솔잎혹파리

① 피해

㉠ 1929년 일본에서 국내로 전파

㉡ 솔잎 기부에 충영 형성, 건강한 잎의 1/2 수준만 생장

㉢ 가을철에 일찍 낙엽, 수관 상부에 많이 형성

② 발생횟수 및 월동태

㉠ 연 1회, 유충 월동(지피물 밑, 1~2cm 깊이의 흙속)

㉡ 우화최성기 : 6월 상 · 중순

㉢ 우화시각 : 11~18시, 15시에 가장 많이 우화

㉣ 유충은 9월 하순에서 11월 중순에 비가 많이 오는 날 땅으로 떨어져 월동

③ 방제법

㉠ 솎아베기, 지피물 긁기, 11~12월과 4~5월에 이미다클로프리드로 토양 처리

㉡ 솔잎혹파리먹좀벌, 혹파리살이먹좀벌, 혹파리등뿔먹좀벌, 혹파리반뿔먹좀벌 등 천적 보호

(2) 아까시잎혹파리

① 피해

㉠ 2002년 국내에서 확인, 미국 원산, 아까시나무만 가해하는 단식성

㉡ 잎 뒷면의 가장자리에서 흡즙하여 잎이 뒤로 말림

㉢ 흰가루병과 그을음병을 유발

㉣ 새잎 뒷면의 가장자리에 산란, 2화기 때 피해가 심함

핵심문제

천적의 기주 및 방사시기에 관한 설명으로 옳지 않은 것은?

① 칠레이리응애는 점박이응애의 알과 성충을 포식한다.
② 진디혹파리 유충은 목화진딧물의 약충과 성충을 포식한다.
③ 콜레마니진디벌은 복숭아혹진딧물의 약충과 성충 몸속에 산란한다.
❹ 혹파리살이먹좀벌은 솔잎혹파리 유충이 지면에 낙하하는 11월에 방사한다
⑤ 중국긴꼬리좀벌은 밤나무혹벌의 기생성 천적으로 4월 하순~5월 상순에 방사한다.

핵심문제

해충과 방제방법의 연결이 옳지 않은 것은? [23년 9회]

① 솔나방 – 기생성 천적을 보호
② 말매미 – 산란한 가지를 잘라서 소각
③ 매미나방 – 성충 우화시기에 유아등으로 포획
④ 이세리아깍지벌레 – 가지나 줄기에 붙어있는 알덩어리를 제거
❺ 솔잎혹파리 – 지표면에 비닐을 피복하여 성충이 월동처로 이동하는 것을 차단

② 발생횟수 및 월동태 : 연 2~3회, 번데기 월동
③ 방제법 : 천적인 아까시민날개납작먹좀벌, 무당벌레류 등을 보호

(3) 사철나무혹파리

① 피해
㉠ 사철나무, 줄사철나무 등에 피해
㉡ 유충이 잎 뒷면에 울퉁불퉁하게 부풀어 오르는 벌레혹을 형성하고, 그 속에서 흡즙
② 발생횟수 및 월동태 : 연 1회, 3령 유충 월동(벌레혹)

7) 혹응애

➤ 혹응애의 생활사

해충명	발생횟수	월동태(월동처)
붉나무혹응애	연 수회	알려지지 않음
밤나무혹응애	연 수회	성충(가지 틈, 눈의 인편 밑)
회양목혹응애	연 2~3회	성충(겨울눈)

(1) 붉나무혹응애

① 피해
㉠ 붉나무에 피해
㉡ 성충과 약충이 잎 뒷면에 기생하며 잎 앞면에 사마귀 같은 둥근 벌레혹 형성
㉢ 벌레혹 : 봄에는 녹색, 늦여름 이후에는 붉은색
② 발생횟수 : 연 수회

(2) 밤나무혹응애

① 피해
㉠ 밤나무에 피해
㉡ 잎 양면에 2mm 크기로 벌레혹을 형성하고 그 안에서 기생
㉢ 앞면의 벌레혹－반구형, 뒷면의 벌레혹－원통형으로 개구부 존재
② 발생횟수 및 월동태 : 연 수회, 암컷 성충 월동(가지 틈, 눈의 인편 밑, 낙엽의 벌레혹)

핵심문제

해충의 종류와 가해 습성 및 흔적의 연결이 옳지 않은 것은? [21년 6회]

① 회양목명나방－잎을 철하고 가해
❷ 붉나무혹응애－가지에 혹을 만들고 가해
③ 미국흰불나방, 천막벌레나방－거미줄이 있음
④ 잎응애류, 방패벌레류－잎의 반점 또는 갈변
⑤ 대추애기잎말이나방－잎을 묶거나 접고 그 속에서 가해

(3) 회양목혹응애

① 피해

㉠ 회양목에 피해

㉡ 성충과 약충이 잎눈 속에서 가해

㉢ 열매처럼 보이는 꽃봉오리 모양의 벌레혹

② 발생횟수 및 월동태 : 연 2~3회, 성충 월동

5. 천공성 해충

1) 하늘소

➤ 하늘소의 생활사

해충명	발생횟수	월동태(월동처)
벚나무사향하늘소	2년 1회	유충(줄기)
향나무하늘소	연 1회	성충(줄기)
솔수염하늘소	연 1회	유충(줄기)
북방수염하늘소	연 1회	유충(줄기)
알락하늘소	연 1회	유충(줄기)

(1) 벚나무사향하늘소

① 피해

㉠ 벚나무류, 매실나무, 복숭아나무, 살구나무, 버드나무류 등 벚나무속에 큰 피해

㉡ 유충은 목질부 가해, 목설을 배출하며 수액이 배출되기도 함

㉢ 목설은 많은 가루를 포함하고 우드칩(넓고 짧음) 모양

㉣ 복숭아유리나방과는 목설과 수액이 함께 배출, 섬유질 모양(실 모양)

② 발생횟수 및 월동태 : 2년 1회, 유충 월동(줄기 속)

(2) 향나무하늘소

① 피해

㉠ 향나무류, 측백나무류, 편백, 나한백 등에 피해

㉡ 유충은 수피를 뚫고 형성층을 가해하며, 빠르게 고사됨

㉢ 목설을 밖으로 배출하지 않아 피해를 알기 어려움

② 발생횟수 및 월동태 : 연 1회, 성충 월동(목질부)

(3) 솔수염하늘소

① 피해

㉠ 소나무, 곰솔, 리기다소나무, 잣나무, 전나무, 개잎갈나무 등에 피해

㉡ 유충이 수피 밑에서 형성층과 목질부를 가해

㉢ 주로 쇠약목, 고사목에서 발견, 건전목에는 산란하지 않음

㉣ 소나무재선충병을 매개

② 발생횟수 및 월동태

㉠ 연 1회, 유충 월동(피해목)

㉡ 우화기 : 5월 하순~8월 상순, 최성기는 6월 하순

㉢ 탈출한 신성충은 어린가지의 수피를 가해하는데, 이를 후식이라 함

③ 방제법

㉠ 목재 중심부를 56℃ 이상 30분 이상 유지, 전자파로 60℃ 이상 1분 이상 유지

㉡ 함수율 19% 이하, 1.5cm 이하로 파쇄 후 목재로 활용, 벌채하여 훈증, 소각, 파쇄 매몰, 그물망피복 등을 실시

㉢ 우화기에 티아클로프리드 액상수화제 살포

㉣ 우화기 전 3월 15일~4월 15일에 티아메톡삼 분산성 액제를 나무주사, 페로몬트랩 이용

(4) 북방수염하늘소

① 피해

㉠ 잣나무, 섬잣나무, 스트로브잣나무, 소나무, 곰솔 등에 피해

㉡ 유충이 수피 밑의 형성층과 목질부를 가해

② 발생횟수 및 월동태

㉠ 연 1회, 유충 월동(피해목)

㉡ 우화기 : 4월 중순~5월 하순, 최성기는 5월 상순

㉢ 후식 피해

(5) 알락하늘소

① 피해

㉠ 단풍나무류에서 피해가 심함, 가래나무류, 느릅나무, 단풍나무, 벚나무류, 무궁화, 때죽나무, 버드나무류 등에 피해

핵심문제

소나무 재선충과 솔수염하늘소의 특성에 관한 설명으로 옳지 않은 것은? [23년 9회]

① 소나무재선충은 소나무, 곰솔, 잣나무에 기생하여 피해를 입힌다.
❷ 솔수염하늘소는 제주도를 제외한 전국에 분포하며 1년에 2회 발생한다.
③ 솔수염하늘소 부화유충은 목설을 배출하고 2령기 후반부터는 목질부도 가해한다.
④ 소나무로 침입한 재선충 분산기 4기 유충은 바로 탈피하여 성충이 되고 교미하여 증식한다.
⑤ 솔수염하늘소 성충은 우화하여 어린 가지의 수피를 먹고 몸에 지니고 있는 소나무재선충을 옮긴다.

핵심문제

소나무 재선충이 매개충인 솔수염하늘소의 기문으로 이동 시 발육단계(A)와 소나무 재선충이 소나무로 침입하는 발육단계(B)가 옳은 것은? [21년 6회]

① (A) : 증식형 제3기 유충, (B) : 분산형 제4기 유충
② (A) : 증식형 제4기 유충, (B) : 분산형 제3기 유충
③ (A) : 분산형 제3기 유충, (B) : 증식형 제4기 유충
❹ (A) : 분산형 제4기 유충, (B) : 분산형 제4기 유충
⑤ (A) : 분산형 제3기 유충, (B) : 분산형 제4기 유충

✎ 후식

- 우화를 마치고 완전한 성충이 되어 처음으로 먹이를 먹는 것을 지칭한다.
- 몸체는 성숙하나 아직 생식기관이 미성숙하여 후식을 함으로써 성숙해진다.

ⓛ 유충이 줄기 아래쪽에서 목질부 속을 갉아먹어 목설을 배출
ⓒ 노숙유충 : 지제부로 이동하여 형성층 가해
ⓡ 환상으로 가해하여 풍도되거나 고사
② 발생횟수 및 월동태
ⓖ 연 1회, 노숙유충 월동(줄기)
ⓛ 우화 : 6월 중순~7월 중순
③ 방제법 : 알락하늘소살이고치벌

✎ 풍도
폭우를 동반한 강풍으로 토양이 부드러워져 나무가 뿌리까지 뽑혀 넘어지는 현상

2) 나무좀

➤ 나무좀의 생활사

해충명	발생횟수	월동태(월동처)
광릉긴나무좀	연 1회	유충(줄기 속)
앞털뭉뚝나무좀	연 1회	번데기(줄기 속)
오리나무좀	연 2~3회	성충(지제부 부근)
소나무좀	연 1회	성충(지제부 부근)

(1) 광릉긴나무좀

① 피해
ⓖ 신갈나무, 졸참나무, 갈참나무, 상수리나무, 서어나무 등에 피해
ⓛ 성충과 유충이 쇠약한 나무나 경급이 큰 나무의 목질부를 가해, 목설을 배출하고 심재부도 가해하여 경제적 손실이 큼
ⓒ 흉고직경 30cm 이상의 대경목에 피해가 큼
ⓡ 수컷이 먼저 침입하여 유인물질 발산, 암컷이 집단으로 모여듦
ⓜ 침입 부위는 줄기 아래쪽부터 위로 확산
② 발생횟수 및 월동태
ⓖ 연 1회, 노숙유충 월동
ⓛ 우화 : 5월 중순~7월, 최성기 6월 중순
ⓒ 처음 중심부를 향해 가해 이후 수피와 수평하게 가해
ⓡ 유충은 라펠리아균을 먹으며 성장
③ 방제법
ⓖ 벌채 훈증, 포획병 이용 6월 15일 전까지 끈끈이롤트랩 이용
ⓛ 4월 하순~5월 하순에 ha당 10개소의 유인목 설치(에탄올 원액에 유인 잘 됨)
ⓒ 우화기에 페니트로티온 유제 살포

핵심문제

곰팡이, 바이러스, 선충을 매개하는 곤충을 순서대로 나열한 것은? [22년 7회]

① 갈색날개매미충 – 오리나무좀 – 솔수염하늘소
② 광릉긴나무좀 – 솔수염하늘소 – 목화진딧물
❸ 광릉긴나무좀 – 목화진딧물 – 북방수염하늘소
④ 북방수염하늘소 – 솔껍질깍지벌레 – 복숭아혹진딧물
⑤ 오리나무좀 – 복숭아혹진딧물 – 벚나무사향하늘소

핵심문제

제시된 수목해충의 방제법으로 옳지 않은 것은? [23년 9회]

- 곰팡이를 지니고 다니면서 옮긴다.
- 연간 1회 발생하며, 주로 노숙 유충으로 월동한다.
- 유충과 성충이 신갈나무 목질부를 가해하여 외부로 목설을 배출한다.

❶ 나무를 흔들어 낙하한 유충을 죽인다.
② 우화 최성기 이전까지 끈끈이롤트랩을 설치한다.
③ 고사목과 피해목의 줄기와 가지를 잘라서 훈증한다.
④ 6월 중순을 전후하여 페니트로티온 유제를 수간살포한다.
⑤ 4월 하순부터 5월 하순까지 ha당 10개소 내외로 유인목을 설치한다.

(2) 앞털뭉뚝나무좀

① 피해

㉠ 1983년에 국내 발견, 느티나무 가해, 기타 활엽수도 가해

㉡ 수세가 쇠약하거나 단근작업으로 이식목에 피해가 큼

㉢ 성충과 유충이 인피부와 목질부를 가해

㉣ 수고 12m 이상의 수간 상부와 직경 8mm 이상의 가지에도 침입

㉤ 피해목은 5~8월에 줄기에 우윳빛이나 연갈색 액체를 배출

㉥ 모갱은 지면과 직각, 유충갱도는 모갱의 양쪽에 방사 형태로 90개 내외

㉦ 갱도는 목설로 채워짐

② 발생횟수 및 월동태 : 연 1회, 번데기 월동(피해목)

(3) 오리나무좀

① 피해

㉠ 오리나무, 참나무류, 밤나무, 느티나무 등 150여 종의 침엽수와 활엽수를 가해

㉡ 쇠약목, 벌채원목, 고사목, 표고 골목(榾木, 버섯나무) 등을 가해

㉢ 성충은 목질부에 침입하여 암브로시아균을 배양, 외부로 목설 배출

② 발생횟수 및 월동태 : 연 2~3회 발생, 성충 월동

(4) 소나무좀

① 피해

㉠ 소나무, 곰솔, 잣나무 등 소나무속에 피해

㉡ 성충과 유충이 형성층과 목질부를 가해

㉢ 수세가 약한 이식목, 벌채목, 고사목 등에 피해 발생

㉣ 피해목은 수피가 잘 벗겨져 갱도 관찰이 용이

㉤ 신성충은 새 가지의 줄기 속을 가해하는 후식 피해

㉥ 후식 피해는 수관상부, 정아지에 피해 유발

② 생활사

㉠ 연 1회, 성충 월동(지제부 부근)

㉡ 평균기온이 15℃로 2~3일 지속되면 활동 시작

㉢ 암컷 성충이 먼저 침입하면 수컷이 뒤따라옴

㉣ 우화 : 6월 상순

핵심문제

수목해충의 친환경 방제 방법에 관한 설명으로 옳지 않은 것은?

[25년 11회]

① 사사키잎혹진딧물은 성충이 탈출하기 전에 혹이 생긴 잎을 채취하여 매몰한다.

❷ 소나무좀은 신성충의 그해 산란 피해를 막기 위해 끈끈이롤트랩을 줄기에 감싼다.

③ 솔껍질깍지벌레는 성페로몬을 이용한 끈끈이트랩으로 수컷을 대량 유살한다.

④ 주둥무늬차색풍뎅이는 월동성충이 알을 낳기 전에 유아등을 이용하여 포획한다.

⑤ 큰이십팔점박이무당벌레는 잎 뒷면에 산란한 알덩어리를 채취하여 소각한다.

핵심문제

천공성 해충의 생태와 피해에 관한 설명으로 옳은 것은? [22년 7회]

① 복숭아유리나방의 어린 유충은 암브로시아균을 먹고 자란다.
❷ 박쥐나방의 어린 유충은 초본류의 줄기 속을 가해한다.
③ 광릉긴나무좀 암컷은 수피에 침입공을 형성한 후에 수컷을 유인한다.
④ 벚나무사향하늘소 유충은 수피를 고리 모양으로 파먹고 배설물 띠를 만든다.
⑤ 오리나무좀 성충은 외부로 목설을 배출하지 않기 때문에 피해를 발견하기 쉽지 않다.

3) 박쥐나방

① 피해

㉠ 상수리나무, 졸참나무, 밤나무, 호두나무, 복숭아나무, 벚나무, 단풍나무, 삼나무, 편백, 은행나무 등에 피해

㉡ 유충은 초본류의 줄 기속을 가해하나 성장하면 나무로 이동하여 수피와 목질부 표면을 고리 모양으로 가해하고 목질부 중심으로 파고 들어감

㉢ 배출된 목설을 거미줄과 같은 실로 묶어 놓아 혹처럼 보임

② 생활사

㉠ 1~2년에 1회, 연 1회는 알로 월동(지표면), 2년에 1회는 갱도 내에서 유충 월동

㉡ 5월 부화유충은 잡초의 지제부, 초목류 가해

㉢ 3~4령 이후 나무로 이동하여 줄기나 가지의 목질부 가해

㉣ 우화 : 8월 하순~10월 상순, 시간은 16~17시

㉤ 성충은 저녁에 활발

4) 복숭아유리나방

① 피해

㉠ 자두나무, 복숭아나무, 벚나무류, 갯버들, 사과나무 등에 피해

㉡ 유충이 줄기나 가지의 형성층을 가해

㉢ 가해 부위에 부후균이 침입하여 전체가 고사

㉣ 가해 부위는 적갈색의 굵은 배설물과 수액이 흘러나와 지저분하게 보임

㉤ 어린 유충의 가해 시 수액 분비가 적어서 잎말이나방 피해로 오인하기 쉬움

② 발생횟수 및 월동태

㉠ 연 1회 유충 월동(줄기, 가지)

㉡ 노숙유충 월동 : 6월에 우화

㉢ 어린 유충 월동 : 8월 하순에 우화, 우화최성기는 8월 상순

㉣ 어린 유충은 수피 밑을 가해하여 방제가 쉬우나 성장할수록 안으로 들어가 방제가 어려움

PART

03

수목생리학

CHAPTER 01

서론

1. 식물의 분류

① 종자식물 : 초본식물+목본식물

㉠ 초본식물 : 1년생, 2년생, 다년생 식물로 분류

㉡ 목본식물 : 2차 생장을 하는 식물 형성층에 의해 2차 조직 생성

② 온대지방에서의 목본식물 : 지상부가 겨울에 살아 남으면 목본식물로 볼 수 있음

㉠ 교목 : 수고 4m 이상

㉡ 관목 : 수고 4m 이하

㉢ 만경목 : 덩굴

2차 생장(직경생장)
유관속형성층이 2차 사부, 2차 목부를 만드는 것이다.

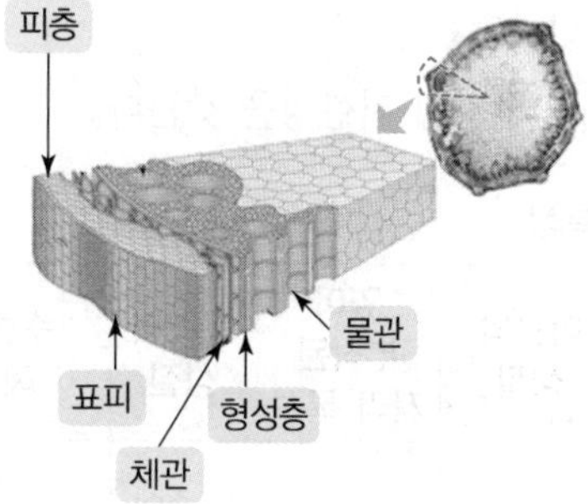

▌쌍떡잎식물▐

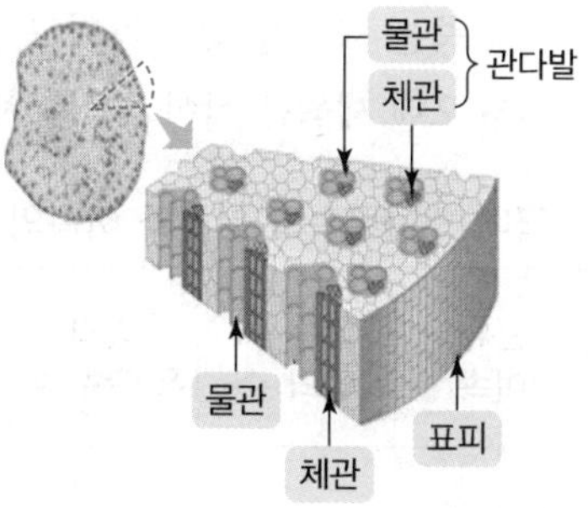

▌외떡잎식물▐

2. 생물의 공통점

① 생물 : 독특한 기능을 가진 여러 부분이 서로 유기적인 관계를 유지하면서 공통된 생명현상을 나타내는 것

② 호흡작용 : 산소를 소모하면서 당분을 에너지로 바꾸는 생화학적 현상으로 생물의 공통현상(미토콘드리아가 중추 역할)

3. 동식물의 차이점

① 환경에 대한 선택성(이동성)이 다르다.
② 식물은 세포벽이 몸을 지탱하지만, 동물은 세포벽이 없다.
③ 에너지원이 다르다.
㉠ 식물 : 독립영양자(빛)
㉡ 동물 : 종속영양자(유기물)
④ 무기양분의 섭취방법이 다르다.
㉠ 식물 : 수용성 무기물 형태로 토양에서 흡수
㉡ 동물 : 유기물 형태(먹이)

4. 나무의 특징

① 형성층으로 인해 직경생장을 한다(증산작용 시 에너지를 소모하지 않는다).
② 수명이 길다.
③ 생식생장(개화와 결실)에 많은 에너지를 소비하지 않는다.
④ 죽은 세포를 많이 가지고 있다.
⑤ 오랜 세월을 살아가기 위해 여러 가지 저항성을 갖는다.

핵심문제

잎에 유관속이 두 개 존재하고, 엽육조직이 책상조직과 해면조직으로 분화되지 않은 수종은? [23년 9회]

① 주목
❷ 소나무
③ 잣나무
④ 전나무
⑤ 은행나무

▶ 국내 소나무속의 분류와 아속의 특징

분류(아속)	엽속 내 잎의 수	잎의 유관속 수	아린의 성질	잎이 부착된 자리 특성	목재의 성질	수종 예
소나무류(Hard Pine)	2개 혹은 3개	2개	잎이 질 때 남음	도드라짐	비중이 높아 굳음	소나무, 곰솔, 리기다소나무
잣나무류(Soft Pine)	3개 혹은 5개	1개	첫해 여름 탈락	밋밋함	비중이 낮아 연함	잣나무, 백송, 섬잣나무

▶ 참나무속 분류와 아속의 특징

갈참나무류(White Oak)	상수리나무류(Red Oak)
• 종자는 개화 당년에 익음 • 낙엽성 : 갈참나무, 졸참나무, 신갈나무, 떡갈나무 • 상록성 : 종가시나무, 가시나무, 개가시나무	• 종자는 개화 이듬해에 익음 • 낙엽성 : 상수리나무, 굴참나무, 정릉참나무 • 상록성 : 붉가시나무, 참가시나무

CHAPTER 02

수목의 구조

1. 수목의 기본구조

① 구조와 기능의 연관성 : 식물의 구조적인 차이는 오랜 세월 동안 식물이 환경에 적응하기 위한 진화과정에서의 필연적인 결과

② 목본식물 조직의 기능별 분류

기능별 조직	기능	세포의 예	조직의 예
분열조직	세포분열로 증가	유세포	배, 눈, 생장점, 뿌리정단분열조직, 형성층, 수선, 유조직
보호조직	상처, 병해충 침입 억제	유세포, 후각세포, 후벽세포	표피, 하피, 각피, 종피, 수피, 코르크조직, 근관
지지조직	세포벽으로 지지	섬유세포, 후각세포, 후벽세포	2차 목부, 피층, 엽맥, 엽병, 후각조직, 후벽조직, 수피
통도조직	수분, 무기양분, 탄수화물의 이동	도관, 가도관, 사관세포, 사세포	1차 목부, 1차 사부, 유관속, 유관속초, 2차 목부, 2차 사부
동화조직	탄소동화작용(광합성)	유세포	책상조직, 해면조직, 엽육조직, 피층, 코르크피층
저장조직	전분, 지방, 단백질 등	유세포	유조직, 피층, 수선조직, 배유
통기조직	가스교환	유세포, 공변세포, 부세포	기공, 피목
분비조직	수지, 검, 수액, 유액 등	표피세포, 상피세포, 섬모	수지도, 표피, 밀선, 배수조직, 유액분비조직

③ 수목의 영양기관 및 생식기관

영양기관	생식기관
• 잎 : 표피, 기공, 엽육조직, 책상조직, 해면조직, 엽맥, 엽병, 탁엽 • 줄기 : 눈, 피목, 가시 • 뿌리 : 근관, 내피, 내초	• 꽃 : 암술, 수술, 씨방, 꽃잎, 꽃받침, 화분, 배주 • 종자 : 종피, 배, 배유, 유근, 유아, 유경, 주공, 배병 • 열매 : 과피, 과육, 실편, 제

④ 각 기관의 조직 구성

형태별 조직 분류	기능	관련 조직 또는 세포
표피조직	외부 보호, 수분 증발 억제	뿌리털, 표피층, 털, 기공, 각피층
목부조직	수분 이동	도관, 가도관, 수선, 춘재, 추재
사부조직	탄수화물 이동, 코르크형성층의 기원	사관세포, 반세포, 사세포, 알부민세포, 사부섬유
유조직	탄소동화작용, 호흡, 세포분열, 양분 저장, 상처 치유	생장점, 분열 조직, 형성층, 수선 · 동화조직, 저장조직, 저수조직, 통기조직 등의 유세포
후각조직	어린 목본식물의 지탱	엽병, 엽맥, 줄기
후막조직	지탱 역할	호두껍질, 섬유세포(원형질 없음)
코르크조직	수분 증발 억제, 내화성	코르크층, 수피, 피목, 코르크형성층
분비조직	점액 및 수지 분비	수지구, 선모, 밀선

2. 수목의 영양구조

1) 잎

(1) 잎의 구성과 역할

① 유세포로 구성되어 있다.

② 광합성에서 가장 중요한 기관이다.

③ 산소와 탄산가스를 교환하는 장소이다.

④ 증산작용이 가장 활발하게 이루어진다.

유세포
- 식물의 세포 중에서 특기할 만한 세포
- 원형질을 가지고 있는 살아 있는 어린 세포
- 광합성, 호흡, 물질운반과 분비 등의 중요한 생리적 기능을 수행하는 핵심적 역할

(2) 피자식물의 잎

▶ 피자식물과 나자식물의 비교

구분 \ 종류	피자식물	나자식물
정의	씨가 씨방 속에 있다 하여 피자식물(속씨식물)이라 한다.	씨가 겉으로 드러난다 하여 나자식물(겉씨식물)이라 한다.
잎	넓게 발달	대부분 침엽, 상록성
생식	중복수정	단일수정

① 엽신 : 주로 넓게 발달한다.

㉠ 상표피 : 표피 표면의 각피로 인해 수분 증발을 억제

㉡ 엽육 : 엽록소 다량 함유 – 책상조직(햇빛 받음)
㉢ 하표피 : 해면조직(탄산가스의 확산)

② 엽병 : 잎몸과 줄기를 연결하는 부분으로, 잎몸을 지탱하는 역할을 함

③ 잎맥
㉠ 1차 목부 : 상표피에 존재, 1차 사부 : 하표피에 존재
㉡ 피자식물의 잎은 망상맥을 가지나 층층나무, 팽나무는 평행맥을 가짐

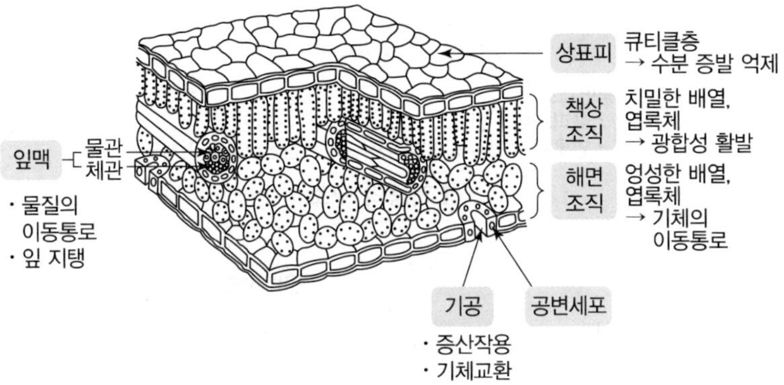

▌잎의 구조▐

(3) 나자식물의 잎

대부분이 침엽, 상록성이다.

① 책상조직과 해면조직이 분화되어 있다.
예 은행나무, 주목, 전나무, 미송

② 소나무류는 표피와 하피로 구성되어 있다.

③ 두꺼운 세포벽을 갖는다(효율적인 증산작용 억제).

④ 상록성의 예외 수종으로는 은행나무, 일본잎갈나무, 메타세쿼이아가 있다.

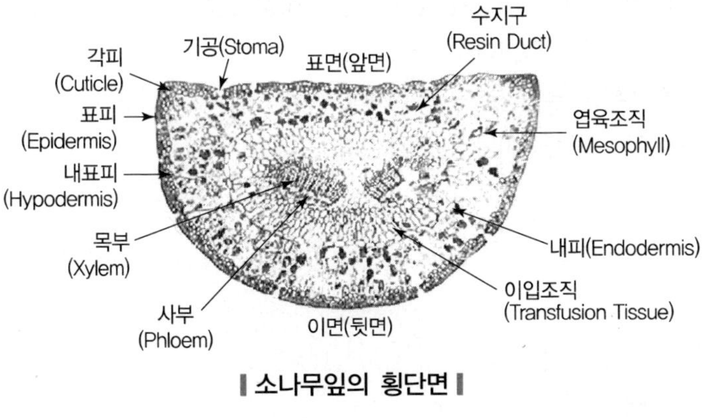

▌소나무잎의 횡단면▐

✎ 양면엽
위쪽에 책상조직, 아래쪽에 해면조직이 존재한다(앞뒤가 뚜렷함).

✎ 등면엽
책상조직이 양쪽에 있어 앞뒤가 불분명한 잎이다.

핵심문제

수목의 세포와 조직에 관한 설명으로 옳지 않은 것은? [21년 5회]

① 유세포는 원형질을 가지고 있다.
② 후각세포는 원형질을 가진 1차 벽이 두꺼운 세포이다.
❸ 잎의 책상조직보다 해면조직에 더 많은 엽록체가 있다.
④ 후벽세포는 죽은 세포이며 리그닌이 함유된 2차 벽이 있다.
⑤ 소나무류의 표피조직 안에는 원형의 수지구가 있어서 수지를 분비한다.

핵심문제

잎의 구조와 기능에 관한 설명으로 옳지 않은 것은? [21년 6회]

① 기공은 2개의 공변세포로 이루어져 있다.
② 대부분의 피자식물에서 기공은 하표피에 분포한다.
❸ 주목과 전나무의 침엽은 책상조직과 해면조직으로 분화되어 있지 않다.
④ 광합성이 왕성할 때 이산화탄소를 흡수하고 산소를 방출하는 장소이다.
⑤ 기공의 분포밀도가 높은 수종은 기공이 작고, 밀도가 낮은 수종은 기공이 큰 경향이 있다.

(4) 기공

① 증산작용이 일어나고 탄산가스를 교환하는 곳이다.

② 표피세포 중 두 개의 특수한 공변세포에 의해 만들어진 구멍이다.

③ 공변세포는 부세포에 둘러싸여 삼투압 조절과 기공의 개폐에 영향을 미친다(칼륨 농도).

✎ 대부분의 피자식물은 하표피에만 기공이 존재하나 포플러는 양면에 모두 존재한다. 나자식물의 기공은 공변세포가 부세포보다 안쪽에 위치한다.

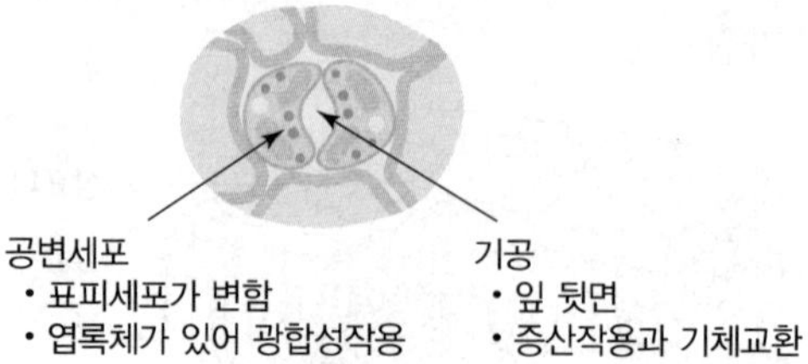

▌기공의 구조 ▌

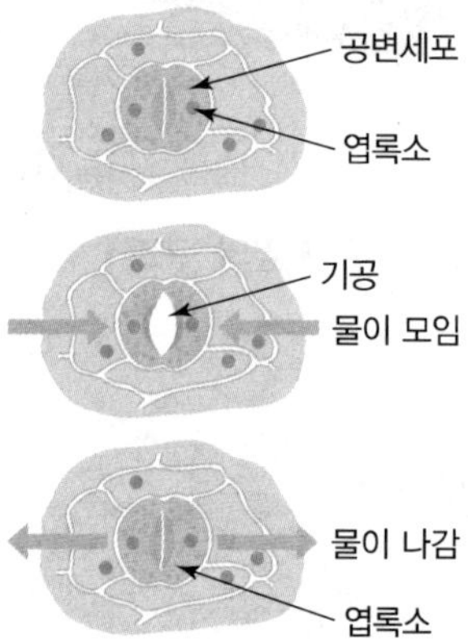

▌기공의 개폐기작 ▌

핵심문제

햇빛이 있을 때 기공이 열리는 기작으로 옳지 않은 것은? [23년 9회]

① K^+이 공변세포 내포 유입된다.
② 공변세포 내 음전하를 띤 Malate가 축적된다.
③ 이른 아침에 적색광보다 청색광에 민감하게 반응한다.
❹ H^+ ATPase가 활성화되어 공변세포안으로 H^+가 유입된다.
⑤ 공변 세포의 기공 쪽 세포벽보다 반대쪽 세포벽이 더 늘어나 기공이 열린다.

2) 줄기

(1) 줄기의 역할

① 형성층에 의해 2차 생장을 한다(직경생장).

② 수관을 지탱한다.

③ 수분과 무기양분의 통로이다.

④ 탄수화물을 이동 및 저장한다.

핵심문제

줄기의 1차 분열조직과 이로부터 발생한 1차 조직의 연결이 옳은 것은? [25년 11회]

① 원표피 – 내피
② 전형성층 – 주피
③ 개재분열조직 – 수
❹ 기본분열조직 – 피층
⑤ 코르크 형성층 – 표피

(2) 형성층

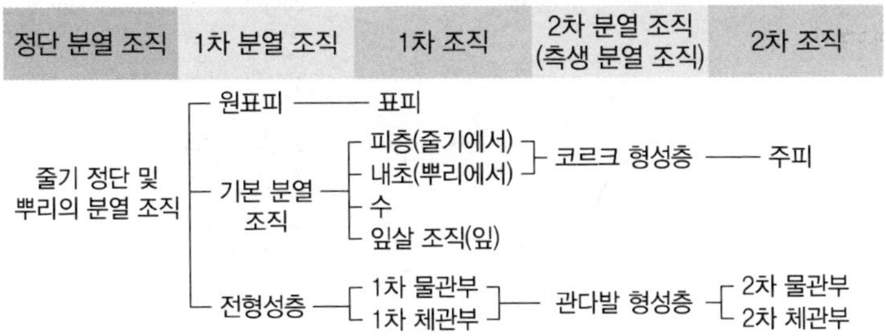

▌식물체의 분열조직과 이로부터 생기는 조직▐

① 형성층의 역할과 줄기의 구성

㉠ 형성층의 역할 : 나무의 줄기와 뿌리의 지름을 굵게 만들어 주는 조직

㉡ 줄기의 구성 : 외수피, 내수피(코르크조직, 사부), 형성층(정단분열조직, 측방분열조직), 변재, 심재, 수

② 유관속형성층의 형성과정

㉠ 유관속형성층이 형성되기 전 단계

㉡ 속내형성층 : 속간형성층(피층세포가 분열)

㉢ 유관속형성층 : 두 유관속 연결

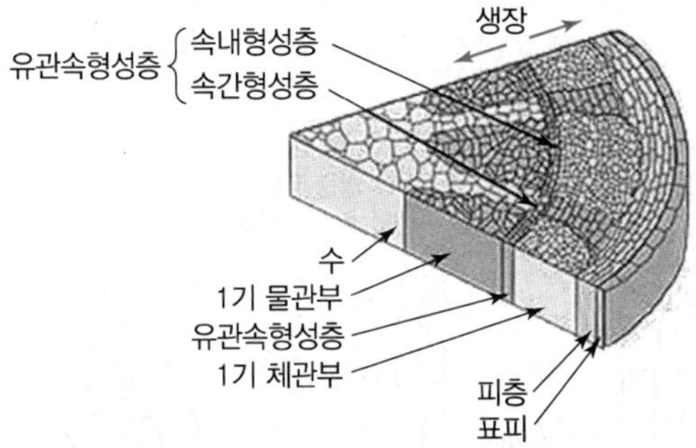

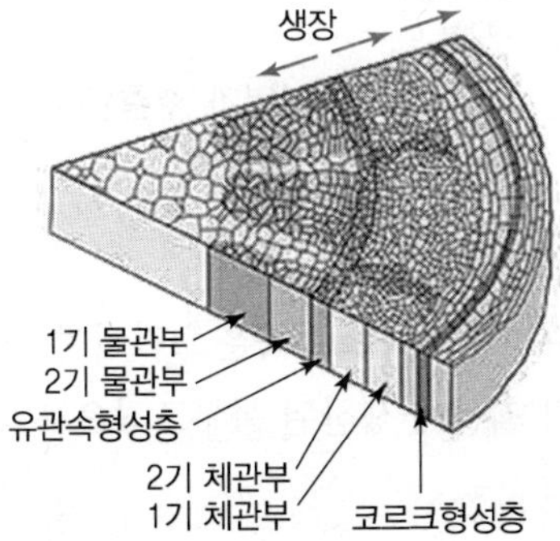

✎ 직경생장

직경생장은 측방분열조직(유관속형성층+코르크형성층)에 의해 이루어진다.

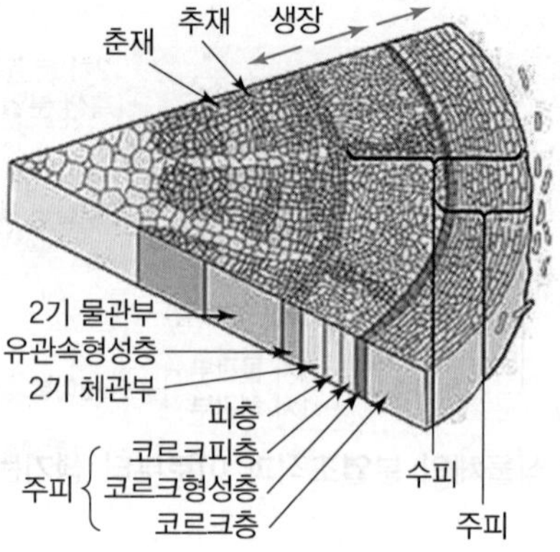

❙ 유관속형성층의 형성과정 ❙

③ 형성층의 세포분열

㉠ 형성층

- 접선 방향의 분열세포군
- 접선 방향의 여러 층의 시원세포

㉡ 형성층의 세포분열

- 병층분열 : 목부나 사부의 시원세포를 추가로 만들기 위한 접선 방향의 세포분열
- 수층분열 : 나무의 직경이 굵어져 세포수가 부족할 때 방사선 방향으로 세포벽을 만드는 세포분열

> - 옥신/지베렐린 비율이 크면 목부 생산, 작으면 사부 생산
> - 온대지방은 봄에 사부가 먼저 생산됨 – 설탕의 이동

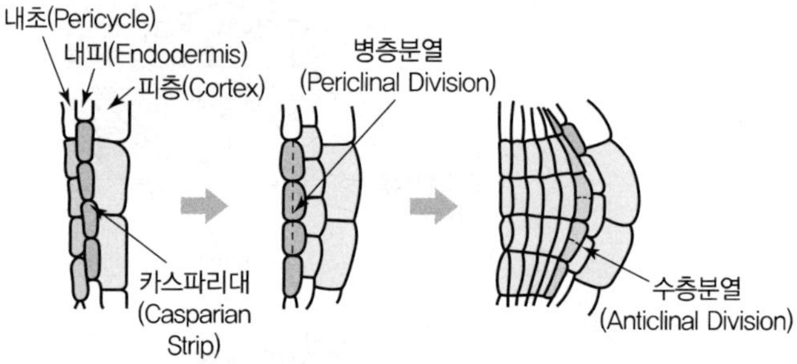

❙ 병층분열과 수층분열 ❙

> 목재의 횡단면
> ① 접선 방향
> ② 방사 방향
> ③ 길이 방향

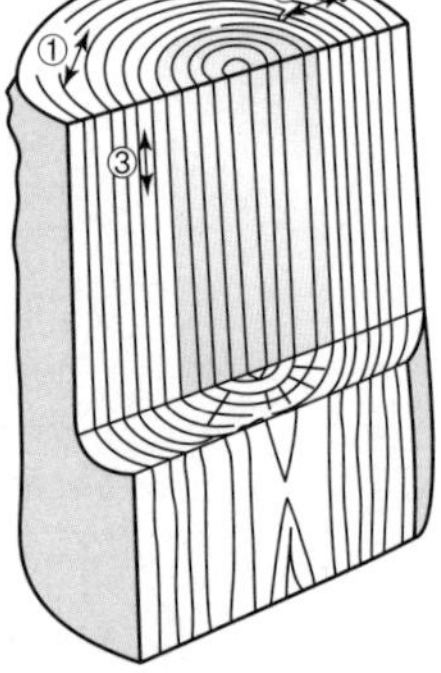

(3) 심재와 변재

① 심재 : 오래된 생산조직으로 죽은 조직이며, 나무의 지지 역할을 함

② 변재 : 비교적 최근에 생산된 목부조직으로 수분이 많고, 살아 있는 부분

(4) 연륜

춘재(세포지름이 크고 세포벽이 얇다)와 추재(세포지름이 작고 세포벽이 두껍다) 사이의 뚜렷한 경계를 연륜(나이테)이라 한다.

① 환공재 : 춘재도관 지름＞추재도관 지름
예 참나무, 물푸레나무

② 산공재 : 춘재도관 지름＝추재도관 지름
예 단풍나무, 포플러

③ 반환공재 : 환공재와 산공재의 중간 형태
예 호두나무, 가래나무

④ 주풍(10～15m/sec)에 의해 생기는 연륜
㉠ 압축이상재
- 바람이 불어 가는 방향에 생기는 이상 연륜으로 세포분열을 촉진하여 생장이 촉진되나 바람이 불어오는 쪽은 세포분열이 억제됨
- 가도관의 길이가 짧고, 세포벽이 두꺼워서 춘재와 추재의 구별이 어려움
- 횡단면상에서 가도관이 둥글게 보이고 세포간극이 큼

㉡ 신장이상재
- 바람이 불어오는 방향에 생기는 이상 연륜
- 바람이 불어오는 쪽에 교질섬유 다량 발생
- 도관의 크기와 수가 감소하는 대신 두꺼운 세포벽을 가진 섬유의 수가 증가

➤ 이상재의 종류 및 특징

구분	내용
압축 이상재	• 기울어진 수간의 아래쪽에 옥신의 농도가 증가하여 세포분열을 촉진하기 때문에 넓은 연륜을 가짐(정아나 수간에 IAA 처리 시 발생) • 에틸렌도 압축이상재 발생 촉진
신장 이상재	• 기울어진 수간의 위쪽에 나타남 • 기울어진 수간의 위쪽에 옥신의 농도가 감소하여 발생 • 옥신을 처리하면 이상재 형성을 억제하고, 옥신의 길항제인 TIBA를 처리하면 이상재 형성을 촉진함

핵심문제

수목의 뿌리에서 코르크형성층과 측근을 만드는 조직은? [23년 9회]

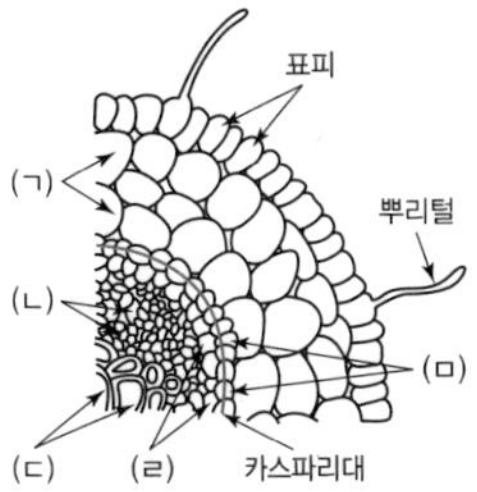

① ㄱ ② ㄴ
③ ㄷ ❹ ㄹ
⑤ ㅁ

핵심문제

기울어서 자라는 수목의 줄기가 형성하는 압축이상재에 관한 설명으로 옳지 않은 것은? [23년 6회]

① 활엽수보다 침엽수에서 나타난다.
② 응력이 가해지는 아래쪽에 형성된다.
❸ 가도관 세포벽에 두꺼운 교질섬유가 축적된다.
④ 가도관의 횡단면은 모서리가 둥글게 변형된다.
⑤ 신장이상재보다 편심생장 형태가 더 뚜렷하게 나타난다.

✎ **교질섬유**
활엽수류의 수간에 긴장력을 받아서 생성되는 신장이상재의 섬유세포는 세포벽이 목화되지 않은 교질상이다.

✎ **교질상 구조**
양파껍질같이 연속적으로 침전된 층으로 구성된 구조

⑤ 이상재의 형성 원인

㉠ 경사지

㉡ 주풍의 영향 : 풍속 10~15m/sec로 일정한 방향으로 부는 바람

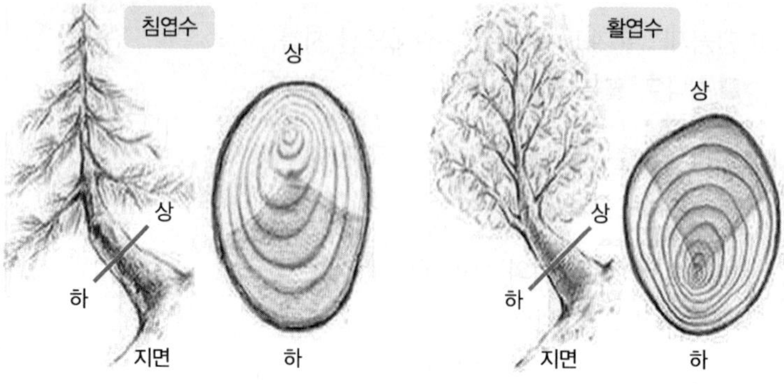

상방편심(압축이상재) 하방편심(신장이상재)

▌경사지에서 발생하는 이상재▐

(5) 목재의 구조

① 목재 : 형성층에 의해 생성된 2차 목부를 말하며, 형성층을 제외한 수피 안쪽에 있는 모든 조직을 의미

② 형성층이 세포분열로 생성하는 세포는 대부분 종축 방향(수직 방향)으로 길게 자라는 세포이다.

➤ 피자식물과 나자식물 목재의 구성성분

피자식물		나자식물	
종축 방향	수평 방향	종축 방향	수평 방향
• 도관 • 가도관 • 목부섬유 • 종축유세포	수선유세포	• 가도관 • 종축유세포 • 수지도세포	• 수선가도관 • 수선유세포 • 수지도세포

핵심문제

피자식물에는 있으나 나자식물에는 없는 목재의 구성성분으로 짝지어진 것은? [21년 6회]

❶ 도관, 목부섬유
② 도관, 수선유세포
③ 도관, 종축유세포
④ 가도관, 수지도세포
⑤ 가도관, 종축유세포

(6) 수피

줄기의 형성층 바깥쪽에 있는 모든 조직을 말한다.

① 외수피(조피) : 수분 손실 억제, 병원균 침입 억제, 충격 완충 역할을 함

② 내수피

㉠ 사부

• 2차 사부 구성 세포(피자식물의 경우) : 사관세포, 반세포, 사

부유세포, 사부섬유
- 2차 사부 구성 세포(나자식물의 경우) : 사세포, 알부민세포

㉡ 주피(코르크조직)
- 코르크층
- 코르크형성층 : 측방분열조직, 직경생장에 어느 정도 기여
- 목전피층 : 엽록소 존재, 전분 저장

㉢ 유관속형성층

3) 뿌리

(1) 뿌리의 역할

① 식물을 고정시킨다.
② 토양에서 수분 및 무기양분을 흡수한다.
③ 탄수화물을 저장한다.

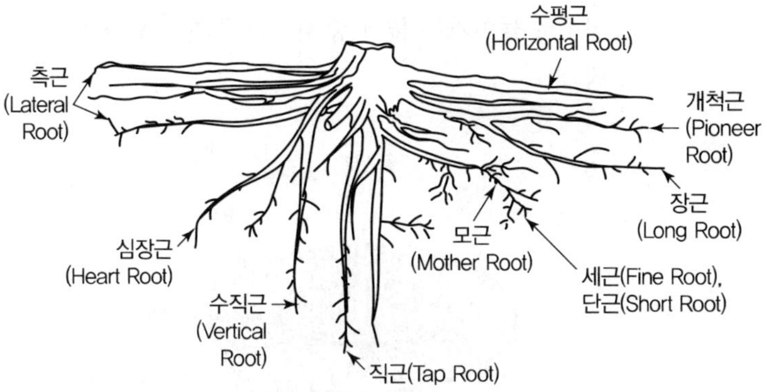

▌수목의 근계 명칭▐

(2) 뿌리의 분류

① 어린뿌리의 분열조직
㉠ 정단분열조직은 끝부분에 존재한다.
㉡ 근관, 세포분열구역, 세포신장구역, 세포분화구역, 뿌리털구역이 연속적으로 존재한다.

② 근관의 기능
㉠ 분열조직 보호
㉡ 굴지성 유도
㉢ 뮤시겔(Mucigel)을 분비 : 윤활유 역할
㉣ 미생물이 다량 존재

핵심문제

수목의 뿌리에서 중력을 감지하는 조직 또는 기관은? [22년 7회]

❶ 근관
② 피층
③ 신장대
④ 뿌리털
⑤ 정단분열조직

뮤시겔(Mucigel)
뿌리가 토양을 뚫고 나갈 때 윤활제 역할을 한다.

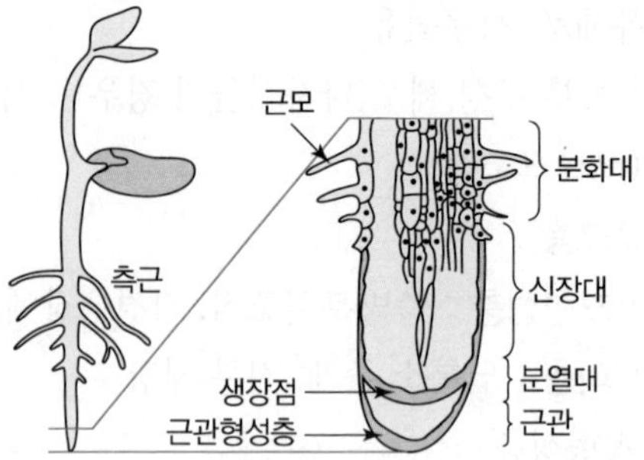

어린뿌리의 분열조직

③ 어린뿌리의 구조

㉠ 표피 – 피층 – 내피 – 내초로 구성된다.

㉡ 내피에 카스파리대(Caspary 帶)가 존재한다.

㉢ 카스파리대의 역할

- 수베린 함유
- 무기물만 선택적으로 흡수
- 중심주로 들어가는 물질 중 내피세포의 세포질을 먼저 들여 보냄

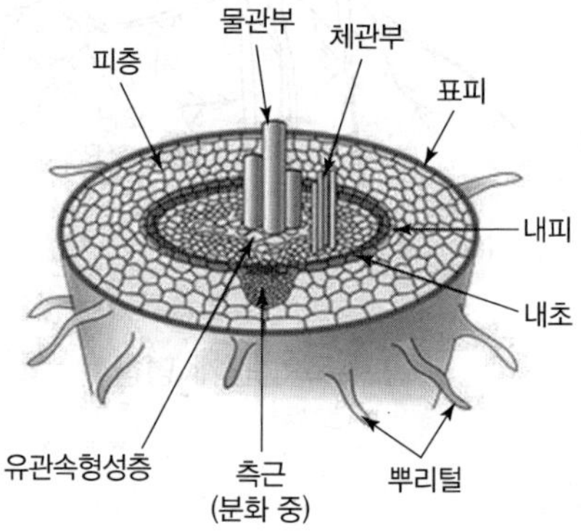

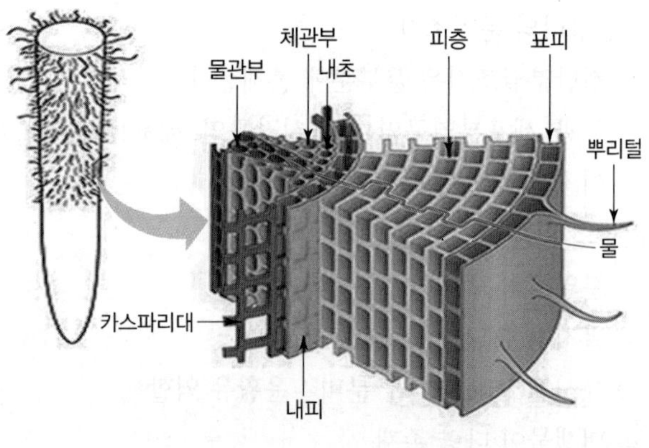

뿌리털의 단면구조

핵심문제

중력을 감지하는 관주세포(평형세포)가 포함된 뿌리의 조직은? [25년 11회]

① 내초 ② 표피
③ 중심주 ❹ 뿌리골무
⑤ 분열지연중심부

수베린

페놀화합물이 중합체의 수분증발을 억제하고, 이층에 축적되어 상처를 보호하며 상처 치유에 기여한다.

핵심문제

수목 뿌리의 구조와 생장에 관한 설명으로 옳지 않은 것은?

❶ 세근의 내초에는 카스파리대가 있다.
② 근관은 분열조직을 보호하고 굴지성을 유도한다.
③ 점토질 토양보다는 사질 토양에서 근계가 더 깊게 발달한다.
④ 수분과 양분을 흡수하는 세근은 표토에 집중적으로 모여 있다.
⑤ 온대지방에서 뿌리의 생장은 줄기의 신장보다 먼저 시작되며 가을에 늦게까지 지속된다.

④ 단근(세근)의 기능
㉠ 짧은 뿌리를 의미
㉡ 단근은 형성층이 없어 직경생장을 하지 않음
㉢ 보통 1~2년 생존
㉣ 수분과 무기영양분을 흡수
㉤ 곰팡이와 균근을 형성하여 세근이 됨(주로 외생균근)

3. 수목의 생식구조

1) 꽃

(1) 피자식물

① 피자식물은 배주(밑씨)가 자방(씨방) 안에 감추어져 있는 식물이다.
② 꽃턱[(꽃받침, 꽃잎, 수술, 암술(심피)]을 기본으로 갖추고 있다.
③ 4가지를 모두 가지고 있으면 완전화, 한 가지라도 부족하면 불완전화이다.
④ 꼬리화서(미상화서) : 꽃잎이 없고, 포로 싸인 단성화로, 버드나무과, 참나뭇과, 자작나뭇과에서 볼 수 있음
㉠ 꽃잎 없음 : 포플러류, 가래나무류
㉡ 꽃잎, 꽃받침 없음 : 버드나무류

▶ 피자식물 꽃의 기본구조에 따른 분류

명칭	특징	수종 예
완전화	꽃받침, 꽃잎, 암술, 수술을 모두 가짐	벚나무, 자귀나무 등
불완전화	꽃받침, 꽃잎, 암술, 수술 중 한 가지 이상 결여	버드나무류, 자작나무류 등
양성화	암술과 수술이 한 꽃에 존재	벚나무, 자귀나무 등
단성화	암술과 수술 중 한 가지만 존재	버드나무류, 자작나무류 등
잡성화	양성화와 단성화가 한 그루에 존재	물푸레나무, 단풍나무 등
1가화	암꽃과 수꽃이 한 그루에 존재	참나무류, 오리나무류 등
2가화	암꽃과 수꽃이 각각 다른 그루에 존재	버드나무류, 포플러류 등

(2) 나자식물

① 나자식물은 꽃의 기본구조인 꽃잎, 꽃받침, 수술, 암술을 갖지 않는다.

핵심문제

버드나무류의 꽃에 해당하는 것만을 나열한 것은? [25년 11회]
① 완전화, 양성화, 일가화
② 완전화, 양성화, 이가화
③ 완전화, 단성화, 이가화
④ 불완전화, 단성화, 일가화
❺ 불완전화, 단성화, 이가화

핵심문제

수목의 꽃에 관한 설명으로 옳지 않은 것은? [23년 9회]
① 버드나무는 2가화이다.
❷ 자귀나무는 불완전화이다.
③ 벚나무는 암술과 수술이 한 꽃에 있다.
④ 상수리나무는 암꽃과 수꽃이 한 그루에 달린다.
⑤ 단풍나무는 양성화와 단성화가 한 그루에 달린다.

② 배주가 노출되어 대포자엽 혹은 실편의 표면에 부착되어 있는 식물을 말한다.
③ 분류학적으로 피자식물과 다른 강(Class)이다.
④ 나자식물에는 양성화가 없다. 모두 1가화 혹은 2가화이다.
㉠ 2가화 : 소철, 은행나무
㉡ 1가화 : 소나뭇과, 낙우송과, 측백나뭇과
㉢ 개체에 따라 1가화 또는 2가화 : 주목, 향나무

2) 종자

고등식물에서 새로운 세대를 탄생시키는 매개체 역할을 한다.

3) 열매

씨방이 발달하여 이루어진 식물기관으로 속씨식물은 열매 안에 종자가, 겉씨식물은 열매 겉에 종자가 있다.

4. 유세포

수목에서 살아 있는 세포로, 원형질을 가지고 있다.

① 대사작용 담당 : 세포분열, 광합성, 호흡, 물질이동, 생합성, 무기염의 흡수, 증산작용 등
② 집중분포 부위 : 잎, 눈, 꽃, 열매, 형성층, 세근, 뿌리 끝
③ 유세포가 모인 유조직 : 표피세포, 주피, 사부조직, 방사조직, 분비조직
④ 유세포의 구조 : 중앙에 핵, 엽록체, 미토콘드리아, 미소체, 소포체, 액포
⑤ 유세포 간의 연결(원형질 연락사)을 통해 심플라스트(Simplast) 전달체계(원형질을 통한 전달체계)를 가짐
⑥ 세포벽 이동 : 자유공간을 이용한 무기염의 이동은 비선택적, 가역적이며 에너지 소모가 없음
⑦ 세포 내 이동 : 식물의 무기염 흡수는 선택적, 비가역적이며 에너지를 소모
⑧ 운반체설(선택단백질) : 원형질막에서 선택적 흡수를 가능하게 하는 기작을 설명하는 이론

⑨ 능동운반

㉠ 원형질막의 운반체에 의해 농도가 낮은 곳에서 높은 곳으로 운반(농도구배에 역행)

㉡ 대사에 에너지를 소모

㉢ 선택적으로 무기염을 이동

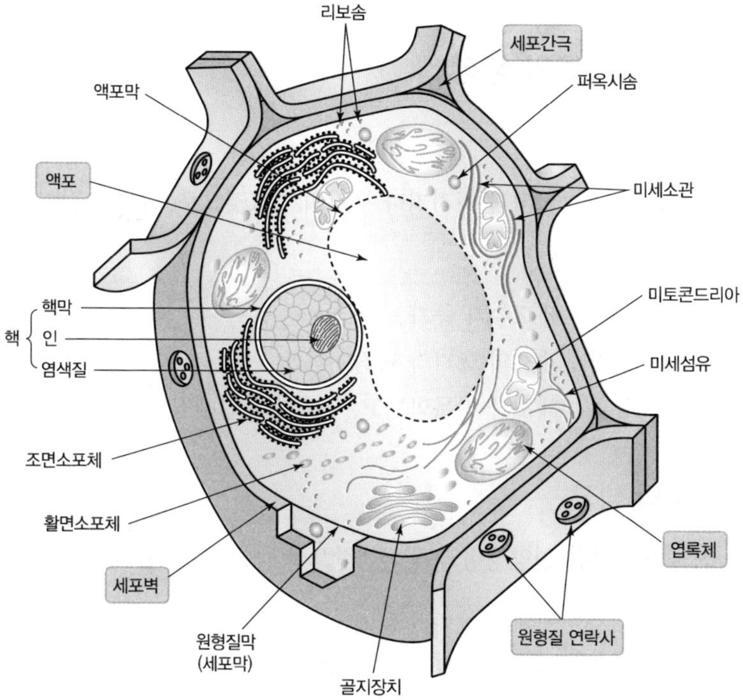

❙ 세포의 구조 ❙

- 원형질 연락사로 연결 = 심플라스트
- 세포벽의 연속체 = 아포플라스트

CHAPTER 03

수목의 생장

1. 생장과 식물의 생장

1) 생장

생장은 생물의 크기가 커지거나 무거워지는 것으로, 다음과 같이 3가지로 나눌 수 있다.

① 세포분열 : 세포수가 증가
② 세포신장 : 세포의 크기가 커짐
③ 세포분화 : 세포가 전문화되고, 구조가 복잡해짐

2) 식물의 생장

식물의 생장은 영양생장과 생식생장으로 나눌 수 있다.

① 영양생장 : 개체의 크기가 커짐
② 생식생장 : 다음 세대를 만들기 위한 생장

2. 수고생장

줄기 끝에 있는 눈이 자라서 나무의 키가 커지는 현상이다.

1) 눈

① 아직 자라지 않은 어린가지 : 정단분열조직을 가짐
② 위치 : 정아, 측아, 액아(주로 새잎을 만듦)
③ 함유조직 : 엽아, 화아, 혼합아
④ 활동 상태
㉠ 잠아 : 주맹아(지상부 그루터기), 피자식물의 도장지, 나자식물의 맹아지
㉡ 부정아 : 근맹아(지하부 뿌리)

➤ 수목 눈의 분류

분류기준	눈의 명칭	특징
함유된 조직	엽아	잎과 대의 원기를 가진 눈
	화아	꽃의 원기를 가진 눈
	혼합아	잎, 대, 꽃의 원기를 함께 가진 눈
가지에서 눈의 위치	정아	가지 끝의 중앙에 있는 눈으로 주지
	측아	가지의 정아 아래쪽의 측면에 있는 눈으로 측아
	액아	• 대와 잎 사이의 엽액에 생긴 눈 • 동아 또는 잠아가 됨
눈의 형성 시기	잠아	• 액아가 수피 밑에 처음부터 숨어 있는 눈 • 맹아지, 도장지, 혹은 주맹아
	부정아	눈이 생기지 않은 곳에서 유상조직으로 배양 또는 뿌리 삽목 시 형성되는 눈
	동아	여름, 가을에 만들어진 후 겨울철에 월동하여 이듬해 봄에 새싹이 됨
	하아	가지가 봄 생장을 마치고 여름에 만드는 눈
수목 전체에 위치	줄기맹아	지방부와 그루터기에 잠아의 형태로 숨어 있다가 튀어나오는 눈
	근맹아	지하부 뿌리와 뿌리 삽목 시 형성되는 부정아의 일종인 눈

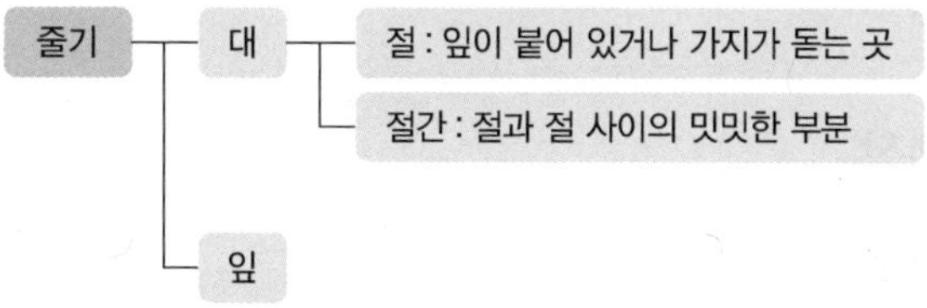

▎수고생장과 관련된 수목 부위▕

2) 잎의 생장

(1) 자엽

① 식물이 처음으로 갖게 되는 잎으로, 자엽의 출아 형태에 따라 지상출아형, 지하출아형이 있다.

② 종자 내에 있는 배가 자란 것이다.

③ 밤나무, 참나무의 경우 자엽에 탄수화물을 저장한다.

핵심문제

온대지방 수목이 수고생장에 관한 설명으로 옳은 것은? [22년 8회]

① 느티나무와 단풍나무는 고정생장을 한다.

❷ 도장지는 침엽수보다 활엽수에 더 많이 나타난다.

③ 액아가 측지의 생장을 조절하는 것을 유한생장이라 한다.

④ 임분 내에서는 우세목이 피압목보다 도장지를 더 많이 만든다.

⑤ 정아우세 현상은 지베렐린이 측아의 생장을 억제하기 때문이다.

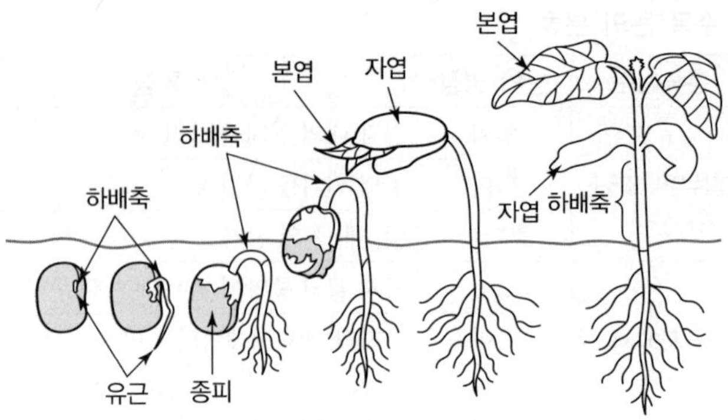

‖ 지상발아형의 종자 발아 ‖

(2) 인편

눈이 형성될 때 제일 먼저 만들어지고, 눈을 보호하는 역할을 한다. 또한 양분을 저장한다.

✎ 인편의 모양

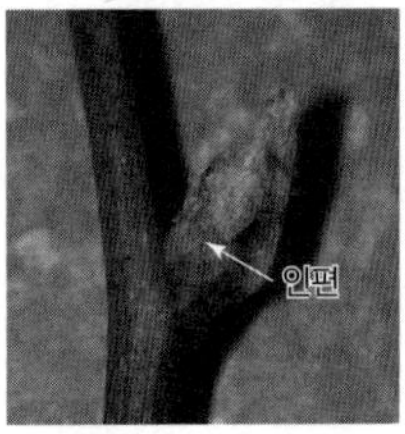

(3) 잎

줄기 끝의 정단분열조직에서 만들어지며, 생장순서는 다음과 같다.

① 잎의 아랫부분
② 엽신분화
③ 엽병

3) 줄기생장

(1) 유한생장

정아가 주지의 한복판에 자리잡고 줄기의 생장을 조절한다(1～3회 정아 형성).

예 소나무류, 가문비나무류, 참나무류 등

(2) 무한생장

동아에서 자란 가지 끝이 죽거나 정아를 형성하지 않으며 측아가 정아 역할을 한다.

예 자작나무, 서어나무, 버드나무, 아까시나무, 피나무, 느릅나무 등

핵심문제

온대지방 수목에서 지하부의 계절적 생장에 관한 설명으로 옳은 것은? [23년 9회]

① 잎이 난 후에 생장이 시작된다.
② 생장이 가장 활발한 시기는 한여름이다.
③ 지상부의 생장이 정지되기 전에 뿌리의 생장이 정지된다.
④ 수목을 이식하려면 봄철 뿌리 발달이 시작한 후에 하는 것이 좋다.
❺ 지상부와 지하부 생장 기간 차이는 자유생장보다 고정생장 수종에서 더 크다.

(3) 고정생장

당년에 자랄 원기가 전년도 동아 속에 미리 형성된 것이다.

예 소나무, 잣나무, 가문비나무, 솔송나무, 참나무, 너도밤나무 등

(4) 자유생장

동아 속에 있던 원기는 봄에 자라는 춘엽이 되고, 곧 새로 만들어진 원기가 하엽을 생산한다. 자유생장을 하는 줄기를 개엽지라고 한다.

(5) 장지

잎과 잎 사이의 마디가 길다.

(6) 단지

잎과 잎 사이의 마디가 거의 없다(총생).

(7) 비정상지

① 도장지 : 잠아가 그늘에 있다가 햇빛에 갑자기 노출되어 빠른 속도로 자람(피자식물에 많음)

② 라마지 : 다음 해에 자라야 할 정아가 당년도에 미리 자람(한여름에 비가 많이 내릴 경우)

예 참나무, 오리나무, 소나무류

4) 수관형 및 정아우세

(1) 수관형

대부분의 나자식물은 정아우세형의 원추형 수형, 피자식물은 측아우세형의 구형 수형을 갖는다.

(2) 정아우세 현상

정아가 옥신 계통의 식물호르몬을 생산하여 측아의 생장을 억제하는 것이다.

원기
장래에 어떠한 기관이 될 예정이나 아직 형태적 · 기능적으로는 미분화된 상태에 있는 부분

총생(로제트, Rosette)
- 마디가 신장하지 않는 증상
- 잔가지가 줄기 한곳에 모여서 나는 증상
- 여러 개의 잎이 짧은 줄기에 무더기로 나는 증상

3. 직경생장

직경생장은 측방분열조직(유관속형성층+코르크형성층)에 의해 이루어진다.

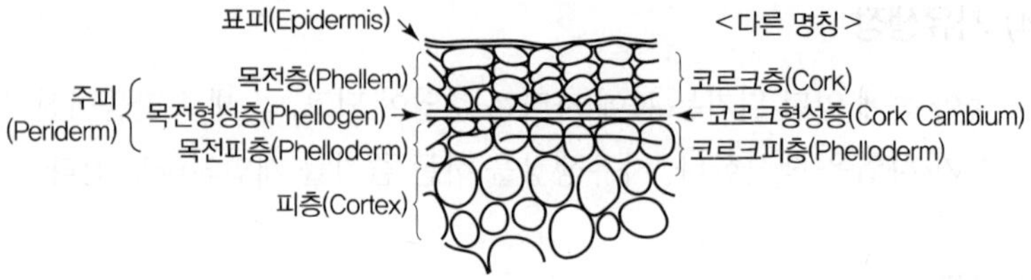

▌수피의 구조▐

핵심문제

수목의 직경생장에 관한 설명으로 옳지 않은 것은? [23년 9회]

① 유관속형성층이 생산하는 목부는 사부보다 많다.
② 유관속형성층의 병층분열은 목부와 사부를 생산한다.
③ 유관속형성층의 수층분열은 형성층의 세포수를 증가시킨다.
❹ 유관속형성층이 봄에 활동을 시작할 때 목부가 사부보다 먼저 만들어진다.
⑤ 유관속형성층이 안쪽으로 생산한 2차 목부조직에 의해 주로 이루어진다.

1) 형성층의 세포분열 및 세포분화

형성층은 접선 방향의 분열세포군으로서, 형성층 구역에 접선 방향으로 배열하고 있는 여러 층의 시원세포까지 포함한다.

(1) 형성층의 세포분열

① 병층분열 : 목부나 사부의 시원세포를 추가로 만들기 위한 접선 방향( )의 세포분열
② 수층분열 : 나무의 직경이 굵어져 세포수가 부족할 때 방사선 방향( )으로 세포벽을 만드는 세포분열

- 옥신/지베렐린 비율이 크면 목부생산, 작으면 사부 생산
- 온대지방은 봄에 사부가 먼저 생산됨 – 설탕의 이동

(2) 형성층의 세포분화

형성층 안쪽에 새로 생성된 세포는 목부조직이 되며 다음 중 하나로 분화된다.

① 도관 : 원형질 상실, 양쪽 끝에 천공판이 생겨 수분이 이동
② 목부섬유 : 원형질 상실 상태(죽은 세포)
③ 가도관 : 원형질 상실 상태(죽은 세포)
④ 유세포 : 원형질 존재(살아 있는 세포)

2) 형성층의 계절적 변화

① 형성층의 활동은 옥신에 의해 좌우된다.
② 눈에서 만들어진 옥신에 의해 나무 꼭대기, 눈 아래 줄기에서 나무 밑동으로 전달된다.

③ 늦여름부터는 나무 밑동에서 나무 꼭대기 순서로 옥신 농도가 낮아진다.

4. 뿌리생장

뿌리는 무기염과 수분의 흡수, 호흡, 탄수화물의 저장, 지지 역할을 한다.

> ✎ 수목의 근계 발달순서
> 1. 배의 유근
> 2. 직근
> 3. 측근
> 4. 세근

1) 측근 형성

'내초의 병층분열 → 수층분열 → 측근'으로 발달하며 이 과정에서 상처가 생겨 병원균, 박테리아가 침입하기도 한다.

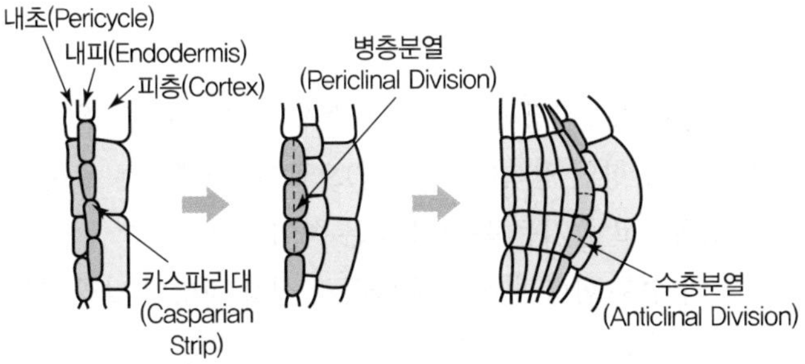

▌측근의 형성과정▐

> **핵심문제**
>
> 수목의 뿌리생장에 관련된 설명으로 옳은 것은? [22년 8회]
>
> ① 주근에서는 측근이 내피에서 발생한다.
> ② 외생균근이 형성된 수목들은 뿌리털의 발달이 왕성하다.
> ③ 온대지방에서 뿌리의 신장은 이른 봄에 줄기의 신장보다 늦게 시작한다.
> ❹ 수목은 봄철 뿌리의 발달이 시작되기 전에 이식하는 것이 바람직하다.
> ⑤ 주근은 뿌리의 표면적을 확대시켜 무기염과 수분의 흡수에 크게 기여한다.

2) 뿌리의 계절적 활동

뿌리의 신장은 봄에 줄기보다 먼저 시작하여, 가을에 줄기보다 늦게까지 지속된다.

3) 뿌리의 신장속도

① 테다소나무는 25℃에서 뿌리가 하루에 5mm씩 생장한다.
② 아까시나무, 포플러의 일부 뿌리는 하루에 5cm도 자란다.

4) 뿌리의 형성층

① 내초의 세포분열로 코르크형성층을 만들어 뿌리를 보호한다.
② 뿌리의 형성층 활동은 줄기형성층에 비해 불규칙하여 위연륜(복연륜)이 자주 나타난다.

> ✎ 위연륜(복연륜)
> 서리나 해충의 피해로 인해 정상적인 생장을 멈추고 비정상적인 생장을 하게 되어 나이테가 추가로 생기는 현상

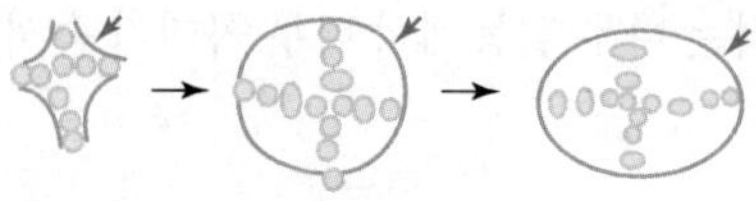

| 형성층 |

5) 뿌리의 분포

① 직근은 2차 생장 및 물리적 지지 역할을 하고 측근은 지지력을 향상시킨다.

② S/R률과 T/R률

㉠ S/R률 : Shoot/Root ratio(가지/뿌리 비율)

㉡ T/R률 : Top/Root ratio(지상부/뿌리 비율)

③ 소나무의 경우 세근은 표토 20cm에 전체 세근의 90%가 존재한다.

6) 뿌리의 생장 방향

① 굴지성 : 새로 신장하는 뿌리는 중력에 예민한 반응을 보여서 햇빛과 반대 방향인 땅속(수직 방향)으로 자람(뿌리는 옥신이 적은 쪽이 신장하고 줄기는 옥신이 많은 쪽이 신장)

② 토양의 수분 함량과 온도에 따라서 신장 방향이 달라진다.

7) 복토(성토)와 심식

① 성토 : 수목이 자라지 않는 낮은 지역에 흙을 대량으로 가져와 땅을 높임

② 복토 : 이미 나무가 자라고 있는 곳에 흙을 부어 땅의 높이를 높임. 30cm 이상 복토 시 뿌리생장에 지장

③ 심식 : 나무를 옮겨 심을 때 쓰러질 것을 염려하여 전보다 깊게 심는 행위

✎ 복토와 심식의 피해 증상
- 세근에 산소공급을 방해
- 새로 나온 잎의 황화현상
- 잎의 왜소화 → 더 진행되면 가지마름병같이 보이면서 수관축소가 된다.
- 가지생장의 위축 → 가지 끝부터 서서히 죽는다.
- 조기낙엽
- 땅에 묻힌 수피가 과다한 수분으로 썩으며 사부조직이 붕괴되어 뿌리가 고사

5. 생장측정과 생장분석

1) 수목생장량의 특징

① 수목생장량은 단위면적당 연간 생장량이다.

② 잎, 가지, 줄기, 뿌리로 나누어 생장량을 분석한다.

2) 상대생장률(RGR)

① 단위무게를 단위시간으로 나눈 것으로, 건중량의 단위시간당 증가량을 의미한다.

② 상대생장률은 수목이 가지고 있는 유전적 생장속도를 의미한다.

$$\text{상대생장률(RGR)} = \frac{(\ln W_2 - \ln W_1)}{t_2 - t_1}$$

여기서, ln : 자연대수
W_2 : 측정 말기 건중량
W_1 : 측정 초기 건중량
t_2 : 말기 측정일
t_1 : 초기 측정일

3) 대비성장량

① 수목의 두 부위 간 건중량 증가를 상대적으로 비교할 수 있다.

$$\text{Log(지상부 무게)} = \alpha + \beta \log\text{(지하부 무게)}$$

여기서, α : 유전적으로 뿌리에 투자하는 고유능력
β : 지상부와 지하부의 상대생장률(RGR)

② 이 공식은 식물이 뿌리를 얼마나 성장시켜야 줄기가 증가하는지를 보여 준다.

4) 순동화율(NAR)

단위엽면적당(m^2), 단위시간당(1일, d), 건중량(g) 생산량으로 표시한다.

$$\text{순동화율(NAR, g/m}^2\text{/d)} = \frac{\text{상대생장량(RGR, g/g/d)}}{\text{엽면적률(LAR, m}^2\text{/g)}}$$

상대생장률(RGR) = NAR(순동화율) × LAR(엽면적률)

6. 낙엽과 잎의 수명

① 수목은 가을에 낙엽이 질 것을 대비하여 미리 어린잎에서부터 엽병 밑부분에 이층을 형성한다.

핵심문제

다음 중 잎의 자연적 수명이 가장 긴 수종은? [25년 11회]

❶ 주목
② 소나무
③ 동백나무
④ 리기다소나무
⑤ 스트로브잣나무

② 이층의 세포는 다른 부위에 비해 세포가 작고 세포벽이 얇아서 쉽게 이탈할 수 있는 구조를 가지고 있다.

③ 이층

㉠ 분리층 : 낙엽이 질 때 잎자루 끝의 떨어져 나가는 부분

㉡ 보호층 : 남아 있는 가지 표면에 수베린, 검 등이 분비되어 수베린화, 리그린화 그리고 코르크로 보호하는 코르크화가 진행되는 부분

▶ **상록수 잎의 수명**

수종	수명(연)	수종	수명(연)
대왕소나무	2	스트로브잣나무	2~3
방크스소나무	2~3	리기다소나무	2~3
잣나무	4~5	동백나무	3~4
테다소나무	2~5	전나무류	4~6
소나무	3~4	가문비나무류	4~6
주목류	5~6		

CHAPTER 04 햇빛과 광합성

1. 햇빛과 태양복사량

① 햇빛 : 종자의 발아, 잎의 모양과 배열, 줄기의 생장과 굵기, 개화, 낙엽시기, 증산작용 등 생리현상에 영향

② 태양복사량 : 위도, 해발고도, 계절, 낮과 밤에 따라 변화

2. 태양광선의 생리적 효과

1) 태양광선

① 가시광선 : 녹색식물, 인간은 400~700nm 이용. 660~730nm의 적색광선은 식물의 형태와 생리에 독특한 역할

② 자외선 : 오존층이 흡수

③ 적외선 : 탄산가스, 수분이 흡수

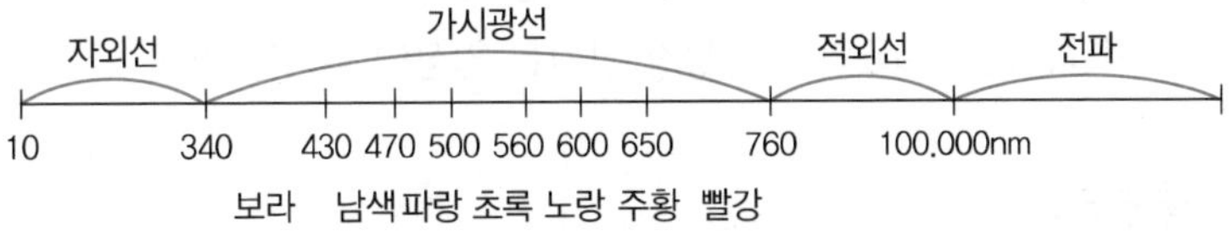

▌태양복사에너지의 스펙트럼▐

2) 햇빛의 성질

① 광질 : 파장의 구성성분

② 광도 : 양엽과 음엽을 구분

③ 일장 : 밤의 길이 측정

3) 고에너지 광효과

광도 1,000lx 이상에서 나타나 광합성을 가능하게 한다.

4) 저에너지 광효과

광도 100lx 이하에서 생리적 효과가 나타난다.

예 광주기, 굴광성 등

3. 광주기

광주기는 낮과 밤의 길이, 수목의 줄기생장, 직경생장, 낙엽시기, 휴면 진입 및 타파, 내한성, 종자 발아 등을 결정한다.

1) 개화

많은 종류의 수목이 계절의 변화에 따라 점차 생리적으로 준비하는 시기가 일치하게 됨으로써 동시에 개화하고 동시에 휴면에 들어간다(생리적 시기의 일치).

2) 줄기생장

① 단일조건 : 줄기의 생장 정지, 동아 형성 촉진(단일성 수목)

예 진달래 등

② 장일조건 : 휴면 지연 및 억제(장일성 수목)

예 무궁화 등

③ 고정생장 : 수목의 줄기생장 정지는 일장의 영향을 받지 않음

④ 자유생장 : 수목의 줄기생장 정지는 일장의 영향을 받음

3) 휴면타파

광주기가 수목의 눈의 휴면을 제거하는 효과는 수종과 휴면의 정도에 따라 다르다.

유럽적송과 참나무는 여름에 형성된 눈의 휴면은 장일처리나 연속광으로 제거가 가능하지만 동아가 겨울 휴면 상태에 있을 때에는 단지 저온처리만 효과가 있다.

4) 낙엽

어떤 수종은 광주기에 낙엽이 결정되고, 어떤 수종은 온도로 결정된다.

백합나무는 장일조건에는 잎이 붙어 있고, 단일조건에서는 낙엽이 진다.

아까시나무와 자작나무는 단일조건에서도 온도가 내려가지 않으면 낙엽이 안 된다.

5) 직경생장

수목의 직경생장은 광주기의 영향을 받는다. 줄기가 식물호르몬을 밑으로 내려보내 형성층의 세포분열을 촉진한다.

6) 지역품종

① 고위도지역 품종을 남쪽의 저위도지방으로 옮겨 심으면 낮의 길이가 고위도지방보다 짧아 일찍 생장을 정지하여 생육이 불량해진다.

② 남쪽 품종을 북쪽에 심으면 일장이 길어져 늦게까지 자라다가 첫서리 피해를 입는다.

4. 굴광성

1) 정의 및 발견

① 식물이 햇빛을 향하여 자라는 현상이다.

② 다윈(Darwin)이 관찰하였으며, 1923년 웬트(Went)가 귀리의 자엽초 실험에서 옥신을 발견하였다.

지상부에서는 옥신 함량이 높은 부분이 신장하고, 지하부에서는 옥신 함량이 적은 부분이 신장한다.

2) 굴광성에 가장 효과적인 파장

① 청색과 보라색을 띠는 450nm

② 자외선 중 360nm

3) 굴광성 관련 색소

포토트로핀 – 플라보프로테인(Flavoprotein)의 일종이며, 원형질막에 부착되어 있다.

5. 굴지성

중력이 작용하는 방향으로 식물이 자라는 것을 의미한다. 수평으로 자라던 뿌리가 굴지성에 의해 구부러지는 원리는 옥신이 뿌리의 아래쪽

굴지성의 강도
주근 > 2차근 > 3차근

으로 이동하여 세포의 신장을 억제함으로써 위쪽의 세포가 더 빨리 신장하기 때문이다.

6. 광수용체

햇빛을 흡수하는 부분을 발색단, 나머지 촉매역할을 하는 단백질부분을 아포단백질이라고 한다.

1) 피토크롬(Phytochrome)

① 분자량 120,000Da(돌턴)가량 되는 두 개의 동일한 폴리펩티드(Polypeptide)로 구성되어 있다.
② 피롤(Pyrrole) 4로 이루어진 발색단이다.
③ 암흑에서 자란 식물에 제일 많다.
④ 대부분의 기관에 존재하지만 생장점 근처에 가장 많이 있다.
⑤ 세포 내에서는 세포질과 핵 속에 존재하지만 소기관, 원형질막, 액포 내에는 존재하지 않는다.
⑥ 적색광(파장 660nm)을 비추면 Pr 형태 → Pfr 형태
원적색광(파장 730nm)을 비추면 Pfr 형태 → Pr 형태(환원되는 양=시간)

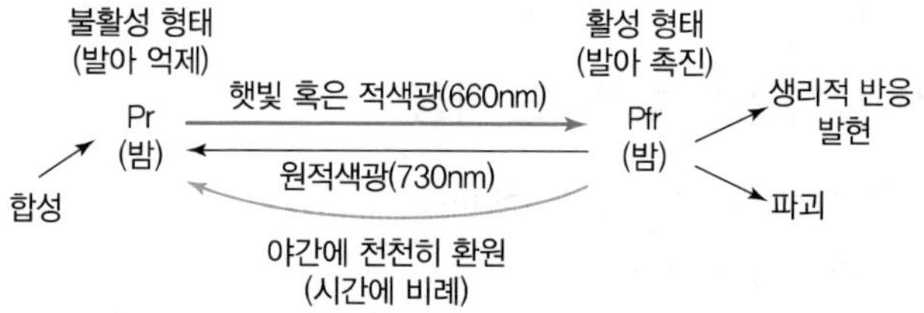

▎적색광과 원적색광에 대한 피토크롬 색소의 반응 ▎

2) 크립토크롬(Cryptochrome)

① 크립토크롬은 포토트로핀과 함께 청색광과 자외선을 흡수하여 굴광성에 관여하는 광수용체이다.
② 식물과 동물에 모두 존재하며 플라보프로테인의 일종인 것은 포토트로핀과 흡사하다.
③ 피토크롬과 포토트로핀은 인산화효소의 일종이나, 크립토크롬은 인산화효소가 아니다.

핵심문제

종자 발아에서부터 개화까지 식물 생장의 전 과정에 관여하며 적색광과 원적색광에 반응을 이는 광수용체는? [21년 6회]

① 시토크롬
② 플로리겐
❸ 피토크롬
④ 포토트로핀
⑤ 크립토크롬

Pr(적색광흡수형)
- 660nm의 광선을 흡수한다.
- 발아 촉진 효과가 크다.
- 빛이 없는 곳에서 안정된다(불활성).

Pfr(근적외선흡수형)
- 730nm의 광선을 흡수한다.
- Pfr은 불안정하여 들뜬 상태(활성)로 Pr로 전환되거나 광가역성을 잃는다.
- 발아를 억제한다.

크립토크롬의 주요 기능
- 자귀나무와 같이 24시간 주기로 야간에 잎이 접히는 일주기 현상 혹은 생체리듬을 조절
- 종자와 유묘의 생장을 조절
- 철새의 경우 자기장을 감지하여 이동경로를 탐색
- Cry1 : 생체리듬을 조절
- Cry2 : 청색광으로 자엽과 잎의 신장을 조절

3) 포토트로핀(Phototropin)

① 식물의 굴광성과 굴지성은 청색광에 의해 유도되는데, 청색광에 반응을 보이는 광수용체를 포토트로핀이라고 한다.

② 청색광(400～450nm)과 자외선 A(320～400nm)를 흡수하는 플라보프로테인(Flavoprotein)의 일종이다.

③ 잎에 많이 존재하며, 피토크롬, 크립토크롬과 함께 햇빛에 반응한다.

④ 잎의 확장과 어린 식물의 생장을 조절한다.

⑤ 크립토크롬이 작동하기 전에 먼저 줄기생장을 유도한다.

⑥ 햇빛이 강하게 비출 때 엽록체가 방향을 전환하는 데 기여한다.

> **핵심문제**
>
> 햇빛양을 감지하여 광 형태형성을 조절하는 광수용체를 고른 것은? [23년 9회]
>
> ㄱ. 엽록소 a
> ㄴ. 엽록소 b
> ㄷ. 피토크롬
> ㄹ. 카로티노이드
> ㅁ. 크립토크롬
> ㅂ. 포토트로핀
>
> ① ㄱ, ㄴ, ㄷ
> ② ㄱ, ㄹ, ㅂ
> ③ ㄴ, ㄹ, ㅁ
> ④ ㄷ, ㄹ, ㅁ
> ❺ ㄷ, ㅁ, ㅂ

7. 광합성

1) 광합성의 개념

녹색식물이 태양에너지를 이용하여 자신이 필요로 하는 에너지를 만드는 과정이다.

원동력(햇빛 + 엽록소) + (이산화탄소 + 물) = 탄수화물

2) 광합성 색소

(1) 엽록체

① 그라나(Grana, 엽록소 존재) : 광반응 담당

② 스트로마(Stroma, 엽록소 없음) : 암반응 담당

③ 엽록체는 주로 녹색잎의 엽육세포에 존재하나 어린가지의 수피와 어린 과일에도 들어 있다.

④ 목본식물의 경우 엽록소 a(청록색)와 엽록소 b(황록색)가 주종을 이룬다.

⑤ 엽록소는 피롤(Pyrrole) 4개가 모여서 고리를 만들고, 고리의 한복판에 마그네슘(Mg)이 있다.

⑥ 엽록소는 비극성 화합물이기 때문에 물에는 잘 녹지 않고, 에테르에는 잘 녹는 지질화합물이다.

(2) 흡수스펙트럼과 작용스펙트럼

① 흡수스펙트럼 : 가시광선 중에서도 적색 부근과 청색 부근의 빛을 흡수하고, 녹색 부근을 반사하기 때문에 녹색으로 보인다.

핵심문제

광색소와 광합성 색소에 관한 설명으로 옳지 않은 것은? [22년 8회]

① Pfr은 피토크롬의 생리적 활성형이다.
② 크립토크롬은 일주기현상에 관여한다.
❸ 적색광이 원적색광보다 많은 때 줄기생장이 억제된다.
④ 카로티노이드는 광산화에 의한 엽록소 파괴를 방지한다.
⑤ 엽록소 외에도 녹색광을 흡수하며 광합성에 기여하는 색소가 존재한다.

② 작용스펙트럼 : 적색광과 청색광뿐만 아니라 녹색광을 비춰도 광합성작용을 한다(카로티노이드).

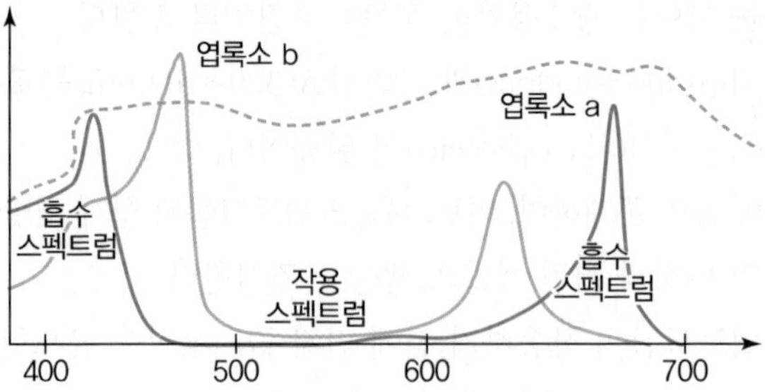

❙ 흡수스펙트럼과 작용스펙트럼 ❙

(3) 카로티노이드 : 이소프레노이드 화합물

① 식물의 색소로서 노란색, 오렌지색, 붉은색 등을 나타낸다.
② 엽록소를 보조하여 햇빛을 흡수하는 보조색소 역할을 한다(500~600nm).
③ 광도가 높을 경우 광산화작용에 의해 엽록소 파괴를 방지한다.

3) 광합성 기작

엽록체가 햇빛에너지를 모아 탄산가스와 물을 원료로 하여 여러 효소의 작용으로 탄수화물을 만드는 것이다.

▶ 광합성 기작과 특징

구분	내용
광반응	• 햇빛이 필요하며, 다음 단계에 필요한 에너지를 생산함 • 태양에너지가 ATP, NADPH와 같은 조효소에 저장됨
암반응	• 만들어진 에너지를 이용하여 탄산가스를 환원시켜 탄수화물을 합성하는 단계 • 햇빛 없이도 가능 • ATP와 NADPH의 에너지를 이용하여 탄수화물(탄소수 하나 더 증가)을 합성함

핵심문제

수목의 광합성에 관한 설명으로 옳지 않은 것은? [21년 5회]

❶ 엽록소는 그라나에 없으며 스트로마에 있다.
② 양수는 음수보다 높은 광도에서 광보상점에 도달한다.
③ 광보상점은 이산화탄소의 흡수량과 방출량이 같은 때의 광도이다.
④ 엽록소는 적색광과 청색광을 흡수하는 반면 녹색광은 반사하여 내보낸다.
⑤ 광포화점은 광도를 높여도 더 이상 광합성량이 증가하지 않는 상태의 광도이다.

(1) 명반응(광반응)

① 햇빛이 있을 때만 엽록체의 그라눔에서 진행된다.
② 엽록소는 햇빛을 한군데로 모은다.
③ 네 가지 단백질군이 물분자를 분해하여 산소를 발생시킨다(망간 · 철 · 구리가 포함된 라멜라단백질체).

④ NADP를 환원하여 NADPH를 만들고, ATP를 생산 : NADPH, ATP는 많은 에너지를 가지고 있는 조효소(Coenzyme)

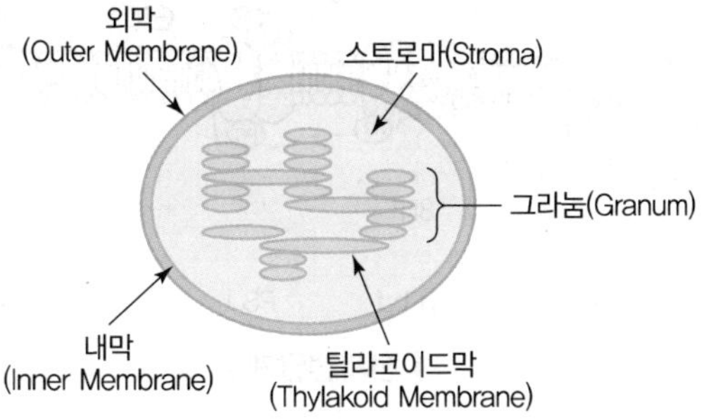

▌엽육세포의 구조▐

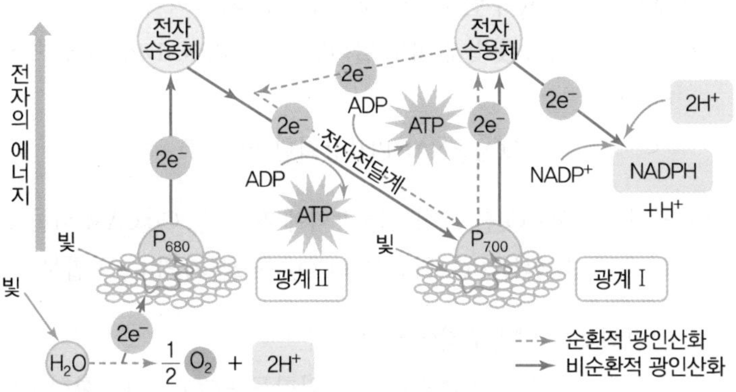

▌광계 Ⅱ계와 광계 Ⅰ계▐

(2) 전자전달계

① 광반응에서 약 250개의 엽록소가 태양에너지를 한곳에 모아서 물분자를 분해하는 것이다.

② O_2가 나오고 e－(수소이온)은 NADP에 전달되어 NADPH, ATP가 된다.

③ 햇빛이 없으면 일어나지 않는다.

④ 양수발전기에 비유하면 밤에 물을 끌어 올렸다가 떨어뜨려 전기를 생산하는 원리이다.

⑤ 산화－환원 전위차 : 전위차가 높은 곳에서 낮은 곳으로 전자가 흐르는 것은 엽록소가 태양에너지를 모으기 때문에 가능하다.

✎ 전자를 받아들이는 두 화합물

플라스토퀴논(광계 Ⅱ), 플라스토시아닌(광계 Ⅰ)은 쉽게 환원되지 않는 물질이지만, 엽록소와 베타카로틴이 모아 준 햇빛의 힘에 의해 억지로 환원

핵심문제

수목의 광합성 명반응에 관한 설명으로 옳지 않은 것은? [25년 11회]

① 엽록소가 있는 그라나에서 이뤄지며 산소가 발생한다.
② 빛에너지를 NADPH ATP와 에 저장하는 과정으로 물의 분해가 일어난다.
③ H^+이 루멘에 축적되어 틸라코이드막을 경계로 H^+ 농도의 차이가 발생한다.
❹ ATP합성효소에 의해 H^+이 스트로마에서 루멘으로 들어오면서 ATP가 생성된다.
⑤ 물이 분해되면서 방출된 전자는 광계 Ⅱ에서 광계 Ⅰ로 전달되어 $NADP^+$를 환원시키는 데 기여한다.

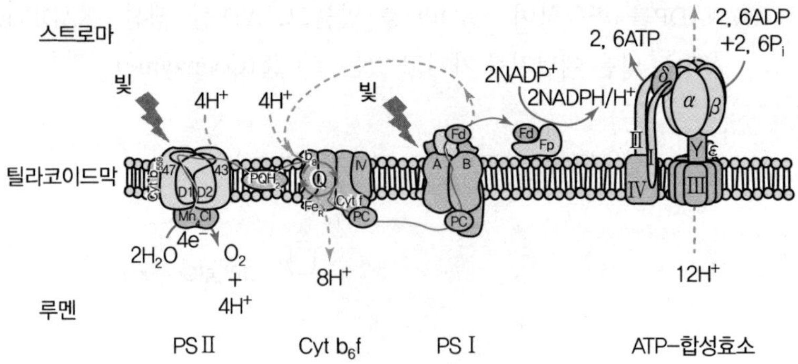

▌전자전달계▌

(3) 암반응(캘빈회로)

① CO_2를 이용하여 탄수화물을 합성하는 과정이다.

② 스트로마에서 햇빛 없이도 일어난다. ATP, NADPH만 있으면 가능하다.

$$CO_2 + NADPH(\text{강력한 환원력}) = C_{n+1}$$

③ 암반응에서 CO_2를 고정하는 방식에 따라 C_3, C_4, CAM 식물로 구분

C_3 식물 : C_5 화합물 + CO_2 → 2분자의 C_3 화합물

④ 캘빈회로는 엽육조직에 존재한다.

C_4 식물, CAM 식물 : C_3 화합물 + CO_2 → C_4 화합물

⑤ C_4 식물은 유관속초세포가 특별히 발달하였다.

예 단자엽식물, 사탕수수, 옥수수, 수수

㉠ C_4 식물의 유관속초세포에는 큰 엽록체가 다수 있지만 그라나는 거의 없음

㉡ C_4 식물의 캘빈회로는 유관속초에 존재

⑥ 엽육세포에는 그라나가 있는 엽록체가 있어 광합성 기작이 서로 다르다.

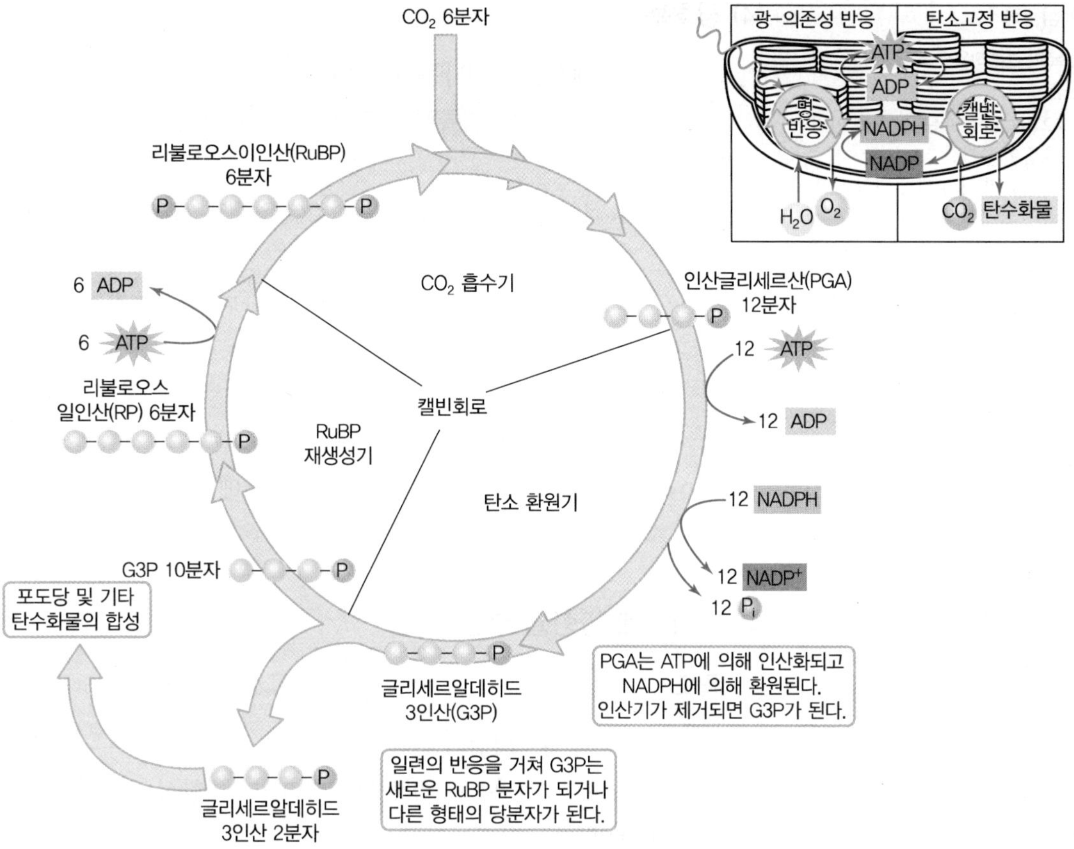

▍캘빈회로▍

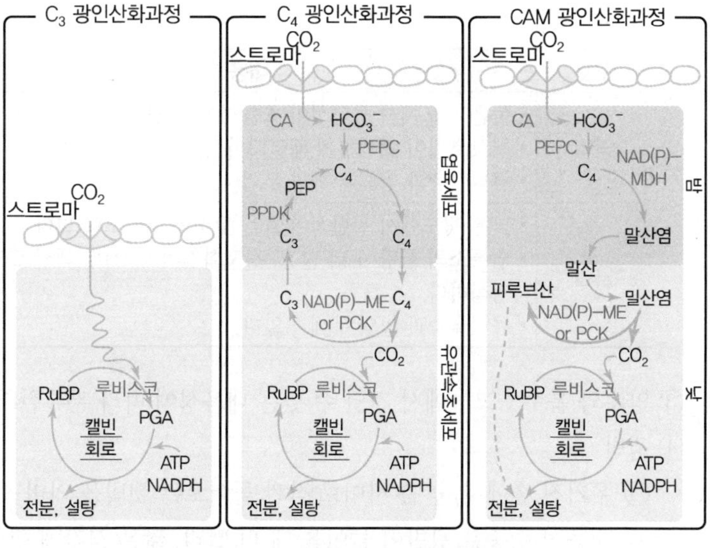

▍C_3, C_4, CAM 식물의 광합성 비교▍

(4) 광호흡

① 광조건하에서만 일어나는 호흡이다.

② 광호흡 관여 기관 : 엽록체, 미토콘드리아, 퍼옥시솜

㉠ C_3 식물

- C_3 식물은 광합성으로 고정한 CO_2의 20～40%가량을 광호흡으로 방출
- 광호흡은 야간호흡보다 2～3배 정도 더 빠르게 진전
- C_3 식물의 이산화탄소를 처음 고정하는 효소는 RuBP(친화력 $O_2 < CO_2$)
- 낮의 광호흡량 > 밤의 호흡량

㉡ C_4 식물 : C_4의 RuBP는 유관속초세포에 국한(말산에서 CO_2 배출)

4) 광합성에 영향을 주는 요인

(1) 광도

① 광보상점과 광포화점

㉠ 광보상점 : 호흡으로 방출되는 CO_2양=광합성으로 흡수하는 CO_2양

㉡ 광포화점 : 광도가 증가해도 더 이상 광합성량이 증가하지 않는 포화 상태의 광도

② 양엽과 음엽

구분	내용
양엽	• 높은 광도에서 광합성이 효율적이며, 광포화점이 높다. • 책상조직이 빽빽하게 배열되어 있다. • 큐티클층과 잎의 두께가 두껍다.
음엽	• 낮은 광도에서 광합성이 효율적이며, 양엽보다 넓다. • 엽록소의 함량이 더 많고, 광포화점이 낮으며, 책상조직이 엉성하다. • 큐티클층과 잎의 두께가 얇다.

③ 양수와 음수 : 그늘에서 견딜 수 있는 내음성에 따라 분류한다.

④ 광반

㉠ 우거진 숲에서 숲 틈 사이로 잠깐 들어오는 햇빛을 의미

㉡ 내음성 수종은 광반이 들어올 때 더 빨리, 짧은 시간에 광합성을 하는 능력이 있음

핵심문제

수목의 호흡작용으로 옳지 않은 것은?

① 오존(O_3)에 노출되었을 때 잎의 호흡이 증가한다.
② 수피를 벗겨 상처를 만들면 호흡이 증가한다.
❸ 광도가 높을 때 양엽의 호흡량은 음엽보다 낮다.
④ 답압과 침수는 산소의 공급을 방해하여 뿌리호흡의 감소를 유발한다.
⑤ 잎은 완전히 자란 직후에 중량 대비 호흡량이 가장 많다.

✎ 말산(사과산)
- C_4 화합물이다.
- 모든 생물에서 만들어지고, 과일의 신맛을 낸다.
- CO_2를 운반한다.

핵심문제

광호흡에 관한 설명으로 옳지 않은 것은? [25년 11회]

① 햇빛이 있을 때 주로 잎에서 일어난다.
② 햇빛으로 잎의 온도가 올라가면 광호흡이 증가한다.
❸ C_3 식물보다 C_4 식물에서 광합성량 대비 광호흡량이 더 많다.
④ 광합성으로 고정한 탄수화물의 일부가 다시 분해되어 미토콘드리아에서 CO_2로 방출되는 과정이다.
⑤ 퍼옥시솜에는 광호흡 과정에서 생성된 과산화수소를 제거하기 위한 카탈라제가 풍부하게 들어 있다.

(2) 기후 요인

① 온도

㉠ 광반응 : 온도의 영향을 적게 받음

㉡ 암반응 : 효소에 의한 생화학적 CO_2 고정과정(온도의 영향을 받는다)

㉢ 온대지방의 목본식물은 15~25℃에서 최대 광합성을 함. 고산수목은 -6℃에서 광합성이 가능하며, 최적온도는 15℃이고, 열대수목은 30~35℃가 최적온도임

② 수분 부족 : 수분이 부족하면 엽면적의 감소, 기공 폐쇄, 심하면 원형질 분리 발생

㉠ -0.4Mpa : 광합성 감소 시작

㉡ -1.1Mpa : 광합성 중단, ABA를 생산하여 기공 폐쇄

ABA
식물생장억제호르몬이다.

③ 수분 과다(침수)

㉠ 산소 공급을 차단하여 산소 부족 상태에 놓임

㉡ 일반적으로 5일 이상 침수가 지속되면 나무에 피해를 주고, 10일 이상 지속되면 큰 나무가 죽음

④ 일일 혹은 계절적 요인

㉠ 일 변화 : 광도, 온도, 수분관계를 고려하면 오전 12시가 가장 왕성

㉡ 계절적 변화 : 수종에 따라 큰 차이가 있으며 침엽수와 활엽수에 따라 그리고 고정생장인지 자유생장인지에 따라 다름

(3) 탄산가스

1850년대 280ppm에서 현재 400ppm까지 증가하였다. 탄산가스는 광합성의 제한요소(햇빛, 이산화탄소)이다.
광합성을 위해서는 이산화탄소는 세포질에 탄산이온(HCO_3^-) 형태로 녹아야 한다.

(4) 무기영양

① 질소가 결핍되면 광합성이 감소한다.

② 인(P)이 부족하면 성장이 지연되고 잎이 시들어 누렇게 된다.

③ 칼륨이 부족하면 에너지 전달이 방해되어 호흡량이 증가한다.

(5) 잎의 나이

성숙잎이 어린잎보다 광합성을 더 많이 한다. 이는 성숙잎은 세포당 더 많은 엽록체 수, 두꺼운 잎, 두꺼운 책상조직, 높은 탄소동화율, 높은 루비스코효소의 활동을 가지고 있기 때문이다.

(6) 수종과 품종

수목의 광합성 능력은 수종 간, 같은 종 내에서는 품종 간 그리고 산지 간에도 큰 차이를 보인다.

① 산림수목 중 광합성 능력이 큰 것
㉠ 피자식물 : 포플러, 유칼리나무
㉡ 나자식물 : 미송, 잎갈나무, 메타세쿼이아 등
② 광합성이 높은 수종 : 기름야자 > 승도(천도복숭아)

광합성 능력의 차이
- 단위엽면적당 기공수
- 개체당 엽량
- 생육기간
- 광합성률의 계절적 변화

CHAPTER 05

호흡

1. 에너지의 역할

식물의 생명현상을 유지하는 역할을 한다.

① 세포의 분열 · 신장 · 분화
② 무기영양소의 흡수
③ 탄수화물의 이동 · 저장
④ 대사물질의 합성 · 분해 및 분비
⑤ 주기적 운동과 기공의 개폐
⑥ 세포질 유동

2. 호흡과 에너지 생산

① 호흡작용 : 살아 있는 원형질을 가진 세포 중에서 미토콘드리아라는 작은 소기관에서 일어남
② 호흡 : 에너지를 가지고 있는 물질인 기질(탄수화물)을 산화시키면서 에너지를 발생시키는 과정

$C_6H_{12}O_6$	+	$6O_2$	→	$6CO_2$	+	$6H_2O$
6탄당 Glucose 산화대상		환원대상		산화된 물질		환원된 물질
		+		686kcal	→	ATP 생산
				에너지 방출		대사과정에 에너지 공급

3. 호흡작용의 기작

1) 호흡작용에 작용하는 3단계

(1) 해당작용(포도당 분해)

① 세포기질(세포질)에서 일어난다.
② 산소를 요구하지 않는 단계이다.

핵심문제

수목의 광합성에 관한 설명으로 옳은 것은? [22년 8회]

❶ 회양목은 아까시나무보다 광보상점이 낮다.
② 포플러와 자작나무는 서어나무보다 광포화점이 낮다.
③ 광도가 낮은 환경에서는 주목이 포플러보다 광합성 효율이 낮다.
④ 광합성은 물의 산화과정이며, 호흡작용은 탄수화물의 환원과정이다.
⑤ 단풍나무류는 버드나무류보다 높은 광도에서 광보상점에 도달한다.

③ 고등식물, 효모균에 의해 발생하며, 에너지(ATP) 생산효율이 낮다.

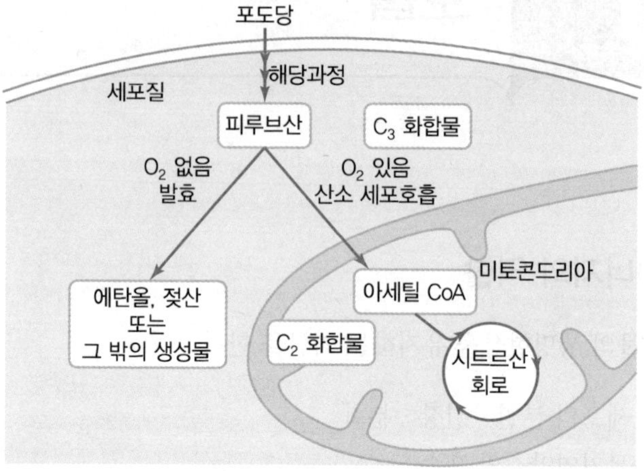

| 세포호흡의 기작(해당작용, 크렙스회로, 전자전달계) |

(2) 크렙스(Krebs)회로

① 4개의 CO_2가 발생한다.

② NADH를 생산하며, 미토콘드리아 기질에서 발생하고, 산소가 있어야 진행된다.

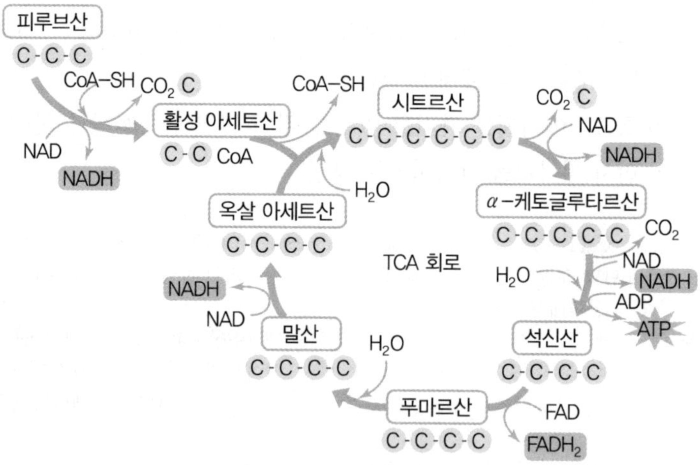

| 크렙스회로 |

(3) 말단전자전달경로

① NADH로 전달된 전자와 수소가 최종적으로 산소에 전달되어 H_2O로 환원되면서 추가로 ATP를 생산한다.

② 산소 소모, 호기성 호흡을 한다.

핵심문제

수목의 호흡에 관한 설명으로 옳지 않은 것은? [21년 6회]

❶ 해당작용은 포도당이 분해되는 단계로 산소가 필요하다.
② 주로 탄수화물을 산화시켜 에너지를 발생시키는 과정이다.
③ 줄기의 호흡은 수피와 형성층 주변 조직에서 주로 일어난다.
④ 호흡기작은 해당작용, 크렙스 회로, 전자전달계의 3단계로 이루어진다.
⑤ 호흡에서 생산되는 ATP는 광합성 광반응에서 생기는 ATP와 같은 형태의 조효소이다.

핵심문제

수목의 호흡 과정에 관한 설명으로 옳지 않은 것은? [23년 9회]

① 해당작용은 세포질에서 일어난다.
② 기질이 산화되어 에너지가 발생한다.
③ 크렙스회로는 미토콘드리아에서 일어난다.
④ 말단전자전달경로의 에너지 생산효율이 크렙스 회로보다 높다.
❺ 말단전자전달경로에서 전자는 최종적으로 피루브산에 전달된다.

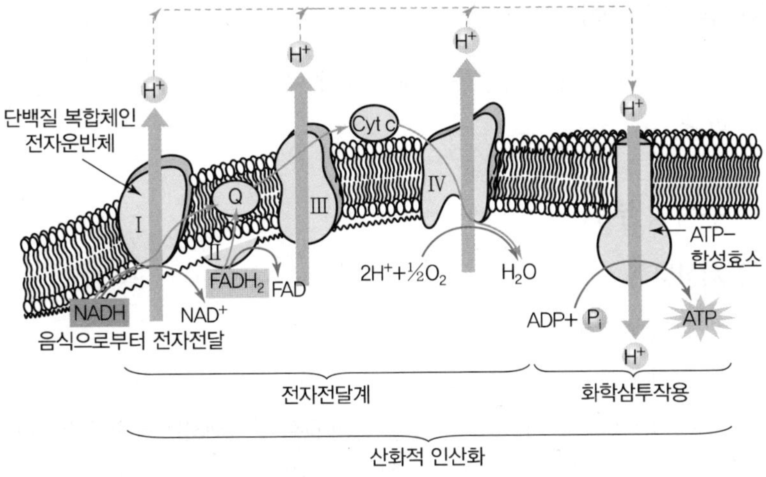

▌산화적 인산화 과정▐

2) 호흡에서 탄소의 재배열

다음은 호흡작용에서 일어나는 탄소의 재배열을 산술적으로 표시한 것이다.

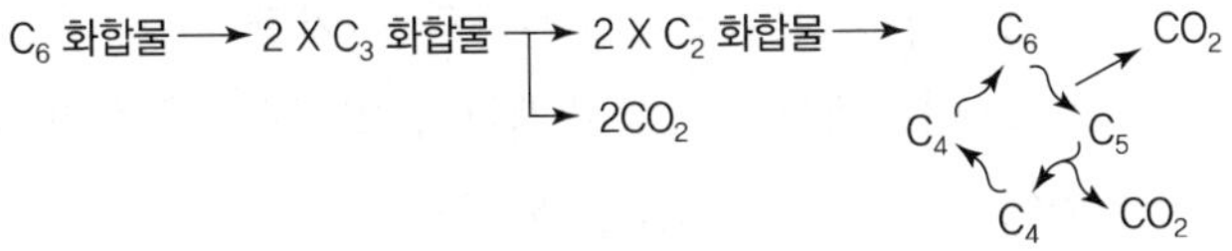

4. 수목의 호흡

수목의 호흡량은 임분의 종류, 수목의 크기, 나이, 부위, 계절, 생장속도, 생리적 상태, 환경요인, 온도에 따라 큰 차이가 있다.

1) 산림의 종류

① 전체 호흡량은 숲의 성숙 정도와 위도에 따라 다르다.
② 단위건중량당 호흡량 : 어린 숲 > 성숙한 숲
③ 총광합성량 대비 호흡량 비율 : 어린 숲 < 성숙한 숲

2) 임분의 밀도와 그늘

① 밀식된 임분은 광합성량은 적고, 호흡량은 그대로이다.
② 형성층의 표면적이 더 많아 호흡량이 증가한다.

핵심문제

식물의 호흡에 관한 설명으로 옳은 것은? [21년 5회]

① 과실의 호흡은 결실 직후에 가장 적다.
② 눈이 휴면에 들어가면 호흡이 증가한다.
③ 호흡활동이 가장 왕성한 기관은 줄기다.
④ C-4식물은 C-3식물에 비해 광호흡이 많다.
❺ 성숙한 종자는 미성숙한 것보다 호흡이 적다.

3) 수목의 나이

수목의 나이가 증가할수록 전체 조직 중 비광합성 조직의 비율이 증가한다.

4) 수목의 부위

(1) 지상부

① 잎의 호흡활동이 가장 왕성하다.
② 눈의 호흡은 계절적으로 변동이 심하다.
③ 아린은 산소를 차단하여 겨울철 눈의 호흡을 억제하는 효과를 갖는다.
④ 굵은 가지와 수간의 호흡은 형성층 주변 조직에서 일어난다.
⑤ 형성층의 조직은 외부와 직접 접촉하지 않아 혐기성 호흡이 일어난다.
⑥ 조피(외수피)는 피목에서 가스 교환을 한다.

(2) 지하부

✎ 판근
수직으로 편평하고 판 모양으로 지표에 노출되는 뿌리

① 세근은 호흡량이 많다(전체 호흡량의 8%가량).
② 표토 20cm 이내에 90% 이상 존재하며, 열대수목은 토양 밖으로 판근을 튀어나오게 하여 호흡을 돕는다.
③ 총 뿌리호흡의 95%가 세근에서 이루어진다.
④ 균근 뿌리의 호흡량은 전체 호흡량의 25%이다(전체 뿌리의 5% 정도 세근에만 균근 형성).
⑤ 침수 시 메탄가스와 에틸렌가스가 발생하여, 황화현상이나 상편생장이 나타난다.

(3) 과실과 종자

① 과실
　㉠ 결실 직후 호흡량이 가장 많음(호흡급증, Climacteric)
　㉡ 호흡급증이 나타나는 수종 : 사과, 복숭아, 자두, 바나나 등
　㉢ 호흡급증이 나타나지 않는 수종 : 포도, 귤 등
② 종자
　㉠ 자라는 동안 호흡량이 많고, 성숙하면 감소
　㉡ 장기저장을 위해 낮은 온도를 유지하며, 산소 함량을 2～3%로 낮추고, CO_2를 5%로 높여 호흡을 억제

5. 온도와 호흡

① Q_{10}은 10℃ 상승 시 호흡량의 증가율을 말하는 것으로, 대부분의 식물은 5~25℃에서 2.0~2.5의 Q_{10}값을 갖는다.
② 야간의 온도가 주간보다 낮아야(5~10℃ 정도) 수목이 정상적으로(광합성 고정탄수화물 > 호흡소모량) 성장한다.

6. 특수환경에서의 호흡

1) 공기 유통이 저조한 토양

토양이 답압, 복토, 높은 지하수위, 불투수층, 도로포장, 침수 상태로 있으면 토양 내 산소가 감소하고 이산화탄소가 증가하며 뿌리가 호흡을 못하게 된다.

2) 대기오염과 호흡

수종, 수목의 영양 상태와 계절, 오염물질의 종류, 환경(햇빛, 온도, 습도)에 따라 다르다.

① 오존(O_3) : 강력한 산화력으로 조직을 파괴하며, 소나무류에 노출 시 잎의 호흡량이 90%까지 증가. 반면 뿌리의 호흡은 감소하는데, 이는 오존에 노출되어 손상된 잎을 치료하는 데 탄수화물이 많이 사용되면서 뿌리로 내려오는 탄수화물량이 감소하기 때문임
② 아황산가스(SO_2) : 호흡을 증가시킴
③ 이산화질소(NO_2) : 강력한 산화력을 가지며, 호흡을 감소시킴
④ 불소(F) : 노출량의 농도가 낮으면 호흡이 증가하고, 농도가 높으면 호흡이 감소

3) 기계적 손상과 물리적 자극

잎을 만지거나 문지르거나 구부리면 호흡량이 증가하는데, 이는 세포 소기관이 파괴되고 산소가 더 많이 공급되며, 복구대사가 이루어지기 때문이다.

CHAPTER 06

탄수화물 대사와 운반

1. 탄수화물의 기능

목본식물은 건중량의 75% 이상이 탄수화물이다.

① 세포벽의 주요 성분(섬유소)
② 에너지를 저장하는 주요 화합물(전분)
③ 지방, 단백질과 같은 화합물을 합성하기 위한 기본물질(포도당)
④ 광합성으로 처음 만들어지는 물질(3탄당, 4탄당)
⑤ 세포액의 삼투압을 증가시키는 용질(설탕)
⑥ 호흡과정에서 산화되어 에너지를 발생시키는 주요 기본물질(포도당)
⑦ 잎에서 광합성으로 만든 동화물질의 장거리 이동 수단(설탕)

2. 탄수화물의 종류

탄수화물은 탄소, 수소, 산소가 1 : 2 : 1의 비율로 구성된 화합물로, 화학식은 $C_nH_{2n}O_n$이다.

1) 단당류

① 탄수화물을 가수분해할 때 더 이상 분해할 수 없는 기본단위다.
② 알데히드기, 케톤기를 하나 가지고 있다.
③ 5탄당, 6탄당(포도당, 과당)이 가장 흔하며, 포도당(유세포)과 과당(과일의 유세포)은 유세포에 함유되어 있다.
④ 단당류는 조효소 ATP, NAD 등의 구성성분이다.
⑤ 핵산인 RNA, DNA의 기본골격이 된다.
⑥ 광합성과 호흡작용의 탄소이동에 직접 관여한다.
⑦ 물에 잘 녹고, 이동이 용이하며 환원당이다.

핵심문제

수목의 호흡에 관한 설명으로 옳은 것은? [23년 9회]

① 뿌리에 균근이 형성되면 호흡이 감소한다.
② 형성층에서는 호기성 호흡만 일어난다.
③ 그늘에 적응한 수목은 호흡을 높게 유지한다.
❹ 잎의 호흡량은 잎이 완전히 자란 직후 최대가 된다.
⑤ 유령림은 성숙림보다 단위 건중량당 호흡량이 적다.

➤ 단당류

탄소 숫자	3탄당	4탄당	5탄당	6탄당	7탄당
예	Glycerald-ehyde	Erythrose	• Ribose • Xylose • Arabinose • Ribulose	• Glucose • Fructose • Mannose	Heptulose

2) 올리고당(소당류)

① 단당류 분자가 2개 이상 연결된 것이다.

② 수크로오스(Sucrose, 2당류) = 포도당 + 과당(가장 중요한 물질)

③ 대사작용에서 중요한 위치로, 저장 탄수화물의 역할을 하며, 사부를 통해 이동한다.

➤ 올리고당류

탄소 숫자	2당류	3당류	4당류	5당류	그 이상
예	• Maltose • Lactose • Cellobiose • Sucrose	• Raffinose • Melezitose	Stachyose	Verbascose	Dextrins (환원당)

비환원당

- 3당류인 라피노즈(비환원당)
  : galactose − galactose − fructose의 연결구조
  예 너도밤나무
- 4당류인 스타키오스(비환원당)
  : galactose − galactose − glucose − fructose
  예 노박덩굴과 식물
- 5당류인 버바스코스(비환원당)
  : galactose − galactose − galactose − glucose − fructose
  예 참나뭇과, 뽕나뭇과

3) 다당류

단당류 분자 수백 개가 직선으로 연결된 형태로, 물에 잘 녹지 않는다.

(1) 섬유소(Cellulose)

① 세포벽을 구성하며, 초식동물의 먹이가 된다.

② 1차 세포벽의 9~25%, 2차벽 세포벽의 41~45%를 차지한다.

③ 목부의 경우 섬유 사이를 리그닌이 채워 세포벽을 구성한다.

(2) 전분(Starch)

① 저장 탄수화물로 살아 있는 유세포에 저장된다.

② 물에 녹지 않는 불용성 탄수화물로, 이동성이 없고 저장세포가 생성된다.

③ 잎의 유세포(엽록체), 저장조직(전분체)에 가장 많이 축적되고, 사부조직의 유세포에는 가을철에 가장 많이 축적된다. 목부조직에는 변재 부위의 유세포(방사조직, 종축유세포)에 저장된다.

전분의 성질

- Amylopectin : 가지를 많이 친 사슬 모양(점성이 큼)
- Amylose : 가지를 치지 않은 직선의 사슬 모양

(3) 반섬유소(Hemicellulose)

① 1차 세포벽의 25~50%, 2차 세포벽의 30%를 차지한다.
② 5탄당(아라반, 자일란)+6탄당(갈락탄, 만난)의 중합체이다.

(4) 펙틴(Pectin)

① 세포벽의 구성성분이며, 중엽층에서 이웃세포를 접합하는 시멘트 역할을 한다.
② 갈락투론산의 중합체이다.
③ 1차 세포벽의 10~35%를 차지하며, 2차 세포벽에는 거의 없다.

(5) 검(Gum)과 점액질(Mucilage)

① 갈락투론산의 중합체로 단백질을 함유한다.
② 검은 수피와 종자껍질에 주로 존재한다.
③ 검은 벚나무속에 병원균과 곤충의 피해를 입을 때 분비된다.
④ 점액질은 콩과식물의 콩꼬투리, 느릅나무 내수피와 잔뿌리 끝, 잔뿌리의 윤활제 역할을 한다.

3. 탄수화물의 합성과 전환

설탕의 합성은 엽록체에서 이루어지지 않고 세포질에서 이루어진다.

① 탄수화물의 합성은 광합성의 암반응에서 시작된다.
② 엽록체 속에서 캘빈회로를 통하여 단당류 합성과 전환이 이루어진다.
③ 광합성을 하는 잎의 세포 내에는 단당류인 포도당, 과당의 농도보다 2당류인 설탕의 농도가 높다.
④ 설탕의 합성은 세포질에서 이루어진다.

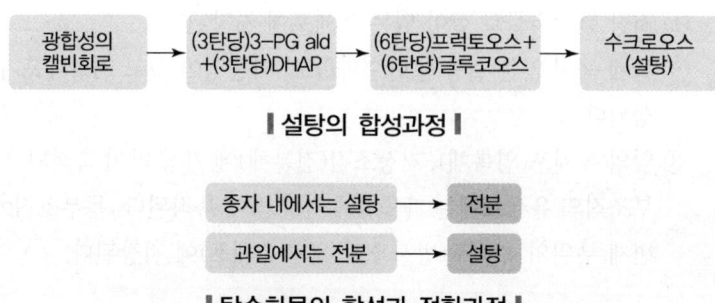

광합성의 캘빈회로 → (3탄당)3-PG ald +(3탄당)DHAP → (6탄당)프럭토오스+ (6탄당)글루코오스 → 수크로오스 (설탕)

▌설탕의 합성과정▐

종자 내에서는 설탕 → 전분
과일에서는 전분 → 설탕

▌탄수화물의 합성과 전환과정▐

핵심문제

수목에서 발견되는 탄수화물 중 갈락투론산(Galacturonic acid)의 중합체만을 나열한 것은? [25년 11회]

① 전분(Starch), 포도당(Glucose)
❷ 검(Gum), 무실리지(Mucilage)
③ 리그닌(Lignin), 칼로스(Callose)
④ 카로테노이드(Carotenoid), 스테롤(Sterol)
⑤ 헤미셀룰로스(Hemicellulose), 셀룰로스(Cellulose)

⑤ 설탕으로 전환에는 조효소인 UTP가 에너지를 공급한다.
⑥ 전분은 가장 주요한 저장 탄수화물로, 잎 – 엽록체, 저장조직 – 전분체(색소체)에 축적된다.
⑦ 탄수화물은 지방이나 단백질을 합성하기 위한 예비 화합물로서 다른 형태로 쉽게 전환된다.
⑧ 자라고 있는 종자 : 설탕 → 전분, 성숙해 가는 종자 : 전분 → 설탕
⑨ 셀룰로오스, 펙틴과 같이 세포벽에 부착된 탄수화물은 전환되지 않는다.

4. 탄수화물의 축적과 분포

① 광합성으로 생산된 양 – 소모된 양(호흡, 조직형성 등) = 축적
② 주로 전분을 축적하며, 그 밖에 지질, 지질화합물, 설탕, 라피노즈 등이 있다.
③ 저장세포는 살아 있는 유세포이며, 유세포가 죽으면 정장되어 있던 탄수화물도 회수된다.
④ 저장량은 수목 부위, 계절, 수종 간에도 차이가 있다.
⑤ 탄수화물의 축적을 농도로 나타내면 지하부가 지상부보다 높고, 성숙목의 탄수화물 총량은 지상부가 더 많다. 겨울철에는 뿌리가 탄수화물의 중요한 저장소 역할을 한다.
⑥ 줄기, 가지, 뿌리의 경우에는 전분이 종축 방향 유세포, 방사조직 유세포와 한복판의 수조직에 저장된다.
⑦ 심재에는 탄수화물이 없고, 변재에는 유세포 내에 저장되며, 수피의 경우에는 주로 사부조직에 축적된다.

➤ 탄수화물의 축적 부위

구분	내용
잎	광합성하는 조직에 축적
줄기, 가지, 뿌리	종축 방향 유세포, 방사조직 유세포, 수조직에 저장
변재	유세포 내 저장
수피	사부조직에 축적

핵심문제

수목에서 탄수화물에 관한 설명으로 옳지 않은 것은? [23년 9회]
① 공생하는 균근균에 제공된다.
② 단백질을 합성하는 데 이용된다.
③ 호흡과정에서 에너지 생산에 이용된다.
④ 겨울에 빙점을 낮춰 세포가 어는 것을 방지한다.
❺ 잣나무 종자의 저장물질 중 가장 높은 비율을 차지한다.

5. 탄수화물의 이용

탄수화물의 수용강도
열매, 종자 > 어린잎, 줄기 끝의 눈 > 성숙한 잎 > 형성층 > 뿌리 > 저장조직

① 새로운 조직 형성에 이용된다(가지 끝의 눈, 뿌리 끝 분열조직, 형성층, 어린 열매).
② 호흡에 사용된다(대사작용).
③ 탄수화물은 저장물질로 전환된다.
④ 공생하는 질소고정박테리아나 균근 곰팡이에게 제공된다.
⑤ 빙점을 낮춰 세포가 어는 것을 방지한다.

6. 탄수화물의 계절적 변화

① 낙엽수의 줄기 내 탄수화물 농도는 늦은 봄에 최저치, 늦가을에 낙엽이 질 때 최고치에 도달한다.
② 아까시나무는 겨울철에 전분 함량이 감소하고 환원당 함량은 증가한다(내한성 증가).

7. 탄수화물과 단풍

1) 단풍을 만드는 색소

① 가을에 엽록소 생산 중단 → 카로티노이드(노란색) 노출 또는 다른 색소를 합성
② 단풍색을 만들어내는 색소에는 카로틴(노란색), 안토시아닌(붉은색), 타닌(갈색)이 있다.
③ 단풍나무의 단풍색은 크게 4가지(노란색, 붉은색, 오렌지색, 황갈색), 느티나무의 단풍색은 3가지이다(노란색, 붉은색, 갈색).

➤ **단풍색의 종류**

색깔	색소	수종
노란색	카로틴, 잔토필	은행나무, 생강나무, 백합나무, 물푸레나무, 계수나무
붉은색	안토시아닌	단풍나무, 층층나무, 화살나무, 벚나무, 느티나무, 산수유, 옻나무, 감나무, 대왕참나무, 붉나무, 개옻나무
오렌지색	카로틴, 안토시아닌	일부 단풍나무
황갈색	카로틴, 타닌	너도밤나무, 참나무류, 버짐나무

2) 단풍을 만드는 환경

① 온도, 수분, 햇빛이 가장 중요한 역할을 한다.
② 탄수화물 축적에 유리하면 단풍 관련 색소를 더 많이 합성한다.
③ 영상을 유지하면서 점진적으로 온도가 하강하면 안토시아닌(붉은 색) 합성이 촉진된다.
④ 강한 햇빛도 안토시아닌의 합성을 촉진한다.
⑤ 남쪽 수관의 바깥쪽 잎부터 단풍이 시작된다.
⑥ 가물고, 맑고 건조하며 영상을 유지하면 예쁜 단풍이 든다[안토시아닌과 잔토필(노란색, 카로티노이드의 일종)].
⑦ 영하로 내려가면 효소가 손상되어 단풍이 중단된다.

3) 단풍이 드는 이유

가을에 안토시아닌이 청색광을 흡수하여 잎의 광산화를 방지하면서 엽록소와 단백질에 들어 있는 질소의 회수를 돕기 위해서이다.

8. 탄수화물의 운반원리

1) 관련 조직

탄수화물의 운반은 사부조직을 통하여 이루어진다.

① 사관세포 : 피자식물의 사부요소이다. 살아 있는 세포지만 성숙하면 핵이 없어지고 종축 방향으로 길게 자란다.
② 반세포 : 세포질이 많고 핵을 가지고 있는 살아 있는 세포이다. 탄수화물 이동의 보조역할을 한다.
③ 사부유세포 : 탄수화물이 측면이동을 돕는다.
④ 사부섬유 : 사부조직을 단단하게 지탱해 준다.

➤ 탄수화물 운반 관련 조직

탄수화물의 운반	사부
반세포	탄수화물 이동에 보조역할
사부유세포	탄수화물 이동에 보조역할
사부섬유	물리적으로 조직을 단단하게 한다.

핵심문제

성숙한 체세포(Sieve cell) 소기관만을 나열한 것은? [25년 11회]

① 리보솜, 핵
② 리보솜, 액포
③ 색소체, 액포
④ 미토콘드리아, 핵
❺ 미토콘드리아, 색소체

✎ 온대지방 낙엽수의 경우 칼로스가 사공을 막고 있다가 봄철에 사부조직이 다시 활성화될 때 없어진다.

▶ 피자식물과 나자식물의 탄수화물 운반조직

구분	기본세포	보조세포	유세포	지지세포	물질이동 수단
피자식물	사관세포	반세포	사부유세포	사부섬유	사공, 사부막공 (사역)
나자식물	사세포	알부민세포	사부유세포	사부섬유	사부막공 (사역)

2) 운반물질의 성분

사부조직을 통해 운반되는 탄수화물은 비환원당(소당류, 올리고당)만으로 구성된다.

✎ 비환원당
다른 물질을 환원시킬 수 없는 당류

(1) 단당류

① 모두 알데히드기(－CHO)나 케톤기(－CO)가 노출되어 환원된다.
② 사부조직에서는 발견되지 않는다.

(2) 사부조직 내 당의 농도

설탕 > 라피노즈(3당류), 스타키오스(4당류) > 버바스코스(5당류)

▶ 사부조직 내 당의 종류

그룹	구성	수종
1그룹	설탕(대부분) + 약간의 라피노즈	대부분의 수목
2그룹	설탕 + 상당량의 라피노즈	노박덩굴과 수목
3그룹	설탕 + 상당량의 만니톨	물푸레나무속
	설탕 + 상당량의 소르비톨(설탕보다 많이)	장미과(사과나무속, 벚나무속, 배나무속, 마가목속, 조팝나무속)
	설탕 + 상당량의 둘시톨	노박덩굴과 수목

① 사부수액에는 당류가 보통 20%가량 함유되어 있다.
② 사부수액에는 탄수화물 이외에 아미노산, K, Mg, Ca, Fe 등도 조금 포함되어 있어, 증산작용을 하지 않는 과실이나 눈에 탄수화물과 무기양분을 전달한다.

▶ 사부로 운반되는 탄수화물의 종류

종류	단풍 나뭇과	자작 나뭇과	노박 덩굴과	참 나뭇과	뽕 나뭇과	장미과
설탕	++++	++++	+++	++++	++++	+++
라피노즈	미량	++	++	미량	+	미량
스타키오스	미량		+++	미량		미량
버바스코스		+	미량	미량	미량	
소르비톨						++++
둘시톨			+++			
미오이노시톨	미량	미량	미량	+	+	미량

※ +표시가 많을수록 함유량이 많음을 의미

3) 설탕운반체

설탕이 잎의 엽육세포에서 유관속의 사부요소로 운반되는 방법은 두 가지이다.

(1) 심플라스트 사부 적재

① 원형질 연락사를 통해 완전히 연결되어 있을 때는 세포질만을 통해 설탕이 적재된다.

② 설탕의 역류를 방지하기 위해 라피노즈, 스타키오스 같은 분자량이 큰 당으로 전환하여 적재한다. 예 호박

(2) 아포플라스트 사부 적재

① 원형질 연락사가 연결되어 있지 않을 경우에는 세포벽을 통해 설탕이 사부조직에 적재된다.

② 원형질막에 있는 H^+-ATPase 효소가 설탕을 운반한다.

예 곡류, 사탕무, 유채, 감자 등

4) 운반 속도와 방향

① 운반 속도

㉠ 쌍자엽식물 : 시간당 40~70cm

㉡ 소나무류 : 시간당 18~20cm

② 운반 방향

㉠ 공급원 : 잎의 엽육조직

㉡ 수용부 : 줄기 끝의 분열조직, 열매, 형성층, 뿌리조직 등

핵심문제

수목의 사부수액에 관한 설명으로 옳은 것은? [23년 9회]

① 흔하게 발견되는 당류는 환원당이다.
② 탄수화물은 약 2% 미만으로 함유되어 있다.
③ 탄수화물과 무기이온이 주성분이며 아미노산은 발견되지 않는다.
④ 참나뭇과 수목에는 자당(Sucrose)보다 라피노즈(Raffinose) 함량이 더 많다.
❺ 장미과 마가목속 수목은 자당(Sucrose)과 함께 소르비톨(Sorbitol)도 다량 포함하고 있다.

✎ 목본식물에서는 설탕의 아포플라스트 적재가 이루어지는 것으로 추측된다.

5) 운반원리

(1) 압력유동설(압류설)

① 1930년 뮌히(Münch)가 제창하였다.

② 두 장소의 삼투압 차이에서 생기는 압력에 의해 탄수화물이 수동적으로 이동한다고 보는 설이다.

(2) 압력유동설의 조건

① 반투과성 막이 있어야 한다.

② 종축 방향의 이동수단이 있어야 하며, 저항이 적어야 한다.

③ 두 장소 간에 삼투압의 차이 및 압력이 있어야 한다.

④ 공급원에는 적재 기작, 수용부에는 하적 기작이 있어야 한다(에너지 소모).

(3) 문제점

① 설탕과 물의 이동속도가 다르다.

② 탄수화물은 이동 시 양방향성을 갖는데, 압력유동설은 한 방향으로만 이동이 가능하다.

CHAPTER 07

단백질과 질소 대사

1. 주요 질소화합물과 기능

1) 아미노산과 단백질 그룹

(1) 아미노산

① 알칼리성 아미노기($-NH_2$)와 산성 카르복실기($-COOH$)가 부착된 유기물이다.

② 식물과 동물 세포에 모두 존재한다.

(2) 단백질

① 여러 개의 아미노산이 펩티드 결합을 하고 있는 화합물이다.

② 분자량은 최소 40,000Da 이상이 된다.

③ 원형질의 구성성분, 효소, 저장물질, 전자전달 매개체로 이용된다.

➤ **단백질의 기능**

기능	내용
원형질의 구성성분	• 세포막의 선택적 흡수기능이 있다. • 엽록체는 엽록소와 카로티노이드가 단백질에 부착되어 효율적으로 광에너지를 모은다.
모든 효소의 구성성분	루비스코는 광합성 시 CO_2를 붙잡는 역할로 지구상에서 가장 흔한 단백질이다(미토콘드리아는 단백질 함량이 높다).
저장물질로서의 단백질	종자에 많이 존재한다.
전자전달 매개체	• 시토크롬은 광합성, 호흡작용에서 전자전달을 매개한다. • 페레독신은 광합성에서 전자전달을 매개한다.

2) 핵산 관련 그룹

① 핵산은 피리미딘(Pyrimidine), 푸린(Purine), 5탄당, 인산으로 구성된다.

예 DNA, RNA

② 핵산은 세포의 핵에 존재하며, 유정정보를 가진 염색체의 중요한 화합물이다.

➤ **핵산 관련 그룹의 기능**

구분	내용
뉴클레오티드(Nucleotide)	• 핵산의 기본단위이다. • 조효소의 역할도 한다.
조효소	효소의 활동을 돕는다. 예 AMP, ADP, ATP, NAD, NADP, Coenzyme A
티아민(Thiamine)	동물에서는 비타민 B에 해당한다.
시토키닌(Cytokinins)	식물생장호르몬이다.

3) 대사 중개물질 그룹

① 질소를 함유한 대사에 관여하는 물질 중 가장 흔한 것은 피롤(Pyrrole)이다.

② 4개의 피롤이 모여 포르피린(Porphyrin)을 형성한다.

③ 포르피린을 가지는 화합물에는 엽록소(Chloropyll), 피토크롬(Phytochrome), 헤모글로빈(Hemoglobin)이 있다.

④ IAA(옥신의 일종)도 질소를 가지고 있다.

4) 대사의 2차 산물 그룹

① 알칼로이드(Alkaloids)는 질소를 함유한 환상화합물로 주로 쌍자엽식물에 나타나고 나자식물에는 별로 없다.

② 알칼로이드 물질 중 모르핀(Morphine), 아트로핀(Atropine), 에페드린(Ephedrine), 퀴닌(Quinine) 등은 초본식물에서, 차나무의 카페인(Caffeine)은 목본식물에서 생산된다.

③ 알칼로이드는 잎, 수피 또는 뿌리에 주로 축적된다.

2. 수목의 질소 대사

1) 뿌리에서 흡수되는 형태

① 대부분 질산태(NO_3^-) 형태로 흡수된다. 경작토양에서 NH_4^+비료는 질산화박테리아에 의해 NO_3^-로 토양용액에 녹는다.

② 산성토양은 질산화박테리아를 억제하여 NH_4^+(암모늄태 질소)을 축적한다(균근의 도움을 받아 흡수).

2) 질소환원

(1) 질소환원장소

① 토양에서 뿌리로 흡수된 NO_3^- 형태의 질소는 NH_4^+ 형태로 전환되어야 한다.

- 루핀(Lupine)형 뿌리에서 $NO_3^- \rightarrow NH_4^+$
  - 예 나자식물, 진달래류, 프로테아과
- 도꼬마리형 잎에서 $NO_3^- \rightarrow NH_4^+$
  - 예 대부분의 피자식물

② 탄수화물 공급이 느려지면 질산환원도 둔화된다.

(2) 질산환원과정

단계	내용
첫 번째 단계 (질산환원단계)	• 세포질 내에서 일어나며, 관련 세포소 기관은 없다. • 이 효소는 낮에 활력이 높고, 밤에는 줄어드는 일 변화를 보인다.
두 번째 단계 (아질산환원단계)	• 루핀형이나 목본식물은 탄수화물의 공급이 있어야 색소체에서 일어난다. • 도꼬마리형은 엽록체 안에서 일어난다(페레독신에서 전자와 H^+를 전달받음).

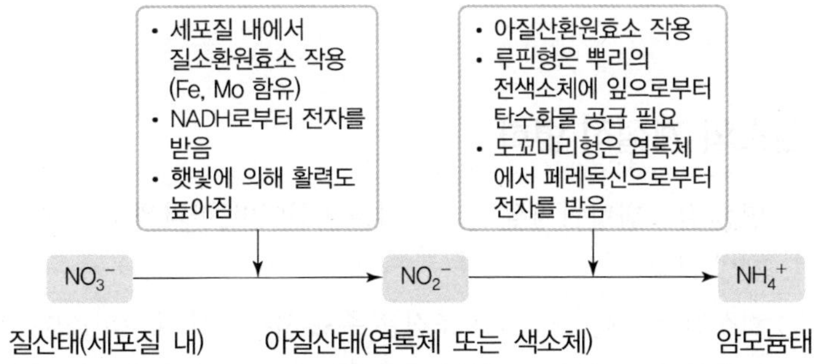

• 세포질 내에서 질소환원효소 작용 (Fe, Mo 함유)
• NADH로부터 전자를 받음
• 햇빛에 의해 활력도 높아짐
• 아질산환원효소 작용
• 루핀형은 뿌리의 전색소체에 잎으로부터 탄수화물 공급 필요
• 도꼬마리형은 엽록체에서 페레독신으로부터 전자를 받음
NO3−
NO2−
NH4+
질산태(세포질 내)
아질산태(엽록체 또는 색소체)
암모늄태

❙ 질소환원과정 ❙

3) 암모늄의 유기물화

NH_4^+는 식물체 내에 축적되지 않으며, ATP 생산을 방해한다.

핵심문제

수목의 질소대사에 관한 설명으로 옳은 것은? [22년 8회]

❶ 탄수화물 공급이 느려지면 질소환원도 둔화된다.
② 소나무류는 주로 잎에서 질산태 질소가 암모늄태로 환원된다.
③ 산성토양에서는 질산태 질소가 축적되고, 이를 균근이 흡수한다.
④ 흡수한 암모늄 이온은 고농도로 축적되며, 아미노산 생산에 이용된다.
⑤ 뿌리에 흡수된 질산은 질산염 산화효소에 의해 아질산태로 산화된다.

핵심문제

수목 내 질산환원에 대한 설명으로 옳지 않은 것은? [21년 5회]

① 나자식물의 질산환원은 뿌리에서 일어난다.
② 질산환원효소에는 몰리브덴이 함유되어 있다.
③ NO_3^-가 NO_2^-로 바뀌는 반응은 세포질 내에서 일어난다.
❹ 루핀(Lupinus)형 수종의 줄기 수액에는 NO_3^-가 많이 검출된다.
⑤ NO_2^-가 NH_4^+로 바뀌는 반응이 도꼬마리(Xanthium)형 수종에서는 엽록체에서 일어난다.

(1) 환원적 아미노반응

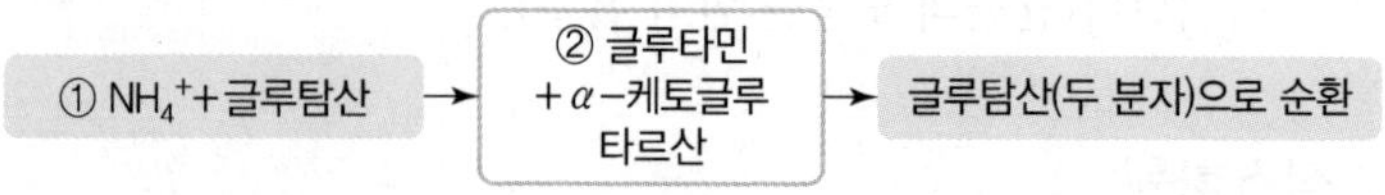

(2) 아미노기 전달반응

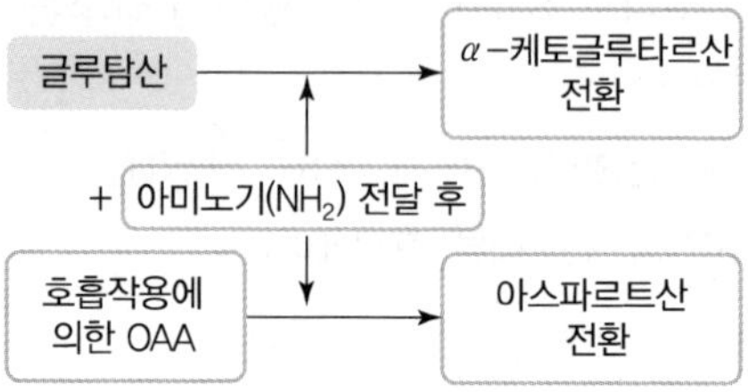

(3) 광호흡 질소순환

광합성 과정에서 루비스코 효소가 O_2와 결합한 후 몇 단계를 거쳐 CO_2를 발생하는데 이때 NH_4^+가 동시에 발생한다(미토콘드리아). NH_4는 엽록체로 이동 즉시 글루타민산염(Glutamate)+NH_4^+와 결합하여 글루타민(Glutamine)을 생성한다.

① 광호흡관계 기관 : 엽록체, 미토콘드리아, 페르옥시솜(Peroxisome) 간의 광호흡 과정에서 생기는 NH_4^+을 방출하고 다시 고정하는 광호흡 질소순환

② 광호흡 질소순환 : 세포 내에 광호흡으로 발생하는 NH_4^+가 축적되어 독성을 나타내는 것을 방지하고, 아미노산 합성에 기여

3. 질소의 계절적 변화

① 연중 질소 함량이 제일 적은 시기는 봄철이며, 한겨울에 질소 함량이 제일 많다.

② 저장된 질소를 공급하는 조직은 주로 사부조직(내수피)이다.

③ 목부와 수피의 질소 저장과 이동에는 여러 가지 아미노산이 관여하는데, 그중에서 아르기닌(Arginine)이 휴면기간 동안 가장 주요한 화합물이다(봄에는 아르기닌 함량 감소).

4. 낙엽 전의 질소 이동

① 수목은 낙엽에 대비해 어린잎에서부터 엽병 밑부분에 이층을 사전에 형성한다.

② 이층의 세포는 다른 부위에 비해서 세포가 작고 얇다.

③ 낙엽이 지면 분리층에 수베린(Suberin), 검(Gum)을 분비하여 보호층을 형성한다(탈리현상).

④ N, P, K는 감소하고, Ca, Mg은 증가한다.

⑤ 회수된 질소는 사부의 방사선 유조직에 저장하고, 이때 질소의 이동은 사부를 통해 이루어진다.

⑥ 봄철 저장단백질은 분해되어 목부를 통해 새로운 잎으로 이동한다.

핵심문제

낙엽이 지는 과정에 관한 설명으로 옳지 않은 것은? [22년 8회]

① 분리층의 세포는 작고 세포벽이 얇다.

② 신갈나무는 이층 발달이 저조한 수종이다.

③ 옥신은 탈리를 지연시키고, 에틸렌은 촉진한다.

④ 탈리가 일어나기 전 목전질이 축적되며 보호층이 형성된다.

❺ 겨울철 잎의 색소 변화와 함께 엽병 밑부분에 이층 형성이 시작된다.

5. 질소고정

공기 중에 다량으로 존재하는 안정된 불활성 질소분자를 반응성이 높은 다른 질소화합물(암모니아, 질산염, 이산화질소 등)로 변환하는 과정이다.

▶ **질소고정방법**

질소고정 방법	과정	생성조건	고정량 (million MT/year)
생물학적 질소고정	$N_2+6H^+=2NH_3$	질소고정효소	40
광학적 질소고정	$N_2+O_2=NO_2, NO_3^-$	번갯불, 자외선	10
산업적 질소고정	$N_2+3H_2=2NH_3$	450℃, 1,000기압	90

1) 질소고정기작

생물학적인 질소고정은 불활성 N_2 가스를 NH_4^+으로 환원시키는 과정이다.

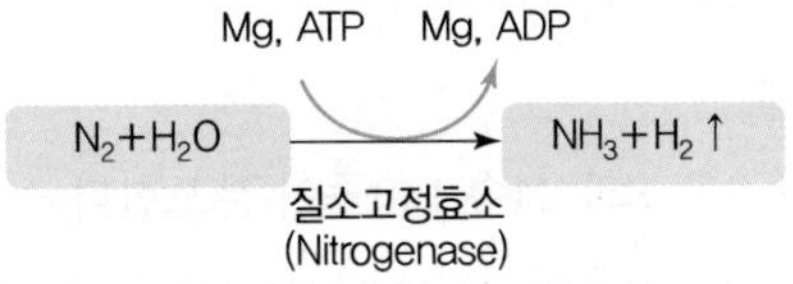

❙ 생물학적 질소고정단계 ❙

① 위의 반응은 원핵미생물에서 발견되는 질소고정효소(Fe, Mo를 가진 단백질)만이 촉진할 수 있다.

② Mg · ATP는 기주식물로부터 공급되는 탄수화물을 이용하여 호흡작용으로 생산한다.

③ 질소고정세포가 호흡하기 위해서는 산소가 필요하다.

④ $N_2 \rightarrow NH_3$는 환원과정이기 때문에 산소가 있으면 안 된다.

⑤ 위 ③, ④의 이유로 산소의 적절한 공급과 차단이 필요하다.

⑥ 콩과식물의 경우 레그헤모글로빈(Leghemoglobin)이 산소의 공급을 알맞게 조절해 준다.

⑦ 환원된 NH_3는 NH_4^+ 형태로 세포질에서 다른 화합물과 결합하여 아미노산, 우레이드(Ureides)가 된다.

2) 관련 미생물

다음 표는 질소고정 미생물의 종류와 각 종류에 대한 특징을 정리한 것이다.

▶ 질소고정 미생물의 종류와 기주 및 질소고정량

구분	미생물 종류	생활 형태	기주	질소고정량
단독	Azotobacter	호기성	–	0.2~1.0
	Clostridium	혐기성	–	15~44
공생	Cyanobacteria	외생공생	지의류, 소철	3~4
	Rhizobium	내생공생	콩과식물	100~200
	Bradyrhizobium	내생공생	콩과식물	
	Frankia (방선균)	내생공생	오리나무류, 보리수나무류	12~300

핵심문제

질소고정 미생물의 종류, 생활 형태와 기주식물을 바르게 나열한 것은? [22년 8회]

① Cyanobacteria – 내생공생 – 소철
❷ Frankia – 내생공생 – 오리나무류
③ Rhizobium – 외생공생 – 콩과식물
④ Azotobacter – 외생공생 – 나자식물
⑤ Clostridium – 외생공생 – 나자식물

3) 산림 내 질소고정식물

① 콩과식물

㉠ 세계적으로 500속 15,000종이 분포

㉡ 우리나라의 경우 목본 콩과식물은 16속 41종이 분포

예 싸리류와 칡, 아까시나무

② 비콩과식물

㉠ 세계적으로 8과 24속 140종이 분포한다.

㉡ 열대지방 : 카수아리나(Casuarina), 온대지방 : 오리나무류, 보리수나무류, 소귀나무, 담자리꽃나무

4) 산림 내 질소고정량

산림토양에서 질소고정량이 적은 이유는 다음과 같다.

① 조부식으로 된 토양 pH 3.8~4.5의 산성토양
② 질소고정에 불리한 호기성 토양
③ C/N율이 25 : 1로서 높은 경우

6. 산림 내 질소순환

1) 유기질질소의 분해

낙엽이나 죽은 가지 혹은 동물의 배설물이나 시체에 함유되어 있는 단백질과 아미노산 등의 유기질질소가 토양에 서식하는 박테리아나 곰팡이에 의해 분해되어 암모늄(NH_4^+)으로 되는 것이다(암모늄화 작용). 그리고 $NH_4^+ \rightarrow NO_3^-$로 산화되는 과정을 질산화 작용이라 한다.

① $NH_4^+ \xrightarrow{\text{암모늄산화균(Nitrosomonas)}} NO_2^-$

② $NO_2^- \xrightarrow{\text{아질산산화균(Nitrobacter)}} NO_3^-$

토양이 혐기성으로, 산소가 공급되지 않을 때 환원되어 N_2 또는 NO_X로 날아간다. 이 과정은 슈도모나스(Pseudomonas)균에 의해 발생한다.

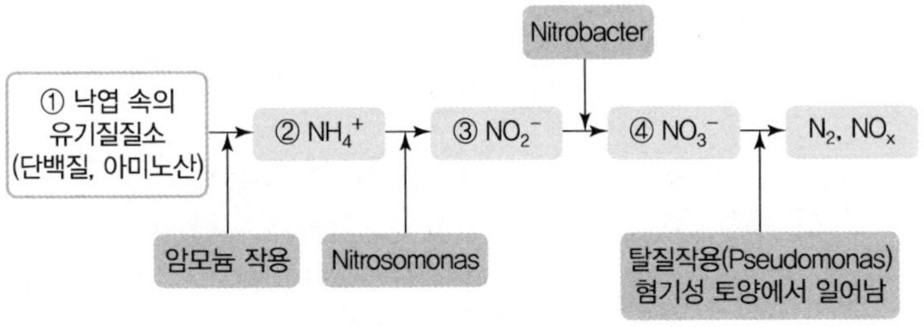

▌유기질질소의 분해과정▐

(1) 탈질작용

① NO_3^-가 환원조건에서 N_2 또는 NO_X 화합물로 환원되어 대기로 빠져나가는 현상이다.

② 산소공급이 안 되는 장기 침수토양이나 답압토양에서 발생한다.
③ 탈질균에는 Pseudomonas, Bacillus 등이 있다.

(2) 질산화작용이 억제되는 이유

산림토양에서 질산화작용이 거의 일어나지 않는 것은 질소가 NH_4^+ 형태로 존재하며, NH_4^+ 형태로 흡수하기 때문이다. 구체적인 내용은 다음과 같다.

① 낙엽 분해 시 휴믹산(Humic Acid)이 토양을 산성화시킨다.
② 타감물질이 축적되어 질산화 박테리아의 활동을 억제한다(식생천이가 진전되어 타닌, 페놀화합물 등).
③ 침엽수림의 경우 토양 pH가 더 낮고, 위도 및 해발고도가 높을수록 질산화작용이 억제된다.

2) 아까시나무의 질소고정과 황화현상

아까시나무의 질소 결핍을 유도하는 것은 아까시잎혹파리로 판단된다. 이유는 유충이 어린잎에만 서식하여 광합성을 방해하기 때문이다.

CHAPTER 08

지질 대사

1. 지질의 종류와 기능

지질은 체내에서 극성을 갖지 않는 물질로, 극성을 가진 물에 잘 녹지 않고 유기용매인 클로로포름, 아세톤, 벤젠이나 에테르에 잘 녹는다. 지질의 주성분은 탄소와 수소이며, 산소는 극히 적거나 전혀 없다.

1) 목본식물 내 지질의 종류

종류	예
지방산 및 지방산 유도체	팔미트산(Palmitic Acid), 단순지질(지방, 기름), 복합지질(인지질, 당지질), 납(Wax), 큐틴(Cutin), 수베린(Suberin)
이소프레노이드 화합물	정유, 테르펜(Terpene), 카로티노이드(Carotinoid), 고무(Rubber), 수지(Resin), 스테롤(Sterol)
페놀화합물	리그닌(Lignin), 타닌(Tannin), 플라보노이드(Flavonoid)

2) 지질의 기능

기능	내용
세포의 구성성분	원형질막은 인지질로 구성, 수용성 물질의 자유로운 통과 억제, 페놀화합물인 리그닌은 세포벽의 구성성분
저장물질	종자나 과일의 중요한 저장물질
보호층 조성	납, 큐틴, 수베린은 잎, 줄기, 종자의 표면을 보호
화분매개충 유인	휘발성 지방산 유도체는 화분매개충을 유인
저항성 증진	수지는 병원균이나 해충의 침입을 막고, 인지질은 수목의 내한성 증가
2차 산물의 역할	고무, 타닌, 알칼로이드 등

핵심문제

수목에 함유된 성분 중 페놀화합물로 나열된 것은? [22년 8회]

ㄱ. 고무
ㄴ. 큐틴
ㄷ. 타닌
ㄹ. 리그닌
ㅁ. 스테롤
ㅂ. 플라보노이드

① ㄱ, ㄴ, ㄹ
② ㄱ, ㄷ, ㅂ
③ ㄴ, ㄷ, ㅂ
④ ㄷ, ㄹ, ㅁ
❺ ㄷ, ㄹ, ㅂ

2. 지방산과 지방산 유도체

1) 지방산과 단순지질

(1) 지방산

① 카르복실기를 하나 가지고 있고, 탄소수가 12～18개 사이의 산으로 구성된다.

② 추운 지방의 식물은 따뜻한 지역의 식물보다 불포화지방산(리놀레산, 리놀렌산)의 함량이 많다.

➤ 단순지질의 종류

구분	내용
포화지방산	이중결합이 없다. 예 팔미트산, 라우르산, 미리스트산, 스테아르산
불포화지방산	이중결합을 하나 이상 가지고 있다. 예 올레산, 리놀레산, 리놀렌산
지방	주로 포화지방산으로 구성되며, 상온에서 고체이다.
기름	주로 불포화지방산으로 구성되며, 상온에서 액체이다.

(2) 단순지질

단순지질
세 분자의 지방산+글리세롤(수산기 3개의 알코올)+3중으로 에스테르화=단순지질(지방, 기름)

지질을 구성하는 3개의 지방산 분자로 이루어지면 단순지질이고, 그 중 한 분자가 인으로 대체되면 인지질이며, 단당류 또는 올리고당으로 대체되면 당지질이다.

2) 복합지질

① 단순지질에서 세 분자의 지방산 중 1개가 인산, 당으로 대체된 지질이다.

② 인산으로 대체된 것을 인지질이라 한다(원형질막의 주요 구성성분).

③ 인지질은 극성을 띤 머리부분과 극성을 띠지 않은 꼬리부분을 동시에 가지고 있어 반투과성 기능을 갖는다.

④ 당지질은 엽록체와 미토콘드리아에 존재한다. 잎의 당지질 함량은 지질 함량의 40%(인지질 함량은 20%)를 차지한다.

3) 납, 큐틴, 수베린

(1) 납(Wax)

① 긴 사슬을 가진 알코올이 긴 사슬을 가진 지방산과 에스테르를 만들어 이루어진 화합물이다.

② 친수성이 거의 없다. 표피세포에서 합성되어 분비되고, 증산작용을 억제한다.

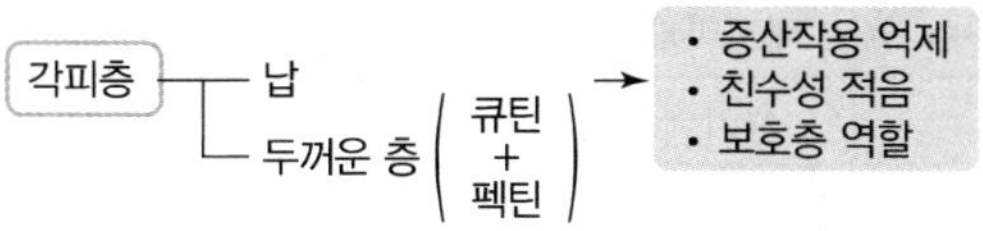

▌각피층의 역할▐

(2) 큐틴(Cutin, 각피질)

① 수산기를 2개 이상 가진 지방산이 다른 지방산과 중합체를 만들며 페놀화합물이 첨가된 형태이다.

② 큐틴은 각피층에 주로 축적되지만 세포간극의 세포표면에도 축적된다.

> ✎ 큐틴(Cutin)
> • 각피층에 축적된다.
> • −OH 2개 이상 지방산 + 다른 지방산 = 큐틴

(3) 수베린(Suberin, 목전질)

① 페놀화합물의 중합체이다.

② 코르크 세포를 둘러싸고 있어 수분 증발을 억제한다.

③ 낙엽 후 이층에 축적되어 상처를 보호한다.

④ 어린뿌리의 내피에는 카스파리대가 있어 무기염의 이동을 억제한다.

3. 이소프레노이드(Isoprenoid) 화합물

① Isoprenoids, Terpenoid 또는 Terpenes은 비슷한 말이다.

② 경제적으로 중요한 화합물이다.

③ Isoprene(C_5H_8) 단위가 2개 이상 모인 것이다.

④ 정유, 고무(Rubber), 수지(Resin), 카로티노이드(Carotinoids), 스테롤(Sterols) 등이 있다.

▶ 이소프레노이드 화합물의 종류

이소프렌 수	명칭	분자식	예
2	모노테르펜	$C_{10}H_{16}$	정유, α－피넨, 솔향, 장미향, 피톤치드
3	세스키테르펜	$C_{15}H_{24}$	정유, 아브시스산, 수지
4	디테르펜	$C_{20}H_{32}$	정유, 수지, 지베렐린, 피톨
6	트리테르펜	$C_{30}H_{48}$	수지, 라텍스, 피토스테롤, 브라시노스테로이드, 사포닌
8	테트라테르펜	$C_{40}H_{64}$	카로티노이드
N	폴리테르펜	$(C_5H_8)_n$	고무

1) 정유

정유의 생리적 기능
- 타감작용
- 수분을 위한 곤충 유인
- 포식자의 공격 억제
- 광합성 장치의 내열성을 높임
- 잎에서 활성산소의 해독작용을 도움

① 정유는 탄소가 10～15개가량 되는 사슬 모양, 또는 고리 모양의 테르펜(Terpene)이다.

② 독특한 냄새를 유발하는 휘발성 물질이다.

③ 식물의 모든 부위(잎, 수피, 목부)에 존재한다.

2) 카로티노이드

① 식물체의 녹색 이외에 황색, 주황색, 적색, 갈색 등 다양한 색깔을 나타낸다.

② 이소프렌(C_5H_8) 8개가 모인 화합물이다.

③ 뿌리, 줄기, 잎, 꽃, 열매 등의 색소체에 존재한다.

④ 카로틴 중 베타카로틴(노란색), 잔토필(노란, 갈색) 중 루테인은 엽록체에 가장 많이 존재하는 카로티노이드이다.

⑤ 카로티노이드는 암흑 속에서도 합성(노란색)된다.

⑥ 무기영양소 결핍, 한발, 저온 등에도 남아 노란색을 나타낸다.

⑦ 광합성 보조색소로 햇빛에 의한 광산화를 방지한다.

3) 수지

① 수지는 C_{10}～C_{30}의 탄소를 가진 수지산(Resin Acid), 지방산, 납(Wax), 테르펜 등의 혼합체이다.

② 수지는 저장에너지의 역할을 하지 않는다.

③ 목재의 부패를 방지한다.

④ 나무좀의 공격에 저항성을 갖게 해준다.

4) 고무

① 고무는 500~6,000개의 이소프렌(C_5H_8) 단위가 직선상으로 연결된 이소프레노이드 화합물이다.

② 2,000여 종의 쌍자엽식물에서 합성되며, 나자식물이나 단자엽식물에서는 생산되지 않는다. 보통 유액에 함유되어 있다.

5) 스테롤(Sterol)

① 6개의 이소프렌 단위로 만들어진다.

② 식물에서 발견되는 스테롤을 식물스테롤(Phytosterol)이라 한다.

③ 시토스테롤(Sitosterol), 스티그마스테롤(Stigmasterol), 캄페스테롤(Campesterol)이 있다.

④ 식물스테롤은 동물에게 먹이로서 스테롤을 제공한다.

⑤ 막의 안정성에 관여한다.

⑥ 타감물질로 작용하기도 한다.

⑦ 스테롤 유도체인 브라시노스테로이드(Brassinosteroid)는 줄기의 생장을 촉진한다.

4. 페놀화합물

1) 리그닌(Lignin)

① 리그닌은 여러 가지 방향족 알코올이 복잡하게 연결된 중합체이다.

② 분자량이 크며 대부분의 용매에 불용성이다.

③ 셀룰로오스 다음으로 지구상에서 흔한 유기화합물이다.

④ 주로 목부조직에서 발견된다.

⑤ 세포벽(중엽층, 1차벽, 2차벽)의 구성성분으로 압축강도를 높여준다(지지능력 향상). 수분이동에 생기는 장력을 견딜 수 있게 해주는 주요한 기능을 한다.

⑥ 셀룰로오스가 병원균, 곤충, 초식동물에 의해 먹이로 사용되는 것을 방지한다.

핵심문제

수목의 지질에 관한 설명으로 옳은 것은? [22년 7회]

① 카로티노이드는 휘발성으로 타감작용을 한다.
❷ 페놀화합물의 함량은 초본식물보다 목본식물에 더 많다.
③ 납(Wax)과 수베린은 휘발성 화합물로 종자에 저장된다.
④ 리그닌은 토양 속에 존재하며, 식물 생장을 억제한다.
⑤ 팔미트산(Palmitic Acid)은 불포화지방산에 속하며, 목본식물에 많이 존재한다.

페놀산

- 페놀에 카르복실기가 붙은 화합물이다.
- 옥신의 기능을 높이거나 낮추는 작용을 한다.
  예 PHBA, 프로토카테추산, 신남산, 파라쿠마르산 등

페놀화합물의 특징

- 페닐기($C_6H_5^-$)에 수산기(-OH)가 붙은 구조이다.
- 페놀 화합물은 방향족 고리를 가진 화합물로 지질보다는 수용성을 가진다.
- 페놀화합물의 함량 : 초본식물 < 목본식물
- 타감작용을 유발한다.

2) 타닌(Tannin)

폴리페놀(Polyphenol)의 중합체로서, 그중 갈로타닌(Gallotannin)은 갈산(Gallic acid)과 포도당의 중합체이다.

① 곰팡이와 박테리아의 침입을 방어한다.
② 떫은맛으로 초식동물의 기피를 유도한다.
③ 타감물질 역할을 한다.

✎ 타닌은 참나무와 유칼리의 수피, 참나무와 감나무의 열매에 많다.

3) 플라보노이드(Flavonoids)

탄소를 15개 가진 화합물로 방향족 고리를 포함한다.

① 기본구조에 포도당 같은 당류와 결합하여 수용성을 나타낸다.
② 플라보노이드 가운데 안토시아닌(Anthocyanins) 그룹은 꽃에서 붉은색, 보라색, 청색을 나타내고, 열매, 줄기, 잎, 뿌리에 존재한다.
③ 단풍의 조건
가을철 기상조건이 맑고, 서늘한 날씨가 계속되고 온도가 점진적으로 감소한다.
④ 이소플라본
㉠ 병원균에 의해 감염부위의 확대를 억제하는 저분자화합물인 파이토알렉신의 역할을 한다.
㉡ 예시(나린제린 : 쓴 맛을 내고 항산화 기능, 지베렐린에 대한 길항작용, 항생물질로 쓰임)

핵심문제

수목의 페놀화합물에 관한 설명으로 옳지 않은 것은? [23년 9회]
① 감나무 열매의 떫은맛은 타닌 때문이다.
② 플라보노이드는 주로 액포에 존재한다.
③ 페놀화합물은 토양에서 타감작용을 한다.
④ 이소플라본은 파이토알렉신 기능을 한다.
❺ 나무좀의 공격을 받으면 리그닌 생산이 촉진된다.

5. 수목 내 지질의 분포와 변화

① 지질은 세포막과 원형질막의 구성성분(40%)으로, 건중량의 1% 미만이다.
② 수피의 지질 함량은 목부의 심재나 변재보다 높다.
③ 수목의 내한성은 탄수화물의 함량과 인지질의 함량과 관계가 있다.
④ 작은 종자에는 지질이 많은 편이며, 큰 종자에는 탄수화물이 주성분인 경우가 많다.
⑤ 지질은 유세포의 세포질에 저장된다. 종자는 자엽과 배유에 있고, 세포소기관인 올레오솜(Oleosome)에 저장된다.

✎ 올레오솜
- 다른 세포소기관과 다르게 완전한 막이 아닌 반막으로 이루어져 있다.
- 스페로솜, 오일 보디, 오일방울이라고도 부른다.

6. 지방의 분해와 전환

① 지방은 에너지 저장수단이다.

② 지방의 분해는 O_2를 소모하고 ATP를 생산하는 호흡작용에 해당한다.

③ 지방 분해

㉠ 올레오솜에 있는 리파아제 효소에 의해 지방이 Glycerol과 지방산으로 분해

㉡ 지방의 분해에는 3개 소기관[Glyoxysome(단막), Oleosome(불완전한 반막), Mitochondria(이중막)]이 관여

㉢ 지방은 분해된 후 말산염 형태로 세포질로 이동되어 역해당작용에 의해 설탕으로 합성된 후 다른 곳으로 이동

핵심문제

수목의 지방 대사에 관한 설명으로 옳지 않은 것은? [23년 9회]

① 지방은 에너지 저장수단이다.

❷ 지방의 해당작용은 엽록체에서 일어난다.

③ 지방 분해과정의 첫 번째 효소는 리파아제(Lipase)이다.

④ 지방의 분해는 O_2를 소모하고 ATP를 생산하는 호흡작용이다.

⑤ 지방은 글리세롤과 지방산으로 분해된 후 자당(Sucrose)으로 합성된다.

CHAPTER 09

산림토양과 무기영양

1. 산림토양과 경작토양

1) 토양 단면

산림토양에는 유기물층(O층)이 존재하는데, 임상이라고도 한다.

① 낙엽층(L층), Oi층 : 낙엽이 존재
② 발효층(F층), Oe층 : 곰팡이 균사가 많음
③ 부식층(H층), Oa층 : 부식이 축적

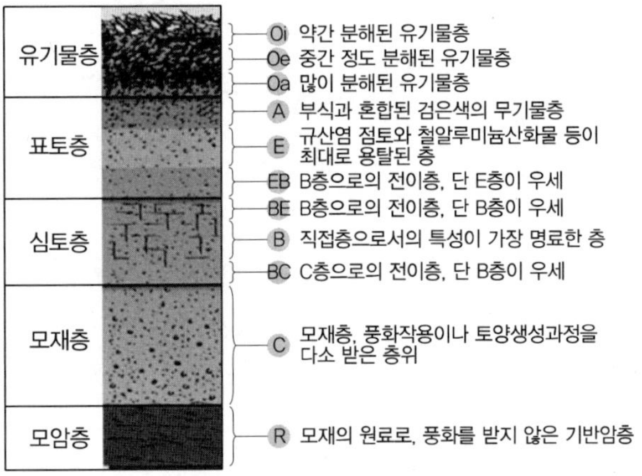

▌산림토양의 단면▐

2) 토양의 물리적 성질

(1) 토성

① 점토(Clay) : 지름 0.002mm 이하
② 미사(Silt) : 지름 0.002~0.02mm
③ 모래(Sand) : 지름 0.02~2.0mm
④ 자갈(Gravel) : 지름 2.0mm 이상, 산림토양에 많이 존재

✎ 한국의 산림토양
모래가 많고 경사가 존재하여 통기성이 좋고 배수가 양호한 반면 보수력이 떨어져 건조기에 한발로 생장불량, 무기영양소 함량 부족

(2) 토양공극과 용적비중

① 경작토양

㉠ 유기물층이 없음

㉡ 미사와 점토가 많음

㉢ 공극이 적음

㉣ 용적밀도가 큼

② 산림토양

㉠ 임상에 유기물이 많음

㉡ 공극이 경작토양보다 많음(용적비중이 작음)

㉢ 통기성이 좋음

3) 토양의 화학적 성질

(1) 유기물(부식물질+비부식물질)

① 유기물의 특징

구분	내용
부식물질	• 토양유기물의 60~80% 차지 • 리그닌과 단백질의 중합, 축합 등의 반응에 의해 생성 • 무정형, 분자량 다양, 갈색~검은색 • 분해저항성이 큼 • 부식산, 풀브산, 부식탄(회) 등
비부식물질	• 토양유기물의 12~24% 차지 • 구조가 간단하고, 분해저항성이 낮음

② 유기물에 의한 토양의 물리적 및 화학적 성질 개량

구분	내용	
긍정적 효과	물리적 성질 개량	• 토양의 구조를 개량 • 공극과 통기성 증가 • 토양온도의 변화를 완화 • 보수력 증가
	화학적 성질 개량	• 무기영양소의 흡착능력 증가 • 영양소 공급 • 토양미생물이 필요한 에너지 공급
부정적 효과	• 토양의 산성화 • 타감작용(Allelopathy)	

(2) 산도

① 토양산도는 음전기를 띠고 있는 점토와 부식 표면에 수소이온이 흡착되어 있는 양에 반비례한다.

② 산도에 따라 질산화박테리아의 활동성, 영양소(P, Ca, Mg, B)의 유용성이 결정된다.

③ 산림토양 : pH 5.0～6.0, 경작토양 : pH 6.0～6.5

④ 주원인

㉠ 낙엽 분해 시 생기는 부식산(Humic Acid)의 영향

㉡ 석회질 비료의 미사용

- 산림토양에서는 인산이 불용성인 경우가 많다.
- pH 5.0 이하에서 인은 철, 알루미늄과 결합하여 불용성 인산으로 바뀐다.
- 산림토양에서는 부족한 인을 얻기 위해 토양 곰팡이와 균근을 형성하여 인의 흡수를 돕는다. 단, 인산이 풍부하거나 다른 무기양분이 충분하면 균근의 형성이 미약하다.

(3) 양이온치환능력

① 양이온 형태의 영양소는 토양의 점토와 유기물에 의해 흡착되어 저장된다.

② 점토입자, 부식(음전기)은 양전기를 띤 영양소를 흡착하여 저장 또는 다른 양이온과 교환하는 능력이다.

③ 산림토양의 양이온치환용량은 경작토양보다 낮다(영양소가 저장될 곳에 H^+가 차지).

양이온치환능력 = 토양비옥도

이액순위(Lyotropic Series)
콜로이드 표면에 이온이 흡착되기 쉬운 정도를 이액순위라고 한다.

양이온의 흡착순위
H > Al(OH) > Mg = Ca > K = NH_4 > Na

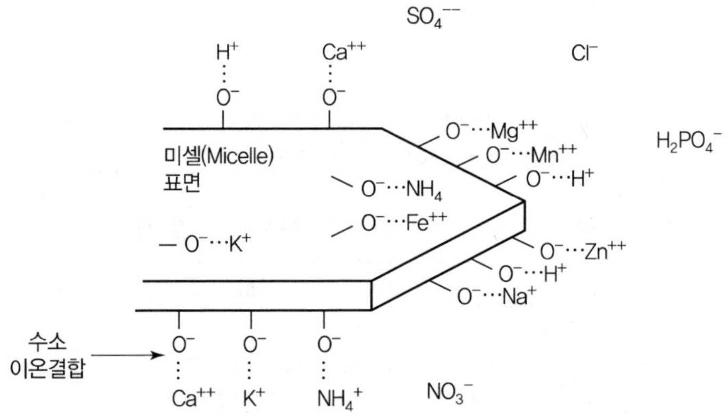

▌점토와 부식 표면의 양이온치환 모양▐

4) 토양의 생물학적 성질

(1) 곰팡이의 중요성

① 광물질화 작용(Mineralization) : 유기물이 분해되어 식물이 이용할 수 있는 광물질 형태로 바뀌는 것

② 산림토양에는 박테리아 숫자가 적고, 곰팡이의 종류와 숫자가 많다.

③ 사물기생균(낙엽 분해), 균근곰팡이 등이 있다.

(2) 질산화 박테리아의 억제

① 산림토양에서는 질산화작용이 거의 일어나지 않는다.

② 수목은 암모늄 형태로 질소를 흡수한다.

➤ **산림토양과 경작토양의 차이점**

구분		산림토양	경작토양
토양 단면	유기물층 (O층, 임상)	L층(낙엽층)=Oi	거의 없음
		F층(발효층)=Oe	
		H층(부식층)=Oa	
물리적 성질	토성	모래와 자갈 많음	미사와 점토 많음
	보수력	낮음	높음
	통기성	좋음	보통
	토양공극	많음	적음(답압)
	용적비중	작음(공극 많음)	큼
	온도 변화	작음	큼
화학적 성질	유기물 함량	많음	적음
	C/N율	높음(섬유소 많음)	낮음(시비효과)
	타감물질	축적됨(페놀류, 타닌)	거의 없음
	pH	낮음(부식산)	중성 부근(석회)
	CEC	낮음	높음(점토 함량 높음)
	비옥도	낮음	높음(시비)
	무기태질소 형태	주로 암모늄(NH_4^+)	주로 질산태(NO_3^-)
생물학적 특징	토양미생물(주종)	곰팡이	박테리아
	질산화작용	억제(낮은 pH)	왕성함(중성 pH)

2. 무기영양소의 역할

① 식물조직의 구성성분 : Ca(세포벽), Mg(엽록소), N과 S(단백질), P(인지질과 핵산)

② 효소의 활성제 : Mg, Mn 등 대부분 미량원소

③ 삼투압 조절제 : K(특히 기공), Na(내염성 식물)

④ 완충제 : P, 유기산 완충제(Ca, Mg, K)

⑤ 막의 투과성 조절제 : Ca

3. 필수원소

그 원소 없이는 식물이 생활사(생장, 개화, 결실)를 완성할 수 없으며, 그 원소가 필수적인 조직의 구성성분(수경재배로 시험)이어야 한다.

➤ 17가지 필수원소와 식물의 이용 형태 및 평균 함량

대량원소			미량원소		
명칭	이용 형태	조직 내 함량(%)	명칭	이용 형태	조직 내 함량(%)
탄소	CO_2	45	철	Fe^{++}	–
				Fe^{+++}	100
산소	O_2H_2O	45	염소	Cl^-	100
수소	H_2O	6	망간	Mn^{++}	50
질소	NO_3^-	1.5	붕소	$H_2BO_3^-$	20
	NH_4^+	–			
칼륨	K^+	1.0	아연	Zn^{++}	20
칼슘	Ca^{++}	0.5	구리	Cu^{++}	6
				Cu^+	–
인	$P_2O_4^-$	0.2	몰리브덴	MoO_4^{--}	0.1
	PO_4^{--}	–			
마그네슘	Mg^{++}	0.2	니켈	Ni^{++}	미량
황	SO_4^{--}	0.1			

※ • 대량원소 : 건중량 0.1%(1,000ppm) 이상 함유
 • 소량원소 : 건중량 0.1%(1,000ppm) 이하 함유

➤ 17가지 필수원소는 아니지만 일부 식물에 필수원소

종류	기능
니켈	1980년대 필수원소로 증명되었다.
규소	• 단자엽식물의 필수요소이다. • 세포벽 및 내건성, 내병성을 강화한다. • 알루미늄 독성을 완화하며, 생장을 촉진한다.
나트륨	염분이 많은 땅에서 자라는 식물에 필요하다(C_4 식물은 나트륨이 있어야 정상생장 가능).
코발트	• 질소 고정 미생물과 식물에 필수원소이다. • 동물에게 필요한 B_{12}의 구성성분이다.
셀레늄	• 인간에게 필수적인 원소이다. • 식물의 내병성을 강화하고, 초식동물의 피해를 방지한다.
요오드(아이오딘)	인간에게는 필수적이나 식물에는 필요하지 않다.

4. 필수원소의 기능과 결핍

1) 일반적인 결핍현상

(1) 왜성화

① 무기영양소의 결핍현상 중 가장 중요하다.

② 줄기 중에서 잎의 크기가 감소하며, 노란색을 띠고, 괴사하기도 한다.

> 소나무류의 경우 왜성화로 잎이 갈라지지 못하고 합쳐지기도 한다.

➤ **결핍된 무기양분에 따른 병징**

부족한 무기영양소	병징
질소, 인, 칼륨, 황	잎 전체가 황색으로 변색
마그네슘	가장자리가 변색
칼륨, 철, 망간	엽맥과 엽맥 사이 조직만 황색으로 변색

(2) 황화현상

① 엽록소의 합성에 이상이 생겨 발생한다.

② 질소와 마그네슘의 부족으로 발생한다.

③ 칼륨, 철, 망간의 부족(알칼리토양에서 주로 철)으로 발생한다.

④ 그 밖에 수분 부족, 이상기온, 독극물 및 무기염류 과다 등으로도 발생한다.

(3) 조직괴사

무기양분이 결핍된 현상이 계속되어 조직이 돌이킬 수 없게 죽는 것을 말한다.

2) 무기영양소의 이동성

① 이동이 쉬운 원소 : N, P, K, Mg

② 이동이 어려운 원소 : Fe, B, Ca

③ 이동성이 중간 정도인 원소 : Zn, Mn, Cu, Mo

3) 각 원소의 기능과 결핍증

(1) 질소

① 아미노산, 단백질, 엽록소의 주요 구성성분이다.

② 유기물의 분해로 토양에 공급된다.

③ 성숙잎에서 먼저 황화현상이 발생한다.
④ 질소 결핍 시 T/R률이 낮아진다.
⑤ 질소 과다 시 잎이 짙은 녹색으로 변하고, T/R률이 커진다.

(2) 인

① 염색체의 구성성분인 핵산과 원형질막의 구성성분인 인지질에 존재한다.
② 에너지를 생산하고 전달하는 과정에 인산이 ATP 형태로 직접 관여하며, 광합성과 호흡작용에서 당류와 결합하여 대사를 주도한다.
③ 결핍 시 왜성화 현상이 나타나며, 소나무는 잎이 자주색을 띤다.
④ 주로 $H_2PO_4^-$ 형태로 흡수된다.

- 인은 pH 7.2 이하에서는 $P_2O_4^-$ 형태로, pH 7.2 이상에서는 PO_4^{2-} 형태로 흡수한다.
- pH 5.0 이하에서는 Fe, Al과 결합하여 불용화된다.
- 알칼리성 토양에서는 Ca과 결합하여 불용화된다.

(3) 칼륨

① 건중량의 1%로 조직의 구성성분이 아니기 때문에 유기물의 형태로 존재하지 않는다.
② 광합성과 호흡작용에 관여하는 효소 활성제이다.
③ 전분과 단백질 합성효소를 활성화한다.
④ 세포의 삼투압을 높이는 데 기여한다.
⑤ 결핍 시 잎에 검은 반점이 생기고, 주변에 황화현상이 발생한다. 또한 병에 저항성이 약해져서 뿌리썩음병에 잘 걸린다.

핵심문제

무기영양소에 관한 설명으로 옳지 않은 것은? [21년 5회]

① 망간은 효소의 활성제로 작용한다.
② 마그네슘은 엽록소의 구성성분이다.
③ 칼륨은 삼투압 조절의 역할에 기여한다.
❹ 엽면시비 시 칼슘은 마그네슘보다 빨리 흡수된다.
⑤ 식물조직에서 건중량의 0.1% 이상인 무기영양소는 대량원소, 0.1% 미만은 미량원소라 한다.

(4) 칼슘

① 칼슘은 세포벽에서 중엽층을 구성하며, 세포막의 정상적 기능에 기여한다.
② 아밀라아제(Amylase) 효소 등의 활성제 역할을 한다.
③ 결핍 시 뿌리 끝, 줄기 끝, 어린잎에서 결핍현상이 나타나고 분열조직이 기형으로 죽는다.

핵심문제

무기영양소인 칼슘에 관한 설명으로 옳지 않은 것은? [22년 8회]

① 산성토양에서 쉽게 결핍된다.
② 심하게 결핍되면 어린 순이 고사된다.
③ 펙틴과 결합하여 세포 사이의 중엽층을 구성한다.
④ 세포 외부와의 상호작용에서 신호전달에 필수적이다.
❺ 칼로스(Callose)를 형성하여 손상된 도관 폐쇄에 이용된다.

(5) 마그네슘

① 엽록소의 구성성분이다.
② ATP와 결합하여 ATP가 제 기능을 하도록 활성화시킨다.
③ 광합성, 호흡작용, 핵산 합성에 관여하는 효소의 활성제 역할을 한다.
④ 결핍 시 성숙잎에서 황화현상이 나타나는데, 이는 엽맥과 엽맥 사이에서 먼저 시작된다. 성숙잎에서 결핍현상이 나타난다.

(6) 황

① 아미노산의 구성성분이다(Cysteine, Methionine).

② 호흡작용에 관여하는 조효소 구성성분이다(Thiamine, Biotin, Coenzyme A).

③ 결핍 시 어린잎 전체(엽맥 포함)에서 황화현상이 발생하고, 아미노산이 축적된다.

④ SO_2 가스 → $H_2O + SO_2$ → HSO_3^-(광합성 방해, 엽록소 파괴)

> 아황산가스는 성숙잎에 피해를 유발하며, 해면조직과 책상조직을 파괴한다.

(7) 철

① 광합성과 호흡작용에서 전자를 전달하는 단백질(Ferredoxin, Cytochrome) 및 효소의 구성성분이다.

② 엽록소 합성 단백질은 철분을 필요로 하므로 엽록체에 다량 존재한다.

③ 결핍 시 어린잎에서 황화현상이 나타나는데, 이는 엽맥과 엽맥 사이에서 먼저 시작된다.

(8) 붕소

① 화분관의 생장에 관여한다.

② 핵산의 합성과 헤미셀룰로오스(Hemicellulose)의 합성에 관여한다.

③ 정단분열조직이 죽고 수분 흡수력이 떨어진다. 일부 수목(밤나무)에서는 조기낙과현상이 나타나기도 한다.

(9) 망간

① 체내이동이 잘 안 된다.

② 엽록소 합성에 필수적이며 효소의 활성제이다.

③ 광합성 시 물의 광분해를 촉진한다.

④ 결핍 시 알칼리 토양에서 자라는 수목의 잎에 반점을 만든다.

(10) 아연

① 아미노산의 일종인 트립토판(Tryptophan)의 생산에 관여한다.

② 옥신(Auxin)의 생산에 관여한다.

③ 결핍 시 옥신의 부족으로 절간 생장이 억제되고 잎이 작아진다.

(11) 구리

① 산화, 환원 반응에 관여하는 효소 및 엽록체 단백질인 플라스토시아닌(Plastocyanin)의 구성성분이다.
② 결핍 시 소나무의 어린 줄기와 잎이 꼬이는 증상이 나타난다.

(12) 몰리브덴

① 질산환원효소의(NO_3^- NO_2^-) 구성성분이다.
② 핵산의 구성요소인 푸린(Purines)계의 해체에 관여한다.
③ 아브시스산(Absicsic acid)의 합성에 관여한다.
④ 결핍 시 잎의 끝부분부터 황화현상과 괴사현상이 나타난다.

(13) 염소

① 광합성에서 Mn과 함께 물의 광분해를 촉진한다.
② 옥신(Auxin) 계통 화합물의 구성성분이다.
③ 삼투압을 높이는 데 기여한다.

(14) 니켈

① 요소를 CO_2, NH_4^+로 분해하는 우레아제(Urease) 효소의 구성성분이다.
② 결핍 시 일부 식물의 괴사현상을 유발하고, 발아를 억제시키기도 한다.
예 보리 : 발아 억제, 동부 : 잎에 요소가 축적되어 검은 반전으로 괴사

5. 토양산도에 따른 무기영양소의 유용성 변화

① 산성토양에서 결핍현상 : P, Ca, Mg, B 등
② 알칼리성 토양에서 결핍현상 : Fe, Cu, Zn 등

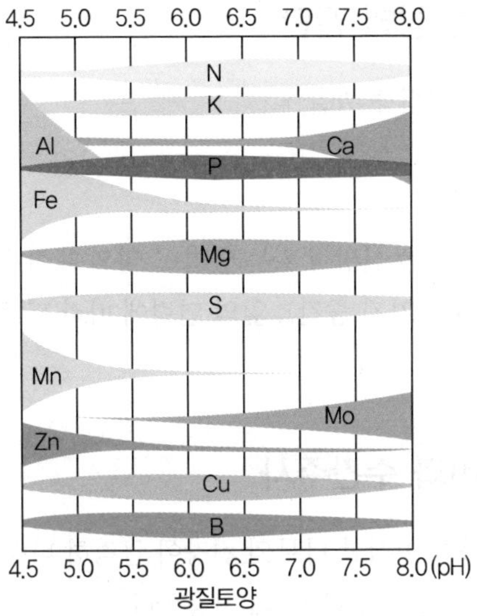

▌pH에 따른 무기양분의 가용성▐

- 산성에서 가용성이 높아지는 무기영양소(알루미늄은 무기영양소 아님) : 알루미늄(Al), 철(Fe), 망간(Mu), 아연(Zn)
- 알칼리성에서 가용성이 높아지는 무기영양소 : 칼슘(Ca), 몰리브덴(Mo)

6. 수목 내 무기영양소의 분포와 변화

① 잎은 영양소의 함량이 가장 높다.

② 칼슘은 노폐물과 더불어 밖으로 배출된다.

예 사과나무의 경우 : 꽃이 피고 난 후 어린잎에 질소, 인, 칼륨이 제일 높고, 가을에 감소한다. 칼슘 함량은 어린잎에는 적지만 계속 증가하고, 낙엽 전에 급격히 증가한다.

7. 수종에 따른 무기영양소의 요구도

무기영양소 요구도	활엽수	침엽수
상	피나무, 물푸레나무, 백합나무, 아까시나무, 사탕단풍나무	독일가문비나무, 낙우송, 테다소나무, 서양측백나무
중	자작나무, 포플러, 루브라참나무	잣나무, 전나무, 솔송나무, 가문비나무
하	대왕송, 방크스소나무, 미국적송, 버지니아향나무	

농작물 > 활엽수 > 침엽수 > 소나무류

8. 무기영양 상태 진단

① 가시적 결핍증 관찰
② 시비실험
③ 토양분석
④ 엽분석(가장 신빙성 있는 방법) : 잎의 채취 시기(7월 말~8월 초), 채취 위치(가지 중간), 잎의 연령에 따라 다르다.

9. 엽면시비와 수간주사

조경수, 특히 이식한 나무의 건강이 급격히 나빠졌을 때 확실하고 빠른 시비효과를 얻고자 할 때 사용한다.

1) 엽면시비

① 수용성 비료(요소, 황산철, 일인산칼륨 등의 비료)를 고압 분무기로 살포한다.
② 잎, 가지에 뿌린 무기영양소는 잎의 큐티클층, 기공, 털, 피목을 통해 흡수한다.
③ 흡수속도는 나트륨>마그네슘>칼슘 순이다.
④ 양분의 흡수율을 높이기 위해서는 양분과 전착제의 농도가 중요하다. 진할수록 유리하지만 너무 진하면 염류 피해가 나타난다.
⑤ 안전한 영양소의 농도는 0.2~0.5%이다.
⑥ 용액 1리터당 질산칼슘[$Ca(NO_3)_2$] 1g, 질산칼륨(KNO_3) 0.5g, 제1인산칼륨(KH_2PO_4) 0.5g, 황산마그네슘($MgSO_4$) 0.5g, 요소 2g, 전착제 0.25mL를 혼합한다.

2) 수간주사

① 호글랜드 용액을 사용하며 칼륨을 보강하기 위해 제1인산암모늄 대신 제1인산칼륨을 사용한다.
② 용액의 농도는 모든 무기염을 합쳐서 엽면시비보다 낮은 0.25% 정도로 한다.

CHAPTER 10

수분생리와 증산작용

1. 물의 특성

물의 특성	기능
높은 비열	• 물 1g을 1℃를 올리는 데 소요되는 열량(1cal/g) • 온도의 급격한 변화를 방지
높은 기화열	• 물 1g을 액체에서 기체 상태로 변화시키는 데 소요되는 열량(586cal/g) • 냉각제 역할
높은 융해열	• 물 1g을 고체에서 액체 상태로 바꾸는 데 소요되는 열량(80cal/g) • 물이 어는 속도를 지연시킴
극성	• 양전기와 음전기를 동시에 띰 • 훌륭한 용매
자외선과 적외선의 흡수	• 자외선 흡수 : 생물보호 • 적외선 흡수 : 지표면의 온도 상승 완화

2. 물의 기능

물의 기능	내용
원형질의 구성성분	세포 생중량의 80~90%
반응물질	광합성과 여러 가지 생화학적 가수분해의 반응물질
용매	기체, 무기염, 기타 여러 물질의 용매 역할
운반체	여러 대사물질을 다른 곳으로 운반시키는 운반체
팽압	• 식물의 팽압 유지에 필요 • 세포의 확장, 기공의 개폐, 어린잎의 모양 유지, 초본식물의 줄기 지탱

3. 수분퍼텐셜

물이 이동하는 데 사용할 수 있는 에너지량으로 ϕ(psi, 사이)로 표시하며, 국제단위는 MPa이다.

- 1MPa = 10.13atms(기압)
  = 10^7dyne/cm^2
  = 10bars
- 자유에너지 : 어떤 물질이 일을 할 수 있는 에너지. 증류수는 자유에너지가 0이다.

1) 삼투현상과 물의 이동

구분	내용
삼투현상	• 용매가 선택적 투과성막을 통해 용질의 농도가 높은 쪽으로 자동으로 이동하는 현상이다. • 투과성 막을 사이에 두고 양쪽 물의 화학적 퍼텐셜이 서로 다를 때 일어난다.
선택적 투과성막	생물의 경우 원형질막 또는 세포막을 의미한다.
원형질막	원형질막은 분자가 크고 극성을 띠고 있어 용질(무기염, 단백질, 설탕, 다당류)을 통과시키지 않고, 극성이 없는 지방이나 작은 분자인 물, 산소, 이산화탄소는 통과시킨다.

2) 구성성분

(1) 삼투퍼텐셜(ϕ_s, 용질퍼텐셜)

① 액포 속에 용해되어 있는 여러 가지 용질이 나타내는 삼투압에 의한 것이다.
② 값은 항상 －이며, －0.4～2.0MPa값을 나타낸다.
③ 어린잎의 삼투퍼텐셜이 더 낮다. 성숙잎부터 시든다.
④ 삼투압이 높아진다.＝삼투퍼텐셜은 낮아진다.

(2) 압력퍼텐셜(ϕ_p)

① 세포가 수분을 흡수함으로써 원형질막이 세포벽을 향해 밀어내는 압력(팽압)이다.
② 값에는 ＋, －, 0이 있다.
③ 수분을 충분히 흡수한 경우 : ＋
④ 수분을 잃어 원형질 분리가 일어난 경우 : 0
⑤ 증산작용으로 도관세포 내에서 장력하에 있을 때 : －
⑥ 삼투퍼텐셜은 물을 당기는 힘이고, 압력퍼텐셜은 물을 밀어내는 힘으로 서로 반대방향으로 작용

(3) 중력퍼텐셜(ϕ_g)

① 중력에 역행하여 물을 위로 끌어올리는 힘이다.
② 값은 －값을 갖는다.
③ 10m 올라갈 때마다 0.1MPa만큼 낮아진다.

(4) 매트릭퍼텐셜(ϕ_m, 기질퍼텐셜)

① 친수성을 가진 교질 상태의 단백질과 전분입자의 표면에 흡착되어 있는 물분자에 의한 것이다.

② 수분 함유 시는 거의 0, 건조한 토양이나 종자는 －값이다.

▶ 퍼텐셜의 종류와 값

퍼텐셜의 종류	값
삼투퍼텐셜	항상 음수(－)
압력퍼텐셜	＋, －, 0 모두 가능
중력퍼텐셜	항상 음수(－)
매트릭퍼텐셜	수분을 가진 식물은 거의 0이라 무시

3) 도관의 장력과 수분퍼텐셜

수분 이동의 원인은 대기의 낮은 수분퍼텐셜 때문이다. 증산작용에 의한 기공, 엽육조직의 수분 상실, 엽육세포의 삼투압, 세포벽의 수화 작용으로 인해 엽육세포로 수분이 이동한다(도관이 장력하에 놓인다).

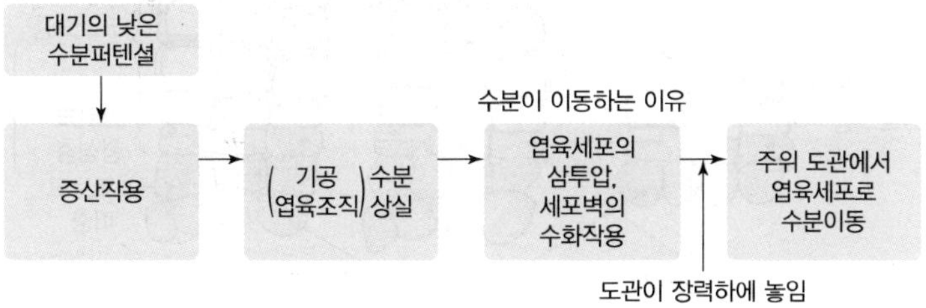

▌도관의 장력과 수분퍼텐셜의 관계▐

① 도관의 장력 확인 시험 : 스콜랜더의 압력밥통

② 물을 이동시키는 힘 : 엽육세포의 삼투압＋세포벽의 수화작용＋대기의 낮은 수분퍼텐셜

③ 물의 이동은 옴의 법칙으로 설명할 수 있다.

$$I(\text{전류량}) = \frac{V(\text{전압})}{R(\text{저항})}$$

여기서, I : 수분의 이동속도
V : 수분퍼텐셜 차이
R : 조직(도관, 가도관) 내의 저항

✎ 이 4가지 요소를 모두 합치면 세포의 수분퍼텐셜은 항상 0보다 작은 값을 가지며, 수분의 이동은 수분퍼텐셜이 높은 곳(－값이 작은 곳)에서 낮은 곳(－값이 큰 곳)으로 이동한다.

✎ 각 수분퍼텐셜을 모두 합치면 0에 수렴한다.

핵심문제

수분 함량이 감소함에 따라 발생하는 잎의 시듦(위조)에 관한 설명으로 옳은 것은?

❶ 위조점에서 엽육세포의 팽압은 0이다.
② 위조점에서 엽육세포의 삼투압은 음(－)의 값이다.
③ 엽육세포의 팽압은 수분 함량에 반비례하여 증가한다.
④ 위조점에서 엽육조직의 수분퍼텐셜은 삼투퍼텐셜보다 작다.
⑤ 영구적인 위조점에서 엽육세포의 수분퍼텐셜은－1.5MPa이다.

4. 수분의 흡수

1) 수분을 흡수하는 장소

① 뿌리 : 대부분 흡수

② 잎의 각피층 : 엽면시비한 비료가 물과 함께 흡수

③ 엽흔, 피목, 갈라진 틈

2) 뿌리의 구조와 수분흡수

물이 내피에 도착하면 카스파리대를 거쳐 내피의 원형질막을 통과해야 한다(세포벽, 세포간극 통과 안 됨).

뿌리가 나이를 먹으면 코르크형성층(목전형성층)이 생기며 표피, 뿌리털, 피층이 파괴된다. 이후 내초에서 형성층이 생기면 내피도 없어지고, 대신 목부, 사부 그리고 목전질층(수베린층)이 생긴다. 수베린화 뿌리는 친수성이 적지만 수분을 흡수하는 능력은 아직 남아 있다.

- 목전 = 코르크
- 목전피층 = 코르크피층
- 목전형성층 = 코르크형성층
- 목전층 = 코르크층

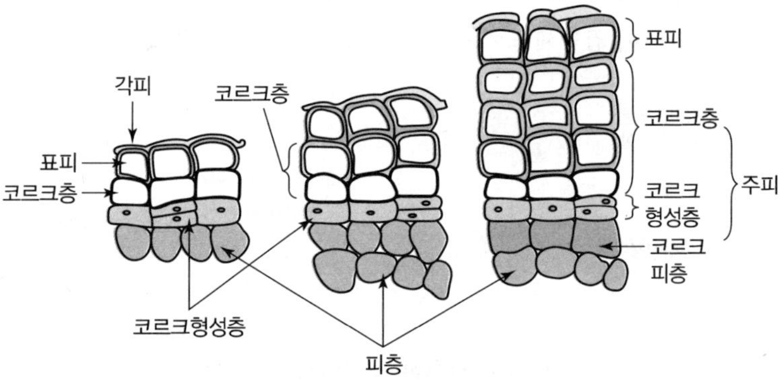

▌뿌리의 성숙에 따른 수피조직의 변화▐

3) 수분의 흡수기작

(1) 수동흡수

증산작용을 왕성하게 할 때 잎에서 증산작용으로 생기는 힘에 의해 도관에 장력이 생기면서 무기염들이 수분이동과 함께 올라간다.

(2) 능동흡수

① 뿌리의 삼투압에 의하여 수분을 흡수하는 경우로, 낙엽수가 겨울철에 수분을 삼투압에 의해 흡수하는 경우이다.

② 근압을 유발하여 이를 해소하기 위해 일액현상이 생긴다.

③ 수분흡수에 별로 기여하지 않는다.

일액현상
- 배수조직을 통해 수분이 밖으로 나와서 물방울이 맺힌다.
- 초본식물은 야간에 기온이 온화, 토양의 통기성 좋고, 토양수분이 충분할 때 나타난다.
- 대표 수종 : 자작나무, 포도나무이며, 나자식물에서는 발견되지 않는다.

(3) 근압과 수간압

구분	내용
근압	능동적 흡수에 의해 생기는 뿌리 내 압력을 말한다.
수간압	• 낮에 CO_2가 수간의 세포간극에 축적되어 압력이 증가하면서 수액이 상처를 통해 누출된다. • 밤에 CO_2가 흡수되어 압력이 감소하면 뿌리에서 물이 상승하여 도관을 재충전한다. • 야간온도가 영하로 내려가고 주야간의 온도차가 10℃ 이상 되어야 한다.

4) 수분 흡수를 위한 토양의 조건

(1) 토양수분

수분 상태	내용
포화 상태	모든 공간(공극)에 물이 차지한 상태
중력수	수 시간 동안 중력에 의해서 배수되는 물
모세관수	• 토양입자와 물분자 간의 부착력에 의해 모세관 사이에 남아 있는 물 • 식물이 이용할 수 있는 물
포장용수량	토양이 모세관수만을 최대로 보유할 때 (−0.01MPa = 0.1bar)
영구위조점	식물이 더 이상 이용할 수 없는 토양수분 함량 (−1.5MPa = −15bar)
결합수	• 작은 교질입자 주변에 존재하거나 화학적으로 결합한 물 • 식물이 이용할 수 없음

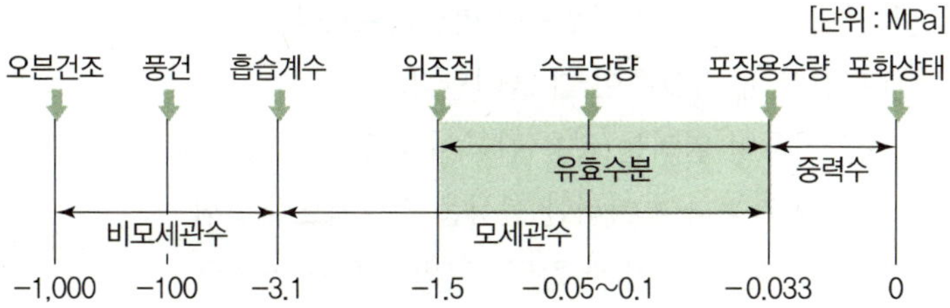

| 수분 함량에 따른 구분 |

(2) 토양용액의 농도

① 삼투퍼텐셜, 기질퍼텐셜에 의해 결정된다.

② 토양의 삼투퍼텐셜이 −0.3MPa보다 낮으면, 식물은 수분 흡수에 어려움이 생긴다.

핵심문제

도관이 공기로 공동화되어 통수기능이 손실되는 현상과 양(+)의 상관관계가 아닌 것? [22년 8회]

❶ 근압의 증가
② 벽공의 손상
③ 가뭄으로 인한 토양의 건조
④ 도관의 길이와 직경의 증가
⑤ 목부의 반복되는 동결과 해동

핵심문제

수목의 수분흡수와 이동에 관한 설명으로 옳은 것은? [23년 9회]

❶ 액포막에 있는 아쿠아포린은 세포의 삼투조절에 관여한다.
② 토양용액의 무기이온 농도와 뿌리의 수분흡수 속도는 비례한다.
③ 능동흡수는 증산작용에 의해 수분이 집단유동하는 것을 의미한다.
④ 이른 봄 고로쇠나무에서 수액을 채취할 수 있는 것은 근압 때문이다.
⑤ 일액현상은 온대지방에서 초본식물보다 목본식물에서 흔하게 관찰된다.

(3) 토양온도

① 토양의 온도가 낮을 경우 수목뿌리의 흡수력은 현저히 저하한다.

② 흡수력이 떨어지는 직접적 원인은 물에 대한 투과성 저하(원형질막에 있는 지질의 성질 변화)이다.

> 원형질막은 인지질의 이중막으로 구성된다.

(4) 원형질막을 통한 수분이동

① 세포벽 이동(아포플라스트) : 세포벽을 통해서 쉽게 이동

② 세포질 이동(심플라스트) : 원형질막을 통과해야 함

> 아쿠아포린(식물 단백질)
> - 원형질막을 통한 수분 이동보다 더 쉽게 이동이 가능하다.
> - 단백질 채널을 만들어 출입구의 수문장 역할을 한다.
> - 식물세포 내의 액포막에도 존재한다.
> - 삼투압을 쉽게 조절한다.

5. 증산작용

증발의 한 형태로 식물 표면에서 물이 수증기 형태로 방출되는 것이다.

1) 증산작용의 기능

① 무기염의 흡수와 이동을 촉진한다.

② 잎의 온도를 낮추어 준다.

> - 증산작용이 없어도 무기염은 위쪽으로 이동한다.
> - 사부의 용액을 목부와 연결하여 재분배하는 순환체계가 있어 가능하다.
> - 증산작용은 무기염의 이동에 필수적인 것은 아니나 도움은 된다.

2) 기공의 개폐

(1) 기공의 개폐기작

① 기공은 두 개의 공변세포에 의해 생기는 구멍을 말한다.

② 공변세포가 수분을 흡수하면 열린다(삼투퍼텐셜↓).

③ 공변세포 안쪽의 세포벽이 바깥쪽보다 두껍다.

④ 팽창할 때 바깥쪽이 더 늘어난다.

㉠ 기공이 열리는 것은 칼륨이 대량으로 공변세포로 모여듦으로써 가능하며 이러한 현상을 칼륨펌프라고 함

㉡ 유기산(말산염)과 칼륨이온의 농도가 높아짐

㉢ 공변세포막에 있는 H^+-ATPase 효소가 활성화되어 H^+를 방출

⑤ 아브시스산(Abscisic Acid, ABA) : 수분 부족현상이 생기면 엽육조직이나 뿌리에서 생성되어 공변세포로 이동 후 칼륨을 방출시킴(기동 닫힘)

핵심문제

햇빛이 있을 때 기공이 열리는 기작으로 옳지 않은 것은? [23년 9회]

① K^+이 공변세포 내포 유입된다.
② 공변세포 내 음전하를 띤 Malate가 축적된다.
③ 이른 아침에 적색광보다 청색광에 민감하게 반응한다.
❹ H^+ ATPase가 활성화되어 공변세포 안으로 H^+가 유입된다.
⑤ 공변세포의 기공 쪽 세포벽보다 반대쪽 세포벽이 더 늘어나 기공이 열린다.

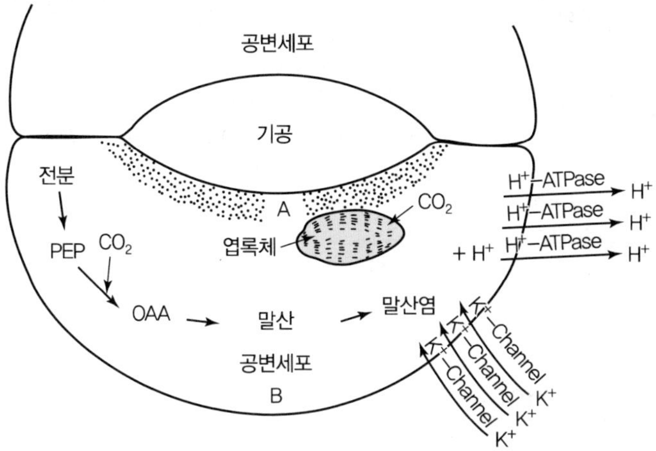

▌공변세포의 개폐기작▐

(2) 환경변화와 기공개폐

구분	내용
햇빛	기공이 열리는 데 필요한 광도는 전광의 1/1,000～1/30가량이다.
CO_2	• CO_2 농도가 낮으면 기공이 열리고, 높으면 닫힌다. • 기공에 영향을 주는 CO_2의 농도는 엽육조직의 세포간극에 있는 CO_2의 농도이다.
수분퍼텐셜	수분 스트레스가 커지며 기공이 닫히는데, CO_2 농도나 햇빛과 관계없이 작용한다.
온도	온도가 높아지면(30～35℃) 기공이 닫힌다.

3) 잎의 영향

① 엽면적 : 수목 개체의 증산량에 영향을 미치며, 총엽면적이 클수록 증산량이 많음

② 잎의 형태와 배열 : 잎이 작은 복엽의 증산량이 작으며(단엽 > 복엽), 잎이 가는 침엽수의 증산량이 적음(활엽 > 침엽). 각피층의 두께, 광선의 반사 정도도 영향을 미침

③ 잎의 해부학적 특성 : 양엽, 음엽에 따라 증산량이 다름

✎ 단엽과 복엽
- 단엽 : 잎이 크다.
- 복엽 : 잎이 작다.

✎ 양엽과 음엽
- 양엽 : 결각이 크고, 각피층이 두꺼우며 털이 많다. 또한 광선반사가 잘 되어 증산량이 줄어든다.
- 음엽 : 양엽에 비해 잎이 크고, 각피층이 얇으며 광반사가 적어 증산량이 많다.

4) 측정방법

구분	내용
중량법	토양의 무게변화량을 측정하여 증산량을 추정한다.
용적법	식물의 뿌리나 혹은 절단된 가지 부위를 물속에 꽂고 증산작용으로 줄어드는 물의 부피를 측정하는 방법이다.

구분	내용
텐트법 (가스교환법)	잎, 가지 혹은 수목 전체를 투명한 용기 속에 밀봉하고, 공기 중 수증기량의 변화를 측정한다.
열파동법과 열손실법	• 열파동법(열전달법) : 수액이 이동하는 수간의 목부조직(변재)에 일정한 주기(10분 간격)로 열침에서 열파동을 발생시키고, 위와 아래에 전달되는 열을 5~10초 간격으로 측정한다. • 열손실법(방열법) : 일정한 열을 지속적으로 발생시켜 위로 이동하는 수액이 열을 감소시킨 정도를 측정한다.

5) 수종 간 차이

① 단위면적당 증산량이 가장 적은 수종 : 가문비나무류

② 단위면적당 증산량이 가장 많은 수종 : 자작나무류

③ 소나무류는 효율적으로 증산작용을 낮추고, 복사나무는 정반대로 증산량이 높다.

6) 계절적 변화

① 낙엽수는 한겨울에도 증산작용을 상당량 수행한다.

② 낙엽수는 잎이 없지만 가지와 줄기의 표면(피목)에서 증산작용을 한다.

6. 수분 부족 및 수분 스트레스

수분은 수목의 생장에 영향을 주는 환경요소 중 가장 부족하기 쉬운 요인이다.

1) 수분 스트레스

① 수분의 토양 흡수량 $<$ 수분의 증산작용으로 손실량

② 잎의 수분퍼텐셜 −0.2~−0.3MPa부터 수분 스트레스를 느낀다. 이때 전분은 당류로 가수분해되며, 단백질 합성이 감소하고 대신 아미노산의 일종인 프롤린(Proline)이 축적된다.

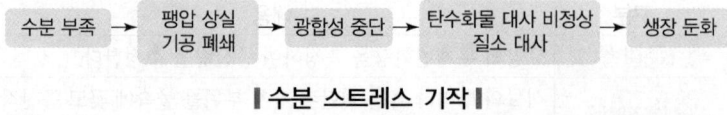

수분 부족 → 팽압 상실 기공 폐쇄 → 광합성 중단 → 탄수화물 대사 비정상 질소 대사 → 생장 둔화

▎수분 스트레스 기작▕

핵심문제

수목의 증산에 관한 설명으로 옳지 않은 것은? [25년 11회]

① 증산작용은 잎의 온도를 낮춘다.
② 증산작용은 무기염의 흡수와 이동을 촉진한다.
❸ 낙엽수는 한겨울에는 증산작용을 하지 않는다.
④ 잎의 표면에 각피를 두껍게 만들거나 털을 많이 만들어 증산을 억제한다.
⑤ 소나무류는 잎의 표피 안쪽 깊숙한 곳에 기공이 위치하여 증산을 억제한다.

2) 생리적 변화

① 수분 스트레스로 프롤린이 축적된다. 글루탐산염(Glutamate)으로부터 프롤린이 합성될 때 귀환억제작용이 상실되어 체내에서 이용되지 않기 때문이다.
② 수분 스트레스로 가장 예민하게 반응하는 것은 세포신장, 세포벽의 합성, 단백질의 합성이다.
③ 수분퍼텐셜이 −0.5MPa 때부터 아브시스산(Abscisic Acid)을 생산한다.
④ 수분 부족 초기에 활성화되는 효소는 α−아밀라아제와 리보뉴클레아제다(가수분해효소가 전분 등을 분해하여 삼투퍼텐셜을 낮춰 건조저항성을 높인다).

3) 줄기 및 수고생장

① 고정생장 수종 : 줄기생장을 하는 봄철과 이른 여름에 수분 스트레스를 받으면 수고생장이 감소한다. 또한 동아 형성기인 늦여름에 수분 스트레스를 받아도 수고생장이 저조하다.
② 자유생장 수종 : 전 생육기간에 영향을 받는다.

4) 직경생장

① 직경생장은 수분 부족에 극히 예민하게 반응한다.
② 목부세포의 수, 직경생장의 지속시간, 목부와 사부의 비율, 춘재에서 추재의 이행시기 등에 영향을 준다.

5) 뿌리생장

① 잎과 줄기에서 수분퍼텐셜이 낮아지면 수분 부족현상은 뿌리까지 전달되지만 뿌리에서는 시간적으로 늦게 나타난다. 또한 수분을 공급하는 토양에 존재하여 제일 먼저 회복한다.
② 수분 스트레스 시 시토키닌(Cytokinin) 합성량은 감소하고, 아브시스산(Abscisic Acid)은 증가한다.

7. 내건성

한발에 버티는 능력이다.

1) 수종 간 차이

① 내건성이 큰 수목은 남향 경사지와 산 정상 부위를 선호한다.
② 내건성이 작은 수목은 계곡부를 선호한다.

2) 내건성의 근원

(1) 심근성 · 천근성

① 심근성 수목 : 테다소나무, 루브라참나무
② 천근성 수목 : 피나무, 낙우송, 자작나무

▶ 심근성 수목과 천근성 수목의 예

구분	침엽수	활엽수
심근성 수목	곰솔, 비자나무, 소나무, 은행나무, 전나무, 주목	가시나무류, 구실잣밤나무, 굴거리나무, 녹나무, 느티나무, 단풍나무류, 동백나무, 모과나무, 목련류, 백합나무, 벽오동, 생달나무, 소귀나무, 수양벚나무, 참나무류, 참식나무, 칠엽수, 팽나무, 호두나무, 회화나무, 후박나무
천근성 수목	가문비나무, 일본잎갈나무, 솔송나무, 편백	매실나무, 밤나무, 버드나무, 아까시나무, 자작나무, 포플러류, 푸조나무

(2) 건조저항성

저수조직을 갖거나 수간이 수분을 저장하는 경우, 잎의 두꺼운 왁스층, 건조에 잦은 노출 등으로도 건조저항성을 갖는다.

(3) 건조인내성

① 마른 상태에서 피해를 입지 않고 견딜 수 있는 능력이다.
예 이끼류, 지의류, 고사리류
② 건조과정에서 수분이 줄고 대신 용질의 양이 증가하여 삼투퍼텐셜이 더 낮아진다.
③ 흡착수의 역할이 내한성뿐만 아니라 내건성에서도 중요하다.
④ 세포벽의 신축성이 수분퍼텐셜을 낮춘다.

(4) 건조회피성(건조도피성)

건조기를 회피해서 생육하는 식물의 경우에 해당한다.

핵심문제

토양의 건조에 관한 수목의 적응반응이 아닌 것은? [22년 8회]

① 기공을 닫아 증산을 줄인다.
② 잎의 삼투퍼텐셜을 감소시킨다.
③ 조기낙엽으로 수분 손실을 줄인다.
④ 휴면을 앞당겨 생장기간을 줄인다.
❺ 수평근을 발달시켜 흡수표면적을 증가시킨다.

✎ 소나무의 내건성 기작

- 증산을 억제하는 지상부
  - 바늘형의 잎, 두꺼운 왁스층, 하피(Hypodermis)를 가지고 있어 내건성을 가짐
  - 기공이 깊은 곳에 있으며, 기공입구가 왁스로 막혀 있음
- 눈과 가지 : 송진 함량이 높아 탈수가 방지됨
- 뿌리부
  - 소나무는 천근성 가는 뿌리, 심근성 굵은 뿌리를 가짐
  - 다른 수종보다 방대한 근계를 갖고 있으며, 균근균과 공생

CHAPTER 11

무기염의 흡수와 수액 상승

1. 뿌리의 기능

토양 중에 수분과 무기염의 함량이 적으면 식물은 근계를 많이 발달시켜 흡수를 도모한다.

2. 무기염의 흡수기작

토양용액은 뿌리 표면까지 확산에 의하여 쉽게 도달한다.

1) 자유공간의 개념(세포벽 이동)

자유공간은 뿌리의 세포나 조직 중에서 무기염이나 기타 다른 용질이 확산과 집단유동에 의해 자유로이 들어올 수 있는 부분이다. 내피 직전까지 이동한다.

▶ 무기염의 이동 형태

구분	내용
아포플라스트 (Apoplast)	• 식물조직 중에서 죽어 있는 부분 • 세포벽과 목부조직의 도관(가도관)세포로 이루어진 부분
심플라스트 (Symplast)	• 세포의 살아 있는 부분 • 원형질로 구성되어 원형질 연락사로 이웃하고 있는 세포와 서로 연결되어 있는 부분

핵심문제

수목 뿌리에서 무기이온의 흡수와 이동에 관한 설명으로 옳은 것은? [23년 9회]

① 뿌리의 호흡이 중단되더라도 무기이온의 흡수는 계속된다.
② 세포질 이동은 내피 직전까지 자유공간을 이동하는 것이다.
❸ 자유공간을 통해 무기이온이 이동할 때는 에너지를 소모하지 않는다.
④ 내초에는 수베린이 축적된 카스파리대가 있어 무기이온 이동을 제한한다.
⑤ 원형질막을 통한 무기이온의 능동적 흡수과정은 비선택적이고 가역적이다.

무기염의 흡수과정

- 무기염이 토양에서 뿌리 표면으로 이동
- 뿌리 세포 내 축적
- 중앙의 목부조직을 향한 횡적 이동
- 뿌리에서 줄기로 이동(목부에서 수액 상승과 함께)

핵심문제

〈보기〉 중 뿌리에서 무기 양분의 능동적 흡수와 이동에 관한 옳은 설명만을 고른 것은? [25년 11회]

ㄱ. 에너지가 소모되지 않는다.
ㄴ. 선택적이고 비가역적인 과정이다.
ㄷ. 무기 양분은 운반단백질에 의해 원형질막을 통과한다.
ㄹ. 뿌리 호흡을 억제하면 무기 양분의 흡수가 증가한다.

① ㄱ, ㄴ ② ㄱ, ㄹ
❸ ㄴ, ㄷ ④ ㄴ, ㄹ
⑤ ㄷ, ㄹ

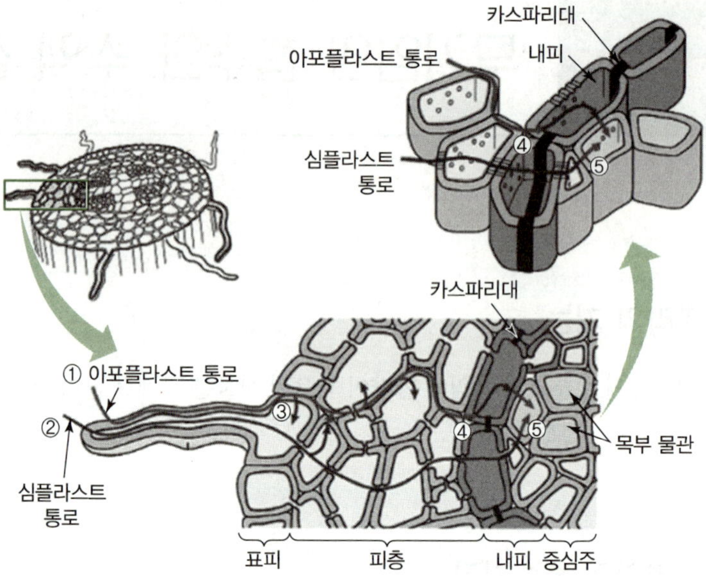

▌무기염의 2가지 이동방식▐

2) 카스파리대의 역할

① 흡수된 무기염이 내피에 도착하면 자유공간은 일단 없어진다.
② 내피세포의 방사단면벽과 횡단면벽에는 수베린(목전질)으로 만들어진 카스파리대가 둘러싸고 있다.
③ 목전질은 수분을 잘 통과시키지 않는 지질 성분으로 되어 무기염도 함께 차단한다.
④ 카스파리대는 무기염이 원형질막을 반드시 통과해야만 한다.

핵심문제

뿌리의 수분흡수에 관한 설명으로 옳은 것은? [21년 5회]

① 일액현상은 수동흡수에 의해 나타나는 현상이다.
❷ 카스파리대는 물과 무기염의 자유로운 이동을 막는다.
③ 증산작용이 왕성한 잎에서 수분의 능동흡수가 나타난다.
④ 여름철에는 뿌리의 삼투압에 의해서만 수분흡수가 이루어진다.
⑤ 근압에 의한 수분이동은 수동흡수에 의한 것보다 빠르게 진행된다.

3) 선택적 흡수

① 무기염의 흡수는 단순한 삼투압에 의한 현상이 아니다.
② 자유공간을 이용한 무기염의 이동은 비선택적 · 가역적이고, 에너지 소모가 없다(수동운반).
③ 식물이 무기염을 흡수하는 과정은 선택적 · 비가역적이고, 에너지를 소모한다(능동운반).

운반체설
운반체는 원형질막에 있는 단백질(능동운반의 주역)이다.

Reference 능동운반

- 원형질막의 운반체에 의하여 이루어진다.
- 농도가 낮은 곳에서 높은 곳으로 농도 구배에 역행하는 운반이다.
- 대사에 에너지를 소모한다.
- 선택적으로 이루어지는 무기염의 이동이다.

4) 원형질막과 운반체

(1) 원형질막

① 살아 있는 세포에 있는 얇은 막으로 세포벽의 바로 안쪽에 존재한다.

② 두 층의 인지질[머리(친수성), 꼬리(소수성)]로 구성되어 비교적 극성을 띠지 않아 극성을 띤 무기염은 통과하기 어렵다.

(2) 운반체

① 운반체 : 원형질막에 자리잡은 단백질

㉠ ATPase효소(설탕운반체의 특성만 구명됨)

㉡ 통로단백질 : 운반체보다 더 빠른 속도로 이온 통로를 열어 줌

3. 균근

식물의 어린뿌리가 토양 중에 있는 곰팡이와 공생하는 형태를 말한다.

균근의 기능
- 토양 중에 있는 인산의 흡수 촉진
- 산림 같은 산성토양에서 암모늄태(NH_4^+)질소로 흡수

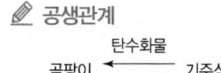

공생관계

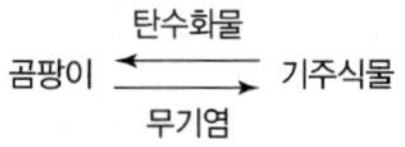

➤ 균근의 형태와 식물체 내 분포

분류	세분류	기주	균투	하티그망	균사 모양
외생균근	–	목본식물	있음	있음	담자균, 자낭균사
내생균근	가지 모양 균근 (Arbuscular M)	목본, 초본식물 (십자화과, 명아줏과 제외)	없음	없음	가지 모양 (Arbuscules)
	진달래 균근 (Ericoid M)	진달랫과	없음	없음	꼬인 철사 (Hyphal Coil)
	난초 균근	난초과	없음	없음	꼬인 철사
	딸기나무 균근	딸기나무	있음	있음	꼬인 철사
	난풀 균근	난풀	있음	있음	대못 균사
내외생균근	–	소나무 묘목	있음	있음	세포 내외 균사

1) 외생균근

① 주로 목본식물에서 발견된다.
② 곰팡이의 균사가 세포 안으로 들어가지 않고 기주세포 밖에만 머문다.
③ 균사는 뿌리 표면을 두껍게 싸서 균투를 형성한다.
④ 뿌리 속 피층까지 침투하여 세포 간극에 하티그망을 형성한다.
⑤ 피층보다 더 안쪽으로 들어가지 않는다.
⑥ 효율적으로 무기염을 흡수한다.
⑦ 균 종류 : 담자균, 자낭균
⑧ 숲의 나이가 15~80년일 때 생활력이 가장 왕성하여 공생을 이룬다. 외생균근은 기주선택성이 강하다.

▶ 기주식물의 범위

구분	내용
소나뭇과	소나무, 전나무, 가문비나무, 일본잎갈나무, 솔송나무류
참나뭇과	참나무, 밤나무류, 너도밤나무류
버드나뭇과	버드나무, 포플러류
자작나뭇과	자작나무류, 오리나무류, 서어나무류, 개암나무류
피나뭇과	피나무, 염주나무

2) 내생균근

① 곰팡이의 균사가 기주식물의 세포 안으로 들어간다. 균사가 피층세포 안으로 침투, 피층에 한정, 내피 안쪽으로 들어가지 않는다.
② 균사의 생장은 뿌리 밖으로 연장되어 자란다. 균투를 형성하지 않고, 뿌리털이 정상적으로 발달한다.
③ 내생균근 세분류 : VAM(Vesicular-Arbuscular Mycorrhiza), 난초형균근, 진달래형균근
④ 기주 범위는 외생균근보다 훨씬 넓다(대부분의 식물 : 초본류, 주요작물, 쌍자엽식물 등).
⑤ 십자화과, 명아줏과는 균근을 형성하지 않는다.
⑥ 접합자균(Zygomycetes) : 내생균근을 형성하는 균류로, Glomus, Scutellospora(바람에 의한 전파 안 됨)가 있음

버섯의 종류

광대버섯류(Amanita), 무당버섯류(Russula), 젖버섯류(Lactarius), 그물버섯류(Boletus), 싸리버섯류(Ramaria), 땅속에서만 자라는 알버섯(Rhizopogon)

핵심문제

균근에 관한 설명으로 옳지 않은 것은? [21년 6회]

① 소나뭇과의 수목은 외생균근을 형성한다.
② 사과나무 등 과수류의 수목은 내생균근을 형성한다.
③ 어린뿌리가 토양에 있는 곰팡이와 공생하는 형태이다.
❹ 내생균근의 균사는 내피 안쪽의 통도조직까지 들어간다.
⑤ 주기적으로 비료를 주는 관리토양에서는 균근의 형성률이 낮다.

핵심문제

버섯을 만드는 외생균근을 형성하는 수종으로 나열된 것은? [22년 8회]

❶ 상수리나무, 자작나무, 잣나무
② 다릅나무, 사철나무, 자귀나무
③ 대추나무, 이팝나무, 회화나무
④ 왕벚나무, 백합나무, 사과나무
⑤ 구상나무, 아까시나무, 쥐똥나무

3) 내외생균근

① 외생균의 변칙적인 형태로 외부 형태는 외생균근과 흡사하다.

② 소나무류의 어린 묘목에서 주로 발견된다.

Reference 균근의 역할

- 무기염의 흡수를 촉진한다.
- 토양의 건조, 낮거나 높은 pH, 토양독극물, 극단적 토양온도에 대한 저항성을 높인다.
- 항생제를 생산하여 병원균에 대한 저항성을 키워준다.
- 산성토양에서 암모늄태질소의 흡수를 돕는다.
- 건조한 토양에서 수분의 흡수(수분퍼텐셜 −1.5~2.0MPa까지 수분을 흡수)를 돕는다.

4. 수액의 상승

1) 관련 조직

① 목부조직은 수분이동에 대한 저항이 가장 적다.

② 목부조직 살아 있는 유세포와 죽어 있는 도관(가도관)이 있다.

㉠ 나자식물 가도관 : 직경 30μm, 길이 5mm

㉡ 피자식물 도관 : 직경 20~800μm, 길이 수 cm(산공재)~수 m(환공재)

③ 환공재의 도관 : 기포, 전충체 등에 막히는 도관폐쇄(Tylosis) 현상 때문에 효율이 떨어짐. 변재 중 일부만 수액이동에 기여

▶ **환공재와 산공재**

구분	수분 이동	수종
환공재	1년 혹은 2년에 형성된 도관 사용	대부분의 수종, 참나무, 밤나무
	당년에 형성된 도관 사용	느릅나무, 물푸레나무
산공재	최근에 형성된 1~3개의 연륜 사용	단풍나무, 벚나무, 버즘나무, 포플러

✎ 균근의 형성률

- 토양의 비옥도가 높을수록 낮다.
- 토양 내 인산 함량에 반비례한다.

핵심문제

수분 및 무기염의 흡수와 이동에 관한 설명으로 옳지 않은 것은?

[22년 7회]

① 카스파리대는 무기염을 선택적으로 흡수할 수 있도록 한다.

② 수분 이동은 통수저항이 적은 목부 조직에서 이루어진다.

❸ 수액의 이동 속도는 산공재 > 환공재 > 침엽수재 순이다.

④ 뿌리의 무기염 흡수는 원형질막의 운반체에 의해 선택적이며 비가역적으로 이루어진다.

⑤ 토양 비옥도와 인산 함량이 낮을 때에는 균근균을 통하여 무기염을 흡수할 수 있다.

✎ 목부조직

- 유세포 : 세포질 이동
- 도관(가도관) : 세포벽 이동, 수분의 이동통로

2) 수액의 성분

구분	내용
목부수액 (pH 4.5~5.0)	• 무기염, 질소화합물, 탄수화물, 효소, 식물호르몬 등이 용해되어 있는 용액이다. • 암모늄태나 질산태 질소는 거의 없다.
사부수액 (pH 7.5)	사부를 통한 탄수화물의 이동액을 말한다.

✎ 질소화합물
아미노산(Amino Acid)+우레이드(Ureides) 형태로 발견

핵심문제

줄기의 수액에 관한 설명으로 옳지 않은 것은? [23년 9회]

❶ 사부수액은 목부수액보다 pH가 낮다
② 수액 상승 속도는 침엽수가 활엽수보다 느리다.
③ 수액 상승 속도는 증산작용이 활발한 주간이 야간보다 빠르다.
④ 목부수액에는 질소화합물, 탄수화물, 식물호르몬 등이 용해되어 있다.
⑤ 환공재는 산공재보다 기포에 의한 공동화현상(Cavitation)에 취약하다.

3) 수액의 상승속도

① 상승속도 : 환공재 > 반환공재 > 산공재 > 가도관

② 증산작용이 왕성한 12~15시에 상승속도가 가장 빠르다.

➤ 수목의 수액이동 측정방법

구분	내용
열파동법	가장 효과적인 방법으로 수피 밑의 한 지점에 열을 가하고 열의 이동속도를 측정
열균형법	수간에 고리 모양으로 열을 가해 측정

4) 수액의 상승각도

✎ 간혹 활엽수 중에서 수액이 나선 방향으로 올라가는 수종도 있다.
예 층층나무의 경우 1m 상승 시 90° 돌아서 올라간다.

① 활엽수의 경우 수액이 수직 방향으로 곧바로 올라간다.

② 침엽수의 경우 수액이 나선 방향으로 돌면서 올라간다.

예 노르웨이소나무는 4.2m 올라가면 한 바퀴 회전한다.

③ 수액이 나선 방향으로 돌면서 올라가는 현상은 수분을 수관에 골고루 분배하는 역할을 한다.

5) 수액의 상승원리

(1) 응집력설

① 뿌리에서 잎까지 수분퍼텐셜의 구배를 따라 이동하지만, 두 곳을 연결하는 도관 내의 수분이 장력하에 있더라도 물기둥이 끊어지지 않고 연결되는 것은 물의 응집력 때문이다.

② 물분자끼리의 응집력은 수소 이온결합, 물의 인장강도 때문이다.

③ 수액이 상승하는 과정

㉠ 기공에서 증산작용 개시

㉡ 잎의 엽육세포에서 수분 상실

✎ 수화작용
세포벽과 물 분자 간의 부착력에 의해 세포벽이 젖는 현상

㉢ 엽육세포의 삼투압과 수화작용에 의해 인근 도관에서 수분이 엽육세포로 이동

㉣ 도관이 탈수되어 밑에 있는 물을 잡아당겨 물기둥이 장력하에 놓임

㉤ 물 분자 간의 응집력에 의하여 도관 내 수분이 딸려 올라옴

㉥ 응집력이 뿌리 끝까지 전달되어 토양에서 뿌리 속으로 수분이 이동

(2) 응집력설의 귀결

식물이 수분상승에서 수동적 역할을 하는 것과 뿌리의 수분흡수도 수동적인 것을 말한다.

① 수분상승의 궁극적인 힘은 태양에너지에 의한 증산작용이다.

② 물의 응집성질은 순전히 물리적인 힘이다. 식물은 토양에서 대기까지 연속적인 환경을 조성하기만 한다.

③ 물은 토양에서부터 뿌리와 잎을 통해 대기 속으로 수분퍼텐셜의 구배를 따라 이동한다.

④ 식물은 수동적인 역할을 하며 에너지를 소모하지 않는다.

⑤ 식물은 기공의 개폐를 통하여 증산작용을 조절할 뿐이다.

핵심문제

수목의 수분이동에 관한 설명으로 옳은 것은? [21년 5회]

① 수액 상승의 원리는 압력유동설로 설명된다.

② 용질로 인해 발생한 삼투퍼텐셜은 항상 양수(+) 값을 가진다.

③ 수목에서 물의 이동은 수분퍼텐셜이 점점 높아지는 토양, 뿌리, 줄기, 잎, 대기로 이동한다.

❹ 수액 상승의 속도는 가도관에서 가장 느리고 환공재가 산공재보다 빠르다.

⑤ 도관 혹은 가도관에서 기포가 발생하였을 때 도관이 가도관보다 기포의 재흡수가 더 용이하다.

CHAPTER 12

유성생식과 개화생리

1. 무성생식과 유성생식의 개념

① 무성생식 : 수목의 품종 특성을 그대로 유지하기 위하여 자성배우자와 웅성배우자 없이 분열을 통해 증식하는 것
② 유성생식 : 자성배우자와 웅성배우자 간의 유전물질을 서로 교환하여 접합자로 증식하는 것

2. 유시성(유형)과 성숙

1) 유생기간(유형기)

유형기 동안 에너지를 영양생장에만 투입하여 경쟁 속에서 수고생장을 도모하여 햇빛을 유리하게 받으려는 생존전략이다.

• 유시성(유형) : 수목이 영양생장만을 하면서 어린 형태로서 개화하지 않는 상태
• 성숙 : 수목이 성장하여 개화하는 상태에 달해 있는 것

➤ 수목별 유형기간

수종	유형기간
방크스소나무, 리기다소나무	3년
유럽적송	5년 이상
가문비나무	20~25년
전나무	25~30년
너도밤나무	30~40년

핵심문제

수목의 유형기와 성숙기의 형태적 · 생리적 차이에 관한 설명으로 옳은 것은? [21년 5회]

① 향나무의 비늘잎은 유형기의 특징이다.
② 서양담쟁이덩굴 잎의 결각은 성숙기의 특징이다.
③ 리기다소나무의 유형기는 전나무에 비해 길다.
④ 귤나무는 유형기보다 성숙기에 가시가 많이 발생한다.
❺ 음나무의 환공재 특성은 유형기보다 성숙기에 잘 나타난다.

2) 유시성(유형)의 특징

구분	내용
잎의 모양	• 서양담쟁이덩굴의 유엽은 결각으로 갈라지고, 성엽은 둥글게 자란다. • 향나무의 유엽은 바늘 같은 뾰족한 침엽이고, 성엽은 비늘 같은 인엽이다.
가시의 발달	귤나무, 아까시나무는 유형기에 가시가 발달한다.

구분	내용
엽서	잎이 배열하는 순서와 각도가 성숙하면서 변화한다. 예 유칼리나무
삽목의 용이성	유형기에는 삽목이 쉽다.
곧추선 가지	가지가 왕성하게 곧추 자란다. 예 일본잎갈나무
낙엽의 지연성	낙엽이 성숙목보다 더 늦게까지 붙어 있다.
수간의 해부학적 특성	• 활엽수 : 환공재의 특성이 잘 안 나옴 • 침엽수 : 춘재 → 추재로 전이가 점진적으로 나타남

3) 유시성(유형기)의 생리적 원인

① 정단분열조직이 세포분열을 실시한 횟수가 적으면 유형기로 남는다. 연속광하에서 기르면 생장을 촉진하여 유형기를 단축할 수 있다.

② 정단분열조직이 영양생장에서 생식생장으로 전환하기 위한 시간적 여유가 필요하다. 영양생장을 일시적으로 억제하는 처리로 유형기를 극복할 수 있다.

3. 생식생장과 영양생장의 관계

① 생식생장은 영양생장을 억제한다. 열매는 일반적으로 영양소를 독점적으로 이용하는 강력한 수용부에 해당되어 줄기, 뿌리, 형성층의 생장을 억제한다.

② 양분에 대한 경쟁으로 수목의 개화는 정기적으로 나타나지 않고 매우 불규칙하게 된다.

4. 유성생식

1) 화아원기 형성

화아(꽃눈)는 당년지 혹은 1년 이상 된 가지의 정단부에 정아로 달리거나 엽액에 생긴다.

(1) 피자식물

① 전년도에 원기가 형성되어 있다가 월동 후 봄에 개화한다.

② 단지가 정아지보다 원기 형성이 빠르다.

③ 1가화의 경우 수꽃의 원기 형성과 꽃의 발달이 암꽃보다 빠르다.

▶ 화관목의 개화기와 화아 분화기

수종	개화기	화아원기 형성기	수종	개화기	화아원기 형성기
개나리	4월	9월 하순	백목련	4월	5월 하순
금목서	9~10월	8월 초순	복사나무	4월 중 · 하순	8월 초순
단풍철쭉	5월	8월 초순	산수유	3월 중순~4월 초순	6월 중순
동백나무	3~4월	6월 중순~7월 중순	싸리	8월 중순~9월 하순	7월 초순~8월 초순
등	5월	6월	천리향	3~4월	7월 초순
만병초	5월	6월 중순	수국	6~7월	10월 중순
매화나무	2~3월	8월 중순	라일락	4월 중순~5월 하순	7월 중순
명자꽃	4월	9월 초순	왕벚나무	4월 초 · 중순	7월 하순
모란	4월 하순~5월 하순	7월 하순	조팝나무	4월 중순~5월 초순	10월 초순
무궁화	7월 중순~9월 초순	5월 하순	찔레꽃	5월 중 · 하순	4월 초 · 중순
배롱나무	8월~9월 중순	6월 중순	치자나무	6월	7월 하순

(2) 나자식물

① 화아의 원기가 전년도에 형성된다.

② 수꽃이 암꽃보다 먼저 형성된다.

③ 암꽃의 정단조직은 수꽃보다 훨씬 더 크고 넓으며 둥근 형태이다.

▶ 1가화 목본식물 암꽃과 수꽃의 화아원기 형성시기 비교

과	속	화아원기 형성시기	
		수꽃	암꽃
소나뭇과	소나무속	6월 말~7월 초	8월 말
	솔송나무속	6월	7월
	가문비나무속	7월 말~8월	8월
	미송속	7월	7월
측백나뭇과	편백나무속	6월 중순~7월 초	6월 말~7월 중순
	측백나무속	6월 초	7월
낙우송과	삼나무속	6월 말~9월 말	7월 중순~9월 중순
참나뭇과	참나무속	5월 말	7월 말

2) 개화

① 암꽃은 수관의 상단에 달리는데, 충실한 종자를 생산하기 위해서다. 수분이 안 되면 탈락한다.

② 수꽃은 수관 아래쪽 활력이 약한 가지에 달린다(수꽃의 숫자만큼 엽량이 줄어든다). 화분 비산 후 탈락한다.

➤ **개화시기와 수종**

개화시기	수종
3월	오리나무, 개암나무, 포플러, 잎갈나무
5월 초	소나무
5월 중순	잣나무

3) 화분생산

① 충매화는 화분생산량이 적다.

예 과수류, 피나무, 단풍나무, 버드나무류

② 풍매화는 화분생산량이 많다.

예 호두나무, 자작나무, 포플러, 참나무류, 침엽수류

4) 화분비산

① 온도가 높고 건조한 낮에 집중적으로 이루어진다.

② 야간에도 습도가 낮아지면 화분비산이 이루어진다.

③ 비가 오거나 온도가 낮으면 비산이 적다.

④ 화분 입자가 작을수록 멀리 비산한다.

⑤ 화분 비산 기간은 총 10일 전후이다.

⑥ 타가수분을 유도한다.

5) 수분

(1) 피자식물

① 수분이란 화분이 수술에서 암술머리로 이동하는 현상을 말한다(주두가 감수성을 나타내야 수분).

② 화분이 비산할 때 주두가 감수성이 높은 상태를 동시성이 있다고 한다.

③ 주두에 화합성을 가진 화분이 도착하면 화분은 곧 발아하여 화분관을 형성한다.

(2) 나자식물

① 감수성을 보이면 노출된 배주 입구의 주두에서 수분액을 분비한다.

② 화분이 부착되면 주공 안으로 수분액과 함께 들어간다.

예 잎갈나무 : 1일, 미송 : 4일, 전나무 · 솔송나무 · 소나무류 : 2주가량

(3) 최소수분량

① 피자식물 : 과실의 성숙을 위해서는 많은 화분이 필요

② 나자식물 : 조기낙과를 방지할 수 있는 최소한의 화분수는 각 배주당 최소한 2~3개 이상

6) 수정

(1) 피자식물

① 피자식물에서 화분관이 자라 내려가는 속도는 무척 빠르다.

② 사과는 1일, 배나무는 5℃에 12일, 15℃에 2일 걸린다. 감수기간은 11일로 수정이 안 된다.

③ 수분 및 수정 기간 : 개암나무 3~4개월, 상수리나무 13개월

✎ 피자식물의 특징

중복수정, 즉 배(정핵+난자)를 형성하는 수정과 배유(정핵+2개 극핵)를 형성하는 수정 2가지 수정이 일어난다.

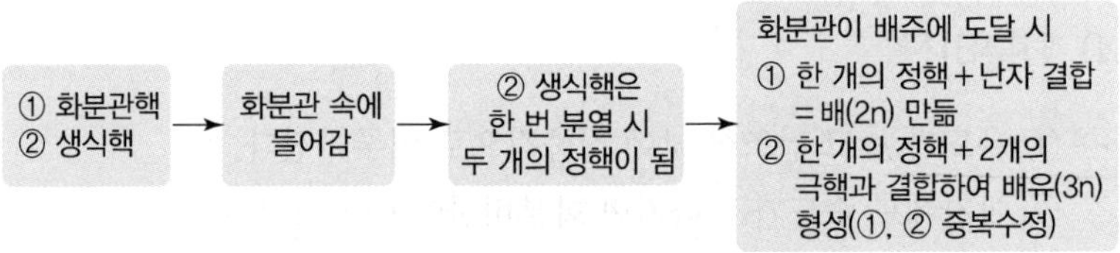

▌피자식물의 수정과정▌

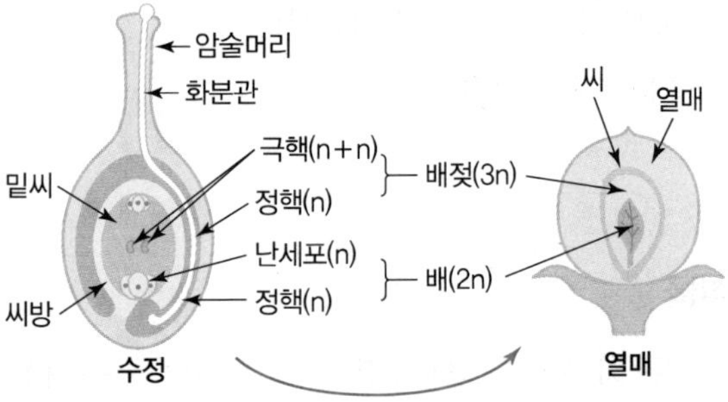

▌피자식물의 구조▌

핵심문제

수목의 유성생식에 관한 설명으로 옳은 것은? [22년 7회]

① 소나무와 전나무의 종자 성숙 시기는 같다.
② 수정 후에는 항상 배유보다 배가 먼저 발달한다.
③ 호두나무는 단풍나무에 비해 화분의 생산량이 적다.
④ 화아원기 형성부터 종자 성숙까지는 최대 2년이 소요된다.
❺ 나자식물에서는 단일수정과 부계세포질 유전이 이루어진다.

(2) 나자식물

① 피자식물과 다른 특징

㉠ 개화 상태에서 암꽃의 배주는 난모세포를 형성하는 단계이며,

아직 난자를 형성하지 않음

㉡ 수정과정에서 단일수정

㉢ 수정과정에서 난세포의 소기관이 소멸되어 웅성배우체의 세포질 유전이 일어남(부계만 유전)

② 자성배우체는 수정되지 않고 양분저장조직의 역할

㉠ 큰 정핵(n)+난자(n)(장란기 안에 존재)=2n

㉡ 자성배우체(피자식물로 치면 극핵에 해당)는 수정되지 않아 단일수정이라고 부름(1n)

③ 부계 세포질 유전

㉠ 수정되면 난세포 내의 소기관이 소멸, 웅성배우체의 색소체와 미토콘드리아 등이 분열하여 대체(신세포질이라고 부른다)

예 소나무속, 잎갈나무속, 미송 등에서 관찰

㉡ 삼나무 : 색소체 돌연변이에 의한 엽색변이

㉢ 잎갈나무 : 엽록체 DNA 부계유전

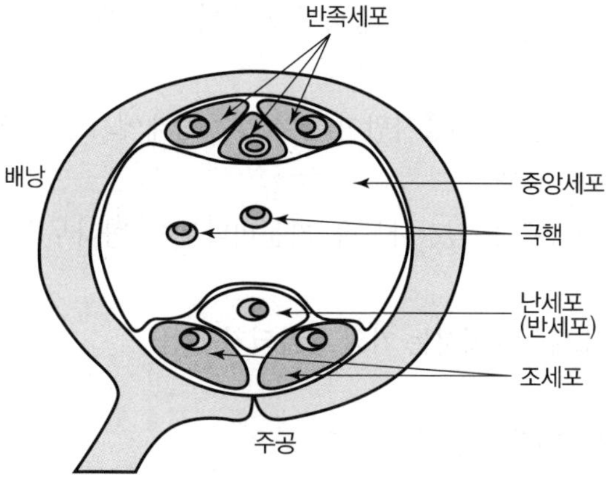

▌배낭의 구조▐

7) 배의 발달

수분이 이루어진 후 화분관이 발아하면 자방(피자식물) 혹은 배주(나자식물)는 생존이 가능하다. 배유가 먼저 발달하기 시작하고 배가 자라면서 양분을 공급받는다.

(1) 나자식물

① 전배단계 : 배가 핵 분열하여 다핵 상태로 되는 단계(세포벽을 형성하지 않음)

② 초기배 : 한 층의 배가 길게 자라면서 배병이 되고 끝에 있는 배세

핵심문제

진정쌍떡잎식물의 성숙한 자성배우체(암배우체)에 있는 핵의 개수는?

[25년 11회]

① 5　② 6
③ 7　❹ 8
⑤ 9

✎ 나자식물과 피자식물의 차이

- 나자식물은 초기에 접합자가 분열하여 세포벽이 없고(다핵 상태), 피자식물은 세포벽이 있다.
- 나자식물의 배병은 피자식물보다 길다.
- 나자식물은 분열다배현상이 나타난다(나자식물만의 특징).

포층이 분열하여 4개의 배가 발달하는 단계(다배현상 초래)

③ 후기배 : 배가 더 발달하여 줄기－뿌리의 축을 형성하며 자엽을 만드는 단계

(2) 다배현상

✎ 다배현상은 소나뭇과에서 흔히 볼 수 있다.

① 원인 : 접합자가 분열하거나 반족세포나 조세포가 배로 바뀐 경우, 혹은 배낭 바깥조직이 배로 변하는 부정배

✎ 부정배
접합자(난핵＋정핵) 이외의 체세포배의 조직에서 유래한 배 조직이다.

② 단순다배현상 : 배주 안의 2개 이상의 장란기 난자가 분열하여 여러 개의 배로 발달

③ 분열다배현상 : 수정된 한 개의 접합자가 분열하여 여러 개의 배로 발달

✎ 결국 한 개의 배가 끝까지 자라 단일배가 되기 때문에 종자 하나에는 대개 한 개의 배가 들어 있다.

(3) 단위결과

① 종자 없이 열매가 성숙하는 경우

② 피자식물 : 과수류, 단풍나무, 느릅나무, 물푸레나무, 자작나무, 백합나무 등

③ 나자식물 : 비립종자만이 들어 있는 상태에서 솔방울이 완전히 성숙하는 경우

㉠ 전나무속, 잎갈나무속, 가문비나무속, 향나무속, 주목속, 측백나무속

㉡ 소나무속에서는 거의 관찰되지 않음

8) 종자와 열매의 성숙

구분	내용
화이트 오크 (White Oak)	개화 당년에 종자가 성숙(신갈, 갈참, 졸참나무)
블랙 오크 (Black Oak)	2년에 걸쳐 종자가 성숙(상수리나무, 굴참나무)
소나무속	2년에 걸쳐 종자가 성숙(소나무류, 잣나무류)
소나뭇과 그 밖의 속	당년에 성숙(전나무류, 가문비나무류, 낙엽송류 등)

9) 유성생식 소요기간에 따른 분류

꽃이 여름에 피는 수종은 대개 당년에 모든 생식생장을 마무리하여 1년형이며, 봄에 일찍 혹은 가을에 피는 수목은 대개 2년형 혹은 3년형이다.

▶ 수종별 화아원기 형성시기부터 종자 성숙 소요기간의 비교

소요기간	수종	화아 형성시기	개화시기	개화~수정 소요기간	개화~종자 성숙기간
1년형	장미	5월	6월	–	3개월
	배롱나무	6월	7월	–	3개월
	무궁화	5월 하순	7월 초순	1~2일	3개월
2년형	회양목	–	3월	–	3개월
	배나무	6월 중~하순	4월	5주	5개월
	갈참나무, 신갈나무	–	4월	5주	5개월
	보리장나무, 비파나무, 상동나무, 팔손이	8~9월	10~11월	–	6~7개월
	까마귀쪽나무	8~9월	10월		12개월
	가문비나무	7월 말~8월	5월	3~5일	5개월
	개잎갈나무	–	10월	–	12개월
	연필향나무, 서양향나무	–	4월	–	5개월
3년형	소나무류	수꽃 7월, 암꽃 8월	5월	13개월	17개월
	상수리나무, 굴참나무	수꽃 6월, 암꽃 7월	5월	13개월	17개월
4년형	두송	–	4월	–	17개월 또는 29개월

5. 개화생리

1) 주기성

불규칙 결실을 나타내며, 원인은 다음과 같다.

① 화아의 원기가 제대로 형성되지 않는다(탄수화물의 부족).

② 식물호르몬과 관계가 있다(지베렐린을 생산하여 화아원기 형성 억제).

✎ 수목의 개화생리 연구의 문제점
- 유형기가 길다.
- 크기가 크다.
- 유성생식기간이 길고 환경에 영향을 많이 받는다.
- 대부분 광주기 반응이 없다.
- 순계 육성이 어렵다(대부분 타가수분).

2) 유전적 개화능력

개화에 영향을 끼치는 가장 중요한 요인은 유전적 개화능력이다.

3) 성 결정

① 활력지 : 암꽃, 수관상부

② 쇠약지 : 수꽃, 수관하부

③ 무기영양이 충분할 경우 암꽃, 결핍될 경우 수꽃이 된다.

④ 식물호르몬인 옥신(Auxin)의 함량이 높으면 암꽃이다.

- 여복송 : 가지 위쪽 잎이 달리는 곳에 암꽃이 대량으로 달리는 것
- 남복송 : 수꽃이 달리는 1년생 가지 밑쪽에서 많은 수꽃이 암꽃으로 성전환한 것

4) 영양 상태

① 영양 상태가 양호한 환경에서 수목이 자라거나 영양 상태를 양호하게 유도하면 개화가 촉진된다(특히 암꽃 생산을 촉진).

② 질소비료가 효과적이며 인산, 칼륨은 단독으로는 효과가 없지만 질소비료와 함께 쓰면 효과가 있다.

③ 소나무류의 가장 확실한 개화 촉진방법은 간벌이다.

핵심문제

수목의 개화생리에 관한 설명으로 옳지 않은 것은? [21년 6회]

① 진달래는 단일조건에서 화아분화가 촉진된다.
② 무궁화는 장일처리를 하면 지속적으로 꽃이 핀다.
③ 결실 풍년에는 탄수화물이 고갈되어 화아 발달이 억제된다.
④ 소나무에서 암꽃은 질소 관련 영양 상태가 양호할 때 촉진된다.
❺ 소나무에서 암꽃 분화는 높은 지베렐린 함량에 의해 촉진된다.

5) 기후

① 기후는 수목의 개화에 절대적인 영향을 미친다.

② 여러 기후 인자 중 개화에 영향에 크게 끼치는 것은 태양복사량과 강우량이다.

③ 태양복사량이 많고, 봄부터 이른 여름까지 강우량이 풍부하며, 한여름에 온도가 높고 강우량이 적을 때가 이상적 환경이다.

6) 광주기

① 수목은 대부분 광주기에 반응이 없다.

② 예외 수종으로는 테다소나무, 무궁화(장일성 식물), 진달래(단일성 식물), 측백나무(장일처리에 지베렐린을 처리할 경우 개화 촉진)가 있다.

7) 식물호르몬

(1) 옥신(Auxin)

활력을 주고, 성 결정에서 중요한 역할을 한다. 개화 시 낮은 농도를 유지하여 영양생장에서 생식생장으로 전환시켜 준다.

항옥신제

크로르메쿼트, Alar, TIBA는 영양생장을 정지시키고, 피자식물에서 개화를 촉진시킨다.

(2) 지베렐린

나자식물 개화에 긍정적 역할(GA_4와 GA_7)을 한다.

① 2년생 초본식물에서 춘화처리나, 장일성 식물의 장일처리를 대신하는 기능이 있다.
② 단일식물에서는 개화 촉진 효과가 나타나지 않는다.

(3) 사이토키닌

목부조직을 통해 잎으로 운반되어 개화를 촉진한다.

예 사과나무와 광귤

8) 스트레스

① 탄수화물과 아미노산 간의 영양학적 균형을 교란하여 식물호르몬의 균형을 깨뜨리고 생식생장을 유도한다.
② 스트레스 요인으로 수분 스트레스, 한발, 덥고 건조한 여름, 접목, 가지치기, 단근, 이식, 제엽, 뿌리 손상, 저온에 의한 피해, 박피, 간벌 등이 있다.

무궁화의 개화 촉진

- 무궁화는 일장변화로 개화를 촉진할 수 있다.
- 11월 한 달간 춘화처리(낮은 온도에 노출)를 한 다음 12월에 온도를 높이고, 일장을 길게 하면 70일 후 개화한다.

CHAPTER 13

종자생리

1. 종자의 구조

종자는 배주(밑씨)가 수정된 후 성숙하여 만들어진 것으로 배, 저장물질, 종피로 구성된다.

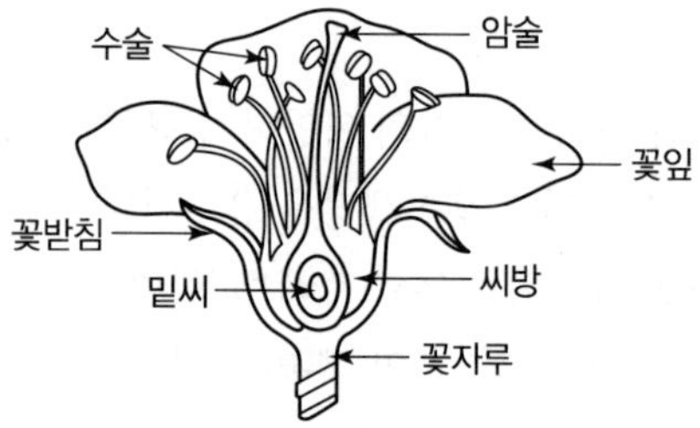

▮꽃의 부위별 명칭▮

1) 배

① 물의 축소형

② 1개 이상의 자엽, 유아, 하배축, 유근으로 구성

③ 단자엽식물(대나무류, 야자나무류), 쌍자엽식물(단풍나무 등), 나자식물(2～18개)

2) 저장물질

① 자엽이 저장물질을 가진 경우 배유가 없다.

예 무배유종자 : 너도밤나무, 아까시나무

② 배의 주변 조직에 저장물질

㉠ 피자식물은 배유에 저장 : 중복수정, 3n

㉡ 나자식물은 자성배우체에 저장 : 단일수정, 1n

- 참나무류는 탄수화물 비율이 높고, 소나무류는 지방의 비율이 높다.
- 잣나무 종자에는 64.2%의 지방이 들어 있다.
- 개암나무 종자에도 65%의 지방이 들어 있다.

• 그 밖에 종자 내에는 아미노산, 무기염, 인산화합물, 핵산, 유기산, 식물호르몬 등이 포함된다.

3) 종피

① 외종피, 내종피로 구성되어 있다.
② 건조, 물리적 피해, 미생물, 곤충의 피해를 막아 주는 보호벽 역할을 한다.

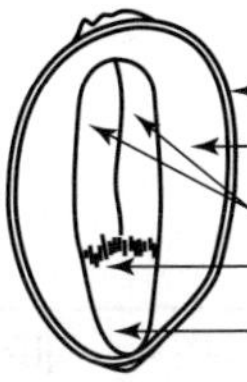

▌종자의 구조▐

2. 종자휴면

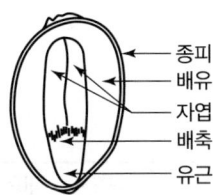

성숙한 종자가 발아하기에 적합한 환경에서도 발아하지 못하는 상태이다.

1) 휴면의 원인

(1) 배휴면

① 미성숙 배 상태에 있기 때문에 발아가 안 된다.
② 후숙으로 발아할 수 있다.
예 물푸레나무, 덜꿩나무, 은행나무 등

(2) 종피휴면

종피가 발아에 필요한 가스교환이 억제되어 종피가 휴면하는 경우(콩과식물)와 수분 흡수 억제로 종피가 휴면하는 경우(잣나무)가 있다.

(3) 생리적 휴면

① 배 혹은 배 주변 조직이 생장억제제를 분비하여 발아를 억제한다.
예 생장억제제인 아브시스산(Abscisic Acid)은 배, 배유, 주심, 외종피 혹은 과피에서 생산된다(단풍나무, 물푸레나무, 소나무류, 사과나무 등).

핵심문제

수목의 호르몬에 관한 설명으로 옳은 것은? [23년 9회]
① 옥신은 줄기에서 곁가지 발생을 촉진한다.
② 뿌리가 침수되면 에틸렌 생산이 억제된다.
③ 아브시스산은 겨울눈의 휴면타파를 유도한다.
④ 일장이 짧아지면 브라시노스테로이드가 잎에 형성되어 낙엽을 유도한다.
❺ 암 상태에서 발아한 유식물에 시토키닌을 처리하면 엽록체가 발달한다.

② 생장촉진제인 지베렐린(Gibberellin)이 부족하다.
예 개암나무 등

(4) 중복휴면

① 두 개 이상의 원인이 중복되어 나타나는 휴면으로 실제 자연 상태에서 많이 나타난다.
예 향나무, 주목, 피나무, 층층나무, 소나무류, 개암나무, 보리수나무 등
② 유럽물푸레나무의 경우 세 가지 원인(배휴면, 종피휴면, 생리적 휴면)을 모두 가진다.

2) 휴면타파

구분	내용
후숙	• 종자의 배휴면, 종피휴면의 정도가 가벼울 경우 종자를 건조한 상태로 보관하면 휴면이 제거된다. • 미성숙배가 더 성숙하도록 유도하거나, 종피의 장력을 바꾸거나, 가스에 투과성을 증가시킨다.
저온처리(춘화처리)	• 종자를 젖은 상태로 겨울철 땅속의 낮은 온도에서 보관하는 것이 노천매장이다(저온처리, 층적). • 배휴면, 종피휴면, 생리적 휴면을 동시에 제거한다. • 저온처리방법은 젖은 종자를 보통 1~5℃에서 공기유통이 되도록 1~6개월간 저장한다.
열탕처리	• 콩과식물의 씨앗을 뜨거운 물(75~100℃)에 잠깐 담근다. • 종피가 부드러워져 공기 유통이 원활해진다.
약품처리	배휴면이 경미할 경우 1% 과산화수소(H_2O_2)에 48시간 처리한다.
상처유도법	• 종피휴면하는 아까시나무, 피나무 종자를 진한 황산으로 처리한다(15~60분). • 상처유도법 : 종피를 깨거나 종피 표면을 마모시키는 기계적 상처 방법이 적용된다.
추파법	• 그대로 가을에 파종하는 방법이다. • 기피제를 도포한다(새, 설치류).

3. 종자의 발아

종자발아는 종자 내의 배가 생장을 재개하여 종피를 뚫고 나와 어린 식물로 자라는 과정이다. 발아는 배의 유근이 먼저 자라 수분과 무기영양소를 흡수한다. 이어 자엽 혹은 유엽이 밖으로 자라 광합성 기관을 형성한다. 또한 필요한 에너지는 종자 내 저장조직에서 공급받는다.

1) 발아방식

(1) 지상자엽형

① 하배축이 자라 자엽이 지상 밖으로 나오는 방식으로, 자엽이 지상에서 펴지면 곧 유아가 자라서 본엽을 형성한다.

② 단풍나무, 물푸레나무, 아까시나무, 대부분의 나자식물이 해당한다.

(2) 지하자엽형

① 자엽은 지하에 남고 상배축이 자라 본엽을 형성한다.

② 큰 대립종자류 참나무류, 밤나무, 호두나무, 개암나무류 등이 있다.

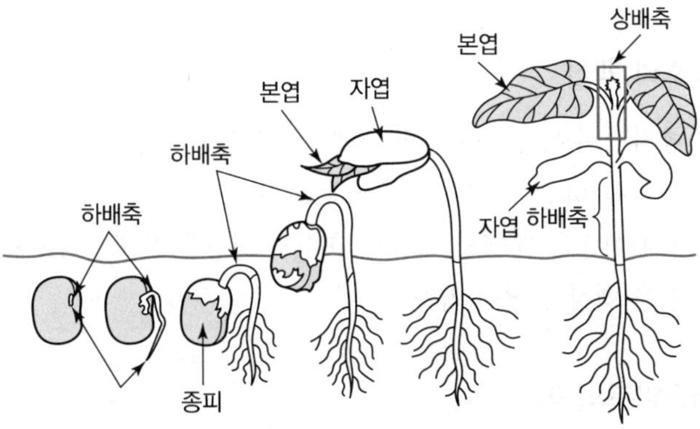

▌지상자엽형 발아방식▐

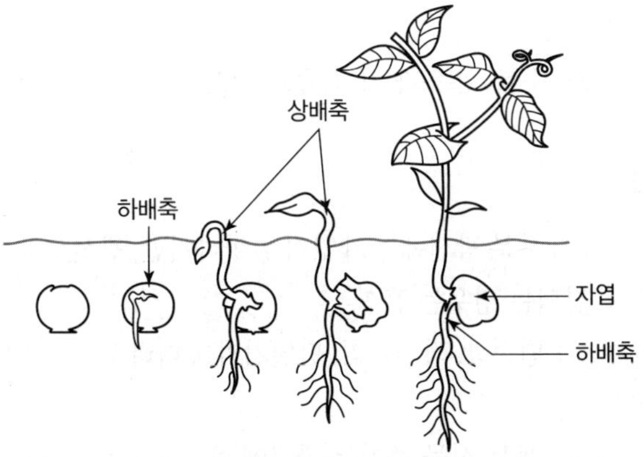

▌지하자엽형 발아방식▐

2) 발아생리 순서

수분 흡수 → 식물호르몬 생산 → 효소 생산 → 저장물질의 분해와 이동 → 세포분열과 확장 → 기관분화

(1) 수분 흡수

① 종자발아의 첫 단계로 종피가 부드러워지고 배가 늘어나 종피가 파열된다.

② 건조한 종자 내 원형질에 수화작용이 일어나면서 여러 가지 소기관이 수분을 흡수한다.

(2) 호흡

① 종자가 수분을 흡수하면 수분량에 비례하여 산소 호흡량이 증가한다.

② 호흡을 통해 전분, 당류, 지방산을 분해하고, ATP를 생산한다.

> 폰데로사소나무는 18일간의 발아기간 동안 아데노신 포스페이트의 양이 20배 증가한다.

(3) 효소와 핵산

① 종자가 수분을 흡수하면 지베렐린 생산 → 효소생산 촉진(전분 함유－Amylase, 지방 함유－Lipase)

② 지베렐린은 배에서 핵산과 효소의 생산을 유도한다(↔ 아브시스산은 핵상 합성을 억제).

핵심문제

종자의 휴면과 발아에 관한 설명으로 옳지 않은 것은? [22년 7회]

① 종자의 크기는 발아속도에 영향을 준다.
② 휴면타파에는 저온처리, 발아율 향상에는 고온처리가 효율적이다.
③ 건조한 종자는 호흡이 거의 없지만, 수분흡수 후에는 호흡이 증가한다.
❹ 종자가 수분을 흡수하면 지베렐린 생합성은 증가되지만 핵산 합성은 억제된다.
⑤ 발아는 수분 흡수 → 식물호르몬 생산 → 세포분열과 확장 → 기관 분화과정을 거친다.

(4) 저장양분의 이용

축적해 놓은 에너지원인 탄수화물, 지질, 단백질을 분해하여 이용한다.

3) 환경요인

광선, 산소, 수분, 온도가 가장 중요하다.

(1) 광선

① 광도 : 대부분 광선에 관계없이 발아하지만, 광선으로 종자의 발아가 촉진되는 경우는 흔함

② 광주기 : 연속광, 장일처리, 단일처리에 따라 발아 차이가 발생

③ 파장

㉠ 초본, 목본 식물 중에는 파장에 예민한 것이 있음

㉡ 목본식물로 자작나무류, 오리나무류, 물푸레나무, 느릅나무류, 전나무류, 가문비나무류, 소나무류가 있음

㉢ 파장에 반응하는 이유 : 피토크롬(Phytochrome)이 660nm의 적색광을 흡수하면 Pfr(활성, 들뜬 상태)이 되고, 730nm의 원적색광을 흡수하면 Pr(비활성, 안정 상태)이 됨

(2) 산소

산소는 호흡작용에서 전자를 받아들이는 전자수용체 역할을 한다.

(3) 수분

발아의 기본 조건이다.

(4) 온도

① 종자의 휴면타파에 저온처리가 필요하다.
② 이후 온도가 적절히 높아야 발아가 촉진된다.
③ 임계온도 : 최저온도와 최고온도 사이

4) 숲에서 발아환경

(1) 산불

① 천연적으로 종자의 발아를 촉진하는 방법이다.
② 산불 이후 광량 증가, 낙엽층 제거, 광물질 토양의 노출, 무기염 증가, 병균의 제거, 타감물질 제거 등의 환경이 된다.

(2) 물리적 발아 촉진

① 주야간의 온도차는 종피의 물리적 장벽을 순화한다.
② 야생동물의 소화기관은 장거리 전파와 종피를 부드럽게 한다.
③ 토양미생물은 종피를 부드럽게 한다.
④ 집중호우는 종피에 상처를 입히고, 종자를 습기가 많은 지역으로 이동시켜서 발아를 촉진한다.

(3) 타감작용(Allelopathy)

① 가장 흔한 타감물질은 페놀화합물과 타닌이다.
② 가장 먼저 알려진 타감물질은 페놀의 일종인 주글론(Juglone)이다.
예 호두나무의 뿌리와 껍질에 있는 화학물질
㉠ 소나무 : 타닌, ρ–쿠마르산
㉡ 마가목류 : 피라소르브산
㉢ 참나무 : 살리실산

산림천이가 진전될수록 타감물질이 토양에 축적되는 경향이 있다.

(4) 임상의 광질 효과

대부분의 적색광, 청색광을 차단하여 발아를 억제한다.

4. 종자의 수명과 저장

① 일반적으로 종피가 얇고, 저장물질이 적거나 수분 함량이 많은 전분질 종자는 수명이 짧다. 종피에 지방질을 함유한 콩과식물의 종자는 수명이 긴 편이다.
② 천연 상태에서 수명은 종자의 활력과 밀접한 관계가 있다(원형질막이 제구실을 하고 있어 세포내용물이 밖으로 누출되는 것을 막기 때문).

➤ 종자의 수명

종자의 수명기간	수종
일주일	은단풍나무, 버드나무, 포플러류
수개월	느릅나무류, 참나무류, 자작나무류, 주목류
1~2년	소나무
수년	리기다소나무, 방크스소나무
10년 이상	자귀나무

5. 종자시험

종자의 활력과 품질을 조사하기 위한 시험이다. 종자의 순도, 잡초의 유무, 수분 함량, 중량 등을 조사하고 발아능력과 종자의 활력을 검사한다.

1) 발아시험

① 국제종자시험연합회(ISTA)에서 권장하는 방법이다.
② 주간에 30℃에서 8시간, 야간에 20℃에서 16시간 발아 → 전 수목의 70%가량 적용
③ 주간의 광도는 750~1,500lx가량, 발아기간은 보통 30일이다.

▶ **국제종자시험연합회(ISTA) 표준발아시험조건과 변형된 조건**

구분	표준조건 (종자휴면이 없는 경우)		변형조건 (종자휴면이 있는 경우)	
발아 전처리	없음		• 콩과 식물 : 상처유도 • 3℃에서 30~60일간 저온처리 • 저온처리 후 상온처리(13~24℃ 에서 최고 7개월 이내)	
온도	30℃	20℃	24℃	10℃
광도	750~1,500lx			
일장	8시간	16시간		
발아기간	30일		60일	

2) 종자활력시험

종자발아시험은 확실한 발아능력을 검증하나 시간이 많이 걸린다. 종자활력시험에는 종자의 생존 여부를 조사하는 테트라졸리움 시험과 배추출 시험이 있다.

(1) 테트라졸리움 시험

종자 내 산화효소의 생존 여부를 여러 시약의 발색반응으로 검사하는 시험이다. 테트라졸리움이 산화효소에 의해 붉게 변색되면 종자의 활력성이 있다고 본다.

① 물에 침적 : 18~20시간
② 종피에 상처 유도 : 칼로 주공 쪽을 약간 잘라내기
③ 1% 테트라졸리움 용액에서 종자 침적 : pH 6.5~7.0, 30℃, 48시간
④ 종자가 핑크색으로 염색된 정도를 검사한다.

✎ 단점
어떤 종자는 염색이 잘 안 되며, 염색 정도를 해석하는 데 어려움이 있고, 비정상발아를 찾아낼 수 없다.

(2) 배추출 시험

① 종자에서 배를 추출하여 배양하면서 변화를 관찰하는 시험이다.
② 추출배 → 여과지 위 → 광선하에서 18~20℃, 14일간 배양 → 산 것과 죽은 것 선별
③ 소나무속 몇 종에서 권장되며, 단풍나무, 물푸레나무, 사과나무에서 인정된다.

(3) 기타 방법

① X선 사진법 : 충실종자, 비립종자, 손상종자 감별에 이용되며, 염화바륨($BaCl_2$)용액을 사용한다.

② 죽은 종자에 침투하여 살아 있는 종자와 잘 구별된다.

③ 인디고카민(Indigo Carmin), 셀레늄(Selenium), 텔루륨(Tellurium)을 이용한 염색법은 신빙성이 낮다.

CHAPTER 14

식물호르몬

1. 정의

① 식물의 생장, 분화 및 생리적 현상에 영향을 끼치는 물질이다.

② 유기물로서 한곳에서 생산되어 다른 곳으로 이동하여 이동된 곳에서 생리적 반응을 나타내며(식물호르몬에서 적용되지 않는 경우 존재) 아주 낮은 농도에서 작용하는 화합물(단위)을 말한다.

2. 역할

① 식물이 효율적으로 생장하기 위해 내적 및 외적 사항을 유기적으로 연결하는 수단이다.

② 식물 각 부위 간 내적 연락체계를 확립하고 있어야 한다.

③ 외부 자극을 감지할 수 있는 체계가 있어야 한다.

3. 작용

① 호르몬에 민감한 세포 내 원형질막, 액포막, 세포액, 핵에서 단계별로 진행된다.

② 호르몬은 수용단백질+호르몬과 결합하여 신호를 감지하게 된다.

③ 분자의 공간배열이 변하여 활성화되면서 신호를 전달 · 증폭한다.

④ 증폭된 물질은 DNA를 자극해 효소를 생산한다.

⑤ 효소는 특수한 화학반응을 주도하여 새로운 물질을 합성한다.

4. 종류

1) 생장촉진제

① 옥신(Auxin) : 굴광성을 가짐
② 지베렐린(Gibberellin) : 벼의 키다리병 유발
③ 시토키닌(Cytokinin) : 담배의 조직배양에서 발견

> 굴광성
> 식물이 햇빛을 따라가는 성질

2) 생장억제제

① 아브시스산(Abscisic Acid) : 수목의 휴면, 잎의 낙엽현상 유도
② 에틸렌(Ethylene) : 과일의 성숙 촉진

3) 그 밖에 식물호르몬

브라시노스테로이드(Brassinosteroid), 폴리아민(Polyamine), 살리실산(Salicylic Acid), 스트리고락톤(Strigolactone), 재스몬산(Jasmonic Acid) 등이 있다.

핵심문제

수목의 직경생장에 관한 설명 중 ㄱ~ㄷ에 해당하는 것을 순서대로 나열한 것은? [22년 7회]

> 형성층 세포는 분열할 때 접선 방향으로 새로운 세포벽을 만드는 (ㄱ)에 의하여 목부와 사부를 만든다. 생리적으로 체내 식물호르몬 중 (ㄴ)의 함량이 높고 (ㄷ)이 낮은 조건에서는 목부를 우선 생산하는 것으로 알려져 있다.

❶ 병층분열, 옥신, 지베렐린
② 병층분열, 지베렐린, 옥신
③ 수층분열, 옥신, 지베렐린
④ 수층분열, 지베렐린, 옥신
⑤ 수층분열, 지베렐린, 에틸렌

5. 옥신

1926년 웬트가 귀리의 자엽초가 주광성을 나타내는 현상을 연구하다 발견하였다.

1) 종류

옥신은 귀리의 자엽초나 완두콩의 상배축을 늘어나게 할 수 있는 화합물이다.

① 천연옥신 : IAA(가장 먼저 발견), 4-chloro IAA, PAA, IBA
② 합성옥신 : IAN, NAA, 2, 4-D, 2, 4, 5-T, MCPA

2) 생합성

① IAA의 생합성은 어린 조직에서 주로 일어나는데, 줄기 끝의 분열조직, 자라고 있는 잎과 열매에서 생산된다.
② IAA의 농도를 낮추고자 할 때 다른 화합물과 결합시켜 불활성의 결합옥신을 생성한다. 아스파르트산(Aspartic Acid), 이노시톨(Inositol) 또는 포도당(Glucose)과 결합시켜 IAA-glucose 같은 결합옥신을 합성한다.

③ 산화효소인 IAA Oxidase가 IAA를 산화하여 제거한다.

3) 운반

(1) 옥신의 이동

① 옥신의 운반은 유세포를 통해 이루어지며, 대단히 느리다(1시간 0.5~2cm).

② 옥신의 운반은 극성을 띤다.

- 구기적 운반 : 줄기에서 밑동 쪽으로 운반
- 구정적 운반 : 뿌리에서 뿌리 끝 쪽으로 운반

③ 옥신의 운반은 에너지를 소모한다.

- 수용성 단백질에 의해 이동한다.
- 화학침투설이 유력하다.

(2) 항옥신제

TIBA(2, 3, 5－Triiodobenzoic Acid), NPA(α－Naphthyl Phthalamic Acid) 등이 있다.

(3) 퀘르세틴과 캠페롤

플라보노이드의 일종인 퀘르세틴(Quercetin)과 캠페롤(Kaemferol)이 옥신운반체에 영향을 끼쳐 옥신이 아래 방향으로 이동하여 형성층의 활동을 개시하는 것을 조절한다.

4) 생리적 효과

가장 중요한 것은 세포의 크기를 늘리는 세포신장이다. 그 외에 세포분열, 유관속조직 분화, 뿌리생장, 정아우세, 굴광성, 굴지성 등이 있다.

(1) 뿌리의 생장

① 극히 낮은 농도(10^{-7}~10^{-13}M)의 옥신을 처리하면 뿌리의 신장이 촉진된다.

② 줄기에서 생산된 옥신은 뿌리로 운반되어 뿌리의 원기 형성을 촉진한다.

③ 측근 형성을 억제한다.

④ 줄기에서 부정근의 발달을 촉진한다.

⑤ 줄기 삽목으로 번식할 때 옥신을 이용한다(NAA, IBA).

핵심문제

옥신의 합성과 이동에 관한 설명으로 옳지 않은 것은? [21년 6회]

① IAA와 IBA는 천연 옥신이다.
② 트립토판은 IAA 합성의 전구물질이다.
❸ 뿌리쪽 방향으로의 극성이동에 에너지가 소모되지 않는다.
④ 옥신 이동은 유관속 조직에 인접해 있는 유세포를 통해 일어난다.
⑤ 상처난 관다발 조직의 재생에서, 옥신의 공급부는 절단된 관다발의 위쪽 끝이다.

(2) 정아우세

① 측아나 액아의 생장을 억제한다.
② 수목의 수고생장을 촉진한다.
③ 측지가 옆으로 자라게 함으로써 서로 그늘을 적게 하여 광합성을 촉진한다.

(3) 제초제 효과

① 높은 농도 처리 시 식물의 대사작용을 혼란시킨다.
② 합성옥신 중 2, 4-D, 2, 4, 5-T, MCPA, 피클로람(Picloram) 등이 제초제로 사용된다.
③ 단자엽식물에는 피해가 없고, 잎이 넓은 쌍자엽식물을 죽인다.

6. 지베렐린

1930년대 일본에서 벼의 키다리병 곰팡이 지베렐라 푸지쿠로이(Gibberella Fujikuroi)에서 추출되었다. 지베렐린은 줄기생장 촉진, 종자발아, 잎 크기 확대, 화분 성숙, 개화, 열매 발달 등에 영향을 준다.

1) 종류

① 지벤(Gibbane)의 구조를 가진 디테르펜(Diterpene)의 일종인 화합물을 총칭한다.
② 모든 지베렐린은 산성으로 Gibberellic Acid(GA)로 표시하며, 모두 체내에서 활성을 띠는 것은 아니다.
③ 피자식물, 나자식물, 고사리류, 이끼류, 녹조류, 곰팡이에 존재한다(박테리아도 추출).

2) 생합성과 운반

① GA는 미성숙 종자에 높은 농도로 존재한다(종자, 열매, 어린잎, 뿌리 끝에서 생산).
② 목부와 사부로 이동한다(위, 아래로).
③ 어린잎에서 주로 생산된다.
④ 외부 처리 시 GA는 뿌리생장에 영향이 없다.
⑤ 뿌리의 GA는 목부조직을 통해 줄기로 이동한다.

3) 생리적 효과

막의 인지질 합성, RNA와 단백질 합성, 세포벽 합성과 이완, 저장물질의 가수분해, 세포신장, 분열, 분화, 굴지성, 줄기신장, 잎 확대, 화아원기 형성, 종자 발아 등에 관여한다.

(1) 줄기의 신장생장

① 대부분의 쌍자엽식물과 일부 단자엽식물에서 효과가 있다.
② 옥신은 베어낸 자엽초나 줄기의 신장생장을 촉진한다.
③ GA는 원형 그대로의 식물체에서 세포신장과 세포분열을 촉진한다(옥신과 함께 사용하면 상승효과).

✎ 소나뭇과에서는 GA_3은 신장생장이 촉진되지 않지만, GA_4와 GA_7로 처리하면 반응을 보인다.

(2) 개화 및 결실

① 장일성 초본류는 단일조건에서 GA 처리로 개화하는 경우가 많다.
② 2년생 초본류는 저온처리 대신 GA 처리로 개화가 가능하다.
③ 일반적으로 목본쌍자엽식물에서는 개화 촉진 효과가 없다(동백나무, 나자식물은 효과가 있다).
④ 복숭아, 사과에서 단위결과를 유도한다.

✎ 대부분의 단일성 식물은 장일조건에서 GA 처리로 개화가 촉진되지 않는다.

(3) 휴면과 종자

① 봄철 어린잎에서 생산되어 형성층이 세포분열을 시작하도록 유도한다.
② 뿌리에서 생산된 GA는 목부수액으로 운반되어 줄기의 생장을 자극한다.
③ 수분 흡수 → GA 생산 → 효소생산 촉진(아밀라아제) → 전분 분해 → 발아

핵심문제

지베렐린 생합성 저해물질인 파클로부트라졸을 처리했을 때 수목에 미치는 영향으로 옳은 것은? [22년 8회]

① 조기낙엽을 유도한다.
② 줄기조직이 연해진다.
❸ 신초의 길이 생장이 감소한다.
④ 잎의 엽록소 함량이 감소한다.
⑤ 꽃에 처리하면 단위결과가 유도된다.

(4) 상업적 이용

① 감귤, 월귤(Vaccinium)의 착과를 촉진한다.
② 포도나무와 사과나무에서 과실의 크기와 품질을 향상시킨다.
③ 바나나, 귤에서 노쇠와 과실 성숙을 지연시킨다.
④ 생장억제제로 사용된다.
　㉠ GA의 생합성을 방해하여 줄기의 생장 억제
　㉡ 포스폰－D(Phosphon-D), Amo－1618, CCC(Cycocel), 파크로부트라졸(Paclobutrazol)

7. 시토키닌

1950년대 담배의 유상조직의 조직배양연구에서 발견되었다. 식물의 세포분열을 촉진하고 잎의 노쇠를 지연한다.

1) 종류

① 세포분열을 촉진하는 아데닌(Adenine) 치환체를 총칭한다.
② 천연시토키닌 : 옥수수 종자에서 추출한 제아틴(Zeatin), 디하이드로제아틴(Dihydrozeatin), 제아틴 리보시드(Zeatin Riboside), 아이소펜테닐 아데닌(Isopentenyl Adenine)
③ 합성시토키닌 : 키네틴(Kinetin), 벤질아데닌(Benzyladenine, BA)

2) 생합성과 운반

① 시토키닌은 고등식물뿐만 아니라 이끼류, 조류, 곰팡이, 박테리아에서도 발견된다.
② 식물의 어린 기관(종자, 열매, 잎)과 뿌리 끝에서 생합성을 한다.
③ 뿌리 끝에서 생산된 시토키닌은 목부조직을 통해 줄기로 이동한다(유일한 운반수단).
④ 사부를 통한 이동은 극히 제한적이다.

3) 생리적 효과

세포분열 촉진이 가장 대표적인 기능이다. 줄기와 뿌리의 분화, 측아의 발달, 잎의 확대 생장, 엽록체 발달, 낙엽 지연 등이 이루어진다.

(1) 세포분열과 기관 형성

① 가장 특징적인 생리효과는 세포분열이다.
② 옥신과 시토키닌 중 시토키닌의 비율이 높으면 유상조직이 줄기로 분화하여 눈, 대, 잎을 형성한다.
③ 옥신과 시토키닌 중 옥신의 비율이 높으면 뿌리를 형성한다.
④ 두 호르몬의 비율을 조절하면 완전한 식물체를 만들 수 있다. 이 과정을 기관 발생이라 한다.
⑤ 경우에 따라 유상조직에서 배의 모양을 닮은 배양체가 생겨 식물체가 되는 것을 배 발생이라고 한다.

핵심문제

지아틴(Zeatin), 키네틴(Kinetin)과 같은 아데닌(Adenine) 구조를 가진 물질로 세포분열을 촉진하고 잎의 노쇠지연에 관여하는 식물호르몬은? [21년 5회]

① 옥신(Auxin)
② 에틸렌(Ethylene)
❸ 시토키닌(Cytokinin)
④ 지베렐린(Gibberellin)
⑤ 에브시식산(Abscisic Acid)

✎ 잎, 종자 열매가 시토키닌을 생산해도 다른 곳으로의 이동은 거의 없다.

(2) 노쇠지연

① 시토키닌은 주변으로부터 영양분을 모으는 능력이 있어 잎의 노쇠를 지연시킨다(어린잎이 성숙잎보다 시토키닌 함량이 높다).
② 녹병 곰팡이는 잎을 감염시켜 시토키닌을 생산하여 엽록소를 유지한다(Green islands, 녹색반점).
③ 액포막의 기능을 활성화하여 액포 내의 프로테아제(Protease) 효소가 세포질로 스며들어 오는 것을 억제한다.
④ 시토키닌 공급이 중단되면 액포막이 제 기능을 발휘하지 못하여 단백질분해효소(Protease)가 세포질로 이동하여 엽록체와 미토콘드리아의 단백질과 지방산을 가수분해한다.

(3) 기타 효과

① 정아우세 현상이 소멸되고 측지가 발달한다(측아가 다량발생하는 다아현상도 발생).
② 지상자엽형 쌍떡잎 초본식물에 처리 시 떡잎의 발달을 촉진한다.
③ 피자식물의 종자를 암흑에서 발아할 때 처리하면 엽록체의 발달과 엽록소의 합성을 촉진한다.

8. 아브시스산

영국의 웨어링(Wareing)은 단풍나무 잎에서 추출한 신장 억제 물질을 도르민(Dormin)으로 명명하였고, 미국의 에디콧(Addicott)은 목화 잎에서 추출한 낙엽 촉진 물질을 아브시신(Abscisin)이라 명명하였다. 이 두 물질은 동일한 화합물로서 아브시스산(ABA)으로 불리게 되었다.

1) 생합성과 운반

① 15개의 탄소를 가진 세스퀴테르펜(Sesquiterpene)의 일종이다.
② 생합성 장소는 색소체를 가진 식물의 여러 기관이다.
㉠ 잎 : 엽록체
㉡ 열매 : 색소체
㉢ 뿌리와 종자의 배 : 백색체와 전색소체
③ 목부와 사부를 통해 이동하며, 유세포로 이동 시 극성을 띠지 않는다.

2) 생리적 효과

생리적 효과로는 생장 정지가 있다.

(1) 휴면유도

눈, 종자의 휴면을 유도한다. 휴면 상태의 종자에 저온처리나, 광노출을 하면 ABA 함량이 감소한다.

(2) 탈리현상 촉진

① 잎, 꽃, 열매의 탈리현상을 촉진한다.
② ABA는 세포의 조기 노쇠현상을 유발하여 에틸렌이 생산되면 에틸렌이 직접적으로 탈리현상을 일으키므로, ABA는 간접적인 탈리작용을 일으킨다.

(3) 스트레스 감지

① 스트레스를 감지하여 기공을 폐쇄하고, 생장을 정지한다.
② 수분 스트레스를 받으면 ABA 양의 함량이 20배까지 증가한다.

(4) 모체 내 종자발아 억제

ABA를 합성할 수 없는 돌연변이체는 모체에서 조기발아한다.

① 종자가 모체의 열매에 있을 때 발아를 억제한다.
② 종자의 성숙단계로부터 종자의 발아단계로 전환하는 것을 조절한다.

9. 에틸렌

과실의 성숙 촉진, 잎의 상편생장, 탈리현상을 유발한다.

1) 생합성과 이동

① 2개의 탄소가 이중결합으로 연결된 구조이다.
② 에틸렌 생산에는 ATP가 소모되며, O_2를 요구한다.
③ 식물에 옥신을 처리하면 에틸렌 생산이 촉진된다. 상처가 생겨도 에틸렌은 증가한다(ACC, 합성효소의 생산을 촉진한다).
④ 에틸렌은 종자식물의 모든 살아 있는 조직에서 생산한다.

⑤ 세포간극이나 빈 공간을 통해 이동한다.
⑥ 지용성으로 원형질막의 수용성 단백질에 쉽게 부착된다.

2) 생리적 효과

(1) 과실의 성숙 촉진

① 호흡급증형 과실 : 과실이 성숙 직전에 호흡량이 급격히 증가하는 것
예 사과, 배
② 호흡비급증형 과실 : 에틸렌 생산량이 적으며, 과실의 성숙이 촉진되지 않음
예 포도, 귤

(2) 침수 시 효과

① 뿌리가 침수되면 에틸렌이 확산에 의하여 뿌리 밖으로 나지지 못하고 줄기로 이동하여 여러 가지 독성을 나타낸다.
② 잎의 황화현상, 줄기의 신장 억제, 줄기의 비대 촉진, 잎의 상편생장, 잎이 시들면서 탈리현상, 뿌리의 신장 억제, 부정근 발생, 병균에 대한 저항성 약화 등이 발생한다.

(3) 줄기와 뿌리의 생장 억제

① 피자식물에서 줄기, 엽병, 뿌리의 신장생장을 억제한다.
② 종축 방향인 신장생장은 억제하고 비대생장을 초래하여 그 부위가 굵어진다.
③ 발아 시 토양이 딱딱하면 에틸렌 생산이 촉진된다(갈고리 안쪽 세포의 신장을 억제).

(4) 개화 촉진효과

에틸렌은 대부분의 식물에서 개화를 억제하지만, 망고, 파인애플류에서는 개화를 촉진한다. 에틸렌 발생의 촉진을 위하여 카바이드와 에테폰(Ethephon)이 사용된다.

(5) 에틸렌과 옥신

① 옥신을 처리하면 에틸렌 생산이 촉진된다.
② 옥신을 처리하면 잎의 상편생장, 줄기와 잎의 신장 억제, 브로멜리아드(Bromeliad)의 개화가 촉진된다.

쌍자엽식물 발아 시 갈고리(Hook, 훅) 형성 → 옥신처리로 생산된 에틸렌이 원인

10. 기타 식물호르몬

1) 브라시노스테로이드(Brassinosteroid, BR)

(1) 주요 기능

① 1970년 유채의 화분에서 줄기생장과 세포분열을 촉진하는 것을 발견하였다.
② 화분, 잎, 꽃, 줄기, 종자, 곤충이 만든 혹(충영)에서 발견하였다.
③ 합성장소는 어린 조직이다.
④ 캄페스테롤(Campesterol)로부터 생합성되며, 옥신과 함께 세포신장, 통도조직 분화를 촉진한다.
⑤ 지베렐린과 흡사한 기능
㉠ 화분과 생장, 생식기관의 발달, 종자 발아를 촉진
㉡ 낙화, 낙과, 부정아 발생을 억제

(2) 기타 기능

스트레스에 대한 저항성을 높여 준다.
예 식물의 곰팡이 감염, 저온, 열 쇼크, 건조, 염분, 제초제 피해 등

(3) 작용기작

① 세포벽 합성과 신장에 관여하는 유전자 발현을 유도한다.
② 목부세포 분화의 마지막 단계인 2차벽 형성에 관여한다.

2) 폴리아민(Polyamine)

① 2개 이상의 아미노기($-NH_2$)를 가지는 화합물이다.
② 포유동물의 뇌, 식물은 세포에 흔하다.
③ 종류에는 푸트레신, 스퍼미딘, 스퍼민 등이 있다.
④ 세포분열 촉진, 절간생장, 뿌리 형성, 배 형성, 화분 형성, 열매 발달, 휴면타파, 잎의 노쇠 방지, 환경 스트레스의 저항성 등의 기능이 있다.

3) 살리실산(Salicylic Acid)

① 페놀산의 일종으로 아스피린과 유사한 구조이다.
② 히포크라테스, 인디안 등 버드나무 껍질을 진통제와 해열제로 사용한다.

③ 생리적 기능은 개화 촉진, 꽃잎의 노화 방지이다.
④ 병원균에 감염 시 전신획득 저항성을 유도하여 면역력을 높여 준다.
⑤ 살리실산 농도가 낮으면 전신획득 저항성이 생기지 않는다.

4) 스트리고락톤(Strigolactone)

① 식물의 뿌리가 생산하는 호르몬이다.
② β – 카로틴과 갈락톤을 거쳐 생산된다.
③ 내생균근을 형성하는 기주에서 스트리고락톤을 분비하면 기주뿌리를 성공적으로 감염시킬 수 있다.
④ 액아의 발달을 억제하여 곁가지(분지)를 방지한다.
⑤ 기생식물의 발아를 촉진한다.

5) 재스몬산(Jasmonic Acid)

① 사이클로펜탄온(Cyclopentanone)을 가진 구조이다.
② 재스민 오일에서 추출된다.
③ 줄기와 뿌리 정단부, 어린잎, 미성숙 열매에서 주로 생산된다.
④ 상처를 받거나 수분 부족에 노출되면 증가한다.
⑤ 아브시스산과 유사하지만 곤충과 병원균에 대한 저항성을 높인다.
⑥ 엽록소 파괴, 루비스코효소 억제, 호흡 증가, 낙엽 촉진을 유발한다.

➤ 식물호르몬의 합성조직의 기능, 선구물질

호르몬의 종류		합성하는 곳	주요 기능	선구물질
고전적 호르몬	옥신	종자의 배, 정아 정단분열조직, 어린 잎과 열매	세포신장, 정아우세, 줄기(마디)신장, 굴성, 측근발생, 제초효과, 노화억제	트립토판
	지베렐린	정아와 뿌리의 정단분열조직, 어린잎, 종자의 배	줄기와 뿌리 생장촉진, 종자발아, 개화촉진, 꽃발달, 열매 성숙지연, 노화억제	디테르펜
	사이토키닌	뿌리 끝에서 생성되어 다른 곳으로 이동	세포분열과 기관 형성 촉진, 잎의 노쇠지연, 측지발달, 노화억제	아데닌
	에틸렌	종자식물의 모든 조직, 익는 열매 조직, 줄기의 마디, 성숙하는 잎과 꽃	개화, 열매 성숙촉진, 스트레스 반응, 낙엽촉진, 뿌리와 줄기생장 억제, 노화촉진	메티오닌

호르몬의 종류		합성하는 곳	주요 기능	선구물질
고전적 호르몬	아브시스산	잎, 줄기, 뿌리, 열매의 색소체	생장억제와 정지, 눈과 종자의 휴면유도, 종자의 발아억제, 스트레스 감지, 기공폐쇄, 내건성, 노화촉진	카로티노이드
새로운 호르몬	브라시노스테로이드	종자, 열매, 잎, 새가지, 꽃눈	줄기와 뿌리 세포 분화촉진, 생식기관 발달촉진, 낙화와 낙과억제, 스트레스 저항성 증가, 노화억제	캄페스테롤
	자스몬산	줄기 정단부, 어린잎, 뿌리 정단부, 미성숙 열매	뿌리생장과 광합성 억제 등ABA와 유사한 기능, 곤충과 병원균에 저항, 노화촉진	리놀렌산
	살리실산	잎, 병원균이 침입된 잎	개화촉진, 꽃잎 노화지연, 천남성 꽃 열발생, 병원균에 대한 전신적 저항	트랜스-신남산
	스트리고락톤	뿌리	새가지의 분열억제, 기생식물 발아촉진, 수지상 균근 균사 생장촉진	베타카로틴
	폴리아민	식물체의 거의 모든 세포에 존재, 다른 호르몬보다 높은 농도에서 반응	세포분열 촉진, 막의 안정성, 열매성숙 촉진, 잎의 노쇠방지, 스트레스 내성, DNA와 RNA 및 단백질 합성촉진	아지닌

11. 생장조절

1) 줄기생장

(1) 옥신

① 옥신의 함량은 줄기생장량에 비례한다.
② 장지가 발달할 때 옥신의 함량이 증가한다.

(2) 지베렐린

① 자라고 있는 어린잎에서 생산된 GA는 밑의 줄기의 신장생장을 촉진한다.
② 어린잎을 제거하면 줄기생장이 정지한다.
③ GA_3 처리하면 다시 절간생장이 회복한다.

2) 직경생장

① 눈과 잎에서 생산되는 옥신의 역할이 가장 중요하다.

② 눈과 잎에서 생산되는 GA와 뿌리에서 생산되는 시토키닌의 상호작용이 형성층 생장을 결정한다.

㉠ 봄철에 눈의 생장개시와 형성층의 분열개시 시기가 일치

㉡ 형성층 분열개시는 눈 바로 밑에서 시작되어 구기적 방향인 밑으로 진행

㉢ 눈을 제거하거나 제엽을 실시하거나 사부를 막는 박피를 실시하면 형성층 생장이 중단

㉣ 외부에서 호르몬을 처리하면 형성층의 생장이 재개

3) 뿌리생장

① 수간에서 뿌리로 이동하는 옥신에 의해 뿌리의 형성층 분열이 촉진된다.

② 지상부의 잎을 제거하거나 수피의 박피, 병해충에 의한 잎이 피해를 받으면 뿌리의 생장이 정지한다.

CHAPTER 15

조림과 무육생리

1. 경쟁

수목은 다른 나무와의 경쟁에서 광선을 많이 받기 위해 수고생장을 우선시한다(피토크롬이 이웃식물의 존재를 감지).

임관 밑에서 자라는 식물은 잎의 피토크롬이 Pr(불활성) 상태로 남아 수고생장은 촉진하고, 측지의 발달이 억제된다(정단조직의 활동을 촉진).

▶ 수목의 경쟁과 직경생장

구분	내용
지상	광선 경쟁 → 광합성량 감소 → 탄수화물 공급 부족 → 형성층, 뿌리 발달 저조 → 수분, 무기염 흡수가 잘 안 됨 → 경쟁 탈락, 고사
지하	수분, 무기염 경쟁
우세목	• 잎이 모인 수관부의 직경생장이 가장 큼 • 밑으로 내려올수록 감소, 지상부에서 다시 증가
열세목	전 수고에 걸쳐 직경생장이 저조

2. 간벌

일반적으로 간벌은 잔존목의 수고생장에는 큰 영향을 주지 않는다.

① 간벌지에서 수목의 잎의 수분퍼텐셜이 더 높게 유지하여 생장이 양호하다.

② 간벌 후 수관의 크기가 커지며, 엽면적이 증가함으로써 더 많은 탄수화물이 수간으로 이동하여 직경생장이 촉진된다.

③ 초살도가 증가한다.(근원직경 : 초두부 직경 비).

④ 간벌쇼크 : 광선에 노출된 잎이 황화현상, 조직의 피소현상, 풍도현상, 생장감소, 병해충 증가, 도장지 발생, 고사

3. 시비

① 질산과 인산의 시비효과가 크다.
② 기존 잎의 광합성 능력이 향상되고, 엽면적이 증가하여 생장이 촉진된다.
③ 개화를 촉진시킨다(암꽃 생산 증가).

4. 가지치기

① 과수, 원예 분야 : 결실 촉진, 수형 조절, 부패 방지, 상처 치유, 수목의 이식을 위한 처리로 사용
② 임업 분야 : 수형 조절, 옹이 없고, 초살도 작은 목재를 생산하기 위해 사용
③ 실시시기 : 휴면기인 겨울철(수피가 단단하여 작업이 쉽고, 도장지 발생 가능성을 줄임)
④ 작업요령
㉠ 바짝 자르는 것을 원칙으로 하며, 세 번에 걸쳐 단계적으로 자름
㉡ 수피융기선에서 수직선을 가상하여 융기선 각도만큼 바깥쪽으로 각도를 주어 절단

• 가지치기 : 초살도 감소
• 간벌 : 초살도 증가
• 수고생장은 탄수화물과 식물 호르몬의 영향을 받으며, 밑가지를 제거해도 수고생장에는 거의 영향을 미치지 않는다.

5. 자연낙지

① 수목에서 측지가 생리적인 탈리현상에 의해 자연적으로 고사하여 이층이 형성되지 않은 상태에서 탈락하는 것이다. 주로 양수에서 발생한다.
② 하부가지 고사 시작 → 상부가지 고사로 이행한다. 침엽수는 송진을 축적하고, 활엽수는 검이나 전충체로 도관을 차단시킨다.

▶ 낙지가 발생하는 수종

구분	내용
음수에서 낙지 발생 수종	단풍나무, 물푸레나무
침엽수 중 낙지 발생 수종	삼나무, 낙우송, 측백나무
활엽수 중 낙지 발생 수종	포플러, 버드나무, 느릅나무, 벚나무류
소나무류	대왕소나무(낙지가 잘 발생함), 버지니아소나무(낙지가 잘 발생되지 않음)

▶ 자연낙지 정도에 따른 수종 분류

잘 됨	잘 안 됨	수종별 차이 있음
자작나무, 포플러, 버드나무, 벚나무, 느릅나무, 물푸레나무, 단풍나무, 삼나무, 낙우송, 측백나무, 대왕소나무	팽나무, 버지니아소나무, 스트로브잣나무, 향나무, 솔송나무, 세쿼이아	참나무류, 소나무류, 가문비나무류, 잎갈나무류

6. 단근과 이식

1) 단근

✎ 녹음수는 2~3년 전부터 뿌리돌림을 하여 이식쇼크에 대한 저항성을 기를 수 있다.

① 주로 이식에 대비해 잔뿌리의 발달을 촉진하고, 이식쇼크의 저항성을 향상시킨다.

② 근계의 일부를 절단하는 것으로, 지상부 · 지하부의 비율이 변화하므로 생리적으로 큰 변화가 나타난다.

③ 증산작용과 광합성량을 감소시킨다.

④ 단근시기는 연중 봄이 가장 적절하다(뿌리 발달이 왕성).

2) 이식

① 이식시기

㉠ 이른 봄, 영상 5℃를 넘으면 세포분열이 시작(5월 중순은 이식이 부적당한 시기)

㉡ 봄철 겨울눈이 트기 2~3주 전에 나무를 이식하는 것이 가장 좋은 방법

㉢ 수목은 봄철에 겨울눈이 트기 2~3주 전부터 새 뿌리를 만들기 시작

② 가을 이식을 불리하게 하는 것 : 지구 온난화

③ 이식하기에 가장 부적절한 시기 : 5월 중순(나무 뿌리가 가장 왕성하게 자라는 때)

CHAPTER 16

스트레스 생리

1. 스트레스의 뜻과 요인

1) 스트레스의 뜻

① 물리적 스트레스 : 어떤 물체에 가해진 힘
② 생물학적 스트레스 : 식물의 생장이나 발달을 둔화시키거나 생장에 불리하게 작용하는 환경변화

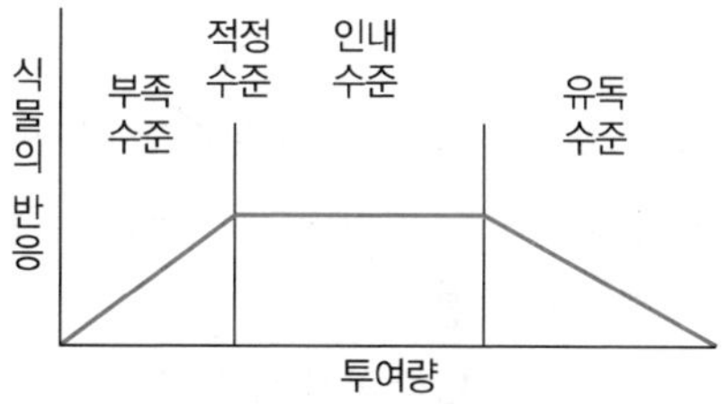

▌투여량 반응곡선▐

➤ 식물반응 용어 설명

구분	내용
부족 수준	식물의 반응이 증가하는 구간
적정 수준	수준 증가에 따라서 최대한의 반응을 나타내는 최소한의 수준
인내 수준	수준이 증가할 때 반응이 증가하지 않는 수준
유독 수준	추가적인 수준 증가가 반응의 감소를 가져올 때

✎ 최소량의 법칙
- 모든 요인이 적절한 수준이라도 어떤 한 가지 요인이 절대적으로 부족할 때 부족요인(제한요소)에 의해 생장이 결정되는 현상이다.
- 리비히의 법칙, 최소율, 최소양분율이라고도 한다.

2) 수목의 스트레스 요인

요인	내용
기후적 요인	고온, 저온, 바람, 한발, 홍수, 폭설, 낙뢰, 화산폭발, 산불
생물적 요인	병균, 해충, 야생동물, 기생식물, 착생식물
인위적 요인	오염, 약제, 답압, 기계, 복토, 절토, 산불, 잘못된 전정
토양적 요인	불리한 토양의 물리적(배수불량) 및 화학적(영양결핍, 극단적인 산도) 성질
조림적 요인	경쟁(밀식), 지나친 간벌, 수확

2. 온도 스트레스

1) 고온

(1) 임계온도

① 최고온도와 최저온도 사이의 범위
② 임계온도의 원인 : 지질을 함유하고 있는 원형질막이 온도에 민감하게 반응을 나타냄
③ 온대지방 임계온도 : 0~35℃
④ 고등식물의 최고 한계선 : 50~60℃
⑤ 여름에 검은 토양의 표면이 햇빛에 노출되면 65℃까지 상승하여 피소 발생(형성층, 사부조직 괴사)

> 피소현상
> 줄기의 형성층이 열에 의해 죽는 현상

(2) 고온에 의한 피해

① 세포막의 손상에서 비롯 : 세포막에 있는 지방질의 액화와 단백질의 변성으로 세포막이 제 구실을 못하고 물질이 새어나옴
② 잎의 경우 : 엽록체의 틸라코이드(Thylakoid)막이 기능을 상실하여 광합성을 수행하지 못함
③ 과도한 증산작용으로 탈수현상이 발생한다.

(3) 고온에 대한 인내

① 식물이 고온에 30분 이내 노출함으로써 발생한다.
② 새로운 단백질 합성(열쇼크단백질, HSP) : 단백질과 핵산변성방지
예 유비퀴틴

> 유비퀴틴
> • 세포질, 엽록체, 미토콘드리아에서 흔히 발견되는 조절단백질이다.
> • 온도가 갑자기 상승해도 30분 내로 합성된다.

2) 저온

(1) 생육과 생존의 최저온도

순화된 식물은 －40℃에서 쉽게 생존하며, 버드나무류와 침엽수류는 생존할 수 있는 최저기온의 한계가 없다.

(2) 저온순화

① 온대지방의 수목이 서서히 낮은 온도에 노출되면 기후변화에 적응하는 저온순화현상이 생긴다. 순화된 수목은 빙점 이하에 노출될 때 동해를 입지 않는다.

② 세포간극에 얼음 결정 → 세포 내 수분이 세포 밖으로 이동하여 빙핵에 모여 커짐 → 수분을 잃은 세포액은 농축(빙점 더 내려감) → 탈수 상태

③ 내한성이 큰 수목인 자작나무, 오리나무, 사시나무, 버드나무류는 과냉각에 의한 동결현상이 나타나지 않는다.

과냉각
온대지방의 많은 수목의 동결은 약 －40℃에서 일어난다.

(3) 냉해

① 냉해의 특징

㉠ 보통 생육기간 중에 빙점 이상의 온도에서 나타나는 저온피해이다.

㉡ 열대, 아열대 지방 수목 : 15℃ 이하에서 피해, 야간 5℃, 12시간 노출 시 잎이 괴사

㉢ 온대 지방 수목 : 빙점 근처, 야간 구름이 없어 지표온도가 급히 떨어질 때 피해

② 냉해 유발기작

㉠ 세포의 원형질막과 소기관의 막구조 변화에서 찾을 수 있다.

㉡ 평소에 원형질막은 액정 상태로 존재하는데, 이때는 효소가 제 기능을 발휘하면서 막의 투과성이 유지된다.

㉢ 온도 저하 시 변화

- 막지질이 고체겔화하며 수축
- 막에 틈이 생겨 물질 투과성 증가
- 막의 기능 상실

막에 불포화지방산 비율이 크면 동해에 대한 저항성이 높음(내한성을 높인다)

(4) 동해

빙점 이하의 온도에서 나타나는 식물의 피해이다.

① 원인

㉠ 온도가 빙점 이하로 내려갈 때 세포 내에서 얼음 결정이 형성되어 세포막을 파손

㉡ 온도가 서서히 내려가서 얼음결정이 세포 밖에 생기더라도 원형질이 탈수 상태에서 견디지 못하기 때문

➤ **동해의 종류**

구분	내용
조상	• 새순이 −3~5℃에 노출되면 세포 내에 얼음 결정이 생겨 세포막을 파괴한다. • 침엽수의 엽육조직 붕괴와 세포질 응고현상을 볼 수 있다(피해가 크다).
만상	• 봄철에 새싹이 돋은 후 생기는 늦서리이다. • 새순이 돋아 피해를 회복한다.
동계피소	한 겨울에 수간의 남쪽 부위가 햇빛으로 가열되면, 그늘진 쪽의 수간보다 온도가 20℃ 이상 올라가서 일시적인 조직의 해빙현상이 나타나는데, 일몰 후에 급격히 온도가 떨어지면서 조직이 동결되어 형성층 조직이 피해를 본다.

② 방제법 : 수간에 흰 페인트를 바르거나, 흰 테이프로 감싸면 방지할 수 있다.

㉠ 상렬 : 동결과정의 심재와 변재의 수축 차이로 균열

㉡ 상륜 : 서리로 인해 형성층의 시원세포에서 유래한 어린 세포가 일시적으로 피해

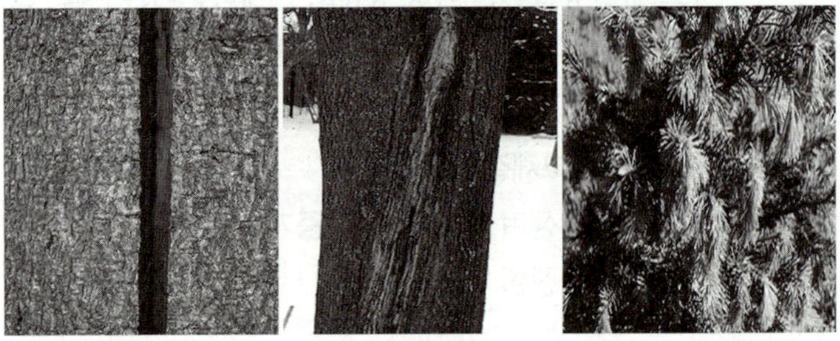

❙ 동계피소 ❙ ❙ 상렬 ❙ ❙ 조상 ❙

(5) 내한성

온대지방에서 자라는 수목은 빙점 이하에서 견딜 수 있는 내한성을 가진다.

① 기후품종

㉠ 한 수종 내에서도 지역품종에 따라 크게 차이가 나타나서 기후품종을 인정하고 있다.

㉡ 북부 산지가 남부 산지보다 내한성이 크다.

② 내한성의 발달

㉠ 발달단계

- 일장이 짧아지면서 온도가 10℃ 정도로 하강하면 수목은 생장을 정지하면서 탄수화물, 지질 함량 증가
- 빙점 가까이 온도가 내려갈 때 단백질과 막지질의 합성이 이루어지면서 구조적인 변화가 생김

㉡ 생화학적 변화

구분	내용
당류 증가	전분의 가수분해로 증가, 특히 설탕이 증가 예 아까시나무
수용성 단백질 증가	수분을 붙잡아 세포 내 자유수를 감소시키고, 세포 내 결빙현상 억제
지질(인지질) 증가	저온에 의한 막의 고체겔화를 방지 예 독일가문비나무
수분 함량 감소	수분이 감소해도 내한성이 증가

3. 바람 스트레스

▶ 바람 스트레스의 장단점

장점	단점
• 화분과 종자의 비산에 도움 • 엽면의 공기경계층 두께에 영향을 주어 더운 여름날 햇빛에 잎의 온도가 상승하는 것을 방지 • CO_2 확산에 의한 공급을 촉진	• 증산작용 촉진 • 풍도 • 줄기의 변형 유도 • 기공의 폐쇄 • 잎의 손상 • 토양 침식

1) 풍해

(1) 수관이 한쪽으로 몰리는 기형

주풍이 일정하게 불고 있는 지역에서 나타난다. 연간 풍속 24km/hr(초속 6.6m)가량될 때 심하게 나타난다.

(2) 풍도

① 수간이 부러지거나 뿌리째 뽑히는 것이다.

② 침엽수의 피해가 더 크다.

예 소나무, 가문비, 전나무류

③ 장력 : 바람이 불어오는 쪽, 압축 : 바람이 불어가는 쪽

2) 생장

① 바람은 수고생장을 감소시킨다.

② 초살도가 증가한다.

③ 바람에 대한 저항성이 증가한다.

④ 편심생장을 한다.

3) 이상재

① 침엽수 : 바람이 불어가는 쪽(압축이상재)

② 활엽수 : 바람이 불어오는 쪽(신장이상재)

③ 이상재의 형성은 식물호르몬의 재분배로 유도된다.

➤ 이상재의 종류

구분	내용
압축이상재	• 기울어진 수간의 아래쪽에 옥신의 농도가 증가하여, 세포분열을 촉진하며, 넓은 연륜을 갖게 된다(정아나 수간에 IAA 처리 시 발생). • 에틸렌도 압축이상재를 유발한다.
신장이상재	• 기울어진 수간의 위쪽에 옥신의 농도가 감소하여 발생한다. • 옥신을 처리하면 이상재 형성을 억제하고 옥신의 길항제인 TIBA를 처리하면 이상재 형성을 촉진한다.

핵심문제

기울어서 자라는 수목의 줄기가 형성하는 압축이상재에 관한 설명으로 옳지 않은 것은? [21년 6회]

① 활엽수보다 침엽수에서 나타난다.
② 응력이 가해지는 아래쪽에 형성된다.
❸ 가도관 세포벽에 두꺼운 교질섬유가 축적된다.
④ 가도관의 횡단면은 모서리가 둥글게 변형된다.
⑤ 신장이상재보다 편심생장 형태가 더 뚜렷하게 나타난다.

4) 증산작용

① 바람은 엽면의 공기경계층의 두께를 감소시켜 증산작용을 증가시킨다.

② 기공의 닫히는 속도에 따라 증산량이 달라진다.

㉠ 사탕단풍나무 : 탈수가 되면 빠른 속도로 기공을 닫음

㉡ 미국물푸레나무 : 기공이 더 크며, 표면이 왁스(Wax)로 덮여 있어 느리게 닫힘

4. 대기오염

1) 대기오염물질

① 대기오염 : 대기 중에 있는 물질이 정상적인 농도 이상으로 존재할 때

② 대기오염물질 : 기체, 액체, 고체 형태

㉠ 1차 오염물질 : 오염원에서 직접적으로 발생하는 오염물질

㉡ 2차 오염물질 : 방출된 물질로부터 대기권에서 새롭게 형성된 물질

➤ 여러 가지 대기오염물질

구분	내용
황화합물	SO_X(SO_2, SO_3^{2}, SO_4^{3-}), H_2S
질소화합물	NH_3(암모니아), NO_X(NO, NO_2, N_2O)
탄화수소 및 산소화물	CH_4(메탄), C_2H_2(아세틸렌), 알코올, 에테르, 페놀, 알데히드
할로겐 화합물	HF, HBr, Br_2 등
광화학 산화물	O_3, NO_3, PAN
미립자	검댕, 먼지, 중금속(Pb, As, Ti 등)

✎ 일산화탄소는 100ppm 이하에서는 오염물질이 아니다.

2) 병징

대기오염물질은 기공을 통해 엽조직에 피해를 준다. 이로 인해 가장 먼저 나타나는 병징은 다음과 같은 잎의 황화현상이다.

① 만성피해 : 치명농도 이하에서 장기간 계속될 때

② 급성피해 : 치명적인 농도에서 급속히 노출될 경우 기공이 있는 하표피와 엽육조직 붕괴, 엽록체가 뒤틀리면서 책상조직 파괴

➤ 대기오염물질에 의한 수목의 병징과 농도

오염물질	병징	
	활엽수	침엽수
아황산가스(SO_2)	• 잎의 끝과 엽맥 사이 괴사 • 물에 젖은 듯한 모양 • 해면조직과 책상조직 파괴, 성숙잎에 피해	물에 젖은 듯한 모양
질소산화물(NO_X)	초기 : 회녹색 반점, 잎 가장자리 괴사, 엽맥 사이 괴사	초기 : 잎끝 자주색 변색, 병환부 경계 뚜렷

✎ 중륵

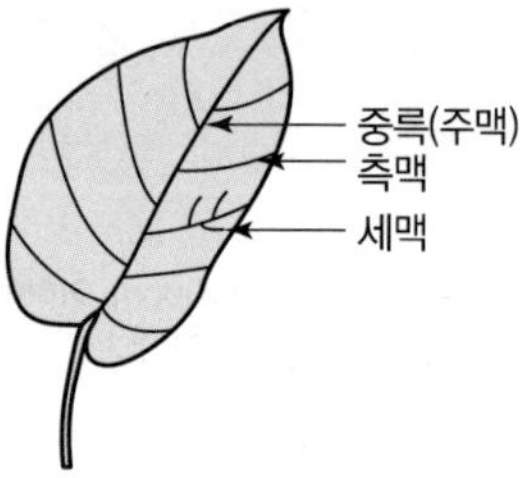

오염물질	병징	
	활엽수	침엽수
오존 (O_3)	• 잎 표면에 주근깨 같은 반점 • 책상조직 먼저 붕괴 • 반점이 모여 표면이 백색화 • 성숙잎에 피해	잎끝의 고사, 황색 반점, 왜성, 조기낙엽
PAN	• 잎 뒷면의 광택화 • 해면조직에 피해, 어린잎에 피해	황화현상, 조기낙엽
불소 (F)	초기 : 잎끝의 황화, 잎 가장자리로 확대, 중륵으로 확대	잎끝의 고사, 병환부의 경계 뚜렷
중금속	엽맥 사이 황화현상, 잎끝과 가장자리의 고사, 조기낙엽, 잎의 왜성화, 유엽에서 먼저 발병	잎의 신장 억제, 유엽의 끝의 황화현상

3) 독성기작

(1) 아황산가스

① 특징

㉠ 기공으로 흡수되면 엽육조직의 수분에 용해되어 HSO_3^-, SO_3^{2-}로 변함

㉡ 중아황산염(SO_3^{2-})을 환원시키는 데에는 설파이트 리덕테이스(Sulfite Reductase)와 페레독신(Ferredoxin)이 사용되기 때문에 광합성에 장해가 생김

㉢ 페레독신은 광합성에서 전자전달기능을 담당하는데, 이 과정의 방해로 독소생산과 효소기능과 막의 기능을 방해

㉣ 중아황산염(SO_3^{2-})은 케톤이나 알데히드와 반응하여 황화합물(Hydroxysulfonate)을 형성하는데, 이것이 DNA, RNA의 피리미딘(Pyrimidine)과 반응

② 병징

㉠ 활엽수 경우 : 잎의 끝과 엽맥 사이 조직 고사, 물에 젖은 듯한 모양

㉡ 침엽수 경우 : 물에 젖은 듯한 모양, 적갈색으로 변색

(2) 질소산화물

① 특징

㉠ 주로 자동차 배기가스에서 유래, NO, NO_2, N_2O를 통칭

㉡ SO_2, O_3, PAN보다 피해가 적음

㉢ NO_2의 피해가 가장 큼

㉣ NO_2는 기공으로 들어가 물분자와 결합하여 아질산(HNO_2^-)과 질산(HNO_3)으로 변함 : 독성은 낮은 pH로 나타남

㉤ 아미노기를 제거하는 탈아미노반응, 질산은 자유기를 생산하여 광합성이 억제되고 초산대사가 방해됨

② 병징

㉠ 활엽수 : 흩어진 회녹색 반점 발생, 잎의 가장자리 괴사, 엽맥 사이 조직 괴사

㉡ 침엽수 : 잎끝이 적갈색으로 변색, 잎의 기부까지 확대

(3) 오존

① 특징

㉠ NO_X가 자외선에 의해 산화될 때 발생

㉡ 기공을 통해 물분자에 용해되어 자유기 형성[초산화물 Superoxide(O_2^-), OH라디칼(Hydroxyl Radical(OH)] 같은 자유기를 형성하여 조직을 파괴

㉢ 식물은 페록시다아제(Peroxidase)와 카탈라아제(Catalase) 효소로 라디칼(Radical)과 과산화수소(H_2O_2)를 제거하나 호흡량이 크게 증가

㉣ NADH, DNA, IAA, 단백질, 지질을 산화시킴

㉤ 세포막과 소기관의 막의 기능을 마비, 광합성 방해, 탄수화물 양이 감소

② 병징

㉠ 활엽수 : 잎 표면에 주근깨 같은 반점, 책상조직이 먼저 붕괴 이후 백색화

㉡ 침엽수 : 잎끝의 괴사, 황화현상의 반점, 왜성 · 황화된 잎

(4) PAN

① 특징

㉠ NO_X와 탄화수소가 자외선에 의해 광화학산화반응으로 형성

㉡ 2차 오염물질로 광화학산화물 중에서 독성이 가장 큼

㉢ 세포막과 소기관의 막 기능을 마비

㉣ –SH기를 가진 효소와 반응하여 기능을 정지시킴

㉤ 지방산의 합성 방해, 황을 함유한 화합물을 산화시킴 → 탄수화물과 호르몬대사 광합성 비정상

② 병징

㉠ 활엽수 : 잎 뒷면에 광택이 나면서 후에 청동색으로 변색, 고농도에서 잎 표면에 피해

㉡ 침엽수 : 잘 알려져 있지 않음

(5) F(불소)

① 특징

㉠ 기체 상태의 오염물질 중 독성이 가장 큼

㉡ 기공과 각피층으로 흡수되어 금속 양이온과 결합하여 무기영양 상태 교란

㉢ 세포벽 형성, 산소흡수, 전분합성 등 억제

② 병징

㉠ 활엽수 : 잎끝의 황화, 잎 가장자리로 확대, 중륵을 따라 안으로 확대, 황화조직의 고사

㉡ 침엽수 : 잎끝의 고사, 고사 부위와 건강 부위의 경계선 뚜렷

(6) 중금속

① 특징

㉠ 카드뮴, 구리, 납, 수은, 니켈, 바나듐(V), 아연, 크롬, 코발트, 탈륨(Tl) 등

㉡ 효소작용 방해, 항대사제 역할, 주요 대사물질의 침전 혹은 분해, 세포막의 투과성 변경 등 생리적 기능 장애

② 병징

㉠ 활엽수 : 엽맥 사이 조직의 황화현상, 잎끝과 가장자리의 고사, 조기낙엽, 잎의 왜성화, 유엽에서 먼저 발생

㉡ 침엽수 : 잎의 신장 억제, 유엽 끝의 황화현상, 잎의 기부로 고사 확대

(7) 미세먼지

먼지(분진)는 입자의 직경이 크고 바람에 의해 날리는 흙이나, 화산폭발, 산불, 꽃가루 등 자연적인 물질과 피부껍질, 머리카락, 의복, 섬유, 검댕 등 인간활동에 의해 발생하는 물질이다.

① 작은 먼지 $< 10\mu m$, 초미세먼지 $< 2.5\mu m$

② 나무와 숲은 미세먼지를 흡착하거나 정화하는 기능을 갖고 있다.

③ 수목은 잎과 수피의 표면이 불규칙하고 거칠기 때문에 미세먼지를 흡착할 수 있다.
④ 큐티클층에 부착된 미세먼지는 그 속으로 함몰되거나 광합성을 하면서 흡수되어 정화되기도 한다.
⑤ 미세먼지를 흡착하는 능력은 잎과 수피의 구조와 숲의 형태에 따라 차이가 난다.
⑥ 상록성이며, 잎이 작고, 엽량이 많으며, 털이 많고, 표면이 거칠고, 가장자리에 굴곡이 많으면 흡착능력이 더 크다.
　㉠ 흡착능력이 큰 침엽수 : 주목, 측백나무, 낙우송, 엽초(잎의 기부)가 있는 소나무류
　㉡ 흡착능력이 큰 활엽수 : 처진 자작나무, 느릅나무, 팥배나무류
⑦ 잎의 미세먼지 흡착능력이 큰 수종일수록, 광합성이 더 감소한다.

4) 수목생장

(1) 영양생장

산성비(pH 5.6 이하)에는 아황산가스와 질소산화물이 산화되어 황산기와 질산기 형태로 존재하며, 비료 역할을 한다(산성화가 진전되면 생장장애).

(2) 생식생장

① 생식생장으로 분배할 탄수화물의 양이 부족하여 간접적으로 영향을 끼치거나 생식기관에 직접적인 피해를 준다.
② 광합성의 감소로 탄수화물의 양이 부족하면 생식생장 호르몬 생산이 부족하여 원기 형성이 저조해진다.

대기오염에 의해 수목의 생식생장이 영향을 받는 단계
화아원기 형성* → 개화(화분생산*) → 수분 → 화분관 발아* → 수정 → 과실(종자)*성숙 → 종자발아* → 영양생장*

* 표시는 영향을 받는 단계이다.

5) 조직용탈

① 강우, 이슬, 연무, 안개 등의 수용액에 의해 조직 내 물질이 조직 밖으로 빠져나가는 것이다.
② K가 가장 많이 용탈, 그 다음 Ca, Mg, Mn이 용탈 그 밖에 당, 아미노산, 유기산, 호르몬, 비타민, 페놀류 등 유기물도 용탈된다.
③ 수목의 잎 표면의 각피층의 왁스(Wax)를 침식시켜 조직용탈을 유도하고, 수간류와 통과우량은 여러 물질을 용해하여 씻어 내린다.

6) 수목의 저항성과 방어기작

✎ 방어기작은 항산화 물질을 생산하는 기작으로 항산화효소, 카로티노이드 생산, 활성산소를 제거하는 비타민 C 생산이다.

① 속성수가 더 대기오염에 약하다(기공을 크게 열기 때문).
② 어린잎과 새순이 성숙잎보다 대기오염에 강하다.
③ 광합성을 많이 하는 건강한 개체가 그렇지 않은 개체보다 항산화 물질이 더 많아 SO_2, O_3, PAN의 독성을 더 빨리 제거한다.
④ 생장을 억제하면 저항성이 증가한다(관수를 자주하면 저항성 하락).
⑤ 질소비료는 생장을 촉진하여 저항성이 낮아지고, 칼륨비료는 저항성을 높인다.

➤ 식물의 황산화 기작

구분	내용
항산화효소	페록시다아제, 카탈라아제
SOD(Superoxide Dismutase)	슈퍼옥시드(Superoxide)를 제거
APX(Ascorbate Peroxidase)	과산화수소를 제거
GPOX(Guaiacol Peroxidase)	페록시다아제를 제거

5. 염분 스트레스

① 염생식물의 삼투압 조절물질로 프롤린, 글리신 베타인, 만니톨, 소르비톨, 설탕 등이 있다.
② 맹그로브는 침입하는 염분을 밖으로 배출하는 염류샘도 가지고 있다.
③ 토양 중에 칼슘이 충분히 있으면 칼륨을 쉽게 흡수할 수 있다.
④ 염분 스트레스 방어용 단백질인 오스모틴은 분자량이 작은 단백질이다.

6. 생물적 스트레스

병균이나 곤충의 공격을 받을 때 나타난다. 이때 방어하는 과민반응을 보인다. 대표적 2차 대사물질로 테르페노이드(Terpenoid), 글리코시드(Glycoside), 파이토알렉신(Phytoalexin), 알칼로이드(Alkaloids) 등 이소플라보노이드(Isoflavonoid)를 들 수 있으며, 리그닌을 추가하여 세포벽을 단단히 함으로써 병균을 방어하기도 한다.

① 파이토알렉신 : 식물이 곰팡이나 균에 의해 공격을 받을 때 나오는 항생제이다. 테르페노이드 및 알칼로이드를 포함하여 몇몇 종류로 분류되어 있다.

예 강낭콩의 파세올린, 완두콩의 피사틴, 피나무의 세스퀴테르펜, 포도의 레스베라트롤

② 살리실산 : 미생물의 공격을 받으면 PR단백질을 합성하여 박테리아와 곰팡이의 세포벽을 녹인다.

③ 재스몬산 : 곤충의 공격을 받으면 생산되는 호르몬으로 신호를 전달하는 2차 전달자 역할을 하여 방어물질 생산을 촉진하며, 전신획득 저항성(SAR)을 획득한다.

7. 산림의 쇠퇴

넓은 지역에서 자라는 한 수종 혹은 여러 수종의 수목에서 활력이 감퇴하거나 집단으로 고사하는 현상이다.

1) 증상

① 생장 감소 : 줄기, 절간, 직경생장 감소

② 잎의 크기 감소, 황화현상, 조기낙엽

③ 가지의 고사와 바깥수관의 쇠퇴

④ 줄기와 가지의 부정아 발생

⑤ 세근과 균근 뿌리의 파괴

⑥ 뿌리썩음병균에 의한 뿌리의 감염

2) 원인과 기작

(1) 원인

① 1차 원인 : 만성적인 대기오염

② 2차 원인 : 불규칙한 기후조건

(2) 기작

① 오염가스의 피해

② 무기영양소의 용탈

③ 토양의 알루미늄 독성 : 세근의 발달 억제, 칼슘과 마그네슘 흡수 방해

핵심문제

다음 설명에 해당하는 식물호르몬은? [25년 11회]

- 선구물질은 리놀렌산(Linolenic acid)이다.
- 해충과 병원균에 대한 저항성에 관여한다.
- 수목에서 합성되는 곳은 줄기와 뿌리의 정단부, 어린 잎과 열매 등이다.

① 폴리아민(Polyamine)
② 사이토키닌(Cytokinin)
③ 살리실산(Salicylic acid)
❹ 자스몬산(Jasmonic acid)
⑤ 브라시노스테로이드(Brassinosteroid)

핵심문제

수목 스트레스의 원인과 결과에 관한 설명으로 옳은 것은? [21년 5회]

① 수분 부족 피해는 수관의 아래 잎에서 시작하여 위의 잎으로 이어진다.
② 냉해는 빙점 이하에서 동해는 빙점 이상에서 일어나는 저온 피해를 말한다.
❸ 바람에 의해 수간이 기울어질 때, 침엽수에서는 압축이상재가 활엽수에는 신장이상재가 생성된다.
④ 산림쇠퇴는 대부분 생물적 요인에 의해 시작된 후, 최종적으로 비생물적 요인에 의해 수목이 고사한다.
⑤ 아황산가스 대기오염은 선진국에서, 질소산화물과 오존 대기오염은 후진국에서 발생하는 경우가 많다.

④ 영양의 불균형 : 칼슘과 마그네슘의 결핍현상
⑤ 기후에 대한 저항성 약화
⑥ 병해충의 피해

핵심문제

수목 또는 산림 쇠락에 관한 일반적인 설명으로 옳지 않은 것은? [25년 11회]

❶ 도관을 갖고 있는 수종에서만 발생이 보고되고 있다.
② 생물적 요인과 비생물적 요인에 의하여 복합적으로 나타난다.
③ 한두 그루에 국한하지 않고 성숙목 또는 성숙림에서 광범위하게 발생한다.
④ 나무 생존에 대한 위협이라기보다는 자연 평형 유지 등 생태적 현상이라는 견해도 있다.
⑤ 비생물적 요인 등 1차 요인에 의해 시작되어 생물적 요인 등 2차 요인에 의해 피해가 심해진다.

PART

04

산림토양학

CHAPTER 01

토양생성과 발달

1. 토양

1) 토양의 정의

모재가 여러 가지 토양생성인자의 영향을 받아 생긴 지표면의 얇고 부드러운 층을 토양이라 한다.

2) 토양과 땅의 차이점

① 땅 : 수면을 제외한 모든 지표면

② 토양 : 땅 중에서 암석 노출지나 도로, 적설지 등과 같은 식물이 자랄 수 없는 지표면은 토양이 아님

2. 모암

모암은 모재가 되는 암석으로 크게 화성암, 변성암, 퇴적암으로 구분한다.

1) 화성암

① 마그마가 화산으로 분출하거나 땅속에서 서서히 냉각되어 생성된다.

② 모든 암석의 근원은 화성암이다.

③ 산성암(규산 함량 많음, 밝은색), 중성암 및 염기성암(유색광물의 함량이 많음, 검은색)으로 세분한다.

④ 화성암의 주요 광물

㉠ 석영(Quartz), 장석(Feldspar), 운모(Mica), 각섬석(Hornblende), 휘석(Augite Pyroxene) 등

㉡ 장석과 운모 : 점토의 재료

㉢ 석영 : 모래의 재료

중부지방에서 가장 흔한 것은 화강암(화성함에 속함)이고, 변성작용을 받은 화강편마암이다.

핵심문제

SiO_2 함량이 66% 이상인 산성암은? [23년 9회]

① 반려암 ② 섬록암
③ 안산암 ④ 현무암
❺ 석영반암

점판암(혈암, 이암 등 퇴적암이 유래), 편마암(화강암), 규암(사암), 대리석(석회암)

➤ 주요 화성암의 구분

구분	산성암 $SiO_2 > 66\%$	중성암 SiO_2 66~52%	염기성암 $SiO_2 < 52\%$
심성암	화강암	섬록암	반려암
반심성암	석영반암	섬록반암	휘록암
화산암	유문암	안산암	현무암

2) 변성암

① 이미 생성된 모암이 변성작용으로 변화되어 재결정화된 암석이다.
② 편암(혈암, 점판암, 염기성 화성암 유래), 천매암(점판암) 등이 있다.
③ 원래의 암석보다 조직이 치밀하고 비중이 무거워 풍화에 강하다.

3) 퇴적암

① 다른 암석의 풍화물이 퇴적하여 굳어진 것으로, 성층암, 침전암, 수성암이라고도 한다.
② 사암, 역암, 혈암, 석회암, 응회암 등이 있다.
③ 무게로는 5%이나, 지표면의 75%를 덮고 있다.
④ 우리나라에서는 중생대 경상분지에 넓게 분포한다.

3. 암석의 풍화와 이동

1) 풍화와 모재

(1) 풍화

기계적 풍화작용, 화학적 풍화작용, 생물적 풍화작용 등으로 나누지만, 동시에 일어난다.

(2) 최종적으로 남는 토양 종류

① 규산염 점토광물
② 철과 알루미늄 산화물 등 점토광물
③ 석영같이 풍화 안정성이 큰 1차 광물

(3) 1차 광물

석영 > 백운모(K) > 미사장석(K) > 정장석(K) > 흑운모(K) > 조장석(Na) > 각섬석(Ca, Mg, Fe) > 휘석(Ca, Mg, Fe) > 회장석(Ca) > 감람석(Mg, Fe)

(4) 2차 광물

침철광 > 적철광 > 깁사이트 > 점토광물 > 백운석 > 방해석 > 석고

➤ 주요 1차 광물과 2차 광물의 풍화 내성

풍화 내성	1차 광물	2차 광물
강		침철광(Goethite) FeOOH 적철광(Hematite) FeO_3 깁사이트(Gibbsite) $Al_2O_3 \cdot 3H_2O$
	석영(Quartz) SiO_2	점토광물 Al silicates
	백운모(Muscovite) $KAl_3Si_3O_{10}(OH)_2$ 미사장석(Microcline) $KAl_3Si_3O_8$ 정장석(Orthoclase) $KAl_3Si_2O_8$ 흑운모(Biotite) $KAl(Mg, Fe)_3Si_3O_{10}(OH)_2$ 조장석(Albite) $NaAl_3Si_3O_8$ 각섬석(Hornblende) $Ca_2Al_2Mg_2Fe_3Si_6O_{22}(OH)_2$ 휘석(Augite) $Ca_2(Al, Fe)_4(Mg, Fe)_4Si_6O_{24}$ 회장석(Anorthite) $CaAl_2Si_2O_8$ 감람석(Olivine) $(MgFe)_2SiO_4$	
약		백운석(Dolomite) $CaCO_3 \cdot MgCO_3$ 방해석(Calcite) $CaCO_3$ 석고(Gypsum) $CaSO_4 \cdot 2H_2O$

핵심문제

광물의 풍화 내성이 강한 것부터 약한 순서로 나열한 석은? [23년 9회]

① 미사장석 > 백운모 > 흑운모 > 감람석 > 석영
② 감람석 > 석영 > 미사장석 > 백운모 > 흑운모
③ 백운모 > 흑운모 > 석영 > 미사장석 > 감람석
❹ 석영 > 백운모 > 미사장석 > 흑운모 > 감람석
⑤ 흑운모 > 백운모 > 감람석 > 석영 > 미사장석

핵심문제

다음 중 2차 점토광물인 것은? [21년 5회]

① 석영
② 장석
③ 운모
❹ 방해석
⑤ 각섬석

2) 풍화의 분류

(1) 기계적 풍화

물리적 붕괴의 네 가지 유형은 다음과 같다.

> 물리적 풍화의 원인
> 온도(박리현상), 물과 얼음 및 바람, 식물과 동물

① 입상붕괴 : 결정형 광물들이 팽창, 수축 계수의 차이 등에 의하여 입자상으로 분리
② 박리 : 온도의 변화로 화강암 등이 양파와 같이 한 겹씩 벗겨지는 현상
③ 절리면 분리 : 기반암에 생긴 평행 절리에 따라 분리되는 현상
④ 파쇄 : 단단한 암석이 불규칙한 암편으로 부서지는 현상

(2) 화학적 풍화

① 용해, 가수분해, 수화, 산성화, 산화 등의 화학작용이 수반된다.
② 고온다습한 지역에서는 물리·화학적 풍화가 상승효과를 발휘한다.
③ 화학적 풍화의 원인
㉠ 물과 용액 : 물에 용해된 염 및 산들이 광물의 풍화에 가장 큰 역할을 함
㉡ 산성용액에 의한 풍화 : 풍화작용은 탄산과 유기산에 의하여 공급되는 H^{+}에 의해 가속화
㉢ 산화작용 : 철을 함유한 암석에서 흔히 일어나는데, Fe^{2+}과 같은 이온이 녹아서 방출되거나 광물구조의 결함이 발생하여 기계적인 붕괴가 쉬워짐

> 폴리노프(Polynov)의 가동률
> • 집적성 풍화물 : 암석광물이 풍화되어 물에 용해된 후 이동하는 성분
> • 잔적성 풍화물 : 이동하지 않고 남은 성분
> • 가동률 : 암석의 풍화 생성물 중 Cl^{-}의 이동성을 100으로 하여 다른 성분들의 이동성을 비교한 것으로, 가동률을 4개의 상으로 계산

각 상	함유 성분
제1상	Cl^{-}, SO_4^{2-}
제2상	Ca^{2+}, Na^{+}, Mg^{2+}, K^{+} 등의 알칼리금속과 알칼리토류금속이 용탈
제3상	반토규산염의 규산이 용탈
제4상	철과 알루미늄 산화물은 풍화물에 축적됨

(3) 생물적 풍화

① 동물의 영향은 기계적인 과정이 많고, 식물의 뿌리나 미생물은 화학적 작용을 수반한다.
② 미생물은 암모니아를 산화하여 질산을 생성하고, 황화물을 산화하여 황산을 만들기도 한다.

3) 풍화산물의 이동과 퇴적

(1) 잔적모재

풍화물이 제자리에 남아 있는 경우이다.

(2) 운적모재

중력, 물, 바람 등으로 이동하여 퇴적된 경우이다.

4. 토양모재

1) 잔적모재

(1) 잔적무기모재

① 풍화된 장소에 그대로 남아 있는 잔적모재이다.
② 모암의 성질과 풍화경로의 영향을 많이 받는다.
③ 경사가 완만한 지형에서 풍화작용을 오랫동안 받을 때 생성된다.
④ 완만한 야산지대는 토심이 깊고 오래된 완숙 토양지대를 이룬다.
⑤ 산악의 식물을 유지하는 데 매우 중요하다.
⑥ 잔적모재의 형성속도는 매우 느리다.

(2) 퇴적유기모재

① 호수나 습지와 같이 산소공급이 제한되거나 온도가 낮아 미생물 활동이 약한 고위도 지대에서 유기질 모재가 축적된다.
② 우리나라 서해안 일대의 야산 곡간에 인접한 해성토 심층에 이탄층이 퇴적되어 있다. 이런 토층에는 황화물이 많이 함유되어 있어 산화되면 특이산성토양물질로 변한다.

2) 운적모재

(1) 물에 의한 운반과 퇴적(충적퇴적물, 충적모재)

① 선상지퇴적물
㉠ 물의 속도가 떨어져 운반되던 물질들이 가라앉을 때 일어남
㉡ 우리나라는 산악지가 많아 선상지가 잘 발달되어 있음
㉢ 선정(부채의 손잡이) : 계곡 입구, 굵은 바위와 돌, 암편 등이 기층을 이루고, 표면수는 지하로 흐르는 경우가 많음
㉣ 선앙(부채의 중간) : 주로 밭으로 이용
㉤ 선단(부채의 끝부분) : 주로 논으로 이용

Reference 충적모재의 개념

- 충적평지 : 충적모재로부터 유래된 지역
- 충적토 : 충적모재로부터 유래된 토양
- 하성충적모재 : 강이나 하천의 담수에 의해 운반 · 퇴적된 모재
- 해성충적모재 : 바닷물에 의해 운반 · 퇴적된 모재
- 하해혼성충적모재 : 바닷물과 강물이 섞이는 하구 등지에 퇴적된 것
- 호성충적모재 : 물이 호수로 유입되면서 퇴적된 것

▮흐르는 물이 만드는 지형▮

② 범람원 : 강 하류에서 물이 범람하여 강 주변에 퇴적되어 형성
③ 하해혼성퇴적지 : 강물이 바다에 이르러 만조 시 물의 흐름이 정체되는 곳에서 퇴적작용이 일어나 삼각주를 형성
④ 해안퇴적물 : 바다로 유입된 토사가 파도에 의해 다시 해안으로 밀려와 사주를 만들고 석호를 형성

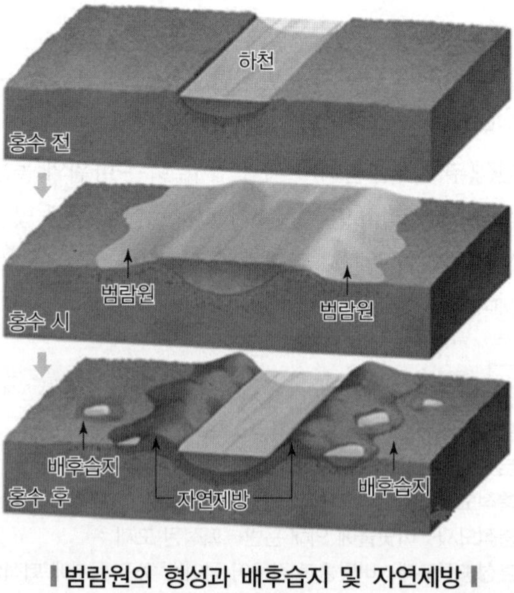

▮범람원의 형성과 배후습지 및 자연제방▮

⑤ 호수 물에 의한 퇴적물 : 호수에 퇴적된 물질들의 입자는 크기가 다양하여 층을 형성하는데, 이를 빙호점토라고 함. 계절에 따라 퇴적물의 특징이 다르기 때문임

⑥ 빙하에 의한 퇴적물

㉠ 빙력퇴모재는 일정한 조성을 갖지 않음

㉡ 빙력토평원 : 빙하가 흐른 지역으로 토층이 단단한 평탄지

㉢ 빙하성 유수퇴적층 : 빙하가 녹으면서 함유된 토사가 흘러내려 형성된 층

(2) 바람에 의한 퇴적

① 굵은 입자들은 모래공급원 가까이에 사구를 형성한다.

② 황사는 입자가 작아서 더 멀리 운반된다.

(3) 붕적퇴적

① 산지의 바위 풍화물질들이 경사면을 따라 중력에 의해 이동되어 산록에 퇴적된 모재이다.

② 포행 : 사면을 따라 토사가 서서히 이동

③ 동활 : 결빙되어 있는 심층 위를 소성태의 표토가 서서히 흐름

④ 토석류 : 습윤한 기후의 산지 하부에서 팽창성의 점토광물이 풍부한 풍화층이 이동

충적붕적모재
=붕적+물에 의한 이동

5. 토양의 생성인자 및 작용

1) 토양생성인자

토양의 생성에 영향을 주는 5가지 인자로 모재, 기후, 지형, 생물(식생), 시간이 있다.

(1) 모재

① 산성 화성암류의 모재

㉠ 석영, 1가 양이온의 함량이 많음

㉡ 포드졸 특성의 토양, 물리성이 양호

② 염기성 화성암의 모재

㉠ 칼슘, 마그네슘 등의 2가 양이온의 함량이 많음

㉡ 비옥도가 높아 식생이 풍부

Reference 토양생성인자의 주도적 작용으로 생성된 토양 종류

- 암석 연쇄토양계열(Lithosequence) : 토양생성인자 중에서 다른 인자는 같으나 암석이 달라짐에 따라 토양의 형태적 특성이 달라진 일련의 토양군을 말한다.
- 기후 연쇄토양계열(Climosequence) : 토양생성을 기후의 함수로 볼 때 기후가 달라짐에 따라 토양의 형태적 특성이 달라지는 일련의 토양군을 말한다.
- 생물성 토양연속계(Biosequence) : 토양생성인자 중 생물인자의 차이가 토양의 차이를 가져오게 한 인접토양의 연속 관계이다.
- 지형 연쇄토양계열(Toposequence) : 토양생성인자 중에서 주로 지형의 영향을 많이 받아 토양의 형태적 특성이 달라진 일련의 토양군을 말한다.
- 연대성 토양연속계(Chronosequence) : 토양생성 중 시간의 차이에 의하여 토양의 특성이 달라지는 토양군이다.

③ 우리나라 모암의 2/3 이상이 화강암 및 화강편마암이다.

④ 영남내륙(중생대의 경상계) : 혈암, 사암, 역암 등의 퇴적암

(2) 기후

① 토양 생성에 관여하는 요인 중 가장 중요하다. 그중에서 가장 큰 요소는 강수량과 기온이다.

② 강수량 : 강수량이 많을수록 토양 생성속도가 빨라지고, 토심이 깊어짐

③ 강수의 세기 : 지표 유거수의 발생량, 토양 침식, 토양입자 파괴 등에 영향을 미침

④ 풍화속도 : 온도가 높을수록 풍화속도가 빨라지며, 온도가 10℃ 상승하면 화학반응이 2~3배 이상 빨라짐

㉠ $\text{P-E율} = \sum_{T=1}^{T=12}\left(\frac{\text{월강수량}}{\text{월증발량}}\right)$

㉡ $\text{T-E율} = \sum_{T=1}^{T=12}\left(\frac{\text{월강수량}}{\text{월평균기온}}\right)$

⑤ 강수량이 많은 습윤지대 : Ca, Mg 등의 양이온이 용탈로 산성교질이 생성

⑥ 건조 또는 반건조지대 : Ca, Mg, Na 등이 집적되어 염류토나 알칼리토가 생성

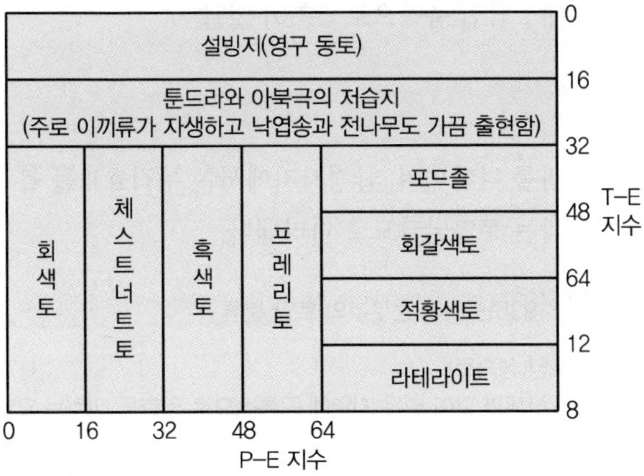

▍P-E 지수와 T-E 지수에 따른 지대 구분 및 분포토양형▍

(3) 지형

① 지형이란 지표면의 형상과 기복을 말하며, 토양 생성과정에 많은 영향을 끼친다.

② 경사도가 급하면 토양의 생성량보다 침식량이 많아지고, 경사가 평탄지에 가까우면 투수량이 많아져 토양 생성량이 많아지며 토심이 깊어진다.

③ 건조연쇄 : 볼록지형이면 강수량의 일부가 유거되며 나타나는 현상

④ 습윤연쇄 : 오목지형이면 물이 집수되어 나타나는 현상

(4) 생물

① 생물인자 중 가장 큰 영향을 끼치는 것은 식물이다.

② 초지 : 뿌리조직의 분해물질 축적으로 어두운 색깔의 A층이 발달

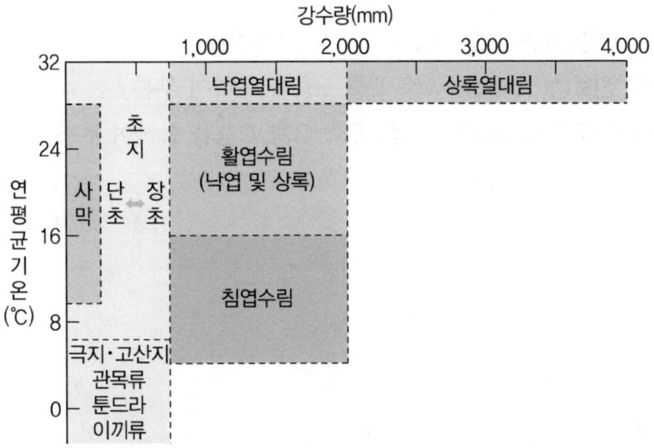

▍강수량과 기온에 따른 지구상의 식생분포 양상▍

③ 삼림지대 : 낙엽 축적으로 O층이 발달

(5) 시간

① 누적효과를 나타내며, 급경사지에서는 누적효과를 볼 수 없다.
② 누적효과는 토양발달도로 나타낸다.

Reference 1938년 미국 농무부의 토양 분류

- 성대성 토양(성숙토)
  - 기후나 식생과 같이 넓은 지역에 공통적으로 영향을 끼치는 요인에 의하여 생성된 토양
  - 라테라이트, 적색토, 사막토, 체르노젬, 밤색토, 갈색토, 포드졸, 툰드라토
- 간대성 토양(성숙토)
  - 좁은 지역 내에서 토양 종류의 변이를 유발하는 지형과 모재, 시간의 영향을 주로 받아 형성된 토양
  - 간대토양, 테라로사, 화산회토, 레구르, 이탄토, 글레이토 등
- 무대 토양(미성숙토)
  - 토양의 퇴적 연대가 짧거나 침식이 심하여 토양 단면의 발달을 볼 수 없는 토양을 가리키며, 3개 대토양군이 존재
  - 리고솔(염류토), 리토솔(암설토), 충적토(Alluvial)

2) 토양 단면

토층이란 토양 생성과정을 통해 생성인자의 작용으로 분화, 발달한 층위를 말하며, 단순한 지질적 퇴적층과는 다르다. 크게 기본토층(주토층)과 종속토층(보조토층)으로 구분된다.

(1) 기본토층

① O층, A층, E층, B층, C층으로 구분한다.
② 진토층(Solum) : A층, E층, B층을 합하여 부름
③ 전토층(Regolith) : A층, E층, B층, C층을 합하여 부름

핵심문제

기후와 식생의 영향을 받으면서 다른 토양생성인자의 영향을 받아 국지적으로 분포하는 간대성 토양은? [22년 7회]

① 갈색토양
❷ 테라로사
③ 툰드라토양
④ 포드졸토양
⑤ 체르노젬토양

핵심문제

토양생성 작용에 의하여 발달한 토양층 중 진토층은? [22년 8회]

❶ A층+B층
② A층+B층+C층
③ O층+A층+B층
④ O층+A층+B층+C층
⑤ O층+A층+B층+C층+R층

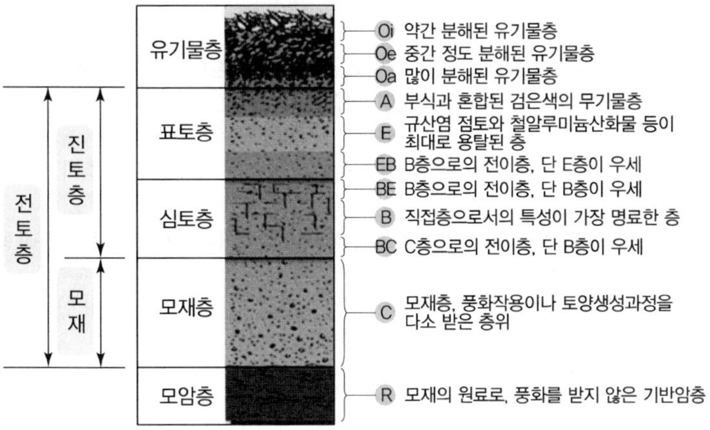

| 토양단면과 층위의 배열 상태 |

➤ 토양의 명칭 및 특징

토양 명칭	특징
H	물로 포화된 유기물층
Oi	미부숙 유기물층
Oe	중간 정도 부숙된 유기물층
Oa	잘 부숙된 유기물층
A	무기물 토층(부식 혼합), 어두운 색
E	용탈 흔적이 가장 명료한 층
AB · EB	전이층(A→B, E→B), 단 특성 : A>B, E>B
BA · BE	전이층(A→B, E→B), 단 특성 : A<B, E<B
E/B	혼합층(단, E층의 분포비가 우세), 우세층 먼저 표기
B	무기물집적층
BA · BC	전이층(BA, BC), 단 특성 : A, E<B(B층 우세)
B/E	혼합층(B층 분포비가 우세)
BC · CB	전이층(우세 토층 먼저 표기)
C	모재층(잔적토 : 풍화층, 운적토 : 원퇴적 사력층)
R	모암층(수직적으로 연속 분포, 수작업 굴취 불가)

Reference 기본토층의 명칭과 특징

- O층 : 유기물층은 무기질 토층 위에 있으며, 고사목, 나뭇가지, 낙엽 및 기타 동식물의 유체 등으로 구성된 층
- A층
  - 무기물표층은 부식화된 유기물과 섞여 있기 때문에 아래 층위보다는 암색을 띠고 물리성이 좋다.
  - 대부분 입단구조가 발달되어 있으며 식물의 잔뿌리가 많다.

• E층
 - 최대용탈층은 규산염점토와 Fe, Al의 산화물 등이 용탈되어 위아래 층보다 조립질이거나 내풍화성 입자의 함량이 많고 담색을 띤다.
 - 과용탈토(Spodosol)의 표백층이 가장 대표적인 E층이다.
 - 부식산이 많이 생성될 수 있고, 강수량이 많은 지역일수록 E층이 발달한다.
• B층
 - 습윤지대에서는 상부 토층으로부터 철, 알루미늄 산화물, 세점토 등이 용탈되어 B층을 생성한다.
 - B층은 위아래 층보다 색깔이 더 진하고 점토피막이 형성되어 있다.
 - 점토피막이 두꺼울수록 구조의 발달이 좋다.
• C층 : 아직 토양 생성작용을 받지 않은 모재층
• R층 : 모암층
• 전이층(혼합층) : 두 가지 토층의 특성을 동시에 지닌 토층

(2) 종속토층(보조토층)

기본토층에 대한 보다 구체적인 특징을 표기한 것으로, 기본토층 부호에 특징적인 토층의 부호를 영문 소문자로 표시한다.

➤ 종속토층의 기호 및 토층의 특성

종속토층 기호	토층의 특성
a	• 잘 부숙된 유기물층
b	• 매몰 토층
c	• 결핵(Concretion) 또는 결괴(Nodule)
d	• 미풍화 치밀물질층(Dense Material)
e	• 중간 정도 부숙된 유기물층
f	• 동결토층(Frozen Layer)
g	• 강 환원(Gleying) 토층
h	• B층 중 이동 집적된 유기물층
i	• 미부숙된 유기물층
k	• 탄산염집적층
m	• 경화토층(Cementation, Induration)
n	• Na(Sodium) 집적층
o	• Fe, Al 등의 산화물(Oxide) 집적층
p	• 경운(Plowing)토층 또는 인위교란층
q	• 규산(Silica) 집적층
r	• 잘 풍화된 연한 풍화모재층
s	• 이동집적된 OM + Fe, Al 산화물
t	• 규산염점토집적층
v	• 철결괴층
w	• 약한 B층
X	• 이쇄반
Y	• 석고집적층
z	• 염류집적층

3) 토양생성작용

(1) 무기성분의 변화를 주는 생성작용

① 초기 토양 생성작용 : 자급영양미생물 번성 → 타급영양세균 번식 → 지의류 번성 → 지의류의 유기산, 수용성 착화물로 암석 분해 → 얇은 세토층을 형성(Montmorillonite, Illite) → 다량의 세토 생성 → 선태류 번식 → 초본 잡초 발생 → 대형 동물군 서식

② 점토 생성작용

㉠ 1차 광물이 분해되어 새로운 결정형 또는 비결정형의 2차 규산염광물을 생성

㉡ 규소사면체와 알루미늄 8면체가 2 : 1로 결합하는 암석 종류

- Si : Al=(2 : 1)
- 반응조건 : 알칼리성~약산성
- 종류 : 일라이트(Illite), 글라우코나이트(Glauconite), 몬몰리오나이트(Montmorillonite), 베이델라이트(Beidelite), 버미큘라이트(Vermiculite)

㉢ 규소사면체와 알루미늄 8면체가 1 : 1로 결합하는 암석 종류

- Si : Al=(1 : 1)
- 반응조건 : 강산성
- 종류 : 카올리나이트(Kaolinite), 헬로이사이트(Halloysite)

③ 갈색화작용(Braunification)

㉠ 화학적 풍화작용에 의해 규산염광물이나 산화물광물로부터 철 이온이 산소나 물과 결합하여 가수산화철이 되어 토양을 갈색으로 변화시킴

㉡ 침철광(Goethite, FeOOH), 적철광(Hematite, FeO_3)의 생성

④ 철, 알루미늄 집적작용

㉠ 비가 많이 오고 기온이 높은 기후조건에서 수산화알루미늄과 수산화철이 등전점에 가까워져 수산화물들이 불용성이 되어 침전

㉡ 비옥도가 낮은 산성토양이고, 양이온치환용량이 낮으며, 경운이 어려움

㉢ 미국 농무성의 신토양분류법에서 옥시솔(Oxisol)로 통일

- 자급영양미생물 : 녹조류, 남조류, 규조류 등
- 타급영양세균 : 점균류, 사상균, 방선균 등

핵심문제

토양 생성작용 중 무기성분의 변화에 의한 것이 아닌 것은? [22년 7회]

① 갈색화작용
❷ 부식집적작용
③ 점토생성작용
④ 초기토양생성작용
⑤ 철, 알루미늄집적작용

등전점

특정분자가 전기적인 전하를 띠지 않고 중성 상태인 pH를 의미한다(양전하량=음전하량).

(2) 유기성분의 변화를 주는 생성작용

① 부식집적작용

㉠ 동식물의 유체가 토양미생물에 의해 분해되면서 토양 중에 부식이 재합성되어 집적됨

㉡ 조부식(Mor, 유기물층) : 히스(Heath, 진달랫과 식물), 침엽수 등의 식생에 의하여 공급되는 유기물이 미생물의 활동 부족으로 일부만 분해된 것

㉢ 정부식(Mull, Mild Humus) : 분해가 양호한 유기물, pH가 4.5~6.5로 입상구조를 가진 A층을 형성

㉣ 반부식(Moder, Mor와 Mull의 중간) : 표층에는 분해되지 않은 유기물이 있고, 그 밑에는 A층과 혼합된 Mull층과 유사

② 이탄집적작용 : 요함지나 지하수위가 지표면 가깝게 높은 지역은 혐기 상태로 불완전하게 분해된 유기물이 축적

(3) 토양생물의 작용과 물질의 이동에 의한 생성작용

① 회색화작용(Gleization) : 토양이 과습하여 토양이 환원 상태로 되며, 암회색으로 변색

㉠ $Fe^{3+} \rightarrow Fe^{2+}$

㉡ Mn^{4+}, $Mn^{3+} \rightarrow Mn^{2+}$

② 염기용탈작용 : 강수량이 증발량보다 많으면 K, Na, Ca, Mg 등의 염기류도 세탈

③ 점토의 기계적 이동작용 : 점토와 철산화물이나 수산화물 또는 규산염 1차 광물 등은 물과 함께 기계적으로 이동하여 하부 층에 집적

> ✎ **토양 발달순서**
> 미숙토(Entisol) → 반숙토(Inceptisol) → 완숙토(Alfisol) → 과숙토(Ultisol)

④ 포드졸화작용

㉠ 습윤한 한대지방의 침엽수림 아래는 온도가 낮아 미생물의 활동이 느리므로 유기물이 집적됨

㉡ 풀브산(강산성, 수용성 저분자 부식물질)을 많이 함유

㉢ 집적층에는 흑갈색의 부식이 집적되고, 적갈색의 철집적층이 생성되는 포드졸이 생성됨(흰색의 표백층을 E층이라고 한다)

⑤ 염류화작용과 탈염류화작용

㉠ 염류화작용 : 증발량이 강수량보다 많은 건조한 기후조건에서는 염류가 모세관현상에 의해 상부표토에 집적

㉡ 탈염류화작용 : 강수량의 증가, 지하수위의 하강, 관개 등에 의해 가용성 염류가 제거되는 현상

⑥ 알칼리화작용 : 가용성 염류가 점차 Na^+으로 포화되어 분산성이 증대되고, 강알칼리성 반응으로 부식이 용해되어 토층이 암색화되는 과정(pH 10~11)

⑦ 석회화작용(Calcification) : 건조 또는 반건조지대에서 발생수용성 염류는 대부분 용탈되고 탄산칼슘($CaCO_3$), 탄산마그네슘($MgCO_3$)은 축적

⑧ 수성표백작용(지하수포드졸화작용) : 표층이 물로 포화되어 철과 망간이 가용성인 Fe^{2+}, Mn^{2+}으로 변하고, 삼투수와 함께 용탈되어 표층이 회백색으로 표백

CHAPTER 02

토양물리

토양물리는 토양의 물리적 현상을 다루는 분야로 고체(토양입자와 유기물), 액체(토양수분), 기체(토양공기)의 구성비율에 따라 다양한 물리적 특성을 갖는다.

Reference 토양의 물리적 성질

- 토성, 구조, 밀도, 공극률, 수분 함량, 견지도, 온도, 색 등이 있다.
- 페드(Ped) : 토양구조는 모래, 미사 및 점토가 모여 형성된 것으로 자연적으로 만들어진 것을 말한다.
- 클로드(덩어리, Clod) : 경운 등 인위적으로 만들어진 것이다.
- 용적밀도 : 치밀함의 정도를 나타낸다(질량/부피).
- 공극률 : 토양에 형성된 공간의 비율이다$\left\{\left(1-\frac{\text{용적밀도}}{\text{입자밀도}}\right)\times 100\right\}$.
- 견지성 : 수분 함량에 따른 힘의 역학적 크기이다.

✎ 토성

모래, 미사 및 점토입자의 비율을 바탕으로 12가지로 분류된다.

1. 토양의 3상

토양을 이루는 기본적인 3가지 물질로, 고상, 액상, 기상이 있다.

(1) 고상

① 암석의 풍화물인 무기물과 동식물로부터 공급된 유기물로 구성된다.

② 자갈, 모래, 미사 및 점토의 형태로 존재한다.

(2) 액상

토양의 수분으로, 각종 유기물질 및 무기물질과 이온을 함유하며 O_2나 CO_2도 녹아 있다.

(3) 기상

토양의 공기로서, 대기에 비해 O_2의 농도는 낮고, CO_2의 농도는 높다.

핵심문제

입자밀도가 용적밀도의 2배일 때 고상의 비율(%)로 옳은 것은? [21년 5회]

① 35%
② 40%
③ 45%
❹ 50%
⑤ 55%

2. 토성

1) 토성의 정의

모래, 미사 및 점토입자의 비율로 토양을 분류한 것으로, 투수성, 보수성, 통기성, 양분보유능력, 경운작업의 용이성에 영향을 끼치는 중요한 지표이다.

2) 입경 구분과 물리성

(1) 입경 구분

점토	미사	모래	자갈
0.002mm 이하	0.002~0.05mm	0.05~2.0mm	2mm 이상

(2) 입경 구분에 따른 물리성

① 점토
- ㉠ 주로 2차 광물로 구성
- ㉡ 교질의 특성과 함께 표면전하를 가지므로 양분과 수분을 흡착하여 보유
- ㉢ 수분이 많을 때는 가소성과 응집성을 가지며, 건조해지면 단단한 덩어리가 됨

② 미사
- ㉠ 비볐을 때 미끈한 느낌을 주며, 석영이 주된 광물
- ㉡ 미사 자체의 입자는 가소성이나 점착성이 없으나, 미사 표면에 점토가 흡착되면 약간의 가소성과 응집성을 나타냄
- ㉢ 수식감수성, 풍식감수성이 매우 높아 침식이 잘 일어남

③ 모래 : 양분의 흡착이나 교환과는 무관한 반면, 대공극을 형성하여 공기와 물의 이동을 원활하게 함

3) 토성의 분류

토성을 정하는 방법은 두 가지이다.

① 미국 농무성법(USDA) : 우리나라는 미국 농무성법을 이용(12가지로 분류). 점토는 0.002mm 이하, 미사는 0.002~0.05mm 이하, 모래는 0.05~2.0mm 이하임

② 국제토양학회법 : 미국 농무성법과 같이 12가지로 분류하나 입경의 크기가 다름. 점토는 0.002mm 이하, 미사는 0.002~0.02mm 이하, 모래는 0.02~2.0mm 이하임

➤ **토양의 입경 구분**

입경 구분		입경 규격(단위 : mm)	
		미국 농무성법	국제토양학회법
모래	매우 굵은 모래	1.00~2.00	–
	굵은 모래	0.50~1.00	0.20~2.00
	중간 모래	0.25~0.50	–
	가는 모래	0.10~0.25	0.02~0.20
	매우 가는 모래	0.05~0.10	–
미사		0.002~0.05	0.002~0.02
점토		0.002 이하	0.002 이하

4) 토성 결정방법

촉감분석법과 입경분석법(정밀분석법)으로 나뉜다.

(1) 촉감분석법

간이토성분석법으로 현장에서 주로 이용하는 방법이다.

① 모래 : 까칠까칠한 촉감
② 미사 : 미끈미끈한 촉감
③ 점토 : 끈적끈적한 촉감

➤ **촉감분석법에 의한 분류 기준**

사토	양토	식양토	식토
뭉쳐지지 않음	띠의 길이 <2.5cm	2.5< 띠의 길이<5cm	5cm <띠의 길이

(2) 입경분석법

① 모래 : 토양체를 이용
② 미사, 점토 : 침강속도 차이를 이용하여 분석
③ 체를 이용하는 모래입자분석법
　㉠ 0.05mm 이상인 모래를 분석하는 데 사용
　㉡ 미국 ASTM(미국 표준) 표준체를 사용

핵심문제

미국 농무부(USDA) 기준 촉감법에 의한 토성 분류 중 양질사토의 특징인 것은? [21년 5회]

❶ 띠를 만들 수 없다.
② 띠의 길이가 2.5~5.0cm이다.
③ 띠의 길이가 5.0cm 이상이다.
④ 밀가루 같은 부드러운 느낌이 강하다.
⑤ 토양에 적당한 물을 첨가했을 때 공 모양으로 뭉쳐지지 않는다.

ⓒ 체번호 10번(2mm, 2,000μm)~325번(45μm, 0.045mm)

④ 침강법을 이용하는 미세입자분석법

㉠ 모래를 제외한 미사와 점토를 분석하는 방법으로, 스토크스(Stokes)의 법칙을 이용

㉡ 토양 현탁액이 중력에 의해 침강하고, 큰 입자일수록 침강속도가 빠름. 침강속도는 입자의 크기와 액체의 점성에 의하여 결정

㉢ 비중계법과 피펫법이 있음

ⓐ 비중계법

- 시간이 지남에 따라 현탁액 중의 토양 함량이 낮아지고, 비중도 낮아짐
- 토양 함량은 g/L로 표시하며, 진탕된 토양을 메스실린더에 옮겨 1L 채운 뒤 비중계로 40초, 8시간 후 눈금을 읽어 환산

ⓑ 피펫법

- 270번체를 사용하여 모래입자를 분리하고 건조시켜 모래 함량을 측정
- 나머지 현탁액은 1L실린더에 넣고, 20℃를 유지
- 흔들고 8시간 후에 피펫으로 10cm 깊이에서 5초간 10mL를 취하여 건조 후 무게를 측정. 이때 분산제를 사용하므로 분산제의 무게를 보정

Reference 스토크스 법칙의 가정

- 입자들은 동일한 비중을 가진 단단한 구형이다.
- 침강하는 동안 입자 간의 마찰은 무시한다.
- 입자들은 액체분자들의 브라운운동의 영향을 받지 않을 정도로 충분히 크다.
- 하강입자에 대한 저항이 전적으로 액체의 점성에 의하여 지속되도록 하강속도는 일정한 한계를 초과하지 않는다.

핵심문제

토양의 입경분석에 대한 설명으로 옳지 않은 것은? [21년 5회]

① 유기물을 제거한다.
② 입자를 분산시킨다.
③ 입자 지름이 0.002mm 이하는 점토이다.
❹ 입경분석 결과에 따라 토양구조를 판단한다.
⑤ 토성 결정은 지름 2mm 이하의 입자만을 사용한다.

✎ 8시간이 경과하면 표층 10cm 깊이의 현탁액에는 지름 0.002mm 이상의 큰 입자는 존재하지 않으며, 지름 0.002mm 이하의 작은 점토입자만 존재하는데, 이때 피펫으로 채취하여 건조시킨 후 무게를 재거나 비중계를 사용한다.

핵심문제

토성을 판별하기 위해 모래, 미사, 점토의 비율을 분석하는 방법만을 나열한 것은? [25년 11회]

❶ 피펫법, 비중계법
② 피펫법, 건토 중량법
③ 촉감법, 건토 중량법
④ 촉감법, 코어 측정법
⑤ 비중계법, EDTA 적정법

3. 용적과 질량의 관계

1) 입자밀도

① 입자밀도는 유기물을 포함한 토양의 고형입자 자체의 밀도를 말한다.

② 토양이 가지고 있는 고유한 밀도로 인위적으로 변하지 않는다.

$$입자밀도 = \frac{고형입자의\ 무게}{고형입자의\ 용적}(g/cm^3,\ mg/m^3)$$

✎ **토양구성물질의 입자밀도**
철산화물 > 탄산칼슘 > 석영, 장석 > 유백색 규소 > 유기물 > 물

2) 용적밀도

① 용적밀도 $= \frac{\text{고형입자의 무게}}{\text{전체 용적}}$ (고상의 부피 + 액상의 부피 + 기상의 부피)(g/cm^3, mg/m^3)

② 용적밀도에 따른 토양 상태

㉠ 용적밀도가 큰 토양 : 다져진 상태

㉡ 용적밀도가 낮은 토양 : 푸석푸석한 상태로 뿌리가 자라며, 투수성이 좋음

3) 공극률

① 공극률은 전체 토양용적에 대한 공극의 비율을 말한다.

② 공극률 $= \frac{\text{공극의 용적}}{\text{전체 토양의 용적}} = 1 - \frac{\text{용적밀도}}{\text{입자밀도}}$

4) 공극비

① 공극비는 토양공극의 부피와 고상 부피의 비를 말한다.

② 공극비 $= \frac{(\text{기상} + \text{액상})\text{부피}}{\text{고상의 부피}}$

5) 공기충전공극률

① 공기충전공극률은 전체 토양용적에 대한 기상의 부피를 말한다.

공기충전공극률 $= \frac{\text{기상의 부피}}{\text{전체 용적}}$

② 공기충전공극률에 따른 토양의 상태

㉠ 공기충전공극률이 높다 : '토양이 건조하다'는 의미

㉡ 공기충전공극률이 낮다 : '토양이 물로 채워져 있다'는 의미

6) 토양의 수분 정도

(1) 중량 수분 함량

중량 수분 함량 $= \frac{\text{토양수분의 무게}}{\text{건조한 토양의 무게}}$

(2) 용적 수분 함량

용적 수분 함량 $= \frac{\text{토양수분의 부피}}{\text{전체 토양의 부피}}$ = 중량 수분 함량 × 용적밀도

핵심문제

용적밀도 1.0g/cm^3, 입자밀도 2.65 g/cm^3, 토양깊이 20cm, 면적 1ha일 때 토양의 총중량은? [21년 5회]

① 200톤
② 530톤
❸ 2,000톤
④ 3,300톤
⑤ 5,300톤

핵심문제

코어(200cm^3)에 있는 300g의 토양 시료를 건조하였더니 건조된 시료의 무게가 260g이었다. 이 토양의 액상, 기상의 비율은 얼마인가?(단, 토양의 입자 밀도는 2.6g/cm^3, 물의 비중은 1.0g/cm^3로 가정한다.) [22년 8회]

① 20%, 20%
② 20%, 25%
❸ 20%, 30%
④ 30%, 20%
⑤ 30%, 30%

✎ 건조한 토양은 105℃에서 건조시킨 토양을 기준으로 한다.

(3) 수분포화도

① 공극에 어느 정도의 수분이 채워져 있는가를 나타내는 지표이다.

② $수분포화도 = \frac{수분의\ 부피}{(액상 + 기상)의\ 부피}$

㉠ 수분포화도 0 : 수분이 전혀 없음

㉡ 수분포화도 100 : 공극의 수분이 포화된 상태

4. 공극

공극은 식물의 생육뿐만 아니라 환경오염물질의 이동에도 영향을 끼친다.

1) 공극의 역할

(1) 대공극

① 공기의 통로로, 통기성은 좋지만 보수력은 작다.

② 작은 토양생물의 이동통로이다.

(2) 중공극

① 모세관현상으로 수분을 보유한다.

② 곰팡이, 뿌리털이 자라는 공간이다.

(3) 소공극

① 물을 보유하는 기능을 하며, 세균이 자라는 공간이다.

② 모세관현상 때문에 보수력을 가진다.

(4) 미세공극

① 점토입자 사이의 공간이다.

② 식물이 물을 이용할 수 없으며, 미생물의 일부만 자라는 공간이다.

(5) 극소공극

미생물도 자랄 수 없는 공극이다.

핵심문제

토양 공극에 관한 설명으로 옳지 않은 것은? [22년 7회]

❶ 토양 공극량은 식토보다 사토에 더 많다.
② 토양 입단은 공극률에 큰 영향을 준다.
③ 자연 상태에서 공극은 공기 또는 물로 채워져 있다.
④ 토양 내 배수와 통기는 대부분 대공극에서 이루어진다.
⑤ 극소 공극은 미생물도 생육할 수 없는 매우 작은 공극을 말한다.

2) 공극의 분류

(1) 생성원인별 분류

① 토성공극 : 기본 토양입자 사이에 발달하는 공극
② 구조공극 : 토양입단 사이에 발달하는 공극
③ 특수공극 : 식물의 뿌리와 소동물의 활동 및 유기물 분해 시 발생하는 가스에 의해 생성

(2) 크기에 따른 분류

① 대공극 : 0.08~5mm 이상
② 중공극 : 0.03~0.08mm
③ 소공극 : 0.005~0.03mm
④ 미세공극 : 0.0001~0.005mm
⑤ 극소공극 : 0.001mm 이하

5. 입단의 생성과 발달

1) 입단(떼알구조)

① 작은 토양입자들이 서로 응집하여 뭉쳐진 덩어리 형태의 토양이다.
② 토양의 물리적 구조를 변화시켜 수분보유력과 통기성을 향상시킨다.
③ 토양의 입단화 기작
㉠ 점토 사이의 양이온에 의한 응집현상

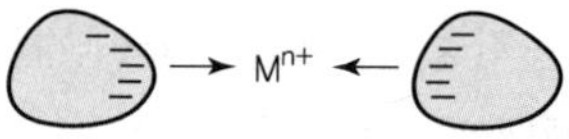

㉡ 점토 표면의 양전하와 점토에 의한 응집현상

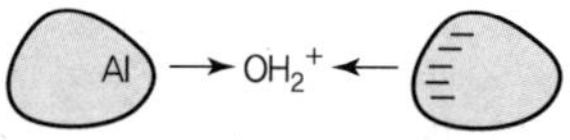

㉢ 점토 표면의 양전하와 유기물에 의한 입단화

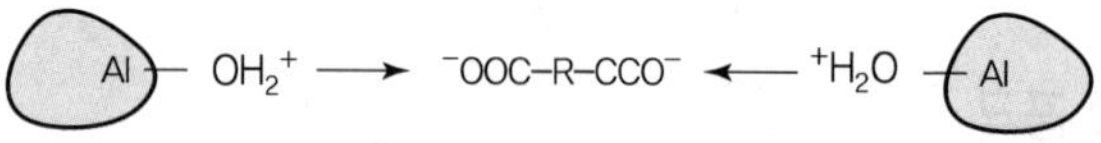

㉣ 점토 표면의 음전하 · 양이온과 유기물에 의한 입단화

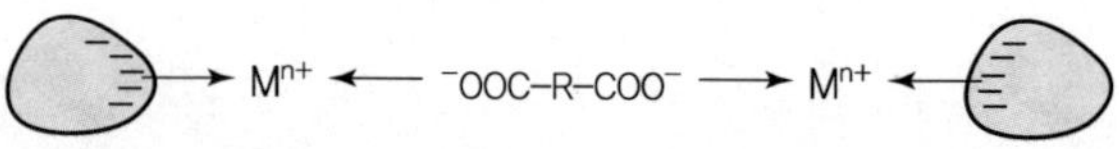

2) 입단 형성요인

(1) 양이온의 작용

① 입단의 형성은 점토의 응집에서 시작된다. 토양용액 중의 양이온이 점토 사이에 위치하여 나타나는 현상이다.

② 대표적인 양이온 : Ca^{2+}, Fe^{2+}, Al^{3+} 등 다가 이온

③ 0.03mm 크기의 작은 입단이 생성될 때까지 계속된다.

④ 울터솔(Ultisol)과 옥시졸(Oxisol)에서 잘 발견되며, 이 입단을 의사모래(Pseudo－sand)라고 한다.

✎ Na이온의 농도가 높은 토양에서는 수화반지름이 크기 때문에 입단의 분산이 일어난다.

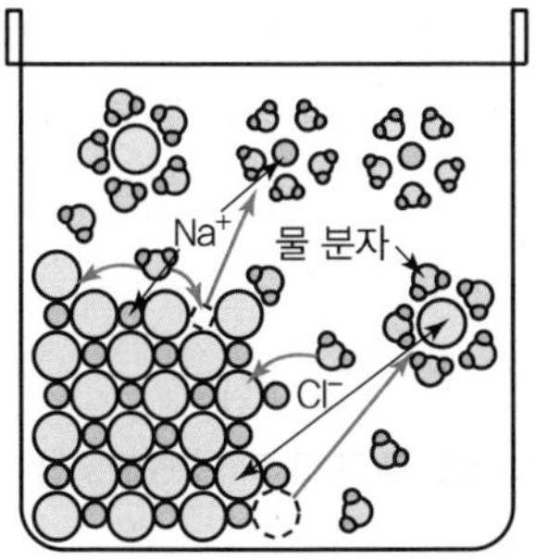

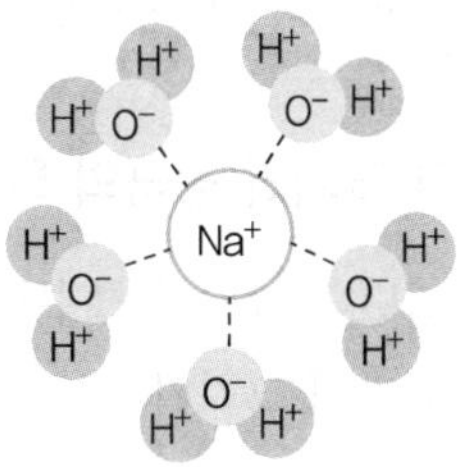

▎수화작용▎

✎ 수화란 물에 용해된 용질분자나 이온을 물 분자가 둘러싸 상호작용하여 하나의 분자처럼 되는 것을 뜻한다.

(2) 유기물의 작용

① 유기물은 토양입단을 생성하고 안정화시키는 데 중요한 역할을 한다.

② 유기물은 곰팡이, 세균, 미소동물의 에너지원이다. 미생물들이 분비하는 점액성 유기물질들은 토양입단 형성의 유익한 역할을 한다.

③ 유기물 종류 : 카르복실기, 엔놀, 페놀릭OH, 퀴논, 알코올릭OH, 에테르, 케톤, 알데하이드, 에스테르, 아민, 아마이드

✎ 점액물질 중 폴리사카라이드는 큰 입단을 형성하는 데 중요한 역할을 한다.

(3) 미생물의 작용

균근균은 균사뿐만 아니라 끈적한 단백질인 글로멀린을 생성하여 큰 입단을 생성한다.

(4) 기후의 작용

① 토양이 수분을 흡수, 건조를 반복하며 균열이 발생하여 입단을 형성한다.

② 얼음과 녹음, 젖음과 마름의 반복적인 작용에 따라 큰 토괴가 부서지고 작은 입자가 모여 입단을 촉진한다.

③ 버티졸(Vertisol), 몰리솔(Mollisol), 알피졸(Alfisol) 등 팽창형 점토광물이 많은 토양에서 잘 일어난다.

(5) 토양개량제의 작용

① 토양개량제는 토양 무게의 약 0.1%의 처리량으로 입단개량 효과를 나타내는 합성물질이다.

② 최초의 토양개량제 : 크릴리움(Krillium)

③ 토양개량제 종류 : 폴리비닐아세테이트(PVAc), 폴리비닐알코올(PVA), 폴리 아크릴산(PAA), 폴리아크릴아미드(PAM)

(6) 입단 크기와 공극의 특성

① 입단의 크기가 클수록 전체 공극량이 많아진다.

② 입단의 크기가 0.5~1.0mm일 때 공극률은 약 50%, 3.0mm 이상이 되면 60% 이상이다.

③ 비모세관공극량(대공극량) : 입단의 크기와 비례하여 증가

④ 모세관공극량(소공극량) : 입단의 크기가 0.5~1.0mm 이하일 경우에는 40% 이상, 입단의 크기가 그 이상일 경우에는 25% 내외

6. 토양구조

토양을 구성하는 입자들의 배열 상태를 나타낸 것으로, 모양, 크기, 발달 정도 등에 따라 분류한다.

1) 토양구조의 분류

(1) 토양구조의 모양에 따른 분류

① 구상구조(입상)

㉠ 주로 유기물이 많은 표층토에서 발달하고, 입단이 구상을 나타냄

㉡ 입상구조는 토양동물의 활동이 많음

핵심문제

토양입단에 관한 설명으로 옳은 것은? [22년 7회]

① 입단의 크기가 작을수록 전체 공극량이 많아진다.

❷ 균근균은 큰 입단(Macroaggregate)을 생성하는 데 기여한다.

③ Ca^{2+}은 수화도가 커서 점토 사이의 음전하를 충분히 중화시킬 수 없다.

④ 입단이 커지면 모세관공극량이 많아지기 때문에 통기성과 배수성이 좋아진다.

⑤ 동결–해동, 건조–습윤이 반복되면 토양의 팽창–수축이 반복되어 입단 형성이 촉진되며, 이는 옥시졸(Oxisols)에서 잘 일어난다.

✎ 입단이 커지면 공기와 수분의 통로가 되는 비모세관공극량이 증가하여 통기성과 배수성이 좋아진다.

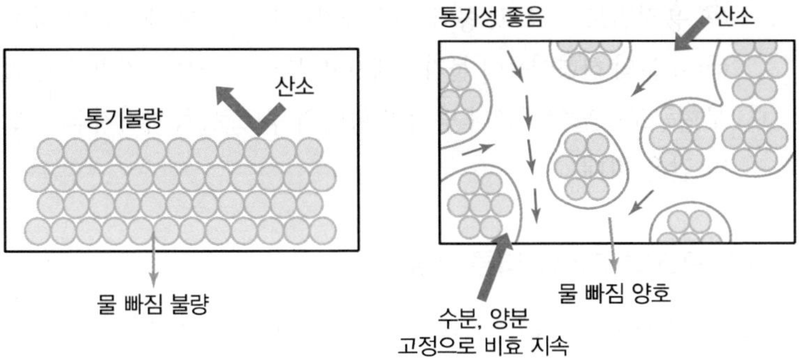

| 낱알구조 | | 입단구조 |

② 괴상구조

㉠ 배수와 통기성이 양호하며, 뿌리 발달이 원활한 심층토에서 발달

㉡ 외면에 각이 있으면 각괴, 각이 없으면 아각괴라고 함

| 각괴상과 아각괴상 |

③ 주상구조

㉠ 각주상구조

- 건조 또는 반건조지역의 심층토에서 발달
- 습윤지역의 배수가 불량한 토양이나 또는 팽창 특성을 지닌 점토가 많은 토양에서 발달하기도 함

㉡ 원주상구조

- Na이온이 많은 토양의 B층에서 많이 관찰됨
- 하성 또는 해성퇴적물을 모재로 하는 논토양의 심층토에서 많이 나타남

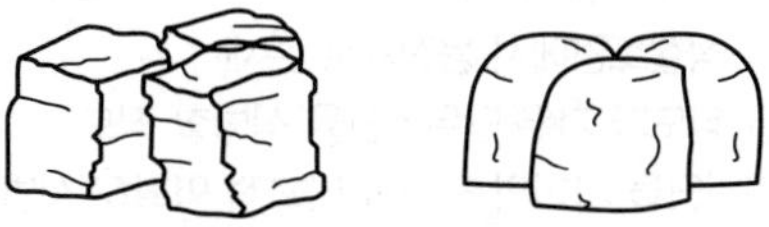

| 각주상과 원주상 |

④ 판상구조(경반층)

㉠ 접시 모양이나 수평배열의 토괴로 구성된 구조

㉡ 모재의 특성을 그대로 간직하고 있음

㉢ 우리나라 논토양에서 많이 발견되며, 논토양의 15cm 깊이에서 발견됨

핵심문제

토양수분 조건에 따른 토양 상부층과 하부층에 나타나는 토양구조 특성에 관한 설명으로 옳은 것은? [21년 6회]

① 약건 토양 – 입상, 벽상구조
② 약습 토양 – 입상, 견과상구조
③ 과건 토양 – 세립상, 괴상구조
❹ 적윤 토양 – 단립(團粒)상, 괴상구조
⑤ 건조 토양 – 단립(單粒)상, 괴상구조

㉣ 용적밀도가 크고, 공극률이 급격히 낮아지며 대공극이 없어짐

㉤ 수분의 하향이동이 불가능해지고, 뿌리가 밑으로 자랄 수가 없음

⑤ 무형구조 : 낱알구조나 덩어리 형태의 구조로, 뭉쳐지지 않은 모래알 같은 형태

(2) 토양구조의 크기에 따른 분류

매우 작음(Very Fine), 작음(Fine), 중간(Medium), 큼(Coarse), 매우 큼(Very Coarse)

(3) 토양구조의 발달 정도에 따른 분류

① 입상과 판상 : 지표면으로부터 약 30cm 이내에서 발견

② 괴상구조 : 30cm~1m 이내의 심층토양

③ 각주상 : 1m 이하의 깊이에서 발달

④ 무형구조

토양의 구조 기술 시 순서
발달 정도(Grade) – 크기(Class) – 모양(Type)
예 Strong Fine Granule

Reference 토양구조의 발달 정도를 판단하는 기준

- 구조 발달이 약함 : 외관상으로 구조 식별이 겨우 가능할 경우
- 구조 발달이 강함 : 외관상으로 구조 관찰이 확실하며, 인접 토괴가 서로 분리되는 경우
- 구조 발달이 중간 : 약함과 강함의 중간 정도 구조

Reference 토양구조의 발달 정도에 따른 분류

발달 정도는 입단화의 정도 또는 구조 발달의 정도를 나타내는 0, 1, 2, 3등급으로 구분한다.

- 0등급
  - 무형구조 : 현재 상태에서 입단을 인정할 수 없음
  - 단립구조 : 모래처럼 각 개의 입자가 독립적으로 존재
  - 집괴구조 : 식질토양에서 응집체로 존재
- 1등급 : 발달 정도가 겨우 단위입단을 식별할 정도
- 2등급 : 단위입단들 사이의 경계를 비교적 명확히 식별
- 3등급 : 단위입단 사이의 경계 및 구조가 뚜렷함

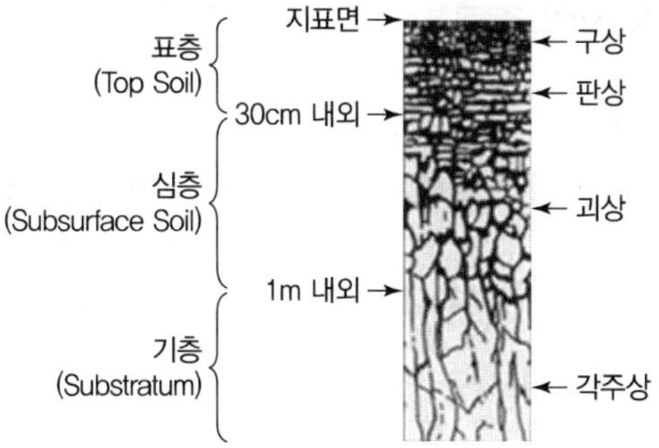

▌토양단면의 구조 및 토층분화의 특성▐

2) 토양구조의 역할

토양구조는 뿌리의 발달과 분포에 직접 영향을 끼칠 뿐만 아니라, 수분과 공기의 함유비율에도 영향을 미친다.

➤ 토양구조와 수분의 관계

토양구조	수분침투성	배수	통기성
주상	양호	양호	양호
괴상	양호	중간	중간
입상	양호	최상	최상
판상	불량	불량	불량

7. 토양의 견지성

1) 토양 견지성의 정의 및 성질

(1) 토양 견지성의 정의

외부 요인에 의해 토양구조가 변형되거나 파괴되는 데 대한 저항성 또는 토양입자 간의 응집성을 의미한다.

(2) 토양 견지성의 성질

① 토양의 견지성은 토양수분의 상태에 따라 변한다.
② 수분이 많으면 유동성과 점성을, 습윤하면 소성을 띠며, 수분을 잃으면 단단해진다.

핵심문제

토양입자가 비교적 소형(2~5mm)으로 둥글며 유기물 함량이 많은 표토에서 발달하는 토양구조는? [22년 7회]

① 괴상구조
② 벽상구조
❸ 입상구조
④ 주상구조
⑤ 판상구조

핵심문제

토양수분에 관한 설명으로 옳지 않은 것은? [25년 11회]

① 토양수는 토양수분퍼텐셜이 높은 곳에서 낮은 곳으로 이동한다.
❷ 판상구조 토양의 수리전도도는 입상구조 토양의 것보다 크다.
③ 사질토양은 모세관의 공극량이 적어 위조점의 수분함량도 낮다.
④ 식질토양의 배수가 불량한 이유는 미세공극이 많이 발달해 있기 때문이다.
⑤ 텐시오미터법은 유효수분 함량을 평가할 수 있으며 관수시기와 관수량을 결정하는 데 활용된다.

2) 토양 견지성의 종류

(1) 강성(견결성)

✎ 카올리나이트 및 몬모릴로나이트 계통의 점토광물이 많은 경우에 강성이 강하고, 앨러페인 계통의 점토광물은 강성이 약하다.

① 토양이 건조하여 딱딱하게 굳어지는 성질을 말한다.
② 반 데르 발스(Van Der Waals) 힘에 의해 결합되어 있어서 딱딱하다.
③ 판상의 점토입자(몬모릴로나이트계 : 점토광물=2 : 1)가 많을수록 강성이 커지고, 구상(입상)계 무정형광물이 많을수록 강성이 작아진다.

(2) 이쇄성

① 토양의 수분량이 강성과 소성을 가지는 중간 정도의 상태로, 힘을 가하면 쉽게 부스러진다.
② 적은 힘으로 경운을 할 수 있다.

(3) 소성

① 힘을 가했을 때 물체가 파괴되는 일 없이 모양만 변화되고, 힘을 제거해도 원래 상태로 돌아가지 않는 성질이다.
② 소성계수는 점토 함량이 증가하면 소성지수도 증가한다.
③ 점토광물별 소성한계 : 몬모릴나이트 > 일라이트 > 할로이사이트 > 카올리나이트 > 가수 할로이사이트

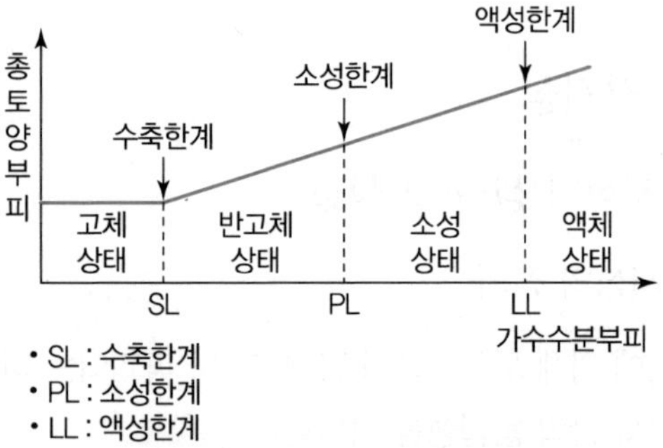

▌아터버그(Atterberg)의 한계▐

8. 토양색

1) 토양색의 특징

토양의 색깔 차이는 토양을 구성하고 있는 광물성분과 수분 함량에 따라 달라진다. 특히 유기물과 철산화물 또는 망간산화물의 생성과 산화환원 상태가 토양색깔을 나타낸다.

예 흑색토(Chernozem), 갈색토(Brown Soil), 회백색토(Gray Soil), 율색토, 화산회토(Volcanic Ash Soil)

2) 토양색의 표시방법

① 먼셀의 토색첩을 사용한다.

② 색의 3속성

㉠ 3속성 : 색상(Hue : H), 명도(Value : V), 채도(Chroma : C)

㉡ 표시방법 : '색상 명도/채도'로 표시

③ 색의 3속성 특징

㉠ 색상 : 빨강, 노랑, 초록, 파랑, 보라의 5가지 색상과 5개의 중간색을 포함한 10개 색상으로 나누며 각 색상은 2.5의 배수로 2.5, 5, 7.5, 10의 4단계로 구분

㉡ 명도 : 색깔의 밝기 정도를 나타내며, 흰색은 10, 검은색은 0으로 하여, 0∼10까지 11단계로 구분하는데, 토양의 명도는 2∼8까지 7단계로 구분

㉢ 채도

- 색깔의 선명도를 나타내며, 회색에 가까운 값은 1
- 1, 2, 3, 4, 6, 8까지 6단계로 구분

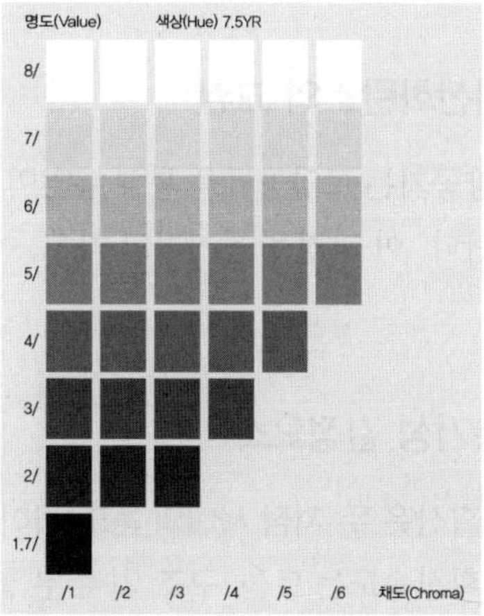

그림의 토색 : 7.5YR 5/6

핵심문제

화살표로 표시한 토양색의 먼셀(Munsell)표기법으로 옳은 것은? [21년 5회]

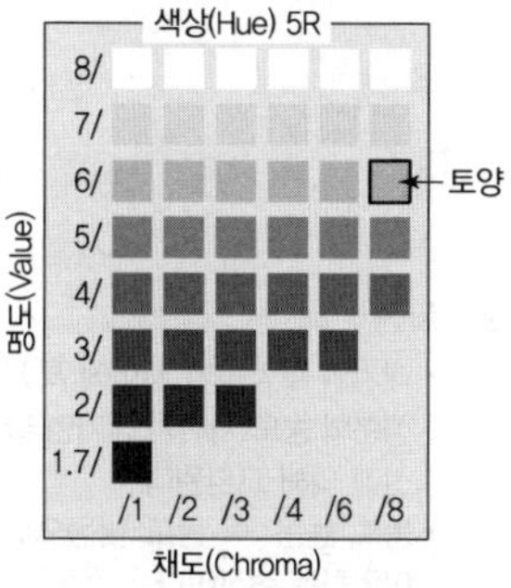

① 5R 8/6
❷ 5R 6/8
③ 6/8 5R
④ 8/6 5R
⑤ 8 5R 6

3) 토양색에 영향을 끼치는 요인

토양색에는 빛의 강도, 수분 함량, 유기물 함량, 철과 망간이온의 산화 환원 상태 등이 영향을 미친다.

(1) 유기물

① 토양유기물은 암갈색 내지 흑색을 띠고 있다. 따라서 토양에 유기물이 많은 경우에는 거무스름한 색을 나타낸다.

② 우리나라 토양의 유기물 함량은 대부분 2~3%이며, 유기물이 많은 토양일수록 어두운 색을 띤다. 화산회토는 흑색에 가깝다.

(2) 철과 망간

① 철(Fe)은 토양에서 두 가지 형태로 존재한다.

㉠ 산화조건에서는 Fe^{3+}, 주로 붉은색을 띰

㉡ 환원조건에서는 Fe^{2+}, 주로 회청색, 녹색을 띰

② 망간(Mn)도 철과 비슷한 색을 나타낸다.

(3) 수분 함량

수분이 많은 토양은 짙은 색을 나타내고, 건조하면 옅은 색으로 변한다.

9. 토양공기

공기의 교환은 토양의 물리적 성질인 토양공극의 양과 크기, 온도, 토양의 깊이, 수분 함량, 토양 표면의 조건 등의 영향을 받는다.

1) 산소와 이산화탄소의 교환

대기와 토양공기는 토양공극을 통해 분압의 차이(확산)에 의해 교환현상이 나타난다. 이 과정을 통기라고 하고, 이러한 특성을 통기성이라고 한다.

> ✎ 확산
> - 대기와 토양공기 사이에 특성 성분의 농도 차이가 생기면 확산에 의해 교환된다.
> - 농도 높음 → 농도 낮음으로 이동하는 현상이다.

2) 토양의 통기성 결정요소

① 기체의 확산은 두 지점 사이의 농도 차이에 의해서 일어난다.

② 기체의 확산속도는 토성, 구조 및 수분 함량에 따라 다르다.

> ✎ 산소확산율(ODR)
> 대기 중의 산소가 토양으로 공급되는 공급률이다.

3) 통기성과 이온 형태

① 산소가 부족한 경우 NO^{3-}, Fe^{3+}, Mn^{4+}, SO^{2-}를 전자수용체로 사용한다.

➤ 산화와 환원 상태에 따른 토양이온의 형태

산화	CO_2	NO_3^-	SO_4^{2-}	Fe^{3+}	Mn^{4+}
환원	CH_4	N_2, NH_3	S^{2-}, H_2S	Fe^{2+}	Mn^{2+}, Mn^{3+}

② 환원 상태인 메탄(CH_4), 암모니아(NH_3), 황화수소(H_2S)는 식물에 유해하고, Fe^{2+}, Mn^{2+}도 식물에 피해를 유발한다.

③ 황은 산화 상태는 SO_4^{2-}, 환원 상태는 S^{2-}로 변한다. 황은 Fe^{2+}, Mn^{2+}, Cu^{2+}, Zn^{2+} 등과 반응하여 불용성 화합물을 형성하고, 식물의 금속이온 흡수를 저해하거나 뿌리의 양분과 산소의 흡수를 저해한다[원인 : 유안(황산암모늄)].

✎ 추락현상
- 개념 : 벼가 봄과 여름에는 생육이 양호하다가 가을이 되어 깨씨무늬병이 발생하고 양분 흡수가 부족하여 수량이 급감하는 현상
- 원인 : 토양 중의 황이 수소와 결합하여 황화수소를 발생시켜 뿌리를 썩게 함

10. 토양온도

1) 토양온도의 영향

① 토양온도의 직접적 영향 : 종자의 발아, 뿌리의 생장
② 토양온도의 간접적 영향 : 미생물의 밀도와 활성, 토양수분의 공급, 식물의 생장

2) 토양의 비열과 용적열용량

① 토양 1g의 온도를 1℃ 높이는 데 필요한 열량이다.
② 비열이 크면 온도 상승과 하강이 느리다.
③ 용적열용량 : 단위부피의 토양온도를 1℃ 높이는 데 필요한 열량

✎ 비열
- 물 : 1cal
- 모래 : 0.2cal
- 미사 : 0.4cal
- 점토 : 0.000303cal
- 공기 : 0cal

✎ 모래의 함량이 많을수록 용적열용량이 작다. 용적열용량을 결정하는 중요 요소는 수분이다.

3) 토양 중에서의 열전달

토양구성요소별 열전도율은 다음과 같다.

① 토양광물 > 물 > 유기물 > 공기
② 사토 > 양토 > 식토 > 이탄토(지름이 클수록 열전도율이 크다)
③ 습윤한 토양 > 건조한 토양
④ 물은 공기의 25배 열전도율
⑤ 흑색 > 남색 > 적색 > 황색 > 백색

CHAPTER 03

토양수분

1. 물의 특성

1) 물의 구조

① 물분자는 2개의 수소원자와 1개의 산소원자로 구성된다.
② 105°의 각으로 V자 모양의 비대칭공유결합을 이룬다.
③ 물분자는 전기적으로 중성이며 과량의 양전하나 음전하를 가지고 있지 않다(물분자는 외형적으로 비극성이지만 실제로 극성을 띤다).
④ 물이 상온에서 액체 상태로 존재하는 것은 수소결합 때문이다.

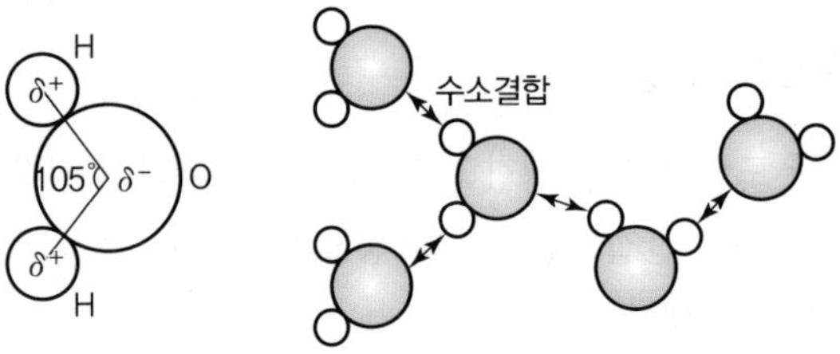

▌물의 분자구조와 수소결합▐

2) 물의 응집과 부착 및 표면장력

> ✎ 물이 토양에 보유 저장될 수 있는 것은 응집과 부착현상 때문이다.
>
> ✎ 액체분자들 사이에 끌어당기는 힘이 액체분자와 기체분자 사이에 끌어당기는 힘보다 크다.

① 응집현상 : 물분자들끼리 서로 끌리게 되는 힘
② 부착현상 : 물분자가 다른 물질의 표면에 끌리는 것
③ 표면장력 : 액체와 기체의 경계면에서 일어나는 현상

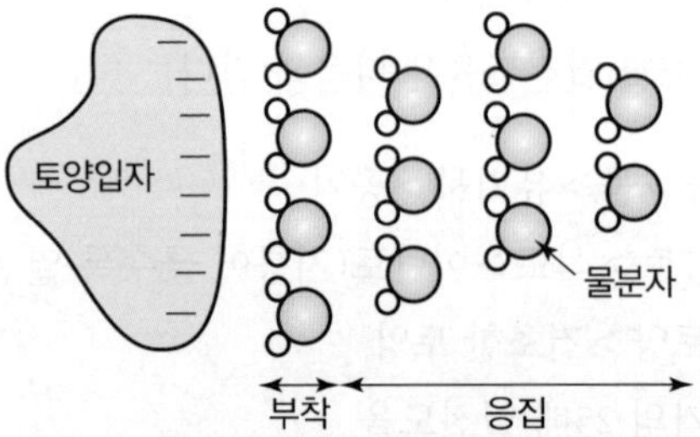

▌부착현상과 응집현상▐

3) 모세관현상

① 모세관을 세워서 물에 담그면 모세관을 따라 물이 상승한다.

② 모세관의 표면에 대한 물의 부착력과 물분자들 사이의 응집력 때문에 생긴다.

③ 물이 식물에 퍼지는 것도 모세관현상에 의한 것이다.

Reference 물이 상승할 수 있는 높이

- 관의 반지름과 액체의 점도에 반비례하고, 용액의 표면장력과 흡착력에 비례한다.

$$H = \frac{2T\cos\alpha}{rdg}$$

여기서, H : 모세관의 높이
T : 표면장력
$\cos\alpha$: 물의 표면과 모세관 벽면과의 흡착각도
r : 모세관의 반지름
d : 액체의 밀도
g : 중력가속도($9.8m/s^{-2}$)

- 20℃의 조건하에서, $H = \frac{0.15(cm^2)}{r(cm)}$

2. 토양수분 함량과 퍼텐셜

1) 토양수분 함량

(1) 중량수분 함량

토양시료를 105℃에서 24~48시간 건조시켰을 때 발생하는 무게의 손실이 함유되어 있던 물의 무게가 된다.

$$\frac{\text{단위무게당 수분 함량}}{(\text{중량수분 함량, \%})} \quad \text{단위무게당 수분 함량(중량수분 함량, \%)} = \frac{\text{습윤한 토양} - \text{건조한 토양}}{\text{건조한 토양}} \times 100$$

(2) 용적수분 함량

① 단위부피당 수분함량(용적수분 함량, %) $= \frac{\text{물의 부피}}{\text{토양의 부피}} \times 100$

② 용적수분 함량 = 중량수분 함량 × 용적밀도

③ 토양시료를 채취할 때에는 반드시 코어샘플러(Core Sampler) 등 용적을 알고 있는 기구를 사용해야 한다.

④ 최대 용적수분 함량은 토양의 공극률과 같다.

핵심문제

토양 코어(부피 $100cm^3$)를 사용하여 채취한 토양의 건조 후 무게는 150g이었다. 중량수분 함량이 20%일 때 토양의 공극률(%)과 용적수분 함량(%)은?(단, 입자밀도는 $3.0g/cm^3$, 물의밀도는 $1.0g/cm^3$이다.)

[23년 9회]

① 30, 20
② 40, 20
③ 40, 30
❹ 50, 30
⑤ 60, 30

(3) 토양수분 함량 측정

수분측정법에는 전기저항법, 중성자법, TDR법, 텐시오미터법(Tensiometer), 사이크로미터법(Psychrometer) 등이 있다.

- 직접측정법(수분 함량 측정) – 중량수분 함량, 용적수분 함량
- 간접측정법(수분 함량 측정) – 전기저항법, 중성자법, TDR법
- 수분의 에너지 상태(퍼텐셜) 측정 – 텐시오미터법, 사이크로미터법

① 전기저항법
  ㉠ 수분 함량이 많으면 저항값이 작고, 수분 함량이 적으면 저항값이 큼
  ㉡ 저항괴는 석고나 나일론 또는 섬유질유리 등으로 만듦

② 중성자법
  ㉠ 중성자수분측정기는 간편하고 신속하게 비파괴적으로 동일 지점의 수분 함량을 깊이별로 측정할 수 있음
  ㉡ 중성자가 물분자의 수소원자와 충돌하면 속도가 느려지고 반사되는 원리를 사용
  ㉢ 프로브로 되돌아오는 느린 중성자의 수는 토양의 수분 함량에 비례

③ TDR법
  ㉠ 토양의 유전상수를 측정하여 간접적으로 토양의 수분 함량을 환산
  ㉡ 토양에 매설된 한쌍의 금속막대를 따라 전자기파를 보내고 왕복하는 데 소요되는 시간을 측정

④ 텐시오미터법
  ㉠ 토양수분장력계를 이용하여 토양의 수분을 측정하는 방식
  ㉡ 토양수분장력계는 다공성 컵과 이것에 연결되어 물로 채워진 관, 여기에 연결된 압력계를 이용하여 토양수분 함량을 측정
  ㉢ 물이 다공성 컵을 통해 이동할 때 압력의 변화를 수분의 함량으로 결정

⑤ 사이크로미터법(건습구습도계)
  ㉠ 습구온도 : 상대습도를 측정하는 건습구온도계에서 물에 적신 무명천으로 감싼 온도계가 가리키는 온도
  ㉡ 건구온도 : 건습구온도계에서 그대로 둔 보통의 온도계 온도
  ㉢ 두 온도의 차이가 상대습도의 차이임

✎ 장력계(Tensiometer)
- 다공성 세라믹컵과 진공압력계
- 유효수분 함량 평가
- 관개시기와 관개수량 결정
- –80KPa 이상은 측정 불가

✎ 건습구습도계(Psychrometer)
토양 공극 내 상대습도 측정

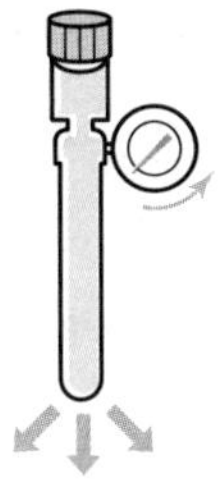

▌텐시오미터(장력계)▌

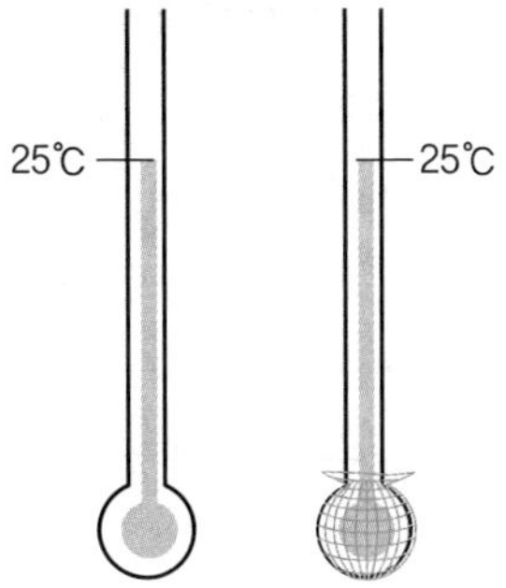

▌사이크로미터▌

2) 토양수분의 에너지

(1) 토양수분 함량과 수분퍼텐셜의 차이점

물의 이동 등은 단순히 수분 함량을 비교하여 설명할 수 있는 것이 아니다. 두 지점 사이에서 물이 이동하기 위해서는 에너지의 차이가 있어야 하며, 에너지가 높은 쪽에서 낮은 쪽으로 물이 흐른다.

따라서 식물이 물을 흡수하기 위해서는 식물체 내의 물 에너지가 토양 중의 물의 에너지보다 낮아야 한다.

토양수분 함량은 양적인 개념이고, 수분퍼텐셜은 동적인 측면이므로 에너지 상태를 나타낸다.

Reference 퍼텐셜에너지와 수분퍼텐셜

- 퍼텐셜에너지 : 토양 중의 물은 특정 환경조건하에서 정해진 에너지를 가지며, 에너지는 이동 등의 일을 할 수 있는 능력이다.
- 수분퍼텐셜 : 단위질량, 단위부피 또는 단위무게의 물이 가지는 퍼텐셜에너지이다.

(2) 토양수분의 퍼텐셜

① 총수분퍼텐셜(ψ_T) = 중력퍼텐셜(ψ_g) + 매트릭퍼텐셜(ψ_m) + 압력퍼텐셜(ψ_p) + 삼투퍼텐셜(ψ_o)

② 매트릭퍼텐셜은 불포화 상태에서만 작용하고, 압력퍼텐셜은 포화수분 상태에서만 작용하므로 동일지점에서는 동시에 작용하지 않는다.

③ 수분퍼텐셜의 값은 퍼텐셜이 0이 되는 기준 상태와 비교하는 상대적인 값이다.

핵심문제

토양의 수분퍼텐셜에 해당하지 않는 것은? [21년 5회]

① 삼투퍼텐셜
② 압력퍼텐셜
③ 중력퍼텐셜
❹ 모세관퍼텐셜
⑤ 매트릭퍼텐셜

핵심문제

토양 수분퍼텐셜에 대한 설명으로 옳지 않은 것은? [22년 8회]

① 매트릭(기질)퍼텐셜은 항상 음(−)의 값을 갖는다.
② 토양수는 퍼텐셜이 높은 곳에서 낮은 곳으로 이동한다.
③ 수분 불포화 상태에서 토양수의 이동은 압력퍼텐셜의 영향을 받지 않는다.
❹ 중력퍼텐셜은 임의로 설정된 기준점보다 상대적 위치가 낮을수록 커진다.
⑤ 불포화 상태에서 토양수의 이동은 주로 매트릭(기질)퍼텐셜에 의하여 발생한다.

④수분퍼텐셜의 종류

㉠ 중력퍼텐셜

- 중력의 작용으로 인해 물이 가질 수 있는 에너지를 의미
- 크기는 물의 상대적인 위치에 따라 결정
- 중력은 비가 많이 오거나 관수한 후에 대공극에 채워진 과잉 수분을 제거하는 데 작용
- 기준면의 중력퍼텐셜은 0

㉡ 매트릭퍼텐셜

- 극성을 가진 물분자가 토양 표면에 흡착되는 부착력과 토양 입자 사이의 모세관에 의해 만들어지는 힘 때문에 생성되는 물의 에너지
- 기준 상태인 자유수보다 낮은 퍼텐셜을 가짐
- 값은 항상 −값
- 토양에서의 매트릭퍼텐셜은 매우 낮아 총수분퍼텐셜과 비슷한 값을 가짐

➤ 토양의 수분퍼텐셜에 영향을 끼치는 요인과 기준 상태

퍼텐셜	영향 요인	기준 상태
매트릭퍼텐셜	토양의 수분흡착 (Adsorption of Water to Soil)	자유수 (Free Water)
삼투퍼텐셜	용존물질 (Dissolved Solutes)	순수수 (Pure Water)
중력퍼텐셜	중력 높이 (Elevation in Gravitational Field)	기준 높이 (Reference Elevation)
압력퍼텐셜	적용 압력 (Applied Pressure)	대기압 (Atmospheric Pressure)

㉢ 압력퍼텐셜

- 압력퍼텐셜은 물의 무게에 의해 생성되며, 수면 이하에서 그 위에 존재하는 물의 무게로 인한 압력으로 생김
- 물이 A → B로 움직이는 것은 압력퍼텐셜 차이에 의한 것
- 대기와 접촉하고 있는 수면의 압력퍼텐셜은 0
- 포화 상태 수면 이하의 압력퍼텐셜은 +값
- 불포화 상태인 토양에서의 압력퍼텐셜은 0

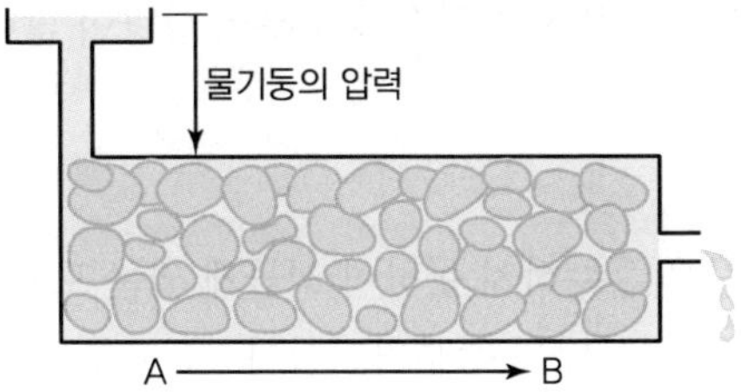

▌압력퍼텐셜의 차이와 물의 이동▐

㉣ 삼투퍼텐셜
- 토양용액 중에 존재하는 이온이나 용질 때문에 발생
- 용액 중의 이온이나 분자들은 수화현상으로 물분자들을 끌어 당기므로 물의 퍼텐셜에너지가 낮아짐
- 순수한 물의 삼투퍼텐셜은 0이고, 용질을 함유하는 용액은 항상 －값을 가짐
- 토양에서 물의 이동에 삼투퍼텐셜은 반투과막이 없기 때문에 영향이 크지 않음
- 식물이 물을 흡수하는 경우에는 반투과막이 존재하므로 삼투퍼텐셜이 중요하게 작용

(3) 토양수분 함량과 퍼텐셜의 관계

① 이력현상 : 토양수분특성곡선을 구할 때 포화 상태에서 건조시켜 가며 매트릭퍼텐셜을 측정하는 값과 건조토양에 물을 더해 가면서 매트릭퍼텐셜을 측정한 값이 다른 현상
② 원인 : 토양 공극의 불균일성과 공극 내 공기 또는 토양구조의 변화에 의해 달라짐

3. 토양수분의 분류

1) 식물의 흡수측면에서 분류

(1) 포장용수량

① 포장용수량은 －0.033MPa(－1/3bar)의 퍼텐셜로 토양에 유지되는 수분함량이다.
② 식물의 생육에 가장 적합한 수분조건이다.
③ 포장용수량<수분 함량 : 산소가 부족하여 뿌리의 생장이 불량
④ 포장용수량>수분 함량 : 수분이 줄어 식물의 생장이 불량

핵심문제

토양수분 특성에 관한 설명으로 옳지 않은 것? [23년 9회]

① 위조점은 식물이 시들게 되는 토양 수분 상태이다.
❷ 포장용수량은 모든 공극이 물로 채워진 토양수분 상태이다.
③ 흡습수와 비모세관수는 식물이 이용하지는 못하는 수분이다.
④ 물은 토양수분퍼텐셜이 높은 곳에서 낮은 곳으로 이동한다.
⑤ 포장요수량에 해당하는 수분함량은 점토의 함량이 높을수록 많아진다.

⑤ 점토함량이 많은 토양일수록 수분의 함량이 많다.

(2) 위조점

① 식물이 물을 흡수하지 못하여 시들게 되는 토양수분 상태이다.

② 영구위조점 : 토양의 수분퍼텐셜이 −1.5MPa(−15bar) 이하로 낮아지면 물을 흡수하기 어려워지고 시들어 죽음

③ 일시적 위조 : 토양수분퍼텐셜이 −1.0MPa에 이르면 낮에는 수분 부족으로 시들고, 밤에는 회복되는 현상

(3) 유효수분

① 식물이 이용할 수 있는 물이다.

② 포장용수량(−0.033MPa)~위조점(−1.5MPa) 사이의 수분이다.

③ −0.033MPa보다 약하게 흡착된 물은 토양에 과잉 상태로 존재하는 물이다.

④ 포장용수량은 점토 함량이 많아짐에 따라 곡선으로 증가한다.

⑤ 위조점의 수분 함량은 점토 함량이 증가할수록 미세공극과 극소공극의 모세관이 많아져 거의 직선으로 증가한다.

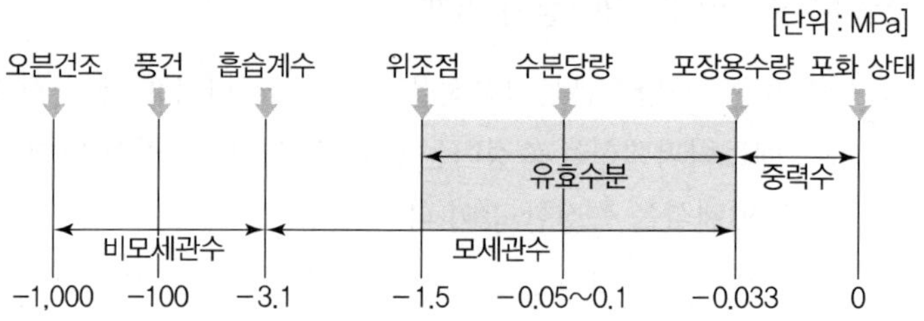

▮ 토양수분의 분류 ▮

2) 물리적 분류

(1) 오븐건조수분(Oven−dry Water) 또는 결합수

① 105℃의 오븐에서 토양을 건조시켰을 때 그 토양에 잔류하는 수분으로, −1,000MPa 이하의 수분퍼텐셜이다.

② 풍건수분 : 건조한 대기 중에서 토양을 건조할 때 잔류하는 수분으로, −100MPa 이하의 수분퍼텐셜이다.

핵심문제

토양수에 관한 설명으로 옳지 않은 것은? [22년 7회]

① 흡습수는 비유효수분이다.
❷ 점토 함량이 많을수록 포장용수량은 적어진다.
③ 토양의 미세공극에 존재하는 물을 모세관수라고 한다.
④ 중력수는 식물이 생육기간 동안 지속적으로 이용할 수 있는 물이 아니다.
⑤ 식물이 흡수할 수 있는 유효수분은 포장용수량과 영구위조점 사이의 토양수이다.

(2) 흡습수(Hygroscopic Water)

① 습도가 높은 대기 중에 토양을 놓았을 때 흡착되는 수분으로, −3.1MPa 이하의 수분퍼텐셜이다.

② 토양입자와 물분자 간의 정전기적 결합에 의해 3개 정도의 물분자층으로 흡착된다.

③ 105℃ 이상의 온도에서 8~10시간 건조시키면 제거된다.

(3) 모세관수(Capillary Water)

토양공극 중에서 모세관공극에 존재하는 물로, 주로 식물이 흡수하는 물이며 −3.1~−0.033MPa 사이의 퍼텐셜을 가지는 수분이다.

(4) 중력수(Gravitational Water)

① 중력의 작용에 의하여 이동하는 물이다.

② 자유수(Free Water)라고도 하며, 많은 물이 유입되어 토양이 포화상태로 되었을 때 존재한다.

③ 대부분 표면장력이 매우 약하게 작용하는 대공극에 존재한다.

4. 토양수분의 이동

1) 수분이동

토양의 수분은 '강수+관개+일부 지하수'로 구성되어 있다.
토양 내에서 수분의 이동은 수분퍼텐셜의 차이에 의해 일어나는데, 수분퍼텐셜이 높은 곳에서 낮은 곳으로 이동함에 따라 발생한다.

➤ 토양수분의 이동

용어	정의
침투	토양 표면에 공급된 수분이 토양층 내로 이동
유거	침투하지 못한 수분이 지표면을 따라 이동
증산	식물의 잎을 통한 수분의 이동
증발	토양 표면을 통한 수분의 이동
내부 유출	토양 내로 침투한 수분이 상부 토층에서 수평 방향으로 이동
투수	중력작용에 의해 토양층을 통해 아래쪽으로 이동

핵심문제

다음 ( ) 안에 맞는 용어를 순서대로 나열한 것은? [21년 6회]

> 토양의 모든 공극이 물로 채워진 것은 최대용수량, 대공극에 존재한 수분 상태는 (㉠), 미세공극에 모세관 작용으로 존재하는 수분 상태는 (㉡), 식물뿌리가 흡수할 수분이 없어 시들게 된 수분 상태는 (㉢), 식물이 이용할 수 없는 수분 상태는 (㉣)이다.

① ㉠ 중력수, ㉡ 용수량, ㉢ 흡습계수, ㉣ 위조점
② ㉠ 중력수, ㉡ 모관수, ㉢ 흡습계수, ㉣ 위조점
③ ㉠ 중력수, ㉡ 최대용수량, ㉢ 위조점, ㉣ 흡습계수
❹ ㉠ 중력수, ㉡ 포장용수량, ㉢ 위조점, ㉣ 흡습계수
⑤ ㉠ 용수량, ㉡ 포장용수량, ㉢ 흡습계수, ㉣ 위조점

✎ 수분의 이동속도에 영향을 미치는 요인
- 수분과 공극벽의 마찰력
- 수분 자체의 마찰력(점도)

✎ 수분퍼텐셜(총수분퍼텐셜)
중력퍼텐셜+매트릭퍼텐셜+삼투퍼텐셜+압력퍼텐셜

(1) 포화 상태에서의 수분이동

① 포화 상태
   ㉠ 공극이 수분으로 가득 채워짐
   ㉡ 포화 상태에서 물의 이동은 주로 수직이동
   ㉢ 중력퍼텐셜, 압력퍼텐셜만 적용
   ㉣ 매트릭퍼텐셜, 삼투퍼텐셜은 0

② 다르시(Darcy)의 법칙 : 유량은 토주의 단면적과 수두차에 비례하고, 토주의 길이에 반비례한다.

$$유량 = \frac{토주의\ 단면적 \times 토주의\ 수두차}{토주의\ 길이}$$

- 단위면적당 흐르는 물의 속도 : 플럭스(Flux)
- 물이 오른쪽 또는 위쪽으로 이동할 경우 플럭스 값을 +로 표시하고, 왼쪽 또는 아래쪽으로 이동할 경우에는 플럭스 값을 −로 표시한다.

(2) 포화수리전도도

① 수리전도도(Hydraulic Conductivity, K)
   ㉠ 토양의 투수성 또는 배수능의 척도
   ㉡ 토성과 용적밀도 등의 토양 특성에 따라 고유한 값을 가짐

② 포화수리전도도 크기 : 식토 < 양토 < 사토(소공극 < 대공극)

③ 토양공극포화도 : 토양의 포화도가 증가하면 물의 이동통로가 확대되어 그만큼 수리전도도도 증가

④ 토양공극의 크기 : 토양공극을 통하여 이동하는 물의 양은 공극 반지름의 4제곱에 비례

   예 공극이 1mm일 때 물의 이동량은 공극 0.1mm일 때의 10,000배이다.

(3) 불포화 상태에서의 수분이동

① 대부분의 토양은 불포화 상태

② 물의 이동은 상하 또는 좌우 방향임

③ 압력퍼텐셜은 0

④ 모세관공극이나 토양 표면에 흡착된 수분층을 따라 이동

⑤ 매트릭퍼텐셜과 중력퍼텐셜이 수분이동에 영향을 미침(매트릭퍼텐셜이 더 중요)

(4) 불포화수리전도도

수분 함량이 많을수록 수리전도도가 커지고, 수분 함량이 적을수록 작아진다.

2) 침투

① 물이 토양 표면에서 토양층위 내로 유입되는 현상이다.

② 강우 → 토양 표면층의 포화 상태 → 수분이 아래로 전달되는 전달영역 → 습윤영역 → 습윤전선 등으로 구분된다.

③ 침투율에 영향을 끼치는 요인은 다음과 같다.

㉠ 토성과 구조

㉡ 식생

㉢ 표면봉합과 덮개 : 빗방울이 공극을 막는 현상

㉣ 토양의 소수성과 동결

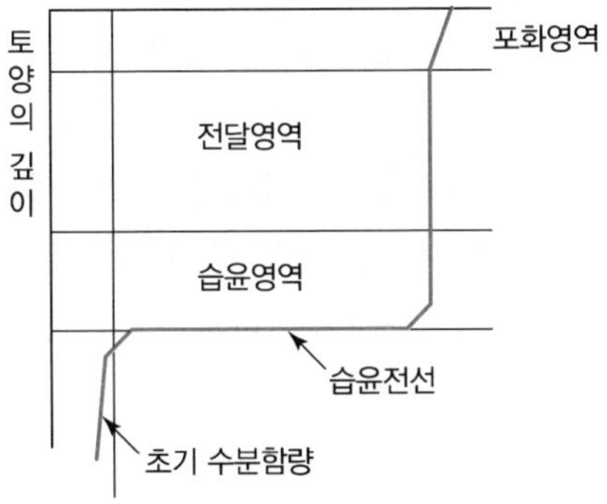

▌침투에 따른 토양 내 수분분포▐

3) 유거

① 침투하지 못한 물이 지표면을 따라 흘러 다른 지역으로 이동하는 현상이다.

② 유거에 영향을 끼치는 요인은 다음과 같다.

㉠ 강우 특성 : 강우량과 강우의 강도 및 지속시간

㉡ 토양 특성 : 토양 표면의 모양과 경사도, 토양의 상태 등

5. 토양수분과 작물의 생육

1) 식물의 물흡수

(1) 식물뿌리의 물흡수

① 식물의 물흡수능력은 뿌리의 밀도보다는 뿌리의 발달 깊이에 따라 크게 달라진다.

② 식물이 이용하는 물의 대부분은 표토 30cm 이내에서 흡수된다.

(2) 식물뿌리의 물흡수 기작

① 증산율에 따른 물흡수 기작

㉠ 증산율이 낮은 경우 : 삼투압이나 능동적인 흡수 발생

㉡ 증산율이 높은 경우

- 집단흐름(집단류) 또는 수동적인 흡수 발생
- 식물이 이용하는 물의 90% 이상이 수동적 흡수

② 능동적 흡수

㉠ 증산작용이 활발하지 않을 경우 물관의 용질농도가 높아지며, 토양의 물이 수분퍼텐셜의 차이에 따라 뿌리 내로 이동

㉡ 수분퍼텐셜을 낮게 유지하기 위해 상당량의 에너지를 소모

㉢ 토양용액의 EC가 4ds/m 이상일 경우 염류가 집적된 토양으로 판정

③ 수동적 흡수 : 증산작용이 활발한 경우 많은 양의 물이 지상부로 이동함으로써 뿌리조직 내 용질의 농도가 매우 낮음(삼투현상을 통한 물의 흡수가 일어나지 못한다)

CHAPTER 04

토양화학

1. 토양교질물

1) 토양교질

① 토양교질(Soil Colloids)은 토양의 일부분으로서 지름이 0.002mm 이하인 토양으로 점토와 유기물(부식)을 말한다.

② 토양유기교질물(Organic Colloids)

㉠ 점토광물보다 더 큰 비표면적과 표면전하를 가짐

㉡ 점토, 토양유기교질물(부식)은 물리·화학적 현상에 관여하고, 미사와 모래는 물리적 현상에 관여

2) 점토광물

(1) 점토

지름 2μm(0.002mm) 이하인 토양무기광물의 입자이다.

(2) 1차 광물

① 용암의 응결과정을 통하여 결정화된 이후 화학적 변화를 전혀 받지 않은 것이다.

예 화성암(석영, 장석, 휘석, 운모, 각섬석, 감람석 등)

② 주로 모래나 미사 크기로 존재한다.

(3) 2차 광물

1차 광물의 구조가 변화되거나, 1차 광물의 풍화산물이 재결정화된 것이다.

▶ 2차 광물의 분류

분류	종류
규산염 광물 (규소와 알루미늄이 주요 구성성분)	카올리나이트(Kaolinite), 몬모릴로나이트(Montmorillonite), 버미큘라이트(Vermiculite), 일라이트(Illite), 클로라이트(Chlorite)

분류	종류
금속산화물 또는 수산화물	깁사이트(Gibbsite), 고타이트(Goethite), 헤마타이트(Hematite)
비결정형 광물	이모고라이트(Imogolite), 앨러페인(Allophane)
황산염 또는 탄산염 광물	$-SO_4^{2-}$, $-CO_3^{2-}$

3) 점토광물의 기본구조

(1) 규소사면체(Silicon Tetrahedron, SiO_4)

① 광물을 원소별로 분석하면, 산소 46.7% > 규소 27.7% > 알루미늄 8.1% > 칼슘 3.7% > 나트륨 2.8% > 칼륨 2.1% > 마그네슘 2.1% 순으로 이루어져 있다.

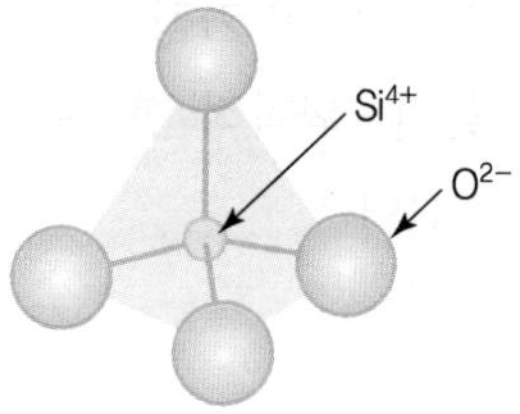

▌규소사면체▐

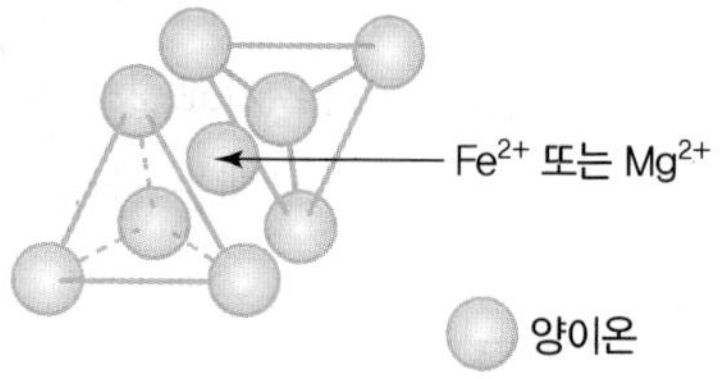

▌양이온에 의한 규소사면체의 연결▐

② $Si^{4+} + (O^{2-} \times 4) = -4$의 순음전하(−)를 갖는다.

③ 규소사면체의 광물이 안정된 광물이 되려면 개개 규소사면체의 순음전하에 대한 전기적 중화가 필요하다.

④ 규소사면체의 음전하를 중화시키기 위해서는 Fe^{2+} 또는 Mg^{2+} 등의 2가 양이온이 연결되어야 한다.

⑤ 이웃하는 규소사면체들끼리 꼭짓점의 산소를 공유함으로써 음전하를 줄이고 결정구조를 전기적으로 안정화시킨다.

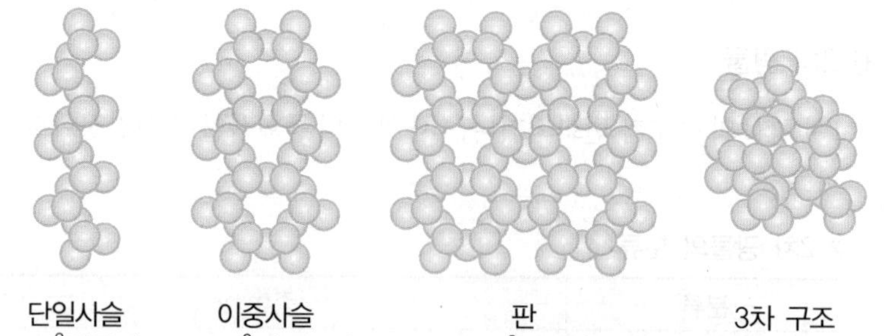

▌산소의 공유를 통한 규소사면체의 배열▐

(2) 알루미늄팔면체(Aluminum Octahedron, $Al(OH)_6$/AlO_6)

① 알루미늄을 중심양이온으로 하고 6개의 산소가 결합하여 8개의 면을 가지는 구조로 배열된 것을 알루미늄팔면체라고 한다.

② 깁사이트(Gibbsite)는 Al^{3+}이 중심양이온인 이팔면체 구조이다.

③ 브루사이트(Brucite)는 Mg^{2+}이 중심양이온인 삼팔면체 구조이다.

(3) 동형치환

① 광물이 생성되는 단계에서 사면체와 팔면체의 정상적인 중심양이온(Si^{4+}, Al^{3+}) 대신 다른 양이온(Al^{3+}, Mg^{2+}, Fe^{2+}, Fe^{3+})이 치환되어 들어가는 현상을 이온치환 또는 동형치환이라 한다.

② 원래 양이온 대신 크기가 비슷한 다른 양이온이 치환되어 들어가고, 치환되어 들어가는 양이온의 전하는 원래 양이온과 동일하거나, 크거나 또는 작을 수 있다.

③ 규소사면체 : Si^{4+}대신 Al^{3+}로 치환

④ 알루미늄팔면체 : Al^{3+} 대신 Mg^{2+}, Fe^{2+} 또는 Fe^{3+}로 치환

⑤ 대부분 원래 양이온보다 양전하가 적은 이온으로 치환된다. 따라서 광물결정 중의 O^{2-} 또는 OH^-의 음전하가 완전히 중화되지 못하고 남으므로 광물은 순음전하(−)를 가지게 된다.

4) 규산염점토광물

(1) 1차 광물

① 용암의 응결과정을 통하여 결정화된 이후 화학적으로 변화를 전혀 받지 않은 광물이다.

② 토양의 모재가 되는 암석으로, 이러한 암석은 모래, 미사, 점토 크기의 입자로 풍화된다.

③ 규소사면체를 결정의 기본구조로 갖는다.

Reference 토양 내 주요 1차 광물

- 석영(Quartz) : SiO_2
- 백운모(Muscovite) : $KAl_2(AlSiO_3O_{10})(OH)_2$
- 흑운모(Biotite) : $K(Mg, Fe)_3(AlSiO_3O_{10})(OH)_2$
- 장석류(feldspars) : $KAlSi_3O_8$
  - 정장석(Orthoclase) : $KAlSi_3O_8$
  - 미사장석(Microcline) : $KAlSi_3O_8$
  - 조장석(Albite) : $NaAlSi_3O_8$

- 각섬석류(Amphiboles) : $Ca_2Na(Mg, Fe)_4(Al, Fe, Ti)_3Si_6O_{22}(OH, F)_2$
  - 투섬석(Tremolite) : $Ca_2Mg_5Si_8O_{22}(OH)_2$
- 휘석류(Pyroxenes) : $(Ca, Mg, Fe)_2(Si, Al)_2O_6$
  - 완화휘석(Enstatite) : $MgSiO_3$
  - 투휘석(Diopside) : $CaMg(Si_2O_6)$
  - 로도나이트(Rhodonite) : $MnSiO_3$
- 감람석(Olivine) : $(Mg, Fe)_2SiO_4$

➤ 1차 광물의 특징

광물	감람석	휘석	각섬석	흑운모	석영
구조	사면체	단일사슬	이중사슬	판상구조	망상구조
SiO_4 사면체 구조	○ O원자 • Si원자 	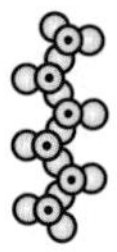	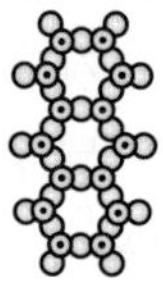	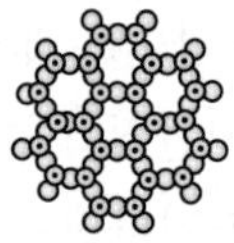	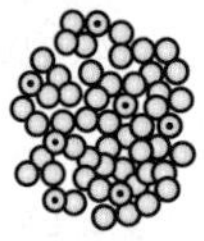
결정형	짧은 기둥 모양	짧은 기둥 모양	가늘고 긴 기둥 모양	육각형의 판 모양	육각 기둥 모양
정출 온도	고온 ⟵			⟶	저온
쪼개짐	없음	2방향	2방향	1방향	없음
화학식	SiO_4	SiO_3	Si_4O_{11}	Si_2O_3	SiO_2
공유 산소 수	적음 ⟵			⟶	많음
풍화 안정도	약함 ⟵			⟶	강함

(2) 2차 광물

토양의 점토는 주로 2차 광물(Secondary Minerals)들로 구성되어 있다.

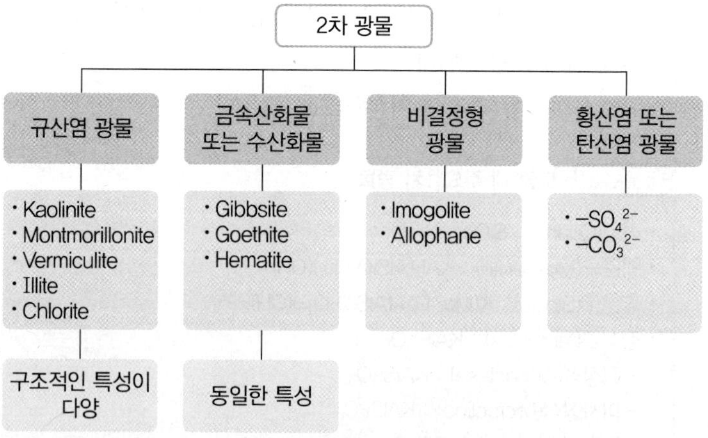

❙ 점토의 주 구성광물 ❙

핵심문제

양이온교환용량(CEC)을 증가시키는 요인이 아닌 것은? [21년 5회]

① pH 증가
❷ 철산화물 증가
③ 동형치환 증가
④ 부식 함량 증가
⑤ 점토 함량 증가

① 카올린계(Kaoline)

㉠ 카올린(Kaolin) : 규소사면체와 알루미늄팔면체층이 1 : 1로 결합된 광물로 카올리나이트(Kaolinite), 할로이사이트(Halloysite) 등이 있음

㉡ 1 : 1층의 양쪽 표면은 다른 이온으로 되어 있음. 한쪽은 O, 또 다른 한쪽은 OH

㉢ 알루미늄팔면체의 OH는 위층 규소사면체의 O와 마주하게 되며, 이때 OH와 O 사이에 수소결합이 이루어지므로 1 : 1 단위층들은 강하게 연결

➤ 점토광물의 분류

분류	종류
결정형 점토광물	• 1 : 1형 : Kaolinite(고령토) – 판상, Halloysite – 튜브 모양 • 2 : 1형 : Montmorillonite, Vermiculite, Illite • 2 : 1 : 1형 : Chlorite(넓은 의미로 2 : 1 광물에 포함) – 녹니석
비결정형 점토광물	Gibbsite, Goethite, Hematite, Imogolite, Allophane

② 녹점석(Smectite)

㉠ 대표적인 2 : 1층상 규산염광물

㉡ 2개의 규소사면체층 사이에 1개의 알루미늄팔면체층이 결합하여 단위구조를 형성

㉢ 규소사면체층에서는 Si^{4+} 대신 Al^{3+}의 동형치환이 흔히 일어나고, 알루미늄팔면체층에서도 Al^{3+} 대신 Fe^{2+}, Fe^{3+}, Mg^{2+} 등이 치환되어 들어갈 수 있음

㉣ 종류

- 몬모릴로나이트(1/8 정도 $Al^{3+} \rightarrow Mg^{2+}$)
- 논트로나이트($Al^{3+} \rightarrow Fe^{2+}$)
- 사포나이트($Al^{3+} \rightarrow Mg^{2+}$)
- 헥토라이트($Al^{3+} \rightarrow Li^{+}$)
- 소코나이트($Al^{3+} \rightarrow Zn^{2+}$)

㉤ 가용성 규소(H_4SiO_4)와 Mg^{2+}의 함량이 많은 용액에서 결정화 과정을 거쳐 생성되므로 모재의 풍화과정에서 생성되는 가용성 이온의 용탈이 쉽지 않은 강수량이 적은 조건에서 생성

㉥ 동형치환의 결과로 음전하는 결정 표면과 층간간격에 흡착되는 여러 가지 수화된 양이온에 의하여 중화됨

핵심문제

토양의 점토광물에 관한 설명으로 옳지 않은 것은? [25년 11회]

❶ 2 : 1형 점토광물로 장석, 운모 등이 있다.
② 비규산염 2차 광물로 AlOOH, FeOOH 등이 있다.
③ 비팽창형 점토광물로 Kaolinite, Chlorite 등이 있다.
④ Si와 O로 이루어진 규산염광물의 기본구조는 규소사면체이다.
⑤ 비결정형 점토광물인 Allophane은 화산지대 토양의 주요 구성 물질이지만 일반 토양의 점토에도 존재한다.

몬모릴로나이트

규소사면체의 중심 이온이 Si^{4+}이며, 팔면체의 약 1/8은 Al^{3+} 대신 Mg^{2+}로 치환된 광물

ⓢ 단위층 사이에서는 수소결합이 불가능한데, 이는 각 층의 표면에 노출되어 있는 산소 때문임. 따라서 2개의 단위층은 서로 강하게 연결될 수 없음

③ 질석(Vermiculite)

㉠ 운모와 매우 유사한 층상구조를 가진 2 : 1 점토광물이며 팽창형 광물

㉡ 운모와 다른 점은 2 : 1층과 2 : 1층 사이의 공간에 K^+ 대신 Mg^{2+} 등의 수화된 양이온들이 자리잡고 있음

㉢ 알루미늄팔면체와 규소사면체에서 동형치환이 몬모릴로나이트보다 많이 발생하여 음전하를 더 많이 가지고 있음

㉣ 100～200cmolc/kg의 음전하를 가지며, 600～800m^2/g의 큰 비표면적을 가짐

㉤ 질석은 용액 중에서 결정화과정을 걸쳐 생성되는 광물이 아닌, 운모나 이와 유사한 광물에서 2 : 1층 사이의 공간에 자리잡고 있는 K^+이온이 토양 중에 존재하는 Mg^{2+} 등의 다른 수화된 양이온에 의해 치환되어 생성됨

㉥ 알루미늄팔면체에서는 Al^{3+} 대신 Mg^{2+}, Fe^{2+} 또는 Fe^{3+}로 치환됨

④ 일라이트(Illite)

㉠ K^+의 함량이 많은 퇴적물이 저온 조건하에서 변성작용을 받아 형성

㉡ 운모류 광물의 풍화과정에서 생성될 수 있음

㉢ 2 : 1 점토광물이며, 단위층 사이 공간에 K^+이온이 비교적 많이 함유되어 있음

㉣ 습윤 상태에서도 팽창이 불가능한 비팽창형 광물임

㉤ K^+이온이 다른 양이온과 달리 단위층 사이의 강한 결합을 유도하고 팽창을 억제하는 이유는 상하 규산사면체층 사이의 공간에 그 크기가 잘 들어맞기 때문임

㉥ 20～40cmolc/kg의 음전하를 가지며, 운모와 스멕타이트(Smectite)의 중간 정도임

⑤ 녹니석(Chlorite)

㉠ 대표적인 혼층형 광물로서 2 : 1 : 1의 비팽창형 광물

㉡ 2 : 1층 사이의 공간에 자리잡고 있는 K^+이온 대신 브루사이트(Brucite) $Mg(OH)_2$라고 부르는 양전하를 띠는 팔면체층을 가짐

핵심문제

점토광물에 관한 설명으로 옳지 않은 것은? [22년 7회]

① Illite는 2 : 1층 사이의 공간에 k^+이 비교적 많아 습윤 상태에서도 팽창이 불가능하다.
② Kaolinite는 다른 층상 규산염 광물에 비하여 음전하가 상당히 적고, 비표면적도 작다.
❸ Vermiculite가 운모와 다른 점은 2 : 1층 사이의 공간에 K^+대신 Al_3^+이 존재한다는 것이다.
④ Smectite 그룹에서는 다양한 동형치환 현상이 일어나므로 화학적 조성이 매우 다양한 광물들이 생성된다.
⑤ Chlorite는 양전하를 가지는 Brucite층이 위아래 음전하를 가지는 2 : 1층과의 수소결합을 통하여 강하게 결합하므로 비팽창성이다.

㉢ 브루사이트층은 팔면체의 중심 이온인 Mg^{2+} 대신 Al^{3+}, Fe^{3+}, Fe^{2+} 등이 치환되면서 양전하를 가짐

㉣ 두 개의 사면체층과 팔면체층이 결합된 구조로 볼 수 있는 2 : 2 형 점토광물이라고도 함

㉤ 비팽창형 광물로 전하량은 10～40cmolc/kg, 비표면적은 70～150m^2/g

㉥ 녹니석(Chlorite)은 Mg을 많이 포함하는 팔면체층을 가짐

5) 기타 점토광물

(1) 금속산화물

① 금속산화물의 특징

㉠ 헤마타이트(Hematite), 고타이트(Goethite), 깁사이트(Gibbsite) 등을 포함

㉡ 매우 안정한 광물이며, 풍화작용을 오랫동안 심하게 받은 토양에 많이 축적되어 있음

㉢ 금속산화물들은 동형치환이 일어나지 않으므로 영구음전하를 가질 수 없음

㉣ 그 대신 결정의 외부 표면에서 수소이온의 해리와 결합을 통해서 전하를 갖게 됨. 이들 광물은 토양의 pH에 따라 변화

㉤ 일반적으로 금속산화물의 함량이 많은 토양은 산성이고, 이러한 토양은 식물의 양분인 Ca, Mg, K 등의 양이온을 흡착하여 보유할 수 있는 능력이 떨어짐

② 알루미늄 수산화물(Gibbsite)

㉠ 대표적인 알루미늄의 수산화물로 열대지방 등 심하게 풍화된 토양에 많이 존재

㉡ 알루미늄을 중심 양이온으로 하는 팔면체의 층상구조

㉢ 전기적으로 안정되어 있음

㉣ 결정의 외부 표면에는 공유되지 않은 OH와 H_2O를 가짐

㉤ 동형치환이 전혀 발생하지 않으므로 토양의 pH에 따라 순양전하를 가질 수도 있음

③ 철산화물

㉠ 고타이트 : 고타이트는 철산화물이며, Fe^{3+}을 중심 양이온으로 하고 O^{2-}와 OH^{-}이 팔면체로 결합

㉡ 헤마타이트 : 고타이트 다음으로 토양 중에 많이 존재하는 철산화물로, Fe^{3+}이 6개의 산소와 결합하여 팔면체를 형성

핵심문제

토양의 완충능력을 부여하는 요인으로 옳지 않은 것은? [21년 6회]

① 부식의 산기
② 인산염의 가수분해
③ 점토광물의 약산기
④ 중탄산염의 가수분해
❺ 금속산화물의 가수분해

(2) 비결정형 점토광물

① 무정형 광물

㉠ 전체적인 구조는 불규칙하지만 매우 짧은 범위 내에서 일정한 결정구조를 가짐

㉡ 이모고라이트(Imogolite), 앨러페인(Allophane) 등이 있음

② 이모고라이트

㉠ 비결정형 점토광물 중에서 결정화 정도가 가장 큼

㉡ 동형치환에 의한 음전하 생성은 없으나, 토양 pH에 따라 전하가 생성됨

㉢ 튜브구조의 외부 쪽은 깁사이트의 알루미늄팔면체층과 같고, 안쪽은 OH를 갖는 규소사면체로 이루어져 있음

③ 앨러페인

㉠ 화산재의 풍화로 생성되었으며 토양의 풍화과정에서 생성되는 중간산물임

㉡ 토양의 pH에 따라 음전하를 가지고 있어서 중성이나 약알칼리 조건에서 150cmolc/kg 정도의 양이온교환용량을 가짐

㉢ 비표면적은 70～300m^2/g으로 큼

Reference 점토광물의 종류

- 1 : 1형 광물 : Kaolinite, Halloysite
- 2 : 1형 광물
  - 비팽창형 : Illite
  - 팽창형 : Vermiculite, Montmorillonite, Saponite, Nontronite
- 혼층형 광물
  - 규칙혼층형 : Chlorite
  - 불규칙혼층형
- 산화광물
  - 산화알루미늄 : Gibbsite($Al_2O_3 \cdot 3H_2O$)
  - 산화철 : Hematite(Fe_2O_3, 적철광), Goethite($Fe_2O_3 \cdot H_2O$, 침철광)
  - 무정형광물 : Allophane[SiO_2, $(Al_2O_3)m(H_2O)n$]

6) 점토광물의 표면적

(1) 점토광물의 비표면적

① 비표면적 : 입자의 단위질량당 표면적

② 토양의 여러 가지 이온이나 화합물의 흡착 등 물리 · 화학적 현상을 결정하는 특성

③ 단위무게당 입자의 표면적은 입자의 크기가 작아질수록 크게 증가한다.

(2) 점토광물의 표면전하

① 점토광물은 양전하(+)와 음전하(−)를 동시에 가질 수 있다.

② 양전하와 음전하의 합을 토양의 순전하량(Net Charge)이라 한다.

③ 일반적인 환경조건하에서 점토광물이나 유기물은 양전하에 비하여 음전하를 절대적으로 많이 가지므로 토양은 순음전하(Net Negative Charge)를 띤다.

④ 비결정형 광물과 열대우림의 산화물 또는 수산화물 광물은 심하게 풍화된 토양으로, 낮은 pH 조건에서 이들 광물은 양전하를 많이 가질 수 있어서 순양전하(Net Positive Charge)를 띠기도 한다.

⑤ 점토광물의 음전하는 토양의 양이온치환과 화합물 흡착현상에 기여한다.

영구전하	가변전하
• pH에 영향을 받지 않음 • 규소사면체와 알루미늄팔면체에서 동형치환 • 광물결정의 변두리(결합에 관여하지 않은 음전하) • 2 : 1형 점토광물 • 2 : 1 : 1형 점토광물 • 1 : 1형 점토광물은 동형치환을 거의 하지 않음	• pH에 영향을 받음 • pH가 낮은 조건에서 양전하 • pH가 높은 조건에서 음전하 • 카올리나이트 등과 같은 규산염층상광물 • 금속산화물 또는 수산화물 • 토양 부식

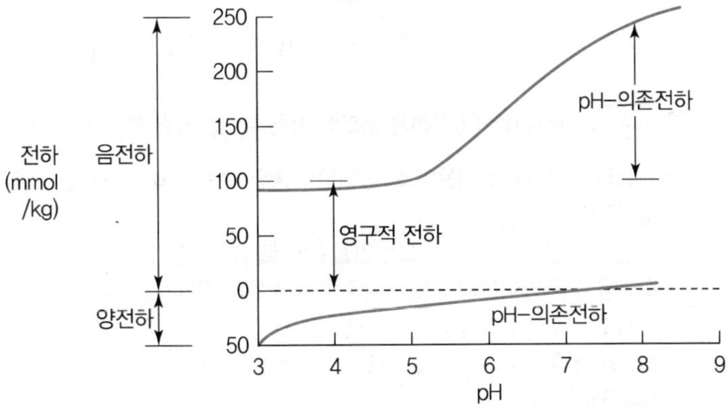

▌pH의 변화에 따른 토양의 양전하와 음전하의 변화▐

7) 토양유기교질물

살아 있는 생물(미생물 포함)+동식물의 유체+부식을 포함한 모든 유기화합물

Reference 부식의 교질 특성

- 비표면적 : 800~900m^2/g
- 양이온교환능 : 150~300cmolc/kg
- 부식의 전하는 모두 pH 의존전하
- 등전점 : 일반적으로 pH 3(>pH 3 : 음전하, <pH 3 : 양전하)
  교질입자의 순전하가 0일 때의 pH
- 주요 작용기 : 음전하의 약 55%가 카르복실기의 H^+ 해리에 의한다.
- pH 6 이하 : 약산성의 카르복실기가 해리된다.
- pH 8 이상 : 페놀성 OH가 해리된다.

8) 교질의 전기이중층

① 토양교질입자들은 음전하를 가지고 있으므로 양전하를 가진 이온들이 전기적인 인력에 의해 흡착된다.

② 음전하의 층과 양전하의 층이 형성되는데, 이를 전기이중층(Electric Double Layer)이라 한다.

✎ 스턴(Stern)의 전기이중층 모델
- 교질 표면에 이온이 특이적(Specifically)으로 흡착된 층을 스턴층이라 하고, 그 바깥의 정전기적으로 끌려 있는 이온들의 층을 확산층이라고 한다. 그리고 이들 두 층 사이의 경계면을 Outer Helmholtz Plane(OHP)이라고 한다.
- 스턴층에 존재하는 양이온들이 교질의 표면전하를 정량적으로 감소시킨다.

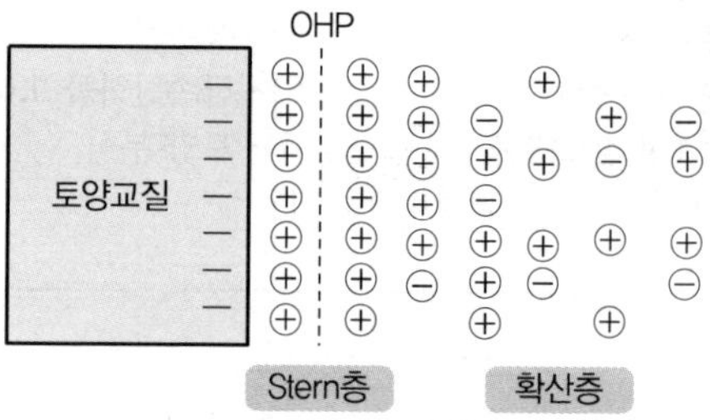

| 스턴의 전기이중층 모델 |

Reference 토양용액의 양이온 농도에 따른 확산층의 두께

- 교질의 음전하와 토양용액 중 양이온의 종류 및 농도에 따라 확산층의 두께가 달라진다.
- 음전하의 밀도가 클수록 또는 많을수록 두께는 커진다.
- 토양용액 중 양이온의 농도가 클수록, 양이온의 전하가 클수록, 이온의 크기와 수화도가 작을수록 두께는 얇아진다.
- 토양용액 중 양이온의 농도가 높으면 양이온의 확산이 억제되므로 확산층이 얇아진다.
- 반대로, 토양용액 중 양이온의 농도가 낮으면 양이온의 확산이 쉽게 일어나므로 확산층이 두꺼워진다.

2. 토양의 이온교환

1) 양이온교환

(1) 토양에서의 양이온교환

고체의 표면에 흡착되어 있는 양이온이 용액 중의 양이온과 교환되는 현상을 양이온교환이라고 한다.

(2) 양이온교환작용과 기본원리

① 양이온교환반응은 화학량론적으로 일어나며 가역적인 반응이다.

② 주로 흡착되는 양이온 : H, Ca, Mg, K, Na 등

③ 양이온이 교질물에 흡착되는 비율은 비료의 사용, 광물의 용해, 식물에 의한 흡수 및 이용, 토양용액의 양이온농도 변화 등에 따라 변한다.

④ $Na < K = NH_4 < Mg = Ca < Al(OH)_2 < H$

✎ 양이온흡착의 세기 증가 요인
- 양이온의 전하가 증가할수록
- 양이온의 수화반지름이 작을수록
- 교환체의 음전하가 증가할수록

(3) 양이온교환의 중요성

① 토양의 물리 · 화학적 특성을 변화시킨다.

② 농업활동과 관련되어 작물에 필요한 영양소를 공급한다.

③ 토양 내에 존재하는 미생물의 활성 및 여러 가지 토양반응에도 영향을 미친다.

Reference 농업생산과 관련된 양이온교환의 중요성

- 치환성 양이온(K, Ca, Mg) 등은 식물영양소의 주된 공급원이다.
- 산성토양의 pH를 높이기 위한 석회요구량은 CEC가 클수록 많아진다.
- 흡착된 Ca^{2+}, Mg^{2+}, K^{+}, Na^{+}, NH^{4+} 등의 이온들은 쉽게 용탈되지 않는다.
- 토양에 비료로 시용한 Na^{+}, NH^{4+} 등은 토양에서 이동성이 급격하게 감소된다.
- 중금속(Cd^{2+}, Zn^{2+}, Ni^{2+}, Pb^{2+} 등)을 흡착하여 지하수 및 지표수의 이동을 억제함으로써 오염 확산을 방지한다.

핵심문제

토양에서 일어나는 양이온교환반응에 관한 설명으로 옳은 것은? [22년 7회]

① 양이온교환용량 30cmolc/kg은 3meq/100g에 해당한다.
② 양이온교환반응은 주변 환경의 변화에 영향을 받지 않으며, 불가역적이다.
③ 흡착의 세기는 양이온의 전하가 증가할수록, 양이온의 수화반지름이 작을수록 감소한다.
❹ 한국의 토양은 유기물 함량이 적고, 주요 점토광물이 Kaolinite여서 양이온교환용량이 매우 낮은 편이다.
⑤ 토양입자 주변에 Ca^{2+}이 많이 흡착되어 있으면 입자가 분산되어 토양의 물리성이 나빠지는데, Na^{+}을 사용하면 토양의 물리성이 개선된다.

(4) 양이온교환용량

① 양이온교환용량(CEC : Cation Exchange Capacity)은 일정량의 토양이나 교질물이 양이온을 흡착 교환할 수 있는 능력이다.

② 건조토양 1kg이 교환할 수 있는 양이온의 총량을 cmolc로 나타낸다(cmolc/kg 또는 $cmol^{+}$/kg).

③ 이전에는 토양 100g에 교환할 수 있는 양이온의 총량을 밀리당량(meq)으로 표시한다(meq/100g).

예 6meq/100g = 60mmolc/kg soil(60mmol$^+$/kg soil)
= 6cmolc/kg soil(6cmol$^+$/kg soil)

(5) 염기포화도

양이온 중 수소와 알루미늄이온을 제외한 양이온들로, Ca, Mg, K, Na 등의 교환성 염기이다.

$$\text{염기포화도}(\%) = \frac{\text{교환성 염기의 총량}(\text{cmolc/kg})}{\text{양이온 교환용량}(\text{cmolc/kg})} \times 100$$

(6) 염기포화도와 pH의 관계

① 교환성 염기는 토양을 알칼리성으로 만들려는 경향이 있지만, 교환성 수소와 알루미늄이온은 반대로 산성을 만들려고 한다.

② 따라서 pH가 낮은 산성토양에서는 염기포화도가 낮고, pH가 7 또는 그 이상인 알칼리성 토양에서는 염기포화도가 높다.

2) 음이온교환

① Fe 또는 Al의 산화물 및 수산화물과 점토광물의 양쪽 끝 절단면에 양성자(Proton)와 결합한 양(+)전하 부위가 형성되어 있으며, 이 때 음이온교환체로서 음이온교환반응에 관여한다.

② 토양 중의 음이온은 주로 SO_4^{2-}, Cl^-, NO^{3-}, HPO_4^{2-}, $H_2PO_4^-$ 등이다.

③ 음이온교환용량(AEC : Anion Exchange Capacity)은 용액의 pH와 용액의 음이온 농도에 따라 달라진다.

④ 음이온흡착의 원리

㉠ 음이온의 흡착은 광물과 유기복합체의 표면에 있는 Al－OH기와 Fe－OH기가 중요

㉡ 두 가지 흡착기작은 모두 pH에 크게 의존

㉢ H^+의 농도가 높아지면 흡착이 증가

㉣ Fe, Al 수산화물이나 점토광물이 많은 산성토양에서 높은 음이온흡착량을 나타냄

㉤ 음이온 흡착순위 : 질산<염소<황산<몰리브덴산<규산<인산

핵심문제

토양의 교환성 양이온이 아래와 같은 경우, 염기포화도와 염기불포화도(산성양이온포화도)가 올바른 것은? [21년 6회]

CEC = 20cmolc/kg
Ex. －K 3.5cmolc/kg
Ex. －Ca 7.5cmolc/kg
Ex. －Mg 3.2cmolc/kg
Ex. －Na 1.8cmolc/kg
Ex. －Al 1.5cmolc/kg
Ex. －H 2.5cmolc/kg

① 55%, 45%
② 60%, 40%
❸ 80%, 20%
④ 70%, 30%
⑤ 85%, 15%

핵심문제

토양 내 점토와 부식의 함량이 각각 30%, 5%일 때의 양이온교환용량(cmolc/kg)은?(단, 점토와 부식의 양이온 교환용량은 각각 30과 200이며 모래와 미사의 양이온교환용량은 0으로 가정한다) [25년 11회]

① 10　② 14
③ 15　④ 16
❺ 19

▶ 음이온이 토양교질에 흡착되는 원리

종류	특징
배위자 교환 (Ligand Exchange)	• 음이온 고정 또는 음이온 특이흡착이라고 한다. • OH기와 배위자 사이의 교환이 이루어지는 것이다. • 반응 후 pH는 OH기 때문에 증가한다. • F^-, HPO_4^{2-}, $H_2PO_4^-$ 등의 음이온과 만나면 비가역적으로 배위결합한다.
표면복합체 (Surface Complex) 또는 양성자화 (Protonation)	• 음이온교환 가능 또는 음이온 비특이흡착이 일어난다. • 낮은 pH에서 일어난다. • Cl^-, NO_3^-, ClO_4^- 등은 정전기적 인력에 의해 흡착된다.

✎ 음이온 특이흡착은 인산의 고정에서 가장 중요하다.

3. 토양의 이온흡착

1) 랭뮤어(Langmuir) 등온흡착식의 전제

① 흡착은 흡착지점이 고정된 단일흡착층에서 일어나며, 흡착지점은 모두 동일한 성질을 지니고, 하나의 분자만 흡착할 수 있다.

② 흡착은 가역적이다.

③ 표면에 흡착된 분자는 옆으로 이동하지 않는다.

④ 흡착에너지는 모든 지점에서 동일하고, 표면이 균일하며, 흡착된 물질 간의 상호작용이 없다.

4. 토양반응

1) 토양반응의 정의

① 토양이 나타내는 산성 또는 알칼리성의 정도를 말하며, 보통 pH로 나타낸다.

② 토양반응은 토양의 중요한 화학적 성질의 하나이고, 토양미생물과 식물의 생육에 영향을 끼치는 생리학적 성질이다.

③ 토양 pH를 측정하면 토양과 식물의 영양을 진단하는 데 필요한 기본적인 정보를 얻는다.

2) 토양반응의 중요성

(1) 토양이 산성일 경우

① 식물에 독성을 나타내는 Al과 Mn의 농도가 높아진다.

② 공생균과 뿌리혹박테리아의 활성이 저감되고 유기물 분해 미생물 활성이 감퇴되어 무기화가 느려진다.

③ 강우량이 많은 지역의 토양은 염기(Ca, Mg, Na, K)들이 용탈되어 산성이 된다.

④ CO_2가 물에 녹아 탄산(H_2CO_3)이 되고 이 탄산의 용해로 H^+이 생성된다($H_2CO_3 \rightarrow H^+ + HCO_3^-$).

(2) 토양이 알칼리성일 경우

pH의 상승은 식물에 의한 Cd, Pb 및 Zn의 흡수를 억제한다. 또한 Ca, Mo의 가용성은 높아진다.

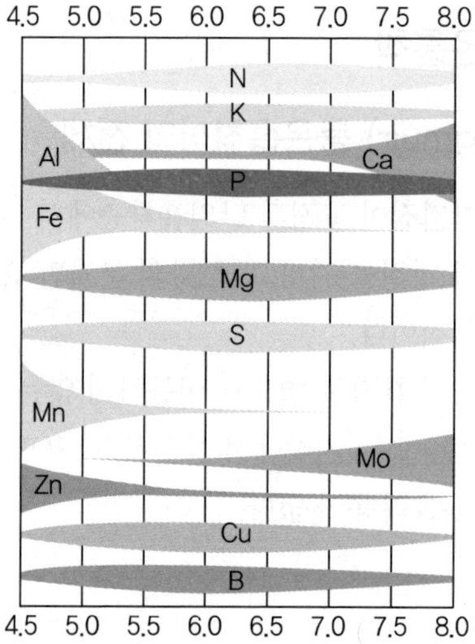

▌pH에 따른 양분유효도▐

3) 토양 pH

① pH란 용액 중에 존재하는 H^+농도의 역수의 대수(log)로 정의한다. 순수한 물이 25℃에서 해리될 때 H^+과 OH^-의 농도가 10^{-7}mol/L로서 중성인 것을 기준으로 한다.

② 수소이온의 생성

㉠ 토양산성에 가장 큰 영향을 끼치는 양이온은 토양에 흡착되어 있는 H와 Al임

㉡ 토양산성은 토양용액 중 H^+ 농도의 증가와 토양입자의 H, Al 및 Al복 합체의 농도가 높아지기 때문임. 또한 $Al(OH)_3$의 용해에 의해 생성됨

4) 토양의 완충능력

토양의 pH 완충용량이란 외부에서 토양에 산 또는 알칼리성 물질을 가할 때 pH의 변화를 억제하는 능력이다.

5) 토양의 산도

(1) 활산도

토양용액에 해리되어 있는 H^+와 Al^{3+} 이온에 의한 산도이다.

(2) 잠산도

① 토양입자에 흡착되어 있는 교환성 H^+와 Al^{3+} 이온에 의한 산도이다.
② 교환성 산도 또는 염교환산도라고도 부른다.
③ KCl(염화칼륨, Potassium Chloride), NaCl(염화나트륨, Sodium Chloride) 등과 같은 염용액에 의하여 용출되는 산도이다.

(3) 잔류산도

① 비완충성 염용액으로 용출되지 않고, 석회물질, 특정 pH 7~8의 완충용액으로 중화되는 산도이다.
② 전산도 = 활산도 + 잠산도 + 잔류산도

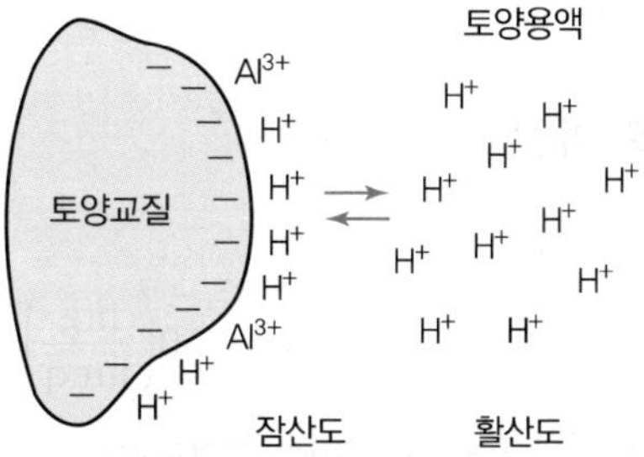

▌활산도와 잠산도▐

6) 토양산성화의 원인

① H^+의 증가, 염기의 용탈
② 모암 : 산성암인 화강암과 화강편마암
③ 기후 : 강우에 의한 염기의 용탈
④ 점토에 흡착된 H^+의 해리[$Al^{3+} + H_2O \rightleftarrows Al(OH)^{2+} + H^+$]
⑤ 부식에 의한 산성화 : $-COOH$와 OH에서 H^+의 해리

핵심문제

토양 산도에 관한 설명으로 옳지 않은 것은? [22년 7회]

① 토양 산도는 계절에 따라 달라진다.
② 같은 토양이라도 각 토양층 사이에서 산도는 상당한 차이가 있다.
③ 활산도는 토양미생물의 활동과 식물의 생장에 직접적인 영향을 준다.
④ 산림에서 낙엽의 분해로 발생하는 유기산은 토양의 산도를 증가시킨다.
❺ 잔류산도는 토양 콜로이드에 흡착되어 있는 H^+과 Al^{3+}에 의한 산도이다.

핵심문제

도시공원 내 산성토양 개량용 석회물질의 시용에 관한 설명으로 옳지 않은 것은? [25년 11회]

❶ 석회요구량은 필요한 석회량을 $Ca(OH)_2$로 계산하여 나타낸 값이다.
② 개량에 사용되는 석회물질은 토양 교질의 Al과 직접 반응한다.
③ 유기물 함량이 높은 토양은 낮은 토양보다 석회요구량이 더 많다.
④ 동일한 양의 석회를 시용할 때는 입자가 고운 석회물질의 반응이 더 빠르다.
⑤ 점토 함량이 높은 토양은 모래 함량이 높은 토양보다 석회요구량이 더 많다.

⑥ CO_2에 의한 산성화

$$CO_2 + H_2O \rightleftarrows H_2CO_3 \rightleftarrows H^+ + HCO_3^- \rightleftarrows H^+ + CO_3^{2-}$$

⑦ 유기산에 의한 산성화 : 미생물로 유기물이 분해될 때 유기산이 생성

⑧ 무기산에 의한 산성화 : 산성비

⑨ 비료에 의한 산성화(질산화작용) : $NH_4^+ + 2O_2 \rightarrow NO_3^- + H_2O + H^+$

⑩ 농경지 토양에서 작물을 수확하면 Ca, Mg 및 K도 함께 제거되어 산성화됨

▶ 산성화의 피해

직접적인 피해	간접적인 피해
• 뿌리의 단백질 응고 • 세포막의 투과성 저하 • 효소활성 저해 • 양분흡수 저해	• 독성화합물의 용해도 증가 • 인산고정과 양분의 불균형 초래

7) 석회요구량

(1) 석회물질의 종류

✎ 석회요구량 결정요인

pH 변화의 폭, 토양의 풍화 정도, 모재, 점토 함량, 유기물 함량, 산의 존재 형태 등

① 산화물 형태 : CaO, MgO
② 수산화물 형태 : $Ca(OH)_2$, $Mg(OH)_2$
③ 탄산염 형태 : $CaCO_3$, $MgCO_3$, $CaMg(CO_3)_2$

(2) 석회요구량의 계산

① 교환산도에 의한 방법

$$\frac{\text{전체 토양량}}{\text{토양시료량}} \times \text{전산도}(\text{meq}) \times 50\left(\frac{\text{mg}}{\text{meq}}\right)$$

$= CaCO_3$요구량($CaCO_3$, 1meq=50mg)

② 완충곡선에 의한 방법

$$\frac{\text{전체 토양량}}{\text{토양시료량}} \times \text{곡선에서 얻은 석회의 요구량} = CaCO_3\text{요구량}$$

핵심문제

석회질비료에 관한 설명으로 옳지 않은 것은? [23년 9회]

① 토양 개량으로 양분 유효도 개선을 기대할 수 있다.
❷ 석회석의 토양 산성 중화력은 생석회보다 더 높은 편이다.
③ 석회고토는 백운석($CaCO_3 \cdot MgCO_3$)을 분쇄하여 분말로 제조한 것이다.
④ 소석회는 알칼리성이 강하므로 수용성 인산을 함유한 비료와 배합해서는 안 된다.
⑤ 부식과 점토 함량이 낮은 토양의 산도 교정에는 생석회를 많이 사용하지 않아도 된다.

(3) 특이산성토양(Acid Sulfate Soil)

① 강의 하구나 해안지대의 배수가 불량한 곳에서 늪지 퇴적물을 모재로 하여 발달한 토양으로서 황철석(FeS_2)과 같은 황화물을 많이 함유한 토양이다.

② 이러한 토양은 인위적인 배수를 통하여 통기성이 좋아지면 황철석의 산화과정을 통하여 pH가 4.0 이하인 강한 산성을 띤다.

③ 배수가 되기 전의 습윤 또는 담수 상태에서는 황화합물들이 환원 상태로 존재하기 때문에 이러한 토양은 중성인 것이 보통이다.

✎ 특이산성토양의 관리법
토양을 지속적으로 담수 상태로 유지하거나 석회를 시용한다.

5. 알칼리토양과 염류토양

1) 알칼리토양과 염류토양의 특성

① 해안지대나 건조 및 반건조지대의 내륙지방에서는 염류의 집적에 의하여 염기포화도와 토양용액 중 염기의 농도가 높아지고, 그로 인하여 토양반응이 중성 내지 알칼리성으로 된다.

② NaCl, $CaCl_2$, $MgCl_2$, KCl 등의 가용성 염류의 용탈이 쉽게 일어나지 않는 환경조건에서 알칼리성을 띤 염류토양(Saline Soil)이 발달한다.

③ 이러한 토양에서는 pH가 너무 높거나 Na 및 기타 염류들의 함량이 많아 식물의 생장에 피해를 준다.

2) 알칼리토양(나트륨성 토양)

① pH가 8.5 이상으로 많은 식물의 생육이 저해된다.

② 유기물이 분산되어 토양입자의 표면에 어둡게 분포하여 흑색 알칼리토양이라 부른다.

③ 가용성 염류의 농도는 높지 않다.

④ 나트륨성 토양의 특징
- ㉠ 경운하기가 어려움
- ㉡ 투수속도가 느림
- ㉢ 분산된 점토가 아래로 이동하여 경반층을 형성
- ㉣ 수분이동을 차단
- ㉤ 뿌리생장에 불리

3) 염류토양

① 가용성 염류가 많고 가용성 탄산염은 보통 들어 있지 않다.

② 백색알칼리토양이라고 불린다.

③ 토양구조가 양호하다.

핵심문제

토양포화침출액의 전기전도도(EC)가 4ds/m 이상이고, 교환성 나트륨퍼센트(ESP)가 15% 이하이며, 나트륨흡착비(SAR)는 13 이하인 토양은? [23년 9회]

❶ 염류토양
② 석회질토양
③ 알칼리토양
④ 나트륨토양
⑤ 염류나트륨성 토양

4) 염류나트륨성 토양

① 토양의 물리 · 화학적 조건은 염류토양과 유사하다.
② 가용성 염류가 많으면 교질에 Na의 양이 많아진다.
③ 가용성 염류가 용탈되면 pH 8.5 이상이 되고, Na이 분산되어 경운, 투수, 식물생장에 적합하지 않다.

➤ 염류집적토양의 분류

구분	EC(dS/m)	ESP	pH	SAR
정상토양(Normal Soil)	<4	<15	<8.5	<13
염류토양(Saline Soil)	>4	<15	<8.5	<13
나트륨성 토양(Sodic Soil)	<4	>15	>8.5	>13
염류나트륨성 토양 (Saline - sodic Soil)	>4	>15	<8.5	>13

④ 석회질토양
㉠ 충분한 양의 $CaCO_3$를 가지고 있어 묽은 염산을 가하면 거품을 일으킨다.
㉡ 반건조지역에서 나타난다.
㉢ pH 7.0~8.3으로, 관개와 배수를 잘하면 농경지에 적합하다.

6. 토양의 산화환원반응

① 토양 중 중금속의 화학적 형태와 생물에 대한 유효도 및 여러 가지 생물학적 현상에 많은 영향을 끼친다.
② 이 반응은 전자의 이동을 수반하는 반응으로서 산화와 환원이 짝을 이루어 동시에 일어나는 반응이다.
㉠ 산화(Oxidation) : 화합물이 전자(e^-)를 잃어 산화수가 증가하는 반응
㉡ 환원(Reduction) : 전자를 얻어 산화수가 감소되는 반응
㉢ 산화환원반응의 정의 : Fe^{3+}(산화) + e^- ⇄ Fe^{2+}(환원)
③ 토양의 산화환원전위(Eh)
㉠ 식물 양분의 산화-환원 상태를 결정하여 유효도에 영향을 끼치며, 토양 중에 존재하는 이온의 화학적 형태와 용해도, 이동성, 독성 등을 결정하기 때문에 토양환경을 이해하는 데 중요한 화학적 지표임

㉡ 토양의 산화환원전위는 통기성, 무기이온, 유기물, 배수, 온도 및 식물의 종류 등의 영향을 받음

㉢ 산화형 물질의 비율이 높으면 Eh값이 높아지고, 환원형 물질의 비율이 높으면 Eh값이 낮아짐

㉣ 산소가 부족한 조건에서 혐기성 미생물이 제일 먼저 NO_3를 이용하며, 논토양에서 탈질현상을 일으킴

CHAPTER 05

토양생물과 토양유기물

1. 토양생물 및 토양유기물의 역할

1) 토양생물의 역할

유기물의 분해, 무기물의 산화, 환원 등 양분의 순환에 관여한다. 곰팡이와 세균은 화합물의 결합을 깨는 효소를 생산하는 유기물의 분해자로 중요한 역할을 한다.

2) 토양유기물의 역할

① 탄소 기반 화합물로, 식물이나 동물과 같은 생물의 잔류물과 환경의 폐기물에서 온 유기화합물이다.

② 탄소화합물과 영양물질을 공급하여 토양미생물의 활성을 증가시키고, 생육 제한인자나 식물성장촉진제, 각종 호르몬, 비타민 및 아미노산 등을 공급한다.

③ 토양유기물은 양이온교환용량과 pH완충용량을 향상시키고, 토양의 입단형성을 촉진함으로써 통기성과 배수성을 높여 준다.

2. 토양생물의 구성

1) 토양동물군

① 대형동물군 : 길이 1,000μm

② 중형동물군 : 길이 200～1,000μm

③ 미소동물군 : 길이 200μm

2) 토양식물군

① 대형식물군 : 식물의 뿌리, 이끼

② 미소식물군 : 곰팡이, 세균, 바이러스

▶ 토양생물의 분류

동물	대형동물군	생쥐, 개미, 거미, 노래기, 쥐며느리, 지렁이, 두더지, 개미, 갑충 등
	중형동물군	진드기, 톡토기
	미소동물군	• 선형동물 : 선충 • 원생동물 : 아메바, 편모충, 섬모충
식물	대형식물군	식물의 뿌리, 이끼
	미소식물군	• 독립영양생물 : 녹조류, 규조류 • 종속영양생물 : 사상균(효모, 곰팡이, 버섯), 방선균 • 독립 및 종속영양생물 : 세균, 남조류

3. 먹이사슬

1) 1차 생산자

식물은 광합성을 통하여 다른 생물의 탄소원이나 에너지원으로 이용된다.

2) 1차 소비자

① 토양생물은 식물이나 동물에서 죽은 조직(잔사)을 섭취하는데 이러한 생물을 식잔사생물이라고 한다.
② 살아 있는 식물을 먹이로 하는 생물을 초식성 생물이라고 한다.
③ 식잔사생물 + 초식성 생물 = 1차 소비자

3) 2차 소비자

1차 소비자는 토양에 서식하는 포식자나 기생자와 같은 육식성 생물의 먹이가 된다. 육식성 생물은 미생물과 다른 동물을 포식하기 때문에 2차 소비자라고 한다.

예 지네, 두더지, 톡토기, 진드기, 흰개미, 선충, 원생동물 등

4) 3차 소비자

① 2차 소비자는 3차 소비자의 먹이가 된다.
② 사상균이나 진드기와 같은 생물은 1차 소비자이자 2차 소비자인 동시에 3차 소비자이다.

4. 토양생물의 개체수 및 활성

① 토양생물의 개체수

㉠ 주로 먹이의 양과 질에 따라 결정

㉡ 물리적 요인(온도 등), 생물적 요인(포식, 경쟁 등), 화학적 요인(pH, 염분농도 등)에 영향을 받음

② 토양생물의 활성

㉠ 개체수, 생체량, 호흡량 같은 대사작용에 의해서 측정됨

㉡ 미세식물군 80% > 대형동물군 4% > 중형동물과 미소동물군 2% > 기타 4%

③ 토양미생물의 수 : 토양미생물의 수는 집락(Colony)을 형성하는 하나의 독립된 세포를 의미하므로 집락형성수(cfu)로 나타냄

▶ **토양생물의 개체수와 생체량(토양 15cm 깊이)**

구분		개체수		생체량	
		$/m^2$	/g	kg/ha	g/m^2
미소 식물군	세균	10^{13}~10^{14}	10^{8}~10^{9}	400~5,000	40~500
	방선균	10^{12}~10^{13}	10^{7}~10^{8}	400~5,000	40~500
	사상균	10^{10}~10^{11}	10^{5}~10^{6}	1,000~15,000	100~1,000
	조류	10^{9}~10^{10}	10^{4}~10^{5}	10~500	1~50
대형 동물군	지렁이	10^{1}~10^{3}		100~1,500	10~150
중형 동물군	진드기	10^{3}~10^{6}	1~10^{1}	5~150	0.5~1.5
	톡토기	10^{3}~10^{6}	1~10^{1}	5~150	0.5~1.5
미소 동물군	원생동물	10^{9}~10^{10}	10^{4}~10^{5}	20~200	2~20
	선충	10^{9}~10^{10}	10^{1}~10^{2}	101~150	1~15

핵심문제

토양 미생물에 관한 설명 중 옳지 않은 것은? [22년 7회]

① 종속영양세균은 유기물을 탄소원과 에너지원으로 이용한다.
② 조류(Algae)는 대기로부터 많은 양의 CO_2를 제거하고 O_2를 풍부하게 한다.
❸ 세균의 수는 사상균보다 적지만 물질순환에 있어서 분해자로서 중요한 역할을 한다.
④ 균근균은 인산과 같이 유효도가 낮거나, 낮은 농도로 존재하는 양분을 식물이 쉽게 흡수할 수 있도록 도와준다.
⑤ 사상균은 유기물이 풍부한 곳에서 활성이 높고, 호기성 생물이지만 이산화탄소의 농도가 높은 환경에서도 잘 견딘다.

5. 토양생물의 종류

1) 동물

(1) 대형동물군

① 개미, 흰개미, 거미, 두더지, 노래기, 지렁이, 달팽이 등이 있다.

② 식성에 따른 분류

㉠ 생식성 대형동물 : 육식동물, 초식동물, 균식동물, 잡식동물 등

㉡ 부생식성 대형동물 : 부식성, 육식성, 분식성 등

③ 대형동물은 토양수분의 침투와 통기성이 증대된다.

④ $1m^2$의 작토층에는 10~10,000마리의 지렁이가 분포한다. 대략 3,000여 종이다.

㉠ 지렁이가 하루에 먹는 양은 자기 몸무게의 2~30배에 해당

㉡ 소화기관을 통과하는 토양은 1ha당 50~1,000mg으로 1.25~25년 동안 모든 토양이 소화기관을 한 번 정도 통과

Reference 지렁이 서식에 영향을 끼치는 토양환경요인

- 공기가 잘 통하는 습지지역을 좋아하지만, 과습한 지역에서는 개체수가 현저히 감소한다.
- 신선하거나 거의 분해가 되지 않은 유기물의 시용은 개체수를 증가시킨다.
- pH 5.5~8.5의 토양에서 개체수가 많다.
- 생육적합온도는 10℃ 부근이다(봄이나 가을에 왕성하다).
- 두더지, 생쥐, 일부 진드기, 노린재 등의 포식자는 지렁이 개체수를 감소시킨다.
- 과다한 암모니아태 질소(NH_4^+ −N)는 지렁이 개체수를 감소시킨다.
- 카바메이트계 농약은 개체수를 감소시킨다.
- 잦은 경운은 개체수를 감소시킨다.

(2) 중형동물군

진드기 등은 식물의 잔사를 조각내어 분해가 빨리 되게 할 수는 있지만, 직접적인 분해작용은 거의 하지 못한다.

(3) 미소동물군

① 미소동물군의 특징

㉠ 원생동물 > 선충

㉡ 토양선충의 90%가 토양 깊이 15cm 내에 서식함

㉢ 선충군락은 pH가 중성이며, 유기물의 함량이 많은 식물 뿌리 근처에 밀도가 높음

㉣ 토양서식 선충은 유기물 분해에 직접 참여하지 않고, 부생자 또는 포식자로 생존

② 먹이원에 따른 분류

㉠ 식균성, 초식성, 포식성, 잡식성으로 분류

㉡ 뿌리혹선충(Meloidogyne 속) 피해와 식균성선충(Aphelenchus avenae)은 리족토니아 솔라니(Rhizoctonia solani)를 먹고, 사상균(Arthrobotrys oligospora)은 선충을 포식

핵심문제

산림토양에서 낙엽 분해에 관한 설명으로 옳은 것은? [22년 7회]

❶ 침엽에 비해 활엽이 분해가 느리다.
❷ 분해 초기에는 진행이 느리지만 점차 빨라진다.
❸ 온대지방에 비해 열대지방에서 느리게 진행된다.
❹ C/N율이 높으면 미생물의 분해 활동에 유리하다.
❺ 토양 미소동물은 낙엽을 잘게 부수어 미생물의 분해 활동을 촉진한다.

※ 모두 틀린 지문으로 전 항 정답 처리

식이성

세포막으로 둘러싸서 봉하는 것으로, 먹이를 소화하는 방법이다.

ⓒ 원생동물은 하나의 세포핵과 미토콘드리아를 가지고 있는 단핵세포동물로, 세균과 조류의 중요한 포식자
- 원생동물은 부생성 또는 식이성 생물
- 원생동물은 편모상, 섬모상, 아메바상 원생동물로 분류

2) 미생물(미소식물균)

(1) 토양조류

① 조류의 정의 : 이산화탄소를 이용하여 광합성을 하고 산소를 방출하는 생물

② 조류의 특징

㉠ 조류는 탄산칼슘($CaCO_3$) 또는 이산화탄소를 이용하여 유기물을 생성함으로써 이산화탄소를 제거하고 산소를 공급

㉡ 사상균과 공생하여 지의류를 형성하기도 함

㉢ 조류는 탄수화물을 스스로 합성하므로 질소, 인, 칼륨과 같은 영양원이 갑자기 늘어나면 녹조나 적조현상의 원인이 됨

(2) 토양사상균

① 사상균은 효모, 곰팡이 및 버섯의 3개 그룹으로 나뉜다.

② 효모는 주로 혐기성의 담수토양에 서식하며, 술과 빵의 조제에 많이 이용한다.

예 Saccharomyces cerevisiae, Saccharomyces carlsbergensis

③ 버섯은 수분과 유기물의 잔사가 풍부한 산림이나 초지에 주로 서식한다.

④ 곰팡이는 곡물을 발효시키기도 하지만 많은 식물병을 유발한다. 가장 일반적인 종은 Penicillium, Mucor, Fusarium, Aspergillus의 4가지이다.

(3) 균근균

① 균근균의 특징

㉠ 균근은 사상균과 식물 뿌리와의 공생관계를 의미

㉡ 식물은 5~10%의 광합성 산물을 균근에 제공하고 균근으로부터 여러 가지 이득을 얻음

㉢ 균근균의 균사는 뿌리로부터 5~15cm까지 뻗어 자람

② 균근균의 역할

㉠ 균근균에 감염된 식물은 무감염식물보다 10배 정도의 높은 양분흡수율을 가짐

㉡ 인산처럼 유효도가 낮거나 적은 농도로 존재하는 토양양분을 쉽게 흡수할 수 있게 함

㉢ 과도한 양의 염류와 독성 금속이온의 흡수를 억제

㉣ 한발에 대한 저항성을 높여 줌

㉤ 병원균과 경합하여 병원균이나 선충으로부터 식물을 보호

㉥ 토양을 입단화하여 통기성과 투수성을 증가시킴

③ 균근균의 종류

㉠ 외생균근

- 균사는 피층의 세포벽을 침입하지는 않음
- 유묘에 널리 사용되는 종 : 피소리투스 틱토루스(Pisolithus tinctorus)
- 외생균근은 바람에 의해 쉽게 이동

㉡ 내생균근

- 피층의 세포벽에 들어가 나뭇가지 모양의 수지상체를 구성
- 대표적 내생균근 : Arbuscular mycorrhiza(수지상체를 형성)균
  예 Glomus, Gigaspora, Acaulospora, Sclerocystis, Scutellospora 등
- 낭상체(Vesicle) : 양분을 저장하는 역할
- 균근을 형성하지 않는 작물 : 배추, 겨자, 카놀라, 브로콜리, 사탕무, 근대, 시금치 등

(4) 토양방선균

① 토양방선균의 특징

㉠ 방선균은 사상균과 비슷하지만 세균처럼 세포핵이 없는 원핵생물로 그람양성균임

㉡ 토양미생물의 10~50%를 구성하며, 유기물을 분해하고 생육하는 부생성 생물임

㉢ 흙냄새가 나는 지오스민(Geosmin)과 같은 물질을 분비

㉣ 방선균은 호기성균으로 과습한 곳에서는 잘 자라지 않음

② 방선균의 종류

㉠ 방선균의 종류 : Micromonspora, Nocardia, Streptomyces, Streptosporangium, Thermoactinomyces 등

㉡ 결핵균 : Mycobacterium tuberculosis

㉢ 감자의 더뎅이병 : Streptomyces scabie
㉣ 질소고정균 : Frankia
㉤ 항생물질 분비 : Streptomyces

(5) 토양세균

① 탄소원과 에너지원에 따른 세균의 분류

구분	탄소원	에너지원	대표적인 미생물군
화학종속영양생물	유기물	유기물	부생성 세균, 대부분의 공생 세균
광합성 자급영양생물	CO_2	빛	Green bacteria, Cyanobacteria, Purple bacteria
화학자급영양생물	CO_2	무기질	질산화세균, 황산화세균, 수소산화세균

② 생육적온에 따른 분류
㉠ 고온성균 : 40~50℃(Thermus aquaticus, 100℃에도 생존)
㉡ 중온성균 : 15~35℃
㉢ 저온성균 : 15℃ 이하

③ 산소요구성에 따른 분류
㉠ 편성(절대)호기성균 : 산소를 절대적으로 요구
㉡ 편성(절대)혐기성균 : 산소에 의해 치명적인 저해를 받음
㉢ 미호기성균 : 산소를 요구하지만 어느 정도의 농도에서는 독성이 됨
㉣ 통성혐기성균 : 산소를 이용하지만 산소가 부족할 때 황산염(SO_4^{2-}), 질산염(NO_3^-), 탄산염(CO_3^{2-}) 등을 이용

④ 산도(pH)에 따른 분류
㉠ 호산성균 : 극히 낮은 pH에서 생존이 가능한 균
㉡ 호알칼리성균 : 극히 높은 pH에서 생존이 가능한 균
㉢ 호염성균 : 높은 염류농도를 선호

(6) 질소순환에 관여하는 균

① 균의 종류
㉠ 탈질 : $NO_3^- \rightarrow N_2$
㉡ 질산화 : $NH_4^+ \rightarrow NO_3^-$
㉢ 질산환원 : $NO_3^- \rightarrow NH_4^+$
㉣ 암모니아화(무기화) : 유기 N → NH_4^+
㉤ 부동화(고정화) : NH_4^+ → 유기 N

② 암모니아 생성균

㉠ 유기 N → NH_4^+은 유기물로부터 암모니아를 생성하는 미생물에는 세균, 방선균, 사상균 등이 있으며, 이들 미생물은 단백질 분해효소(Proteinase, Protease, Peptidase)를 분비

㉡ 단백질 → 아미노산 → 암모니아(NH_3) → 암모늄(NH_4^+)

③ 질산화균 : 전형적인 자급영양세균이며, NH_4^+ → NO_3^-로 암모니아를 산화하여 에너지를 얻음

㉠ 첫 단계 : 암모니아산화균(Nitrosomonas, Nitrosococcus, Nitrosospira)

㉡ 두 번째 단계 : 아질산산화균(Nitrobacter, Nitrocystis)

④ 탈질균

㉠ NO_3^- → N_2 형태로 대기 중으로 휘산하는 현상

㉡ 탈질화세균 : Pseudomonas, Bacillus, Micrococcus, Achromobacter

㉢ 탈질현상이 일어나는 환경요인

- 유기물과 질산(NO_3^-)이 풍부
- 온도는 25~35℃
- pH가 중성
- 토양의 산소가 10% 미만일 때

⑤ 질소고정균 : 단독질소고정균, 공생질소고정균으로 분류된다.

㉠ 단독질소고정균

- Azotobacter : 타급영양의 호기성세균, 중성 또는 알칼리성 토양에 분포
- Beijerinkia, Derxia : 광범위한 pH 조건에 존재, 열대지방의 산성토양에서도 발견
- Klebsiella, Azospririllum Bacillus : 미호기성 질소고정균
- Clostridium, Desulfovibrio Desulfomaculum : 편성혐기성 세균
- Cyanobacteria : 광합성 세균으로 질소공급원

㉡ 공생질소고정균

- 주로 콩과식물과 공생하여 질소를 공생
- Rhizobium과 Bradyrhizobium이 대표적

(7) 인산가용화균

① 인산은 Al^{3+}, Fe^{3+}, Ca^{2+} 등과 결합하여 불용 형태인 $AlPO_4$, $FePO_4$, $Ca(PO_4)_3OH$ 등으로 고정된다.

핵심문제

토양의 질산화작용 중 각 단계에 관여하는 미생물의 속명이 옳게 연결된 것은? [23년 9회]

1단계 ($NH_4^+ \rightarrow NO_2^-$)	2단계 ($NO_2^- \rightarrow NO_3^-$)

① Nitrocystis Rhizobium
② Nitrosomonas Frankia
❸ Nitrosospira Nitrobacter
④ Rhizobium Nitrosococcus
⑤ Pseudomonas Nitrosomonas

✎ 아질산

NO_2^-

✎ 질산화 작용을 차단하면 탈질이 줄어든다. 질산화작용저해제를 시용하여 탈질을 줄인다.

✎
- 동일교호접종군 : 특정한 균과 기주식물이 특이적인 공생관계를 맺는다.
- 질소고정을 위해 뿌리혹을 형성해야 하는데, 콩과식물의 뿌리는 플라보노이드 또는 루테올린을 분비하고, 세균은 리포폴리사카라이드를 분비하여 상호 신호를 교환한다.
- 질소고정균 감염과정 : 세균이 접촉한 뿌리는 구부러짐 → 감염사 형성 → 세균이 피층세포 내에 근류를 형성 → 막대모양의 뿌리가 곤봉 모양(박테로이드)으로 변함
- 위의 과정을 다형태라고 하고, 변화된 세균을 박테로이드(질소고정)라고 한다.

② 불용화된 인산을 용해하는 인산가용화균의 종류 : Pseudomonas, Mycobacter, Bacillus, Enterobacter, Acromobacter, Flavobacterium, Erwinia, Rahnella 등
③ 인산가용화미생물은 옥살산, 시트르산, 숙신산, 말릭산, 글리콘산, 2-케타 글루코닉산을 분비하여 가용성인산으로 바뀐다.

(8) 금속의 산화 · 환원균

화학자급영양세균은 금속이 산화될 때 생성되는 에너지를 이용하여 ATP를 합성한다. 반대로 환원반응은 산소가 없거나 결핍된 상태에서 산화금속을 환원시켜 ATP를 합성한다.

3) 토양미생물과 식물

(1) 고등식물

고등식물은 태양에너지를 저장하고 유기물을 생산하는 1차 생산자이다. 고등식물의 뿌리는 토양 부피의 약 1%를 차지하고, 뿌리 호흡량은 토양호흡량의 25~30%를 차지한다.

(2) 근권

뿌리 주변의 토양을 근권이라 하고, 그 영역은 뿌리의 표면으로부터 약 2mm까지이다.

① 뮤시겔(Mucigel)
　㉠ 뿌리에서 분비되는 분자량이 큰 점액성 물질
　㉡ 뿌리 신장에 도움을 주는 윤활유 역할
　㉢ 독성물질로부터 뿌리를 보호
　㉣ 미생물에게 좋은 서식처를 제공
② R/S율(Root/Soil) : 근권의 효과를 나타내는 지표로, 단위토양 중 뿌리의 양을 나타냄

(3) 식물생장촉진 근권미생물

① Rhizobium, Azotobacter, Azospillium : 질소고정력 증가
② Bacillus : 지베렐린, IAA 등 식물생장호르몬 생성
③ Pseudomonas : 종자나 뿌리에 군락형성능력과 철을 결합시키는 시데로 포아를 생성하여 병원균의 철분 결핍을 일으켜 병을 억제

6. 토양유기물

토양유기물에 포함되어 있는 탄소의 양은 살아 있는 생물에 포함되어 있는 양보다 2~3배 많다.

1) 탄소순환

① 온실가스 : CO_2, CH_4, O_3, N_2O, CFC(염화불화탄소) 등

② 산업혁명 전 CO_2 농도가 280ppm이었지만, 현재는 360ppm으로 증가하였다.

2) 식물체의 주요 구성성분

(1) 셀룰로오스

① 세포벽을 단단하게 하는 지지체 역할을 한다.

② Cellulase 효소를 분비하는 미생물

㉠ 사상균 : Trichoderma, Aspergillus, Penicillium, Fusarium 등

㉡ 세균 : Pseudomonas, Bacillus 등

(2) 헤미셀룰로오스

① 두 번째로 풍부한 탄소화합물(7~30%)이다.

② 세포벽에서 많이 발견된다.

(3) 펙틴

① 세포벽을 이루는 중요한 구성성분으로 세포벽과 세포벽을 결합하는 역할을 한다.

② 갈락트로닉산(Galactronic Acid)의 중합체이다.

③ 펙틴의 분해속도는 헤미셀룰로오스와 비슷하다.

(4) 리그닌

① 세 번째로 풍부한 화합물로 어린 식물 5%, 성숙한 식물 15%, 성숙한 나무 조직 35~50%를 차지한다.

② 리그닌은 분해되지 않고 다른 화합물과 결합하여 토양부식을 형성한다.

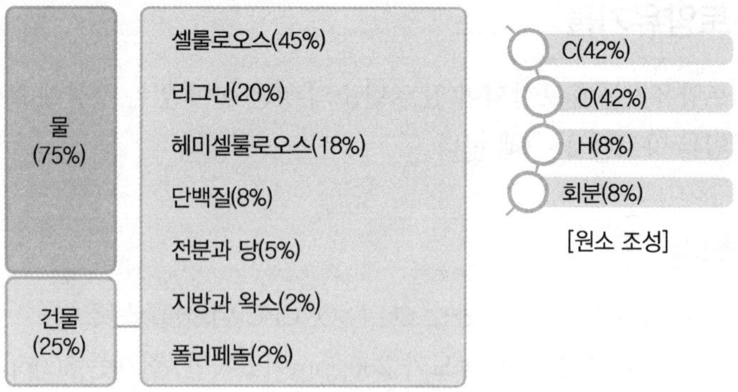

▌식물체의 구성성분▐

3) 유기물 분해

(1) 고유미생물

유기물이 새로 가해지지 않고 잔존 유기물에 살고 있는 토양미생물이다.

(2) 발효형 미생물

유기물을 새로 가하면 개체수가 기하급수적으로 불어나는 토양미생물이다. 이때 개체수가 정점에 달하고, 호흡량으로 인한 CO_2 발생량도 최고점에 달한다.

(3) 기폭효과

발효형 미생물은 분해에 저항성이 큰 부식물질이나 리그닌의 분해를 촉진하는데, 이를 기폭효과라고 한다.

4) 유기물 분해에 미치는 요인

(1) 환경요인

① pH : 대부분의 미생물은 중성 상태를 선호
② 산소와 수분 : 호기성 조건에서 분해속도 증가
③ 적정온도 : 25～35℃

(2) 유기물의 구성요소

① 유기물의 분해속도는 리그닌 함량에 따라 달라진다.
② 페놀 함량이 건물 무게의 3～4% 정도 포함되어 있으면 분해속도가 대단히 느리다.

(3) 탄질률

분해속도는 탄질률이 큰 유기물이 탄질률이 작은 유기물보다 훨씬 느리다.

① 암모니아화(무기화) : 유기 N → NH_4^+
② 부동화(고정화) : NH_4^+ → 유기 N
③ 낮은 C/N율(<20 : 1) → 무기화작용
④ 중간 C/N율(20~30) → 작용하지 않음
⑤ 높은 C/N율(>30 : 1) → 고정화작용

(4) 토양유기물의 분획

① 부식산 : 알칼리(NaOH)에는 용해되지만 산(pH 1~2)에는 침전되는 물질
② 풀브산 : 알칼리(NaOH) 용액으로 추출한 후 pH 1~2로 산성화시켰을 때 침전되지 않고 용액으로 남아 있는 물질
③ 부식회(탄) : 알칼리(NaOH) 용액으로 추출되지 않고 남아 있는 화합물

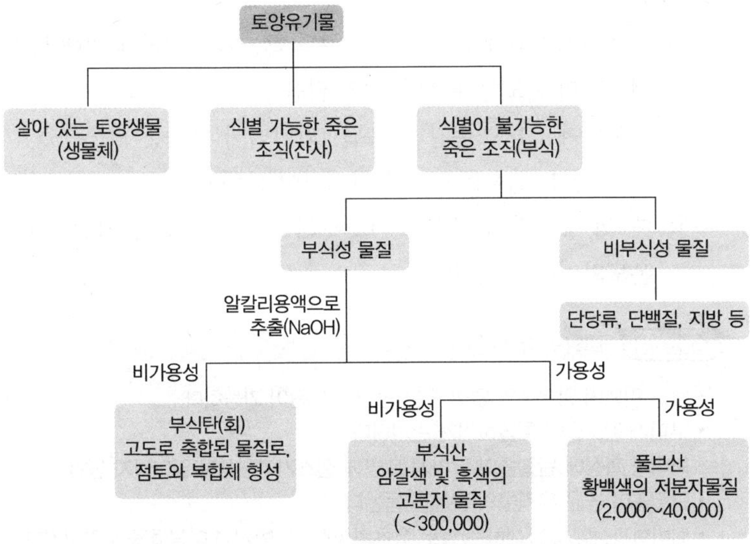

▌식물체의 구성성분▐

(5) 부식의 효과

① 생물학적 효과
㉠ 미생물의 활성
㉡ 식물성장촉진제

질소기아현상
일반적으로 탄질률이 20~30보다 높은 유기물이 토양에 가해질 경우 유기물 분해에 필요한 질소가 부족하여 미생물이 질소의 일부를 토양용액으로부터 이용하기 때문에 식물이 일시적으로 질소 부족에 시달린다.

핵심문제

산림토양에서 미생물에 의한 낙엽 분해에 관한 설명으로 옳지 않은 것은? [22년 8회]

① 낙엽에 의한 유기물 축적은 열대림보다 온대림에서 많다.
② 낙엽의 분해율은 분해 초기에는 진행이 빠르지만 점차 느려진다.
❸ 주로 탄질비(C/N)가 높은 낙엽이 분해속도와 양분방출속도가 빠르다.
④ 양분 이온들은 미생물의 에너지 획득과정의 부산물로 토양수로 들어간다.
⑤ 낙엽의 양분함량이 많고 적음에 따라 미생물에 의한 양분방출속도가 다르다.

핵심문제

토양에 첨가된 유기물은 분해 과정 및 분해 산물에 의한 효과와 분해 후 부식에 의한 효과로 구분하는데 부식에 의한 효과로 옳은 것은? [21년 6회]

① 토양 보수력 증가
❷ 양이온교환용량 증가
③ 식물성장촉진제의 공급
④ 토양미생물의 활성 증대
⑤ 사상균 균사에 의한 입단 발달

② 화학적 효과

㉠ 양이온치환능력 증가

㉡ pH 완충작용

㉢ 식물 생장에 필요한 영양원(질소, 인, 황 등) 공급

㉣ 인의 가용성 증가

㉤ 킬레이트화합물을 형성시켜 독성 경감

③ 물리적 효과

㉠ 입단화 증진

㉡ 토양 공극 증가

㉢ 통기성과 배수성 향상

㉣ 보수력 증가

㉤ 지온을 상승시켜 토양생물의 활성 향상

(6) 퇴비

① 퇴비란 유기물을 토양에 바로 섞지 않고, 일정한 곳에서 일정기간 쌓아 두어 부식과 비슷한 물질로 만드는 과정이다.

예 원예용 상토, 토양개량제, 완효성 비료, 토양피복재료 등

② 퇴비화 3단계

㉠ 중온단계 : 쉽게 분해될 수 있는 화합물이 미생물에 의해 분해. 퇴비더미 온도는 40℃를 넘지 않음

㉡ 고온단계 : 1~2주간 계속됨. 퇴비더미 온도는 50~75℃까지 올라감. 셀룰로오스와 리그닌이 분해됨

㉢ 제2의 중온단계(성숙단계) : 분해열이 급격히 감소되어 대기 온도와 비슷하게 됨

Reference 퇴비의 유익한 점

- 탄소 이외의 양분용탈 없이 좁은 공간에 보관이 가능하다.
- 부피가 감소되어 취급하기가 편리하다.
- 퇴비화 과정에 탄질률이 낮아져 토양에 질소기아현상이 일어나지 않는다.
- 탄질률이 높은 유기물의 분해를 돕는다.
- 퇴비화과정에서 발생하는 열로 잡초의 씨앗 및 병원성 미생물을 사멸시킨다.
- 퇴비화과정 중 독성화합물이 분해된다.
- Pseudomonas, Bacillus, Actinomycetes 등과 같은 미생물이 토양병원균의 활성을 막는다.

CHAPTER 06

토양비옥도와 식물영양

1. 토양비옥도

1) 최소양분율과 보수점감의 법칙

① 최소양분율 : 식물의 생산량은 가장 부족한 무기성분량에 의하여 지배된다는 것[1843년 리비히(Liebig)]

② 보수점감의 법칙 : 양분의 공급량에 대한 수량의 증가율이 점차 줄어드는 현상

2) 영양소의 유효도평가

식물의 영양소 결핍 여부를 판정하는 방법에는 식물체분석법, 수액분석법, 윤안관찰 등이 있다.

① 식물체분석법 : 시간과 비용이 많이 들지만 가장 정확

② 수액분석법 : 식물체의 수액을 짜서 간이분석기로 측정하는 방법으로, 정확성은 떨어지지만 시간이 절약되고 방법이 간단

③ 육안관찰

㉠ 외형적으로 나타나는 결핍 증상을 관찰하는 방법

㉡ 피해 증상을 정확하게 구분하기 힘든 경우도 많음

㉢ 많은 경험을 축적하면 비교적 정확한 판정을 할 수 있음

㉣ 영양결핍문제를 신속하게 대처할 수 있음

➤ 작물의 생산성에 영향을 미치는 인자

기후인자	토양인자	작물인자
강수(양과 분포), 공기(상대습도), 빛(양, 강도, 기간), 고도, 바람, CO_2 농도	유기물, 토성, 구조, 양이온교환용량, 염기포화도, 경사도, 토양온도, 토양관리인자(경운, 배수 등)	작물의 종류, 영양, 병해충, 수확률

핵심문제

수목 시비에 관한 설명으로 옳은 것은? [25년 11회]

① 미량원소 결핍은 보통 한 성분에 의해 나타나는 경우가 많다.
❷ 양분 결핍 여부를 판단하기 위한 가장 좋은 방법은 잎분석이다.
③ 질소가 결핍되면 어린잎과 새순에서 먼저 부족현상이 나타난다.
④ 양분 공급량에 따라 생체량이 증가하는 현상을 보수점감의 법칙이라 한다.
⑤ 경사지에 위치하는 어린 수목에 시비할 때는 양쪽 수관 끝에 측방시비하는 것이 좋다.

2. 필수식물영양소

1) 필수영양소의 특징

① 해당 원소가 결핍되었을 때는 식물체가 생명현상을 유지할 수 없다.

② 그 원소만이 가지는 특이적인 기능이 있어야 하며, 그 기능을 대체할 수 없다.

③ 식물의 대사과정에 직접적으로 관여해야 한다.

④ 모든 식물에게 공통적으로 적용되어야 한다.

⑤ 필소식물영양소의 16종류 : 탄소, 수소, 산소, 질소, 인, 칼륨, 칼슘, 마그네슘, 황, 철, 아연, 붕소, 구리, 망간, 몰리브덴, 염소

2) 필수영양소의 분류

구분	분류		원소	흡수 형태	기능
비무기성		비무기성	C	HCO_3^-, CO_3^{2-}, CO_2	흡수 후 유기물질 생성
			H	H_2O	
			O	O_2, H_2O	
무기성	다량원소	1차 영양소	N	NO_3^-, NH_4^+	• 아미노산, 단백질, 핵산, 효소 등
			P	$H_2PO_4^-$, HPO_4^{2-}	• 에너지 저장과 공급 (ATP 핵심)
			K	K^+	• 기공개폐 조절, 효소 형태
		2차 영양소	Ca	Ca^{2+}	• 세포벽 중엽층 구성
			Mg	Mg^{2+}	• 엽록소 분자 구성
			S	SO_4^{2-}, SO_2^-	• 황함유 아미노산
	미량원소		Fe	F^{2+}, Fe^{3+}, Chelate	• 시토크롬, 광합성의 전자 전달
			Cu	Cu^{2+}, Chelate	• 산화효소의 구성요소
			Zn	Zn^{2+}, Chelate	• 알코올탈수소효소 구성요소
			Mn	Mn^{2+}	• 탈수소효소 및 카르보닐효소 구성
			Mo	MoO_4^{2-}, Chelate	• 질소환원효소 구성
			B	H_3BO_3	• 탄수화물대사에 관여
			Cl	Cl^-	• 물의 광분해

핵심문제

토양용액에 존재하는 다음 이온 중 일반적으로 농도가 가장 낮은 것은? [25년 11회]

① K^+ ② Ca^{2+}
③ Mg^{2+} ④ SO_4^{2-}
❺ $H_2PO_4^-$

✎ 코발트는 질소고정식물에서 레그헤모글로빈(Leghemoglobin) 합성에 필요하고, 니켈은 요소분해효소(Urease)의 작용에 관여한다.

핵심문제

식물의 필수영양소와 식물체 내에서의 주요 기능을 바르게 짝지은 것은? [22년 7회]

ㄱ. S－산화효소의 구성요소
ㄴ. Mn－광합성반응에서 산소 방출
ㄷ. P－에너지 저장과 공급(ATP 반응의 핵심)
ㄹ. K－효소의 형태 유지 및 기공의 개폐 조절
ㅁ. N－아미노산, 단백질, 핵산, 효소 등의 구성요소

① ㄱ, ㄴ, ㄷ
② ㄱ, ㄷ, ㄹ
③ ㄴ, ㄷ, ㄹ
④ ㄴ, ㄹ, ㅁ
❺ ㄷ, ㄹ, ㅁ

핵심문제

음이온의 형태로 식물체에 흡수되는 원소만을 나열한 것은? [25년 11회]

① Fe, S ② K, Mn
③ Ca, Zn ④ Mg, Cu
❺ Mo, Cl

3) 필수영양소의 생화학 및 식물생리학적 기능에 따른 분류

① 식물체의 구조를 형성하는 원소군 : C, H, O, N, P, S
② 효소의 활성화 원소군 : K, Ca, Mg, Zn, Mn
  ㉠ K : 효소의 활성화, 삼투압 조절, 이온균형 기능
  ㉡ Ca : 효소의 활성화, 세포벽과 세포막의 안정화
  ㉢ Mg : 엽록소의 구성요소, 효소의 활성화
  ㉣ Mn : 물의 광분해, 옥신(IAA) 산화효소의 활성화
③ 산화환원반응 원소군 : Fe, Cu, Mo
④ 기타 기능의 원소군 : B, Cl, Si, Na

3. 식물영양소의 유효도

1) 유효태 영양소

(1) 유효태 영양소의 정의

토양 중에 존재하는 총영양소 중에서 식물이 직접 흡수하여 이용할 수 있는 형태의 영양소이다.

(2) 유효태 영양소의 조건

① 흡수될 수 있는 형태로 토양용액에 존재하여야 한다.
② 뿌리에 일정 속도(D : 확산계수>$10^{-12}cm^2/s$) 이상으로 이동될 수 있어야 한다.

➤ 영양소의 유효도 관련 요인

구분		종류
토양요인	물리적 특성	토성, 점토광물, 토양구조, 토양유기물, 토양수분, 토양공기 등
	화학적 특성	양이온교환용량, 음이온흡착, pH
	생물학적 특성	미생물의 종류, 밀도, 활성 등
식물요인		뿌리의 형태, 나이, 길이 등

✎ 영양소의 유효도
토양의 영양소가 식물에 얼마나 잘 이용될 수 있는가를 의미하는 것이다.

(3) 토양용액

토양용액 중 양이온 몰수는 음이온의 몰수와 평형을 유지하려고 한다. 토양 중의 양이온은 Ca>Mg>K>Na, 주된 음이온은 NO_3^-, SO_4^{2-}, Cl^-, $H_2PO_4^-$, HPO_4^{2-}이다.

토양용액은 불포화, 포화 및 과포화 상태로 존재한다.

① 불포화 상태
 ㉠ 토양용액은 포화 상태 이하의 수분을 함유하고 있어 추출이 어려움. 실제 토양에서 일어나는 동적 반응과 가장 근접
 ㉡ 비혼합용액치환법을 사용

② 포화 상태
 ㉠ 토양을 포화반죽으로 만든 후 진공펌프로 추출
 ㉡ 비혼합용액치환법을 사용(비혼합용액은 물보다 비중이 매우 높고, 물에 용해되지 않아야 한다)

③ 과포화 상태
 ㉠ pH와 전기전도도(EC) 측정 시 토양과 증류수를 1 : 1, 1 : 2, 1 : 5 비율로 30분간 혼합 후 측정
 ㉡ 이 경우 토양의 이온들이 녹아 양이온과 음이온이 평형을 유지(30분이면 충분)

(4) 영양소의 공급기작

① 뿌리 차단 : 뿌리가 직접 자라나가면서 토양 중의 영양소와 접촉함으로써 영양소가 공급되는 기작
 ㉠ 단위토양부피당 뿌리의 양이 많을수록 흡수량이 많음
 ㉡ 근권토양을 기준으로 뿌리가 차지하는 부피는 전체 토양부피의 1% 미만임
 ㉢ 유효태 영양소의 1% 미만 정도만 흡수가 가능

② 집단류 : 물의 대류현상으로 확산과 대비되는 개념
 ㉠ 수분퍼텐셜의 기울기로 인해 물과 함께 뿌리쪽으로 집단류 형태로 이동하여 흡수
 ㉡ Ca, Mg, NO_3^-, Cl, SO_4 등 농도가 높은 영양소가 공급됨
 ㉢ 인산, 칼륨과 같이 농도가 낮은 영양소는 확산을 통해 주로 공급됨

③ 확산 : 불규칙적인 열운동에 의해 이온이 높은 농도에서 낮은 농도쪽으로 이동하는 현상
 ㉠ 주로 인산과 칼륨의 공급기작
 ㉡ 픽(Fick)의 법칙에 의해 설명(물이나 공기와 같은 균일한 매질에서의 확산현상을 설명)
 ㉢ 확산계수의 단위는 cm^2/sec

핵심문제

식물영양소의 공급기작에 관한 설명으로 옳은 것은? [23년 9회]

① 인산이 칼륨보다 큰 확산계수를 가진다.
② 칼슘과 마그네슘은 주로 확산에 의해 공급된다.
❸ 식물이 필요로 하는 영양소의 대부분은 집단류에 의해 공급된다.
④ 집단류에 의한 영양소 공급기작은 접촉교환학설이 뒷받침한다.
⑤ 뿌리차단(Root Interception)에 의한 영양소 흡수량은 뿌리가 발달할수록 적어진다.

✎ 토양에서 영양소의 확산속도
NO_3^-, Cl^-, SO_4^{2-} > K^+ > $H_2PO_4^-$

음이온이 양이온보다 확산속도가 빠른 이유는 토양교질이 음이온이기 때문이다.

(5) 완충용량

① 토양이 영양소를 지속적으로 공급하여 토양용액 내 농도를 일정하게 유지시키려는 능력이다.

② 양이온교환용량이 클수록 완충용량이 크다.

③ 점토의 함량이 증가할수록 양이온교환용량이 증가하여 완충용량이 증가한다.

4. 영양소의 기능과 순환

1) 질소

(1) 토양 내 질소

토양 중에 있는 질소의 80~97%는 유기물에 존재하고, 식물이 흡수할 수 있는 무기태질소는 2~3%에 불과하다.

(2) 무기화작용과 고정화작용

토양 내 질소의 무기화작용과 고정화작용은 동시에 일어나며, C/N율에 따라 그 방향이 결정된다.

① 무기화작용

㉠ 유기태 N → NH_4^+로 변환되는 과정

㉡ 미생물이 유기물을 분해하여 에너지를 얻는 과정

㉢ 아민화반응과 암모니아화반응으로 나뉨

유기태 질소 ⇆ 아민태 질소 ⇆ 무기태 질소

(단백질, 핵산 등) $R-NH_2$ $NH_4^+ \rightarrow NO_3^-$

㉣ 순무기화현상 : 무기화과정에서 미생물의 생장에 필요한 양 이상의 무기태 질소가 증가하는 현상

㉤ 순부동화현상 : 생성된 무기질소보다 더 많은 질소를 미생물이 이용하여 토양 중의 질소 함량이 줄어드는 현상

② 고정화작용 : 무기태 질소가 유기태 질소(단백질 형태)의 형태로 변화되는 반응으로 무기화과정의 반대 과정

㉠ C/N율이 30 이상일 때는 고정화반응이 우세. 지속적으로 고정화반응이 일어나면 일시적으로 질소기아현상이 발생

㉡ C/N율이 20~30일 때는 고정화반응과 무기화반응이 동등하게 발생

핵심문제

C/N비에 대한 설명으로 옳지 않은 것은? [21년 5회]

❶ 가축분뇨의 C/N비는 톱밥보다 높다.

② C/N비는 탄소와 질소의 비율을 의미한다.

③ 유기물의 C/N비는 미생물에 의한 분해속도를 가늠하는 지표가 된다.

④ C/N비가 30인 유기물의 탄소 함량이 15%라면 질소 함량은 0.5%이다.

⑤ C/N비가 높은 유기물을 토양에 넣으면 식물의 일시적인 질소기아현상이 일어난다.

㉢ C/N율이 20 이하일 때는 무기화반응이 우세하게 발생

(3) 질산화작용 및 탈질작용

① 질산화작용

㉠ $NH_4^+ \rightarrow NO_3^-$로 전환되는 것을 의미

㉡ 2단계의 산화반응

$$NH_4^+ \xrightarrow{\text{Nitrosomonas}} (\text{아질산})\ NO_2^- \xrightarrow{\text{Nitrobacter}} NO_3^-$$

㉢ pH 4.5~7.5에서 잘 일어남. 25~30℃가 최적온도

㉣ 포장용수량의 수분 함량에서 잘 발생

㉤ 5℃ 이하 또는 40℃ 이상에서는 크게 저해됨

② 탈질작용

㉠ 탈질균에 의하여 $NO_3^- \rightarrow N_2$로 전환되는 반응

㉡ 배수가 불량한 토양이나 산소가 부족한 토양조건에서 발생

㉢ 혐기성 균은 산소 대신 NO_3^-을 전자수용체로 이용

㉣ 중성토양, 유기물이 많은 토양에서 잘 발생

㉤ pH 5 이하, 10℃ 이하에서는 잘 일어나지 않음

(4) 생물학적 질소고정

미생물이 분자 상태의 질소(N_2)를 암모니아(NH_3)로 전환시켜 유기화합물을 합성하는 것을 질소고정이라고 한다. 질소고정에는 3가지 종류가 있다.

① 생물학적 질소고정 : 공생적 질소고정과 비공생적 질소고정으로 분류

㉠ 공생적 질소고정

- 미생물은 근류를 형성하여 식물에 암모니아(NH_3)를 공급하고, 식물은 탄수화물을 제공
- 식물에는 공생적 질소고정이 더 효율적임
- 공생질소고정균 : 라이조비움(Rhizobium, 대표적), 멜리오티(Melioti), 트리폴리(Trifolii), 레구미노사룸(Leguminosarum), 자포리쿰(Japoricum), 파세올리(Phaseoli) 등

㉡ 비공생적 질소고정

- 단독으로 토양 중에 서식하며 질소를 고정

생물학적 질소고정은 효소 니트로게나아제(Nitrogenase)에 의해 질소(N_2)를 암모니아(NH_3)로 전환한다.

• 단독질소고정균 : 아조토박터(Azotobacter), 베이제린치아(Beijerinchia), 클로스트리듐(Clostridium), 아크로모박터(Achromobacter), 슈드모나(Pseudomonas)

② 산업적 질소고정 : 200기압, 400℃ 이상

③ 광화학적 질소고정 번개에 의해 발생

(5) 휘산

① 질소가 암모니아(NH_3)로 변해 대기 중으로 손실되는 현상이다.

② 주로 요소나 암모늄 형태의 질소질비료를 시용할 경우 발생한다.

③ 질소의 휘산현상 요건

㉠ 토양 pH가 7.0 이상, 온도가 높고, 건조한 토양에서 많이 발생

㉡ $CaCO_3$이 많은 석회질토양에서 잘 발생

(6) 질소의 기능

① 단백질의 구성요소인 아미노산, 핵산, 엽록소 등의 구성요소이다.

② 식물 건중량의 1~6%, NH_4^+, NO_3^- 형태로 흡수하여 도관을 통해 이동한다.

㉠ NH_4^+ : 중성조건에서 잘 흡수됨

㉡ NO_3^- : 낮은 pH에서 보다 빨리 흡수됨

㉢ 높은 pH에서 NO_3^-의 흡수가 감소되는 것은 음이온(OH)의 경쟁 때문임

➤ 질소질 비료

구분	주요 화합물	함유 질소량(%)
황산암모늄(유안)	$(NH_4)_2SO_4$	20
요소	$(NH_2)_2CO$	45
염화암모늄	NH_4Cl	25
질산암모늄	NH_4NO_3	32
석회질소	$CaCN_2$	19
암모니아수	NH_4OH	15

✎ **질소고정에 필요한 무기영양소**

• 코발트 : 레그헤모글로빈(Leghemoglobin)의 생합성에 필요하다.

• 몰리브덴 : 니트로게나아제의 보조인자로 작용한다.

• 인과 칼륨도 질소고정에 영향을 끼친다.

핵심문제

pH 5.0 이하의 산성토양 환경에서 발생하기 어려운 질소 순환과정은? [21년 6회]

❶ 암모니아 휘산작용
② 토양 유기물의 무기화 작용
③ 미생물에 의한 부동화 작용
④ 오리나무속의 공생균에 의한 공중질소 고정작용
⑤ 강우와 함께 수증기에 용해된 질소 산화물의 퇴적작용

핵심문제

도시숲 1ha에 질소성분 함량이 46%인 요소비료 200kg을 시비할 경우 공급될 질소량(kg)은? [25년 11회]

① 46 ❷ 92
③ 146 ④ 192
⑤ 200

토성
모래, 미사 및 점토입자의 비율을 바탕으로 12가지로 분류된다.

Reference

• 화학적 반응 : 수용액의 직접적인 반응

화학적 산성비료	화학적 중성비료	화학적 염기성비료
과인산석회, 중과인산석회, 황산암모늄(유안)	요소, 질산암모늄(초안), 황산칼륨, 염화칼륨, 질산칼륨 등	생석회, 소석회, 암모니아수, 탄산칼륨, 탄산암모니아, 석회질소, 용성인비, 규산질비료, 규석회비료 등

• 생리적 반응 : 시비 후 토양 중에서 식물뿌리의 흡수 작용이나 미생물의 작용을 받은 뒤에 나타나는 반응

생리적 산성비료	생리적 중성비료	생리적 염기성비료
황산암모늄(유안), 염화암모늄, 황산칼륨	요소, 질산암모늄, 질산칼륨	질산나트륨, 질산칼슘, 탄산칼륨(초목회) 등

2) 인

(1) 토양 중의 인

① 토양 중 인의 총함량은 0.05～0.15%이다.

② 토양용액으로부터 $H_2PO_4^-$나 HPO_4^{2-} 같은 무기인산의 형태로 흡수한다.

㉠ pH 2～7 : $H_2PO_4^-$ 형태로 존재

㉡ pH 7.22에서는 $H_2PO_4^-$과 HPO_4^{2-} 농도가 같음

㉢ pH 7～13 : HPO_4^{2-} 형태로 존재

(2) 유기태인

① 식물이 죽어 분해되면서 토양으로 방출된다.

② 유기태 인산화합물 : 이노시톨(Inositol), 핵산, 인질 등

(3) 무기태인

① 불용성 칼슘 인산화합물

㉠ $Ca(H_2PO_4)_2$과 $Ca(HPO_4)$의 형태로 비료로 토양에 공급되며, 쉽게 불용성인산화합물로 전환됨

㉡ $Ca(H_2PO_4)_2 + 2Ca^{2+}$ → 불용성화합물 $Ca_3(PO_4)_2 + 4H^+$

㉢ $Ca(HPO_4)_2 + 2CaCO_3$ → 불용성화합물 $Ca_3(PO_4)_2 + 2CO_2 + 4H^+$

② 철과 알루미늄 불용성화합물 : 산성의 토양에 사용한 인산질비료는 철과 알루미늄과 결합하여 불용화됨

③ 인산흡착 : 토양광물 표면에 흡착되어 존재

핵심문제

인(P)에 관한 설명으로 옳지 않은 것은? [25년 11회]

① 핵산과 인지질 등의 구성요소이다.
② 수목 잎의 인 함량은 N나 K보다 낮다.
③ 인산의 유실은 토사유출과 동반하여 일어날 수 있다.
❹ 알칼리성 토양에서 인은 Fe, Al 등과 결합하여 불용화된다.
⑤ 식물 중 인의 기능은 광합성을 통하여 얻은 에너지를 저장하고 전달하는 것이다.

㉠ 인산을 흡착하는 주요 광물

- 철수산화물 : 침철광(Goethite), Ferrihydrite
- 비정질 알루미늄광물 : Imogolite, Allophane 등

㉡ $H_2PO_4^-$나 HPO_4^{2-}이 광물 표면에 철과 알루미늄과 흡착되는 것은 배위자교환에 의한 흡착임

(4) 인의 기능

① 광합성으로 얻은 에너지를 저장하고, 전달하는 기능이 가장 중요하다.

② 세포분열, 뿌리의 생장, 분열, 개화 및 결실과정에 결정적인 역할을 한다.

③ ATP 형태의 화합물로 저장된다.

㉠ 핵산 : 식물의 형질유전과 발달에 관여

㉡ 인지질 : 각종 생체막을 형성하는 물질

(5) 인산질비료

① 과린산석회(과석) : 인광석에 황산을 처리하여 수용성인 속효성 비료

② 중과린산석회 : 황산 대신 인산으로 인광석을 처리하여 인산의 함량을 높인 비료

③ 용성인비 : 인광석을 용융시켜 제조한 것으로 과린산석회나 중과린산석회에 비해 지효성을 띰

④ 용과린 : 과린산석회와 용성인비를 혼합하여 조립한 것

⑤ 토마스인비 : 인산을 함유하고 있는 선철(무쇠)을 용해시키는 과정에서 생기는 광제(슬러지)

3) 칼륨

(1) 칼륨의 특징

① 토양 중 칼륨 함량은 0.5~2.5%지만, 진형적인 칼륨 함량은 대략 1.2% 정도이다.

② 운모나 장석류와 같은 칼륨 함유 광물의 풍화로부터 생긴다.

㉠ 백운모(Muscovite) : $KAl_3Si_3O_{10}(OH)_2$

㉡ 미사장석(Microcline) : $KAl_3Si_3O_8$

㉢ 정장석(Orthoclase) : $KAl_3Si_3O_8$

③ 비교적 풍화가 덜 된 2 : 1 점토광물(가수 운모와 일라이트)을 많이 함유하고 있는 토양은 칼륨공급력이 높다.

핵심문제

세포원형질의 핵산, 핵단백질 구성 성분이며, 뿌리의 분열 조직에 가장 많이 함유되어 있는 원소는? [21년 6회]

❶ 인(P)
② 황(S)
③ 칼륨(K)
④ 칼슘(Ca)
⑤ 마그네슘(Mg)

인 결핍 증상

- 성숙잎이 암녹색을 띤다.
- 1년생 줄기는 자주색이 된다.
- 곡류는 결실이 지연된다.

(2) 칼륨과 식물

① 어린 조직에서는 5%가 넘기도 하지만 식물이 성장하면서 함량이 감소한다.
② 식물의 구조를 형성하는 원소가 아니다.
③ 식물체 내에서 NO_3^-, SO_4^{2-}과 대응하여 이온균형을 유지하는 데 중요한 역할을 한다.
④ 기공개폐에 관여한다.
⑤ 효소의 활성에 관여한다(단백질과 전분의 합성).
⑥ 당이나 전분 함량이 많은 작물에서 수량과 품질에 영향을 준다.

4) 칼슘

회장석, 사장석, 각섬석, 녹섬석 등과 같은 1차 광물에 주로 존재하며, 석회암을 모암으로 한 토양에 많다.

(1) 칼슘과 식물

① 콩과작물의 경우 그 요구도가 높아 함량이 1～2%이다.
② 주로 세포벽에 다량 존재하며, 펙틴 등과 결합하여 세포벽 구조의 안전성을 높인다.
③ 세포의 신장과 분열에도 필요하여 부족하면 생장점이 파괴되며 새 잎이 기형이 된다.
④ ATPase 등의 효소 활성화, Calmodulin(단백질+Ca)은 효소의 작용을 조절한다.
⑤ 이동성이 극히 낮다.

(2) 칼슘 결핍 시

① 막의 투과성을 손상시킨다.
② 뿌리 끝과 지상부 생장점의 분열조직이 손상되어 토마토의 배꼽썩음병이나 사과의 고두병이 나타난다.
③ 칼슘비료(석회)
㉠ 생석회는 석회석에 열을 가하여 CO_2를 제거하여 산화물로 만든 것임. 강알칼리성, 토양산도를 교정하고, 유기물을 분해하는 데 효과가 큼
㉡ 소석회는 생석회에 물을 가하여 제조하고, 공기 중에 방치하면 CO_2를 흡수하여 석회석($CaCO_3$)으로 전환

고두병
반점이 나타난 부위는 쓴맛이 있고, 마마처럼 들어가므로 고두병이라 한다.

5) 마그네슘

(1) 마그네슘의 특징

① 백운석(Dolomite), 흑운모(Biotite), 사문석(Serpentine) 등이 주요 마그네슘 함유 광물이다.

② 수용성, 교환성 및 비교환성 중 주로 비교환성 형태로 존재한다.

③ Mg의 길항작용 원소 : NH_4^+, K^+은 서로 경쟁관계

④ 엽록소 분자의 구성요소이다.

⑤ 인산화작용을 활성화하는 효소의 보조인자이다.

⑥ 황산고토($MgSO_4$)는 양분유효도가 높다.

⑦ 구용성인 수산화마그네슘은 효과가 황산고토($MgSO_4$)에 비해 지속적이다.

6) 황

(1) 황의 특징

① 황철석(Pyrite)이라고 불리는 FeS, FeS_2가 대표적인 황화광물이다.

② 티오바실러스(Thiobacillus)와 같은 자급영양세균에 의해서 산화된다.

③ SO_4^-은 가용성 또는 이동성이 높아 쉽게 용탈된다.

(2) 무기태 황(황산염)

① 황산염(SO_4^{2-})은 이온의 형태로 용액 중이나 토양교질에 존재한다.

② 식물이 쉽게 이용할 수 있는 형태이다.

③ 석고(Gypsum, $CaSO_4 \cdot 2H_2O$)로 중화처리한다.

(3) 황화물

① 담수 상태의 혐기적인 토양에서는 황산염과 미생물의 작용에 의하여 황화수소(H_2S)로 환원된다.

② 유기물이 혐기적으로 분해될 때에도 황화수소가 발생한다.

③ 대부분 철과 반응하여 FeS, FeS_2과 같은 불용성의 철황화물로 토양에 집적된다.

(4) 황과 식물

① 식물체 내 황의 90% 이상이 단백질에 존재한다(아미노산 : Cysteine, Methionine).

✎ 구용성
비료염 또는 그중의 특정 성분이 시트르산 또는 시트르산염 용액에 녹은 것을 구용성이라고 한다.

핵심문제

특이산성토양의 특성에 대한 설명으로 옳지 않은 것은? [21년 6회]

① 담수 상태는 황화물 산화를 억제할 수 있다.
② 황화수소(H_2S)의 발생으로 작물의 피해가 발생한다.
③ 토양의 pH가 4.0 이하로 낮아지며, 강한 산성을 나타낸다.
④ 환원형 황화물이 퇴적된 해안가 습지가 배수될 때 나타난다.
❺ 소량의 석회 시용으로 교정되며 현장 개량법으로 많이 활용된다.

② 황은 코엔자임 A(Coenzyme-A)와 비타민 중 비오틴(Biotin)과 티아민(Thiamine)의 구성성분이다.

③ 황은 물에 용해되지 않아 용탈 우려가 없으며, 티오바실러스 티오옥시단스(Thiobacillus thioxidans)와 같은 미생물에 의해 황산염(SO_4^{2-})으로 산화되어야 식물이 이용할 수 있다.

7) 미량원소

(1) 망간

① 탈탄산과 탈수소효소들을 활성화시키거나 광합성과 질소동화작용에 관여하며, 유해활성산소를 제거하는 Superoxide Dismutase(SOD)의 보조인자로 작용한다.

② pH가 높거나 유기물 함량이 많으면 망간 결핍이 일어나기 쉽다.

③ 주로 산화환원과정에 관여한다.

④ 망간 부족 시

㉠ 조직이 작아짐

㉡ 세포벽이 두꺼워짐

㉢ 표피조직이 오그라듦

㉣ 엽맥 사이가 황화됨

㉤ 노화된 잎이 먼저 나타남

(2) 철

① 단백질과 결합하여 산화환원과정에 관여한다.

② 레그헤모글로빈(질소고정작용)과 시토크롬(광합성, 호흡의 전자전달체)과 시토크롬 옥시다아제(Cytochrome Oxidase, 산화효소), 카탈라아제(Catalase, 과산화수소를 물과 산소로 분해), 페록시다아제(Peroxidase, 과산화효소)의 효소가 있다.

③ 대표적인 전자공여체는 페레독신(Ferredoxin)이다.

④ 철 부족 시

㉠ 어린잎에 결핍현상이 발생

㉡ 엽맥 사이에 황화현상이 나타나며, 아주 어린잎에는 백화현상이 발생

(3) 구리

① 유기물과 결합력이 강하고, 이동성이 낮은 것이 특징이다.

② 아연과 경쟁한다.

③ 광합성, 단백질과 탄수화물 대사과정에 필요한 시토크롬 옥시다아제에 필요한 원소이다.

④ 구리 부족 시

㉠ 잎에 백화현상이 발생

㉡ 잎 전체가 좁아지고 뒤틀림

㉢ 개화지연이나 곡물이 결실되지 않음

㉣ 생장점 고사현상이 발생

(4) 아연

① Zn^{2+} 형태로 식물에 흡수된다.

② 인산의 흡수가 많으면 아연의 흡수가 억제되고, 구리와 경쟁관계에 놓인다.

③ 어린 조직으로 이동하기는 매우 어렵다.

④ RNA polymerase와 RNase의 활성 및 리보솜구조의 안정화에 관여한다.

⑤ 아연 부족 시

㉠ RNA, 리보솜의 함량이 감소하고 단백질의 합성이 저해됨

㉡ 줄기의 마디길이가 짧아지는 로제트현상이 발생

㉢ 잎의 크기가 작아지는 소엽현상이 발생[아연이 옥신(IAA)합성에 관여하기 때문]

㉣ 황화현상이 발생

(5) 붕소

① 식물에 흡수되어 주로 잎의 끝과 테두리에 축적된다.

② 새로운 세포의 발달과 생장에 필수적인 원소이다.

③ 붕소 부족 시

㉠ 줄기의 마디가 짧아짐

㉡ 잎자루가 비정상적으로 굵어짐

㉢ 꽃과 과실이 쉽게 떨어짐

㉣ 근채류의 경우 근경의 정수리부분이나 중심부분이 썩음

(6) 몰리브덴

① 식물요구도가 가장 낮다.

② 주로 산화 상태로 존재한다[$Mo^{6+}(MoO_4^{2-})$].

③ 질소고정에 핵심작용을 하는 효소(Nitrogenase, Nitrate Reductase)에 함유되어 있어, $NO_3^- \rightarrow NH_3$로 환원되는 과정에 필수적이다.

④ 콩과식물은 몰리브덴이 많이 필요하다.

⑤ 몰리브덴 부족 시

㉠ 황화현상이 발생

㉡ 잎 주변이 오그라듦

㉢ 잎이 작아짐

㉣ 괴사반점이 생김

(7) 기타(염소, 코발트, 니켈, 규소)

① 염소와 망간은 광계 II계에서 물의 광분해에 관여한다.

② 염소와 칼륨은 기공의 개폐에 관여한다.

③ 염소 결핍 시

㉠ 강한 햇빛에 잎이 시드는 현상이 발생

㉡ 황화현상이 발생

④ 코발트는 질소고정과정에 필요하다(Rhizobium).

⑤ 니켈은 요소를 암모니아로 전환하는 촉매 우레아제(Urease)의 구성요소이다.

⑥ 규소는 잎이나 줄기의 물리적 강도를 높여준다(볏과식물).

핵심문제

콩과식물의 레그헤모글로빈 합성에 필요한 원소는? [23년 9회]

① 규소
② 나트륨
③ 셀레늄
❹ 코발트
⑤ 알루미늄

CHAPTER 07

토양오염

외부에서 유입된 오염물질의 농도가 자연함유량보다 많아지면서 토양에 나쁜 영향을 주어 그 기능과 질이 저하되는 현상이다.

1. 토양의 생태학적 중요성

1) 식물과 환경

식물은 주변의 환경과 끊임없이 영향을 주고 받는다.

➤ **식물에 대한 스트레스의 분류**

물리적 스트레스	화학적 스트레스	생물적 스트레스	인공적 스트레스
건조 온도 방사선 범람 바람	염류집적 영양결핍 토양의 pH 유기물 대기가스	경쟁 동물의 먹이 병해충 타감작용 균근류	대기오염 농약 중금속 불 도입종

2) 토양의 질

① 토양비옥도 : 토양이 가지는 식량생산기능

② 토양의 질 : '생물적인 생산량과 환경의 질 및 식물과 동물의 건강' 이라는 3가지 주요 인자들이 균형적으로 기능하고 평형을 유지하도록 하는 토양의 능력(미국토양학회)

3) 환경 구성요소로서의 토양

① 환경은 유기체에 직간접적으로 영향을 주는 모든 것이다.

② 주체 : 인간과 동식물을 의미

③ 환경 : 주체를 둘러싼 모든 것

④ 환경작용 : 환경이 주체에 영향을 줄 경우

⑤ 환경형성작용 : 주체가 환경에 영향을 줄 경우

✎ 토양의 기능

식물생산기능, 오염물질 정화기능, 정수 및 투수기능, 매장문화재 보전기능, 경관기능(레크리에이션 기능), 자연교육 및 교재기능, 건조물 지지기능, 토지시설 시공기능, 건설자재기능, 공업원료기능 등

⑥ 환경의 3대 구성요소 : 토양, 물, 대기

▶ **환경 구성요소들의 균일성**

구분	지역적 균일성	시간적 균일성
대기	대	소
수계	중	중
토양	소	대

✎ 중간유출(기저유출)
큰 공극에 물이 들어가면 중력에 의해 쉽게 지하로 스며드는 것을 말한다.

핵심문제

토양오염의 특징에 관한 설명으로 옳지 않은 것은? [25년 11회]

❶ 농약의 장기간 연용 및 산성비는 점오염원이다.
② 미량원소인 Mo은 산성조건에서 용해도가 감소한다.
③ 부식은 Cu^{2+}, Pb^{2+} 등과 킬레이트 화합물을 형성할 수 있다.
④ 토양에 시비하는 질소 비료와 인산 비료는 강이나 호소의 부영양화를 일으킨다.
⑤ 오염된 토양을 개량하고 복원하는 방법에는 물리적 · 화학적 · 생물적 방법 등이 포함된다.

2. 토양오염원의 특징

1) 발생원에 따른 토양오염원

① 점오염원 : 폐기물매립지, 대단위 가축사육장, 산업지역, 건설지역, 운영 중인 광산, 송유관, 유류 및 유독물저장시설(유류 및 유독물저장시설만이 토양환경보전법의 관리대상) 등

② 비점오염원 : 농약 및 화학비료의 장기간 연용, 휴 · 폐광산의 광미나 폐석에서 유출되는 중금속, 산성비, 방사성 물질 등

2) 토양환경 모니터링

1987년부터 우리나라에서도 토양오염측정망을 운영해 오고 있다. 주관부서는 환경부이며, 협조 부서로는 농림축산식품부, 산업통상자원부, 각 유역 환경관리청, 시 · 도 보건 환경연구원, 한국농어촌공사이다.

▶ **토양오염측정망 구성**

구분		전국망	지역망
목적		전국토양오염 개황 파악	지역중심 오염진행 상황 파악
설치지점		토지용도별 지역	토양오염원별
주관		상시(매년 또는 격년)	상시(매년 또는 격년)
토양 오염 측정 항목	중금속 일반 항목	• 6종 (Cd, Cu, As, Hg, Pb, Cr^{6+}) • 2종 (CN, Phenol) • pH	• 6종 (Cd, Cu, As, Hg, Pb, Cr^{6+}) • 5종(유기인, 펜타클로로비페닐, CN, Phenol, 유류) • pH

3) 토양오염원의 종류와 특성

(1) 영양소

식물의 필수영양소 중 지표수나 지하수를 오염시키는 것은 질소와 인이다. 이들은 비료와 가축분뇨를 통하여 주로 공급된다.

① 질산태 질소는 토양입자에 잘 흡착되지 않아 지하수로 용탈되어 지하수와 지표수를 오염시킨다.

㉠ 질산태 질소는 유아에 청색증을 유발(질산염의 섭취 때문)

㉡ 가축의 경우 고창증을 유발. 우리나라의 최대허용기준은 10mg/L (ppm)

② 인산은 토양에 쉽게 흡착되어 토양에 잔류하기 쉬우며, 수계에 유입되면 부영양화를 일으킨다.

(2) 유독성 유기물질

① 석유계 탄화수소(PHC)를 1980년대 이후 사용량이 증가하여 자연에 노출되었다.

② 수용성이 낮아 토양에 높은 농도로 잔류하여 지하수를 오염시킨다.

③ 유독성 유기물질의 종류 : 연료, 용제, 휘발성 유기화합물, 다환고리방향성 탄화수소화합물(PAHs), 경질방향성 용제, 염화파라핀, 염화방향족 탄화수소, 방향족 아민, 가소제, 난연제, 계면활성제 등

Reference 다환고리방향성 탄화수소화합물(PAHs)

- 석탄, 석유 등을 연소시키거나 정유공장 등의 폐수, 슬러지 및 폐기물에 존재하는 독성오염물질이다.
- 비극성이며, 소수성이고 화학적으로 매우 안정한 환경오염물질이다.
- 유기염소계 화합물이다(난분해성 유기오염물질, COCs).

(3) 유독성 무기물질

① 중금속

㉠ 비중이 5.0g/mL 이상 되는 금속을 의미

예 필수원소(Cu, Zn, Ni, Co 등), 비필수원소(Pb, Hg 등)

㉡ 수은은 미나마타병, 카드뮴은 이타이이타이병을 유발

중금속 발생원별 분류

- 지질적 풍화에 의해 자연적으로 발생한 것
- 산업체에서 유래되는 것
- 중금속을 원료로 사용한 후에 배출되는 것
- 도시 쓰레기나 고형 폐기물에서 침출되어 나오는 것
- 사람이나 가축의 배설물에서 유래되는 것

Reference 토양 내 중금속에 영향을 끼치는 요인들

- 중금속의 용해도는 pH가 낮을수록 증가한다.
- Fe, Mn 등은 산화조건에서 불용화되고, Cd, Cu, Zn, Cr 등은 환원조건에서 불용화된다. 산화 상태에서는 Cr^{6+}(독성이 더 크다)이 되고, 환원 상태에서는 Cr^{3+}, As(비소)는 환원 상태의 비소가 높은 독성을 나타낸다.
- 중금속은 다른 성분과 결합하여 불용성 화합물을 만든다.

② 산성 광산폐기물

㉠ 석탄광에서 배출되는 갱내수와 침출수는 pH가 낮고, 중금속(Fe, Al)과 황산이온을 다량 함유

㉡ 석탄광에서 배출되는 갱내수가 산성을 띠는 원인은 황화물에 포함되어 있는 황이 산화되면서 생성되는 황산이온 때문임(산성화에 가장 크게 기여하는 것은 황철석)

㉢ 옐로보이(Yellow Boy) 오염현상 : 폐수와 함께 배출되는 Fe은 Fe(OH) 또는 FeO_3로 산화되어 토양과 바위 표면을 노란색에서 주황색으로 변화시키는 현상

㉣ 백화현상 : Al이 산화되어 $Al(OH)_3$ 침전물로 변하면서 강바닥과 토양에 흰색의 밀가루를 뿌려 놓은 것처럼 보이는 현상

Reference 토양오염 관련 용어

- 증발 : 순수한 오염물질과 토양공기(기상) 사이에서의 분배와 이동
- 용해 : 순수한 오염물질과 물(액상) 사이에서 분배와 이동
- 휘발 : 물(액상)과 토양공기(기상) 사이에서의 이동
- 흡착 : 오염물질이 물(액상)과 토양입자의 경계면(고상) 사이에서 분배
- 침전 : 용해의 반대 개념. 수용액에서 고상 표면으로 용질이 이동하고 새로운 물질로 축적되는 것

3. 우리나라의 토양오염현황

1) 토양오염기준

(1) 토양오염 우려기준

사람의 건강 및 재산과 동식물의 생육에 지장을 초래할 우려가 있는 토양오염의 기준이다.

(2) 토양오염 대책기준

우려기준을 초과, 사람의 건강 및 재산과 동식물의 생육에 지장을 주어서 토양오염에 대한 대책을 필요로 하는 기준이다.

(3) 지역 구분

① 1지역 : 지목이 전 · 답 · 과수원 · 목장용지 · 광천지 · 대(주거의 용도로 사용되는 부지만 해당한다) · 학교용지 · 구거(溝渠) · 양어장 · 공원 · 사적지 · 묘지인 지역과 어린이 놀이시설(실외에 설치된 경우에만 적용한다)

② 2지역 : 지목이 임야 · 염전 · 대(1지역 부지 외의 모든 대를 말한다) · 창고용지 · 하천 · 유지 · 수도용지 · 체육용지 · 유원지 · 종교용지 및 잡종지인 지역

③ 3지역 : 지목이 공장용지 · 주차장 · 주유소용지 · 도로 · 철도용지 · 제방 · 잡종지(2지역 부지 외의 모든 잡종지를 말한다)인 지역과 국방 · 군사시설 부지

➤ 토양오염기준

물질	토양오염 우려기준(mg/kg)			토양오염 대책기준(mg/kg)		
	1지역	2지역	3지역	1지역	2지역	3지역
카드뮴	4	10	60	12	30	180
구리	150	150	2,000	450	1,500	6,000
비소	25	50	200	75	150	600
수은	4	10	20	12	30	60
납	200	400	700	600	1,200	2,100
6가 크롬	5	15	40	15	45	120
아연	300	600	2,000	900	1,800	5,000
니켈	100	200	500	300	600	1,500
불소	400	400	800	800	800	2,000
유기인 화합물	10	10	30			
폴리클로리네이티드비페닐	1	4	12	3	12	36
시안	2	2	120	5	5	300
페놀	4	4	20	10	10	50
벤젠	1	1	3	3	3	9

✎ 벤조(a)피렌 항목은 유독물의 제조 및 저장시설과 폐받침목을 사용한 지역(예 철도용지, 공원, 공장용지 및 하천 등)에만 적용한다.

핵심문제

한국 「토양환경보전법」에 따른 토양 오염물질이 아닌 것은? [22년 7회]

① 다이옥신
❷ 스트론튬
③ 벤조(a)피렌
④ 6가 크롬화합물
⑤ 폴리클로로리네이티드비페닐

물질	토양오염 우려기준(mg/kg)			토양오염 대책기준(mg/kg)		
	1지역	2지역	3지역	1지역	2지역	3지역
톨루엔	20	20	60	60	60	180
에틸벤젠	50	50	340	150	150	1,020
크실렌	15	15	45	45	45	135
석유계총 탄화수소	500	800	2,000	2,000	2,400	6,000
트리클로로에틸렌	8	8	40	24	24	120
테트라클로로에틸렌	4	4	25	12	12	75
벤조(a)피렌	0.7	2	7	2	6	21

4. 토양오염이 생태계에 미치는 영향

1) 식물의 생육에 미치는 영향

(1) 중금속을 흡착하는 주요 토양입자

① 유기물, Fe, Al, Mn 등의 산화물과 점토광물이다.

② 중금속의 흡착은 pH가 높을수록 많아진다(예외 : Mo). 따라서 중금속의 탈착과 토양용액 중의 농도는 산성토양에서 높다.

(2) 중금속 중 필수영양원소

Cu, Fe, Zn, Mn, Mo 등은 필수원소이고, 나머지는 비필수원소이다.

(3) 필수중금속의 한계농도

① 하위한계농도(LCC) : 식물의 생육이 최대치에 도달할 때의 농도

② 상위한계농도(UCC) : 중금속이 과량 존재할 때 독성을 나타내는 농도

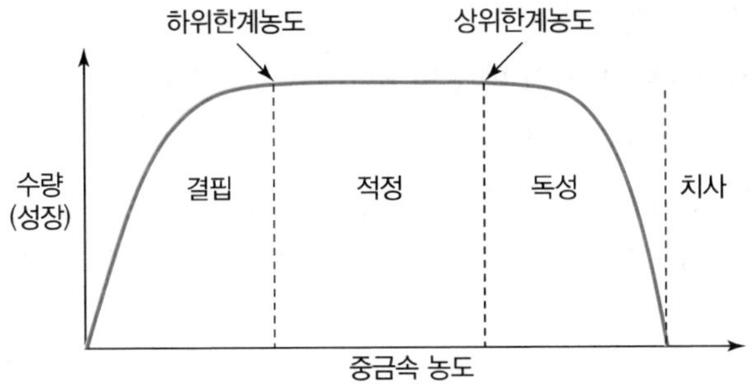

▌중금속 농도에 대한 식물생육반응곡선▐

(4) 중금속이 식물의 생육에 미치는 영향

① 원형질막의 투과성 변경

㉠ 뿌리의 원형질막은 중금속이 영향을 끼치는 최초의 작용점

㉡ K^+누출을 초래(SH나 COOH기와 결합하거나 자유레디칼에 의해 지질을 산화시킴)

② 식물효소의 억제작용 : 광합성 관련 효소와 질산환원효소를 억제

③ 세포막의 생합성과 엽록체의 생합성을 억제 : −SH기를 산화하여 광합성에 필수적인 전자전달반응, 광인산화반응 및 CO_2 고정을 억제

(5) 중금속에 대한 식물체의 방어기작

① 중금속과 그 작용점 사이의 상호작용을 억제하는 기작

㉠ 중금속을 세포벽에서 복합체를 형성

㉡ 세포에서 활성적인 흡수를 억제

㉢ 중금속을 특정 세포 부위로 이전

② 중금속에 의해 초래되는 피해과정을 방해하는 기작

㉠ 피토킬라틴(Phytochelatin)을 합성

㉡ 자유레디칼을 없애 주는 항산화 효소를 생산

예 글루타민, 아스코르브산(비타민 C), 플라보노이드, 카탈라아제, 퍼옥시다아제 등

> ✎ 피토킬라틴(Phytochelatin)
> - 식물에서 중금속과 결합한 후 중금속이온을 격리시켜 해독 메커니즘을 구성한다.
> - 킬레이트 결합을 하는 식물효소이다.

2) 인체에 미치는 영향

(1) 인체에 필요한 중금속과 독성 중금속

① 인체에 유익한 필수영양소인 중금속 : Cr, Co, Cu, Fe, Mg, Mn, Mo, Se, Zn 등

② 독성을 나타내는 중금속 : Al, As, Cd, Pb, Hg, Ni 등

③ 주된 독성기작
㉠ 필수작용기의 활성 방해
㉡ 생물분자에 있는 필수원소와의 치환
㉢ 생물분자의 활성구조 배열 변형
㉣ 세포막의 투과성 저해(선택성 저하, 효소활성 억제)

④ 대표적인 중금속 오염의 예
㉠ 카드뮴(Cd)
- 일본에서 장기간 오염된 쌀을 섭취하여 발생
- 이타이이타이병 유발
- 뼈가 손상되어 관절 부위에 국부적인 심한 통증 유발

㉡ 납(Pb)
- 납은 Cd보다 높은 농도로 존재
- 어린이가 독성에 더 민감
- 낮은 지능지수를 갖게 함

㉢ 수은(Hg)
- 미나마타병은 수은에 중독된 물고기를 섭취하여 발생
- 심리장애, 뇌성소아마비, 태아사망 등을 초래

㉣ 비소(As)
- 주로 음용수를 통해 섭취됨
- 허약함, 근육통, 어린이의 청각손실, 피부암 등을 초래

➤ 중금속의 독성에 의해 영향을 받는 생물체

구분	영향을 받는 생물체				
	인간	동물	수생생물	새	식물
Cd	○	○	○	○	○
As, Pb, Hg, Cr, Se	○	○	○	○	
Cu, Ni, Zn			○		○
Mo, F, Co		○			
B					○

3) 난분해성 유기화합물이 자연에 미치는 영향

(1) 난분해성 유기오염물질(POPs)

① 내분비장애물질(환경호르몬)의 상당수가 이에 해당한다.

② 대표적인 난분해성 유기오염물질(POPs)은 유기염소화합물이나 PCBs(폴리염화비페닐)이다.

(2) 휘발성 유기화합물(VOCs)

암이나 돌연변이를 유발한다.

예 지방족 탄화수소, 방향족 탄화수소, 비균질 탄화수소 등

(3) 다환고리 방향족 탄화수소화합물(PAHs)

석탄, 석유 등 화석연료를 연소시키거나 이를 사용하는 코크스 및 정유공장 등의 폐수, 슬러지, 폐기물에 존재하는 독성 오염물질이다.

5. 오염토양의 복원기술

1) 복원기술의 분류기준

(1) 처리방법에 따른 분류

① 토양오염처리기술
  ㉠ 토양 중의 오염물질을 분해 · 무해화시키는 처리기술
  ㉡ 토양으로부터 오염물질을 분리 · 추출하는 처리기술
  ㉢ 오염물질을 고정화하는 처리기술

(2) 처리위치에 따른 분류

① In-situ : 현장의 토양을 있는 그대로 유지한 상태에서 기술을 적용하는 경우

② Ex-situ : 현장 상태를 유지하지 않고 기술을 적용하는 경우

③ On-site : 현장과 가까운 곳에서 처리한 후 다시 토양을 복원시키는 경우

④ Off-site : 현장과 먼 곳에서 처리한 후 다시 토양을 복원시키는 경우

2) 오염토양복원기술의 종류

(1) 생물학적 처리기술

① 오염지역의 토양 및 지하수에 대한 생물적 처리기술들은 토양세균을 활성화 또는 생육조건을 적정화시키거나 특별히 개방된 세균의 균주를 첨가하여 유기화합물의 생분해를 촉진하는 데 목표를 둔다.

② 생물적 처리의 목적은 오염물질을 완전 무기화시켜 이산화탄소와 물로 분해하는 데 있다.

③ 생물분해(Biodegradation) : 토착미생물의 활성을 증진하여 유기 오염물질의 분해능을 증진시키는 기술

▶ 생물분해의 장단점

장점	단점
• 저농도, 광범위한 오염토양 정화에 효과 • 무기오염물질의 평형 상태를 변화시켜 흡착, 응집, 농축을 통한 안정화가 가능 • 현장처리 시 오염된 토양과의 혼합을 방지 • 오염된 토양과 지하수를 동시에 처리	• 오염물질과 미생물의 접촉이 원활하지 않을 경우 정화효과가 낮음 • 세척수가 이동하여 오염물질의 유동이 증가하여 지하수가 오염 • 미생물이 선택적으로 증가하여 주입정을 막히게 함 • 점토질이 많은 토양에서는 오염물질의 분해율이 낮음 • 중금속, 염소계 유기물질, 염분 등의 농도가 높을 경우 미생물의 생장에 해로움 • 온도가 낮을 경우 생분해속도가 느림 • 현장처리에서 시간이 많이 소요되고, 처리과정을 측정하는 데 어려움

④ 바이오벤팅(Bioventing) : 토양에 공기를 주입하여 휘발성 오염물질을 기화하여 이동시키고, 산소를 증가시켜 미생물의 생분해능을 촉진

▶ 바이오벤팅의 장단점

장점	단점
• 무기오염물질의 안정화가 가능 • 시설의 운전과 유지에 인원과 비용 절감 • 유류계 탄화수소, 비염소계 용매, 살충제 및 기타 유기화합물의 처리에 적당	• 가스의 통기성을 알기 위해 파일럿 스케일(Pilot−scale)의 현장실험을 해야 함 • 지표로부터 2~2.5m에 지하수가 분포하거나 통기성이 낮은 토양은 저효율 • 수분 함량이 적을 경우 생분해와 통풍의 효율이 감소 • 지상의 방출가스를 측정해야 함 • 염소계 화합물의 호기성 생분해는 상호대사를 하지 않거나 혐기성에서는 효과가 없음 • 온도가 낮을 경우 생분해가 낮음

핵심문제

오염토양의 생물학적 처리기술이 아닌 것? [21년 5회]

① Bioventing
② Landfarming
❸ Soil Flushing
④ Biodegradation
⑤ Phytoremediation

⑤ 토양경작(Landfarming) : 토양을 굴착하여 깔아놓고 정기적으로 뒤집어줌으로써 공기를 공급해 주는 호기성 생분해공정으로 수분 함량, 산소 함량, 양분, pH, 토양이 부피 등을 조절

➤ **토양경작의 장단점**

장점	단점
• 유류산업에서 발생하는 많은 슬러지에 적용 • 오염물질을 해롭지 않은 물질로 변환	• 많은 공간이 필요 • 오염토양을 굴착할 경우 비용이 더 많이 소요 • 분해가 어려운 물질의 완전한 제거를 위해 시간이 많이 소요 • 휘발성 유기물질의 농도는 생분해보다 휘발로 감소 • 유기용매는 대기 중으로 방출되어 대기를 오염시키므로 미리 처리해야 함 • 입자성 물질은 먼지가 되므로 지속적으로 측정해야 함 • 중금속이온은 미생물에 독성이므로, 오염되지 않은 토양으로 흘러갈 수 있음

⑥ 식물복원(Phytoremediation) : 수목, 초본식물, 수생식물 등을 이용하여 환경오염물질을 제거, 분해, 안정화시키는 것

㉠ 높은 효율성의 근권 생물분해(Enhanced Rhizosphere Biodegradation) : 뿌리에서 분비된 주로 유기성 물질이 미생물들의 대사기질이 되어 근권미생물의 군집을 다양하게 하고 유해물질의 분해능을 촉진시키는 방법

㉡ 식물추출법(Phytoextraction) : 토양으로부터 목적 물질을 흡수하여 체내에 고농도로 축적시킬 수 있는 축적종을 이용

㉢ 식물분해법(Phytodegradation) : 식물체가 생산한 효소로 식물체 내에서 오염물질을 대사·분해시키는 기술

㉣ 식물안정화법(Phytostabillization) : 식물을 현장에서 재배하여 독성 금속을 불활성하는 방법

핵심문제

오염 토양 복원 기술 중 생물학적 처리기술이 아닌 것은? [21년 6회]

① Bioventing
❷ Vitrification
③ Landfarming
④ Biodegradation
⑤ Phytoremidiation

처리대상 오염물질

석유계 탄화수소, 염소계 용매, 농약, 중금속, 방사성 물질, 폭약 및 잔류물질, 과잉영양염류 등

▶ 식물복원의 장단점

장점	단점
• 난분해성 유기물질을 분해할 수 있음 • 경제적 • 양분이 부족하면 비료성분을 추가 • 친환경적인 접근 기술 • 운전경비가 거의 소요되지 않음	• 고농도의 TNT나 독성 유기화합물의 분해가 어려움 • 독성물질에 의해 처리효율이 떨어짐 • 화학적으로 강하게 흡착된 화합물은 분해되기 어려움 • 처리기간이 장기간 • 너무 높은 농도의 오염물질은 적용하기 어려움

(2) 물리 · 화학적 처리기술

① 토양세정(Soil Flushing) : 오염물질의 용해도를 증가시키기 위해 첨가제가 함유된 물을 주입하여 토양오염물질을 추출하는 기술. 처리 시 계면 활성제를 첨가하여 용해도를 증가시킬 수 있음

장점	단점
• 중금속오염토양의 처리에 뛰어난 효과 • 방사능오염물질, 무기물질, 살충제, 휘발성 유기물질, 준휘발성 유기화합물질 등의 처리에 적용	• 살충제, 휘발성 유기화합물, 준휘발성 유기화합물의 처리 시 경제성이 저하 • 세정용액에 의해 토양의 물리 · 화학적 특성이 변화 • 투수성이 낮은 토양은 처리가 어려움 • 계면활성제가 토양공극을 감소시킴 • 적용을 결정하기 위해 처리효율시험을 먼저 해야 함

② 토양증기추출기술

㉠ 가솔린, 용매, 휘발성 및 반휘발성 유기오염물질 등을 처리

㉡ 토양증기추출법에는 토양 내 통풍법(ISV), 토양진공추출법(SVE)이 있음. 토양진공추출법(SVE)은 오염토양 내 오염된 공기를 뽑아내어 처리하는 기술임

③ 안정화 및 고형화 처리기술

㉠ 시멘트화에 의한 안정화 · 고형화 처리기술은 고형물질을 형성하여 오염물질의 이동을 방지하는 목적으로 사용

㉡ 포틀랜드시멘트, 석회 등을 사용

㉢ 유리화(Vitrification) 기술도 여기에 포함됨

④ 화학적 산화 · 환원(Chemical Oxidation · Reduction)
   ㉠ 굴착된 토양 중의 오염물질을 산화 · 환원반응을 이용하여 안정화시켜 무독성 또는 저독성의 화합물로 전환시키는 기술
   ㉡ 산화재 : 오존, 과산화수소, 차아염소산, 이산화염소 등
   ㉢ 시안(CN)으로 오염된 토양에 일반적으로 사용되는 기술
⑤ 산화 · 환원반응 외 오염방지 반응의 종류
   ㉠ 가수분해 : 유기오염물질의 구조를 새롭고 독성이 낮은 형태로 바꿔 오염물질을 분해하는 것
   ㉡ 탈염소과정 : 염소화된 분자에서 염소를 제거함으로써 오염물질을 분해하는 것
⑥ 열적 처리기술
   ㉠ 통제된 환경에서 토양을 고온에 노출시켜 소각이나 열분해를 통해 유해물질을 분해
      • 직접 연소에 의한 열처리(소각)
      • 산소가 없는 상태에서 열처리(간접연소)
   ㉡ 정화효율이 가장 높지만, 에너지처리비용이 가장 많이 소요
   ㉢ 유기오염물질은 모두 처리할 수 있지만, 카드뮴이나 수은을 제외한 중금속은 일정 온도에서 처리되지 않고, 온도를 높이면 유리화가 됨
⑦ 자연정화
   ㉠ 자연적으로 일어나는 희석, 휘발, 생분해, 흡착, 지중물질과의 화학반응에 의하여 농도를 허용 가능한 수준으로 저감시키는 것
   ㉡ 이 공정을 위해서는 모델링, 오염물질분해율, 처리방식 등에 대한 평가가 필요

✎ 소각장치는 보통 800~1,200℃, 열분해장치는 400~800℃에서 운전된다.

CHAPTER 08

토양관리

1. 토양침식

1) 토양침식에 미치는 영향

(1) 지질침식

① 굴곡이 심한 자연지형을 고르고 평평하게 하는 과정이다.

② 지질침식은 매우 느려서 토양이 유실되는 것보다 빠른 새로운 토양의 생성을 가능하게 한다.

(2) 가속침식

① 지질침식보다 10~1,000배의 파괴력을 가지며, 강우가 많은 지역의 경사 지역에서 심하게 발생한다.

② 토양이 새롭게 생겨나는 것보다 빠른 속도로 침식되기 때문에 토양층이 얕아져 식물이 잘 서식하지 못한다.

2) 토양침식의 원인

(1) 물에 의한 침식

① 수식의 3단계

㉠ 1단계 분산탈리 : 토괴로부터 토양입자의 분산탈리

㉡ 2단계 운반 : 입자들의 이동

㉢ 3단계 퇴적 : 보다 낮은 곳으로 운반된 입자들의 퇴적

② 강우의 영향 : 빗방울 타격의 3가지 작용에는 토양의 분산탈리, 입단의 파괴, 입자의 비산이 있음

③ 토양의 이동 : 유거는 퇴적물의 운반에서 매우 중요한 역할을 함

④ 수식의 종류

㉠ 면상침식(세류간침식) : 강우에 의하여 비산된 토양이 토양 표면을 따라 얇고 일정하게 침식되는 것

핵심문제

물에 의한 토양침식에 관한 설명으로 옳지 않은 것은? [23년 9회]

① 유기물 함량이 많으면 토양유실이 줄어든다.
② 토양에 대한 빗방울의 타격은 토양 입자를 비산시킨다.
③ 분산 이동한 토양입자들은 공극을 막아 수분의 토양침투를 어렵게 한다.
④ 강우강도는 강우량보다 토양침식에 더 많은 영향을 미치는 인자이다.
❺ 토양유실은 면상침식이나 세류침식보다 계곡침식에서 대부분 발생한다.

ⓛ 세류침식(누구침식, 누로침식) : 면상침식이 진행되면서 침식에 약한 부분에 작은 수로를 형성하는데 이렇게 유출수에 의해 일어나는 침식

ⓒ 협곡침식(구곡침식) : 세류침식이 강우량 및 강우강도가 증가함에 따라 침식의 규모가 더욱 커진 침식

✎ 토양 유실은 대부분 가시적으로 확실히 구분되는 협곡침식보다 면상침식이나 세류침식에 의해 일어난다.

(2) 바람에 의한 침식(풍식)

주로 건조지대나 반건조지대에서 일어난다.

① 풍식의 기작

㉠ 약동

- 바람에 의해 지름 0.1~0.5mm의 토양입자가 지표면에서 30cm 이하의 높이로 비교적 짧은 거리를 구르거나 튀는 모양으로 이동하는 것
- 풍식에 의한 전체 이동량의 50~90% 정도를 차지

ⓛ 포행

- 보다 큰 토양입자가 토양 표면을 구르거나 미끄러져 이동하는 것
- 입자의 크기는 약 1.0mm 이상이고, 전체 토양이동량의 5~25% 정도를 차지

ⓒ 부유

- 가는 모래 정도 크기의 토양입자나 그보다 작은 입자가 공중에 떠서 멀리 이동하는 것
- 전체 이동량의 40%를 넘지 않고, 대개 15% 정도 수준

② 풍식의 조절

㉠ 적절한 토양수분은 토양의 응집력 및 점착성을 증가시켜 풍식에 대한 저항성을 증가시킴

ⓛ 토양 표면에 굴곡이 있거나, 식생이 피복되어 있으면 저항성이 증가

ⓒ 고랑과 이랑을 바람 방향과 직각으로 하고, 식생을 밀생시키며, 뿌리를 활착하면 풍식저항성을 증가시킴

(3) 토양침식 영향인자

① 지형

㉠ 수식이 일어나기 쉬운 지역

- 경사가 급한 곳

• 경사의 길이가 긴 곳
• 경사의 너비가 넓은 곳

㉡ 풍식이 일어나기 쉬운 지역 : 기복이 없는 평평한 지역

② 기상조건

㉠ 강우, 눈, 바람, 온도 등이 영향을 받는데 그중 강우의 특성이 토양침식에 가장 큰 영향을 미침

㉡ 강우의 특성 : 강우량과 강우강도로, 강우강도가 강우량에 비하여 큰 영향을 끼침

③ 토양의 성질 : 토양 유실에 영향을 주는 토양 특성은 토성, 구조, 투수성 및 유기물의 함량이고, 그 외에 토양수분, 토양표면의 상태, 점토광 물의 종류, 모재 등이 있음

투수력 증가 요인
- 토양입자가 클수록
- 유기물 함량이 많을수록
- 토심이 깊을수록
- 팽창성 점토광물이 적을수록

Reference 수식저항성을 높이는 인자

- 강우의 토양침투율이 높아야 한다.
- 토양의 입단이나 토괴 등이 강우나 유거의 분산작용에 견디는 능력이 커야 한다.

④ 식물의 생육 : 토양 표면의 토양보전효과는 식물의 잔재가 빗방울의 타격을 감소시키고, 유속을 줄임과 동시에 지표의 저수능력을 향상시킴

핵심문제

토양침식성 인자(Soil erodibility factor) K에 관한 설명으로 옳지 않은 것은? [25년 11회]

① K값의 범위는 0~0.1이다.
② K값이 0.04보다 큰 토양은 쉽게 침식된다.
③ 토양이 가진 본래의 침식가능성을 나타내는 것이다.
❹ K값은 풍력의 단위침식능력에 의한 유실량을 나타낸다.
⑤ 토양 구조의 안정성은 K값에 영향을 끼치는 중요한 특성이다.

3) 토양침식 예측모델

(1) 수식예측공식

$$A = R \times K \times LS \times C \times P$$

여기서, A : 연간 토양유실량, R : 강우인자, K : 토양침식성 인자
LS : 경사도와 경사장 인자, C : 작부인자, P : 토양관리인자

① 강우인자(R) : 면상침식 및 세류침식에 미치는 강우의 영향으로 강우의 양, 강우강도, 계절별 강우분포 등에 따라 결정

② 토양침식성 인자(K) : 토양이 가지는 본래의 침식 가능성을 나타낸 것

㉠ K값은 강우의 단위침식능력에 의해 유실된 양을 나타내는 것. 조건은 식생이 없는 나지 상태로 유지된 길이 22.1m, 경사 9%의 표준포장에서 실시한 실험에 의한 값임

㉡ K값에 영향을 주는 2가지 토양 특성 : 침투율과 토양구조의 안정성

㉢ K값의 범위는 0~0.1로, 침투율이 높은 토양은 0.025 정도 또는 더 작은 값이고 침식을 쉽게 받는 토양은 0.04 정도나 이보다 큼

③ 경사도와 경사장인자(LS)

㉠ LS값은 나지 상태로 유지된 길이 22.1m, 경사 9%의 표준포장에서 실시한 실험에 의한 값임

㉡ 경사면은 길이가 길어질수록 침식량이 많아지고, 경사도가 커질수록 유거의 속도가 증가하며, 침식력의 증가로 침식량이 많아짐

④ 작부관리인자(C) : 거의 피복이 되지 않은 곳은 C값이 1.0에 가깝고, 식생이 조밀한 곳은 C값이 0.1 이하

⑤ 토양보전인자(P)

㉠ 유거의 속도나 방향을 조절하기 위하여 인공구조물을 설치하거나 다른 조치들이 행해지는 것

㉡ 토양관리가 없는 경우 P값은 1이며, 관리가 되면 값이 감소

㉢ 토양관리방법 : 등고선재배, 등고선대상재배, 승수로, 초생수로의 설치 등

(2) 풍식예측공식

$$E = I \times K \times C \times L \times V$$

여기서, E : 풍식에 의한 토양유실량, I : 토양풍식성인자

K : 토양면의 조도인자, C : 그 지방의 기후인자

L : 포장의 너비, V : 식생인자

2. 토양의 보전 및 관리

1) 침식방지

물에 의한 토양유실을 방지하는 방법에는 유거의 양과 속도를 줄이거나 빗방울의 타격력을 줄이는 방법이 있다.

(1) 지표면의 피복

면상침식과 세류침식을 방지하기 위한 것이다.

핵심문제

토양 침식을 방지하는 방법으로 옳지 않은 것? [21년 5회]

① 목초 재배
② 완충대 설치
③ 등고선 재배
④ 지표면 피복
❺ 작부관리인자 값 증가

(2) 토양개량

토양개량방법으로 심토경운과 수직부초 설치 등이 있다.

① 심토경운 : 심토를 개량하여 토양의 투수성을 증가시키고, 작물의 근권을 확대하는 방법

② 수직부초 : 수직으로 구덩이 또는 넓은 홈을 파서 그 사이에 짚이나 잔가지 등을 채워 넣는 방법

(3) 유거의 속도조절 및 경작법

① 부초 : 보릿짚이나 볏짚으로 지표면을 덮거나 그루터기를 그대로 두어 지표면의 침식을 방지하는 것

② 등고선재배 : 경사진 밭에서 등고선을 따라 두둑을 만들어 재배하는 것

③ 등고선대상재배 : 등고선을 따라 작물대와 초생대를 서로 번갈아 띠 모양으로 배열하여 재배

④ 승수로 : 등고선 또는 필지의 구획선을 따라 물을 대거나 배수하는 수로

CHAPTER 09

토양조사와 분류

1. 토양조사

토양조사 시에는 실내준비, 현장조사, 조사성적정리, 토양해설, 토양도편집 및 발간 등의 과정을 거친다.

1) 현장조사

① 개인차가 없도록 함께 순회하면서 개략적 분포 상태, 지형과 분포토양의 개괄적 분류 등을 실시한다.
② 개별 지형판별과 지형 내의 대표지점을 정한 뒤 토양시료채취기(Auger)로 시료를 채취하여 단면을 평가하고 작도단위를 결정하고, 기본도 위에 작성한다.
③ 영농 및 토지이용실태, 생산력, 토양관리기술 등을 메모한다.
④ 토양별로 최소 3개 이상의 층위별 단면의 특성을 기록한다.

2) 토양단면 만들기

① 토양단면은 너비 1～2m, 길이 2～3m, 깊이 1.5m 정도의 장방형 구덩이를 파서 앞면은 수직으로 만들고, 뒷면은 몇 개의 계단으로 만든다.
② 단면을 가급적 그늘지지 않게 일사 방향으로 만든다.
③ 경사지에서는 경사 방향과 직각인 쪽을 관찰한다.

✎ 토양단면은 다져지지 않도록 하고, 삽자국 등 인공적인 흔적을 없게 한다.

3) 토양단면기술

(1) 토양단면기술에 포함되어야 할 세부내용

① 조사지점의 개황 : 단면번호, 토양명, 고차분류단위, 조사일자, 조사자, 조사지점, 해발고도, 지형, 경사도, 식생 또는 토지이용, 강우량 및 분포, 월별 평균기온 등

핵심문제

산림토양 조사에서 조사 야장에 기록하는 조사항목이 아닌 것은? [21년 6회]

① 토심
② 토색
③ 토양층위
❹ 토양산도
⑤ 토양구조

핵심문제

토양조사를 위한 토양단면 작성방법 중 옳지 않은 것은? [22년 8회]

① 토양단면은 사면 방향과 직각이 되도록 판다.
② 깊이 1m 이내에 기암이 노출된 경우에는 기암까지만 판다.
❸ 토양단면 내에 보이는 식물 뿌리는 원 상태로 남겨둔다.
④ 낙엽층은 전정가위로 단면 예정선을 따라 수직으로 자른다.
⑤ 임상이나 지표면의 상태가 정상적인 곳을 조사지점으로 정한다.

② 조사토양의 개황 : 모재, 배수등급, 토양수분 정도, 지하수위, 표토의 석력과 암반노출 정도, 침식 정도, 염류집적 또는 알칼리토 흔적, 인위적 영향도 등
③ 단면의 개략적 기술 : 지형, 토양의 특징(구조발달도, 유기물집적도, 자갈 함량 등), 모재의 종류 등
④ 개별 층위의 기술 : 토층기호, 층위의 두께, 주토색, 반문, 토성, 구조, 견고도, 점토피막, 치밀도나 응고도, 공극, 돌 · 자갈 · 암편 등의 모양과 양, 무기물 결괴, 경반, 탄산염 및 가용성 염류의 양과 종류, 식물 뿌리의 분포 등

4) 토양도편집 및 토양조사보고서

토양조사보고서는 토양도와 작도단위별 설명 및 토양해설 부분으로 구성된다.

(1) 토양도

토양경계선과 작도 부호 등을 옮기는 과정을 통해서 편집한다.

(2) 토양해설

토양조사보고서 이용자가 토양별 특성과 이용 및 관리방법 등을 설명한 부분이다.

2. 토양분류

1) 토양분류의 개요

토양분류체계에는 계통분류와 실용분류 두 가지가 있다.

① 계통분류 : 문－강－목－과－속－종과 비슷한 토양의 생성양식, 생성과정, 형태 및 이화학적 특성 등에 따라 체계적으로 분류하는 방법
② 실용분류(해설적 분류) : 이용 목적별, 생산력 정도별, 관리나 개량 대책의 유사성별 등 실용적 이용 가치 측면을 중심으로 분류

2) 토양분류의 발달

① 미국에서 1925년 『미국의 토양』을 발간하여 분류체계의 확립을 시도
② 1951년 새로운 포괄적 토양분류체계 시안 개발
③ 1960년 제7차 시안 발표
④ 1968년 국제토양학회는 세계식량농업기구(FAO)와 세계토양도를 발간
⑤ 1975년 신토양분류법 완성

3) 포괄적 토양분류체계

① 생성론적 분류와 형태론적 분류를 종합한 분류체계이다.
② 포괄적 분류체계는 미국 농무성 신토양분류법과 FAO/UNESCO의 세계토양도 범례이다.

Reference 세계토양도 범례

세계토양을 30개 토양군으로 나눈 다음 각 토양군의 특징적 감식표층 에 따라 각 토양군을 9~29개의 아군으로 나누어 표기

4) 신토양분류법

① 12개 토양목이 설정되어 있고, 6단계의 분류계급을 가진다.
② 분류체계는 목(Order), 아목(Suborder), 대군(Great Group), 아군(Subgroup), 속(Family), 통(Series) 등의 6단계로 구성된다.
③ 토양분류를 위해서는 감식표층과 감식차표층을 설정해 놓았다.
　㉠ 감식표층 : 토양목을 결정하는 주요한 특성
　　• Anthropic : 인산 풍부, 인위적 암색표층
　　• Folistic : 건조 유기물 표층
　　• Histic : 과습 부식질 표층
　　• Melanic : 화산회와 식생에 의한 OM 혼합집적
　　• Mollic : 염기 풍부[염기포화도(BS) > 50%], 암색표층
　　• Ochric : 담색표층
　　• Plaggen : 구비연용으로 퇴적된 암색표층
　　• Umbric : 염기 결핍(BS < 50%), 암색표층
　㉡ 감식차표층 : 토양단면을 통하여 이들 감식토층의 존재 여부에 따라 토양분류단위를 결정

㉢ 토양온도와 수분 상태도 중요한 기준이 됨

ⓐ 토양온도 상태의 구분

구분	연평균기온(℃)
Pergelic	<0
Cryic	0~8
Frigid	<8
Mesic	8~15
Thermic	15~22
Hyperthermic	>22

ⓑ 토양수분 상태의 구분

구분	내용
Aquic	연중 일정 기간 포화 상태 유지, 환원 상태 주로 유지
Udic	연중 대부분 습윤한 상태
Ustic	Udic과 Aridic의 중간 정도인 수분 상태
Aridic	연중 대부분 건조한 상태
Xeric	지중해성 수분조건, 즉 겨울에 습하고 여름에 건조

토양발달순서

미숙토(Entisol) → 반숙토(Inceptisol) → 성숙토(Alfisol) → 과숙토(Ultisol)

핵심문제

온난 습윤한 열대 또는 아열대 지역에서 풍화 및 용탈작용이 일어나는 조건에서 발달하여, 염기포화도 30% 이하인 토양목은? [22년 8회]

① Oxisol
❷ Ultisol
③ Entisol
④ Histosol
⑤ Inceptisol

➤ 신토양분류법의 토양목

종류	특징
Alfisol (성숙토)	• 표층에서 용탈된 점토가 B층에 집적되는 특징이 있다. • 염기포화도가 35% 이상이다. • Ochric 표층이 Alfisol의 특징이다.
Aridisol (과건조토)	• 건조한 기후지대에서 Aridic 수분상의 조건에서 생성된다. • 염기포화도가 50% 이상이다. • 주로 운적모재에 의해 생성된다.
Entisol (미숙토)	• 토양의 발달과정이 거의 진행하지 않은 토양이다. • 저항성이 매우 강한 모재로 된 토양이다.
Histosol (유기토)	• 수생식물의 잔재가 얕은 연못이나 습지에서 퇴적되어 형성된 토양이다. • 유기물 함량이 20~30% 이상 되어야 한다. • 유기물토양층이 40cm 이상 되어야 한다.
Inceptisol (반숙토)	• 온대 또는 열대의 습윤한 기후조건에서 발달한다. • 토양분화가 중간 정도인 토양이다. • Cambic, Ochric, Plaggen, Anthropic 및 Umbric 표층을 가지며, Argillic 토층을 형성할 만큼 점토의 용탈이 충분하지 못하다.
Molliosol (암면토)	• 표층에 유기물이 많이 축적되어 있고 Ca이 풍부한 토양이다. • 스텝이나 프레리 식생하에서 발달한다. • Mollic 표층이 발달한다.

종류	특징
Oxisol (과분해토)	• 풍화와 용탈이 매우 심하게 일어나는 고온 다습한 열대기후에 발달한다. • 카올리나이트, 석영 및 철과 알루미늄산화물을 주로 함유한다. • 양이온교환용량과 친환성 염기의 함량이 적다. • Oxic 차표층이 발달한다.
Spodosol (과용탈토)	• 사질 모재조건과 냉온대의 습윤한 기후조건에서 발달한다. • 낙엽이 분해될 때 산의 생성이 많고 염기공급이 부족한 침엽수림에 잘 나타난다. • 백색의 E층이 발달한다. • Spodic층을 형성한다.
Ultisol (과성숙토)	• 온난 습윤한 열대 또는 아열대지역에서 풍화와 용탈작용이 일어나는 조건에서 발달한다. • 염기포화도 30% 이하, 표층은 Ochric 또는 Umbric이며, 풍화와 용탈로 비옥도가 낮다.
Vertisol (과팽창토)	• 팽창형 점토광물을 가진 토양으로 수분 상태에 따라 팽창과 수축이 매우 심하게 일어난다. • 초지이며 온난하고 건조 습윤한 기후에서 나타난다.
Andisols (화산회토, 흑색토양)	• 화산분출물에 의해 잘 발달된 토양이며, 열대우림, 몬순림, 건조한 산림지역에 나타난다. • Andisols의 중심개념은 화산회, 부석, 분석, 용암과 같은 화산분출물이나 화산쇄설물 위에서 발달되고, 교질부분이 Allophane, Imogolite, Ferrihydrite 등과 같은 Short−order−range(비결정형) 광물이거나 Al−유기복합체가 주가 되는 토양이다(USDA, 1999).
Gelisol (동결토)	영구동결층, 빙하토이다.

5) 우리나라의 토양조사

➤ 우리나라 개략토양도의 작도단위

구분	토양 종류	토양부호
해안지	3	Fba, Fbb, Fta
해안평탄지	7	Fma, Fmb, Fmc, Fmd, Fmg, Fmk, Fml
하천범람지	4	Afa, Afb, Afc, Afd
내륙평탄지	5	Apa, Apb, Apc, Apd, Apg
산악곡간지	4	Ana, Anb, Anc, And
용암류대지 및 대지	5	Lpa, Lpb, Lta, Lf
저구릉지 및 산록지	15	Raa, Rab, Rac, Rad, Rea, Rlb, Rsa, Rsa···
구릉지 및 산악지	15	Maa, Mab, Mac, Mja, Mlb, Mma, Mmb···

핵심문제

온대 또는 열대의 습윤한 기후에서 발달하며 Cambic, Umbric 표층을 가지는 토양목은? [23년 9회]

① 알피졸(Alfisol)
② 울티졸(Ultisol)
③ 엔티졸(Entisol)
④ 앤디졸(Andisol)
❺ 인셉티졸(Inceptisol)

✎ 정밀토양조사는 군 단위나 그 이하의 소지역에 대하여 최종 분류단위까지 정밀히 조사하여 지역개발계획 등에 활용한다.

Reference 페돈과 폴리페돈

- 페돈
  - 토양이라고 부를 수 있는 최소단위의 토양 표본이다.
  - 가로, 세로 및 깊이가 각각 1~2m 이상인 3차원적인 자연체로 6면체로 가정한다.
- 폴리페돈 : 서로 성질이 유사하여 동일한 토양으로 분류할 수 있는 많은 페돈들이 모이면 한 종류의 토양을 이루게 되는데, 이를 말한다.

3. 우리나라의 주요 토양

1) 미숙토

하상지처럼 퇴적 후 경과시간이 짧거나 산악지와 같은 급경사에 발달한다.

(1) 낙동통

하상지, 자연제방 등의 석영질 중간모래의 퇴적층이다.

(2) 관악통

관악산 산정에서 볼 수 있는 화강암지대의 암쇄토이다.

2) 반숙토

우리나라에 가장 흔한 토양이다.

(1) 삼각통

주로 산악지에 분포한다.

(2) 지산통

화강암지대 구릉 또는 낮은 산간지대의 곡간지에 분포한다.

(3) 백산통

곡간지의 상부나 산록 하부에 분포하며, 식양질 밭토양으로 밭작물 및 원예작물을 재배한다.

3) 성숙토

집적층이 명료하게 발달한 토양으로, 저구릉지, 홍적단구, 오래된 충적토이다.

(1) 평창통

석회암지대의 산악지에 분포한다.

(2) 덕평통

홍적단구에 분포해 있는 식질토이다.

4) 과숙토

성숙토가 더욱 용탈작용을 받아 심토까지 염기가 유실되어 척박하고 세립질이며, 토심이 깊은 토양이다.

(1) 봉계통

점토 함량이 35∼45%인 잔적 식질토로 토심이 매우 깊은 적색토이며, 김해 진영지역에 흔히 분포한다.

(2) 천곡통

남부 해안지대의 염기성암지대의 잔적 식질토로 점토 함량이 35∼55%이며, 토심이 깊고 매우 붉은 것이 특징이다.

5) 기타 토양

(1) 제3기층 유래 융기해성토

① 심층의 검은색 토층은 잠재특이산성 토층이다.
② 대기에 노출되면 산화되어 강산성토가 되므로 식물이 자랄 수 없다.

(2) 신불통

① 반숙토(Inceptisol)의 일종으로, 고산악지에 분포하며 표토에 유기물이 많이 축적되어 있고, 개간이나 산불 등으로 식생이 파괴되면 침식에 약하다.
② 고랭지 채소지대에서 침식의 흔적을 볼 수 있다.

CHAPTER 10

산림토양

1. 산림토양과 경작토양 비교

구분	항목	산림토양	경작토양
토양단면	유기물층	L층(낙엽층), F층(발효층), H층(부식층)	없음
물리적 성질	토성	모래와 자갈이 많음 (점토 유실)	미사와 점토가 많음
	보수력	낮음(모래, 경사지)	높음
	통기성	좋음(모래, 배수 양호)	보통
	토양공극	많음(뿌리, 유기물)	적음(농기계 답압)
	용적비중	작음(공극 많음)	큼
	온도 (변화의 폭)	적음(낙엽층의 피복)	큼(노출됨)
화학적 성질	유기물 함량	많음	적음
	C/N율	높음(섬유소의 계속적 공급)	낮음(시비효과)
	타감물질	축적됨(페놀, 타닌)	거의 없음
	pH	낮음(Humic Acid 생산)	중성 부근
	양이온 치환능력	낮음	높음(점토 함량 높음)
	비옥도	낮음	높음(시비효과)
	무기태질소 형태	주로 암모늄(NH_4^+)	주로 질산(NO_3^-)
생물학적 성질	토양미생물	곰팡이	박테리아, 곰팡이
	질산화작용	억제됨(낮은 pH)	왕성함(중성 pH)

핵심문제

농경지 토양과 비교한 산림토양의 특성으로 옳지 않은 것은?

[21년 6회]

① 토양습도는 균일하다.
② 수분 침투능력이 높다.
③ 미세기후의 변이가 적다.
④ 농경지 토양보다 토심이 깊다.
❺ 토양 유기탄소의 함량이 적다.

2. 산림토양의 분류

1) 우리나라의 산림토양 분류

현재까지 8개 토양군, 11개의 토양아군, 28개의 토양형으로 분류하고 있다.

분류 기호	8개 토양군	분류 기호	11개 토양아군	분류 기호	28개 토양형
B	갈색 산림토양	B	갈색산림토양	B1	갈색건조산림토양
				B2	갈색약건산림토양
				B3	갈색적윤산림토양
				B4	갈색약습산림토양
		rB	적색계갈색 산림토양	rB1	적색계갈색건조산림토양
				rB2	적색계갈색약건산림토양
RY	적황색 산림토양	R	적색산림토양	R1	적색건조산림토양
				R2	적색약건산림토양
		Y	황색산림토양	Y	황색건조산림토양
DR	암적색 산림토양	DR	암적색 산림토양	DR1	암적색건조산림토양
				DR2	암적색약건산림토양
				DR3	암적색적윤산림토양
		DRb	암적갈색 산림토양	DRb1	암적갈색건조산림토양
				DRb2	암적갈색약건산림토양
GrB	회갈색 산림토양	GrB	회갈색 산림토양	GrB1	암적갈색건조산림토양
				GrB2	암적갈색약건산림토양
Va	화산회 산림토양	Va	화산회 산림토양	Va1	화산회건조산림토양
				Va2	화산회약건산림토양
				Va3	화산회적윤산림토양
				Va4	화산회습윤산림토양
				Va-gr	화산회자갈 많은 산림토양
				Va-R1	화산회성적색건조 산림토양
				Va-R2	화산회성적색약건 산림토양
Er	침식토양		침식토양	Er1	약침식토양
				Er2	강침식토양
				Er-C	사방지토양
Im	미숙토양		미숙토양	Im	미숙토양
Li	암쇄토양		암쇄토양	Li	암쇄토양

핵심문제

한국의 산림토양 특성에 관한 설명으로 옳지 않은 것은? [23년 9회]

① 토양형으로 생산력을 예측할 수 있다.
❷ 가장 널리 분포하는 토양은 암적색 산림토양이다.
③ 토양의 분류 체계는 토양군, 토양아군, 토양형 순이다.
④ 주로 모래 함량이 많은 사양토이며 산성토양이다
⑤ 수분 상태는 건조, 약건, 적윤, 약습, 습으로 구분한다.

핵심문제

한국 산림토양의 특성이 아닌 것은? [22년 8회]

❶ 산림토양형은 8개이다.
② 토성은 주로 사양토와 양토이다.
③ 산림토양의 분류체계는 토양군, 토양아군, 토양형 순이다.
④ 토양단면의 발달이 미약하고 유기물 함량이 적은 편이다.
⑤ 화강암과 화강편마암으로부터 생성된 산성토양이 주로 분포한다.

2) 산림토양의 세부분류

(1) 갈색산림토양군(B)

습윤한 온대 및 난대 기후하에 분포하는 A－B－C 층위를 갖는 산성토양이다.

① 갈색산림토양아군 : A층은 암갈색～흑갈색으로 유기물이 많고 B층은 갈색～명갈색의 광물토층으로 구성
② 적색계갈색산림토양아군 : 표고가 낮은 산지에 넓게 분포하고, 적색풍화현상이 있는 주변에 출현. 인셉티솔(Inceptisol)에 속하며 경사가 급하고 염기가 많은 지역에 분포

(2) 적황색산림토양군(RY)

화성암과 변성암을 모재로 해안 부근에 나타나며, 아주 건조 또는 건조하고 치밀한 토양이다.

① 적색산림토양아군 : 주로 서해안과 야산에 나타나며, 표토층이 명갈색이며, 심토층이 황갈색을 띰
② 황색산림토양아군 : 주로 남해안 일부 및 야산에 나타나고, 표토층은 갈색, 심토층은 황갈색을 띰

(3) 암적색산림토양군(DR)

주로 퇴적암지역의 석회암과 퇴적암을 모재로 하는 곳에서 나타나며, 모재의 영향을 가장 크게 받은 토양으로 모재층으로 갈수록 적색이 강하다.

① 암적색산림토양아군 : 모재는 석회암으로, 수분 상태 등에 따라 3개의 토양형으로 분류
② 암적갈색산림토양아군 : 모재는 퇴적암으로, 수분 상태 등에 따라 2개의 토양형으로 분류

(4) 회갈색산림토양군(GrB)

① 퇴적암지역의 이암, 사암, 혈암 등 미사 함량이 아주 많은 모암으로부터 유래된 토양이다.
② 과거 심한 침식을 받은 건조하고 점착성이 강한 회갈색 토양이다.
③ 통기성과 투수성이 불량하여 식물이 거의 없다.

핵심문제

홍적대지에 생성된 토양으로 야산에 주로 분포하며 퇴적 상태가 치밀하고 토양의 물리적 성질이 불량한 토양은? [22년 7회]

① 침식토양
② 갈색산림토양
③ 암적색산림토양
❹ 적황색산림토양
⑤ 회갈색산림토양

핵심문제

석회암 등을 모재로 하여 생성된 토양으로 Ca과 Mg 함량이 높은 산림토양군은? [25년 11회]

① 갈색산림토양군
❷ 암적색산림토양군
③ 적황색산림토양군
④ 화산회산림토양군
⑤ 회갈색산림토양군

(5) 화산회산림토양군(Va)

① 화산활동에 의해 비교적 짧은 기간 내 생성된 성숙토양이다.
② 적색의 모재에서 생성된 흑갈색의 아주 부드러운 토양이며 제주도, 울릉도, 연천군에 분포한다.
③ 가비중이 아주 낮고, 유기물 함량이 매우 높다.
④ 토양수분과 자갈 함량에 따라 7개의 토양형으로 분류한다.

(6) 침식토양군(Er)

① 산정의 능선 부근 및 산복 비탈면에 주로 분포하는 토양이다.
② 층위가 발달하였으나 침식을 받아 일부 토층이 유실된 토양이다.
③ 침식 정도와 복구 상태에 따라 다시 3개의 토양형으로 구분하였다.
④ 사방지토양 : 과거 심한 침식을 받았던 토양으로 사방공사에 의해 토양유실이 일시 정지된 상태의 토양

(7) 미숙토양군(Im)

① 주로 산록 하부나 저산지에서 볼 수 있으며, 토양생성기간이 짧아 층위 분화가 완전하지 않거나 2~3회 이상 붕적되어 쌓여 있는 토양이다.
② 퇴적작용에 의해 토심은 깊지만 보수력이 약하고, 이화학성이 불리하다.

(8) 암쇄토양군(Li)

① 산정이나 경사가 심한 산복에 나타나며, 토양단면에서 B층이 없고, A－C층만 있다.
② 토심이 얕고 경우에 따라 암반이 노출된 곳이 많다.

3. 산림입지 토양조사

1) 입지환경조사

(1) 기후대

기후대	연평균기온(℃)
난대	14℃ 이상
온대 남부	14~12℃

기후대	연평균기온(℃)
온대 중부	12~9℃
온대 북부	9~6℃
한대	6℃ 이하

(2) 지형

① 평탄지 : 산록 하부로, 농경지에 연결된 5° 미만인 지역

② 완구릉지

㉠ 산세가 험하지 않고 산록이 전답과 연결된 파상형의 야산지형

㉡ 경사길이가 300m 이하인 지역

③ 산록 : 하부가 경작지 및 계곡에 접한 지역으로, 구릉지 및 산지의 3부 능선 이하의 지역

④ 산복 : 구릉지 및 산지의 4~7부 능선지역

⑤ 산정 : 구릉지 및 산지의 8부 능선 이상 지역

⑥ 능선 : 구릉지 및 산지의 봉우리를 연결한 선

⑦ 계곡 : 산록과 산록 사이의 계간

(3) 경사

① 평탄지 : 5° 미만

② 완경사지 : 5~15°

③ 경사지 : 16~20°

④ 급경사지 : 21~30°

⑤ 험준지 : 31~45°

⑥ 절험지 : 46° 이상

(4) 토양건습도

구분	기준	주 분포 지형	비고
건조	손으로 꽉 쥐었을 때 수분에 대한 감촉이 전혀 없다.	산정, 바람이 심한 곳	지피식생 단순
약건	꽉 쥐었을 때 손바닥에 물기가 약간 묻는다.	급경사지	지피식생 보통
적윤	꽉 쥐면 손바닥 전체에 물기가 묻고 쉽게 떨어지지 않는다.	산록, 계곡, 평탄지	지피식생 다양, 임목생장 최적

구분	기준	주 분포 지형	비고
약습	꽉 쥐었을 때 손가락 사이에 물기가 약간 있다.	경사가 완만한 계곡, 평탄지	지피식생 다양
습	꽉 쥐었을 때 물방울이 흘러내린다.	오목한 지형의 지하수위가 높은 곳	지피식생 다양, 임목생장 불량

(5) 토양견밀도

구분	기준			
	측정값		입지의 결합력	지압법
	kg/cm^2	mm		
심송	0.4 이하	4 이하	입자가 단독으로 분리되어 결합력이 없다.	누르면 손가락이 아주 잘 들어간다.
송	0.5~1.0	5~8	매우 연하여 약간의 힘에도 잘 부서진다.	누르면 손가락이 잘 들어간다.
연	1.1~2.0	9~12	비교적 단단하며 손으로 눌러야 부서진다.	누르면 흔적이 생긴다.
견	2.1~3.5	13~16	단단하여 힘을 가해야 부서진다.	누르면 흔적이 겨우 생긴다.
강견	3.6	17 이상	매우 단단하여 상당한 힘을 가해야 부서진다.	눌러도 흔적이 생기지 않는다.

(6) 토양공극의 형상

① 해면상 : 공극의 크기와 형상이 거의 같고, 공극이 서로 연결되어 있음

② 세포상 : 공극의 크기와 형상이 거의 같으나, 공극이 서로 연결되어 있지 않음

③ 기포상 : 내면이 비교적 미끄럽고 구멍이 작음

④ 관상 : 형상이 비교적 가지런하고 교호로 연접한 관 모양의 구멍이 있음

⑤ 절개상 : 흙 사이에 큰 틈이 있으며, 공극의 내벽에 흙색과 벽돌색이 물들어 있고, 틈 주변이 회백색으로 된 것과 내벽이 점토로 피복된 것이 있음

(7) 균사와 균근

외생균근은 색, 형태, 양 등을 관찰하여 α, β, γ형으로 나눈다.

① α형

㉠ 토립과 엉겨서 세립상 구조를 형성하며 A층에 균사층을 형성

㉡ 물의 침투를 약화시키고 건조한 상태가 계속되며 소나무림에 많이 나타남

② β형

㉠ O층에 균사가 많고 해면상의 균사망을 형성하므로 물이 하부로 침투하는 것을 막아 토양이 건조

㉡ 모밀잣밤나무림에 많이 나타남

③ γ형 : 균사층을 형성하지 않으므로 물의 침투가 쉬워서 토양이 건조하지 않음

CHAPTER 11

산불지토양

산불지토양의 특징은 다음과 같다.

① 지역적인 미기상을 변화시킨다.
② 산림토양 노출과 투수성 감소로 유출량이 증가하여 침식이 발생한다.
③ 낙엽과 유기물층을 태워 토양의 이화학성을 변화시킨다.
④ 토양미생물을 죽게 하여 산림토양의 생산성을 악화시킨다.
⑤ 토양생산능력 저하는 화학적 성질변화보다 물리적 변화의 영향을 더 받는다.(투수능력과 토양공극 등의 영향이 더 크다.)

1. 토양의 화학성 변화

1) pH

산불로 인한 토양의 pH는 산불 전 6.3에서 산불 후 6.7로 0.4 정도 증가하며, 산불이 심하면 pH 4.4에서 pH 7.2까지 증가하기도 한다. 증가된 pH의 지속시간은 유기물 형태와 밀접한 관계가 있고, 산불 후 pH의 변화는 약 10년 정도이다.

토양 pH가 높아지는 이유는 산불에 의해 염기성 물질이 축적되기 때문이며 토양 내 유기물과 점토함량이 높으면 pH가 크게 증가한다.

2) 유기물

산불은 임목과 유기물의 대부분을 태우지만 처방화입은 하층식생이나 낙엽, 죽은 가지만 태운다. 처방화입에 의한 산불은 유기물의 함량이 비산불지보다 더 많을 수 있다. 그 이유는 산불 후 초류 생장 증가, 연소된 물질의 광물토층으로 이동, 타는 동안 알칼리 부식산염의 잔존, 표토와 혼합된 분해성 유기물의 축적 등이다. 그러나 모든 산불지에서 토양 유기물이 증가되는 것은 아니며 산불이 심하면 토양 또는 지상부에도 유기물과 전질소가 크게 감소하기도 한다.

낙엽에 의해 공급되는 총질소 등 5가지 원소총량은 비산불구 > 지표화 발생구 > 수관화 발생구 순이다.

3) 전질소

전질소는 유기물과 상관이 높으므로 유기물이 타면 질소도 감소하며, 질소의 손실은 화열의 세기에 따라 좌우된다. 산불로 유기물층 내 질소가 감소하면 토심 10cm 내에는 같은 비율의 질소가 쌓인다. 산불로 질소 손실에도 불구하고 임목생장에는 크게 영향을 주지 않으며, 토양 내 질산태질소량은 질산화 증가와 토양으로의 용탈로 비신불지보다 산불지가 높다.

4) 인산

일반적으로 산불은 토양 내 인산의 농도를 증가시킨다. 그 원인은 임목 연소로 생긴 재 때문이다. 화열강도가 강할수록 인산 농도는 높은 경향을 보인다. 화열 강도가 높은 토심 5cm까지에서 크게 증가한다.

5) 칼륨

산불 전보다 산불 후에 칼륨의 함량이 증가하지만 시간이 가면서 감소한다. 산불지토양 내 N, P, K 3요소 모두 산불 후 초기에는 비산불지보다 양분이 많았으나 5년째에는 비산불지와 같은 양분수준을 보인다.

6) 칼슘, 마그네슘, 나트륨

칼슘과 마그네슘은 산불 후 일시적으로 증가되었다가 1년 후에는 표토층에서 양분 함량이 감소하는데, 이것은 양분이 유실 또는 유실 또는 침전되었다가 식물에 흡수되었기 때문이다. 나트륨은 2년째부터 다시 감소한다.

2. 토양의 물리성 변화

산불은 낙엽층과 유기물층을 연소시켜 수분을 공급하는 물리적 환경을 파괴한다. 또한 토양이 노출되면서 직사광선과 바람의 영향으로 건조해진다. 점질토양은 딱딱해지고 불투수성이 되고 표면에 균열이 생기며, 사질토는 더 뜨거워지고 구멍이 많아진다.

1) 토양온도

산불 시 토양온도는 연료량, 산불 시 조건, 유기물층의 형태에 크게 좌우된다. 타서 검게 변한 낙엽층과 노출된 토양은 표토층의 온도가 높아진다. 평균 지온은 지표 아래 30cm에서 산불의 영향을 크게 받지 않는다. 바람의 방향도 토양온도에 영향을 준다. 산불 후의 검은 재는 남쪽 비탈면의 태양열 흡수를 증가하여 토양온도가 상승한다.

2) 토양수분

산불로 유기물이 제거되면 유기물층의 수분흡수 및 보수능이 크게 감소하여 증발량도 많아진다. 또한 산불지의 높은 온도도 증발을 촉진하며 타고 남은 재가 토양 속으로 침투하므로 수분의 침투능도 감소하여 유출량이 많아진다.

3) 토양침식

산불은 표토층에 불투수층을 형성함으로써 토양의 물리성을 악화시키고 표토침식을 가속화한다. 토양입자는 강우에 의해 분산되고 공극은 불에 탄 물질에 의해 막히므로 침투능과 통기성이 감소한다.

3. 산불과 토양생물

1) 토양미생물

산불에 의한 열은 세균 수를 감소시키지만 그 범위는 산불의 세기와 기간, 토양수분과 구조, 서식 깊이 등에 좌우된다. 미생물은 산성에서 활동이 강하나 산불로 인하여 토양이 염기성화하므로 미생물 활동이 제한된다.

2) 토양동물

산불은 토양동물의 서식지와 활동성, 열과 건조에 대한 내성 등에 따라 영향을 미친다. 산불에 의한 열은 동물밀도를 감소시키는데, 산불의 직접적인 여향보다는 산불 후의 환경변화로 인한 영향이 더 크다.

3) 조림목 생장 및 식재식기

산불지에 대한 조림은 산불 당년을 피하고 다음 해에 조림을 실시하는 것이 유리한데, 그 이유는 다음과 같다.

① 우리나라 산불은 대부분 3월 하순~5월 상순에 발생하므로 재조림 시기로 부적절하다.

② 산불은 산림토양의 이화학성을 악화시키고 식생파괴와 토양미생물 활동을 저해하여 생산성이 낮다.

③ 산불 당년에는 산불잔존물 제거작업이 불편하기 때문이다.

따라서 당년에 부득이하게 식재 시 대묘를 식재하여 건조 피해를 막고, 수종선택도 내건성 수종 중 질소고정 수종을 1차적으로 식재한다.

PART

05

수목관리학

CHAPTER 01

수목관리 및 식재

1. 수목관리학

1) 수목병리학

(1) 수목병리학의 정의

① 수목병리학은 수목과 그 집단적 유기체인 산림의 건강에 대해 연구하는 학문이다.

② 수목의 병적 현상을 대상으로 병의 원인, 발병과정, 발병조건, 병태생리, 저항성 기작 등을 밝혀 이를 바탕으로 병의 진단, 예방, 치료방법을 탐구 · 개발하는 학문이다.

(2) 수목병해의 원인

① 생물적 원인

- 곰팡이 : 점무늬병, 탄저병, 흰가루병, 그을음병, 떡병, 가지마름병, 뿌리썩음병, 녹병 등
- 세균 : 뿌리혹병, 세균성 궤양병, 불마름병 등
- 바이러스 : 모자이크병
- 파이토플라스마 : 빗자루병, 오갈병 등
- 원생동물 : 코코넛야자 Heart Rot병 등
- 선충 : 소나무 시들음병 등
- 기생성 종자식물 : 새삼, 겨우살이, 칡 등

② 비생물적 원인

- 온도 스트레스 : 과도한 고온 및 저온 등
- 수분 스트레스 : 대기의 과건 및 과습, 토양의 과건 및 과습
- 토양 스트레스 : 유해가스의 과다, 염류집적, 중금속 오염, 토양반응(pH)의 부적당
- 대기오염 : 일산화탄소, 아황산가스, 탄화수소, 아질산, PAN, 오존, 산성비
- 화학물질 : 제초제, 제설제 등

(3) 수목병해의 발생

① 병원체에 의해 수목병이 발생되기 위해서는 최소한 병원체가 수목과 접촉에 의한 기주－기생체의 상호관계가 성립되어야 한다.

② 수목병이 발생되기 위해서는 병원체, 수목, 환경의 세 가지 요소가 필요하다(병삼각형).

③ 병삼각형에서 각 요소는 정도에 따라 각 변의 길이가 달라지므로 세 변에 의해 형성되는 삼각형의 면적은 병의 총량이다.

④ 생물적 요인에 의한 전염성 병은 병의 발달과 병원체의 증식하는 과정을 병환이라 한다.

> 병환(병의 순환)
> 접촉 → 침입 → 기주인식 → 감염 → 침투 → 정착 → 병원체의 생장 및 증식 → 병징 발현 → 병원체의 전반 또는 월동 → 재접종

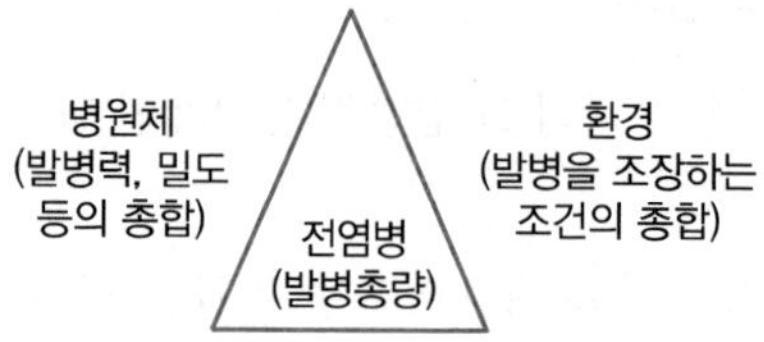

▌기주수목(감수성 조건 총합)▐

2) 수목의 병

수목의 정상 상태와 비정상 상태의 이해가 필요하다.

(1) 수목의 정상 상태

① 엽색 : 전형적 엽색은 녹색이나 온대지방에서 가을철 단풍의 황화현상은 정상

② 잎의 모양 : 유엽과 성엽의 모양이 완전히 다른 예가 있음

  ㉠ 담쟁이 덩굴 : 유엽은 갈라져 삼출엽, 성엽은 하나의 둥근 모양

  ㉡ 향나무 : 유엽은 바늘형, 성엽은 비늘형

  ㉢ 느티나무 : 종자가 달린 가지의 잎은 왜소엽, 종자가 없는 가지는 정상

③ 잎의 수명과 낙엽

  ㉠ 활엽낙엽수는 보통 4~6개월에 낙엽, 건강할수록 잎의 수명이 길고, 수분 부족이나 영양 결핍 시 수명이 짧음

  ㉡ 사철나무는 잎이 봄에 나면 가을에 지고, 늦여름에 나면 다음해 봄 새싹이 나온 후 진다.

  • 스트로브잣나무 : 2년
  • 소나무 : 3년

• 잣나무 : 4년
• 전나무, 가문비나무, 주목 : 5~6년

④ 수피의 모양과 벗겨짐
㉠ 어린 나무의 수피는 평활, 성숙하면 수피가 갈라지고 깊게 수직 방향으로 골이 파임
㉡ 자작나무는 벗겨지고 아까시나무, 버드나무, 소나무는 깊게 갈라짐

⑤ 옹이와 혹 형성
㉠ 잠아나 부정아가 대량으로 모여서 혹을 만듦
㉡ 벚나무, 느릅나무, 자작나무, 왕버들, 단풍나무, 참나무, 가문비나무에서 볼 수 있음

⑥ 대화현상
㉠ 가지가 납작하게 자라는 현상
㉡ 사철나무, 돈나무, 물푸레나무는 병으로 보지 않음

⑦ 착생식물 발생
㉠ 돌, 바위, 수피를 물리적인 정착지로 이용할 뿐 나무에 피해는 없음
㉡ 지의류, 이끼, 녹조류 등의 종류가 있으며, 녹조류가 잎에 자라면 흰말병이 발생

(2) 수목의 비정상 상태

① 잎의 황화현상과 반점 형성
㉠ 황화현상은 잎에서 엽록소가 파괴되어 노랗게 변하는 것
㉡ 잎 전체의 황화, 얼룩반점, 점각, 엽맥 사이 조직 황화 등의 현상이 있음
㉢ 원인 : 전염성병, 해충, 토양의 수분 과다, 추운 날씨, 대기와 토양오염, 토양의 과다한 무기염, 양분 결핍, 복토, 제초제에 의한 피해
• 성엽이 황화 : 질소와 인 결핍
• 유엽이 황화 : 칼슘, 철분, 붕소의 결핍

② 잎의 괴사
㉠ 괴사는 잎의 끝, 가장자리, 엽맥 사이 조직이 부분적으로 검게 죽는 것

ⓛ 원인

- 병원균, 수분 부족, 광량의 급격한 증가, 온도 상승, 동토, 건조한 바람 등
- 토양의 수분 부족이나 과다한 증산작용, 칼륨 결핍, 대기오염, 붕소와 염분 과다 등

③ 잎의 시들음(위조현상)

㉠ 수분이 부족할 때 잎이 아래로 쳐지면서 발생

㉡ 원인 : 병원균, 건조한 토양, 뿌리의 손실, 토양의 높은 염분함량, 토양 선충, 침수, 고온, 환상박피, 흡즙성 해충과 제초제에 의한 잎의 말림현상

④ 비대현상과 혹 형성

㉠ 잎의 비대와 혹 그리고 가지의 혹 형성은 비정상임

㉡ 철쭉류 떡병, 진딧물과 응애는 잎에 혹을 만들고, 회화나무 녹병은 가지에 혹이 생김

⑤ 낙엽과 조기단풍

㉠ 낙엽은 가을이 아닌 시기에 잎이 떨어지는 현상임

㉡ 원인 : 병원균, 수분 부족, 뿌리 손실, 토양의 중금속과 부적절한 환경, 고온과 저온 등으로 발생

- 급속한 낙엽 : 저온, 제초제, 어린 나무의 수간주사 후유증 등
- 점진적 낙엽 : 수분 부족, 수분 과다, 토양 산소 부족, 만성적 대기오염 등

㉢ 가을철 조기 낙엽은 만성적인 수분 부족과 뿌리가 손실된 수목의 특징

㉣ 조기단풍 : 수분 부족, 영양 부족, 가지에 생긴 물리적 상처, 이식 후유증 등으로 발생

⑥ 가지 끝 고사

㉠ 가지 고사는 수관의 맨 꼭대기부터 가지가 점진적으로 죽어 내려오는 현상

㉡ 원인(뿌리에 피해를 주는 환경) : 토양건조, 배수와 통기불량, 중금속 독성, 복토, 심식, 심한 답압 등이 있으며, 뿌리 손실이 있을 때 나타나는 전형적인 증상(전형적인 이식후유증)

⑦ 쇠퇴현상

㉠ 수목에 복합적으로 여러 가지 증상이 동시에 나타나는 현상

㉡ 수목 전체의 활력 및 생장량 감소, 가지 고사, 잎의 왜소화와 퇴색, 맹아지 발생이 주요 증상

㉢ 원인 : 장기적인 산성비, 만성적인 대기오염 등으로 발생

⑧ 맹아지 발생
   ㉠ 수목의 건강이 악화될 때 발생
   ㉡ 위쪽 굵은 가지에서 무수히 많은 짧은 맹아지가 발생하는 것으로, 잎이 작은 것이 특징
   ㉢ 원인 : 식엽성 해충의 피해, 과도한 가지치기, 뿌리가 점진적으로 죽을 때 발생

⑨ 수피이탈
   ㉠ 수피가 벗겨지는 것으로 내수피까지 깊게 몽땅 벗겨지면 가지와 줄기가 고사
   ㉡ 원인 : 피소, 수분 부족, 번개, 병원균과 해충 피해, 물리적 충격 등으로 발생

⑩ 수액유출
   ㉠ 상처를 통해 수액이 밖으로 나오는 것
   ㉡ 원인 : 수분 부족, 상처, 병원균, 천공성 해충(병이 아닌 경우도 있음) 등으로 발생

⑪ 목재부패 : 수피의 상처, 가지치기 후유증, 천공성 해충의 피해, 태풍 피해 등으로 발생

(3) 생물적 질병의 특징

① 해충이나 병해의 질병인 경우 증거가 보인다(유충, 알, 난각, 탈피각, 배설물, 병징, 표징).
② 피해를 입은 나무 내에서 피해가 수관에 부분적으로 나타난다.
③ 동일한 수종(종, 속, 과)에서만 피해가 나타난다.
④ 피해 진전이 느리다.

(4) 생리적 질병의 특징(비생물 피해)

① 해충이나 병해의 증거가 보이지 않는다.
② 피해를 입은 나무 내에서 피해가 수관 전체에 균일하게 나타난다.
③ 피해 지역 내에 자라는 다른 수종에도 동일한 피해 증상이 나타난다.
④ 피해가 비교적 급진적이다.

핵심문제

수목의 기생성 병과 비기생성 병의 특징에 관한 설명으로 옳은 것은? [23년 9회]

❶ 기생성 병은 기주 특이성이 높지만 비기생성 병은 낮다.
② 기생성 병과 비기생성 병 모두 표징이 존재하는 경우도 있다.
③ 기생성 병은 수목 조직에 대한 선호도가 없지만 비기생성 병은 있다.
④ 기생성 병은 병의 진전도가 비슷하게 나타나지만 비기생성 병은 다양하게 나타난다.
⑤ 기생성 병은 수목 전체에 같은 증상이 나타나나, 비기생성 병은 증상이 임의로 나타난다.

2. 식재 수목 선정

1) 수목 식재의 의의

수목의 식재는 나무의 미적 가치, 공익적 가치 그리고 경제적 가치를 창출한다.

2) 식재 목적과 수목의 편익 및 비용

수목을 심는 구체적인 목적별로 구분하여 적절한 수종을 선정하여야 한다.

(1) 녹음수

가로수, 정원수, 공원수와 같이 그늘과 푸름을 위해 심는다.

(2) 유실수

열매를 수확하기 위해 심는다.

(3) 차폐수

혐오시설, 바람, 소음을 막기 위해 심는다.

(4) 생울타리

경계를 구획하기 위해 심는다.

▶ 식재목적별 구비조건

식재 목적		구비조건	예
녹음수	가로수	• 직립성, 지하고가 높고, 대기오염에 강할 것 • 상처, 가지치기 후 부패하지 않은 것 • 보행자에게 위험하거나 거부되지 않을 것	느릅나무, 느티나무, 은행나무, 칠엽수, 회화나무
	정원수	꽃, 열매, 잎, 수피, 단풍, 수형 등이 아름다울 것	낙상홍, 단풍나무, 목련, 벚나무, 불두화, 소나무, 주목, 층층나무
	공원수	그늘을 만들고, 수형이 아름다울 것	느티나무, 단풍나무, 이팝나무, 백합나무

핵심문제

가로수에 관한 설명으로 옳지 않은 것은? [23년 9회]

① 내병충성과 강한 구획화 능력이 요구된다.
② 보행자 통행에 지장이 없는 나무로 선정한다.
❸ 보도 포장의 융기와 훼손을 예방하려고 천근성 수종을 선정한다.
④ 식재지역의 역사와 문화에 적합하고 향토성을 지닌 나무를 선정한다.
⑤ 난대지역에 적합한 수종으로는 구실잣밤나무, 녹나무, 먼나무, 후박나무 등이 있다.

식재 목적		구비조건	예
차폐용	차폐림, 방풍림, 소음방지림	혐오시설을 가리거나 바람을 막고, 소음을 차단시킬 만큼 엽량이 많고, 상록성일 것	가시나무류, 독일가문비나무, 사철나무, 삼나무, 서양측백나무, 스트로브잣나무, 편백측백나무, 향나무, 화백
공간 구획	생울타리 도로분리대	• 공간을 나눌 수 있을 만큼 치밀한 가지와 엽량을 가질 것 • 반복적인 전정에 측지를 발생할 것	개나리, 사철나무, 주목, 쥐똥나무, 측백나무, 탱자나무, 향나무, 회양목
열매 수확	유실수	열매가 경제적 가치를 가짐	감나무, 대추나무, 매실나무, 모과나무, 복사나무

3) 식재 부지의 기후와 환경

수목이 환경의 변화에 견디는 능력은 수종에 따라 다르다.

(1) 내한성

① 수목이 분포지역을 확장하는 데 꼭 필요한 생리적 구비조건이다.

② 조경수를 선택할 때 가장 중요한 고려사항이다.

③ 내한성 약함 : 동백나무, 녹나무, 먼나무, 후박나무, 배롱나무, 개잎갈나무, 자목련, 능소화, 사철나무, 벽오동, 오동나무, 곰솔 등

④ 내한성 강함 : 소나무, 잣나무, 전나무, 자작나무류

(2) 지구온난화

① 이산화탄소의 농도가 390ppm까지 증가하여 지구온난화현상이 계속되고 있다.

② 남부지방 수종이 중부지방에 식재되고 있다.

예 개잎갈나무, 대나무, 편백

③ 고산성 수종의 생장 불량현상이 나타난다.

예 잣나무, 구상나무, 전나무, 가문비나무는 잘 안 자라므로 독일가문비나무, 스트로브잣나무를 식재

(3) 대기오염

① 가로수의 구비요건으로 대기오염에 대한 내공해성이 포함된다.

② 내공해성 강함 : 은행나무, 플라타너스, 향나무, 가죽나무, 회화나무, 버드나무류, 아까시나무, 현사시

③ 내공해성 약함 : 이태리포플러, 느티나무, 소나무 등

④ 일반적으로 잎이 6개월밖에 살지 않은 활엽수는 피해가 적고, 침엽수의 잎은 보통 3년 이상 살기 때문에 피해를 받는다.

(4) 내병충성

① 이식한 수목은 병해충에 대한 저항성이 낮다.
② 재배한 역사가 짧은 수종일수록 병해충에 대한 저항성이 크다.

(5) 특수한 토양환경

① 공간이 제한된 토양에서 플라타너스의 생장은 좋다.
② 중금속에 오염된 토양에서 아까시나무, 포플러가 내성이 좋다.
③ 배수가 잘 안 되는 토양에서 네군도단풍, 플라타너스, 미루나무, 버드나무류, 낙우송 등이 내습성이 강하다.
④ 약간의 복토에서는 은행나무, 독일가문비나무, 스트로브잣나무, 곰솔, 플라타너스, 참느릅나무 등이 잘 견딘다.

4) 식재 부지의 수분환경

수목의 뿌리는 계속 자라면서 숨을 쉬기 때문에 산소를 많이 요구한다.

(1) 식재 부지의 수분환경 조건

① 토양의 통기성과 배수성이 좋아야 한다. 진흙과 같이 통기성과 배수성이 나쁜 토양에서 자라거나 산소공급을 방해하는 환경(배수불량, 답압) 등이 조성되면 뿌리의 생장이 둔화되면서 건강이 나빠진다.
② 모래가 많은 토양의 경우 봄, 가을, 겨울의 건조기에 관수를 해야 한다.
③ 배수가 잘 되지 않는 토양의 경우 배수를 철저히 하여 장마철에 뿌리가 썩는 것을 방지하고 겨울철에 토양의 결빙을 최소화한다.
④ 따뜻한 겨울에 가뭄이 함께 올 때 관수한다.
⑤ 토양 표면을 유기물로 멀칭하는 것은 수분증발 및 토양유실 방지, 잡초 억제, 토양미생물 활성화, 온도 완화, 토양의 물리・화학적 성질 개량 등의 효과가 있다.

5) 수목의 특성

수목 고유의 특성은 독특한 유전적 특성이 서로 다르고, 다음 세대에 그대로 유전되어 인간이 원하는 대로 변형되지 않는다.

핵심문제

식재수목의 선정에 대한 설명으로 옳지 않은 것은? [21년 5회]

❶ 만성적 대기오염의 피해는 침엽수보다도 활엽수가 높게 나타난다.
② 동백나무, 녹나무, 먼나무, 후박나무 등은 상록성으로 내한성이 약하다.
③ 침엽수는 대개 상록성이지만 일본잎갈나무, 낙우송, 메타세쿼이아는 낙엽성이다.
④ 산림청 가로수 관리규정에 계수나무, 느티나무, 노각나무, 쉬나무 등은 시가지에 권장되는 것이다.
⑤ 어떤 개체가 변종으로서 다른 개체들과 다른 독특한 외형의 특징을 가지는 경우 종자로 번식시키면 그 특징을 그대로 유지할 수 없다.

핵심문제

식재 수목을 선정할 때 고려사항으로 옳지 않은 것은? [21년 6회]

① 수목관리자의 관리능력을 고려한다.
② 식재 목적에 부합하는 수종을 선정한다.
③ 식재 부지의 지상과 지하 공간을 고려한다.
❹ 수목의 유전적 생장 습성은 고려할 필요가 없다.
⑤ 복잡한 도시 환경에서는 미세기후가 중요할 수 있다.

(1) 나무의 크기

① 생장속도와 크기는 수종 고유의 특성이다.
② 방풍, 차폐효과는 속성수 교목을 식재하고 작은 공원, 정원에는 화관목을 식재한다.

(2) 낙엽성과 상록성

① 침엽수는 대개 상록성이나 은행나무, 낙엽송, 메타세쿼이아는 낙엽성이다.
② 활엽수는 대개 낙엽성이나 영산홍, 사철나무, 회양목은 상록성이다.

(3) 내음성

① 수목이 그늘에서 견딜 수 있는 정도이다.
② 어릴 때를 제외하고 모든 나무는 햇빛을 좋아한다.

(4) 외형과 사계절 변화

① 종에 따라 독특한 수형, 잎, 꽃, 열매, 가시, 단풍, 수피의 모양과 색깔 등 다양한 형태를 갖는다.
② 봄에 개화하는 수목 : 동백나무, 생강나무, 산수유
③ 여름에 개화하는 수목 : 배롱나무, 모감주나무, 자귀나무, 회화나무, 능소화
④ 가을에 단풍이 드는 수목 : 화살나무, 단풍나무, 풍나무
⑤ 겨울철에 열매가 달리는 수목 : 피라칸타, 낙상홍, 마가목
⑥ 겨울철 수피 색깔이 특징인 수목 : 자작나무, 노각나무

(5) 품종의 중요성

대부분의 수목은 타가수분하기 때문에 모수 특징을 유지하려면 영양번식(삽목, 접목, 조직배양)을 해야 한다.

(6) 수명

① 수목의 수명은 고유한 성질이다.
② 장수수종 : 느티나무, 은행나무, 팽나무, 회화나무, 향나무, 소나무 등
③ 단명수종은 썩지 않도록 하는 방어능력이 적다.

핵심문제

식재 수목을 선정할 때, 우선적으로 고려할 사항이 아닌 것은?
[22년 7회]

① 적지적수(適地適樹)를 고려한다.
② 관리작업이 용이하여야 한다.
③ 유전적인 특성을 이해하여야 한다.
❹ 가지－줄기의 직경비가 높아야 한다.
⑤ 살아 있는 수관비율(LCR)이 높아야 한다.

6) 식재 수목 확보

(1) 나무의 활력

① 성숙잎의 색깔이 녹색이며, 잎이 크고 촘촘히 달려 있어야 한다.

② 줄기의 생장량은 1년에 최소 30cm가량 되어야 하며, 수피는 금이 가거나 상처가 없어야 한다.

③ 동아가 가지마다 뚜렷하고 크게 자리잡고 있어야 한다.

(2) 수간과 수관의 모양

① 수간은 한 개의 줄기이다.

② 가로수일 경우 지하고가 2m 이상이다.

③ 수관의 모양에서는 골격지의 배치를 우선적으로 본다.

④ 골격지가 4방향으로 뻗어야 한다.

⑤ 수관의 높이는 수고의 2/3가량이 적당하다.

(3) 뿌리의 상태

① 나근묘

㉠ 근원경 5cm 미만의 활엽수에 적합. 가을이나 봄에 이식할 경우에 나근묘로 할 수 있음

㉡ 뿌리의 뻗음이 좋으며, 꼬이지 않고 측근이 4개 이상이어야 함

㉢ 펼쳐진 뿌리의 폭이 근원경의 10배 이상이어야 함

㉣ 직근이 발달하는 수종은 1회 이상 상체(2－1묘)

② 용기묘 : 용기묘를 사용할 때 가장 주의해야 할 점은 꼬인 뿌리

③ 근분묘 : 근원경이 5cm 이상 되거나 상록수의 경우 흙이 붙어 있는 상태로 뿌리를 파내어 이식

> 2－1묘
> - 2 : 씨를 뿌린 지 2년 됨
> - 1 : 1번 옮겨 심음

(4) 수고직경 비율

수고에 대한 직경의 비율은 나무가 바람에 견딜 수 있는 정도와 왜소한 정도를 나타내는 지표이다.

(5) 수종에 따른 이식성공률

① 일반적으로 낙엽수는 상록수보다 이식이 잘 되며, 관목은 교목보다 쉽다.

② 치밀하게 가는 뿌리가 많은 수종은 직근이 주로 발달한 수종보다 이식이 쉽다.

③ 맹아가 잘 나오는 수종은 이식 후 성공률이 높다.

3. 어린 수목 식재

1) 서론

우리나라의 경우 조기 녹화를 위해 큰 나무를 이식하는 경향이 많다.

(1) 어린 수목의 이식 시 특징

① 나무가 작을수록 이식에 따른 스트레스를 적게 받는다.

② 어린나무를 이식해야 원래의 나무 모습을 그대로 유지할 수 있다.

③ 적은 비용으로 이식이 가능하다.

④ 활착된 후 가지치기를 통해 수형 조절이 가능하다.

⑤ 균형 잡힌 큰 나무를 얻을 수 있다.

2) 종자, 삽목, 유묘

(1) 종자의 파종

① 이랑을 조성하여 뿌리거나 흩뿌리기보다는 보통 작은 구덩이를 파고 파종하는 것이 가장 좋다.

② 활력이 좋고 내한성이 있는 수종의 종자를 선정하는 것이 좋다.

③ 종자는 발아와 발아 후 실생묘의 생장에 모두 유리할 때 파종해야 한다.

(2) 삽목

가지, 잎, 뿌리 등 식물체의 일부를 잘라 내어 상토에 꽂아 결핍된 뿌리나 눈을 나오게 해서 독립된 식물을 만드는 것을 삽목 또는 꺾꽂이라 한다.

① 삽목의 종류

㉠ 잎 꺾꽂이

ⓐ 잎자루꽂이 또는 잎조직 꺾꽂이라 함

ⓑ 선인장 또는 다육식물류에 적용

파종의 성과에 영향을 끼치는 인자

- 수분조건
- 동물의 해 : 대립종은 토끼, 들쥐, 등, 소립종은 새들의 피해
- 기상의 해 : 열해, 상주 등
- 타감작용
- 흙 옷 : 발아한 어린 묘목은 빗방울로 흙을 덮어쓴다. 이로 인해 묘목이 죽고, 강우로 표토가 유실되어 뿌리 노출로 건조의 해와 열해 피해 등이 발생한다.
- 종자의 품질

파종방법

- 산파 : 조림지 전면에 종자를 고루 뿌리는 것으로 작업이 너무 집약적이고 다량의 종자가 필요
- 상파 : 일정한 묘목 간 거리와 열 간 거리를 정하여 파종지점을 정하고 그곳에 지름 30cm 정도의 원형 파종상을 만들어 파종
- 조파 : 조림지에 일정한 열 간 거리(1~1.5m)를 정하고 약 20cm 폭으로 파종할 대조를 만든 후 일정한 묘목 간 거리를 생각해서 파종
- 점파 : 상파처럼 상을 만들지 않고 대립종자를 산점적으로 뿌리는 방법

㉡ 줄기 꺾꽂이

ⓐ 줄기나 가지를 잘라 식물을 번식시킴

ⓑ 대부분의 관엽식물이 가능

ⓒ 숙지삽에 의한 꺾꽂이

- 지난해 자란 식물의 가지를 봄에 새잎이 나오기 전에 잘라 삽목
- 무화과, 모과나무, 포도나무, 돌배나무, 무궁화 등의 활엽수

ⓓ 녹지삽에 의한 꺾꽂이

- 올해 새로 자라서 아직 목질화되지 않은 가지나 지난해 자라 잎이 붙은 식물의 가지를 잘라 삽목
- 철쭉, 치자나무, 블루베리, 관엽류인 열대식물, 향나무 등의 침엽수

㉢ 근삽 : 뿌리꽂이

예 국화, 능소화, 대나무

㉣ 휘묻이 : 길게 자란 식물의 줄기나 가지를 휘어서 일부가 땅에 묻히게 한 후 뿌리가 발생하면 분리

예 수국, 아이비, 마삭줄 등

㉤ 인경꽂이 : 백합, 히아신스, 수선화, 아마릴리스 등 인경을 세로로 4~8등분한 후 조각들을 삽목

② 삽목번식의 장점

㉠ 방법이 간단하고 특별한 기술이 필요 없음

㉡ 한꺼번에 많은 묘목을 얻을 수 있음

㉢ 유전적으로 어미나무와 동일한 묘목을 얻을 수 있음

㉣ 실생묘에 비해 묘목의 생육이 잘 되고 개화 전까지 기간이 단축

㉤ 뿌리가 비교적 옆으로 뻗으므로 얕은 분에 가꾸거나 돌붙임분재에 적합

㉥ 접목묘처럼 접목부의 상처가 없어 수피가 아름다움

③ 삽목번식의 단점

㉠ 식물의 종류에 따라 삽목으로 발근되지 않는 것이 있음

㉡ 실생묘에 비해 뿌리가 얕아 약간 단명하는 경향이 있음

④ 삽목의 방법

㉠ 구삽법(고랑꽂이) : 깊이 10cm 정도의 고랑을 파고 삽수를 1~2cm 길이로 꽂고 흙을 덮고 다짐

㉡ 봉삽법 : 안내봉으로 구멍을 뚫고 삽목하는 방법

㉢ 이토삽목법(흙탕모판꽂이) : 상면 10cm 깊이를 물반죽하여 못자리처럼 만들어 삽수를 10cm 이상 깊게 꽂는 방법

⑤ 삽목 후 관리

㉠ 직사광선이 비치지 않는 밝은 곳에 놓음

㉡ 물이 마르지 않게 관리

(3) 유묘

① 나근묘 식재

㉠ 뿌리 노출 상태로 이식

㉡ 근원경 5cm 미만 활엽수 : 봄에 이식 가능

㉢ 펼쳐진 뿌리의 폭이 근원경의 10배 이상일 때 적합

㉣ 직근이 발달하는 수종 : 직근을 자르고 측근 촉진

② 용기묘

㉠ 꼬인 뿌리를 가위나 삽으로 절단한 후 식재

㉡ 꼬인 뿌리는 생장장애 원인

③ 근분묘

㉠ 흙이 붙어 있는 상태로 이식

㉡ 근원경 5cm 이상 또는 상록수

㉢ 근분이 크기가 클수록 유리

㉣ 경제적 관점 : 지표면에서 15～30cm 높이에서 직경의 약 10배 (혹은 근원경의 7배)

3) 식재

(1) 식재 적기

① 겨울이 해당 수종의 어린 수목에게 너무 춥지 않으면 가을에 식재가 가능하다.

② 겨울의 기온이 낮을 경우 봄에 식재가 유리하다.

(2) 수목 준비

① 식재 부지가 수목이 자란 곳보다 더 춥거나 더 많이 햇빛에 노출되면 식재 전에 순화하거나 적응을 시켜야 한다.

② 나근묘는 인수한 다음 즉시 식재하는 것이 최선이지만 뿌리나 눈이 자라지 않게 서늘하게 보관하면 2～3주 정도는 유지 가능하다.

(3) 식재 구덩이 준비

① 지하 송전선과 배관을 피할 수 있게 위치를 확인한다.
② 구조가 좋은 토양에서 식재 구덩이는 수목의 근분이 들어갈 수 있는 정도면 충분하다.
③ 각 구덩이의 직경은 적어도 용기나 근분 직경의 2배 정도가 적당하다.
④ 나근묘의 경우 뿌리가 뭉치지 않고 수용할 정도의 크기면 충분하다.

(4) 뿌리 전정

① 나근묘의 죽거나, 병들고, 손상되고, 뒤틀린 뿌리는 건강한 조직에서 제거한다.
② 용기에서 자란 묘의 엉킨 뿌리나 근분 주위를 맴도는 뿌리는 절단한다.

(5) 수목 앉히기

① 가장 자주 보이는 곳은 수목이 가장 아름답게 보이는 방향으로 앉힌다.
② 접목된 부분 바로 위의 구부러진 부분이 피소 피해를 받지 않도록 접수를 오후의 태양 방향으로 향하게 한다.
③ 수간이 노출되는 경우 : 흰 외장 라텍스페인트로 칠함(피소 우려)
④ 가장 낮은 가지가 있는 쪽 : 활동성이 낮은 지역을 향하게 함
⑤ 높은 가지가 있는 쪽 : 높은 통과높이가 필요한 지역을 향하게 함
⑥ 바람과 피소, 외관이 수목의 방향을 결정하는 요소가 아닌 경우에는 대부분의 가지가 위치한 쪽을 오후의 태양으로부터 멀리 위치시킨다.
⑦ 대부분의 가지가 있는 쪽이 강한 주풍을 향하도록 한다.

> **피소 피해**
> 남서쪽 수지가 햇빛에 노출되어 수피의 온도가 상승하면서 형성층이 괴사하는 현상

(6) 되메우기

① 대부분의 경우 식재 구덩이에서 파낸 흙은 뿌리나 근분을 되메우는 데 적합하다.
② 유기물을 되메우기에 사용할 경우 토양 부피의 20~30% 정도를 완전 혼합하여 사용한다.

(7) 식재 마무리

① 토양을 다진 다음 토양을 추가로 침전시키고 물을 공급하기 위해 웅덩이에 물을 채운다.

② 너무 깊게 심은 나근묘는 토양이 축축할 때 들어올려 높일 수 있다(삽을 이용).

4) 식재 후 관리

① 지주 설치 : 3년간 유지

② 초살도 향상을 위해 밑가지를 남겨 놓는다.

③ 주기적으로 관수를 한다.

④ 수간의 보호를 위해 수피를 감싼다.

⑤ 수분증발 억제를 위해 멀칭 : 잡초 억제 효과

4. 대경목 이식

1) 서론

(1) 대경목 이식의 특징

① 한자리에서 계속 자라던 수목을 다른 장소로 옮길 때 많은 뿌리가 잘려 나가기 때문에 수목은 엄청난 생리적 스트레스를 받게 된다.

② 가능한 한 어릴 때 이식하는 것이 바람직하다.

③ 큰 나무를 이식하면 비용도 많이 들고 성공하여도 원래의 나무 모습을 유지하기 어렵다.

④ 이식할 때의 뿌리 상태에 따라 나근법, 근분법, 동토법, 기계법으로 나뉜다.

2) 수목 선정

(1) 수목 선정 시 고려사항

① 건강 상태

㉠ 성숙잎의 색깔은 짙은 녹색

㉡ 잎은 크고 촘촘히 달려 있어야 함

㉢ 줄기의 생장량은 1년에 최소 30cm가량 되는 것이어야 함

㉣ 수피는 밝은색을 띠면서 금이 가거나 상처가 없어야 함

핵심문제

수목 이식에 관한 설명으로 옳지 않은 것은? [23년 9회]

① 나무의 크기가 클수록 이식성공률이 낮다.

② 낙엽수는 상록수보다, 관목은 교목보다 이식이 잘 된다.

❸ 교목은 인접한 나무와 수관이 맞닿을 정도로 식재한다.

④ 수피 상처와 피소를 예방하고자 수간을 피복한다.

⑤ 대경목의 뿌리돌림은 이식 2년 전부터 2회에 걸쳐 실시하는 것이 바람직하다.

ⓜ 겨울철 동아가 가지마다 뚜렷하고 크게 자리잡아야 함

② 수간과 수관의 모양

㉠ 한 개의 줄기로 이루어져야 함

㉡ 가로수일 경우 지하고가 2m 이상 되어야 함

㉢ 골격지가 적당한 간격을 두고 네 방향으로 균형 있게 뻗어야 함

㉣ 수관의 높이는 수고의 2/3가량 되는 것이 바람직

(2) 적지적수의 개념

① 식재목적과 식재부지환경, 수목의 특성을 고려하여 식재한다.

② 임지생산성의 극대화를 기하는 것으로, 입지조건에 적합한 조림수종을 선정할 것인지 아니면 목적수종에 적합한 입지조건을 선택할 것인지를 먼저 결정하여야 한다.

③ 조림적지를 판정하는 방법으로는 토양조사에 의한 방법, 지위지수조사에 의한 방법 등이 있다. 토양조사에 의한 적수선정 방법으로는 간이조사에 의한 방법, 정밀조사에 의한 방법이 있다.

④ 입지조건 및 목적에 적합한 수종

㉠ 차폐용 수목

- 적당한 수고를 가진 수종
- 하지가 고사하지 않는 수종
- 지엽이 밀생한 상록수
- 맹아력이 강한 수종
- 건조와 공해에 저항력이 큰 수종
- 보호관리가 용이한 수종
- 주목, 서양측백, 사철나무 등

㉡ 산울타리용 수목

- 지엽이 밀생하는 수종
- 병해충이 적은 수종
- 사람에게 해가 되지 않는 수종
- 맹아력이 강한 수종
- 다듬기 좋은 수종
- 쥐똥나무, 무궁화, 싸리, 사철나무 등

㉢ 녹음식재용 수목

- 적당한 지하고를 가진 수종
- 수관이 큰 수종
- 잎이 밀생하는 수종

핵심문제

수목관리의 원칙으로 옳지 않은 것은? [21년 5회]

① 수종 선정은 적지적수에 기반을 둔다.
② 수목관리는 장기간, 낮은 강도로 진행한다.
❸ 수목관리는 일반 개념을 특정 유전자형에 적용하지 않는다.
④ 수목의 건강과 위해는 서로 관계가 있으나 일치하지는 않는다.
⑤ 수목은 시간이 경과하면서 생장하기 때문에 수목관리가 필요하다.

- 병해충과 답압의 피해가 적은 수종
- 악취가 없고 가시가 없는 수종
- 느티나무, 팽나무, 칠엽수 등

㉣ 방음식재용 수목

- 지하고가 낮고 잎이 수직 방향으로 치밀하게 부착된 상록교목이 적당
- 지하고가 높을 경우에는 교목과 관목을 혼식
- 차량 소음인 경우 배기가스에 내성이 강한 내공해성 수종
- 녹나무, 플라타너스, 회화나무 등

㉤ 방화식재용 수목

- 잎이 두텁고 함수량이 많은 수종
- 잎이 넓으며 밀생하는 수종
- 상록수인 수종
- 수관의 중심이 추녀보다 낮은 위치일 것
- 내화수 : 화재로 연소되어도 다시 맹아하여 수세가 회복되는 수목
- 가시나무, 아왜나무, 상수리나무, 은행나무, 층층나무 등

㉥ 방풍식재용 수목

- 심근성이면서 가지가 강한 수종
- 지엽이 치밀한 수종
- 낙엽수보다는 상록수가 바람직
- 파종하여 자란 자생수종으로 직근을 가진 수종
- 소나무, 곰솔, 향나무, 가시나무, 아왜나무, 동백나무 등

㉦ 도로 중앙분리대용 수목

- 지엽이 밀생하고 다듬기 작업에 견딜 수 있는 수종
- 전정이 가능한 수종
- 가능한 한 상록수를 사용
- 광나무, 사철나무, 섬쥐똥나무, 꽝꽝나무, 철쭉 등

3) 부지 특성

(1) 토양의 물리적 성질

① 토성

㉠ 토양의 진흙, 미사, 모래의 상대적 혼합비율을 의미

㉡ 사질토양은 모래가 최소한 50% 이상

핵심문제

방풍용 수목의 기준에 대한 설명 중 옳은 것은? [21년 5회]

① 천근성이고 지엽이 치밀하지 않은 것이 좋다.
② 낙엽활엽수는 상록침엽수에 비해 바람에 약하다.
❸ 내풍력은 수관 폭, 수관 길이, 수고 등에 좌우된다.
④ 수목에 미치는 풍압은 풍속의 제곱에 반비례한다.
⑤ 척박지에서 자란 수목은 근계발달이 양호해 바람에 대한 저항성이 작다.

핵심문제

도시의 수목 생육 환경에 관한 설명으로 옳지 않은 것은? [25년 11회]

① 대도시는 건물에 의한 대기의 흐름 변화 등으로 미기후의 변화가 크다.
② 대도시의 야간 상시조명이 주변 수목의 생식생장에 영향을 줄 수 있다.
③ 대기오염이 심한 도심환경의 경우 식재할 수 있는 가로수의 수종 선택이 제한될 수 있다.
❹ 도시의 토양은 주기적인 낙엽 제거로 산림토양에 비해 용적밀도는 낮고, 투수계수는 높다.
⑤ 남부지방 수종을 중부지방 도심에 식재하면 극단적 기상 발생 시 큰 피해를 입을 수 있다.

㉢ 진흙은 보수력이 좋고 양료 함량이 많으며 배수가 잘 안 되고 통기성이 불량

㉣ 모래는 배수가 잘 되고 통기성이 좋으며 보수력이 나쁘고 양료의 함량이 적음

㉤ 양토는 진흙, 미사, 모래가 적절하게 섞인 흙(식물생장에 가장 유리)

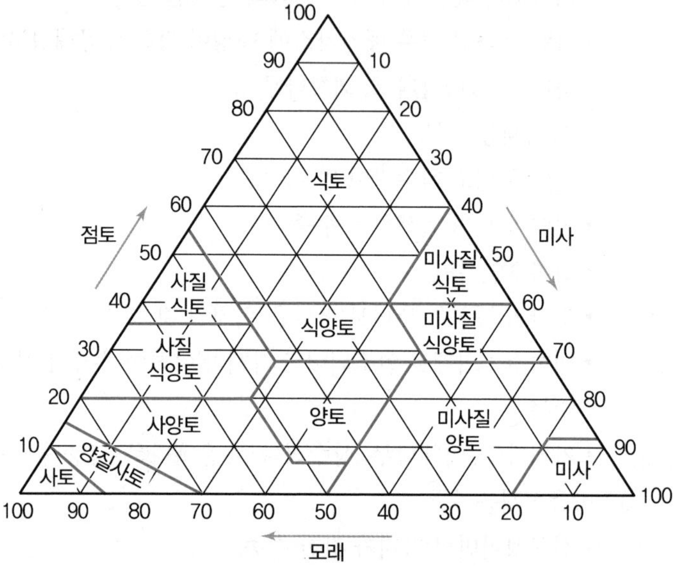

▌토성 삼각도표(미국 농무성법)▐

② 토양공극
㉠ 입자와 입자 사이의 공극
㉡ 용적비중이 낮을수록 통기성이 좋고 수목생장에 유리
㉢ 산림토양은 공극률이 40~60%, 용적비중이 0.8~1.6가량임

(2) 토양의 화학적 성질

① 유기물
㉠ 유기물은 모두 생물체로부터 기원하여 추가된 물질임
㉡ 토양의 입단구조를 개선
㉢ 공극과 통기성을 증가시킴(용적비중을 낮춤)
㉣ 토양온도의 변화를 완화시킴
㉤ 토양의 보수력을 증가시킴
㉥ 토양의 무기양료에 대한 흡착능력을 향상시킴
㉦ 유기물이 분해되어 무기양료가 됨

ⓞ 토양미생물이 필요로 하는 에너지를 제공

② 토양산도

㉠ 토양산도는 뿌리의 양료흡수에 크게 영향을 줌

㉡ 산성토양에서는 인, 칼슘, 붕소가 불용성임

㉢ 토양산도는 토양미생물의 활동에 크게 영향을 줌(중성일 때 박테리아 활성)

③ 양료보유용량과 비옥도 : 토양입자와 유기물의 표면은 음전기를 띠고 있어서 양전기를 띤 양료를 보유하거나 다른 양이온과 교환(CEC)

(3) 토양의 생물적 성질

① 토양동물 : 지렁이는 지표면에 있는 유기물을 먹이로 이용하여 분해시킨 다음 땅속에 배설물로 내놓아 토양 내 무기양료 순환을 촉진하고 토양의 물리적 성질을 개량하여 비옥하게 만듦

② 토양미생물

㉠ 조류, 박테리아, 방사상균, 곰팡이 등이 있음

㉡ 박테리아에는 호기성과 혐기성이 존재

㉢ 모두 주로 경작지에서 유기물을 분해

㉣ 질소고정박테리아는 콩과식물과 공생하며 질소를 고정시킴

㉤ 토양곰팡이는 대개 호기성이며 표토 근처에서 자람

㉥ 곰팡이는 유기물과 낙엽을 분해하는 중요한 역할

③ 균근

㉠ 토양곰팡이 중에 식물뿌리와 공생하는 종류

㉡ 곰팡이는 무기양료를 뿌리에 전달하고 식물은 탄수화물을 곰팡이에 전달

㉢ 공생 형태를 균근이라 하고, 공생하는 곰팡이를 균근균이라 함

㉣ 토양이 척박하거나 기상조건이 나쁠 경우 균근 형성에 도움이 됨

4) 이식 적기

(1) 이식이 적절한 시기와 부적절한 시기

① 온대지방에서 수목을 이식하기에 적절한 시기는 수목이 휴면 상태에 있는 기간인 늦가을~이른 봄이다.

② 가을 이식의 경우 낙엽이 진 후 아직 토양이 얼기 전에 가능하다(이상난동과 겨울 가뭄으로 상록수는 고사 가능성이 높음).

핵심문제

대형 수목 이식에 관한 설명을 옳게 나열한 것은? [22년 7회]

ㄱ. 수목의 크기와 수종, 인력, 예산 등을 모두 고려하여야 한다.
ㄴ. 이식 성공은 이식 전 수준으로의 생장률 회복 여부로 판단한다.
ㄷ. 스트로브잣나무는 동토근분으로 이식할 때 위험성이 비교적 낮은 수종이다.
ㄹ. 온대지방 수목 중 낙엽활엽수는 낙엽 이후 초겨울, 침엽수는 초가을이나 늦봄, 야자나무류는 이른 봄이 이식 적기이다.

① ㄱ, ㄴ
❷ ㄱ, ㄷ
③ ㄴ, ㄹ
④ ㄱ, ㄷ, ㄹ
⑤ ㄴ, ㄷ, ㄹ

③ 봄철 새로운 뿌리의 발생은 잎이 트는 시기보다 2주 이상 앞선다.

㉠ 낙엽활엽수

• 봄에 이식하는 것이 적당하고, 침엽수에도 알맞음

• 이식시기가 좀 더 길

㉡ 상록활엽수 : 봄 이식이 유리

④ 수목이식에 부적당한 시기 : 7월과 8월로, 높은 증산작용과 뿌리의 발생이 가장 저조

예 성숙한 자작나무, 단풍나무는 이른 봄보다 늦가을, 겨울 초기 아니면 잎이 완전히 나온 후 전정을 하여 수액이 나오는 시기를 피한다.

✎ 수종에 따라 이른 봄에 가지를 치면 수액이 흘러 상처 치유를 지연시킨다.

5) 뿌리분 제작

(1) 뿌리분 제작과정

① 2년 전부터 뿌리돌림을 실시한다(두 해에 나누어 진행).

② 뿌리돌림을 하는 위치는 최종적으로 만들 근분의 직경을 감안하여 약간 안쪽으로 정한다.

③ 수간직경의 약 4배가 되는 곳을 기준으로 하여 원형으로 파서 세근을 유도한다.

④ 2년 후 새로 나온 세근이 포함되도록 바깥쪽을 판다(수간직경의 5배 되는 곳).

⑤ 첫해 전체 뿌리 주변의 절반을 파고 5cm 미만은 절단하며 그 이상은 환상박피한다.

⑥ 흙을 메울 때에는 부엽토, 유기질 비료, 퇴비 혹은 화학비료를 잘 섞는다.

⑦ 다음해에 나머지를 실시한다.

⑧ 셋째 해에 세근을 포함한 근분을 제작한다.

⑨ 뿌리돌림을 실시할 때 숨틀을 수직으로 매설하여 통기성을 향상시키고, 1년 후 미리 부직포를 집어넣어 1년간 세근이 발달하도록 뿌리박피를 실시하면 성공적으로 이식이 가능하다.

(2) 근분의 크기

① 수간의 직경은 근원경으로 표시한다.

② 직경 10cm 미만은 지상 15cm에서 측정한다.

③ 직경 10cm 이상은 지상 30cm 높이에서 측정한다.

④ 직경 5cm 미만 : 수간직경의 12배

⑤ 직경 8~15cm : 수간직경의 10배

⑥ 직경 30cm 이상 : 수간직경의 6~8배

(3) 뿌리굴취

① 수분이 약간 있을 때 실시한다.
② 최종 근분의 반경보다 10cm가량 바깥쪽을 60cm 이상의 폭으로 판다.
③ 노출된 뿌리를 가위나 톱으로 절단한다.
④ 노출된 근분의 측면을 젖은 마대로 감싼다.
⑤ 마대를 끈으로 동여맨다.
⑥ 근분이 커지면 표토에도 마대로 감싸고 철망을 추가로 사용한다.
⑦ 근분의 밑바닥을 수평으로 파고 들어가서 직근을 잘라 내고 근분이 자유로이 움직이게 한다.

(4) 박스작업

① 뿌리 주변을 목재로 만든 박스로 마감한다.
② 원형으로 파는 대신 4각형으로 비스듬히 안쪽으로 경사를 두어 굴취한다.
③ 널빤지로 4면을 고정시킨다.
④ 근분의 밑부분도 널빤지로 막고 각목으로 고정시킨다.
⑤ 장점은 경험이 적은 사람도 할 수 있고 작업이 쉬우며 오래 보관할 수 있고, 모래가 많은 근분이 형성되지 않을 때 사용 가능하다.

(5) 동토작업

① 겨울철 깊이 30cm 이상 땅이 어는 지방에서는 근분의 표면을 약 15cm가량 얼려서 이동한다.
② 낮 기온이 영하 7℃ 이하일 때 실시 후 즉시 이동해야 한다.
③ 식재지는 얼지 않아야 한다.

(6) 기계작업

① 유압장치에 의해 움직이는 칼날을 이용하여 흙과 함께 뿌리를 굴취한 후 이동한다.
② 근분이 깨질 염려가 적고 마대로 쌀 필요가 없어 인건비가 절약된다.
③ 이식기는 근분직경 2.3m까지 만들 수 있다.

핵심문제

수목의 이식에 대한 설명으로 옳지 않은 것은? [21년 5회]

❶ 상대적으로 낙엽수보다 상록수, 관목보다 교목의 이식이 쉽다.
② 이식이 잘 되는 나무로 은행나무, 광나무, 느릅나무, 배롱나무 등이 있다.
③ 이식방법은 뿌리 상태에 따라 나근법, 근분법, 동토법, 기계법 등으로 나눈다.
④ 온대지방 수목의 이식 적기는 휴면하는 늦가을부터 새싹이 나오는 이른 봄까지이다.
⑤ 대경목 이식 시 2년 전부터 수간직경의 4배 되는 곳에 원형구덩이를 파고 뿌리돌림해 세근이 발달하도록 유도한다.

6) 식재

절대 깊게 심지 말고 이식 전에 심었던 깊이만큼 심어야 한다.

(1) 구덩이 파기

① 소경목의 경우 근분 직경이 2배가 원칙이며, 구덩이의 가장자리가 근분에서 최소한 30cm 이상 떨어지도록 크게 해야 한다.
② 대경목의 경우 사람이 마무리 작업을 해야 하므로 빈 공간이 60cm 이상이 되어야 한다. 토양이 극히 딱딱한 경우 뿌리가 아래로 내려가기 어려우면 근분의 3배가량을 넓게 판다.
③ 구덩이 깊이는 근분의 깊이와 거의 같게 한다.

(2) 이식목의 방향 잡기와 세우기

① 아름답게 보이는 쪽이 보이도록 구덩이에 집어넣는다.
② 피소현상은 수피를 감싸 놓으면 된다.
③ 바닥에 흙을 깔고 무거운 근분은 비스듬히 집어넣고 살며시 밀어넣는다.
④ 근분의 흙 표면이 지표면과 같은 높이가 되어야 한다.

(3) 근분포장의 제거

① 볏짚으로 만든 새끼끈과 마대는 제거하지 않아도 된다.
② 지표면에 노출되거나 가까이 있는 새끼끈, 마대 등 모든 포장물질을 반드시 제거한다.
③ 중경목 이상의 경우 근분의 맨바닥에 깔려 있는 포장재료를 제거하려고 하면 근분이 깨질 우려가 있으므로 그대로 둔다.
④ 썩는 물질은 제거하지 않아도 되지만 썩지 않는 것은 반드시 제거해야 한다.

(4) 흙 채우기

① 구덩이의 흙 채우기는 구덩이에서 나온 흙을 보관했다가 다시 사용한다.
② 너무 마르지 않게 한다.
③ 물리 · 화학적 성질을 개선하기 위해 완숙퇴비를 20~30%가량 섞어서 사용한다.

④ 구덩이에 흙을 1/3가량 채우고 잘 다진 다음 흙을 2/3가량 넣고 다시 다지기를 실시한 후, 지표면 높이와 같게 하여 잘 다진다.
⑤ 접시 모양으로 물집을 만든다.
⑥ 근분 가장자리에 물매턱을 만든다.
⑦ 충분히 관수하여 공기가 남지 않게 한다(죽쑤기).
⑧ 한 번 실시한 이식목을 다시 옮겨서는 안 된다.

(5) 가지치기

① 나무를 이식할 때 많은 뿌리가 없어지기 때문에 이에 상응하는 지상부를 제거해야 한다고 알려져 있지만 이른 봄에 충분한 크기의 근분을 만들고 이식할 경우 혹은 상록수에 증산억제제를 뿌리고 이식할 경우에는 나무가 스트레스를 적게 받는다.
② 이식목을 굴취하기 전에 가지치기를 되도록 적게 하는 것이 바람직하다.
③ 가지치기는 전체 가지의 1/3을 초과하지 않도록 한다.

7) 사후관리

(1) 지주와 깔판 설치

① 지주
㉠ 지주는 불가피한 경우가 많음
㉡ 지주는 초살도가 작아져서 바람에 대한 저항성이 약해짐
㉢ 지주는 바람뿐만 아니라 사람, 자동차, 기계에 의한 피해도 막아 줌
㉣ 나무 밑동에 가지가 달려 있는 묘목은 지주가 필요 없음
㉤ 지주에는 단각형, 이각형, 삼각형, 사각형이 존재
㉥ 수간직경 8cm 정도까지 지주로 버팀
㉦ 중경목(8cm 이상)이나 대경목은 지주 대신 당김줄을 사용
㉧ 당김줄은 철사를 사용하며, 45° 각도로 3개 혹은 4개 줄을 땅에 고정시킴
② 깔판 또는 보호대 : 가로수의 경우 보행자에 의한 답압을 막기 위하여 설치

핵심문제

나무에 대한 지지방법 중 가장 최후의 수단으로 사용해야 하는 것은? [21년 6회]

❶ 지지대
② 줄당김(Cabling)
③ 쇠조임(Bracing)
④ 당김줄(Guying)
⑤ 수목 대 수목 연결 시설

(2) 수간보호

① 이식목의 수간은 기계적 손상을 막기 위하여 굴취 전에 새끼줄이나 마대로 감아 보호한다.
② 이식용 종이는 밑에서 위로 감아올리는 것이 바람직하며, 폭의 반 정도가 겹치게 감는다.
③ 피소현상으로 손상되는 것을 방지한다.

(3) 멀칭

① 수목을 이식한 후 볏짚, 솔잎, 나무껍질, 우드칩 등으로 멀칭한다.
② 토양의 수분증발을 억제하여 활착에 도움이 된다.
③ 피복하는 면적은 근분직경의 3배가량 되게 원형으로 실시하며, 5~10cm 깐다.
④ 이식목의 지표면과 그 주변에 잔디, 초화류, 화관목을 심는 것은 부적당하다.
⑤ 잔디나 화관목이 수분과 양료를 빼앗아 간다.

핵심문제

이식목의 지표면 보습을 목적으로 멀칭을 하고자 할 때 적당한 재료로 옳지 않은 것은? [21년 6회]

① 볏짚
② 솔잎
❸ 잔디
④ 우드 칩
⑤ 나무껍질

8) 야자수 이식

(1) 야자수의 특징

① 주로 열대와 아열대지방에서 자란다.
② 우리나라에서는 1960년대 말부터 제주도에 심기 시작하였다.
③ 워싱턴야자, 카나리아야자, 부티야야자 등과 단자엽식물 등이 있다.

(2) 생장 특성

① 야자수는 줄기의 꼭대기에 있는 생장점에서 세포가 증식하여 수고생장을 하고 이때 만들어진 관다발이 줄기를 형성하며, 수간에는 형성층이 없어 목질화되면 직경이 굵어지지 않는다.
② 잎은 줄기 꼭대기에 모여 나며 수고가 생장함에 따라 오래된 잎은 떨어진다.
③ 꽃이 피는 시기는 3~10년이다.
④ 수명은 일반적으로 50~100년이다.
⑤ 뿌리는 수간의 기부에 있는 발근구역에서 새로이 발생하는 부정근에 의해 대체된다.
⑥ 칼륨이 부족하면 녹색의 잎이 감소하고 기존 잎이 조기 노화하는 현상이 발생한다.

(3) 이식 준비

① 야자수는 허리가 가는 부위가 있거나 가는 것은 식재하지 않는다(성장 제한, 부러짐).
② 사질토양에서 잘 자란다.
③ 배수불량에 의한 고사가 대부분을 차지한다(상식, 배수관 설치).

(4) 뿌리 특성

① 워싱턴야자, 코코넛야자, 대왕야자 등과 같이 뿌리를 재생시키는 야자수는 수고 5m 미만을 기준으로 반경 20cm 크기의 근분을 제작한다(크기에 따라 키워감).
② 식재 후 주기적으로 관수하면 잎을 제거하지 않아도 된다.
③ 이식하기 6~8주 전 단근을 해 주면 스트레스가 감소하고 생존율이 증가한다.
④ 캐비지야자는 굴취 중에 절단된 뿌리는 모두 고사하여 약 8개월간 뿌리가 없는 상태가 지속된다(잎을 모두 제거하거나 미리 용기에 새로운 뿌리를 발생시킨 다음 이식).
⑤ 잎은 묶어 주어 정아를 보호하고 증산을 줄인다.

(5) 식재

① 다른 교목의 식재와 다르지 않다.
② 식재 깊이는 원래 자라던 수준 또는 수간에서 발근구역을 확인하면 그 구역까지 흙을 덮는다.
③ 이식의 주 실패 원인은 심식과 배수불량이다.
④ 메우는 흙은 개량하지 않고 사질토나 사양토로 되메우면 지주목 설치 필요성을 줄인다(식재 후 근분 주위에 물을 흠뻑 관수).
⑤ 야자수는 일반적으로 모래성분이 많고 바람이 강한 해변 지역에 심기 때문에 초기 8개월 또는 새로운 뿌리가 형성될 때까지는 지주목으로 지지한다.
⑥ 야자수에 생긴 상처는 치유되지 않으므로 나사못은 사용하면 안 된다.

(6) 식재 후 관리

① 가장 중요한 관리는 관수이다.

② 배수에 문제가 없는 경우 첫 생육기에는 일주일에 1~2회, 이후에는 매달 한 번씩이다.
③ 이식 후에 미량원소를 엽면에 살포해 주면 결핍현상을 방지할 수 있다.
④ 발근구역에서 새로운 뿌리가 나오는데 손상되면 수세가 약화되므로 예초기나 큰 낫의 사용을 자제해야 한다.
⑤ 겨울에 동해를 입지 않도록 보호해야 한다.

5. 특수환경관리

1) 포장지역의 수목

(1) 포장지역의 문제점

포장지역은 뿌리가 뻗을 공간이 제한되어 있어서 토양으로부터 양료 공급이 부족하며, 답압으로 인해 통기성과 배수가 불량하여 수목생장에 불리하다.

(2) 포장지역의 개선방법

① 구덩이 공간 확보
  ㉠ 식재 구덩이의 공간을 가능한 한 넓게 확보
  ㉡ 토양의 깊이는 60cm 이상, 가능하면 1m 이상 확보
② 객토
  ㉠ 기존의 흙은 수목생장에 부적합한 경우가 대부분이므로 흙을 가능한 한 많이 제거하고, 새로운 흙을 객토하여 유기물이 20~30%가량 함유되도록 퇴비를 섞음
  ㉡ 배수를 위해 모래와 유기물이 부피의 50%가량 되도록 함
③ 깔판 사용
  ㉠ 보행자에 의하여 답압현상이 일어날 때 사용
  ㉡ 내구성이 있는 재료(철판, 플라스틱, 콘크리트)를 사용(공기 구멍이 있어야 함)
④ 숨틀 설치 : 답압과 제한된 토양공간으로 인하여 통기와 배수불량, 관수와 시비의 어려움을 일시에 해결

핵심문제

포장된 지역 내 수목 관리의 문제점으로 옳지 않은 것은? [21년 6회]

❶ 협소한 공간
❷ 토양 pH 상승
❸ 근계 발달 저해
❹ 토양의 통기성 불량
❺ 토양의 양분 공급 부족

※ 모두 문제점에 해당하므로 전항 정답처리

⑤ 공극성 재료 및 멀칭과 포장
   ㉠ 표면에 공극성 재료로 멀칭하면 답압을 방지하여 뿌리호흡에 도움이 됨(자갈, 화산회석)
   ㉡ 보도의 경우 작은 보도블록, 투수성 포장재 등을 사용

2) 뿌리 및 도로포장 간 충돌

(1) 도로포장으로 인한 피해

① 가로수나 주차장 주변에서 자라는 수목은 도로포장으로 인한 아스팔트와 콘크리트 물질의 이패는 물론 수분과 산소 부족으로 뿌리의 호흡에 영향을 받는다.
② 답압과 복토의 증상과 유사하다.
③ 초기의 지상부 병징은 잎이 황화현상을 보이고 작아진다.
④ 가지 끝부터 서서히 밑으로 죽어 내려오면서 수관이 축소된다.
⑤ 초기 증상은 영양결핍 증상처럼 보인다.
⑥ 포장을 걷어 내거나 구멍을 뚫어 통기성을 확보하고 토양환경을 개선한다.

3) 하수구 내 수목뿌리

(1) 나무의 가스 피해

나무의 가스 피해는 흙속의 뿌리 피해와 수관의 잎 피해로 나눌 수 있다. 나무의 가스 피해는 종종 수분 부족, 통기 부족, 뿌리의 질병, 제초제의 피해와 혼동하기 쉽다.

(2) 피해의 원인

① 가스관이나 하수관의 파괴와 매립지에서 나오는 가스인 메탄, 이산화탄소, 황화수소, 에틸렌, 시안화수소가 원인이다.
② 가스와 뿌리 호흡으로 생긴 이산화탄소는 토양 속의 산소를 결핍시켜 뿌리의 흡수기능 약화 및 고사를 유발한다.

(3) 증상

흙속의 가스 방출 시 발생하는 증상은 다음과 같다.

① 뿌리의 생리기능(흡수, 호흡, 생장)을 상실하고 뿌리를 고사시킨다.

② 뿌리가 피해를 받으며 수분과 영양분의 흡수가 줄고 뿌리의 생장에 악영향을 끼친다.

③ 수분결핍 증상과 유사하게 생장이 느리고 잎이 작아지며 조기낙엽 현상이 발생한다.

④ 뿌리는 물에 젖은 듯하고 흙은 적회색, 검은색을 띤다.

⑤ 피해가 진전되면 수관 전체가 고사한다.

(4) 개선방법

① 가스 방출의 원천을 차단하거나 배출라인을 수리한다.

② 매립지의 경우 숨틀을 설치하여 가스를 지상으로 배출한다.

③ 흙이 변색되었을 경우 토양을 개량하고 식재한다.

④ 매립지의 경우 강한 수종을 식재한다.

⑤ 가스의 대기 방출 배출구의 방향을 바꾸거나 수관 폭 위로 배출되도록 조치한다.

4) 폐목재 재활용

가지치기한 나무나 태풍 등으로 쓰러진 나무들을 수거하여 재활용한다.

(1) 목재팰릿

침엽수를 위주로 선별한 나무를 파쇄하여 고온으로 압축 · 가공 후 청정연료인 목재팰릿을 생산한다.

(2) 우드칩

폐목재를 우드칩으로 가공하여 조경의 멀칭 소재로 활용한다.

(3) 유기질비료

톱밥은 질소성분인 분뇨, 음식물찌꺼기와 탄소질인 톱밥을 잘 섞어 발효시킨 후 유기질비료로 사용한다.

(4) 폐목재의 활용

폐목재를 활용하여 합성목재인 MDF, PB와 생활용품인 책상, 의자 벤치 등으로 제작한다.

핵심문제

나무 뿌리에 의한 배수관로의 막힘 현상을 예방할 수 있는 방법으로 옳지 않은 것은? [22년 7회]

① $CuSO_4$ 용액을 배수관로 표면에 도포한다.

❷ $MgSO_4$ 1,000배 희석액을 토양 표면에 관주한다.

③ 토목섬유에 비선택성 제초제를 도포한 방근막으로 배수관로를 감싼다.

④ 관로 주변에 버드나무류 등 침투성 뿌리를 갖는 수종의 식재를 피한다.

⑤ 배수관로의 연결 부위는 방수가 되고 탄력이 있는 이중관으로 설치한다.

5) 내화성 경관관리

(1) 대상지

① 대형산불 피해지의 복구구역이다.
② 대형산불의 피해가 있었거나 발생의 위험이 있는 침엽수림의 벌채 후 조림 또는 갱신지역이다.
③ 대형산불의 피해가 있었거나 발생의 위험이 있는 침엽수림의 숲가꾸기 지역이다.

(2) 작업방법

① 내화수림대의 폭은 30m 내외로 한다.
② 조림작업을 할 경우에는 마을, 도로, 농경지의 인접 산림에 참나무류 등의 활엽수종을 중심으로 내화수림대를 조성한다.
③ 숲가꾸기작업을 할 경우에는 마을도로, 농경지의 인접 산림에 솎아베기를 통해 침 · 활엽수 혼효림을 내화수림대로 전환한다.

6) 뿌리와 건물

(1) 뿌리조임과 뿌리꼬임의 원인

① 건물 가까이에 나무를 식재하면 뿌리 생육공간의 부족으로 뿌리의 생장을 방해하여 뿌리조임과 뿌리꼬임을 유발한다.
② 피해는 주로 도심지의 건물 주위, 가로수, 공원, 정원에 많이 발생한다.
③ 일반적으로 식재한 지 3∼15년 후에 자연스럽게 나타난다.
④ 수분이 많거나 점질토양의 경우 많이 발생한다.

(2) 뿌리조임과 뿌리꼬임의 증상

① 주로 경급이 큰 나무에 피해가 발생한다.
② 뿌리조임은 지제부 수간을 감아 직경생장을 할 수 없어 도관(가도관)의 생성을 방해하여 서서히 고사한다.

(3) 뿌리조임과 뿌리꼬임의 치료

① 뿌리조임, 뒤틀린 뿌리가 발견되면 그 뿌리를 제거하고 식수대를 넓히거나 포장된 지표를 제거하여 공기유통을 원활하게 한다.

핵심문제

수목관리방법이 옳은 것은?

[23년 9회]

① 공사현장의 수목보호구역은 수목의 형상비를 기준으로 설정한다.
② 고층건물의 옥상 녹지에 목련, 소나무, 느릅나무 등 경관수목을 식재한다.
③ 토양유실로 노출된 뿌리에서 경화가 확인되면 원지반 높이까지만 흙을 채운다.
④ 산림에 인접한 주택은 건물 외벽으로부터 폭 10m 이내에 교목과 아교목을 혼식하여 방화수림대를 조성한다.
❺ 내한성이 약한 식수대(Planter) 생육 수목을 야외에서 월동시킬 경우, 노출된 식수대 외벽에 단열재를 설치한다.

핵심문제

휘감는 뿌리에 의한 수목피해에 대한 설명으로 옳지 않은 것은? [21년 5회]

① 단풍이 일찍 들고 잎도 일찍 떨어진다.
② 장기화하면서 물과 양분의 이동이 방해된다.
③ 수간의 발달이 제한되어 풍해에 취약해진다.
❹ 협착이 일어나는 아랫부분의 수간이 위보다 더 굵어진다.
⑤ 조임을 당한 뿌리의 바로 위쪽 가지에서 증상이 가장 먼저 나타난다.

② 나무를 식재할 때 뿌리를 검사하여 뿌리조임, 뒤틀림 가능성이 있는 뿌리는 제거하거나 식재하지 말아야 한다.
③ 도심지에 나무를 식재할 때 뿌리의 생육공간을 넓게 하고 지표면 포장이나 장애물을 제거한다.
④ 뿌리를 지하로 유도하기 위해 2~3cm의 쇄석과 흙, 퇴비를 혼합하여 토양을 개량한다.

7) 기타 특수환경관리

(1) 경사지와 절개지 식재

① 대개 토심이 얕아서 무기양료와 수분이 부족하다(특히 서향).
② 토양유실을 막기 위한 사방공사 차원에서 사면안정이 주목적이다.
③ 식재법
  ㉠ 식혈법
    - 작은 제비집 모양의 구덩이를 파서 편편한 땅을 만들고 나무를 앞쪽으로 당겨서 식재
    - 반원형의 물웅덩이를 만들어 물이 고이도록 함
    - 사면에 바짝 붙여서 등고선 방향으로 배수로를 만들어서 폭우로 인해 물매턱이 허물어지지 않게 함
  ㉡ 계단식 식재
    - 등고선 방향으로 계단을 만들어서 계단 위에 식재
    - 계단의 폭은 1m 정도로 하며 안쪽으로 물매를 잡아서 경사지를 타고 물이 흐르지 않게 함
    - 각 식재목마다 물웅덩이를 만들어서 집수가 되도록 함

(2) 성토지와 매립지 식재

성토지와 매립지는 시간이 경과함에 따라 토양이 가라앉고, 매립지의 경우 염분이 올라오거나 유독가스가 분출된다.

① 성토지
  ㉠ 토목공사과정에서 남은 흙을 쌓아 놓아 발생
  ㉡ 토양이 불량한 경우가 많음
  ㉢ 토양수분이 부족하고 유기물이 부족
  ㉣ 성토지는 퇴비 같은 유기물을 최소한 부피의 20% 이상 추가하여 토양의 물리·화학적 성질을 개선한 후 식재

② 해안매립지

㉠ 지하수위가 높고 염분이 표토로 올라옴

㉡ 배수, 관수, 석고시비, 멀칭, 고농도 비료 사용으로 염분을 제거

③ 쓰레기매립지

㉠ 메탄가스와 탄산가스를 분출하고 토양이 가라앉으며 방열현상도 있음

㉡ 20년 이상 지나면 수목의 식재가 가능

㉢ 메탄가스를 배출하는 배기파이프를 설치하는 것이 필수

㉣ 지하부 흙의 온도가 50℃를 초과하는 경우 그 지역은 제외

㉤ 천근성이며 배수불량에도 잘 견디는 수종을 식재

예 아까시나무, 포플러

(3) 공업단지 주변 식재

① 대기오염과 소음이 다른 지역보다 심하다.

② 바닷가인 경우 내공해성뿐만 아니라 내염성이 있는 수종을 식재한다.

(4) 옥상조경

① 방수

㉠ 바닥이 습해지는 것을 대비

㉡ 간단한 방수

예 합성고분자 시트, 고무시트 방수

㉢ 베란다 또는 발코니

예 우레탄 방수, 염화비닐시트 방수

② 방근

㉠ 뿌리가 방수층을 뚫고 들어가는 것을 방지

㉡ 불투수성 폴리에틸렌 필름, 콜타르, 방근시트 설치

③ 배수

㉠ 과습으로 부패하는 것을 방지

㉡ 물매를 1/100 이상으로 배수층을 추가로 만듦

㉢ 배수층은 펄라이트, 화산석을 사용하며, 플라스틱이나 스티로폼으로 만든 배수관 설치, 그 위에 부직포로 덮음

④ 토양조제 : 천연토양(산흙, 마사토, 모래) 및 인공토양과 질석, 펄라이트, 코코피트, 유기질비료, 완숙퇴비를 함께 사용

⑤ 수종 선택 : 교목을 피하고 관목과 아교목 위주로 식재

핵심문제

매립지의 알칼리성 토양을 개량하는 데 적합한 토양개량제는? [25년 11회]

① 탄산칼슘($CaCO_3$)
❷ 황산칼슘($CaSO_4$)
③ 수산화칼슘[$Ca(OH)_2$]
④ 탄산마그네슘($MgCO_3$)
⑤ 탄산칼슘마그네슘[$CaMg(CO_3)_2$]

핵심문제

매립지 식재에 관한 설명으로 옳지 않은 것은? [25년 11회]

① 폐기물매립지에는 키가 작고 천근성이며 내습성이 있는 수종을 식재한다.
② 해안매립지에는 곰솔, 감탕나무, 아까시나무, 녹나무 등을 식재한다.
③ 폐기물매립지 식재지반에는 가스수집정 우물과 가스배출용 배기파이프를 설치한다.
④ 해안매립지에서는 전기전도도(EC)가 이하인 물을 관수하여 0.7dS/m 토양 내 염분을 제거한다.
❺ 해안매립지 식재지반에는 점토질 토양을 갯벌 바닥에 40cm 이상의 두께로 포설하여 염분차단층을 설치한다.

⑥ 관수 : 여름철에 잔디는 3~4일 간격, 수목은 5~8일 간격으로 실시하며, 한 번 관수할 때 충분히 관수
⑦ 무기양분 공급

(5) 실내조경

① 실내 조경환경
㉠ 광도가 낮고, 낮과 밤의 온도차가 크지 않으며 계절에 따른 변화가 적음
㉡ 수목의 생장이 둔화되고 약해를 쉽게 받으며 대기오염에 취약
② 조도관리
㉠ 광도 : 최소 1,500Lux 이상으로 유지
㉡ 인공조명 : 형광등(경제적)+백열등(식물을 웃자라게 함)
−3 : 1이 가장 바람직한 조합
③ 수목 선정과 토양
㉠ 그늘에서 양묘된 개체를 사용
㉡ 실내 조경에 적당한 수종은 아열대성과 관엽식물
④ 시비와 관수
㉠ 무기양분은 1/10 정도만 필요
㉡ 증산작용이 작아 자주 관수할 필요 없음(주 1회 정도)
⑤ 온도조절
㉠ 실내온도의 의도적 조절이 어려움
㉡ 열대식물과 온대식물이 함께 자랄 수 있는 온도는 23~27℃, 열대식물은 18℃ 이하에서 피해를 입고, 온대식물은 35℃에서 생장에 장애 발생, 22~25℃가 적정온도

(6) 플랜터 식재

① 플랜터는 수종 고정 및 배수를 제공하는 배합토를 담을 수 있을 정도로 충분히 깊어야 한다.
② 배수가 확실하게 이루어지는 구조이다.
㉠ 배합토의 조제
- 모래(0.5~1mm) : 유기물=1~3 : 1
- 배수성이 제일 중요하여 점토나 미사는 사용하지 않음

㉡ 배수시설
- 최소한 1시간당 50mm의 물을 배수할 수 있어야 함
- 숨틀(유공관) 사용

6. 공사 중 수목보호

1) 수목보전의 필요성

(1) 고유가치

수목은 꽃, 가지, 줄기, 뿌리가 가지고 있는 독특한 미적 가치 이외에 수백 년 동안 장수함으로써 다른 동식물에서 찾을 수 없는 고유의 가치가 있다.

예 자생수목, 희귀수목, 기괴목, 원예학적 가치의 수목, 향토문화적 가치의 수목, 노거수, 지방문화재, 천연기념물

(2) 미적 가치

살아 있는 나무와 숲은 그 자체가 자연의 상징이며, 계절에 따라서 모양과 색깔이 바뀌어 색다른 분위기를 만들어 주고, 새와 야생동물을 불러들여 아름다움을 더해 주는 자연적인 조각품이다.

(3) 공익적 가치

① 토양침식과 토사유출을 방지해 주는 것이 국토보존 측면에서 가장 중요한 기능이다.

② 수목은 산소를 공급하고 탄산가스와 아황산가스, 오존가스 등을 흡수하여 공기를 정화시킨다.

③ 빗물은 낙엽층과 토양을 통과하면서 저장되거나 걸러진다. 이를 통해 수자원이 함양된다.

④ 온도 변화를 완화하여 순화시켜 준다.

⑤ 방풍효과 및 소음 경감 효과가 있다.

(4) 경제적 가치

수목의 가장 중요한 경제적 가치는 산림에서 목재와 종이원료인 펄프와 연료를 생산하는 것이다.

2) 수목보전 목표와 원칙

(1) 수목보전의 목표

수목의 장기적 생존과 안전성을 유지시키는 것이다.

(2) 수목보전의 원칙

① 수목보전 프로그램은 수목의 생장과 발달양식을 존중해야 한다.
② 수목보전은 수목에 대한 손상을 예방하는 데 초점을 맞춘다.
③ 수목보전을 위해서는 공간이 필요하다.

3) 토지개발 과정과 수목보전 과정

(1) 수목조사

수종, 크기(수간직경, 수고, 수관폭), 건강, 수형과 구조, 병해충 등

보전 적합성 고려사항
- 수목의 건강, 구조적인 안전성, 예상수명
- 부지 변화에 대한 수종 내성, 새로운 용도에 대한 적합성
- 앞으로 요구되는 유지관리 수준

(2) 수목보호구역 설정

① 수목의 건강과 안전성을 유지하기에 충분한 뿌리와 수관면적을 보유할 수 있도록 설정한다.
② 수목보호구역의 크기와 형태를 결정짓는 요소이다.
㉠ 충격에 대한 수종의 민감성
㉡ 건강과 나이
㉢ 뿌리와 수간의 입체적 형태
㉣ 개발에 대한 제약 등

4) 공사 충격완화설계

설계목표는 견딜 수 있는 수준으로 충격을 최소화하는 것이다.

5) 공사 전 조치

① 수목의 활력을 높이고 이를 통해 공사충격에 대한 내성을 향상시킨다.
예 건강증진을 위한 수목관리적 조치 : 관수, 시비, 병해충관리, 멀칭 등
② 공사활동을 위해 통과높이를 확보한다.
예 건설활동을 위한 통행공간 제공 : 수관전정, 단근 등
③ 공사 중 부주의에 의한 피해로부터 수목을 보호한다.
예 손상으로부터 수목보호 : 울타리 설치, 토양 및 뿌리 보호 등
④ 원하지 않은 식생을 제거한다.

6) 공사 중 수목보호

① 지표 높이 낮추기, 성토와 구조물을 위한 지반준비를 한다.

② 포장을 위한 노상준비를 한다.

㉠ 수목 근처를 피하는 통행패턴 설계

㉡ 수관폭 내에 포장 아래서의 최소 노상 다지기

③ 장비에 의한 손상 : 수목 주위에 울타리 설치

④ 건물, 통행 등을 위한 수직적 공간 확보 : 공사에 앞서 필요한 높이 만큼 전정

7. 수분관리

1) 서론

(1) 수목의 생존에 필수 요소인 수분

① 수분은 원형질의 주성분이며 탄소동화작용의 직접적인 재료이다.

② 토양 중의 양분과 비료를 녹여 뿌리가 흡수할 수 있게 만든다.

③ 세포액의 팽압에 의해 체형을 유지한다.

④ 증산은 잎의 온도 상승을 막고 수목의 체온을 유지한다.

⑤ 지표와 공중의 습도가 높아지면 수목의 증산량이 감소한다.

⑥ 뿌리호흡과 미생물 등을 통해 토양 중 유해가스를 배출시킨다.

⑦ 토양의 건조를 막고 토양 내 염류를 제거한다.

⑧ 식물체 표면의 오염물질을 씻어내어 초기 병해충을 방제한다.

2) 토양수분

① 토양입자 사이에는 공극이 있는데, 이 공극은 공기나 물로 채워져 있다.

② 토양수분의 분류 토양수분은 결합수, 모세관수, 자유수의 3가지로 분류

㉠ 결합수 : 토양입자 표면에 흡착되거나 화학적으로 결합한 수분으로, 식물이 이용하지 못함

㉡ 모세관수 : 토양입자와 물분자 간의 부착력에 의하여 모세관 사이에 존재하는 물로, 식물이 이용 가능(중력수 제외)

㉢ 자유수＝중력수＋범람수

③ 포장용수량 : 중력수가 빠져나가고 모세관수가 꽉 차 있을 때의 수분 상태

3) 수목의 수분 이용

(1) 유효수분

식물이 이용할 수 있는 물로서 식물이 물을 흡수하는 힘보다 약한 힘으로 토양에 저장되어 있는 물이다(−0.033∼−1.5MPa). 식토는 포장용수량이 가장 많지만 토양에 강하게 흡착되어 있어 다른 토성에 비해 유효수분의 함량이 작다.

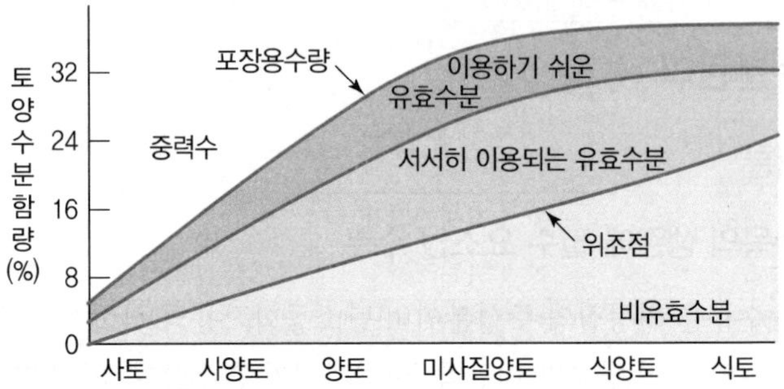

▌토성에 따른 유효수분의 함량 변화▐

① 오븐건조수분과 풍건수분
  ㉠ 오븐건조수분 : 105℃의 오븐에서 토양을 건조하였을 때 토양에 잔류하는 수분(결합수, 결정수, −1,000MPa 이하)
  ㉡ 풍건수분 : 토양을 건조한 대기 중에서 건조했을 때 토양에 잔류하는 수분(−100MPa 이하)

② 흡습수 : 습도가 높은 대기 중에 토양을 놓았을 때 토양에 흡수되는 수분(−3.1MPa 이하)

③ 모세관수 : 토양공극 중에서 모세관공극에 존재하는 수분(−3.1∼−0.033MPa 이하)

④ 중력수 : −0.033MPa보다 큰 퍼텐셜을 가진 수분으로 중력에 의해 이동할 수 있는 수분(자유수)

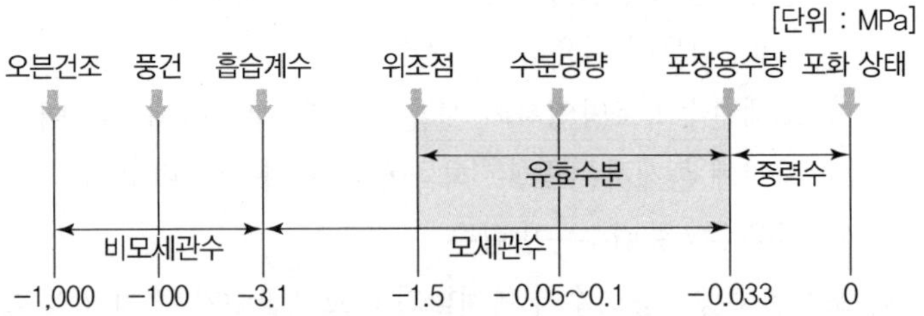

▌토양수분의 분류▐

4) 자연적인 수분공급에 대한 수목의 적응

① 잎이 늘어지거나 시들기 시작하면 관수가 필요하다.
② 삽으로 흙을 20cm 깊이에서 채취하여 손 위에 놓고 주먹을 쥐어 뭉쳐본다. 뭉쳐지지 않으면 너무 건조함, 덩어리로 된 흙을 문지를 때 부서지지 않으면 과습, 문지를 때 부서지면 적절한 상태이다.
③ 토양수분 측정기를 사용
㉠ 장력계(Tensiometer) : 수분이 토양입자에 의하여 붙잡혀 있는 장력을 측정
㉡ 전기저항계 : 토양에 매설된 두 전극 간의 전기저항을 측정

5) 추가적인 수분공급에 대한 수목의 적응

(1) 웅덩이관수와 고랑관수

① 웅덩이관수 : 재래식 관수는 수간 주변에 물매턱을 만들어 웅덩이에 호스를 상용하여 관수
② 고랑관수 : 수관 가장자리에 원형으로 도랑을 파고 물을 주는 것
③ 관개수 염분 농도 : 0.5ds/m 이하

(2) 스프링클러법

① 나무와 잔디를 함께 관수할 때 사용한다.
② 시설투자비가 많이 든다.
③ 자동관수가 가능하고, 노동력을 절약하며 균일하게 관수할 수 있다.
④ 관수파이프를 땅속에 묻고 필요한 곳에 스프링클러 헤드를 설치하여 타이머로 관수한다.
⑤ 대개 새벽시간에 관수한다. 이때는 수압이 높고 바람이 적으며, 젖은 잎과 가지가 낮에 마르기 때문이다.

(3) 점적관수법

① 나무가 있는 곳만을 관수하는 것이다.
② 노출된 가느다란 호스에서 물을 조금씩 흘려보내는 장치이다.
③ 주로 용기에 심어진 나무, 어린나무, 낮게 자란 나무에 사용한다.

(4) 관수빈도

① 나무를 새로 이식한 후 관수할 때는 웅덩이에 일주일에 한 번씩 관수한다.
② 20～30mm가량의 물을 충분히 주어서 토양 60cm 깊이까지 젖도록 한다.
③ 점적관수의 경우 2～3일 간격으로 관수한다(70～85kPa).

(5) 관수시기

① 관수가 가장 필요한 계절은 봄(4～5월)이다.
② 겨울은 따뜻하면서 건조해지기 쉬우므로 토양점검 및 관수가 필요하다.
③ 이식 후 5년까지는 가뭄이 올 때마다 관수를 실시한다.

6) 물 보전

(1) 진흙

보수력이 좋고 양료의 함량이 많은 대신 배수가 잘 안 되며 통기성이 나쁘다.

(2) 모래

배수가 잘 되고 통기성이 좋은 대신 보수력이 나쁘고 양료의 함량이 적다.

(3) 토양공극

토양공극이 많을수록 보수력이 크다.

7) 기타 물보전방법

(1) 멀칭

지표면을 일정한 재료로 덮어두는 것이다.

(2) 멀칭의 이점

① 잡초의 발생을 최소화
② 토양의 수분증발을 감소
③ 토양의 유실을 방지

핵심문제

식재지 토양을 유기물로 멀칭할 때의 단점이 아닌 것은? [22년 7회]
① 설치류의 은신처를 제공할 수 있다.
❷ 토양의 총공극률이 감소할 수 있다.
③ 배수불량의 토양에서 과습이 발생할 수 있다.
④ 아밀라리아뿌리썩음병 등이 발생할 수 있다.
⑤ 우드칩 멀칭은 수목에 질소 결핍이 발생할 수 있다.

④ 여름철 토양온도의 상승을 억제
⑤ 겨울철 토양 동결을 완화
⑥ 토양이 다져지는 것을 방지
⑦ 토양의 입단화를 촉진하고 공극률을 높임
⑧ 유익한 토양미생물의 생장을 촉진
⑨ 썩어서 양료를 공급하여 토양비옥도를 높임

(3) 멀칭재료

① 유기질재료 : 쌀겨, 옥수수속, 땅콩껍질, 볏짚, 깎은 풀, 솔잎, 솔방울, 톱밥, 나무껍질, 우드 칩, 펄프, 이탄이끼
② 광물질재료 : 왕모래, 마사, 돌조각, 자갈, 조약돌
③ 합성재료 : 토목섬유, 폴리프로필렌부직포, 폴리에틸렌필름(비닐)

8) 침수 및 배수관리

배수불량은 산소부족의 원인이 되며, 이는 뿌리의 호흡작용을 방해하여 치명적인 피해로 이어진다.

(1) 땅고르기와 명거배수

① 배수가 불량하여 지표면에 물웅덩이가 생길 때는 우선 땅고르기를 실시하여 경사를 따라 흘러가게 유도하고 땅고르기로 해결되지 않으면 배수도랑을 만드는 명거배수를 실시한다.

> 폭 10cm가량, 경사도 1~3%를 유지, 도랑을 판 후 왕모래나 자갈로 메운다.

② 배수공과 숨틀(유공관) 설치
㉠ 표토 아래에 경질지층이 있어서 물이 스며들지 못할 때 경질지층을 부분적이나마 깨뜨림

> 배수공의 간격은 토심이 낮거나 점질토일수록 가깝게 3~4m, 왕모래나 자갈을 채운다.

㉡ 동력오거(Auger)를 이용하여 직경 10~15cm의 구멍을 경질지층을 완전히 통과할 때까지 수직으로 파서 배수공을 만듦
㉢ 주변 토양이 점질토양일 경우 숨틀(유공관)을 매설

> 직경 7~30cm의 플라스틱 파이프, 부직포나 토목섬유로 감싼 후 수직으로 설치한다.

(2) 암거배수

① 토양이 극도로 딱딱하거나 경질지층이 있어 배수가 극히 불량할 경우 사용한다.
② 경비가 많이 들지만 깊게 묻으면 가장 효과가 크다.
③ 흙, 콘크리트, 플라스틱으로 배수관을 만든다.

④ 배수관의 경사도가 일정하게 되도록 깊이 1m 이상의 도랑을 파 고 자갈을 먼저 깐 다음, 배수관을 연결하고 자갈로 다시 덮은 후 토목섬유를 깐다.
⑤ 배수관 사이의 간격은 점질토의 경우 10m 내외, 사질토양의 경우 30m 정도이다.
⑥ 집수구역은 더 깊은 도랑을 만들어서 자연배수시키거나 양수기로 퍼낸다.

8. 전정(가지치기)

1) 서론

수목의 일부 중 주로 가지와 줄기를 제거하여 나무의 크기와 모양을 조절하는 것이다.

(1) 가지치기의 목적

① 치수의 골격결정 : 적절한 높이에서 서로 중복되지 않게 공간적으로 배치되어 적절한 각도로, 굵어지도록 유인
② 안전도모 : 교통장애, 풍도에 의한 피해, 보행자의 안전
③ 건강유지 : 부러진 가지, 상처 난 가지, 통기성 개선
④ 나무의 모양 가다듬기와 가치 증가
⑤ 이식목의 활착 증진
⑥ 수목크기의 조절
⑦ 개화결실의 조절

(2) 전정 시 침엽수와 활엽수의 차이

① 활엽수는 어린나무든 성숙목이든 가지치기로 수형을 비교적 마음대로 바꾼다.
② 침엽수는 윗가지를 제거하더라도 맹아지가 나오지 않아 전정을 함부로 하면 안 된다.
③ 침엽수는 주지를 제거해도 측지가 자라 원추형을 유지하려 한다.

2) 전정 기초이론

(1) 자연표적 가지치기(Natural Target Pruning)

① 줄기와 가지의 결합 부위에 있는 자연표적인 지피융기선과 지륭을 표적으로 줄기를 절단하는, 즉 자연의 이치에 따른 가지치기를 말하며 지피융기선과 지륭은 중요한 길잡이 역할을 한다.

② 지피융기선과 지륭이 잘려나가지 않도록 지피융기선 상단부의 바로 바깥쪽에서 시작해서 지륭이 끝나는 지점을 향해 가지를 절단한다.

3) 전정의 영향, 시기, 도구

(1) 시기

① 일반적인 시기

㉠ 가지치기의 가장 적절한 시기는 이른 봄(2월 중순)임

㉡ 상처를 치유하는 형성층의 세포분열은 봄에 개엽과 함께 시작

㉢ 죽은 가지, 부러진 가지, 병든 가지의 제거와 가벼운 가지치기는 연중 가능

㉣ 활엽수는 낙엽 진 후부터 봄에 생장을 개시하기 전 휴면기간 중에는 아무 때나 가능

㉤ 침엽수는 이른 봄에 새 가지가 나오기 전에 실시

㉥ 자작나무, 단풍나무는 이른 봄에 가지치기를 하면 수액이 나와 회복이 지연됨

㉦ 봄 중간과 초가을은 피해야 할 시기

㉧ 봄 중간은 수피에 수분이 많아 벗겨지거나 치유에 필요한 탄수화물이 부족

㉨ 초가을은 양분을 저장하는 시기라 상처 치유가 늦고, 곰팡이 포자가 많음

② 화관목의 전정시기

㉠ 이른 봄에 개화하는 수목과 화관목은 이른 봄에 전정하면 꽃눈이 제거됨

㉡ 당년도 개화가 끝난 직후에 내년도 꽃눈이 생기기 전에 전정

㉢ 무궁화, 배롱나무, 금목서는 4월에 전정

㉣ 등나무, 백목련, 치자나무, 철쭉류는 꽃이 피고 30일 이내에 전정

✎ 수목은 대부분 지륭 안에 가지 보호대라고 부르는 독특한 화학적 보호대 갖는다. 부후균의 침입, 확산을 억제하며, 활엽수는 페놀화합물, 침엽수는 테르펜 물질을 발산한다.

핵심문제

가지의 하중을 지탱하기 위하여 가지 밑에 생기는 불룩한 조직으로, 목질부를 보호하기 위한 화학적 보호층을 가지고 있는 조직은? [21년 5회]

① 맹아(萌芽)
② 이층(離層)
❸ 지륭(枝隆)
④ 형성층(形成層)
⑤ 지피융기선(枝皮隆起線)

핵심문제

전정에 관한 설명으로 옳지 않은 것은? [22년 8회]

❶ 자작나무, 단풍나무는 이른 봄이 적기이다.
② 구조전정, 수관솎기, 수관축소는 모두 바람의 피해를 줄인다.
③ 구획화(CODIT)의 두 번째 벽(Well 2)은 종축유세포에 의해 형성된다.
④ 침엽수 생울타리는 밑부분의 폭을 윗부분보다 넓게 유지하는 것이 좋다.
⑤ 주간이 뚜렷하고 원추형 수형을 갖는 나무는 전정을 거의 하지 않아도 안정된 구조를 형성한다.

4) 전정 절단

(1) 전정의 기본 요령

제거할 가지를 매끈하게 바짝 자르고, 나무로 하여금 상처를 빨리 감싸서 치유하도록 유도하는 것이다.

(2) 가는 가지

① 가늘고 작은 가지는 전정가위를 이용한다.

② 원가지를 남겨 놓고 옆가지를 자르고자 할 때에는 바짝 자른다.

③ 옆가지를 남겨 놓고 원가지를 자르고자 할 때에는 옆가지의 각도와 같게 비스듬히 자르되 가지터기를 약간 남겨 옆가지가 찢어지지 않게 한다.

④ 길게 자란 가지를 중간에서 절단할 때는 옆눈이 있는 곳의 위에서 비스듬히 자른다. 가지 끝을 약간 남겨야 끝이 마르더라도 옆눈에서 싹이 나온다.

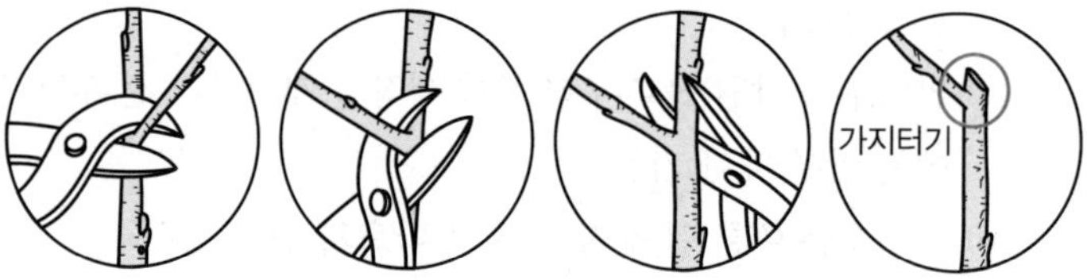

▌전정가위를 이용한 가는 가지치기▌

(3) 굵은 가지

① 옆가지를 제거할 경우

㉠ 가장 중요한 것은 가지터기를 남기지 않고 바짝 자르는 것

㉡ 2cm 이상될 경우 톱을 이용

㉢ 5cm 이하일 경우 한 번에 잘라도 되지만, 5cm 이상일 경우 3단계로 나누어 절단

㉣ 절단순서

- 1단계 : 최종 자르려는 곳에서 30cm가량 위쪽의 밑부분을 1/3～1/4가량 위로 자름
- 2단계 : 첫 번째 절단 위치에서 2～3cm가량 윗부분을 완전히 자름
- 3단계 : 지피융기선을 기준으로 지륭을 보호하는 각도에서 바짝 자름

✎ 화관목의 개화기와 화아 분화기

수종	개화기	화아원기 형성기
개나리	4월	9월 하순
금목서	9~10월	8월 초순
단풍철쭉	5월	8월 초순
동백나무	3~4월	6월 중순~7월 중순
등	5월	6월
만병초	5월	6월 중순
매화나무	2~3월	8월 중순
명자꽃	4월	9월 초순
모란	4월 하순~5월 하순	7월 하순
무궁화	7월 중순~9월 초순	5월 하순
배롱나무	8월~9월 중순	6월 중순
백목련	4월	5월 하순
복사나무	4월 중 · 하순	8월 초순
산수유	3월 중순~4월 초순	6월 중순
싸리	8월 중순~9월 하순	7월 초순~8월 초순
천리향	3~4월	7월 초순
수국	6~7월	10월 중순
라일락	4월 중순~5월 하순	7월 중순
왕벚나무	4월 초 · 중순	7월 하순
조팝나무	4월 중~5월 초순	10월 초순
찔레꽃	5월 중 · 하순	4월 초 · 중순
치자나무	6월	7월 하순

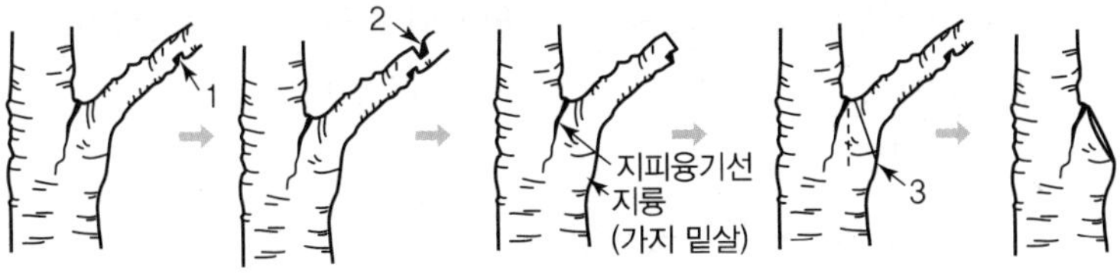

▌자연표적 가지치기 이론에 따른 가지치기▐

② 원가지를 제거할 경우 : 원가지가 바람에 부러지거나, 나무의 키를 작게 하고자 할 경우 기본 요령은 옆가지 제거와 동일

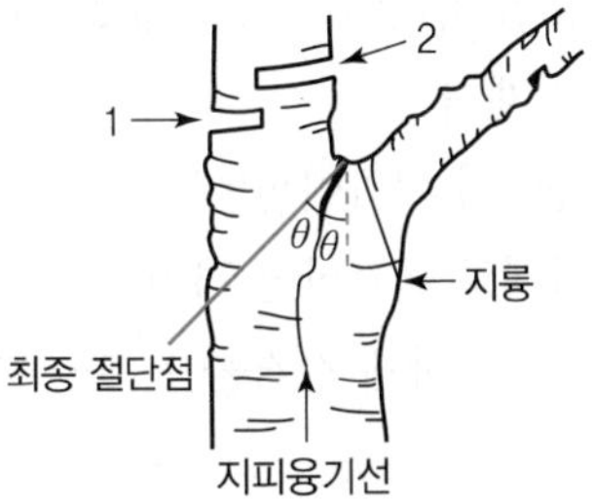

▌원가지를 제거하는 경우▐

③ 죽은 가지를 제거할 경우 : 죽은 가지는 지륭이 튀어나와 있더라도 지륭의 바깥부분에서 바짝 절단

(4) 상처 보호

노출된 부위는 목재부후균과 천공충의 공격을 받게 되므로 상처도포제를 처리하여 보호한다. 이때 톱신페이스트(티오판도포제)를 주로 사용한다.

(5) 맹아 억제

① 활엽수의 경우 가지치기를 실시하면 맹아가 튀어나오는 경우가 많으므로 즉시 제거한다.

② 식물생장 억제 호르몬인 NAA를 발라주면 맹아 발생이 억제된다(옥신은 정아우세현상을 촉진).

5) 농장에서의 어린수목구조 전정

① 성숙목의 골격이 되는 가지는 어린나무 때 이미 결정된다. 어린나무의 골격지는 적절한 높이에서, 공간적으로 적절하게 간격을 두고 배치해야 한다.

핵심문제

전정 시기에 대한 설명으로 옳은 것은? [22년 7회]

ㄱ. 수액 유출이 심한 나무는 잎이 완전히 전개된 이후 여름에 전정한다.
ㄴ. 전정 상처를 빠르게 유합시키기 위해서 휴면기 직전에 전정하는 것이 좋다.
ㄷ. 목련류, 철쭉류는 꽃이 진 직후 전정하면, 다음 해 꽃눈의 수가 감소한다.
ㄹ. 수간과 가지의 구조를 튼튼하게 발달시키기 위해서 어릴 때 전정을 시작한다.
ㅁ. 봄철 건조한 날에 전정하는 것이 비오는 날 전정하는 것보다 소나무 가지끝마름병으로부터 상처 부위의 감염을 억제할 수 있다.

① ㄱ, ㄴ, ㄹ
② ㄱ, ㄷ, ㄹ
❸ ㄱ, ㄹ, ㅁ
④ ㄴ, ㄷ, ㄹ
⑤ ㄴ, ㄹ, ㅁ

핵심문제

전정에 관한 설명으로 옳지 않은 것은? [25년 11회]

① 죽은 가지는 지륭을 손상시키지 않고 바짝 자른다.
❷ 3개의 동일세력줄기가 발생한 낙엽활엽교목은 그중 1개를 억제한다.
③ 이듬해 꽃을 감상하고자 하는 백목련, 등, 치자나무는 당년에 꽃이 지자마자 전정한다.
④ 토피어리(Topiary) 수목의 형태를 유지하기 위해서는 생육기간 중에 2회 이상 전정한다.
⑤ 송전선 주변의 수목은 필요한 만큼만 전정하고, 가지가 전선을 피해 자랄 수 있도록 유도한다.

핵심문제

다음 설명에 해당하는 전정 유형은? [23년 9회]

> • 한 번에 총 엽량의 1/4 이상을 제거해서는 안 된다.
> • 성숙한 나무가 필요 이상으로 자라 크기를 줄일 때 적용하는 방법이다.
> • 줄당김, 수간외과수술 등과 연계하여 나무의 파손 가능성을 줄일 목적으로 적용한다.

① 수관 솎기
② 수관 청소
❸ 수관 축소
④ 수관 회복
⑤ 수관 높이기

② 어린나무를 이식한 후 2~3년간 활착되면 골격지가 형성되도록 가지치기를 실시하는데 이를 치수훈련이라 한다.

③ 치수훈련방법

㉠ 직립형으로 유도하는 중앙의 원가지가 갈라질 경우 하나로 유지
㉡ 고사지, 병든 가지, 부러진 가지를 우선 제거
㉢ 수간의 피소현상을 막기 위하여 수간 주변에 남겨 놓았던 가지를 제거
㉣ 서로 가깝게 중복되거나 교차하는 가지를 우선 제거
㉤ 좁은 각도로 한 마디에서 여러 개로 갈라진 곧추선 가지는 1~2개를 남기고 제거
㉥ 지하고를 높이기 위하여 밑에 있는 가지를 제거
㉦ 초기에는 실제로 필요한 골격지의 숫자보다 더 많이 남겨 둠
㉧ 공간적으로 적절하게 간격을 둔 5~7개의 골격지를 최종적으로 남겨 둠

6) 중년목(성숙목) 전정

① 성숙목은 골격지에 의하여 이미 수형이 어느 정도 결정되어 있어 과도하게 수형을 바꾸면 안 된다.

② 중년목 전정방법

㉠ 수관청소
- 고사지, 부러진 가지, 병든 가지, 약하게 붙어 있는 가지, 활력이 낮은 가지, 교차지, 맹아지 등을 제거
- 효과 : 햇빛이 잘 들게 되고 병충해가 감소

㉡ 수관 솎아베기
- 수관청소 후에도 가지가 너무 많으면 실시
- 5cm 미만의 가지를 제거
- 수관밀도의 1/3가량을 제거하는 것이 보통
- 수관 꼭대기부터 시작하여 밑으로 내려오면서 실시
- 수관 솎아베기는 나무에 더 많은 햇빛과 공간을 주어 옆가지 발생을 촉진, 초살도 증가

㉢ 수관 높이기
- 가로수나 공원수는 지하고를 높이는 수관 높이기를 실시
- 지하고는 키가 작은 나무를 너무 일찍 높여주면 수간의 초살도가 적어져서 바람에 약함

㉣ 수관 축소
- 성숙목이 처음 식재 당시의 목적에 맞지 않게 필요 이상 크게 자라면 크기를 줄여 주어야 함
- 위쪽의 원가지를 자를 때 아래쪽에 남겨 둘 옆 가지의 직경이 잘려나가는 원가지 직경의 1/2가량 되도록 함
- 두목작업을 실시하면 수형도 기형적으로 되고 맹아지가 대량으로 발생하여 수형을 망침

㉤ 수관 회복
- 태풍, 병충해, 뿌리 고사, 사고, 지나친 두목작업, 이식, 노쇠목으로 수형이 많이 훼손된 나무의 경우 수형을 바로잡고 건강을 회복시키기 위하여 실시
- 수간이 건전하고 골격지가 살아 있는 경우 과감한 전정을 통해 구제
- 죽은 가지, 피해 가지는 제거
- 수관회복과 외과수술을 병행하여 수간을 복구

㉥ 송전선 전정
- 수목의 키를 낮추거나 방해되는 가지를 제거하는 것
- 불가피한 경우 원줄기에서 과감하게 절단하는 두목작업도 할 수 있으나 가능하면 필요한 만큼만 전정하고 가지가 전선을 빗겨서 자랄 수 있도록 유도

7) 특수전정

수형조절 중에서 자연적이 수형이 아닌 인위적인 모양으로 유도하는 경우를 말한다.

(1) 생울타리

① 생울타리의 정의 및 요건

㉠ 살아 있는 나무로 치밀하게 만든 울타리를 의미

㉡ 생울타리용 수종은 맹아력이 강하고 잎과 가지가 치밀하게 발생하며 아랫가지가 오랫 동안 살아 남는 수종이어야 함

② 자유형 생울타리

㉠ 잎이 큰 활엽수와 생장이 빠른 침엽수를 사용

㉡ 식재 간격을 1m 정도로 하고 식재 초기에 강한 전정으로 울타리의 모양을 잡은 다음에는 자주 전정을 하지 않음

ⓒ 수작업으로 전정가위를 이용해서 크게 돌출하는 가지만 1년에 한 번씩 잘라 줌

③ 정형적 생울타리

ⓐ 일정한 모양을 유지하면서 치밀한 수관을 가지도록 집약적으로 관리하는 울타리

ⓑ 잎이 작고 마디 간격이 짧으며 가지를 많이 치고 묵은 가지에 잠아가 많은 수종이어야 함

ⓒ 상록수는 연중 차폐효과가 있어서 생울타리로 적합

ⓓ 가급적 어린나무를 사용하되 식재간격을 관목성 상록수의 경우 30~40cm 이내, 교목성 활엽수의 경우 50~80cm 높이로 잘라 줌

ⓔ 다음 해 15cm가량만 올리고 동력울타리전정기로 바짝 자름(울타리 역할)

ⓕ 이후 울타리 높이를 매년 20~30cm가량씩 올려 최종적으로 원하는 높이로 유도

ⓖ 침엽수의 경우 밑의 폭을 윗부분보다 넓게 유지(채광)

➤ 울타리에 적합한 수종

잎의 탈락성	상록수		낙엽수	
평균수고	5m 이내	5m 이상	5m 이내	5m 이상
수종	꽝꽝나무, 돈나무, 목서류, 사스레피나무사철나무, 섬쥐똥나무, 이대, 차나무, 호랑가시나무, 회양목	가시나무류, 감탕나무, 구실잣밤나무, 노간주나무, 녹나무, 메밀잣밤나무, 삼나무, 서양측백나무, 스트로브잣나무, 아왜나무, 연필향나무, 조록나무, 주목, 측백나무, 편백, 향나무, 화백, 후피향나무	개나리, 명자꽃나무, 무궁화, 쥐똥나무, 탱자나무, 피라칸타	느릅나무류, 단풍나무, 보리수나무, 주엽나무

(2) 두목작업

① 크게 자란 나무를 작게 유지하기 위하여 동일한 위치에서 새로 자란 가지를 1~3년 간격으로 모두 잘라 버리는 반복전정이다.

② 두목작업 방법

ⓐ 같은 위치에서 반복적으로 전정함으로써 혹과 같은 마디가 굵어지는데, 이 마디를 제거하면 안 됨

ⓑ 생장이 빠르고 맹아의 발생이 왕성한 버드나무, 포플러, 플라타너스, 아까시나무 같은 수종의 가로수에 적용

㉢ 두목작업으로 생기는 맹아지는 직립성이라 모든 가지가 곧추서서 자라 수형이 자연스럽지 않음

(3) 적심

① 침엽수의 마디와 마디 간의 길이가 너무 길어서 수관이 엉성하게 보이는 것을 극복하기 위해 마디 간의 길이를 줄여서 수관이 치밀하게 되도록 교정하는 작업이다.

② 적심의 특징

㉠ 소나무, 잣나무, 전나무, 가문비나무와 같이 1년에 한 마디씩 자라는 고정생장을 하는 수종

㉡ 봄에 동아가 트면 5월 중순까지 잎은 별로 자라지 않은 채 가지만 올라와 촛대처럼 보임

㉢ 이때 가지는 매우 연약하여 가지의 중간 혹은 그 아랫부분을 잘라 버리면 길이가 짧아지는 것을 적심이라 함

㉣ 소나무류는 5월 초순~중순경에 실시해야 함

㉤ 한 개의 어린가지를 자를 경우 가지 끝에서 두 개 이상의 새로운 눈이 생겨나는 현상으로 수관이 한층 더 치밀해지고 빈 공간을 채우게 됨

(4) 토피어리

① 계속적인 전정을 통해서 조경수를 기하학적 형태나 모방 형태로 유지하는 작업이다.

② 요건 및 방법

㉠ 작은 잎을 가진 상록수가 가장 적당하며 잠아를 많이 가지고 있어서 전정 후에 측지가 많이 발생하는 수종이라야 함

㉡ 한국에서는 회양목, 주목, 호랑가시나무, 쥐똥나무가 가장 적당

㉢ 조경수를 토피어리처럼 원하는 형태로 유지하기 위해서는 생육기간 중에 서너 번 이상 전정을 해서 생장을 억제시키면서 옆가지가 많이 나와서 치밀한 수관을 가지도록 해야 함

(5) 격자시렁

① 조경수를 수직면상의 벽이나 시렁에 올려서 기르는 것을 의미한다(대개 과수를 상대로 실시).

핵심문제

침엽수에서 지나치게 자란 가지의 신장을 억제하기 위해 신초의 마디 간 길이를 줄여 수관이 치밀해지도록 전정하는 작업은? [21년 5회]

① 적아(摘芽)
❷ 적심(摘心)
③ 아상(芽傷)
④ 정아(頂芽)
⑤ 초살(梢殺)

② 격자시렁 방법

㉠ 남향의 벽을 이용하여 나무를 벽에 바짝 심어서 벽을 따라서만 자라도록 전정하며, 목재나 철사로 수직면상의 시렁에 올려서 생육

㉡ 묵은 가지에서 꽃이 피는 사과, 배, 복숭아 등의 과수와 피라칸타가 적당한 수종

㉢ 남향의 벽을 이용할 경우 꽃이 일찍 피고 겨울에 추위를 막아 주어서 유리

㉣ 수직면상에 가지가 배치되도록, 튀어나오는 가지를 모두 제거

(6) 덩굴시렁

① 조경수를 덩굴 형태로 기르되 아치형으로 유지하는 것을 뜻한다.

② 덩굴시렁 방법

㉠ 1그루 이상의 나무를 줄지어 심고, 3～5m 높이까지 똑바로 기른 다음 수평 방향으로 가지를 뻗게 하여 옆 나무의 가지와 서로 얽어서 무게를 지탱하는 시렁 위에서 자라도록 유도

㉡ 수간에서 직접 나오는 가지와 시렁 위에서 곧추선 가지를 우선적으로 제거하여 아치형을 유지

㉢ 유연한 가지를 얽어 맬 수 있는 수종이 적당

예 사과나무, 배나무, 복숭아나무, 장미, 등나무, 플라타너스, 소사나무 등

(7) 분재

① 성숙목의 형태를 축소시켜서 화분에 재현하는 것이다.

② 분재의 방법 및 특징

㉠ 분재는 수목의 생장을 최소한으로 제한

㉡ 전정을 연간 수차례 실시

㉢ 생장이 빠른 가지를 우선 제거

㉣ 철사를 이용하여 수형을 원하는 대로 조절

㉤ 대부분의 수종을 분재용으로 사용

8) 뿌리전정(뿌리 외과수술)

(1) 뿌리부패의 진단

① 잎의 색깔이 변하고 수세가 쇠퇴하여 가지의 발생과 생장이 저조한 경우

② 잎과 꽃의 숫자가 줄고 크기가 작아지는 경우
③ 가지의 끝부분이 고사하는 경우
④ 지제부에서 버섯이 발생하는 경우 등은 뿌리를 우선적으로 확인
㉠ 과습 시
• 수관에서 부분적으로 잎이 마르고 신초(어린가지)가 고사
• 엽병이 누렇게 변하면서 잎이 고사
㉡ 복토 시
• 20cm 이상으로 복토되면 잎의 왜소현상과 어린가지의 고사 현상 발생
• 점토로 복토되면 당년에 피해가 발생하고, 사토로 복토되면 2~3년 후에 증세가 나타남
㉢ 답압 시 : 복토와 유사한 발현 증상
⑤ 진단
㉠ 삽이나 아가(뿌리 검토장)를 이용하여 지표 20cm 이내에 잔뿌리가 있는지 확인
㉡ 수관 바깥쪽에서 안으로 들어오면서 몇 군데 뿌리를 파 보고 굵은 뿌리에서 수피의 색을 벗겨 살아 있는 뿌리를 확인(힘 없이 벗겨지고 검은색 착색)
㉢ 수관 폭 외곽과 내부에서 대부분의 뿌리가 죽어 있다면 심각한 장애

(2) 뿌리수술

① 뿌리수술은 뿌리 중에서 아직도 살아 있는 부분을 찾아서 뿌리를 절단하고 살아 있는 뿌리를 박피하여 새로운 뿌리의 발달을 촉진하고 토양을 개량하여 양료흡수를 용이하게 한다.
② 뿌리수술 순서
㉠ 흙파기 : 잔뿌리가 없거나 굵은 뿌리가 모두 죽은 경우 살아 있는 뿌리가 나타날 때까지 파기(복토된 흙은 제거)
㉡ 뿌리절단과 박피 : 살아 있는 뿌리가 나타나면 3cm 폭으로 환상박피하거나, 7~10cm 길이로 부분박피 후 발근촉진제(IBA)를 뿌리고 도포제 바르기
㉢ 토양소독과 토양개량 : 각종 병균과 해충을 구제하기 위하여 토양 살균제와 살충제를 노출된 토양에 뿌리기

핵심문제

뿌리 외과수술에 대한 설명으로 옳지 않은 것은? [21년 6회]

❶ 죽은 부위에서 절단하여 살아 있는 조직을 보호해야 한다.
② 죽은 뿌리를 제거하거나 새로운 뿌리의 형성을 유도하기 위하여 실시한다.
③ 절단한 뿌리를 박피한 후 발근촉진제인 옥신을 분무하고 상처도포제를 발라 준다.
④ 수술 후 되메우기 시 퇴비는 총부피의 10% 이상 되도록 하며 완숙된 퇴비를 사용해야 한다.
⑤ 뿌리 조사는 수관 낙수선 바깥에서 시작한 후 수간 방향으로 건전한 뿌리가 나올 때까지 실시한다.

✎ 수술 적기는 봄이지만 9월까지는 가능하다.

㉣ 되메우기와 기타 토양처리

- 되메우기는 최종적인 지표면의 높이를 예전의 높이와 똑같이 해야 하며 복토가 되면 안 됨
- 과습지역에는 되메우기 전 암거배수나 명거배수를 설치하고 상습적인 답압지역은 숨틀을 수직으로 묻어 공기를 유통하고 추가적으로 울타리를 설치

㉤ 지상부처리

- 뿌리수술과정에서 추가적으로 뿌리손상이 일어나므로 지상부와 균형을 맞추어야 함
- 가지치기로 엽량을 줄여 줌
- 엽면시비와 수간주사를 통해 무기양료를 추가로 공급

㉥ 뿌리수술의 효과 : 뿌리가 썩어서 지극히 쇠약해진 나무를 살릴 수 있는 유일한 방법

9) 관목전정

(1) 일반

① 관목은 교목에 비해 키가 작으며 지상부에서 여러 개의 줄기로 갈라진다.

② 관목의 생장은 교목보다 느리나 전정하지 않으면 너무 커져 다시 작게 관리할 수 없다.

③ 관목은 힘을 많이 받는 골격지를 양성할 필요가 없다.

④ 관목은 지상부 가까운 곳에 잠아를 많이 가지고 있고 가지 중간에도 많아 맹아지가 잘 나온다.

(2) 생장이 빠른 수종

① 생장이 빠른 수종(개나리)의 경우 정기적으로 전정을 실시하여 수형을 조절한다(수관 솎기, 수관 축소).

② 비슷한 크기의 가지를 수관 전체에 배열한다(땅에 닿은 가지, 병든 가지, 약한 가지 등 제거).

③ 매년 오래된 가지의 30%가량을 제거하고 튀어나온 도장지를 자른다.

④ 어린가지는 서로 다른 길이로 잘라서 자연스러운 외형을 유지한다.

⑤ 너무 크게 자란 관목의 키를 낮추고자 할 경우 3~4년에 나누어서 조금씩 진행한다.

(3) 생장이 느린 수종(회양목)

① 대개 가지 끝에 있는 눈에서 새로운 가지가 나오며 치밀한 수관을 만든다.
② 햇빛을 받는 수관의 바깥쪽에만 잎이 빽빽하게 살아 있고 안쪽은 잎이 죽어 있다.
③ 수관 밖으로 튀어나온 도장지를 기존의 높이에서 제거하는 정도만 실시한다.
④ 이른 봄 가지 끝의 눈이 잘리도록 가볍게 전정한다.
⑤ 강전정을 실시하면 잎이 다시 나오지 않는다.

10) 침엽수전정

① 원추형과 대칭형의 수관을 그대로 유지하려면 가장 중요한 것은 중앙의 원대를 계속해서 외대로 유지하는 것이다.
② 병충해 혹은 사고로 인하여 중앙의 원대가 두 개로 갈라져 쌍대가 될 경우 즉시 외대로 수정한다.
③ 활엽수와는 달리 침엽수는 2~3년마다 수형을 가다듬어야 하며, 전정으로 과격한 수형 변화를 시도하면 안 된다(3년 이상된 묵은 가지를 자르면 안 됨).

9. 수목 위험평가와 관리

1) 서론

(1) 위험목 평가

위험목의 검사, 자료분석, 평가하는 일련의 과정이다.

(2) 위험목 평가목적

허용 가능한 위험수준을 초과하는 수목을 찾아내어 도복 이전에 피해를 예방하는 것이다.

(3) 위험목 평가과정

위험목 검사 → 자료분석 → 위험도 평가

(4) 위험목 평가방법

① 정량적 평가

㉠ 발생 가능성과 피해 정도를 수치로 평가하여 위험도를 수치로 표기(위험도＝발생 가능성 × 피해 정도)

㉡ 장점 : 수목 위험성을 다른 수목뿐만 아니라 다른 형태의 위험성과 비교 가능

㉢ 단점 : 수치는 실제 자료와 일치하지 않을 수 있고, 가능성을 정량화하는 것은 어려움

② 정성적 평가

㉠ 발생 가능성과 피해 정도를 등급화

㉡ 여러 국가의 정부기관이나 업체에서 보편적으로 사용

㉢ 단점

- 본질적으로 주관성과 모호성
- 적용 시 신뢰성과 일관성을 제고하기 위하여 용어, 발생 가능성, 피해 정도, 위험도 등에 대해 정의된 등급의 중요성을 명확하게 설명하는 것이 필요
- 유용한 자료나 정보가 제한
- 자연적인 진행과정을 예측하기에는 능력이 제한적

2) 기상악화

기상악화로 발생할 수 있는 위험을 평가하는 것으로 눈, 강수, 태풍, 낙뢰, 풍도, 할렬 등의 위험을 평가한다.

3) 수목의 결함

(1) 상충

① 수목과 사회적 기능 간에 발생한다.

② 수목의 생장 시 문제는 꽃가루, 과실(은행), 뿌리, 가지, 잎 등이다.

(2) 구조적인 도복 · 가지 부러짐

① 수목구조 또는 뿌리와 토양 간의 연결된 힘을 능가할 때 발생한다.

② 건전한 수목 및 대부분 수목의 경우

㉠ 건전한 수목의 경우 : 가해지는 부하가 너무 클 경우 도복

㉡ 대부분 수목의 경우 : 구조적인 결함(부후, 약한 구조)＋기상상태(강풍 등)

핵심문제

수목의 위험평가에 관한 설명 중 옳지 않은 것은? [22년 7회]

① 평가방법은 정량적 평가와 정성적 평가가 있다.
❷ 정밀평가단계에서 정보 수집을 위해 망원경, 탐침 등을 사용한다.
③ 부지환경, 수목의 구조와 각 부분(수간, 수관, 가지, 뿌리)의 결함 유무를 종합적으로 판단한다.
④ 제한적 육안평가는 명백한 결함이나 특정한 상태를 확인하기 위해 신속하게 평가하는 것을 말한다.
⑤ 매몰된 수피, 좁은 가지 부착 각도, 상처와 공동(空洞) 등은 수목의 파손 가능성을 높이는 부정적 징후들이다.

4) 수목 파손에 영향을 주는 요소

① 목재의 구조 : 수목이 외부의 힘, 부후, 스트레스 등에 반응하는 방법에 직접 영향을 미침
② 수목의 건강과 활력
③ 부후 : 갈색부후, 백색부후, 연부후
④ 물리적 스트레스 : 압축이상재, 인장이상재, 전단, 비틀림, 휨, 바람, 눈, 얼음, 비 등

5) 수목결함 점검

(1) 수목결함 점검 시 필요한 사항

① 위험 대상 수목의 확인
② 위험성 유발 · 경감요인에 대한 입지 평가
③ 도복 가능성 판단을 위하여 도복 유발의 구조적 · 입지적 상태와 부하 가능성, 약점에 대한 수목적응 등에 대한 평가
④ 수목 전체(일부)가 인명, 재산, 인간활동에 피해를 입힐 가능성 평가
⑤ 도복 시 피해 정도 평가를 위하여 대상물의 가치와 예상 피해 정도 평가
⑥ 평가 의뢰인의 허용수준과 평가결과에 의한 위험도의 비교평가
⑦ 평가결과 보고 : 권장 피해경감 옵션과 잔존 위험성 포함

6) 수목의 결함과 평가

(1) 시각적 평가

① 평가대상 수목의 위치와 평가항목 선택
② 평가를 위한 효율적 동선의 결정과 동선 기록
③ 평가 대상목에의 접근방법 : 도보, 자동차, 드론 등
④ 평가항목에 부합하는 수목의 위치 기록
⑤ 진전 단계 수준의 평가 필요 대상목 확인
⑥ 평가 결과보고서 제출

(2) 기초 평가

① 평가 대상 수목들의 위치 확인
② 위험목에 피해를 입을 대상물과 구역을 결정
③ 입지의 내력, 상태, 도복된 수종들의 리뷰

④ 수목에 가해질 부하량 평가
⑤ 수목조사 : 육안, 고무망치, 탐침, 삽 등을 이용하여 작업범위에 명시된 대로 수행
⑥ 조사 결과 기록 : 입지조건, 결점, 내부결점과 관련된 외부표징
⑦ 필요시 진전 단계의 평가 권장
⑧ 도복 발생 가능성과 피해 정도를 결정하는 자료분석
⑨ 경감 옵션 개발 및 각 옵션별 잔존 위험성 평가
⑩ 평가 결과보고서 작성 및 제출

(3) 진전 평가

① 수관검사, 가지의 구조적 결함 평가 : 육안, 부후검사
② 위험 대상물 분석
③ 위험목 입지 평가
④ 부후검사 : 생장추, 비트드릴, 저항기록드릴, 음향파장, 음향단층 X선 촬영, 전기저항 X선 촬영, 방사선(레이다, X선, 감마선)
⑤ 건강성 평가 : 나이테 분석, 신초길이 측정, 전분 분석
⑥ 폭풍 · 바람에 의한 부하 분석
　㉠ 수목 노출과 보호평가, 공학적 표준에 근거한 컴퓨터 평가
　㉡ 일정 기간 동안 바람에 대한 반응모니터링
⑦ 수간의 기울기 변화 측정 및 평가

핵심문제

위험 수목의 부후를 탐지하는 방법에 사용되는 장비가 아닌 것은? [21년 5회]

① 나무망치
② 생장추(生長錐)
③ 마이크로 드릴(Microdrill)
❹ 정적 견인실험(Static Pull Test)
⑤ 음향측정장치(Acoustic Measurement Device)

7) 피해 경감 방안

(1) 예방

① 다양한 수종, 수령의 식재가 필요하다.
② 적지적수한다.
③ 질 좋은 묘목을 확보한다.
④ 적절한 식재 및 전정 기술을 사용한다.
⑤ 건설 피해로부터 보호한다.

(2) 처리

① 대상물을 이동시킨다.
② 위험목은 직접 처치한다(전정, 케이블, 브레이싱).
③ 구역폐쇄 및 접근을 금지한다.
④ 위험목을 제거한다.

8) 피뢰시스템

(1) 피뢰시스템 설치 시 주의사항

① 피뢰침은 반드시 꼬아서 만든 동선(직경 1cm가량)을 사용한다.
② 나무의 가장 높은 곳보다 더 높게 설치한다.
③ 수간을 따라 내린 후 땅속에 일단 묻고 다시 수관 가장자리보다 더 밖으로 뽑아 묻는다.
④ 3m가량 땅속에 수직으로 묻힌 구리막대기에 연결한다.
⑤ 흉고직경 1m 이상의 거목일 경우에는 2개 이상의 피뢰침을 나무 꼭대기에서부터 독립된 동선에 연결하여 각각 땅속에 묻는다.

10. 수목상처와 공동관리

1) 수목상처를 줄이는 방법

① 나무가 어릴 때 골격전정을 실시하여 나중에 굵은 가지를 자르지 않는다.
② 이식 시 수피에 상처가 생기지 않게 나무 주변에 말뚝을 세우거나 울타리를 쳐서 상처를 줄인다.
③ 가지가 왕성하게 자라는 봄 중간과 단풍이 드는 시기에 가지치기를 삼간다.
④ 상처가 생긴 이후에는 소독, 지주설치, 수피이식, 외과수술 등을 통해 더 이상 부패를 방지한다.

2) 수목상처관리

(1) 지주 설치

① 지상부에 고정시킨 기둥으로 수목의 일부를 떠받치는 형태를 의미한다.
② 큰 나무의 굵은 가지는 밑으로 쳐지므로 바람에 의해 부러질 염려가 있다.
③ 예방차원에서 미리 조치한다.
④ 미관을 해치므로 쇠조임이나 당김줄로 해결이 안 될 때 실시한다.
⑤ 지지대는 지지될 줄기, 가지에 수직이 되도록 설치한다.

(2) 지주의 재료 및 형태

① 재료 : 주로 철제 파이프나 철제빔을 사용(목재도 사용)

② 형태

㉠ 일자형 : 수목의 가지가 낮게 수평 방향으로 뻗고 있을 때 간단히 설치

㉡ Y자형

- 일자형 파이프의 끝부분에 접시 모양으로 구부린 강판을 수평 방향으로 용접하여 고정
- 접시의 폭은 줄기직경의 2배가량으로 줄기가 바람에 움직일 수 있게 함(고무판 설치)

㉢ X자형

- 비교적 낮은 가지의 경우 두 개의 파이프를 X자로 교차되게 세우고 위에 가지를 얹어서 받쳐 주는 형태
- 더 이상 움직이지 않도록 확실하게 고정하는 장치
- 수평바를 하나 설치

㉣ A자형

- 두 개의 파이프를 일정한 각도로 맞붙여 사용
- 가지가 좌우로 많이 흔들려서 한 개의 다리로 고정이 안 될 경우 맞붙인 곳을 수평으로 깎아 내고 용접 후 수평철판을 얹어 가지를 올려 놓음
- 주로 기울어진 수목에 적용

(3) 쇠조임과 줄당김

① 쇠막대기나 철사줄을 이용하여 찢어진 가지를 붙들어 매거나, 혼자 지탱할 능력이 없는 가지를 더 튼튼한 옆 가지와 붙들어 매기 위해 실시하는 작업이다.

② 쇠조임

㉠ 쇠막대기를 이용하여 수간이나 가지를 관통시켜서 약한 분지점을 보완하거나 찢어진 곳을 봉합하는 것

㉡ 줄기가 좁은 각도로 분지되어 있는 경우 갈라진 곳 바로 아랫부분에 수평으로 설치

㉢ 구멍은 쇠막대기가 꼭 맞게 하고 워셔를 이중으로 사용하며, 형성층 안쪽의 목질부까지 넣음(형성층이 자라 너트를 완전히 감싸도록 함)

핵심문제

수목 지지시스템의 적용 방법이 옳지 않은 것? [23년 9회]

① 부러질 우려가 있는 처진 가지에 지지대를 설치한다.
② 할렬로 파손 가능성이 있는 줄기를 쇠조임한다.
③ 기울어진 나무는 다시 곧게 세우고 당김줄을 설치한다.
❹ 쇠조임을 위한 줄기 관통구멍의 크기는 삽입할 쇠막대 지름의 2배로 한다.
⑤ 결합이 약한 동일 세력 줄기의 분기 지점으로부터 분기 줄기의 2/3 되는 지점을 줄당김으로 연결한다.

㉣ 가지가 굵거나 이미 찢어진 가지를 봉합하는 경우 한 개의 조임 쇠로는 부족하므로 윗부분에 2개를 추가로 설치(위아래의 조임 쇠 간격은 가지직경의 2배)

㉤ 중앙에 공동이 있을 시에는 공동을 가로질러서 조임쇠를 2개 이상 설치

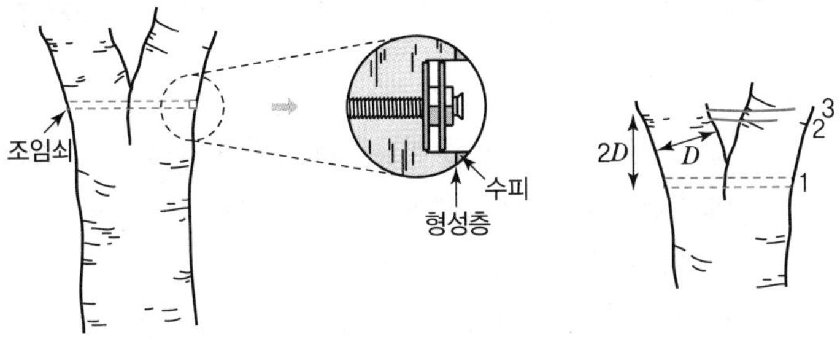

▌쇠조임의 설치방법▐

㉥ 쇠조임 종류

ⓐ 단일쇠조임 : 지지력이 가장 약하기 때문에 연결 부위에 찢어짐이 없는 직경 20cm 이하의 소교목에 적합한 유형

ⓑ 평행쇠조임

- 중교목(직경 20～50cm)인 경우에는 연결 부위 아래쪽으로 조임강봉을 수직으로 평행하게 추가로 설치
- 초대형 교목(직경 100cm 이상)인 경우에는, 각 높이에서 둘 이상의 조임강봉을 수평으로 설치 가능

ⓒ 교호쇠조임

- 연결 부위가 하나이고(두 개의 동일세력 줄기가 연결된 경우) 연결 부위 아래가 찢어진 대교목(직경 50～100cm)에 적합
- 연결 부위 위에 설치한 강봉과 연결 부위 아래에 서로 수평적으로 교호하는 둘 이상의 강봉을 설치

ⓓ 교차쇠조임

- 셋 이상의 동일세력 줄기를 가진 수목에 사용
- 연결 부위 위에 하나 이상, 아래에 둘 이상의 조임강봉을 설치
- 각 줄기는 적어도 하나의 강봉이 약한 연결을 관통하도록 설치

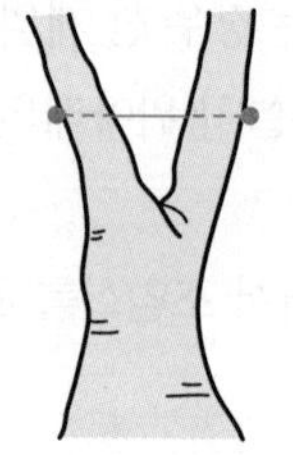

▌단일쇠조임▐

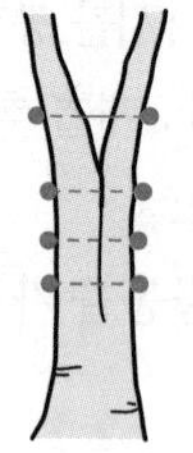

▌평행쇠조임▐

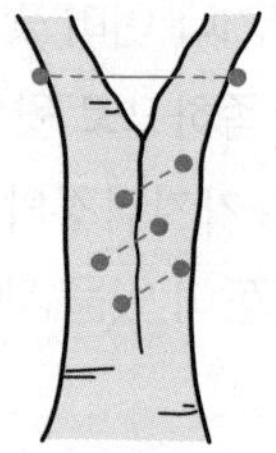

▌교호쇠조임▐

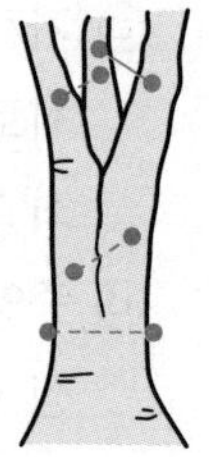

▌교차쇠조임▐

③ 줄당김

㉠ 꼬아 만든 굵은 철사를 이용하여 가지와 가지 사이, 혹은 가지와 수간 사이를 서로 매어 줌으로써 구조적으로 보강하는 것

㉡ 줄당김 방법

- 줄당김을 실시하기 전에 하중을 줄일 수 있도록 가지치기를 통해 수형을 바로잡을 수 있게 검토
- 가지치기가 끝나면 가지의 크기, 각도, 분지점, 부패 정도를 고려하여 가장 효율적인 줄당김 형태를 결정
- 가장 쉬운 형태는 처지는 가지를 수간에 붙들어 매는 것. 이때 가지와 철선의 각도를 45° 이상이 되도록 매야 안전

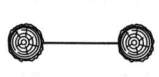

▌직접연결▐

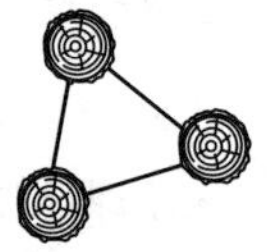

▌삼각형 배치(세 모지, 줄기)▐

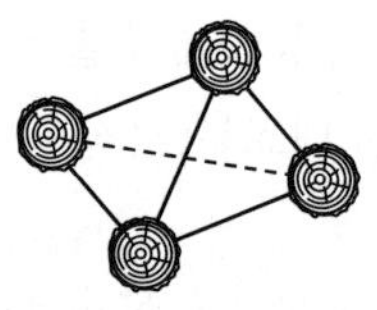

▌삼각형 배치(네 모지, 줄기)▐

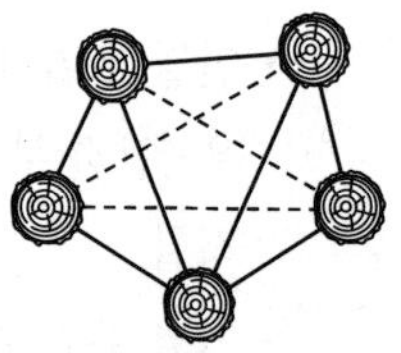

▌삼각형 배치(다섯 모지, 줄기)▐

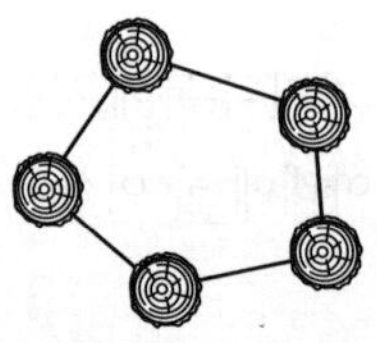

▌상자형▐

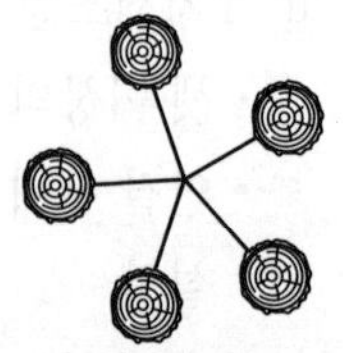

▌바퀴살형▐

- 수간이 여러 개로 갈라져 있는 상태에서 밖으로 수간이 기울어지려고 할 때 수간끼리 의지하도록 서로 수평으로 연결(대각선 연결법, 삼각연결법, 중앙고리연결법)
- 철선을 가지둘레에 단순하게 돌려 매는 것은 세월이 지나면서 가지의 직경이 굵어지므로 절대 금물
- 고정식(관통볼트식)은 가장 힘을 많이 받을 수 있는 방법
- 이동식(원형 밴드식)은 폭 20cm가량의 철판을 원통형으로 제작하고 고무판을 부착한 후 한쪽 끝에 고리를 부착하여 철선을 연결
- 꼬아서 만든 철사를 쓰며, 조임틀(Turnbuckle), 천공기, 볼트, 연결고리를 사용

(4) 상처치료

① 상처 부위 손질과 소독

㉠ 수피가 들떠 있거나 말라 있는 부분만을 제거하고 노출된 상처를 매끈하게 가다듬는 것보다는 뾰족한 가장자리를 그대로 두어야 유상조직이 더 빠르게 유합

㉡ 깨끗하게 손질한 후에는 상처도포제를 발라 마무리

② 들뜬 수피의 고정

㉠ 상처를 받은 지 오래되지 않았다면 즉시 조치하여 형성층을 살릴 수 있음

㉡ 목질부와 수피 사이에 부서진 조각이나 이물질을 제거

㉢ 들뜬 수피를 제자리에 밀착하고 못을 박거나 테이프로 고정시킴

㉣ 상처 부위에 젖은 천, 종이타월 혹은 보습제로 패드를 만들어 덮은 후 습도를 유지

㉤ 비닐로 패드를 덮어 단단히 고정시킴(상처에 햇빛을 차단)

㉥ 2주 후 유상조직이 자라는지 확인

③ 수피이식

㉠ 환상으로 수피가 벗겨진 경우 수피이식을 통해 살릴 수 있음

㉡ 상처 부위를 깨끗이 하고 상처의 위아래에서 높이 2cm가량의 살아 있는 수피를 수평으로 벗겨내고 비슷한 두께의 신선한 수피를 이식

㉢ 상처가 수평으로 길게 이어진 경우 5cm 길이로 잘라 연속적으로 부착 후 고정

핵심문제

물리적 충격에 의해 손상된 수피의 치료 방법으로 옳은 것은?

[25년 11회]

① 구획화된 상처조직에 건전한 수피를 이식한다.
② 치료가 끝난 상처는 즉시 햇빛에 노출시킨다.
❸ 들뜬 수피는 즉시 제자리에 밀착시키고 작은 못이나 테이프로 고정한다.
④ 상처부위를 깨끗하게 손질한 다음 상처도포제를 여러 번 두껍게 바른다.
⑤ 상처 가장자리는 건전조직을 일부 제거하더라도 보기 좋은 모양으로 다듬어 준다.

㉣ 젖은 천으로 감싸고 비닐로 덮어 마르지 않게 유지

㉤ 수피이식은 늦은 봄에 실시하면 성공률이 높음

④ 교접

㉠ 상처의 간격이 넓어 수피이식으로 해결할 수 없을 때 접목을 이용하여 수피를 서로 연결하는 기술

㉡ 이른 봄이 실시 적기이며, 유사한 수종에서 눈이 트기 전 1년생 가지를 채취하여 위아래로 표시해 놓고 접수로 사용

㉢ 싹이 이미 나와 있는 경우에는 새순을 제거한 가지 사용

㉣ 접수는 아치 형태로 끼워지므로 실제 상처의 간격보다 더 길게 조제

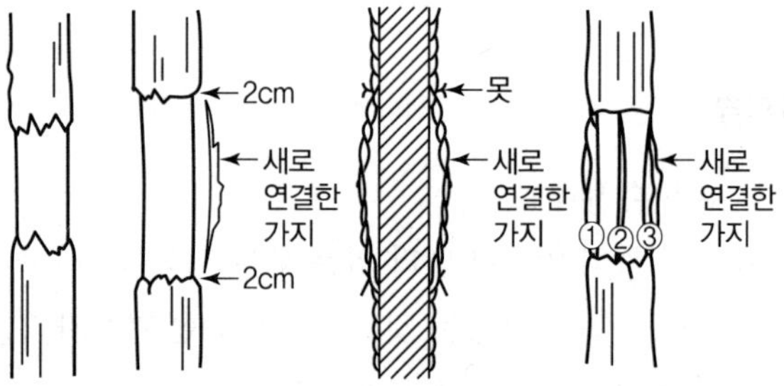

| 교접방법 |

⑤ 수간주사구멍의 치료

㉠ 수간주사는 나무에 상처를 주어 각종 병균과 해충이 접근하여 부패의 직접적 원인이 될 수 있음

㉡ 구멍은 지제부에 가깝게, 작고 얕게 뚫어야 함

㉢ 첫째 구멍의 반대쪽 수간에 뚫는 것이 바람직

㉣ 구멍은 가능한 한 줄여야 함

㉤ 봄에 실시하면 치유에 도움이 됨

㉥ 주사로 생긴 구멍은 즉시 방부제나 도포제를 발라 미생물의 번식을 방지

(5) 당김줄

① 당김줄은 지지를 보강하기 위해 수간과 주변에 있는 고정장치(다른 나무 혹은 튼튼한 구조물) 사이를 강철이나 합성섬유로 연결하는 줄이다.

② 직경이 큰 나무를 옮겨 심으면서 나무를 견고하게 세우고자 할 때 사용한다.

핵심문제

수목 진료와 관련된 용어 설명 중 옳지 않은 것은? [21년 5회]

① 상처유합 : 상처 위로 유합조직과 새살을 형성하는 과정
② 자연표적전정 : 지륭과 지피융기선의 각도만큼 이격하여 가지를 절단하는 가지치기 이론
③ 두목전정 : 나무의 주간과 골격지 등을 짧게 남기고 전봇대 모양으로 잘라 맹아지만 나오게 하는 전정
④ 토양관주 : 약제주입기 등을 이용하여 양액을 토양에 주입하는 방법으로 약제처리나 관수에 이용하는 방법
❺ 갈색부후균 : 목질부의 주성분인 리그닌과 헤미셀룰로오스, 셀룰로오스 등 모든 성분을 분해하여 이용하는 곰팡이

③ 바람에 기울어진 나무를 다시 곧게 세우고자 할 때 사용한다.
④ 보행자가 많은 번화한 상가에서 고정장치를 땅속에 설치하고자 할 때 사용한다.
⑤ 철선에 완충재를 씌워서 가지가 갈라진 곳에 돌려 맨다.
⑥ 철선은 땅과 45° 각도를 유지하여 3개 혹은 4개를 설치하고 매는 높이는 수고의 2/3 정도이다.
⑦ 철선을 땅에 고정할 때는 땅속에 콘크리트 블록, 쇠파이프, 각목, 철제 닻을 사용한다.
⑧ 한 나무에서 이웃나무로 연결할 때 지지를 받는 나무는 수관의 1/2 이상에서 매고, 지지해 주는 나무는 수관의 1/2 이하로 연결한다.

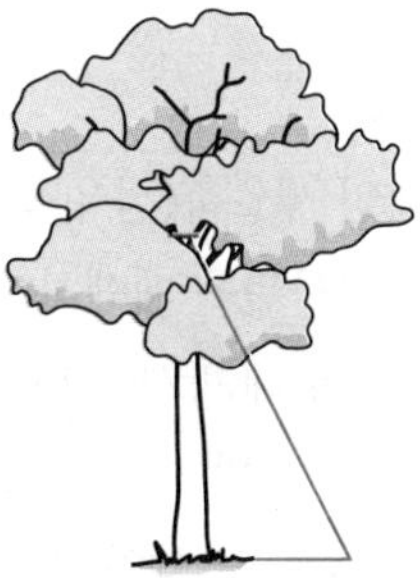
▌수목 대 지상 방식▐

▌수목 대 수목 방식▐

3) 공동관리

(1) 외과수술의 목적

① 공동이 더 이상 부패하지 않도록 조치하는 것이다.
② 수간의 물리적 지지력을 높여 준다.
③ 미관상 자연스러운 외형을 가지도록 하는 것이다.

(2) CODIT(Compartmentalization Of Decay In Tree)

① 이론
㉠ 상처와 부후로부터 수목의 자기방어기능을 설명
㉡ 수목은 자기방어기작에 의해 부후 외측의 변색재와 건전재의 경계에 방어벽(화학적, 물리적)을 형성하여 부후균의 침입에 저항(이것이 파괴되면 부후균이 방어벽을 돌파)

핵심문제

수목 안전시설물에 대한 설명으로 옳지 않은 것은? [21년 6회]

① 줄당김 유형은 관통형과 밴드형으로 나눌 수도 있다.
❷ 가지의 당김줄 설치 위치는 지지할 가지 길이의 기부로부터 1/3 지점이 좋다.
③ 쇠조임은 쇠막대기를 수간이나 가지에 관통시켜 약한 분지점을 보완하는 것이다.
④ 지지대는 지상부에 고정하기 전에 가지를 살짝 들어 올린 상태에서 설치한다.
⑤ 줄당김 설치 시 와이어로프 등을 팽팽하게 조이기 위하여 조임틀을 중간에 사용한다.

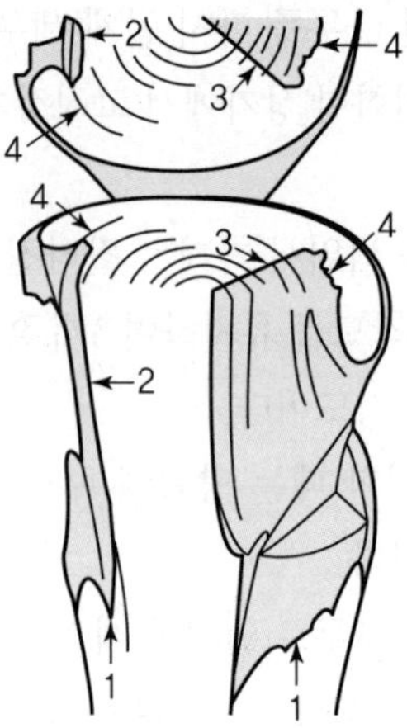

▌목재 부후에 대한 방어벽▌

② 수목의 방어체계
  ㉠ 방어벽 1 : 부후가 상처의 위아래인 세로축(섬유 방향)으로 진전되는 것을 막기 위해 물관이나 헛물관을 폐쇄하여 만든 벽
  ㉡ 방어벽 2 : 부후가 나무의 중심부로 향해 방사 방향으로 진전되는 것을 막기 위해 나이테를 따라 만든 벽
  ㉢ 방어벽 3 : 부후가 나이테를 따라 둘레 방향인 접선 방향으로 진전되는 것을 저지하기 위해 방사단면에 만든 벽
  ㉣ 방어벽 4 : 노출된 상처를 밖에서 에워싸기 위해 상처가 난 후에 형성층이 세포분열을 통해 만든 신생세포로 된 방어벽
③ 부후균의 호기성 : 대부분의 목재부후균은 호기성이기 때문에 공기를 차단하여야 함. 따라서 공동충전은 공기의 공급을 완전히 차단할 수 있어야 효과적
④ 부후균 차단에 도움이 되는 공동충전 : 수간에 한정된 공동의 충전
⑤ 지면과 수간 상단까지 연결된 공동 : 미관 향상을 위한 충전

(3) 외과수술의 과정

① 부패부 제거
  ㉠ 부패한 조직을 자귀, 긁기, 끌 등을 이용하여 완전히 제거하고 깨끗하게 청소
  ㉡ 약간 변색된 부분인 수목의 방어벽을 건드리지 않도록 해야 함
② 소독 및 방부처리 : 살균제로 70% 에틸알코올과 살충제로 페니트로티온유제 1,000배나 다이아지논 800배를 사용

핵심문제

수목 외과수술의 순서로 맞는 것은?
[21년 5회]

ㄱ. 방수처리
ㄴ. 살균처리
ㄷ. 방부처리
ㄹ. 공동 충전
ㅁ. 인공수피처리
ㅂ. 살충처리
ㅅ. 부후부 제거

❶ ㅅ → ㄴ → ㅂ → ㄷ → ㄹ → ㄱ → ㅁ
② ㅂ → ㅅ → ㄷ → ㄴ → ㄹ → ㄱ → ㅁ
③ ㅂ → ㅅ → ㄷ → ㄹ → ㄱ → ㄴ → ㅁ
④ ㅅ → ㄴ → ㄷ → ㄹ → ㄱ → ㅁ → ㅂ
⑤ ㅅ → ㄷ → ㅂ → ㄴ → ㄹ → ㄱ → ㅁ

③ 내부 건조와 방수막처리

㉠ 동력송풍기를 이용하여 공동 내부를 완전 건조하고 건조가 끝나면 방수막 처리를 하는데 티오파네이트 도포제나 테부코나졸 도포제를 사용

㉡ 땅바닥으로부터의 습기 공급을 막기 위해 실리콘봉합제(코르크 가루와 섞어 10cm 두께)를 사용

④ 공동가장자리의 형성층 노출

㉠ 공동충전물과 수피가 서로 분리되는 것을 방지하고, 수피와 충전물과의 경계선을 형성층 조직이 완전히 감싸도록 유도하기 위하여 형성층의 일부를 노출시킴

㉡ 노출된 형성층은 외과수술에서 가장 조심해야 할 보호조직

㉢ 맨 바깥층으로부터 약 0.5~1cm 정도의 깊이로 폭이 1cm 정도 되게 노출시킴

㉣ 노출된 형성층은 마르지 않게 상처도포제를 바르고 테이프로 표면을 덮음

⑤ 공동충전

㉠ 공동이 작은 경우 : 실리콘으로 충전하거나 자연적인 질감을 위해 3mm 크기의 코르크 가루를 배합하여 충전

㉡ 공동이 큰 경우

- 에폭시수지, 불포화폴리에스테르수지, 실리콘수지, 우레탄고무(문화재)를 사용(비발포성 수지)
- 발포성 수지는 폴리우레탄폼을 사용하며 공동의 입구를 두꺼운 비닐포로 막고, 고무 밧줄이나 튼튼한 끈으로 수간 주변을 둘러 고정한 다음 우레탄폼을 공동에 충전하고 우레탄이 굳기를 기다림(48시간 정도 소요)

⑥ 방수처리 : 에폭시수지로 우레탄폼의 방수처리를 실시

⑦ 표면경화처리(매트 처리)

㉠ 폴리우레탄 폼의 내구성을 위하여 표면을 경화처리하여 보호할 필요가 있음

㉡ 부직포를 주로 사용하며 폴리에스테르 수지나 에폭시수지와 함께 사용하면 경도가 증가

⑧ 인공수피처리

㉠ 햇빛에 의한 에폭시수지나 폴리에스테르수지의 산화를 방지하고 자연스러운 수피 모양과 색깔을 형성

ⓛ 에폭시수지나 불포화폴리에스테르수지를 바른 후 코르크가루를 붙이거나 실리콘과 코르크가루를 섞어서 사용
ⓒ 가장 중요한 것은 인공수피의 높이로 노출된 형성층 높이보다 1cm가량 낮아야 함

⑨ 외과수술 후의 작업
㉠ 가지치기로 불필요한 가지를 제거하여 엽량을 감소시킴
㉡ 엽면시비와 수간주사 등 무기양료를 공급
㉢ 토양멀칭을 통해 토양답압을 막고 수분의 증발을 억제
㉣ 울타리를 설치
㉤ 그 외 복토, 석축, 과습, 답압, 천공성 해충 등의 요인에 따라 추가적인 조치 실시

11. 수목 건강관리

1) 정의와 기본정신

① 수목관리의 목적은 나무를 건강하게 기르면서 건강한 외형, 즉 푸른 잎과 건강한 수관을 가진 아름다운 나무로 자라도록 하는 것이다.
② 수목은 오랜 세월 진화를 통해 환경변화에 대한 적응능력과 자연방어능력을 갖추고 있다.
③ 수목을 건강하게 기르면 수목은 이러한 적응능력과 방어능력을 최대한 발휘하면서 건강을 유지한다. 우리는 이러한 수목의 자연적인 능력을 최대한 유지할 수 있도록 나무를 관리해야 한다.

2) 건강한 수목의 정의

건강한 수목이란 환경변화에 대한 적응능력과 자연방어능력을 최대한 발휘하면서 건강을 유지하는 것이다.

3) 수목의 방어기제

수목의 병해충에 대한 저항성은 물리적 방어와 화학적 방어로 나눌 수 있다.

(1) 물리적 방어

① 가시, 털, 잎의 두꺼운 큐티클층과 딱딱한 수피 등을 생산함으로써 병해충의 침입을 억제하는 수단이다.
② 가지치기와 태풍으로 물리적 상처가 생기면 자연방어벽이 무너져 병해충이 침입하기 쉽다.

(2) 화학적 방어

① 타감물질을 생산하거나 분비함으로써 병해충을 억제하는 수단이다.
② 타감물질은 한 생물이 자신을 방어하기 위한 목적으로 다른 생물에게 영향을 주기 위해 생산한 물질이다.
예 리그닌, 타닌, 수베린, 페놀 등
③ 제충국 – 피레트린, 침엽수 – 테르펜, 주목 – 택솔(Taxol), 초본식물 – 알칼로이드(Alkaloid)

4) 수목 건강관리 절차

다음에 열거한 항목들은 수목을 건강하게 키우는 데 꼭 지켜야 할 기본 방향이며, 건강을 위한 생리학적 접근이다.

(1) 수종선정

① 수목은 오랜 세월 진화하면서 그 지역에 적응하기 위한 고유의 생리적 특성이 있다.
② 내한성, 내음성, 내건성, 내습성, 내공해성 등은 각 수종의 고유 특성이며, 이를 기초로 수종을 선택한다.
③ 적지적수의 개념으로 그 환경에 맞는 수종이나 품종을 선정한다.

(2) 햇빛관리

① 국내에서 자라는 수종은 대부분 그늘보다 햇빛을 선호한다.
② 음수는 그늘에서도 자라지만 어린 시절을 제외하면 햇빛에서 더 잘 자란다.
③ 모든 수목의 건강은 햇빛을 받은 만큼 증진된다.
④ 광합성을 수행한 만큼 내한성, 내공해성, 항균성을 높인다.

(3) 수형조절

① 나무가 자라면서 어떤 수형을 갖추는가는 수목의 건강과 수명에 절대적인 영향을 미친다.
② 교목은 줄기가 하나이고, 원줄기를 곧게 세우며 골격지가 적절한 간격을 두고 발달하도록 유도한다.
③ 굵은 줄기나 가지의 아귀다툼을 방지하기 위해 주기적인 전정을 실시한다.

(4) 토양관리

① 수목의 뿌리는 산소를 많이 요구한다(통기성과 배수성 요구).
② 배수불량 토양은 장마철 배수를 철저히 하고 겨울철에 결빙을 최소화한다.
③ 모래가 많은 토양은 봄, 가을, 겨울의 건조기에 관수한다.
④ 고목의 노출된 뿌리는 복토하면 안 된다.
⑤ 수목에 가장 좋은 토양은 자연 상태로 유지하는 것이다.
⑥ 토양 표면을 유기물로 멀칭하면 토양유실 방지, 잡초 억제, 토양미생물의 활성화, 온도 완화, 토양의 물리 · 화학적 성질의 개량 효과가 있다.
⑦ 토양분석은 토양입자의 크기, 무기물의 함량, 산도 등이 수목생장에 적합한지를 조사하는 것이다.

(5) 하층식생관리

① 교목 밑에 다른 나무나 풀을 심는 것은 교목의 건강에 부정적인 영향을 미친다.
② 하층식생의 뿌리가 통기성을 방해하고, 토양의 산소를 소모하며, 수분과 무기양분을 먼저 흡수한다.

(6) 균근 활용

① 균근은 수목의 뿌리가 토양 곰팡이와 공생하는 형태이다.
② 외생균근은 곰팡이의 균사가 뿌리 속까지 침투하되 세포 밖에서만 자라는 형태로, 균사가 기주 뿌리를 감싸는 균투를 형성하고, 뿌리 속에서는 세포간극에 하티그망을 형성한다(담자균, 자낭균).

예 소나무과, 참나무과, 버드나무과, 자작나무과, 송이버섯, 광대버섯, 무당버섯, 젖버섯, 싸리버섯, 그물버섯, 비단그물버섯, 알버섯 등

③ 내생균근은 균사가 뿌리 속의 세포 안으로 침투하면서 자라고 세포 속에서 가지 모양 균사를 형성하며, 균사가 세포 안으로 들어가지만 뿌리의 피층까지만 들어가고 내피에는 침투하지 않는다(접합자균 중 Glomus와 Scutellospora가 대표적).

예 초본류, 작물, 대부분의 목본식물

④ 내외생균근은 어린 묘목 시절에만 나타난다. 균사가 세포 내로 침투하는 예외의 형태이며, 외생균근의 변형 곰팡이가 소나무의 묘목에서 관찰된다.

⑤ 균근의 혜택

㉠ 곰팡이가 뿌리 표면을 감싸고 있어 건조에 대한 저항성을 높임

㉡ 무기양분의 흡수를 촉진하는 데 특히 불용성 인의 흡수를 촉진

㉢ 산성과 알칼리성 토양 혹은 한계토양에서도 자라게 해 줌

㉣ 토양 속 중금속 혹은 독극물의 흡수를 감소시킴

㉤ 길항성 물질에 해당하는 항생제를 생산하여 다른 병원성 미생물의 침입을 억제

5) 건강관리 전략

종합적 병해충관리(IPM : Integrated Pest Management)와 식물건강관리(PHC : Plant Health Care)가 있다.

(1) 종합적 병해충관리

적절히 병해충의 밀도를 관리하되 경제적 피해허용수준 이하로 발생밀도를 관리하는 것이다.

(2) 식물건강관리

모니터링을 통해 피해를 사전에 방지하기 위한 관리로서, '종합적 병충해관리'와 서로 보완적인 관계이다.

① 식물건강관리(PHC)는 1980년대 조경수 관리 전문가들에 의한 조경수 관리 효율을 위한 시도이다.

② 농작물의 생산과정에서 도입되었던 종합적 병해충방제(IPM) 개념을 응용하였다.

③ IPM은 다양한 방제법(기계적, 재배적, 생물적, 화학적, 법제적 방제)을 동원하여 적절히 해충의 숫자를 줄이되 박멸하는 것은 아니며 경제적 피해를 최소화하는 발생밀도를 조절하는 것이다.

핵심문제

식물건강관리(PHC) 프로그램에 관한 설명으로 옳지 않은 것은? [22년 8회]

① 인공지반 위에 식재한 경우 균근을 활용한다.
② 환경과 유전 특성을 반영하여 수목을 선정하고 식재한다.
③ 병해충 모니터링과 수목 피해의 사전 방지가 강조된다.
④ PHC의 기본은 수목 식별과 해당 수목의 생리에 대한 지식이다.
❺ 교목 아래에 지피식물을 식재하는 것이 유기물로 멀칭하는 것보다 더 바람직하다.

④ 정찰이란 병해충에 대한 관찰, 인지, 동정, 숫자 파악, 문제를 기록하는 행위이고, 여러 차례에 걸친 지속적인 정찰을 모니터링이라 한다.
⑤ IPM의 개념을 조경수 관리에 적용하면 경제적 피해수준과 경제적 피해허용수준을 결정하기 어렵다.

6) 건강관리 대안

종합적 병해충관리(IPM) 개념을 조경수 관리에 응용하기 위해 식물건강관리(PHC)를 개발하였다.

① PHC가 IPM을 대체하는 것은 아니며 기본개념을 구체화한 것이다.
② 병해충의 지속적인 모니터링이 PHC의 핵심 업무이고, 피해의 사전 방지를 강조한다(수종선택, 식재지 선정, 수목관리 최적화).
③ 수목건강관리(Plant Health Care)
  ㉠ 수목 자체 : 가장 기본적인 것은 수목 식별과 그 수목의 생리에 대한 지식임
  ㉡ 스트레스 : 진단을 통해 스트레스 요인을 찾아내어 확실하게 제거하는 것으로, 피해가 나타난 시기, 최근 작업내용 등을 조사
  ㉢ 개입과 조정 : 당장 어떤 대응이 필요 없다고 판단될 경우에는 적절한 대응과정이 필요할 때까지 모니터링을 계속하고, 대응이 필요할 경우에는 대응의 범위, 수준, 방법을 결정
  ㉣ 평가 : 대응관리의 결과가 적절하고 성공적이었는지 판단하고 평가하는 것은 모니터링을 지속함으로써 가능

12. 수목관리 작업안전

1) 작업안전관리의 정의

① 작업안전관리는 생산성의 향상과 손실의 최소화를 위해 행하는 것으로 비능률적인 요소인 사고가 발생하지 않은 상태를 유지하기 위한 활동, 즉 재해로부터 인간의 생명과 재산을 보호하기 위한 계획적이고 체계적인 제반활동이다.
② 안전은 상해, 손실, 감손, 위해 또는 위험에 노출되는 것으로부터 자유를 말하며, 그와 같은 자유를 보호하고 안전장치와 안전작업 방법 및 질병의 방지에 필요한 기술과 지식을 습득하는 것이다.

2) 개인보호장구

(1) 머리보호용 안전모

① 안전모

㉠ 낙하물 또는 던져지는 물체로부터 머리를 보호하도록 설계·제작

㉡ 안전모 사용시간 : 3,000~3,500시간 보증. 내용연수는 3~3.5년

② 청력 보호장치 : 90dB(A) 이상의 소음 수준에서는 무조건 착용

③ 안면 보호장치 : 이물질이 작업자의 얼굴로 날아드는 것을 방지

✎ 소음감소는 소음을 듣기 가능한 상태이다.

(2) 안전복

① 안전복 상의

㉠ 신호색상을 통해 작업자의 위치를 명백히 확인 가능해야 함

㉡ 겨드랑이 쪽의 통풍 기능이 있어야 함

㉢ 응급처치용품 보관 주머니를 포함하여 정확한 위치에 주머니가 있어야 함

㉣ 지퍼는 전체적으로 숨겨져 있는 것이 좋음

② 안전복 하의

㉠ 절단 보호용 섬유가 하의에 삽입되어야 함

㉡ 하의의 색상은 보호색이어야 함

㉢ 효율적이고 적절하게 주머니가 위치해야 함

㉣ 찢어짐에 강한 바느질과 소재여야 함

③ 탈착식 다리(무릎) 보호대

④ 안전화

㉠ 앞과 측면에 절단보호물질을 부착하고 하의와 동일한 조건이어야 함

㉡ 충격완화와 방수처리를 해야 함

㉢ 발목보호를 위해 최소한의 높이는 195mm

㉣ 미끄럼방지용 오버캡을 사용

⑤ 안전장갑

㉠ 방진기능 및 긁힘, 오일과 연료로부터 보호하기 위해 무조건 필요

㉡ 젖은 장갑은 건조한 것으로 교체

3) 안전일반

'사고는 우연이 아니다'는 산림작업에 있어서 특히 적용되는데 이는 산림작업의 어려움, 작업의 객체인 임목, 다양한 기후 및 주위 영향이 위험을 가중시킨다.

(1) 개념 및 하인리히의 법칙

① 갑작스럽고, 의도하지 않은 손상 가능성을 미리 고찰하고 진단하여 사고의 발생을 미연에 방지하고 발생하는 사고의 피해를 최소화하는 것으로, 사고예방을 목적으로 한다.
② 하인리히의 법칙 : 1번의 대형사고는 29번의 작은 사고와 300번의 사소한 징후가 반드시 나타난다는 것을 의미

(2) 사고 원인

① 사고예방 규정을 준수하지 않았다.
② 도구와 장비의 기술적인 결함이 있었다.
③ 조직적인 결함이 있었다(불명확한 작업요구와 잘못된 계획).
④ 사고예방규정에 대한 정보가 없거나 사고예방규정에서 결함이 있는 경우에 발생한다.
⑤ 기후나 지형과 같은 주위의 영향으로 유발될 수 있다.
⑥ 불충분한 개인보호장비 또는 안전복으로 발생할 수 있다.

(3) 위험과 위험성 분석

위험과 위험성 분석은 안전 향상을 위한 전제조건이다.

4) 체인톱 안전

(1) 체인톱 사용방법

① 체인톱의 회전 방향은 바의 상단에서 하단으로 회전시킨다.
② 바의 하단을 사용할 때에는 앞으로 나가려고 하므로 당기면서 작업한다.
③ 바의 상단을 사용할 때에는 안으로 끌려오려는 성질이 있으므로 밀면서 작업한다.

핵심문제

체인톱 취급 및 안전사항에 대한 설명으로 옳지 않은 것은? [21년 6회]

① 시동 후 2~3분간 저속 운전한다.
② 정지시킬 때는 엔진 회전을 저속으로 낮춘 후에 끈다.
③ 톱니를 잘 세우지 않으면 거치효율이 저하되어 진동이 생긴다.
④ 사용시간을 1일 2시간 이내로 하고 10분 이상 연속 운전을 피한다.
❺ 연료에 대한 윤활유의 혼합비가 과다하면 엔진 내부 부품이 눌어붙을 염려가 있다.

(2) 킥백(Kick Back)현상

① 회전하는 톱의 체인끝(가드바)의 상단 부분이 어떤 물체에 닿아 체인 톱이 작업자 쪽으로 튀는 현상이다.

② 킥백현상은 회전속도, 접촉속도, 접촉물의 강도에 따라 치명적인 재해를 유발한다.

③ 경사진 장소에서 작업 시 미끄러지거나 넘어지면서 체인톱에 접촉할 염려가 있다.

5) 교목 벌도와 제거

(1) 교목 벌도와 제거방법

① 방향베기(수구)의 45° 이상을 유지한다.

② 경첩 부위(남겨지는 부분)는 직경의 10%, 최소 2cm 이상 남겨 수목을 절단한다.

③ 수목의 절단 시 수목 중심부에서 뒤쪽 좌우측 45° 정도의 안전지역을 확보한다.

④ 따라베기(주구)는 방향베기의 수평면보다 약간 위를 절단한다.

➤ 방향베기에 따른 구분

구분	내용	그림
위로 베기	• 평평하거나 약간 경사진 지형 • 방향베기 각도는 45~57°로 유지 • 방향베기의 하단 절단각은 마무리 절단각과 일치 • 나무가 지면에 닿기 전 경첩부가 찢어질 가능성 있음	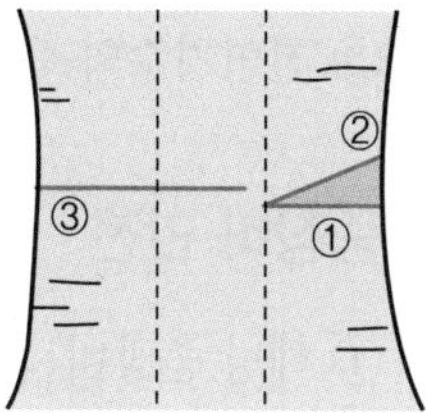
크게 베기	• 평평하거나 경사진 지형 • 방향베기는 70° 이상 유지 • 방향베기의 하단 절단은 마무리 절단 위치에서 밑으로 각을 줌 • 경첩부가 찢어지지 않음 • 그루터기가 높아짐	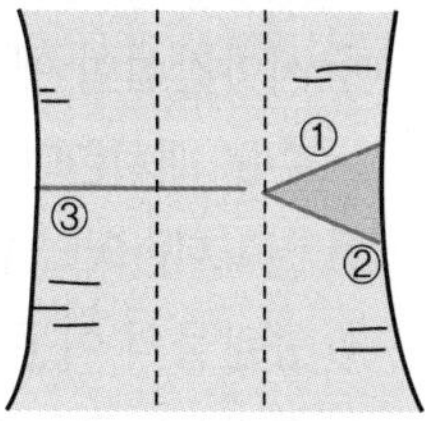
밑으로 베기	• 가파른 경사의 직경이 큰 나무 • 방향베기의 각도는 최소 45° 이상 • 방향베기의 하단 절단각은 마무리 절단각과 일치 • 잘 찢어지는 수종에 적합 • 그루터기 높이를 가장 낮게 할 수 있음	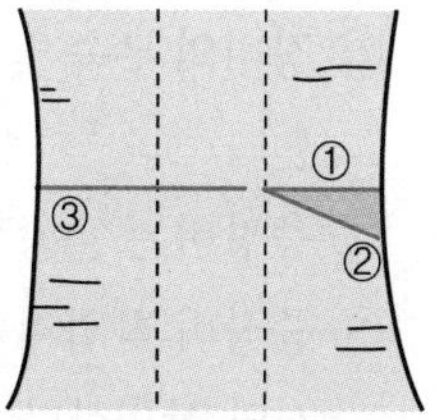

(2) 벌도 방향

벌도 방향의 적정 방향은 목재의 손상과 재해의 발생에 관계가 깊고, 벌목 후의 집재방향에도 영향을 준다. 그러므로 벌목 방향은 수형, 인접목, 지형, 하층치수, 풍향, 풍속, 대피장소, 벌도 후의 집재방법을 고려한다.

① 일반적으로 경사지에서는 경사 방향에 대하여 가로 방향, 또는 약 30° 경사진 방향이 적당하다.

② 나무가 일정한 방향으로 모두 기울어져 있을 때에는 기울어져 있는 방향으로 벌도한다.

③ 경사지의 침엽수는 대개 산정 방향으로 벌도한다.

㉠ 간혹 산록 방향으로 벌도하는 경우
- 급경사지에서 굴러올 위험이 있는 활엽수
- 기계로 상향집재할 경우
- 중력으로 끌어내릴 경우
- 치수와 유령목의 상태가 좋아 보호할 필요가 있을 때
- 집재기 설치 시

㉡ 산정 방향으로 벌도하는 경우
- 산정부터 작업
- 산복과 산정임도가 있을 때

④ 임지 내에 공간이 있으면 공간이 있는 방향으로 벌도

⑤ 천연치수와 유령목을 보호할 필요가 있는 경우는 피해서 벌도

6) 중장비 안전

① 해당 중장비는 자격을 갖춘 지정된 운전자가 운전하여야 하며 작업 전반을 관리할 수 있는 감독자가 배치되어야 한다.

② 시야간섭이 예상되는 지역에서는 통신장비를 휴대한 지정된 신호수를 배치한다.

③ 연약지반이나 협소공간에서의 작업을 금지한다.

④ 중량물의 이동은 허용하중 및 붐의 안전각도를 유지한다.

⑤ 차량운반구를 적상 또는 적하 시 운전자의 탑승을 금한다.

⑥ 장비의 부속 및 부품, 물체를 결속하는 보조달기구는 규정품을 사용한다.

⑦ 중장비는 일상점검과 정기검사를 실시한다.

⑧ 중장비 작업계획과 내용은 장비투입 전 작업주관 부서 및 관련 부서와 상의한다.

벌목대상목의 주위 정리
- 벌도목 주위에 방해가 되는 관목, 덩굴, 치수 등을 제거
- 벌도목 주위의 돌을 치우고, 대피로의 방해물을 제거
- 수간의 가슴높이까지 가지를 먼저 제거
- 수피가 두꺼운 수종은 벌도하기 전에 도끼로 벌채점 부분을 박피
- 톱질할 부근에 융기부나 팽대부가 있는 나무는 융기부나 팽대부를 먼저 제거
- 벌채목 주위의 고사목이나 지장목을 먼저 제거
- 이와 같이 정리된 자리는 벌목베드(Felling Bed) 또는 벌목크립(Felling Crib)을 설치

핵심문제

벌목작업과 체인톱 취급에 관한 설명으로 옳지 않은 것은?
[22년 7회]

❶ 경사지에서의 벌도 방향은 경사방향과 평행하게 하는 것이 좋다.
② 체인톱은 시동 후 2~3분, 정지하기 전에는 저속 운전한다.
③ 벌도목 수고의 1.5배 반경 안에는 작업자 이외 사람의 접근을 막는다.
④ 체인톱을 사용할 때 톱니를 잘 세우지 않으면 거치효율이 저하되어 진동이 발생할 수 있다.
⑤ 근원직경 15cm 이하인 소경목은 수구와 추구 없이 20° 정도의 기울기로 가로자르기를 한다.

7) 안전조치

① 1996년 8월 작업안전규정의 발표에 따라 민간기업과 공공기관 모두 효력을 발휘하고 모든 근로자와 고용주에 통합된 기본적 의무를 부여한다.

② 국가의 법률이 없는 경우 안전사고예방규정을 따른다.

③ 모든 작업용 장비는 장비안전규정(GSG)을 적용한다.

④ KWF(산림작업 및 임업기술위원회)의 FPA를 통과한 도구와 장비는 안전 기준에 부합한다.

⑤ 경영주체의 조치사항

㉠ 불리한 기후조건에서 사고위험이 높은 작업은 중지

㉡ 관리자는 반복적으로 개인작업의 UVV(안전사고예방규정)을 준수하고, 보호장치와 안전복을 제공

㉢ 분명한 작업지시는 작업안전의 향상과 임업인의 직업적 동기의 상승을 유도

㉣ 무선장치의 설치 및 휴대전화의 사용은 필수적

⑥ 근로자 조치사항

㉠ 작업장에서의 순서를 유지

㉡ 사고예방규정과 안전규칙을 준수

㉢ 위험요소 제거 및 사고위험을 인지

㉣ 근본적인 위험을 즉시 제거

㉤ 즉흥적이지 않고 성능의 한계에 주의

㉥ 심사숙고하며 예측 및 주의 깊게 작업

㉦ 집중하고 휴식을 취하며 편안한 작업을 함

㉧ 작업 시 음주를 삼감

㉨ 필요한 안전보호용 작업복을 착용

㉩ 항상 안전한 위치에서 주의

CHAPTER 02

수목의 비전염성 병의 피해

1. 비생물적 피해

1) 비생물적 피해의 정의 및 수목의 피해 요인

(1) 비생물적 피해의 정의

비생물적 피해는 생물적 피해인 병해의 피해, 해충의 피해를 제외한 모든 피해를 말한다.

✎ 조경수가 비생물적 병에 잘 걸리는 원인
- 기상적 원인 : 극단적인 기상 상태에 노출되거나 기후가 맞지 않는 곳에 식재
- 토양적 원인 : 건축공사로 변형된 토양 혹은 부적절한 토양에 식재
- 인위적 요인 : 인간의 활동 범위 안에서 각종 간섭을 받음

(2) 수목에 피해를 일으키는 요인

① 기후적 원인 : 고온, 저온, 바람, 한발, 홍수, 폭설, 낙뢰, 화산폭발
② 토양적 원인 : 불리한 물리적 성질(예 배수, 투수와 통기불량, 답압, 건조)과 화학적 성질(예 영양결핍, 극단적인 산도)
③ 인위적 원인 : 답압, 도로포장, 기계와 장비, 심식, 복토, 절토, 대기오염, 농약, 비료, 해빙염
④ 생물적 원인 : 병균, 해충, 야생동물, 기생 및 착생식물

핵심문제

조경수에 비생물적 피해가 흔히 발생하는 원인으로 옳지 않은 것은? [21년 5회]

① 본래 위치에서 다른 곳으로 이식된다.
② 인위적 작업으로 토양환경이 변형된다.
③ 장기간 정주하며 기상이변을 경험한다.
④ 인간의 생활권에 속하여 간섭을 받는다.
❺ 유전적으로 이질적인 집단이 식재된다.

2) 비생물적 피해의 분류 및 특징

(1) 비생물적 피해의 분류

① 생리적 피해 : 나무 자체의 생리기능 장애로 오는 피해이다.
예 수분 부족, 공기유통 부족, 토양의 온도, 영양 부족, 복토, 포장, 토목공사, 뿌리조임과 꼬임, 산성토양, 염류 피해, 제초제 피해, 가스의 피해 등
② 기상적 피해 : 일조량 부족, 고온, 저온, 바람, 폭설, 조풍, 낙뢰, 우박, 기후변화와 동계건조 등
③ 인위적 피해 : 복토, 심식, 포장, 토목공사, 농약, 해빙염, 비료, 답압, 유해가스 등

(2) 비생물적 피해와 생물적 피해의 특징

비생물적 피해의 특징	생물적 피해의 특징
• 해충이나 병해의 증거가 보이지 않음 • 한 개체 내에서 피해가 수관 전체에 균일 • 피해장소에 자라는 다른 수종에서도 동일한 피해 증상이 나타남 • 같은 수종에 대하여 전염성이 없음 • 피해가 비교적 급진적	• 해충이나 병해의 질병인 경우 증거가 보임 예 유충, 탈피각, 알, 난각, 배설물, 병징, 표징 • 한 개체 내에서도 피해가 수관 전체에 균일하게 나타나지 않음 • 동일한 수종(과, 속, 종)에서만 피해가 나타남 • 같은 수종에 대하여 전염성을 띰 • 피해속도가 서서히 나타남

2. 기상적 피해 발생기작과 피해 증상 및 대책

1) 고온 피해

(1) 고온 피해의 특징

① 식물이 생장할 수 있는 온도의 범위를 임계온도라고 한다(최고온도와 최저온도 사이의 범위).

② 온대지방의 임계온도 : 0～35℃

③ 온대식물은 기온이 35℃ 이상에서, 열대식물은 40℃ 이상에서 피해가 발생한다.

④ 수목이 고온에 노출되면 여러 효소계의 기능이 불활성 또는 촉진되어 비정상적인 생화학반응이 나타나 세포가 죽는다. 이로 인하여 세포막에 있는 지방질의 액화, 단백질의 변성으로 세포막이 제 기능을 상실하여 세포 내 물질이 새어나온다. 이는 세포막의 파괴, 세포질식, 세포막의 침투성 변화로 세포를 고사시켜 식물의 광합성 활동에 지장을 초래한다.

(2) 고온 피해의 종류

① 엽소

㉠ 원인 : 여름철 고온이 지속되면서 일사량이 높을 경우 과다한 증산작용으로 탈수현상이 일어나 잎이 누렇게 타는 것

㉡ 병징

• 잎의 가장자리부터 마르기 시작하여 갈색으로 변색

핵심문제

햇볕에 의한 고온 피해로 옳지 않은 것은? [23년 9회]

① 목련, 배롱나무는 피소에 민감하다.
② 성숙잎보다 어린잎에서 심하게 나타난다.
❸ 양엽에서는 햇볕에 의한 고온 피해가 일어나지 않는다.
④ 엽육조직이 손상되어 피해 조직에서는 광합성을 하지 못한다.
⑤ 피소되어 형성층이 파괴되면 양분과 수분 이동이 저해된다.

핵심문제

엽소에 대한 설명이 옳지 않은 것은? [21년 6회]

① 잎의 가장자리부터 마르기 시작하여 갈색으로 변한다.
❷ 칠엽수, 층층나무, 단풍나무 등에서는 피해가 나타나지 않는다.
③ 여름철 더운 날 주변의 통풍을 도모하여 기온의 상승을 막아준다.
④ 건강하게 뿌리를 잘 뻗은 나무는 치명적인 피해를 줄일 수 있다.
⑤ 아스팔트나 콘크리트 포장 대신 잔디를 입히거나 유기물 멀칭으로 토양의 복사열을 줄인다.

핵심문제

볕데기(피소, 皮燒)에 대한 설명이 옳지 않은 것은? [21년 5회]

① 코르크층이 얇은 수목에서 발생한다.
❷ 가지치기, 주위목 제거를 통해 예방한다.
③ 유관속을 파괴하여 물과 양분의 이동이 제한된다.
④ 가문비나무, 호두나무, 오동나무에서 잘 발생한다.
⑤ 가로수 또는 정원수 고립목에 피해가 잘 발생한다.

핵심문제

수목의 볕뎀(볕데기) 피해 및 관리에 관한 설명으로 옳은 것은? [25년 11회]

① 어두운 색깔의 수피를 가진 나무는 피해가 적다.
❷ 햇볕에 노출된 토양의 온도가 상승하면 피해가 심해진다.
③ 햇볕에 노출된 줄기를 검은색 끈끈이롤트랩으로 감싼다.
④ 줄기의 상단부에서 피해가 심하여 이 부분을 마대로 감싼다.
⑤ 장마 후 고온 건조하면 묵은 잎보다 새잎에서 탈수 현상이 심하다.

- 엽맥에서 가장 먼 부분부터 마르기 시작
- 장마기간 경화되지 않은 잎에서 자주 발생
- 활엽수 : 칠엽수, 단풍나무, 층층나무, 물푸레나무, 느릅나무 등
- 한대수종 : 주목, 잣나무, 전나무, 자작나무 등

㉢ 방제
- 여름철 더운 날 주변의 통풍을 도모하여 기온 상승을 막음
- 토양에 관수하여 수분 부족을 해소하거나 잎의 온도를 낮춤
- 토양을 아스팔트나 콘크리트로 포장하지 않고 잔디나 유기물로 멀칭하여 복사열을 줄임
- 토양을 보수력과 보비력이 많은 토양으로 개량

② 피소

㉠ 원인
- 도로포장으로 인한 지열 반사, 건물에서 열 반사, 지구온난화, 벽면 유리의 햇빛 반사 등
- 수간의 남서쪽 수피가 오후 햇빛에 직접 노출되어 수피의 온도가 상승
- 이때 수분 부족이 함께 오면 온도를 낮추는 증산작용을 못해 형성층까지 파괴

㉡ 병징
- 남서쪽에 노출된 지표면에 가까운 수피가 여름철 햇빛과 열에 의해 형성층 파괴로 벗겨짐
- 대개 수직 방향으로 불규칙하게 수피가 갈라지면서 괴사하여 수피가 지저분함
- 밀식 재배하던 수목, 그늘 속에 있던 수피, 수피가 얇은 수종에 발생
- 죽은 수피는 매우 불규칙하게 벗겨지고 죽은 조직의 가장자리가 지저분하여 새로운 유상조직이 자라지 못함(부후균 침입의 원인)
- 벚나무, 단풍나무, 목련, 매화나무, 물푸레나무, 배롱나무 등

㉢ 방제
- 지상 2m 이내에서 피해가 생기므로 이 부분을 마대로 감쌈
- 어린나무는 흰색 도포제(석회황합제), 수성페인트 또는 종이테이프로 감쌈
- 노출된 검은 토양을 유기물로 멀칭

- 상처가 발생한 경우 상처를 도려내고 상처도포제를 발라 새로운 유상조직의 형성을 유도
- 관수 실시로 증산작용을 촉진하여 냉각효과를 발생시킴

③ 열해

㉠ 원인 : 여름철에 강한 햇빛으로 토양의 온도가 고온(35℃ 이상)이 되어 나무에 피해를 주는 것

㉡ 병징

- 지온이 높으면 뿌리의 세근이나 뿌리털의 세포가 효소계의 기능 이상으로 뿌리기능이 정지 또는 고사하게 되어 수세가 약해지고 천공성 해충의 피해를 받아 고사
- 묘포장, 도심지의 도로변, 건조한 지역, 암석지역, 자갈이 많은 지역 등

㉢ 방제

- 묘포장은 차광막을 설치
- 건조한 지역, 암석지역, 자갈지역은 지피식물을 심거나 낙엽 또는 우드칩으로 멀칭

2) 저온 피해

(1) 저온 피해의 정의

가을이 되어 온도가 내려가면 나무는 월동준비를 한다. 저온에 순화된 수목은 피해를 잘 입지 않지만 갑작스러운 저온 변화나 과도한 저온이 되면 피해가 발생한다.

(2) 저온 피해의 종류

① 냉해

㉠ 원인

- 냉해는 생육기간 중 주로 봄과 가을의 환절기의 낮은 온도에 나타나는 저온피해로, 0℃ 이상의 온도에서 피해
- 온대수목의 경우 봄과 가을에 수정이 제대로 이루어지지 않음
- 가을에 덜 익은 과일 생산

㉡ 병징

- 열대성 관상수는 잎에서 엽록소가 파괴되어 백화현상이 나타나며 마름
- 생식생장에 영향을 주어 수정과 과실의 온전한 생장을 방해

핵심문제

저온에 의한 수목피해에 대한 설명으로 옳지 않은 것은? [21년 5회]

① 냉해로 잎이 황화되고 심하면 가장자리 조직이 죽는다.
❷ 생육 후기에 시비하여 저온 저항성을 높여 피해를 줄인다.
③ 나무 전체의 꽃, 눈이 갈변되면 동해(凍害)로 추정할 수 있다.
④ 세포 사이의 얼음으로 세포 내 수분 함량이 낮아져 원형질이 분리된다.
⑤ 온도가 떨어지면 세포 사이의 물이 세포 내부의 물보다 먼저 동결된다.

핵심문제

수목의 동해에 관한 설명으로 옳은 것은? [25년 11회]

① 사시나무, 자작나무 오리나무는 동해를 자주 받는다.
② 생육기간 중에 낮은 기온으로 나타나는 저온 피해를 의미한다.
③ 고위도 생육 수종은 저위도 생육 수종보다 내한성이 약하다.
④ 피해를 받은 낙엽 활엽수의 어린 가지를 이른 봄에 제거한다.
❺ 봄에 개화하고 열매가 다음 해에 익는 수종은 열매가 월동 중에 피해를 받을 수 있다.

✎ 침엽수의 1~2년생 어린 묘목도 겨울철에는 잎이 적갈색이었다가 봄이 되면 녹색으로 변색된다.

- 조경수의 피해는 생장이 둔화됨

㉢ 방제법
- 찬 공기에 노출되는 것을 방지하고, 찬물로 관수하지 않아야 함
- 북풍을 막고 토양을 유기물로 멀칭

② 동해

㉠ 원인
- 저온순화되지 않은 수목이 빙점 이하의 온도에 노출되는 경우
- 세포 내에서 얼음결정이 형성되어 세포막을 파손
- 얼음이 세포 밖에서 생겨도 원형질이 탈수 상태에서 견디지 못함
- 내한성이 강한 수종 : 자작나무, 오리나무, 사시나무, 버드나무류, 소나무, 잣나무, 전나무, 주목 등
- 내한성이 약한 수종 : 삼나무, 편백, 금송, 개잎갈나무, 배롱나무, 피라칸타, 곰솔, 줄사철나무

㉡ 병징
- 엽육조직의 붕괴와 세포질의 응고현상
- 상록활엽수의 경우 잎의 끝과 가장자리가 초기에 탈색되고 물 먹은 것과 같이 투명하게 보이다가 괴사하여 갈색으로 변색
- 침엽수의 경우 잎의 끝에서부터 갈색으로 변색
- 회복 가능한 피해 : 녹색이 어두워지면서 붉은색을 띠는 현상
  예 동백나무, 차나무, 삼나무, 회양목

㉢ 방제
- 내한성을 고려하여 식재수목을 선택
- 북풍이 불지 않는 곳에 식재하거나 막아 줌
- 토양에 유기물로 멀칭
- 작은 나무의 경우 짚으로 밑동과 수간을 감싸 주고 나무 전체를 비닐로 덮어 통풍구를 만듦

(3) 서리 피해와 상렬

서리 피해는 생육기간(4~10월)에 발생한다.

① 만상

㉠ 원인
- 봄에 온도가 0℃ 이상 상승되어 나무가 활동을 시작한 후 야간 온도가 0℃ 이하로 내려가 줄기나 새순, 잎 등이 피해를 받는 것

- 어린 묘목, 새로 심은 관목, 소교목에 피해가 많음
- 산계곡이나 경사면 하부에 피해가 많음

ⓒ 병징

- 봄에 새로 나온 새순, 잎, 꽃이 하룻밤 사이에 시들어 마름
- 남쪽과 남서쪽 수관이 더 큰 피해
- 활엽수의 경우 잎이 검은색으로 변색, 침엽수의 경우 붉은색으로 변색 후 말라 죽음
- 활엽수 중 큰 피해 : 목련, 백합나무, 모과나무, 단풍나무, 철쭉, 영산홍, 쥐똥나무 등
- 침엽수 중 큰 피해 : 주목, 전나무, 일본잎갈나무 등. 단, 주목 1년 이상의 잎은 피해 없음
- 만상은 주로 새순에만 오고 나무에 치명적인 피해는 주지 않음

ⓒ 방제

- 봄에 나무의 활동 시기를 늦추기 위해 보온덮개를 늦게 품
- 줄기에 백토재를 칠하거나 불을 피워 아침 온도 저하를 방지
- 북부지방의 수종을 남부지방에 식재하면 만상의 피해가 많음

② 조상

㉠ 원인 : 늦가을에 나무가 생장하고 있어 내한성이 없는 상태에서 별안간 온도가 0℃ 이하로 내려가거나 잎 등에 피해를 받는 것

ⓛ 병징

- 새순과 잎에서 나타나는데 소나무의 경우 잎의 기부가 피해를 입어 잎이 밑으로 처짐
- 모든 새순을 죽여 그 후유증이 1~2년간 지속되어 만상보다 더 나무의 모양을 훼손
- 나무가 왜성 혹은 관목형으로 변하기도 함

ⓒ 방제

- 늦여름 시비를 자제하여 가을에 생장을 일찍 정지시킴
- 일기예보에 따라 서리가 오기 전에 스프링클러로 안개비를 만들거나 연기를 발생시켜 피해를 줄임

③ 상렬

㉠ 원인

- 겨울철 수간이 동결되는 과정에서 변재부와 심재부가 온도변화에 따른 수축, 팽창의 차이로 장력의 불균형이 발생
- 종축(수직) 방향으로 갈라짐
- 주로 온도 변화가 큰 남서쪽 수간과 활엽수에서 자주 발생

핵심문제

만상(晩霜)의 피해에 관한 설명으로 옳은 것은? [21년 5회]

① 늦가을에 시비로 인한 잎의 피해
② 봄에 식물이 생장하기 전에 입는 피해
③ 생장 휴지기 전에 내리는 서리에 의한 피해
④ 가을에 갑작스러운 저온으로 잎이 변색되는 피해
❺ 봄에 식물이 생장을 개시한 후 내리는 서리에 의한 피해

핵심문제

조상(첫서리) 피해에 관한 설명으로 옳지 않은 것은? [22년 8회]

① 별채 시기에 따라 활엽수의 맹아지가 종종 피해를 입는다.
② 생장휴지기에 들어가기 전 내리는 서리에 의한 피해이다.
③ 남부지방 원산의 수종을 북쪽으로 옮겼을 경우 피해를 입기 쉽다.
④ 찬 공기가 지상 1~3m 높이에서 정체되는 분지에서 가끔 피해가 나타난다.
❺ 잠아로부터 곧 새순이 나오기 때문에 수목에 치명적인 피해는 주지 않는다.

핵심문제

상렬(霜裂)의 피해에 대한 설명으로 옳은 것은? [22년 7회]

① 추위가 심한 북서쪽 줄기 표면에 잘 일어난다.
❷ 피해는 흉고직경 15~30cm 정도의 수목에서 주로 발견된다.
③ 피해는 활엽수보다 수간이 곧은 침엽수에서 더 많이 관찰된다.
④ 초겨울 또는 초봄에 습기가 많은 묘포장에서 발생하기 쉽다.
⑤ 북쪽지방이 원산지인 수종을 남쪽지방으로 이식했을 경우 피해를 입는다.

- 직경 15~30cm가량 되는 나무에서 주로 발생

㉡ 병징
- 줄기 표면에 세로로 길게 발생하며 길이는 1m에서 수 m에 이름
- 상렬이 몇 번 반복되면 상렬부분이 부풀어 올라 상하조직이 융기되는데 이를 상종이라 함(벚나무)

㉢ 방제
- 수간을 마대로 감싸거나 흰색 페인트를 발라 줌(수간의 온도 변화 완화)
- 토양을 유기물로 멀칭하여 낮과 밤의 온도차를 줄여 줌

④ 상주

㉠ 원인
- 초겨울 혹은 이른 봄에 습기가 많은 땅에 서리가 내리면서 표면의 흙이 기둥 모양으로 솟아오르는 현상
- 지표면의 수분은 모세관수현상으로 지중수분이 지표면으로 올라와 상주에 피해가 발생
- 주로 묘포장에서 어린 묘목에 자주 발생
- 점질토양에서 자주 발생

㉡ 병징
- 서릿발과 함께 위쪽으로 뿌리가 노출되어 말라 죽음
- 잎이 갈색으로 변색되면서 고사

㉢ 방제
- 토양배수가 원활하게 하기 위해 토양개량이나 배수시설 설치
- 지표면을 유기물로 멀칭(5cm 이내)

(4) 동계건조

① 원인

㉠ 이른 봄 상록수가 과다한 증산작용으로 인해 말라 죽는 현상
㉡ 기온은 상승하여 증산작용이 증가하지만 토양은 얼어 있는 상태로 수분흡수가 원활하지 못하여 발생
㉢ 가을에 이식한 상록수, 고산지대 북향에 있는 지역에서 자주 나타남

② 병징

㉠ 잎이 누렇게 마르고, 가지가 부분적으로 죽거나 나무 전체가 동시에 마름

㉡ 토양이 녹으면 침엽수의 경우 수관 전체가 적갈색으로 변색 후 고사

③ 방제

㉠ 방풍림을 설치하여 증산작용을 최소화

㉡ 증산억제제를 잎에 살포

㉢ 지표면의 멀칭을 벗겨 내어 해토를 촉진

㉣ 토양의 배수 상태를 양호하게 유지하여 기온 상승 시 해토를 촉진

㉤ 겨울철 상록수를 대상으로 관수를 하고 가을 이식은 자제

(5) 기타 : 월동대책

① 배수 철저 : 배수가 잘 되고 통기성이 좋은 토양에서는 토양동결이 적게 일어남

② 토양멀칭 : 토양이 깊게 동결되지 않아 수분 부족으로 인한 동계건조를 방지

③ 토양동결 전 관수 : 상록활엽수와 침엽수는 겨울철에도 증산작용을 하므로 토양이 동결되기 전 충분히 관수

④ 수간보호 : 내한성이 약한 수목의 지제부와 수간을 볏짚이나 새끼줄로 쌈

⑤ 방풍림 혹은 방풍벽 설치 : 상록수로 된 방풍림이나 인공방풍벽을 북서향에 조성하여 한랭한 바람 차단

⑥ 증산억제제 살포 : 초겨울에 영산홍이나 회양목에 증산억제제를 뿌려 주면 잎이 갈색으로 변하는 것을 방지

⑦ 따뜻한 겨울철 관수 : 겨울철이 따뜻해지면 상록수는 증산작용을 계속하므로 따뜻한 날 낮에 가끔 관수

3) 수분 피해

(1) 수목과 수분

① 나무의 체내에는 수분이 60% 이상 함유되어 있으며 수분은 모든 생리활동에 관여한다.

② 이식목은 처음 2년 동안 수분이 절대적으로 부족하며 회복하는 데 5년이 걸린다.

(2) 건조 피해

① 강우량이 적어 토양수분이 감소하고, 지표면의 조건이 수분 침투를 방해하여 토성의 수분보유 능력이 적거나 하부구조에 의하여 모세관수가 단절되고 나무 식재면의 폭과 깊이에 따라 흙의 양이 적어지면 수분 부족현상이 나타난다.

② 원인

㉠ 낮의 증산작용으로 수분을 과다하게 잃고 수분의 부족으로 나타남

㉡ 천근성 수종과 토심이 낮은 곳에서 자라는 수목이 더 피해가 큼

㉢ 내건성 높은 수종 : 소나무, 곰솔, 향나무, 가죽나무, 회화나무, 사철나무, 사시나무, 아까시나무 등

㉣ 내건성 약한 수종 : 낙우송, 삼나무, 느릅나무, 칠엽수, 물푸레나무, 단풍나무, 층층나무, 버드나무, 포플러, 들매나무 등

③ 병징

㉠ 활엽수

- 활엽수의 경우 어린잎과 줄기의 시들음현상
- 시든 잎이 가장자리부터 엽맥 사이 조직에서 갈색으로 고사하면서 말려 들어감
- 남서향의 가지와 바람에 노출된 부위가 먼저 피해가 진전되고 낙엽
- 잎의 크기가 작아지고 새 가지 생장이 위축되어 엽면적이 감소되고 가지 끝부터 고사

㉡ 침엽수

- 침엽수는 건조피해가 초기에 잘 나타나지 않음
- 소나무의 경우 초기에 증상이 나타나지 않고 후기에 가시적으로 잎이 쪼그라들고 녹색이 퇴색하여 연녹색이 되면 나무는 죽기 직전으로 관수하여도 회복되지 않음

④ 방제

㉠ 관수해야 할 경우 1회를 실시하더라도 하층토까지 완전히 젖을 때까지 충분히 관수

㉡ 이식 시 근분 주변에 물구덩이를 설치하여 주기적으로 충분히 관수

㉢ 점적관수법이 바람직함

㉣ 가을에 이식한 상록수는 겨울철 날씨가 따뜻하면 관수

핵심문제

한해(건조 피해)에 관한 설명으로 옳지 않은 것은? [22년 8회]

❶ 토양에서 수분결핍이 시작되면 뿌리부터 마르기 시작한다.
② 인공림과 천연림 모두 수령이 적을수록 피해를 입기 쉽다.
③ 포플러류, 오리나무, 들메나무와 같은 습생식물은 한해에 취약하다.
④ 조림지의 경우에 수목을 깊게 심는 것도 한해를 예방하는 방법이다.
⑤ 침엽수의 경우 건조 피해가 초기에 잘 나타나지 않기 때문에 주의가 필요하다.

㉤ 하층 식생을 식재하는 것은 수분경쟁을 유발하여 바람직하지 않음
㉥ 이식목은 초기 2년 수분이 절대 부족하고 회복하는 데 5년 정도가 걸림
㉦ 보수력이 좋은 양토, 식양토, 식토 또는 입단구조의 토양으로 개량

(3) 과습 피해

① 원인 : 토양 중에 수분이 너무 많으면 과습해지고 배수불량한 토양이 되며 산소 부족으로 뿌리가 제 기능을 하지 못함
② 병징
㉠ 초기 증상은 엽병이 누렇게 변하면서 아래로 처지는 현상(에틸렌)
㉡ 더 진행되면 잎이 작아지고 황화현상을 보이고 가지생장이 둔화
㉢ 더 진전되면 잎이 마르고 어린가지가 고사하며 동해에도 약함
㉣ 주목에는 검은색 수종(Edima)이 발생(사마귀 모양), 뿌리썩음병, 부정근 발생, 뿌리가 검은색으로 변색되고 벗겨짐
㉤ 가장 확실한 후기 병징은 수관 꼭대기부터 가지가 밑으로 죽어 내려오면서 수관이 축소
㉥ 과습에 높은 저항성 : 낙우송, 물푸레나무, 버짐나무류, 오리나무류, 포플러류, 버드나무류
㉦ 과습에 낮은 저항성 : 가문비나무, 서양측백나무, 소나무, 전나무, 벚나무류, 아까시나무, 자작나무류, 층층나무
③ 방제
㉠ 침수된 물을 5일 이내에 배수하지 않으면 치명적 피해
㉡ 배수불량한 토양 : 비가 많이 온 후 웅덩이(깊이 1m)의 물이 5일이 경과한 후에도 남은 경우
㉢ 토양에 모래를 섞어 토양을 개량
㉣ 명거배수 혹은 암거배수 시설을 통해 과습 상태를 개선
㉤ 과습토양에서 잘 견디는 수종을 식재
㉥ 활엽수가 침엽수에 비해 습해에 견디는 힘이 큼

핵심문제

수목의 침수 후 나타나는 변화에 관한 설명으로 옳은 것은? [25년 11회]
① 줄기의 신장이 촉진된다.
② 뿌리에서 다량의 옥신이 생성된다.
③ 잎이 안으로 말리고 오래 붙어 있다.
❹ 주목은 잎 아랫면에 과습돌기(Edema, 수종 물혹)가 형성된다.
⑤ 벚나무, 층층나무는 침수 후 과습 토양에서 큰 피해가 없다.

핵심문제

토양수분이 과다할 때 수목에 나타나는 영향으로 옳지 않은 것은? [22년 7회]
① 과습 토양에 대한 저항성은 주목이 낮으며, 낙우송은 높은 편이다.
② 토양 내 산소 부족현상이 나타나서 세근의 생육을 방해할 수 있다.
③ 토양 과습의 초기 증상은 엽병이 누렇게 변하면서 아래로 처지는 현상을 나타낸다.
❹ 지상부에 나타나는 후기 증상은 수관 아래부터 위로 가지가 고사되면서 수관이 축소된다.
⑤ 고산지 수종은 침수에 대한 내성이 거의 없어서 토양수분이 과다하게 되면 피해가 빠르게 나타난다.

핵심문제

식재지 환경과 그에 적합한 수종의 연결이 옳지 않은 것은? [25년 11회]
① 토양이 척박한 지역 – 보리수나무, 곰솔
② 배수가 잘 안되는 지역 – 왕버들, 낙우송
③ 토양이 건조한 지역 – 호랑가시나무, 눈향나무
❹ 고층건물에 가려진 그늘 지역 – 느티나무, 개잎갈나무
⑤ 염분을 함유한 바람이 많은 해안 지역 – 때죽나무 향나무

4) 기타 피해

(1) 염해

염해는 바닷가에서 토양에 염분이 많거나 소금을 함유한 바람이 불어와서 수목에 피해를 주는 조풍 피해와 도시에서 겨울철에 얼어 있는 노면에 소금을 뿌림으로써 수목에 피해를 주는 해빙염에 의한 피해가 있다.

① 조풍에 의한 피해

㉠ 원인

- 바닷가에서 소금을 함유한 바람이 불어와서 수목에 피해를 주는 경우
- 바닷가에서 잘 자라는 수목은 내염성 혹은 내조성이 있는데, 특히 해안가로부터 5km 이내에서 자라는 수종이 그러함

㉡ 병징

- 바람이 불어오는 쪽 수관의 잎이 더 심하게 피해
- 활엽수의 경우 잎의 가장자리가 타들어가고, 갈색반점이 불규칙하게 나타나 수관 전체에 퍼짐
- 침엽수의 경우 잎의 끝부터 갈색으로 변하고 죽음
- 수목에 따라서 초기 증상이 갈색, 자색, 홍색 등 다양하지만, 후반부에는 대개 갈색반점으로 변하고 검게 괴사
- 심하면 조기단풍, 눈이 더 이상 자라지 않고 가지가 고사

㉢ 방제

- 태풍이 지나간 다음 물로 잎을 씻어 줌
- 바닷가와 임해매립지에는 염해에 강한 수종을 식재

② 해빙염에 의한 피해

㉠ 원인

- 도로에 쌓인 눈을 치우기 위해 제설용으로 염화칼슘($CaCl_2$), 염화나트륨($NaCl$)을 사용하여 이 염분이 눈과 함께 녹아 나뭇잎에 묻거나 토양에 침적되어 수목에 피해가 발생
- 토양에 침적된 염화칼슘, 염화나트륨의 농도가 높아지면 수분 흡수가 안 되거나 칼슘, 나트륨, 염소가 흡수되어 피해를 입음
- 염화칼슘이나 염화나트륨이 가지나 잎에 묻어 나타나는 피해

핵심문제

염해에 관한 설명으로 옳지 않은 것은? [22년 7회]

① 해빙염의 피해는 낙엽수보다 상록수의 피해가 더 크다.
② 곰솔, 느티나무, 후박나무 등은 염해에 내성이 있다고 알려져 있다.
❸ 토양 내 염류 물질이 적을수록 전기전도도는 높아지며 식물 피해도 줄어든다.
④ 해빙염의 피해는 침엽수와 활엽수에서 서로 다른 수관 위치에서 나타날 수 있다.
⑤ 해빙염의 경우 상록수는 봄이 오기 전에 잎에 피해가 나타나고 낙엽수는 새싹이 생육한 후 나타난다.

㉡ 병징

• 침엽수의 경우 구엽이 갈색으로 변색되고 조기낙엽되어 수세가 약해지고 심하면 고사
• 활엽수의 경우 잎이 없어 피해를 외관상으로는 알 수가 없으나 봄에 개엽이 늦거나 잎이 작아지면서 고사지가 발생하고 심하면 고사
• 침엽수는 잎끝으로부터 아래로 적갈색으로 변하고 바람에 의해 떨어짐
• 상록활엽수는 잎 가장자리에 괴저 현상이 나타나고 진전됨에 따라 낙엽되고 봄에 개엽이 늦으며 고사지가 발생
• 수종에 따라서 총생이 나타남

㉢ 방제

• 배수가 좋은 토양은 물을 충분히 주어 독성을 줄임
• 토양을 새로운 흙으로 객토
• 토양에 소석회나 석고($CaSO_4$)를 시비하여 흙과 섞고 무기양료로 엽면 시비

(2) 풍해, 설해, 우박 및 그늘 피해

① 풍해

㉠ 평소 적절한 바람은 수목의 뿌리 발달과 나무 밑동의 생장을 촉진하여 초살도 증가(직경생장 촉진, 수고생장 감소)

㉡ 강풍에 의한 피해는 활엽수보다 목재의 인장강도가 약한 침엽수에서 더 큼

㉢ 폭우를 동반한 강풍은 토양이 부드러워져 뿌리째 뽑히는 경우가 생김

㉣ 병징

• 나무가 뿌리째 뽑히거나, 줄기가 부러지고, 비스듬히 눕고, 잎이 갈기갈기 찢어지거나 잎이 해짐
• 가지가 부러진 채 수관에 매달려 있으며 시간이 지나면서 부러진 잎과 가지가 고사

㉤ 방제

• 평소에 주기적인 가지치기로 위험한 가지를 제거하고 수관의 크기를 작게 유지
• 가로수의 경우 3~5년 주기로 가지치기 시행

- 소경목과 중경목을 이식할 경우 밑가지를 그대로 두어 밑동의 직경생장 촉진
- 이식 후 2년이 경과하면 지주목을 제거하여 스스로 버틸 힘을 기름
- 바람이 강한 곳은 심근성 수종을 식재

ⓑ 주풍에 의한 피해

- 주풍이란 풍속 10～15m/s 정도의 속도로 장기간 같은 방향으로 부는 바람
- 수목은 주풍 방향으로 굽게 되며 수간 하부가 편심생장
- 활엽수는 인장이상재, 침엽수는 압축이상재

ⓢ 폭풍에 의한 피해

- 폭풍이란 풍속 29m/s 이상의 속도로 부는 바람
- 침엽수의 피해가 활엽수보다 크며 천연림이 인공림보다 피해가 적음
- 수간의 부러짐, 만곡, 경사 등의 피해
- 소경목보다 대경목에서 피해가 큼

ⓞ 조풍에 의한 피해

- 활엽수의 경우 잎의 가장자리가 타들어 가는 현상 및 갈색반점이 수관 전체에 생김
- 생장감소와 조기낙엽현상이 생김
- 물로 잎을 씻어 주거나 토양이 마른 후에 활성탄으로 염분을 흡착

② 설해

㉠ 원인

- 겨울철 눈이 나무 위에 쌓여서 생기는 피해(관설해)와 눈사태로 나무가 매몰되는 피해(설압해)
- 침엽수들은 수관에 눈이 쌓일 경우 가지가 부러지거나 나무 전체가 쓰러짐
- 눈사태는 산이 높을수록, 사면이 길수록 그리고 경사도가 심할수록 자주 발생
- 설해는 습설에 의한 피해

㉡ 관설해

- 눈이 수목의 가지나 잎에 부착한 것을 관설 또는 착설체라고 함
- 수간이 크게 휘어지거나 줄기가 부러지거나 뿌리가 뽑히는 피해 발생

• 낙엽수보다는 상록수가 더 큰 피해를 입음
• 가늘고 긴 수간, 수관이 너무 크거나 과밀할 경우 피해 심함

ⓒ 섭압해 : 수목의 일부 또는 전체가 눈에 묻혀 적설의 변형, 이동에 따라 수목이 무리한 자세가 되어 손상을 입음

③ 우박 피해

㉠ 과수원과 채소농장에 큰 피해를 주지만 조경수의 경우에는 잎이 찢어지고 잔가지가 부러지고 수피에 상처를 만드는 가벼운 피해

㉡ 우박은 위에서 떨어지면서 잔가지 수피의 위쪽에만 상처를 만들어 가지 전체에 퍼지는 동고병과 구별

④ 그늘 피해

㉠ 일조량이 부족하면 절간생장이 촉진되어 키가 크지만 직경생장이 저조하여 줄기가 바람에 잘 넘어짐

㉡ 잎의 양이 적고 수관이 엉성하게 형성되어 속이 들여다 보임

㉢ 그늘에서 자란 나무는 흰가루병에 잘 감염되고, 내한성, 내병성도 약해짐

㉣ 높은 건물의 북향에 수목을 식재하면 건물 쪽으로 뻗은 가지는 죽어 수관에 불균형 발생

(3) 낙뢰 피해

① 낙뢰 가능성이 높은 수목

㉠ 홀로 존재함

㉡ 모여 있는 나무 중에 가장 높음

㉢ 가장자리에 있음

㉣ 물가에 자라는 나무

② 병징

㉠ 전기가 수피를 타고 땅속으로 가면서 수피가 깊게 파이거나 갈라짐

㉡ 낙뢰는 키가 큰 거목일수록 피해 확률이 높음

㉢ 나무 꼭대기에서 밑동으로 내려가면서 갈라진 수피의 폭이 넓어짐

㉣ 수피만 벗겨지는 경우와 목질부까지 검게 타는 경우가 있음

㉤ 전분의 함량과 수피의 특징에 따라 낙뢰 확률이 다름

③ 방제

㉠ 피뢰침을 설치하여 수목을 보호

핵심문제

수목의 낙뢰 피해에 관한 설명으로 옳지 않은 것은? [23년 9회]

① 방사조직이 파괴되어 영양분을 상실한다.
② 대부분의 경우 나무 전체에 피해가 나타난다.
③ 피해 즉시보다 일정기간 생존 후 고사하는 사례가 많다.
④ 수간 아래로 내려오면서 피해 부위가 넓어지는 것이 특징이다.
❺ 느릅나무, 칠엽수 등 지질이 많은 수종에서 피해가 심하다.

㉡ 피뢰침은 반드시 꼬아서 만든 동선(직경 1cm)을 사용하고 나무의 가장 높은 곳보다 높게 설치
㉢ 수간을 따라 내린 후 땅속에 일단 묻은 다음 다시 수관 가장 자리보다 더 밖으로 뽑아 묻고 3m가량 수직으로 땅속에 묻힌 구리막대에 연결
㉣ 수목이 흉고직경 1m 이상인 경우 2개 이상의 피뢰침을 독립된 동선으로 연결하여 각각 묻음
㉤ 노출된 상처를 부직포나 비닐로 덮어 건조를 막음
㉥ 3개월 이상 그대로 두면서 살아날 가능성을 판단
㉦ 낙뢰로 노출된 부위를 형성층을 노출시켜 유상조직이 자라도록 유도하고 상처도포제를 바름

3. 인위적 피해 발생기작과 피해 증상 및 대책

1) 물리적 상처

① 수피 전체가 벗겨지거나 형성층을 통과해 목부까지 깊이 생길 때 문제가 생긴다.
② 상처가 마르기 전에 즉시 치료해야 한다.
③ 이식과정에서 형성층이 이탈되거나 부서진 경우 사고현장에서 즉각 수습하여 다시 붙인다.
④ 수피 중에서 들떠 있거나 말라 있는 부분만을 예리한 칼로 제거한다.
⑤ 상처를 손질한 후 상처도포제를 바른다.

2) 들뜬 수피의 고정

① 상처를 받은 지 2~3일 내 즉시 조치하면 형성층을 살릴 수 있다.
② 목질부와 수피 사이에 이물질을 제거하고 들뜬 수피를 제자리에 밀착하고 못을 박거나 테이프로 고정한다.
③ 그리고 상처 부위에 젖은 천, 보습제 패드를 붙여 마르지 않게 한다.
④ 상처 부위를 햇빛이 비치지 않게 녹화마대로 감싼다.
⑤ 3~4주 후 유상조직이 자라는지 확인하여 유상조직이 자라는 경우 비닐과 패드를 제거한 후 햇빛을 차단하고 유상조직이 생기지 않으면 상처를 노출시킨다.

3) 수피이식

① 환상으로 수피가 벗겨진 경우 수목은 결국 죽는다.
② 이식과정에 밧줄로 인한 손상, 딱따구리가 줄기에 상처를 만들어 환상으로 손상된 경우에 시행한다.
③ 최근에 수피가 벗겨지고 그 간격이 좁다면 수피이식을 통해 살릴 수 있다.
④ 상처의 위아래에서 높이 2cm가량 수평으로 벗겨 내고, 다른 나무에서 벗겨 온 비슷한 수피를 이식하여 덮어 준다.
⑤ 수피의 윗방향과 아랫방향이 바뀌지 않게 조심한다.
⑥ 수피이식이 끝나면 젖은 천으로 패들을 만들어 덮고 비닐로 덮어 건조하지 않게 그늘을 만든다.
⑦ 수피이식은 형성층의 세포분열이 왕성한 늦은 봄에 실시한다.

4) 산불

(1) 산불의 정의와 3요소

① 산림 내 가연물질이 산소 및 열과 화합하여 열에너지와 광에너지로 바뀌는 화학변화이다.
② 산불 발생의 3요소 : 연료, 열, 공기

(2) 산불의 원인

① 자연적인 요인
㉠ 마른나무에 벼락이 떨어져 불이 나는 경우
㉡ 나무끼리 서로 마찰되어 불이 나는 경우
② 인위적인 경우
㉠ 우연적인 것 : 공장 굴뚝에서 비화, 가옥화재로부터 연소 또는 비화 등
㉡ 과실 또는 부주의 : 등산객, 야영객, 사냥꾼 등
㉢ 고의적인 방화

(3) 산불의 종류

① 지중화
㉠ 낙엽층 밑의 조부식층의 하부와 부식층이 타는 불
㉡ 산소의 공급이 막혀 연기도 적고 불꽃도 없이 서서히 강한 열로 오래 계속되어 균일한 피해

핵심문제

산불 피해지의 용적밀도가 미피해지에 비해 높아지는 이유가 아닌 것은? [25년 11회]

❶ 토양입단의 증가
② 세근 점유 공간의 감소
③ 유기물층 소실에 따른 부식 유입의 감소
④ 침식에 의한 유기물 및 세립질 토양입자의 유실
⑤ 토양 소동물의 감소로 인한 토양 내 이동 공간의 축소

핵심문제

산불이 산림토양에 미치는 영향으로 옳은 설명만 고른 것은? [23년 9회]

ㄱ. 교환성 양이온(Ca^{2+}, Mg^{2+}, K^{+})은 일시적으로 증가한다.
ㄴ. 입단구조 붕괴, 재에 의한 공극 폐쇄, 점토입자 분산 등으로 토양 용적밀도가 감소한다.
ㄷ. 지표면에 불투수층이 형성되어 침투능이 감소하고 유거수와 침식이 증가한다.
ㄹ. 양이온교환능력은 유기물 손실량에 비례하여 증가한다.

① ㄱ, ㄴ
❷ ㄱ, ㄷ
③ ㄱ, ㄹ
④ ㄴ, ㄷ
⑤ ㄴ, ㄹ

㉢ 낙엽의 분해가 느린 고산지대, 깊은 이탄이 쌓인 저습지대
㉣ 뿌리들이 열로 죽게 되어 지상부는 아무렇지 않은 채 수목이 고사

② 지표화
㉠ 낙엽과 지피물, 지상관목층, 치수 등이 피해. 가장 흔한 일반적인 불
㉡ 낙엽층과 조부식층 상부가 타는 불

③ 수관화
㉠ 나무의 수관에서 수관으로 번지는 불
㉡ 진화하기가 힘들고 큰 손실을 가져오는 불
㉢ 수지가 많은 침엽수에 한해 일어나나 마른 잎이 수관에 남아 있는 활엽수림에서도 발생
㉣ 지표화 다음으로 발생건수가 많음. 소화가 곤란하고, 피해면적도 매우 큼
㉤ 바람이 부는 방향으로 V자형으로 뻗어 감

④ 수간화
㉠ 나무의 줄기가 타는 불
㉡ 지표화로부터 연소되는 경우가 많음

(4) 산불의 위험도를 좌우하는 요인

① 수종
㉠ 침엽수는 수지로 인해 활엽수보다 피해가 심함
㉡ 활엽수 중에서 일반적으로 상록수가 낙엽수보다 불에 강함
㉢ 음수는 울폐된 임분을 형성하고 습기가 많아 위험이 낮음
㉣ 낙엽활엽수 중 굴참나무, 상수리나무 등 참나무류와 같이 코르크층이 두꺼운 수피를 갖는 수종은 불에 강함

구분	내화력이 강한 수종	내화력이 약한 수종
침엽수	은행나무, 잎갈나무, 분비나무, 가문비나무, 개비자나무, 대왕송 등	소나무, 곰솔, 삼나무, 편백 등
상록 활엽수	아왜나무, 굴거리나무, 후피향나무, 붓순, 합죽도, 황벽나무, 동백나무, 비쭈기나무, 사철나무, 가시나무, 회양목 등	녹나무, 구실잣밤나무 등
낙엽 활엽수	피나무, 고로쇠나무, 마가목, 고광나무, 가죽나무, 네군도단풍나무, 난티나무, 참나무, 사시나무, 음나무, 수수꽃다리 등	아까시나무, 벚나무, 능수버들, 벽오동, 참죽나무, 조릿대 등

핵심문제

수종별 내화성에 관한 설명으로 옳지 않은 것은? [22년 8회]
① 소나무는 줄기와 잎에 수지가 많아 연소의 위험이 높다.
② 가문비나무는 음수로 임내에 습기가 많아 산불 위험도가 낮다.
❸ 녹나무는 불에 강하며, 생엽이 결코 불꽃을 피우며 타지 않는다.
④ 은행나무는 생가지가 수분을 많이 함유하고 있어 잘 타지 않는다.
⑤ 리기다소나무는 맹아력이 강하여 산불 발생 후 소생하는 경우가 많다.

② 수령

㉠ 어리고 작은 숲일수록 피해의 위해도가 크고 큰 나무가 될수록 위해도가 작음

㉡ 노령림은 지표화로 피해를 잘 받지 않고 수관화가 되기 어려움

③ 기후와 계절

㉠ 가물고 공중습도가 낮은 3～5월에 가장 많이 발생

㉡ 공중의 관계습도가 50% 이하일 때 산불이 발생하기 쉽고 25% 이하에서는 수관화가 대부분 발생

㉢ 풍속이 크면 클수록 산불이 일어나기 쉽고 빨리 퍼짐

㉣ 공중의 관계습도와 산불발생의 위험도

- >60(%) : 산불이 잘 발생하지 않음
- 50～60(%) : 산불이 발생하나 진행이 더딤
- 40～50(%) : 산불이 발생하기 쉽고 또 속히 연소됨
- <30(%) : 산불이 대단히 발생하기 쉽고 소방이 곤란

(5) 산불의 소방

① 바람이 불어가는 선단에서 가장 빨리 불이 번지는데, 이를 화두라고 한다. 이 화두의 방향과 직통의 방향은 번지는 속도가 느린데 이를 측면화라 한다.

② 바람이 불어오는 쪽 경사면으로 내려가는 부분을 화미라 한다(가장 약함).

③ 화두가 여러 개로 갈라져 나갈 때 반드시 화두를 꺼야 한다.

④ 화두부의 소화가 어려울 경우 측면화를 먼저 소화한다.

⑤ 직접소화법과 간접소화법

㉠ 직접소화법

- 물이 가장 효과적이나 없을 때는 생나무로 끄거나 토사를 끼얹어 산소의 공급을 차단
- ABC소화제 살포

㉡ 간접소화법 : 화두에 약간 거리를 두고 30～50cm 너비로 흙을 파서 소화선을 만듦

(6) 우리나라 산불의 특징

① 지형변화가 심하다.

② 계절적인 건조현상이 있다.

③ 자연발화보다는 실화로 인한 화재가 대부분이다.

핵심문제

산불과 수목의 화재에 대한 설명으로 옳지 않은 것은? [21년 6회]

① 한국에서 지중화가 발생하는 경우는 극히 드물다.
❷ 대왕송과 분비나무는 내화력이 약한 수종이다.
③ 한국에서도 낙뢰로 인하여 산불이 발생한 경우가 있다.
④ 노령목이 될수록 수관화로 연결되는 산불의 위험도는 낮아진다.
⑤ 산불의 발생원인은 야영자, 산채 채취자 등 입산자 실화가 가장 많다.

5) 농약해 및 비료해

(1) 농약해

① 원인

㉠ 농약 피해

- 살포대상 수종을 잘못 선정
- 권장 농도 이상으로 진하게 사용
- 한곳에 너무 많이 사용
- 바람에 의해 비산
- 두 가지 이상의 농약을 혼용 시 발생

㉡ 옥신 계통의 제초제에 의해 수목의 호르몬 대사가 균형을 잃으면서 피해 발생

㉢ 농약 혼용에 의해 발생 : 살충제의 유제 형태와 살균제의 수화제 형태가 혼합될 경우 유제입자가 수화제의 증량제에 흡착되어 약해(藥害), 유기인계 혹은 카바메이트계 + 석회황합제, 보르도액

㉣ 살균제의 피해는 적으나 살충제와 제초제의 피해가 대부분임

② 병징

㉠ 일반적인 피해 증상 : 잎에서 말림, 뒤틀림, 기형, 왜소화, 변색, 황화, 반점, 부분 괴사, 전체 고사, 낙엽 그리고 가지의 휨, 뒤틀림, 비대 등의 증세

㉡ 활엽수 살충제 피해 : 잎의 가장자리가 타들어 가며, 불규칙한 반점이 나타남

㉢ 소나무의 제초제 피해 : 신초가 생장 중일 때에는 신초가 갈색으로 변색되며, 잎이 뒤틀리거나 밑으로 처지면서 적갈색으로 변함

㉣ 선택성 제초제의 피해

ⓐ 2,4-D : 잎이 타면서 말려들어 감

ⓑ 디캄바 유제

- 활엽수의 잎은 기형으로 자라면서 비대생장을 함
- 소나무의 경우 새 가지 끝이 굵어지면서 꼬부라짐
- 잎이 붙어 있는 가지 끝이 비대성장
- 은행나무는 잎끝이 말려들어 가고, 주목은 황화현상을 보임

핵심문제

디캄바에 관한 설명으로 옳지 않은 것은? [25년 11회]

① 뿌리와 잎을 통해 흡수된다.
② 광엽 잡초에 살초 효과가 있다.
③ 이동성이 우수하여 인접지에 약해가 발생할 수 있다.
④ 소나무 잎이 뒤틀리고 가지가 비대해지는 약해가 발생한다.
❺ 약해가 발생하면 뿌리에서 지상부로 이동하는 옥신이 과다해진다.

ⓜ 비선택성 제초제의 피해 : 활엽수의 잎은 갈색으로 말라 죽고, 주목, 향나무, 측백나무는 새잎의 끝부분에서는 황화현상이 나타남

③ 방제

㉠ 관수로 잔류농약을 씻어 냄

㉡ 겉흙을 잔뿌리가 훼손되지 않게 걷어 내고 신선한 토양으로 대체

㉢ 활성탄을 넣어 농약을 흡착시켜 농약을 농도를 낮춤(부엽토나 완숙퇴비로 대체 가능)

㉣ 토양관주하여 농약 대신 양분흡수를 유도

㉤ 엽면시비나 수간주사로 피해 수목을 건강하게 관리

㉥ 토양에 석회를 넣어 제초제를 중화

④ 농약 살포 시 유의점

㉠ 농약 혼용 적부표 점검

㉡ 조직이 연약한 경우나 태풍 피해 후, 기온이 높을 때 살포 지양

㉢ 바람이 강하게 부는 날, 농약을 살포 후 비가 오는 날 살포 지양

㉣ 살균제 중 디프수화제는 핵과식물에 살포 시 농도와 관계없이 피해를 줌

토양관주
토양에 영약액을 넣어 무기양분을 공급하는 것이다.

(2) 비료해

① 유기질 비료의 경우 미숙퇴비에 의해 피해가 발생한다.

② 미숙퇴비는 분해과정에서 고온과 가스가 발생하여 뿌리생장을 저해한다.

③ 화학비료가 과다한 경우 염류장애가 발생한다.

6) 대기오염 피해

(1) 대기오염물질의 종류

① 황화합물 : 황산화물(SOx), 황화수소(H_2S)

② 질소화합물 : 암모니아(NH_4), 질소산화물(NOx)

③ 탄화수소와 산소화물 : 메탄(CH_4), 아세틸렌(C_2H_2), 알코올, 에테르, 페놀, 알데히드

④ 할로겐화합물 : 불화수소, 브롬화수소

⑤ 광화학 산화물 : 오존(O_3), PAN

⑥ 미립자 : 검댕, 먼지, 중금속(납, 비소, 티타늄)

(2) 대기오염의 피해 양상

비가시적 피해와 가시적 피해로 나뉘고 가시적 피해는 급성피해와 만성 피해로 나뉜다.

(3) 대기오염물질이 수목에 미치는 영향

① 급성피해 시

㉠ 활엽수는 엽맥 사이 조직, 잎 가장자리, 잎끝의 황화와 괴사, 주근깨 같은 반점 형성, 백화현상, 조기낙엽 등

㉡ 침엽수는 황화현상, 잎끝의 적갈색 변색과 괴사현상

② 만성피해 시

㉠ 황화현상, 잎이 작아지고 활력 감소, 연녹색을 띠고, 조기낙엽

㉡ 검댕이나 먼지는 잎의 기공을 막아서 광합성을 방해하고 생장이 나빠지며 낙엽과 가지 고사 유발

(4) 방제

① 대기오염에 저항성이 있는 수종을 선택하여 식재한다.

② 분진을 없애기 위해 잎을 주기적으로 세척한다.

③ 분진이 자동차 매연과 혼합되어 있을 때에는 세제를 물에 풀어서 세척한다.

④ 관수를 자주하면 기공이 열려 대기오염에 민감하므로 적절한 수분 스트레스를 준다(급성 시 관수).

⑤ 수목이 왕성한 생장을 하면 대기오염에 민감하므로 생장억제제를 살포한다.

⑥ 질소비료를 적게 주고 인과 칼륨비료를 쓰며, 토양에 석회질 비료를 준다.

⑦ 봄과 가을에 질산칼륨(KNO_3)이나 질산칼슘[$Ca(NO_3)$] 0.2~0.5% 용액을 각 2회 엽면시비한다.

(5) 대기오염물질이 수목에 미치는 영향

① 아황산가스(SO_4)

㉠ 활엽수

- 잎의 끝부분과 엽맥 사이 조직의 괴사
- 물에 젖은 듯한 모양(엽육조직 피해)
- 책상조직과 해면조직 파괴

• 성숙잎에 피해

㉡ 침엽수 : 물에 젖은 듯한 모양, 적갈색 변색

㉢ 아황산가스에 강한 수종

• 활엽수 : 양버즘나무, 포플러, 오동나무, 벽오동, 밤나무, 떡갈나무, 졸참나무, 굴참나무, 은단풍, 자작나무, 물푸레나무, 백합나무, 회화나무, 일본목련, 때죽나무, 배롱나무, 광나무, 무궁화, 돈나무, 식나무, 태산목, 사철나무 등

• 침엽수 : 화백, 향나무, 편백, 측백, 섬잣나무, 노간주나무, 해송, 은행나무, 낙우송, 메타세쿼이아 등

② 불화수소가스(HF)

㉠ 활엽수

• 초기 : 황화현상이 잎끝 → 잎 가장자리 중륵(주맥)을 따라 안으로 확대

• 황화된 조직의 고사. 기체 상태로 가장 높은 독성물질

㉡ 침엽수

• 잎끝의 고사

• 고사 부위와 건강 부위의 경계선이 뚜렷

㉢ 불화수소에 강한 수종

• 활엽수 : 가중나무, 양버즘나무, 아까시나무, 떡갈나무, 버드나무류 등

• 침엽수 : 소나무, 향나무, 전나무, 일본전나무 등

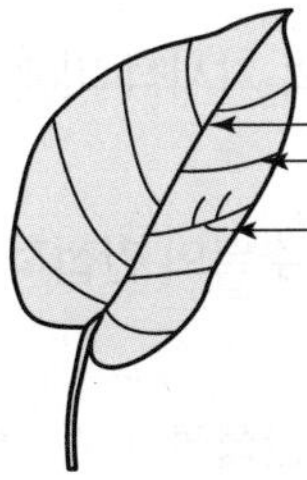

▌잎의 구조▐

③ 질소산화물

㉠ 활엽수

• 초기 : 흩어진 회녹색 반점, 잎의 가장자리 괴사, 엽맥 사이 조직 괴사(엽육조직 피해)

㉡ 침엽수

• 초기 : 잎끝의 자홍색 및 적갈색 변색, 잎의 기부까지 확대

핵심문제

대기오염물질과 피해 증상을 옳게 나타낸 것은? [21년 5회]

ㄱ. 오존
ㄴ. PAN
ㄷ. 이산화황
ㄹ. 질소산화물
a. 잎 표면의 광택화
b. 잎맥 사이의 괴사
c. 잎 전체의 작은 반점
d. 잎끝, 가장자리의 변색

① ㄱ－d
② ㄴ－c
❸ ㄷ－b
④ ㄹ－a
⑤ ㄹ－d

- 고사 부위와 건강 부위의 경계선이 뚜렷

㉢ 질소산화물에 강한 식물 : 소나무, 곰솔, 편백, 삼나무 등

④ 오존(O_3)

㉠ 활엽수

- 잎 표면에 주근깨 같은 반점 형성, 책상조직이 먼저 붕괴
- 반점이 합쳐져 표면이 백색화

㉡ 침엽수 : 잎끝의 괴사, 황화현상의 반점, 왜성화 · 황화된 잎

㉢ 오존에 강한 식물

- 침엽수 : 삼나무, 곰솔, 편백, 화백, 서양측백나무, 은행나무 등
- 활엽수 : 버즘나무, 굴참나무, 졸참나무, 개나리, 금목서, 녹나무, 광나무, 돈나무, 태산목 등

⑤ 산성비

㉠ pH 5.6 이하의 강우를 뜻함

㉡ 아황산가스와 질소산화물이 햇빛에 의해 산화되어 각각 황산과 질산으로 변한 후 빗물에 녹아 산성비가 됨

㉢ 토양이 산성화되어 토양 내 알루미늄의 독성이 나타나고 칼슘과 마그네슘의 흡수가 방해되어 결핍 증상을 유발

㉣ 큐티클층을 용해시켜 얇게 만들고, 이로 인해 칼륨 같은 무기물이 용탈

㉤ 엽록소를 감소시켜 광합성을 저해하고, 생장장애를 초래하여 발아나 개화가 지연

㉥ 산성비의 피해

- pH 3.0 이하 : 수목의 가시적 피해 – 잎의 황색 반점 및 조직의 파괴
- pH 3.1～4.5 이하 : 수목의 간접적 피해 – 엽록소 파괴, 잎의 양료 용탈
- pH 4.6～5.5 : 수목 간접적 피해 – 엽록소 감소, 광합성 저해, 종자 발아 및 개화 지연

㉦ 산성비에 저항성 수목

- 침엽수 : 곰솔, 소나무, 리기다소나무, 전나무, 편백, 삼나무, 일본잎갈나무 등
- 활엽수 : 자작나무, 참나무, 느티나무, 포플러, 밤나무, 양버즘나무, 은행나무 등

핵심문제

대기오염 물질 중에서 오존에 대한 설명으로 옳지 않은 것은? [21년 6회]

① 소나무는 오존에 민감하다.
❷ 피해를 받으면 잎 하부 표면이 청동색으로 변한다.
③ 오존의 피해 증상은 잎의 책상조직 세포가 파괴되어 나타난다.
④ 오존의 일부는 자연적으로 성층권에서 생성되어 대류권으로 하강 유입된다.
⑤ 산화질소나 이산화질소 등 1차 오염물질과의 반응산물인 2차 오염물질 중의 하나이다.

핵심문제

2차 대기오염물질에 관한 설명으로 옳지 않은 것은? [22년 7회]

① 오존과 PAN에 의한 피해는 햇빛이 강한 날에 잘 발생한다.
② 이산화질소와 불포화탄화수소의 광화학반응에 의하여 생성된 것은 PAN이다.
③ PAN에 의한 피해는 계속 성장하는 미성숙한 잎에서 심하게 발생한다.
❹ 오존의 조직학적 가시장해의 특징은 기공에 가까운 해면조직이 피해를 받는다.
⑤ 느티나무, 중국단풍나무 등은 오존에 대한 감수성이 대체로 크며, 낙엽송은 이들 수목보다 내성이 있는 편이다.

⑥ PAN

㉠ 활엽수

- 잎의 뒷면에 광택이 나면서 후에 청동색으로 변함
- 고농도에서 잎 표면도 피해(엽육조직 피해)
- 어린잎에 피해, 해면조직이 손상

㉡ 침엽수 : 잘 알려져 있지 않음

⑦ 중금속

㉠ 활엽수 : 엽맥 사이 조직의 황화현상, 잎끝과 가장자리의 고사, 조기낙엽, 잎의 왜성화, 유엽에서 먼저 발생

㉡ 침엽수 : 잎의 신장 억제, 유엽 끝의 황화현상, 잎 기부로 고사 확대

⑧ 염소가스(Cl_2)

㉠ 잎맥 사이, 조직 탈색 및 괴저, 때로는 잎가마름, 잎이 다 자라기 전에 떨어짐

㉡ 대개 아황산가스와 비슷한 피해

⑨ 에틸렌(CH_2CH_2) : 식물체의 생장위축, 비정상적인 잎, 미성숙 노화, 꽃과 열매의 수 줄어듦, 사과 등은 부분적으로 움푹 파이고 괴저현상 발생

7) 토양환경 변화 피해

(1) 심식

① 원인

㉠ 나무를 옮겨 심을 때 예전에 나무가 묻혀 있던 깊이보다 더 깊게 심는 행위

㉡ 일반적으로 15cm가 넘으면 심식으로 봄

㉢ 모래흙보다 점토에서 피해가 심함

㉣ 토양 내 산소 부족으로 뿌리의 호흡 방해

② 병징

㉠ 가지생장이 둔화되면서 잎이 작아지고 황화현상 발생

㉡ 더 진전되면 가지 끝이 서서히 말라 죽음

㉢ 심식은 과습, 배수 불량, 복토, 답압, 도로포장의 증상과 유사

㉣ 심식의 피해는 매우 천천히 진행되어 증세도 서서히 나타남

㉤ 땅속에 묻힌 밑동이 썩어 고사

핵심문제

복토 또는 심식 피해에 관한 설명으로 옳지 않은 것은? [25년 11회]

① 활엽수는 잎이 작아지고 황화된다.
② 수목의 지제부에 병목현상이 있고 뿌리가 썩는다.
③ 굵은 뿌리의 노출된 부분이 거의 없고, 잎이 일찍 떨어진다.
❹ 활엽수에서는 수관의 아래에서 위로 가지 고사가 진행된다.
⑤ 침엽수 수관 전체의 잎이 퇴색하여 마르면 수세를 회복하기 힘들다.

③ 방제

㉠ 즉시 예전에 묻혀 있던 높이까지 표토를 제거

㉡ 뿌리가 위로 올라와 있더라도 흙을 제거하여 수피가 더 썩는 것을 막아야 함

㉢ 표토를 제거하여 나무의 주변이 낮아지면 물웅덩이에 물이 고이지 않게 조치

(2) 복토와 석축

① 원인

㉠ 이미 심어져 있는 나무 위에 15cm 이상 흙을 덮어 수목의 뿌리 호흡을 방해

㉡ 석축 조성 후 그 안에 흙을 채우는 행위로 복토와 같은 피해

㉢ 천연기념물을 비롯하여 노거수의 피해가 큼

㉣ 초기 뿌리의 활력이 나빠 무기양분의 흡수가 지연되어 잎과 가지가 죽고 이후에 밑동이 썩어 탄수화물이 뿌리로 전달되지 못해 고사

② 병징

㉠ 활엽수

- 초기 증상은 잎에 황화현상이 나타남
- 잎이 작아지고 새 가지의 길이가 짧아지는 생장 감소현상(영양 결핍과 비슷) 발생
- 더 진전되면 수관의 맨 꼭대기에 있는 가지부터 잎이 탈락하면서 서서히 죽기 시작하여 밑으로 확산하며 곳곳에 맹아 발생
- 결국 수관이 축소되고 나무의 건강이 극도로 악화
- 이때 뿌리를 파보면 잔뿌리의 발달이 없고, 뿌리껍질이 힘 없이 벗겨짐

㉡ 침엽수

- 잎의 황화현상이 활엽수처럼 뚜렷하지 않고 잎의 녹색이 퇴색
- 불규칙하게 여기저기 가지가 마르고 나무가 쇠퇴
- 양분을 모두 소진할 때까지 잎에 병증을 나타내지 않다가 갑자기 고사

③ 방제

㉠ 20cm 이상 절대 복토하지 말고 복토된 흙은 발견 즉시 제거

㉡ 뿌리가 상승하여 자라 있어도 흙을 제거하고 밑동이 썩지 않게 방지

㉢ 복토에 저항성 수종을 식재
㉣ 복토 제거 후 물이 고이지 않게 함

④ 부득이한 복토 시
㉠ 나무 주변에 물이 고이지 않도록 바깥쪽으로 약간의 경사를 유지하면서 토양 표면을 정리
㉡ 나무 밑동이 흙속에 묻혀 썩지 않게 밑동 주변 60cm 이상의 공간에 마른 우물 설치
㉢ 숨틀을 마른 우물 방사 방향으로 설치하고 가장자리를 원형으로 연결 후 수직숨틀 설치

(3) 절토

① 정의 : 절토는 뿌리가 뻗고 있는 토양의 일부를 걷어 내거나 수직 방향으로 잘라내는 것

② 원인 : 수목의 뿌리는 수직 방향으로 1~2m 정도 내려가며 잔뿌리의 90% 이상이 표토 20cm에 존재하여 주변의 모든 흙을 30cm 깊이로 제거하면 나무가 살 수 없음

③ 병징
㉠ 수관의 한쪽 가장자리 끝에서 절토가 이루어지면 전체 뿌리의 15%가 제거됨
㉡ 수관폭 반경의 절반 부근에서 절토가 이루어지면 뿌리의 30%가 제거
㉢ 그 이상이 절토되면 수관에 피해가 나타남
㉣ 뿌리가 잘린 쪽의 수관이 마르기 시작
㉤ 침엽수는 나선상으로 물이 올라가기 때문에 반대편에 나타날 수도 있음

(4) 답압

① 정의 : 답압은 인간이나 장비에 의해 표토가 다져져서 견밀화되는 토양경화현상을 의미

② 원인
㉠ 일반적으로 조경공사 전 토목공사가 실시되면서 중장비에 의해 표토가 다져짐
㉡ 사람이 빈번하게 다니는 곳은 발길에 의해 땅이 딱딱해짐

핵심문제

절토(切土)에 의한 수목피해에 대한 설명으로 옳지 않은 것은?
[21년 5회]

① 외부의 충격으로 나무가 쉽게 넘어진다.
❷ 질소시비로 생육을 개선하여 피해를 줄인다.
③ 뿌리 생육을 돕는 인산시비로 피해를 줄인다.
④ 활엽수는 뿌리가 잘린 쪽의 수관에서 피해가 나타난다.
⑤ 침엽수는 뿌리가 잘린 쪽의 반대편 수관에서도 피해가 나타난다.

핵심문제

답압된 토양을 경운하기 위하여 사용하는 수목관리용 장비가 아닌 것은? [22년 7회]

① 리퍼(Ripper)
② 심경기(Subsoiler)
③ 쇄토기(Rototiller)
④ 동력 오거(Power Auger)
❺ 트리 스페이드(Tree Spade)

핵심문제

백로류의 집단 서식으로 수목이 피해를 받았을 때 토양에 처리할 것으로 옳은 것은? [25년 11회]

① 황, 석고
❷ 생석회, 소석회
③ 황산철, 킬레이트철
④ 붕사, 킬레이트아연
⑤ 황산구리, 황산망간

핵심문제

강산성 토양에서 결핍되기 쉬운 무기양분으로 짝지어진 것은? [22년 7회]

① 인 – 망간
❷ 인 – 칼슘
③ 망간 – 칼슘
④ 마그네슘 – 철
⑤ 마그네슘 – 아연

③ 병징
㉠ 토양 내 수분, 산소, 무기양분이 부족해서 나타나는 현상을 합쳐 놓은 것과 흡사
㉡ 장기간 만성적으로 지속되면 잎이 작아지고 가지의 생장이 둔화됨. 또한 잎에 황화현상이 나타나며 수관의 꼭대기부터 밑으로 내려오면서 가지가 고사하고 수관이 엉성해짐
㉢ 중장비에 의한 답압은 그 위에 수목을 식재하면 수목의 생장이 거의 불가능

④ 방제
㉠ 토양멀칭은 다공성 유기물을 깜(바크, 우드칩, 솔방울, 솔잎, 볏집 등)
㉡ 천공법은 토양 표면에 구멍을 뚫고 모래, 유기물, 다공성 물질을 넣음(5cm 직경, 30cm 깊이)
㉢ 수목의 보호를 위한 울타리 설치
㉣ 경운을 통하여 물리성을 개선(30cm 이내)

(5) 산성토양

① 원인 : 토양산도가 pH 5 이하로 내려가면 강산성이라 함. 다량 원소인 암모니아태 질소, 인, 칼륨, 칼슘, 마그네슘의 흡수가 급격히 줄고 철, 망간, 아연, 구리, 니켈의 흡수가 증가하여 피해가 발생

② 병징
㉠ 필수원소가 부족하면 수목의 생장이 부진하고 줄기가 가늘고 짧아짐
㉡ 잎이 왜소하고 황록색으로 퇴색되며 잎끝이 갈색으로 변하고 조직이 괴사
㉢ 질소, 인산, 칼륨, 마그네슘 부족 시 가지의 오래된 잎에 결핍 증상 발현
㉣ 칼슘, 황, 철, 망간, 구리, 아연 등이 부족 시 가지의 선단이나 새로 나온 잎에서 결핍 증상 발현

③ 방제
㉠ 석회와 유기물 퇴비를 흙과 혼합하여 산도를 교정하고 토양의 구조를 개선
㉡ 산성토양으로 결핍된 무기원소를 보충하기 위하여 무기양료를 엽면시비, 수간주사, 토양관주를 실시하여 수세회복
㉢ 산성토양의 표토 20cm를 pH 6.5로 교정할 때 석회량(kg/100m^2)

(6) 염류토양

① 원인

㉠ 소금 함량과 전기전도도가 높으면 Ca, Fe, Mg 등의 무기원소 염화물의 함량이 높아 뿌리가 물과 양분을 흡수하지 못하여 나무 의 생장에 중요한 제한요인으로 작용

㉡ 염류피해는 건조가 심할 때 나타남

㉢ 눈이 많이 온 지역에서는 제설염을 살포하여 토양의 염분농도가 높아져 나무에 피해

㉣ 바닷가에서 태풍에 의해 바닷물의 피해를 받아 조기낙엽되고 수세가 약해짐

② 병징

㉠ 잎이 황색 또는 갈색이 되어 조기낙엽되고 심하면 고사

㉡ 활엽수는 엽면이 괴저되고 조기낙엽, 봄에 잎의 발아가 지연되기도 하며 고사지가 생김

㉢ 침엽수는 잎이 황색 또는 잎끝이 갈색이 되며 조기낙엽

③ 방제

㉠ 염도의 피해는 흙이 건조하면 피해가 심하므로 건조 시 수분을 충분히 관수

㉡ 배수구를 설치하고 양질의 수분을 충분히 관수하여 염분을 제거함

㉢ 염분의 피해가 심한 지역은 석고($CaSO_4$)를 사용하고 퇴비를 충분히 주어 완충시킴

㉣ 알칼리성 토양, 칼슘이 많은 토양은 황을 토양에 혼합처리

㉤ 염기성 토양의 표토 20cm를 pH 6.5로 교정할 때 필요한 황은 다음과 같음

➤ 황의 필요량(kg/100m²)

pH 교정	사토	양토	식양토
8.5 → 6.5	100	125	150
8.0 → 6.5	60	75	100
7.5 → 6.5	25	40	50
7.0 → 6.5	5	8	15

(7) 중금속

① 원인

㉠ 중금속의 피해는 엽록소 함량의 감소로 인한 광합성 방해

㉡ 탄수화물 대사의 불균형

㉢ 토양에서 흡수한 질산이온의 단백질화 과정을 담당하는 질산환원효소를 불활성화

㉣ 이온 운반과 치환 등을 유발

㉤ 이러한 독성은 중금속이 활성산소를 생산하여 지질을 산화시켜 식물색소와 세포막을 파괴하고 효소의 활성화를 막기 때문임

② 병징

㉠ 잎, 줄기, 뿌리의 모든 부위에서 나타남

㉡ 잎의 황화현상과 왜소화, 뒤틀림, 괴사, 조기낙엽

㉢ 잎의 숫자와 엽면적 감소, 줄기 신장 및 뿌리의 신장과 측근의 발달을 억제

㉣ 중금속 중독의 공통점은 잎에 반점을 형성

㉤ 엽맥 부근에 카드뮴이 축적되면 엽맥 부근에서 검은 반점이 먼저 나타나고 잎의 전면으로 불규칙하게 퍼짐

㉥ 붕소의 경우 잎의 가장자리부터 검은색의 작은 반점들이 생김

③ 방제

㉠ 나무를 심기 전에 주변 토양을 들어내고 깨끗한 흙으로 객토한 후 식재

㉡ 중금속의 농도가 높을 경우에는 객토와 더불어 주위에 활성탄을 섞음

㉢ 내성이 있는 수종을 식재

㉣ 현사시나무는 카드뮴 내성이 커서 식물복원법에 응용

4. 양분 불균형 발생기작과 피해 증상 및 대책

1) 양분 종류별 피해 증상

(1) 질소

① 질소의 기능

㉠ 아미노산, 단백질, 효소, 핵산, 식물호르몬, 엽록소의 구성성분

㉡ 생물의 여러 가지 대사의 핵심 역할 수행

㉢ 질소를 NO_3^-, NH_4^+의 형태로 흡수하며 도꼬마리형은 잎에서 환원되고, 루핀형은 뿌리에서 환원. 루핀형은 특히 산성토양에서 잘 견디는 진달래, 소나무류가 해당

㉣ 체내 건중량의 1.5~2%

② 결핍 증상

㉠ 동부의 경우 잎에 요소가 축적되어 검은 반점으로 괴사

㉡ 보리의 경우 종자가 발아하지 않음

활엽수	침엽수	치료법
• 잎 – 성숙잎이 황녹색으로 균일하게 변함 – 잎이 작아지고 얇아짐 – 복엽은 소엽의 숫자가 감소 • 가지 : 가늘고 짧아짐 • 꽃 : 늦게 많이 핌 • 열매 : 작고 가벼움, 조기성숙	• 잎 – 짧고 노란색을 띰 – 잎 배열이 엉성하고 수관하부가 먼저 노란색으로 변색	요소, 황산암모늄, 질산나트륨 비료를 1~2kg/100m^2 시비

(2) 인

① 인의 기능

㉠ 염색체와 인지질로 만들어진 원형질막의 구성성분

㉡ 에너지를 생산하고 전달하는 ATP 형태로 존재

㉢ 광합성과 호흡작용에서 당류와 결합하여 여러 가지 대사를 주도

㉣ 체내 건중량의 0.12~0.15%

㉤ 산성토양(pH 4.5)에서 Al 또는 Fe와 결합 불용성인산, 알칼리토양에서는 Ca와 결합

② 결핍 증상

활엽수	침엽수	치료법
• 잎 – 성숙잎이 녹색 혹은 짙은 녹색이 됨 – 엽병, 잎의 뒷면이 동색에서 보라색으로 변색 – 약간 뒤틀리며 엉성하게 부착	• 잎 : 색이 어두운 청색에서 회녹색으로 변함 • 뿌리 : 엉성함	과린산석회(과석) 비료를 1~2kg/100m^2 시비

핵심문제

식재 후 수목관리에 대한 설명으로 옳지 않은 것은? [21년 5회]

❶ 식물의 다량원소로서 질소, 인, 칼륨, 칼슘, 붕소, 황 등이 있다.
② 시비방법으로 표토시비법, 토양 내 시비법, 엽면시비법, 수간주사법 등이 있다.
③ 토양수분은 결합수, 모세관수, 자유수로 분류하는데 수목은 주로 모세관수를 이용한다.
④ 이식 후 지주목의 설치는 수고생장에 도움을 줄 뿐 아니라 뿌리 조직의 활착에 도움을 준다.
⑤ 이식 후 멀칭은 토양 수분과 온도 조절, 토양의 비옥도 증진, 잡초의 발생 억제 등 효과가 있다.

활엽수	침엽수	치료법
• 가지 : 길이는 정상이나 가늘어 보임 • 꽃 : 적게 달림 • 열매 : 적게 달리고 작음		

(3) 칼륨

① 칼륨의 기능

㉠ 건중량 약 1%(활엽수 1.0～1.5%, 침엽수 0.4～1.0%)

㉡ 조직의 구성성분이 아님

㉢ 유기질 형태가 아닌 자유이온의 형태로 세포질에 존재

㉣ 광합성과 호흡작용에서 효소의 활성제 역할

㉤ 세포의 삼투압을 조절하는 물질(기공의 개폐)

② 결핍 증상

활엽수	침엽수	치료법
• 잎 – 성숙잎에서 가장자리와 엽맥 사이 조직이 황화현상 – 후에 검은반점 생기고, 괴사 • 가지 – 여름에 고사함 – 측지가 꼬불꼬불 자라며 길이가 짧음 • 꽃 : 적게 달림 • 열매 : 작고 색깔이 빈약함	• 잎 – 성숙잎이 처음에 어두운 청록색 – 후에 황색, 적갈색으로 변함 – 나중에 잎끝이 괴사함 – 길이가 짧음 – 서리 피해에 약함	황산칼륨, 염화칼륨 비료를 2～8kg/100m^2 시비

(4) 칼슘

① 칼슘의 기능

㉠ 칼슘 펙테이트(Ca Pectate) 형태로 중엽층을 구성하며, 세포막의 정상적인 기능에 기여

㉡ 아밀라아제 효소 등의 활성제 역할

㉢ 칼슘이 칼모듈린(Calmodulin)이라는 단백질에 결합되어 다른 효소를 활성화시킴

㉣ 체내에서 이동이 안 됨(사부로 적재되지 않음)

② 결핍 증상

활엽수	침엽수	치료법
• 잎 – 유엽이 황화 및 괴사 – 잎이 작고 기형화(뒤틀리며, 끝부분이 뒤로 젖혀짐) • 가지 : 왜성화하며 끝이 고사 • 뿌리 – 끝부분이 고사 – 생장 감소함	• 잎 – 끝이 꼬부라지고 눈이 왜성화 – 수관 상부의 어린잎에서 가장 심한 증세가 나타남	석고 비료를 40~75kg/100m² 시비

(5) 마그네슘

① 마그네슘의 기능

㉠ 엽록소의 구성요소

㉡ ATP와 결합하여 ATP가 제 기능을 하도록 활성화

㉢ 광합성, 호흡작용 그리고 핵산합성에 관여하는 효소의 활성제 역할

㉣ 건중량의 0.1~0.2%

② 결핍 증상

활엽수	침엽수	치료법
• 잎 – 성숙잎의 엽맥 사이와 가장자리가 붉은색으로 변색 후에 엽맥 사이 조직 괴사 – 잎이 얇고 조기낙엽 • 가지 : 결핍될 때까지 정상생육	• 잎 – 끝이 오렌지색에서 적색으로 변색 – 성숙엽에서 그리고 수관 하부에서 먼저 나타남 – 잎에서 변색된 곳과 녹색의 경계가 뚜렷함	황산마그네슘, 석회석 비료를 12~25kg/100m² 시비

(6) 황

① 황의 기능

㉠ 시스테인(Cysteine), 메티오닌(Methionine)과 같은 아미노산의 구성성분

㉡ 티아민(Thiamine), 비오틴(Biotin), 코엔자임 A(Coenzyme A)와 같이 호흡작용에 관여하는 조효소의 구성성분

㉢ 체내에서 이동이 잘 안 되어 어린잎 전체가 황화현상을 나타내고 아미노산이 축적

② 결핍 증상

활엽수	침엽수	치료법
• 잎 – 유엽과 성숙엽에서 잎 전체가 담녹색을 띰 – 잎이 작고 질소 결핍증과 유사 • 가지 : 왜성화	• 잎 – 질소결핍증과 유사 – 성숙엽에서 잎끝이 황화, 적색화하며 후에 괴사 – 잎이 조기낙엽	석고 비료를 5~8kg/100m^2 시비

(7) 철

① 철의 기능

㉠ 광합성과 호흡작용에서 전자를 전달하는 단백질(Ferredoxin, Cytochrome)과 효소의 구성성분

㉡ 엽록소를 합성하는 단백질이 철분을 필요로 함(엽록체에 많음)

㉢ 엽록소에 철분이 많이 존재

㉣ Mg의 결핍증과 흡사하게 엽맥 사이 조직에서 먼저 시작(어린잎)

② 결핍 증상

활엽수	침엽수	치료법
• 잎 – 유엽의 엽맥 사이가 황화(엽맥은 정상) – 가지의 기부에 있는 성숙엽은 짙은 녹색으로 남아 있음 – 황화된 잎은 갈색으로 변하며 잎의 가장자리와 끝이 타들어감 – 낙엽이 짐 – 잎이 작고 쌀쌀한 봄에 심하게 나타남 • 가지 – 가늘고 길어짐 – 고사함 • 열매 : 색깔이 빈약함	• 잎 – 새순이 황화현상과 왜성화 – 성숙엽과 수관 하부는 정상적으로 녹색을 유지함(알칼리성 토양에서 자주 나타남)	황산철 비료를 12kg/100m^2 시비

(8) 붕소

① 붕소의 기능

㉠ 화분관 생성에 관여

㉡ 핵산의 합성과 헤미셀룰로오스(Hemicellulose)의 합성에 관여

② 결핍 증상

㉠ 정단분열조직(줄기 끝과 뿌리 끝)이 고사

㉡ 수분흡수력이 떨어짐

㉢ 밤나무의 경우 조기낙과현상

㉣ 산림에서 철과 더불어 미량원소에서 흔하게 나타남

㉤ 산성과 알칼리성 토양 모두에서 나타남

활엽수	침엽수	치료법
• 잎 – 유엽이 동색, 적색으로 변하며 타서 죽음 – 잎이 작고 잘 부서짐 • 가지 – 로제트병, 변색 – 새순이 꼬불꼬불 짧고 두툼해진 후 고사함 • 꽃 : 적게 달림 • 열매 : 기형(갈라짐, 괴사, 반점, 딱딱해짐), 조기낙과가 심함	• 가지 끝이 꼬부라짐 • 눈의 분열조직이 갈라짐 • 눈을 확대기로 보면 괴사 반점이 보이며 결국 눈이 고사 • 나무가 관목 같은 인상을 줌	붕사 비료를 0.2~05kg/100m^2 시비

(9) 망간

① 망간의 기능

㉠ 엽록소의 합성에 필수적이며 효소의 활성제 역할

㉡ 광합성 시 물 분자를 가르는 광분해를 촉진

② 결핍 증상

㉠ 잎에 반점을 만듦

㉡ 체내에서 이동이 잘 안 됨

활엽수	침엽수	치료법
• 잎 – 엽맥 사이가 황화현상(엽맥은 넓게 그대로 있음) – 엽맥 사이가 반점으로 괴사하며 잎이 나긋나긋해짐 • 가지 : 생장 감소 • 열매 : 작아짐	철 결핍증과 구별이 잘 안 됨	황산망간 비료를 2~10kg/100m^2 시비

(10) 아연

① 아연의 기능

㉠ 아미노산의 일종인 트립토판(Tryptophan)의 생산에 관여하여 부수적으로 옥신(Auxin) 생산에 관여

㉡ 옥신 부족으로 절간생장이 억제되고 잎이 작아짐

② 결핍 증상

활엽수	침엽수	치료법
• 잎 – 잎이 왜소하며 뾰족한 모양이 됨 – 전체적으로 황화현상, 괴사반점으로 얼룩짐 • 가지 : 마디가 짧고 가지 끝에만 잎이 남아 있고 후에 고사함 • 열매 : 왜소화, 뾰족하고 다양한 색깔을 띰	• 잎과 가지가 극히 왜소화됨 • 잎은 황화현상 • 성숙엽은 낙엽이 되어 없어지고 가지가 고사함(알칼리토양에서 드물게 나타날 수 있음)	킬레이트 아연 비료를 $1kg/100m^2$ 시비

(11) 구리

① 구리의 기능

㉠ 산화–환원 반응에 관여하는 효소의 구성성분

㉡ 엽록체 단백질인 plastocyanin의 구성성분

② 결핍 증상

활엽수	침엽수	치료법
• 잎 : 왜소화, 어린잎에서 갈색으로 반점 • 가지 : 왜성화, 고사로 관목 같은 느낌	• 잎 : 가지 끝에 있는 어린잎이 갈색으로 변색하고 겨울철 낙엽현상 • 가지 : 밑으로 처져 꼬부러짐	황산구리 비료를 0.5~$1.5kg/100m^2$ 시비

(12) 몰리브덴

① 몰리브덴의 기능

㉠ 17가지 원소 중에서 체내에서 가장 적은 농도(0.1ppm)

㉡ 질산환원효소의 구성성분($NO_3^- \rightarrow NO_2^-$)

㉢ 핵산의 구성요소인 푸린(Purines)계(adenine & guanine)의 해체에 관여

㉣ 아브시스(Abscisic)산의 합성에 관여

② 결핍 증상

활엽수	침엽수	치료법
• 잎 – 황화현상 – 가장자리가 타고 말림 • 가지 : 마디 간격이 짧음 • 꽃 : 적게 달리고 작음	• 잎 : 끝부분부터 황화현상과 괴사현상	몰리브덴 나트륨 비료를 2~20g/100m^2 시비

(13) 염소

① 염소의 기능

㉠ 광합성에서 망간과 함께 H_2O의 광분해를 촉진

㉡ 식물호르몬인 옥신(Auxin) 계통 화합물의 구성성분

㉢ 삼투압을 높임

② 먼지, 빗물, 안개 등에 섞여 있어 결핍 증상을 찾아보기 어렵다.

(14) 니켈

① 니켈의 기능

㉠ 가장 최근에 추가

㉡ 요소를 CO_2와 NH_4^+로 분해하는 우레아제(Urease) 효소의 구성성분

② 결핍 증상

㉠ 동부의 경우 잎에 요소가 축적되어 검은 반점으로 괴사

㉡ 보리의 경우 종자가 발아하지 않음

2) 양분 불균형 방제법

(1) 치료

① 피해원인의 진단결과 무기양료의 결핍으로 판정되어도 결핍원소의 규명은 어렵다.

② 생활권수목의 경우 비료나 유기질 비료를 시비하기 어려운 경우가 많다.

③ 이런 경우 무기원소의 엽면시비, 토양관주, 수간주사로 무기원소 결핍 증상을 치료한다.

(2) 엽면시비

① 시비방법 : 무기양료를 물에 희석한 후 잎에 살포하여 기공을 통하여 흡수시키는 방법

② 엽면시비를 하는 경우

㉠ 무기양료 부족 상태를 조기에 회복하고자 할 경우

㉡ 토양에 비료나 퇴비를 시비하기 어려울 경우

㉢ 뿌리의 손상으로 무기양료 흡수가 어려운 경우

㉣ 토양에 무기양료가 불가급 상태로 변하기 쉬운 경우

㉤ 지표면에 피복물, 지표식생에 의하여 처리하기 어려울 경우

③ 엽면시비 조제

㉠ 질산칼슘[$Ca(NO_3)_2$] : 1,000배

㉡ 질산칼륨(KNO_3) : 2,000배

㉢ 황산마그네슘($MgSO_4$) : 2,000배

㉣ 제일인산칼륨(KH_2PO_4) : 2,000배

㉤ 염화철($FeCl_2$) : 50,000배

(3) 토양관주

① 관주방법

㉠ 뿌리의 세근이 있는 부근에 직경 3~5cm, 깊이 30~50cm의 구멍을 뚫거나 숨틀을 설치하고 조제된 액을 충분히 관주

㉡ 관주는 7~10일 간격으로 3~5회 실시

② 조제법 : 엽면시비 조제와 같음

(4) 수간주사

① 주사방법 : 표피에서 목질부까지 45° 각도로 구멍을 뚫고 주입세트와 주입병을 이용하여 주사하며, 이때 주사액이 밖으로 나오지 않도록 꼭 끼워야 함

㉠ 중력식 : 대용량, 낮은 농도

㉡ 압력식 : 소용량, 고농도

㉢ 삽입식 : 소용량, 고농도

㉣ 유입식 : 가장 저렴한 방법

② 주사액 제조 : 1L의 5% 포도당에 다음과 같이 희석하여 수간주사 실시

㉠ 질산칼슘[$Ca(NO_3)_2$] 1g : 1,000배

㉡ 질산칼륨(KNO_3) 0.25g : 4,000배
㉢ 황산마그네슘($MgSO_4$) 0.25g : 4,000배
㉣ 제일인산칼륨(KH_2PO_4) 0.25g : 4,000배
㉤ 염화철($FeCl_2$) 0.02g : 50,000배

3) 기타

(1) 무기영양소의 이동성

① 이동이 용이한 원소 : N, P, K, Mg(결핍 증세는 성숙잎부터 나타남)
② 이동이 어려운 원소 : Ca, Fe, B(결핍 증세는 어린잎부터 나타남)
③ 이동이 중간인 원소 : S, Zn, Cu, Mo

(2) 무기영양소의 일반적인 결핍현상

① 왜성화 : 줄기 중 잎의 크기가 감소하고, 노란색을 띠며 괴사 발생
② 황화현상 : N, Mg, K, Fe, Mn 부족으로 엽록소 합성에 이상이 생겨 발생
③ 조직의 괴사 : 수분 부족, 독극물, 이상기온, 무기염류의 과다 등으로 발생

(3) 무기영양소의 결핍 검사법

① 가시적 결핍증 관찰(육안분석법) : 결핍 상태를 육안으로 확인하는 것으로 많은 지식과 경험이 필요하며, 신속함
② 시비실험 : 무기영양소를 하나씩 추가하면서 부족한 무기영양소를 알아냄
③ 토양분석 지표 10cm에서 토양을 채취하여 무기영양소의 함량을 측정(식물의 흡수율과 다름)
④ 엽분석 : 가장 정확한 방법으로, 가지의 중간에서 잎을 채취 후 분석(봄잎은 6월 중순, 여름잎은 8월 중순)

핵심문제

결핍 증상이 수목의 어린잎에서 먼저 나타나는 원소들은? [21년 5회]

❶ 철, 칼슘
② 황, 질소
③ 칼륨, 아연
④ 인, 몰리브덴
⑤ 마그네슘, 붕소

CHAPTER 03

농약관리

핵심문제

국내에서 농약을 제조하여 판매하려면 품목별로 등록하여야 한다. 한국의 농약 품목 등록권자는 누구인가? [21년 5회]

① 대통령
② 산림청장
❸ 농촌진흥청장
④ 농림축산식품부 장관
⑤ 국립농산물품질관리원장

✎ 살서제, 방역약품(파리약, 모기약, 바퀴약), 동물의약품은 농약에 속하지 않는다.

✎ 병해충 방제제

- 화학농약
- 생물학적 방제제
- 생물농약
  - 생화학적 농약 : 페로몬, 호르몬, 천연식물조절제
  - 미생물농약 : 세균, 진균, 원생동물, 바이러스
  - 그 외의 생물적 방제제 : 곤충포식생물, 대형 기생생물, 선충

1. 농약의 특징

1) 농약관리법의 목적

이 법은 농약의 제조, 수입, 판매 및 사용에 관한 사항을 규정함으로써 농약의 품질 향상, 유통질서 확립 및 농약의 안전한 사용을 도모하고 농업생산과 생활환경보전에 이바지함을 목적으로 한다.

2) 농약의 정의(농약관리법상)

농약이라 함은 농작물(수목, 농산물과 임산물을 포함)을 해치는 균, 곤충, 응애, 선충, 바이러스, 잡초 그 밖에 농림축산식품부령으로 정하는 동식물(동물 : 달팽이, 조류 또는 식물 : 이끼류 또는 잡목)을 방제하는 데 사용하는 살균제, 살충제, 제초제와 농작물의 생리기능을 증진하거나 억제하는 데 사용하는 약제 및 그 밖에 농림축산식품부령으로 정하는 약제(기피제, 유인제, 전착제)를 말한다.

3) 천연식물보호제

① 진균, 세균, 바이러스 또는 원생동물 등 살아 있는 미생물을 유효성분으로 하여 제조한 농약과 자연계에서 생성된 유기화합물 또는 무기화합물을 유효성분으로 하여 제조한 농약을 말한다.
② 원제(原劑) : 농약의 유효성분이 농축되어 있는 물질
③ 농약활용기자재 : 다음 중 하나로 농촌진흥청장이 지정하는 것
  ㉠ 농약을 원료나 재료로 하여 농작물 병해충의 방제 및 농산물의 품질관리에 이용하는 자재
  ㉡ 살균 · 살충 · 제초 · 생장조절 효과를 나타내는 물질이 발생하는 기구 또는 장치

4) 사용 목적에 따른 분류

(1) 살충제(Insecticide)

① 살충제, 살비(응애)제, 살선충제
② 진딧물약, 나방약, 선충약 등

(2) 살균제(Fungicide)

① 종자소독제, 토양소독제, 과실방부제 등
② 탄저병약, 갈색무늬병약, 흰가루병약 등

(3) 제초제(Herbicide)

① 광엽 잡초 방제제, 화본과 잡초 제초제
② 관엽식물 방제제, 올방제 방제제 등

5) 보조제

① 농약의 효력을 충분히 발휘하기 위하여 첨가하는 보조물질의 총칭이다.
② 주성분의 물리적 성질을 개선하는 것이 목적이다.
③ 보조제의 구성성분
㉠ 용제(용매) : 약제의 용해에 쓰이는 것
예 벤젠, 자일렌, 나프사, 디메틸프탈레인 등
㉡ 유화제 : 약제를 물에 혼합하였을 때 기름입자가 균일하게 수중에 분산되어 큰 입자로 모이거나 층 형성을 방지하기 위한 것
예 황산화유, 비이온성 계면활성제 등
㉢ 희석제 또는 증량제 : 약제 주성분의 농도를 낮게 하기 위하여 쓰이는 것
예 탈크, 벤토나이트, 규조토, 카올린 등
㉣ 전착제 : 약제에 현수성, 확전성, 고착성 등을 높이기 위해 사용되는 것
예 살충제용 비누, 비이온성 계면활성제 등
㉤ 협력제 : 그 자체만으로는 효과가 없으나 혼용되는 농약의 효과를 증진시켜 주는 작용을 하는 것
예 Piperonyl Butoxide, Sulfoxide, Sesamin, Sesamolin 등
㉥ 약해경감제 : 제초제에는 작물에 어느 정도 약해를 나타낼 가능성이 크므로 이러한 약해를 완화하기 위하여 사용하는 약제

핵심문제

농약의 보조제에 관한 설명 중 옳지 않은 것은? [22년 7회]

① 증량제에는 활석, 납석, 규조토, 탄산칼슘 등이 있다.
② 계면활성제는 음이온, 양이온, 비이온, 양성 계면활성제로 구분된다.
③ 협력제는 농약의 약효를 증진시킬 목적으로 사용하는 첨가제이다.
❹ 계면활성제의 HLB 값은 20 이하로 나타나며, 낮을수록 친수성이 높다.
⑤ 유기용제는 원제를 녹이는 데 사용하는 용매로 농약의 인화성과 관련된다.

핵심문제

농약의 보조제 중 그 자체만으로는 약효가 없으나, 혼용하였을 때 농약 유효성분의 약효를 상승시키는 작용을 하는 것은? [21년 5회]

① 전착제
② 증량제
③ 활성제
❹ 협력제
⑤ 약해방지제

✎ 전착제의 성질
- 현수성 : 고체상의 미세입자가 용액 중에 균일하게 분산되게 하는 것
- 확전성 : 살포면을 습하게 하고 퍼지는 것을 도움
- 고착성 : 작물체에 약제가 오래 붙어 있게 하는 것

✎ 벼농사용 제초제 Pretilachlor에 대한 약해 경감제로 Fenclorim이 알려져 있다.

6) 농약의 명명법

(1) 화학명

농약의 유효 성분의 화학구조에 따라 붙여지는 전문적이고 과학적인 명칭으로 IUPAC(국제순수 및 응용화학연합)에서 명칭을 정한다.

예 2,2-Dichlorvinyl Dimethyl Phosphate

(2) 일반명

농약을 구성하는 화합물의 이름을 암시하면서 단순화시킨 것으로 국제적으로 통용된다.

예 Dichlorvos, Imidacloprid

(3) 품목명

농약의 제제화와 관련된 이름으로 영문의 일반명을 한글로 표시하고 뒤에 제형을 붙인다.

예 이미다클로프리드 미탁제, 베노밀 수화제

(4) 상표명(상품명)

농약을 제품화할 때 농약회사에서 붙인 고유의 이름으로 같은 농약이라도 생산회사에 따라 이름이 다르다.

예 코니도, 크로스, 어드마이어, 노다지

Reference 농약의 용도에 따른 제품의 색상

용도	살균제	살충제	제초제	비선택성 제초제	생장 조절제	기타 약제	혼합제 및 동시 방제용 농약
라벨 색상	분홍색	초록색	노란색	빨간색	파란색	흰색	해당 농약 색깔 병용

7) 농약 포장지의 표기

① 제품의 표지 앞면에는 회사 고유의 상표명을 표기하고 뒷면에는 일반명과 유효성분의 함량을 표기하는 것이 원칙이다.

② 같은 계통 또는 작용기작을 가진 약제를 연용하지 않도록 구별하기 쉽게 제품의 포장지 앞면에 표기한다.

핵심문제

농약 명명법에서 제품의 형태를 표기하는 것은? [23년 9회]

① 상표명
② 일반명
③ 코드명
❹ 품목명
⑤ 화학명

핵심문제

농약 제품의 포장지에 반드시 표기해야 하는 사항이 아닌 것은? [21년 5회]

❶ 화학명
② 사용방법
③ 안전그림문자
④ 응급처치방법
⑤ 농약 유효성분 함량

> **Reference** 농약제품의 포장지에 반드시 표기해야 하는 사항
>
> - '농약'이란 문자 표기
> - 품목등록번호
> - 농약의 명칭 및 제제 형태
> - 유효성분의 일반명 및 함유량과 기타 성분의 함유량
> - 포장단위
> - 농작물별 적용병해충 및 사용량
> - 사용방법과 사용에 적합한 시기
> - 안전사용기준 및 취급제한기준(그 기준이 설정된 농약에 한한다)
> - 그림문자, 경고문구 및 주의사항
> - 저장 · 보관 및 사용상의 주의사항
> - 상호 및 소재지
> - 농약제조 시 제품의 균일성이 인정되도록 구성한 모집단의 일련번호
> - 약효보증기간
> - 작용기작그룹
> - 독성 · 행위금지 등 그림문자 및 설명
> - 해독 및 응급처치 요령
> - 상표명
> - 바코드
> - 빈 농약용기 처리에 관한 설명

8) 농약의 구비조건

① 약효의 우수성 : 소량으로도 확실한 효과
② 인축에 대한 안전성 : 현재 우리나라에서는 맹독성과 고독성에 해당하는 농약은 사용할 수 없음
③ 농작물에 대한 안전성
④ 생태계에 대한 안전성
⑤ 농약 제제화의 용이성
⑥ 농약가격의 합리성
⑦ 농촌진흥청에 등록된 약제
⑧ 대량생산의 가능
⑨ 사용의 편리함

9) 농약품목별 독성 현황

농촌진흥청에 등록된 농약 품목수는 2,142종이다(2022년 12월 기준). 이 중에서 86.1%가 저독성 농약이기 때문에 안전사용 기준을 잘 지킨다면 잔류문제는 발생하지 않는다.

Reference 최근 농약의 특성

- 독성이 낮음 : 인축 특히 환경생태계에 안전
- 활성화가 높음 : 극미량에서도 활성이 높아 사용량이 매우 소량
- 분해가 잘 됨 : 농작물과 환경 중에서 신속하게 분해 소실
- 선택성이 높음
  - 방제 대상의 병해충, 잡초만 사멸, 환경생물에 안전
  - 단점 : 저항성 발현

10) 농약등록에 필요한 시험성적

농약의 제조업자 · 원제업자 · 수입업자는 농약품목별로 농촌진흥청에 등록하여 다음의 시험성적을 평가받아야 한다.

(1) 성분시험

① 경시적 주성분 변화
② 물리화학적 성질
  ㉠ 주성분의 함량
  ㉡ 부성분 종류 및 함량

(2) 약효시험

① 살충제, 살균제 약효 : 3개 포장시험
② 제초제 약효
  ㉠ 6개 포장시험
  ㉡ 2~3년 내 시험

(3) 재배시험

① 해당 작물 약해 : 표준량, 2배량
② 후작물 약해 : 16~23작물
③ 혼용가부 시험

(4) 인축독성

① 급성독성, 아급성독성, 만성독성
② 피부 및 자극성
③ 유전독성
④ 피부 감작성

⑤ 발암성
⑥ 기형독성
⑦ 번식독성
⑧ 유전독성
⑨ 대사독성

(5) 생태독성

① 어류독성
② 새독성
③ 물벼룩독성
④ 천적독성
⑤ 녹조류독성
⑥ 생물농축성
⑦ 꿀벌독성
⑧ 지렁이독성

(6) 잔류성

① 작물 잔류성 : 1개 포장시험
② 토양 잔류성 : 포장 및 실내시험

11) 농약품목의 재등록에 필요한 성적

① 등록농약의 안전성을 주기적으로 확인하기 위하여 10년마다 재등록한다.
② 등록 후 10년이 지난 품목의 시험성적 제출 항목
㉠ 이화학 : 농약등록기준에 필요한 이화학 자료
㉡ 인축 및 생태독성 : 등록 후 시험 항목이 추가된 농약
㉢ 작물 잔류 : 국내 시험성적이 없거나 잔류량 과다로 재시험이 필요한 항목
㉣ 환경 잔류 : 국내 토양잔류 성적 또는 수중 잔류성 성적이 필요한 품목
㉤ 약효, 약해 : 약제 저항성으로 민원제기 품목 및 후작물 약해 발생 우려 품목

2. 농약의 제형 및 사용법

1) 농약의 제형 및 제제 목적

① 농약은 유효성분이 농축되어 있는 소량의 원제, 즉 유효성분을 사용하기에 편리한 형태의 제제로 만든 것이다.

② 농약의 제제 목적

㉠ 넓은 면적에 균일하게 살포하기 위해서

㉡ 독성과 환경에 대한 부작용을 적게 하고, 살포자의 안전성을 높이기 위해서

㉢ 사용, 수송, 저장 등을 용이하게 하기 위해서

㉣ 생물활성을 극대화(최적의 약효 발현과 최소의 약해 발생)하기 위해서

2) 농약 제형의 종류

(1) 직접살포제형

포장지 개봉 후 직접 살포하는 형태이다.

▶ 농약의 제형 분류

사용방법	제제 형태	
직접 살포제형	가루 형태	미립제(MG), 미분제(GP), 분의제(DS), 분제(DP), 저비산 분제(DL)
	입상 형태	입제(GR), 세립제(FG)
	알 형태	캡슐제(CG), 수면부상선 입제(UG), 직접살포정제(DT)
	액체 형태	직접살포액제(AL), 종자처리 액상 수화제(FS), 수면 전개제(SO)
희석 살포제형	가루 형태	수용제(SP), 수화제(WP), 수화성 미분제(WF)
	입상 형태	수용성 입제(SG), 입상 수화제(WG)
	알 형태	정제상 수화제(WT)
	액체 형태	미탁제(ME), 분산성 액제(DC), 액상 수화제(SC), 액제(SL), 오일제(OL), 유제(EC), 유상 수화제(OD), 유탁제(EW), 유현탁제(SE), 캡슐 현탁제(CS)
	미생물 제제	고상제(SO), 액제(SL), 액상 현탁제(SM), 유상 현탁제(EB)
특수제형	과립훈연제(FW), 도포제(PA), 연무제(AE), 판상줄제(SF), 훈연제(FU), 훈증제(GA), 마이크로캡슐 훈증제(VP), 비닐 멀칭제(PF)	

핵심문제

농약 제형을 만드는 목적에 관한 설명으로 옳지 않은 것은? [22년 7회]

① 농약 살포자의 편의성을 향상시킨다.
② 최적의 약효 발현과 약해를 최소화한다.
③ 유효성분의 물리 · 화학적 안정성을 향상시킨다.
④ 소량의 유효성분을 넓은 지역에 균일하게 살포한다.
❺ 유효성분 부착량 감소를 위한 다양한 보조제를 작용한다.

① 입제(GR)

㉠ 원제를 입상화하여 그대로 토양이나 수면에 처리하기 위한 제형

㉡ 벼농사에서 수면처리제 등으로 사용

㉢ 100μm 이하의 증량제를 이용하여 압출조립, 흡착, 피복으로 제조

ⓐ 압출조립법

- 증량제(활석, 점토)와 점결제(PVA 또는 전분)를 넣고 계면활성제와 혼합한 후 분쇄하여 물반죽한 다음 압출
- 가수분해나 열에 안정한 원제에 적용 가능

ⓑ 흡착법 : 천연 점토광물을 분해하여 만든 입자에 유기용매에 녹인 액상의 원제를 균일하게 흡착시켜 제제

ⓒ 피복법 : 규사, 탄산석회, 모래 등의 표면에 액상의 원제를 피복시켜 제제

② 분제(DP)

㉠ 1970년대에 많이 사용되었으나 현재는 일부 사용

㉡ 물에 희석하지 않고 직접 포장에 살포하는 제형

㉢ 비산 위험이 큰 제형

㉣ 분제의 물리성 중 중요한 것은 분말도, 토분성 및 분산성

(2) 희석살포제형

물에 희석하여 살포하는 형태이다.

① 수화제

㉠ 원제가 액체인 경우 : 백토와 증량제(점토와 규조토 등), 계면활성제를 가하여 혼합

㉡ 원제가 고체인 경우 : 백토 없이 계면활성제 등을 첨가 후 혼합, 분쇄

㉢ 물리성 중 중요한 것은 입자의 크기 및 현수성

현수성
살포액 조제 후에 분산된 약제가 침전되지 않고 물 중에 분산되는 성질

▶ 희석살포제형의 분류

수화제	고상	수화제, 입상 수화제
	액상	액상 수화제, 캡슐현탁제, 액상제, 유상 수화제
유제	액상	유제, 유탁제, 미탁제, 분산성 액제
액제	고상	수용제, 입상 수용제
	액상	액제, 전착제
복합제형	액상	유현탁제

▶ 수화제의 장단점

장점	단점
• 고농도의 제제가 가능(유제 : 30% 전후, 수화제 : 50% 전후) • 계면활성제의 사용량 절감 • 계면활성제에 약한 낙엽관수에도 이용 가능 • 포장, 수송, 보관이 유제에 비해 편리, 빈 병 처리문제 없음	• 살포액 조제 시 소요량을 평량해야 함 • 입자의 비산으로 살포액 조제, 취급 시 호흡으로 중독 우려

② 액상 수화제(SC)

㉠ 물과 유기용매에 잘 녹지 않는 원제를 액상 형태로 조제

㉡ 분말의 비산 등 단점을 보완

㉢ 액상이 보조제와 혼합하여 유효성분을 물에 현탁

▶ 액상 수화제의 장단점

장점	단점
• 분진이 발생하지 않아 안전하고 수화제처럼 평량할 필요가 없음 • 증량제로 물을 사용하여 독성과 환경오염 측면에서 유리 • 입자가 미세하여 표면적이 넓어 수화제보다 약효 우수	제조공정이 까다롭고, 자체 점성으로 농약용기에 달라붙음

③ 입상 수화제(WG)

㉠ 수화제 및 액상 수화제의 단점을 보완하기 위하여 과립 형태로 제제

㉡ 원제와 보조제를 분쇄한 후 접착제를 이용하여 과립 형태로 조제

- 원제 함량이 보통 50~95%로 높고, 증량제 비율은 상대적으로 낮음
- 물에 섞으면 팽윤과 확산이 빠르게 일어나 현탁살포액이 형성됨

조제법
분무건조법, 유동층조립법, 압출조립법, 전동조립법 등

▶ 입상 수화제의 장단점

장점	단점
비산에 의한 중독 가능성이 작고, 액상 수화제에 비해 잔존량도 적음	생산설비에 대한 투자비용이 높음

④ 액제(SL)

㉠ 원제가 수용성이며 가수분해의 우려가 없는 경우에 물 또는 메탄올에 녹이고, 계면활성제나 동결방지제를 첨가하여 제제한 액상 제형

㉡ 살포액은 투명

㉢ 겨울철에 저장할 때에는 주의

⑤ 유탁제 및 미탁제

㉠ 유탁제(EW)

- 유제에 사용되는 유기용제를 줄이기 위한 방안으로 개발된 제형
- 소량의 소수성 용매에 원제를 용해하고, 유화제를 사용하여 물에 유화시켜 제제
- 유화성이 우수한 유화제 선발이 가장 중요

㉡ 미탁제(ME)

- 유탁제의 기능을 더욱 개선, 살포액은 투명한 상태
- 유제나 유탁제에 비해 약효가 우수

⑥ 분산성 액제(DC)

㉠ 물에 친화성이 강한 특수용매를 사용하여 물에 녹기 어려운 원제를 계면활성제와 함께 녹여 만든 제형

㉡ 살포용수에 희석하면 서로 분리되지 않고, 미세입자로 수중에 분산

㉢ 액체와 특성은 비슷하나 고농도의 제제를 할 수 없는 단점이 존재

⑦ 수용제(SP)

㉠ 수용성 고체 원제와 유안이나 망초, 설탕과 같이 증량제를 혼합한 후 분쇄하여 만든 분말제제

㉡ 제제방법은 수화제와 동일하나 물에 섞으면 투명해짐

㉢ 수화제와 같이 희석 시 비산이 발생하고 평량작업을 요구

㉣ 용해 상태가 불량하여 노즐이 막히는 경우도 있음

⑧ 캡슐현탁제(CS)

㉠ 미세하게 분쇄한 원제에 고분자물질을 얇은 막 형태로 피복하여 유탁제나 액상 수화제와 비슷하게 현탁시켜 만든 제형

㉡ 방출 제어가 가능하여 효율이 높아 적은 유효성분 투하량으로도 우수한 효과

㉢ 제제기술이 필요하고 제조비용이 고가

핵심문제

농약의 제형 중 액제에 대한 설명으로 옳지 않은 것은? [21년 6회]

① 원제가 수용성이어야 한다.
② 원제가 극성을 띠는 이온성 화합물이다.
③ 보조제로서 동결방지제와 계면활성제를 넣는다.
❹ 농약 살포액을 조제하면 하얀 유탁액으로 변한다.
⑤ 원제를 물이나 알코올(메탄올)에 녹여 제제한다.

핵심문제

다음 내용에 해당하는 농약의 제형은? [23년 9회]

- 유탁제의 기능을 개선한 것
- 유기용제를 소량 사용하여 조제한 것
- 살포액을 조제하였을 때 외관상 투명한 것
- 최근 나무 주사액으로 많이 사용하는 것

❶ 미탁제
② 분산성 액제
③ 액상 수화제
④ 입상 수용제
⑤ 캡슐현탁제

(3) 특수제형

살포하지 않는 특수한 형태이다.

① 도포제 : 농약을 점성이 큰 액상으로 제조하여 붓 등을 사용하여 병반이나 상처 부위에 직접 바르도록 고안된 제형으로, 부란병에 효과적

② 과립훈연제 및 훈연제

㉠ 원제에 발연제, 방염제 등을 혼합하고 기타 보조제 및 증량제를 첨가하여 제조한 제형

㉡ 분말 형태, 압축 블록 형태, 캔에 넣은 형태 등 모양이 용도에 따라 다양

㉢ 과립훈연제(FW) : 압출조립에 의한 입상의 과립제 형태

㉣ 훈연제(FU)

- 시설하우스 등 밀폐된 공간에서만 사용되는 형태
- 약제 처리시간이 짧고 작업자에 안전하며 적은 약량으로 충분한 효과

③ 훈증제(GA)

㉠ 증기압이 높은 농약의 원제를 액상, 고상 또는 압축가스상으로 용기 내에 충전한 것으로, 용기를 열 때 유효성분이 대기 중으로 기화하여 병해충을 방제

㉡ 인축에 대한 독성이 강한 약제

④ 연무제(AE)

㉠ 살포방법을 개선한 제형으로 불활성 압축가스로 충진한 가정용 스프레이통에 넣어 분사하거나 연무발생기를 이용하여 고압이나 열을 가하여 분무하도록 제제

㉡ 가격이 비싸기 때문에 고부가가치 작물에 사용

⑤ 정제(TB)

㉠ 특수한 목적으로 소량 투입되는 농약을 대상으로 한 제형의 일종

㉡ 의약품의 정제와 비슷하게 젖은 슬러리나 건조분말 또는 입상물 형태를 압축하여 제조한 것으로, 제조비용이 고가임

⑥ 미량살포액제(UL)

㉠ 매우 농축된 상태의 액체제형이며 항공방제에 사용되는 특수제형으로, 원액을 그대로 사용하는 경우도 있음

㉡ 균일한 살포를 위해 정전기 살포법과 같은 특수한 살포기술이 요구됨

핵심문제

농축된 상태의 액제 제형으로 항공방제에 사용되는 특수제형이며, 원제의 용해도에 따라 액체나 고체 상태의 원제를 소량의 기름이나 물에 녹인 형태의 제형은? [22년 7회]

① 분의제
② 분산성 액제
③ 수면전개제
④ 캡슐현탁제
❺ 미량살포액제

⑦ 독먹이(CB) : 주로 살서제나 살연체동물제를 위한 제형

(4) 주요 농약제제의 제형과 장단점

<table>
<tr><th>사용
방법</th><th>제제
형태</th><th>국명</th><th>약칭</th><th>장점</th><th>단점</th></tr>
<tr><td rowspan="3">직접
살포
제형</td><td rowspan="3">고체</td><td>분제</td><td>DP</td><td>물이 필요 없음</td><td>표류비산이 많음</td></tr>
<tr><td>미립제</td><td>MG</td><td>• 표류비산이 적음
• 식물줄기 밑까지 도달성이 좋음</td><td>분제에 비해 제조비용이 높음</td></tr>
<tr><td>입제</td><td>GR</td><td>• 표류비산이 적음
• 식물줄기 밑까지 도달성이 좋음</td><td>• 분제에 비해 제조비용이 높음
• 토양처리에 적용 가능</td></tr>
<tr><td rowspan="10">희석
살포
제형</td><td rowspan="5">고체</td><td>수화제</td><td>WP</td><td>• 광범위한 원제로 고농도화가 가능
• 유기용매를 이용하지 않음</td><td>• 희석 시 가루 발생
• 유제에 비해 작물에 얼룩이 발생</td></tr>
<tr><td>과립
수화제</td><td>WG</td><td>• 희석 시 가루가 발생하지 않음
• 유기용매를 이용하지 않음</td><td>• 수화제에 비해 비용이 높음
• 유제에 비해 얼룩 발생</td></tr>
<tr><td>수용제</td><td>SP</td><td>수화제에 비해 얼룩이 적음</td><td>희석 시 가루 발생</td></tr>
<tr><td>과립
수용제</td><td>SG</td><td>희석 시 가루가 발생하지 않음</td><td>수용제에 비해 비쌈</td></tr>
<tr><td>정제</td><td>WT
ST</td><td>사용이 편리함</td><td>균일하게 확산되지 않음</td></tr>
<tr><td rowspan="5">액체</td><td>액상
수화제</td><td>SC</td><td rowspan="2">• 희석 시 가루가 발생하지 않음
• 입자 크기를 미세하게 할 수 있음</td><td rowspan="2">• 용기에 용제가 남기 쉬움
• 보관 중에 굳는 경우 발생
• 보관 중에 입자가 부풀기도 함</td></tr>
<tr><td>유탁제</td><td>EW</td></tr>
<tr><td>유제</td><td>EC</td><td>수화제에 비해 침투력이 강함</td><td>비수용성 유기용제를 이용</td></tr>
<tr><td>액제</td><td>SL</td><td>수용성 용매 이용</td><td>수용성의 유효성분만 적용 가능</td></tr>
<tr><td>캡슐
현탁제</td><td>CS</td><td>방축제어가 가능</td><td>다른 액상제에 비해 비용이 고가임</td></tr>
<tr><td>특수
제형</td><td>기체</td><td>훈연제</td><td>FU</td><td>처리가 간편함</td><td>열에 의한 유효성분의 분해</td></tr>
</table>

(5) 농약 제형의 효과

① 부착량의 증가
　㉠ 식물 표면에 약액 부착량을 많게 하는 것이 중요
　㉡ 식물 표면은 왁스로 덮여 물방울을 튕기는 성질이 있으므로 계면활성제를 첨가하여 표면장력을 낮춘 후 잘 젖게 하여 부착량을 높임
　㉢ 약액의 표면장력이 낮을수록 부착량이 많아짐

② 식물에 침투량 증가
　㉠ 농약의 효력을 높이기 위해 이용되는 첨가물을 보조제라고 함
　㉡ 보조제의 역할은 농약의 부착량이나 침투량을 증가시키고 고착성을 좋게 함
　　• 부착성이나 침투량을 높이는 보조제 : 계면활성제, 광물유, 식물유 등
　　• 고착성을 높이는 보조제 : 고분자화합물 등

③ 입자 크기에 따른 효력 증가 : 입자의 크기가 작아지면 약효가 증가

(6) 농약 제형의 노동력 절감

① 사용횟수나 처리량을 줄인다.
② 처리 면적을 줄인다.
③ 이식기, 시비기 사용을 생각할 수 있다.

3) 농약 살포 전후의 유의사항

(1) 약제 선정

① 방제 대상 작물과 병해충을 정확히 파악한다.
② 농약의 안전 사용 기준을 확인한다.
③ 포장 상태를 점검한다.
④ 가격과 포장단위를 고려한다.
⑤ 방제기구 및 보호장비를 확인한다.
⑥ 시용방법과 주의사항을 숙지한 후 사용한다.
⑦ 농약의 혼용관계를 반드시 확인한다.
⑧ 운반할 때의 문제를 고려한다.
⑨ 대상 작물의 주변 여건을 고려한다.

(2) 저장 중 주의사항

① 자외선 접촉 시 분해 우려가 있으므로, 냉암소에 저장 및 보관한다.
② 고체의 제형은 수분이 흡습되면 분해를 촉진하므로 건조한 곳에 보관한다.
③ 유제 등은 인화 위험성으로 화기 주변을 피한다.
④ 어린이 등의 손에 닿지 않도록 시건장치가 필요하다.

(3) 사용상 주의사항

① 사용자의 건강을 확인한다.
② 임산부 및 노약자의 작업은 중지시킨다.
③ 보호장비를 착용한다.
④ 제품을 포장 및 개봉할 때 보호장비를 착용한다.
⑤ 희석은 깨끗한 물로 한다.
⑥ 희석배수를 준수한다.
⑦ 조제작업은 바람을 등지고, 인축의 접근을 막는다.
⑧ 기상조건을 충분히 고려한다.
⑨ 바람이 강하면 살포하지 않는다.
⑩ 기온이 너무 높을 때는 약해가 발생한다.
⑪ 한 약제를 잘 섞은 후 차례로 희석한다.
⑫ 혼용 시 약해나 약효가 떨어질 수 있다.
⑬ 연용하면 약해가 발생할 수 있으므로 주의한다.
⑭ 천적과 방화 곤충에 유의하여 살포한다.
⑮ 작업이 끝나면 모든 기구는 세척한다. 빈 병이나 빈 포장지는 반드시 회수한다.

(4) 농약허용물질목록화(PLS : Positive List System)

① 등록된 농약 이외에는 잔류농약 허용기준을 일률기준(0.01mg/kg =0.01ppm)으로 관리한다.
② 2019년 1월 1일 시행되었다.
③ 해당 작물에 등록되지 않은 농약의 판매 및 사용은 금지되었다.
④ 안전사용 기준
　㉠ 등록된 농약만 사용
　㉡ 희석배수와 살포 횟수 준수
　㉢ 출하 전 마지막 살포일 준수
　㉣ 포장지 표기사항을 반드시 확인하고 사용

핵심문제

농약 안전사용기준을 설정하는 데 고려하는 내용이 아닌 것은?
[25년 11회]

① 사용 횟수
② 적용대상 농작물
❸ 어독성과 방제효과
④ 사용제형과 사용시기
⑤ 약제의 잔류허용기준

핵심문제

플루오피람 액상수화제(유효성분 함량 40%)를 4,000배 희석하여 500L를 조제할 때 소요되는 약량과 살포액의 유효성분 농도는?(단, 희석수의 비중은 1이다.) [23년 9회]

	약량(mL)	농도(ppm)
①	125	50
❷	125	100
③	125	200
④	250	100
⑤	250	200

✎ 페노뷰카브 유제(50%)를 1,000배 희석하여 10a당 160L를 살포하려고 할 때 페노뷰카브 유제(50%)의 소요약량은?

$$\text{소요약량} = \frac{160\text{L} \times 1,000}{1,000} = 160\text{mL}$$

✎ 이소프로티올레인 유제(50%)를 0.05%액으로 조제하여 10a당 100L를 살포하고자 할 때 소요되는 농약량은?

소요 제품약량(mL, g)

$$= \frac{0.05 \times 100 \times 1,000}{50 \times 1.15} = 87\text{mL}$$

✎ 이소프로티올레인 유제(50%) 100mL로 0.05% 살포액을 조제하는 데 필요한 물의 양은?

물 소요량(L)

$$= \text{제품농약량(mL)} \times \frac{(\text{제품농약의 유효성분농도(\%)} - 1)}{\text{희석액농도(\%)}} \times \frac{\text{농약의 비중}}{1,000}$$

$$= 100\text{mL} \times \left(\frac{50\%}{0.05\%} - 1\right) \times \frac{1.15}{1,000} = 114.9\text{L}$$

✎ 1L의 물에 코니도 10%유제(비중 1)를 100ppm이 되도록 처리하고자 할 때 필요한 약량(mL)은?

소요약량

$$= \frac{100 \times 1,000 \times 100}{1,000,000 \times 1 \times 10} = 1\text{mL}$$

(5) 살포액 조제

① 제품의 라벨에 적용 병해충명, 희석배수를 준수하여 농약을 조제한다.

② 깨끗한 우물이나 수돗물을 사용하고, 알칼리성 또는 산성물을 사용하지 않는다.

③ 경도가 낮은 물을 사용한다.

④ 수온이 낮은 물을 사용한다.

⑤ 전착제는 조제가 끝난 다음에 가한다.

(6) 살포액 희석농도 계산법

① 살포액조제법

㉠ 액체 제형의 농약은 부피/부피를 기준으로 희석

㉡ 고체 제형의 농약은 무게/부피를 기준으로 희석

㉢ 1,000배액은 1L물에 1mL의 농약을 가하거나, 농약 1g을 가한 것을 말함

$$\text{소요약량(mL, g)} = \frac{\text{단위면적당 살포량}}{\text{희석배수}}$$

② 퍼센트 조제법 : 실제 농가에서는 퍼센트액을 조제하여 살포하지 않으며, 연구목적으로 포장시험을 실시할 때 조제하여 살포

$$\text{소요 제품약량(mL, g)} = \frac{\text{추천농도(\%)} \times \text{단위면적당 살포액량(mL)}}{\text{제품농약 유효성분 농도(\%)} \times \text{비중}}$$

③ 피피엠액 조제법 : 주로 실험실 내에서 시험용액을 조제하기 위하여 이용되는 것

$$\text{농약소요량(mL)} = \frac{\text{추천농도(ppm)} \times \text{농약살포량(mL, g)}}{10^6 \times \text{비중} \times \text{농약의 주성분 농도}}$$

④ 반수치사약량(LD_{50})

㉠ 농약을 경구나 경피 등으로 투여할 경우 독성시험에 사용된 동물의 반수를 치사에 이르게 하는 화학물질의 양(mg/kg 체중)

㉡ 숫자가 작을수록 독성이 강함

⑤ 반수치사농도(LC_{50})

㉠ 농약을 흡입 등으로 투여할 경우 동물의 반수를 치사에 이르게 하는 화학물질의 농도

㉡ mg/m^3 또는 mg/L공기이며 ppm으로 표시

(7) 약제 혼용 시 주의점

① 사용설명서를 읽고 주의할 점을 확인한다.
② 표준희석배수를 준수한다(고농도, 여러 종 혼용 금지).
③ 혼용에 의한 화학변화 : 알칼리에 의한 분해로 약효 저하
④ 금속염의 치환에 의한 분해로 약효 저하, 약해 발생 : 알칼리 농약 + 유기황계 농약 = 유황계 금속부분이 석회와 치환되어 약해 발생 및 약효 저하
⑤ 혼용에 의한 물리적 변화
㉠ 보르도액은 알칼리성 약제인 석회황합제, 비누 등과 혼용 시 약해 발생
㉡ 수화제와 유제의 혼용을 피할 것 : 수화제의 현수성 약화, 고농도 혼용 시 점도 증가
⑥ 침전물이 생긴 혼용 살포액은 사용을 금지한다.
⑦ 한 약제를 잘 섞은 후 차례로 추가하여 희석한다.

4) 농약 사용법

(1) 제형별 살포액 조제방법

① 수화제와 액상 수화제
㉠ 필요한 양의 약제를 소량의 물에 넣어 혼화한 다음 희석할 전량의 물에 부어 충분히 혼화하여 조제
㉡ 액상 수화제와 같이 점성이 있는 제형은 사용하기 전에 잘 흔들어 사용
② 유제 : 필요한 양의 약제를 동일한 양의 물에 넣어 충분히 혼화한 다음 나머지 물에 넣으면서 혼화하여 조제
③ 액제와 수용제 : 약제가 물에 잘 녹으므로 물에 완전히 녹여 투명한 액으로 조제
④ 전착제의 첨가 : 살포액 조제방법에 준하여 조제하여 살포액에 첨가한 후 혼화

(2) 농약 살포기

① 인력살포기
㉠ 압축공기를 이용한 공기압축식 살포기
- 포약의 물탱크 용량의 2/3 정도 채움
- 1bar 정도의 압력으로 살포

핵심문제

버즘나무방패벌레를 8% 클로티아니딘 입상수용제로 방제하려 한다. 2,000배 희석 살포액을 100L 조제하여 수관살포할 때, 필요한 약량과 적절한 사용법을 옳게 연결한 것은? [25년 11회]

① 50g – 입제살포법
❷ 50g – 분무법
③ 50mL – 관주법
④ 20mL – 연무법
⑤ 20g – 미스트법

• 약대에 분사를 조절하는 잠금장치
• 수압을 이용한 수압식 살포기 : 장치에 부착된 막대를 상하로 움직여 농약을 살포

㉡ 수압을 이용한 수압식 살포기
• 장치에 부착된 막대를 상하로 움직여 농약을 살포
• 19세기 후반 포도에 살균제를 살포하기 위해 개발
• 배부식 살포기라고도 함
• 살포압력은 1～3bar

② 동력살포기
㉠ 넓은 평야지대에 살포하기 위해서 사용
㉡ 원격조정이 가능하고 무인살포와 정밀살포가 가능하며, 살포 과정 중 살포압력을 달리할 수 있음
㉢ 동력살포기의 종류
• 전지 또는 엔진동력으로 펌프를 작동
• 배부식 전기충전 살포기
• 배부식 동력살포기
• 트랙터 및 차량탑재 동력살포기

③ 유기분사식 살포기
배부식 동력살포기로는 공간적으로 균일하게 살포하는 것이 불가능. 따라서 분사노즐에 압축공기를 공급하고 고속송풍기로 약액을 살포하여 살포액의 크기를 더 작게 만드는 유기분사식 살포기를 개발
예 고속살포기(SS기), 광역살포기

④ 항공방제용 살포기
㉠ 유인항공기
ⓐ 고정익항공기 : 탱크 크기는 1,000～2,500L, 살포속도는 160～280km/hr
ⓑ 헬리콥터 : 탱크 크기는 300～630L, 살포속도는 90～140km/hr

㉡ 무인항공기
ⓐ 무인헬리콥터
• 회전축의 개수가 1～2개인 것을 무인헬리콥터라 함
• 주로 휘발유를 사용하는 내연엔진으로 작동하며, 2003년부터 사용함

ⓑ 무인멀티콥터
• 회전축이 3개 이상인 것을 무인멀티콥터라 함

핵심문제

산림병해충 방제용 드론과 관련된 설명 중 옳지 않은 것은? [21년 5회]

① 무인헬기보다 장비의 휴대 및 관리가 용이하다.
❷ 무인헬기보다 농약 살포액의 탑재 용량을 많이 할 수 있어 작업이 효율적이다.
③ 날개가 회전하면서 생기는 하향풍이 살포 입자의 부착량에 영향을 미친다.
④ 표준희석 배수보다 높은 농도의 살포액을 사용해야 작업의 효율성을 높일 수 있다.
⑤ 기류가 안정된 시간대에 살포비행을 해야 하고 지상 1.5m에서 풍속이 3m/s를 초과할 경우 비행을 중지한다.

• 전지가 동력원임
• 무인항공 살포기에 의한 농약 살포는 비행 시 회전날개가 일으키는 하향풍을 이용하는 것으로, 분무된 살포액 입자가 확산 · 낙하하며 작물에 도달

➤ **무인헬기와 무인멀티콥터의 특성**

구분	무인헬기	무인멀티콥터(드론)
최대이륙중량(kg)	70	20～40(평균 25kg)
에너지원	엔진 휘발유	충전용 전지
작업량(ha/일)	50	25～40
면적당 살포량(L/ha)	8	7～9
살포능력 (ha/회, 10분 비행 시)	1.5	0.3～1.5
최대작업시간(분)	40～60	7～15
살포폭(m)	7.5	4
살포비행고도(m)	4	2～3
살포비행속도(km/h)	15	10～20
하향풍	큼	작음
용도	논작물에 적합	밭작물에 적합
장점	• 비산이 적어 친환경적 • 방제효율 우수	• 유지비용이 적게 듦 • 무인헬기 대비 조작 용이
단점	구매, 운영, 수리 등 유지비용이 많이 듦	• 무인헬기보다 비산 우려가 큼 • 탑재용량과 비행시간 적음

⑤ 항공방제 시 주의사항
㉠ 양봉 피해 방지 : 꿀벌의 행동반경은 2km 정도이므로 인접해 있는 마을에 반드시 통보
㉡ 누에 피해 방지
㉢ 수산생물 피해 방지
㉣ 가축피해 방지

5) 농약의 살포방법

(1) 분무법

① 농약의 가장 일반적인 사용법이다.

핵심문제

유기분사 방식으로 분무 입자를 작게 만들어 고속으로 회전하는 송풍기를 통해 풍압으로 살포하는 방법은? [23년 9회]

① 분무법
② 살분법
③ 연무법
④ 훈증법
❺ 미스트법

② 유제, 수화제, 수용제 등 약제를 물에 희석하여 분무기로 살포한다.
③ 분무법에서 중요한 것은 분출 시 약액의 입자를 작게 하는 것이다.
④ 살포액의 입자크기는 100～200μm이다.
⑤ 균일한 살포를 위해서는 희석배수를 크게 한 후 상대적으로 많은 양의 살포액을 조제한다.
⑥ 균일하게 부착되지 않으면 약해가 발생한다.
⑦ 액제 살포 시 비산이 적고, 작물에 부착성, 고착성이 좋다.

(2) 미스트법

① 분무법을 개선하여 살포액의 입자 크기를 더 작게 함으로써 노동력을 절감하고, 살포의 균일성을 향상시킨 방법이다.
② 살포액량을 1/5～1/3로 줄여 살포 가능하다.
③ 입자 크기는 35～100μm이다.

(3) 살분법

① 분제와 같이 고운 가루 형태의 농약을 살포하는 것이다.
② 작업이 간단하고 노력이 적게 들며, 희석용수가 필요 없다.
③ 단위시간당 약제 살포 면적이 넓어 살포 능률 면에서도 효과적이다.
④ 살포량은 대개 3～4kg/10a이다.
⑤ 단위면적당 약제의 소요량이 많고 방제효과가 떨어진다.
⑥ 갖추어야 할 물리적 성질 : 분산성, 비산성, 부착성, 고착성, 안정성

(4) 살립법

① 입제농약을 살포하는 방법이다.
② 보통 손으로 살포하나 살립기를 이용하는 것이 효과적이다.

(5) 연무법

① 살포액의 물방울 입자 크기가 미스트보다 더 작은 연무질의 형태로 살포하는 방법이다.
② 연무질은 공기 중에 미세한 고체 또는 액체입자가 브라운 운동 상태로 불규칙하게 움직이는 것으로 식물이나 곤충 표면에 부착성이 우수하다.
③ 입자크기가 10～20μm로 작아 비산성이 크므로 이른 아침, 저녁에 살포한다.

④ 주로 실내 위생해충 방제용으로 사용한다.

(6) 미량살포법

① 농약원액 또는 고농도의 미량살포제(ULV제) 등을 소량 살포한다.
② 주로 항공 살포에 많이 이용하며, 식물이나 곤충 표면에 부착성이 우수하다.
③ 사용하는 살포기술은 정전기 살포법으로 미세한 살포액 입자 크기를 균일하게 하기 위한 살포액 입자조절 살포법(CDA)을 이용한다.
④ 살포액은 회전판에 부착된 돌기에 의하여 얇은 막을 형성하면서 가장자리로 밀려간다.

(7) 훈증법

① 저장 곡물이나 종자를 창고나 온실에 넣고 밀폐시킨 후 약제를 가스화하여 병해충을 방제한다.
② 수입농산물의 방역용으로 주로 사용하며, 재배 중인 농작물에는 사용하지 않는다.
③ 토양소독제로 사용한다.

(8) 관주법

토양 내에 서식하고 있는 병원균이나 해충을 방제하기 위해 뿌리 근처의 토양에 주입하거나 토양 전면에 30~60cm 간격으로 약제를 주입한 후 흙으로 덮는 방법이다.

(9) 토양혼화법

입제와 분제 등의 농약을 경작 전에 토양에 처리하는 방법으로, 처리한 후 경운하여 토양에 골고루 혼화한다.

(10) 나무주사법

① 침투성 살충제를 나무줄기에 주입하는 방법이다.
② 천적에 영향이 적고, 환경오염을 유발하지 않는다.
③ 산림병해충 방제에 많이 이용한다.
예 솔잎혹파리, 소나무재선충, 솔껍질깍지벌레, 버짐나무방패벌레 등

핵심문제

농약 제형에 관한 설명으로 옳지 않은 것은? [22년 7회]

① 액상수화제 – 물과 유기용매에 난용성인 원제를 이용한 액상 형태
② 액제 – 원제가 수용성이며 가수분해의 우려가 없는 원제를 물 또는 메탄올에 녹인 제형
③ 유제 – 농약 원제를 유기용매에 녹이고 계면활성제를 첨가한 액체 제형
④ 캡슐제 – 농약원제를 고분자 물질로 피복하여 고형으로 만들거나 캡슐 내에 농약을 주입한 제형
❺ 훈증제 – 낮은 증기압을 가진 농약 원제를 액상, 고상, 또는 압축가스상으로 용기 내에 충진한 제형

6) 농약의 약해

살포된 농약이 작물이나 수목의 생리 작용에 미치는 부정적 영향이다.

(1) 약해의 종류 및 증상

구분	발현 시기	약해 증상		
		잎, 줄기	꽃, 열매	뿌리
급성 약해	1주일 이내 (육안관찰)	• 얼룩반점 • 괴사반점 • 고사	• 개화 지연 • 반점 • 낙화, 낙과	• 갈변 • 발근 저해
만성 약해	1주일 이후 (1~3개월) 육안관찰 곤란	• 기형 잎 • 위축	• 비대 지연 • 착색 불량 • 기형 열매	• 괴사, 부패 • 기형 뿌리
2차 약해	포장에 처리한 농약성분이 토양, 농업용수 등 환경에 잔류하여 후작물이나 묘목을 재배하는 데 피해를 주는 것			

(2) 약해의 발생 원인

① 고농도 살포

② 부적합한 약제 사용 : 적용 수목 이외에 사용할 경우

③ 불합리한 혼용

④ 사용방법의 미숙 : 농약을 중복 또는 근접 살포 시

⑤ 제초제를 살포한 후에 방제 기구를 세척하지 않고 다른 약제를 살포한 경우

3. 농약의 독성 및 잔류독성

1) 농약의 독성시험성적서 및 용어와 분류

① 새로운 농약을 등록하기 위해서는 원제 또는 품목에 대한 다양한 독성시험성적서를 제출해야 한다.

② 동물대사, 토양대사, 수중대사시험에 대한 평가결과, 대사물의 독성을 추가로 평가할 필요가 인정되는 경우에는 대사물에 대한 독성시험성적서를 제출한다.

③ 독성과 관련된 용어

㉠ LD_{50}

- mg/kg, 반수치사약량, 급성경구독성, 급성경피독성에 해당
- 급성과 만성의 기준일은 14일

㉡ LC_{50}

- mg/L, 반수치사농도, ppm으로 표시
- 급성흡입독성에 해당

㉢ EC_{50} : 반수영향농도

㉣ NOAEL : mg/kg, 독성학적 영향이 나타나지 않는 최대처리량 또는 투입

㉤ 위해성＝독성×노출량×노출시간

④ 농약독성의 구분

㉠ 발현대상에 따른 독성 : 작물잔류, 토양잔류, 기타 생물(포유동물독성, 환경생물독성)

㉡ 발현속도에 따른 독성 : 급성독성, 아급성독성, 만성독성

㉢ 강도에 따른 독성 : 맹독성, 고독성, 보통독성, 저독성

㉣ 투여방법에 따른 독성 : 경구독성, 경피독성, 흡입독성

2) 급성독성

투약 후 14일 이내에 피해가 나타나는 경우 급성독성이라고 한다. 투약 형태에 따라 경구, 경피, 흡입독성으로 구분된다.

(1) 급성경구독성

1일 1회 경구 투여하여 14일 관찰한다.

(2) 급성경피독성

피부에 도포하고 24시간 후 제거한 다음 14일 이상 관찰한다.

(3) 급성흡입독성(LC_{50})

최소한 1일 1회 4시간 동안 투여하여 14일 이상 관찰한다.

Reference 우리나라 농약제품의 인축독성 구분

구분	경구독성		경피독성	
	고체	액체	고체	액체
Ⅰ급 독성	5 미만	20 미만	10 미만	40 미만
Ⅱ급 독성	5~50 미만	20~200 미만	10~100 미만	40~400 미만
Ⅲ급 독성	50~500 미만	200~2,000 미만	100~1,000 미만	400~4,000 미만
Ⅳ급 독성	500 이상	2,000 이상	1,000 이상	4,000 이상

3) 아급성독성, 만성독성 및 잔류독성

(1) 아급성독성(아만성독성)

급성과 만성의 중간기간으로 90일간 1일 1회, 주 5회 이상 투여하며 실험동물의 일반 증상, 체중, 사료 섭취량, 물섭취량 혈액검사, 뇨검사, 안과학적 검사 및 제반 병리조직학적 조사를 하고 만성독성 및 발암성 시험 등에 사용할 농약의 용량 결정에 이용한다.

(2) 만성독성

① 장기간에 걸쳐 소량의 농약을 계속 섭취하였을 때 나타나는 특성을 조사하는 실험이다.
② 여러 수준의 농약을 장기간(6개월~1년) 먹이와 함께 투여하여 생리학적 변화와 병리학적 조사를 한다.
③ 비정상적인 현상이 일어나지 않는 최대수준의 농약량인 최대무작용량(NOAEL)을 결정한다.

(3) 잔류독성

안전사용기준은 농약관리법을, 잔류허용기준은 식품위생법을 근거로 한다.

① 농약이 자연환경 중에 존재하거나 식물 또는 식품의 원료 자체에 남아 있는 것을 잔류농약이라 한다.
② 잔류독성의 문제점
　㉠ 소비자 위해성
　㉡ 농작업자 위해성
　㉢ 환경 위해성
③ 작물잔류성 농약 : 농약의 작물잔류량 및 잔류기간에 미치는 요인
　㉠ 농약의 제형

㉡ 농약의 살포방법

㉢ 대상작물의 종류 및 재배방법

㉣ 기상조건 등

④ 작물 중 농약의 잔류성 요인

㉠ 잔류 부위 : 작물 표면의 큐티클 내로 침투하거나 토양 또는 식물체에 처리한 침투이행성 농약은 뿌리, 줄기 및 잎으로 흡수되어 식물조직 내부에 잔류

㉡ 안정성 : 농약의 구조적 안정성이 클수록 오래 잔류

㉢ 작물체 표면의 형태 : 굴곡과 털이 많을수록 잔류량이 많음

㉣ 작물체의 중량에 대한 표면적 : 표면적이 넓을수록 잔류성이 많고 중량이 무거울수록 잔류량이 적어짐

㉤ 작물의 성장속도 : 작물이 성장하면 중량 증가로 희석효과에 의한 농약 잔류량은 줄어듦

㉥ 전착제 첨가 : 전착제는 농약의 작물체 부착량을 많게 하여 잔류량도 상대적으로 많아짐

⑤ 토양잔류성 농약 : 농약의 반감기간이 180일 이상인 농약으로서 병해충방제를 위하여 사용한 성분이 토양에 남아 후작물에 잔류되는 것

⑥ 농약의 잔류기준 : 농약의 잔류기준은 세계식량농업기관(FAO)과 세계보건기구(WHO)의 잔류농약합동전문가 위원회에서 제시한 방법에 준하여 다음과 같은 순서로 정해짐

㉠ 1일 섭취허용량(ADI)

- 그 농약을 일생 섭취해도 영향이 없는 1일 섭취허용 약량
- $1일\ 섭취허용량 = \frac{최대무독성작용량}{안전계수}$

  안전계수(불확실성계수, 보통 100을 사용)

㉡ 잔류허용기준(MRL)과 식품계수

- ADI가 세계공통값이라도 농산물 섭취 비율은 나라마다 다르므로 그 나라의 전 식사량 중에서 차지하는 농산물의 비율인 식품계수를 고려해야 함
- 농약이 벼에만 사용된다면 ADI에 체중을 곱한 값을 1일당 쌀 섭취량으로 나눈 값
- 모든 작물에 사용되는 농약이라면 1일 농산물 총섭취량으로 나눈 값이 그 농약의 잔류허용한계가 됨

핵심문제

「농약관리법 시행규칙」상 잔류성에 의한 농약 등의 구분에 의하면 '토양잔류성 농약 등은 토양 중 농약등의 반감기간이 ( )일 이상인 농약등으로서 사용결과 농약등을 사용하는 토양(경지를 말한다)에 그 성분이 잔류되어 후작물에 잔류되는 농약 등이라고 정의하고 있다. ( ) 안에 들어갈 일수는? [23년 9회]

① 60
② 90
③ 120
❹ 180
⑤ 365

✎ 우리나라에서 사용 중인 농약의 대부분은 반감기가 120일 미만으로 토양 중 농약잔류의 우려가 없는 편이다.

㉢ 농작업자 노출허용량(AOEL)

- 국내에서는 2009년부터 농작업자위해성을 평가하기 시작하였으며, 이는 농작업자가 살포하면서 노출되는 농약으로부터 건강을 보호하기 위함임
- 감수성이 가장 높은 시험동물 종에서 NOAEL을 이용하되 장기독성시험의 NOAEL로 선정 가능, 이 최대무작용량을 안전계수로 나누어 구하며, 안전계수는 100

$$\text{AOEL} = \frac{\text{최대무작용량(NOAEL)}}{\text{안전계수(100)}}$$

- 독성에 대한 노출의 비율(TER) = $\frac{\text{AOEL} \times \text{체중(60kg)}}{\text{노출량}}$
  - TER이 1보다 크면 농약 살포작업이 안전한 것
  - TER이 1보다 작으면 농약 살포작업이 안전하지 못한 것

⑦ 농약 허용물질목록 관리제도(PLS)

㉠ 등록된 농약 이외에는 잔류농약 허용기준을 일률기준(0.01mg/kg, 0.01ppm)으로 관리하는 제도

㉡ 2019년 1월 1일부터 시행, 작물에 등록되지 않은 농약 판매 및 사용의 금지

㉢ 안전사용기준 준수

- 등록된 농약만 사용
- 희석배수와 살포횟수 준수
- 출하 전 마지막 살포일 준수
- 포장지 표기사항을 반드시 확인하고 사용

⑧ 농약관리와 국제협력

㉠ OECD(국제협력개발기구) : 농약평가, 시험법 개발 등의 국제적 조직화

㉡ CODEX(국제식품규격위원회) : 식품규격, 지침 및 실행규범 및 잔류허용기준설정

㉢ UNEP(유엔 환경계획기구)

- 잔류성 유기오염물질의 관리(스톡홀름 협약)
- 유해화학물질 국제 교역 시 사전통보(로테르담 협약)

핵심문제

농약의 안전사용기준에 설정되어 있지 않은 것은? [21년 6회]

① 대상 작물 및 병해충
② 수확 전 최종 사용시기
③ 사용 제형 및 처리방법
④ 사용시기 및 최대 사용횟수
❺ 전착제 사용 여부 및 사용량

✎ 안전사용기준 준수 시 장점
안전한 농산물 수입, 국내 농산물 보호 및 소비자 신뢰 등

➤ **환경생물에 미치는 영향 검토 시 단계별 시험내용**

구분	단계 / 생물종	1단계	2단계	3단계	기타
수생 생물종	어류	급성독성시험	어류생육 초기독성	어류생활사 독성	
		생물농축성 시험	모의 생태계시험		
	물벼룩	급성유영저해 시험	번식독성 시험	모의생태계 시험	
	조류	성장저해시험			
육생 생물종	조류	• 급성경구독성 시험 • 급성식이독성 시험	번식독성 시험	야외시험	농축성 시험
	지렁이	급성독성시험	번식독성 시험	야외시험	농축성 시험
	꿀벌	급성접촉, 섭식독성시험	엽상잔류 독성시험	야외시험	
	누에	실내독성시험		잔류독성 시험	
	천적	실내시험	반야외시험	야외시험	

⑨ 각종 생물에 미치는 농약의 영향

㉠ 어독성

- 어류에 대한 농약의 급성독성을 잉어나 물벼룩에 대한 반수생존 농도(TLm, 약제처리 48시간 후 50%가 살아 남을 수 있는 농도)로 표시
- I, II, IIs, III급으로 구분
- 반수생존농도는 몸 길이가 5cm 전후인 잉어에 대한 48시간 후의 결과를 기준으로 나타냄
- 단, 벼 재배용 농약의 경우에는 잉어 외에 미꾸리 등에 대한 독성시험성적을 고려하여 구분(2006년, 농진청 고시)

➤ **농약의 어독성 구분**

구분	잉어, 반수생존농도(mg/L, 48시간)
I급	0.5 미만
II급	0.5~2 미만
IIs급	미꾸리 < 0.1

✎ 급성독성은 악영향은 크나 자연환경에서 신속하게 분해된다. 유기염소계와 같이 화학적으로 안정된 화합물은 체내에 축적되어 만성적인 생리장애를 유발한다.

구분	잉어, 반수생존농도(mg/L, 48시간)
III급	2 이상
어독성 I급인 농약은 논에서 사용하지 못함	

㉡ 누에에 대한 농약의 독성

- 농약이 묻은 손으로 누에를 만지거나, 근처에서 사용한 농약 때문에 잠실이나 잠구 오염
- 농약이 직접 누에에 살포됐을 때의 경피독성
- 병해충 방제 목적으로 뽕나무에 살포한 농약이 잔류해 있는 뽕잎 섭식
- 뽕밭 근처에서 살포한 농약으로 오염된 뽕잎 섭식
- 경구독성으로 직접적인 독성보다 잔류성에 영향을 많이 받음

㉢ 꿀벌에 대한 독성

ⓐ 직접피해 : 꿀벌이 공중에서 농약에 접촉 또는 농약을 살포한 식물에 앉아 영향을 받거나, 농약으로 오염된 화밀을 흡수하여 중독사하는 경우

ⓑ 간접피해 : 농약으로 오염된 화분을 벌집에 가지고와 유충에 먹임으로써 전멸하는 경우

ⓒ 꿀벌의 행동반경은 2km 정도이나, 밀원이 없을 경우 6~8km까지 비래하므로 약제를 살포 시 인접 마을에는 반드시 미리 통보

ⓓ 농약의 피해방지법

- 밀원식물의 개화기간 중에는 약제 살포를 피함
- 살포할 경우는 꿀벌에 대한 독성이나 잔류성이 적은 약제를 사용
- 꿀벌이 활동하지 않는 저녁이나 흐린 날을 골라 살포
- 살포구역 내에 벌집이 있는 경우 벌집의 출입구를 일시적으로 막고 살포

ⓔ 꿀벌에 대한 위해성 평가 : 위해성 평가지수(HQ) = 농약의 단위면적당 살포량(g/ha)/LD_{50}(μg/bee)

➤ 꿀벌독성 구분

구분	꿀벌 급성섭식 또는 급성접촉 LD_{50}
저독성	11μg/bee 이상
보통독성	2~10.9μg/bee
고독성	2μg/bee 미만

Reference 꿀벌에 대한 경고문구의 이해

- HQ : 50 미만
  - 꿀벌독성이 강하지만 위해성이 낮은 농약(HQ : 50 미만)
  - '이 농약은 꿀벌에 대한 독성이 강합니다.'
- RT25 : 1일 미만
  - 꿀벌독성은 강하지만 잔류성이 없는 경우(RT25 : 1일 미만)
  - '이 농약은 꿀벌에 독성이 강하므로 꽃이 피어 있는 동안이나 꿀벌이 왕성한 활동을 하는 동안에는 살포하지 마십시오.'

※ RT : Residual Toxicity

- RT25 : 1일 미만
  - 엽상잔류독성시험에서 25% 치사기간이 1일 미만인 품목
- RT25 : 1~5일 미만
  - 꿀벌독성이 강하면서 잔류성이 있는 경우(RT25 : 1~5일 미만)
  - '이 농약은 꿀벌에 잔류독성이 강하므로 꽃이 피기(치사기간+2일) 전부터 꽃이 피어 있는 동안에는 사용하지 말아야 하며, 일시에 광범위한 지역에 살포하지 마십시오.'
- RT25 : 5일 이상
  - 꿀벌독성이 강하면서 잔류성이 있는 경우(RT25 : 5일 이상)
  - '이 농약은 꿀벌에 잔류독성이 강하므로 봄부터 꽃이 완전히 질 때까지는 사용하지 말아야 하며, 일시에 광범위한 지역에 살포하지 마십시오.'

⑩ 농약 중독에 대한 응급조치

㉠ 제일 중요한 점은 농약을 체외로 배출하고 체내 흡수를 방지하며 환자를 안정시켜 체력소모를 방지하는 것

㉡ 피부오염 : 오염된 작업복을 벗기고 피부를 비눗물로 세척

㉢ 눈오염 : 즉시 수돗물이나 흐르는 물에 눈을 씻은 다음 따뜻한 물에 얼굴을 담그고 눈을 깜박임

㉣ 흡입중독 : 통풍이 잘 되는 장소에 눕히고 의복을 느슨하게 하여 호흡을 쉽게 하거나 심하면 인공호흡 실시

㉤ 섭취중독

- 위장 내에서 흡수를 방지
- 따뜻한 소금물을 마시게 하고 토하게 함
- 농약 냄새가 없어질 때까지 우유나 달걀 흰자위를 먹인 후 구토시킴

⑪ 장세척

㉠ 음독 후 2시간이 지나면 농약이 장으로 내려가기 때문에 구토에 의한 효과가 적기 때문에 흡수를 방지하기 위해 설사를 시키는 방법을 사용

✎ 국내에서는 농약의 잔류독성에 대한 규제를 강화하면서 1969년 DDT, Endrin, Aldrin, 1970년에는 Dieldrin, 1979년에 BHC, Heptachlor 등의 유기염소계 약제의 사용을 금지하였다.

✎ 내분비교란물질과 농약

- 1962년 칼슨여사의 『침묵의 봄』에서 DDT의 위험성을 경고
- 1997년 『잃어버린 미래』에서 내분비계에 대한 악영향을 경고

✎ 구토를 실시하면 안 되는 경우

- 의식이 혼미할 때
- 경련 증상이 보일 때
- 석유계 용제를 사용한 농약을 음독하였을 때

ⓛ 설사제로 황산마그네슘 15g, 황산소다 15g을 음용하거나 장에 주입. 이때 활성탄을 같이 복용하면 효과적

ⓒ 미네랄오일 에멀션(30mL) 또는 피마자유(15mL) 등도 사용. 그러나 피마자유는 DDT, BHC와 같이 지용성인 경우 사용 불가

ⓔ 중금속에 중독 시에는 2%의 탄닌산, 달걀 흰자위, 우유 등을 중화제로 사용

⑫ 해독제

㉠ 황산아트로핀 : 유기인계, 카바메이트계, 피레스로이드계

ⓛ 팜제 : 유기인제

ⓒ BAL : 비소, 수은 등 중금속

ⓔ Fuller's Earth 또는 활성탄 : 파라코(그라목손)

⑬ 농약중독의 원인

㉠ 사용자의 잘못 : 장시간 살포, 복장 미비, 오남용 등

ⓛ 병해충의 약제저항성 증대로 다량 고농도 살포

ⓒ 살포횟수 증가, 다종 혼용 살포

ⓔ 우량살포 기구 및 보급 미흡

4. 농약 저항성

1) 농약의 저항성

(1) 약제저항성

한 가지 약제를 연속하여 사용했을 때, 방제 대상 중 약제에 대한 저항성이 강한 개체가 살아남는다.

(2) 교차저항성

한 가지 약제에 대하여 저항성이 발달한 병원균, 해충, 잡초가 이전에 한 번도 사용한 적이 없는 약제에 대해 저항성을 보인다.

(3) 복합저항성

작용기작이 서로 다른 2종 이상의 약제에 대해 저항성을 나타낸다.

핵심문제

약제 저항성 발달을 억제하기 위한 방안이 아닌 것은? [25년 11회]

❶ 동일 품목 약제를 반복 사용한다.
② 경종적 방법이나 기계적 방법을 병행하여 방제한다.
③ 병해충의 발달 상황을 고려하여 농약 살포적기를 준수한다.
④ 경제적 피해허용수준을 준수하여 농약의 불필요한 사용을 억제한다.
⑤ 약제의 권장사용량 미만 사용이 양적저항성을 유발하므로 권장 사용량을 준수한다.

안전사용을 위한 일반수칙

- 안전사용기준과 취급제한기준 준수
- 방제복, 마스크 등을 착용하고 바람을 등지고 살포
- 작업 후 비누로 깨끗이 세척
- 아침, 저녁 서늘할 때 살포
- 혼용 살포 시 약해 우려
- 중독 증상이 있을 때 즉시 작업을 중단하고 안정을 취할 것

핵심문제

농약에 대한 저항성 해충의 관리방안으로 옳지 않은 것은? [21년 5회]

① 권장량으로 농약 살포
② 정확한 예찰에 의한 적기 농약 살포
③ 작용기작이 서로 다른 약제의 혼용 혹은 교호 사용
④ 임업적 · 생물학적 방제 등을 활용한 종합적 방제
❺ 해당 해충에 대하여 효과가 있는 농약만 계속 살포

2) 살충제의 저항성

1939년부터 사용된 DDT에 대한 집파리 저항성이 스웨덴(1945년), 이탈리아(1946년)에서 보고되었다.

➤ **살충제의 작용기구별 저항성 발달사례**

살충제의 작용기구	사례수
AChE 저해(유기인계, 카바메이트계)	1,116
Na 통로 조절(합성피레스로이드계)	654
GABA 의존 염소통로 차단(페닐피라졸계 약제 : 피프로닐)	67
NACh 수용체 경쟁적 조절(신경전달물질 수용체 차단, 네오니코틴노이드계)	43

(1) 저항성 발달

① 동일 기간 중 살충제에 노출되는 세대가 많을수록 저항성 획득의 잠재력은 커진다.

② 생활사가 짧은 해충일수록 저항성은 더 빨리 발달한다.

③ 저항성비가 10 이상이면 저항성이 발달한 것으로 간주

$$\text{저항성비} = \frac{\text{저항성 계통의 반수치사약량(농도)}}{\text{감수성 계통의 반수치 사약량(농도)}}$$

(2) 저항성의 원인

① 행동적 요인 : 살충제가 살포된 지역에 대한 해충의 본능적 기피현상

② 형태적 요인 : 해충이 표피 큐티클층의 지질조성을 변화시킴으로써 약제의 침투량을 저하시키는 것

③ 생리적 요인 : 해충이 친유성약제를 체내 지방체에 저장하여 불활성한 후 작용점에 도달하는 약량을 감소시키고 본격적인 대사 전에 신속히 체외로 배출하는 능력

④ 생화학적 요인

㉠ 대사과정을 통하여 침투한 살충제를 무독화하는 능력이 증가하였기 때문임

㉡ 무독화에는 대사효소가 관여

- Cytochrome P450 Monooxygenase에 의한 산화
- 여러 가지 Esterase 및 Amidase 등에 의한 가수분해
- Glutathione－S－transferase에 의한 컨주게이션
- DDT－dehydrogenase에 의한 탈염화수소 반응 등

> ✎ 살충제의 충체 접촉
> - 곤충체에 접촉
> - 충체 내 투과 및 흡수
> - 충체 내 대사(활성화, 해독, 배설 등)
> - 충체 내 이동 및 축적
> - 작용점에서의 반응

- 대부분의 저항성은 충체 내 이러한 무독화 관련 효소의 활성이 증가하거나 효소 함유량이 증가하기 때문임

㉢ 작용점의 변화를 통하여 약제에 대한 작용점의 감수성을 저하시키는 능력이 발달

- 작용점의 변화는 작용점을 구성하는 단백질의 아미노산 서열 중 1~2개가 바뀌어 입체적인 구조가 변하면서 살충제와의 친화성이 감소하는 경우가 대부분임
- AChE의 동위효소(Isozyme)가 생성되어 기능은 동일하나 살충제와의 결합력이 감소하는 경우
- Na^+ 통로를 구성하는 단백질의 구조가 변하여 피레스로이드계 살충제에 저항성을 보이는 경우

(3) 저항성 대책

① 약제의 교호 사용
② 종합적 방제
③ 경종적 방제법
④ 생물학적 방제수단 투입

3) 살균제의 저항성

(1) 살균제 저항성의 출현

① 1970년대 이후 개발된 살균제는 대부분 침투이행성이고 선택성이며, 작용점이 1개라서 작용점과 관련된 저항성이 빠르게 출현한다.
② 종래에 사용하던 구리제나 유기수은제 살균제 등 비선택성 살균제는 작용점이 다양하여 저항성이 거의 발생하지 않는다.

(2) 살균제 저항성의 원인

① 질적 저항성

㉠ 변이에서 기인한 것
㉡ 자외선 조사 등을 통해 유전적 변이가 작용점의 단백질(β－Tubulin)에 일어나고 약제와의 결합력이 낮아져 약효 상실
㉢ 결합 부위의 아미노산이 바뀌어 저항성 유발(후대로 유전)
㉣ Botrytis, Monilia, Penicillium, Venturia

- β－Tubulin을 구성하는 아미노산 변이
- 베노밀, 카벤다짐에 저항성

ⓜ 흰가루병균
- 미토콘드리아 시토크롬 b 단백질을 코딩하는 유전자에 변이
- 스트로빌루린계 살균제에 저항성

② 양적 저항성
㉠ 병원균의 세포 내 살균제 농도를 낮추는 메커니즘에 의해 유발되는 저항성
㉡ 세포 외 배출기구 형성 : 세균의 다제 내성의 원인으로 알려져 있으나 곰팡이에서는 기주식물의 독성물질에 대한 방어기작으로 인식
ⓐ 두 종류의 방어기작
- 세포막에 존재하는 ABC
- MFS Transporters

㉢ 분해효소 생합성
㉣ 세포막의 변화
㉤ 작용점을 형성하는 유전자의 과다 발현
㉥ 대사경로 우회 등
㉦ 양적 저항성은 살균제 사용이 선발압으로 작용하여 감수성 균은 도태되고, 저항성 균주가 생존하여 포장 내에 일정한 밀도로 존재하는 것
㉧ 번식력이 강하고 세대교체가 빠른 균에서 일어나기 쉽고 약제의 사용횟수, 방법, 잔류성, 혼용 등의 영향이 큼

(3) 저항성 대책

① 교호사용
② 효과적인 살균제 혼용
③ 저항성 식물 식재
④ 유도저항성 이용
⑤ 중복기생균 또는 길항미생물을 사용하는 생물적 방제법 도입

4) 제초제 저항성

(1) 제초제 저항성의 과정

① 1957년 2,4－D에 대한 저항성 최초 보고
② 1970년대 이후 광합성 저해제인 Triazine계 제초제 저항성 잡초가 급증

③ 1980년대 Bipyridilium과 Systemic Auxin계 제초제에 저항성 잡초 급증
④ 1990년대 ACCase(Acetyl Coa Carboxylase, 지방산합성효소)와 ALS(AcetoLactate Synthase, 아세톨락테이트 합성효소)를 저해하는 제초제에 대한 저항성 잡초 급증

(2) 제초제 저항성의 원인

① 작용점의 변화로 제초제가 결합하는 단백질에 구조적인 변이가 일어나 결합력이 감소하는 것으로, 광계 Ⅱ의 D1 단백질과 ALS(=AHAS), ACCase 및 EPSPS 등의 효소에서 볼 수 있다.
② 작용점과 관련 없는 생리 · 화학적 기구에 의한 것이다.
㉠ 무독화 반응으로 분해효소(Glutathione-S-transferase, Cytochrome P450 Monooxygenase) 활성 증가에 따라 빠르게 잡초에 치명적인 성분을 제거
㉡ 제초제 흡수를 감소시키거나 식물체 내로의 이행을 저해하는 것
㉢ 흡수된 제초제를 불활성 부위인 액포나 세포벽 등에 격리하거나 식물체 내의 당분자 등과 결합시켜 불활성화함

(3) 저항성 대책

① 저항성 문제가 없는 포장은 제초제를 교호 사용한다.
② 저항성 문제가 있는 포장은 종래의 제초제와 기작이 다른 제초제를 사용한다.
③ 추천약량을 지키고 살포 적기에 살포한다.
④ 답전윤환, 잔존잡초 소각 등 재배적 방제방법을 도입한다.

5. 농약의 대사

생물의 입장에서 보면 체내에 침투된 농약은 외래성의 이물질로서 화학 구조와 생물의 종류에 따라 대사 양상과 대사산물이 달라진다.
생물체 내에 침투된 농약은 주로 산화, 환원, 가수분해 등의 Phase Ⅰ 반응과 컨주게이션 등의 Phase Ⅱ 반응을 받아 수용성으로 변환되어 해독, 배설된다. 유기염소계의 경우 수용성 형태로 되지 못하고 체지방에 축적된다.

1) Phase Ⅰ 반응

(1) 산화

① 대부분의 약물이 해당되는 마이크로 솜 산화 효소계(Microsomal Oxidases계 효소)

㉠ 시토크롬 P-450

- 일산화탄소와 결합하면 450nm의 파장을 흡수하는 헴단백질로 동물, 식물, 미생물에 널리 존재하며, 지용성이 풍부한 약물의 산화, 환원에 관여하는 막효소
- 동물에서는 간에 가장 많고, 신장이나 폐, 소장 등에도 존재

㉡ 수산화반응, 탈알킬화, 에폭시화 반응, 산화적 탈황화, 설파이드의 산화

② 비마이크로솜 산화 효소계의 탈수소 반응 : 수산화반응에 의하여 생성

㉠ 1차 알코올류 : 생체 내에서 알데하이드(Aldehyde)를 경유하여 카르복시산(Carboxylic Acid)으로 산화

㉡ 2차 알코올류 : 산화되어 케톤(Ketone)을 생성

③ FMO에 의한 산화 : FMO(Flavin-containing Monooxygenase)는 지용성 단백질이며 P-450과 마찬가지로 세포 내 소포체의 내막에 존재하며 N, S, P원자와 일부 무기이온을 지니고 있는 화학물질의 산화에 관여하는 대사효소

④ 고리개열(Aromatic Ring Opening)에 관여하는 산화효소계

➤ Phase Ⅰ 반응과 Phase Ⅱ 반응의 비교

구분	내용
Phase Ⅰ 반응	• 효소작용에 의하여 외래분자 내에 극성기인 OH, SH, COOH, NH_2 등이 도입되는 과정이다. • 동물, 식물 및 미생물 사이에 거의 비슷한 과정을 밟는다.
Phase Ⅱ 반응	두 가지 경로가 알려져 있다. • Phase Ⅰ 반응으로 생성된 중간물질이 당, 아미노산, 펩타이드, 황산 등의 생물체 내 성분과 결합하는 컨주게이션 경로 • 다른 하나는 극성화된 농약의 분자가 생체 내의 물질대사 경로에 들어가 최종적으로 물과 탄산가스에 이르는 무기화 과정 • 중간 대사산물 이후의 대사과정과 생성되는 화합물의 형태는 생물의 종류에 따라 다름

핵심문제

생물체 내에 침투된 무극성의 지용성 농약은 Phase Ⅰ 및 Phase Ⅱ 반응을 받아 수용성으로 변환되어 해독되고 배설된다. Phase Ⅰ 반응에 해당되지 않는 것은? [21년 5회]

① 니트로(Nitro)기 환원 반응
② 수산화(Hydroxylation) 반응
③ 탈알킬화(Dealkylation) 반응
❹ 글루코오스 컨주게이션(Glucose Conjugation) 반응
⑤ 카르복실에스테라제(Carboxylesterase)에 의한 가수분해 반응

(2) 환원

① 생체 내에서 환원반응은 Nitro, Azo, Hydroxylamine, N－Oxide Sulfoxide, Epoxide, Alkene, Aldehyde, Ketone 등의 화합물에서 일어나는 것으로 알려져 있다.

② 할로겐화합물도 환원적으로 탈할로겐화되어 수소원자와 치환되고, 또 일부 염소계 농약도 환원적으로 탈염소화물이 생성된다.

(3) 가수분해

중성인산 에스터(Ester)는 포유동물, 곤충, 미생물 등에 널리 분포하는 에스테레이스(Esterase)에 의해 가수분해(Hydrolysis)된다. 이 효소는 인산의 모노(Mono) 또는 다이에스터(Diester)를 가수분해하는 인산염과는 다르기 때문에 Aryl Esterase, A－esterase, Phosphotriesterase라고 불리며, 중성인산유도체의 가장 산성인기와 인과의 결합을 절단한다.

① 카르복실에스테라제
  ㉠ 혈액이나 간, 신장에서도 높은 활성을 보이는 것
  ㉡ 에스터의 가수분해가 가장 중요한 해독기작
  ㉢ 카바메이트계 살충제도 가수분해를 받아 해독됨
② 아릴에스테라제 : 유기인계 농약의 P－O－aryl 결합을 절단
③ 아세틸에스테라제
④ 아세틸콜린에스테라제 : 신경전달물질 아세틸콜린을 가수분해하는 기질특이성이 높은 효소로, 적혈구에도 존재
⑤ 콜린에스테라제 : 혈청, 혈장, 간, 췌장 등에 분포 아세트콜린을 포함한 여러 가지 콜린에스테르나 그 외의 에스테르류도 가수분해하는 기질특이성이 낮은 효소
⑥ 스테롤에스테라제

2) Phase Ⅱ 반응

(1) 컨주게이션(결합화반응)

① 컨주게이션반응은 동식물체 내에서 일어나는 것으로, 미생물에서는 거의 일어나지 않는다.

② －OH, －COOH, $-NH_2$, －SH 등의 작용기를 갖는 화합물(농약) 또는 이와 같은 작용기를 생성하는 1차 대사산물은 포합이라 불리

는 합성반응에 의해 일반적으로 보다 저독성이며 배설되기 쉬운 화합물로 변환되는 것이 많다.

③ 글루크론산 컨주게이션

㉠ 모든 포유동물과 조류, 어류, 파충류, 양서류에서 Alcohol, Phenol, Carboxylic Acid, Amine, Mercaptan 등의 글루크론산(Glucuronic Acid) 포합이 일어남

㉡ 이 반응은 두 단계를 거쳐서 일어남

- 제1단계 : UDPGA는 간의 세포질 내에 존재하는 효소에 의해서 합성
- 제2단계 : Microsome에 존재하는 UDP－glucuronyl Transferase에 의해서 Glucuronosyl을 생성

④ 글루코스 컨주게이션 : 주로 곤충이나 식물체, 갑각류에서 생성되나 일부 포유동물에서도 생성

㉠ －OH, －COOH, －NHOH를 가지는 화합물 : O－glucoside를 생성

㉡ NH와 SH기를 가지는 화합물 : 각각 N－glucoside, S－glucoside를 생성

⑤ 아미노산 컨주게이션

㉠ 이 효소의 반응은 포유동물의 간과 신장, 개와 닭에 있어서는 신장, 쥐에 있어서는 장에서만 일어남

㉡ Acyl화 CoA의 합성은 미토콘드리아에서, Acyl기가 아미노기로 전이하는 것을 촉매하는 효소는 Soluble Fraction과 미토콘드리아에 존재

⑥ 글루타티온 컨주게이션

㉠ Glutathione(GSH)은 Glutamate/Cysteine/Glycine이 결합된 Tripeptide로서 항산화제 역할을 하는 화합물

㉡ Glutathione(GSH) 컨주게이션은 식물 조직 내에 분포하나 동물에서는 Mercapturic Acid 등으로 변하여 배설

㉢ 트레아진계 농약, 유기인계 농약

⑦ 황산컨주게이션 : 포유동물이나 어패류에서 관찰되는데 황산은 식품 중에 존재하는 것 또는 Cysteine 등의 황을 함유하는 아미노산으로부터 생성되는 것이 이용

⑧ Thiocyanate 형성 : 생체 내에서 생성되는 CN－는 황과 결합하여 SCN－로 변함

⑨ 메틸전이효소(Methylation)
⑩ 아세틸전이효소(Acetylation)

6. 농약과 환경

1) 환경 중 농약

① 농약의 환경 중 대사 및 분해반응에는 가수분해, 산화와 환원 그리고 광화학적 반응과 동식물 체내에 존재하는 효소와 촉매 등에 의한 컨주게이션 반응이 있다.
② 유기인계와 카바메이트계는 수산이온(－OH)에 의해 가수분해가 일어나 유기산과 페놀류로 분해된다.
③ 태양광에 의한 광화학반응은 산화, 환원, 가수분해, 탈할로겐화, 이성질화, 전이 등의 과정을 포함하고 있으며, 농약의 분해에 큰 영향을 미치고 있다.
④ 농약의 처리에 따른 잔류
㉠ 유제나 수화제와 같이 액상으로 살포하는 경우 분제나 입제와 같이 고상으로 처리하는 경우보다 빠르게 토양에 흡착
㉡ 농약을 토양 중에 반복하여 살포하면 농약을 분해하는 미생물들이 적응하게 되어 분해속도는 점차 가속화되고 잔류기간이 짧아지는데, 이러한 토양을 Conditioned Soil이라고 함
⑤ 토양 조건에 따른 잔류 : 일반적으로 토양의 pH가 높을수록 농약의 분해가 촉진

2) 농약의 환경독성

(1) 어독성

① 유기염소계는 어독성이 강하나, 갑각류 독성은 낮다. → 사용 금지
② 유기인계는 담수어에 대한 독성이 비교적 낮다.
(예외 : EPN, Chlorfenvinfos, Ethoprophos)
③ 카바메이트계는 담수어 및 패류에서 낮은 독성을 보이나 갑각류에 대해서는 높은 독성을 보인다.

수서생물의 독성 여부를 평가하는 생물
잉어, 송사리, 미꾸리, 물벼룩, 조류

3) 생물농축

(1) BCF

생물농축계수란 생물농축의 정도를 수치로 표현하는 것으로 수질환경 중 화합물의 농도에 대한 생물의 체내에 축적된 화합물의 농도비이다.

$$\mathrm{BCF} = \frac{Cb}{Cw}$$

여기서, Cb : 생물체 중 화합물의 농도(μg/g)

Cw : 수질환경 중 화합물의 농도(μg/mL)

예를 들어, 수질 중 화합물의 농도가 1ppm이고 송사리 중의 농도가 10ppm이면 이 화합물의 BCF는 10/1, 즉 10이다.

(2) 수생생물에 대한 위해성 평가

① 농약 위해성 지표

㉠ 위해성 경감정책 시행에 따른 경시적 농약사용 경감효과를 분석하는 데 사용할 수 있는 지표

㉡ OECD에서 개발한 농약 수계 위해성지표(REXTOX, ADSCOR, SYSCOR 등)

㉢ EC_{50}(반수영향농도) : 대조군에 비해 생장을 50% 저해시키는 시험 물질의 농도

7. 살충제

1) 살충제의 여러 가지 계(系)

살충제의 계열에는 유기인계, 카바메이트계, 유기염소계, 피레스로이드계, 네레이스톡스계, 니코틴계, 벤조닐우레아계, 로테논계, 페닐프레아졸계, 마이크로라이드계, 디아마이드계 등이 있다.

핵심문제

농약이 생태계에 잔류되어 생물체 내에 축적되는 생물농축 현상과 이를 계수로 나타낸 생물농축계수(Biocon Centration Factor, BCF)에 대한 설명 중 옳지 않은 것은? [21년 5회]

① 농약의 증기압과 수용성이 낮을수록 생물농축 경향이 강하다.
② 생물체 내에서 배설 속도가 느릴수록 생물농축 경향이 강하다.
③ BCF는 생물 중 농약의 농도를 생태계 중 농약의 농도로 나눈 것이다.
④ 수질 중 농약의 농도가 1이고 송사리 중 농도가 10이면 BCF는 10이다.
❺ 농약이 옥타놀/물 양쪽에 분배되는 비율인 분배계수(LogP)가 높을수록 BCF는 낮아진다.

2) 저해하는 과정에 따른 분류

(1) 신경 및 근육에서의 자극 전달 작용 저해

작용기작 구분	표시 기호	계통 및 성분
아세틸콜린에스테라제 저해	1a 1b	카바메이트계 유기인계
GABA 의존성 Cl이온 통로 차단	2a 2b	BHC 페닐피라졸계(피프로닐)
Na 이온통로 변조	3a 3b	피레스로이드계 DDT
니코틴 친화성 아세틸콜린 수용체의 경쟁적 변조	4a 4b 4c 4d 4e	네오니코틴노이드(이미다클로프리드) 니코틴 설폭사민계(설폭사플로르) 뷰테놀리드계(플루피라디퓨론) 메소오이온닉계(트리플루메조피림)
니코틴 친화성 아세틸콜린 수용체의 다른 자리 입체성 변조	5	스피노신계(스피노사드)
글루탐산 의존성 Cl이온 통로 다른 자리 입체성 통로	6	아바멕틴 밀베멕틴
현음기관 TRPV 통로 변조	9b	피메트로진
니코틴 친화성 아세틸콜린 수용체의 통로 차단	14	네레이스톡신계(카탑)
옥토파민 수용체 작용제	19	아미트라즈
전위 의존 Na 이온통로 차단	22a 22b	인독사카브 메타플루미존
라이아노딘 수용체 변조	28	디아마이드계(클로란트라닐리프롤)

(2) 성장 및 발생과정 저해

작용기작 구분	표시 기호	계통 및 성분
유약호르몬 모사	7a 7b 7c	유약호르몬(메토프렌) 펜옥시카브 피리프록시펜
응애류 생장 저해	10a 10b	클로펜테진, 헥시티아족스 에톡사졸
O형 키틴합성 저해	15	벤조닐우레아계(디플루벤주론)
I형 키틴합성 저해	16	뷰프로페진
파리목 곤충 탈피 저해	17	시로마진

작용기작 구분	표시 기호	계통 및 성분
탈피호르몬 수용체 기능 활성화	18	디아실하이드라진계(크로마페노자이드)
지질생합성 저해 (ACCase 저해)	23	테트로닉계(스피로디클로펜, 스프로테트라멧)

(3) 호흡과정 저해

작용기작 구분	표시 기호	계통 및 성분
미토콘드리아 ATP합성효소 저해	12a 12b 12c 12d	디아펜티우론 시헥사틴 프로파르지트 테트라디폰
수소이온 구배형성 저해 (탈공력제)	13	클로르페나피르, 설플루라미드
전자전달계 복합체 III 저해	20a 20b 20c 20d	하이드라메틸논 아세퀴노실 플루아크리피림 비페나자이트
전자전달계 복합체 I 저해	21a 21b	피리다벤, 테부펜피라드 로테논
전자전달계 복합체 IV 저해	24a 24b	포스피데스 시아니데스
전자전달계 복합체 II 저해	25a 25b	시에노피라펜 피플루부미드

3) 살충제 작용기작

(1) 주요 살충제의 작용기작

① BT균제 : 세균에 의한 생물적 방제, 해충의 중장을 파괴

㉠ Basillus Thuringiensis, Israelensis, Aizawai, Kurstaki, Tenebrionis 등 미생물 기원 살충제로 실용화되었다.

㉡ Bt의 살충성분은 포자나 배양액 중의 δ – endotoxin이라 불리는 단백질독소이다.

② 유기인계 – 1b : 아세틸콜린에스테라제 저해

㉠ AChE의 저해작용은 주로 AChE의 Ester 분해 부위를 인산화함으로써 일어난다.

㉡ 5가의 인이 중심이 되고, 이 인에 이중결합을 갖는 산소, 또는

핵심문제

나비목 유충의 중장에 작용하여 탁월한 살충효과를 나타내므로 살충제로 개발된 미생물은?

❶ Bacillus thuringiensis
② Streptomyces avermitilis
③ Pseudomonas fluorescence
④ Saccharopolyspora spinosa
⑤ Lumbriconereis heteropoda

황이 결합되며, R에는 Alkoxy, Alkythio, Alkyl 및 Amide기 등이 있다.

㉢ 속효성으로 살충력이 강하고 적용할 수 있는 해충이 많다.

㉣ 주로 접촉독제, 침투성 살충제로 사용되며, 식독제로도 사용된다.

㉤ 종류

종류	작용
페니트로티온	• 최초의 유기인계 살충제, 포유동물에 대한 독성이 크다. • 접촉독, 식독작용을 하고 흡입독작용도 있다. • 살충 및 살응애 효과를 보이는 비침투성 약제나 심달성이 있는 것으로 알려져 있다.
펜티온	접촉 및 식독작용, 침투이행성이 있으며, 증기압이 낮고 광이나 알칼리에 안정하여 잔효성이 있다.
다이아지논	• 주로 접촉 및 식독작용에 의하여 살충효과를 보이며 흡입독성도 있다. • 비교적 신속하게 분해되므로 잔류성이 낮다.
클로르피리포스	• 광범위한 해충에 효과를 보이는 접촉독, 식독 및 흡입독제이다. • 표준농도에서는 약해가 없으나 고농도에서는 약해 우려가 있다. • 잔효성이 60~120일간 지속되는 잔효성이 긴 약제이다.
말라티온	• 선택성의 침투이행성 약제이며 접촉독제이다. • 식물의 조직 내에서 분해가 쉽고 식물의 표면에서 휘산이 많아 잔효성이 없으며, 세대가 짧은 곤충에 반복 사용하면 저항성이 발현한다.
EPN	• 접촉독, 식독, 흡입독 작용에 의해 살충효과가 있다. • 약효 지속기간이 2~3주이다.
디클로르보스	• 접촉독으로 작용하나 훈증효과도 있다. • 증기압이 높고 분해가 빨라 잔효성은 없다.
포노포스	토양해충 방제에 효과적인 살충제이다.
플루피라조포스	• 국내 최초의 살충제[성보화학(1995)] • 접촉 및 식독작용으로 살충효과를 낸다.
포스멧	비침투이행성 살충, 살응애 효과
포스파미돈, 모노크로토포스, 테부포스, 이사조포스 등	접촉 및 식독작용
폭심	속효성 토양 살충제

✎ 그 외 침투이행성의 접촉독제
메타미도포스, 아세페이트, 메티다티온, 펜토에이트

핵심문제

아세페이트 캡슐제의 작용기작으로 표시된 1b의 의미는? [21년 5회]

① Na 이온 통로 변조
② 라이아노딘(Ryanodine) 수용체 변조
③ GABA(γ-Aminobutyric Acid) 의존성 Cl 이온 통로 차단
❹ 아세틸콜린에스테라제(Acetylcholinesterase, AChE) 저해
⑤ 니코틴(Nicotine) 친화성 ACh 수용체(Nicotine Acetylcholine Receptor, nAChR)의 경쟁적 변조

③ 카바메이트계 – 1a : 아세틸콜린에스테라제 저해

㉠ 서아프리카 칼라바콩의 독성분인 피소스티그민(Physostigmine)이 곤충의 AChE를 강하게 저해한다는 것을 발견하였다.

㉡ 종 특이성이 높아 우리나라에서는 멸구류, 매미충류의 방제에 사용하며, 천적인 거미에는 영향이 거의 없다.

㉢ 속효성과 침투이행성이 좋으나 잔효력은 길지 않다.

㉣ 흡즙해충에 효과적이다.

㉤ 종류

종류	작용
페노뷰카브	• 접촉독, 식독제로서 저온에서도 우수한 살충 효과가 있다. • 천적에 대한 영향이 적다. • 타 약제와 혼합에 안정성이 높다. • 멸구류와 끝동매미충 방제에 이용한다.
카보퓨란	• 침투이행성 약제로 살충효과 외에 살응애, 살 선충 효과도 있어 광범위하게 사용한다. • 반감기 30~60일로 토양에서 쉽게 분해되어 잔류성이 없다. • 포유동물에 대한 경구독성이 매우 강하다. • 입제 형태로만 사용한다.
벤퓨라카브	• 침투이행성 약제로 살충효과 외에 살응애, 살선충 효과도 있어 광범위하게 사용한다. • 반감기 30~60일로 토양에서 쉽게 분해되어 잔류성이 없다. • 포유동물에 대한 경구독성이 매우 강하다. • 입제 형태로만 사용한다.

④ 유기염소계 – 2a : GABA 염소 통로 저해

㉠ DDT계 – 3b : Na 통로 조절

- DDT와 유사화합물은 신경축색에서의 신경자극전달을 교란시켜 반복흥분을 유발하며 살충력을 발휘
- DDT의 살충력은 외부 온도가 내려갈수록 증대
- 곤충의 중독 증상은 이상 흥분과 다리 경련이 전형적임
- 잔류성 및 인축에 대한 만성독성으로 1973년에 사용이 금지됨

㉡ BHC계

- 곤충의 중추신경에 강한 자극작용을 일으켜 시냅스의 신경전달을 촉진시키고, 후방전에 의한 자발성 흥분이 증대되면서 살충작용
- 접촉독, 식독 및 흡입독제로 신경저해에 의한 살충력
- 매우 안정한 화합물로 잔류성 및 생체 내 만성독성 우려로 1979

년에 금지됨

ⓒ Cyclodiene계

- 1945년 이후 발전된 유기염소계 살충제
- Aldrin, Dieldrin, Endrin, Chlordane은 국내에서 거의 사용되지 않았고, Heptachlor도 잠시 사용됨
- Endosulfan은 현재 사용 중인 유일한 유기염소계 살충제
- 2개의 이성질체, 접촉독 및 식독작용에 의한 살충효과
- 다른 유기염소계에 비해 잔류성이 짧음

⑤ 피레스로이드계 – 3a : Na 통로 조절

㉠ 제충국의 분말인 Pyrethrin은 천연살충제이다.

㉡ 작용기작은 신경축색에서의 신경자극전달을 저해, 반복흥분 등을 유발하여 살충하는 것으로, 이른바 녹다운효과이다.

㉢ 포유동물에 대한 독성이 매우 낮다.

㉣ 수분 및 광에 의해 쉽게 분해된다.

㉤ 어독성이 높아 수도용으로 사용이 금지되었으나 최근 안전한 약제를 개발하였다.

㉥ 종류

종류	작용
펜발레레이트	• 접촉독 및 식독제로 유기염소계, 유기인계 및 카바메이트계 살충제에 저항성을 갖는 해충을 광범위한 범위로 살충한다. • 딱정벌레목(Coleoptera), 파리목(Diptera), 노린재목(Hemiptera), 나비목(lepidoptera), 메뚜기목(Orthoptera)의 방제에 효과적이다.
델타메트린	• 접촉독 및 식독작용에 의한 살충을 한다. • 속효성 살충제이다.
사이퍼메트린	• 지방질과 친화력이 강하여 지방질을 함유한 곤충의 표피에 쉽게 침투한다. • 속효성이며, 잔효성도 어느 정도 인정된다.
기타	Fluvalinate, Flucythrinate, Fenpropathrin, Cyfluthrin, Cyhalothrin, Bifenthrin, Acrinathrin, Etofenprox 등

⑥ 네레이스톡신－14 : 신경전달물질 수용체 통로 폐쇄

㉠ 바다 갯지렁이에서 추출한 네레이스톡신은 Ach와 구조가 비슷하다.

㉡ 신경전달물질의 수용을 차단한다.

㉢ 증상은 허탈 상태를 거쳐 긴장 손실을 동반한 마비가 온다.

㉣ 종류

종류	작용
카탑	• 접촉독 또는 식독제이다. • 살포 후 강우에 대해서도 영향이 적다.
벤설탑	딱정벌레목 및 나비목에 효과가 우수하다.
티오시클람	옥살산의 염의 형태로서 속효성 접촉독 및 소화중독제이다.

⑦ 니코틴계－4a, 4b : 신경전달물질 수용체 차단

㉠ 단점을 보완한 네오니코틴계 개발이 활발하다.

㉡ 니코틴은 독성이 강하고 빛에 잘 분해되어 잔효성이 짧다.

㉢ 흡즙성 해충에 대해 살충력이 우수하다.

㉣ 종류

종류	작용
이미다클로프리드	• 해충의 중추신경의 시냅스 후막의 아세틸콜린수용체(AChR)에 작용하여 과다한 자극전달을 통해 흥분, 마비를 일으켜 살충한다. • 선충이나 응애에는 효과가 없다.
디노테퓨란	잎 뒷면에 처리하여도 잎 전체에 골고루 퍼져 안정적 효과가 있다.
클로티아니딘	• 다양한 종류의 흡즙해충에 대해 방제한다. • 신속한 살충효과와 잔효성이 긴 약제이다.
아세타미프리드	꿀벌에 대한 독성이 높다.

※ 이 외에도 티아메톡삼, 티아클로프리드가 있다.

⑧ 벤조닐우레아계－15 : o형 키틴생합성 저해

㉠ 우레아(요소)계 화합물은 키틴의 생합성을 저해하여 살충한다.

㉡ 나비목, 매미목 방제에 주로 사용한다.

㉢ 높은 선택성을 가져 인축독성이나 환경오염의 우려가 적다.

핵심문제

아세타미프리드에 관한 설명으로 옳지 않은 것은? [25년 11회]

① 작용기작 분류기호는 4a이다.
② 침투이행성 살충성분으로 토양처리가 가능하다.
❸ 인축과 꿀벌에 독성이 낮아 IPM에 활용된다.
④ 솔잎혹파리나 왕벚나무혹진딧물 방제에 사용된다.
⑤ 신경전달물질 수용체를 차단하여 살충작용을 나타낸다.

핵심문제

곤충의 키틴 합성을 저해하여 탈피, 용화가 불가능하게 하므로 살충효과를 나타내는 계통은? [21년 5회]

① 유기인계
② 카바메이트계
③ 디아마이드계
❹ 벤조일우레아계
⑤ 피레스로이드계

㉣ 종류

종류	작용
디플루벤주론	• 약효 지속시간이 길어 지효성이 있다. • 알의 부화를 억제하는 효과가 있다.
테플루벤주론	• 키틴의 생합성 저해와 암컷의 생식에 영향을 주어 살충효과가 있다. • 잎말이나방과 솔나방 등의 방제를 한다.
노발루론	• 알과 유충에 비정상적인 탈피를 유도하는 살충효과가 있다. • 나비 성충에 대한 살충효과가 없다.
루페누론	• 주로 나방류의 방제를 한다. • 어린 유충에 대한 탈피저해작용으로 치사, 산란 억제 효과 및 부화 억제 효과가 있다.
비스트리퓨론	국내에서 개발된 벤조닐우레아계 살충제이다.
클로르플루아주론	나방류에 효과가 높으나, 십자화과 채소류의 유묘기에 사용 시 약해가 있다.
플루페녹시우론	• 기존 응애약에 의한 저항성 응애류에도 효과가 있다. • 나방류 유충의 모든 발육단계에 효과가 있다.

⑨ 로테논계 – 21b : 전자전달계 복합체 1 저해

㉠ 로테논은 야생콩과 작물인 데리스 등에 함유된 유효성분이다.

㉡ 로테논, 피레트린, 니코틴은 대표적인 천연 식물성 살충제이다.

㉢ 곤충의 신경저해 및 근육조직 내 미토콘드리아의 전자전달계에서 복합체 1(NADH의 탈수소작용)을 저해함으로써 호흡을 방해하여 살충한다.

㉣ 빛, 공기, 열에 불안정한 화합물로 햇빛에 노출되면 봄에 5~6일, 여름에는 2~3일 이내 분해된다.

㉤ 온도가 상승하면서 살충활성이 증대되고, 피레트린보다는 지효성이지만 속효성을 지녔다.

⑩ 페닐피라졸계 – 2b : GABA 염소 통로 저해

GABA에 의하여 염소 통로를 저해하여 살충효과를 나타낸다. 피프로닐 등이 있다.

⑪ 마크로라이드계 – 6 : 염소 통로 활성화

㉠ 아바멕틴은 방선균에서 분리된 살응애, 살충제이다.

㉡ 넓은 스펙트럼을 가지며 모든 발육단계에 효과적이다.

㉢ 아바멕틴, 에마멕틴 벤조에이트, 밀베멕틴 등이 있다.

핵심문제

아바멕틴 미탁제에 관한 설명으로 옳지 않은 것은? [23년 9회]

① 접촉독 및 소화중독에 의하여 살충효과를 나타낸다.
② 꿀벌에 대한 독성이 강하여 사용에 주의하여야 한다.
③ 소나무에 나무주사 시 흉고직경 cm당 원액 1mL로 사용하여야 한다.
④ 작용기작은 글루탐산 의존성 염소이온 통로 다른자리입체성 변조이다.
❺ 미생물 유래 천연성분 유도체이므로 계속 사용하여도 저항성이 생기지 않는다.

⑫ 스피노신계 – 5 : 신경전달물질 수용체 차단

㉠ 접촉 및 소화독, 곤충의 신경전달체계를 마비시켜 살충효과를 나타낸다.

㉡ 종류

스피네토랑	토양방선균의 발효대사체로 침달성이 뛰어나 약제가 묻지 않은 잎 뒷면에도 높은 방제효과를 나타낸다.
스피노사드	• 신경전달체계를 마비시켜 살충효과를 나타낸다. • 토양방선균의 발효대사체이다.

⑬ 디아마이드계 – 28 : 라이아노딘 수용체 조절

㉠ 2010년 이후에 개발된 약제이다.

㉡ 라이아노딘 수용체(근육세포 내 칼슘 채널 저해)와 결합하여 근육을 마비시키는 약제이다.

㉢ Cyantranililprole, Cyclaniliprole, Tetranniliprole 등이 있다.

(2) 필히 암기해야 할 주요 살충제 기작

구분	내용
마크로라이드계 – 6 : 염소 통로 활성화	• 아바멕틴은 방선균에서 분리한다. • 살선충, 살응애 • 약제 : Abamectin, Emamectin, Benzoate, Milbemectin 등
네오니코틴노이드계 – 4a : 신경전달물질 수용체 차단	• 독성이 강하고 빛에 잘 분해되어 잔효성이 짧다. • 흡즙성 해충에 살충효과가 우수하다. • 약제 : Imidacloprid, Acetamiprid, Clothianidin, Dinotefuran, Nitenpyram, Thiacloprid, Thiamethoxam 등
디아미드계 – 28 : 라이아노딘 수용체 조절	• 2010년 이후 개발 약제, 근육 수축 시 근육을 과도하게 수축시킨다. • 약제 : Chlorantraniliprole, Cyantraniliprole, Cyclaniliprole, Flubendiamide
벤조닐우레아계 – 15 : 키틴생합성 저해	• IGR(곤충생장조절제), 인축독성이 낮고, 환경오염이 적으며, 곤충과 동물 간에 선택독성이 높다. • 약제 : Bistrifluron, Chlorfluazuron, Novaluron, Lufenuron, Triflumuron

곤충의 생장 조절제(IGR)

- 유약호르몬 활성물질 – 7 : Methoprene, Fenoxycarb, Pyriproxyfen
- 탈피호르몬 활성물질 – 18 : Tebufenozide, Chromafenozide, Halofenozide 등
- 키틴생합성 저해 – 15,16(뷰프로페진) : Bistrifluron, Chlorfluazuron, Novaluron, Triflumurone

핵심문제

포유동물과 해충 간 선택성이 높은 IGR(Insect Growth Regulator)계 성분으로 키틴 합성효소를 저해하여 성충보다 유충방제에 효과적인 것은? [25년 11회]

① 카탑
❷ 노발루론
③ 아바멕틴
④ 인독사카브
⑤ 테부페노자이드

살응애제
- 살비제의 구비조건
  - 성충 및 유충뿐 아니라 살란 효과도 필요하다.
  - 잔효기간이 길어야 하며, 약제 저항성 유발이 없어야 한다.
  - 응애류만 선택적으로 작용하고 천적 및 미생물에는 안전하다.
  - 응애류는 종류가 많으므로 적용범위가 넓어야 한다.
  - 작물에 대한 약해 및 인축에 대한 독성이 없어야 한다.
- 살비제의 작용기작
  - 살충제와 같이 신경기능을 저해하는 것이다.
  - 에너지대사계를 저해, Amine대사를 저해하는 것이다.

구분	내용
뷰프로페진－16 : 키틴생합성 저해	IGR(곤충생장조절제)로, 키틴의 생합성을 저해한다.
벤조일하이드라진계－18 : 탈피호르몬수용체 기능 향상	• IGR(곤충생장조절제)이다. • 약제 : Tebufenozide, Methoxyfenozide

8. 살균제

1) 살균제의 종류

(1) 무기 또는 금속함유 살균제

종류	약제 및 기작	
구리제	구리는 SH기와의 반응성으로 살균효과가 있다.	
	무기구리제	• 보르도액 : 황산구리와 생석회가 주성분이다. • Copper Hydroxide, Copper Sulfate, Copper Oxychloride
	유기구리제	• 구리이온의 침투가 무기구리제보다 월등하고, 1/10로 같은 효과를 낸다. • Oxine Copper, DBRDC
수은제	• 무기수은제 : 승홍($HgCl_2$)이 대표적이다. • 유기수은제 : PMA(Phenyl Mercury Acetate)	
비소제	• 비소화합물은 3가와 5가의 화합물에 살균력이 있다. • 네오아소진(Neo－Asozin)	
무기유황제	• 1821년부터 포도 흰가루병 방제용으로 개발되었다. • 친유성이 강하여 유지 함량이 많은 병원균에 강한 선택성이 있다. • 적용 범위가 좁으나 살균작용 외에 살응애효과가 있다. • 파라티온, 말라티온 등의 약제와 혼용이 가능하다. • 석회황합제는 1851년 포도병 방제에 사용하였으며, 강한 알칼리로 약해를 유발하였다.	

(2) 비침투성 유기살균제

① 디티오카바메이트계(Dithiocarbamate)－카. 다점 저해

종류		작용
디알킬 디티오카바메이트	디메틸 디티오카바메이트군	Fe, Zn, Ni, 등의 착염으로 각각 Ferbam, Ziram, Sankel 등의 살균제가 있다.

종류		작용
디티오카바메이트계	Thiram군	Thiram은 과수병해에 대한 예방과 치료효과가 있다.
에틸렌 비스 디티오카바메이트	Zineb, Maneb	약해 우려로 1990년에 생산이 중지되었다.
	Mancozeb	광범위한 탄저병의 보호살균제, 고온 다습한 조건에서 불안정하여 잘 밀봉하여 냉암소에 보관하여야 한다.
프로필렌 비스 디티오카바메이트	Propineb는 내우성이 양호하고 빛이나 온도에 비교적 안정하다.	

✎ 내우성
비(강우)에 견디는 능력

② 염소치환방향족(Chlorine Substituted Aromatic)

㉠ Hexachlorobenzene(HCB), PCP, PCNB, Dicoran, Chloroneb, Phthalide 등 상이한 구조의 약제

㉡ Hexachlorobenzene(HCB) : 종자처리제

㉢ PCP : 목재방부제

㉣ Phthalide : 벼 도열병 전용방제제

③ 디카르복시마이드계(Dicarboximide)

종류	작용
프로사이미돈	• 침투이행성의 치료 및 보호살균제이며, Procymidone만이 침투이행성을 갖는다. • 병원균의 Triglyceride의 생합성을 저해한다.
이프로다이온	• 보호 및 치료효과를 겸비한 접촉형 살균제이다. • 포자의 발아억제, 균사생장을 억제한다.
빈클로졸린	• 비침투이행성의 보호 및 치료효과가 있다. • 병원균의 포자발아를 방해한다.

④ 프탈리마이드계(Phthalimide, Trichloromethylthiolate) – 카

효소나 단백질의 SH작용기와 반응하여 병원균의 호흡을 저해한다.

종류	작용
캡탄	• 종자소독, 토양살균제로 사용, 중성 및 산성용액에서는 신속하게 가수분해된다. • 캡탄 자체는 금속 부식성이 없으나 분해산물은 부식성이 있다.
폴펫	• 석회보르도액, 석회황합제 등의 알칼리 약제와 혼용할 수 없다. • 실온에서 습기에 의해 가수분해된다.

종류	작용
캡타폴	• 침투이행성의 접촉독작용을 한다. • 약효가 빠르고 지속시간도 비교적 길지만 1993년 이후 생산이 금지되었다.
디클로로플루아니딘	이행성의 약제로 분생포자의 발아를 억제하며, 예방 및 치료효과가 있다.
테클로프탈람	침투이행성 살균제이다.

⑤ 디니트로페놀계(Dinitrophenol)

㉠ 니트로페놀계 살균제는 산화적 인산화 과정의 탈공역제로 살균 작용

㉡ 디노캅(Dinocap) : 30℃ 이상의 고온에서는 약해

⑥ 퀴논(Quinone)계

㉠ 퀴논은 천연산물에도 널리 분포

㉡ −SH기를 필수적으로 가지고 있는 효소를 공격하여 살균

㉢ 디티아논(Dithianone)

- 니트릴기(−CN)가 독성기로 작용하여 단백질의 SH기와 반응하며 대사작용을 저해
- 클로라닐(Chloranil), 디클론(Dichlone)

⑦ 지방족 질소계(Aliphatic Nitrogen) : Dodine

⑧ 아릴니트릴계(Arylnitrile)

㉠ 균체 내 SH 화합물과 반응하여 호흡을 저해

㉡ 클로로타로닐(Chlorothalonil) : 널리 사용되는 약제, 병원균의 발아 억제

(3) 침투성 유기살균제

① 옥사틴계(Oxathiin) : 호흡계의 전자전달을 저해하는 살균제로, 미토콘드리아에서 숙신산(Succinic Acid)의 산화를 저해하여 축적되며 전자전달을 저해

종류	작용
카복신	• 최초의 성공적인 침투이행성 농약이다. • 강한 알칼리성 및 산성의 농약을 제외한 모든 약제와 혼용 가능하다.
옥시카복신	• 카복신에 비해 살균력은 떨어지나 강력한 침투, 이행성의 살균제이다. • 국화의 백녹병을 방제한다.

② 페닐아마이드계(Phenylamide)

종류	작용
메프로닐	호흡과정 중 숙신산(Succinic Acid)의 산화를 저해한다.
플루토라닐	• 침투이행성의 보호 및 치료효과가 있다. • 담자균에 살균활성이 높다.

③ 벤지미다졸계(Benzimidazole) – 나1. 세포분열 저해

㉠ 고활성이며 광범위한 병해에 효과가 있음

㉡ 대부분 물관으로 이동하여 과실보다 잎과 생장점으로 이행하여, 살균효과가 있다.

㉢ 저항성을 유발하므로 교호 사용

종류	작용
베노밀	식물의 경엽에 발생하는 병해, 저장병해, 종자전염성 병해 및 토양병해 등 광범위한 병해에 효과가 있으며, 연용은 피해야 한다.
카벤다짐	베노밀, 티오파네이트메틸의 생체 내 대사활성물질로서 보호 및 치료효과를 겸비한 침투이행성 살균제이다.
티오파네이트메틸	주로 경엽살포제로 포자의 발아와 발아관의 신장, 부착기의 형성, 균사의 침입을 저해한다.

④ 페닐아마이드계(Phenylamides)

메탈락실(Metalaxyl), 퓨라락실(Furalaxyl), 베나락실(Benalaxyl) 등이 페닐아마이드계통에 속하며 병원균의 RNA 합성을 저해

종류	작용
메탈락실 (Metalaxyl)	• 종자, 경엽, 토양 등에 처리한다. • 균사 생육, 포자생성억제 및 치료효과가 있으며, 모잘록병, 역병, 노균병, 탄저병 방제에 효과적이다.
베나락실 (Benalaxyl)	균사 생장, 포자발아를 억제하며, 역병, 뿌리썩음병, 노균병을 방제한다.

⑤ 트리아졸계(Triazole) – 사1. 세포막 스테롤 생합성 저해

종류	작용
트리아디메폰 (Triadimefon)	세포막 성분인 Ergosterol의 생합성을 저해하여 살균한다.

※ 그 외 : 디니코나졸(Diniconazole), 디페노코나졸(Difenoconazole), 미클로부타닐(Myclobutanil), 메트코나졸(Metconazole), 비테르탄올(Bitertanol), 시프로코나졸(Cyproconazole), 이프코나졸(Ipconazole)

핵심문제

여러 가지 수목병에 사용되는 살균제인 마이클로뷰타닐과 테부코나졸의 작용기작은? [22년 8회]

❶ 스테롤합성 저해, 스테롤합성 저해
② 단백질합성 저해, 단백질합성 저해
③ 지방산합성 저해, 지방산합성 저해
④ 스테롤합성 저해, 단백질합성 저해
⑤ 지방산합성 저해, 스테롤합성 저해

⑥ －2 피리미딘계(Pyrimidine)－사

㉠ 누아리몰(Nuarimol), 페나리몰(Fenarimol)

㉡ 에르고스테롤 생합성을 저해하여 흰가루병 방제

⑦ 이미다졸계(Imidazole)

종류	작용
프로클로라즈	세포막 성분인 에르고스테롤의 생합성을 저해한다.
시아조파미드	병원균의 발아를 억제하며, 유주자낭 형성 및 유주자의 운동성을 저해한다.

※ 그 외 : 트리플루미졸(Triflumizole)

⑧ 모르폴린계(Morpholine)－아. 세포벽 생합성 저해

종류	작용
트리데모르핀	뿌리나 잎에서부터 식물 전체로 이동하며, 세포막 성분인 에르고스테롤 생합성을 저해한다.
디메토모르핀	항포자 생성 저해제 및 균의 세포막 성분인 에르코스테롤의 생합성을 저해한다.

⑨ 유기인계(Organophosphates)－바. 지질 생합성 및 막기능 저해

종류	작용
포세틸－Al	식물체의 병 저항성을 증가시킨다.
키타진	• 유기인계 살균제 중 최초로 개발되었다. • 병원균 세포막의 인지질 합성을 저해하며, 벼 도열병을 방제한다.
이프로벤포스 에디펜포스	병원균 세포막의 인지질 합성을 저해하며, 벼 도열병을 방제한다.
피라조포스	광범위한 흰가루병을 방제한다.
티클로포스－메틸	라이족토니아균 방제에 효과적이다.

⑩ 티아졸계(Thiazol)

㉠ 트리시클라졸(Tricyclazole) : 병원체 내 멜라닌 생합성 저해

⑪ 스트로빌루린계(strobiluline)－다3. 호흡저해(에너지 생성저해)

㉠ 미토콘드리아의 전자전달계를 저해

㉡ 아족시스트로빈(Azoxystrobin)

㉢ 오리사스트로빈(Orysastrobin)

㉣ 트리플록시스트로빈(Trifloxystrobin)

㉤ 피라클로스트로빈(Pyraclostrobin)

㉥ 피콕시스트로빈(Picoxystrobin)

⑫ 항생제 – 라. 단백질 합성저해

㉠ 스트렙토마이신(Streptomycin) : 의료용으로 개발, 병원균 단백질의 합성을 저해

㉡ 카스가마이신(Kasugamycin) : 벼 도열병 방제용

㉢ 블라스틱시딘 – s(Blasticidin – s) : 방선균를 호기조건에서 배양

㉣ 발리다마이신(Validamycin) : 알칼리성에는 안정하나 산성에는 불안정

㉤ 폴리옥신(Polyoxin) : 키틴 합성 저해

2) 살균제 작용기작

(1) 살균제의 주요 작용기작

나. 세포분열 저해	• 저항성을 유발한다. • 경엽살포용, 포자발아, 발아관 신장, 부착기 형성, 균사 생장을 저해한다.	
	벤지미다졸계 (나1)	베노밀, 티오파네이트메틸, 카벤다짐
다. 호흡저해 (에너지생성저해)	스트로빌루린계	아족시스트로빈, 멘데스트로빈, 오리사스트로빈, 트리플옥시스트로빈
사. 막에서 스테롤 생합성 저해	트레아졸계 (사1)	• 식물의 생장점으로 흡수하며, 침투이행성이 있고, 보호 및 치료 효과가 있다. • 약해가 없으며, Ergosterol의 생합성을 저해한다. • 디니코나졸, 디페노코나졸, 메트코나졸, 비테르타놀, 헥사코사졸
아. 세포벽 생합성 저해	난균문 방제 살균제	유사균류는 에르고스테롤이 존재하지 않는다.
	CAA살균제(카르복실 acid amide)	미메토모르프, 벤티아빌리카브, 발리페날레이트
카. 다점 접촉	보르도액, 만코제브(디티오카바메이트계=유기황계)	

(2) 살균제의 세부 작용기작

작용기작 구분	표시 기호	세부 작용기작 및 계통(성분)
가. 핵산 합성 저해	가1	RNA 중합효소 I 저해
	가2	아데노신 디아미나제 효소 저해
	가3	핵산 활성 저해

핵심문제

병원균의 호흡작용을 저해하는 살균제가 아닌 것은?

❶ 베노밀
② 카복신
③ 보스칼리드
④ 크레속심 – 메틸
⑤ 피라클로스트로빈

작용기작 구분	표시 기호	세부 작용기작 및 계통(성분)
가. 핵산 합성 저해	가4	DNA 토포이소메라제효소(Type Ⅱ) 저해
나. 세포분열 (유사분열) 저해	나1	미세소관 생합성 저해(벤지미다졸계)
	나2	미세소관 생합성 저해(페닐카바메이트계)
	나3	미세소관 생합성 저해(톨루아마이드계)
	나4	세포분열 저해(페닐우레아계)
	나5	스펙트린 단백질 저해(벤자마이드계)
	나6	액틴/미오신/피브린 저해(시아노아크릴계)
다. 호흡 저해 (에너지 생성 저해)	다1	복합체Ⅰ의 NADH 기능 저해
	다2	복합체Ⅱ의 숙신산(호박산염) 탈수소효소 저해
	다3	복합체Ⅲ : 퀴논 외측에서 시토크롬 bc1기능 저해(아족시스트로빈, 피콕시스트로빈, 피라클로스트로빈, 크레속심메틸, 오리사스토로빈, 파목사돈, 페나미돈, 피리벤카브 등)
	다4	복합체Ⅲ : 퀴논 내측에서 시토크롬 bc1기능 저해(사이아조파미드, 아미설브롬)
	다5	산화적 인산화반응에서 인산화반응 저해
	다6	ATP 생성효소 저해
	다7	ATP 생성 저해
	다8	복합체 Ⅲ : 시토크롬 bc1기능 저해(아메톡트라딘)
라. 아미노산 및 단백질 합성 저해	라1	메티오닌 생합성 저해(사이프로디닐, 피리메타닐)
	라2	단백질 합성 저해(신장기 및 종료기)
	라3	단백질 합성 저해(개시기)(헥소피라노실계)
	라4	단백질 합성 저해(개시기)(글루코피라노실계)
	라5	단백질 합성 저해(테트라사이클린계)
마. 신호전달 저해	마1	작용기구 불명(아자나프탈렌계)
	마2	삼투압 신호전달 효소 MAP 저해(플루디옥소닐)
	마3	삼투압 신호전달 효소 MAP 저해(이프로디온, 프로사이미돈)
바. 지질생합성 및 막 기능 저해	바2	인지질 생합성, 메틸 전이효소 저해(이프로벤포스)
	바3	지질 과산화 저해(에트리디아졸)
	바4	세포막 투과성 저해(카바메이트계)
	바6	병원균의 세포막 기능을 교란하는 미생물

작용기작 구분	표시 기호	세부 작용기작 및 계통(성분)
바. 지질생합성 및 막 기능 저해	바7	세포막 기능 저해
	바8	에르고스테롤 결합 저해
	바9	지질 항상성, 이동, 저장 저해
사. 막에서 스테롤 생합성 저해	사1	탈메틸 효소 기능 저해(피리미딘계, 이미다졸계 등)
	사2	이성질화 효소 기능 저해
	사3	케토환원효소 기능 저해(펜헥사미드, 펜피라자민)
	사4	스쿠알렌 에폭시다제 효소 기능 저해
아. 세포벽 생합성 저해	아3	트레할라제(글루코스 생성) 효소기능 저해(발리다마이신)
	아4	키틴 합성 저해(폴리옥신)
	아5	셀룰로오스 합성 저해(디메토모르프, 벤티아발리카브, 발리페날레이트)
자. 세포막 내 멜라닌 합성 저해	자1	환원효소 기능 저해(트리사이클라졸)
	자2	탈수 효소 기능 저해(페녹사닐)
	자3	폴리케티드 합성 저해(톨프로카브)
차. 기주식물 방어기구 유도	차1	살리실산 경로 저해(벤조티아디아졸 계, 아시벤졸라에스메틸)
	차2	벤즈이소티아졸계(프로베나졸)
	차3	티아디아졸카복사마이드계
	차4	천연 화합물 계통
	차5	식물 추출물 계통
	차6	미생물 계통
카. 다점 접촉작용	카	보호살균제 무기유황제, 무기구리제, 유기비소제 등
작용기작 불명	미분류	메트라페논, 사이목사닐, 사이플루페나미드 등

9. 제초제

1) 잡초의 종류

(1) 1년생 잡초

종자를 형성한 후 죽는다.

(2) 2년생 잡초

첫해에는 영양생장하고 다음해는 종자를 생산한다.

(3) 다년생 잡초

① 단순다년생 : 종자로만 번식하고 뿌리로는 번식하지 않는 것이 보통이지만 예외적으로 질경이, 민들레 등이 있다.

② 인경형 : 인경과 종자로 번식 예 무릇

③ 포도형 : 포도경, 근경, 다육근으로 주로 번식

2) 주요 제초제

(1) 클로로아세트아미드계(Chloroacetamide) = 아세트아닐리드(Acetanilide)계 작용기작

① 세포분열 저해작용을 한다.

② 잡초 종자의 발아를 억제하고, 토양의 흡착성이 강하며 잔효성이 길다.

③ 종류

종류	작용
알라클로르	주로 화본과 잡초의 발아 억제제이다.
뷰타클로르	화본과 및 방동사니과 잡초의 발아 시에 효과적이다.
메토라클로르	세포분열 저해에 의한 잡초발아를 억제한다.
프레틸라클로르	주요 화본과 잡초, 광엽 잡초 및 사초과 잡초를 선택적으로 방제한다.

(2) 아마이드계(Amide)

① Mefenacet, Napropamide : 아세트아닐리드(Acetanilide)계와 동일한 작용기작

② Isoxaben : 세포벽 구성성분인 셀룰로오스의 생합성을 억제하는 Bebzamide계

③ Propanil : 광합성 중 광계 II작용을 교란(C2)

종류	작용
메페나셋, 나프로파마이드	선택성 제초제로, 1년생 화본과 잡초를 방제한다.
이속사빈	주로 뿌리에서 흡수하며, 셀룰로오스 생합성을 저해하며, 광역잡초를 방제한다.

종류	작용
프로파닐	• 논의 피만 살초하며, 벼에는 영향이 없다. • 작용기작은 광합성 저해, 호흡능 저해, 호흡 증진 등이 있다.

(3) 아릴옥시아칸노익산계(Aryloxylkanoic Acid) = 페녹시 – 카르복실산 = 페녹시계

① 대표적인 약제는 2,4 – D로 옥신의 연구과정에서 발견하였다.

② 특징

㉠ 분열조직의 활성화

㉡ 이상분열

㉢ 형태적 이상, 흡수 증진

㉣ 엽록소 형성 저해

㉤ 세포막의 삼투압 증대

(4) 아릴옥시페녹시프로피오닉산계(Aryloxyphenoxypropionic Acid)

① 선택성의 침투이행성 약제로, 디클로포프(Diclofop)가 처음 개발하였다.

② 식물체 내의 지질합성효소인 ACCase를 저해하여 잡초를 방제한다.

③ 광엽작물에는 안전하고 주로 화본과 잡초에 강한 살초작용을 한다. 일명 과립성살충제(Graminicide)라고 불린다.

종류	작용
시할로포프 – 부틸(Cyhalofop – butyl)	피에 특이적 살초효과가 있고, 경엽처리형이다.
페녹사프로프 – p(Fenoxaprop – p)	지방산의 생합성을 저해한다.
플루아지포프(Fluazifop)	ATP생산을 저해하며, 화본과 잡초를 선택적으로 살초한다.

※ 그 외 : 할록시포프(Haloxyfop), 프로파퀴자포프(Propaquizafop), 퀴잘로포프(Quizalofop)

(5) 벤조익산계

① 디캄바(Dicamba) : 옥신 활성을 보이나 식물체 내 또는 토양 중에서의 안정성이 더 높고 살포범위가 넓음

② 광엽잡초를 방제하고, 물에 잘 녹으며 토양 중에서 쉽게 이동한다.

③ DCPA : 미소세관 생성 억제기작이 있음

(6) 니트릴계

디클로베닐(Dichlobenil)은 셀룰로오스 생합성 저해 및 분열 조직 내 세포 분열, 종자발아를 저해시킨다.

(7) 비피리딜리움계(Bipyridylium)

① 광합성의 전자전달계에서 전자를 탈취하여 생성된 자유기가 과산물을 생성하여 살초한다.
② 빛의 강도 및 살초활성과 밀접한 관계가 있다.
③ 비선택성 접촉형 제초제이다.
④ 파라콰트(Paraquat) : 식물체 내 침투력은 강하나 이행은 작아 다년생 식물의 지하부에는 영향을 미치지 못한다. 또한 토양입자에 강하게 흡착하여 불활성이다.

(8) 디니트로아닐린계(Dinitroaniline)

① 트리플루라린(Trifluralin)이 시초이며, 주로 토양처리제로 사용한다.
② 뿌리로부터 흡수하여 잡초의 발아를 억제한다.
③ 세포분열에 필요한 미세소관 단백질의 생합성을 저해한다.
④ 종류

종류	작용
벤플루라린	• 잡초의 뿌리 및 새싹의 발달을 저해한다. • 1년생 잡초 및 광엽잡초 방제용이다.
에탈플루라린	토양처리형으로 거의 사용되지 않는다.
니트라린	• 잡초의 종자 또는 어린뿌리로부터 흡수된다. • 경엽으로는 전혀 흡수되지 않는다.
오리잘린	세포분열 저해에 의한 종자발아와 관련된 생장에 영향을 주는 선택성 제초제이다.
펜디메탈린	논잡초 방제용으로 사용 가능하다.
프로디아민	토양처리 및 경엽처리제로 선택성을 가진다.
트리플루라린	토양에 혼화처리한다.

(9) 디페닐에테르계(Diphenyl Ether)

① 논잡초용으로 실용화
② 종류 : 비페녹시(Bifenox), 클로메톡시펜(Chlomethoxyfen), 클로르니트로펜(Chlornitrofen), 옥시플루오르펜(Oxyfluorfen)

(10) 이미다졸리논계(Imidazolinone)

① 침투이행성 선택성 제초제이다.
② 지방족 아미노산 Valine, Leucine, Isoleucine의 생합성에 관여하는 ALS를 저해하여 단백질 생합성을 방해한다.
③ 처음 24시간 내에 급속히 감소하고 뿌리 중의 잔류량이 토양으로 침출된다.
④ 이마자퀸(Imazaquin) : 바랭이 등 화본과 잡초와 쑥 등 광엽잡초에 작용하는 지효성 약제이다.

(11) 유기인계

① 유기인계 제초제는 환경 중에 분해가 쉬워 잔류성 문제가 없다.
② 종류

종류	작용
아닐로포스	세포분열 저해가 주요 기작으로, 선택성 제초제이다.
벤설라이드	지질생합성을 저해하며, 주로 뿌리 표면으로부터 흡수한다.
피페로포스	세포분열을 저해한다.

(12) 포스핀산계

① 접촉형의 비선택성 제초제로, 식물체 내 이동은 잎에서만 이루어진다.
② 글리포세이트(Glyphosate)
㉠ 아미노산 글리신유도체로 비선택성 제초활성을 나타냄
㉡ 살초 범위가 넓고 식물체 내에서는 잘 분해되지 않음

(13) 설포닐우레아계(Sulfonylurea)

① 선택성의 침투이행성을 나타내며, 식물의 뿌리나 잎으로부터 흡수한다.
② 아미노산인 Valine, Isoleucine의 생합성에 관여하는 ALS의 활성을 저해한다.
③ 종류 : 벤설푸론, 아짐설푸론, 피라조설푸론, 플라자설퓨론

(14) 트리아진계

① 식물체 내에서 하방으로 이행하여 살초활성으로, 광합성을 저해한다.

핵심문제

아미노산 생합성 억제작용기작을 갖는 비선택성 제초제로서, 경엽처리에는 사용되지만 토양에서 쉽게 흡착되거나 분해되어 토양처리제로 사용되지 않는 성분만을 나열한 것은? [25년 11회]

① 플라자설퓨론, 벤타존
② 플라자설퓨론,비페녹스
③ 글루포시네이트, 시메트린
④ 티아페나실, 글리포세이트
❺ 글루포시네이트, 글리포세이트

② 종류

종류	작용
프로메트린	광합성을 저해한다.
시마진	• 침투이행성 제초제, 뿌리에서 흡수하며, 경엽에서의 흡수는 거의 없다. • 광합성의 전자전달을 저해한다.

※ 그 외 : 디메타메트린, 테르부틸라진, 메트리부진, 헥사지논

(15) 제초제 작용기작

작용기작 구분	표시 기호	세부 작용기작 및 계통(성분)
지질(지방산) 생합성 저해	H01	아세틸 CoA 카르복실화 효소 저해 플루아지포프-p-뷰틸, 펜옥사프로프-p-에틸, 세톡시딤, 클레토딤, 프로프옥시딤
아미노산 생합성 저해	H02	분지 아미노산 생합성 저해(ALS 저해)
	H09	방향족 아미노산 생합성 저해(EPSP 저해) 글리포세이트, 글리포세이트암모늄, 글리포세이트 이소프로필아민, 글리포세이트포타슘
	H10	글루타민 합성효소 저해(글루포시네이트) 글루포시네이트암모늄, 글루포시네이트-P
광합성 저해	H05	광화학계 II 저해 -트리아진계 : 시마진, 시메트린 -트리아지논계 : 헥사지논, 메트리부진 -우레아계 : 리누론(Linuron), 딤론, 시드론 메탈벤즈티주론
	H06	광화학계 II 저해 벤조티아디아존계 : 벤타존
	H22	광화학계 I 전자전달 저해 비피리딜리움계 : 파라콰트, 디콰트-사용중지
색소 생합성 저해	H14	엽록소 생합성 저해(PPO 저해) 옥시플루오르펜, 사플루페나실, 피라플루펜-에틸, 뷰타페나실, 비페녹스, 설펜트라존, 옥사디아길, 옥사디아존, 카펜트라존에틸, 클로르니트로펜, 클로메톡시펜, 트리플루디목사진, 티아페나실, 펜톡사존
	H12	카로티노이드 생합성 저해(PDS 저해)
	H27	카로티노이드 생합성 저해(HPPD 저해)
	H34	카로티노이드 생합성 저해
	H13	DXP 저해

작용기작 구분	표시 기호	세부 작용기작 및 계통(성분)
엽산 생합성 저해	H18	엽산 생합성 저해(아슐람)
세포분열 저해	H03	미소관 조합 저해
	H23	유사분열/미소관 형성 저해
	H15	장쇄 지방산(VLCFA) 합성 저해 티오벤카브, 에스프로카브, 디메피페레이트
세포벽 합성 저해	H29	세포벽(셀룰로오스) 합성 저해
	H30	지방산 티오에스레트화 효소(TE) 저해
에너지 대사 저해	H24	막 파괴
옥신작용 저해 · 교란	H04	옥신(인돌아세트산) 유사작용 －페녹시계 : 2,4-D, MCP, MCPP －벤조익 산계 : 디캄바 －피리딘계 : 트리클로피르, 디티오피르, 플루록시피르, 피클로람
	H19	옥신 이동 저해
작용기작 불명	미분류	기타

CHAPTER 04

산림 관련 법령

1. 2025년 소나무재선충병 방제지침

1) 소나무재선충병 용어의 정의

① "소나무류"란 소나무, 해송, 잣나무, 섬잣나무와 그 밖에 산림청장이 재선충병에 감염되는 것으로 인정하여 고시하는 수종을 말한다.

② "반출금지구역"이란 재선충병 발생지역과 발생지역으로부터 2km 이내에 포함되는 행정 동 · 리의 전체구역을 말한다.

③ "감염목"이란 재선충병에 감염된 소나무류를 말한다.

④ "감염우려목"이란 반출금지구역의 소나무류 중 재선충병 감염 여부 확인을 받지 아니한 소나무류를 말한다.

⑤ "감염의심목"이란 재선충병에 감염된 것으로 의심되어 진단이 필요한 소나무류를 말한다.

⑥ "피해고사목"이란 반출금지구역에서 재선충병에 감염되거나 감염된 것으로 의심되어 고사되거나 고사가 진행 중인 소나무류를 말한다.

⑦ "기타고사목"이란 반출금지구역에서 재선충병이 아닌 다른 원인에 의해 고사되거나 고사가 진행 중인 소나무류로서 매개충의 서식이나 산란으로 성충으로 우화할 우려가 있어 방제대상이 되는 소나무류를 말한다.

⑧ "비병징목"이란 반출금지구역에서 잎의 변색이나 시들음, 고사 등 병징이 나타나지 않은 외관상 건전한 소나무류를 말한다.

⑨ "비병징감염목"이란 재선충병에 감염되었으나 잎의 변색이나 시들음, 고사 등 병징이 감염당년도에 나타나지 않고 이듬해부터 나타나는 소나무류를 말한다.

⑩ "피해고사목등"이란 반출금지구역에서 재선충병 방제를 위해 벌채대상이 되는 피해고사목, 기타고사목 및 비병징목(비병징감염목을 포함한다. 이하 같다)을 말한다.

⑪ "선단지"란 재선충병 발생지역과 그 외곽의 확산우려지역을 말하며, 감염목의 분포에 따라 점형선단지, 선형선단지 및 광역선단지로 구분한다.

㉠ "점형선단지"란 감염목으로부터 반경 2km 이내에 다른 감염목이 없을 때 해당 감염목으로부터 반경 2km 이내의 지역을 말한다.

㉡ "선형선단지"란 발생지역 외곽 재선충병이 확산되는 방향의 끝 지점에 있는 감염목들을 연결한 선(이하 "선단지선"이라 한다. 이 경우 연결할 수 있는 감염목 간의 거리는 2km 이내로 한다)으로부터 양쪽 2km 이내의 지역을 말한다.

㉢ "광역선단지"란 2개 이상의 시 · 군 또는 자치구(이하 "시 · 군 · 구"라 한다) 또는 시 · 도(특별시 · 광역시 · 특별자치시 · 도 및 특별자치도를 말한다, 이하 같다)에 걸쳐 재선충병이 발생한 경우 해당 시 · 군 · 구 또는 시 · 도의 감염목들을 선으로 연결하여 구획한 선형선단지를 말한다.

⑫ "예비관찰조사"(이하 "예찰"이라 한다)란 재선충병이 발생할 우려가 있거나 발생한 지역에 대하여 재선충병 발생여부, 발생정도, 피해상황 등을 관찰 조사하는 것을 말한다.

⑬ "진단"이란 재선충병에 감염된 것으로 의심되는 소나무류에 대해 외관검사, 재선충 분리동정 및 유전자 분석 등 다양한 방법으로 재선충병 감염여부를 확인하는 것을 말한다.

⑭ "신규발생지"란 재선충병이 처음 발생한 시 · 군 · 구(특별자치시 및 특별자치도를 포함한다. 이하 같다)를 말한다.

⑮ "재발생지"란 재선충병이 이미 발생하였으나 이를 효과적으로 방제하여 관내 반출금지구역이 모두 해제된 이후 다시 재선충병 발생이 확인된 시 · 군 · 구를 말한다.

⑯ "집단발생지"란 피해고사목과 기타고사목이 집단적으로 발생한 표준지가 1년 동안 25개 이상 예찰 · 조사된 읍 · 면 · 동을 말한다. 단, 1개 표준지의 크기는 0.04ha(20m×20m)로 하며, 표준지 안에 소나무류 비율이 25% 이상이고 소나무류가 10% 이상 고사한 경우로 한정한다.

⑰ "수종전환 방제"란 재선충병 발생지역의 전부 또는 일부 구역 안에 있는 모든 소나무류를 베어내는 것을 말한다.

⑱ "소구역모두베기"란 1본 또는 다수의 피해고사목으로부터 일정한 거리 안에 있는 소나무류를 베어내는 것을 말한다. 소구역모두베기 시 벌채지로부터 외곽 30m 내외의 안쪽에 있는 소나무류에 대해 나무주사를 실시할 수 있다.

⑲ "소군락모두베기"란 일정한 규모 이하로 군락을 이루고 있는 소나무류를 모두 베어내는 것을 말한다.

핵심문제

「소나무재선충병 방제 지침」 소나무재선충병 집단발생지에 관한 설명으로 옳지 않은 것은? [25년 11회]

① 1개 표준지 크기는 0.04ha(20m×20m)이다.
② 1개 표준지 내 소나무류 비율이 25% 이상이다.
❸ 1개 표준지 내 소나무류 중 이상 20% 고사한 경우이다.
④ 피해가 집단으로 발생한 경북 경주 · 안동 · 고령 · 성주 · 대구 달성 등 7개 지역을 특별방제구역으로 지정하였다.
⑤ 피해고사목과 기타고사목이 집단적으로 발생한 표준지가 1년 동안 25개 이상 예찰 · 조사된 읍 · 면 · 동을 말한다.

핵심문제

수목병의 방제법에 관한 설명으로 옳지 않은 것은? [25년 11회]

① 살충제와 살균제를 살포해 그을음병을 방제한다.
② 항생제 나무주사로 오동나무 빗자루병을 방제한다.
③ 일조와 통기를 개선하여 사철나무 흰가루병을 방제한다.
❹ 살선충제 수관살포로 소나무 재선충병(시들음병)을 방제한다.
⑤ 혹을 도려낸 부위에는 석회유황합제(결정석회황 합제)를 발라 뿌리혹병을 방제한다.

2) 소나무재선충병 예찰 대상지

① 소나무재선충병 발생지역과 발생하지 않았으나 피해 확산이 우려되는 모든 미발생지역을 예찰한다. 단, 다음과 같은 지역을 우선하여 예찰할 수 있다.
   ㉠ 선단지 외곽 및 연접 피해 시 · 군 · 구 경계
   ㉡ 최근 2년 이내에 반출금지구역 지정이 해제된 지역
   ㉢ 반출금지구역 인근 숲가꾸기 및 벌채사업 허가지
   ㉣ 소나무류 취급업체, 땔감사용 농가, 물류이동이 잦은 도로변 등 인위적 재선충병 확산 가능성이 높은 지역
   ㉤ [별표 25]에 따른 소나무류 보존가치가 큰 산림지역

② 표준지 예찰 방법은 다음과 같다.
   ㉠ 1개 표준지 크기는 0.04ha(20m×20m)로 하며 표준지 비율은 예찰 대상지 전체 면적의 1% 이상으로 함
   ㉡ 표준지는 예찰 대상지의 산록, 산복, 산정부에 고르게 배치하여야 하며, 표준지를 1개소만 배치하는 경우에는 해당 필지의 평균이 되는 지역에 배치하여야 함

3) 소나무재선충병 발생지역 피해정도 구분

① 전년도 4월(제주특별자치도는 5월)부터 당해년도 3월말(제주특별자치도는 4월말)까지 발생한 피해고사목 본수를 기준으로 시 · 군 · 구(제주특별자치도는 제주시 · 서귀포시) 단위로 판정

② 발생지역 피해정도는 피해고사목 발생본수에 따라 극심, 심, 중, 경, 경미 등 5단계로 구분
   ㉠ "극심"지역은 피해고사목 본수가 5만 본 이상인 시 · 군 · 구
   ㉡ "심"지역은 피해고사목 본수가 3만 본 이상 5만 본 미만인 시 · 군 · 구
   ㉢ "중"지역은 피해고사목 본수가 1만 본 이상 3만 본 미만인 시 · 군 · 구
   ㉣ "경"지역은 피해고사목 본수가 1천 본 이상 1만 본 미만인 시 · 군 · 구
   ㉤ "경미"지역은 피해고사목 본수가 1천 본 미만인 시 · 군 · 구

4) 방제방법

(1) 방제방법의 구분

재선충병 방제는 다음과 같이 예방사업과 피해고사목 등 방제사업으로 구분한다.

① 예방사업

㉠ 예방나무주사　㉡ 매개충나무주사
㉢ 합제나무주사　㉣ 토양약제주입
㉤ 약제살포(정밀드론 · 지상)　㉥ 매개충 유인트랩 설치
㉦ 재선충병 피해우려 소나무류 단순림 관리

② 피해고사목등 방제

㉠ 벌채방법에 따른 구분

- 단목벌채
- 강도간벌
- 소구역모두베기
- 소군락모두베기
- 수종전환 방제 : 대규모, 반복 · 집단적 피해 발생지에 대한 수종전환 방제 도입

③ 방제기간 : 방제 대상목 급증에 따른 고사목 제거 기간 최대 확보

㉠ 기존 : 매개충 우화기를 반영한 방제기간은 10월~이듬해 3월, 제주는 4월

㉡ 개선 : 매개충 분포지역을 추가로 고려, 전국을 3개 권역으로 구분하여 확대

- 북방수염하늘소 권역(경기 · 강원 · 충북) : 8월~이듬해 4월
- 혼생 권역(충남 · 경북) : 9월~이듬해 4월
- 솔수염하늘소 권역(전북 · 전남 · 경남 · 제주) : 9월~이듬해 5월

Reference　2025년도 산림병해충 예찰 · 방제 계획

주요 3대 산림병해충 : 솔잎혹파리, 솔껍질깍지벌레, 참나무시들음병
① 솔잎혹파리 방제사업 추진 : 5~11월
*나무주사 · 천적방사 : 5~6월 / 임업적 방제 : 6~11월
② 솔껍질깍지벌레 방제사업 추진 : 연중
*임업적 방제 : 9~10월 / 나무주사 : 11월~이듬해 2월 / 종합방제사업지 대상 심의 : 6~7월
③ 참나무시들음병 복합방제 추진 : 연중
*발생조사 : 7~9월 / 고사목벌채 : 7월~이듬해 4월 / 끈끈이롤트랩 : 4~6월 중순
④ 농림지 동시발생병해충 공동 예찰 · 방제 : 연중
*알집제거 : 1~4월 / 약충기 방제 : 5~7월 / 발생조사 : 7~8월 / 성충기 방제 : 9~10월

약효지속기간이 긴 나무주사(고비용) 적용유형(6개)

보호수, 천연기념물, 산림유전자원보호구역, 종자공급원, 문화재용목재생산림, 금강소나무림 특별수종육성권역

수종전환 방제 효과

- 재선충병 피해확산 차단 및 산불 대형화, 산사태 등 다른 재난의 예방
- 고사목 제거 후 기후변화에 적합한 수종으로 바꿔주어 경관 · 경제적 가치 제고
- 산림소유자는 원목생산업자와 입목매매계약을 통해 수익을 얻고, 파쇄 · 대용량 훈증 등 방제 비용 및 산림소유자 부담 없는 조림 비용을 지원 받음

연막방제기를 사용한 소나무재선충병 지상 방제는 금지

핵심문제

「2025년도 산림병해충 예찰 · 방제계획」 소나무재선충병 확산 저지를 위한 기본방향 및 세부추진 계획에 관한 설명 중 옳지 않은 것은? [25년 11회]

① 피해지역 추가 확산을 막기 위한 전략방제 추진력을 확보한다.
② 매개충 혼생 권역(충남 · 경북)은 9월부터 이듬해 4월까지 방제한다.
❸ 북방수염하늘소 권역(경기 · 강원 · 충북)은 9월부터 이듬해 4월까지 방제한다.
④ 대규모 반복 · 집단적 피해 발생지에 대한 수종전환 방제 적극 도입한다.
⑤ 솔수염하늘소 권역(전북 · 전남 · 경남 · 제주)은 9월부터 이듬해 5월까지 방제한다.

Reference 소나무류 보존가치가 큰 산림지역

번호	구분	대상
1	소나무 보호 · 육성을 위한 법적 관리 지역	보호수
		천연기념물(시 · 도 기념물)
		산림유전자원보호구역 내 소나무림
		소나무 종자공급원(채종원, 채종림)
		소나무 문화재용목재생산림(특수용도목재생산구역)
		금강소나무림 등 특별수종육성권역
2	법적 보호지역의 가치와 건강성 증진을 위해 보호가 필요한 경우	유네스코 생물권보전지역 내 소나무림
		국립공원 내 소나무림
		백두대간보호지역 내 소나무림
		왕릉 보호지역 내 소나무림, 명승 및 유적 주변 소나무림
		전통사찰 주변 소나무림
		수목원 · 정원 내 소나무림
		시험림 내 소나무림
3	국민적 이용 가치 증진을 위해 보호가 필요한 경우	도립공원 및 군립공원 내 소나무림
		소나무 마을숲, 학교숲, 가로수
		자연휴양림, 산림욕장, 산림교육시설, 산림치유시설, 산림레포츠시설, 숲속야영장, 숲길, 수목장림 내 소나무림
		공원 · 유원지 소나무림
4	산림 이용과 육성 잠재력이 높아 보호가 필요한 경우	국유림 경제림육성단지 내 소나무림
		금강소나무 생태경영림
		기타 8영급 이상 소나무 노령림 등

우선순위	기준
1순위	피해지역으로부터 최단직선거리로 10km 이내인 "번호 1" 지역
2순위	피해지역으로부터 최단직선거리로 10km 이내인 "번호 2" 지역
3순위	피해지역으로부터 최단직선거리로 5km 이내인 "번호 3" 지역
4순위	피해지역으로부터 최단직선거리로 2km 이내인 "번호 4" 지역

5) 솔잎혹파리 피해 안정화

(1) 나무주사

① 대상지

㉠ 피해도 "중" 이상인 지역으로서 숲가꾸기 등으로 ha당 평균 경급에 의한 적정 밀도가 유지된 개소를 우선 실행

㉡ 「산림병해충 방제규정」 제7조에서 정한 특별방제구역, 중점관리지역 및 주요 지역은 피해도 "경" 지역이라도 실행 가능함

② 실행시기

㉠ 국립산림과학원에서 제공하는 "우화최성기 예측 정보"를 활용하여 적기방제. '23년 산림해충 발생 예보 발령 시 '예측 정보' 공유 예정(3~4월경)

㉡ 성충 우화최성기 직후 약제주입이 가장 효과적이며, 일반적으로 솔잎혹파리 우화 최초일로부터 2주일 후가 방제 적기임

③ 사용약제

약제별 기준량을 토대로 방제대상 본수 등 현지 여건을 고려하여 기준량의 110%로 설계 및 약제 구입(「산림병해충 방제규정」 참고)

④ 실행요령

㉠ 천공수 : 대상나무의 가슴높이지름에 따라 결정

㉡ 천공당 약제주입량(수피를 제외한 깊이)

- 1개당 : 지름 1cm, 깊이 7~10cm(평균 7.5cm), 주입량 4mL
- 가슴높이지름이 10~12cm인 경우 깊이 6cm 이내는 구멍 1개당 약 4mL(3.888mL)

㉢ 약제주입구 : 지면으로부터 50cm 아래 수피의 가장 얇은 부분

㉣ 천공은 밑을 향해 중심부를 비켜서 45° 되게 나무줄기 주위에 고루 분포

㉤ 약제주입기를 구멍에 깊이 넣고 서서히 당기면서 주입(주입량 준수) : 1개 구멍에 1회 주입(급히 주입하면 약제가 넘쳐 나옴)

㉥ 나무주사 천공 깊이와 약제주입량 : 천공 깊이는 평균 7.5cm로 하고, 최대주입량 5.498mL의 75%(산지경사 등을 감안) 산정하여 4.123mL(약 4mL)

천공 방향

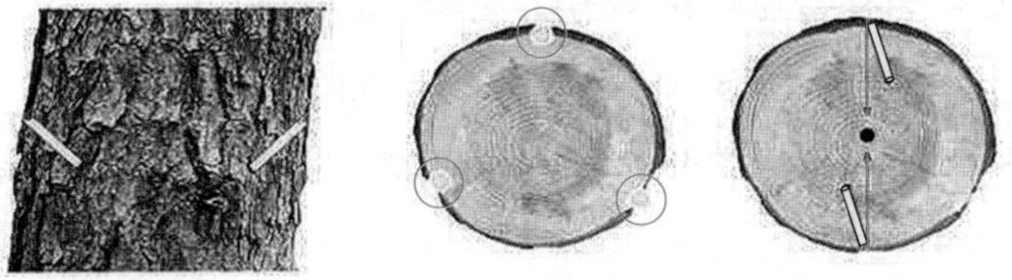

밑을 향해 45° 되게 나무줄기에 고루 분포시키고 중심부를 비켜서 뚫음

✎ 산림병해충 방제용 약제(솔잎혹파리) : 나무주사

이미다클로프리드 분산성 액제 20%, 아세타미프리드 분산성 액제 20%, 티아메톡삼 분산성 액제 15%, 디노테퓨란 액제 10%, 아베멕틴(1.8) · 설폭사플로르(4.2) 분산성 액제 6%, 디노테퓨란(15) · 에마멕틴벤조에이트(4.5) 분산성 액제 19.5%

천공당 약제주입량

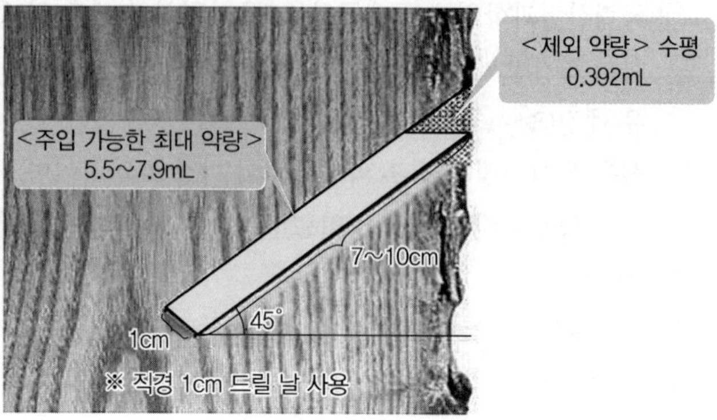

▌천공(구멍 뚫는) 요령▐

⑤ 표준지 조사야장 작성방법

㉠ 표준지 조사 시 20m × 20m = 400m^2(또는 11.3m 원형)의 표준지를 조사

㉡ 표준지의 중앙 입목에 친환경성 수성 페인트를 이용하여 백색으로 한 줄로 표식하고, 4개의 모서리는 백색 두 줄의 경계표시를 하여 표준지를 구획

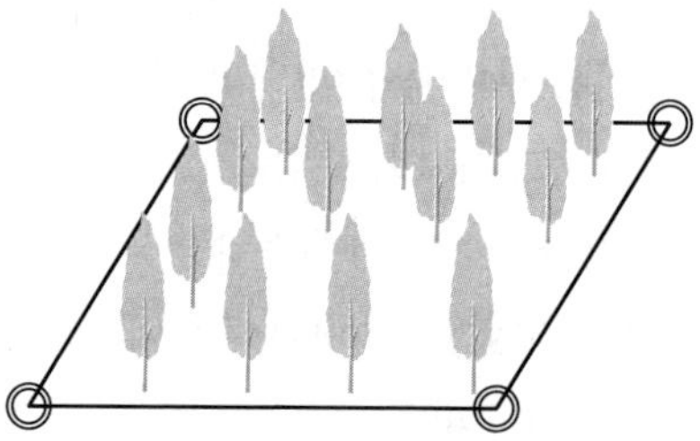

▌조사야장 작성방법▐

(2) 천적 방사(솔잎혹파리먹좀벌, 혹파리살이먹좀벌)

① 솔잎혹파리 우화 시기인 5월 중순~6월 하순 사이에 방사

② 피해도 "중"인 임지와 천적 기생률 10% 미만의 임지에 방사(ha당 2만 마리)

③ 사업량 : 600ha(경북 산환연)

6) 솔껍질깍지벌레 피해 안정화 유지

(1) 기본 방향

① 권역별 특별관리체계를 확립하여 피해 유형별 방제전략 마련

㉠ 피해 병징이 뚜렷한 4~5월 중 전국 실태조사 실시
㉡ 남 · 서해안 선단지 중심으로 피해확산 방지를 위한 예찰 · 방제 집중 추진

② 소나무재선충병 발생 유무에 따른 솔껍질깍지벌레 방제방법 차별화
③ 해안가 우량 곰솔림에 대한 종합방제사업 지속 발굴 · 추진
④ 피해도 "중" 이상 지역 및 우량 곰솔림 등 주요지역은 임업적 방제 후 나무주사 실시

(2) 나무주사

① 대상지
㉠ "간벌 후 입목 본수기준"보다 밀생된 임분에서는 가급적 사전에 임업적 방제를 실시하여 밀도 조절 후 나무주사 실행
㉡ 피해도 중 이상 지역으로서 선단지, 특정지역 및 우량 임분에 중점실시. 관광사적지, 도로변 등 경관보전지역과 법적으로 산림유전자원보호구역 등 보존시킬 지역 및 우량 곰솔림, 동네주변 마을 숲 등

② 사용약제
약제별 기준량을 토대로 방제대상 본수 등 현지 여건을 고려하여 기준량의 110%로 설계 및 약제 구입(「산림병해충 방제규정」 참고)

③ 사용기준 : 사용 약제별 기준량(1천공당 4mL 약제 주입)
㉠ 표준지 조사를 실시하여 약제량을 산출(사용 약종에 따른 기준약량)
㉡ 대상목의 가슴높이(1.2m) 직경을 측정, 천공기로 소정개수의 직경 1cm, 깊이 7~10cm 크기로 뚫고, 약제주입기로 약제를 주입
㉢ 약제주입구 : 지면으로부터 50cm 아래 수피의 가장 얇은 부분
㉣ 약제주입구는 지면으로부터 50cm 아래 수피가 가장 얇은 부분에 밑을 향해서 45° 되게, 나무줄기 주위에 고루 분포시켜 중심부를 비켜서 천공
㉤ 하층식생과 피압목 등 가치가 적은 나무는 나무주사 전에 제거하여 방제효과를 제고
㉥ 소나무재선충병 혼재 지역에서는 재선충병 나무주사 사용기준에 따라 처리

④ 실행시기 : 1~2월, 11~12월(후약충기)

산림병해충 방제용 약제(솔껍질깍지벌레) : 나무주사
에마멕틴벤조에이트 유제 2.15%, 이미다클로프리드 분산성 액제 20%, 티아메톡삼 분산성 액제 15%, 아바멕틴(1.8) · 설폭사플로르(4.2) 분산성 액제 6%, 디노테퓨란(15) · 에마멕틴벤조에이트(4.5) 분산성 액제 19.5%

⑤ 실행방법

㉠ 지면으로부터 50cm 아래 수피의 가장 얇은 부분에 구멍(직경 1cm, 깊이 7~10cm 크기)을 뚫고 약제를 직접 주입(약제주입기 4mL를 사용)

㉡ 대상지 내 하층식생과 피압목 등 존치할 가치가 없는 나무는 나무주사 실행 전후에 제거 정리하여 방제효과를 제고

7) 참나무 시들음병 확산 저지

(1) 매개충의 생활사 및 현지 여건에 맞는 복합방제 실행

① 매개충 잠복시기(11월~익년 4월)
근원적 방제가 가능한 소구역 골라베기를 우선 실행하고, 반출이 불가능한 지역의 고사목은 신속히 벌채 · 훈증 처리

② 매개충 우화시기(5~10월)
매개충의 밀도를 낮추기 위한 끈끈이롤트랩, 고사목 벌채 · 훈증, 대량포획장치법, 약제줄기 분사법, 유인목 설치 등의 방법을 현지에 맞게 복합적으로 적용. 고사목 벌채 · 훈증 시 "천막용 방수포"를 사용하고, 훈증더미는 계곡부 쌓기 금지

(2) 친환경방제 추진으로 경관 및 자연생태계 유지

① 끈끈이롤트랩은 4~6월에 설치하고, 10월에 회수

② 지역 여건에 따라 다양한 종류의 끈끈이롤트랩 활용

㉠ 주변 경관과 조화가 필요한 지역 : 갈색 롤트랩 등 활용

㉡ 야생 조류 및 익충의 서식 밀도가 높은 지역 : 안쪽면 점착성 롤트랩

㉢ 감염목 벌채 후 물리적 처리를 통한 매개충 방제방법 활용(물리적 방제법)

(3) 소구역골라베기

① 대상지

㉠ 참나무 시들음병 피해지 중 벌채산물의 수집 · 반출이 가능한 지역

㉡ 집단발생 지역으로 벌채를 통한 근원적 방제가 필요한 지역

㉢ 대상지의 경계는 최소 피해지 외곽 20~30m까지 설정 : 고사목을 중심으로 20m 이내의 나무에 많이 침입함

② 사업시기

벌채 · 집재 · 반출 : 11월～익년 3월(산물은 4월 말까지 완전처리)

③ 벌채 · 반출

㉠ 산림소유자가 관할 시 · 군 · 구에서 입목벌채허가를 받아 피해지역의 참나무류 입목을 "골라베기"로 실시

㉡ 피해지 1개 벌채구역은 5ha 이하를 원칙으로 하되, 벌구 사이에 피해가 발생되지 않았을 경우 폭 20m 이상의 수림대 존치

㉢ 기주나무인 신갈나무는 벌채대상이며, 신갈나무 외 수종은 존치하여 친환경적벌채로 유도하여야 하며, 벌채 산물은 전량 수집하여 반출하여야 함

④ 벌채산물의 활용

㉠ 벌채 산물은 산림 밖으로 반출하여 숯 · 칩 · 톱밥 생산업체에 공급

㉡ 산물은 4월 말까지 숯 · 칩 · 톱밥으로 처리, 원목 상태의 방치 금지

(4) 끈끈이롤트랩 설치

① 설치개소

㉠ 일반 제품 : 중점관리지역으로 접근이 용이하며 경관유지를 위해 수거 필요 지역

㉡ 생분해형 제품 : 산간오지 등 별도의 수거를 요하지 않는 지역

㉢ 갈색 한면 점착성 제품 : 경관이 중요시되는 지역(사찰, 고궁, 생활권, 주요 숲길 등)

㉣ 통기성 개선 제품 : 습도가 높아 이끼류 발생이 예상되는 지역

② 설치 및 회수 시기

㉠ 설치 : 전년도 피해목은 매개충의 우화 이전에 설치(4월부터) 신규 피해목은 우화 최성기 이전까지 설치(5～6월)

㉡ 갈색 한면 점착성 제품은 우화한 매개충에 포획력이 없으므로 4월 설치

(5) 대량포획 장치법

① 실행방법

㉠ 방제 대상목에 포획병을 연결하는 받침대를 4방위별로 상 · 중 · 하에 설치

㉡ 지제부에서 약 2m 높이까지 검은 비닐로 씌움
㉢ 받침대에 물이 담긴 플라스틱 포획병을 연결
㉣ 밑부분의 검은 비닐을 나무말뚝으로 고정한 후 흙으로 덮어 완전 밀폐

② 설치방법

지역별로 우화시기를 고려하여 4월 말까지 전년도 피해목에 설치

(6) 유인목 설치

① 설치개소

방제구역 내 ha당 10개소 내외로 설치하되, 현지여건 및 지형조건을 감안하여 탄력적으로 설치(유인목 재료가 많은 지역, 매개충 밀도가 낮은 지역)

② 설치방법

피해목 중 매개충의 침입 흔적이 없는 부위를 1m 간격으로 절단하여 우물정(井)자 모양으로 1m 정도의 높이까지 쌓고 가급적 4월 말 이전 설치. 유인목은 매개충 침입 및 산란이 끝나는 10월경 소각, 훈증, 파쇄 등 완전방제처리(훈증 시 산림병해충 방제용 선정 약제 사용)

(7) 지상약제 살포

실행방법은 매개충의 우화최성기인 6월 중순을 전후하여 산림청 선정 약종을 나무줄기에 흠뻑 살포(3회 : 6월 초순 1회, 6월 중순 1회, 6월 하순 1회)

(8) 약제(PET)줄기 분사법

① '약제줄기 분사법'이란?

㉠ 식물추출물을 원료로 한 친환경 약제를 방제 대상목에 직접 뿌려 매개충에 대한 살충 효과와 침입저지 효과를 동시에 발휘
㉡ 원료로 Paraffin, Ethanol, Turpentin 등의 혼합액을 사용

② 실행방법

원료 혼합액을 방제 대상목의 살포 가능한 높이까지 골고루 뿌림

③ 살포시기

지역별로 우화시기를 고려하여 5월 말부터 6월 말까지 살포

8) 외래 · 돌발 산림병해충 적기 대응

(1) 미국흰불나방

① 방제 시기 : 연중 / 월동기(10~4월), 유충기(4~9월), 성충기(5~10월)

② 방제방법

㉠ 월동기 : 수피나 낙엽 사이 월동하는 번데기 채취하여 밀도 조절

㉡ 유충기 : 약제 방제 및 충소(어린유충군집) 사전 제거

㉢ 성충기 : 유아등, 포충기 등 설치

> ✎ 방제 적기
> 1세대 유충 발생초기인 5월 초 · 중순, 2세대 유충 발생초기인 7월 초 · 중순, 3세대 유충 발생초기인 9월 초순

(2) 미국선녀벌레

① 방제 시기 : 약충기(5~8월), 성충기(7~10월)

② 방제방법 : (약충 · 성충기) 산림지역 월동난 부화 후 약제 방제

> ✎ 어린 약충 시기인 6월 상순부터 발생 정도에 따라 1주일 간격으로 1~3회 지상방제 하고, 성충기는 7월부터 발생정도에 따라 1주일 간격으로 1~3회 지상방제

(3) 꽃매미

① 방제 시기 : 연중 / 월동기(9~5월), 약충기(5~8월), 성충기(7~10월)

② 방제방법

㉠ 월동기 : 동절기 알 덩어리 제거(4월까지 완료)

㉡ 약충기 : 발생 초기 끈끈이롤트랩, 나무주사 및 약제 방제

㉢ 성충기 : 알을 낳기 전 약제 방제

㉣ 끈끈이롤트랩은 약충 발생 초기에 실행하고, 나무주사와 지상방제는 약 · 성충기에 공원, 가로수, 주택가 주변 등 생활권 지역의 산림에 집중방제

(4) 갈색날개매미충

① 방제 시기 : 연중 / 월동기(9~5월), 약충기(5~8월), 성충기(7~10월)

② 방제방법

㉠ 월동기 : 동절기 알 덩어리 제거(4월까지 완료)

㉡ 약 · 성충기 : 산림지역 월동난 부화 후 약제 방제

> ✎ 어린 약충 시기인 6월 상순에 2~3회 지상방제, 8~9월에 성충기는 알을 낳기 전 1~2회 지상방제, 과수 재배 후기(9월 이후)에 1년생 가지에 집중적으로 산란하므로 추가 방제

(5) 기타 주요 해충

① 매미나방

㉠ 방제 시기 : 연중 / 월동기(8~4월), 유충기(4~6월), 성충기(6~8월)

㉡ 방제방법
- 월동기 : 고지톱 끌개, 쇠솔 등 활용한 알 덩어리 제거
- 유충기 : 월동난 부화 후 약제 방제
- 성충기 : 유아등, 페로몬트랩, 고압살수 등 활용한 물리적 방제

② 밤나무해충

㉠ 방제 시기 : 종실가해 해충(복숭아명나방) 발생 시기 / 6~8월

㉡ 방제방법 : 지자체에서 밤나무해충 드론방제 지원 임가를 선정한 후, 드론 방제사업자와 계약하여 방제 추진(드론 등 장비운영 인건비 등 지원)

2. 나무의사 자격시험의 응시자격(제12조의6 제1항 관련)

산림보호법 시행령 [별표 1] 〈개정 2025. 5. 7.〉

① 「고등교육법」 제2조 각 호의 학교에서 수목진료 관련 학과의 석사 또는 박사 학위를 취득한 사람

② 「고등교육법」 제2조 각 호의 학교에서 수목진료 관련 학과의 학사학위를 취득한 사람 또는 이와 같은 수준의 학력이 있다고 인정되는 사람으로서 해당 학력을 취득한 후 수목진료 관련 직무분야에서 1년 이상 실무에 종사한 사람

③ 「초 · 중등교육법 시행령」 제91조에 따른 산림 및 농업 분야 특성화고등학교를 졸업한 후 수목진료 관련 직무분야에서 3년 이상 실무에 종사한 사람

④ 다음의 어느 하나에 해당하는 자격을 취득한 사람

㉠ 「국가기술자격법」에 따른 산림기술사, 조경기술사, 산림기사 · 산업기사, 조경기사 · 산업기사, 식물보호기사 · 산업기사 자격

㉡ 「자격기본법」에 따라 국가공인을 받은 수목보호 관련 민간자격으로서 「자격기본법」 제17조 제2항에 따라 등록한 기술자격

㉢ 「국가유산수리 등에 관한 법률」에 따른 국가유산수리기술자(식물보호 분야) 자격

⑤ 「국가기술자격법」에 따른 산림기능사 또는 조경기능사 자격을 취득한 후 수목진료 관련 직무분야에서 3년 이상 실무에 종사한 사람

⑥ 수목치료기술자 자격증을 취득한 후 수목진료 관련 직무분야에서 3년 이상 실무에 종사한 사람

⑦ 수목진료 관련 직무분야에서 5년 이상 실무에 종사한 사람

3. 나무의사 등의 자격취소 및 정지처분의 세부기준 (제12조의7 관련)

산림보호법 시행령 [별표 1의3] 〈개정 2020. 6. 2.〉

1) 일반기준

① 위반행위의 횟수에 따른 행정처분기준은 최근 3년 동안 같은 위반행위로 행정처분을 받은 경우에 적용한다. 이 경우 기간의 계산은 위반행위에 대하여 행정처분을 받은 날과 그 처분 후 다시 같은 위반행위를 하여 적발된 날을 기준으로 한다.

② 위 ①에 따라 가중된 행정처분을 하는 경우 가중처분의 적용 차수는 그 위반행위 전 부과처분 차수(①에 따른 기간 내에 행정처분이 둘 이상 있었던 경우에는 높은 차수를 말한다)의 다음 차수로 한다.

③ 위반행위가 둘 이상인 경우로서 그에 해당하는 각각의 처분기준이 다른 경우에는 그중 무거운 처분기준에 따르고, 둘 이상의 처분기준이 같은 자격정지인 경우에는 각 처분기준을 합산한 기간 동안 자격을 정지하되 3년을 초과할 수 없다.

2) 개별기준

위반행위	근거 법조문	행정처분기준			
		1차 위반	2차 위반	3차 위반	4차 이상 위반
가. 거짓이나 부정한 방법으로 나무의사 등의 자격을 취득한 경우	법 제21조의6 제6항 제1호	자격취소			
나. 법 제21조의4 제4항을 위반하여 동시에 두 개 이상의 나무병원에 취업한 경우	법 제21조의6 제6항 제2호	자격정지 2년	자격취소		
다. 법 제21조의5에 따른 결격사유에 해당하게 된 경우	법 제21조의6 제6항 제3호	자격취소			
라. 법 제21조의6 제4항을 위반하여 나무의사 등의 자격증을 빌려준 경우	법 제21조의6 제6항 제4호	자격정지 2년	자격취소		
마. 나무의사 등의 자격정지기간에 수목진료를 행한 경우	법 제21조의6 제6항 제5호	자격취소			

핵심문제

「산림보호법 시행령」 제12조7에 따른 '나무의사 등의 자격취소 및 행정처분의 세부기준'에 관한 설명 중 옳지 않은 것은? [25년 11회]

① 나무의사 등의 자격증을 빌려준 경우 1차 위반 시 자격정지 2년에 처한다.
② 위반행위가 둘 이상일 경우 각각의 처분기준이 다를 때 그중 무거운 처분기준을 따른다.
③ 거짓이나 부정한 방법으로 나무의사 등의 자격을 취득한 경우 1차 위반 시 자격이 취소된다.
❹ 둘 이상의 처분기준이 같은 자격정지인 경우에 각 처분 기준일을 합산한 기간 동안을 자격정지하되 5년을 초과할 수 없다.
⑤ 위반행위의 횟수에 따른 행정처분 기준은 최근 3년 동안 같은 위반행위로 행정처분을 받은 경우에 적용받는다.

핵심문제

「산림보호법」 나무의사의 자격취소 및 정지에 관한 행정처분의 기준으로 옳지 않은 것은? [21년 5회]

① 수목진료를 고의로 사실과 다르게 한 경우 1차 위반으로 자격이 취소된다.
❷ 두 개 이상의 나무병원에 동시에 취업한 경우 1차 위반으로 자격이 취소된다.
③ 법 제21조의5에 따른 결격사유에 해당하게 된 경우 1차 위반으로 자격이 취소된다.
④ 거짓이나 부정한 방법으로 나무의사 자격을 취득한 경우 1차 위반으로 자격이 취소된다.
⑤ 나무의사 자격증을 빌려준 경우 1차 위반으로 자격정지 2년, 2차 위반으로 자격이 취소된다.

핵심문제

「산림보호법」 나무의사 등의 자격 및 나무병원 등록에 관한 행정처분의 기준 중 1차 위반으로 자격 및 등록취소가 되지 않는 것은?

[21년 6회]

① 나무의사 등의 자격정지 기간에 수목진료를 행한 경우
② 거짓이나 부정한 방법으로 나무의사 등의 자격을 취득한 경우
❸ 「산림보호법」 제21조의9 제5항을 위반하여 다른 자에게 등록증을 빌려준 경우
④ 「산림보호법」 제21조의9 제3항을 위반하여 부정한 방법으로 변경등록을 한 경우
⑤ 영업정지 기간에 수목진료 사업을 하거나 최근 5년간 3회 이상 영업정지 명령을 받은 경우

위반행위	근거 법조문	행정처분기준			
		1차 위반	2차 위반	3차 위반	4차 이상 위반
바. 고의로 수목진료를 사실과 다르게 행한 경우	법 제21조의6 제6항 제6호	자격 취소			
사. 과실로 수목진료를 사실과 다르게 행한 경우	법 제21조의6 제6항 제7호	자격 정지 2개월	자격 정지 6개월	자격 정지 12개월	자격 취소
아. 거짓이나 그 밖의 부정한 방법으로 법 제21조의12에 따른 처방전 등을 발급한 경우	법 제21조의6 제6항 제8호	자격 정지 2개월	자격 정지 6개월	자격 정지 12개월	자격 취소

3) [별표 1의6] 나무병원의 종류별 등록기준(제12조의9 제1항 관련) 〈개정 2024. 11. 12.〉

종류	업무범위	등록기준		
		인력	자본금	시설
1종 나무 병원	수목진료	1. 2018년 6월 28일부터 2020년 6월 27일까지 : 나무의사 1명 이상 2. 2020년 6월 28일 이후 : 나무의사 2명 이상 또는 나무의사 1명과 수목치료기술자 1명 이상	1억 원 이상	사무실
2종 나무 병원	수목진료 중 처방에 따른 약제 살포	1. 2018년 6월 28일부터 2020년 6월 27일까지 : 다음의 어느 하나에 해당하는 사람 1명 이상 가. 수목치료기술자 나. 「건설기술 진흥법」에 따른 조경 분야의 초급 이상 건설기술인 또는 「국가기술자격법」에 따른 조경기술사·기사·산업기사·기능사의 자격을 갖춘 사람으로서 「건설산업기본법」에 따라 등록한 조경공사업 또는 조경식재·시설물공사업(조경식재공사를 주력분야로 등록한 경우로 한정한다)에서 1년 이상 종사한 사람 2. 2020년 6월 28일부터 2023년 6월 27일까지 : 나무의사 또는 수목치료기술자 1명 이상 [대통령령 제28998호(2018. 6. 26.) 별표 1의 2종 나무병원란은 같은 법 부칙 제2조의 규정에 의하여 2023년 6월 27일까지 유효함]	1억 원 이상	사무실

〈비고〉

1. 인력 : 상시 근무하는 사람을 말하며, 이 법 또는 그 밖의 법률에 따라 자격이 정지된 사람과 다른 법령에 따라 등록·신고·허가 등을 위한 기술인력으로 이미 포함된 사람은 제외한다.

2. 자본금
 ① 「산림자원의 조성 및 관리에 관한 법률」 제24조에 따른 산림사업법인이 나무병원을 등록하는 경우에는 자본금 기준의 2분의 1을 감경한다. 다만, 자본금 기준의 200% 이상의 자본금을 갖춘 산림사업법인은 자본금 기준을 갖춘 것으로 본다.
 ② 「건설산업기본법 시행령」 별표 1에 따른 조경공사업자, 조경식재 · 시설물공사업자(조경식재공사업을 주력분야로 등록한 자로 한정한다) 또는 「공동주택관리법」 제52조 제1항에 따른 주택관리업자가 나무병원을 등록하는 경우에는 자본금 기준을 갖춘 것으로 본다.
 ③ 총자산에서 총부채를 뺀 금액을 자본금으로 본다. 이 경우 총자산과 총부채의 산정은 「주식회사 등의 외부감사에 관한 법률」 제6조에 따른 회계처리기준에 따른다.

3. 시설 : 나무병원을 등록하려는 시 · 도에 「건축법」 등 건축 관련 법령에 적합한 사무실(사무실을 임차 또는 공동사용하는 경우에는 그 사용권을 말한다)을 확보해야 한다. 다만, 다음의 어느 하나에 해당하는 자가 나무병원을 등록하는 경우에는 시설 기준을 갖춘 것으로 본다.
 ① 「건설산업기본법 시행령」 별표 1에 따른 조경공사업자 또는 조경식재 · 시설물공사업자(조경식재공사업을 주력분야로 등록한 자로 한정한다)로서 나무병원을 등록하려는 시 · 도에 같은 영 제13조 제1항 제2호에 따른 사무실을 갖춘 자
 ② 「공동주택관리법」 제52조 제1항에 따른 주택관리업자로서 나무병원을 등록하려는 시 · 도에 같은 법 시행령 별표 5에 따른 사무실을 갖춘 자
 ③ 「산림자원의 조성 및 관리에 관한 법률」 제24조에 따른 산림사업법인으로서 나무병원을 등록하려는 시 · 도에 같은 법 시행령 별표 2에 따른 사무실을 갖춘 자

4. 나무병원 등록의 취소 또는 영업정지의 세부기준 (제12조의10 관련)

산림보호법 시행령 [별표 1의7] 〈개정 2022. 12. 30.〉

1) 일반기준

① 위반행위의 횟수에 따른 행정처분기준은 최근 5년 동안 같은 위반행위로 행정처분을 받은 경우에 적용한다. 이 경우 기간의 계산은 위반행위에 대하여 행정처분을 받은 날과 그 처분 후 다시 같은 위반행위를 하여 적발된 날을 기준으로 한다.

② 위 ①에 따라 가중된 행정처분을 하는 경우 가중처분의 적용 차수는 그 위반행위 전 부과처분 차수(①에 따른 기간 내에 행정처분이 둘 이상 있었던 경우에는 높은 차수를 말한다)의 다음 차수로 한다.

③ 위반행위가 둘 이상인 경우로서 그에 해당하는 각각의 처분기준이 다른 경우에는 그중 무거운 처분기준에 따르고, 둘 이상의 처분기준이 같은 영업정지인 경우에는 각 처분기준을 합산한 기간 동안 영업을 정지하되 1년을 초과할 수 없다.

④ 처분권자는 다음의 어느 하나에 해당하는 경우에는 제2호의 개별기준

에 따른 처분을 감경할 수 있다. 이 경우 그 처분이 영업정지인 경우에는 그 처분기준의 2분의 1 범위에서 감경할 수 있고, 그 처분이 등록취소(법 제21조의10 제1항 제1호 · 제5호 및 제6호에 해당하는 경우는 제외한다)인 경우에는 12개월의 영업정지 처분으로 감경할 수 있다.

㉠ 위반행위가 고의나 중대한 과실이 아닌 사소한 부주의나 오류로 인한 것으로 인정되는 경우

㉡ 위반행위자가 위반행위를 바로 정정하거나 시정하여 법 위반 상태를 해소한 경우

㉢ 그 밖에 위반행위의 내용 · 정도 · 동기 및 결과 등을 고려하여 감경할 필요가 있다고 인정되는 경우

⑤ 처분권자는 고의 또는 중과실이 없는 위반행위자가 「소상공인기본법」 제2조에 따른 소상공인인 경우에는 다음의 사항을 고려하여 제2호의 개별기준에 따른 처분을 감경할 수 있다. 이 경우 그 처분이 영업정지인 경우에는 그 처분기준의 100분의 70 범위에서 감경할 수 있고, 그 처분이 등록취소(법 제21조의10 제1항 제1호 · 제5호 및 제6호에 해당하는 경우는 제외한다)인 경우에는 12개월의 영업정지 처분으로 감경할 수 있다. 다만, 위 ④에 따른 감경과 중복하여 적용하지 않는다.

㉠ 해당 행정처분으로 위반행위자가 더 이상 영업을 영위하기 어렵다고 객관적으로 인정되는지 여부

㉡ 경제위기 등으로 위반행위자가 속한 시장 · 산업 여건이 현저하게 변동되거나 지속적으로 악화된 상태인지 여부

2) 개별기준

위반행위	근거 법조문	행정처분기준			
		1차 위반	2차 위반	3차 위반	4차 이상 위반
가. 거짓이나 부정한 방법으로 등록을 한 경우	법 제21조의10 제1항 제1호	등록 취소			
나. 법 제21조의9 제1항에 따른 등록 기준에 미치지 못하게 된 경우	법 제21조의10 제1항 제2호	영업 정지 6개월	영업 정지 12개월	등록 취소	
다. 법 제21조의9 제3항을 위반하여 변경등록을 하지 않은 경우	법 제21조의10 제1항 제3호	영업 정지 3개월	영업 정지 6개월	영업 정지 12개월	등록 취소

위반행위	근거 법조문	행정처분기준			
		1차 위반	2차 위반	3차 위반	4차 이상 위반
라. 법 제21조의9 제3항을 위반하여 부정한 방법으로 변경등록을 한 경우	법 제21조의10 제1항 제3호	등록 취소			
마. 법 제21조의9 제5항을 위반하여 다른 자에게 등록증을 빌려준 경우	법 제21조의10 제1항 제4호	영업 정지 12개월	등록 취소		
바. 법 제21조의14 제1항에 따른 보고 또는 자료제출을 정당한 사유 없이 이행하지 않거나 조사·검사를 거부한 경우	법 제21조의10 제1항 제4호의2	영업 정지 1개월	영업 정지 3개월	영업 정지 6개월	영업 정지 12개월
사. 영업정지 기간에 수목진료 사업을 하거나 최근 5년간 3회 이상 영업정지 명령을 받은 경우	법 제21조의10 제1항 제5호	등록 취소			
아. 폐업한 경우	법 제21조의10 제1항 제6호	등록 취소			

5. 산림보호법 시행령

1) [별표 1의9] 산불경보의 발령기준(제23조 제1항 관련) 〈개정 2023. 6. 20.〉

산불경보 구분	발령기준
관심	산불 발생시기 등을 고려하여 산불 예방에 관한 관심이 필요한 경우로서 주의 경보 발령기준에 미달되는 경우
주의	전국의 산림 중 법 제31조 제1항에 따른 산불위험지수(이하 "산불위험지수"라 한다)가 51 이상인 지역이 70퍼센트 이상이거나 산불 발생의 위험이 높아질 것으로 예상되어 특별한 주의가 필요하다고 인정되는 경우
경계	전국의 산림 중 산불위험지수가 66 이상인 지역이 70퍼센트 이상이거나 발생한 산불이 대형 산불로 확산될 우려가 있어 특별한 경계가 필요하다고 인정되는 경우
심각	전국의 산림 중 산불위험지수가 86 이상인 지역이 70퍼센트 이상이거나 산불이 동시다발적으로 발생하고 대형 산불로 확산될 개연성이 높다고 인정되는 경우

2) [별표 2] 산불경보별 조치기준(제23조 제2항 관련) 〈개정 2019. 7. 2.〉

산불경보 구분	소속 공무원 · 직원의 산불 발생 취약지 배치 또는 비상대기 인원 기준	조치기준
관심	산불방지대책본부에 속한 상황근무요원을 배치 · 대기	입산통제구역 등 산불 발생 취약지에 감시인력 배치
주의		• 산불 발생 취약지에 산불전문예방진화대 고정 배치 • 공무원 담당 지역 지정
경계	• 소속 공무원 또는 직원의 6분의 1 이상을 배치 · 대기 • 소속 사회복무요원의 3분의 1 이상을 배치 · 대기	• 입산통제구역 등 산불 발생 취약지에 감시인력 증원 • 공무원의 담당 지역 주 2회 이상 순찰 또는 단속활동 • 산림 및 산림인접지역에서의 불놓기 허가 중지
심각	• 소속 공무원 또는 직원의 4분의 1 이상을 배치 · 대기 • 소속 사회복무요원의 2분의 1 이상을 배치 · 대기	• 민간 · 사회단체 및 산불유관기관의 산불 예방활동 참여 • 공무원의 담당 지역 주 4회 이상 순찰 또는 단속활동 • 군부대 사격훈련 자제 • 입산통제구역 입산허가 중지

3) [별표 3의2] 산사태위기경보의 발령 및 조치기준(제32조의6 제4항 관련) 〈개정 2024. 5. 31.〉

구분	발령기준	조치기준
관심	• 산사태 빈발시기, 산사태예방지원본부 운영기간 등 산사태에 관한 관심이 필요한 시기라고 인정하는 경우 • 지진 규모 4.0~4.4의 지진이 발생한 경우	• 재난관리자원 정비 • 비상연락망정비 및 대피장소 점검 · 정비
주의	• 산사태 발생 위험이 높아져 산사태가 발생할 가능성이 있다고 인정하는 경우 • 산사태주의보 예측정보가 15% 이상의 시 · 군 · 구에서 발생한 경우 • 지진 규모 4.5~4.9의 지진이 발생한 경우	• 입산통제 • 산사태취약지역 순찰 강화 • 재난자막방송 및 재난문자 전송 • 주민대피 명령

구분	발령기준	조치기준
경계	• 중 · 소규모 산사태가 발생하였거나 대규모 산사태가 발생할 가능성이 크다고 인정하는 경우 • 산사태주의보 예측정보가 30% 이상의 시 · 군 · 구에서 발생하거나 또는 산사태경보 예측정보가 15% 이상의 시 · 군 · 구에서 발생한 경우 • 지진 규모 5.0～5.9의 지진이 발생한 경우	• 입산통제 • 산사태취약지역 순찰 강화 • 재난자막방송 및 재난문자 전송 • 주민대피 명령
심각	• 대규모 산사태가 발생하였거나 발생할 것이 확실한 경우 또는 산사태로 인명피해가 발생했을 경우 • 산사태경보 예측정보가 30% 이상의 시 · 군 · 구에서 발생한 경우 • 지진 규모 6.0 이상의 지진이 발생한 경우	• 주의 및 경계 단계의 조치 • 피해대책 마련

〈비고〉

1. 산림청장은 산사태 재난 위기발생 가능성을 평가하여 그 수준에 따라 산사태위기경보를 발령해야 하고, 산사태위기경보를 발령했을 때에는 지역산사태예방기관에 그 사실을 통보해야 한다.
2. 산사태위기경보는 전국 또는 시 · 도 단위로 발령한다.

4) 과태료의 부과기준(제36조 관련)

(1) 일반기준

① 위반행위의 횟수에 따른 과태료 부과기준은 최근 1년간 같은 위반행위로 과태료 부과처분을 받은 경우에 적용한다. 이 경우 위반행위에 대하여 과태료를 부과처분한 날과 다시 같은 위반행위(처분 후의 위반행위만 해당한다)를 적발한 날을 각각 기준으로 하여 위반횟수를 계산한다.

② 부과권자는 다음의 어느 하나에 해당하는 경우에는 제2호에 따른 과태료 금액의 2분의 1의 범위에서 그 금액을 감경할 수 있다. 다만, 과태료를 체납하고 있는 위반행위자의 경우에는 그러하지 아니하다.

㉠ 위반행위자가 「질서위반행위규제법 시행령」 제2조의2 제1항 각 호의 어느 하나에 해당하는 경우

㉡ 위반행위가 사소한 부주의나 오류로 인한 것으로 인정되는 경우

㉢ 법 위반 상태를 시정하거나 해소하기 위한 위반행위자의 노력이 인정되는 경우

㉣ 그 밖에 위반행위의 정도, 위반행위의 동기와 그 결과 등을 고려하여 과태료 금액을 감경할 필요가 있다고 인정되는 경우

③ 부과권자는 다음의 어느 하나에 해당하는 경우에는 제2호에 따른 과태료 금액의 2분의 1의 범위에서 그 금액을 가중할 수 있다. 다만, 가중하는 경우에도 법 제57조에 따른 과태료 금액의 상한을 넘을 수 없다.

㉠ 위반행위가 고의나 중대한 과실로 인한 것으로 인정되는 경우

㉡ 법 위반 상태의 기간이 6개월 이상인 경우

㉢ 그 밖에 위반행위의 정도, 위반행위의 동기와 그 결과 등을 고려하여 과태료 금액을 가중할 필요가 있다고 인정되는 경우

(2) 개별기준

(단위 : 만 원)

위반행위	근거 법조문	과태료 금액		
		1차 위반	2차 위반	3차 이상 위반
가. 법 제9조 제2항 제2호에 따른 신고를 하지 않고 숲가꾸기를 위한 벌채, 그 밖에 대통령령으로 정하는 입목 · 죽의 벌채, 임산물의 굴취 · 채취를 한 경우	법 제57조 제1항 제1호	100	300	500
나. 법 제15조 제3항에 따른 허가를 받지 않고 입산통제구역에 들어간 경우(차량 통행을 한 경우를 포함한다)	법 제57조 제5항 제1호	10	10	10
다. 법 제16조 제1호를 위반하여 산림에 오물이나 쓰레기를 버린 경우	법 제57조 제3항 제1호			
1) 사업장이나 가정 등에서 배출된 다량의 오물이나 쓰레기를 버린 경우		50	70	100
2) 그 밖의 오물이나 쓰레기를 버린 경우		10	15	20
라. 법 제16조 제2호를 위반하여 산림행정관서에서 설치한 표지를 임의대로 옮기거나 더럽히거나 망가뜨리는 행위를 한 경우	법 제57조 제5항 제2호	10	10	10
마. 나무의사가 법 제21조의12 제1항을 위반하여 진료부를 갖추어 두지 않거나, 진료한 사항을 기록하지 않거나 또는 거짓으로 기록한 경우	법 제57조 제3항 제1호의2	50	70	100
바. 나무의사가 법 제21조의12 제2항을 위반하여 수목을 직접 진료하지 않고 처방전 등을 발급한 경우	법 제57조 제3항 제1호의3	50	70	100

위반행위	근거 법조문	과태료 금액		
		1차 위반	2차 위반	3차 이상 위반
사. 나무의사가 법 제21조의12 제3항을 위반하여 정당한 사유 없이 처방전 등의 발급을 거부한 경우	법 제57조 제3항 제1호의4	50	70	100
아. 나무병원이 법 제21조의12 제4항을 위반하여 나무의사의 처방전 없이 농약을 사용하거나 처방전과 다르게 농약을 사용한 경우	법 제57조 제1항 제2호	150	300	500
자. 나무의사가 법 제21조의13 제1항을 위반하여 보수교육을 받지 않은 경우	법 제57조 제3항 제1호의5	50	70	100
차. 법 제34조 제1항 제1호를 위반하여 허가를 받지 않고 산림이나 산림인접지역에서 불을 피운 경우(같은 조 제2항의 허가를 받은 경우는 제외한다)	법 제57조 제3항 제2호	30	40	50
카. 법 제34조 제1항 제1호를 위반하여 허가를 받지 않고 산림이나 산림인접지역에 불을 가지고 들어간 경우(같은 조 제2항의 허가를 받은 경우는 제외한다)	법 제57조 제3항 제2호	10	20	30
타. 법 제34조 제1항 제2호를 위반하여 산림에서 담배를 피우거나 담배꽁초를 버린 경우	법 제57조 제4항 제1호	10	20	20
파. 법 제34조 제1항 제3호를 위반하여 산림이나 산림인접지역에서 농림축산식품부령으로 정하는 기간에 풍등 등 소형열기구를 날린 경우	법 제57조 제3항 제3호	10	20	
하. 법 제34조 제3항을 위반하여 인접한 산림의 소유자 · 사용자 또는 관리자에게 알리지 않고 불을 놓은 경우	법 제57조 제4항 제2호	10	20	
거. 법 제34조 제4항의 금지명령을 위반하여 화기, 인화 물질, 발화 물질을 지니고 산에 들어간 경우	법 제57조 제4항 제3호	10	20	
너. 법 제45조의8 제10항을 위반하여 위험표지를 이전하거나 훼손한 경우	법 제57조 제2항	50	100	

6. 소나무재선충병 방제특별법 시행령 [별표] 〈개정 2017. 9. 5.〉

1) 과태료의 부과기준(제6조 관련)

(1) 일반기준

① 위반행위의 횟수에 따른 과태료의 가중된 부과기준은 최근 1년간 같은 위반행위로 과태료 부과처분을 받은 경우에 적용한다. 이 경우 기간의 계산은 위반행위에 대하여 과태료 부과처분을 받은 날과 그 처분 후 다시 같은 위반행위를 하여 적발된 날을 기준으로 한다.

② 위 ①에 따라 가중된 부과처분을 하는 경우 가중처분의 적용 차수는 그 위반행위 전 부과처분 차수(①에 따른 기간 내에 과태료 부과처분이 둘 이상 있었던 경우에는 높은 차수를 말한다)의 다음 차수로 한다.

③ 부과권자는 다음의 어느 하나에 해당하는 경우에는 제2호의 개별기준에 따른 과태료 금액의 2분의 1의 범위에서 그 금액을 줄일 수 있다. 다만, 과태료를 체납하고 있는 위반행위자에 대해서는 그러하지 아니하다.

㉠ 위반행위자가 「질서위반행위규제법 시행령」 제2조의2 제1항 각 호의 어느 하나에 해당하는 경우

㉡ 위반행위가 사소한 부주의나 오류로 인한 것으로 인정되는 경우

㉢ 법 위반 상태를 시정하거나 해소하기 위한 위반행위자의 노력이 인정되는 경우

㉣ 그 밖에 위반행위의 정도, 위반행위의 동기와 그 결과 등을 고려하여 그 금액을 줄일 필요가 있다고 인정되는 경우

④ 부과권자는 다음의 어느 하나에 해당하는 경우에는 제2호의 개별기준에 따른 과태료 금액의 2분의 1의 범위에서 그 금액을 늘릴 수 있다. 다만, 늘리는 경우에도 법 제19조 제1항 및 제2항에 따른 과태료 금액의 상한을 넘을 수 없다.

㉠ 위반의 내용 및 정도가 중대하여 이로 인한 피해가 크다고 인정되는 경우

㉡ 법 위반 상태의 기간이 6개월 이상인 경우

㉢ 그 밖에 위반행위의 정도, 위반행위의 동기와 그 결과 등을 고려하여 그 금액을 늘릴 필요가 있다고 인정되는 경우

(2) 개별기준

(단위 : 만 원)

위반행위	과태료 금액		
	1차 위반	2차 위반	3차 위반
해당 산림의 연접 토지소유자는 재선충병 피해방제를 위한 산림소유자 등의 토지 출입에 응하여야 한다.	30	50	100
산림소유자 등은 제4조의 규정에 의하여 국가 및 지방자치단체가 재선충병 방제를 위해 필요한 조치를 할 경우 협조하여야 한다.	30	50	100
산림소유자는 모두베기 방법에 의한 감염목 등의 벌채작업을 한 경우에는 사전 전용허가를 받은 경우를 제외하고는 농림축산식품부령이 정하는 바에 따라 그 벌채지에 조림을 하여야 한다.	해당 조림 비용 전액		
소나무류를 취급하는 업체에 대하여 관련 자료를 제출하게 할 수 있으며, 소속 공무원에게 사업장 또는 사무소 등에 출입하여 장부 · 서류 등을 조사 · 검사하게 하거나 재선충병 감염 여부 확인에 필요한 최소량의 시료를 무상으로 수거하게 할 수 있다.	50	100	150
소나무류를 취급하는 업체는 소나무류의 생산 · 유통에 대한 자료를 작성 · 비치하여야 한다.	50	100	200
누구든지 제10조(반출금지구역에서는 소나무류의 이동을 금지한다), 제10조의2(반출금지구역이 아닌 지역에서 생산된 소나무류를 이동하고자 하는 자는 농림축산식품부령이 정하는 바에 따라 산림청장 또는 시장 · 군수 · 구청장으로부터 생산확인표를 발급받아야 한다)를 위반한 소나무류를 취급하여서는 아니 된다.	100	150	200
다음 명령 위반 시 1. 감염목 등의 소유자 또는 대리인에 대한 해당 임목의 벌채명령 2. 감염목 등의 소유자 또는 대리인에 대한 해당 임목의 훈증, 소각, 파쇄 등의 조치명령 3. 감염목 등의 소유자 또는 대리인에 대한 해당 임목 등의 양도 · 이동의 제한 또는 금지명령 4. 발생지역의 운반용구, 작업도구 등 물품이나 작업장 등 시설의 소유자 또는 대리인에 대한 해당 물품 또는 시설의 소독 등의 조치명령	50	100	150

핵심문제

「산림보호법」 과태료 부과기준의 개별 기준 중 아래의 과태료 금액에 해당하지 않는 위반행위는?

[22년 8회]

- 1차 위반 : 50만 원
- 2차 위반 : 70만 원
- 3차 위반 : 100만 원

① 나무의사가 보수교육을 받지 않은 경우
② 나무의사가 진료부를 갖추어 두지 않은 경우
❸ 나무병원이 나무의사의 처방전 없이 농약을 사용한 경우
④ 나무의사가 정당한 사유 없이 처방전 등 발급을 거부한 경우
⑤ 나무의사가 진료사항을 기록하지 않거나 또는 거짓으로 기록한 경우

PART 06

과년도 기출문제

과년도 기출문제 5회(2021년 7월 17일)

1과목 수목병리학

01 표징으로 육안진단할 수 없는 병은?

① 철쭉류 떡병　② 향나무 녹병
③ 벚나무 빗자루병　④ 붉나무 빗자루병
⑤ 잣나무 수지동고병

해설

바이러스나 파이토플라스마와 같은 식물체의 내부에만 존재하는 병원체들은 뚜렷한 표징이 없다.

02 세균에 의한 수목병으로 옳은 것은?

① 감귤 궤양병
② 소나무 잎녹병
③ 장미 모자이크병
④ 밤나무 줄기마름병
⑤ 배나무 붉은별무늬병

해설

② 곰팡이 담자균
③ 바이러스
④ 곰팡이 자낭균
⑤ 곰팡이 담자균

03 인공배양이 쉬우며 본래는 부생적으로 생활하는 것이지만, 조건에 따라서는 기생생활을 할 수 있는 것은?

① 공생체　② 부생체
③ 임의기생체　④ 임의부생체
⑤ 절대기생체

해설

① 공생체 : 식물과 미생물이 상호 의존적 이익관계임
예 콩과 뿌리혹세균 : 질소고정균, 균근곰팡이(난류 및 거의 모든 식물)
② 부생체 : 죽은 유기체에서 영양을 흡수하며 생존
④ 임의부생체 : 비절대기생체 중 대부분의 시간 동안 기생체로 살아감. 죽은 유기물에서도 부생적으로 살아갈 수 있는 미생물
⑤ 절대기생체 : 살아 있는 기주에서만 생장 · 번식하며, 인공적으로 배양이 불가능함
예 바이러스, 바이로이드, 흰가루병균, 노균병균, 녹병균 등

04 아밀라리아뿌리썩음병의 표징으로 옳지 않은 것은?

① 자낭포자　② 뽕나무버섯
③ 부채꼴균사판　④ 뽕나무버섯붙이
⑤ 뿌리꼴균사다발

해설

아밀라리아뿌리썩음병은 담자균문의 주름버섯목에 속한다.

② 뽕나무버섯 : 갓 아래 턱수가 있으며, 매년 발생하지 않고 8~10월에만 관찰 가능
③ 부채꼴균사판 : 수피와 목질부 사이에서 자라는 하얀 부채 모양의 균사 조직
④ 뽕나무버섯붙이 : 갓 아래 턱수가 없으며, 갓에 방사상 주름이 있음
⑤ 근상균사속(rhizomorph, 뿌리꼴균사다발) : 주로 땅가 부근 줄기의 표피와 수피 밑, 병든 뿌리 주변의 땅속 등에서 형성

05 산불로 고사한 소나무에서 발생하는 백색부후균으로 옳은 것은?

① 한입버섯　② 해면버섯
③ 꽃구름버섯　④ 붉은덕다리버섯
⑤ 소나무잔나비버섯

정답　01 ④　02 ①　03 ③　04 ①　05 ①

해설

한입버섯

- 담자균류 민주름버섯목 구멍장이버섯과의 버섯이다.
- 여름에서 가을에 걸쳐 침엽수, 특히 소나무의 생목이나 고사목 위에 군생하는 일년생 목재부후성 버섯이다.
- 흰색 부패를 일으키고 고약한 냄새가 난다.
- 특히 적송의 말라죽은 나무 줄기에서 잘 자란다.
- 버섯의 색깔은 처음에는 흰색을 띠다 차차 담황 갈색이 되고, 나중에는 마치 밤톨이 붙어 있는 것처럼 보인다.

주요 목질부후균

1. 살아 있는 나무의 변재나 심재 병원체 및 부후균
   - 붉은덕다리버섯/침엽수, 활엽수/갈색/죽은 나무의 줄기에서 발생
   - 꽃구름버섯/침엽수/갈색, /적색의 심재부후버섯
2. 뿌리와 그루터기 병원체 및 부후균
   - 해면버섯/침엽수, 활엽수/갈색/오래된 고목에서 발생
   - 진흙버섯속/침엽수, 활엽수/백색/나이테 책장처럼 분해
3. 서 있는 고사목 및 벌채목 부후균
   - 한입버섯/침엽수/백색/산불 피해 고사목에서 발생
   - 소나무잣나무버섯/침엽수, 활엽수/갈색, 통나무 부후

06 수목병과 진단방법의 연결이 옳지 않은 것은?

① 장미 모자이크병 – ELISA
② 호두나무 탄저병 – DAPI 염색법
③ 뽕나무 오갈병 – 형광현미경기법
④ 사과나무 불마름병 – 그람염색법
⑤ 소나무 리지나뿌리썩음병 – 영양배지법

해설

DAPI 염색법

DNA의 A(아데닌)와 T(티민) 염기쌍에 특이적으로 결합하는 형광 색소이다. DAPI 염색법은 형광현미경에서 DNA 검출(엽록소, 바이러스, 염색체 내 DNA 등)에 사용하고 있다. DAPI로 염색체를 염색하면 A와 T쌍이 많은 부분이 푸른 형광으로 보인다. 파이토플라스마(검정법)

수목병의 진단방법

1. 육안 관찰 : 육안 관찰로 병징, 표징을 확인 후 진단
2. 배양적 진단 : 주로 균류
   - 여과지 습실처리법 : 수입종자 검역(병징, 표징이 나타나지 않을 때)
   - 영양배지법 : 병원균의 균총을 관찰하여 동정
3. 생리화학적 진단 : 병에 걸린 식물의 화학적 성질 변화를 관찰
   - 황산구리법 : 감자 바이러스병
   - 그람염색 : 세균의 속과 종을 결정
4. 해부학적 진단 : 현미경이나 육안으로 조직 내외부를 관찰하여 진단
   - X체 관찰 : 바이러스
   - 풋마름병 진단 : 우윳빛 세균들이 물관부에서 누출
5. 현미경적 진단 : 해부현미경, 광학현미경, 전자현미경 등을 이용하여 진단
   - 해부현미경 : 육안으로 진단이 어려운 경우 1차적인 진단 수행
   - 광학현미경 : 진균과 세균 관찰
   - 전자현미경 : 가시광선보다 파장이 짧은 전자빔을 광원으로 사용
     – 투과현미경(TEM) : 명암의 대비로 세포, 세균, 바이러스 관찰
     – 주사현미경(SEM) : 진균, 세균, 식물의 표면 정보 획득
6. 면역학적 진단 : 항혈청을 이용한 진단법
   - 항혈청을 만들어 분리한 병원체와 반응하여 조사
   - 신속성, 정확성 응집과 침강반응, 면역확산법, IF법, 면역효소항체법(ELISA법)
7. 분자생물학적 진단 : DNA를 이용하는 방법을 통해 진단
   - PCR법(DNA 데이터베이스 등록 유전자와 비교)

07 새로운 병의 진단에 사용하는 코흐(Koch)의 원칙에 대한 설명으로 옳지 않은 것은?

① 복합감염된 병에는 적용할 수 없다.
② 병원체는 병든 부위에 존재해야 한다.
③ 분리한 병원체는 순수 배양이 가능해야 한다.
④ 동종 수목에 접종했을 때, 병원체를 분리했던 병징이 재현되어야 한다.
⑤ 접종에 의해 재현된 병징에서 접종했던 병원체와 동일한 것이 분리되어야 한다.

해설

코흐의 4원칙

- 병원균은 언제나 병의 병환부에 존재해야 한다.
- 병원균은 분리되어 배지 위에서 순수 배양되어야 한다.
- 배양된 병원균을 건강한 다른 기주에 접종했을 때 동일한 병을 일으켜야 한다.
- 병원균은 다시 병환부에서 분리 배양되어야 한다.

정답 06 ② 07 ①

08 병원체의 침입방법에 대한 설명 중 옳지 않은 것은?

① 세균은 기공을 통해 침입할 수 있다.
② 선충은 식물체를 직접 침입할 수 있다.
③ 균류는 식물체의 표피를 통해 직접 침입할 수 있다.
④ 파이토플라스마와 바이로이드는 식물체를 직접 침입할 수 없다.
⑤ 바이러스는 상처나 매개생물 없이 식물체를 직접 침입할 수 있다.

해설

균류의 대부분은 스스로 이동할 수 없으므로 반드시 어떠한 다른 수단(비, 바람, 매개충, 인간, 동물 등)에 의하여 전파되며, 기주에 도달한 병원체는 먼저 기주의 표면에 부착하여 충분한 수분을 흡수한 후 발아하여 기주체 내로 침입한다.

병원체의 침입방법
- 상처를 통한 침입 : 균류, 세균, 바이러스
- 자연개구(기공, 수공, 피목, 밀선, 화기 등)를 통한 침입 : 균류, 세균
- 표피를 통한 직접 침입(각피 침입) : 균류

09 수목병의 병원체 잠복기로 옳지 않은 것은?

① 포플러 잎녹병 : 4일에서 6일
② 잣나무 털녹병 : 3년에서 4년
③ 소나무 혹병 : 9개월에서 10개월
④ 낙엽송 잎떨림병 : 1개월에서 2개월
⑤ 낙엽송 가지끝마름병 : 2개월에서 3개월

해설

수목병의 잠복기간

기주와 병명	잠복기간
포플러 잎녹병	4~6일
낙엽송 가지끝마름병	10~14일
낙엽송 잎떨림병	1~2개월
소나무 재선충병	1~2개월
소나무 혹병	9~10개월
소나무 잎녹병	10~22개월
잣나무 털녹병	3~4년

10 파이토플라스마의 설명으로 옳지 않은 것은?

① 수목에 전신감염을 일으킨다.
② 세포 내에 리보솜이 존재한다.
③ 일반적으로 크기는 바이러스보다 작다.
④ 염색체 DNA의 크기는 530~1,130kb까지 다양하다.
⑤ Aniline Blue를 이용한 형광염색법으로 검정이 가능하다.

해설

병원체의 크기

세균 > 파이토플라스마 > 바이러스 > 바이로이드

11 수목 바이러스의 특징과 감염으로 인한 수목의 피해가 옳게 나열된 것은?

ㄱ. 절대 기생성	a. 물관부 폐쇄
ㄴ. 기주 특이성	b. 균핵 형성
ㄷ. DNA로만 구성	c. 잎의 기형
ㄹ. 세포로 구성	d. 모자이크 증상

① ㄱ, ㄹ - a, d　② ㄱ, ㄷ - b, c
③ ㄱ, ㄴ - c, d　④ ㄴ, ㄷ - b, d
⑤ ㄴ, ㄹ - a, c

해설

바이러스 특징

적어도 하나의 핵산과 단백질로 이루어지며, 기주 요소들과 상호작용을 통해 바이러스 증식에 관여함으로써 기주 특이성 및 바이러스의 병 발생에 관여한다.

바이러스병의 병징
1. 외부 병징
   - 엽록소 결핍 : 모자이크, 잎맥의 투명화, 꽃얼룩무늬, 퇴록둥근무늬, 황화 등
   - 생육 이상 : 위축, 왜화
   - 조직의 변형 : 잎의 기형화
   - 조직의 괴사 : 괴저병반
2. 내부 병징
   결정상봉입체, 과립상봉입체, 이상미세구조 등(세포 내 발견)

정답 08 ⑤ 09 ⑤ 10 ③ 11 ③

12 수목병과 병원균의 구조물에 대한 연결이 옳지 않은 것은?

① Hypoxylon 궤양병－자낭각
② 밤나무 줄기마름병－자낭구
③ 벚나무 빗자루병－나출자낭
④ Scleroderris 궤양병－자낭반
⑤ 소나무류 피목가지마름병－자낭반

해설

밤나무 줄기마름병은 자낭각을 형성한다.

수목병의 특징

1. Hypoxylon 궤양병－자낭균, 자낭각
   • 감염된 수피 내에 형성되는 검은색과 흰색의 전형적인 얼룩
   • 자좌와 자낭각은 초기에는 흰색이나 시간이 지나면 검은색으로 변함
2. Scleroderris 궤양병－자낭균, 자낭반
   • 유럽균주의 병원성이 북미균주보다 강함
   • 가지의 침엽 기부가 노랗게 변하고 형성층과 목재조직이 연두색이 됨
3. 소나무류 피목가지마름병－자낭균, 자낭반
   • 따뜻한 가을이 지나고 겨울 기온이 낮을 때 발생
   • 2~3년생 이상 가지가 적갈색 고사－침엽은 기부에서 위쪽으로 갈색변색되고 낙엽진다.
   • 습하면 부풀어 올라 접시 모양으로 벌어짐
4. 밤나무 줄기마름병－자낭균, 자낭각
   • 자좌는 수피 밑에 형성되며, 수피 틈으로 돌출
   • 수피 밑에 황색의 균사판이 있음
   • 저항성(은기, 이평), 감수성(옥광)

13 수목에 발생하는 녹병과 중간기주의 연결이 옳은 것은?

ㄱ. 후박나무 녹병	a. 황벽나무
ㄴ. 포플러 잎녹병	b. 뱀고사리
ㄷ. 산철쭉 잎녹병	c. 까치밥나무
ㄹ. 소나무 혹병	d. 쑥부쟁이
ㅁ. 오리나무 잎녹병	e. 없음

① ㄱ－e　② ㄴ－b
③ ㄷ－a　④ ㄹ－c
⑤ ㅁ－d

해설

후박나무 녹병과 회화나무 녹병은 중간기주가 없다.

녹병별 중간기주

녹병균	병명	녹병정자, 녹포자세대	여름포자, 겨울포자
Cronartium ribicol	잣나무 털녹병	잣나무	송이풀, 까치밥나무
C.quercuum	소나무 혹병	소나무, 곰솔	졸참, 신갈나무
C.flaccidum	소나무 줄기녹병	소나무	모란, 작약, 송이풀
Gymnosporangium－asiaticum	향나무 녹병	배나무	향나무
Melampsore larici－populina	포플러 잎녹병	낙엽송	포플러
Uredinopsis komagatakensis	전나무 잎녹병	전나무	뱀고사리
Chrysomyxa rhododendri	철쭉 잎녹병	가문비나무	산철쭉

14 수목 바이러스병의 진단방법으로 옳지 않은 것은?

① 전자현미경에 의한 진단
② 항혈청에 의한 면역학적 진단
③ 지표식물에 의한 생물학적 진단
④ 감염세포 내 봉입체 확인에 의한 진단
⑤ 16S rDNA 분석에 의한 분자생물학적 진단

해설

16S rRNA 분석에 의한 분자생물학적 진단은 그람양성균(세균)을 알아내는 진단으로, 파이토플라스마의 경우 유전자의 분자계통학적으로 큰 변이가 있은 것이 밝혀져 파이토플라스마속으로 임시 명명한다.
※ 그람양성(보라색), 그람음성(분홍색)

바이러스 진단법

• 외부 병징에 의한 진단 : 모자이크, 번개무늬, 잎맥투명화, 퇴록둥근무늬, 꽃얼룩무늬, 목부 천공
• 전자현미경에 의한 진단 : 즙액에 바이러스 존재 확인, DN염색법 사용
• 내부 병징에 의한 진단 : 결정상봉입체, 과립상봉입체(X체), 이상미세구조 등
• 검정식물에 의한 진단 : 명아주, 동부콩, 오이, 호박, 천일홍 등

정답　12 ②　13 ①　14 ⑤

- 면역학적 진단법 : 검출감도가 높고, 신속 정확하며, 응집과 침강반응, 면역확산법, IF법, 면역효소항체법(ELISA법) 등을 이용
- 중합효소연쇄반응법에 의한 진단 : 염기서열 조사법으로 중합효소연쇄반응법(PCR법) 이용

15 한국의 참나무 시들음병에 대한 설명으로 옳지 않은 것은?

① 병원균은 인공배지에서 잘 자란다.
② 병원균은 Raffaelea quercus－mongolicae이다.
③ 참나무류 중에서 신갈나무에 주로 발생한다.
④ 피해가 심해지면 자낭반이 수피 틈을 뚫고 나온다.
⑤ 물관부의 주요 기능인 물과 무기양분의 이동을 방해한다.

해설

피해 부위에 분생포자경을 형성한다(불완전균류).

참나무 시들음병의 특징
- 매개충이 침입한 갱도를 따라 병원균의 증식으로 변재 부위가 불규칙한 암갈색으로 변색된다.
- 변색부위는 수분이동이 되지 않아 죽는다.

16 곰팡이 병원균의 분류군이 같은 수목병으로 나열한 것은?

ㄱ. 소나무 혹병	ㄴ. 편백 가지마름병
ㄷ. 철쭉류 떡병	ㄹ. 배롱나무 흰가루병

① ㄱ, ㄴ　② ㄱ, ㄷ
③ ㄱ, ㄹ　④ ㄴ, ㄷ
⑤ ㄷ, ㄹ

해설
- 소나무 혹병 : 담자균 녹병
- 편백 가지마름병 : 불완전균류
- 철쭉류 떡병 : 담자균
- 배롱나무 흰가루병 : 자낭균

17 Fusarium 속 병원균에 의해 발생하는 수목병으로만 나열한 것은?

ㄱ. 칠엽수 얼룩무늬병	ㄴ. 소나무류 피목가지마름병
ㄷ. 소나무류 수지궤양병	ㄹ. 소나무류 모잘록병
ㅁ. 오리나무 갈색무늬병	ㅂ. 밤나무 가지마름병

① ㄱ, ㄷ　② ㄴ, ㅁ
③ ㄷ, ㄹ　④ ㄹ, ㅁ
⑤ ㄹ, ㅂ

해설
- 칠엽수 얼룩무늬병 : Guignardia aesculin(자낭균, 소방자낭균강)
- 소나무류 피목가지마름병 : Cenangium ferruginosum(반균강)
- 소나무류 수지궤양병 : Fusarium circinatum(불완전, 총생균강)
- 소나무류 모잘록병 : Phythium Rhizoctonia Fusarium, Phytophthora
- 오리나무 갈색무늬병 : Septoria
- 밤나무 가지마름병 : Cryphonectria

18 지의류에 대한 설명으로 옳지 않은 것은?

① 아황산가스에 민감하다.
② 수피에 서식하면서 수목으로부터 양분을 얻는다.
③ 외생성 지의류의 대부분은 남조류와 공생한다.
④ 균류와는 뚜렷하게 구별되는 엽상체를 형성한다.
⑤ 형태는 고착형, 엽형, 수지형의 세 가지로 나누어진다.

해설

수목으로부터 양분을 탈취하지 않는다.

지의류

균류와 하등 광합성 생물(조류)과의 공생체, 대기오염, 특히 아황산가스나 불소에 민감하므로 대도시 주변지역에는 서식하지 못하는 특성이 있으며, 질소를 고정하여 산림 내에서 식물생장에 필요한 질소공급원으로 작용한다.

정답 15 ④ 16 ② 17 ③ 18 ②

19 수목병의 생물적 방제에 대한 설명으로 옳은 것은?

① 소나무 재선충병 감염목을 벌채 후 훈증한다.
② 포플러 잎녹병 방제를 위해 저항성 품종을 육종한다.
③ 항생제를 수간주입하여 대추나무 빗자루병을 방제한다.
④ 잣나무 털녹병 방제를 위해 중간기주인 송이풀을 제거한다.
⑤ 밤나무 줄기마름병 방제를 위해 병원균의 저병원성 균주를 이용한다.

해설

① 훈증 : 화학적 방제
② 저항성 품종 : 임업적 방제(경종적 방제)
③ 항생제 수간주입 : 화학적 방제
④ 중간기주 제거 : 임업적 방제(경종적 방제)

임업적 방제

친환경적 방제방법으로 환경조절이나 재배기술을 도입해서 병균을 방제

- 저항성 품종 선택
- 조림시기, 식재방법 및 환경 등을 이용한 방제
- 건전묘 식재 및 돌려짓기
- 토양환경 개선

20 소나무 가지끝마름병에 대한 설명으로 옳지 않은 것은?

① 새 가지와 침엽은 수지에 젖어 있다.
② 병원균은 Septobasidium bogoriense이다.
③ 수피를 벗기면 적갈색으로 변한 병든 부위를 확인할 수 있다.
④ 6월부터 새 가지의 침엽이 짧아지면서 갈색 내지 회갈색으로 변한다.
⑤ 침엽 및 어린 가지의 병든 부위에는 구형 내지 편구형의 분생포자각이 형성된다.

해설

병원균은 Sphaeropsis sapinea이다.

소나무 가지끝마름병

1. 병징
   - 건강한 수목, 당년생 가지 고사
   - 약한 수목, 굵은 가지도 고사
2. 병환
   - 6월부터 새 가지 잎이 짧아지고 회갈색으로 변색되며 고사
   - 수피를 벗기면 적갈색 병든 부위를 확인할 수 있음
   - 피해 새 가지와 잎은 수지에 젖고, 수지가 흐름
   - 수지가 굳으면 쉽게 부러짐
   - 명나방류, 얼룩나방류와 차이는 가해터널이 없음
   - 병든 부위에 분생포자각 형성
   - 월동처는 낙엽, 가지 또는 지피물
   - 봄에 따뜻하고 비오는 날 심하게 발생
3. 방제
   비배관리, 낙엽소각, 4~6월 약제 살포, 풀 베기, 하부의 원활한 통풍, 보호시설 설치

21 자주날개무늬병에 대한 설명으로 옳게 나열한 것은?

ㄱ. 다범성 병해
ㄴ. 뿌리꼴균사다발 형성
ㄷ. 심재가 먼저 썩고 나중에 변재가 썩음
ㄹ. 균사망이 발달하여 자갈색의 헝겊 같은 피막 형성
ㅁ. 6, 7월경에 균사층의 자낭포자가 많이 형성되어 흰가루처럼 보임

① ㄱ, ㄴ
② ㄱ, ㄹ
③ ㄴ, ㄷ
④ ㄷ, ㄹ
⑤ ㄹ, ㅁ

해설

- 뿌리꼴균사다발이 형성되는 것은 아밀라리아뿌리썩음병이다.
- 심재가 먼저 썩고 나중에 변재가 썩는 것은 목재부후균이다.
- 자주날개무늬병은 담자균으로 담자포자가 형성된다.

자주날개무늬병(Helicobasidium mompa)

- 주로 활엽수와 침엽수에 모두 발생하는 다범성 병해이며, 우리나라 사과나무에서의 발생빈도는 약 5%를 나타낸다.
- 지하부 병징으로는 뿌리 표면에 자갈색의 균사가 퍼지며 끈 모양의 균사다발로 휘감기고 균핵이 형성된다.
- 6~7월에는 이 균사층의 표면에 담자포자가 많이 형성되어 흰가루처럼 보인다.

정답 19 ⑤ 20 ② 21 ②

22 다음 특징과 관련된 병원균이 일으키는 수목병에 대한 설명으로 옳지 않은 것은?

- 포자를 형성하고 격벽이 없는 다핵균사를 가진다.
- 세포벽의 주성분은 셀룰로오스와 글루칸이고, 키틴을 함유하지 않는다.
- 유주포자는 편모를 가진다.

① 참나무 급사병의 병원균이 속한다.
② Rhizoctonia solani는 묘목에 피해를 준다.
③ 파이토프토라뿌리썩음병은 병원균 우점형이다.
④ 밤나무 수피 표면이 젖어 있고, 검은색의 액체가 흘러나온다.
⑤ 밤나무 잉크병 병원균의 장란기 표면이 울퉁불퉁하다.

해설

보기는 난균강에 대한 설명이다. Rhizotonia solani는 묘목에 피해를 주는 불완전균류이며, 무포자균강에 속한다.

① 참나무 급사병(Sudden oak death)은 병원균이 Phytophthora ramorum으로 난균강에 속한다.
③ 파이토프토라뿌리썩음병은 병원균이 강한 병원균 우점형이다.
④, ⑤ 밤나무 수피 표면이 젖어 있고 검은색의 액체가 흘러나오는 것은 밤나무 잉크병으로 병원균은 Phytophthora katsurae이다. 난균강에 속하며 병원균이 형성한 장란기 표면이 울퉁불퉁한 것이 특징이다.

23 병 발생에 관여하는 환경 조건 개선방법으로 옳지 않은 것은?

① 밤나무 줄기마름병을 예방하기 위하여 배수를 개선한다.
② 오동나무 줄기마름병을 예방하기 위하여 간벌을 강하게 한다.
③ 소나무 피목가지마름병을 예방하기 위하여 덩굴류를 제거한다.
④ 일본잎갈나무 묘목은 뿌리썩음병을 예방하기 위하여 생장 개시 전에 식재한다.
⑤ 미분해 유기물이 많은 임지에서는 자주날개무늬병 피해가 심하므로 석회를 처리한다.

해설

오동나무 줄기마름병은 가지치기 후에 생긴 상처, 죽은 잔가지 및 얼어 터진 상처 등을 통해 병원균이 침입하여 발생하므로 강한 간벌을 피해야 한다.

오동나무 줄기마름병
- 추운 지방에서 서리나 동해에 의해 수세가 약해진 나무에서 피해가 심하다.
- 오동나무의 단순림의 조성을 피하고 오리나무 등과 혼식(섞어심기)하면 예방효과가 있다.

24 리지나뿌리썩음병에 대한 설명이다. 옳은 것을 모두 고른 것은?

ㄱ. 병원균의 담자포자는 수목 뿌리 근처의 온도가 45℃이면 발아한다.
ㄴ. 초기 병징은 땅가의 잔뿌리가 흑갈색으로 부패하고, 점차 굵은 뿌리로 확대된다.
ㄷ. 산성토양에서 피해가 심하므로 석회로 토양을 중화시키면 발병이 감소한다.
ㄹ. 뿌리의 피층이나 물관부를 침입하며, 감염된 세포는 수지로 가득 차게 된다.

① ㄱ, ㄴ
② ㄱ, ㄷ
③ ㄴ, ㄷ
④ ㄴ, ㄹ
⑤ ㄷ, ㄹ

해설

- 리지나뿌리썩음병은 자낭균문에 속하며, 자낭포자에 의하여 전염되는 토양전염성 병이다.
- 뿌리의 피층이나 체관부(사부)를 침입하며, 감염된 세포는 수지로 가득 차게 된다.

25 뿌리썩이선충에 대한 설명으로 옳지 않은 것은?

① 성충은 감염된 뿌리 내에 산란한다.
② Meloidogyne 속 선충으로 고착성 내부 기생성 선충이다.
③ 유충과 성충은 주로 뿌리의 피층조직 안을 이동하면서 양분을 흡수한다.
④ 선충의 침입 부위로 Fusarium 등 토양 병원미생물이 쉽게 침입하게 된다.
⑤ Radopholus 속 선충의 감염 부위에 공간이 생겨 뿌리가 부풀어 오르고 표피가 갈라진다.

정답 22 ② 23 ② 24 ③ 25 ②

해설

뿌리썩이선충과의 선충은 뿌리 내부에 침입하여 이동하면서 생활하는 이주성 내부 기생선충이다.

선충(암컷)의 이동성에 따른 분류

1. 고착성 내부 기생선충
   - 뿌리혹선충(Meloidogyne spp.)
   - 시스트선충(Heterodera spp.)
   - 감귤선충(Tylenchuyus semipenetrans)
2. 이주성 내부 기생선충
   - 뿌리썩이선충
     - Pratylenchus 속
     - Radopholus 속
     - Hirshimanniella
3. 외부 기생선충
   - 토막뿌리병
     - 창선충속(Xiphinema)
     - 궁침선충속(Trichodorus, Paratrichodorus)
   - 참선충목(Tylenchus, Ditylenchus)

2과목 수목해충학

26 곤충의 면역기능과 해독, 혈당 조절 등을 담당하는 것은?

① 지방체 ② 배상세포
③ 카디아카체 ④ 내분비세포
⑤ 부정형혈구

해설

② 배상세포 : 점액을 분비한다. 점액은 당질 성분이 풍부한 글리코단백질이다.
③ 카디아카체 : 전흉선자극호르몬 저장 및 분비, 심장박동조절에 관여한다.
④ 신경분비세포 : 뇌호르몬, 경화호르몬, 이뇨호르몬, 알라타체자극호르몬 등을 분비한다.
⑤ 부정형혈구 : 혈구의 종류로 섬유다발을 가진 방추형 또는 난형의 비교적 큰 세포이다. 특히 방추형의 세포는 길게 발달한 핵을 갖고 있다.

지방체

- 지방세포가 포도 모양으로 뭉쳐진 것으로 유충이나 번데기에서는 체강의 대부분이 지방체로 되어 있다. 단순히 중성지질만이 아니고 인지질 · 단백질 · 글리코겐 · 요산 등을 다량 함유한다.
- 무척추동물에서는 혈강 속에 있으며 척추동물의 간에 해당한다.
- 종에 따라 식균작용이나 요산이나 요산염이 있기도 하다.

27 해충과 천적의 연결이 옳지 않은 것은?

① 솔나방 – 어비진디벌
② 솔수염하늘소 – 개미침벌
③ 점박이응애 – 긴털이리응애
④ 밤나무혹벌 – 남색긴꼬리좀벌
⑤ 솔잎혹파리 – 혹파리살이먹좀벌

해설

해충과 천적

- 솔나방의 천적에는 기생봉이나 어치, 두견새, 뻐꾸기, 직박구리 등이 있다.
- 싸리수염진딧물, 감자수염진딧물, 양딸기수염진딧물의 천적에는 어비진디벌, 진디면충좀벌이 있다.
- 복숭아혹진딧물, 목화진딧물의 천적에는 콜레마니진디벌이 있다.

28 소나무 재선충병을 예방하기 위한 나무주사제로 적합한 약제는?

① 밀베멕틴 유제
② 뷰프로페진 수화제
③ 클로르플루아주론 유제
④ 메톡시페노자이드 수화제
⑤ 클로란트라닐리프롤 수화제

해설

소나무 재선충병

- 방제 : 나무주사로 예방(12~2월에 2년에 1회씩, 흉고직경 10cm 이상). 흉고직경 60cm 이상은 주입병을 사용하는 것이 좋음
- 사용 약제 : 아바멕틴 유제, 에마멕틴벤조에이트 유제, 밀베멕틴 유제
- 대상목 선정 : 외관상 건전한 소나무에 실시. 이상 징후가 있는 나무는 대상목에서 제외

정답 26 ① 27 ① 28 ①

- 나무주사가 적합하지 않는 나무 : 감염목, 쇠약목, 식재 후 오래되지 않았거나 전정전지를 과도하게 한 나무, 수고가 낮고 흉고직경이 작은 나무, 분재 등
- 천공방법 : 지상 50cm 이하 높이에서 나무의 수직 방향 30~45°로 아래로 천공. 구멍은 천공기를 사용하여 직경 1cm, 깊이 1.5~2cm 크기로 뚫음

29 곤충 중앙신경계의 뇌는 3개 신경절이 연합되어 있다. 이 중 후대뇌가 관장하는 부위는?

① 더듬이　　② 내분비샘
③ 아랫입술　　④ 겹눈, 홑눈
⑤ 윗입술, 전위

해설

- 중앙신경계(중추신경계) : 신경절(뇌, 식도하신경절), 신경선으로 이루어져 있고, 뇌(3쌍의 신경절)는 전대뇌, 중대뇌, 후대뇌로 구분
  - 전대뇌 : 복안과 단안
  - 중대뇌 : 더듬이, 촉각
  - 후대뇌 : 윗입술과 전위
  - 식도하신경절 : 윗입술을 제외한 입
- 전장신경계(내장신경계, 교감신경계) : 장, 내분비기관, 생식기관, 호흡계 등 담당
- 말초신경계(주변신경계) : 운동신경, 감각신경

30 곤충의 배자 발생 과정에서 중배엽성 세포가 분화된 기관으로 옳지 않은 것은?

① 근육　　② 심장
③ 내분비샘　　④ 말피기관
⑤ 정소, 난소

해설

배자 발생에 따른 기관 형성

구분	해당 기관
외배엽	표피, 외분비샘, 뇌 및 신경계, 감각기관, 전장 및 후장, 호흡계, 외부 생식기
중배엽	심장, 혈액, 순환계, 근육, 내분비샘, 지방체, 생식선(난소 및 정소)
내배엽	중장

배자 발생
알이 수정되면서 일어나는 발육과정, 세포증식, 곤충의 모든 조직과 기관으로 성장, 이동, 분화

31 수목 해충의 날개 발생과 가해 방식의 연결이 옳지 않은 것은?

① 대벌레 – 외시류 – 식엽성
② 외줄면충 – 내시류 – 충영 형성
③ 대륙털진딧물 – 외시류 – 흡즙성
④ 소나무솜벌레 – 외시류 – 흡즙성
⑤ 오리나무잎벌레 – 내시류 – 식엽성

해설

- 외줄면충(느티나무외줄진딧물, 매미목/면충과) – 외시류(불완전변태) – 충영 형성
- 완전변태 – 내시류, 불완전변태 – 외시류
- 내시류 : 나비목, 딱정벌레목, 파리목, 벌목, 풀잠자리목, 날도래목, 밑들이목, 뱀잠자리목, 부채벌레목, 벼룩목
  ※ **쉽게 외우기** : 나 딱 파벌에 풀날로 밑뱀을 부벼

가해 습성에 따른 해충 분류

원인 분류	내용
식엽성 해충	회양목명나방, 흰불나방, 풍뎅이류, 잎벌레, 집시나방, 느티나무 벼룩바구미, 솔나방, 노랑쐐기나방, 잎벌류, 풍뎅이류
흡즙성 해충	응애, 진딧물, 깍지벌레, 방패벌레, 주홍날개꽃매미
천공성 해충	소나무좀, 노랑무늬솔바구미, 하늘소(향나무, 알락), 박쥐나방, 미끈이하늘소, 오리나무좀, 비단벌레
충영 형성 해충	솔잎혹파리, 밤나무혹벌, 진딧물류(외줄면충), 혹응애(향나무, 회양목) 큰팽나무이
종실 해충	도토리거위벌레, 밤바구미, 복숭아명나방, 백송애기잎말이나방, 솔알락명나방

32 곤충의 진화 계통상 같은 계열로 연결되지 않은 것은?

① 돌좀목 – 좀목
② 파리목 – 벼룩목
③ 강도래목 – 대벌레목
④ 하루살이목 – 잠자리목
⑤ 집게벌레목 – 딱정벌레목

정답 29 ⑤ 30 ④ 31 ② 32 ⑤

해설

집게벌레목은 외시류이고, 딱정벌레목은 내시류이다.

곤충의 분류

무시아강	유시아강		
	고시류	외시류(불완전)	내시류(완전)
• 톡토기목 • 낫발이목 • 좀붙이목	• 하루살이목 • 잠자리목	• 집게벌레목 • 바퀴목 • 사마귀목 • 대벌레목 • 메뚜기목 • 흰개미붙이목 • 강도래목 • 다듬이벌레목 • 털이목 • 이목 : 몸이 • 흰개미목 • 총채벌레목 • 노린재목 • 매미목 • 대벌레붙이목	• 벌목 : 벌, 개미, 잎벌 • 딱정벌레목 • 부채벌레목 • 뱀잠자리목 • 풀잠자리목 : 풀잠자리, 개미귀신 • 약대벌레목 • 밑들이목 : 밑들이 • 벼룩목 • 파리목 : 모기, 파리 • 날도래목 • 나비목

33 성충으로 월동하는 곤충으로 바르게 나열된 것은?

① 솔수염하늘소, 밤바구미
② 회양목명나방, 솔잎혹파리
③ 거북밀깍지벌레, 복숭아명나방
④ 솔껍질깍지벌레, 버즘나무방패벌레
⑤ 느티나무벼룩바구미, 오리나무잎벌레

해설

① 솔수염하늘소(유충), 밤바구미(유충)
② 회양목명나방(유충), 솔잎혹파리(유충)
③ 거북밀깍지벌레(성충), 복숭아명나방(유충)
④ 솔껍질깍지벌레(유충), 버즘나무방패벌레(성충)

34 수목을 가해하는 해충의 발생세대수, 목명, 학명의 연결이 옳지 않은 것은?

① 목화진딧물 : 수회, Hemiptera, Aphis gossypii
② 버즘나무방패벌레 : 3회, Hemiptera, Corythucha ciliata
③ 미국흰불나방 : 2~3회, Lepidoptera, Hyphantria cunea
④ 밤바구미 : 1회, Coleoptera, Curculio sikkimensis
⑤ 미국선녀벌레 : 1회, Lepidoptera, Metcalfa pruninosa

해설

미국선녀벌레는 노린재목으로 목명은 Hemiptera이다.

해충 분류군의 목명
• Hemiptera : 노린재목
• Lepidoptera : 나비목
• Coleoptera : 딱정벌레목

35 해충이 어떤 식물을 섭식하였을 때 유독물질이나 성장저해물질로 인하여 죽거나 발육이 지연되는 내충성 기작은?

① 감수성 ② 선호성
③ 항상성 ④ 항생성
⑤ 비선호성

해설

• 내성 : 감수성 품종에 비하여 생장이나 수확에 영향을 덜 받고 피해 조직을 회복하는 능력
• 항생성 : 해충이 생리작용에 어떤 형태의 불리한 영향을 주는 것으로 유독한 물질, 영양소의 부족 또는 결핍, 유해물질, 영양소 간의 불균형으로 해충이 치사하거나 발육이 저해 또는 지연되는 것
• 비선호성(항객성) : 산란과 섭식 등 해충의 행동에 관여하는 작물의 특성

36 벌목(Hymenoptera)에 대한 설명 중 옳지 않은 것은?

① 성충의 날개는 1쌍이며 막질이다.
② 천적이나 화분 매개자가 많이 포함되어 있다.
③ 잎벌아목의 곤충은 복부에 배다리(Proleg)를 가진다.
④ 꿀벌상과의 곤충은 노동분업 등 진화된 사회체계를 가진다.
⑤ 기생성 벌 중에는 발육을 완료하기 전까지 숙주를 죽이지 않는 것도 있다.

해설

벌목에 속하는 성충의 날개는 2쌍이며 막질이다.

정답 33 ⑤ 34 ⑤ 35 ④ 36 ①

37 수목해충에 대한 설명으로 옳은 것은?

① 미국선녀벌레는 성충으로 월동한다.
② 외줄면충의 여름 기주는 대나무류이다.
③ 소나무좀은 봄과 여름에 2번 가해하며, 연 2회 발생한다.
④ 솔나방은 연 3회 발생하며 주로 소나무류를 가해한다.
⑤ 광릉긴나무좀은 연 3회 발생하고, 참나무 시들음병의 병원균을 매개한다.

해설

① 미국선녀벌레
- 2009년 보고
- 2차 부생성 그을음병 유발
- 연 1회, 알로 월동, 수피 틈

③ 소나무좀
- 연 1회, 성충 월동, 지제 부근
- 봄, 여름 두 번 피해(후식피해)

④ 솔나방 : 연 1회, 유충 월동, 수피 틈, 지피물 밑
⑤ 광릉긴나무좀 : 연 1회, 유충 월동, 피해목 내부

38 곤충의 탈피와 변태 과정에 대한 설명으로 옳지 않은 것은?

① 탈피호르몬은 앞가슴샘에서 분비되며, 탈피를 조절한다.
② 유약호르몬은 알라타체에서 분비되며, 유충의 탈피에 관여한다.
③ 무변태의 원시성 곤충은 성충이 되어도 계속 탈피를 한다.
④ 번데기 중 다리나 큰 턱을 따로 움직일 수 없는 형태를 나용이라고 한다.
⑤ 곤충 성장저해제는 곤충 특유의 성장과정에 작용하므로, 포유류에 대한 독성이 낮다.

해설

부속지가 몸에 붙어 있는 상태로 형성되어 다리나 큰 턱을 따로 움직일 수 없는 번데기 형태(나비류)를 '피용'이라고 한다.
- 나용 : 모든 부속지가 자유롭고, 외부적으로 보임(딱정벌레류)
- 위용 : 단단한 외골격 내에 몸이 들어가 있음(파리류)

> **내분비계**
> - 앞가슴샘 : 표피세포에 키틴과 단백질의 합성을 자극하고 탈피를 촉진하는 스테로이드 호르몬(엑디손 포함) 그룹인 에디스테로이드(탈피호르몬)를 생산한다.
> - 카디아카체 : 신호증폭기 역할. 뇌의 신경세포에서 신호를 보내 앞가슴자극호르몬을 자극, 방출하게 한다.
> - 알라타체 : 유약호르몬을 분비한다.
> - 신경분비세포 : 뇌호르몬, 경화호르몬, 이뇨호르몬, 알라타체자극호르몬 등을 분비한다.

39 식식성 곤충의 먹이 범위에 관한 설명으로 옳지 않은 것은?

① 식물과 곤충의 공진화의 결과이다.
② 식물 1, 2개 과(Family)를 가해하는 협식성 곤충은 솔나방이다.
③ 식물 한 종 또는 한 속을 가해하는 단식성 해충은 회양목명나방이다.
④ 먹이 범위는 식물의 영양, 곤충의 소화와 해독 능력에 의해 결정된다.
⑤ 식물 4개 과(Family) 이상의 식물을 먹이로 하는 광식성 해충은 황다리독나방이다.

해설

- 황다리독나방은 단식성으로 층층나무만 가해한다.
- 기생성 천적 : 황다리독나방기생고치벌

40 매미나방의 밀도억제 과정으로 옳지 않은 것은?

① 월동하는 번데기를 찾아서 제거한다.
② 기생벌류, 기생파리류의 일반평형밀도를 높인다.
③ 4, 5월 저온과 잦은 강우는 유충 사망률을 높인다.
④ 곤충병원성인 바이러스, 세균, 곰팡이의 밀도를 높인다.
⑤ 피해가 심한 지역은 선택적으로 약제를 사용하여 관리한다.

해설

매미나방은 4월 이전에 알을 제거함으로써 방제한다.

> **매미나방(집시나방)**
> - 피해 수종 : 벚나무류, 참나무류, 느릅나무류 등 활엽수와 침엽수

정답 37 ② 38 ④ 39 ⑤ 40 ①

- 식해 범위 : 유충 1마리가 700~1,800cm^2 식해
- 형태 : 암수에 따라 크기와 색깔이 다름(수컷 : 41~54mm 암갈색, 암컷 : 78~93mm 회백색), 100~1,000개의 알덩어리가 연한 노란색 털로 덮임
- 생활사 : 연 1회, 알로 월동(줄기, 가지), 4월 부화유충은 거미줄에 매달려 분산. 암컷은 멀리 날지 못하고 수컷은 활발하게 비행
- 방제법 : 우화기인 7월에 유아등 설치, 4월 이전에 알 제거, BT균이나 핵다각체병바이러스 살포
- 천적 : 풀색딱정벌레, 검정명주딱정벌레, 청노린재, 무늬수중다리좀벌, 긴등기생파리, 나방살이납작맵시벌, 송충알벌, 독나방살이고치벌, 짚시벼룩좀벌, 황다리납작맵시벌, 송충잡이자루맵시벌

41 수목 해충 예찰조사의 시기와 방법에 관한 설명으로 옳지 않은 것은?

① 솔수염하늘소 : 4~8월에 우화목 대상 우화 상황 조사
② 잣나무별납작잎벌 : 5월경 잣나무림 토양 내 유충 수 조사
③ 복숭아유리나방 : 6월에 벚나무 잎 200개에서 유충 섭식 피해도 조사
④ 광릉긴나무좀 : 유인목에 끈끈이트랩을 설치하고 4~8월에 유인 개체수 조사
⑤ 오리나무잎벌레 : 5~7월에 상부 잎 100개, 하부 잎 200개에서 알덩어리와 성충밀도 조사

해설

복숭아유리나방은 유충이 형성층을 갉아먹는다. 노숙유충은 6월에, 어린 유충은 8월 하순에 우화하여 우화최성기는 8월 상순이다.

42 종합적 해충관리에 관한 설명으로 옳지 않은 것은?

① 일반평형밀도를 높여 방제 횟수를 줄인다.
② 예찰자료에 기반하여 방제 의사를 결정한다.
③ 경제적 피해허용수준 이하로 밀도를 관리한다.
④ 천적 등 유용생물에 영향이 적은 방제제를 사용한다.
⑤ 약제 저항성 발달 및 약제 잔류 등의 부작용을 최소화한다.

해설

일반평형밀도를 낮춰 방제 횟수를 줄인다.

병해충 종합관리(IPM : Integrated Pest Management)
각종 방제수단을 상호보완적으로 활용함으로써 단기적으로는 병해충에 의한 경제적 피해를 최소화하고, 장기적으로는 병해충의 발생이 경제적 문제가 되지 않을 정도의 낮은 수준으로 유지될 수 있도록 병해충을 관리하는 것이다.

43 해충의 화학적 방제에 관한 설명으로 옳지 않은 것은?

① 솔잎혹파리는 성충 우화기인 5~7월에 수관살포한다.
② 솔껍질깍지벌레는 후약충기인 7월에 나무에 살포한다.
③ 버즘나무방패벌레는 발생 초기인 5, 6월에 경엽처리한다.
④ 솔나방은 유충 가해기인 4~6월과 8, 9월에 경엽처리한다.
⑤ 미국흰불나방은 유충 발생 초기인 5월과 8월에 경엽처리한다.

해설

후약충기인 11월~3월경 나무에 살포한다.

솔껍질깍지벌레

1. 피해
   - 1963년 국내에서 첫 발견되었으며, 주로 곰솔과 소나무에 피해를 줌
   - 약충이 가지에서 실 모양의 구침을 인피부에 꽂고 흡즙
   - 세포를 파괴하는 타액을 분비하여 세포막 파괴 및 세포 내 물질 분해
   - 3~5월 수관 하부의 잎부터 갈색으로 변색
   - 7~22년 이하의 수령이 큰 피해를 입으며, 특히 11월~3월 후약충시기에 피해가 가장 큼
2. 생활사
   - 연 1회, 후약충 월동
   - 암컷 : 불완전변태, 수컷 : 완전변태(전성충과 번데기)
   - 우화최성기 4월 중순
3. 방제법
   - 선단지 강도의 솎아베기 또는 간벌
   - 피해도 심 이상이고 수종갱신이 필요한 경우 모두베기

정답 41 ③ 42 ① 43 ②

- 2~5월 페로몬 트랩
- 피해도 중 이상 나무주사, 에마멕틴벤조에이트 유제, 이미다클로프리드 분상성 액제

44 해충의 발생밀도 조사방법에 대한 설명으로 옳지 않은 것은?

① 유아등 조사 : 주지성을 지닌 해충 조사
② 먹이 유인 조사 : 미끼에 끌리는 성질을 이용한 조사
③ 페로몬 조사 : 합성 페로몬에 유인되는 성질을 이용한 조사
④ 수반 조사 : 물을 담은 수반에 유인되는 해충의 종류 및 발생 상황 조사
⑤ 공중 포충망 조사 : 공중에 망을 설치해 놓고 그 안에 들어오는 해충 조사

해설

유아등 조사는 주광성이 있고 활동성이 높은 성충을 대상으로 하며, 특정한 종의 개체군 변동 비교나 성충의 우화시기 추정에 유용하다.

주성과 굴성
1. 주성
동물이 외부 자극에 대하여 몸 전체가 일정한 방향으로 이동하는 것으로 양성과 음성으로 나뉨
2. 굴성
식물의 줄기나 뿌리 등의 기관이 자극에 대해서 일정한 방향으로 굽는 성질
※ 일반적으로 곤충이 가장 강한 주광성을 나타내는 파장 범위는 330~400nm(자외선)이다.

45 해충과 피해 특성의 연결로 옳지 않은 것은?

① 잎벌레류, 노린재류 : 잎을 갉아먹는다.
② 하늘소류, 유리나방류 : 나무의 줄기를 가해한다.
③ 진딧물류, 깍지벌레류 : 흡즙하고, 감로를 배출한다.
④ 순나방류, 나무좀류 : 줄기나 새순에 구멍을 뚫는다.
⑤ 혹응애류, 혹파리류 : 식물 조직의 비대생장 또는 혹 형성을 유발한다.

해설

- 잎벌레 : 부화유충은 군서생활하며 잎을 가해하지만 노숙유충은 분산하여 가해한다. 노숙유충은 꼬리를 뒷면에 부착하고 용화한다(성충으로 지피물 및 흙속에서 월동. 월동성충은 4월 하순경에 출현하며 6월 상순부터 잎 뒷면에 난괴로 산란).
- 노린재 : 찔러 빠는 형 입틀을 가지고 있는 흡즙형 작은 턱과 작은 턱수염이 변형되어 긴 빨대와 같은 흡즙형 구기를 갖는다.

46 곤충의 외부 구조에 대한 설명으로 옳지 않은 것은?

① 앞날개는 가운데가슴에 붙어 있다.
② 파리나 모기의 뒷날개는 퇴화되어 있다.
③ 다리는 앞가슴, 가운데가슴, 뒷가슴에 한 쌍씩 붙어 있다.
④ 집게벌레의 미모는 방어나 교미 시 도움을 주는 집게로 변형되어 있다.
⑤ 입틀은 기본적으로 윗입술, 아랫입술, 한 쌍의 큰 턱, 1개의 작은 턱으로 구성되어 있다.

해설

입틀은 기본적으로 윗입술(후대뇌), 아랫입술, 한 쌍의 큰 턱, 한 쌍의 작은 턱(식도하신경절)으로 구성되어 있다.

47 곤충 체벽의 구조와 기능에 대한 설명으로 옳지 않은 것은?

① 표피층은 외부와 접해 있고 몸 전체를 보호한다.
② 외표피층은 곤충의 수분 증발을 억제하는 기능을 한다.
③ 원표피층은 키틴 당단백질로 구성되며 퀴논 경화를 통해 단단해진다.
④ 표피층은 바깥쪽에서부터 왁스층, 시멘트층, 외원표피, 내원표피 순으로 구성된다.
⑤ 표피층 아래 표피세포(Epidermis)는 단일 세포층으로 표피형성 물질과 탈피액 분비 등에 관여한다.

해설

표피층은 바깥쪽에서부터 시멘트층, 왁스층, 외원표피, 내원표피 순으로 구성된다.

정답 44 ① 45 ① 46 ⑤ 47 ④

곤충 체벽의 구조

48 어떤 곤충의 온도(x)에 따른 발육률(y)은 아래와 같이 추정되었다. 아래 그래프를 보고 유효적산온도(온일도)를 계산한 값은?

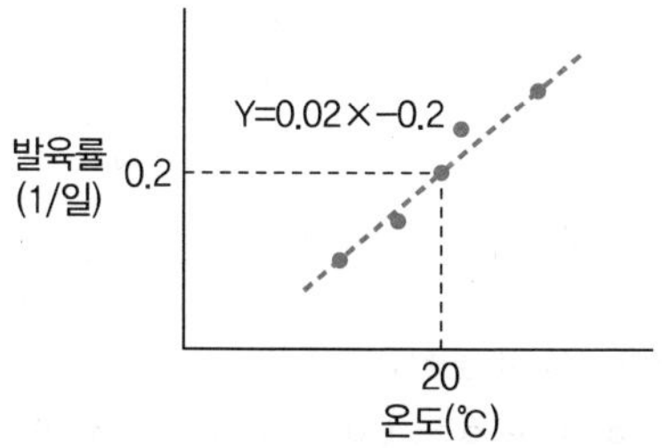

① 5　② 10
③ 50　④ 100
⑤ 200

해설

- 단순선형 회귀식(표본회귀식)을 이용한 추정(예측)

$$Y = ax + b$$

여기서, a는 회귀계수(기울기), b는 회귀상수(y절편)

$$Y = 0.02x - 0.2$$

- 발육영점온도 $= \frac{-b}{a} = \frac{-(-0.2)}{0.02} = 10℃$
- 유효적산온도(온일도) $= \frac{1}{a} = \frac{1}{0.02} = 50DD$

※ DD(Degree−Days) : 곤충의 발육단계마다 발육에 필요한 일정한 온량을 말한다.

49 해충의 생태에 대한 설명으로 옳지 않은 것은?

① 자귀나무이는 잎 뒷면을 흡즙하고 끈적한 배설물을 분비한다.
② 회화나무이는 성충으로 월동하고 흡즙하여 잎을 말리게 한다.
③ 철쭉띠띤애매미충은 잎 앞면을 흡즙하며 검은 배설물을 많이 남긴다.
④ 뽕나무이는 잎, 줄기, 열매에 모여 흡즙하고 하얀 실 같은 밀납물질을 분비한다.
⑤ 전나무잎말이진딧물은 하얀 밀납으로 덮여 있고, 신초를 흡즙하여 잎을 말리게 한다.

해설

철쭉띠띤애매미충은 잎 뒷면을 흡즙하며 검은 배설물은 없다.

해충의 생태

1. 자귀나무이
   - 피해 수목 : 자귀나무
   - 성충과 약충이 집단 흡즙, 배설물로 끈적, 그을음병 유발
2. 회화나무이
   - 피해 수목 : 회화나무
   - 성충과 약충이 흡즙, 잎이 말리고 기형, 그을음병 유발
   - 연 1회, 성충 월동
3. 철쭉띠띤애매미충
   - 피해 수목 : 철쭉류
   - 성충과 약충이 뒷면 흡즙, 뒷면에 배설물 없음
4. 뽕나무이
   - 피해 수목 : 뽕나무
   - 약충이 잎, 줄기, 열매 집단 흡즙, 흰 밀랍물질 분비, 잎이 오그라들고 고사, 그을음병 유발
   - 연 1회, 성충 월동
5. 전나무잎말이진딧물
   - 피해 수목 : 전나무, 일본전나무, 분비나무, 종비나무
   - 성충과 약충이 새잎의 기부 흡즙, 하얀 솜으로 덮임, 피해 잎은 오그라듦
   - 연 3회, 알 월동, 수피 틈

정답　48 ③　49 ③

50 식엽성 해충의 방제방법으로 옳지 않은 것은?

① 제주집명나방 : 벌레집을 채취하여 포살한다.
② 호두나무잎벌레 : 피해 잎에서 유충과 번데기를 제거한다.
③ 좀검정잎벌 : 볏짚 등을 이용하여 유인한 후 제거한다.
④ 느티나무벼룩바구미 : 끈끈이트랩을 이용하여 성충을 제거한다.
⑤ 황다리독나방 : 줄기에서 월동 중인 알덩어리를 채취하여 제거한다.

해설

식엽성 해충의 방제방법
- 잎을 집단 가해하므로 유충을 잡아서 죽인다.
- 유충 발생 초기에 적용약제를 살포하여 유충을 제거한다.

> 좀검정잎벌
> - 개나리, 광나무, 쥐똥나무 등에 피해
> - 잎을 불규칙한 원형으로 식해
> - 연 1회, 유충 월동, 흙 속에서 고치

3과목 수목생리학

51 불활성 상태인 피토크롬을 활성 형태로 변환시키는 데 가장 효율적인 빛은?

① 녹색광　② 자외선
③ 적색광　④ 청색광
⑤ 원적색광

해설

피토크롬(Phytochrome)
- 암흑에서 자란 식물에 많음
- 대부분의 기관에 존재하지만 생장점 근처에 가장 많음
- 세포 내에서는 세포질과 핵 속에 존재하지만 소기관, 원형질막, 액포 내에는 존재하지 않음
- 적색광(파장 660nm)을 비추면 Pr 형태 → Pfr 형태(활성 형태)
- 원적색광(파장 730nm)을 비추면 Pfr 형태 → Pr 형태(환원되는 양은 정확하게 시간과 비례)

52 수분 후 수정 및 종자 성숙까지 소요되는 기간이 가장 긴 수목은?

① 벚나무　② 전나무
③ 회양목　④ 굴참나무
⑤ 가문비나무

해설

종자와 열매의 성숙
- 갈참나무류(White Oak) : 개화 당년에 종자가 성숙(갈참나무, 떡갈나무, 신갈나무, 졸참나무)
- 굴참나무류(Black Oak) : 2년에 걸쳐 종자가 성숙(상수리나무, 굴참나무)
- 소나무속 : 2년에 걸쳐 종자가 성숙(소나무류, 잣나무류)
- 소나뭇과 그 밖의 속 : 당년에 성숙(전나무류, 가문비나무류, 낙엽송류)

53 알칼리성 토양에서 결핍이 일어나기 쉬운 원소는?

① 철　② 황
③ 칼륨　④ 칼슘
⑤ 마그네슘

해설

무기양분의 pH에 따른 유효도

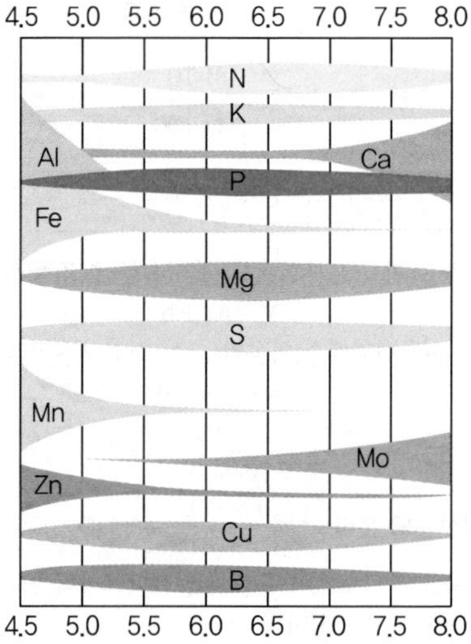

정답 50 ③ 51 ③ 52 ④ 53 ①

54 목부와 사부의 시원세포를 추가로 만들기 위해 횡단면상에서 접선 방향으로 세포벽을 만드는 세포분열은?

① 병층분열 ② 수층분열
③ 시원분열 ④ 정단분열
⑤ 횡단분열

해설

형성층의 세포분열

- 병층분열 : 목부나 사부의 시원세포를 추가로 만들기 위한 접선 방향의 세포분열
- 수층분열 : 나무의 직경이 굵어져 세포수가 부족할 때 방사선 방향으로 세포벽을 만드는 세포분열

55 지아틴(Zeatin), 키네틴(Kinetin)과 같은 아데닌(Adenine) 구조를 가진 물질로 세포분열을 촉진하고 잎의 노쇠지연에 관여하는 식물호르몬은?

① 옥신(Auxin)
② 에틸렌(Ethylene)
③ 시토키닌(Cytokinin)
④ 지베렐린(Gibberellin)
⑤ 아브시스산(Abscisic Acid)

해설

시토키닌(Cytokinin)

- 세포분열과 기관 형성
- 앞의 노쇠지연에 관여
- 정아우세 소멸되고 측지가 발달

사이토키닌

- 천연사이토키닌 : 옥수수 종자에서 추출한 Zeatin, Dihydrozeatin, Zeatin Riboside, Isopentenyl Adenine, Benzyladenine
- 합성사이토키닌 : Kinetin

생합성과 운반

- O/C가 높으면 뿌리, O/C가 낮으면 줄기 생성
- 사이토키닌은 고등식물, 이끼류, 조류, 곰팡이, 박테리아에서 발견
- 식물의 어린 기관(종자, 열매, 잎)과 뿌리 끝에서 생합성
- 뿌리 끝에서 생산된 사이토키닌은 목부조직을 통해 줄기로 이동함

생리적 효과

- 세포분열과 기관 형성
- 노쇠지연(녹색섬)
- 정아우세 소멸되고 측지가 발달

56 식물의 호흡에 관한 설명으로 옳은 것은?

① 과실의 호흡은 결실 직후에 가장 적다.
② 눈이 휴면에 들어가면 호흡이 증가한다.
③ 호흡활동이 가장 왕성한 기관은 줄기다.
④ C−4식물은 C−3식물에 비해 광호흡이 많다.
⑤ 성숙한 종자는 미성숙한 것보다 호흡이 적다.

해설

① 과실의 호흡은 결실 직후에 가장 많다.
② 눈이 휴면에 들어가면 호흡이 감소한다.
③ 호흡활동이 가장 왕성한 기관은 잎이다.
④ C−4식물은 C−3식물에 비해 광호흡이 적다.

식물의 호흡

- 호흡급증(Climacteric) : 과실 성숙 전까지는 에틸렌 생산이 적다가, 호흡이 급격히 증가하며 에틸렌 생산량이 증가하여 성숙을 촉진한다. 예 사과, 배
- 비호흡급증 : 에틸렌 생산이 적다. 예 포도, 귤
- 산림의 종류별 호흡량
  - 어린 숲 : 호흡량 및 광합성량이 많다.
  - 노숙한 숲 : 어린 숲보다 호흡량 및 광합성량이 많다.
- 임분의 밀도 : 밀식된 임분은 그늘로 광합성이 감소하고 호흡량은 증가한다.
- 수목의 나이 : 나이가 증가할수록 호흡량이 늘어난다.
- 수목의 부위 : 잎의 호흡활동이 가장 왕성하며, 눈은 겨울에 최저 호흡한다.

57 뿌리의 수분흡수에 관한 설명으로 옳은 것은?

① 일액현상은 수동흡수에 의해 나타나는 현상이다.
② 카스파리대는 물과 무기염의 자유로운 이동을 막는다.
③ 증산작용이 왕성한 잎에서 수분의 능동흡수가 나타난다.
④ 여름철에는 뿌리의 삼투압에 의해서만 수분흡수가 이루어진다.
⑤ 근압에 의한 수분이동은 수동흡수에 의한 것보다 빠르게 진행된다.

정답 54 ① 55 ③ 56 ⑤ 57 ②

해설

수분의 흡수기작

- 수동흡수 : 증산작용으로 생기는 힘에 의해 무기염들이 수분이동과 함께 올라간다.
- 능동흡수 : 뿌리의 삼투압에 의하여 수분을 흡수한다.

58 수목의 뿌리생장에 관한 설명으로 옳지 않은 것은?

① 뿌리의 분포는 토성의 영향을 많이 받는다.
② 소나무류는 일반적으로 뿌리털이 발달하지 않는다.
③ 겨울에 토양 온도가 낮아지면 뿌리 생장이 정지된다.
④ 온대지방의 수목은 줄기보다 뿌리 생장이 늦게 시작한다.
⑤ 수분과 양분을 흡수하는 세근은 표토에 집중되어 있다.

해설

뿌리는 봄에 줄기보다 먼저 신장을 시작하고, 가을에 줄기보다 늦게까지 신장한다.

59 수목의 기공 개폐에 관한 설명으로 옳은 것은?

① 가시광선에 노출되면 기공이 닫힌다.
② 건조 스트레스가 커지면 기공이 열린다.
③ 온도가 35℃ 이상으로 높아지면 기공이 열린다.
④ 엽육 조직의 세포 간극 내 CO_2 농도가 낮으면 기공이 열린다.
⑤ 아브시스산(Abscisic Acid) 농도가 증가하면 기공이 열린다.

해설

환경 변화와 기공 개폐

- 햇빛 : 기공이 열리는 데 필요한 광도는 전광의 1/1,000~1/30가량이면 족하다.
- CO_2 : CO_2의 농도가 낮으면 기공이 열리며, 높으면 닫힌다. 기공에 영향을 주는 CO_2의 농도는 엽육조직의 세포간극에 있는 CO_2의 농도이다.
- 수분퍼텐셜 : 수분 스트레스가 커지면 기공이 닫히며, CO_2의 농도나 햇빛과는 관계없이 독립적이다.
- 온도 : 온도가 높아지면(30~35℃) 기공이 닫힌다.

60 봄과 가을의 수목 내 질소 이동과 관련된 설명으로 옳은 것은?

① 회수되는 질소의 이동은 목부를 통해 이루어진다.
② 질소 함량의 계절적 변화는 사부보다 목부가 더 크다.
③ 잎에서 회수된 질소는 줄기의 목부와 사부의 수선 유세포에 저장된다.
④ 엽병의 이층(Abscission Layer) 세포는 다른 부위의 것에 비해 크고 세포벽이 얇다.
⑤ 봄이 되면 줄기나 가지 등에 있는 저장 단백질은 질산태질소 형태로 분해되어 이동된다.

해설

낙엽 전의 질소 이동

- 수목은 낙엽에 대비해 어린잎에서부터 엽병 밑부분에 이층을 사전에 형성한다.
- 이층의 세포는 다른 부위에 비해서 세포가 작고 얇다.
- 낙엽이 지면 분리층에 수베린(suberin), 검(gum)을 분비하여 보호층을 형성한다(탈리현상).
- N, P, K는 감소하고, Ca, Mg은 증가한다. 이때 회수된 질소는 사부의 방사선 유조직에 저장하고 질소의 이동은 사부를 통해 이루어지며, 봄철 저장단백질은 분해되어 목부를 통해 새로운 잎으로 이동한다.
- 목부와 수피의 질소 저장과 이동에는 여러 아미노산이 연관되어 있다. 그중에서 아르기닌이 가장 중요한 화합물이다.

61 수목의 호흡 단계(해당작용 – 크렙스회로 – 전자전달경로)에 관한 설명으로 옳은 것은?

① 기질이 환원되어 에너지가 발생된다.
② 호흡의 모든 단계는 미토콘드리아에서 일어난다.
③ 호흡의 모든 단계에서는 산소가 필수적으로 요구된다.
④ 전자전달경로는 해당작용에 비해 에너지 생산효율이 낮다.
⑤ 전자전달경로에서 NADH로 전달된 전자는 최종적으로 산소에 전달된다.

해설

수목의 호흡단계

호흡이란 에너지를 가지고 있는 물질인 기질을 산화시키면서 에너지를 발생하는 과정이다. 에너지는 농축된 화학에너지의 형태(ATP)로 변형되어 잠시 저장되었다가 에너지(ATP)를 필요로 하는 대사과정에 이용된다.

정답 58 ④ 59 ④ 60 ③ 61 ⑤

- 1단계 해당작용 : 세포질의 시토졸에서 일어남, 산소가 없어도 진행(생산효율이 낮음)
- 2단계 크렙스회로(시트르산 회로) : 미토콘드리아 기질에서 발생, 산소가 있어야 진행
- 3단계 산화적 인산화(전자전달계) : 미토콘드리아 내막에서 발생, 산소가 있어야 진행

※ 3단계인 산화적 인산화 과정은 NADH로 전달된 전자와 수소가 최종적으로 산소에 전달되어 물로 환원되면서 추가적으로 ATP를 생산하는 과정

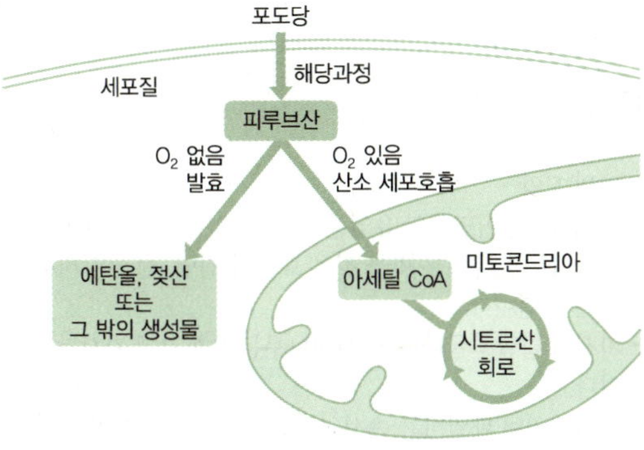

호흡기작

62 햇빛의 특성과 수목의 생리적 효과에 관한 설명으로 옳지 않은 것은?

① 명반응에서 ATP가 만들어진다.
② 햇빛을 향해 자라는 현상은 옥신의 재분배로 일어난다.
③ 중력작용 방향으로 자라는 현상은 옥신의 재분배로 일어난다.
④ 우거진 숲의 지면에서는 원적색광이 적색광보다 적어 종자 발아가 억제된다.
⑤ 청색광을 감지하여 햇빛 쪽으로 자라게 유도하는 색소는 크립토크롬(Cryptochrome)이다.

해설

종자 발아 시 광선을 요구하는 수종이든 요구하지 않는 수종이든 대개 원적색광에 의해 발아가 억제된다.

63 탄수화물 종류에 관한 설명으로 옳지 않은 것은?

① 리보오스(Ribose)는 핵산의 구성 물질이다.
② 수크로오스(Sucrose)는 살아 있는 세포 내에 널리 분포하고 있다.
③ 헤미셀룰로오스는 2차 세포벽에서 셀룰로오스 다음으로 많다.
④ 아밀로오스(Amylose)는 포도당이 가지를 많이 친 사슬 모양을 하고 있다.
⑤ 펙틴은 1차 세포벽에는 있지만 2차 세포벽에는 거의 존재하지 않는다.

해설

아밀로오스(Amylose)는 가지를 치지 않은 직선의 사슬 모양을 하고 있다.

다당류

- 단당류 분자가 수백 개 직선 연결, 물에 잘 안 녹음
- 섬유소(Cellulose)가 가장 흔함 : 세포벽의 구성, 초식동물의 먹이 1차 벽(9~25%), 2차 벽(41~45%)
- 전분(Starch) : 저장 탄수화물, 살아 있는 유세포에 저장 물에 녹지 않는 불용성 탄소화물, 이동 ×, 저장세포가 생성하는 전분 성질 두 가지(Amylopectin, Amylose)
  - Amylopectin은 가지를 많이 친 사슬 모양(점성이 큼)
  - Amylose는 가지를 치지 않은 직선의 사슬 모양
- Hemicellulose : 1차 벽의 25~50%, 2차 벽의 30%
- Pectin : 세포벽의 구성성분, 중엽층 접합(시멘트 역할), 1차 벽 10~35%, 2차 벽 거의 없음

64 수목 내 질산환원에 대한 설명으로 옳지 않은 것은?

① 나자식물의 질산환원은 뿌리에서 일어난다.
② 질산환원효소에는 몰리브덴이 함유되어 있다.
③ NO_3^-가 NO_2^-로 바뀌는 반응은 세포질 내에서 일어난다.
④ 루핀(Lupinus)형 수종의 줄기 수액에는 NO_3^-가 많이 검출된다.
⑤ NO_2^-가 NH_4^+로 바뀌는 반응이 도꼬마리(Xanthium)형 수종에서는 엽록체에서 일어난다.

정답 62 ④ 63 ④ 64 ④

해설

질소환원장소

- 토양에서 뿌리로 흡수된 NO_3^- 형태의 질소는 NH_4^+ 형태로 전환되어야 한다.
  - 루핀(Lupine)형 뿌리에서 $NO_3^- \rightarrow NH_4^+$
    예 나자식물, 진달래류, 프로테아과
  - 도꼬마리형 잎에서 $NO_3^- \rightarrow NH_4^+$
    예 대부분의 피자식물
- 탄수화물 공급이 느려지면 질산환원도 둔화된다.

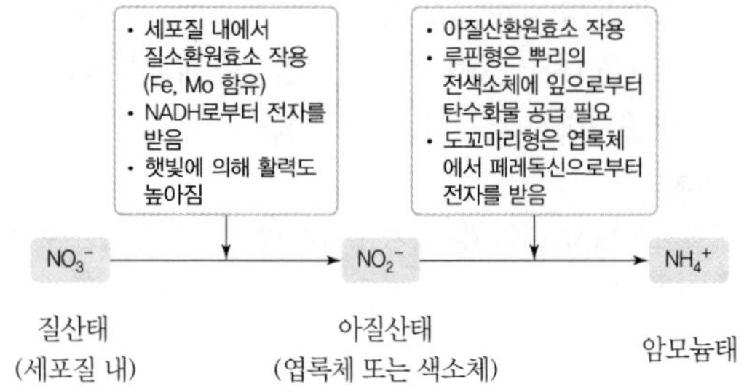

• 세포질 내에서 질소환원효소 작용 (Fe, Mo 함유)
• NADH로부터 전자를 받음
• 햇빛에 의해 활력도 높아짐
• 아질산환원효소 작용
• 루핀형은 뿌리의 전색소체에 잎으로부터 탄수화물 공급 필요
• 도꼬마리형은 엽록체에서 페레독신으로부터 전자를 받음
NO3−
NO2−
NH4+
질산태 (세포질 내)
아질산태 (엽록체 또는 색소체)
암모늄태

질소환원과정

65 수지(Resin)와 수지구(Resin Ducts)에 관한 설명으로 옳지 않은 것은?

① 수지는 수목에서 저장에너지 역할을 한다.
② 수지는 목질부의 부패를 방지하는 기능이 있다.
③ 수지를 분비하는 세포는 수지구의 피막세포이다.
④ 수지는 C_{10}~C_{30}의 탄소수를 가지고 있는 물질의 혼합체이다.
⑤ 침엽수가 나무좀의 공격을 받으면 목부의 유세포가 추가로 수지구를 만든다.

해설

- 수지는 수목에서 저장에너지의 역할을 하지 않으며, 목재의 부패를 방지하는 기능을 한다.
- 나무좀의 공격을 받으면 목부의 유세포가 추가로 수지구를 만든다.
- C_{10}~C_{30}의 탄소수를 가진 수지산(Resin Acid)이다.
- 곰팡이의 공격을 받거나 상처를 입으면 다량의 수지를 분비하는 수지병을 나타낸다.
- 수지구의 주변을 싸고 있는 피막세포가 수지구 속으로 올레오레진(Oleoresin)을 분비한다.

66 수목의 유형기와 성숙기의 형태적 · 생리적 차이에 관한 설명으로 옳은 것은?

① 향나무의 비늘잎은 유형기의 특징이다.
② 서양담쟁이덩굴 잎의 결각은 성숙기의 특징이다.
③ 리기다소나무의 유형기는 전나무에 비해 길다.
④ 귤나무는 유형기보다 성숙기에 가시가 많이 발생한다.
⑤ 음나무의 환공재 특성은 유형기보다 성숙기에 잘 나타난다.

해설

유형의 특징

- 잎의 모양
  - 서양담쟁이덩굴의 유엽은 결각, 성엽은 둥글게 자란다.
  - 향나무의 유엽은 바늘 같은 뾰족한 침엽, 성엽은 비늘 같은 인엽이다.
- 가시의 발달 : 귤나무, 아까시나무는 유형기에 가시가 발달한다.
- 엽서 : 잎이 배열하는 순서와 각도가 성숙하면서 변화한다.
  예 유칼리나무
- 삽목의 용이성 : 가지가 왕성하게 곧추 자란다.
  예 일본잎갈나무
- 낙엽의 지연성
- 가문비나무와 전나무는 다른 수종에 비해 유형기가 길다.

67 무기영양소에 관한 설명으로 옳지 않은 것은?

① 망간은 효소의 활성제로 작용한다.
② 마그네슘은 엽록소의 구성성분이다.
③ 칼륨은 삼투압 조절의 역할에 기여한다.
④ 엽면시비 시 칼슘은 마그네슘보다 빨리 흡수된다.
⑤ 식물조직에서 건중량의 0.1% 이상인 무기영양소는 대량원소, 0.1% 미만은 미량원소라 한다.

해설

나트륨은 마그네슘보다 빨리 흡수되고, 마그네슘은 칼슘보다 빨리 흡수된다.

정답 65 ① 66 ⑤ 67 ④

68 무기영양소의 수목 내 분포와 변화 및 요구도에 관한 설명으로 옳은 것은?

① 잎, 수간, 뿌리의 순서로 인의 농도가 높다.
② 수목 내 질소의 계절적 변화폭은 잎이 뿌리보다 크다.
③ 잎의 칼륨 함량 분석은 9월 이후에 실시하는 것이 적절하다.
④ 무기영양소에 대한 요구도는 일반적으로 침엽수가 활엽수보다 크다.
⑤ 잎의 성장기 이후에 잎의 질소 함량은 증가하고, 칼슘 함량은 감소한다.

해설

① 수목 내 무기영양소는 살아 있는 조직에서 함량이 높다(잎 > 뿌리 > 줄기).
③ 엽분석은 7월 말에서 8월 사이에 한다.
④ 무기양분에 대한 요구도는 일반적으로 활엽수가 크다.
⑤ 잎은 가을에 접어들면 질소와 인의 함량은 줄고 칼슘의 함량은 증가한다.

69 수목의 수분이동에 관한 설명으로 옳은 것은?

① 수액 상승의 원리는 압력유동설로 설명된다.
② 용질로 인해 발생한 삼투퍼텐셜은 항상 양수(+) 값을 가진다.
③ 수목에서 물의 이동은 수분퍼텐셜이 점점 높아지는 토양, 뿌리, 줄기, 잎, 대기로 이동한다.
④ 수액 상승의 속도는 가도관에서 가장 느리고 환공재가 산공재보다 빠르다.
⑤ 도관 혹은 가도관에서 기포가 발생하였을 때 도관이 가도관보다 기포의 재흡수가 더 용이하다.

해설

① 수액 상승의 원리는 응집력설로 설명된다.
② 삼투퍼텐셜은 주로 액포 속에 용해되어 있는 여러 가지 용질이 나타내는 삼투압에 의한 것이며, 그 값은 항상 0보다 작은 음수이다.
③ 물의 이동은 수분퍼텐셜이 점점 낮아지는 토양, 뿌리, 줄기, 잎, 대기로 이동한다.
⑤ 환공재의 긴 도관은 시간이 지남에 따라 기포, 전충체 등에 의해 막히는 타일로시스(tylosis) 현상 때문에 효율이 떨어진다. 기포의 재흡수가 더 용이한 것은 가도관이다.

70 수목의 줄기 구조에 관한 설명으로 옳지 않은 것은?

① 심재는 변재 안쪽의 죽은 조직이다.
② 형성층은 안쪽으로 사부를 만들고 바깥쪽으로 목부를 만든다.
③ 춘재는 세포의 지름이 큰 반면, 추재는 세포의 지름이 작다.
④ 전형성층은 속내형성층이 되고 피층의 일부 유조직은 속간형성층이 된다.
⑤ 분열조직은 위치에 따라 정단분열 조직과 측방분열조직으로 나눌 수 있다.

해설

수목의 줄기는 안쪽으로부터 목부 – 형성층 – 사부 – 피층 – 수피 구조로 이루어져 있다.

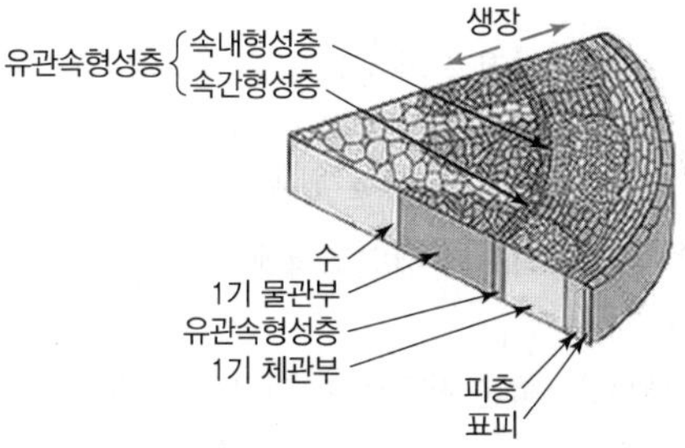

형성층의 생성과정

71 수목의 뿌리 구조에 관한 설명으로 옳지 않은 것은?

① 근관은 세포분열이 일어나는 정단분열 조직을 보호한다.
② 내피의 안쪽에 유관속조직이 있고 유관속조직 안쪽에 내초가 있다.
③ 원형질연락사는 세포벽을 관통하여 인접세포와 서로 연결하는 통로이다.
④ 정단분열조직으로부터 위쪽 방향으로 분열대, 신장대, 성숙대가 연속한다.
⑤ 습기가 많거나 배수가 잘 안 되는 토양에서는 뿌리가 얕게 퍼지는 경향이 있다.

정답 68 ② 69 ④ 70 ② 71 ②

해설

수목의 뿌리는 안쪽으로부터 물관부－체관부－내초－내피－피층－표피의 순으로 구성된다.

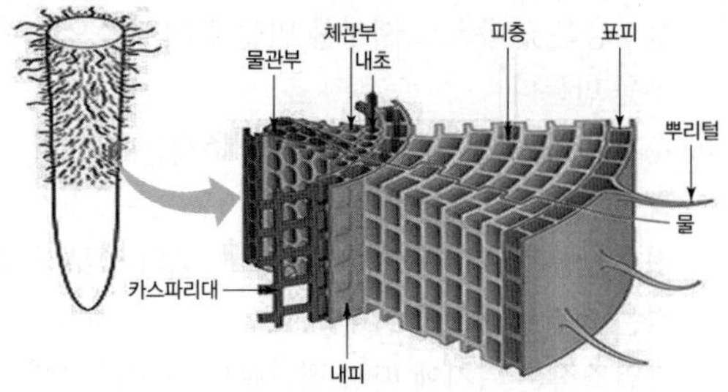

수목의 뿌리 구조

72 수목의 세포와 조직에 관한 설명으로 옳지 않은 것은?

① 유세포는 원형질을 가지고 있다.
② 후각세포는 원형질을 가진 1차 벽이 두꺼운 세포이다.
③ 잎의 책상조직보다 해면조직에 더 많은 엽록체가 있다.
④ 후벽세포는 죽은 세포이며 리그닌이 함유된 2차 벽이 있다.
⑤ 소나무류의 표피조직 안에는 원형의 수지구가 있어서 수지를 분비한다.

해설

책상조직은 햇빛을 최대한 받을 수 있도록 되어 있고 둥근 모양의 해면조직이 세포 간격을 두고 불규칙하게 흩어져 있어 탄산가스의 확산을 용이하게 한다. 또한 일반적으로 책상조직에 더 많은 엽록체가 있으며, 이로 인해 더 짙은 녹색을 띤다.

73 온대지방 수목의 수고생장에 관한 설명으로 옳지 않은 것은?

① 수고생장 유형은 수종 고유의 유전적 형질에 따라 결정된다.
② 고정생장을 하는 수목은 한 해에 줄기가 한 마디만 자란다.
③ 고정생장을 하는 수종으로는 소나무, 잣나무, 참나무류 등이 있다.
④ 자유생장을 하는 수종으로는 은행나무, 자작나무, 일본잎갈나무 등이 있다.
⑤ 자유생장을 하는 수목은 고정생장에 비해 한 해 동안 자라는 양이 적다.

해설

자유생장을 하는 수종은 가을 늦게까지 줄기생장이 이루어지는 것이 특징이며, 이로 인해 수고의 생장속도가 고정생장 수종보다 빠르다.

> **줄기생장**
> - 유한생장 : 정아가 주지의 한복판에 자리잡고 줄기의 생장을 조절
>   예 소나무류, 가문비나무류, 참나무류 등
> - 무한생장 : 동아에서 자란 가지 끝이 죽거나 정아를 형성하지 않으며 측아가 정아 역할
>   예 자작나무, 서어나무, 버드나무, 아까시나무, 피나무, 느릅나무 등
> - 고정생장 : 당년에 자랄 원기가 전년도에 형성된 동아 속에 형성됨
>   예 소나무, 잣나무, 가문비나무, 솔송나무, 참나무, 너도밤나무 등
> - 자유생장 : 동아 속에 있던 원기는 봄에 자라는 춘엽이 되고, 곧 새로 만들어진 원기가 하엽 생산

74 수목의 광합성에 관한 설명으로 옳지 않은 것은?

① 엽록소는 그라나에 없으며 스트로마에 있다.
② 양수는 음수보다 높은 광도에서 광보상점에 도달한다.
③ 광보상점은 이산화탄소의 흡수량과 방출량이 같은 때의 광도이다.
④ 엽록소는 적색광과 청색광을 흡수하는 반면 녹색광은 반사하여 내보낸다.
⑤ 광포화점은 광도를 높여도 더 이상 광합성량이 증가하지 않는 상태의 광도이다.

해설

엽록체의 구조는 엽록소를 함유하고 있는 그라나(Grana)와 엽록소가 없는 스트로마(Stroma)로 구분된다.

정답 72 ③ 73 ⑤ 74 ①

75 수목 스트레스의 원인과 결과에 관한 설명으로 옳은 것은?

① 수분 부족 피해는 수관의 아래 잎에서 시작하여 위의 잎으로 이어진다.
② 냉해는 빙점 이하에서 동해는 빙점 이상에서 일어나는 저온피해를 말한다.
③ 바람에 의해 수간이 기울어질 때, 침엽수에서는 압축이상재가 활엽수에는 신장이상재가 생성된다.
④ 산림쇠퇴는 대부분 생물적 요인에 의해 시작된 후, 최종적으로 비생물적 요인에 의해 수목이 고사한다.
⑤ 아황산가스 대기오염은 선진국에서, 질소산화물과 오존 대기오염은 후진국에서 발생하는 경우가 많다.

해설

① 수분 부족 피해는 수관의 끝에서부터 시작하여 아래로 이어진다.
② 냉해는 0℃ 이상에서, 동해는 0℃ 이하에서 일어나는 저온피해를 말한다.
④ 산림쇠퇴는 대부분 비생물적 요인에 의해 시작된다.
⑤ 선진국에서는 질소산화물에 의한 피해가, 후진국에서는 아황산가스에 의한 피해가 발생한다.

4과목 산림토양학

76 마그마로부터 형성된 대표적 암석은?

① 석회암 ② 혈암
③ 점판암 ④ 편마암
⑤ 현무암

해설

- 퇴적암 : 사암, 역암, 혈암, 석회암, 응회암 등
- 변성암 : 편암(혈암, 점판암, 염기성 화성암 유래), 천매암(점판암)
- 점판암 : 혈암, 이암 등 퇴적암이 유래, 편마암(화강암)

규산의 함량에 따른 암석의 분류

구분	산성암 SiO_2>66%	중성암 SiO_2 66~52%	염기성암 SiO_2<52%
심성암	화강암	섬록암	반려암
반심성암	석영반암	섬록반암	휘록암
화산암	유문암	안산암	현무암

77 토양의 수분퍼텐셜에 해당하지 않는 것은?

① 삼투퍼텐셜 ② 압력퍼텐셜
③ 중력퍼텐셜 ④ 모세관퍼텐셜
⑤ 매트릭퍼텐셜

해설

토양수분 퍼텐셜

- 중력퍼텐셜(Gravitational Potential) : 중력작용으로 생김(기준점 위 +, 아래 −)
- 매트릭퍼텐셜(Matric Potential) : 건조토와 스펀지에 물이 스미는 현상, 부착력과 토양공극 모세관 작용에 의해서 생성된 물의 에너지, 기준 상태인 자유수에 비하여 낮은 퍼텐셜, 항상 −값을 가짐
- 압력퍼텐셜(Pressure Potential) : 물이 누르는 압력, 지하수면을 기준으로 지하수면은 0, 포화 상태의 토양은 +값을 가짐
- 삼투퍼텐셜(Osmotic Potential) : 토양 중에 존재하는 이온이나 용질 때문에 생김, 순수한 물을 0으로 하기 때문에 토양용액은 항상 −값을 가짐

78 다음 중 2차 점토광물인 것은?

① 석영 ② 장석
③ 운모 ④ 방해석
⑤ 각섬석

해설

광물의 분류

- 1차 광물 : 석영(SiO_2), 백운모(K), 미사장석(K), 정장석(K), 흑운모(K), 조장석(Na), 각섬석(Ca, Mg, Fe), 휘석(Ca, Mg, Fe), 회장석(Ca), 감람석(Mg, Fe)
- 2차 광물 : 침철광, 적철광, 깁사이트, 점토광물, 백운석, 방해석, 석고

79 입자밀도가 용적밀도의 2배일 때 고상의 비율(%)로 옳은 것은?

① 35% ② 40%
③ 45% ④ 50%
⑤ 55%

해설

- 입자밀도 $= \dfrac{\text{고형입자의 무게}}{\text{고형입자의 용적}} = 2$배
- 용적밀도 $= \dfrac{\text{고형입자의 무게}}{\text{전체용적}} = 1$배

정답 75 ③ 76 ⑤ 77 ④ 78 ④ 79 ④

• 공극률(액상+기상)

$= \frac{\text{공극의 용적}}{\text{전체 토양의 용적}}$

$= \left\{1-\left(\frac{\text{용적밀도}}{\text{입자밀도}}\right)\right\}\times 100 = \left\{1-\frac{1}{2}\right\}\times 100 = 50\%$

• 공극률(액상+기상)이 50%이므로 나머지 50%가 고상

80 용적밀도 1.0g/cm³, 입자밀도 2.65g/cm³, 토양깊이 20cm, 면적 1ha일 때 토양의 총중량은?

① 200톤 ② 530톤
③ 2,000톤 ④ 3,300톤
⑤ 5,300톤

해설

• 용적밀도 $= \frac{\text{고형입자의 무게}}{\text{전체용적}}$, $1\text{ha} = 10,000\text{m}^2$

• 토양의 부피=가로×세로×높이=면적×높이
$= 10,000\text{m}^2 \times 0.2\text{m} = 2,000\text{m}^3$

• 무게=용적밀도×전체용적
$= 1,000 \times 0.2 \times 10,000 = 2,000,000\text{kg} = 2,000$톤

81 양이온교환용량(CEC)을 증가시키는 요인이 아닌 것은?

① pH 증가 ② 철산화물 증가
③ 동형치환 증가 ④ 부식 함량 증가
⑤ 점토 함량 증가

해설

철(Fe)과 알루미늄(Al)의 산화물(산화점토광물)은 대부분 pH 의존성이며, 주로 음이온 교환용량과 관련이 있다.

82 토양의 입경분석에 대한 설명으로 옳지 않은 것은?

① 유기물을 제거한다.
② 입자를 분산시킨다.
③ 입자 지름이 0.002mm 이하는 점토이다.
④ 입경분석 결과에 따라 토양구조를 판단한다.
⑤ 토성 결정은 지름 2mm 이하의 입자만을 사용한다.

해설

입경분석은 무기 입자(<2mm)의 크기 분포를 측정하는 실험으로 토성(Soil Texture)을 알아보는 데 그 목적이 있다.

토양구조

토양을 구성하는 모래, 미사 및 점토 등 1차 입자들이 결합 또는 2차 입단을 형성할 때 입자의 배열방식, 즉 고체 입자와 공극(공기 구멍)이 배열된 상태를 말한다.

예 입상, 괴상, 주상, 판상 등

토양 입자의 기계적 분석

• 침강법 : 토양을 풍건하고 2mm의 체로 자갈을 거른 다음 일정량의 토양에 염산과 과산화수소를 처리하여 유기물을 산화하는 동시에 석회나 2 · 3산화물을 분해한다.
• 피펫법 : 토양의 현탁액을 일정 시간 정치했다가 일정한 깊이에서 현탁액 일정량을 취하여 그 속에 남아 있는 토양 입자를 조사하는 데 이용한다.
• 비중계법 : 토양의 현탁액에 특수한 비중계를 꽂고 그 농도를 조정하는 방법이다.

83 토양 중 인산의 특성에 대한 설명으로 옳지 않은 것은?

① 산성 토양에서는 철에 의해 고정된다.
② 토양의 pH에 따라 유효도가 제한적이다.
③ $H_2PO_4^-$, HPO_4^{2-} 형태가 식물에 주로 흡수 이용된다.
④ pH가 7 이상의 토양에서는 알루미늄에 의해 고정된다.
⑤ 인(P)의 유실은 주로 토양 침식에 동반하여 일어난다.

해설

인산의 고정

• pH 7.0 이상 → $Ca(H_2PO_4)_2$로 칼슘과 고정된다.
• pH 7.0 이하 → Fe−OH, Al−OH로 철이나 알루미늄과 고정된다.
 −pH 2~7 : 주로 유효태 $H_2PO_4^-$
 −pH 7~13 : 주로 유효태 HPO_4^{2-}

정답 80 ③ 81 ② 82 ④ 83 ④

84 토양산성화의 원인으로 옳지 않은 것은?

① 황화철의 산화
② NH_4^+의 질산화작용
③ Na_2CO_3의 가수분해
④ 토양수에 이산화탄소의 용해
⑤ 뿌리의 칼륨, 칼슘 이온 흡수

해설

Na_2CO_3의 가수분해

탄산나트륨은 물에서 다음과 같이 이온화된다.

- $Na_2CO_3(aq) \Leftrightarrow 2Na+(aq) + CO_3^{2-}(aq)$
- $CO_3^{2-}(aq) + 2H_2O(l) \Leftrightarrow H_2CO_3(aq) + 2OH^-(aq)$
- 그 결과 용액 중에 OH^- 이온이 존재하기 때문에 염기성 염이다.

토양산성화의 원인
- H^+의 증가, 염기의 용탈
- 모암 : 산성암인 화강암과 화강편마암
- 기후 : 강우에 의한 염기의 용탈
- 점토에 흡착된 H^+의 해리[$Al_3^+ + H_2O \Leftrightarrow Al(OH)_2^+ + H^+$]
- 부식에 의한 산성화 : $-COOH$와 OH에서 H^+의 해리
- CO_2에 의한 산성화 : $CO_2 + H_2O \Leftrightarrow H_2CO_3 \Leftrightarrow H^+ + HCO_3^- \Leftrightarrow H^+ + CO_3^{2-}$
- 유기산에 의한 산성화 : 미생물로 유기물이 분해될 때 유기산이 생성
- 무기산에 의한 산성화 : 산성비
- 비료에 의한 산성화 : $NH_4^+ + 2O_2 \rightarrow NO_3^- + H_2O + H^+$
- 농경지 토양에서 작물을 수확하면 Ca, Mg 및 K도 함께 제거되어 산성화됨

85 pH에 대한 토양의 완충용량에 관련된 설명 중 옳지 않은 것은?

① 점토의 함량이 많을수록 크다.
② 양이온교환용량이 클수록 크다.
③ 유기물이 많은 토양일수록 크다.
④ 완충용량이 클수록 pH 상승을 위한 석회 소요량이 적다.
⑤ 카올리나이트(Kaolinite)보다 몬모릴로나이트(Montmorillonite)가 크다.

해설

완충용량이 클수록 pH 상승을 위한 석회 소요량이 많다.

86 균근균의 설명으로 옳지 않은 것은?

① 수목의 내병성을 증가시킨다.
② 소나무는 외생균근균과 공생한다.
③ 수목으로부터 탄수화물을 얻는다.
④ 수목의 한발에 대한 저항성을 증가시킨다.
⑤ 인산을 제외한 무기염의 흡수를 도와준다.

해설

균근균은 양분 및 수분흡수를 도와주며, 항생물질로 내병성을 증가시키고 토양의 입단화 증대, 특히 인산화 유효도를 증가시킨다.

내생균근과 외생균근의 비교
1. 외생균근
   - 근권 확장 약 10배 이상의 양분과 수분을 식물에게 전달한다.
   - 염과 중금속이온 흡수 최소화, 항생물질 생성 및 병원균의 침입을 억제한다.
2. 내생균근
   - 주 범위 : 초본류, 주요작물(수도작 제외), 쌍자엽식물, 대부분 목본류이다.
   - 가장 흔한 내생균근은 Vesicular－Arbuscular Mycorrhizae(VAM)이고 난초형균근(Orchidaceous Mycorrhizae)과 진달래형(Ericaceous Mycorrhizae)이 있다.
   - VAM은 피층세포간극에 낭상체(Vesicle, 소낭)를 형성하여 양분저장기능을 하고, 세포막 밖에는 가지 모양의 수지상체(Arbuscule)를 형성하여 양분교환기능을 한다.

87 미국 농무부(USDA) 기준 촉감법에 의한 토성 분류 중 양질사토의 특징인 것은?

① 띠를 만들 수 없다.
② 띠의 길이가 2.5～5.0cm이다.
③ 띠의 길이가 5.0cm 이상이다.
④ 밀가루 같은 부드러운 느낌이 강하다.
⑤ 토양에 적당한 물을 첨가했을 때 공 모양으로 뭉쳐지지 않는다.

해설

촉감법
- 사토 : 뭉쳐지지 않고 그대로 부서짐
- 양토 : 리본 길이 2.5cm 이하
- 식양토 : 리본 길이 2.5～5cm
- 식토 : 리본 길이 5cm 이상

정답 84 ③ 85 ④ 86 ⑤ 87 ①

88 1ha당 100kg의 질소를 사용하기 위해 필요한 요소[$(NH_2)_2CO$, (46－0－0)]의 양으로 옳은 것은?

① 100kg ② 217kg
③ 460kg ④ 500kg
⑤ 560kg

해설

요소비료에는 46%의 질소가 들어 있으므로 질소성분 100kg을 만들기 위해서는 $\frac{100}{0.46}$=217.3913 … ≒ 217kg

89 탈질작용에 대한 설명으로 옳지 않은 것은?

① 주로 배수가 불량한 토양에서 높게 나타난다.
② NO_3^-에서 N_2까지 환원되기 전 N_2O의 형태로도 손실된다.
③ 탈질균은 산소 대신 NO_3^-를 전자수용체로 이용한다.
④ pH가 낮은 산림토양에서 알칼리성 토양보다 많이 발생한다.
⑤ 쉽게 분해될 수 있는 유기물 함량이 많은 토양에서 잘 일어난다.

해설

탈질작용이 느려지는 조건은 pH 5 이하 산성토양과 10℃ 이하일 때이다.

> **탈질작용**
> - 토양 내 탈질균에 의하여 NO_3^-가 N_2까지 되는 반응
> - 탈질균 : Pseudomonas, Bacillus, Micrococcus, Achromobacter 등
> - 빨라지는 조건
>   - 배수가 불량한 토양(토양 산소 10% 미만)
>   - 유기물과 질산(NO_3^-)이 풍부
>   - 온도 25~35℃
>   - pH 중성
>   - 산소 부족 토양조건에서 통성혐기성균이 NO_3^- 전자수용체를 사용
>   - N_2O 형태가 가장 많이 손실되며 주로 산성토양과 유기물 함량이 많은 토양

90 산림토양에서 유기물의 기능으로 옳지 않은 것은?

① 지온 상승
② 용적밀도 증가
③ 토양입단화 증가
④ 양이온교환용량 증가
⑤ 금속과 킬레이트화합물 형성

해설

유기물의 생물 · 화학 · 물리학적 효과
- 미생물의 활성 증가
- 양이온치완능력(CEC) 증가, Al_3^+, Cu_2^+, Pb_2^+ 등과 킬레이트화합물을 형성하여 독성유기화합물 흡착
- 토양입단화 증진, 용적밀도 감소, 통기성과 배수성 향상, 보수력 증진, 지온의 상승

> **킬레이트 화합물**
> 양분 중에 이동속도가 느린 Ca, Fe, Mn, Cu, Zn 등과 결합하여 이동속도를 빠르게 하여 흡수, 이동에 도움이 된다.

91 산불 발생 후 초기 단계에서 토양의 물리화학적 성질 변화에 대한 설명으로 옳지 않은 것은?

① 침식 증가 ② 토양 pH 감소
③ 용적밀도 증가 ④ 수분침투율 감소
⑤ 수분증발량 증가

해설

산화지의 토양 pH 증가
- 식물체가 타고난 후 회분에 함유된 양이온의 증가에서 비롯
- 초지는 1~2년 후 산도가 원상 회복되고 산림은 3년 정도 지속
- 양이온성인 칼슘과 마그네슘의 증가는 산불로 인한 토양 훼손 정도의 화학적인 지표로 이용

92 오염토양의 생물학적 처리기술이 아닌 것은?

① Bioventing ② Landfarming
③ Soil Flushing ④ Biodegradation
⑤ Phytoremediation

해설

Soil Flushing은 물리 · 화학적 처리기술에 해당한다.

정답 88 ② 89 ④ 90 ② 91 ② 92 ③

물리 · 화학적 처리기술

- Soil Flushing : 첨가제가 함유된 물을 주입하여 오염물질 추출
- 토양증기추출기술[SVE(Soil Vapor Extraction) 공법] : 공기를 주입하여 휘발성 물질을 처리
- 안정화 및 고형화처리기술 : 시멘트화하여 고형물질을 형성하고 이동 방지
- Chemical Reduction(감소)/Oxidation(산화) : 굴착된 토양의 오염물질을 산화, 환원을 통해 안정화

생물학적 처리기술

- Biodegradation : 토착미생물의 활성
- Bioventing 공법 : 오염토양 내에 산소를 공급하여 지중 토착 미생물의 활성을 촉진시켜 생분해도의 최대화 공법
- Landfarming : 토양굴착 후 정기적으로 뒤집어 줌
- Phytoremediation : 식물복원방법으로 수목, 초본식물, 수생식물 이용 환경오염물질을 제거, 분해, 안정화시킴
  - Phytoextraction : 식물뿌리가 오염물질, 유해금속이나 방사선물질을 흡수하여 축적시킴
  - Phytodegradation : 식물체가 생산한 효소로 식물체 내에서 오염물질을 대사분해시킴
  - Phytostabilization : 식물을 재배함으로써 현장에서 독성금속을 불활성화시킴

93 토양 침식을 방지하는 방법으로 옳지 않은 것은?

① 목초 재배
② 완충대 설치
③ 등고선 재배
④ 지표면 피복
⑤ 작부관리인자 값 증가

해설

토양 침식방지법

- 지표면의 피복
- 토양개량 : 심토경운, 수직부초 설치
- 유거의 속도 조절 및 경작법 : 초생대 설치, 부초 설치, 등고선 재배, 등고선 대상 재배, 승수로 설치 재배

- C(작부관리인자) : 피복되지 않은 곳의 C값은 1에 가까워서 침식이 증가한다. 식물의 잔재물로 피복되어 있거나 매년 식생이 조밀한 곳의 C값은 0.1 이하이다.
- 토양침식에 영향을 끼치는 인자
  - 지형
  - 기상조건
  - 토양의 성질
  - 식물의 생육
- 토양침식 예측모델 및 주요 인자
  - 수식예측공식

$$A = R \times K \times LS \times C \times P$$

여기서, R : 강우인자
K : 토양침식성인자
LS : 경사도와 경사장인자
C : 작부관리인자
P : 토양보전인자(등고선 재배, 등고선 대상재배, 승수로, 초생수로)

  - 풍식예측공식

$$E = I \times K \times C \times L \times V$$

여기서, I : 풍식인자　K : 조도인자
C : 기후인자　L : 포장 너비
V : 식생인자

94 지위지수곡선을 이용하여 임지의 생산력을 추정할 때 필요한 것은?

① 하층목(열세목 · 피압목)의 수고와 임령
② 상층목(우세목 · 준우세목)의 수고와 임령
③ 하층목(열세목 · 피압목)의 수관폭과 임령
④ 상층목(우세목 · 준우세목)의 수고와 흉고직경
⑤ 상층목(우세목 · 준우세목)의 흉고직경과 임령

해설

지위지수곡선

지위지수곡선은 지위지수에 따라 임령과 수고의 관계를 나타낸 곡선을 말한다.
조사를 통해 표본점의 우세목과 준우세목의 평균수고를 구한 후 각 영급별로 정리하여 그 평균을 구하고, 이를 방안지에 표시하여 각 영급별 수고곡선인 평균지위지수곡선을 그리고 이 평균지위지수곡선을 기초로 하여 지위지수곡선을 얻는다.

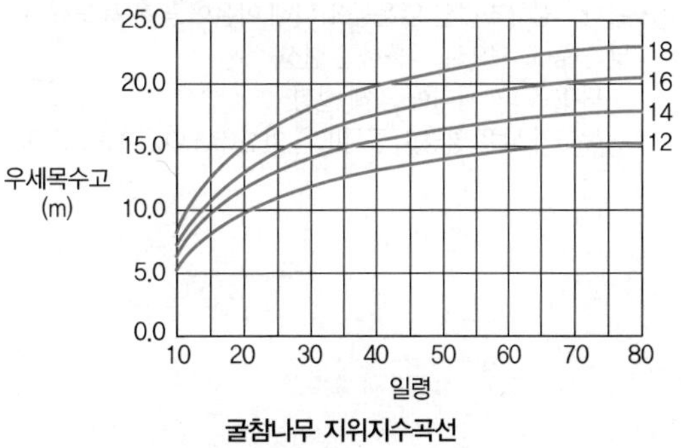

굴참나무 지위지수곡선

정답 93 ⑤ 94 ②

95 건조 시료의 총무게가 10g이고 이 중 자갈 2g, 모래 4g, 미사 2g일 때 토양의 구성비로 옳은 것은?

① 모래 : 40%, 미사 : 20%, 점토 : 20%
② 모래 : 40%, 미사 : 20%, 점토 : 40%
③ 모래 : 40%, 미사 : 25%, 점토 : 25%
④ 모래 : 50%, 미사 : 20%, 점토 : 20%
⑤ 모래 : 50%, 미사 : 25%, 점토 : 25%

해설

토양의 구성은 모래, 미사, 점토로 되어 있고, 10g 중 자갈(토양에 넣지 않음)은 2g이므로 제외하면 토양은 8g(모래 : 4g, 미사 : 2g, 점토 : 2g)이다.

- 모래 : 4/8=50%
- 미사 : 2/8=25%
- 점토 : 2/8=25%

96 토양에서 주로 확산에 의해 뿌리 쪽으로 공급되는 양분으로 옳은 것은?

① K^+, $H_2PO_4^-$
② K^+, Ca^{2+}
③ NO_3^-, $H_2PO_4^-$
④ Ca^{2+}, Mg^{2+}
⑤ NO_3^-, Mg^{2+}

해설

칼륨(K^+)이나 인산($H_2PO_4^-$)과 같이 토양용액 중의 농도가 낮은 영양소의 경우 집단류만으로 식물이 요구하는 양을 충분히 공급할 수 없으며 확산을 통하여 주로 공급된다.

영양소의 공급기작

- 뿌리 차단 : 뿌리가 직접 자라나가면서 토양 중의 영양소와 접촉하여 공급
- 집단류 : 수분퍼텐셜의 기울기로 인해 토양의 물이 뿌리 쪽으로 이동할 때 물에 녹아 함께 뿌리로 이동
  - 농도가 높은 영양소 공급(Ca, Mg, No3, Cl, So4 등)
- 확산 : 불규칙적인 열운동에 의해 이온이 높은 농도에서 낮은 농도 쪽으로 이동하는 현상
  - 픽(Fick)의 법칙에 의해 설명
  - 농도가 낮은 영양소 공급[K^+, 인산($H_2PO_4^-$, HPO_4^{2-})]

97 화살표로 표시한 토양색의 먼셀(Munsell)표기법으로 옳은 것은?

① 5R 8/6
② 5R 6/8
③ 6/8 5R
④ 8/6 5R
⑤ 8 5R 6

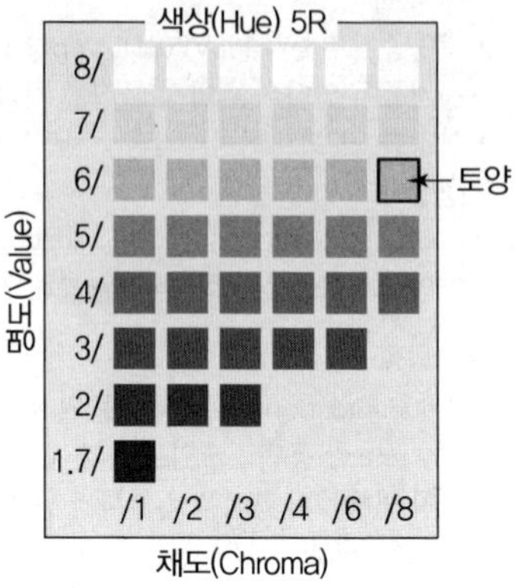

해설

먼셀 토색첩

토색첩에서 각 쪽은 색상, Y축은 명도, X축은 채도를 나타낸다. 토양색깔의 표시는 색상 명도/채도의 순으로 표기한다.

예 5R(색상) 6(명도)/8(채도)

98 C/N비에 대한 설명으로 옳지 않은 것은?

① 가축분뇨의 C/N비는 톱밥보다 높다.
② C/N비는 탄소와 질소의 비율을 의미한다.
③ 유기물의 C/N비는 미생물에 의한 분해속도를 가늠하는 지표가 된다.
④ C/N비가 30인 유기물의 탄소 함량이 15%라면 질소 함량은 0.5%이다.
⑤ C/N비가 높은 유기물을 토양에 넣으면 식물의 일시적인 질소기아현상이 일어난다.

해설

톱밥의 C/N비가 가축분뇨보다 높다.

질소순환

1. CN율(C/N율, C−N율)
   식물체 내에 탄수화물과 질소의 비율로 탄소(C)의 양을 질소(N)의 양으로 나눈 값이다.
   - 침엽수 톱밥 : 600
   - 활엽수 톱밥 : 400
   - 밀집 : 80
   - 가축의 분뇨 : 20
   - 곰팡이 : 10

정답 95 ⑤ 96 ① 97 ② 98 ①

2. 질소기아현상

탄질률이 30 이상 높은 유기물을 넣을 때 미생물이 원래 토양 중에 있는 질소를 빼앗아 이용하므로 작물이 일시적으로 질소의 부족 증상을 일으키는 현상

- 낮은 C/N율(<20 : 1) → 무기화작용
- 중간 C/N율(20~30) → 작용 ×
- 높은 C/N율(>30 : 1) → 고정화작용

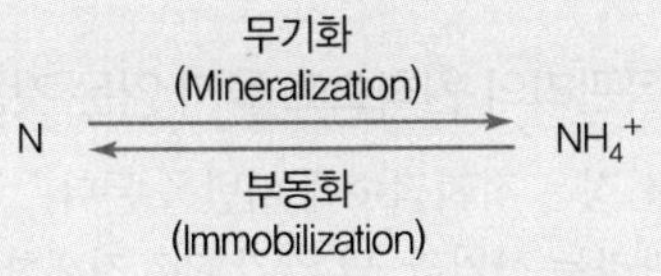

C/N율에 따른 무기화, 부동화

99 「토양환경보전법」 시행규칙에 대한 설명으로 옳지 않은 것은?

① 임야는 2지역에 해당한다.
② 우려기준과 대책기준으로 나누어 관리한다.
③ 페놀, 벤젠, 톨루엔에 대한 기준을 제시한다.
④ 카드뮴, 구리, 비소, 수은에 대한 기준을 제시한다.
⑤ 1지역에서 3지역으로 갈수록 기준 농도가 낮아진다.

해설

1지역에서 3지역으로 갈수록 기준 농도가 높아진다(규제가 약해짐).

토양환경보전법상 오염기준 지역분류

- 1지역 : 전 · 답 · 과수원 · 목장용지 · 광천지 · 대(주거의 용도부지)
  - 학교용지 · 구거(溝渠) · 양어장 · 공원 · 사적지 · 묘지 지역과 「어린이 놀이시설」
- 2지역 : 임야 · 염전 · 대(1지역에 해당하는 부지 외의 모든 대)
  - 창고용지 · 하천 · 유지 · 수도용지 · 체육용지 · 유원지
  - 종교용지 및 잡종지
- 3지역 : 공장 · 주차장 · 주유소 · 도로 · 철도용지 · 제방 · 국방 · 군사시설 부지

100 토양단면 I ~ V 각각에 대한 설명 중 옳지 않은 것은?

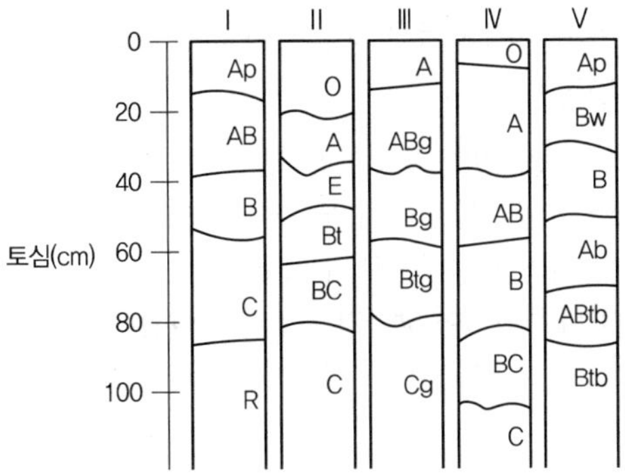

① I : 경운 토양으로 A층이 B층으로 전환되는 전이(위)층이 있음
② II : 용탈(세탈)층을 가진 토양
③ III : 수분환경의 영향이 미약하여 강한 산화층이 발달한 토양
④ IV : 지표 유기물의 분해가 빠르고 비교적 표토가 발달한 토양
⑤ V : 매몰 이력을 가진 경운 토양

해설

종속토층의 종류별 기호와 특성

종속토층 기호	토층의 특성
a	잘 부숙된 유기물층
b	매몰 토층
c	결핵(Concertion) 또는 결괴(Nodule)
d	미풍화 치밀물질층(Dense Material)
e	중간 정도 부숙된 유기물층
f	동결토층(Frozen Later)
g	강 환원(Gleiing) 토층
h	B층 중 이동 집적된 유기물층
i	미부숙된 유기물층
k	탄산염집적층
m	경화토층(Cementation, Induration)
n	Na(Sodium) 집적층
o	Fe, Al 등의 산화물(Oxide) 집적층
p	경운(Plowing)토층 또는 인위교란층
q	규산(Silica)집적층
r	잘 풍화된 연한 풍화모재층
s	이동집적된 OM^+ / Fe, Al 산화물
t	규산염점토집적층
v	철결괴층
w	약한 B층
X	이쇄반
Y	석고집적층
z	염류집적층

정답 99 ⑤ 100 ③

5과목 수목관리학

101 수목 식재지 토양의 답압피해 현상으로 옳지 않은 것은?

① 토양의 용적밀도가 낮아진다.
② 토양 내 공극이 좁아져 배수가 불량해진다.
③ 토양 내 산소 부족으로 유해물질이 생성된다.
④ 토양의 투수성이 낮아져 표토가 유실된다.
⑤ 토양 내 공극이 좁아져 통기성이 불량해진다.

해설

토양의 답압피해가 발생하면 토양의 용적밀도가 급격히 증가한다.

102 수피 상처치료 방법 중 피해 부위가 위아래로 넓을 때 사용하는 교접방법에 관한 설명 중 옳은 것은?

① 교접의 적기는 생장이 왕성한 여름이다.
② 접수는 실제 상처의 간격을 측정하여 같은 크기로 조제해야 한다.
③ 교접작업 시 사용하는 접수는 극성에 따른 생장의 차이가 크지 않다.
④ 교접은 잎에서 만든 탄수화물이 뿌리 쪽으로 이동할 수 있는 통로를 만드는 것이다.
⑤ 교접작업에서 접수에 이미 싹이 나와 있으면 가지의 활력을 위하여 새순을 제거하지 않는다.

해설

교접

기계, 설치류, 병 혹은 동해에 의해 수피가 환상으로 벗겨지거나 죽어 있고 피해 부위의 위아래의 간격이 넓어 수피이식으로 해결할 수 없을 때 접목을 이용하여 수피를 서로 연결하는 기술이다.

- 이른 봄이 실시 적기이다.
- 유사한 수종에서 눈이 트기 전 1년생 가지를 채취하여 위아래로 표시해 놓고 접수로 사용한다.
- 싹이 이미 나와 있는 경우에는 새순을 제거한 가지를 사용한다.
- 접수는 아치 형태로 끼워지므로 실제 상처의 간격보다 더 길게 조제해야 한다.

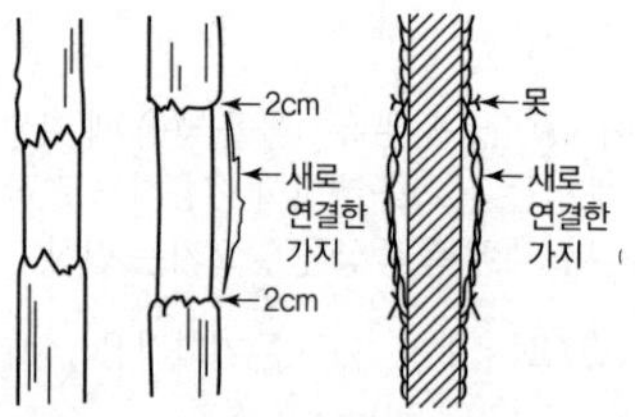

교접

103 수목관리의 원칙으로 옳지 않은 것은?

① 수종 선정은 적지적수에 기반을 둔다.
② 수목관리는 장기간, 낮은 강도로 진행한다.
③ 수목관리는 일반 개념을 특정 유전자형에 적용하지 않는다.
④ 수목의 건강과 위해는 서로 관계가 있으나 일치하지는 않는다.
⑤ 수목은 시간이 경과하면서 생장하기 때문에 수목관리가 필요하다.

해설

내한성, 내음성, 내건성, 내습성, 내공해성 등은 각 수종의 고유 특성이며, 이를 기초로 수종을 선택한다.

104 가지의 하중을 지탱하기 위하여 가지 밑에 생기는 불룩한 조직으로, 목질부를 보호하기 위한 화학적 보호층을 가지고 있는 조직은?

① 맹아(萌芽)
② 이층(離層)
③ 지륭(枝隆)
④ 형성층(形成層)
⑤ 지피융기선(枝皮隆起線)

해설

지륭(가지밑살)은 가지가 자신의 무게를 지탱하기 위해 가지 밑쪽에 발달시킨 불룩한 조직이다. 지륭은 목질부를 보호하기 위해 화학적 보호층을 가지고 있다.

정답 101 ① 102 ④ 103 ③ 104 ③

105 방풍용 수목의 기준에 대한 설명 중 옳은 것은?

① 천근성이고 지엽이 치밀하지 않은 것이 좋다.
② 낙엽활엽수는 상록침엽수에 비해 바람에 약하다.
③ 내풍력은 수관 폭, 수관 길이, 수고 등에 좌우된다.
④ 수목에 미치는 풍압은 풍속의 제곱에 반비례한다.
⑤ 척박지에서 자란 수목은 근계발달이 양호해 바람에 대한 저항성이 작다.

해설

방풍식재용 수목

- 심근성이면서 가지가 강한 수종
- 지엽이 치밀한 수종
- 낙엽수보다는 상록수가 바람직함
- 파종하여 자란 자생수종으로 직근을 가진 수종
- 풍압은 풍속의 제곱에 비례함

$Vp = \frac{v^2}{2g}$ (V : 풍속, g : 중력)

- 척박지에서 자라면 T/R율이 낮아 풍해에 강함

106 수목 진료와 관련된 용어 설명 중 옳지 않은 것은?

① 상처유합 : 상처 위로 유합조직과 새살을 형성하는 과정
② 자연표적전정 : 지륭과 지피융기선의 각도만큼 이격하여 가지를 절단하는 가지치기 이론
③ 두목전정 : 나무의 주간과 골격지 등을 짧게 남기고 전봇대 모양으로 잘라 맹아지만 나오게 하는 전정
④ 토양관주 : 약제주입기 등을 이용하여 양액을 토양에 주입하는 방법으로 약제처리나 관수에 이용하는 방법
⑤ 갈색부후균 : 목질부의 주성분인 리그닌과 헤미셀룰로오스, 셀룰로오스 등 모든 성분을 분해하여 이용하는 곰팡이

해설

갈색부후균은 리그닌을 분해하지 못한다.

목재부후균의 종류

1. 갈색부후균
   - 셀룰로오스, 헤미셀룰로오스는 분해하지만 리그닌을 분해하지 못해 목재가 갈색을 띤다.
   - 대부분 담자균류, 실버섯류, 구멍버섯류, 전나무조개버섯, 조개버섯, 잣버섯, 버짐버섯, 개떡버섯류 등
2. 백색부후균
   - 목재의 세포벽을 구성하는 셀룰로오스, 헤미셀룰로오스, 리그닌을 모두 분해하여 목재가 최종적으로 백색을 띤다.
   - 대부분 담자균류, 말굽버섯, 잎새버섯, 조개껍질버섯
3. 연부후균
   - 목재가 함수율이 높은 상태에서 발생하는 부후
   - 표면이 연해지고 암갈색으로 변색된다.
   - 내부는 건전하다. 건조하면 할렬이 발생한다.
   - 자낭균문, 콩버섯, 콩꼬투리버섯

107 수목 외과수술의 순서로 맞는 것은?

ㄱ. 방수처리	ㄴ. 살균처리
ㄷ. 방부처리	ㄹ. 공동 충전
ㅁ. 인공수피처리	ㅂ. 살충처리
ㅅ. 부후부 제거	

① ㅅ → ㄴ → ㅂ → ㄷ → ㄹ → ㄱ → ㅁ
② ㅂ → ㅅ → ㄷ → ㄴ → ㄹ → ㄱ → ㅁ
③ ㅂ → ㅅ → ㄷ → ㄹ → ㄱ → ㄴ → ㅁ
④ ㅅ → ㄴ → ㄷ → ㄹ → ㄱ → ㅁ → ㅂ
⑤ ㅅ → ㄷ → ㅂ → ㄴ → ㄹ → ㄱ → ㅁ

해설

부패부 제거 – 살균 – 살충 – 방부 – 내부 건조 – 공동 충전 – 방수처리 – 인공수피처리 순이다.

108 수목의 이식에 대한 설명으로 옳지 않은 것은?

① 상대적으로 낙엽수보다 상록수, 관목보다 교목의 이식이 쉽다.
② 이식이 잘 되는 나무로 은행나무, 광나무, 느릅나무, 배롱나무 등이 있다.
③ 이식방법은 뿌리 상태에 따라 나근법, 근분법, 동토법, 기계법 등으로 나눈다.
④ 온대지방 수목의 이식 적기는 휴면하는 늦가을부터 새싹이 나오는 이른 봄까지이다.
⑤ 대경목 이식 시 2년 전부터 수간직경의 4배 되는 곳에 원형구덩이를 파고 뿌리돌림해 세근이 발달하도록 유도한다.

정답 105 ③ 106 ⑤ 107 ① 108 ①

해설

수종에 따른 이식 성공률

- 낙엽수는 상록수보다 일반적으로 이식이 잘 되며, 관목은 교목보다 쉽다.
- 치밀하게 가는 뿌리가 많은 수종은 직근이 주로 발달한 수종보다 이식이 쉽다.
- 맹아가 잘 나오는 수종은 이식 후 성공률이 높다.

109 식재 후 수목관리에 대한 설명으로 옳지 않은 것은?

① 식물의 다량원소로서 질소, 인, 칼륨, 칼슘, 붕소, 황 등이 있다.
② 시비방법으로 표토시비법, 토양 내 시비법, 엽면시비법, 수간주사법 등이 있다.
③ 토양수분은 결합수, 모세관수, 자유수로 분류하는데 수목은 주로 모세관수를 이용한다.
④ 이식 후 지주목의 설치는 수고생장에 도움을 줄 뿐 아니라 뿌리 조직의 활착에 도움을 준다.
⑤ 이식 후 멀칭은 토양 수분과 온도 조절, 토양의 비옥도 증진, 잡초의 발생 억제 등 효과가 있다.

해설

- 무기영양소의 다량원소 : 질소, 칼륨, 칼슘, 인, 마그네슘, 황
- 미량원소 : 철, 염소, 망간, 붕소, 아연, 구리, 몰리브덴, 니켈

110 식재수목의 선정에 대한 설명으로 옳지 않은 것은?

① 만성적 대기오염의 피해는 침엽수보다도 활엽수가 높게 나타난다.
② 동백나무, 녹나무, 먼나무, 후박나무 등은 상록성으로 내한성이 약하다.
③ 침엽수는 대개 상록성이지만 일본잎갈나무, 낙우송, 메타세쿼이아는 낙엽성이다.
④ 산림청 가로수 관리규정에 계수나무, 느티나무, 노각나무, 쉬나무 등은 시가지에 권장되는 것이다.
⑤ 어떤 개체가 변종으로서 다른 개체들과 다른 독특한 외형의 특징을 가지는 경우 종자로 번식시키면 그 특징을 그대로 유지할 수 없다.

해설

가로수와 대기오염

- 가로수의 구비요건으로 대기오염에 대한 내공해성이 포함된다.
- 내공해성이 강한 수종으로 은행나무, 플라타너스, 향나무, 가죽나무, 회화나무, 버드나무류, 아까시나무, 현사시나무가 있다.
- 내공해성이 약한 수종으로 이태리포플러, 느티나무, 소나무 등이 있다.
- 일반적으로 활엽수는 잎이 6개월밖에 살지 못하므로 피해가 적고, 침엽수는 잎이 보통 3년 이상 살기 때문에 피해가 크다.

111 수목에 의한 구조물 손상에 대처하는 대안으로 옳지 않은 것은?

① 녹지를 멀칭한다.
② 구조물 기초 주위에 방근을 설치한다.
③ 물웅덩이를 만들어 적절한 지표배수를 확보한다.
④ 건조지역 아래까지 구조물의 기초를 보강 설계한다.
⑤ 주기적인 관수로 안정된 토양은 움직임을 최소화하여, 구조물의 피해 가능성을 줄인다.

해설

물웅덩이는 이식목의 수분 공급을 위해 설치하는 것으로 집수가 되게 한다.

112 침엽수에서 지나치게 자란 가지의 신장을 억제하기 위해 신초의 마디 간 길이를 줄여 수관이 치밀해지도록 전정하는 작업은?

① 적아(摘芽) ② 적심(摘心)
③ 아상(芽傷) ④ 정아(頂芽)
⑤ 초살(梢殺)

해설

① 적아 : 성숙을 빠르게 하기 위해 새싹이나 연한 싹을 제거하는 것
③ 아상 : 눈의 상처
④ 정아 : 정단부에 위치한 눈
⑤ 초살 : 밑동은 굵으나 윗부분으로 가면서 갑자기 가늘어지는 것

정답 109 ① 110 ① 111 ③ 112 ②

113 위험 수목의 부후를 탐지하는 방법에 사용되는 장비가 아닌 것은?

① 나무망치
② 생장추(生長錐)
③ 마이크로 드릴(Microdrill)
④ 정적 견인실험(Static Pull Test)
⑤ 음향측정장치(Acoustic Measurement Device)

해설

정적 견인실험은 인장강도 실험을 말한다.

부후 검사방법에 사용되는 장비
생장추, 비트드릴, 저항기록드릴, 음향파장, 음향단층 X선 촬영, 전기저항 X선 촬영, 방사선(레이다, X선, 감마선) 등이 있다.

114 결핍 증상이 수목의 어린잎에서 먼저 나타나는 원소들은?

① 철, 칼슘 ② 황, 질소
③ 칼륨, 아연 ④ 인, 몰리브덴
⑤ 마그네슘, 붕소

해설

무기영양소의 이동성
- 이동이 용이한 원소 : 질소(N), 인(P), 칼륨(K), 마그네슘(Mg) → 성숙 잎부터 결핍
- 이동이 어려운 원소 : 칼슘(Ca), 철(Fe), 붕소(B) → 결핍증세는 어린잎부터 결핍
- 이동이 중간인 원소 : 황(S), 아연(Zn), 구리(Cu), 몰리브덴(Mo)

115 대기오염물질이 광반응으로 새롭게 형성된 것으로만 나열된 것은?

① 오존, 브롬
② 오존, PAN
③ 염소, 이산화황
④ 일산화탄소, PAN
⑤ 일산화탄소, 불화수소

해설

질소산화물(NOx)과 탄화수소, 산소가 강한 자외선에 의해 산화반응을 일으켜 오존과 PAN이 만들어진다.

$$\text{Nox} + \text{CH}, O_2 \xrightarrow{\text{자외선}} \text{PAN}, O_3$$

116 조경수에 비생물적 피해가 흔히 발생하는 원인으로 옳지 않은 것은?

① 본래 위치에서 다른 곳으로 이식된다.
② 인위적 작업으로 토양환경이 변형된다.
③ 장기간 정주하며 기상이변을 경험한다.
④ 인간의 생활권에 속하여 간섭을 받는다.
⑤ 유전적으로 이질적인 집단이 식재된다.

해설

조경수가 비생물적 병에 잘 걸리는 원인
- 기상적 원인 : 극단적 기상 상태에 노출, 또는 기후가 안 맞는 곳에 식재
- 토양적 원인 : 건축공사로 변형된 토양 혹은 부적절한 토양에 식재
- 인위적 요인 : 인간의 활동 범위 안에서 각종 간섭을 받음
- 기호성 요인 : 유전적으로 동질성의 수목을 집단으로 식재

117 만상(晩霜)의 피해에 관한 설명으로 옳은 것은?

① 늦가을에 시비로 인한 잎의 피해
② 봄에 식물이 생장하기 전에 입는 피해
③ 생장 휴지기 전에 내리는 서리에 의한 피해
④ 가을에 갑작스러운 저온으로 잎이 변색되는 피해
⑤ 봄에 식물이 생장을 개시한 후 내리는 서리에 의한 피해

해설

만상의 원인
- 봄에 온도가 0℃ 이상 상승되어 나무가 활동을 시작한 후 야간온도가 0℃ 이하로 내려가 줄기나 새순, 잎 등이 피해를 입는다.
- 어린 묘목, 새로 심은 관목, 소교목에 피해가 많다.
- 산계곡이나 경사면 하부에 피해가 많다.

정답 113 ④ 114 ① 115 ② 116 ⑤ 117 ⑤

118 절토(切土)에 의한 수목피해에 대한 설명으로 옳지 않은 것은?

① 외부의 충격으로 나무가 쉽게 넘어진다.
② 질소시비로 생육을 개선하여 피해를 줄인다.
③ 뿌리 생육을 돕는 인산시비로 피해를 줄인다.
④ 활엽수는 뿌리가 잘린 쪽의 수관에서 피해가 나타난다.
⑤ 침엽수는 뿌리가 잘린 쪽의 반대편 수관에서도 피해가 나타난다.

해설

질소시비가 아닌 인산질시비로 생육을 개선하여 피해를 줄인다.

절토
1. 정의
절토는 뿌리가 뻗고 있는 토양의 일부를 걷어 내거나 수직 방향으로 잘라내는 것이다.
2. 병징
- 뿌리가 잘린 쪽의 수관이 마르기 시작한다.
- 침엽수는 나선상으로 물이 상승하기 때문에 반대편에 나타날 수 있다.
3. 방제
- 수관폭의 2/3만큼 원형으로 남겨두고 석축을 쌓아 흙이 더 이상 무너지지 않게 해야 한다.
- 잎의 증산작용으로 수분손실 방지를 위해 관수하거나 증산억제제를 뿌린다.
- 토양시비(인산질)를 하여 뿌리의 생육을 촉진한다.

119 볕데기(피소, 皮燒)에 대한 설명이 옳지 않은 것은?

① 코르크층이 얇은 수목에서 발생한다.
② 가지치기, 주위목 제거를 통해 예방한다.
③ 유관속을 파괴하여 물과 양분의 이동이 제한된다.
④ 가문비나무, 호두나무, 오동나무에서 잘 발생한다.
⑤ 가로수 또는 정원수 고립목에 피해가 잘 발생한다.

해설

가지치기나 주위목을 제거하면 햇빛에 직접 노출되므로 피해야 한다.

볕데기
- 도로포장으로 인한 지열 반사, 건물에서 열 반사, 지구온난화, 벽면의 유리의 햇빛 반사 등에 의해 발생한다.
- 수간의 남서쪽 수피가 오후 햇빛에 직접 노출되어 수피의 온도가 상승한다.
- 이때 수분 부족이 함께 오면 온도를 낮추는 증산작용을 못해 형성층이 파괴한다.

120 수분 부족에 의한 수목피해에 대한 설명으로 옳지 않은 것은?

① 낙엽성 수종은 만성적인 수분 부족으로 단풍이 일찍 든다.
② 잎의 가장자리보다 주맥이 먼저 갈색으로 변한다.
③ 수분 요구도가 다른 수종을 동일 구역에 심으면 피해가 커진다.
④ 증발억제제를 잎과 가지 전체에 살포하여 피해를 줄인다.
⑤ 모래땅에 비이온계 계면활성제를 처리함으로써 보수력을 높여 피해를 줄인다.

해설

주맥이 아닌 잎의 가장자리 먼저 갈색으로 변한다.

비이온성 계면활성제
친수성기가 전하를 띠지 않으나 분자 내에 여러 개의 극성기를 가지고 있어 물과의 친화성이 자유롭다(습윤성).

수분 부족 시 활엽수의 피해현상
- 활엽수의 경우 어린잎과 줄기의 시들음 현상이 발생한다.
- 시들음 잎이 가장자리부터 엽맥 사이 조직에서 갈색으로 고사하면서 말려 들어간다.
- 남서향의 가지와 바람에 노출된 부위가 먼저 피해를 입으며 낙엽된다.
- 잎의 크기가 작아지고 새 가지 생장이 위축되어 엽면적이 감소되고 가지 끝부터 고사한다.
- 가을철 조기 낙엽은 만성적인 수분부족과 뿌리가 손실된 수목의 특징이다.

정답 118 ② 119 ② 120 ②

121 저온에 의한 수목피해에 대한 설명으로 옳지 않은 것은?

① 냉해로 잎이 황화되고 심하면 가장자리 조직이 죽는다.
② 생육 후기에 시비하여 저온 저항성을 높여 피해를 줄인다.
③ 나무 전체의 꽃, 눈이 갈변되면 동해(凍害)로 추정할 수 있다.
④ 세포 사이의 얼음으로 세포 내 수분 함량이 낮아져 원형질이 분리된다.
⑤ 온도가 떨어지면 세포 사이의 물이 세포 내부의 물보다 먼저 동결된다.

해설

생육 후기에 시비를 하게 되면 계속 성장을 하게 되어 내한성을 갖추지 못해 피해를 입는다.

> **동해**
> - 엽육조직의 붕괴와 세포질의 응고현상이다.
> - 상록활엽수의 경우 잎의 끝과 가장자리가 초기에 탈색되고 물먹은 것과 같이 투명하게 보이다가 괴사하여 갈색으로 변색한다.
> - 세포 내에서 얼음결정이 형성되어 세포막을 파손한다.
> - 얼음이 세포 밖에서 생겨도 원형질이 탈수 상태에서 견디지 못한다.

122 제초제에 의한 수목피해에 대한 설명으로 옳지 않은 것은?

① 가지치기, 인산시비로 피해가 더 나오지 않게 한다.
② 토양에 활성탄을 혼합하고 제독하여 피해를 줄인다.
③ 글리포세이트는 토양을 통해 뿌리에 피해를 주지 않는다.
④ 디캄바는 뿌리를 통해 흡수되어 철쭉류 지상부의 변형을 일으킨다.
⑤ 비호르몬계열인 2, 4－D는 이행성이 강하여 잎에 피해가 나타난다.

해설

2, 4－D는 호르몬계열의 침투이행성 제초제이다. 살포 시 잎이 타면서 말려들어간다.

> **제초제 종류**
> 1. 디캄바
> 활엽수의 잎을 기형으로 자라게 하며 비대생장을 하게 한다. 또한 소나무는 새 가지 끝이 굵어지면서 꼬부라지게 하고, 은행나무는 잎끝이 말려들어가게 하며 주목은 황화현상이 나타나게 한다.
> 2. 글리포세이트
> 토양에 흡착력이 강해 하층으로 이동은 거의 없으며 토양 중에서 특히 미생물에 의해 쉽게 분해된다.

123 대기오염물질과 피해 증상을 옳게 나타낸 것은?

ㄱ. 오존	a. 잎 표면의 광택화
ㄴ. PAN	b. 잎맥 사이의 괴사
ㄷ. 이산화황	c. 잎 전체의 작은 반점
ㄹ. 질소산화물	d. 잎끝, 가장자리의 변색

① ㄱ－d　② ㄴ－c
③ ㄷ－b　④ ㄹ－a
⑤ ㄹ－d

해설

대기오염물질과 피해 증상
- 오존(O_3)
  - 활엽수 : 잎 표면에 주근깨 같은 반점, 책상조직이 먼저 붕괴, 반점이 합쳐져 표면이 백색화
  - 침엽수 : 잎끝의 괴사, 황화현상의 반점, 왜성 황화된 잎
- PAN
  - 활엽수 : 잎 표면에 광택이 난 후에 청동색으로 변함
  - 고농도에서 잎 표면도 피해(엽육조직 피해)
- 이산화황, 아황산가스(SO_4)
  - 활엽수 : 잎의 끝부분과 엽맥 사이 조직의 괴사, 물에 젖은 듯한 모양
  - 침엽수 : 물에 젖은 듯한 모양, 적갈색으로 변색
- 질소산화물
  - 활엽수 : 흩어진 회녹색 반점, 잎 가장자리 괴사, 엽맥 사이 조직 괴사
  - 침엽수 : 초기에는 잎끝이 적갈색으로 변색되고, 잎의 기부까지 확대, 고사와 건강 부위의 경계선이 뚜렷함

정답 121 ② 122 ⑤ 123 ③

124 염류에 의한 수목피해에 대한 설명으로 옳은 것은?

① 제설제에 의하여 잎과 가지의 끝에 괴저가 나타난다.
② 토양의 염류가 10ds/m 이상에서 민감한 식물에 피해가 나타나기 시작한다.
③ 제설제 피해는 수목 생장 초기에 토양습도가 높을 때 나타난다.
④ 염류가 포함된 토양용액의 삼투퍼텐셜이 높아 뿌리가 물을 흡수하기 어렵다.
⑤ 염류 집적으로 토양이 산성화되어 철, 망간, 아연 결핍증을 일으킨다.

해설

② 염분의 농도가 0.05% 이상, 전기전도도가 0.4ds/m이면 뿌리의 흡수기능이 불가능하여 생장에 제한요소가 된다.
③ 제설제 피해는 수목 생장 초기에 토양습도의 과부족으로 나타난다.
④ 염류가 집적되면 토양용액의 삼투퍼텐셜이 낮아져 뿌리가 물을 흡수하기 어렵다.
⑤ 염류 집적은 염기성 토양을 만든다. 염기화되어 나타나는 현상이 철, 망간, 아연의 부족이다.

125 휘감는 뿌리에 의한 수목피해에 대한 설명으로 옳지 않은 것은?

① 단풍이 일찍 들고 잎도 일찍 떨어진다.
② 장기화하면서 물과 양분의 이동이 방해된다.
③ 수간의 발달이 제한되어 풍해에 취약해진다.
④ 협착이 일어나는 아랫부분의 수간이 위보다 더 굵어진다.
⑤ 조임을 당한 뿌리의 바로 위쪽 가지에서 증상이 가장 먼저 나타난다.

해설

휘감는 뿌리(뿌리조임)는 사부를 통한 설탕의 이동이 제한을 받으면서 협착이 일어나는 윗부분의 수간이 아랫부분보다 더 굵어지며, 밑동은 굵어지지 못하고 잘록해진다.

126 한국의 농약관리법에서 규정하고 있는 농약에 해당되지 않는 것은?

① 살충제 ② 살서제
③ 전착제 ④ 유인제
⑤ 식물생장조절제

해설

살서제는 쥐를 잡는 약이다. 쥐는 위생해충으로 식품의 약품안전처 관할에 해당한다.

농약의 범위

• 살균제	• 살충제	• 제초제
• 살연제	• 기피제	• 유연제
• 전착제	• 보조제	• 유인제
• 생장조절제	• 협력제	

127 농약의 보조제 중 그 자체만으로는 약효가 없으나, 혼용하였을 때 농약 유효성분의 약효를 상승시키는 작용을 하는 것은?

① 전착제 ② 증량제
③ 활성제 ④ 협력제
⑤ 약해방지제

해설

협력제는 그 자체만으로는 살충력이 없으나 혼용되는 살충제의 생물활성을 증대시켜 주는 작용을 한다.

128 농약 제품의 포장지에 반드시 표기해야 하는 사항이 아닌 것은?

① 화학명 ② 사용방법
③ 안전그림문자 ④ 응급처치방법
⑤ 농약 유효성분 함량

해설

농약 제품 포장지 표기 사항

1. '농약' 문자 표기
2. 품목등록번호
3. 농약의 명칭 및 제제 형태
4. 유효성분의 일반명 및 함유량과 기타 성분의 함유량
5. 포장단위
6. 농작물별 적용 병해충 및 사용량
7. 사용방법과 사용에 적합한 시기

정답 124 ① 125 ④ 126 ② 127 ④ 128 ①

8. 안전사용기준 및 취급제한기준(그 기준이 설정된 농약에 한한다)
9. 그림문자, 경고문구 및 주의사항
10. 저장 · 보관 및 사용상의 주의사항
11. 상호 및 소재지
12. 농약제조 시 제품의 균일성이 인정되도록 구성한 모집단의 일련번호
13. 약효보증기간
14. 작용기작그룹
15. 독성 · 행위금지 등 그림문자 및 설명
16. 해독 및 응급처치 요령
17. 상표명
19. 바코드
20. 빈 농약용기 처리에 관한 설명

129 곤충의 키틴 합성을 저해하여 탈피, 용화가 불가능하게 하므로 살충효과를 나타내는 계통은?

① 유기인계　② 카바메이트계
③ 디아마이드계　④ 벤조일우레아계
⑤ 피레스로이드계

해설

벤조일우레아(Benzoylurea)계, 뷰프로페진(Buprofezin)은 해충의 키틴 생합성을 저해하여 해충 표피 내층의 큐틴 축적을 방해, 탈피를 저지한다.

130 국내에서 농약을 제조하여 판매하려면 품목별로 등록하여야 한다. 한국의 농약 품목 등록권자는 누구인가?

① 대통령
② 산림청장
③ 농촌진흥청장
④ 농림축산식품부 장관
⑤ 국립농산물품질관리원장

해설

농약관리법 제8조(국내 제조품목의 등록)

제조업자가 농약을 국내에서 제조하여 국내에서 판매하려면 품목별로 농촌진흥청장에게 등록하여야 한다. 다만, 제조업자가 다른 제조업자의 등록된 품목을 위탁받아 제조하는 경우에는 그러하지 아니하다. 〈개정 2021. 6. 15.〉

131 물에 용해되기 어려운 농약 원제를 물에 대한 친화성이 강한 특수용매를 사용하여 계면활성제와 함께 녹여 만든 제형은?

① 유제　② 입제
③ 유탁제　④ 분산성 액제
⑤ 입상수화제

해설

분산성 액제(DC)는 물에 대한 친화성이 강한 특수용매를 사용하여 물에 용해되기 어려운 농약원제를 계면활성제와 함께 녹여 만든 제형이다.

농약의 제형
- 유제 : 주제(물에 녹지 않음) + 유기용매 + 유화제 첨가
- 액제 : 주제(수용성) + 물 + 동결방지제
- 수용제 : 유효성분(수용성) + 수용성 증량제 = 가루, 고체로 제제
- 수화제 : 주제(물에 녹지 않음) + 점토광물(카올린, 벤토나이트 등) + 계면활성제, 분산제 = 분말 제제

132 농약에 대한 저항성 해충의 관리방안으로 옳지 않은 것은?

① 권장량으로 농약 살포
② 정확한 예찰에 의한 적기 농약 살포
③ 작용기작이 서로 다른 약제의 혼용 혹은 교호 사용
④ 임업적 · 생물학적 방제 등을 활용한 종합적 방제
⑤ 해당 해충에 대하여 효과가 있는 농약만 계속 살포

해설

저항성 대책
- 같은 약제의 연용을 피하고, 작용기구가 다른 약제를 교대로 살포(교호사용)하는 것이 중요하다.
- 경종적 방제 및 천적을 이용한 생물학적 방제를 적절히 이용하는 종합적 방제가 요구된다.

133 농약 보조제로 사용되는 계면활성제의 종류와 계면활성제의 친수－친유 균형비(Hydrophilic－Lipophilic Balance, HLB)로 바르게 나열된 것은?

① 양성 계면활성제, 3∼6
② 음이온 계면활성제, 3∼6
③ 양이온 계면활성제, 14∼16
④ 비이온성 계면활성제, 10∼14
⑤ 카르복실산염 계면활성제, 10∼14

정답 129 ④ 130 ③ 131 ④ 132 ⑤ 133 ④

해설

계면활성제의 HLB

- 친수성과 친유성기를 동시에 가지고 있으므로 그 성질이 친수성인가 친유성인가를 나타내는 상대적 세기를 나타낸 것이 HLB이다.
- 에틸렌옥사이드가 부가된 계면활성제에 대해 0에서 20의 값을 부여한 것으로 HLB값이 작을수록 소수성이 큰 계면활성제, 클수록 친수성이 큰 계면활성제로 분류한다. 단, HLB값은 비이온성 계면활성제에만 적용이 가능하다.

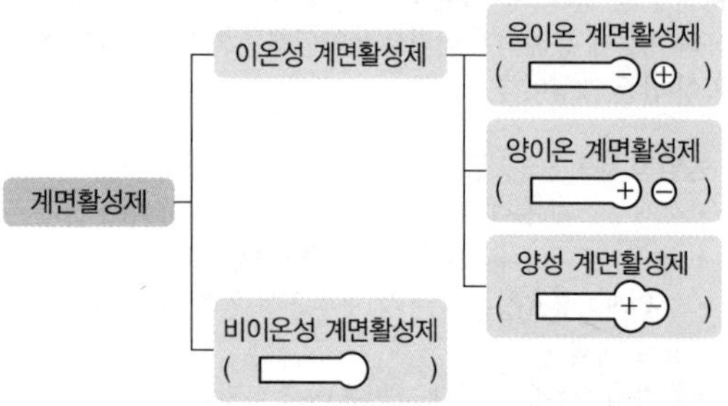

계면활성제의 분류

134 아바멕틴 미탁제(유효성분 함량 1.8%, 주입량 원액 1mL/흉고직경 cm) 수간주사액(용기 용량 5mL)을 이용하여 흉고직경 20cm인 소나무에 주사하고자 한다. 용기 개수와 원액의 농도는?

① 1개, 1.8ppm ② 2개, 1,800ppm
③ 2개, 18,000ppm ④ 4개, 1,800ppm
⑤ 4개, 18,000ppm

해설

- 물 1L = 1,000mL
- 물 1L의 농약농도 1.8% = 18mL
- 1mL = 1,000ppm
- 18mL × 1,000ppm = 18,000ppm
- $1\text{ppm} = \frac{1\text{L}}{1{,}000{,}000} = \frac{1{,}000\text{mL}}{1{,}000{,}000} = \frac{1\text{mL}}{1{,}000}$
- 흉고직경 20cm = 20mL = 용기 4개 × 5mL = 구멍 4개 천공

135 아세페이트 캡슐제의 작용기작으로 표시된 1b의 의미는?

① Na 이온 통로 변조
② 라이아노딘(Ryanodine) 수용체 변조
③ GABA(γ−Aminobutyric Acid) 의존성 Cl 이온 통로 차단
④ 아세틸콜린에스테라제(Acetylcholinesterase, AChE) 저해
⑤ 니코틴(Nicotine) 친화성 ACh 수용체(Nicotine Acetylcholine Receptor, nAChR)의 경쟁적 변조

해설

살충제 작용기작별 분류

- AChE 저해 : 유기인계, 카바메이트계
- GABA 의존 Cl 통로 차단 : 유기염소계, 페닐피라졸계
- Na 통로 조절 : 피레스로이드계, 유기염소계(DDT)
- 신경전달물질 수용체 차단 : 네오니코티노이드계, 니코틴, 설폭사민계
- 염소 통로 활성화 : 마크로라이드계(아바멕틴, 밀베멕틴)
- 다점 저해(훈증제) : 클로로피크린
- 곤충 중장 세포막 파괴 : BT제
- 키틴 생합성 저해 : 벤조닐우레아계, 뷰프로페진
- 라이아노딘 수용체 조절 : 디아마이드계

136 생물체 내에 침투된 무극성의 지용성 농약은 Phase Ⅰ 및 Phase Ⅱ 반응을 받아 수용성으로 변환되어 해독되고 배설된다. Phase Ⅰ 반응에 해당되지 않는 것은?

① 니트로(Nitro)기 환원 반응
② 수산화(Hydroxylation) 반응
③ 탈알킬화(Dealkylation) 반응
④ 글루코오스 컨주게이션(Glucose Conjugation) 반응
⑤ 카르복실에스테라제(Carboxylesterase)에 의한 가수분해 반응

해설

Phase Ⅰ의 반응

- 산화 : Microsomal Oxidases계 효소(수산화, 탈알킬화, epoxy화, 산화적 탈황화, Sulfide의 산화) FMO에 의한 산화, 비 Microsomal Oxidases계에 의한 탈수소반응, 고리개열에 관여하는 산화효소계
- 환원 : Nitro기의 환원, S−Oxide, N−Oxide의 환원, 환원적 탈할로겐화
- 가수분해 : Carboxylesterase, Arylesterase, Amidase, Epoxide Hydrase
- 탈염화수소화 반응

Phase Ⅱ 반응

- 컨주게이션
  - Glucuronic Acid 컨주게이션
  - Gluscose 컨주게이션

정답 134 ⑤ 135 ④ 136 ④

– Amino Acid 컨주게이션
– Glutatione 컨주게이션
– 황산 콘쥬게이션
• Tiocyanate 형성 : 티오시안산염 형성
• Methylation : DNA 메틸화
• Acetylation : 아세틸화

137 산림병해충 방제용 드론과 관련된 설명 중 옳지 않은 것은?

① 무인헬기보다 장비의 휴대 및 관리가 용이하다.
② 무인헬기보다 농약 살포액의 탑재 용량을 많이 할 수 있어 작업이 효율적이다.
③ 날개가 회전하면서 생기는 하향풍이 살포 입자의 부착량에 영향을 미친다.
④ 표준희석 배수보다 높은 농도의 살포액을 사용해야 작업의 효율성을 높일 수 있다.
⑤ 기류가 안정된 시간대에 살포비행을 해야 하고 지상 1.5m에서 풍속이 3m/s를 초과할 경우 비행을 중지한다.

해설

무인헬기와 무인멀티콥터의 특성

구분	무인헬기	무인멀티콥터(드론)
최대이륙중량(kg)	70	20~40(평균 25kg)
에너지원	엔진 휘발유	충전용 전지
작업량(ha/일)	50	25~40
면적당 살포량(L/ha)	8	7~9
살포능력(ha/회, 10분 비행 시)	1.5	0.3~1.5
최대작업시간(분)	40~60	7~15
살포폭(m)	7.5	4
살포비행고도(m)	4	2~3
살포비행속도(km/h)	15	10~20
하향풍	큼	작음
용도	논작물에 적합	밭작물에 적합
장점	• 비산이 적어 친환경적 • 방제효율 우수	• 유지비용 적게 듦 • 무인헬기 대비 조작이 용이
단점	구매, 운영, 수리 등 유지비용이 많이 듦	• 무인헬기보다 비산 우려가 큼 • 탑재용량과 비행시간이 적음

138 농약이 생태계에 잔류되어 생물체 내에 축적되는 생물농축 현상과 이를 계수로 나타낸 생물농축계수(Biocon Centration Factor, BCF)에 대한 설명 중 옳지 않은 것은?

① 농약의 증기압과 수용성이 낮을수록 생물농축 경향이 강하다.
② 생물체 내에서 배설 속도가 느릴수록 생물농축 경향이 강하다.
③ BCF는 생물 중 농약의 농도를 생태계 중 농약의 농도로 나눈 것이다.
④ 수질 중 농약의 농도가 1이고 송사리 중 농도가 10이면 BCF는 10이다.
⑤ 농약이 옥타놀/물 양쪽에 분배되는 비율인 분배계수(LogP)가 높을수록 BCF는 낮아진다.

해설

BCF는 농약이 옥탄올, 물 양쪽 용매에 분배되는 비율인 분배계수(LogP)와 높은 상관관계를 지니며, 분배계수가 높은 화합물은 생물농축 가능성이 높다.

① 농약의 분배계수가 높을수록, 수용성과 증기압이 낮을수록 생물농축 경향이 강하다.
② 어류 체내의 농약 정류 상태에 빠르게 도달하는 농약일수록 어류 체내에서의 배설 속도가 빠른 경향이 있으며 농약의 배설 속도가 느릴수록 생물농축 경향이 강하다.
③, ④ 수질 중 농약의 농도가 1ppm이고 송사리 중 농도가 10ppm이면 BCF는 10이다.
⑤ Log Kow(물 – 옥타놀 분배계수)가 2보다 작으면 친수성, Log Kow(물 – 옥타놀 분배계수)가 2보다 크면 소수성이다.

139 「산림보호법」 나무의사의 자격취소 및 정지에 관한 행정처분의 기준으로 옳지 않은 것은?

① 수목진료를 고의로 사실과 다르게 한 경우 1차 위반으로 자격이 취소된다.
② 두 개 이상의 나무병원에 동시에 취업한 경우 1차 위반으로 자격이 취소된다.
③ 법 제21조의5에 따른 결격사유에 해당하게 된 경우 1차 위반으로 자격이 취소된다.
④ 거짓이나 부정한 방법으로 나무의사 자격을 취득한 경우 1차 위반으로 자격이 취소된다.
⑤ 나무의사 자격증을 빌려준 경우 1차 위반으로 자격정지 2년, 2차 위반으로 자격이 취소된다.

정답 137 ② 138 ⑤ 139 ②

해설

나무의사의 등록 및 취소 조건

영업정지 합산 최대 3년 초과 금지

위반행위	행정처분				벌금	과태료
	1차	2차	3차	4차		
거짓, 부정한 방법으로 자격취득	취소				1년 또는 1천만 원	
동시에 두 개 이상의 병원 취업	2년 정지	취소			500만 원	
결격사유에 해당된 경우	취소					
자격증 대여	2년 정지	취소			1년 또는 1천만 원	
정지기간에 수목진료	취소				500만 원	
고의로 수목진료를 사실과 다르게 행한 행위	취소					
과실로 수목진료를 사실과 다르게 행한 행위	2개월	6개월	12개월	취소		
거짓이나 부정한 방법으로 처방전 발급	2개월	6개월	12개월	취소		
자격 취득 없이 수목을 진료한 자					500만 원	
나무의사 등의 명칭을 사용한 자						
진료부가 없거나 진료사항을 기록하지 않거나 거짓 진료 기록						100만 원
직접 진료 없이 처방전 발급						
처방전 발급 거부자						
보수교육을 받지 않은 자						

나무병원의 등록 및 취소 조건

영업정지 합산 최대 1년 초과 금지

위반행위	행정처분				벌금
	1차	2차	3차	4차	
거짓이나 부정한 방법으로 등록	취소				1년 또는 1천만 원
등록기준 미달	6개월	12개월	취소		
위반하여 변경 등록하지 않은 경우	3개월	6개월	12개월	취소	
부정한 방법으로 변경등록	취소				
등록증 대여	12개월	취소			500만 원
자료 제출, 조사, 검사 거부	1개월	3개월	6개월	12개월	
5년간 3회 이상 영업정지된 경우	취소				
폐업	취소				
등록 없이 진료한 자					500만 원

140 「2021년 산림병해충 예찰 · 방제계획」 소나무림 보호지역별 소나무 재선충병 예방나무주사 우선순위(1－2－3－4순위)가 바르게 배열된 것은?

① 문화재보호구역－국립공원－생태 숲－도시공원
② 산림문화자산－시험림－생태 숲－군립공원
③ 보호수－국립공원－수목원 · 정원－군립공원
④ 종자공급원－시험림－백두대간보호구역－경관보호구역
⑤ 천연기념물－문화재보호구역－도시림 · 생활림 · 가로수－도시공원

해설

예방나무주사 우선순위

- 1순위 : 보호수, 천연기념물, 유네스코 생물권보전지역, 금강소나무림 등 특별수종육성권역, 종자 공급원(채종원, 채종림 등), 산림보호구역(산림유전자 보호구역), 시험림
- 2순위 : 수목원 · 정원, 산림문화자산, 문화재보호구역
- 3순위 : 백두대간보호구역, 국립공원, 도시림 · 생활림 · 가로수, 생태숲
- 4순위 : 역사 · 문화적 보존구역, 도시공원, 산림보호구역(경관보호구역), 군립공원, 기타

정답 140 ⑤

과년도 기출문제 6회(2021년 12월 11일)

1과목 수목병리학

01 다음 나무병의 공통점으로 옳은 것은?

- 소나무 시들음병(소나무 재선충병)
- 잣나무 털녹병
- 참나무 시들음병

① 방제 방법이 없다.
② 병원체는 주로 물관에 기생한다.
③ 병원체는 줄기나 가지를 감염한다.
④ 최근 발생이 급격히 증가하고 있다.
⑤ 병원체는 천공성 해충에 의해 전반된다.

해설

세 가지 병은 모두 줄기나 가지를 침해하는 병이다.

나무병

1. 소나무 재선충병(Bursaphelenchus xylophilus)
   - 기주 : 소나무, 곰솔, 잣나무
   - 병징 : 우산살 모양처럼 잎이 처짐. 송진이 분비되지 않음
   - 매개충 : 솔수염하늘소, 북방수염하늘소
   - 침입 부위 : 후식 피해 시 신초를 통해 침입
2. 참나무 시들음병(Raffaelea quercus－mongolicae)
   - 기주 : 참나무류
   - 매개충 : 광릉긴나무좀
   - 피해 특징 : 수간 하부에 구멍을 뚫고 침입, 물관부를 감염시켜 수분의 이동을 방해, 수컷이 먼저 침입
   - 방제법 : 끈끈이롤트랩, 페로몬 트랩, 벌채 후 훈증
3. 잣나무 털녹병(Cronartium ribicola J. C.)
   - 기주 : 잣나무류
   - 중간기류 : 송이풀, 까치밥나무
   - 병징 : 병든 가지 또는 줄기의 수피가 노란색으로 변색, 병환부는 부풀고 수피가 거칠어지고 수지가 흐름

02 곰팡이의 특성이 아닌 것은?

① 선모(Pilus)
② 강모(Setae)
③ 하티그망(Hartig Net)
④ 꺽쇠연결(Clamp Connection)
⑤ 탄소재순환(Carbon Recycling)

해설

편모는 세균과 유주포자 모두 가지고 있지만, 선모는 세균만 가지고 있고 곰팡이는 없다.

꺽쇠연결(Clamp Connection)

- 담자균류는 핵이 두 개인 이핵체이다.
- 강모 : 식물체의 표피세포가 변하여 생긴 빳빳하고 끝이 뾰족한 털
  - 예 양파탄저병의 검은 병반에 흰 분생포자층을 형성하는데 돋보기로 보면 검고 빳빳한 머리카락 같은 강모가 밀생

03 다음 병원균의 공통적 특성이 옳게 연결된 것은?

a. 역병균	b. 탄저병균
c. 흰가루병균	d. 떡병균
e. 녹병균	f. 목재청변병균

① a, e－난균류
② d, f－담자균류
③ b, d－검은색 포자
④ e, f－분생포자 형성
⑤ b, c－잎과 가지 감염

해설

- 탄저병균 : 잎, 어린줄기, 과실의 병원균
- 흰가루병균 : 주로 잎에 발생하며, 수종에 따라 어린줄기, 열매에도 발생

정답 01 ③ 02 ① 03 ⑤

04 CODIT 이론 설명으로 옳은 것은?

① 방어벽 3은 나이테 방향으로 만들어진다.
② CODIT 박사가 만든 부후균 생장모델이다.
③ 방어벽 1이 파괴되면 CODIT 방어는 완전히 실패한 것이다.
④ 주된 내용은 부후재와 건전재 경계에 방어벽을 형성하는 것이다.
⑤ 방어벽 4는 나무에 상처가 생긴 후 만들어진 조직(세포)에 형성된다.

해설

CODIT

CODIT 이론은 샤이고(Shigo) 박사가 만든 수목부후의 구획화 모델이다. 방어벽 4가 파괴되면 CODIT 방어는 완전히 실패한 것이다. 주된 내용은 부후부와 건전부 경계에 방어벽을 형성하는 것이다.

- Well 1 : 세로축 방향으로 진전되는 것을 막는다. 물관, 가도관을 폐쇄한다.
- Well 2 : 나무 중심부를 향해 방사 방향으로 진전되는 것을 막기 위해 나이테를 따라 만든 방어벽이다.
- Well 3 : 병이 접선 방향으로 진전되는 것을 막기 위해 나무의 방사 단면에 만든 벽이다.
- Well 4 : 상처가 난 후에 형성층이 세포분열을 통해 만든 방어벽이다.

05 나무병의 임업적 방제법으로 옳은 것은?

① 토양 배수환경을 개선하면 빗자루병 발생을 줄일 수 있다.
② 솎음전정으로 통풍 환경을 개선하여 잎점무늬병 발생을 줄일 수 있다.
③ 무육작업은 발병을 줄이는 한편, 각종 병해 조기발견 기회를 감소시킨다.
④ 오동나무 임지의 탄저병은 돌려짓기(윤작)를 통해 발생을 줄일 수 있다.
⑤ 황산암모늄은 토양을 알칼리화하여, 뿌리썩음병 발생이 증가하므로 과용하지 말아야 한다.

해설

솎음전정은 통기성과 수광량을 증가시킴으로써 수목의 생육을 촉진하여 병의 발생을 줄일 수 있다.

① 빗자루병의 병원은 파이토플라스마, 자낭균으로 배수환경과는 무관하다.
③ 무육작업은 발병을 줄이는 한편, 각종 병해 조기발견 기회를 증가시킨다(풀베기, 덩굴치기, 제벌과 간벌).
④ 돌려짓기
- 토양 중에 병원균이 밀도가 높아지고 필요 양분이 부족할 때 발병
- 모잘록병, 뿌리썩이선충 등을 예방하는 데 효과
- 방제 효과적 : 오리나무갈색무늬병, 오동나무탄저병균 – 기주 좁다.
- 방제 비효율적 : 모잘록병, 자주날개무늬병, 흰비단병 – 기주 넓다.

⑤ 황산암모늄은 토양을 산성화하여, 뿌리썩음병 발생이 증가하므로 과용하지 말아야 한다.

06 영지버섯속에 의한 뿌리썩음병의 설명으로 옳은 것은?

① 침엽수는 감염하지 못한다.
② 감염된 나무는 잎이 시들기도 한다.
③ 매개충은 알락하늘소로 알려져 있다.
④ 가장 먼저 나타나는 표징은 지표면에 발생한 자낭각이다.
⑤ 병원균은 심재를 감염하지만, 나무의 구조적 강도에는 큰 영향이 없다.

해설

뿌리에 손상이 오면 수분과 무기양분의 흡수가 저조해서 잎이 시들거나 황화되고 작아진다.

07 낙엽송 가지끝마름병에 대한 설명으로 옳은 것은?

① 고온건조한 곳에서 피해가 심하다.
② 디플로디아순마름병이라고도 한다.
③ 명나방류 유충이 피해를 증가시킨다.
④ 초여름 감염과 늦여름 감염의 증상이 다르다.
⑤ 감염된 조직에서 수지가 흘러 나오지는 않는다.

해설

낙엽송 가지끝마름병

- 고온다습하고 강한 바람이 부는 임지에서 다발
- 주로 10년생 내외의 일본잎갈나무

정답 04 ①, ⑤ 05 ② 06 ② 07 ④

• 병징
 – 6~7월 감염 : 수관의 위쪽만 남기고 낙엽되어 가지 끝이 아래로 쳐짐
 – 8~9월 감염 : 가지가 꼿꼿이 선 채 고사

08 염색반응과 영양원 이용 특성으로 동정할 수 있는 병원체는?

① 선충 ② 세균
③ 곰팡이 ④ 바이러스
⑤ 파이토플라스마

해설

세균 동정
• 세균은 광학현미경으로 관찰이 어렵다.
• 고체배지(영양배지)에서 배양하면 균총(세균 덩어리)이 형성되는데, 배지의 종류에 따라 균총의 크기, 모양, 색깔 등 다양하다.
• 모든 세균은 그람염색법에 의해 양성(보라색), 음성(분홍색)으로 분류된다. 그람양성세균은 Corynebacterium 계열에만 해당한다.
 예 Clavibacter, Rhodococcus, Arthrobacter, Rathayibacter, Curtobacterium

09 곰팡이의 영양기관으로만 짝지어진 것은?

ㄱ. 포자	ㄴ. 자낭
ㄷ. 버섯	ㄹ. 균사판
ㅁ. 흡기	ㅂ. 뿌리꼴균사다발

① ㄱ－ㄴ－ㄷ ② ㄱ－ㅁ－ㅂ
③ ㄴ－ㄷ－ㄹ ④ ㄷ－ㄹ－ㅁ
⑤ ㄹ－ㅁ－ㅂ

해설

• 영양기관 : 균사체, 균사매트, 뿌리꼴균사다발, 균핵, 흡기 등
• 생식기관 : 포자, 자좌, 분생포자, 자낭, 버섯, 담자기 등

10 나무에 발생하는 불마름병에 대한 설명으로 옳지 않은 것은?

① 과실에서는 수침상 반점이 생긴다.
② 꽃은 암술머리가 가장 먼저 감염된다.
③ 잎에서는 가장자리에서 증상이 먼저 나타난다.
④ 늦은 봄에 어린잎과 작은 가지 및 꽃이 갑자기 시든다.
⑤ 큰 가지에 형성된 병반으로부터 선단부의 작은 가지로 번져간다.

해설

가지는 보통 선단부의 작은 가지에서 시작하여 기부로 번져나간다.

불마름병
• 늦은 봄에 어린잎과 꽃, 작은 가지들이 갑자기 시든다.
• 병든 부분은 처음에는 물이 스며든 듯한 모양이며, 이후 갈색, 검은색으로 변색되어 불에 탄 듯한 모양이 된다.
• 꽃은 암술머리에서 처음 발생하여 꽃 전체가 시들고 흑갈색으로 변색된다.
• 과실에 수침상의 반점이 생기며 확대된다.
• 따뜻하고 습도가 높은 날에는 우윳빛 액체가 스며 나온다.

11 나무병에 대한 설명으로 옳지 않은 것은?

① 철쭉류 떡병은 잎과 꽃눈이 국부적으로 비대해진다.
② 버즘나무 탄저병이 초봄에 발생하면 어린싹이 검게 말라 죽는다.
③ 밤나무 가지마름병균이 뿌리를 감염하면 잎이 황변하며 고사한다.
④ 전나무 잎녹병은 당년생 침엽 뒷면에 담황색을 띤 여름포자퇴를 형성한다.
⑤ 소나무류 잎마름병은 침엽의 윗부분에 황색 반점이 생기고, 점차 띠 모양을 형성한다.

해설

전나무 잎녹병(Needle rust)은 중간기주인 뱀고사리에서 여름포자, 겨울포자 및 담자포자가 형성된다.

나무병
1. 버즘나무 탄저병(Apiognomonia veneta)
 • 봄비 잦은 해 다발
 • 어린잎, 가지가 모두 고사(늦서리 맞은 듯함)
 • 초봄 : 어린싹이 까맣게 죽고, 잎이 전개된 후에는 잎맥 중심으로 번개 모양의 갈색반점 잎맥과 주변에 작은 점이 무수히 나타남
 • 분생포자반 월동
2. 밤나무 가지마름병(Botryosphaeria dothidea)
 • 감염된 줄기 : 수피 내외가 갈색으로 변색, 이후 검은색

정답 08 ② 09 ⑤ 10 ⑤ 11 ④

- 열매 감염 : 흑색썩음병, 초기 과피에 갈색반점 출현 후 진물이 나오고, 연화되며, 검은색으로 변색, 알코올 냄새
3. 소나무 잎마름병(Pseudocercospora pinidensiflorae)
봄에 침엽이 윗부분에 띠 모양으로 누런 점무늬를 형성

12 나무병의 방제법에 대한 설명으로 옳은 것은?

① 장미 모자이크병은 항생제를 엽면살포한다.
② 뽕나무 오갈병 감염목은 벌채 후 훈증한다.
③ 아밀라리아뿌리썩음병은 감염목의 그루터기를 제거한다.
④ 회화나무 녹병은 중간기주인 일본잎갈나무를 제거한다.
⑤ 소나무 시들음병(소나무재선충병)은 살균제를 나무주사한다.

해설

① 장미 모자이크병은 바이러스병, PCR법, ELISA법으로 검정, 열처리로 방제한다.
② 뽕나무 오갈병 옥시테트라사이클린 수간주사
④ 회화나무 녹병은 동종 기생으로 중간기주가 없다.
⑤ 소나무 사들음병(소나무 재선충병)에는 살충제(페니트로티온)를 살포하고, 나무주사(아바멕틴벤조에이트)를 실시한다.

13 가지와 줄기에 발생하는 나무병의 병징으로 옳지 않은 것은?

① 향나무 녹병 – 가지 고사
② 밤나무 줄기마름병 – 줄기 터짐
③ Nectria 궤양병 – 윤문 형태의 궤양
④ 편백 · 화백 가지마름병 – 수지 분비
⑤ Scleroderris 궤양병 – 어린 수피에 자갈색 괴저

해설

Scleroderris 궤양병
- 기주 : 소나무, 방크스소나무
- 감염된 가지의 침엽 기부가 노랗게 변색
- 형성층과 목재조직이 연두색
- 심하면 수목 고사

14 갈색 테두리를 가진 회백색 병반을 형성하는 탄저병은?

① 개암나무 탄저병 ② 버즘나무 탄저병
③ 사철나무 탄저병 ④ 오동나무 탄저병
⑤ 호두나무 탄저병

해설

사철나무 탄저병(Gloeosporium euonymicola)은 잎에 크고 작은 점무늬가 생기고, 차츰 움푹 들어가면서 병이 진전된다. 회백색 병반이 확대되고, 병반 바깥쪽은 짙은 갈색의 경계띠가 형성되고, 안쪽은 회백색이 되며, 드문드문 검은 돌기가 형성된다.

나무병
1. 오동나무 탄저병(Golletotrichum kawakamii)
   - 묘포에서 발생하며 모잘록병과 비슷
   - 5~6월에 발생하여 장마철에 급격히 진행
   - 성목에서는 어린 줄기 및 잎에 줄기마름 증상
   - 병징 : 바늘자국같이 작은 갈색점, 이후 퇴색. 잎맥과 잎자루에 심하게 발생
2. 버즘나무 탄저병(Apiognomonia veneta)
   - 봄비 잦은 해 다발
   - 어린잎, 가지가 모두 고사(늦서리 맞은 듯함)
   - 초봄 : 어린싹이 까맣게 죽고, 잎이 전개된 후에는 잎맥 중심으로 번개 모양의 갈색반점 잎맥과 주변에 작은 점 무수히 나타남
   - 분생포자반 월동
3. 호두나무 탄저병(Ophiognomonia leptostyla)
   - 5~6월 잎과 줄기에 발생
   - 잎자루와 잎맥에 흑갈색 병반
   - 묘포에 주로 발생
4. 개암나무 탄저병(Piggotia coryli)
   - 묘목부터 성목까지 흔히 발생
   - 6월 갈색점무늬가 빠르게 확대, 회갈색의 띠가 나타나 옅은 겹둥근 무늬를 형성

15 병원균의 속(Genus)이 다른 나무병은?

① 포플러 갈색무늬병 ② 가중나무 갈색무늬병
③ 밤나무 갈색점무늬병 ④ 오리나무 갈색무늬병
⑤ 자작나무 갈색무늬병

해설

① Populus spp. ② Septoria sp.
③ Septoria quercus ④ Septoria alni
⑤ Septoria betulae

정답 12 ③ 13 ⑤ 14 ③ 15 ①

• Septoria에 의한 병들이다.
• Septoria에 의한 병 : 불완전아균문 유각균강 분생포자각균목
※ **쉽게 외우기** : 오느밤 가자 말가래

병명	병원균	병징 및 병환
오리나무 갈색무늬병	Septoria alni	다각형 내지 부정형병반
느티나무 흰별무늬병	Septoria beliceae	다각형 내지 부정형병반
밤나무 갈색점무늬병	Septoria quercus	경계 황색의 띠
가중나무 갈색무늬병	Septoria sp.	겹둥근무늬, 흰색 포장덩이
자작나무 갈색무늬병	Septoria betulae	적갈색 점무늬, 분생포자각
말채나무 점무늬병	Sphaerulina cornicola	자갈색의 모난병반
가래나무 점무늬병	Sphaerulina juglandis	원형 내지 부정형병반

16 자낭반이 형성되는 나무병이 아닌 것은?

① 타르점무늬병 ② 잣나무 잎떨림병
③ 리지나뿌리썩음병 ④ Scleroderris 궤양병
⑤ 낙엽송 가지끝마름병

해설

낙엽송 가지끝마름병
• 고온다습하고 강한 바람이 부는 임지에서 다발
• 주로 10년생 내외의 일본잎갈나무
• 병징
 - 6~7월 감염 : 수관의 위쪽만 남기고 낙엽되어 가지 끝이 아래로 쳐짐
 - 8~9월 감염 : 가지가 꼿꼿이 선 채 고사
 - 자낭각 월동
• 반균강 : 자낭반
 예 소나무잎떨림병(Lophodermium), 리지나뿌리썩음병(Rhizina), 피목가지마름병(Cenangium), 타르점무늬병(Raytisma)

17 시들음병에 대한 설명으로 옳은 것은?

① Verticillium 시들음병과 느릅나무 시들음병의 매개충은 나무좀류이다.
② 느릅나무 시들음병균의 균핵은 토양 내에 존재하다가 뿌리상처를 통해 침입할 수 있다.
③ Verticillium 시들음병균에 감염된 느릅나무 가지는 변재부 가장자리가 녹색으로 변한다.
④ 광릉긴나무좀은 시들음병균이 신갈나무 수피 아래에 만든 균사매트의 달콤한 냄새에 유인된다.
⑤ 한국참나무 시들음병균과 미국참나무 시들음병균은 같은 속(Genus)이지만 종(Species)이 다르다.

해설

Verticillium 시들음병(Verticillium dahlia)
• 유관속 시들음병, 농작물에서도 발생
• 수종 : 느릅나무, 단풍나무에서 다발
• 병징 : 감염된 가지, 줄기, 뿌리의 목부가 녹색으로 변색되고 갈색의 줄무늬가 나타남

시들음병
1. 느릅나무 시들음병(Ophiostoma ulmi)
 • 매개충 : 유럽느릅나무좀
 • 병징 : 물관부에 병원균 유입, 급속히 고사
2. 한국참나무 시들음병균(Raffaelea quercus-mongolicae)
 • 수종 : 신갈나무, 졸참나무, 물참나무에서 다발
 • 매개충 : 광릉긴나무좀(Platypus koryoensis)
 • 병징 : 변재부 목재 변색, 물관부의 물과 양분 이동을 방해해 시들음
3. 미국참나무 시들음병균(Ceratocystis fagacearum)
 • 수종 : 루브라참나무, 큰떡갈나무에 다발
 • 매개충 : Nitidulid 나무좀
 • 병징 : 물관부에 병원균 유입

18 다음 특성을 가진 나무 병원체에 대한 설명으로 옳지 않은 것은?

• 구형 또는 불규칙한 타원형이다.
• 세포벽을 가지지 않고 원형질막으로 둘러싸여 있다.
• 세포질이 있고 리보솜과 핵물질 가닥이 존재한다.

① 주로 체관부에서 발견된다.
② 주로 매미충류에 의해 전염된다.
③ 대추나무 빗자루병균이 해당된다.
④ 페니실린계 항생물질에 감수성이다.
⑤ DAPI를 이용한 형광현미경 기법으로 진단한다.

해설

스피로플라스마는 페니실린에 저항성이다.

정답 16 ⑤ 17 ③ 18 ④

파이토플라스마(마이코플라스마) 특징

1. 형태
   바이러스와 세균의 중간, 구형, 난형 및 불규칙한 타원형
2. 검정방법
   외부 형태 관찰은 전자현미경만 가능, confocal laser microscopy toluidine blue의 조직염색－광학현미경, DAPI 형광염색소 : 신속하고 간단한 형광현미경 기법－대표적 검증법
3. 종류
   대추나무, 오동나무 빗자루병, 뽕나무 오갈병
4. 특징
   - 세포벽이 없으며, 형태 일정하지 않은 원핵생물
   - 체관부(사부)에만 존재, 매미충류가 매개충
   - 인공배양이 안 되며, 테트라사이클린계에 감수성

스피로플라스마

1. 인공배양 가능
2. 페니실린에 저항성
3. 테트라사이클린계 감수성

19 나무병 진단에 사용되는 표징은?

① 궤양　② 균핵
③ 더뎅이　④ 점무늬
⑤ 암종(혹)

해설

나무병 진단 시 사용 표징

- 영양세포 : 균사체, 균사매트, 뿌리꼴균사다발, 균핵, 흡기
- 생식세포 : 자좌, 포자, 분생포자경, 포자낭, 노균병, 흰가루병, 분생포자반, 분생포자좌, 분생포자각, 자낭반, 자낭, 자낭각, 자낭구, 담자기, 버섯

※ 병징 : 시들음, 마름, 가지마름, 잎가마름, 색조 변화, 점무늬, 구멍, 얼룩, 궤양, 부후, 황화, 위축, 로제팅, 환상비대, 더뎅이, 오갈, 유합조직, 대화, 빗자루(총생), 암종

20 활엽수의 구멍병에 대한 설명으로 옳지 않은 것은?

① 세균 또는 곰팡이에 의한 증상이다.
② 나무 생장 저해 효과보다는 미관을 해치는 피해가 더 크다.
③ 병원균이 이층(떨켜)을 형성하여 조직을 탈락시킨 결과이다.
④ 병원균은 기주식물의 잎 이외에 열매나 가지를 감염하기도 한다.
⑤ 구멍은 아주 작은 것부터 수 mm에 이르는 것까지 크기가 다양하다.

해설

나무가 이층을 형성하여 조직을 탈락시킨다.

활엽수의 구멍병

1. 벚나무 갈색무늬구멍병
   - 자낭균문 소방자낭균
   - 이층 형성, 탈락 후 구멍
2. 세균성구멍병
   - 세균 : Xanthomonas arboricola
   - 잎 : 약간 부풀어 오른 병반이 확대하며 주위에 균열
   - 열매 : 표면에 갈색 또는 암갈색 병반, 확대하며 균열

21 가을 또는 이른 봄에 낙엽을 제거하여 예방할 수 있는 나무병은?

① 소나무 혹병
② 철쭉류 떡병
③ 붉나무 빗자루병
④ 포플러류 모자이크병
⑤ 단풍나무 타르점무늬병

해설

낙엽에서 월동하는 병원균은 단풍나무 타르점무늬병이다.

나무병

1. 소나무 혹병
   - 녹병균
   - 여름세대, 겨울세대 : 참나무류
   - 9~10월 담자포자 형성 후 소나무 어린 가지 침입
2. 철쭉류 떡병
   - 병든 줄기나 눈의 세포간극에서 월동(녹병균)
   - 담자기와 담자포자가 밀생하여 밀가루 모양
   - 햇빛이 비추면 안토시아닌이 분홍색으로 변색된다.
   - Cladosporium류의 영향으로 흑회색으로 변색된다.
3. 붉나무 빗자루병－파이토플라스마
4. 포플러류 모자이크병－바이러스
5. 단풍나무 타르점무늬병
   - 자낭균문 반균강
   - 아황산가스에 민감(대기오염지표)
   - 병든 잎에서 자낭반으로 월동

정답 19 ② 20 ③ 21 ⑤

22 나무줄기 상처치료에 대한 설명으로 옳지 않은 것은?

① 수피 절단면에 햇빛을 가려주면 유합조직 형성에 도움이 된다.
② 상처조직 다듬기에 사용하는 도구들은 100% 에탄올에 담가 자주 소독한다.
③ 상처 주변 수피를 다듬을 때는 잘 드는 칼로 모가 나지 않게 둥글게 도려낸다.
④ 상처에 콜타르, 아스팔트 등을 바르면 목질부의 살아 있는 유세포가 피해를 볼 수 있다.
⑤ 물리적 힘에 의해 수피가 벗겨졌을 때는 즉시 제자리에 붙이고 작은 못이나 접착테이프로 고정한다.

해설

칼은 70% 에틸알코올에 담가 자주 소독한다.

23 다음 나무병의 매개충을 같은 분류군끼리 묶어 놓은 것은?

가. 대추나무 빗자루병
나. 소나무 목재청변병
다. 느릅나무 시들음병
라. 참나무 시들음병
마. 소나무 시들음병(소나무 재선충병)

① (가), (나), (다, 라, 마)
② (가), (나, 다), (라, 마)
③ (가), (나, 다, 라), (마)
④ (가, 나), (다, 라), (마)
⑤ (가, 마), (나), (다, 라)

해설

나무병의 매개충
- 대추나무 빗자루병 : 마름무늬매미충
- 소나무 목재청변병 : 소나무좀, 소나무줄나무좀
- 느릅나무 시들음병 : 유럽느릅나무좀, 미국느릅나무좀
- 참나무 시들음병 : 광릉긴나무좀, nitidulid 나무좀
- 소나무 시들음병 : 솔수염하늘소, 북방수염하늘소

24 국내에서 큰 피해를 초래한 다음 나무병에 대한 설명으로 옳지 않은 것은?

① 소나무하늘소는 소나무재선충을 매개한다.
② 잣나무 털녹병균의 중간기주에 여름포자가 형성된다.
③ 담배장님노린재가 오동나무 빗자루병균을 매개한다.
④ 포플러류 녹병균의 중간기주는 낙엽송과 현호색류이다.
⑤ 참나무 시들음병은 국내에서는 2004년 처음 발견되었다.

해설

- 소나무 재선충병의 매개충은 북방수염하늘소, 솔수염하늘소이다.
- 오동나무빗자루병의 매개충은 담배장님노린재, 오동나무애매미충, 썩덩나무노린재이다.

25 병원체 형태 관찰을 위한 현미경의 연결이 옳지 않은 것은?

① 뿌리혹선충병 – 해부현미경
② 밤나무 줄기마름병 – 광학현미경
③ 벚나무 번개무늬병 – 형광현미경
④ 뽕나무 오갈병 – 투과전자현미경
⑤ 아밀라리아뿌리썩음병 – 주사전자현미경

해설

③ 벚나무 번개무늬병 – 전자현미경, 형광현미경은 파이토플라스마(마이코플라스마) 검정법이다.

현미경적 진단
1. 해부현미경 : 육안으로 진단이 어려운 경우 1차적인 진단 수행
2. 광학현미경 : 진균과 세균 관찰
3. 전자현미경 : 가시광선보다 파장이 짧은 전자빔을 광원으로 사용
   - 투과현미경(TEM) : 명암의 대비로 세포, 세균, 바이러스 관찰
   - 주사현미경(SEM) : 진균, 세균, 식물의 표면 정보 획득

- DAPI 형광염색소 : 신속하고 간단한 형광현미경 기법 – 대표적 검증

정답 22 ② 23 ③ 24 ① 25 ③

26 수목을 가해하는 소나무좀, 매미나방, 차응애가 모두 공유하는 특징은?

① 알로 월동한다.
② 표피가 키틴질이다.
③ Hexapoda에 속한다.
④ 먹이를 씹어 먹는다.
⑤ 협각(Chelicera)이 있다.

해설

• Hexapoda(육각류=다리 6개) : 곤충강
• 협각(Chelicera) : 절지동물(거미류)에 있어서 집게발처럼 물체를 잡는 머리 부속지의 첫 1쌍

27 수목 해충의 분류학적 위치(종명-과명-목명)의 연결이 옳지 않은 것은?

① 솔잎혹파리-Cecidomyiidae-Diptera
② 벚나무깍지벌레-Cicadidae-Hemiptera
③ 소나무왕진딧물-Aphididae-Hemiptera
④ 갈색날개매미충-Ricaniidae-Hemiptera
⑤ 좀검정잎벌-Tenthredinidae-Hymenoptera

해설

벚나무깍지벌레-Diaspididae-Hemiptera

수목 해충의 분류(과명 · 목명)
• 혹파리과(Cecidomyiidae)-파리목(Diptera)
• 매미과(Ricadidae)-노린재목(Hemiptera)
• 진딧물과(Aphididae)-노린재목(Hemiptera)
• 큰날개매미충과(Ricaniidae)-노린재목(Hemiptera)
• 잎벌과(Tenthredinidae)-벌목(Hymenoptera)

28 흡즙성(Piercing and Sucking) 해충이 아닌 것은?

① 뽕나무이 ② 외줄면충
③ 개나리잎벌 ④ 미국선녀벌레
⑤ 버즘나무방패벌레

해설

개나리잎벌은 식엽성 해충이다.

가해습성에 따른 해충 분류

원인 분류	내용
식엽성 해충	회양목명나방, 흰불나방, 풍뎅이류, 잎벌레, 집시나방, 느티나무 벼룩바구미, 솔나방, 노랑쐐기나방, 잎벌류, 풍뎅이류
흡즙성 해충	응애, 진딧물, 깍지벌레, 방패벌레, 주홍날개꽃매미
천공성 해충	소나무좀, 노랑무늬솔바구미, 하늘소(향나무, 알락)박쥐나방, 미끈이하늘소, 오리나무좀, 비단벌레
충영 형성 해충	솔잎혹파리, 밤나무혹벌, 진딧물류(외줄면충), 혹응애(향나무, 회양목) 큰팽나무이
종실 해충	도토리거위벌레, 밤바구미, 복숭아명나방, 백송애기잎말이나방, 솔알락명나방

29 곤충의 변태에 대한 설명 중 옳은 것은?

① 흰개미-완전변태
② 대벌레-완전변태
③ 풀잠자리-완전변태
④ 솔잎혹파리-불완전변태
⑤ 진달래방패벌레-완전변태

해설

곤충 분류

무시아강	유시아강		
	고시류	외시류(불완전)	내시류(완전)
• 톡토기목 • 낫발이목 • 좀붙이목	• 하루살이목 • 잠자리목	• 집게벌레목 • 바퀴목 • 사마귀목 • 대벌레목 • 메뚜기목 • 흰개미붙이목 • 강도래목 • 다듬이벌레목 • 털이목 • 이목 : 몸이 • 흰개미목 • 총채벌레목 • 노린재목 • 매미목 • 대벌레붙이목	• 벌목 : 벌, 개미, 잎벌 • 딱정벌레목 • 부채벌레목 • 뱀잠자리목 • 풀잠자리목 : 풀잠 자리, 개미귀신 • 약대벌레목 • 밑들이목 : 밑들이 • 벼룩목 • 파리목 : 모기, 파리 • 날도래목 • 나비목

정답 26 ② 27 ② 28 ③ 29 ③

30 복숭아가루진딧물에 대한 설명으로 옳지 않은 것은?

① 산란형 암컷(Ovipara)은 무시형이다.
② 벚나무속 수목의 눈에서 알로 월동한다.
③ 양성(암/수)의 출현은 1차 기주로 돌아오는 가을철 세대에서만 나타난다.
④ 간모(Fundatrix)에서 태어난 유시형 암컷은 여름기주인 감자 등 작물로 이동한다.
⑤ 짝짓기는 월동기주인 벚나무속 수목에서 산란형 암컷과 유시형 수컷에 의해 일어난다.

해설

진딧물과 중간기주

해충명	중간기주	중간기주 체류기간	주요 가해수종	주요 산란장소
목화진딧물	오이, 고추 등	5~10월	무궁화, 석류나무 등	무궁화 눈, 가지
복숭아혹진딧물	무, 배추 등	5~10월	복숭아나무, 매실나무 등	복숭아나무 겨울눈 부근
때죽납작진딧물	나도바랭이새	7월~가을	때죽나무	때죽나무 가지
사사키잎혹진딧물	쑥	5~10월	벚나무류	벚나무류 가지
외줄면충	대나무	5~10월	느티나무	느티나무 수피 틈
조팝나무진딧물	명자나무, 귤나무	5~10월	사과나무, 조팝나무	조팝나무 눈, 사과나무의 도장지
일본납작진딧물	조릿대, 이대	여름철	때죽나무	때죽나무
검은배네줄면충	벼과식물	7~9월	느릅나무, 참느릅나무	느릅나무 수피 틈
복숭아가루진딧물	억새, 갈대 등	6월~가을	벚나무류	벚나무류
벚잎혹진딧물	쑥	6월~가을	벚나무류	벚나무류

31 외래해충이 아닌 것은?

① 솔잎혹파리
② 미국선녀벌레
③ 솔수염하늘소
④ 이세리아깍지벌레
⑤ 버즘나무방패벌레

해설

솔수염하늘소는 토착 곤충이다.

외래해충
- 이세리아깍지벌레 – 대만, 미국(1910)
- 솔잎혹파리 – 일본(1929)
- 미국흰불나방 – 미국, 일본(1958)
- 밤나무혹벌 – 일본(1958)
- 솔껍질깍지벌레 – 불명(1963)
- 주홍날개꽃매미 – 중국(2006)
- 버즘나무방패벌레 – 미국(1995)
- 소나무재선충 – 일본(1988)
- 갈색날개매미충 – 중국(2010)
- 아까시잎혹파리 – 미국(2002)
- 미국선녀벌레 – 미국(2009)

32 곤충의 기관계에 관한 설명으로 옳지 않은 것은?

① 체벽이 함입되어 생성된다.
② 기관(Trachea)은 외배엽성이다.
③ 내부 기생봉의 유충은 개방기관계로 되어 있다.
④ 솔수염하늘소 기문은 몸마디 양측면에 위치한다.
⑤ 수분 증발을 막기 위해 기문을 닫을 수 있도록 해주는 개폐장치가 있다.

해설

곤충 개방기관계는 기관지 내에서 산소 전달과 이산화탄소 방출 기능을 한다. 그러나 내부 기생봉은 이것이 불가능하므로 폐쇄기관계를 갖는다.

33 곤충의 생식계에 관한 설명으로 옳지 않은 것은?

① 벌의 독샘은 부속샘이 변형된 것이다.
② 암컷의 부속샘은 알의 보호막이나 점착액을 분비한다.
③ 난소에 존재하는 난소소관의 수는 종에 관계 없이 일정하다.
④ 암컷 저정낭(Spermatheca)은 교미 시 수컷으로부터 받은 정자를 보관한다.
⑤ 수컷의 저정낭(저장낭, Seminal Vesicle)은 정소소관의 정자를 수정관을 통해 모으는 곳이다.

정답 30 ④ 31 ③ 32 ③ 33 ③

해설

곤충의 종에 따라 난소소관의 수가 다양하다.

34 폭탄먼지벌레는 사마귀나 거미와 같은 천적을 만나면 독가스를 발산하여 쫓는다. 여기에 관여하는 타감물질은?

① 알로몬(Allomone)
② 시노몬(Synomone)
③ 카이로몬(Kairomone)
④ 아뉴몬(Apneumone)
⑤ 성페로몬(Sex pheromone)

해설

외분비계
- 페로몬
  - 성페로몬 : 종특이성
  - 집합페로몬 : 교미 상태 쉽게 찾음, 적 방어, 먹이 공유, 사회성 유지
  - 분산페로몬 : 너무 많은 개체가 모인 경우 분산호르몬을 통해 간격을 유지함. 산란 시 간격 유지
  - 길잡이페로몬 : 개미, 오래 지속
  - 경보페로몬 : 사회성 곤충이나 뿔매미, 진딧물 등, 빠르게 퍼짐
- 이종간 통신물질
  - 카이로몬 : 분비개체 불리, 감지개체 유리
  - 알로몬 : 분비개체 유리, 감지개체 불리
  - 시노몬 : 분비개체, 감지개체 모두 유리

35 곤충 A의 발육영점온도는 15℃이고, 유효적산온도를 300DD(Degree－Day)라고 하면, 평균 25℃ 조건에서 알에서 우화까지의 발육기간(일)은?

① 10　② 15
③ 20　④ 25
⑤ 30

해설

- 유효적산온도＝(발육기간 중 평균온도－발육영점온도) × 경과일수

$$300DD = (25-15) \times X \quad \therefore X = 30$$

- 단순선형 회귀식(표본회귀식)을 이용한 추정(예측)

$$Y = ax + b$$

여기서, a는 회귀계수(기울기), b는 회귀상수(y절편)

$$Y = 0.02x - 0.2$$

- 발육영점온도 $= \frac{-b}{a}$

유효적산온도(온일도) $= \frac{1}{a}$ DD(Degree－Days)

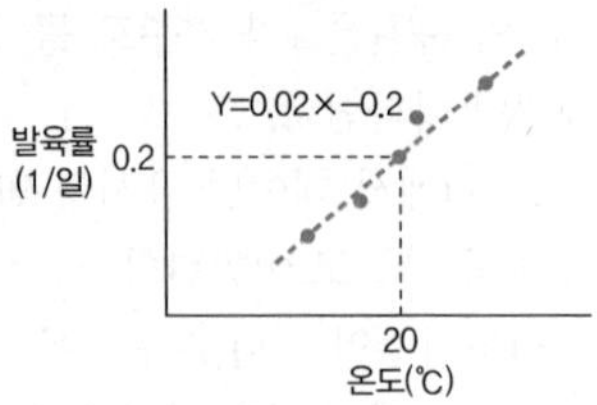

단순선형 회귀분석

36 갈색날개매미충과 미국선녀벌레의 생태에 관한 설명으로 옳지 않은 것은?

① 그을음병을 유발한다.
② 수목의 가지에 산란한다.
③ 밀납을 분비하여 미관을 해친다.
④ 알로 월동하고 연 1회 발생한다.
⑤ 7월 중순에 부화하여 수목의 가지에 피해를 준다.

해설

- 미국선녀벌레 : 4월 부화, 9~10월 우화
- 갈색날개매미충 : 5월 중순~6월 상순 부화, 7월 중순~11월 중순 우화

37 솔껍질깍지벌레, 소나무재선충 및 광릉긴나무좀의 피해를 옳게 설명한 것은?

① 소나무재선충에 감염된 소나무는 수관하부부터 고사한다.
② 솔껍질깍지벌레는 소나무 잎을 가해하며 1년 안에 고사시킨다.
③ 소나무재선충병 고사목이 가장 많이 발생하는 시기는 5월이다.
④ 솔껍질깍지벌레에 피해를 받은 소나무잎은 우산처럼 아래로 처진다.
⑤ 광릉긴나무좀은 흉고직경 30cm가 넘는 대경목에 피해가 많이 발생하며, 수컷성충이 먼저 침입하여 암컷을 유인한다.

정답 34 ① 35 ⑤ 36 ⑤ 37 ⑤

해설

나무좀류는 암컷이 먼저 침입하지만 광릉긴나무좀은 수컷이 먼저 침입한다.

① 재선충병은 수관 전체가 붉게 마르면서 고사한다.
② 솔껍질깍지벌레는 3~5년에 걸쳐 수목을 고사하게 만든다.
③ 소나무재선충의 고사목이 가장 많은 시기는 9월 이후이다.
④ 솔껍질깍지벌레에 피해 잎은 그대로 있는 상태에서 죽는다.

38 월동태가 알과 성충 순으로 옳게 연결된 것은?

① 벚나무응애 – 루비깍지벌레
② 복숭아혹진딧물 – 외줄면충
③ 점박이응애 – 진달래방패벌레
④ 전나무잎응애 – 오리나무잎벌레
⑤ 사철나무혹파리 – 갈색날개노린재

해설

곤충별 월동태
- 응애류 – 주로 성충으로 월동
- 깍지벌레류 – 주로 성충으로 월동
- 진딧물류 – 주로 알로 월동
- 잎벌레류 – 주로 성충으로 월동
- 혹파리 – 주로 유충으로 월동

39 해충의 종류와 가해 습성 및 흔적의 연결이 옳지 않은 것은?

① 회양목명나방 – 잎을 철하고 가해
② 붉나무혹응애 – 가지에 혹을 만들고 가해
③ 미국흰불나방, 천막벌레나방 – 거미줄이 있음
④ 잎응애류, 방패벌레류 – 잎의 반점 또는 갈변
⑤ 대추애기잎말이나방 – 잎을 묶거나 접고 그 속에서 가해

해설

붉나무혹응애는 잎에 사마귀 모양의 혹을 만든다.

40 진딧물의 천적이 아닌 것은?

① 진디혹파리
② 칠성풀잠자리
③ 칠성무당벌레
④ 칠레이리응애
⑤ 콜레마니진디벌

해설

칠레이리응애는 응애류의 천적이다.

해충별 천적
- 사과면충 – 사과면충좀벌
- 루비깍지벌레 – 루비깍지좀벌
- 목화진딧물 – 콜리마니진디벌
- 꽃노랑 총채벌레 – 애꽃노린재류
- 온실가루이 – 온실가루이좀벌
- 진딧물 – 무당벌레, 진디벌
- 점박이응애 – 칠레이리응애, 긴털이리응애
- 이세리아깍지벌레 – 베달리아무당벌레

41 해충별 기주, 월동장소, 월동태의 순으로 연결이 옳지 않은 것은?

① 알락하늘소 – 단풍나무 – 줄기 속 – 유충
② 황다리독나방 – 층층나무 – 줄기 – 알
③ 복숭아유리나방 – 벚나무 – 줄기 속 – 유충
④ 느티나무벼룩바구미 – 느티나무 – 수피 틈 – 성충
⑤ 도토리거위벌레 – 상수리나무 – 종실 속 – 유충

해설

도토리거위벌레
- 상수리나무, 신갈나무 등 참나무류의 도토리에 피해를 준다.
- 암컷 성충이 7~8월에 주둥이로 도토리에 구멍을 뚫고 산란하고 가지를 절단하여 땅에 떨어뜨린다.
- 연 1회, 노숙유충 월동(땅속 3~9cm 깊이에 흙집)

42 생물적 방제에 관한 설명으로 옳지 않은 것은?

① 기생벌의 유충은 육식성이다.
② 포식성 천적은 먹이를 직접 탐색하여 섭식한다.
③ 솔잎혹파리 천적으로 이용했던 기생벌은 솔잎혹파리먹좀벌과 굴파리좀벌이다.
④ 접종방사는 피해선단지에 매년 일정량의 천적을 방사하여 밀도를 높이는 방법이다.
⑤ 다포식기생(Polyparasitism)은 2마리 이상의 동종 개체가 한 마리의 기주에 기생하는 것을 칭한다.

해설

솔잎혹파리의 천적에는 솔잎혹파리먹좀벌, 혹파리살이먹좀벌, 혹파리등뿔먹좀벌, 혹파리반뿔먹좀벌이 있다.

정답 38 ④ 39 ② 40 ④ 41 ⑤ 42 ③

생물학적 방제법

1. 기생성 천적
   - 내부기생성
     - 긴 산란관으로 기주의 체내에 산란
     - 먹좀벌류, 진디벌류
   - 외부기생성
     - 기주의 체외에서 영양을 섭취
     - 개미침벌, 가시고치벌
2. 포식성 천적
   - 해충을 먹이로 하는 생물종
   - 씹는 형 입틀 : 무당벌레, 사마귀, 풀잠자리, 말벌류
   - 빠는 형 입틀 : 포식성 응애류, 거미류
   - 조류, 양서류, 파충류, 포유류 등
3. 곤충 병원성 미생물
   - 해충에 병을 일으켜서 해충을 폐사
   - 바이러스
     - 핵다각체병바이러스(NPV), 과립병바이러스(GV)
     - 세포질다각체병바이러스(CPV), 곤충폭스바이러스(EPV)
   - 세균 : BT제(포자 형성 세균류)
   - 곰팡이 : 백강균, 녹강균
   - 선충 : 적용 기술 개발 중

43 곤충의 의사전달에 필요한 통신물질인 페로몬(Pheromone) 가운데 행동을 유발하는 것이 아닌 것은?

① 성페로몬　② 집합페로몬
③ 경보페로몬　④ 길잡이페로몬
⑤ 계급분화페로몬

해설

계급분화페로몬은 사회성 유지 작용을 한다.

44 지표면을 기어다니는 절지동물(먼지벌레, 거미)의 예찰에 적합한 것은?

① 함정트랩(Pitfall Trap)
② 수반트랩(Water Trap)
③ 유아등트랩(Light Trap)
④ 깔때기트랩(Funnel Trap)
⑤ 말레이즈트랩(Malaise Trap)

해설

함정트랩은 지표면에서 서식하는 딱정벌레나 거미류 등을 조사하는 방법이다.

수목해충 발생조사(간접조사)

1. 유아등트랩
   - 주광성이 있고 활동성이 높은 성충이 대상
   - 자외선 근처의 스펙트럼(320~400nm) 많이 사용
   - 형광 블랙라이트가 가장 효과적
2. 황색수반트랩
   - 물이 들어 있는 황색수반에 날아드는 해충을 채집
   - 계면활성제 투입
3. 말레이즈트랩
   날아다니다 벽에 부딪히면 위로 올라가는 습성
4. 깔때기트랩
   성유인 물질을 이용하여 해충을 유인해 가둬 죽이는 깔때기 모양의 장치로 담배거세미나방과 같은 큰 나방류 포획에 좋음

45 소나무에 기생하는 해충에 대한 설명으로 옳지 않은 것은?

① 소나무왕진딧물은 여름철 기주 전환을 하지 않는다.
② 솔나방은 연 1회 발생하고 5령 유충으로 월동한다.
③ 솔잎혹파리의 학명은 Thecodiplosis japonensis이다.
④ 솔껍질깍지벌레는 하면을 하며 수컷은 불완전변태를 한다.
⑤ 솔수염하늘소는 연 1회 혹은 2년 1회 발생하며, 목질부 속에서 유충으로 월동한다.

해설

솔껍질깍지벌레의 수컷은 완전변태를 한다.

솔껍질깍지벌레

1. 피해
   - 1963년 국내 발견(가해수종 : 곰솔, 소나무)
   - 약충이 가지에서 실 모양의 구침을 인피부에 꽂고 흡즙
   - 세포를 파괴하는 타액을 분비하여 세포막 파괴, 세포 내 물질 분해
   - 3~5월 수관하부의 잎부터 갈색으로 변색, 7~22년 이하의 수령이 큰 피해
   - 11~3월 후약충시기에 가장 큰 피해

정답 43 ⑤ 44 ① 45 ④

2. 생활사
  • 연 1회, 후약충 월동
  • 암컷 : 불완전변태, 수컷 : 완전변태(전성충과 번데기)
  • 우화최성기 4월 중순
3. 방제법
  • 선단지 강도의 솎아베기 또는 간벌
  • 피해도 심 이상이고 수종갱신이 필요한 경우 모두베기
  • 2~5월 페로몬 트랩
  • 피해도 중 이상 나무주사, 에마멕틴벤조에이트 유제, 이미다클로프리드 분상성 액제 살포

46 가해 습성 및 형태에 따른 해충의 구분으로 옳지 않은 것은?

① 충영 형성 해충 – 솔잎혹파리, 외줄면충, 때죽납작진딧물
② 흡즙성 해충 – 버즘나무방패벌레, 미국선녀벌레, 회화나무이
③ 천공성 해충 – 느티나무벼룩바구미, 소나무좀, 솔수염하늘소
④ 종실, 구과 해충 – 밤바구미, 도토리거위벌레, 솔알락명나방
⑤ 식엽성 해충 – 큰이십팔점박이무당벌레, 주둥무늬차색풍뎅이, 호두나무잎벌레

해설

느티나무벼룩바구미는 식엽성 해충이다.

느티나무벼룩바구미
1. 피해
  • 느티나무, 비술나무
  • 성충과 유충이 잎살을 가해
  • 성충 : 잎 표면에 구멍을 뚫어 가해
  • 유충 : 잎 가장자리부터 터널을 형성하며 가해
2. 생활사 : 연 1회, 성충 월동(지피물, 토양 속, 수피 틈)
3. 방제법
  • 끈끈이롤트랩
  • 월동성충 활동기 : 이미다클로프리드 분산성 액제를 나무주사

47 곤충의 혈림프는 혈장과 혈구로 구성되어 있다. 혈림프의 기능이 아닌 것은?

① 식균작용
② 응고작용
③ 신경호르몬 분비
④ 체온 및 체압 조절
⑤ 영양물의 저장과 분배

해설

순환계
• 개방혈관계(혈림프, 산소운반은 주로 기관, 중탄산염)
• 혈장 : 수분의 보존, 양분의 저장, 영양물질과 호르몬의 운반(수분 85%), 약산성, 외시류(Na, Cl), 내시류(유기산)
• 혈구 : 식균작용, 상처치유, 해독작용(원시혈구, 포낭세포, 편도혈구)
• 구성 : 곤충의 심실은 보통 9개로 각 심실 양쪽에 1쌍의 심문
• 기저막 : 혈액과의 물질교환을 도움
• 혈액순환 : 머리, 더듬이, 다리, 날개, 체강 순

48 소나무좀에 대한 설명으로 옳지 않은 것은?

① 연 1회 발생하며, 성충으로 월동한다.
② 6월에 우화한 신성충은 신초를 가해하며, 늦가을에 월동처로 이동한다.
③ 암컷 성충은 쇠약한 나무에 구멍을 뚫고 침입하여 갱도에 산란한다.
④ 부화한 유충은 성충의 갱도와 거의 직각 방향으로 내수피를 섭식한다.
⑤ 유충은 5령기를 거치며, 성숙 유충이 수평갱도와 직각으로 번데기 방을 형성한다.

해설

유충은 수직갱도(모갱)와 직각으로 번데기 방을 형성한다.

소나무좀
1. 피해
  • 소나무, 곰솔, 잣나무 등 소나무속
  • 성충과 유충이 형성층과 목질부를 가해
  • 수세가 약한 이식목, 벌채목, 고사목 등
  • 피해목은 수피가 잘 벗겨져 갱도 관찰이 용이
  • 신성충은 새 가지의 줄기 속을 가해하는 후식피해
  • 후식피해는 수관상부, 정아지에 피해

정답 46 ③ 47 ③ 48 ⑤

2. 생활사
- 연 1회, 성충 월동(지제부 부근)
- 평균기온 15℃로 2~3일 지속되면 활동 시작
- 암컷 성충이 먼저 침입하면 수컷이 뒤따라옴
- 우화 : 6월 상순부터

49 소나무재선충이 매개충인 솔수염하늘소의 기문으로 이동 시 발육단계(A)와 소나무재선충이 소나무로 침입하는 발육단계(B)가 옳은 것은?

① (A) : 증식형 제3기 유충, (B) : 분산형 제4기 유충
② (A) : 증식형 제4기 유충, (B) : 분산형 제3기 유충
③ (A) : 분산형 제3기 유충, (B) : 증식형 제4기 유충
④ (A) : 분산형 제4기 유충, (B) : 분산형 제4기 유충
⑤ (A) : 분산형 제3기 유충, (B) : 분산형 제4기 유충

해설
(A) 분산기 4기로 매개충의 기문에 침입
(B) 분산기 4기로 후식 때 소나무의 상처를 통해 침입

재선충병(Bursaphelenchus xylophilus)
- 북미대륙 원산의 식물기생성 선충으로 가는 실과 같은 구조를 갖고 있으며, 길이는 0.6~1.0mm
- 알, 4회의 유충기, 4회의 탈피를 거쳐 암·수 성충으로 성장함
- 2기 유충에서 분산형 3기 유충으로 탈피하게 되며, 이 시기가 소나무재선충이 매개충의 번데기 방으로 모여지는 단계
  - 분산기 4기로 탈피하여 매개충의 기문에 올라탐
  - 매개충의 후식 상처에 분산기 4기로 소나무에 침입
- 성충은 교미 후 30일 전후하여 약 100여 개 정도의 알을 낳음
- 25℃ 조건에서 1세대 기간은 약 5일이며 1쌍의 소나무재선충이 20일 후 20여만 마리 이상으로 증식

50 수목해충의 방제방법에 대한 설명으로 옳은 것은?

① 솔수염하늘소는 분산페로몬을 이용하여 대량포집한다.
② 미국흰불나방은 분산하기 전 어린 유충기에 방제하는 것이 효율적이다.
③ 북방수염하늘소의 유충을 구제하기 위하여 지제부에 잠복소를 설치한다.
④ 밤나무혹벌 유충이 가지에 출현하여 보행할 때 침투성 살충제를 처리한다.
⑤ 밤바구미는 배설물을 종실 밖으로 배출하므로 배설물이 보이지 않는 시기에 훈증한다.

해설
수목해충의 방제방법
- 솔수염하늘소 : 집합페로몬, 성페로몬을 이용
- 북방수염하늘소 : 유인목 설치
- 밤나무혹벌 : 동아 속에서 성장하고, 혹 속에서 월동하므로 혹 제거
- 밤바구미 : 외부로 배설물이 드러나지 않음. 훈증을 통해 방제

3과목 수목생리학

51 잎의 구조와 기능에 관한 설명으로 옳지 않은 것은?

① 기공은 2개의 공변세포로 이루어져 있다.
② 대부분의 피자식물에서 기공은 하표피에 분포한다.
③ 주목과 전나무의 침엽은 책상조직과 해면조직으로 분화되어 있지 않다.
④ 광합성이 왕성할 때 이산화탄소를 흡수하고 산소를 방출하는 장소이다.
⑤ 기공의 분포밀도가 높은 수종은 기공이 작고, 밀도가 낮은 수종은 기공이 큰 경향이 있다.

해설
잎 특징
- 유세포로 구성
- 광합성에서 가장 중요한 기관
- 산소와 탄산가스를 교환하는 장소
- 증산작용

1. 피자식물의 잎
   - 엽신 : 넓게 발달 – 상표피 : 표피표면에 각피(수분증발 억제)

정답 49 ④ 50 ② 51 ③

- 엽병 : 지탱－엽육 : 엽록소 다량 함유－책상조직 (햇빛 받음)
- 하표피 : 해면조직(탄산가스 확산)

2. 나자식물의 잎－대부분 침엽, 상록성
(예외) 은행나무, 일본잎갈나무, 메타세쿼이아 등
   - 책상조직과 해면조직이 분화됨(은행나무, 주목, 전나무, 미송)
   - 책상조직과 해면조직이 분화되지 않음(소나무류)
3. 기공
   - 증산작용, 탄산가스 교환하는 곳, 표피세포 중 두 개의 특수한 공변세포에 의해 만들어진 구멍
   - 공변세포는 반족세포에 둘러싸여 삼투압 조절과 기공의 개폐에 영향을 미침(칼륨 농도)

52 수목의 개화생리에 관한 설명으로 옳지 않은 것은?

① 진달래는 단일조건에서 화아 분화가 촉진된다.
② 무궁화는 장일처리를 하면 지속적으로 꽃이 핀다.
③ 결실 풍년에는 탄수화물이 고갈되어 화아 발달이 억제된다.
④ 소나무에서 암꽃은 질소 관련 영양 상태가 양호할 때 촉진된다.
⑤ 소나무에서 암꽃 분화는 높은 지베렐린 함량에 의해 촉진된다.

해설

개화결실의 촉진
- 화학적 방법으로 식물생장 호르몬 조절에 의한 방법이 있다.
- 지베렐린(GA_3) : 낙우송, 삼나무, 편백 등 화아 분화 촉진
- 옥신 : 소나무, 곰솔은 수꽃 → 암꽃
- 2, 4－D : 소나무, 곰솔은 암꽃 → 수꽃

53 탄수화물의 운반에 관한 설명으로 옳지 않은 것은?

① 주로 환원당 형태로 운반된다.
② 사부조직을 통하여 이루어진다.
③ 성숙한 잎의 엽육조직은 탄수화물의 공급원이다.
④ 열매, 형성층, 가는 뿌리는 탄수화물의 수용부이다.
⑤ 공급부와 수용부 사이의 압력 차이로 발생한다는 압류설이 유력하다.

해설

사부조직을 통해 운반되는 탄수화물은 비환원당만으로 구성된다.

압력유동설
- 1930년 Munch가 제창하였다.
- 두 장소의 삼투압 차이에서 생기는 압력에 의해 수동적으로 이동한다.
- 조건
  - 반투과성 막이 있어야 한다.
  - 종축 방향의 이동수단이 있어야 하며, 저항이 적어야 한다.
  - 두 장소 간에 삼투압 차이 및 압력이 있어야 한다.
  - 공급원에는 적재 기작 그리고 수용부에는 하적 기작이 있어야 한다(에너지 소모).
- 문제점
  - 설탕과 물의 이동속도가 다르다.
  - 압력유동설은 한 방향만 이동이 가능하다.

54 지질의 종류와 기능을 연결한 것으로 옳지 않은 것은?

① 왁스－방수
② 인지질－내한성 증가
③ 리그닌－원형질막 구성
④ 탄닌(타닌)－초식동물의 섭식 저해
⑤ 플라보노이드－병원균의 공격 억제

해설

페놀 화합물인 리그닌은 세포벽의 구성성분이다.

지질의 5가지 기능
- 세포의 구성성분 : 원형질막은 인지질로 구성, 수용 성 물질의 자유로운 통과 억제, 페놀 화합물인 리그닌은 세포벽의 구성성분
- 저장물질 : 종자나 과일의 중요한 저장물질
- 보호층 조성 : Wax, Cutin, Suberin은 잎, 줄기, 종자의 표면을 보호
- 저항성 증진 : 수지는 병원균이나 해충의 침입을 막고, 인지질은 수목의 내한성 증가
- 2차 산물의 역할
  - 타감물질 역할
  - 고무, Tannin, Alkaloids 등

정답 52 ⑤ 53 ① 54 ③

55 수목의 탄수화물에 관한 설명으로 옳지 않은 것은?

① 포도당, 과당은 단당류이다.
② 세포벽의 주요 구성성분이다.
③ 전분, 셀룰로오스, 펙틴은 다당류이다.
④ 에너지를 저장하는 주요 화합물이다.
⑤ 온대지방 낙엽수의 탄수화물 농도는 늦은 봄에 가장 높다.

해설

탄수화물의 계절적 변화
- 탄수화물 최고치 : 늦가을
- 탄수화물 최저치 : 늦은 봄

※ 아까시나무는 겨울철 전분함량이 감소하고 환원당의 함량은 증가(내한성 증가)

56 수목의 무기이온 흡수 기작에 관한 설명으로 옳지 않은 것은?

① 세포벽 이동은 비가역적이며, 에너지를 소모한다.
② 뿌리 속 무기이온 농도는 토양 용액보다 높다.
③ 뿌리 호흡이 억제되면 무기이온 흡수가 감소된다.
④ 세포질 이동은 원형질막을 통과하면서 선택적 흡수를 가능하게 한다.
⑤ 무기이온의 흡수 경로는 세포벽 이동과 세포질 이동으로 구분한다.

해설

자유공간을 통한 무기염의 흡수는 가역적이다.

무기염의 흡수기작
- 아포플라스트(Apoplast) : 비선택적, 가역적, 에너지 소모가 없다(수동운반).
- 심플라스트(Simplas) : 선택적, 비가역적, 에너지를 소모한다(능동운반).

57 무기양분의 일반적 결핍 현상에 관한 설명으로 옳지 않은 것은?

① 황의 결핍으로 어린잎이 황화된다.
② 인은 산성 토양에서 불용성이 되어 식물이 흡수하기 어렵다.
③ 칼슘은 체내 이동이 어려워 결핍 시 어린잎이 기형으로 변한다.
④ 알칼리성 토양에서 잎의 황화현상은 대부분 칼륨 부족 때문이다.
⑤ 유기물 분해로 주로 공급되는 질소는 결핍되기 쉽고 T/R율이 감소한다.

해설

황화현상
- 엽록소의 합성에 이상이 생겨 발생
- 질소와 마그네슘의 부족
- 칼륨, 철, 망간의 부족(알칼리 토양에서 주로 철)
- 수분 부족, 이상기온, 독극물, 무기염류 과다 등

58 피자식물에는 있으나 나자식물에는 없는 목재의 구성성분으로 짝지어진 것은?

① 도관, 목부섬유
② 도관, 수선유세포
③ 도관, 종축유세포
④ 가도관, 수지도세포
⑤ 가도관, 종축유세포

해설

목재(2차 목부)의 구성성분

피자식물		나자식물	
종축 방향	수평 방향	종축 방향	수평 방향
• 도관 • 가도관 • 목부섬유 • 종축유세포	수선유세포	• 가도관 • 종축유세포 • 수지도세포	• 수선가도관 • 수선유세포 • 수지도세포

59 내음성이 강한 수종부터 나열한 순서가 옳은 것은?

① 목련 > 벚나무 > 단풍나무
② 주목 > 느티나무 > 서어나무
③ 회양목 > 버드나무 > 상수리나무
④ 사철나무 > 물푸레나무 > 자작나무
⑤ 개비자나무 > 아까시나무 > 전나무

해설

① 단풍나무 > 목련 > 벚나무
② 주목 > 서어나무 > 느티나무

정답 55 ⑤ 56 ① 57 ④ 58 ① 59 ④

③ 회양목 > 상수리나무 > 버드나무
⑤ 개비자나무 > 전나무 > 아까시나무

내음순위
- 극음수 : 주목, 개비자나무, 나한백, 사철나무, 회양목, 굴거리나무
- 음수 : 전나무, 가문비나무, 솔송나무, 너도밤나무, 서어나무, 함박꽃나무, 칠엽수, 녹나무, 단풍나무류
- 중용수 : 잣나무, 편백, 느릅나무류, 참나무류, 은단풍, 목련, 동백나무, 물푸레나무, 산초나무, 층층나무, 철쭉류, 피나무, 팽나무, 굴피나무, 벚나무류
- 양수 : 은행나무, 소나무류, 측백나무, 향나무, 낙우송, 밤나무, 오리나무, 버짐나무, 오동나무, 사시나무, 일본잎갈나무, 느티나무, 아까시나무
- 극양수 : 방크스소나무, 왕솔나무, 잎갈나무, 연필향나무, 버드나무, 자작나무, 포플러

60 다음 중 다량원소에 속하는 무기양분을 모두 고른 것은?

ㄱ. N	ㄴ. Fe
ㄷ. Mn	ㄹ. Mg
ㅁ. Cl	ㅂ. S

① ㄱ, ㄴ, ㅂ　② ㄱ, ㄷ, ㄹ
③ ㄱ, ㄹ, ㅁ　④ ㄱ, ㄹ, ㅂ
⑤ ㄱ, ㅁ, ㅂ

해설

무기영양소의 필수원소
- 다량원소 : 질소, 칼륨, 칼슘, 인, 마그네슘, 황
- 미량원소 : 철, 염소, 망간, 붕소, 아연, 구리, 몰리브덴, 니켈

61 종자 발아에서부터 개화까지 식물생장의 전 과정에 관여하며 적색광과 원적색광에 반응을 이는 광수용체는?

① 시토크롬　② 플로리겐
③ 피토크롬　④ 포토트로핀
⑤ 크립토크롬

해설

피토크롬(Phytochrome)
- 암흑에서 자란 식물에 제일 많음
- 대부분의 기관에 있지만 생장점 근처에 가장 많이 존재함
- 세포 내에서는 세포질과 핵 속에 존재하지만 소기관, 원형질막, 액포 내에는 존재하지 않음
- 적색광(파장 660nm) 비추면 Pr 형태 → Pfr 형태(활성 형태)
- 원적색광(파장 730nm) 비추면 Pfr 형태 → Pr 형태(환원되는 양은 정확하게 시간과 비례)

62 생물학적 질소고정에 관한 설명으로 옳지 않은 것은?

① 아조토박터는 자유생활을 하는 질소고정 미생물이다.
② 소철과 공생하는 질소고정 미생물은 클로스트리듐이다.
③ 미생물에 의해 불활성인 N_2 가스가 환원되는 과정이다.
④ 아까시나무와 공생하는 질소고정 미생물은 리조비움이다.
⑤ 오리나무류와 공생하는 질소고정 미생물은 프랑키아이다.

해설

소철과 공생하는 질소고정 미생물은 시아노박테리아다.

질소고정 관련 미생물
1. 아조토박토(Azotobacter)
   - 호기성 박테리아로 산림토양에서 활동한다.
   - 왕성하지는 않다. 고정량이 작다.
2. 클로스트리듐(Clostridium)
   - 혐기성 박테리아로 산림토양에서 활성이 높다.
   - 고정량이 많다.
3. 시아노박테리아(Cyanobacteria)
   - 남조류, 곰팡이와 지의류 형성, 소철류
   - 기주세포 밖에서 공생하는 외생공생의 예
4. 리조비움(Rhizobium) : 내생공생(콩과식물과 공생)
5. 브레디라이조비움(Bradyrhizobium) : 내생공생(콩)
6. 프란키아(Frankia)
   - 내생공생(오리나무류, 보리수나무와 공생)
   - 고정량이 많다.
   - 방선균, Actinomycetes의 일종이다.

정답 60 ④ 61 ③ 62 ②

63 균근에 관한 설명으로 옳지 않은 것은?

① 소나무과의 수목은 외생균근을 형성한다.
② 사과나무 등 과수류의 수목은 내생균근을 형성한다.
③ 어린뿌리가 토양에 있는 곰팡이와 공생하는 형태이다.
④ 내생균근의 균사는 내피 안쪽의 통도조직까지 들어간다.
⑤ 주기적으로 비료를 주는 관리토양에서는 균근의 형성률이 낮다.

해설

내생균근은 피층세포는 침입하지만 내피는 침입하지 않는다.

64 소나무가 내건성이 높은 이유에 관한 설명으로 옳지 않은 것은?

① 뿌리가 심근성이다.
② 눈과 가지가 송진 함량이 높다.
③ 잎의 기공이 표피 안쪽으로 함몰되어 있다.
④ 수분 부족 시 T/R률이 증가하는 형태로 생장을 한다.
⑤ 잎이 바늘형으로 앞면과 뒷면이 모두 두꺼운 왁스층으로 싸여 있다.

해설

수분 부족 시 T/R률이 낮아진다.

> 소나무의 내건성 기작
> - 증산을 억제하는 지상부
>   - 바늘형의 잎, 두꺼운 왁스층, 내표피 존재
>   - 기공이 깊은 곳에 있으며, 기공입구가 왁스로 막힘
> - 눈과 가지에는 송진 함량이 높아 탈수 방지
> - 뿌리부
>   - 소나무는 천근성 가는 뿌리, 심근성 굵은 뿌리를 가짐
>   - 다른 수종보다 방대한 근계 소유, 균근균과 공생

65 수목 뿌리의 구조와 생장에 관한 설명으로 옳지 않은 것은?

① 세근의 내초에는 카스파리대가 있다.
② 근관은 분열조직을 보호하고 굴지성을 유도한다.
③ 점토질 토양보다는 사질 토양에서 근계가 더 깊게 발달한다.
④ 수분과 양분을 흡수하는 세근은 표토에 집중적으로 모여 있다.
⑤ 온대지방에서 뿌리의 생장은 줄기의 신장보다 먼저 시작되며 가을에 늦게까지 지속된다.

해설

카스파리대는 내피에 존재한다.

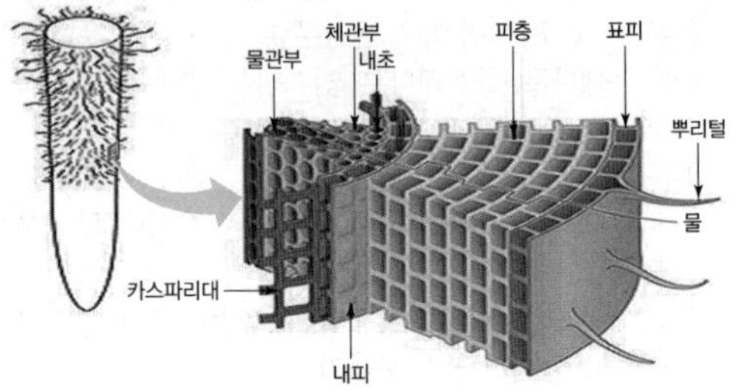

수목 뿌리의 구조

66 수목의 호흡에 관한 설명으로 옳지 않은 것은?

① 해당작용은 포도당이 분해되는 단계로 산소가 필요하다.
② 주로 탄수화물을 산화시켜 에너지를 발생시키는 과정이다.
③ 줄기의 호흡은 수피와 형성층 주변 조직에서 주로 일어난다.
④ 호흡기작은 해당작용, 크렙스회로, 전자전달계의 3단계로 이루어진다.
⑤ 호흡에서 생산되는 ATP는 광합성 광반응에서 생기는 ATP와 같은 형태의 조효소이다.

해설

해당작용은 세포질에서 산소가 없어도 진행된다.

> 수목의 호흡
> - 호흡현상은 생물이 가지는 공통현상이며 미토콘드리아에서 일어난다. 호흡현상은 해당작용, 크렙스회로, 말단 전자전달경로로 나뉜다.
> - 호흡작용은 원형질을 가진 세포 중에서 미토콘드리아라는 작은 소기관에서 일어난다.
> - 호흡이란 에너지를 가지고 있는 물질인 기질을 산화시키면서 에너지를 발생하는 과정이다.
> - 에너지는 농축된 화학에너지의 형태(ATP)로 변형되어 잠시 저장되었다가 에너지(ATP)를 필요로 하는 대사과정에 이용된다.

정답 63 ④ 64 ④ 65 ① 66 ①

- 1단계 해당작용 : 세포질의 시토졸에서 일어남, 산소가 없어도 진행(생산효율이 낮음)
- 2단계 크렙스회로(시트르산 회로) : 미토콘드리아 기질에서 발생, 산소가 있어야 진행
- 3단계 산화적 인산화(전자전달계) : 미토콘드리아 내막에서 발생, 산소가 있어야 진행

※ 3단계 산화적 인산화 단계는 NADH로 전달된 전자와 수소가 최종적으로 산소에 전달되어 물로 환원되면서 추가적으로 ATP를 생산하는 과정

67 수고생장형에서 고정생장과 자유생장에 관한 설명으로 옳지 않은 것은?

① 참나무류, 은행나무는 자유생장을 하는 수종이다.
② 고정생장을 하는 수종은 여름 이후에는 키가 자라지 않는다.
③ 자유생장을 하는 수종은 춘엽과 하엽을 생산하여 이엽지를 만든다.
④ 자유생장을 하는 벚나무를 이식하면 수년간 고정생장에 그치는 경우가 많다.
⑤ 잣나무, 전나무와 같이 가지가 윤생을 하는 고정생장 수종은 줄기의 마디 수를 세어 수령을 추정할 수 있다.

해설

참나무는 고정생장을 하는 수종이다.

수목의 생장형

유한생장 수종(정아)	소나무류, 가문비나무류, 참나무류 등
무한생장 수종	자작나무, 서어나무, 버드나무, 버즘나무, 아까시나무, 피나무, 느릅나무 등
고정생장 수종(동아)	소나무, 잣나무, 가문비나무, 솔송나무, 너도밤나무, 참나무 등
자유생장 수종	사과나무, 포플러, 은행나무, 일본잎갈나무, 자작나무, 테다소나무, 대왕송 등

68 기울어서 자라는 수목의 줄기가 형성하는 압축이상재에 관한 설명으로 옳지 않은 것은?

① 활엽수보다 침엽수에서 나타난다.
② 응력이 가해지는 아래쪽에 형성된다.
③ 가도관 세포벽에 두꺼운 교질섬유가 축적된다.
④ 가도관의 횡단면은 모서리가 둥글게 변형된다.
⑤ 신장이상재보다 편심생장 형태가 더 뚜렷하게 나타난다.

해설

교질섬유 생성은 활엽수에서 발생한다.

압축이상재와 신장이상재의 비교

구분	내용
압축이상재	• 기울어진 수간의 아래쪽에 옥신의 농도가 증가하여, 세포분열 촉진, 넓은 연륜을 가짐(정아나 수간에 IAA 처리 시 발생) • 에틸렌도 압축이상재 발생 촉진
신장이상재	• 기울어진 수간의 위쪽에 나타남 • 기울어진 수간의 위쪽에 옥신의 농도가 감소하여 발생 • 옥신을 처리하면 이상재 형성을 억제하고 옥신의 길항제인 TIBA를 처리하면 이상재 형성을 촉진

69 수목의 잎과 가지가 자연적으로 떨어져 나가는 탈리현상에 관한 설명으로 옳지 않은 것은?

① 에틸렌은 탈리현상을 촉진한다.
② 이층(떨켜)은 생장 중인 어린잎에서 미리 예정되어 있다.
③ 분리층의 세포벽이 분해되어 세포가 떨어짐으로써 탈리가 일어난다.
④ 탈리가 일어나기 전부터 보호층에 목전질(Suberin)이 축적되기 시작한다.
⑤ 이층 안의 분리층은 세포의 형태가 구형이고 크기가 팽창되어 있다.

해설

낙엽

- 수목은 가을에 낙엽이 질 것을 대비하여 어린잎에서부터 엽병 밑부분에 이층을 사전에 형성한다.
- 이층의 세포는 다른 부위에 비해 세포가 작고, 세포벽이 얇아서 쉽게 이탈하는 구조이다.
- 낙엽이 지고 남아 있는 가지 표면에 수베린, 검 등이 분비되는 수베린화, 리그린화, 코르크화가 진행되어 보호층을 형성한다.
- 참나무류와 단풍나무류는 이층이 제대로 발달되지 않아 낙엽이 지연된다.
- 사철나무는 봄잎은 가을에 낙엽, 가을잎은 이듬해 새잎이 나온 후 낙엽된다.

정답 67 ① 68 ③ 69 ⑤

낙엽 : 상록수 잎의 자연수명

수종명	수명(년)	수종명	수명(년)
대왕소나무	2	스트로브잣나무	2~3
방크스소나무	2~3	스위스잣나무	20
리기다소나무	2~3	잣나무	4~5
노르웨이소나무	3~5	동백나무	3~4
테다소나무	2~5	국내 전나무류	4~6 (외국 7~10)
소나무	3~4	국내 가문비나무류	4~6 (외국 7~10)
롱가에바잣나무	10~45	국내 주목류	5~6

70 수목이 토양수분을 흡수하여 잎에서 대기로 내보내는 수분이동 경로의 수분퍼텐셜에 관한 설명으로 옳지 않은 것은?

① 엽육조직에는 압력퍼텐셜이 삼투퍼텐셜보다 더 낮다.
② 수분은 토양에서 대기까지 수분퍼텐셜이 낮은 방향으로 이동한다.
③ 줄기 목부도관의 수분퍼텐셜은 주로 압력퍼텐셜에 의해서 결정된다.
④ 뿌리 내초 세포의 수분퍼텐셜이 −0.7MPa, 삼투퍼텐셜이 −1.8MPa이라면, 압력퍼텐셜은 +1.1 MPa이다.
⑤ 나무 체내의 수분 이동 경로에서 수분퍼텐셜에 기여하는 주요 요소는 압력퍼텐셜과 삼투퍼텐셜이다.

해설

엽육조직은 증산을 하는 곳이므로 수분이 불포화 상태에 해당한다. 그러므로 세포 내에 수분이 가득차는 압력퍼텐셜보다 삼투퍼텐셜이 더 낮게 된다.

71 수목이 수분 스트레스에 대응하는 생리 · 생장 반응에 관한 설명으로 옳지 않은 것은?

① 엽육세포의 삼투압이 증가한다.
② 추재의 생장 감소율이 춘재보다 더 크다.
③ 식물호르몬인 ABA의 작용으로 기공이 폐쇄된다.
④ 조기 낙엽은 수분 손실을 감소시키는 효과가 있다.
⑤ 팽압 감소로 잎과 어린 가지에 시들음 증상이 나타난다.

해설

수분 스트레스는 춘재에서 추재로 이행되는 것을 촉진한다.

72 식물의 수분퍼텐셜에 관한 설명으로 옳지 않은 것은?

① 순수한 물은 삼투퍼텐셜이 0이다.
② 진공 상태에 있는 물은 압력퍼텐셜이 0이다.
③ 같은 높이에 있는 세포는 중력퍼텐셜의 차이가 0이다.
④ 물을 최대로 흡수한 팽윤세포는 수분퍼텐셜이 0이다.
⑤ 탈수로 원형질이 분리된 세포는 압력퍼텐셜이 0이다.

해설

압력퍼텐셜은 수분을 흡수한 원형질막이 세포벽을 밀어내는 압력이다.

- 수분을 충분히 흡수한 세포(뿌리와 잎) : +값
- 수분을 잃어버려 원형질 분리 상태 : 0값
- 왕성하게 증산작용을 하고 있는 도관세포 : −값
- 진공상태와 유사한 경우이다.

73 옥신의 합성과 이동에 관한 설명으로 옳지 않은 것은?

① IAA와 IBA는 천연 옥신이다.
② 트립토판은 IAA 합성의 전구물질이다.
③ 뿌리쪽 방향으로의 극성이동에 에너지가 소모되지 않는다.
④ 옥신 이동은 유관속 조직에 인접해 있는 유세포를 통해 일어난다.
⑤ 상처난 관다발 조직의 재생에서, 옥신의 공급부는 절단된 관다발의 위쪽 끝이다.

해설

옥신의 이동은 에너지가 소모되는 과정이다.

정답 70 ① 71 ② 72 ② 73 ③

74 수목의 수피 조직에 관한 설명으로 옳지 않은 것은?

① 외수피는 죽은 조직이다.
② 2차 사부는 내수피에 속한다.
③ 코르크피층은 살아 있는 조직이다.
④ 유관속 형성층을 기준으로 수피와 목질부를 구분한다.
⑤ 뿌리가 목질화될 때 발달하는 코르크층은 피층에서 발생한다.

해설

코르크형성층에서 코르크층이 발생한다.

75 수목의 생장에 관한 설명으로 옳지 않은 것은?

① 형성층에서 2차 생장이 일어난다.
② 정단분열조직은 줄기, 가지, 뿌리의 끝에 있다.
③ 생식생장이 영양생장을 억제하는 경우가 있다.
④ 원추형의 수관은 식물호르몬 옥신에 의한 정아우세의 결과이다.
⑤ 무한생장형 줄기에는 끝에 눈이 맺혀서 주지의 생장이 조절된다.

해설

줄기생장

- 유한생장 : 정아가 주지의 한복판에 자리잡고 줄기의 생장을 조절(1~3회 정아 형성)
  예 소나무류, 가문비나무류, 참나무류
- 무한생장 : 동아에서 자란 가지 끝이 죽거나 정아를 형성하지 않으며 측아가 정아 역할
  예 자작나무, 서어나무, 버드나무, 아까시나무, 피나무, 느릅나무

4과목 산림토양학

76 농경지 토양과 비교한 산림토양의 특성으로 옳지 않은 것은?

① 토양습도는 균일하다.
② 수분 침투능력이 높다.
③ 미세기후의 변이가 적다.
④ 농경지 토양보다 토심이 깊다.
⑤ 토양 유기탄소의 함량이 적다.

해설

유기탄소의 함량이 많다. 즉, 탄질률이 높다.

산림토양과 경작토양 비교

항목	산림토양	경작토양
토양단면 유기물층	• L층(낙엽층) • F층(발효층) • H층(부식층)	없음

• 물리적 성질

항목	산림토양	경작토양
토성	모래와 자갈이 많음(점토유실)	미사와 점토가 많음
보수력	낮음(모래, 경사지)	높음
통기성	좋음(모래, 배수 양호)	보통
토양공극	많음(뿌리, 유기물)	적음(트랙터 사용으로 다져짐)
용적비중	작음(공극 많음)	큼
온도 (변화의 폭)	적음(낙엽 층의 피복)	큼(노출됨)

• 화학적 성질

항목	산림토양	경작토양
유기물 함량	많음	적음
C/N율	높음(섬유소의 계속적 공급)	낮음(시비 효과)
타감물질	축적됨(페놀, 타닌)	거의 없음
pH	낮음(Humicacid 생산)	중성 부근
양이온 치환능력	낮음	높음 (점토함량 높음)
미옥도	낮음	높음(시비 효과)
무기태질소 형태	주로 암모늄(NH_4^+)	주로 질소(NO_3^-)

정답 74 ⑤ 75 ⑤ 76 ⑤

• 생물학적 성질

항목	산림토양	경작토양
토양미생물	곰팡이	박테리아, 곰팡이
질산화작용	억제됨(낮은 pH)	왕성함(중성 pH)

77 암석의 평균 화학 조성 중 SiO_2 함량이 가장 낮은 암석은?

① 화강암 ② 안산암
③ 현무암 ④ 감람암
⑤ 석회암

해설

석회암의 경우 그 주성분을 이루는 광물은 방해석(方解石, Calcite)으로 화학식은 $CaCO_3$이다. 이 광물이 빗물이나 지하수를 만나면 $CaCO_3 + H_2O + CO_2 = Ca(HCO_3)_2$의 화학작용을 이룬다.

주요 화성암의 구분

구분	산성암 $SiO_2 > 66\%$	중성암 SiO_2 66~52%	염기성암 $SiO_2 < 52\%$
심성암	화강암	섬록암	반려암
반심성암	석영반암	섬록반암	휘록암
화산암	유문암	안산암	현무암

78 조암광물의 풍화에 대한 저항력 크기 순으로 나열한 것은?

① 석영 > 흑운모 > 각섬석 > 휘석
② 휘석 > 각섬석 > 흑운모 > 석영
③ 석영 > 흑운모 > 휘석 > 각섬석
④ 석영 > 휘석 > 각섬석 > 흑운모
⑤ 각섬석 > 석영 > 흑운모 > 휘석

해설

풍화 내성 정도

• 1차 광물 : 석영 > 백운모 > 미사장석 > 정장석 > 흑운모 > 조장석 > 각섬석 > 휘석 > 회장석 > 감람석
• 2차 광물 : 침철광 > 적철광 > 깁사이트 > 점토광물 > 백운석 > 방해석 > 석고

79 토양발달에 필요한 시간이 가장 길게 소요되는 토양은?

① 흑색 토양 ② 갈색 토양
③ 포드졸 토양 ④ 그레이 토양
⑤ 적황색 토양

해설

산림토양의 분류

• 흑색 토양(Andisols)
  – 화산분출물에 의해 잘 발달된 토양이며, 열대우림, 몬순림, 건조한 산림지역에 나타난다.
  – Andisols의 중심 개념은 화산회, 부석, 분석, 용암과 같은 화산분출물이나 화산쇄설물 위에서 발달되고, 교질 부분이 allophane, imogolite, ferrihydrite 등과 같은 short-order-range(비결정형) 광물이거나 Al – 유기복합체가 주가 되는 토양이다(USDA, 1999).
• 갈색 토양(Brown forest soils : B)
  – 적유한 온대 및 난대기후에서 분포
  – A - B - C층위 발달
  – 암갈색~흑갈색으로 부식 다량 함유
  – B층은 갈색~암갈색 산성토양
  – 전국 산지에 대부분 출현
• 포드졸 토양[Podzols(FAO) = spodozols(미국)]
  – 습윤한 한대지방의 침엽수림 아래는 온도가 낮아 미생물의 활동이 느리므로 유기물이 집적
  – 풀브산과 같은 강산성을 띠는 수용성 부식물질 다량 함유
  – 용탈층 : 회백색(E층), 집적층 : 흑갈색 부식 축적
• 그레이 토양(Gleysols)
  – 토양이 과습하여 대부분이 물로 포화되어 토양이 환원상태
  – 철과 망간이 암회색으로 환원, 투수불량지나 지하수위가 높은 곳
• 적황색 토양(Red & Yellow forest soils : R · Y)
  – 해안 인접지의 야산지에 분포
  – 퇴적 상태가 견밀하고 물리적 성질이 불량

정답 77 ⑤ 78 ① 79 ①

80 한국의 산림토양 분류체계에 관한 설명으로 옳지 않은 것은?

① 성대성 – 간대성 – 비성대성 토양으로 구분한다.
② 산림토양 분류체계는 토양군 – 토양아군 – 토양형 순이다.
③ 한국 산지에 가장 널리 분포하는 토양은 갈색산림토양군이다.
④ 토양군은 생성작용이 같고 단면층위의 배열과 성질이 유사한 것으로 구분한다.
⑤ 토양형은 지형에 따른 수분환경을 감안한 층위발달 정도, 구조, 토색의 차이 등으로 구분한다.

해설

①은 우리나라 산림토양 분류체계가 아니다.

> 산림토양의 분류
> 1. 성대성 토양(1938년 미농무부 분류)
>   - 기후나 식생과 같이 넓은 지역에 공통적으로 영향을 끼치는 요인에 의하여 생성된 토양
>   - 라테라이트, 적색토, 사막토, 체르노젬, 밤색토, 갈색토, 포드졸, 툰드라토
> 2. 간대성 토양
>   - 좁은 지역 내에서 토양 종류의 변이를 유발하는 지형과 모재, 시간의 영향을 주로 받아 형성된 토양
>   - 간대토양, 테라로사, 화산회토, 레구르, 이탄토, 글레이토 등
> 3. 무대성 토양(미성숙 토양)
>   - 토양의 퇴적 연대가 짧거나 침식이 심하여 토양 단면의 발달을 볼 수 없는 토양
>   - 3개 대토양군이 있음 : 리고솔(염류토), 리토솔(암설토), 충적토(Alluvial)

81 산림토양 층위 중 토양동물이나 미생물에 의한 분해작용으로 식물 유체가 파괴되고 그 원형을 잃었으나, 본래의 조직을 육안으로 확인할 수 있는 분해단계의 층위는?

① A층 ② B층
③ H층 ④ L층
⑤ F층

해설

① A층(표토층) : 주로 암갈색이나 암회색의 유기물 함량이 높고 생물학적 활동이 활발, 세근 풍부
② B층(심토층) : 갈색 또는 적색, 표토층보다 점토 함량이 높고 뿌리는 적음, B층 하부는 밝은 황색
③ 부식층(H) : 분해가 잘 되어 원래의 형태를 구별할 수 없는 상태
④ 낙엽층(L) : 낙엽이나 낙지가 원래의 형태를 유지
⑤ 분해층(F) : 분해가 진행되고 있으나 원래의 형태를 알 수 있는 상태

82 산림토양 조사에서 조사 야장에 기록하는 조사항목이 아닌 것은?

① 토심 ② 토색
③ 토양층위 ④ 토양산도
⑤ 토양구조

해설

토양단면 조사인자

토양층위, 유기물층, 유효토심, 토심, 층계, 풍화 정도, 토색, 유기물 함량, 토성, 석력 함량, 건습도, 토양구조, 견밀도, 토양공극, 균사와 균근, 반점

토양단면 기술에 포함할 세부내용

구분	세부 기록사항
조사지점의 개황	• 단면번호, 토양명, 고차분류단위, 조사일자, 조사자 • 해발고도, 지형, 경사도, 식생 또는 토지이용, 강우량 및 분포, 월별 평균기온 등
조사토양의 개황	모재, 배수등급, 토양수분 정도, 지하수위, 표토의 석력과 암반노출 정도, 침식 정도, 염류집적 또는 알칼리토 흔적, 인위적 영향도 등
단면의 개략적 기술	지형, 토양의 특징(구조발달도, 유기물집적도, 자갈함량 등), 모재의 종류 등
개별 층위의 기술	토층기호, 층위의 두께, 주 토색, 반문, 토성, 구조, 견고도, 점토피막, 치밀도나 응고도, 공극, 돌 · 자갈 · 암편 등의 모양과 양, 무기물 결괴, 경반, 탄산염 및 가용성 염류의 양과 종류, 식물뿌리의 분포 등

83 토양의 입자 중 표면적이 크고 콜로이드 성질이 강하며, 수분의 흡착 보유, 이온교환, 점착성 등 토양의 중요한 이화학성에 크게 영향을 미치는 것은?

① 조사 ② 점토
③ 세사 ④ 미사
⑤ 자갈

정답 80 ① 81 ⑤ 82 ④ 83 ②

해설

콜로이드(토양교질물)

- 토양 내에서 흡착, 양이온치환, 산화환원 등의 여러 가지 중요한 물리 · 화학적인 현상에 관여한다.
- 무기교물질 : 점토입자
- 유기교물질 : 부식

84 토양을 구성하는 기본입자인 모래, 미사, 점토의 특성으로 옳지 않은 것은?

① 점토는 수분 및 물질의 흡착능력이 크다.

② 유기물의 분해 속도와 온도 변화는 모래에서 가장 빠르다.

③ 모래는 비표면적이 작아 수분과 양분보유능력이 거의 없다.

④ 미사 입자는 습윤 상태에서 점착성 또는 가소성을 갖지 않는다.

⑤ 바람에 의한 침식 정도는 입자 크기가 작은 점토에서 가장 높다.

해설

풍식의 감수성

미사 > 모래 > 점토

1. 점토
   ① 0.002mm 이하, 토양의 화화적 특성을 결정한다.
   ② 수분이 많으면 가소성과 응집성을 가지고 건조해지면 단단한 덩어리가 된다.
2. 미사 : 0.05~0.002mm, 가소성과 점착성을 가지지 못한다.
3. 모래 : 0.05~2mm

입자 크기가 토양의 성질에 미치는 요인

구분	모래	미사	점토
수분보유능력	낮음	중간	높음
통기성	좋음	중간	나쁨
배수속도	빠름	느림~중간	매우 느림
유기물 함량	낮음	중간	높음
유기물 분해	빠름	중간	느림
온도 변화	빠름	중간	느림
압밀성	낮음	중간	높음
풍식감수성	중간	높음	낮음
수식감수성	낮음	높음	낮음
팽창수축력	매우 낮음	낮음	높음
차수능력(댐)	불량	불량	좋음
양분저장능력	나쁨	중간	높음
pH 완충능력	낮음	중간	높음

85 토양의 투수성에 영향을 미치는 요인이 아닌 것은?

① 퇴적양식　　② 공극의 종류

③ 토양 견밀도　　④ 토양의 색깔

⑤ 토양구조의 발달 정도

해설

침투율에 영향을 끼치는 요인

토성, 토양의 구조, 식생, 공극, 강수(강수량, 강우강도)와 지속시간, 토양표면의 모양, 경사도, 토양수분의 상태

86 다음 ( ) 안에 맞는 용어를 순서대로 나열한 것은?

> 토양의 모든 공극이 물로 채워진 것은 최대용수량, 대공극에 존재한 수분 상태는 (㉠), 미세공극에 모세관 작용으로 존재하는 수분 상태는 (㉡), 식물뿌리가 흡수할 수분이 없어 시들게 된 수분 상태는 (㉢), 식물이 이용할 수 없는 수분 상태는 (㉣)이다.

① ㉠ 중력수, ㉡ 용수량, ㉢ 흡습계수, ㉣ 위조점

② ㉠ 중력수, ㉡ 모관수, ㉢ 흡습계수, ㉣ 위조점

③ ㉠ 중력수, ㉡ 최대용수량, ㉢ 위조점, ㉣ 흡습계수

④ ㉠ 중력수, ㉡ 포장용수량, ㉢ 위조점, ㉣ 흡습계수

⑤ ㉠ 용수량, ㉡ 포장용수량, ㉢ 흡습계수, ㉣ 위조점

해설

토양수분의 종류

[단위 : MPa]

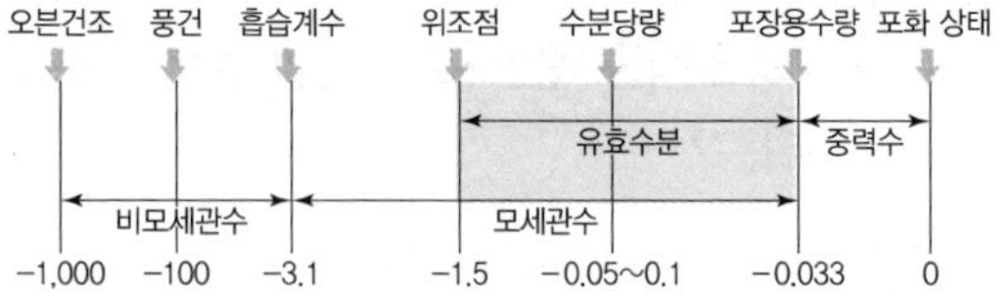

정답 84 ⑤ 85 ④ 86 ④

87 토양수분 조건에 따른 토양 상부층과 하부층에 나타나는 토양구조 특성에 관한 설명으로 옳은 것은?

① 약건 토양 – 입상, 벽상구조
② 약습 토양 – 입상, 견과상구조
③ 과건 토양 – 세립상, 괴상구조
④ 적윤 토양 – 단립(團粒)상, 괴상구조
⑤ 건조 토양 – 단립(單粒)상, 괴상구조

해설

토양의 구조
- 무구조 : 모래언덕처럼 토양입자가 단독으로 배열
- 구상
  - 단립상 : 수분이 많고 부드러움, 항상 습윤, 동물과 미생물 활동이 많음
  - 입상 : 작은 입자 2~5mm로 구성, 건조하지만 유기물이 많은 곳
  - 세립상 : 건조 영향을 심하게 받아 발달하며 수분침투가 어렵고, 공극은 많으나 수분이 적어 임목생장이 불량
- 주상
  - 각주상 : 주로 건조 또는 반건조지역의 심토층에서 수직으로 발달. 배수가 불량한 습윤토양이나 점토가 많은 토양에서도 발달
  - 원주상 : 나트륨이온이 많은 심토층에서 발달
- 괴상
  - 각괴상 : 여러 개의 면으로 구성, 모서리가 비교적 둥글며, 적윤토양 하부와 공중습도가 높고 일시적으로 건조한 표토층에 잘 발달
  - 아각괴상(견과상) : 건조와 습윤이 반복되고 점토함유율이 많은 토양에 발달하며 물리성과 뿌리생장이 불량
- 판상 : 입단 배열이 판자 모양이며 단단하고 수평으로 발달
- 벽상
  - 토양 전체가 긴밀하게 모여 있으나 일정한 구조가 없으며, 항상 습윤한 토양의 하층토에 많음
  - 공극이 적어 공기가 부족하고 고상과 액상이 많음
  - 습한 곳에서 물리성이 나쁘고, 뿌리는 산소 부족으로 고사

88 토양 산성화의 문제점에 관한 설명으로 옳지 않은 것은?

① 양분 흡수 저해
② 효소 활성 저해
③ 인산 고정량 감소
④ 교환성 염기의 용탈
⑤ 독성화합물의 용해도 증가

해설

인산의 고정

인산이 산성토양에서 Fe, Al과 결합되어 불용태가 되는 것을 의미한다.

토양 산성화 시 문제점
- 영양성분의 불용화나 불가급태
- 알루미늄 성분의 과다로 인해 유해성분 증가
- 양분 유실이 많음
- 길항작용이 나타남
- 유효미생물의 발달 억제
- SO_2^-, HSO_3^-와 같은 산성비가 내림
- 구성성분이 토양속의 미생물에 독성
- 산성토양 속의 수소 이온(H^+)이 식물의 뿌리에 닿아 세포의 단백질을 변형시켜 굳게 만듦
- 알루미늄이 수소에 전자를 빼앗겨 알루미늄 이온(Al_3^+)이 용출되며 알루미늄 이온의 강한 독성으로 뿌리의 생장을 방해하고, 인산, 마그네슘 등의 주요 원소의 흡수를 방해

89 특이산성토양의 특성에 대한 설명으로 옳지 않은 것은?

① 담수 상태는 황화물 산화를 억제할 수 있다.
② 황화수소(H_2S)의 발생으로 작물의 피해가 발생한다.
③ 토양의 pH가 4.0 이하로 낮아지며, 강한 산성을 나타낸다.
④ 환원형 황화물이 퇴적된 해안가 습지가 배수될 때 나타난다.
⑤ 소량의 석회 시용으로 교정되며 현장 개량법으로 많이 활용된다.

해설

특이산성토양
- 강의 하구나 해안지대의 배수가 불량한 곳에서 발달
- 황철석(Pyrite, FeS_2)과 같은 황화물을 많이 함유
- pH 4.0 이하의 강산성
- 담수 상태에서는 황화합물들이 환원되어 중성
- 매년 수 Mg/ha 또는 10년간 200Mg/ha 이상 석회 시비가 필요

정답 87 ④ 88 ③ 89 ⑤

90 pH 5.0 이하의 산성토양 환경에서 발생하기 어려운 질소 순환과정은?

① 암모니아 휘산작용
② 토양 유기물의 무기화 작용
③ 미생물에 의한 부동화 작용
④ 오리나무속의 공생균에 의한 공중질소 고정작용
⑤ 강우와 함께 수증기에 용해된 질소 산화물의 퇴적 작용

해설

휘산은 질소가 암모니아(NH_3)로 변해 대기 중으로 손실되는 현상

휘산 조건
- 토양 pH 7.0 이상, 온도가 높고 건조한 토양에서 많이 발생
- $CaCO_3$(석회석)이 많은 석회질 토양에서 발생

91 토양의 교환성 양이온이 아래와 같은 경우, 염기포화도와 염기불포화도(산성양이온포화도)가 올바른 것은?

CEC = 20cmolc/kg	Ex. − Na 1.8cmolc/kg
Ex. − K 3.5cmolc/kg	Ex. − Al 1.5cmolc/kg
Ex. − Ca 7.5cmolc/kg	Ex. − H 2.5cmolc/kg
Ex. − Mg 3.2cmolc/kg	

① 55%, 45%
② 60%, 40%
③ 80%, 20%
④ 70%, 30%
⑤ 85%, 15%

해설

$$\text{염기포화도(\%)} = \frac{\text{교환성 염기의 총량(cmolc/kg)}}{\text{양이온교환용량(cmolc/kg)}}$$

$$= \frac{Ca^{2+} + Mg^{2+} + K^{+} + Na^{+}}{H^{+} + Al^{3+} + Ca^{2+} + Mg^{2+} + K^{+} + Na^{+}}$$

$$= \frac{16}{20} = 0.8 \times 100 = 80\%$$

92 지렁이 개체수가 증가될 경우 토양 특성의 변화에 관한 설명으로 옳지 않은 것은?

① 토양 구조를 개선시킨다.
② 토양의 통기성을 증가시킨다.
③ 양이온교환용량을 개선시킨다.
④ 토양의 용적밀도를 증가시킨다.
⑤ 유기물의 무기화 작용을 증가시킨다.

해설

토양의 용적밀도를 감소시킨다.

93 토양에 첨가된 유기물은 분해 과정 및 분해 산물에 의한 효과와 분해 후 부식에 의한 효과로 구분하는데 부식에 의한 효과로 옳은 것은?

① 토양 보수력 증가
② 양이온교환용량 증가
③ 식물성장촉진제의 공급
④ 토양미생물의 활성 증대
⑤ 사상균 균사에 의한 입단 발달

해설

부식의 효과
- 생물학적 효과 : 미생물의 활성, 식물성장촉진제
- 화학적 효과
  - 양이온치환능력 증가
  - pH 완충작용
  - 식물 생장에 필요한 영양원(질소, 인, 황 등) 공급
  - 인의 가용성 증가
  - 킬레이트화합물을 형성하여 독성 경감
- 물리적 효과
  - 입단화 증진
  - 토양 공극 증가
  - 통기성과 배수성 향상
  - 보수력 증가
  - 지온을 상승시켜 토양생물의 활성 증대

94 수목 생장에 양호한 영향을 미치는 토양 화학성이 아닌 것은?

① pH
② 염기포화도
③ 교환성 Ca
④ C/N 비율
⑤ 교환성 Na

정답 90 ① 91 ③ 92 ④ 93 ② 94 ⑤

해설

수화반지름이 큰 Na^+이 오히려 점토입자들의 분산효과를 나타낸다. 수화란 물에 용해된 용질분자나 이온을 물 분자가 둘러싸 상호작용하여 하나의 분자처럼 되는 것을 뜻한다.

95 토양의 완충능력을 부여하는 요인으로 옳지 않은 것은?

① 부식의 산기
② 인산염의 가수분해
③ 점토광물의 약산기
④ 중탄산염의 가수분해
⑤ 금속산화물의 가수분해

해설

토양의 완충능력
- 어떤 물질이 토양에 가해졌을 때 그 영향을 최소화하는 능력
- 탄산염, 중탄산염 및 인산염과 같은 약산계
- 점토와 교질복합체(부식)의 산성기

96 세계 주요 토양 중 간대성 토양은?

① 툰드라 ② 사막토
③ 갈색토 ④ 이탄토
⑤ 체르노젬

해설

간대성 토양
좁은 지역 내에서 토양 종류의 변이를 유발하는 지형과 모재의 영향을 주로 받아 형성된 토양
예 테라로사, 화산회토, 레구르, 이탄토, 글레이토 등

97 세포원형질의 핵산, 핵단백질 구성성분이며, 뿌리의 분열 조직에 가장 많이 함유되어 있는 원소는?

① 인(P) ② 황(S)
③ 칼륨(K) ④ 칼슘(Ca)
⑤ 마그네슘(Mg)

해설

인의 기능
- 염색체와 인지질로 만들어진 원형질막의 구성성분
- 에너지를 생산하고 전달하는 ATP 형태로 존재
- 광합성과 호흡작용에서 당류와 결합하여 여러 가지 대사를 주도
- 체내 건중량의 0.12~0.15%
- 산성토양(pH 4.5)에서 Al 또는 Fe과 결합하여 불용성 인산이 되고, 알칼리토양에서는 Ca과 결합하여 불용성이 됨

98 오염 토양 복원 기술 중 생물학적 처리기술이 아닌 것은?

① Bioventing ② Vitrification
③ Land farming ④ Biodegradation
⑤ Phytoremidiation

해설

Vitrification은 물리 · 화학적 처리기술에 해당한다.

생물학적 처리기술
- Biodegradation : 토착미생물의 활성
- Bioventing 공법 : 오염토양 내에 산소를 공급하여 지중 내에 있는 토착 미생물의 활성을 촉진시켜 생분해도의 최대화 공법
- Landfarming : 토양굴착 후 정기적으로 뒤집어 줌
- Phytoremediation : 식물복원방법으로 수목, 초본식물, 수생식물을 이용하여 환경오염물질을 제거, 분해, 안정화시킴
  - Phytoextraction : 식물뿌리가 오염물질, 유해금속이나 방사선물질을 흡수하여 축적시킴
  - Phytodegradation : 식물체가 생산한 효소로 식물체 내에서 오염물질을 대사 분해시킴
  - Phytostabilization : 식물을 재배함으로써 현장에서 독성금속을 불활성화시킴

물리 · 화학적 처리기술
- Soil Flushing : 첨가제 함유된 물을 주입하여 오염물질 추출
- 토양증기추출기술[Soil Vapor Extraction(SVE) 공법] : 공기를 주입하여 휘발성 물질을 처리
- 안정화 및 고형화처리기술(Stabilization/Solidification Technology)
  - 시멘트화하여 고형물질을 형성시켜 이동방지
  - Vitrification(유리화)도 안정화/고형화처리기술
- Chemical Reduction(감소)/Oxidation(산화) : 굴착된 토양의 오염물질을 산화, 환원에 의해 안정화시킴

정답 95 ⑤ 96 ④ 97 ① 98 ②

99 폐광 지역의 광산 폐수가 강산성을 나타내는 원인 물질은?

① 염산 ② 인산
③ 질산 ④ 초산
⑤ 황산

해설
폐갱도에서 배출되는 산성 갱내수(Acid Mine Drainage : AMD)
- 갱내수가 산성을 띠는 원인은 황화합물에 포함되어 있는 황이 산화되면서 황산이온 생성
- Fe은 $Fe(OH)_3$ 또는 FeO_3로 산화되어 Yellow Boy 현상 유발
- Al은 산화되어 $Al(OH)_3$ 침전물로 변하여 토양의 백화현상 초래

100 조림 지역에 질소시비량 50kg N/ha을 시용할 경우 복합비료(N=25%)살포량은?(ha당)

① 100kg ② 150kg
③ 200kg ④ 250kg
⑤ 300kg

해설
복합비료의 살포량

$$\frac{\text{질소시비량}}{\text{비료의 질소함유량}} = \frac{50}{0.25} = 200\text{kg}$$

5과목 수목관리학

101 뿌리 외과수술에 대한 설명으로 옳지 않은 것은?

① 죽은 부위에서 절단하여 살아 있는 조직을 보호해야 한다.
② 죽은 뿌리를 제거하거나 새로운 뿌리의 형성을 유도하기 위하여 실시한다.
③ 절단한 뿌리를 박피한 후 발근촉진제인 옥신을 분무하고 상처도포제를 발라 준다.
④ 수술 후 되메우기 시 퇴비는 총부피의 10% 이상 되도록 하며 완숙된 퇴비를 사용해야 한다.
⑤ 뿌리 조사는 수관 낙수선 바깥에서 시작한 후 수간 방향으로 건전한 뿌리가 나올 때까지 실시한다.

해설
뿌리수술
- 뿌리 중에서 아직도 살아 있는 부분을 찾아서 뿌리를 절단하고 살아 있는 뿌리를 박피하여 새로운 뿌리의 발달을 촉진, 토양을 개량하여 양료흡수를 용이하게 함
- 수술적기는 봄이지만 9월까지는 가능

102 도장지가 발생하는 부위로 옳은 것은?

① 잠아 ② 정아
③ 측아 ④ 화아
⑤ 부정아

해설
- 도장지(피자식물), 맹아지(나자식물), 주맹아(그루터기), 가지치기 후 생긴 가지 등이 있다.
- 부정아는 줄기 끝이나 엽액에서 유래하지 않고 수목의 오래된 부위에서 불규칙하게 형성되는 것으로 상처 입은 유상조직이나 형성층 근처에서 만들어진다.

103 수목 안전시설물에 대한 설명으로 옳지 않은 것은?

① 줄당김 유형은 관통형과 밴드형으로 나눌 수도 있다.
② 가지의 당김줄 설치 위치는 지지할 가지 길이의 기부로부터 1/3 지점이 좋다.
③ 쇠조임은 쇠막대기를 수간이나 가지에 관통시켜 약한 분지점을 보완하는 것이다.
④ 지지대는 지상부에 고정하기 전에 가지를 살짝 들어 올린 상태에서 설치한다.
⑤ 줄당김 설치 시 와이어로프 등을 팽팽하게 조이기 위하여 조임틀을 중간에 사용한다.

해설
철선은 땅과 45° 각도를 유지하여 3개 혹은 4개를 설치하고 매는 높이는 수고의 2/3 정도가 좋다.

> 당김줄
> 지지를 보강하기 위해 수간과 주변에 있는 고정장치(다른 나무 혹은 튼튼한 구조물) 사이를 강철이나 합성섬유로 연결하는 줄

정답 99 ⑤ 100 ③ 101 ① 102 ① 103 ②

• 직경이 큰 나무를 옮겨 심으면서 나무를 견고하게 세우고자 할 때 사용한다.
• 바람에 기울어진 나무를 다시 곧게 세우고자 할 때 사용한다.
• 보행자가 많은 번화한 상가에서 고정장치를 땅속에 설치하고자 할 때 사용한다.
• 철선에 완충재를 씌워서 가지가 갈라진 곳에 돌려 맨다.
• 철선은 땅과 45° 각도를 유지하여 3개 혹은 4개를 설치하고 매는 높이는 수고의 2/3 정도가 좋다.
• 철선을 땅에 고정할 때는 땅속에 콘크리트 블록, 쇠파이프, 각목, 철제 닻을 사용한다.
• 한 나무에서 이웃 나무로 연결할 때 지지를 받는 나무는 수관의 1/2 이상에서 매고, 지지해 주는 나무는 수관의 1/2 이하로 연결한다.

104 나무에 대한 지지방법 중 가장 최후의 수단으로 사용해야 하는 것은?

① 지지대
② 줄당김(Cabling)
③ 쇠조임(Bracing)
④ 당김줄(Guying)
⑤ 수목 대 수목 연결 시설

해설
지지대는 불가피한 경우에 사용한다.

지지대 설치
• 지상부에 고정시킨 기둥으로 수목의 일부를 떠받치는 형태를 의미
• 큰 나무의 굵은 가지는 밑으로 처지므로 바람에 의해 부러질 염려가 있음
• 예방차원에서 미리 조치
• 미관을 해치므로 쇠조임이나 당김줄로 해결이 안 될 때 실시

105 체인톱 취급 및 안전사항에 대한 설명으로 옳지 않은 것은?

① 시동 후 2~3분간 저속 운전한다.
② 정지시킬 때는 엔진 회전을 저속으로 낮춘 후에 끈다.
③ 톱니를 잘 세우지 않으면 거치효율이 저하되어 진동이 생긴다.
④ 사용시간을 1일 2시간 이내로 하고 10분 이상 연속 운전을 피한다.
⑤ 연료에 대한 윤활유의 혼합비가 과다하면 엔진 내부 부품이 눌어붙을 염려가 있다.

해설
휘발유와 윤활유의 비율
• 윤활유의 비율이 과다하면, 엔진의 출력이 저하되고, 시동이 걸리지 않거나 윤활유의 연소로 인해 배기가스의 색이 흰색으로 바뀌게 된다.
• 휘발유에 대한 윤활유의 혼합비가 부족하면 피스톤, 실린더 엔진 각 부분에 눌어붙을 수 있다.
• 휘발유와 윤활유를 20 : 1~25 : 1, 전용 윤활유는 40 : 1로 혼합한다.

106 토양 내 통기불량에 대한 설명으로 옳지 않은 것은?

① 토양이 과습하면 산소 확산이 저해된다.
② 유기물을 첨가하면 통기성을 개선할 수 있다.
③ 보행자의 답압으로 토양의 용적밀도가 감소한다.
④ 답압토양의 개선방법에는 천공법, 방사상 도랑 설치 등이 있다.
⑤ 경질 지층이 존재할 때 배수공과 유공관을 설치하여 개선할 수 있다.

해설
답압으로 토양의 용적밀도가 증가한다.

107 대경목 이식 시 뿌리돌림에 관한 설명으로 옳지 않은 것은?

① 이식 2년 전에 뿌리돌림을 시작해야 한다.
② 뿌리직경 5cm 이상은 환상박피하는 것이 좋다.
③ 최종적인 분의 크기는 근원직경의 3~5배로 한다.
④ 뿌리돌림의 목적은 이식할 때 굴취를 쉽게 하기 위함이다.
⑤ 뿌리돌림 후 되메울 때 유기질 비료를 사용하면 발근에 도움이 된다.

정답 104 ① 105 ⑤ 106 ③ 107 ④

해설

뿌리돌림의 목적은 성공적인 이식을 위함이다.

뿌리분 제작
- 2년 전부터 실시하는 뿌리돌림(두 해에 나누어 진행)
- 뿌리돌림을 하는 위치는 최종적으로 만들 근분의 직경을 감안하여 약간 안쪽으로 정함
- 수간 직경의 약 4배가 되는 곳을 기준으로 하여 원형으로 파서 세근을 유도
- 2년 후 새로 나온 세근이 포함되도록 바깥쪽 파기(수간 직경의 5배 되는 곳)
- 첫해 전체 뿌리 주변의 절반을 파고 5cm 미만은 절단하고 그 이상은 환상박피
- 흙을 메울 때 부엽토, 유기질 비료, 퇴비 혹은 화학비료를 잘 섞음
- 다음해에 나머지 실시
- 셋째 해에 세근을 포함한 근분을 제작
- 뿌리돌림을 실시할 때 숨틀을 수직으로 매설하여 통기성을 향상시키고, 1년 후 미리 부직포를 집어넣어 1년간 세근이 발달하도록 뿌리박피를 실시하면 성공적 이식 가능

108 식재 수목을 선정할 때 고려사항으로 옳지 않은 것은?

① 수목관리자의 관리능력을 고려한다.
② 식재 목적에 부합하는 수종을 선정한다.
③ 식재 부지의 지상과 지하 공간을 고려한다.
④ 수목의 유전적 생장 습성은 고려할 필요가 없다.
⑤ 복잡한 도시 환경에서는 미세기후가 중요할 수 있다.

해설

수종 선정
- 수목은 오랜 세월 진화하면서 그 지역에 적응하기 위한 고유의 생리적 특성이 있다.
- 내한성, 내음성, 내건성, 내습성, 내공해성 등은 각 수종의 고유 특성이며, 이를 기초로 수종을 선택한다.
- 적지적수의 개념으로 그 환경에 맞는 수종이나 품종을 선정한다.

109 생활환경림의 생육환경을 개선하기 위한 솎아베기 효과로 옳지 않은 것은?

① 고사목 발생 방지
② 하층식생 유입 효과
③ 임내 토양온도 상승
④ 옹이 없는 목재 생산
⑤ 임내 광환경 개선 효과

해설

옹이 없는 목재 생산은 가지치기의 효과이다.

수관 솎아베기
- 수관청소 후에도 가지가 너무 많으면 실시
- 5cm 미만의 가지를 제거
- 수관밀도의 1/3가량을 제거하는 것이 보통
- 수관 꼭대기부터 시작하여 밑으로 내려오면서 실시
- 수관 솎아베기는 나무에 더 많은 햇빛과 공간을 주어 옆가지 발생을 촉진하고, 초살도가 증가함

110 수목 내부의 부후 여부를 확인하는 데 필요하지 않은 장비는?

① 드릴 ② 생장추
③ 나무망치 ④ 캘리퍼스
⑤ 전기저항 측정기

해설

캘리퍼스는 직경측정기구이다.

부후 검사방법에 사용되는 장비
생장추, 비트드릴, 저항기록드릴, 음향파장, 음향단층 X선 촬영, 전기저항 X선 촬영, 방사선(레이다, X선, 감마선) 등

111 방풍림에 대한 설명으로 옳지 않은 것은?

① 겨울철에는 한풍으로부터 어린 묘목을 보호해 준다.
② 방풍림은 주풍 방향에 직각으로 배치해야 효과적이다.
③ 해풍이나 염풍의 주풍 방향은 해안선에 주로 직각 방향이다.
④ 방풍림의 수종은 주로 심근성이고 지하고가 높은 수종이다.
⑤ 방풍림은 강한 상풍이나 태풍을 막아 묘목의 도복 손상을 감소시킨다.

해설

방풍식재용 수목
- 심근성이면서 가지가 강한 수종

정답 108 ④ 109 ④ 110 ④ 111 ④

- 지엽이 치밀한 수종
- 낙엽수보다는 상록수가 바람직함
- 낙엽활엽수는 낙엽으로 인해 적합하지 않은 것이지 바람에 약하지는 않음
- 파종하여 자란 자생수종으로 직근을 가진 수종
- 풍압은 풍속의 제곱에 비례함

$Vp = \frac{V^2}{2g}$ (V : 풍속, g : 중력)

- 척박지에서 자라면 T/R율이 낮아 풍해에 강함

112 포장된 지역 내 수목 관리의 문제점으로 옳지 않은 것은?

① 협소한 공간
② 토양 pH 상승
③ 근계 발달 저해
④ 토양의 통기성 불량
⑤ 토양의 양분 공급 부족

해설

- 포장지역의 수목 : 포장지역은 뿌리가 뻗을 공간이 제한되어 있어서 토양으로부터 양료공급이 부족하며, 답압으로 인해 통기성과 배수가 불량하여 수목생장에 불리하다.
- 뿌리/포장 간 충돌 : 가로수나 주차장 주변에서 자라는 수목의 뿌리가 도로포장으로 인해 아스팔트와 콘크리트 물질 자체도 뿌리에 피해를 주지만 뿌리가 수분과 산소 부족을 경험한다.

※ 지문 모두 수목 관리 시 문제점에 해당하므로 전 항 정답처리

113 이식목의 지표면 보습을 목적으로 멀칭을 하고자 할 때 적당한 재료로 옳지 않은 것은?

① 볏짚 ② 솔잎
③ 잔디 ④ 우드 칩
⑤ 나무껍질

해설

멀칭 재료

- 유기질 재료 : 쌀겨, 옥수수속, 땅콩껍질, 볏짚, 깎은 풀, 솔잎, 솔방울, 톱밥, 나무껍질, 우드 칩, 펄프, 이탄이끼
- 광물질 재료 : 왕모래, 마사, 돌조각, 자갈, 조약돌
- 합성재료 : 토목섬유, 폴리프로필렌 부직포, 폴리에틸렌필름(비닐)

멀칭

- 수목을 이식한 후 볏짚, 솔잎, 나무껍질, 우드 칩 등으로 멀칭한다.
- 토양의 수분 증발을 억제하여 활착에 도움을 준다.
- 피복하는 면적은 근분직경의 3배가량 되게 원형으로 실시, 5~10cm 깐다.
- 이식목의 지표면과 그 주변에 잔디, 초화류, 화관목을 심는 것은 부적당하다.
- 잔디나 화관목이 수분과 양료를 빼앗는다.

114 내화력이 강한 수종은?

① 굴거리나무, 편백, 벚나무
② 가시나무, 삼나무, 벽오동나무
③ 후피향나무, 분비나무, 녹나무
④ 가문비나무, 은행나무, 아왜나무
⑤ 사철나무, 개비자나무, 아까시나무

해설

내화력이 강한 수종과 약한 수종

구분	내화력이 강한 수종	내화력이 약한 수종
침엽수	은행나무, 잎갈나무, 분비나무, 가문비나무, 개비자나무, 대왕송 등	소나무, 곰솔, 삼나무, 편백 등
상록 활엽수	아왜나무, 굴거리나무, 후피향나무, 붓순, 합죽도, 황벽나무, 동백나무, 비쭈기나무, 사철나무, 가시나무, 회양목 등	녹나무, 구실잣밤나무 등
낙엽 활엽수	피나무, 고로쇠나무, 마가목, 고광나무, 가중나무, 네군도단풍나무, 난티나무, 참나무, 사시나무, 음나무, 수수꽃다리 등	아까시나무, 벚나무, 능수버들, 벽오동, 참죽나무, 조릿대 등

115 대기오염 물질 중에서 오존에 대한 설명으로 옳지 않은 것은?

① 소나무는 오존에 민감하다.
② 피해를 받으면 잎 하부 표면이 청동색으로 변한다.
③ 오존의 피해 증상은 잎의 책상조직 세포가 파괴되어 나타난다.
④ 오존의 일부는 자연적으로 성층권에서 생성되어 대류권으로 하강 유입된다.
⑤ 산화질소나 이산화질소 등 1차 오염물질과의 반응 산물인 2차 오염물질 중의 하나이다.

정답 112 모두 정답 113 ③ 114 ④ 115 ②

해설

피해를 받으면 잎의 해면조직의 세포가 위축하여 탈수되기에 세포 간극이 공기로 채워지며, 잎뒷면이 은백색, 청동색으로 보인다.

오존(O_3)

1. 활엽수 – 성숙잎에 피해
2. 잎 표면에 주근깨 같은 반점 형성, 책상조직이 먼저 붕괴됨. 반점이 합쳐져 표면이 백색화됨
3. 침엽수 : 잎끝의 괴사, 황화현상의 반점, 왜성 · 황화된 잎
4. 오존에 강한 수종
   - 활엽수 : 삼나무, 곰솔, 편백, 화백, 서양측백나무, 은행나무 등
   - 침엽수 : 버즘나무, 굴참나무, 졸참나무, 개나리, 금목서, 녹나무, 광나무, 돈나무, 태산목 등

116 산성비에 관한 설명으로 옳지 않은 것은?

① pH 5.6 이하의 산성도를 나타내는 강우이다.
② 주요 원인물질은 황산화물과 질소산화물이다.
③ 지속적으로 내리는 강한 산성비는 토양을 산성화시켜 활성알루미늄을 생성시킨다.
④ 수목 잎 표면의 왁스층을 부식시켜서 잎에 물이 접촉할 때 생기는 습윤각을 증가시킨다.
⑤ 활엽수 수목의 수관층을 통과하여 지상으로 하강하는 강한 산성비는 잎 표면의 염에 의해 산도가 중화된다.

해설

수소이온의 유입량이 늘어나 나뭇잎의 무기염류의 용탈량이 증가하고, 잎 표면의 왁스층을 부식시키고, 잎의 내수성을 상실시켜 물과 접촉할 때 습윤각이 감소하는 현상이 발생한다.

산성비

- pH 5.6 이하의 강우를 뜻함
- 아황산가스와 질소산화물이 햇빛에 의해 산화되어 각각 황산과 질산으로 변한 후 빗물에 녹아 산성비가 됨
- 토양이 산성화되어 토양 내 알루미늄의 독성이 나타나고 칼슘과 마그네슘의 흡수가 방해되어 결핍 증상을 유발
- 큐티클층을 용해시켜 얇게 만들고, 이로 인해 칼륨 같은 무기물이 용탈
- 엽록소를 감소시켜 광합성을 저해하고, 생장장애를 초래하여 발아나 개화가 지연

117 제설염 피해진단을 위한 염류농도를 측정하는 장비는?

① EC meter
② Shigometer
③ Chlorophyll Meter
④ UV – spectrophotometer
⑤ Soil Moisture Tensiometer

해설

② Shigometer : 수목의 활력도 측정
③ Chlorophyll Meter : 엽록소 측정기
④ UV – spectrophotometer : 자외 – 가시광선 분광광도계
⑤ Soil Moisture Tensiometer : 토양수분 측정기(장력계)

118 엽소에 대한 설명이 옳지 않은 것은?

① 잎의 가장자리부터 마르기 시작하여 갈색으로 변한다.
② 칠엽수, 층층나무, 단풍나무 등에서는 피해가 나타나지 않는다.
③ 여름철 더운 날 주변의 통풍을 도모하여 기온의 상승을 막아준다.
④ 건강하게 뿌리를 잘 뻗은 나무는 치명적인 피해를 줄일 수 있다.
⑤ 아스팔트나 콘크리트 포장 대신 잔디를 입히거나 유기물 멀칭으로 토양의 복사열을 줄인다.

해설

칠엽수, 층층나무, 단풍나무, 물푸레나무, 느릅나무 등에서 피해가 자주 발생한다.

엽소의 원인 및 병징

1. 원인
   여름철 고온이 지속되면서 일사량이 높을 경우 과다한 증산작용으로 탈수현상이 일어나 잎이 누렇게 타는 것
2. 병징
   - 잎의 가장자리부터 마르기 시작하여 갈색으로 변색
   - 엽맥에서 가장 먼 부분부터 마르기 시작
   - 장마기간 경화되지 않은 잎에서 자주 발생
   - 활엽수 : 칠엽수, 단풍나무, 층층나무, 물푸레나무, 느릅나무 등
   - 한대수종 : 주목, 잣나무, 전나무, 자작나무 등

정답 116 ④ 117 ① 118 ②

119 기상에 의한 피해 원인과 결과의 연결이 옳지 않은 것은?

① 저온피해(만상) – 위연륜 피해
② 저온피해(한상) – 조직 내 결빙
③ 고온피해(볕데기) – 남서 방향 피해
④ 저온피해(조상) – 연약한 새 가지 피해
⑤ 고온피해(치묘의 열해) – 치묘의 근부 피해

해설

조직 내 결빙은 동상에 해당한다.

> 기상에 의한 피해
> • 한상(냉해) : 0℃ 이상에서 피해를 입으며, 결빙되지 않음
> • 세포 외 동결 : 만상과 조상 피해
> • 세포 내 동결 : 동상에 해당

120 주풍과 그 피해에 대한 설명으로 옳지 않은 것은?

① 주풍의 풍속은 대략 10~15m/s 정도의 속도이다.
② 주풍은 잎이나 줄기의 일부를 탈락하게 한다.
③ 주풍이 지속적으로 불면 임목의 생장이 저하된다.
④ 침엽수는 하방편심생장, 활엽수는 상방편심생장을 하게 된다.
⑤ 수목은 일반적으로 주풍 방향으로 굽게 되고, 수간 하부가 편심생장을 하게 된다.

해설

• 침엽수 : 상방편심생장
• 활엽수 : 하방편심생장

121 산불과 수목의 화재에 대한 설명으로 옳지 않은 것은?

① 한국에서 지중화가 발생하는 경우는 극히 드물다.
② 대왕송과 분비나무는 내화력이 약한 수종이다.
③ 한국에서도 낙뢰로 인하여 산불이 발생한 경우가 있다.
④ 노령목이 될수록 수관화로 연결되는 산불의 위험도는 낮아진다.
⑤ 산불의 발생원인은 야영자, 산채 채취자 등 입산자 실화가 가장 많다.

해설

내화성 수종
• 침엽수 : 은행나무, 잎갈나무, 분비나무, 가문비나무, 개비자나무, 대왕송 등
• 활엽수 : 아왜나무, 굴거리나무, 후피향나무, 붓순, 합죽도, 피나무, 고로쇠나무, 마가목, 고광나무, 가중나무

122 내한성이 높은 수종으로 옳게 나열한 것은?

① 대나무, 사철나무, 잣나무
② 배롱나무, 소나무, 양버들
③ 느티나무, 살구나무, 백송
④ 호랑가시나무, 자목련, 주목
⑤ 배롱나무, 전나무, 회화나무

해설

수목의 내한성
• 내한성 수종 : 자작나무, 오리나무, 사시나무, 버드나무류, 소나무, 잣나무, 전나무, 주목, 느티나무, 살구나무, 백송 등
• 내한성 약한 수종 : 삼나무, 편백, 금송, 개잎갈나무, 배롱나무, 피라칸타, 곰솔, 줄사철나무, 동백나무, 녹나무, 먼나무, 후박나무, 배롱나무, 개잎갈나무, 자목련, 능소화, 사철나무, 벽오동, 오동나무 등

123 「농약관리법」에서 규정하고 있는 농약의 범주에 속하지 않는 것은?

① 고추 착색촉진제
② 제초제저항성 GMO 작물
③ Bacillus thuringiensis 배양균
④ 가루깍지벌레의 천적 기생벌
⑤ 복숭아명나방 합성 성페로몬

해설

농약의 범주
• 농작물을 해치는 균(菌), 곤충, 응애, 선충(線蟲), 바이러스, 잡초, 동식물을 방제하는 데에 사용하는 살균제 · 살충제 · 제초제
• 농작물의 생리기능을 증진하거나 억제에 사용하는 약제
• 그 밖에 농림축산식품부령으로 정하는 약제

> 천연식물보호제
> • 진균, 세균, 바이러스 또는 원생동물 등 살아 있는 미생물을 유효성분으로 하여 제조한 농약
> • 자연계에서 생성된 유기화합물 또는 무기화합물을 유효성분으로 하여 제조한 농약

정답 119 ② 120 ④ 121 ② 122 ③ 123 ②

124 등록이 취소된 농약의 취소사유가 옳지 않은 것은?

① DDT(살충제) – 난분해성
② PCP(제초제) – 토양잔류성
③ 파라티온(살충제) – 맹독성
④ 파라쿼트(제초제) – 환경호르몬
⑤ 우스플룬(염화메칠수은, 살균제) – 생물농축

해설

파라쿼트(제초제) – 맹독성

> 파라쿼트는 비선택성 제초제로 식물뿐 아니라 동물에도 맹독성을 띠며, 효과적인 해독제나 치료방법이 없다.

125 솔껍질깍지벌레의 후약충 발생 초기에 살충제 작용기작 기호 4a(네오니코티노이드계)를 나무주사하려고 한다. 이에 해당하는 약제는?

① 다이아지논 입제
② 페니트로티온 수화제
③ 람다사이할로트린 수화제
④ 에마멕틴벤조에이트 미탁제
⑤ 이미다클로프리드 분산성 액제

해설

4a(네오니코티노이드계)
- 신경전달물질 수용체 차단
- 독성이 강하고 빛에 잘 분해되어 잔효성이 짧음
- 흡즙성 해충에 살충효과가 우수
- 약제 : imidacloprid, acetamiprid, clothianidin, dinotefuran, nitenpyram, thiacloprid, thiamethoxam

126 보조제인 계면활성제의 역할에 대하여 옳지 않은 것은?

① 전착제로 사용된다.
② 유화제로 사용된다.
③ 농약액의 현탁성을 높여 준다.
④ 농약액의 표면장력을 낮추어 준다.
⑤ 농약액과 엽면 사이의 접촉각을 크게 해준다.

해설

접촉각

정지액체의 자유표면이 고체와 접하는 부분에서 액면과 고체면이 이루는 각을 말함(계면활성제를 첨가하면 접촉각이 작아짐)

127 농약의 제형 중 액제에 대한 설명으로 옳지 않은 것은?

① 원제가 수용성이어야 한다.
② 원제가 극성을 띠는 이온성 화합물이다.
③ 보조제로서 동결방지제와 계면활성제를 넣는다.
④ 농약 살포액을 조제하면 하얀 유탁액으로 변한다.
⑤ 원제를 물이나 알코올(메탄올)에 녹여 제제한다.

해설

액제(SL)
- 원제와 부자재를 물 또는 유기용매에 녹인 균질화된 제제
- 물에 희석하여 사용하며, 희석액은 투명
- 저온 조건에서 제제의 응고현상과 유효성분의 석출 여부 주의

128 농약의 안전사용기준에 설정되어 있지 않은 것은?

① 대상 작물 및 병해충
② 수확 전 최종 사용시기
③ 사용 제형 및 처리방법
④ 사용시기 및 최대 사용횟수
⑤ 전착제 사용 여부 및 사용량

해설

전착제 사용 여부 및 사용량 기준에 대한 설정은 없다.

> 농약 제품 포장지 표기 사항
> - '농약' 문자 표기
> - 품목등록번호
> - 농약의 명칭 및 제제 형태
> - 유효성분의 일반명 및 함유량과 기타성분의 함유량
> - 포장단위
> - 농작물별 적용병해충 및 사용량
> - 사용방법과 사용에 적합한 시기
> - 안전사용기준 및 취급제한기준(그 기준이 설정된 농약에 한한다)

정답 124 ④ 125 ⑤ 126 ⑤ 127 ④ 128 ⑤

- 그림문자, 경고문구 및 주의사항
- 저장 · 보관 및 사용상의 주의사항
- 상호 및 소재지
- 농약제조 시 제품의 균일성이 인정되도록 구성한 모집단의 일련번호
- 약효보증기간
- 작용기작그룹
- 독성 · 행위금지 등 그림문자 및 설명
- 해독 및 응급처치 요령
- 상표명
- 바코드
- 빈 농약용기 처리에 관한 설명

129 제초제 저항성 잡초 관리방법으로 옳지 않은 것은?

① 종합적 방제를 실시한다.
② 제초제 사용량을 늘려서 자주 처리한다.
③ 작용기작이 유사한 제초제의 연용을 피한다.
④ 작용기작이 다른 제초제와의 혼합제를 사용한다.
⑤ 교차저항성이 없는 다른 제초제와 교호처리한다.

해설

저항성 대책

- 같은 약제의 연용을 피하고, 작용기구가 다른 약제를 교대로 살포(교호사용)하는 것이 중요하다.
- 경종적 방제 및 천적을 이용한 생물학적 방제를 적절히 이용하는 종합적 방제가 요구된다.

130 토양 중 농약의 동태에 관한 설명으로 옳은 것은?

① 볏집 등 신선 유기물 첨가는 토양 중 농약의 분해를 늦춘다.
② 식양토에서 농약의 분해와 이동이 빨라지고 잔류는 적어진다.
③ 토양 중 농약의 분해는 주로 화학적 분해이고, 미생물 분해는 없다.
④ 부식함량이 높은 토양에서 농약 흡착이 많고, 분해가 늦어진다.
⑤ 농약의 토양흡착은 토성에 따라 다르고, 농약 제형의 영향은 없다.

해설

① 볏집 등 신선 유기물 첨가는 토양 중 농약의 분해를 촉진한다.
② 식양토에서 농약의 분해와 이동이 느려지고 잔류는 많아진다.
③ 토양 중 농약의 분해는 주로 화학적 분해이고, 미생물 분해도 많다.
⑤ 농약의 토양흡착은 토성에 따라 다르고, 농약 제형에 따라 다르다.

부식의 효과

1. 생물학적 효과
   - 미생물의 활성
   - 식물성장촉진제
2. 화학적 효과
   - 양이온치환능력 증가
   - pH 완충작용
   - 식물 생장에 필요한 영양원(질소, 인, 황 등) 공급
   - 인의 가용성 증가
   - 킬레이트화합물을 형성하여 독성 경감
3. 물리적 효과
   - 입단화 증진
   - 토양 공극 증가
   - 통기성과 배수성 향상
   - 보수력 증가
   - 지온을 상승시켜 토양생물의 활성 증대

131 벤조일우레아(Benzoylurea)계 살충제에 대한 설명으로 옳지 않은 것은?

① 곤충과 포유동물 사이에 높은 선택성을 가진다.
② 곤충의 표피를 구성하는 키틴(Chitin) 합성 저해제이다.
③ 유충단계에서 가해하는 나비목, 노린재목 방제에 사용된다.
④ 일부 약제에서 알의 비정상적인 탈피를 유도하여 살충효과를 나타낸다.
⑤ 이미다클로프리드, 아세타미프리드, 티아메톡삼 등의 약이 등록되어 있다.

해설

벤조닐우레아계 – 15

- 키틴생합성 저해
- IGR(곤충생장조절제)로 인축독성이 낮고, 환경오염이 적으며 곤충과 동물 간에 선택독성이 높음

정답 129 ② 130 ④ 131 ⑤

• 약제 : bistrifluron, chlorfluazuron, novaluron, lufeluron, triflumuron

132 살균제 작용기작 기호 사1에 대한 설명으로 옳지 않은 것은?

① 처리농도를 높였을 때 식물의 생장을 억제한다.
② 디페노코나졸, 헥사코나졸, 테부코나졸 등이 등록되어 있다.
③ 세포막 구성성분인 인지질의 생합성을 저해하는 약제이다.
④ 벚나무 갈색무늬구멍병 잎에 발생하는 진균병에 효과적이다.
⑤ 침투이행성으로서 예방제이나, 일부는 치료제 효과를 나타낸다.

해설

살균제 작용기작 기소 사1
• 트레아졸계(식물의 생장점으로 흡수, 침투이행성, 보호 및 치료 효과) 약제이다.
• 에르고스테롤(Ergosterol)의 생합성을 저해하는 약제이다.
• 디니코나졸, 디페노코나졸, 맷코나졸, 비테르타놀, 테부코나졸, 헥사코사졸 등이 등록되어 있다.

133 살균제로 개발된 항생제 농약들에 관한 설명으로 옳지 않은 것은?

ㄱ. 스트렙토마이신	ㄴ. 가스가마이신
ㄷ. 옥시테트라사이클린	ㄹ. 바리다마이신

① ㄱ, ㄴ, ㄷ은 단백질 합성과정을 저해한다.
② ㄱ은 복숭아 세균구멍병과 같은 세균병에 효과를 나타낸다.
③ ㄴ은 여러 가지 진균병의 예방제 및 치료제로 사용된다.
④ ㄷ은 대추나무 빗자루병 등 많은 파이토플라스마병 방제에 등록되어 있다.
⑤ ㄹ은 잔디 갈색잎마름병에 연용하면 저항성이 출현하므로 주의해야 한다.

해설

ㄹ : 단백질 합성 저해(테트라사이클린계, 마이신계), 아미노산 및 단백질 합성 저해
• 스트렙토마이신 : 살균제, 살세균제
• 가스가마이신 : 살세균제
• 옥시테트라사이클린 : 살세균제
• 바리다마이신 : 살세균제

134 제초제 플루아지포프－p－뷰틸에 대한 설명으로 옳지 않은 것은?

① 벼과식물에는 강한 살초효과를 나타낸다.
② 식물체 내의 지질합성계 효소(ACCase)를 저해한다.
③ 철쭉, 소나무, 은행나무 등의 묘포장 잡초방제에 사용한다.
④ 여름철 주요 잡초인 환삼덩굴, 닭의장풀의 방제에 사용한다.
⑤ 분열조직으로 이동하여 생장을 저해하므로 서서히 효과가 나타난다.

해설

플루아지포프－p－뷰틸(fluazifop－p－buthyl)
• 식물 세포막 형성과 생장에 필수 물질인 지질의 생합성효소인 ACCase(acetyl－CoA carboxylase) 작용 저해
• 생육기 경엽 처리형으로 화본과에만 작용하고 증상은 신엽에 먼저 나타남

135 곤충의 신경전달과정에서 아세틸콜린에스테라아제의 작용을 저해하는 살충제가 아닌 것은?

① 카바릴　　② 비펜트린
③ 카보퓨란　　④ 페니트로티온
⑤ 클로르피리포스

해설

• 합성 피레스로이드제(3a)
• Na 통로를 조절하는 약제
• 작용기작은 신경자극 전달을 저해, 반복흥분을 유발하여 살충. 포유독성이 약하고, 어독성이 높다.
• 약제 : 펜발레레이트, 델파매트린, 사이퍼매트린, 비펜트린 등

살충제
1. 마이크로라이드계(6)
  • 염소통로 활성화
  • 아바멕틴은 방선균에서 분리
  • 살선충, 살응애
  • 약제 : abamectin, emamectin, benzoate, milbemectin 등

정답　132 ③　133 ④　134 ④　135 ②

2. 네오니코틴노이드계(4a)
- 신경전달물질 수용체 차단
- 독성이 강하고 빛에 잘 분해되어 잔효성이 짧음
- 흡즙성 해충에 살충효과가 우수
- 약제 : imidacloprid, acetamiprid, clothianidin, dinotefuran, nitenpyram, thiacloprid, thiamethoxam 등

3. 디아마이드계(28)
- 라이아노딘 수용체 조절
- 2010년 이후 개발 약제, 근육을 과도하게 수축시킴
- 약제 : chloranraniliprole, cyantraniliprole, cyclaniliprole, flubendiamide

4. 벤조닐우레아계(15)
- 키틴생합성 저해
- IGR(곤충생장조절제), 인축독성이 낮고, 환경오염 적으며, 곤충과 동물 간에 선택독성이 높음
- 약제 : bistrifluron, chlorfluazuron, novaluron, lufeluron, triflumuron

5. 뷰프로페진계(16)
- 키틴생합성 저해
- IGR(곤충생장조절제)

6. 벤조일하이드라진계(18)
- 탈피호르몬수용체 기능 향상
- IGR(곤충생장조절제)
- 약제 : tebufenozide, methox yfenozide

136 「2021 산림병해충 시책」 외래 및 돌발 산림병해충 적기 대응을 위한 기본 방향 내용이 아닌 것은?

① 친환경 방제 추진으로 경관 및 건강한 자연생태계 유지
② 외래 · 돌발 병해충 발생 시 즉시 전면적 방제로 피해확산 조기 저지
③ 지역별 방제 여건에 따라 방제를 추진할 수 있도록 자율성과 책임성 부여
④ 예찰조사를 강화하여 조기발견, 적기방제 등 협력 체계 정착으로 피해 최소화
⑤ 농림지 동시발생 병해충, 과수화상병, 아시아매미나방 등 부처협력을 통한 공동 예찰 · 방제

해설

외래 및 돌발 산림 병해충 적기 대응을 위한 기본 방향
- 예찰조사를 강화하여 조기 발견, 적기방제 등 협력 체계 정착으로 피해 최소화
- 외래돌발 병해충이 발생되면 즉시 전면적 방제로 피해 확산 조기 저지
- 대발생이 우려되는 외래돌발 해충의 사전 적극 대응을 통한 국민생활 안전확보
- 돌발해충 대발생 시 각 산림관리 주체별로 예찰 · 방제를 실시하고, 광범위한 복합 피해지는 부처 협력을 통한 공동 방제로 국민생활 불편 해소 및 국민 삶의 질 향상에 최선
- 지역별 방제 여건에 따라 방제를 추진할 수 있도록 자율성과 책임성 부여
- 농림지 동시발생 병해충, 과수화상병, 아시아매미나방(AGM), 붉은불개미 등 부처 협력을 통한 공동 예찰 · 방제
- 밤나무 해충 및 돌발해충 방제를 위한 항공 방제

137 「2021년도 산림병해충 시책」 소나무재선충병 미감염확인증 발급대상 수종이 아닌 것은?

① Pinus strobus
② Pinus koraiensis
③ Pinus parviflora
④ Pinus thunbergii
⑤ Pinus densiflora for. pendula

해설

소나무재선충 미감염확인증 발급대상 수종
- 대상 : 곰솔, 소나무, 반송, 잣나무, 섬잣나무 등
- 비대상 : 낙엽송, 전나무, 백송, 스트로브잣나무, 리기다소나무, 테다소나무

138 「산림보호법」 나무의사 등의 자격 및 나무병원 등록에 관한 행정처분의 기준 중 1차 위반으로 자격 및 등록취소가 되지 않는 것은?

① 나무의사 등의 자격정지 기간에 수목진료를 행한 경우
② 거짓이나 부정한 방법으로 나무의사 등의 자격을 취득한 경우
③ 「산림보호법」 제21조의9 제5항을 위반하여 다른 자에게 등록증을 빌려준 경우
④ 「산림보호법」 제21조의9 제3항을 위반하여 부정한 방법으로 변경등록을 한 경우
⑤ 영업정지 기간에 수목진료 사업을 하거나 최근 5년간 3회 이상 영업정지 명령을 받은 경우

정답 136 ① 137 ① 138 ③

해설

다른 자에게 등록증을 빌려준 경우에는 자격정지 2년, 벌금 500만 원에 처한다.

나무의사 행정처분기준

위반 행위	1차	2차	3차	4차
가. 거짓이나 부정한 방법으로 나무의사 등의 자격을 취득한 경우	자격 취소			
나. 동시에 두 개 이상의 나무병원에 취업한 경우	자격정지 2년	자격 취소		
다. 법 제21조의5에 따른 결격 사유에 해당하게 된 경우	자격 취소			
라. 나무의사 등의 자격증을 빌려준 경우	자격정지 2년	자격 취소		
마. 나무의사 등의 자격정지기간에 수목 진료를 행한 경우	자격 취소			
바. 고의로 수목진료를 사실과 다르게 행한 경우	자격 취소			
사. 과실로 수목진료를 사실과 다르게 행한 경우	자격정지 2개월	자격정지 6개월	자격정지 12개월	자격 취소

139 「소나무 재선충병 방제 지침」 소나무 재선충병 관련 용어의 정의 설명이 옳지 않은 것은?

① "감염목"이란 재선충병에 감염된 소나무류
② "감염의심목"이란 재선충병에 감염된 것으로 의심되어 진단이 필요한 소나무류
③ "반출금지구역"이란 재선충병 발생지역으로부터 2km 이내에 포함되는 행정 동, 리의 전체구역
④ "비병징 감염목"이란 반출금지구역 내 소나무류 중 재선충병 감염 여부 확인을 받지 아니한 소나무류
⑤ "점형선단지"란 감염목으로부터 반경 2km 이내에 다른 감염목이 없을 때 해당 감염목으로부터 반경 2km 이내의 지역

해설

"비병징 감염목"이란 재선충병에 감염되었으나 잎의 변색이나 시들음, 고사 등 병징이 감염 당년도에 나타나지 않고 이듬해부터 나타나는 소나무류를 말한다.

140 「2021년도 산림병해충 시책」 산림병해충 발생예보 발령구분 세4부 기준에 대한 설명으로 옳지 않은 것은?

① 관심단계는 과거에 외래 · 돌발 병해충이 발생한 시기, 지역 및 수목의 이상 징후가 있을 때
② 주의단계는 중국 · 일본 등 인접국가에서 대규모 발생한 병해충이 국내로 유입되었을 때
③ 경계단계는 외래 · 돌발 병해충이 2개 이상의 시군으로 확산되거나 100ha 이상 피해발생 때
④ 관심단계는 지자체, 소속기관, 유관기관 및 민간신고 등 외래 · 돌발병해충 발생정보를 입수하였을 때
⑤ 심각단계는 병해충 발생 피해로 인하여 해당 수목의 수급, 가격안정 및 수출 등에 중대한 영향을 미칠 징후가 있을 때

해설

경계(Orange)

- 외래 · 돌발 병해충이 타 지역으로 확산하거나(2개 이상 시군) 50ha 이상의 피해 발생
- 과거 외래 · 돌발 병해충이 발생한 시기, 지역 및 수목에서 지역적 규모로 발생한 동종 병해충이 타 지역으로 전파
- 중국, 일본 등 인접국가에서 대규모로 발생한 병해충이 국내로 유입되어 타 지역으로 전파

정답 139 ④ 140 ③

과년도 기출문제 7회(2022년 6월 4일)

1과목 수목병리학

01 수목병에 관한 처방이 효과적이지 않은 것은?

① 버즘나무 탄저병 – 감염된 낙엽과 가지 제거
② 철쭉 떡병 – 감염 부위 제거, 통풍 환경 개선
③ 잣나무 아밀라리아뿌리썩음병 – 지상부 피해 침엽과 가지 제거
④ 소나무 시들음병(소나무재선충병) – 살선충제 나무주사, 매개충 방제
⑤ 대추나무 빗자루병 – 항생제(옥시테트라사이클린계) 나무주사, 매개충 방제

해설

잣나무 아밀라리아뿌리썩음병은 뿌리병이다. 그러므로 잎과 가지를 제거하는 것은 방제효과가 없다.

아밀라리아뿌리썩음병(기주 우점병)
- 기주 : 활엽수, 침엽수
- 병원균
  - Amillaria mellea(천마와 공생하여 내생균근 형성)
  - Amillaria solidipes(우리나라 잣나무가 감수성)
  - 담자균문의 주름버섯목
- 표징 : 뿌리꼴균사다발(근상균사속), 부채꼴균사판, 뽕나무버섯(8~10월)
- 병징
  - 밑동 부분에 송진이 흐른다(수목의 방어현상).
  - 백색부후, 부후 부위에 대선 발견
- 병환
  - 국소적인 감염 : 뿌리를 따라 감염수목 → 건강수목
  - 버섯(담자포자) : 매우 드물다.
- 방제법
  - 저항성 수목 식재
  - 그루터기 제거
  - 기타 방제법 : 경쟁관계 곰팡이를 이용, 산성토양을 중화, 토양소독

02 수목병을 정확하게 진단하기 위하여 감염시료의 채취와 병원체의 분리배양이 가능한 병은?

① 대추나무 빗자루병
② 배롱나무 흰가루병
③ 벚나무 번개무늬병
④ 포플러 모자이크병
⑤ 소나무 피목가지마름병

해설

- 파이토플라스마에 의한 병 : 대추나무 빗자루병
- 바이러스에 의한 병 : 벚나무 번개무늬병, 포플러 모자이크병
- 곰팡이에 의한 병 : 소나무 피목가지마름병, 배롱나무 흰가루병

※ 흰가루병은 순활물 기생체이다.

03 수목병 감염 시 나타나는 생리기능 장애 증상이 바르게 연결되지 않은 것은?

① 회양목 그을음병 – 광합성 저해
② 조팝나무 흰가루병 – 양분의 저장 장애
③ 감나무 열매썩음병 – 양분의 저장, 증식 장애
④ 소나무 안노섬뿌리썩음병 – 물과 무기양분의 흡수 장애
⑤ 소나무 시들음병(소나무 재선충병) – 물과 무기양분의 이동 장애

해설

흰가루병은 기주의 광합성을 방해하고, 기주의 양분을 탈취(절대 기생체)한다.

흰가루병
- 자낭구(1차 전염원), 분생포자경에 분생포자(2차 전염원)
- 특징
  - 기주선택성
  - 생장 위축, 미관 해침, 새 가지 고사

정답 01 ③ 02 ⑤ 03 ②

- 연중 발생(겨울 ×), 6~7월 시작 후 장마 뒤 급속 진전
- 대개 잎에 발생하나 열매, 어린줄기에도 발생
- 흰가루 = 무성세대인 분생포자
- 기주의 광합성 방해, 양분 탈취(절대기생체)
- 잎 : 뒤틀리고 일그러진다.
- 꽃 : 제대로 피지 않고 낙화한다.

04 병원체의 유전물질이 식물에 전이되는 형질전환 현상에 의해 이상비대나 이상증식이 나타나는 병은?

① 철쭉 떡병
② 소나무 혹병
③ 밤나무 뿌리혹병
④ 소나무 줄기녹병
⑤ 오동나무 뿌리혹선충병

해설

세균에 의해 혹이 발생하는 기작을 물어보는 문제이다.

- 녹병류 : 철쭉 떡병, 소나무 혹병, 소나무 줄기녹병
- 세균 : 밤나무 뿌리혹병
- 선충 : 오동나무 뿌리혹선충병

뿌리혹병
- 크기와 모양이 다양한 암종 또는 혹이 줄기 및 뿌리와 지제부에 형성되며, 드물게 가지에도 발생한다.
- 급격히 말라 죽지 않는다.
- 병원균 : Agrobacterium tumefaciens, 막대 모양, 단세포, 그람음성
  - 뿌리혹병 : Agrobacterium tumefaciens
  - 털뿌리병 : Agrobacterium rhizogens
  - 줄기혹병 : Agrobacterium rubi
  - 포도나무 뿌리혹병 : Agrobacterium vitis
  - 병원성이 없는 Agrobacterium radiobacter
- 고온다습할 때 알칼리성 토양에서 자주 발생한다.

05 전자현미경으로만 병원체의 형태를 관찰할 수 있는 수목병들을 바르게 나열한 것은?

ㄱ. 뽕나무 오갈병	ㄴ. 버즘나무 탄저병
ㄷ. 장미 모자이크병	ㄹ. 버드나무 잎녹병
ㅁ. 벚나무 빗자루병	ㅂ. 붉나무 빗자루병
ㅅ. 동백나무 겹둥근무늬병	

① ㄱ, ㄷ, ㅂ　　② ㄱ, ㄹ, ㅅ
③ ㄴ, ㄷ, ㅁ　　④ ㄴ, ㅂ, ㅅ
⑤ ㄷ, ㅂ, ㅅ

해설

- 곰팡이에 의한 병 : 동백나무 겹둥근무늬병, 버즘나무 탄저병, 버드나무 잎녹병, 벚나무 빗자루병
- 바이러스에 의한 병 : 장미 모자이크병
- 파이토플라스마에 의한 병 : 뽕나무 오갈병, 붉나무 빗자루병

현미경적 진단
- 해부현미경 : 육안으로 진단이 어려운 경우 1차적인 진단 수행
- 광학현미경 : 진균과 세균 관찰
- 전자현미경 : 가시광선보다 파장이 짧은 전자빔을 광원으로 사용
  - 투과현미경(TEM) : 명암의 대비로 세포, 세균, 바이러스 관찰
  - 주사현미경(SEM) : 진균, 세균, 식물의 표면 정보를 획득

06 식물에 기생하는 바이러스의 일반적인 특성으로 옳지 않은 것은?

① 감염 후 새로운 바이러스 입자가 만들어지는 데는 대략 10시간이 소요된다.
② 바이러스 입자는 인접세포와 체관에서 빠르게 이동한 후 물관에 존재한다.
③ 세포 내 침입 바이러스는 외피에서 핵산이 분리되어 상보 RNA 가닥을 만든다.
④ 바이러스의 종류와 기주에 따라서 얼룩, 줄무늬, 엽맥투명, 위축, 오갈, 황화 등의 병징이 나타난다.
⑤ 바이러스의 종류에 따라 영양번식기관, 종자, 꽃가루, 새삼, 곤충, 응애, 선충, 균류 등에 의하여 전염될 수 있다.

해설

바이러스 이동 경로
- 매개요인에 의해 바이러스가 감염된다.
- 수목의 체내로 침투한 바이러스가 체관을 통해 뿌리로 이동한다.
- 뿌리 전체에 퍼진 후 체관을 통해 신엽으로 이동한다.
- 발병이 심할 경우 하위엽으로 바이러스가 퍼져나간다.

정답 04 ③ 05 ① 06 ②

07 향나무 녹병에 관한 설명으로 옳지 않은 것은?

① 감염된 장미과 식물의 잎과 열매에는 작은 반점이 다수 형성된다.
② 병원균은 향나무와 장미과 식물을 기주교대하는 이종 기생균이다.
③ 향나무에는 겨울포자와 담자포자, 장미과에는 녹병포자, 녹포자, 여름포자가 형성된다.
④ 향나무와 노간주나무의 줄기와 가지가 말라 생장이 둔화되고 심하면 고사한다.
⑤ 방제방법으로 향나무와 장미과 식물을 2km 이상 거리를 두고 식재하는 방법과 적용 살균제를 살포하는 방법이 있다.

해설

향나무녹병은 여름포자를 형성하지 않는다.

녹병별 중간기주

녹병균	병명	녹병정자, 녹포자세대	여름포자, 겨울포자
Cronartium ribicol	잣나무 털녹병	잣나무	송이풀, 까치밥나무
C. quercuum	소나무혹병	소나무, 곰솔	졸참, 신갈나무
C. flaccidum	소나무 줄기녹병	소나무	모란, 작약, 송이풀
Gymnosporangium –asiaticum	향나무녹병	배나무 장미과 수목	향나무 (여름세대 없다)
Melampsore larici –populina	포플러잎 녹병	낙엽송	포플러
Uredinopsis komagatakensis	전나무잎 녹병	전나무	뱀고사리
Chrysomyxa rhododendri	철쭉잎녹병	가문비나무	산철쭉

08 수목병 진단 시 생물적 원인(기생성)과 비생물적 원인(비기생성)에 의한 병발생의 일반적인 특성으로 옳지 않은 것은?

	항목	생물적	비생물적
①	발병 면적	제한적	넓음
②	병원체	있음	없음
③	종특이성	높음	낮음
④	병 진전도	다양	유사
⑤	발병 부위	수목 전체	수목 일부

해설

생물적 피해와 비생물적 피해의 특성

생물적 피해	비생물적 피해
• 해충이나 병해의 질병인 경우 증거 보임(유충, 탈피각, 알, 난각, 배설물, 병징, 표징) • 한 개체 내에서도 피해가 수관 전체에 균일하게 나타나지 않음 • 동일한 수종(과, 속, 종)에서만 피해가 나타남 • 같은 수종에 대하여 전염성이 있음 • 피해가 서서히 나타남	• 해충이나 병해의 증거가 보이지 않음 • 한 개체 내에서 피해가 수관 전체에 균일하게 나타남 • 피해장소에 자라는 다른 수종에서도 동일한 피해 증상이 나타남 • 같은 수종에 대하여 전염성이 없음 • 피해가 비교적 급진적으로 나타남

09 수목에 기생하는 종자식물에 관한 설명으로 옳지 않은 것은?

① 기생성 종자식물에는 새삼, 마녀풀, 더부살이, 칡 등이 있다.
② 흡기라는 특이 구조체를 만들어 기주수목에서 수분과 양분을 흡수한다.
③ 진정겨우살이에 감염된 기주는 생장이 위축되고 가지 변형이 심하면 고사할 수 있다.
④ 소나무(난쟁이)겨우살이는 암, 수꽃이 화분수정하고 장과를 형성하여 증식한다.
⑤ 겨우살이에는 침엽수에 기생하는 소나무(난쟁이)겨우살이, 활엽수에 기생하는 진정겨우살이가 있다.

해설

- 기생성 종자식물 : 겨우살이, 새삼, 더부살이(국내 오리나무더부살이)
- 비기생성 종자식물
  - –얽혀 사는 식물 : 칡
  - –감고 사는 식물

정답 07 ③ 08 ⑤ 09 ①

10 장미 검은무늬병에 관한 설명으로 옳지 않은 것은?

① 감염된 잎은 조기 낙엽되고 심한 경우 모두 떨어지기도 한다.
② 장마 후에 피해가 심하나 봄비가 잦으면 5~6월에도 피해가 발생한다.
③ 병원균은 감염된 잎에서 자낭구로 월동하고 봄에 자낭포자가 1차 전염원이 된다.
④ 병든 낙엽은 모아 태우거나 땅속에 묻고, 5월경부터 10일 간격으로 적용 살균제를 3~4회 살포한다.
⑤ 잎에 암갈색~흑갈색의 병반과 검은색의 분생포자층 및 분생포자를 형성하여 곤충이나 빗물에 의해 전반된다.

해설

장미 검은무늬병의 1차 전염원은 병든 잎에서 자낭반의 형태로 월동한다.

11 수목 기생체 중 세포벽이 없는 것으로 나열된 것은?

ㄱ. 겨우살이 ㄴ. 소나무재선충 ㄷ. 대추나무 빗자루병균 ㄹ. 쥐똥나무 흰가루병균 ㅁ. 밤나무혹병(근두암종병)균 ㅂ. 벚나무 번개무늬병 병원체

① ㄱ, ㄴ, ㅁ
② ㄱ, ㄷ, ㅂ
③ ㄴ, ㄷ, ㅁ
④ ㄴ, ㄷ, ㅂ
⑤ ㄷ, ㄹ, ㅂ

해설

세포벽이 없는 병원균에는 바이러스, 파이토플라스마, 바이로이드, 선충이 있다.

세포벽(細胞壁, Cell Wall)

세균, 식물, 곰팡이, 고균 세포의 가장 바깥층을 에워싸고 있는 약간 두꺼운 막으로, 변형균을 제외한 대부분의 식물 세포에 존재한다. 동물 세포에는 원색 동물의 일부 가운데 가장 바깥부분이 다당류 층으로 에워싸인 세포가 있는데, 식물 세포의 세포막과는 완전히 다르다.

12 수목 병원체의 동정 및 병 진단에 관한 설명으로 옳은 것은?

① 분리된 선충에 구침이 없으면 외부기생성 식물기생선충이다.
② 세균은 세포막의 지방산 조성을 분석함으로써 동정할 수 있다.
③ 향나무녹병균의 담자포자는 200배율의 광학현미경으로 관찰할 수 없다.
④ 파이토플라스마는 16s rRNA 유전자 염기서열 분석으로 동정할 수 없다.
⑤ 바이러스에 감염된 잎에서 DNA를 추출하여 면역확산법으로 진단한다.

해설

생리 · 생화학적 검정

가스크로마토그래피는 세균의 세포막 및 세포벽이 지방산 조성을 분석한다.

① 선충의 몸 앞부분을 두부, 항문 뒷부분을 미부라 한다. 두부에는 구강과 식물선충에게 모두 있는 단도 모양의 구침이 있고 식도, 창자, 항문으로 이어진다.
③ 균류, 선충, 세균은 광학현미경 이용 시 전체 형태만 관찰할 수 있다.
④ 16s rRNA 분석에 의한 분자생물학적 진단은 그람양성균(세균)을 알아내는 진단으로, 그람양성(보라색), 그람음성(분홍색)으로 진단한다.
⑤ 분자진단은 병원체의 염기서열을 확인하고 그것을 이용하여 유전적인 유연관계를 분석하는 것이다.
예 핵산교잡, 중합효소연쇄반응법(PCR), 핵산의 서열분석 등

선충

1. 선충의 몸 : 큐티클(각피)로 덮여 있다.
2. 각피 : 환문, 종문 → 각피 밑에 진피 → 진피 안쪽에 근육세포, 의체강인 복강이 있다.
3. 식물선충의 구침 : 전부식도구, 중부식도구, 후부식도구로 구분
   - 식도형 구침 – 모두 이동성 외부기생선충
   - 구강형 구침(구침절구 존재) – 기생형태 다양(대부분의 식물선충)

정답 10 ③ 11 ④ 12 ②

13 수목병의 진단에 사용되는 재료나 방법의 설명으로 옳지 않은 것은?

① 표면살균에 차아염소산나트륨(NaOCl) 또는 알코올을 주로 사용한다.
② 광학현미경 관찰 시 일반적으로 저배율에서 고배율로 순차적으로 관찰한다.
③ 병원균 분리에 사용되는 물한천배지는 물과 한천(Agar)으로 만든 배지이다.
④ 식물 내의 바이러스 입자를 관찰하기 위해서는 주사현미경을 사용한다.
⑤ 곰팡이 포자 형성이 잘 되지 않는 경우 근자외선이나 형광등을 사용하여 포자 형성을 유도한다.

해설
주사현미경(SEM)을 통해 진균, 세균, 식물의 표면 정보를 얻는다.

현미경적 진단
- 해부현미경 : 육안으로 진단이 어려운 경우 1차적인 진단 수행
- 광학현미경 : 진균과 세균 관찰
- 전자현미경 : 가시광선보다 파장이 짧은 전자빔을 광원으로 사용
- 투과현미경(TEM) : 명암의 대비로 세포, 세균, 바이러스 입자 관찰
- 주사현미경(SEM) : 진균, 세균, 식물의 표면 정보획득

14 수목의 흰가루병에 관한 설명으로 옳지 않은 것은?

① 단풍나무에 흰가루병이 발생하면 발병 초기에 집중 방제를 한다.
② 쥐똥나무에 발생하면 잎이 떨어지고 관상가치가 크게 떨어진다.
③ 목련류 흰가루병균은 식물의 표피세포 속에 흡기를 뻗어 양분을 흡수한다.
④ 배롱나무 개화기에 발생하면 잎을 회백색으로 뒤덮는데 대부분 자낭포자와 균사이다.
⑤ 장미의 생육후기에 날씨가 서늘해지면 자낭과를 형성하고 자낭에 8개의 자낭포자를 만든다.

해설
회백색으로 뒤덮는 것은 분생포자이다.

15 병 발생과 병원체 전반에 곤충이 관여하지 않는 수목병이 나열된 것은?

ㄱ. 목재청변
ㄴ. 라일락 그을음병
ㄷ. 밤나무 흰가루병
ㄹ. 참나무 시들음병
ㅁ. 명자나무 불마름병
ㅂ. 오동나무 빗자루병
ㅅ. 단풍나무 타르점무늬병
ㅇ. 소나무 리지나뿌리썩음병
ㅈ. 소나무 시들음병(소나무재선충병)

① ㄱ, ㄴ, ㄷ　② ㄱ, ㅂ, ㅈ
③ ㄱ, ㅁ, ㅅ　④ ㄷ, ㅅ, ㅇ
⑤ ㄹ, ㅁ, ㅈ

해설
곤충 매개 수목병
그을음병(깍지벌레, 진딧물 등), 참나무 시들음병(광릉긴나무좀), 불마름병(파리, 개미, 진딧물, 벌 등), 소나무 시들음병(솔수염하늘소, 북방수염하늘소), 목재청변(소나무좀, 소나무줄나무좀)

16 소나무 가지끝마름병의 설명으로 옳지 않은 것은?

① 피해를 입은 새 가지와 침엽은 수지에 젖어 있고 수지가 흐른다.
② 명나방류나 얼룩나방류의 유충에 의해 고사하는 증상과 비슷하다.
③ 말라 죽은 침엽의 표피를 뚫고 나온 검은 자낭각이 중요한 표징이다.
④ 간염된 리기다소나무의 어린 침엽은 아래쪽 일부가 볏짚색으로 퇴색된다.
⑤ 세 가지의 침엽이 짧아지면서 갈색 내지 회갈색으로 변하고 말라 죽은 어린 가지는 구부러지면서 밑으로 처진다.

정답 13 ④ 14 ④ 15 ④ 16 ③

해설

침엽의 표피를 뚫고 나온 검은 분생포자각이 중요한 표징이다.

소나무류 가지끝마름병(디플로디아 순마름병)
- 병원균 : Sphaeropsis sapinea(불완전균류 유각균 분생포자각균목)
- 기주 : 소나무, 잣나무, 스트로브잣나무, 백송, 리기다소나무 등
- 피해
  - 봄에 새순, 어린 침엽 고사
  - 10~30년생 수목
- 진단 특성
  - 묵은 잎은 걸리지 않는다.
  - 송진이 누출되어 굳으면 쉽게 부러진다.
  - 잎에 분생포자각(1차 전염원)이 나타난다.

17 수목병의 관리에 관한 설명으로 옳은 것은?

① 티오파네이트메틸은 상처도포제로 사용된다.
② 나무주사는 이미 발생한 병의 치료 목적으로만 사용된다.
③ 잣나무 털녹병 방제를 위해 매발톱 나무를 제거한다.
④ 보르도액은 방제효과의 지속시간이 짧으나 침투이행성이 뛰어나다.
⑤ 공동 내의 부후부를 제거할 때는 변색부만 제거하되 건전부는 도려내면 안 된다.

해설

② 나무주사는 예방, 치료 목적으로 사용된다.
③ 잣나무털녹병 : 중간기주(송이풀, 까치밥나무)
④ 보르도액은 방제효과가 길고, 보호살균제로 쓰인다.
⑤ 공동 내 부후부만 제거하고 변색부는 제거하지 않는다.

18 수목의 뿌리에 발생하는 병에 관한 설명 중 옳은 것은?

① 어린 묘목에서는 뿌리혹병이 많이 발생한다.
② 뿌리썩음병을 일으키는 주요 병원균은 세균이다.
③ 리지나뿌리썩음병균은 담자균문에 속하고 산성 토양에서 피해가 심하다.
④ 유묘기 모잘록병의 주요 병원균은 Pythium 속과 Rhizoctonia solani 등이 있다.
⑤ 아밀라리아뿌리썩음병균은 자낭균문에 속하며 뿌리꼴균사다발을 형성한다.

해설

① 어린 묘목에는 모잘록병이 주로 발생된다.
② 뿌리썩음병은 주로 균류에 의해서 발생한다.
③, ⑤ 아밀라리아뿌리썩음병(담자균), 리지나뿌리썩음병(자낭균)

19 한국에서 발생한 참나무 시들음병에 관한 설명으로 옳지 않은 것은?

① 매개충은 천공성 해충인 광릉긴나무좀이다.
② 주요 피해 수종은 물참나무와 졸참나무이다.
③ 병원균은 자낭균으로서 Raffelea quercus－mongolicae이다.
④ 감염된 나무는 물관부의 수분 흐름을 방해하여 나무 전체가 시든다.
⑤ 고사한 나무는 벌채 후 일정 크기로 잘라 쌓은 후 살충제로 훈증처리하여 매개충을 방제한다

해설

시들음병
1. Verticillium 시들음병균 : Verticillium dahlia, 유관속 시들음병, 농작물에서도 발생
   - 수종 : 느릅나무, 단풍나무에서 다발
   - 병징
     - 다른 시들음병과 다르게 완만하게 진행－상처로 침입
     - 감염된 가지, 줄기, 뿌리의 목부에 녹색이나 갈색의 줄무늬
2. 느릅나무 시들음병균 : Ophiostoma ulmi
   - 매개충 : 유럽느릅나무좀
   - 병징 : 물관부에 병원균 유입, 급속히 고사
3. 한국참나무 시들음병균 : Raffaelea quercus－mongolicae
   - 수종 : 신갈나무, 졸참나무, 물참나무에서 다발
   - 매개충 : 광릉긴나무좀(Platypus koryoensis)
   - 병징 : 변재부 목재 변색, 물관부의 물과 양분 이동 방해해 시들음
4. 미국 참나무 시들음병균 : Ceratocystis fagacearum
   - 수종 : 루브라참나무, 큰떡갈나무에 다발
   - 매개충
     - Nitidulid 나무이

정답 17 ① 18 ④ 19 ②

- 죽은나무의 수피 밑에 형성된 균사매트의 달콤한 냄새에 유인
• 병징 : 병원균은 물관 내에서 느릅나무 시들음병균과 유사

20 세계 3대 수목병 중 하나인 밤나무줄기마름병에 관한 설명으로 옳지 않은 것은?

① 가지나 줄기에 황갈색~적갈색의 병반을 형성한다.
② 병원균의 자좌는 수피 밑에 프라스크 모양의 자낭각을 형성한다.
③ 저병원성 균주는 dsDNA 바이러스를 가지며 생물적 방제에 이용한다.
④ 병원균은 Cryphonectria parasitica로 북아메리카 지역에서 큰 피해를 주었다.
⑤ 일본 및 중국 밤나무 종은 상대적으로 저항성이고, 미국과 유럽 종은 상대적으로 감수성이다.

해설
저병원성 균주는 진균기생바이러스(dsRNA 바이러스)를 가지며 생물적 방제에 대한 연구가 활발하게 진행되고 있다(연구 중).

21 수목병과 병원체를 매개하는 곤충과의 연결이 옳은 것은?

① 뽕나무 오갈병 – 뽕나무하늘소
② 참나무 시들음병 – 붉은목나무좀
③ 느릅나무 시들음병 – 썩덩나무노린재
④ 붉나무 빗자루병 – 모무늬(마름무늬)매미충
⑤ 소나무 시들음병(소나무재선충병) – 알락하늘소

해설
① 뽕나무 오갈병 – 파이토플라스마 – 마름무늬매미충
② 참나무 시들음병 – 자낭균 – 광릉긴나무좀
③ 느릅나무 시들음병 – 자낭균 – 유럽느릅나무좀
④ 붉나무 빗자루병 – 파이토플라스마 – 마름무늬매미충
⑤ 소나무 시들음병 – 선충 – 솔수염하늘소, 북방수염하늘소

22 칠엽수 얼룩무늬병에 관한 설명으로 옳지 않은 것은?

① 발생은 봄부터 장마철까지 지속되나, 8~9월에 병세가 가장 심하다.
② 진균병으로 병원균은 자낭균문에 속하며, 자낭포자와 분생포자를 형성한다.
③ 땅에 떨어진 병든 잎을 모아 태우거나 땅속에 묻어 월동 전염원을 제거한다.
④ 묘포는 통풍이 잘 되도록 밀식을 피하고 빗물 등의 물기를 빠르게 마르도록 한다.
⑤ 어린잎에 물집 모양의 반점이 생기고 진전되면 병반의 크기가 일정하고 뚜렷해진다.

해설
병반의 크기가 일정하지 않고 경계가 불명확하다.

칠엽수 잎마름병(얼룩무늬병)
• 8~9월이 가장 심하며 봄부터 장마철까지 발생
• 병징
  - 잎 가장자리에 작은 반점이 확대
  - 잎 중앙부로 진전되고, 마르고 건조되면서 낙엽
• 병원체
  - 병든 낙엽 조직 내에서 (위)자낭각
  - 새잎이 날 때(봄) 방출(1차 전염원)
  - 병반 위에 분생포자각(2차 전염원)
  - 자낭균아문 소방자낭균강

23 수목병을 일으키는 원인에 관한 설명으로 옳지 않은 것은?

① 수목병의 원인에는 전염성과 비전염성 요인이 있다.
② 전염성 수목병의 원인은 균류, 세균, 바이러스, 선충, 기생성 종자식물 등이 있다.
③ 벚나무 갈색무늬구멍병의 원인은 Mycosphaerella 속의 진균이다.
④ 호두나무 갈색썩음병의 원인은 Pseudomonas 속의 세균이다.
⑤ 오동나무 탄저병의 원인은 Colletotrichum 속의 진균이다.

해설
호두나무 갈색썩음병
세균성 병해로 호두나무류, 가래나무의 잎, 가지, 줄기, 열매 등에 피해를 주며, 잎과 열매에는 갈색 반점, 가지에는 검은색 궤양이 발생한다. 병원균은 Xanthomonas arboricola라는 세균(원핵생물)이다.

정답 20 ③ 21 ④ 22 ⑤ 23 ④

24 수목병리학의 역사에 관한 설명 중 옳지 않은 것은?

① 독일의 Robert Hartig는 수목병의 아버지로 불린다.
② 식물학의 원조로 불리는 Theophrastus가 올리브 나무 병을 기록하였다.
③ 실학자인 서유구가 배나무 적성병과 향나무의 기주교대현상을 기록하였다.
④ 미국의 Alex Shigo가 CODIT 모델을 개발하여 수목외과 수술방법을 제시하였다.
⑤ 한국 발생 소나무 줄기녹병은 Takaki Goroku가 경기도 가평군에서 처음으로 발견하여 보고하였다.

해설

Takaki Goroku는 1936년 경기도 가평에서 잣나무 털녹병을 맨 처음 발견하고 Cronartium ribicola의 피해를 인정하였다.

25 포플러 잎녹병에 관한 설명으로 옳은 것은?

① 병원균은 Melampsora 속으로 일본잎갈나무가 중간기주이다.
② 봄부터 여름까지 병원균의 침입이 이루어지며 나무를 빠르게 고사시킨다.
③ 한국에는 병원균이 2종 분포하며, 그중 Melampsora magnusiana에 의하여 해마다 대발생한다.
④ 포플러 잎에서 월동한 겨울포자가 발아하여 형성된 자낭포자가 중간기주를 침해하면 병환이 완성된다.
⑤ 4~5월에 감염된 잎 표면에 퇴색한 황색 병반이 나타나며, 잎 뒷면에는 겨울포자퇴와 겨울포자가 형성된다.

해설

포플러 잎녹병은 일본잎갈나무(낙엽송)가 중간기주이다.

포플러 잎녹병(Melampsora larici－populina)

1. 피해
   - 잎이 여름~가을에 걸쳐 1~2개월 조기낙엽하고, 생장감소하나 고사하지는 않는다.
   - 대부분 피해는 Melampsora larici－populina에 의해 발생한다.
2. 중간기주

병원균	기주	중간기주
Melampsora larici－populina	포플러류, 사시나무	일본잎갈나무, 댓잎현호색
Melampsora magnusiana	포플러류, 사시나무	일본잎갈나무, 현호색

3. 병징 및 병환
   4~5월 일본잎갈나무 잎 표면에 황색 병반, 뒷면에 녹포자기 → 5월 초 녹포자가 비산하여 포플러의 새잎에 침입 → 포플러에서 여름포자퇴 형성(반복전염) → 늦가을 겨울포자퇴 형성 후 월동

2과목 수목해충학

26 곤충의 특성에 관한 설명으로 옳지 않은 것은?

① 곤충의 몸은 머리, 가슴, 배로 구분된다.
② 절지동물강에 속하며 외골격을 가지고 있다.
③ 지구상의 거의 모든 육상 및 담수생태계에서 관찰된다.
④ 린네가 이명법을 제창한 이후 곤충은 100만 종 이상이 기록되어 있다.
⑤ 곤충은 비행할 수 있는 유일한 무척추 동물로서 적으로부터의 방어 및 먹이 탐색에 활용할 수 있다.

해설

곤충은 절지동물문에 속하며 외골격을 가진다.

27 곤충의 더듬이 모양과 해당 곤충을 바르게 연결한 것은?

① 실 모양(사상) – 바퀴, 꽃등에
② 빗살 모양(즐치상) – 잎벌, 무당벌레
③ 짧은 털 모양(강모상) – 잠자리, 흰개미
④ 톱니 모양(거치상) – 바구미, 장수풍뎅이
⑤ 깃털 모양(우모상) – 모기, 매미나방 수컷

해설

① 실 모양(사상) – 딱정벌레과, 귀뚜라미, 바퀴류, 하늘소류
② 빗살 모양(즐치상) – 홍날개류, 잎벌류, 뱀잠자리류
③ 짧은 털(강모상) – 잠자리류, 매미류

정답 24 ⑤ 25 ① 26 ② 27 ⑤

④ 톱니 모양(거치상) – 방아벌레류
⑤ 깃털 모양(우모상) – 수컷의 나방, 모기류

곤충의 더듬이 모양과 해당 곤충

가시털(자모상)	톱니 모양
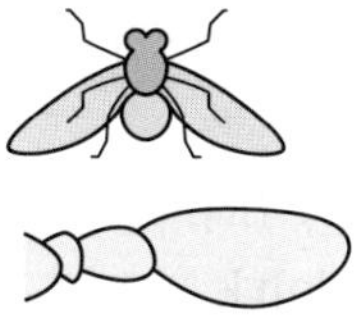	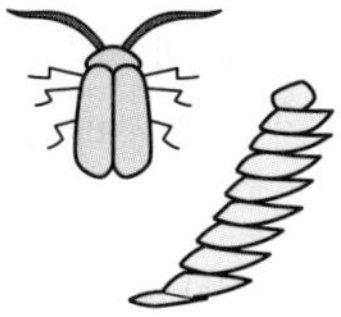
집파리	방아벌레류, 하늘소류
염주 모양(구슬)	**실 모양(사상)**
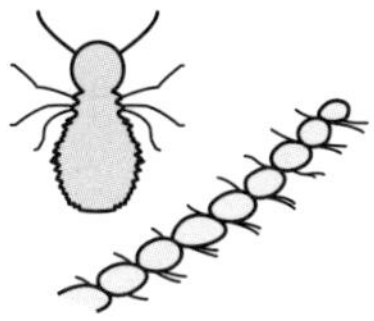	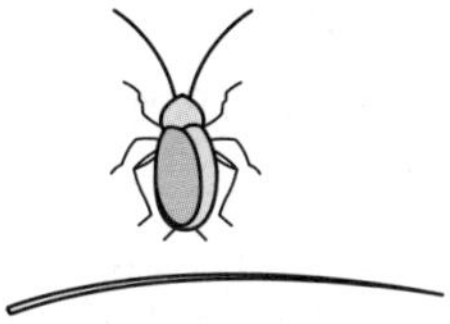
흰개미	딱정벌레과, 귀뚜라미, 바퀴류, 하늘소류
무릎 모양(팔굽, 슬상)	**깃털 모양(우모상)**
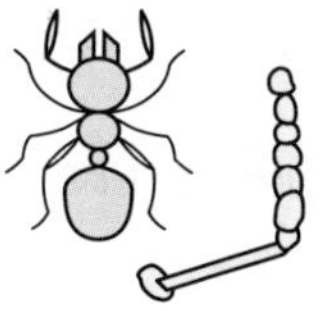	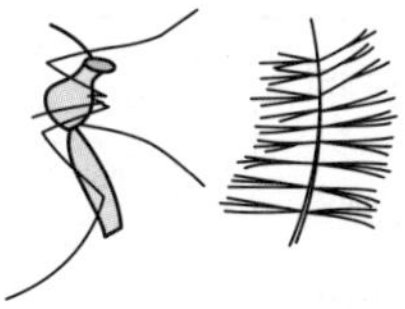
개미류, 바구미류	수컷의 나방, 모기류
빗살 모양(즐치상)	**곤봉 모양(방망이)**
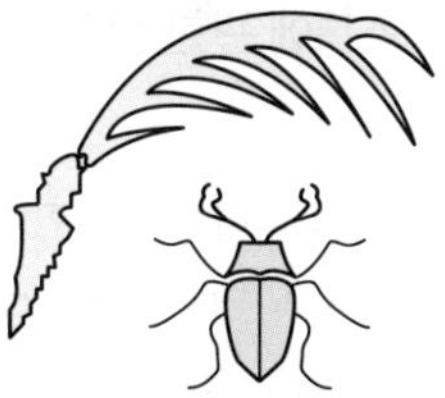	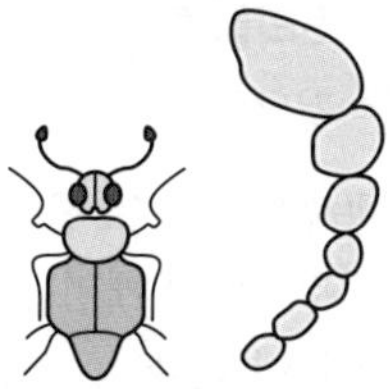
홍날개류, 잎벌류, 뱀잠자리류	송장벌레, 꽃등에, 무당벌레

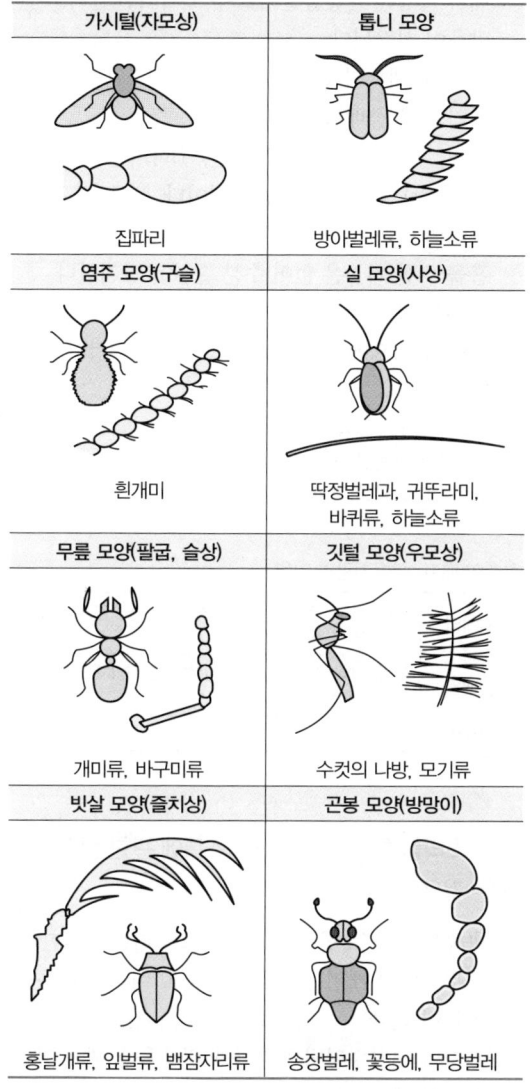

28 곤충 날개의 진화에 관한 설명으로 옳은 것은?

① 날개를 발달시킨 초기 곤충은 하루살이와 잠자리이다.
② 곤충은 고생대에서 신생대까지 비행 가능한 유일한 동물집단이다.
③ 돌좀이나 좀은 날개가 발달하지 못한 원시형질을 가진 유시류 곤충이다.
④ 날개를 접을 수 있는 신시류 곤충은 신생대부터 나타나 크게 번성하였다.
⑤ 10억 년 전 고생대 데본기에 뭍에 살던 곤충이 날개를 발달시켰다.

해설
② 곤충은 고생대에서 신생대까지 비행 가능한 유일한 동물집단이 아니다.
③ 돌좀, 좀은 무시아강에 해당한다.
④ 신시류는 석탄기에 출현, 고시류는 데본기에 출현하였다.
⑤ 데본기 4억 년 전 : 무시충 출현, 석탄기 3억 4,500만 년 전 : 유시충 출현

생물의 화석 연대표

구분	시기	생물	연대(100만 년 전)
고생대 (Paleozoic)	캄브리아기 (Cambrian)	절지동물 (삼엽충, 갑각류)	600
	오르도비스기 (Ordovician)	척추동물	500
	실루리아기(Silurian)	육지동물	440
	데본기(Devonian)	무시곤충류 출현	400
	석탄기 (Carbonniferous)	유시곤충류 출현	345
	이첩기(Permian)	다양한 곤충 출현 및 소멸	280
중생대 (Mesozoic)	삼첩기(Triassic)	근대 곤충류 출현	220
	쥐라기(Jurassic)		195
	백악기(Cretaceous)		135
신생대 (Cenozoic)	제3기	근대 곤충류 번성	65

29 아래 설명 중 옳은 것은?

① 장미등에잎벌의 번데기는 유충 탈피각을 가진 위용의 형태이다.
② 개미귀신은 뱀잠자리의 유충으로 낫 모양의 큰 턱을 이용하여 사냥한다.
③ 파리 유충은 구더기형으로, 성장하면 1쌍의 앞날개를 가지며, 뒷날개는 평균곤으로 변형되어 있다.
④ 부채벌레는 벌, 말벌의 기생자로, 암컷 성충의 앞날개는 평균곤으로 퇴화했고 뒷날개는 부채 모양이다.
⑤ 밑들이는 전갈의 꼬리처럼 복부 끝이 부풀어 오른 독샘이 발달하여 있고, 뾰족한 잎틀을 가진 강력한 포식자이다.

정답 28 ① 29 ③

해설

① 장미등에잎벌의 번데기는 내용이다.
② 개미귀신은 명자잠자리의 유충이다.
④ 부채벌레는 벌, 말벌의 기생자로 수컷 성충의 앞날개는 평균곤으로 퇴화했고 뒷날개는 부채 모양이다.
⑤ 밑들이는 전갈의 꼬리처럼 복부 위쪽이 뒤로 굽었다. 전갈 모양의 꼬리는 해롭지 않다.

30 곤충의 외골격에 관한 설명으로 옳지 않은 것은?

① 몸의 보호, 근육 부착점 기능을 한다.
② 외표피, 원표피, 진피, 기저막으로 이루어진다.
③ 외표피의 시멘트층과 왁스층은 방수 및 이물질 차단과 보호역할을 한다.
④ 진피는 상피세포층으로서 탈피액을 분비하여 내원표피 물질을 분해하고 흡수한다.
⑤ 원표피층은 다당류와 단백질이 얽힌 키틴질로 구성되며 칼슘 경화를 통해 강화된다.

해설

경화반응 동안 단백질 분자는 퀴논(Quinone)화합물과 결합한다. 이 경화반응은 단백질 매트릭스를 응고시켜 외골격의 단단한 판을 만든다.

31 곤충의 성충 입틀(구기)에 관한 설명으로 옳지 않은 것은?

① 나비 입틀은 긴 관으로 된 빨대주둥이를 형성하고 있다.
② 노린재 입틀은 전체적으로 빨대(구침) 구조를 하고 있다.
③ 총채벌레 입틀은 큰 턱과 작은 턱이 좌우 비대칭이다.
④ 파리 입틀은 주로 액체나 침으로 녹일 만한 먹이를 흡수한다.
⑤ 메뚜기 입틀은 큰 턱이 먹이를 분쇄하기 위하여 위아래로 움직이며 작동한다.

해설

큰 턱은 좌우로 움직인다.

32 곤충의 알과 배자 발생에 관한 설명으로 옳은 것은?

① 배자 발생은 난황물질이 모두 소비되면 끝나고 알 발육이 시작된다.
② 순환계, 내분비계, 근육, 지방체, 난소와 정소, 생식기 등은 중배엽성 조직이다.
③ 표피, 뇌와 신경계, 호흡기관, 소화기관(전장, 중장, 후장) 등의 외배엽성 조직이다.
④ 곤충의 알은 정자 출입을 위한 정공은 있으나, 호흡을 위한 기공은 없어 수분 손실을 방지한다.
⑤ 대부분 암컷 성충은 정자를 주머니에 보관하면서, 산란 시 필요에 따라 정자를 방출하여 수정시킨다.

해설

① 난황물질이 영양원이다.
② 생식기는 외배엽 조직이다.
③ 중장은 내배엽 조직이다.
④ 기공도 있다.

곤충의 배자 층별 기관의 기원

외배엽	표피, 외분비샘, 뇌 및 신경계, 감각기관, 전장 및 후장, 호흡계, 외부 생식기
중배엽	심장, 혈액, 순환계, 근육, 내분비샘, 지방체, 생식선(난소 및 정소)
내배엽	중장

33 소리를 통한 곤충의 의사소통에 관한 설명으로 옳은 것은?

① 곤충은 주파수, 진폭, 주기성으로 소리를 표현한다.
② 귀뚜라미와 매미는 몸의 일부를 비벼서 마찰음을 만들어 낸다.
③ 모기와 빗살수염벌레는 날개 진동을 통해 소리를 만들어 낸다.
④ 메뚜기와 여치는 앞다리 종아리마디의 고막기관을 통해 소리를 감지한다.
⑤ 꿀벌과 나방류는 다리의 기계감각기인 현음기관을 통해 소리의 진동을 감지한다.

해설

② 귀뚜라미 : 마찰음, 매미 : 막의 진동
③ 모기 : 날개 진동, 빗살수염벌레 : 부딪치거나 두드리기

정답 30 ⑤ 31 ⑤ 32 ⑤ 33 ①

④ 메뚜기 · 나방 : 복부로 감지, 귀뚜라미류 · 여치류 : 앞다리 종아리마디로 감지
⑤ 꿀벌과 나방류 : 다리의 기계감각기인 현음기관을 통해 매질의 진동을 감지

소리 감지 부위
- 주파수(고, 저), 진폭(음향의 크기), 주기성(주파수 및 시간적 패턴)
- 복부(메뚜기류, 나방류), 앞다리의 종아리마디(귀뚜라미류, 여치류)
- 다리의 기계감각기(개미, 꿀벌, 흰개미, 뿔매미 일부) → 진동을 느낌

소리 생성 기작
- 마찰음(몸의 한 부분을 다른 부분에 비빔) : 귀뚜라미, 땅강아지, 긴꼬리, 여치
- 막의 진동 : 깽깽매미, 17년 매미
- 부딪치거나 두드리기 : 빗살수염벌레
- 치찰음(Hissig, 기문을 통한 강제환기) : 마다가스카르 휘파람바퀴
- 날개 진동 : 모기, 기생 고치벌, 꿀벌

- 이것은 신경계가 몸 안의 다른 기관계와 연결하고 조절하게끔 만든다.
- 화학적 연접에서 하나의 신경세포는 신경전달물질을 다른 신경세포에 근접한 작은 공간으로 방출한다.
- 이 조그만 방에 담긴 신경전달물질을 시냅스 소포라고 한다.

전기시냅스(Electrical Synapse)
- 시냅스 전 세포와 시냅스 후 세포 사이의 간극연접으로 이루어진 기계적 · 전기적 연결이다.
- 간극연접이므로 두 세포는 약 3.5nm 정도 떨어져 있는데, 이는 화학적 시냅스에서 두 세포 간의 거리인 20~40nm보다 더 짧은 길이이다.
- 한 개체에서 전기적 시냅스와 화학적 시냅스는 공존한다.
- 전기적 시냅스는 화학적 시냅스보다 자극을 더 빠르게 전달하지만 화학적 시냅스와는 달리 신호를 증폭하지는 못한다.

Gamma－aminobutyric Acid(GABA)
- 중추 신경계의 주요 억제 신경전달물질이다.
- 주요 역할은 신경계 전체의 신경 흥분성을 줄인다.

34 곤충의 신경연접과 신경전달물질에 관한 설명으로 옳지 않은 것은?

① 신경세포와 신경세포가 만나는 부분을 신경연접이라 한다.
② Gamma－aminobutyric Acid(GABA)는 억제성 신경전달물질이다.
③ 전기적 신경연접은 신경세포 사이에 간극 없이 활동전위를 빠르게 전달한다.
④ Acetylcholine은 흥분성 신경전달물질로 Acetylcholinesterase에 의해서 가수분해된다.
⑤ 화학적 신경연접은 신경세포 사이에 간극이 있어 신경전달물질을 이용하여 휴지막전위를 전달한다.

해설

휴지막전위(휴지전위) : 뉴런(신경세포)이 자극을 받지 않았을 때를 분극(↔ 탈분극)이라 부른다(휴지전위 ↔ 활동전위).

화학시냅스(Chemical Synapse)
- 근육 또는 샘에서와 같이 신경세포 또는 비신경 세포 사이에 신호를 보낼 수 있는 생리학적 연결 부위를 말한다.
- 이것은 생물학 계산을 하는 데 있어 매우 중요한 기능을 한다.

35 노린재목 곤충에 관한 설명으로 옳은 것은?

① 노린재아목의 등판에는 사각형 소순판이 있으며 날개는 반초시다.
② 육서종 노린재류는 식물을 흡즙하지만, 포유동물을 흡즙하지 못한다.
③ 매미의 소화계는 여러 개의 식도가 있어서 잉여의 물과 감로를 빠르게 배설한다.
④ 매미아목에는 매미, 잎벌레, 진딧물, 깍지벌레 등이 있으며, 찌르고 빠는 입틀을 가졌다.
⑤ 뿔밀깍지벌레는 자신이 분비한 밀랍으로 된 덮개 안에서 생활하고 부화약충과 수컷 성충이 이동태이다.

해설

① 노린재아목의 등판에는 삼각형 소순판이 있으며 날개는 반초시다.
② 포식성 노린재아목은 일반적으로 유용곤충으로 간주되지만, 피를 빠는 종은 인간의 병을 매개하기도 한다(샤가스병－침노린재).
③ 여과실 : 흡즙성 해충에서 나타나는 특수한 기관－주로 노린재. 소화효소가 먹이에 닿기 전에 수분을 흡수(감로 ×)(혈림프의 염농도 및 삼투압 유지에 문제 발생 방지)

정답 34 ⑤ 35 ⑤

④ 딱정벌레목(Coleoptera) : 잎벌레류, 풍뎅이류, 바구미류, 나무좀류, 하늘소류, 거위벌레류 등

깍지벌레의 발육단계별 다리 유무와 보행 여부

깍지벌레 분류군	부화약충		1령정착약충		중간약충		암컷성충	
	다리	보행	다리	보행	다리	보행	다리	보행
도롱이	○	○	○	○	○	○	○	○
짚신	○	○	○	○	○	○	○	○
가루	○	○	○	○	○	○	○	○
밀	○	○	○	○	○	○	○	○
공깍지 붙이과	○	○	○	×	×	×	×	×
주머니	○	○	○	○	○	○	○	○
왕공	○	×	○	×	○	×	○	×
어리공	○	×	○	×	○	×	○	×
테두리	○	×	○	×	○	×	○	×
깍지벌레과	○	×	○	×	○	×	○	×

36 한국에 보고된 외래해충이 아닌 것은?

① 알락하늘소　② 미국선녀벌레
③ 소나무재선충　④ 갈색날개매미충
⑤ 버즘나무방패벌레

해설

알락하늘소는 한국, 일본, 중국, 미얀마, 북아메리카 등에 분포한다.

37 버즘나무방패벌레의 목, 과, 학명이 바르게 연결된 것은?

① Diptera, Tingidae, Hyphantria cunea
② Hemiptera, Tingidae, Corythucha ciliata
③ Lepidoptera, Erebidae, Lymantria dispar
④ Hemiptera, Pseudococcidae, Corythucha ciliata
⑤ Orthoptera, Coccidae, Matsucoccus matsumurae

해설

- Hemiptera(노린재목), Pseudococcidae(가루깍지벌레과), Coccidae(밀깍지벌레과), Tingidae(방패벌레과)
- Lepidoptera(나비목), Erebidae(태극나방과)
- Coleoptera(딱정벌레목)
- Diptera(파리목)
- Orthoptera(메뚜기목)

38 곰팡이, 바이러스, 선충을 매개하는 곤충을 순서대로 나열한 것은?

① 갈색날개매미충 – 오리나무좀 – 솔수염하늘소
② 광릉긴나무좀 – 솔수염하늘소 – 목화진딧물
③ 광릉긴나무좀 – 목화진딧물 – 북방수염하늘소
④ 북방수염하늘소 – 솔껍질깍지벌레 – 복숭아혹진딧물
⑤ 오리나무좀 – 복숭아혹진딧물 – 벚나무사향하늘소

해설

매개충의 분류

- 곰팡이 매개충 : 광릉긴나무좀, 암브로시아나무좀, 오리나무좀, 붉은목나무좀, 사과둥근나무좀 등
- 바이러스 매개충 : 곤충(진딧물, 매미충, 멸구, 가루이, 가루깍지벌레, 나무이, 노린재 등), 응애, 선충, 새삼
- 선충 매개충 : 북방수염하늘소, 솔수염하늘소 등

39 곤충의 기주 범위에 따라 구분할 때 단식성 – 협식성 – 광식성 해충의 순서대로 바르게 나열한 것은?

① 황다리독나방 – 솔나방 – 솔잎혹파리
② 붉나무혹응애 – 갈색날개매미충 – 밤바구미
③ 큰팽나무이 – 미국흰불나방 – 미국선녀벌레
④ 회양목명나방 – 광릉긴나무좀 – 미국선녀벌레
⑤ 아카시잎혹파리 – 오리나무좀 – 광릉긴나무좀

해설

곤충의 기주 범위

- 단식성 : 황다리독나방(층층나무), 붉나무혹응애(붉나무), 큰팽나무이(팽나무), 회양목명나방(회양목), 아카시잎혹파리(아까시나무)
- 협식성 : 솔나방, 광릉긴나무좀(신갈, 졸참, 갈참, 상수리, 서어나무 등), 솔잎혹파리(소나무, 곰솔), 밤바구미(밤나무, 종가시, 참나무류)
- 광식성 : 미국선녀벌레, 갈색날개매미충

정답 36 ① 37 ② 38 ③ 39 ④

40 진딧물류의 생태와 피해에 관한 설명으로 옳지 않은 것은?

① 복숭아가루진딧물의 여름 기주는 대나무이다.
② 목화진딧물의 겨울 기주는 무궁화나무이고 알로 월동한다.
③ 조팝나무진딧물은 기주의 신초나 어린잎을 가해한다.
④ 소나무왕진딧물은 소나무 가지를 가해하며 기주전환을 하지 않는다.
⑤ 복숭아혹진딧물의 겨울 기주는 복숭아나무 등이고 양성생식과 단위생식을 한다.

해설

복숭아가루진딧물
- 중간기주 : 억새, 갈대 등
- 주 가해 수종 : 벚나무류

진딧물과 중간기주(생활사)

해충명	중간기주	중간기주 체류기간	주요 가해 수종	주요 산란 장소
목화진딧물	오이, 고추 등	5~10월	무궁화, 석류나무 등	무궁화 눈, 가지
복숭아혹 진딧물	무, 배추 등	5~10월	복숭아나무, 매실나무 등	복숭아나무 겨울 눈 부근
때죽납작 진딧물	나도 바랭이새	7월~가을	때죽나무	때죽나무 가지
사사키잎혹 진딧물	쑥	5~10월	벚나무류	벚나무류 가지
외줄면충	대나무	5~10월	느티나무	느티나무 수피 틈
조팝나무 진딧물	명자나무, 귤나무	5~10월	사과나무, 조팝나무	조팝나무 눈, 사과나무의 도장지
일본납작 진딧물	조릿대, 이대	여름철	때죽나무	때죽나무
검은배네 줄면충	벼과 식물	7~9월	느릅나무, 참느릅나무	느릅나무 수피 틈
복숭아가루 진딧물	억새, 갈대 등	6월~가을	벚나무류	벚나무류
벚잎혹 진딧물	쑥	6월~가을	벚나무류	벚나무류

41 천공성 해충의 생태와 피해에 관한 설명으로 옳은 것은?

① 복숭아유리나방의 어린 유충은 암브로시아균을 먹고 자란다.
② 박쥐나방의 어린 유충은 초본류의 줄기 속을 가해한다.
③ 광릉긴나무좀 암컷은 수피에 침입공을 형성한 후에 수컷을 유인한다.
④ 벚나무사향하늘소 유충은 수피를 고리 모양으로 파먹고 배설물 띠를 만든다.
⑤ 오리나무좀 성충은 외부로 목설을 배출하지 않기 때문에 피해를 발견하기 쉽지 않다.

해설

① 광릉긴나무좀에 대한 설명이다.
③ 광릉긴나무좀은 수컷이 먼저 침입 후 유인물질을 발산하여 암컷을 유인한다.
④ 박쥐나방에 대한 설명이다.
⑤ 오리나무좀 성충은 외부로 백색의 벌레 똥을 배출하므로 발견이 용이하다.

42 종실 해충의 생태와 피해에 관한 설명으로 옳은 것은?

① 솔알락명나방은 잣 수확량을 감소시키는 주요 해충으로 연 1회 발생한다.
② 복숭아명나방은 밤의 주요 해충으로 알로 월동하며 밤송이를 가해한다.
③ 밤바구미는 성충으로 월동하며 유충은 과육을 가해하므로 피해 증상이 쉽게 발견된다.
④ 백송애기잎말이나방은 연 3회 발생하고 번데기로 월동하며 유충은 구과나 새 가지를 가해한다.
⑤ 도토리거위벌레는 성충으로 땅속에서 흙집을 짓고 월동하며 성충은 도토리에 주둥이로 구멍을 뚫고 산란한다.

해설

① 솔알락명나방 : 연 1회, 유충 월동(흙속), 잣나무 구과에 벌레똥 배출
② 복숭아명나방 : 연 2~3회, 활엽수형 – 유충 월동(수피 틈), 침엽수형 – 유충 월동(벌레주머니 속)

정답 40 ① 41 ② 42 ①

③ 밤바구미 : 연 1회, 노숙유충 월동 , 배설물을 내보내지 않음
④ 백송애기잎말이나방 : 연 1회, 번데기 월동, 유충－구과나 새가지를 가해
⑤ 도토리거위벌레
- 피해 : 상수리나무, 신갈나무 등 참나무류의 도토리에 피해
- 암컷 성충이 7~8월에 주둥이로 도토리에 구멍을 뚫고 산란 후 가지를 절단하여 땅에 떨어뜨림
- 생활사 : 연 1회, 노숙유충 월동(땅속 3~9cm 깊이에 흙집)

밤나무의 피해
- 밤바구미 : 우화최성기 9월 상 · 중순이어서 조생종은 피해가 적고, 중 · 만생종은 피해가 큼
- 복숭아명나방 : 2회 발생 시기가 7월 하순~8월 상순으로 조생종의 피해가 큼

43 식엽성 해충에 관한 설명으로 옳지 않은 것은?

① 솔나방은 5령 유충으로 월동하고 4월경부터 활동하면서 솔잎을 먹고 자란다.
② 오리나무잎벌레는 연 2~3회 발생하고 성충은 잎 하나당 한 개의 알을 낳는다.
③ 버들잎벌레는 연 1회 발생하며 성충으로 월동하고, 잎 뒷면에 알덩어리를 낳는다.
④ 회양목명나방은 연 2~3회 발생하며, 유충이 실을 분비하여 잎을 묶고 잎을 섭취한다.
⑤ 주둥무늬차색풍뎅이는 연 1회 발생하며, 주로 성충으로 월동하고 참나무 등의 잎을 갉아 먹는다.

해설

오리나무잎벌레
- 피해 : 성충과 유충이 동시에 잎을 가해, 수관 아래 → 수관 위로 식해
- 생활사 : 연 1회, 성충 월동(지피물 밑, 토양 속)

44 천적의 특성에 관한 설명으로 옳지 않은 것은?

① 개미침벌은 솔수염하늘소의 내부 기생성 천적이다.
② 애꽃노린재는 총채벌레를 포식하는 천적이다.
③ 기생성 천적은 알을 기주 몸체 내부 또는 외부에 낳는다.
④ 칠성풀잠자리는 유충과 성충이 진딧물의 포식성 천적이다.
⑤ 기생성 천적은 대체로 기주특이성이 강하고 기주보다 몸체가 작다.

해설

개미침벌은 솔수염하늘소의 외부 기생성 천적이다.

천적
- 기생성 천적 : 해충의 몸에 산란하고 성장하여 기주인 해충을 죽이는 곤충
- 기생벌류(맵시벌상과, 먹좀벌상과, 좀벌상과 등), 기생파리류(쉬파리과, 기생파리과 등)
- 내부 기생성 천적 : 긴 산란관으로 기주의 체내에 알을 낳고 부화유충은 체내에 기생
  예 먹좀벌류, 진디벌류
- 외부 기생성 천적 : 기주의 체외에서 영양을 섭취하는 기생 곤충
  예 개미침벌, 가시고치벌 등

45 해충의 약제 방제시기와 방법에 관한 설명으로 옳지 않은 것은?

① 솔껍질깍지벌레는 12월에 등록약제를 나무주사한다.
② 외줄면충은 충영 형성 전에 등록약제를 나무주사한다.
③ 밤나무혹벌은 성충 발생 최성기에 등록약제를 살포한다.
④ 갈색날개매미충은 알 월동기에 등록 약제를 나무주사한다.
⑤ 미국선녀벌레는 어린 약충 발생 시기부터 등록약제를 살포한다.

해설

갈색날개매미충은 약충 발생 초기에 살충제를 살포하거나, 수간주사한다.

정답 43 ② 44 ① 45 ④

46 해충의 개념적 범주와 방제 수준에 관한 설명으로 옳지 않은 것은?

① 돌발해충은 간헐적으로 대발생하여 밀도가 경제적 피해수준을 넘는 해충이다.
② 관건해충(상시해충)은 효과적인 천적이 없어서 인위적인 방제가 필수적이다.
③ 잠재해충은 유용천적이 다량 존재하여 자연적으로 발생이 억제되는 해충이다.
④ 응애나 진딧물과 같이 잎만 가해하는 해충은 과일을 가해하는 심식류 해충에 비하여 경제적 피해수준의 밀도가 낮다.
⑤ 경제적 피해허용수준의 밀도는 방제수단을 사용할 수 있는 시간적 여유가 있어야 하므로 경제적 피해수준의 밀도보다 낮다.

해설

잎 피해는 과일보다 더 높은 해충밀도에서 방제해도 피해액이 낮다.

해충종합관리(IPM)

일반평형밀도	약제방제와 같은 외부 간섭을 받지 않고 천적의 영향으로 장기간에 걸쳐 형성된 해충 개체군의 평균 밀도이다.
경제적 피해수준	해충에 의한 피해액과 방제비가 같은 수준의 밀도로 경제적 손실이 나타나는 최저밀도이다.
경제적 피해 허용수준	해충의 밀도가 경제적 피해 수준에 도달하는 것을 억제하기 위하여 방제수단을 써야 하는 밀도 수준이다.
주요 해충	일반평형밀도 > 경제적 피해허용수준
돌발해충	환경조건에 의해 경제적 피해허용수준을 넘는 경우
2차 해충	방제 등으로 인해 생태계의 평형이 파괴되어 밀도 급증

47 수목해충의 방제에 관한 설명으로 옳지 않은 것은?

① 물리적 방제는 포살, 매몰, 차단 등의 방제행위를 말한다.
② 생활권 도시림은 인간과 환경을 동시에 고려한 방제방법이 더욱 요구된다.
③ 법적 방제는 「식물방역법」, 「소나무재선충병 방제특별법」과 같은 법령에 의한 방제를 의미한다.
④ 생물적 방제는 천적이나 곤충병원성 미생물을 이용하여 해충밀도를 조절하는 방법이다.
⑤ 행동적 방제는 곤충의 환경자극에 대한 반응과 이에 따른 행동반응을 응용하여 방제하는 방법이다.

해설

수목해충의 방제법

- 물리적 방제 : 온도, 습도, 색깔의 이용, 이온화에너지 등
- 기계적 방제 : 포살법, 유살법, 소각법, 매몰법, 박피법, 파쇄법, 제재법, 진동법, 차단법

48 (ㄱ)과 (ㄴ)에 해당하는 방제법은?

> (ㄱ) 솔잎혹파리 피해 임지에서 간벌을 하고,
> (ㄴ) 솔수염하늘소 유충이 들어 있는 피해목을 두께 1.5cm 이하로 파쇄한다.

	(ㄱ)	(ㄴ)
①	기계적 방제	물리적 방제
②	기계적 방제	임업(생태)적 방제
③	물리적 방제	행동적 방제
④	물리적 방제	생물적 방제
⑤	임업(생태)적 방제	기계적 방제

해설

수목해충의 방제법

- 임업적 방제 : 내충성품종, 생육환경 개선, 숲가꾸기, 간벌
- 기계적 방제 : 포살법, 유살법, 소각법, 매몰법, 박피법, 파쇄법, 제재법, 진동법, 차단법

49 수목 해충의 예찰 이론에 관한 설명으로 옳지 않은 것은?

① 예찰이란 해충의 분포상황, 발생시기, 발생량을 사전에 예측하는 일을 말한다.
② 온도와 곤충 발육의 선형관계를 이용한 적산온도 모형으로 발생시기를 예측한다.
③ 축차조사법은 해충의 밀도를 순차적으로 조사, 누적하면서 방제 여부를 판단하는 방법이다.
④ 연령생명표는 어떤 시점에 존재하는 개체군의 연령별 사망률을 추정한 것이지만 취약 발육단계를 구분하기는 어렵다.
⑤ 해충이 수목을 가해하는 특정 발육단계에 도달하는 시기와 발생량을 추정하기 위하여 환경조건과 기주범위 등에 대한 조사가 필요하다.

정답 46 ④ 47 ① 48 ⑤ 49 ④

해설

생명표 이용

- 연령생명표 : 단기간 내 출생한 동시 출생집단의 경과를 추적하여 제작
- 시간생명표 : 어떤 시점에 존재하는 개체군의 연령 구성으로부터 각 연령 간격의 사망률을 추정하여 제작

50 「산림보호법」에 의거 실시하는 산림해충 모니터링 방법으로 옳지 않은 것은?

① 소나무재선충 매개충은 우화목을 설치하여 우화시기를 조사한다.

② 광릉긴나무좀은 유인목에 끈끈이트랩을 설치하여 유인수를 조사한다.

③ 오리나무잎벌레는 오리나무 50주에서 성페로몬을 이용하여 암컷 포획수를 조사한다.

④ 솔나방은 고정 조사지에서 가지를 선택하여 유충수를 조사하는 것을 기본으로 한다.

⑤ 솔잎혹파리는 고정 조사지에서 우화상을 설치하여 우화시기를 조사하고 신초에서 충영 형성률을 조사한다.

해설

오리나무잎벌레

5월과 7월에 전국의 고정조사지에서 30본의 조사목을 선정 후 수관 상부잎 100개와 하부잎 200개로 구분하여 밀도를 매년 조사한다.

주요 수목해충의 예찰조사 현황

1. 소나무 재선충병 매개충 : 솔수염하늘소, 북방수염하늘소의 우화상황을 조사하기 위하여 전년도 11월 말까지 우화 조사목을 우화상에 적치 완료하고 매년 4~8월까지 우화상 내 기온 및 우화하는 솔수염하늘소, 북방수염하늘소의 우화상황을 매일 조사
2. 솔잎혹파리 : 우화상황과 충영형성률을 조사
3. 솔껍질깍지벌레 : 피해가 대부분 남부지역에 국한되므로 선단지조사
4. 솔나방 : 전국에 고정조사지를 설치하고 고정조사지 내에서 임의로 20본을 선정하여 각 조사목의 수관 상부와 하부에서 직경 × 길이가 $100cm^2$ 정도 되는 가지 1개씩을 택해 유충수를 조사
5. 오리나무잎벌레 : 5월과 7월에 전국의 고정조사지에서 30본의 조사목을 선정 후 수관 상부잎 100개와 하부잎 200개로 구분하여 밀도를 매년 조사
6. 참나무 시들음병 매개충 : 광릉긴나무좀은 우화시기에 대하여 예찰조사를 실시. 매년 4월 15일까지 조사지에 유인목을 설치하고 끈끈이롤트랩을 부착한 후 4월 중순~8월까지 개체 수, 우화 초일 및 우화최성기를 조사
7. 잣나무별납작잎벌 : 5월경 고정조사지에서 0.5 × 0.5m의 조사구에 10개소씩 선정한 후 지표면으로부터 30cm 깊이까지 땅을 파면 토중 유충 수를 조사하여 발생량을 예측
8. 미국흰불나방
   - 발생량조사 : 6월과 8월에 전국에 설치된 29개소의 고정조사지에서 각각 50본을 조사목으로 피해율과 본당 충소수(부화한 유충이 모인 집단의 수)를 조사
   - 발생시기조사 : 5~9월에 전국 9개 지역에서 유아등, 또는 페로몬트랩에 채집된 성충수를 조사
9. 버즘나무방패벌레 : 2001년부터 매년 8월경 전국 9개 지역의 가로수 1km 구간에서 일정 간격으로 조사목 30본을 선정하여 피해도를 조사하고, 조사목 중 1개의 가지에서 10개의 잎을 채취하여 잎당 약충수와 성충수를 조사

피해도	피해 상태
경	수관부 면적의 20% 미만이 피해로 변색
중	수관부 면적의 20~50%가 피해로 변색
심	수관부 면적의 50% 이상이 피해로 변색

10. 밤나무해충
    - 복숭아명나방, 밤바구미, 밤나무혹벌 등
    - 7~9월에 각 도별 밤재배지 3개군에 3개 조사구를 설치하여 복숭아명나방과 밤마구미는 피해율과 우화시기를, 밤나무혹벌은 피해율을 조사
11. 돌발 산림해충 : 매년 5~9월에 월 1회 고정조사지나 이동경로상의 병해충 종류, 피해상황, 가해수종, 방제효과에 대한 모니터링을 실시
12. 농림지 동시다발 해충 : 주홍날개꽃매미, 미국선녀벌레, 갈색날개매미충 등

정답 50 ③

3과목 수목생리학

51 수목의 조직에 관한 설명으로 옳은 것은?

① 원표피는 1차 분열조직이며, 수(Pith)는 1차 조직이다.
② 뿌리 횡단면에서 내피는 내초보다 안쪽에 위치한다.
③ 줄기 횡단면에서 피층은 코르크층보다 바깥쪽에 위치한다.
④ 코르크형성층의 세포분열로 바깥쪽에 코르크피층을 만든다.
⑤ 관다발(유관속)형성층의 세포분열로 1차 물관부와 1차 체관부가 형성된다.

해설

수목의 조직

- 종자에서 발아한 어린줄기는 1차 생장만을 하고 있어 한복판의 수를 중심으로 원형으로 배열되어 있다.
- 수(Pith)는 종자에서 발아 직후와 줄기 형성 초기에 만들어진 조직으로 더 이상 만들어지지 않고 기능이 정지된다.

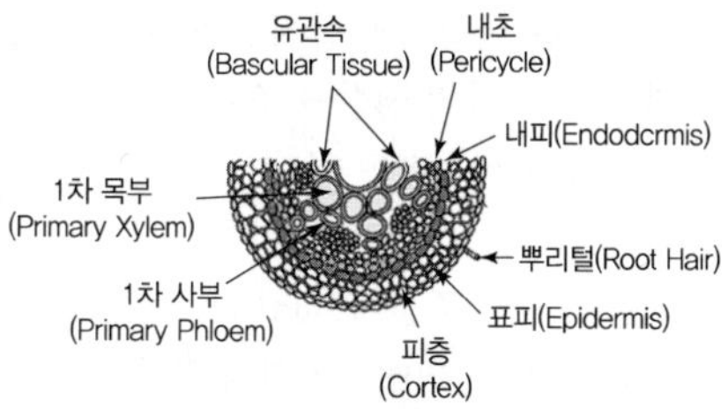

세근의 횡단면상

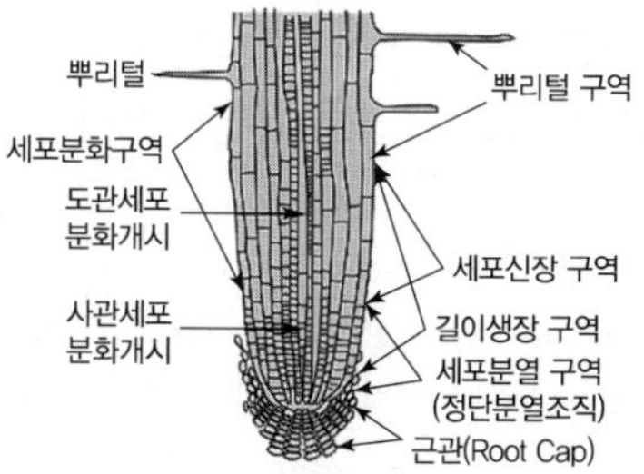

세근의 종단면상

52 수목의 유세포에 관한 설명으로 옳은 것을 모두 고른 것은?

ㄱ. 원형질이 있으며, 세포벽이 얇다.
ㄴ. 잎, 눈, 꽃, 형성층 등에 집중적으로 모여 있다.
ㄷ. 1차 세포벽 안쪽에 리그닌이 함유된 2차 세포벽이 있다.
ㄹ. 세포분열, 광합성, 호흡, 증산작용 등의 기능을 담당한다.

① ㄱ, ㄴ　　② ㄱ, ㄷ
③ ㄷ, ㄹ　　④ ㄱ, ㄴ, ㄹ
⑤ ㄴ, ㄷ, ㄹ

해설

유세포

- 세포 중 특기할 만한 세포, 원형질을 가진 어린 세포
- 광합성, 호흡, 물질 운반과 분비 등 중요한 생리적 기능 수행
- 세포벽은 기능에 따라 달라짐

53 수목의 직경생장에 관한 설명 중 ㄱ~ㄷ에 해당하는 것을 순서대로 나열한 것은?

형성층 세포는 분열할 때 접선 방향으로 새로운 세포벽을 만드는 (ㄱ)에 의하여 목부와 사부를 만든다. 생리적으로 체내 식물호르몬 중 (ㄴ)의 함량이 높고 (ㄷ)이 낮은 조건에서는 목부를 우선 생산하는 것으로 알려져 있다.

① 병층분열, 옥신, 지베렐린
② 병층분열, 지베렐린, 옥신
③ 수층분열, 옥신, 지베렐린
④ 수층분열, 지베렐린, 옥신
⑤ 수층분열, 지베렐린, 에틸렌

해설

수목의 직경생장

- 접선 방향의 세포분열 : 병층분열
- 방사 방향의 세포분열 : 수층분열
- 줄기 : 옥신(목부)/지베렐린(사부)

정답　51 ①　52 ④　53 ①

54 수고생장에 관한 설명으로 옳지 않은 것은?

① 도장지는 우세목보다 피압목에서, 성목보다 유목에서 더 많이 만든다.
② 느릅나무는 어릴 때의 정아우세 현상이 없어지면서 구형 수관이 된다.
③ 대부분의 나자식물은 정아지가 측지보다 빨리 자라서 원추형 수관이 된다.
④ 잣나무는 당년에 자랄 줄기의 원기가 전년도 가을에 동아 속에 미리 만들어진다.
⑤ 은행나무는 어릴 때 고정생장을 하는 가지가 대부분이지만, 노령기에는 거의 자유생장을 한다.

해설

자유생장을 하는 수종이 노령기에 달하면 대부분의 가지가 고정 생장한다(은행나무나 포플러류는 어릴 때 자유생장, 노령기에는 고정생장).

55 수목의 뿌리에 관한 설명으로 옳지 않은 것은?

① 측근은 내초세포가 분열하여 만들어진다.
② 건조한 지역에서 자라는 수목일수록 S/R율이 상대적으로 작다.
③ 소나무의 경우 토심 20cm 내에 전체 세근의 90% 정도가 존재한다.
④ 균근을 형성하는 소나무 뿌리에는 뿌리털이 거의 발달하지 않는다.
⑤ 온대지방에서는 봄에 줄기 생장이 시작된 후에 뿌리 생장이 시작된다.

해설

뿌리는 봄에 줄기보다 먼저 신장이 시작되고 가을에 줄기보다 늦게까지 신장한다.

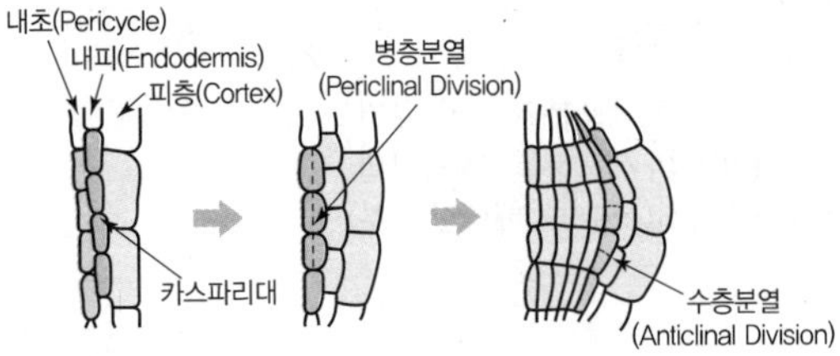

측근 형성과정

56 태양광의 특성과 태양광의 생리적 효과에 관한 설명으로 옳지 않은 것은?

① 단풍나무 활엽수림 아래의 임상에는 적색광이 주종을 이루고 있다.
② 가시광선보다 파장이 더 긴 적외선은 CO_2와 수분에 흡수된다.
③ 효율적인 광합성 유효복사의 파장은 340~760nm이다.
④ 자유생장 수종은 단일조건에 의해 줄기생장이 정지되며 이는 저에너지 광효과 때문이다.
⑤ 뿌리가 굴지성에 의해 밑으로 구부러지는 것은 옥신이 뿌리 아래쪽으로 이동하여 세포의 신장을 촉진하고, 위쪽 세포의 신장을 억제하기 때문이다.

해설

활엽수림의 밑에는 파장이 긴 적외선이 주종을 이룬다.

57 광수용체에 관한 설명으로 옳은 것은?

① 포토트로핀은 굴광성과 굴지성을 유도하고, 잎의 확장과 어린 식물의 생장을 조절한다.
② 크립토크롬은 식물에만 존재하는 광수용체로 야간에 잎이 접히는 일주기 현상을 조절한다.
③ 피토크롬은 암흑 조건에서 Pr이 Pfr 형태로 서서히 전환되면서 Pfr이 최대 80%까지 존재한다.
④ 피토크롬은 암흑 속에서 기른 식물체 내에는 거의 존재하지 않으며, 햇빛을 받으면 합성이 촉진된다.
⑤ 피토크롬은 생장점 근처에 많이 분포하며, 세포 내에서는 세포질, 핵, 원형질막, 액포에 골고루 존재한다.

해설

- 적색광(660nm) 비추면 Pr 형태 → Pfr 형태(전체 80%)
- 원적색광(730nm) 비추면 Pfr 형태 → Pr 형태(전체 99%)

광수용체의 종류

1. 포토트로핀(Phototropin)
   - 식물의 굴광성과 굴지성은 청색광에 의해 유도되는데, 청색광에 반응을 보이는 광수용체를 포토트로핀이라고 한다.
   - 잎에 많이 존재하며 피토크롬, 크립토크롬과 함께 햇빛에 반응한다.

정답 54 ⑤ 55 ⑤ 56 ①, ⑤ 57 ①

- 잎의 확장과 어린 식물의 생장을 조절한다.
- 크립토크롬이 작동하기 전에 먼저 줄기생장을 유도한다.
- 햇빛이 강하게 비출 때 엽록체가 방향을 전환하는 데 기여한다.

2. 크립토크롬(Cryptochrome)
크립토크롬은 포토트로핀과 함께 청색광과 자외선을 흡수하여 굴광성에 관여하는 광수용체다. 식물과 동물에 모두 존재한다.
3. 피토크롬(Phytochrome)
- 암흑에서 자란 식물에 제일 많다.
- 햇빛을 받으면 합성이 금지되거나 파괴된다.
- 대부분의 기관에 존재하지만 생장점 근처에 가장 많이 존재한다.
- 세포 내에서는 세포질과 핵 속에 존재하지만 소기관, 원형질막, 액포 내에는 존재하지 않는다.

58 광합성 기작에 관한 설명으로 옳은 것은?

① 암반응은 엽록소가 없는 스트로마에서 야간에만 일어난다.
② 명반응에서 얻은 ATP는 캘빈회로에서 3－PGA에 인산기를 하나 더 붙여주는 과정에만 소모된다.
③ 암반응에서 RuBP는 루비스코에 의해 공기 중에 CO_2 한 분자를 흡수하여, 3－PGA 한 분자를 생산한다.
④ 물분자가 분해되면서 방출된 양성자(H^+)는 전자전달계를 거쳐 최종적으로 $NADP^+$로 전달되어 NADPH를 만든다.
⑤ CAM 식물은 낮에 기공을 닫은 상태에서 OAA가 분해되어 CO_2가 방출되면 캘빈회로에 의해 탄수화물로 전환된다.

해설

① 암반응은 주간, 야간에 모두 발생한다.
② 인산기를 하나 더 붙여주는 과정 이후 캘빈회로의 다음 단계로 연결된다.
③ C5 화합물(RuBP)＋CO_2 → 두 분자의 3－PGA 생산
④ 방출된 양성자(H^+) → 방출된 전자(e^-)가 전달되는 것, H^+도 같이 이동

59 수목의 호흡에 관한 설명으로 옳지 않은 것은?

① 형성층은 수피와 가깝기 때문에 호기성 호흡만 일어난다.
② 수령이 증가할수록 광합성량에 대한 호흡량이 증가한다.
③ 음수는 양수에 비해 최대 광합성량이 적고, 호흡량도 낮은 수준을 유지한다.
④ 밀식된 임분은 개체 수가 많고 직경이 작아 임분 전체 호흡량이 많아진다.
⑤ 잎의 호흡량은 잎이 완전히 자란 직후 가장 왕성하며, 가을에 생장을 정지하거나, 낙엽 직전에 최소로 줄어든다.

해설

형성층의 조직은 외부와 직접 접촉하지 않기 때문에 산소의 공급이 부족하여 혐기성 호흡이 일어나는 경향이 있다.

60 탄수화물 대사에 관한 설명으로 옳지 않은 것은?

① 탄수화물은 뿌리에서 수(Pith), 종축 방향 유세포와 방사조직 유세포에 저장된다.
② 수목 내 탄수화물은 지방이나 단백질을 합성하기 위한 예비화합물로 쉽게 전환된다.
③ 잎에서는 단당류보다 자당(Sucrose)의 농도가 높으며, 자당의 합성은 엽록체 내에서 이루어진다.
④ 낙엽수의 사부에는 겨울철 전분의 함량은 감소하고 자당과 환원당의 함량은 증가한다.
⑤ 자유생장 수종은 수고생장이 이루어질 때마다 탄수화물 함량이 감소한 후 회복된다.

해설

설탕의 합성은 엽록체 내에서 이루어지지 않고, 세포질에서 이루어진다.

61 수목의 꽃에 관한 설명으로 옳지 않은 것은?

① 벚나무 꽃은 완전화이다.
② 가래나무과 꽃은 2가화이다.
③ 잡성화는 물푸레나무에서 볼 수 있다.
④ 자귀나무는 암술과 수술을 한 꽃에 모두 가진다.
⑤ 버드나무류는 암꽃과 수꽃이 각각 다른 나무에 달린다.

정답 58 ⑤ 59 ① 60 ③ 61 ②

해설

가래나무과 꽃은 일가화(한 그루 안에 암꽃, 수꽃)이다.

- 피자식물
  - 단성화(암술과 수술 중 한 가지만 가진 꽃)
  - 대부분 일가화(한 그루 안에 암꽃, 수꽃 존재)
    - 예 참나무류, 밤나무류, 가래나무과, 자작나무류, 오리나무류
  - 이가화(암꽃과 수꽃이 다른 그루)
    - 예 버드나무, 포플러류
- 양성화 : 암술과 수술이 한 꽃에 있는 경우
- 잡성화 : 양성화와 단성화가 한 그루에 달린 경우
  - 예 물푸레나무, 단풍나무

62 다음 중 다당류에 관한 설명으로 옳은 것을 모두 고른 것은?

ㄱ. 점액질(Mucilage)은 뿌리가 토양을 뚫고 들어갈 때 윤활제 역할을 한다.
ㄴ. 펙틴은 중엽층에서 이웃세포를 결합시키는 역할을 하지만, 2차 세포벽에는 거의 존재하지 않는다.
ㄷ. 전분은 세포 간 이동이 안 되기 때문에 세포 내에 축적되는데, 잎의 경우 엽록체에 직접 축적된다.
ㄹ. 헤미셀룰로오스는 2차 세포벽에서 가장 많은 비율을 차지하나, 1차 세포벽에서는 셀룰로오스보다 적은 비율을 차지한다.

① ㄱ, ㄴ
② ㄷ, ㄹ
③ ㄱ, ㄴ, ㄷ
④ ㄴ, ㄷ, ㄹ
⑤ ㄱ, ㄴ, ㄷ, ㄹ

해설

헤미셀룰로오스(Hemicellulose)는 1차 벽의 25～50%, 2차 벽의 30%를 차지한다.

다당류
- 단당류 분자가 수백 개 직선연결, 물에 잘 안 녹음
- 섬유소(Cellulose)가 가장 흔함 : 세포벽의 구성, 초식동물의 먹이
- 1차 벽(9～25%), 2차 벽(41～45%)
- 펙틴(Pectin) : 세포벽의 구성성분, 중엽층 접합(시멘트 역할), 1차 벽 10～35%, 2차 벽 거의 없음

63 수목의 호흡기작에 관한 설명으로 옳은 것은?

① 포도당이 완전히 분해되면, 각각 2개의 CO_2 분자와 물분자를 생성시킨다.
② 해당작용은 포도당이 2분자의 피루브산으로 분해되는 과정으로 세포질에서 일어난다.
③ 크렙스 회로는 기질 수준의 인산화과정으로 CO_2, ATP, NADPH, $FADH_2$가 생성된다.
④ 전자전달계를 통해 일어나는 호흡은 혐기성 호흡으로 효율적으로 ATP가 생산된다.
⑤ 호흡을 통해 만들어진 ATP는 광합성반응에서와 같은 화합물이며, 높은 에너지를 가진 효소이다.

해설

① 포도당의 6개의 탄소가 단계적으로 줄어서 최종적으로 6개의 CO_2가 된다.
③ 크렙스 회로는 기질 수준의 인산화과정으로 CO_2, ATP, NADH, $FADH_2$가 생성된다.
④ 전자전달계를 통해 일어나는 호흡은 호기성 호흡으로 효율적으로 ATP가 생산된다.
⑤ ATP는 조효소이다.

64 질산환원에 관한 설명으로 옳은 것은?

① 질산환원효소에 의한 반응은 색소체(Plastid)에서 일어난다.
② 탄수화물의 공급 여부와는 관계없이 체내에서 쉽게 이루어지지 않는다.
③ 소나무류와 진달래류는 NH_4^+가 적은 토양에서 자라면서 질산환원 대사가 뿌리에서 일어난다.
④ 뿌리에서 흡수된 NO_3^-는 아미노산으로 합성되기 전 NH_4^+ 형태로 먼저 환원된다.
⑤ 질산환원효소는 햇빛에 의해 활력도가 낮아지기 때문에 효소의 활력이 밤에는 높고 낮에는 줄어든다.

해설

① 질산환원효소에 의한 반응은 뿌리는 전색소체(Plastid), 잎은 엽록체에서 일어난다.
② 탄수화물이 공급되어야만 가능하다.
③ 루핀(Lupine)형 뿌리에서 $NO_3^- \rightarrow NH_4^+$ 예 나자식물, 진달래류
⑤ 질산환원효소는 햇빛에 의해 활력도가 높아진다.

정답 62 ③ 63 ② 64 ④

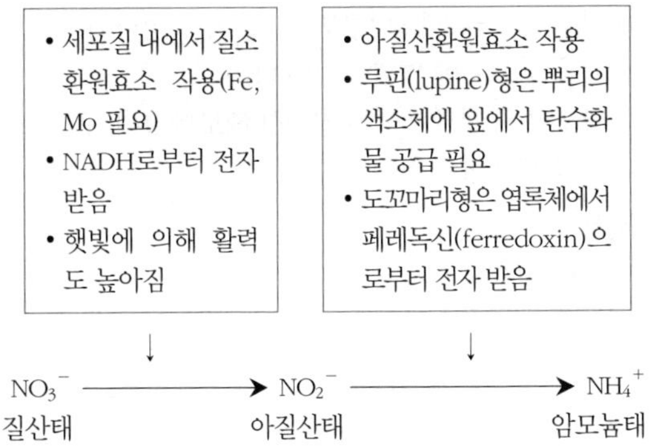

• 세포질 내에서 질소 환원효소 작용(Fe, Mo 필요)
• NADH로부터 전자 받음
• 햇빛에 의해 활력도 높아짐
• 아질산환원효소 작용
• 루핀(lupine)형은 뿌리의 색소체에 잎에서 탄수화물 공급 필요
• 도꼬마리형은 엽록체에서 페레독신(ferredoxin)으로부터 전자 받음
NO_3^-
질산태
NO_2^-
아질산태
NH_4^+
암모늄태

질산환원과정

65 수목의 지질에 관한 설명으로 옳은 것은?

① 카로티노이드는 휘발성으로 타감작용을 한다.
② 페놀화합물의 함량은 초본식물보다 목본식물에 더 많다.
③ 납(Wax)과 수베린은 휘발성 화합물로 종자에 저장된다.
④ 리그닌은 토양 속에 존재하며, 식물 생장을 억제한다.
⑤ 팔미트산(Palmitic Acid)은 불포화지방산에 속하며, 목본식물에 많이 존재한다.

해설

- 카로티노이드 : 광합성의 보조색소, 엽록소가 광산화되는 것을 방지
- 납(Wax) : 소수성으로 이동이 잘 되지 않아 증산작용을 억제
- 목전질(Suberin) : 수분 증발 억제, 이층에 축적되어 상처 보호, 치유에 기여(표면에 축적)
- 리그닌 : 주로 목부조직에서 존재, 목부의 지지능력 향상, 타감물질
- 포화지방산 : 라우르산, 미리스트산, 팔미트산, 스테아르산
- 불포화지방산 : 올레산, 리놀레산, 리놀렌산

66 수목의 수분흡수에 관한 설명 중 옳지 않은 것은?

① 대부분 수동흡수를 통해 이루어진다.
② 낙엽수가 겨울철 뿌리의 삼투압에 의해 수분을 흡수하는 것은 능동흡수이다.
③ 수목은 뿌리 이외에 잎의 기공과 각피층, 가지의 엽흔, 수피의 피목에서도 수분을 흡수할 수 있다.
④ 측근은 주변조직을 찢으며 자라기 때문에 그 열매 열린 공간을 통해 수분이나 무기염이 이동할 수 있다.
⑤ 근압은 낮에 기온이 상승하여 수간의 세포간극과 섬유세포에 축적되어 있는 공기가 팽창하면서 압력이 증가하는 것을 의미한다.

해설

수간압
- 낮에 CO_2가 수간의 세포간극에 축적되어 압력의 증가로 수액상처를 통해 누출
- 수간압의 조건 : 야간온도가 영하로 내려가고 주야간의 온도차가 10℃ 이상일 때 발생

수분의 흡수기작
- 수동흡수 : 증산작용으로 생기는 힘에 의해 무기염들이 수분이동과 함께 올라감
- 능동흡수 : 뿌리의 삼투압에 의하여 수분을 흡수
- 근압과 수간압
  - 근압은 능동적 흡수에 의해 생기는 뿌리 내의 압력을 말한다. 근압을 유발하여 이를 해소하기 위해 일액현상이 생김
  - 대표 수종 : 자작나무, 포도나무(나자식물은 발견되지 않음)

67 수목의 뿌리에서 중력을 감지하는 조직 또는 기관은?

① 근관　② 피층
③ 신장대　④ 뿌리털
⑤ 정단분열조직

해설

근관은 뿌리의 생장점을 보호해 주며, 점액성 물질을 분비하여 뿌리의 토중 침투를 용이하게 함

- 근관의 기능
  - 분열조직보호
  - 굴지성 유도
  - 뮤시겔(Mucigel)을 분비(윤활유 역할)
  - 미생물이 많이 존재
- 분화구역 : 신장한 세포가 분화하는 구역

정답 65 ② 66 ⑤ 67 ①

- 분열대 : 뿌리 끝 근관(뿌리골무)으로 둘러싸여 보호되는 생장점으로 세포분열이 일어남
- 뿌리털 구역(흡수대, 근모대) : 뿌리털(근모)이 발달하여 양분과 수분의 흡수가 촉진되는 부위

68 수목의 질소대사에 관한 설명으로 옳지 않은 것은?

① 잎에서 회수된 질소의 이동은 목부를 통하여 이루어진다.
② 잎에서 회수된 질소는 목부와 사부 내 방사 유조직에 저장된다.
③ 낙엽 직전의 질소함량은 잎에서는 감소하고 가지에서는 증가한다.
④ 수목의 질소함량은 변재보다 심재에서 더 적다.
⑤ 수목은 제한된 질소를 효율적으로 활용하기 위하여 오래된 조직에서 새로운 조직으로 재분배한다.

해설

회수된 질소는 사부의 방사선 유조직에 저장하고 이때 질소의 이동은 사부를 통해 이루어진다.

낙엽 전의 질소이동
- 수목은 낙엽에 대비해 어린 잎에서부터 엽병 밑부분에 이층을 사전에 형성한다.
- 이층의 세포는 다른 부위에 비해서 세포가 작고 얇다.
- 낙엽이 지면 분리층에 수베린(Suberin), 검(Gum)을 분비하여 보호층을 형성한다. → 탈리현상
- N, P, K는 감소하고, Ca, Mg은 증가한다.
- 이때 회수된 질소는 사부의 방사선 유조직에 저장하고 이때 질소의 이동은 사부를 통해 이루어진다. 봄철 저장단백질은 분해되어 목부를 통해 새로운 잎으로 이동한다.

69 수목의 건조 스트레스에 관한 설명으로 옳지 않은 것은?

① 건조 스트레스를 받으면 체내에 프롤린(Proline)이 축적된다.
② 건조 스트레스는 춘재에서 추재로 이행되는 것을 촉진한다.
③ 뿌리는 수목 전체 부위 중에서 건조 스트레스를 가장 늦게 받는다.
④ 건조 스트레스를 받으면 IAA를 생합성하며, 이는 기공의 크기에 영향을 미친다.
⑤ 강우량이 많은 해에는 건조한 해보다 춘재 구성 세포의 세포벽이 얇아진다.

해설

뿌리생장 스트레스
- 잎과 줄기에서 수분퍼텐셜이 낮아지면 수분부족현상은 뿌리까지 전달되지만 뿌리에서는 시간적으로 늦게 나타난다. 또한 수분을 공급하는 토양에 존재하여 제일 먼저 회복한다.
- 수분 스트레스 시토키닌(Cytokinin) 합성량이 감소하고, 아브시스산(Abscisic Acid)이 증가한다.

70 수분 및 무기염의 흡수와 이동에 관한 설명으로 옳지 않은 것은?

① 카스파리대는 무기염을 선택적으로 흡수할 수 있도록 한다.
② 수분 이동은 통수저항이 적은 목부 조직에서 이루어진다.
③ 수액의 이동 속도는 산공재 > 환공재 > 침엽수재 순이다.
④ 뿌리의 무기염 흡수는 원형질막의 운반체에 의해 선택적이며 비가역적으로 이루어진다.
⑤ 토양 비옥도와 인산함량이 낮을 때에는 균근균을 통하여 무기염을 흡수할 수 있다.

해설

수액의 이동속도
환공재 > 반환공재 > 산공재 > 침엽수재(가도관)

피자식물의 목부조직
- 환공재 : 춘재 도관 > 추재 도관
(낙엽성 참나무류, 물푸레나무, 느티나무, 느릅나무, 팽나무, 아까시나무, 이팝나무, 밤나무 등)
- 산공재 : 춘재 도관 = 추재 도관
(단풍나무, 벚나무, 플라타너스, 칠엽수, 목련, 자작나무, 포플러, 상록성 참나무류 등)
- 반환공재 : 환공재 > 반환공재 > 산공재
(중간 크기 가래나무, 호두나무, 중국굴피나무 등)
- 나자식물 : 도관이 없고 가도관만으로 구성되어 분류하지 않음

정답 68 ① 69 ④ 70 ③

71 옥신에 관한 설명으로 옳지 않은 것은?

① 뿌리에서 생산되어 목부조직을 따라 운반된다.
② IAA는 수목 내 천연호르몬이며, NAA는 합성호르몬이다.
③ 옥신의 운반은 수목의 ATP 생산을 억제하면 중단된다.
④ 줄기에서는 유세포를 통해 구기적(Basipetal)으로 이동한다.
⑤ 부정근을 유발하며, 측아의 생장을 억제 또는 둔화시킨다.

해설

옥신의 운반
- 옥신의 이동은 유세포를 통해 이루어진다.
- 옥신의 운반은 대단히 느리다(1시간 1cm).
- 옥신의 운반은 극성을 띤다.

72 수목의 개화생리에 관한 설명으로 옳지 않은 것은?

① 과습하고 추운 날씨는 개화를 촉진한다.
② 가지치기, 단근, 이식은 개화를 촉진한다.
③ 자연 상태에서 수목의 유생기간은 5년 이상이다.
④ 옥신은 수목의 개화에서 성을 결정하는 데 관여하는 호르몬이다.
⑤ 불규칙한 개화의 원인은 주로 화아원기 형성이 불량하기 때문이다.

해설

기후
- 태양복사량과 강우량이 가장 큰 영향
- 개화가 많이 이루어지기 위한 조건
  - 태양복사량이 많아야 함
  - 봄부터 이른 여름까지 강우량이 많아야 함
  - 한여름에는 온도가 높으면서 강우량이 적어야 함

73 수목의 스트레스 반응에 관한 설명으로 옳지 않은 것은?

① 고온은 과도한 증산작용과 탈수현상을 수반한다.
② 당 함량과 인지질 함량이 높으면 내한성이 증가된다.
③ 바람에 의해 기울어진 수간 압축이상재의 아래쪽에는 옥신 농도가 높다.
④ 세포간극의 결빙으로 인한 세포 내 탈수는 초저온에서 생존율을 높인다.
⑤ 한대 및 온대지방 수목은 일장에는 반응을 보이지 않고, 온도에만 반응을 보인다.

해설

내한성의 발달
- 냉온대 수목은 일장과 온도에 의해 내한성 증가
- 난온대 수목은 일장에 영향이 없고, 온도 변화에 의해 내한성 증가

74 종자의 휴면과 발아에 관한 설명으로 옳지 않은 것은?

① 종자의 크기는 발아속도에 영향을 준다.
② 휴면타파에는 저온처리, 발아율 향상에는 고온처리가 효율적이다.
③ 건조한 종자는 호흡이 거의 없지만, 수분흡수 후에는 호흡이 증가한다.
④ 종자가 수분을 흡수하면 지베렐린 생합성은 증가되지만 핵산 합성은 억제된다.
⑤ 발아는 수분 흡수 → 식물호르몬 생산 → 세포분열과 확장 → 기관 분화과정을 거친다.

해설

효소와 핵산
- 종자가 수분을 흡수하면 지베렐린 생산 → 효소생산 촉진 (전분함유 – Amylase, 지방함유 – Lipase)
- 지베렐린은 배에서 핵산 및 효소 생산 유도

75 수목의 유성생식에 관한 설명으로 옳은 것은?

① 소나무와 전나무의 종자 성숙시기는 같다.
② 수정 후에는 항상 배유보다 배가 먼저 발달한다.
③ 호두나무는 단풍나무에 비해 화분의 생산량이 적다.
④ 화아원기 형성부터 종자 성숙까지는 최대 2년이 소요된다.
⑤ 나자 식물에서는 단일수정과 부계세포질 유전이 이루어진다.

정답 71 ① 72 ① 73 ⑤ 74 ④ 75 ⑤

해설

① 소나무 : 2년에 걸쳐 종자 성숙, 전나무 : 당년에 종자 성숙
② 수분 후 수정이 이루어지지만, 이에 앞서 배유가 먼저 발달하기 시작한 후 배유가 어느 정도 발달하면 배가 비로서 자라기 시작
③ 충매화 : 과수류, 피나무, 단풍나무, 버드나무류 등(화분 적음) 풍매화 : 자작나무, 포플러, 호두나무, 참나무류, 침엽수(화분 많음)
④ 온대지방 수목에서 화아 → 종자 성숙까지 소요되는 기간은 1~4년까지 다양

4과목 산림토양학

76 화성암은 ( )의 함량에 따라 산성암, 중성암, 염기성암으로 구분된다. 빈칸에 들어갈 내용으로 옳은 것은?

① FeO ② SiO_2
③ TiO_2 ④ Al_2O_3
⑤ FeO_3

해설

주요 화성암의 구분

구분	산성암 $SiO_2>66\%$	중성암 SiO_2 66~52%	염기성암 $SiO_2<52\%$
심성암	화강암	섬록암	반려암
반심성암	석영반암	섬록반암	휘록암
화산암	유문암	안산암	현무암

77 식물영양소의 공급기작에 관한 설명으로 옳은 것은?

① 인산과 칼륨은 집단류에 의해 공급된다.
② 뿌리가 발달할수록 뿌리 차단에 의한 영양소 공급은 많아진다.
③ 확산에 의한 영양소의 공급은 온도가 높을 때 많이 일어난다.
④ 식물이 필요로 하는 영양소의 대부분은 뿌리차단에 의해 공급된다.
⑤ 확산에 의하여 식물이 흡수할 수 있는 영양소의 양은 토양 중 유효태 영양소의 1% 미만이다.

해설

영양소의 공급기작

- 뿌리 차단 : 뿌리가 직접 자라나가면서 토양 중의 영양소와 접촉하여 공급
- 집단류
  - 수분퍼텐셜의 기울기로 인해 토양의 물이 뿌리 쪽으로 이동할 때 물에 녹아 함께 뿌리로 이동
  - 농도가 높은 영양소 공급(Ca, Mg, No_3, Cl, So_4 등)
- 확산
  - 불규칙적인 열운동에 의해 이온이 높은 농도에서 낮은 농도 쪽으로 이동하는 현상
  - 픽(Fick)의 법칙에 의해 설명
  - 농도가 낮은 영양소 공급[K^+, 인산($H_2PO_4^-$, HPO_4^{2-})]

78 토양 생성작용 중 무기성분의 변화에 의한 것이 아닌 것은?

① 갈색화작용 ② 부식집적작용
③ 점토생성작용 ④ 초기토양생성작용
⑤ 철, 알루미늄집적작용

해설

토양유기물의 부식

토양유기물은 살아 있는 생물체, 죽은 뿌리, 줄기, 잎 등의 잔사와 부식을 포함한다. 부식에서 탄소/질소/인/황의 비율은 100/10/1/1이며, 탄질률은 약 10이다.

- 비부식물질
  - 토양유기물의 12~24%
  - 구조가 간단
  - 분해저항성 낮음
- 부식물질
  - 토양유기물의 60~80%
  - 리그닌과 단백질의 중합, 축합 등의 반응에 의해 생성
  - 부식물질은 무정형, 분자량 다양, 갈색~검은색
  - 분해저항성이 큼
  - 부식산, 풀브산, 부식회 등

79 홍적대지에 생성된 토양으로 야산에 주로 분포하며 퇴적 상태가 치밀하고 토양의 물리적 성질이 불량한 토양은?

① 침식토양 ② 갈색산림토양
③ 암적색산림토양 ④ 적황색산림토양
⑤ 회갈색산림토양

정답 76 ② 77 ② 78 ② 79 ④

해설

홍적대지

- 홍적층으로 덮여 있는 대지
- 홍적세 이후에 저지(低地)의 융기(隆起)로 이루어짐
- 대부분이 충적(沖積)평야와 산지(山地) 사이에 있으며, 해안 · 해안 단구(海岸段丘)를 형성함

한국의 산림토양 분류

- 갈색산림토양 : 내륙산악지방의 대부분, 습윤한 온대 및 난대기후하에 분포, A－B－C 층위를 갖는 산성토양
- 적황색산림토양 : 고온 기후하에 생성된 토양, 야산지에 주로 분포, 퇴적 상태가 견밀한 토양
- 암적색산림토양 : 석회암 및 염기성암을 모재로 생성된 토양. 모재층에 가까워질수록 적색이 강함
- 회갈색산림토양 : 통기성과 투수성이 불량하여 나무뿌리가 토양 깊이 침투하지 못함
  예 영덕, 포항, 울산 등 동해안 지방
- 화산회산림토양 : 화산활동에 의해 생성된 흑갈색~적갈색 토양
- 침식토양 : 침식을 받아 토층의 일부가 유실된 토양
- 미숙토양 : 산복사면, 계곡저지 및 산복하부에 출현하는 토양
- 암쇄토양 : 산정 및 산복사면에 나타나는 토양, A－C층의 단면 형태, 암반 노출

80 기후와 식생의 영향을 받으면서 다른 토양생성인자의 영향을 받아 국지적으로 분포하는 간대성 토양은?

① 갈색토양　② 테라로사
③ 툰드라토양　④ 포드졸토양
⑤ 체르노젬토양

해설

미국 농무부(1938)의 토양 분류

구분	내용
성대성 토양	• 기후나 식생과 같이 넓은 지역에 공통적으로 영향을 끼치는 요인에 의하여 생성된 토양 • 라테라이트, 적색토, 사막토, 체르노젬, 밤색토, 갈색토, 포드졸, 툰드라토
간대성 토양	• 좁은 지역 내에서 토양 종류의 변이를 유발하는 지형과 모재, 시간의 영향을 주로 받아 형성된 토양 • 테라로사, 화산회토, 레구르, 이탄토, 글레이토 등
무대 토양	• 토양의 퇴적 연대가 짧거나 침식이 심하여 토양 단면의 발달을 볼 수 없는 토양을 가리킴 • 3개 대토양군이 있음 • 리고솔(염류토), 리토솔(암설토), 충적토(Alluvial)

81 토양단면 조사항목이 아닌 것은?

① 토색　② 토심
③ 지위지수　④ 토양구조
⑤ 토양 층위

해설

토양단면 조사인자

토양 층위, 유기물층, 유효토심, 토심, 층계, 풍화 정도, 토색, 유기물 함량, 토성, 석력 함량, 건습도, 토양구조, 견밀도, 토양공극, 균사와 균근, 반점

토양단면 기술에 포함할 세부내용

구분	세부 기록사항
조사지점의 개황	• 단면번호, 토양명, 고차분류단위, 조사일자, 조사자 • 해발고도, 지형, 경사도, 식생 또는 토지 이용, 강우량 및 분포, 월별 평균기온 등
조사토양의 개황	모재, 배수등급, 토양수분 정도, 지하수위, 표토의 석력과 암반노출 정도, 침식 정도, 염류집적 또는 알칼리토 흔적, 인위적 영향도 등
단면의 개략적 기술	지형, 토양의 특징(구조발달도, 유기물집적도, 자갈 함량 등), 모재의 종류 등
개별 층위의 기술	토층기호, 층위의 두께, 주 토색, 반문, 토성, 구조, 견고도, 점토피막, 치밀도나 응고도, 공극, 돌 · 자갈 · 암편 등의 모양과 양, 무기물 결괴, 경반, 탄산염 및 가용성 염류의 양과 종류, 식물뿌리의 분포 등

82 부분적으로 또는 심하게 분해된 수생식물의 잔재가 연못이나 습지에 퇴적되어 형성된 토양목은(Soil Order)은?

① 안디졸　② 알피졸
③ 엔티졸　④ 옥시졸
⑤ 히스토졸

해설

히스토졸(Histosol)

- 유기물이 연못이나 습지에 퇴적되어 형성
- 유기물 함량 20~30% 이상

정답　80 ②　81 ③　82 ⑤

83 토양입자가 비교적 소형(2~5mm)으로 둥글며 유기물 함량이 많은 표토에서 발달하는 토양구조는?

① 괴상구조 ② 벽상구조
③ 입상구조 ④ 주상구조
⑤ 판상구조

해설

입상

비교적 작은 입자(2~5mm)로 구성되어 있으며, 딱딱하고 치밀하다. 건조하지만 유기물이 많은 곳에 발달한다.

토양의 구조

구조	입단의 상태	층위
입상(구상)	유기물 많은 표토층, 입단 결합 약함	A층위
판상	습윤지 토양, 배수불량	논토양, 경반층
괴상	블록다면체, 배수와 통기성 양호, 뿌리 발달	Bt층위, 심토층
주상	세포 배열, 건조, 반건조심토층	Bt층위
원주상	수평면이 둥글게 발달, Na, B층	논토양, 심토층

84 수목의 뿌리에 영향을 주는 토양의 물리적 특성에 관한 설명으로 옳지 않은 것은?

① 대공극이 많으면 뿌리 생장에 좋다.
② 견밀도가 큰 토양에서 뿌리 생장은 저해된다.
③ 토심이 얕으면 뿌리가 깊게 발달하지 못해 건조 피해를 받기 쉽다.
④ 온대지방에서 뿌리의 생장은 토양온도가 높아지는 여름에 가장 왕성하다.
⑤ 소나무의 뿌리는 유기물이 적은 사질 토양이나 점토질 토양에서 생장이 나쁘다.

해설

토양온도가 35℃까지는 생육은 증가하지만, 그 이상의 온도에서는 생육이 감소한다. 대부분의 지중 최저온도는 0~5℃, 최적온도는 10~25℃, 최고온도는 26~29℃이다.

85 식물의 필수영양소와 식물체 내에서의 주요 기능을 바르게 짝지은 것은?

ㄱ. S－산화효소의 구성요소
ㄴ. Mn－광합성반응에서 산소 방출
ㄷ. P－에너지 저장과 공급(ATP 반응의 핵심)
ㄹ. K－효소의 형태 유지 및 기공의 개폐 조절
ㅁ. N－아미노산, 단백질, 핵산, 효소 등의 구성요소

① ㄱ, ㄴ, ㄷ ② ㄱ, ㄷ, ㄹ
③ ㄴ, ㄷ, ㄹ ④ ㄴ, ㄹ, ㅁ
⑤ ㄷ, ㄹ, ㅁ

해설

식물 내 필수영양소의 주요 기능

- 질소의 기능 : 아미노산, 단백질, 효소, 핵산, 식물호르몬, 엽록소의 구성성분
- 칼륨의 기능 : 세포의 삼투압을 조절하는 물질(기공의 개폐)
- 인의 기능 : 에너지를 생산하고 전달하는 ATP 형태로 존재
- 황의 기능
  - Cysteine, Methionine과 같은 아미노산의 구성성분
  - Thiamine, Biotin, Coenzyme A와 같이 호흡작용에 관여하는 조효소의 구성성분
  - 체내에서 이동이 잘 안 되어 어린잎 전체가 황화현상을 나타내고 아미노산이 축적
- 망간의 기능
  - 엽록소의 합성에 필수적이며 효소 활성제
  - 광합성 시 물 분자를 가르는 광분해를 촉진

86 토양유기물에 관한 설명으로 옳지 않은 것은?

① 이온 교환 능력을 증진한다.
② 식물과 미생물에 양분을 공급한다.
③ 토양 pH, 산화－환원전위에 영향을 미친다.
④ 임목과 동물의 사체는 유기물의 공급원이다.
⑤ 토양 입단에 포함된 유기물은 입단화 없이 토양 중에 있는 유기물보다 분해가 훨씬 빠르게 진행된다.

해설

토양유기물의 생물·화학·물리학적 효과

- 미생물의 활성 증가
- 양이온치환능력(CEC) 증가, Al^{3+}, Cu^{2+}, Pb^{2+} 등과 킬레이트화합물을 형성하여 독성유기화합물 흡착
- 토양입단화 증진, 용적밀도 감소, 통기성과 배수성 향상, 보수력 증진, 지온의 상승

정답 83 ③ 84 ④ 85 ⑤ 86 ⑤

87 토양 미생물에 관한 설명 중 옳지 않은 것은?

① 종속영양세균은 유기물을 탄소원과 에너지원으로 이용한다.

② 조류(Algae)는 대기로부터 많은 양의 CO_2를 제거하고 O_2를 풍부하게 한다.

③ 세균의 수는 사상균보다 적지만 물질순환에 있어서 분해자로서 중요한 역할을 한다.

④ 균근균은 인산과 같이 유효도가 낮거나, 낮은 농도로 존재하는 양분을 식물이 쉽게 흡수할 수 있도록 도와준다.

⑤ 사상균은 유기물이 풍부한 곳에서 활성이 높고, 호기성 생물이지만 이산화탄소의 농도가 높은 환경에서도 잘 견딘다.

해설

개체수

세균 > 방선균 > 사상균 > 조류

토양생물의 개체수와 생물체량(토양 15cm 깊이)

구분		개체수		생물체량	
		$/m^2$	/g	kg/ha	g/m^2
미소 식물군	세균	10^{13}~10^{14}	10^{8}~10^{9}	400~5,000	40~500
	방선균	10^{12}~10^{13}	10^{7}~10^{8}	400~5,000	40~500
	사상균	10^{10}~10^{11}	10^{5}~10^{6}	1,000~15,000	100~1,000
	조류	10^{9}~10^{10}	10^{4}~10^{5}	10~500	1~50
대형 동물군	지렁이	10^{1}~10^{3}		100~1,500	10~150
중형 동물군	진드기	10^{3}~10^{6}	1~10^{1}	5~150	0.5~1.5
	톡토기	10^{3}~10^{6}	1~10^{1}	5~150	0.5~1.5
미소 동물군	원생동물	10^{9}~10^{10}	10^{4}~10^{5}	20~200	2~20
	선충	10^{9}~10^{10}	10^{1}~10^{2}	101~150	1~15

88 토양에서 일어나는 양이온교환반응에 관한 설명으로 옳은 것은?

① 양이온교환용량 30cmolc/kg은 3meq/100g에 해당한다.

② 양이온교환반응은 주변 환경의 변화에 영향을 받지 않으며, 불가역적이다.

③ 흡착의 세기는 양이온의 전하가 증가할수록, 양이온의 수화반지름이 작을수록 감소한다.

④ 한국의 토양은 유기물함량이 적고, 주요 점토광물이 kaolinite여서 양이온교환용량이 매우 낮은 편이다.

⑤ 토양입자 주변에 Ca^{2+}이 많이 흡착되어 있으면 입자가 분산되어 토양의 물리성이 나빠지는데, Na^{+}을 사용하면 토양의 물리성이 개선된다.

해설

① 양이온교환용량
30cmolc/kg = 30meq/100g = 300mmolc/kg에 해당한다
(m : 밀리 , eq : 당량, cmolc : 건조토양 1kg의 교환양이온의 총량).

② 양이온교환반응은 교환체의 성질이나 이온의 종류 및 주변 환경의 변화에 영향을 받고, 화학량적으로 일어나며 가역적이다.

③ 흡착능력
- 유기물이 점토보다 흡착용량이 크다.
- 양이온의 전하가 증가할수록 증가
- 양이온의 수화반지름이 작을수록 증가
- 교환체의 음전하가 증가할수록 증가

⑤ 수화반지름이 큰 Na^{+}이 오히려 점토입자들의 분산효과를 나타낸다.

89 한국 비료공정규격에 따라 비료를 보통비료와 부산물비료로 구분할 때 나머지 넷과 다른 하나는?

① 어박 ② 지렁이분

③ 가축분퇴비 ④ 벤토나이트

⑤ 토양미생물제제

해설

벤토나이트(Bentonite)

몬모릴로나이트가 주 구성광물인 흡수성 알루미늄 필로실리케이트 점토광물이다. 주용도는 흡습제, 충전재, 고양이 화장실용 모래 등이다. 일반적으로 물이 존재한다는 조건하에서 화산재의 풍화로 형성된다.

90 토양입단에 관한 설명으로 옳은 것은?

① 입단의 크기가 작을수록 전체 공극량이 많아진다.

② 균근균은 큰 입단(Macroaggregate)을 생성하는 데 기여한다.

③ Ca^{2+}은 수화도가 커서 점토 사이의 음전하를 충분히 중화시킬 수 없다.

④ 입단이 커지면 모세관공극량이 많아지기 때문에 통기성과 배수성이 좋아진다.

⑤ 동결－해동, 건조－습윤이 반복되면 토양의 팽창－수축이 반복되어 입단 형성이 촉진되며, 이는 옥시졸(Oxisols)에서 잘 일어난다.

정답 87 ③ 88 ④ 89 ④ 90 ②

해설

균근균은 양분·수분흡수, 항생물질, 입단화, 인산화 유효도의 증가 기능을 한다.
버티졸은 팽창성 점토광물 함량이 높아 팽창과 수축이 심하게 일어난다.

균근의 역할
- 무기염의 흡수 촉진
- 암모늄태 질소(NH_4^+)의 흡수
- 생육불량의 한계토양, 병원균에 대한 저항성 증가
- 건조토양에서 수분흡수력 증가

91 한국 「토양환경보전법」에 따른 토양 오염물질이 아닌 것은?

① 다이옥신
② 스트론튬
③ 벤조(a)피렌
④ 6가크롬화합물
⑤ 폴리클로리네이티드비페닐

해설

스트론튬은 토양 오염물질 목록에 해당하지 않는다.

토양 오염물질 목록

물질	토양오염 우려 기준			토양오염 대책 기준		
	1지역	2지역	3지역	1지역	2지역	3지역
카드뮴	4	10	60	12	30	180
구리	150	150	2,000	450	1,500	6,000
비소	25	50	200	75	150	600
수은	4	10	20	12	30	60
납	200	400	700	600	1,200	2,100
6가크롬	5	15	40	15	45	120
아연	300	600	2,000	900	1,800	5,000
니켈	100	200	500	300	600	1,500
불소	400	400	800	800	800	2,000
유기인 화합물	10	10	30			
폴리클로리네이티드비페닐	1	4	12	3	12	36
시안	2	2	120	5	5	300
페놀	4	4	20	10	10	50
벤젠	1	1	3	3	3	9
톨루엔	20	20	60	60	60	180
에틸벤젠	50	50	340	150	150	1,020
크실렌	15	15	45	45	45	135
석유계 총탄화수소	500	800	2,000	2,000	2,400	6,000
트리클로로에틸렌	8	8	40	24	24	120
테트라클로로에틸렌	4	4	25	12	12	75
벤조(a)피렌	0.7	2	7	2	6	21

92 점토광물에 관한 설명으로 옳지 않은 것은?

① Illite는 2 : 1층 사이의 공간에 k^+이 비교적 많아 습윤 상태에서도 팽창이 불가능하다.
② Kaolinite는 다른 층상 규산염 광물에 비하여 음전하가 상당히 적고, 비표면적도 작다.
③ Vermiculite가 운모와 다른 점은 2 : 1층 사이의 공간에 K^+ 대신 Al^{3+}이 존재한다는 것이다.
④ Smectite 그룹에서는 다양한 동형치환 현상이 일어나므로 화학적 조성이 매우 다양한 광물들이 생성된다.
⑤ Chlorite는 양전하를 가지는 Brucite층이 위아래 음전하를 가지는 2 : 1층과의 수소결합을 통하여 강하게 결합하므로 비팽창성이다.

해설

Vermiculite는 2 : 1층 사이의 공간에 K^+ 대신 Mg^{2+}가 존재한다.

점토광물의 기본구조
1. 동형치환
   ① 규소사면체 : $Si^{4-} \rightarrow Al^{3+}$, Mg^{2+} 등
   ② 알루미늄팔면체
   ③ 구성 특징
   - 주로 중심이온 Al^{3+}이지만 Fe^{2+}, Mg^{2+}도 가능
   - gibbsite : Al^{3+}이 중심인 이팔면체
   - brucite : Mg^{2+}이 중심인 삼팔면체
   - vermiculite : 2 : 1 층 사이의 공간에 $K^+ \rightarrow Mg^{2+}$
   - Chlorite광물 : 2 : 1 : 1 비팽창형 광물, 2 : 1층 사이에 $K^+ \rightarrow$ brucite

정답 91 ② 92 ③

93 토양 pH를 높이는 데 필요한 석회요구량에 영향을 주지 않는 요인은?

① 모재　② 부식함량
③ 수분함량　④ 점토함량
⑤ 목재 pH

해설

토양 pH를 높이는 데 수분함량은 관계가 없다.

94 산불로 인한 토양 특성 변화에 관한 설명으로 옳지 않은 것은?

① 양분유효도는 일시적으로 증가한다.
② 염기포화도는 유기물 연소에 따른 염기 방출로 증가한다.
③ 유기물 연소와 토양 내 광물질의 변화로 양이온교환용량이 감소한다.
④ 유기인은 정인산염 형태로 무기화되며 휘산에 의한 손실이 매우 크다.
⑤ 토양 pH는 일반적으로 산불 발생 즉시 증가하고 수개월~수십 년의 기간을 거쳐 발생 이전 수준으로 돌아간다.

해설

산불은 토양 내 인산의 농도를 증가시킨다. 그 원인은 임목 연소로 생긴 재(Ash) 때문이다. 화열강도가 강할수록 인산 농도는 높은 경향을 보인다.

산불지토양

1. 토양의 화학성 변화
   - pH : 산불은 식물이 타고 남은 재로 pH를 높이나 사토는 용탈이 심하다. 산불 후 pH 변화는 약 10년 정도이다. 토양 내 유기물과 점토함량이 높으면 pH가 크게 증가한다.
   - 유기물 : 산불이 심하면 유기물과 전질소가 크게 감소하나 처방화입의 경우 산불 후 광물토층에 유기물이 증가한다.
   - 전질소 : 유기물이 타면 질소는 감소하나, 생물적 질소고정량이 증가하여 질소 손실을 보충한다.
   - 인산 : 산불은 토양 내 인산의 농도가 재(Ash)로 인해 증가한다. 화열강도가 높을수록 인산농도 높아진다.
   - 칼륨 : 산불 후 증가하나 시간이 가면 감소한다.
   - 칼슘, 마그네슘, 나트륨 : 산불 후 일시적으로 증가한 뒤 1년 후부터 감소한다.
2. 토양의 물리성 변화
   - 토양온도
     - 연료량, 산불 시 조건, 유기물층 형태에 크게 좌우한다.
     - 검게 변한 낙엽층+노출 토양=토양온도 상승
     - 지표 아래 30cm 이하는 산불의 영향을 크게 받지 않는다.
   - 토양수분 : 유기물이 제거되면 유기물층의 수분흡수 및 보수능이 크게 감소하며 증발량도 증가한다.
   - 토양침식 : 산불은 표토층에 불투수층을 형성하여 토양의 물리적 성질이 악화되고, 표토침식을 가속화한다.

95 토양 공극에 관한 설명으로 옳지 않은 것은?

① 토양 공극량은 식토보다 사토에 더 많다.
② 토양 입단은 공극률에 큰 영향을 준다.
③ 자연 상태에서 공극은 공기 또는 물로 채워져 있다.
④ 토양 내 배수와 통기는 대부분 대공극에서 이루어진다.
⑤ 극소 공극은 미생물도 생육할 수 없는 매우 작은 공극을 말한다.

해설

- 소공극에는 수분이 존재하고, 대공극에서는 공기가 존재한다.
- 토양의 점토 함량이 증가할수록 포장용수량이 증가하는 이유는 소공극이 많아지고 모세관력이 증가하기 때문이다.
- 소공극 : 식토 > 사토
- 대공극 : 식토 < 사토
- 입자밀도 $= \dfrac{\text{고형입자의 무게}}{\text{고형입자의 용적}}$
- 용적밀도 $= \dfrac{\text{고형입자의 무게}}{\text{전체용적}}$
  - 일정 면적의 토양의 무게를 환산하는 데 중요한 인자
- 공극률 $= \dfrac{\text{공극의 용적(액상+기상)}}{\text{전체 토양의 용적}}$
  $= 1 - \left(\dfrac{\text{용적밀도}}{\text{입자밀도}}\right) \times 100$
  - 용적밀도와 공극률은 서로 반비례
- 공극비 $= \dfrac{\text{공극 용적(액상+기상)}}{\text{고상 용적}}$
- 공기충전공극률 $= \dfrac{\text{공기 용적}}{\text{전체 토양의 용적}}$

정답 93 ③ 94 ④ 95 ①

96 토양수에 관한 설명으로 옳지 않은 것은?

① 흡습수는 비유효수분이다.
② 점토함량이 많을수록 포장용수량은 적어진다.
③ 토양의 미세공극에 존재하는 물을 모세관수라고 한다.
④ 중력수는 식물이 생육기간 동안 지속적으로 이용할 수 있는 물이 아니다.
⑤ 식물이 흡수할 수 있는 유효수분은 포장용수량과 영구위조점 사이의 토양수이다.

해설

점토함량이 많을수록 포장용수량도 커진다.

토양수분의 종류

- 유효수분함량 = 포장용수량 − 위조점
- 최대수분용량 = 최대용수량
  토양의 모든 공극이 물로 채워진 상태(매트릭퍼텐셜 0kPa, 용적수분함량이 전체 공극의 양과 같은 상태)
- 포장용수량
  − 식물이 이용할 수 있는 최대의 수분 상태
  − 매트릭퍼텐셜은 −30kPa(−0.3bar) 정도
- 위조점
  − 일시 위조점 : 식물이 수분 부족으로 시들게 되는 시점의 수분 함량
  − 영구 위조점 : 위조가 심해지면 다시 살아나지 않는 수분 상태
- 흡습계수 : 토양입자 주변에 몇 개의 물분자층을 이루며 존재하는 수분 상태

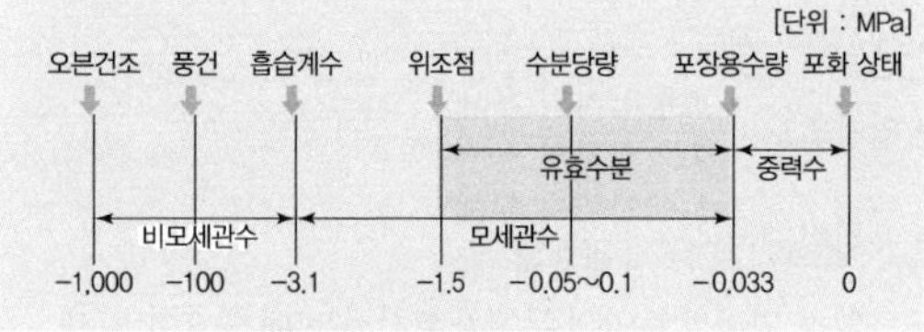

97 토양의 입단형성을 저해하는 것은?

① Al^{3+} ② Ca^{2+}
③ Fe^{2+} ④ Na^{+}
⑤ 부식

해설

수화

물에 용해된 용질분자나 이온을 물 분자가 둘러싸 상호작용하여 하나의 분자처럼 되는 것을 뜻한다.

$H > Al(OH) > Mg = Ca > K = NH_4 > Na$

수화반지름이 큰 Na^{+}이 오히려 점토입자들의 분산효과를 나타낸다.

98 토양 산도에 관한 설명으로 옳지 않은 것은?

① 토양 산도는 계절에 따라 달라진다.
② 같은 토양이라도 각 토양층 사이에서 산도는 상당한 차이가 있다.
③ 활산도는 토양미생물의 활동과 식물의 생장에 직접적인 영향을 준다.
④ 산림에서 낙엽의 분해로 발생하는 유기산은 토양의 산도를 증가시킨다.
⑤ 잔류산도는 토양 콜로이드에 흡착되어 있는 H^{+}과 Al^{3+}에 의한 산도이다.

해설

잠산도에 대한 설명이다.

잠산도와 잔류산도

- 활산도 : 토양용액에 해리되어 있는 교환성 H^{+}와 Al^{3+} 이온에 의한 산도
- 잠산도 : 토양입자에 흡착되어 있는 교환성 H^{+}와 Al^{3+} 이온에 의한 산도
- 잔류산도 : 비완충성 염용액으로 용출되지 않고, 석회물질, 특정 pH(7~8)의 완충용액으로 중화되는 산도
- 전산도 = 활산도 + 잠산도 + 잔류산도

99 양이온교환용량이 30cmolc/kg인 토양의 교환성 양이온 농도가 다음과 같을 때 이 토양의 염기포화도는?

교환성 양이온	K^{+}	Na^{+}	Ca^{2+}	Cd^{2+}	Mg^{2+}	Al^{3+}
농도(cmolc/kg)	2	2	3	2	3	3

① 11% ② 22%
③ 33% ④ 66%
⑤ 99%

정답 96 ② 97 ④ 98 ⑤ 99 ③

해설

$$염기포화도(\%) = \frac{교환성\ 염기의\ 총량(cmolc/kg)}{양이온교환용량(cmolc/kg)}$$

$$= \frac{Ca + Mg + K + Na}{Cd^{2+} + Al^{3+} + Ca + Mg + K + Na}$$

$$= \frac{10}{30} = 0.33 \times 100 = 33\%$$

염기포화도

- 토양콜로이드 입자의 표면에 흡착되어 있는 양이온 중 토양을 산성화시키는 H^+와 Al^{3+}이온을 제외한 양이온들
- Ca, Mg, K, Na 등은 토양을 알칼리성으로 만드는 성질로 이를 교환성염기라고 한다.

100 산림토양에서 낙엽 분해에 관한 설명으로 옳은 것은?

① 침엽에 비해 활엽이 분해가 느리다.
② 분해 초기에는 진행이 느리지만 점차 빨라진다.
③ 온대지방에 비해 열대지방에서 느리게 진행된다.
④ C/N율이 높으면 미생물의 분해 활동에 유리하다.
⑤ 토양 미소동물은 낙엽을 잘게 부수어 미생물의 분해 활동을 촉진한다.

해설

유기물의 분해

- 낙엽의 분해는 초기에는 빠르나 점차 느려진다.
- 분해속도는 활엽수 잎 > 침엽수 잎
- 생잎의 분해 속도는 온한대지방은 1~3년, 열대지방은 수개월 소요된다.
- C/N율이 높을수록 분해되기 어렵고, 낮을수록 분해되기 쉽다.
- 대형동물군은 유기물을 잘게 부수어 미생물의 작용 부위를 증대시켜 분해속도를 빠르게 한다.

※ 모두 옳지 않은 설명으로 전 항 정답처리

5과목 수목관리학

101 식재 수목을 선정할 때, 우선적으로 고려할 사항이 아닌 것은?

① 적지적수(適地適樹)를 고려한다.
② 관리작업이 용이하여야 한다.
③ 유전적인 특성을 이해하여야 한다.
④ 가지-줄기의 직경비가 높아야 한다.
⑤ 살아 있는 수관비율(LCR)이 높아야 한다.

해설

식재 수목 선정 시 고려사항

- 식재의 목적
- 환경내성
- 사회적 요구
- 미래의 재산 가치
- 수종의 고유 특성
- 적지적수 개념
- 법적 권장과 제한

102 식재지 토양을 유기물로 멀칭할 때의 단점이 아닌 것은?

① 설치류의 은신처를 제공할 수 있다.
② 토양의 총공극률이 감소할 수 있다.
③ 배수불량의 토양에서 과습이 발생할 수 있다.
④ 아밀라리아뿌리썩음병 등이 발생할 수 있다.
⑤ 우드칩 멀칭은 수목에 질소 결핍이 발생할 수 있다.

해설

멀칭의 장단점

장점	토양의 입단화를 촉진하고 공극률을 높인다.
단점	멀칭이 너무 두꺼우면 공기유통이 잘 안 되고, 토양이 과습해질 가능성이 있다.

103 답압된 토양을 경운하기 위하여 사용하는 수목관리용 장비가 아닌 것은?

① 리퍼(Ripper)
② 심경기(Subsoiler)
③ 쇄토기(Rototiller)
④ 동력 오거(Power Auger)
⑤ 트리 스페이드(Tree Spade)

해설

트리 스페이드(Tree Spade)는 수목 이식기이다.

정답 100 모두 정답 101 ④ 102 ② 103 ⑤

104 대형 수목 이식에 관한 설명을 옳게 나열한 것은?

ㄱ. 수목의 크기와 수종, 인력, 예산 등을 모두 고려하여야 한다.
ㄴ. 이식 성공은 이식 전 수준으로의 생장률 회복 여부로 판단한다.
ㄷ. 스트로브잣나무는 동토 근분으로 이식할 때 위험성이 비교적 낮은 수종이다.
ㄹ. 온대지방 수목 중 낙엽활엽수는 낙엽 이후 초겨울, 침엽수는 초가을이나 늦봄, 야자나무류는 이른 봄이 이식 적기이다.

① ㄱ, ㄴ
② ㄱ, ㄷ
③ ㄴ, ㄹ
④ ㄱ, ㄷ, ㄹ
⑤ ㄴ, ㄷ, ㄹ

해설

수목의 이식
- 이식적기(휴지기) : 낙엽이 지기 시작하는 늦가을~봄철 새싹이 나오는 이른 봄
- 이식목은 초기 2년 수분이 절대적으로 부족하고 회복하는 데 5년 정도 걸림
- 이식목 하자보수기간 : 3년(규격목 식재 후 생존 여부)

105 균근균의 기주 정착에 관한 설명으로 옳지 않은 것은?

① 감염원의 밀도가 높아야 한다.
② 유전적 친화성이 높아야 한다.
③ 균근균이 침입할 수 있는 세포 간극이 충분하여야 한다.
④ 고산과 툰드라 지역에서 생육하는 수목에는 균근균이 정착하지 못한다.
⑤ 송이버섯은 소나무림의 나이가 20~80년 정도로 활력이 가장 왕성할 때 공생관계를 형성한다.

해설

고산지대와 북극의 툰드라 지역과 같이 생육환경이 좋지 않은 곳에서는 특히 균근이 중요한 역할을 한다.

균근
- 어린뿌리 + 곰팡이 = 공생
- 고등 육상식물 97%에서 발견
- 무기함량이 낮은 토양에서 수목에 도움
- 고산지대, 툰드라 지역과 같이 생육환경이 좋지 않은 곳에 중요

106 건설 현장의 수목보호구역에 관한 설명 중 옳지 않은 것은?

① 울타리를 설치한다.
② 활력이 좋고 넓은 수관을 갖는 나무는 낙수선(Dripline)을 기준으로 설정한다.
③ 수간이 기울어져 수관이 한쪽으로 편향된 나무는 수고를 기준으로 설정한다.
④ 수목보호구역의 크기와 형태는 해당 수종의 충격 민감성, 뿌리와 수관의 입체적 형태 등을 고려한다.
⑤ 보호구역 안에서는 어떠한 공사활동, 자재 및 쓰레기의 야적 모니터링을 위한 통로 등도 허용되지 않는다.

해설

공사활동을 위해 통과높이를 확보해야 하며, 건설활동을 위한 통행공간을 제공(수관전정, 단근 등)할 수 있다.

107 이식 후 지주를 설치한 수목을 자연 상태의 수목과 비교한 설명으로 옳지 않은 것은?

① 근계가 더 커지기 쉽다.
② 결속이 풀리면 똑바로 서지 못할 수도 있다.
③ 수간 초살도가 낮아지거나 역전되기도 한다.
④ 결속으로 인한 마찰과 환상의 상처를 입을 가능성이 높다.
⑤ 결속 지점에서 횡단면적당 스트레스를 더 많이 받기 쉽다.

해설

지주 설치
지주는 초살도가 작아져서 근계 발달이 작다.

정답 104 ② 105 ④ 106 ⑤ 107 ①

108 지구온난화에 관한 설명으로 옳은 것은?

① 각종 프레온 가스는 산업혁명 이전부터 존재해 왔다.
② 온실효과 가스로는 CO_2, CH_4, N_2O, CFCs 등이 있다.
③ 온실효과 가스 중 이산화탄소의 대기 중 농도는 현재 약 300ppm 정도이다.
④ 한국의 아한대 수종들은 기온 상승에 따라 급속도로 생육 범위가 넓어질 것이다.
⑤ 지구온난화로 열대, 아열대의 해충 유입은 될 수 있으나, 온대지방에서는 월동이 어려워 발생하지 못한다.

해설

① 각종 프레온 가스는 산업혁명 이후부터 존재해 왔다.
③ 지구 온난화와 산림 : 1850년 약 280ppm에서 현재 약 400ppm으로 증가
④ 한국의 아한대 수종들은 기온 상승에 따라 급속도로 생육 범위가 좁아질 것이다.
⑤ 지구온난화로 열대, 아열대의 해충 유입은 될 수 있으나, 온대지방에서는 월동이 쉬워져 활동 반경이 더 넓어진다.

109 나무 뿌리에 의한 배수관로의 막힘현상을 예방할 수 있는 방법으로 옳지 않은 것은?

① $CuSO_4$ 용액을 배수관로 표면에 도포한다.
② $MgSO_4$ 1,000배 희석액을 토양 표면에 관주한다.
③ 토목섬유에 비선택성 제초제를 도포한 방근막으로 배수관로를 감싼다.
④ 관로 주변에 버드나무류 등 침투성 뿌리를 갖는 수종의 식재를 피한다.
⑤ 배수관로의 연결 부위는 방수가 되고 탄력이 있는 이중관으로 설치한다.

해설

- 황산구리 수용액 : 녹조 등 조류나 미생물 번식방지 등 살균제로 쓰인다.
- 황산마그네슘 : 마그네슘 결핍 시 비료로 사용한다.

110 수목의 위험평가에 관한 설명 중 옳지 않은 것은?

① 평가방법은 정량적 평가와 정성적 평가가 있다.
② 정밀평가단계에서 정보 수집을 위해 망원경, 탐침 등을 사용한다.
③ 부지환경, 수목의 구조와 각 부분(수간, 수관, 가지, 뿌리)의 결함 유무를 종합적으로 판단한다.
④ 제한적 육안평가는 명백한 결함이나 특정한 상태를 확인하기 위해 신속하게 평가하는 것을 말한다.
⑤ 매몰된 수피, 좁은 가지 부착 각도, 상처와 공동(空洞) 등은 수목의 파손 가능성을 높이는 부정적 징후들이다.

해설

- 수목의 위험평가 기초조사 항목 중의 하나이다.
  수목 조사는 육안, 고무망치, 탐침, 삽 등을 이용하여 작업범위에 명시된 대로 수행한다.
- 수목의 결함과 평가
  - 기초 평가 : 수목 조사
    육안, 고무망치, 탐침, 삽 등을 이용하여 작업범위에 명시된 대로 수행
  - 진전 평가(정밀진단) : 부후 검사
    부후 검사 장비로 생장추, 비트드릴, 저항기록드릴, 음향파장, 음향단층 X선 촬영, 전기저항 X선 촬영, 방사선(레이다, X선, 감마선)이 있음

111 전정 시기에 대한 설명으로 옳은 것은?

ㄱ. 수액 유출이 심한 나무는 잎이 완전히 전개된 이후 여름에 전정한다.
ㄴ. 전정 상처를 빠르게 유합시키기 위해서 휴면기 직전에 전정하는 것이 좋다.
ㄷ. 목련류, 철쭉류는 꽃이 진 직후 전정하면, 다음 해 꽃눈의 수가 감소한다.
ㄹ. 수간과 가지의 구조를 튼튼하게 발달시키기 위해서 어릴 때 전정을 시작한다.
ㅁ. 봄철 건조한 날에 전정하는 것이 비오는 날 전정하는 것보다 소나무 가지끝마름병으로부터 상처 부위의 감염을 억제할 수 있다.

① ㄱ, ㄴ, ㄹ ② ㄱ, ㄷ, ㄹ
③ ㄱ, ㄹ, ㅁ ④ ㄴ, ㄷ, ㄹ
⑤ ㄴ, ㄹ, ㅁ

정답 108 ② 109 ② 110 ② 111 ③

해설

진정 시기

- 목련류, 철쭉류는 당년도 낙화 직후 내년의 화아가 생기기 전 전정
- 이론적인 가장 적절한 가지치기 시기는 수목의 휴면 상태인 이른 봄
- 한국 중부지방의 경우 입춘이 지나고 2월 중순부터 실시
- 활엽수는 가을에 낙엽이 진 후 봄에 생장을 개시하기 전인 휴면기간 중 아무 때나 가지치기
- 침엽수는 이른 봄에 새 가지가 나오기 전에 실시

※ 수종에 따라 이른 봄에 가지를 치면 수액이 흘러 상처 치유를 지연

예 성숙한 자작나무, 단풍나무는 이른 봄보다 늦가을, 겨울 초기, 아니면 잎이 완전히 나온 후 전정을 하여 수액이 나오는 시기를 피한다.

112 같은 장소에서 발견된 두 가지 생물종 사이의 상호작용이 나머지 네 개와 다른 것은?

① 동백나무 – 동박새
② 소나무 – 모래밭버섯
③ 오리나무 – Frankia sp
④ 박태기나무 – Rhizobium sp
⑤ 오동나무 – 담배장님노린재

해설

① 동백나무 – 동박새 : 동박새는 겨울에 동백꽃의 꿀을 빨고 수분하는 공생관계
② 소나무 – 모래밭버섯(송이버섯) : 공생관계
③ 오리나무 – Frankia sp : 공생관계
④ 박태기나무 – Rhizobium sp : 공생관계
⑤ 오동나무 – 담배장님노린재 : 오동나무 빗자루병을 매개로 기생관계

113 수피 상처의 치료방법으로 옳지 않은 것은?

① 수피이식을 시도할 수 있다.
② 목재부후균의 길항미생물을 접종한다.
③ 교접(矯接)으로 사부 물질의 이동통로를 확보한다.
④ 부후균 침입을 예방하기 위해 상처 부위를 햇빛에 노출시킨다.
⑤ 살아 있는 들뜬 수피는 발생 즉시 작은 못으로 고정하고 보습재로 덮은 후 폴리에틸렌 필름을 감아 준다.

해설

교접

- 수피이식으로 해결할 수 없을 때 접목을 이용하여 수피를 서로 연결하는 기술
- 비닐로 패드를 덮어 단단히 고정한다(상처에 햇빛을 차단).
- 젖은 천으로 감싸고 비닐로 덮어 마르지 않게 한다.
- 들뜬 수피를 제자리에 밀착하고 못을 박거나 테이프로 고정한다.

114 벌목작업과 체인톱 취급에 관한 설명으로 옳지 않은 것은?

① 경사지에서의 벌도 방향은 경사 방향과 평행하게 하는 것이 좋다.
② 체인톱은 시동 후 2~3분, 정지하기 전에는 저속 운전한다.
③ 벌도목 수고의 1.5배 반경 안에는 작업자 이외 사람의 접근을 막는다.
④ 체인톱을 사용할 때 톱니를 잘 세우지 않으면 거치 효율이 저하되어 진동이 발생할 수 있다.
⑤ 근원직경 15cm 이하인 소경목은 수구와 추구 없이 20° 정도의 기울기로 가로자르기를 한다.

해설

- 일반적으로 경사지에서는 경사 방향에 대하여 가로 방향, 또는 약 30° 경사진 방향이 적당하다.
- 벌채점의 지름이 약 20cm 이하인 소경목은 수구 없이 단번에 벌도한다.

115 상렬(霜裂)의 피해에 대한 설명으로 옳은 것은?

① 추위가 심한 북서쪽 줄기 표면에 잘 일어난다.
② 피해는 흉고직경 15~30cm 정도의 수목에서 주로 발견된다.
③ 피해는 활엽수보다 수간이 곧은 침엽수에서 더 많이 관찰된다.
④ 초겨울 또는 초봄에 습기가 많은 묘포장에서 발생하기 쉽다.
⑤ 북쪽지방이 원산지인 수종을 남쪽지방으로 이식했을 경우 피해를 입는다.

정답 112 ⑤ 113 ④ 114 ① 115 모두 정답

해설

① 주로 온도 변화가 큰 남서쪽 수간과 활엽수에서 자주 발생한다.
② 직경 15~30cm가량 되는 나무에서 주로 발생(수목의학 – 이경준, 조경수식재관리 – 이경준 · 이승제)한다.
③ 피해는 침엽수보다 활엽수에서 더 많이 관찰된다.
④ 상렬의 피해는 치수가 아닌 교목의 수간에 주로 발생한다.
⑤ 남부수종을 북쪽지방에 이식했을 경우 잘 발생한다.

116 풍해에 관한 설명으로 옳지 않은 것은?

① 가문비나무와 낙엽송은 풍해에 약하다.
② 주풍은 10~15m/s, 강풍은 29m/s 이상의 속도로 부는 바람을 말한다.
③ 주풍의 피해로 침엽수는 상방편심을, 활엽수는 하방편심을 하게 된다.
④ 방풍림의 효과는 주풍 방향에 직각으로 배치하기보다는 비스듬히 배치하는 것이 더 좋다.
⑤ 유령림에 나타나는 강풍의 피해는 수간이 부러지는 피해보다 만곡이나 도복의 피해가 많다.

해설

방풍림 효과를 충분히 발휘하려면 주풍 방향에 직각으로 배치해야 한다.

방풍림 혹은 방풍벽 설치

- 상록수로 된 방풍림이나 인공방풍벽을 북서향에 조성하여 한랭한 바람 차단
- 대개 풍상 측은 수고의 5배, 풍하 측은 10~25배의 거리까지 효과
- 일반적으로 수고를 높게, 임분대의 폭을 넓게, 차폐를 어느 정도 높게 하면 감소효과가 증가
- 풍속이 감소하면 증산이 억제되고 지온이나 기온이 상승
- 방풍림 효과를 충분히 발휘하려면 주풍 방향에 직각으로 배치
  - 주로 겨울 계절풍의 영향을 크게 받으므로 북서 방향에 대해 직각으로 조성
  - 해풍이나 염풍은 해안선에 직각 방향으로 조성
  - 폭풍은 대개 남서~남동에 면하는 쪽에 임분대를 설치
- 임분대의 폭은 대개 100~150m가 적당

117 내화수림대(耐火樹林帶)를 조성하는 수종으로 바르게 나열된 것은?

① 은행나무, 아왜나무, 벚나무
② 가문비나무, 동백나무, 벚나무
③ 대왕송, 후피향나무, 고로쇠나무
④ 분비나무, 구실잣밤나무, 피나무
⑤ 잎갈나무, 참나무류, 아까시나무

해설

수종별 내화력

구분	내화력이 강한 수종	내화력이 약한 수종
침엽수	은행나무, 잎갈나무, 분비나무, 가문비나무, 개비자나무, 대왕송 등	소나무, 곰솔, 삼나무, 편백 등
상록 활엽수	아왜나무, 굴거리나무, 후피향나무, 붓순, 합죽도, 황벽나무, 동백나무, 비쭈기나무, 사철나무, 가시나무, 회양목 등	녹나무, 구실잣밤나무 등
낙엽 활엽수	피나무, 고로쇠나무, 마가목, 고광나무, 가중나무, 네군도단풍나무, 난티나무, 참나무, 사시나무, 음나무, 수수꽃다리 등	아까시나무, 벚나무, 능수버들, 벽오동, 참죽나무, 조릿대 등

118 토양수분이 과다할 때 수목에 나타나는 영향으로 옳지 않은 것은?

① 과습 토양에 대한 저항성은 주목이 낮으며, 낙우송은 높은 편이다.
② 토양 내 산소 부족현상이 나타나서 세근의 생육을 방해할 수 있다.
③ 토양 과습의 초기 증상은 엽병이 누렇게 변하면서 아래로 처지는 현상을 나타낸다.
④ 지상부에 나타나는 후기 증상은 수관 아래부터 위로 가지가 고사되면서 수관이 축소된다.
⑤ 고산지 수종은 침수에 대한 내성이 거의 없어서 토양수분이 과다하게 되면 피해가 빠르게 나타난다.

해설

가장 확실한 후기 병징은 수관 꼭대기부터 가지가 밑으로 죽어 내려오면서 수관이 축소된다.

정답 116 ④ 117 ③ 118 ④

119 2차 대기오염물질에 관한 설명으로 옳지 않은 것은?

① 오존과 PAN에 의한 피해는 햇빛이 강한 날에 잘 발생한다.
② 이산화질소와 불포화탄화수소의 광화학반응에 의하여 생성된 것은 PAN이다.
③ PAN에 의한 피해는 계속 성장하는 미성숙한 잎에서 심하게 발생한다.
④ 오존의 조직학적 가시장해의 특징은 기공에 가까운 해면조직이 피해를 받는다.
⑤ 느티나무, 중국단풍나무 등은 오존에 대한 감수성이 대체로 크며, 낙엽송은 이들 수목보다 내성이 있는 편이다.

해설

오존은 책상조직이 선택적으로 파괴되는 경우가 많고, 해면조직은 피해를 입지 않는다.

오존

1. 피해 발생
   - 오존은 산화력이 강하기 때문에 식물에 피해를 준다.
   - 오존과 PAN은 반드시 광에 노출될 때 발생한다.
   - 기공은 오존이 잎으로 들어가는 것을 결정하는 요인 중 하나이다.
2. 피해 특징
   - 기공으로부터 오존이 흡수되어 황화현상과 괴사현상이 잎에 나타난다.
   - 오존의 일반적인 피해는 엽록체가 파괴되어 적색화 및 황화현상이 나타나며, 잎의 상표면이 표백화되고, 백색의 작은 반점이 생기며 암갈색이 점상 반점이 생긴다.
   - 장기적으로 잎, 꽃, 어린 열매의 낙과 및 생육 감소 등이 일어난다.
   - 책상조직이 선택적으로 파괴되는 경우가 많고, 해면조직은 피해를 입지 않는다.

120 강산성 토양에서 결핍되기 쉬운 무기양분으로 짝지어진 것은?

① 인－망간　② 인－칼슘
③ 망간－칼슘　④ 마그네슘－철
⑤ 마그네슘－아연

해설

- 산성토양에서 부족하기 쉬운 양분 : 칼슘, 몰리브덴
- 알칼리성토양에서 부족하기 쉬운 양분 : 알루미늄, 철, 망간, 아연

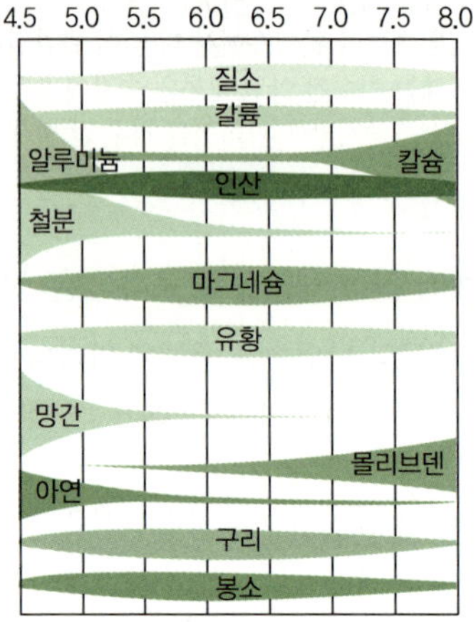

산성별 무기양분의 유효도

121 염해에 관한 설명으로 옳지 않은 것은?

① 해빙염의 피해는 낙엽수보다 상록수의 피해가 더 크다.
② 곰솔, 느티나무, 후박나무 등은 염해에 내성이 있다고 알려져 있다.
③ 토양 내 염류 물질이 적을수록 전기전도도는 높아지며 식물 피해도 줄어든다.
④ 해빙염의 피해는 침엽수와 활엽수에서 서로 다른 수관 위치에서 나타날 수 있다.
⑤ 해빙염의 경우 상록수는 봄이 오기 전에 잎에 피해가 나타나고 낙엽수는 새싹이 생육한 후 나타난다.

해설

토양 내 염류 물질이 적을수록 전기전도도는 낮아지고 식물의 피해도 줄어든다.

토양의 염류농도

- EC로 측정하며, dS/m의 단위로 나타낸다.
- 토양용액의 EC가 4dS/m 이상이면 염류가 집적된 토양이다.
- 식물보다 토양용액의 EC가 높으면 수분을 흡수할 수 없게 된다.

정답 119 ④　120 ②　121 ③

122 농약 사용의 문제점과 관련된 내용으로 옳지 않은 것은?

① 농약 사용 증가로 인한 약제 저항성 증가
② 잔류 문제 해결을 위한 저(低) 잔류성 농약 개발
③ 생태계 파괴 문제 해결을 위한 선택성 농약 개발
④ 인축독성 문제 해결을 위한 고독성농약 등록 폐지
⑤ 농약 오용 문제 해결을 위한 Integranted Nutrient Management(INM) 실천

해설

통합 영양소 관리(INM)의 의미

통합 영양 관리는 작물 생산을 위한 유기분뇨, 녹색분뇨, 이중 비료 및 기타 유기 분해가 가능한 재료와 같은 유기 자원 재료와 함께 화학비료가 결합된 것이다.

123 농약의 보조제에 관한 설명 중 옳지 않은 것은?

① 증량제에는 활석, 납석, 규조토, 탄산칼슘 등이 있다.
② 계면활성제는 음이온, 양이온, 비이온, 양성 계면활성제로 구분된다.
③ 협력제는 농약의 약효를 증진시킬 목적으로 사용하는 첨가제이다.
④ 계면활성제의 HLB 값은 20 이하로 나타나며, 낮을수록 친수성이 높다.
⑤ 유기용제는 원제를 녹이는 데 사용하는 용매로 농약의 인화성과 관련된다.

해설

HLB값이 작을수록 소수성이 큰 계면활성제, 클수록 친수성이 큰 계면활성제로 분류한다.

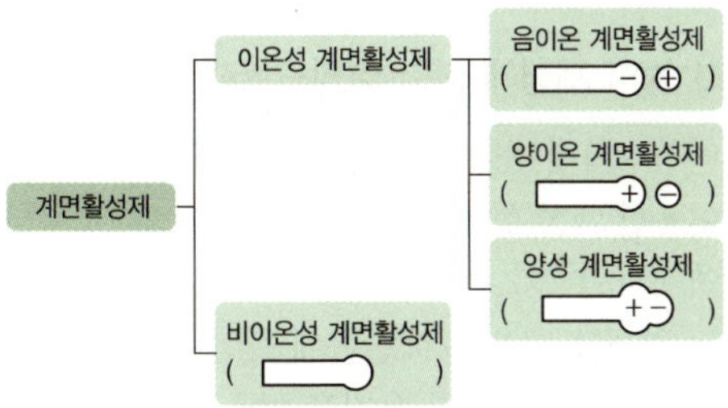

계면활성제의 분류

124 살충제의 유효성분과 작용기작의 연결로 옳지 않은 것은?

① Bt 엔도톡신 – 해충의 중장 파괴
② 페니트로티온 – 아세틸콜린가수분해효소 저해
③ 디플루벤주론 – 전자전달계 복합체 II 저해
④ 밀베멕틴 – 신경세포의 염소이온 통로 교란
⑤ 카탑 하이드로클로라이드 – 아세틸콜린 수용체 통로 차단

해설

- 벤조닐우레아계 – 15, 키틴생합성 저해
  - IGR(곤충생장조절제), 인축독성이 낮고, 환경오염 적고, 곤충과 동물 간에 선택독성이 높음
  - 약제 : bistrifluron, chlorfluazuron, novaluron, lufeluron, triflumuron
- 뷰프로페진(bufrofezin) – 16, 키틴생합성 저해
  - IGR(곤충생장조절제)

125 디페노코나졸에 관한 설명으로 옳은 것은?

① 인지질 생합성을 저해한다.
② 광합성 명반응을 교란한다.
③ 곤충의 키틴 생합성을 억제한다.
④ 세포막 스테롤 생합성을 교란한다.
⑤ 유기인계 농약으로 항균활성을 갖는다.

해설

① 인지질의 생합성을 저해 : 바(살균제), 22(살충제), H01(제초제)
② 광합성 교란 : 제초제의 작용기작(H05)
③ 키틴생합성 저해 : 살충제 작용기작 15, 16
⑤ 유기인계(Organophosphates)
- 바(살균제) : 지질 생합성 저해
- 1b(살충제) : AchE 저해

126 지방산 생합성 억제 작용기작을 갖는 제초제의 설명으로 옳지 않은 것은?

① Cyclohexanedione계 성분이 있다.
② Aryloxyphenoxy – propinate계 성분이 있다.
③ Glufosinate는 지방산 생합성 억제제이다.
④ Cyhalofop – butyl은 협엽(단자엽) 식물에 선택성이 높다.
⑤ 아세틸 CoA카르복실화효소(ACCase)의 저해작용을 갖는다.

정답 122 ⑤ 123 ④ 124 ③ 125 ④ 126 ③

해설

H10 글루타민 합성효소 저해

- 아미노산 생합성 과정의 글루타민의 생합성을 저해
- 비선택성
- 포스피닉 산계 : 글루포신나이트(glufosinate), 비알라포스(bialaphos)

작용기작 구분	표시기호	세부 작용기작 및 계통(성분)
지질(지방산) 생합성저해	H01	아세틸 CoA 카르복실화 효소 저해

127 농약의 품목에 관한 내용 중 옳은 것은?

① 유효성분명을 계통으로 분류한 것이다.
② '델타메트린 수화제'는 품목명이다.
③ 보조제 함량과 제제의 형태로 분류한 것이다.
④ 유효성분 계통과 보조제 성분이 동일한 농약이다.
⑤ 품목이 동일한 농약은 같은 상표명을 갖는다.

해설

농약의 명명법

구분	내용
화학명	• 농약의 유효 성분의 화학구조에 따라 붙여지는 전문적이고 과학적인 명칭으로 IUPAC(국제순수 및 응용화학연합)에서 명칭을 정한다. • 2, 2 – Dichlorvinyl Dimethyl Phosphate
일반명	• 농약을 구성하는 화합물의 이름을 암시하면서 단순화시킨 것으로 국제적으로 통용된다. • Dichlorvos, Imidacloprid
품목명	• 농약의 제제화와 관련된 이름으로 영문의 일반명을 한글로 표시하고 뒤에 제형을 붙인다. • 이미다클로프리드 미탁제, 베노밀 수화제
상표명 (상품명)	• 농약을 제품화할 때 농약회사에서 붙인 고유의 이름으로 같은 농약이라도 생산회사에 따라 이름이 다르다. • 코니도, 크로스, 어드마이어, 노다지

128 호흡과정 저해와 관련된 농약의 작용기작 설명이 옳지 않은 것은?

① Alachlor은 대표적인 호흡과정 저해제이다.
② 살충제 작용기작 분류기호 '20a'와 관련된다.
③ 살균제 작용기작 분류기호 '다1'과 관련된다.
④ 전자전달을 교란하거나 ATP 생합성을 억제한다.
⑤ 미토콘드리아 막단백질 복합제의 기능을 교란한다.

해설

알라클로르(Alachlor)는 세포분열을 저해하는 약제로 주로 화본과 잡초의 발아를 억제한다.

129 농약 제형을 만드는 목적에 관한 설명으로 옳지 않은 것은?

① 농약 살포자의 편의성을 향상시킨다.
② 최적의 약효 발현과 약해를 최소화한다.
③ 유효성분의 물리 · 화학적 안정성을 향상시킨다.
④ 소량의 유효성분을 넓은 지역에 균일하게 살포한다.
⑤ 유효성분 부착량 감소를 위한 다양한 보조제를 작용한다.

해설

부착량을 증가시킨다. 약액의 표면장력이 낮을수록 부착량이 많아진다.

농약의 제형

1. 정의
   농약은 유효성분이 농축되어 있는 소량의 원제, 즉 유효성분을 사용하기에 편리한 형태의 제제로 만든 것
2. 농약의 제제 목적
   - 넓은 면적에 균일하게 살포
   - 독성과 환경에 대한 부작용을 적게 하고, 살포자의 안전성을 높임
   - 사용, 수송, 저장 등을 용이하게 함
   - 생물활성 극대화(최적의 약효 발현과 최소의 약해 발생)에 있음
3. 농약 제형의 효과
   - 부착량의 증가
   - 식물에 침투량 증가
   - 입자 크기에 따른 효력 증가

130 농약 제형에 관한 설명으로 옳지 않은 것은?

① 액상수화제 – 물과 유기용매에 난용성인 원제를 이용한 액상 형태
② 액제 – 원제가 수용성이며 가수분해의 우려가 없는 원제를 물 또는 메탄올에 녹인 제형
③ 유제 – 농약 원제를 유기용매에 녹이고 계면활성제를 참가한 액체 제형

정답 127 ② 128 ① 129 ⑤ 130 ⑤

④ 캡슐제 – 농약원제를 고분자 물질로 피복하여 고형으로 만들거나 캡슐 내에 농약을 주입한 제형
⑤ 훈증제 – 낮은 증기압을 가진 농약 원제를 액상, 고상, 또는 압축가스상으로 용기 내에 충진한 제형

해설
훈증제(GA)
증기압이 높은 농약의 원제를 액상, 고상 또는 압축가스상으로 용기 내에 충전한 것으로 용기를 열 때 유효성분이 대기 중으로 기화하여 병해충을 방제한다. 인축에 대한 독성이 강한 약제이다.

훈증제 작용기작

작용기작	기호	계통(성분)
다점저해 (훈증제)	8a	할로젠화알킬계
	8b	클로로피크린
	8c	플루오르화술푸릴
	8d	붕사
	8e	토주석
	8f	이소티오시안산메틸 발생기

131 농약의 안전사용기준에 관한 설명으로 옳지 않은 것은?

① 작물, 방제 대상, 살포 방법, 희석 배수 등이 표시되어 있다.
② 최종 살포시기와 살포 횟수를 명시하여 안전한 농산물을 생산할 수 있게 한다.
③ 안전사용기준 설정은 병해충 발생시기와 잔류허용기준을 동시에 고려해 설정한다.
④ 농약 사용환경을 고려해야 하므로 농약 등록 후 경과 시간을 두고 설정하는 것이 원칙이다.
⑤ 농약 판매업자가 농약 안전사용기준을 다르게 추천하거나 판매하는 경우에는 500만 원 이하의 과태료가 부과된다.

해설
방제업자와 그 밖의 농약 등의 사용자는 농약 등을 안전사용기준에 따라 사용하고, 제조업자·수입업자·판매업자 및 방제업자는 농약 등을 취급제한기준에 따라 취급하여야 한다(취급기준이 먼저 정해져야 한다).

132 소나무가 식재된 1ha의 임야에 살충제 이미다클로프리드 수화제(10%)를 500배 희석하여 10a당 100L의 양으로 살포하고자 한다. 소요 약량은?

① 0.2kg ② 0.5kg
③ 1kg ④ 2kg
⑤ 4kg

해설

$$\text{농약량(10a)} = \frac{\text{단위면적당 소요살포량(물의 양)}}{\text{희석배수}} = \frac{(100 \times 1,000)}{500} = 200\text{g}$$

1ha의 살포량 = 200g × 10 = 2,000g = 2kg

133 한국에서 시행 중인 농약의 독성관리제도에 관한 설명으로 옳지 않은 것은?

① 동일성분의 경우 고체 제품보다는 액체 제품의 독성이 더 높게 구분되어 있다.
② ADI(1일 섭취허용량)는 농약잔류허용기준 설정의 근거가 된다.
③ 농약살포자의 농약 위해성 평가에 대한 중요한 요소는 노출량이다.
④ 농약제품의 인축독성은 경구독성과 경피독성으로 구분하여 관리하고 있다.
⑤ 농약제품의 독성은 I(맹독성), II(고독성), III(보통독성), IV(저독성)급으로 구분하고 있다.

해설
고체 독성이 액체 독성보다 독성이 높다.

우리나라 농약제품의 인축독성 구분

구분	경구독성		경피독성	
	고체	액체	고체	액체
I급 독성	5 미만	20 미만	10 미만	40 미만
II급 독성	5~50 미만	20~200 미만	10~100 미만	40~400 미만
III급 독성	50~500 미만	200~2,000 미만	100~1,000 미만	400~4,000 미만
IV급 독성	500 이상	2,000 이상	1,000 이상	4,000 이상

정답 131 ④ 132 ④ 133 ①

134 농축된 상태의 액제 제형으로 항공방제에 사용되는 특수제형이며, 원제의 용해도에 따라 액체나 고체 상태의 원제를 소량의 기름이나 물에 녹인 형태의 제형은?

① 분의제 ② 분산성 액제
③ 수면전개제 ④ 캡슐현탁제
⑤ 미량살포액제

해설

① 분의제 : 가루 형태의 농약을 종자의 표면에 피복시키는 방법
② 분산성 액제(DC) : 물에 친화성이 강한 특수용매를 사용하여 물에 녹기 어려운 원제를 계면활성제와 함께 녹여 만든 제형
③ 수면전개제(SO) : 살포작업의 편이성을 고려하여 제조한 것으로 비수용성 용제에 원제를 녹이고 수면확산제를 첨가하여 혼합한 액상 형태의 제형
④ 캡슐현탁제(CS) : 미세하게 분쇄한 농약원제의 입자에 고분자물질을 얇은 막 형태로 피복하여 유탁제나 액상수화제와 비슷하게 현탁시켜 만든 제형

미량살포법
- 농약원액 또는 고농도의 미량살포제(ULV제) 등을 소량 살포
- 주로 항공 살포에 많이 이용, 식물이나 곤충 표면에 부착성이 우수
- 사용하는 살포기술은 정전기 살포법으로 미세한 살포액 입자 크기를 균일하게 하기 위한 살포액 입자조절 살포법(CDA)을 이용
- 살포액은 회전판에 부착된 돌기에 의하여 얇은 막을 형성하면서 가장자리로 밀려감

135 농약의 잔류허용기준 제도에 관한 설명 중 옳지 않은 것은?

① 농약 및 식물별로 잔류허용기준은 다르다.
② 농약잔류허용기준은 「농약관리법」에 의하여 고시된다.
③ 일본과 유럽, 대만 등은 PLS 제도를 한국보다 앞서서 운영하고 있다.
④ 한국에서 잔류허용기준 미설정 농약은 불검출 수준(0.01mg/kg)으로 관리한다.
⑤ 적절한 사용법으로 병해충을 방제하는 데 필요한 최소한의 양만을 사용하도록 유도한다.

해설

농약잔류허용기준은 「식품위생법」에 의하여 고시된다.

안전사용기준과 잔류허용기준

구분	안전사용기준(PHI, Pre-Harvest Interval)	잔류허용기준(MRL, Maximun Residue Limits)
개념	농약 독성 및 잔류시험 등을 거친 올바른 농약 사용방법	평생 섭취해도 인체에 해가 없는 수준의 작물 내 농약 잔류기준
근거	농약관리법	식품위생법
목적	농업인들이 농약을 안전하고 효과적으로 사용할 수 있는 기준 제시	소비자가 안심하고 섭취할 수 있는 농약 잔류기준 제시
구성요소	농약성분 × 농작물 × 병해충	농약성분 × 농작물
예시	비펜트린 유제 : 감귤에 자나방류 발생 시 수확 14일 전까지 1천 배 희석하여 3회 이내 살포	비펜트린 : 가지 0.3ppm, 감귤 0.5ppm, 감자 0.05ppm, 갓 1.0ppm, 배추 0.7ppm, 오이 0.5ppm 등

136 소나무 재선충병 예방나무주사 실행에 관한 설명으로 옳지 않은 것은?

① 약제 피해가 우려되는 식용 잣, 송이 채취지역은 제외한다.
② 장기 예방나무주사는 보호수 등 보존 가치가 높은 수목에 한하여 사용한다.
③ 선단지 등 확산 우려 지역은 소나무재선충과 매개충 동시방제용 약제를 사용한다.
④ 예방나무주사 1, 2순위 대상지는 최단직선거리 5km 이내에 소나무 재선충병이 발생하였을 때 시행한다.
⑤ 선단지 및 소규모 발생지에 대하여 피해고사목 방제 후 벌채지 외곽 30m 내외의 건전목에 실행한다.

해설

예방나무주사 1, 2순위 대상지는 최단직선거리 10km 이내에 소나무 재선충병이 발생하였을 때 시행한다.

재선충병 확산 방지를 위한 예방사업
- 예방나무주사 효과 제고를 위하여 수목 특성에 따른 주사목적 등 실행계획을 수립하여 시행
- 산림 구분별 중요도에 따라 우선 지역을 선정(1~5순위)하여 시행
  - 장기예방나무주사는 보호수, 천연기념물 등 보존가치가 높은 수목에 한하여 사용

정답 134 ⑤ 135 ② 136 ④

- 우선순위 이외 지역의 소나무류에 대하여는 피해고사목 주변 20m 내외 지역에 한해 실시

- 나무주사 시기(11~3월) 및 실행요령을 반드시 준수하고 적정한 물량을 추진하여 부실한 방제가 발생하지 않도록 추진
- 방제 성과 제고를 위하여 피해고사목 방제와 병행하여 복합적으로 실행
- 식용 잣 · 송이 채취지역 등 약제 피해가 우려되는 지역은 제외

소나무 재선충병 예방나무주사 순위대상지

구분	순위
보호수	1순위 10km
천연기념물	
유네스코 생물권보전지역	
금강소나무림 등 특별수종육성권역	
종자공급원(채종원, 채종림 등)	
산림보호구역(산림유전자원보호구역)	
시험림	
수목원	2순위 10km
산림문화자산	
문화재보호구역	
백두대간보호지역	3순위 5km
국립공원	
도시림, 생활림, 가로수	
생태 숲	
역사 · 문화적 보존구역	4순위 5km
도시공원	
산림보호구역(경관보호구역)	
군립공원	

137 「산림병해충 방제규정」 제7조 산림병해충 발생밀도(피해도)조사 요령 중 병해충명과 구분방법의 연결로 옳지 않은 것은?

① 갈색날개매미충 – 약, 성충 수
② 미국흰불나방 – 유충의 군서 개수
③ 미국선녀벌레 – 수관부의 피해 면적
④ 이팝나무 녹병 – 피해본 수 및 피해잎 수
⑤ 벚나무 빗자루병 – 피해본 수 및 피해 증상 수

해설

발생밀도

- 해충 : 부화약충과 성충의 개체 수
- 병 : 피해본 수 및 피해잎 수, 또는 수관부의 피해 면적

138 「산림보호법 시행령」 제36조 과태료 부과기준에 관한 설명으로 옳지 않은 것은?

① 나무의사가 보수교육을 받지 않은 경우 1차 위반 시 과태료 금액은 50만 원이다.
② 법 위반 상태의 기간이 12개월 이상인 경우 과태료 금액의 1/2 범위에서 그 금액을 가중할 수 있다.
③ 위반행위가 고의나 중대한 과실에 의한 것으로 인정되는 경우 과태료 금액의 1/2 범위에서 그 금액을 가중할 수 있다.
④ 위반행위가 사소한 부주의나 오류에 의한 것으로 인정될 경우 과태료 금액의 1/2 범위에서 그 금액을 감경할 수 있다.
⑤ 나무의사가 정당한 사유 없이 처방전 등 발급을 거부한 경우 2차 위반 시 과태료 금액은 70만 원이다.

해설

② 법 위반 상태의 기간이 12개월 이상인 경우 – 가중죄에서 기간에 대한 조항은 없고, 고의나 중대한 과실이 있는 경우이다.

나무의사 자격 등록 및 취소 조건

위반 행위	근거 법조문	행정 처분				벌금	과태료		
		1차	2차	3차	4차		1차	2차	3차
거짓이나 부정한 방법으로 자격 취득	제21조 6항의 1호	취소				1년 또는 1천만 원			
동시에 두 개 이상의 병원 취업	제21조 6항의 2호	2년 정지	취소			500만 원			
결격사유에 해당된 경우	제21조 6항의 3호	취소							
자격증 대여	제21조 6항의 4호	2년 정지	취소			1년 또는 1천만 원			
정지 기간에 수목 진료	제21조 6항의 5호	취소				500 만 원			
고의로 수목진료를 사실과 다르게 행한 행위	제21조 6항의 6호	취소							
과실로 수목진료를 사실과 다르게 행한 행위	제21조 6항의 7호	2개월	6개월	12개월	취소				
거짓이나 부정한 방법으로 처방전 발급	제21조 6항의 8호	2개월	6개월	12개월	취소				

정답 137 ③ 138 ②

위반 행위	근거 법조문	행정 처분				벌금	과태료		
		1차	2차	3차	4차		1차	2차	3차
자격 취득 없이 수목 진료한 자						500 만 원			
나무의사 등의 명칭을 사용한 자									
진료부 없거나 진료사항 기록하지 않거나 거짓 진료 기록							50	70	100
직접 진료 없이 처방전 발급							50	70	100
처방전 발급 거부자							50	70	100
보수 교육을 받지 않은 자							50	70	100

• 일반 기준 : 위반 행위가 둘 이상인 경우, 무거운 처분에 따르며, 처분 기준이 같은 영업정지인 경우 처분 기준 합산한 기간 동안 영업을 정지하되 3년을 초과할 수 없다.

139 「산림보호법 시행령」 제7조의3에 따라 보호수 지정을 해제하려고 할 때 공고에 포함될 내용이 아닌 것은?

① 수종 ② 수령
③ 소재지 ④ 관리번호
⑤ 해제사유

해설

지정 해제 시 공고사항
• 지정해제 예정 보호수의 관리번호
• 지정해제 예정 보호수의 수종
• 지정해제 예정 보호수의 소재지
• 지정해제 사유
• 지정해제에 관한 이의신청 기간

140 '2022년도 산림병해충 예찰, 방제 계획' 내 외래 · 돌발 산림병해충 적기 대응에 관한 설명으로 옳지 않은 것은?

① 지역별 적기 나무주사를 실행하여 방제효과 제고 및 안전관리를 강화한다.
② 붉은불개미 등 위해 병해충의 유입 차단을 위한 협력체계를 구축한다.
③ 농림지 동시 발생 병해충에 대한 공동협력 방제 강화로 피해를 최소화한다.
④ 예찰조사를 강화하여 조기발견, 적기 방제 등 협력체계를 정착시켜 피해를 최소화한다.
⑤ 대발생이 우려되는 외래 · 돌발 병해충은 사전에 적극적으로 대응하여 국민생활의 안전을 확보한다.

해설

외래 · 돌발 산림병해충 기본방향
• 예찰조사를 강화하여 조기발견 · 적기방제 등 협력체계 정착으로 피해 최소화
• 외래 · 돌발 병해충이 발생되면 즉시 전면적 방제로 피해 확산 조기 저지
• 대발생이 우려되는 외래 · 돌발 병해충 사전 적극 대응을 통한 국민생활 안전 확보
• 돌발해충 대발생 시 각 산림관리 주체별로 예찰 · 방제를 실시하고, 광범위한 복합피해지는 부처 협력을 통한 공동 방제로 국민생활 불편 해소 및 국민 삶의 질 향상에 최선
• 지역별 방제 여건에 따라 방제를 추진할 수 있도록 자율성과 책임성 부여
• 농림지 동시 발생 병해충, 과수화상병, 아시아매미나방(AGM), 붉은불개미 등 부처 협력을 통한 공동 예찰 · 방제
• 밤나무 해충 및 돌발해충 방제를 위한 항공방제 지원

정답 139 ② 140 ①

과년도 기출문제 8회(2022년 10월 29일)

1과목 수목병리학

01 20세기 초 대규모 발생하여 수목병리학의 발전을 촉진시키는 계기가 된 병으로만 나열한 것은?

① 밤나무 줄기마름병, 느릅나무 시들음병, 잣나무 털녹병
② 참나무 시들음병, 느릅나무 시들음병, 배나무 불마름병(화상병)
③ 대추나무 빗자루병, 포플러 녹병, 소나무 시들음병(소나무 재선충병)
④ 향나무 녹병, 밤나무 줄기마름병, 소나무 시들음병(소나무 재선충병)
⑤ 소나무 시들음병(소나무 재선충병), 잣나무털녹병, 소나무류(푸자리움) 가지마름병

해설

20세기 세계 3대 수목병
느릅나무 시들음병, 밤나무 줄기마름병, 잣나무 털녹병

02 생물적·비생물적 원인에 대한 수목의 반응으로 나타나는 것이 아닌 것은?

① 궤양 ② 암종
③ 위축 ④ 자좌
⑤ 더뎅이

해설

자좌
20세기 균사가 치밀하게 접합하여 된 조직, 주로 균사다발이나 번식기관의 주변에 형성

표징 및 병징의 종류

표징	균사체, 균사매트, 뿌리꼴균사다발, 자좌, 균핵, 흡기, 포자, 분생포자경, 포자낭, 노균병, 흰가루병, 분생포자반, 분생포자좌, 분생포자각, 자낭반, 자낭, 자낭각, 자낭구, 담자기, 버섯
병징	황화, 잎가마름, 마름, 시들음, 가지마름, 기타 잎색깔변화, 점무늬, 구멍, 궤양, 빗자루, 오갈, 위축, 엽화, 혹 등

03 수목병과 생물적 방제에 사용되는 미생물의 연결이 옳지 않은 것은?

① 모잘록병 – Trichoderma spp.
② 잣나무 털녹병 – Tuberculina maxima
③ 안노섬뿌리썩음병 – Peniophora gigantea
④ 참나무 시들음병 – Ophiostoma piliferum
⑤ 밤나무 줄기마름병 – dsRNA 바이러스에 감염된 Cryphonectria parasitica

해설

- Ophiostoma piliferum는 청변균 방제 미생물이다.
- 길항작용을 나타내는 미생물을 이용하여 병해를 방제한다.

수목병과 길항미생물

수목병	길항미생물
잣나무털녹병 (Cronartium ribicola)	Tuberculina maxima
모잘록병 (Rhizoctonia solani)	Trichoderma lignorum Trichoderma viride
밤나무 줄기마름병	dsRNA(저병원성 균주)
목재부후균	Trichoderma harzianum
안노섬뿌리썩음 (Heterobasidion annosum)	Phleviopsis(Peniophora) gigantea(좀아교고약버섯)
세균성 뿌리혹병 (Agrobacterium tumefaciens)	Agrobacterium radiobater

- 트리코데르마(Trichoderma) : 불완전균의 한 속. 토양, 낙엽, 그루터기, 썩은 나무 따위에 나는 곰팡이로 생태계 속에서는 유기물의 분해에 중요한 역할을 한다. 세균이나 곰팡이에 대한 항생 물질을 생산하기 때문에 식물의 병원균 퇴치에 쓴다.

정답 01 ① 02 ④ 03 ④

• 목질 청변 : 변재부에는 살아 있는 방사상 유세포와 수직 유세포가 있어서 수분과 양분의 이동 및 저장에 관여한다. 따라서 이들 청변균이 침입하는 곳은 벌채목의 변재부로 세포벽이 없고 양분이 많은 방사상 유세포와 수직 유세포가 분포하는 부위이다.

청변균 감염 부위 및 방제법

청변균	• 천공성 나무좀의 몸에 붙어 있는 Opiostoma 속이나 Ceratocystis 속의 균이다. • 청변균은 목질부의 방사상 유세포로 퍼진다. • 최초로 들어가는 균은 단당류를 빨리 이용할 수 있는 푸른곰팡이균(Trichoderma 속)이다. • 활엽수에서 고사목을 분해하면서 녹청색으로 변하는 자낭균인 녹청균(Chlorciboria aeruginosa)도 있다.
청변균의 감염 부위	• 변재부에서 방사상으로 나타나고, 횡단면으로는 수직적으로 길게 나타난다. • 청변균은 침엽수에서는 송진이 흐르는 중에도 감염되며, 재목의 색깔을 변하게 하여 미관상 질을 떨어뜨리지만, 목재의 강도에는 크게 변화가 없다.
방제법	추운 동절기나 건조기에 벌채하며 수피를 벗기고 건조시키면 피해를 줄일 수 있다.

04 수목에 나타나는 빗자루 증상의 원인이 아닌 것은?

① 곰팡이 ② 제설제
③ 제초제 ④ 흡즙성 해충
⑤ 파이토플라스마

해설

빗자루
• 병해 : 곰팡이, 파이토플라스마
• 장해 : 제초제
• 충해 : 흡즙성 해충

05 수목병과 진단에 사용할 수 있는 방법의 연결이 옳지 않은 것은?

① 근두암종 – ELISA 검정
② 뽕나무 오갈병 – DAPI 형광염색병
③ 흰가루병 – 자낭구의 광학현미경 검경
④ 벚나무 번개무늬병 – 병원체 ITS 부위의 염기서열 분석
⑤ 소나무 시들음병(소나무재선충병) – Baermann 깔때기법으로 분리 후 현미경 검경

해설

• 벚나무 번개무늬병은 바이러스에 의한 병으로 면역학적 진단인 효소결합항체법(ELASA)과 중합효소연쇄반응법(PCR)을 많이 사용한다.
• 파이토플라스마 동정 : 16S rRNA 유전자를 사용
• 곰팡이 동정 : Internal Transcribed Spacer(ITS)
박테리아나 고세균에서는 16s rRNA와 23s rRNA 사이에 위치해 있으며, 진핵생물인 경우에는 18s와 5.8s rRNA 유전자 사이에 ITS1이 존재하며, 5.8s와 28s(식물에서는 26s) 사이에 ITS2가 존재하여, 총 두 개의 ITS가 존재한다.

06 Pestalotiopsis sp.에 의해 발생하는 수목병은?

① 사철나무 탄저병
② 철쭉류 잎마름병
③ 회양목 잎마름병
④ 참나무 둥근별무늬병
⑤ 홍가시나무 점무늬병

해설

※ 쉽게 외우기
Pestalotiopsis sp.에 의한 병 : 은삼이와 동철이

병명	병원균	병징 및 병환
은행나무 잎마름병	P.ginkgo	고온건조, 강풍, 해충, 부채꼴 모양으로 안쪽 진행, 분생포자반
삼나무 잎마름병	P.gladicola	• 잎, 줄기 갈색~적갈색 → 회갈색 • 습할 때 분생포자 뿔 모양
동백나무 겹무늬병	P.guepini	회색의 띠 모양, 검은 돌기(분생포자반)
철쭉류 잎마름병	Pestalotiosis spp.	작은 점무늬 → 큰 병반, 분생포자반 동심원상 형성

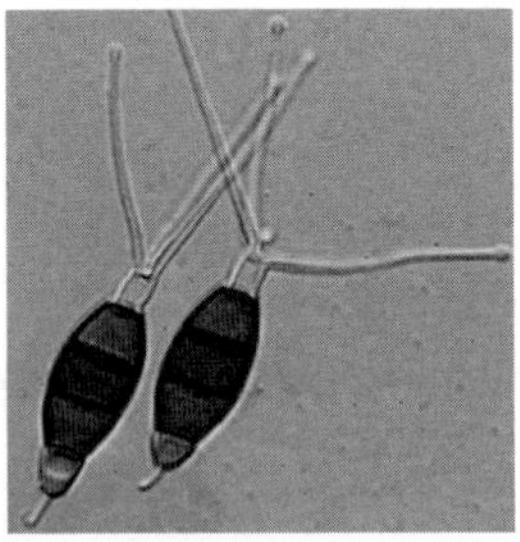

pestalotiopsis

정답 04 ② 05 ④ 06 ②

07 병원균의 세포벽에 펩티도글리칸(Peptidoglycan)이 포함된 수목병은?

① 감귤 궤양병
② 포플러 잎녹병
③ 참나무 시들음병
④ 두릅나무 더뎅이병
⑤ 느티나무 흰별무늬병

해설

세균에 의한 병에는 혹병, 불마름병, 잎가마름병, 세균성 구멍병, 감귤 궤양병(모든 종류의 감귤에 발생)이 있다.
②~⑤는 곰팡이에 의한 수목병이다.

> **펩티도글리칸(Peptidoglycan)**
> 원핵생물의 세포벽의 주성분으로서 다당류의 짧은 펩티드 고리가 결합한 화합물이다. 세균이 환경의 강한 삼투압을 견디고 독특한 형태를 유지할 수 있는 것은 펩티도글리칸 층이 세포를 둘러싸고 있기 때문이다.

08 소나무의 외생균근(Ectomycorrhizae)에 관한 설명으로 옳지 않은 것은?

① 균근균은 대부분 담자균문에 속한다.
② 뿌리와 균류가 공생관계를 형성한다.
③ 뿌리병원균의 침입으로부터 뿌리를 방어한다.
④ 뿌리표면적이 넓어지는 효과로 인(P) 등의 양분 흡수를 용이하게 한다.
⑤ 베시클(Vesicle)과 나뭇가지 모양의 아뷰스큘(Arbuscule)을 형성한다.

해설

내생균근
- 균사체는 기주의 뿌리 피층세포 내에 존재하며, 두꺼운 균사층을 형성하지 않는다.
- 내생균근은 균사의 격벽 유무에 따라 두 가지로 나뉜다.
  - 격벽이 없는 균사 : VA[Vesicular(구형) – Arbuscular(나뭇가지)] 내생균으로 가장 일반적이다.
  - 격벽이 있는 균사 : 난초형, 철쭉형

09 곤충이 병원체의 기주 수목 침입에 관여하지 않은 병은?

① 참나무 시들음병
② 대추나무 빗자루병
③ 사철나무 그을음병
④ 사과나무 불마름병(화상병)
⑤ 소나무 푸른무늬병(청변병)

해설

① 참나무 시들음병(광릉긴나무좀)
② 대추나무 빗자루병(마름무늬 매미충)
④ 사과나무 불마름병(화상병 : 파리, 개미, 진딧물, 벌, 딱정벌레)
⑤ 소나무 푸른무늬병(청변병 : 소나무좀, 소나무줄나무좀)

> **사철나무 그을음병**
> 곤충의 감로를 영양분으로 생장하는 곰팡이(기주에 침입하지 않음)

10 수목병을 일으키는 유성포자가 아닌 것으로 나열된 것은?

ㄱ. 난포자	ㄴ. 담자포자
ㄷ. 분생포자	ㄹ. 유주포자
ㅁ. 자낭포자	ㅂ. 후벽포자

① ㄱ, ㄴ, ㄷ　② ㄴ, ㄷ, ㅂ
③ ㄷ, ㄹ, ㅁ　④ ㄷ, ㄹ, ㅂ
⑤ ㄹ, ㅁ, ㅂ

해설

무성생식과 유성생식

무성생식	유성생식
• 무성포자 : 무성생식으로 만들어지는 포자 • 분열포자 : 균사의 일부가 잘리듯이 형성 • 후벽포자 : 두꺼운 껍데기에 싸임 • 분아포자 : 싹 트는 모양과 같음 • 분생포자 – 분생포자경이 생겨 그 끝에 형성 – 분생포자각, 분생포자반에서 포자 형성 • 유주포자 : 균사의 일부분에서 유주포자낭경이 생기며 그 끝에 유주포자낭이 달리고 그 속에 형성	• 원형질유합과 핵융합 그리고 감수분열을 거쳐 발생 • 난포자, 접합포자, 자낭포자, 담자포자 등

정답 07 ① 08 ⑤ 09 ③ 10 ④

11 배수가 불량한 곳에서 피해가 특히 심한 수목병으로 나열된 것은?

① 밤나무 잉크병, 장미 검은무늬병
② 라일락 흰가루병, 회양목 잎마름병
③ 향나무 녹병, 단풍나무 타르점무늬병
④ 소나무류(푸자리움) 가지마름병, 철쭉류 떡병
⑤ 밤나무 파이토프토라뿌리썩음병, 전나무 모잘록병

해설

밤나무 파이토프토라뿌리썩음병과 전나무 모잘록병은 Phytophthora 병원균으로 습한 토양에서 운동성 있는 포자를 형성한다.

모잘록병
- Pythium과 Rhizoctonia는 기온이 낮은 시기에 많이 발생
- Phytophthora와 Pythium은 과습한 환경에서 많이 발생
- Fusarium은 온도가 높은 여름~초가을에 건조한 토양에서 많이 발생
- 대체로 고온식물은 저온에서, 저온식물은 고온에서 모잘록병이 심하게 발생

12 병든 낙엽 제거로 예방 효과를 거둘 수 있는 수목병으로 나열된 것은?

① 모과나무 점무늬병, 참나무 시들음병
② 칠엽수 얼룩무늬병, 소나무류 잎떨림병
③ 버즘나무 탄저병, 소나무류 피목가지마름병
④ 소나무류(푸지리움) 가지마름병, 사철나무 탄저병
⑤ 소나무 시들음병(소나무재선충병), 단풍나무 타르점무늬병

해설

병원균이 낙엽에서 월동하여 1차 전염원이 되는 수목병은 낙엽을 제거한다.

13 수목 뿌리에 발생하는 병에 관한 설명으로 옳지 않은 것은?

① 모잘록병은 병원균 우점병이다.
② 리지나뿌리썩음병균은 파상땅해파리버섯을 형성한다.
③ 파이토프토라뿌리썩음병균은 미끼법과 선택배지법으로 분리할 수 있다.
④ 아까시흰구멍버섯에 의한 줄기밑둥썩음병은 변재가 먼저 썩고 심재가 나중에 썩는다.
⑤ 아밀라리아뿌리썩음병은 기주 우점병으로 토양 내에서 뿌리꼴균사다발이 건전한 뿌리 쪽으로 자란다.

해설

줄기밑둥썩음병은 죽은 조직인 심재가 먼저 썩고 나중에 살아 있는 변재가 썩는다.

14 환경 개선에 의한 수목병 예방 및 방제법의 연결이 옳지 않은 것은?

① 철쭉류 떡병 – 통풍이 잘 되게 해 준다.
② 리지나뿌리썩음병 – 산성토양일 때에는 석회를 시비한다.
③ 자주날개무늬병 – 석회를 살포하여 토양산도를 조절한다.
④ 소나무류 잎떨림병 – 임지 내 풀깎기 및 가지치기를 한다.
⑤ Fusarium sp.에 의한 모잘록병 – 토양을 과습하지 않게 유지한다.

15 병원체가 같은 분류군(문)인 수목병으로 나열된 것은?

ㄱ. 소나무 혹병
ㄴ. 철쭉류 떡병
ㄷ. 뽕나무 오갈병
ㄹ. 벚나무 빗자루병
ㅁ. 밤나무 가지마름병
ㅂ. 대추나무 빗자루병
ㅅ. 호두나무 근두암종병
ㅇ. 사과나무 자주날개무늬병

① ㄱ, ㄴ, ㄷ
② ㄱ, ㄴ, ㅇ
③ ㄴ, ㄷ, ㅅ
④ ㄷ, ㄹ, ㅇ
⑤ ㄹ, ㅂ, ㅅ

정답 11 ⑤ 12 ② 13 ④ 14 모두 정답 15 ②

해설

수목병과 병원체

구분	내용
담자균	소나무 혹병(녹병), 철쭉류 떡병, 사과나무 자주날개무늬병
파이토플라스마	뽕나무 오갈병, 대추나무 빗자루병
자낭균	벚나무 빗자루병, 밤나무 가지마름병
세균	호두나무 근두암종병

16 Corynespore Cassiicola에 의한 무궁화점무늬병에 관한 설명으로 옳은 것은?

① 이른 봄철부터 발생한다.

② 건조한 지역에서 흔히 발생한다.

③ 어린잎의 엽병 및 어린줄기에서도 나타난다.

④ 수관 위쪽 잎부터 발병하기 시작하여 아래쪽 잎으로 진전된다.

⑤ 초기에는 작고 검은 점무늬가 나타나고 차츰 겹둥근무늬가 연하게 나타난다.

해설

① 장마철 이후 발생한다.

② 그늘지고 습한 곳에서 발생한다.

③ 잎에 나타나며 어린줄기도 침해를 받는다.

④ 수관의 아래쪽 잎부터 발병하기 시작하여 위쪽 잎으로 진전된다.

17 밤나무 잉크병의 병원체에 관한 설명으로 옳지 않은 것은?

① 격벽이 없는 다핵균사를 형성한다.

② 세포벽의 주성분은 글루칸과 섬유소이다.

③ 장정기(Antheridium)의 표면이 울퉁불퉁하다.

④ 무성생식으로 편모를 가진 유주포자를 형성한다.

⑤ 참나무 급사병 병원체와 동일한 속(Genus)이다.

해설

장란기의 표면이 울퉁불퉁하다.

난균류

난균류 특징	몸체는 균사, 격벽이 없는 다핵균사이다.
난균류 유성생식	대형의 장란기(Oogonium) + 소형의 장정기(Antheridium) = 수정되어 난포자 형성
난균류의 무성생식	유주포자낭에서 유주포자를 형성하거나 직접 발아하는데, 발아하는 경우의 유주포자낭을 분생포자라고 한다.
유주포자	• 2개의 편모를 갖는다(털꼬리형, 민꼬리형). • 편모 2개가 앞으로 향한 것(1차형 유주포자) • 털꼬리형은 앞쪽으로, 민꼬리형은 뒤쪽으로 향한 것(2차형 유주포자) ※ 대부분은 물 또는 습한 토양에 서식하는 부생균

18 다음 증상을 나타내는 수목병은?

> • 죽은 가지는 세로로 주름이 잡히고 성숙하면 수피 내 분생포자반에서 포자가 다량 유출된다.
> • 포자가 빗물에 씻겨 수피로 흘러내리면 마치 잉크를 뿌린 듯이 잘 보인다.

① 밤나무 잉크병

② Nectria 궤양병

③ Hypoxylon 궤양병

④ 밤나무 줄기마름병

⑤ 호두나무 검은(돌기)가지마름병

해설

호두나무 검은돌기가지마름병(흑축지고병)

구분	내용
수종	• 호두나무, 가래나무에서 발생한다. • 10년 이상 된 나무에서 통풍과 채광이 부족한 수관 내부의 2~3년생 가지나 도장지에서 발생한다. • 어린나무에서는 줄기에 발생하여 고사한다.
병원균	• Melanconis juglandis – 불완전균류 유각균강 분생포자반 • 병든 가지는 회갈색 내지 회백색으로 죽고 약간 함몰되므로 건전 부위와 뚜렷히 구별된다. • 포자는 빗물에 씻겨 수피로 흘러내리면서 잉크를 뿌린 듯이 보인다.

19 병원균이 자낭반을 형성하는 수목병으로 나열된 것은?

> ㄱ. 버즘나무 탄저병
> ㄴ. 밤나무 줄기마름병
> ㄷ. 낙엽송 가지끝마름병
> ㄹ. 단풍나무 타르점무늬병
> ㅁ. 소나무류 피목가지마름병
> ㅂ. 소나무류 리지나뿌리썩음병

① ㄱ, ㄴ, ㄷ　② ㄴ, ㄷ, ㄹ

③ ㄴ, ㅁ, ㅂ　④ ㄷ, ㄹ, ㅁ

⑤ ㄹ, ㅁ, ㅂ

정답 16 ⑤ 17 ③ 18 ⑤ 19 ⑤

해설

반균강	• 자낭과는 자낭반 • 내벽은 나출된 자실층으로 자낭이 나출되어 배열된다. • 자낭은 단일벽	• 종류 Rhytisma(타르점무늬병), Lophodermium(잎떨림병, Rhizina(리지나뿌리썩음병), Cenangium(피목가지마름병), Scletotinia(균핵병균)

20 녹병균의 핵상이 2n인 포자가 형성되는 기주와 병원균의 연결이 옳지 않은 것은?

① 향나무 – 향나무 녹병균
② 신갈나무 – 소나무 혹병균
③ 산철쭉 – 산철쭉 잎녹병균
④ 전나무 – 전나무 잎녹병균
⑤ 황벽나무 – 소나무 잎녹병균

해설

녹병의 종류(핵상 2n은 겨울포자세대)

녹병균	병명	녹병정자, 녹포자세대	여름포자, 겨울포자
Cronartium ribicola	잣나무털녹병	잣나무	송이풀, 까치밥나무
C.quercuum	소나무혹병	소나무, 곰솔	졸참, 신갈나무
C.flaccidum	소나무줄기녹병	소나무	모란, 작약, 송이풀
Gymnosporangium asiaticum	향나무녹병	배나무	향나무
Melampsor elarici – populina	포플러잎녹병	낙엽송	포플러류
Uredinopsis komagatakensis	전나무잎녹병	전나무	뱀고사리
Chrysomyxa rhododendri	철쭉잎녹병	가문비나무	산철쭉

21 수목병과 증상의 연결이 옳지 않은 것은?

① 소나무 잎마름병 – 봄에 침엽의 윗부분(선단부)에 누런 띠 모양이 생긴다.
② 소나무류(푸자리움) 가지마름병 – 신초와 줄기에서 수지가 흘러내려 흰색으로 굳어 있다.
③ 회양목 잎마름병 – 병반 주위에 짙은 갈색 띠가 형성되며, 건전 부위와의 경계가 뚜렷하다.
④ 버즘나무 탄저병 – 잎이 전개된 이후에 발생하면 잎맥을 중심으로 번개 모양의 갈색 병반이 형성된다.
⑤ 참나무 갈색둥근무늬병 – 잎의 앞면에 건전한 부분과 병든 부분의 경계가 뚜렷하게 적갈색으로 나타난다.

해설

회양목 잎마름병 – 병든 잎은 조기낙엽되어 앙상한 모양이다.

회양목 잎마름병

병원균	Hyponectria buxi(각균강), Dithiorella candollei(총생균강)
병징	• 잎 뒷면에 회갈색의 점무늬가 나타난다. • 병반 주위에 갈색 띠가 형성되며, 건전부와의 경계는 뚜렷하지 않다. • 잎 뒷면의 병반 위에 검은 돌기(분생포자각)를 형성한다.

22 아래 보기 중 병원균의 유성생식 자실체 크기가 가장 작은 수목병은?

① 자주날개무늬병
② 안노섬뿌리썩음병
③ 배롱나무 흰가루병
④ 아밀라리아뿌리썩음병
⑤ 소나무류 피목가지마름병

해설

수목병과 자실체 크기

구분	내용
자주날개무늬병	자실체가 일반 버섯과는 달리 헝겊처럼 땅에 깔림
안노섬뿌리썩음병	담자균문 민주름버섯목, 구멍장이 버섯과 말굽버섯과
배롱나무 흰가루병	자낭구 30×10μm
아밀라리아 뿌리썩음병	뽕나무버섯 자실체의 길이는 5~20cm, 갓은 원형이며 너비는 4~15cm
소나무류 피목가지마름병	자낭반은 접시 모양으로 직경이 2~5mm

정답 20 ④ 21 ③ 22 ③

23 한국에서 선발육종하여 내병성 품종 실용화에 성공한 사례는?

① 포플러 잎녹병
② 벚나무 빗자루병
③ 장미 모자이크병
④ 대추나무 빗자루병
⑤ 밤나무 줄기마름병

해설

포플러 잎녹병
- 포플러 잎녹병의 저항성 : 이태리포플러 1호와 2호
- 우리나라 첫 번째 내병성 품종

24 벚나무 빗자루병에 관한 설명으로 옳지 않은 것은?

① 병원균은 Taphrina wiesneri이다.
② 유성포자인 자낭포자는 자낭반의 자낭 내에 8개가 형성된다.
③ 벚나무류 중에서 왕벚나무에 피해가 가장 심하게 나타난다.
④ 감염된 가지에는 꽃이 피지 않고 작은 잎들이 빽빽하게 자라 나오며 몇 년 후에 고사한다.
⑤ 병원균의 균사는 감염 가지와 눈의 조직 내에서 월동하므로 감염가지는 제거하여 태우고 잘라낸 부위에 상처 도포제를 바른다.

해설

유성포자는 나출된 자낭(반자낭균강) 내에 8개의 자낭포자가 형성된다.

반자낭균강 (나출자낭균)	• 자낭과를 형성하지 않음 • 단일격벽 • 자낭은 병반 위에 나출	• Saccharomyces 속 : 대부분의 효모류는 당효모아문 • Taphrina 속 : 벚나무 빗자루병, 복숭아잎오갈병

25 소나무 푸른무늬병(청변병)에 관한 설명으로 옳은 것은?

① 목재 구성성분인 셀룰로오스, 헤미셀룰로오스, 리그닌이 분해된다.
② 상처에 송진분비량이 감소하고 침엽이 갈변하며 나무 전체가 시들기 시작한다.
③ 멜라닌 색소를 함유한 균사가 변재 부위의 방사유조직을 침입하고 생장하여 변색시킨다.
④ 감염목의 변재 부위는 병원균의 증식으로 갈변되고 물관부가 막혀서 수분이동 장애가 발생된다.
⑤ 습하고 배수가 불량한 지역에서 뿌리가 감염되고 수피 제거 시 적갈색의 변색 부위를 관찰할 수 있다.

해설

① 목재의 질을 저하시킬 뿐, 목재부후균과는 달리 목재의 강도에는 영향을 미치지 않는다.
② 소나무 시들음병(소나무 재선충)에 해당하는 설명이다.
④ 참나무 시들음병에 해당하는 설명이다.
⑤ 밤나무 잉크병에 해당하는 설명이다.

2과목 수목해충학

26 곤충의 일반적인 특성에 관한 설명으로 옳지 않은 것은?

① 변태를 하여 변화하는 환경에 적응하기가 용이하다.
② 몸집이 작아 최소한의 자원으로 생존과 생식이 가능하다.
③ 지구상에서 가장 높은 종 다양성을 나타내고 있는 동물군이다.
④ 내골격을 가지고 있어 몸을 지탱하고 외부의 공격으로부터 방어할 수 있다.
⑤ 날개가 있어 적으로부터 도망가거나 새로운 서식처로 빠르게 이동할 수 있다.

해설

외골격
- 공격이나 상해로부터 보호 가능
- 체액의 손실 최소화
- 이동 시 근육에 힘과 민첩성 부여

정답 23 ① 24 ② 25 ③ 26 ④

27 곤충 분류체계에서 고시군(류) – 외시류 – 내시류에 해당하는 목(Order)을 순서대로 나열한 것은?

① 좀목 – 잠자리목 – 메뚜기목
② 하루살이목 – 노린재목 – 벌목
③ 돌좀목 – 하루살이목 – 잠자리목
④ 잠자리목 – 딱정벌레목 – 파리목
⑤ 하루살이목 – 사마귀목 – 노린재목

해설

※ **쉽게 외우기** : 나 딱 파벌에 풀날로 밑뱀을 부벼약

곤충의 분류

고시군	하루살이목, 잠자리목		
신시군	외시류	메뚜기 계열(저작형)	강도래목, 흰개미붙이목, 바퀴목, 사마귀목, 메뚜기목, 대벌레목, 집게벌레목, 귀뚜라미붙이목, 대벌레붙이목, 민벌레목
		노린재 계열(흡즙형)	다듬이벌레목, 이목, 총채벌레목, 노린재목
	내시류		풀잠자리목, 딱정벌레목, 부채벌레목, 밑들이목, 날도래목, 나비목, 파리목, 벼룩목, 벌목

28 곤충 체벽에 관한 설명으로 옳은 것은?

① 표면에 있는 긴 털은 주로 후각을 담당한다.
② 원표피에는 왁스층이 있어 탈수를 방지한다.
③ 원표피의 주요 화학적 구성성분은 키토산이다.
④ 허물벗기를 할 때는 유약호르몬의 분비량이 많아진다.
⑤ 단단한 부분과 부드러운 부분을 모두 가지고 있어 유연한 움직임이 가능하다.

해설

① 센 털(강모) 등을 통해 외부 자극을 내부로 전달해 주는 역할을 한다.
② 상표피(외표피)의 가장 바깥쪽에 시멘트층 – 왁스층 존재 → 소수성 → 탈수 방지, 빛의 반사 정도나 각도에 따라 체색이 달라진다.
③ 체벽의 주 구성요소는 큐티클(Cuticle)이다.
④ 유약호르몬의 양은 감소하고, 탈피호르몬의 양이 증가한다.

체벽의 구조

내부 외표피층	지질단백질이 주요성분이고, 외원표피와 마찬가지로 경화반응이 일어난다.
외부 외표피층	곤충이 탈피할 때 가장 먼저 분비되며 분비와 동시에 경화가 일어나고, 곤충 몸 표면의 모든 구조를 결정한다.
왁스층	• 주요 구성성분이 탄화수소, 지방산 및 에스터화합물이다. • 가장 중요한 기능은 수분 증산 억제이며, 표피세포에서 만들어지고, 공관과 왁스관을 통하여 표피세포로부터 분비된다.
시멘트층	단백질과 지질로 구성되고 왁스층을 보호하는 역할을 한다.

29 딱정벌레목에 관한 설명으로 옳은 것은?

① 부식아목에는 길앞잡이, 물방개 등이 있다.
② 다리가 있는 유충은 대개 4쌍의 다리를 가지고 있다.
③ 대부분 초식성과 육식성이지만, 부식성과 균식성도 있다.
④ 딱지날개는 단단하여 앞날개를 보호하는 덮개 역할을 한다.
⑤ 대부분의 유충과 성충은 강한 입틀을 가지고 있고 후구식이다.

해설

① 식육아목에는 길앞잡이, 물방개 등이 잇다.
② 딱정벌레 유충은 3쌍의 가슴다리가 있고, 배다리는 없다.
④ 딱정벌레류의 앞날개는 단단하여 막질인 뒷날개를 보호하는 역할을 한다.
⑤ 딱정벌레의 유충, 성충의 입틀은 전구식이다.

30 곤충 눈(광감각기)에 관한 설명으로 옳지 않은 것은?

① 적외선을 식별할 수 있다.
② 겹눈은 낱눈이 모여 이루어진 것이다.
③ 완전변태를 하는 유충은 옆홑눈이 있다.
④ 낱눈에서 빛을 감지하는 부분을 감간체가 한다.
⑤ 대부분 편광을 구별하여 구름 낀 날에도 태양의 위치를 알 수 있다.

해설

곤충들은 사람의 눈에 보이는 가시광선보다 짧은 파장의 빛(자외선)을 감지할 수 있다.

정답 27 ② 28 ⑤ 29 ③ 30 ①

31 곤충 배설계에 관한 설명으로 옳지 않은 것은?

① 말피기관은 후장의 연동활동을 촉진한다.
② 배설과 삼투압은 주로 말피기관이 조절한다.
③ 육상곤충은 일반적으로 질소를 요산 형태로 배설한다.
④ 수서 곤충은 일반적으로 질소를 암모니아 형태로 배설한다.
⑤ 진딧물의 말피기관은 물을 재흡수하며 소관 수는 종에 따라 다르다.

해설

곤충의 배설계

- 진딧물에서는 아예 말피기관이 없는 반면 메뚜기는 200개 이상을 가지고 있다.
- 진딧물은 여과기를 가진다.

32 곤충 내분비계 호르몬의 기능에 관한 설명으로 옳은 것은?

① 유시류는 성충에서도 탈피호르몬을 지속적으로 분비한다.
② 앞가슴샘은 탈피호르몬을 분비하여 유충의 특징을 유지한다.
③ 알라타체는 내배엽성 내분비기관으로 유약호르몬을 분비한다.
④ 탈피호르몬 유사체인 메토프렌(methoprene)은 해충방제제로 개발되었다.
⑤ 신경호르몬은 곤충의 성장, 항상성 유지, 대사, 생식 등을 조절한다.

해설

① 유시류는 성충이 되면 탈피호르몬은 분비되지 않음
② 유약호르몬(Juvenile Hormone, JH)은 곤충의 알라타체에서 분비되는 호르몬으로 애벌레에서는 유충의 형질을 보존하며, 성충에서는 생식샘의 성숙에 관여
③ 유약호르몬 : 뇌에 있는 한 쌍의 분비선인 알라타체는 외배엽성 형성
④ 유약호르몬 Met(Methoprene−tolerant) 수용체를 조절할 수 있는 화합물을 포함하는 해충 방제용−메토프렌(Methoprene)

기관의 기원

외배엽	표피, 외분비샘, 뇌 및 신경계, 감각기관, 전장 및 후장, 호흡계, 외부생식기
중배엽	심장, 혈액, 순환계, 근육, 내분비샘, 지방체, 생식선(난소 및 정소)
내배엽	중장

33 곤충의 의사소통에 관한 설명으로 옳지 않은 것은?

① 꿀벌의 원형춤은 밀원식물의 위치를 알려준다.
② 애반딧불이는 루시페인으로 빛을 내어 암수가 만난다.
③ 일부 곤충에 존재하는 존스턴기관은 더듬이의 채찍마디(편절)에 있는 청각기관이다.
④ 복숭아혹진딧물은 공격을 받을 때 뿔관에서 경보페르몬을 분비하여 위험을 알려준다.
⑤ 매미는 복부 첫마디에 있는 얇은 진동막을 빠르게 흔들어 내는 소리로 의사소통한다.

해설

존스턴기관은 더듬이의 팔굽마디(흔들마디)에 있는 청각기관이다.

34 곤충 카이로몬의 작용과 관계가 없는 것은?

① 누에나방은 뽕나무가 생산하는 휘발성 물질에 유인된다.
② 복숭아유리나방 수컷은 암컷이 발산하는 물질에 유인된다.
③ 포식성 딱정벌레는 나무좀의 집합페르몬에 유인된다.
④ 소나무좀은 소나무가 생산하는 테르펜(Terpene)에 유인된다.
⑤ 꿀벌응애는 꿀벌 유충에 존재하는 지방산에스테르화합물에 유인된다.

해설

타감물질

다른 종에게 보내는 신호물질

- 카이로몬 : 분비개체 불리, 감지개체 유리
- 알로몬 : 분비개체 유리, 감지개체 불리
- 시노몬 : 분비개체, 감지개체 모두 유리

정답 31 ⑤ 32 ⑤ 33 ③ 34 ②

• 페르몬 : 종내 신호를 보내는 물질로 복숭아유리나방의 성페로몬은 행동 유기페로몬이며, 성페로몬, 집합페로몬, 경보페로몬, 길잡이페로몬, 분산페로몬 등이 있다.

35 월동태가 알, 번데기, 성충인 곤충을 순서대로 나열한 것은?

① 황다리독나방, 솔잎혹파리, 목화진딧물
② 외줄면충, 느티나무벼룩바구미, 호두나무잎벌레
③ 백송애기잎말이나방, 솔알락명나방, 복숭아명나방
④ 미국선녀벌레, 버즘나무방패벌레, 오리나무잎벌레
⑤ 소나무왕진딧물, 미국흰불나방, 버즘나무방패벌레

해설

곤충의 월동태

구분	내용
알로 월동	황다리독나방, 목화진딧물, 외줄면충, 미국선녀벌레, 소나무왕진딧물
유충으로 월동	솔잎혹파리, 솔알락명나방, 복숭아명나방
번데기로 월동	백송애기잎말이나방, 미국흰불나방
성충으로 월동	느티나무벼룩바구미, 호두나무잎벌레, 버즘나무방패벌레, 오리나무잎벌레

36 곤충 형태에 관한 설명으로 옳지 않은 것은?

① 매미나방 유충은 씹는 입틀을 갖는다.
② 줄마디가지나방 유충은 배다리가 없다.
③ 아까시잎혹파리 성충은 날개가 1쌍이다.
④ 미국선녀벌레 성충은 찔러 빠는 입틀을 갖는다.
⑤ 뽕나무이 약충은 배 끝에서 밀랍을 분비한다.

해설

줄마디가지나방은 가지나방아과는 대표적인 식엽성 해충(회화나무 가해)으로 유충이 복부 8째 마디에 있는 한 쌍의 다리를 사용하여 나뭇가지에 붙어서 의태 행동을 보이는 것으로 널리 알려져 있다.

37 풀잠자리목과 총채벌레목에 관한 설명으로 옳지 않은 것은?

① 총채벌레는 식물바이러스를 매개하기도 한다.
② 총채벌레는 줄쓸어 빠는 비대칭 입틀을 가지고 있다.
③ 볼록총채벌레는 복부에 미모가 있고 완전변태를 한다.
④ 명주잠자리는 풀잠자리목에 속하며 유충은 개미귀신이라 한다.
⑤ 풀잠자리목 중에 진딧물, 가루이, 깍지벌레 등을 포식하는 종은 생물적 방제에 활용되고 있다.

해설

볼록총채벌레는 총채벌레목으로 복부에 미모가 있고 불완전변태를 한다.

38 곤충 신경계에 관한 설명으로 옳지 않은 것은?

① 신경계를 구성하는 기본 단위는 뉴런이다.
② 신경절은 뉴런들이 모여 서로 연결되는 장소를 일컫는다.
③ 뉴런이 만나는 부분을 신경연접이라 하며, 전기와 화학적 신경연접이 있다.
④ 신경전달물질에는 아세틸콜린과 GABA(Gamma－AminoButyric Acid) 등이 있다.
⑤ 뉴런은 핵이 있는 세포 몸을 중심으로 정보를 받아들이는 축삭돌기와 내보내는 수상돌기로 구성되어 있다.

해설

뉴런의 구성

구분	내용
수상돌기	• 중심으로부터 뻗어 나오는 수지(줄기에서 뻗어 나온 나뭇가지) 형태 • 다른 신경 세포들로부터 정보를 수용하는 구조물
축삭돌기	다른 신경 세포들에게 정보를 전달하는 구조물, 통상, 1개이며, 매우 길고, 정보를 내보내는 역할, 세포 본체(세포체)에서 길게 뻗어진 전선 같은 모양, 수상 돌기보다 길이가 매우 긴 편임

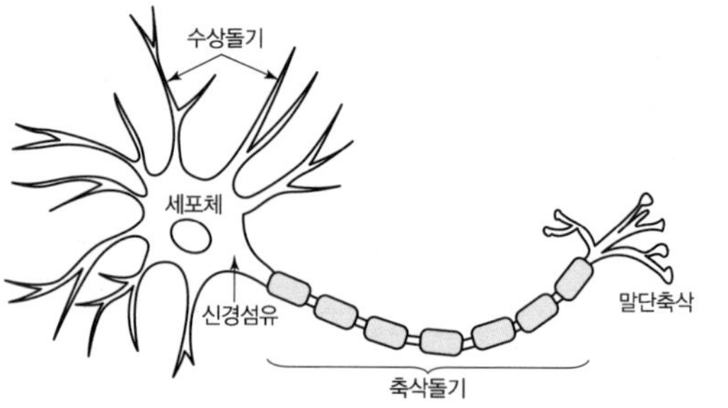

뉴런의 구조

정답 35 ⑤ 36 ② 37 ③ 38 ⑤

39 트랩을 이용한 해충밀도 조사방법과 대상 해충의 연결이 옳지 않은 것은?

① 유아등 – 매미나방
② 유인목 – 소나무좀
③ 황색수반 – 진딧물류
④ 말레이즈 – 벚나무응애
⑤ 성페르몬 – 복숭아명나방

해설

해충밀도 조사방법

- 유아등 : 주광성이 있고 활동성이 높은 성충 대상
- 황색수반트랩 : 물이 들어 있는 황색 수반에 날아드는 해충을 채집하여 조사
- 페로몬트랩 : 페로몬을 인위적으로 합성하여 해충을 유인 포획하는 방법
- 먹이트랩 : 미끼를 이용하여 해충을 포획, 조사하는 방법
- 우화상 : 해충이 약충이나 번데기에서 탈피하여 성충으로 우화하는 것을 조사하는 장치
- 흡충기 : 공기 흡입력을 이용하여 해충을 빨아들이는 방법, 잎에 서식하는 미소곤충
- 쓸어잡기 : 포충망을 이용하여 잡관목이나 지피식물 주변을 휘둘러 채집
- 말레이즈트랩 : 곤충이 날아다니다 텐트 형태의 벽에 부딪치면 위로 올라가는 습성을 이용하여 가장 높은 지점에 수집 용기를 부착하여 포획
- 털어잡기 : 지면에 일정한 크기의 천이나 끈끈이판을 놓고 수목을 쳐서 떨어지는 곤충을 조사하는 방법
- 기타 조사법 : 끈끈이트랩(광릉긴나무좀), 함정트랩(딱정벌레, 거미류), 유인제트랩(알코올)

40 해충의 발생예찰을 위한 고려사항이 아닌 것은?

① 발생량
② 발생시기
③ 약제 종류
④ 해충 종류
⑤ 경제적 피해

해설

약제의 종류는 발생예찰이 끝난 후 방제 시 고려사항이다.

41 종합적 해충관리에 관한 설명으로 옳지 않은 것은?

① 자연 사망요인을 최대한 이용한다.
② 잠재 해충은 미리 방제하면 손해다.
③ 일반평형밀도를 해충은 낮추고 천적은 높이는 것이 해충밀도 억제에 효과적이다.
④ 경제적 피해허용수준에 도달하는 것을 막기 위하여 경제적 피해(가해)수준에서 방제한다.
⑤ 여러 가지 방제수단을 조화롭게 병용함으로써 피해를 경제적 피해허용수준 이하에서 유지하는 것이다.

해설

경제적 피해수준 이하로 억제하는 방향으로 관리한다.

해충종합관리(IPM)

일반평형밀도	약제방제와 같은 외부 간섭을 받지 않고 천적의 영향으로 장기간에 걸쳐 형성된 해충 개체군의 평균밀도이다.
경제적 피해수준	해충에 의한 피해액과 방제비가 같은 수준의 밀도로 경제적 손실이 나타나는 최저밀도이다.
경제적 피해 허용수준	해충의 밀도가 경제적 피해 수준에 도달하는 것을 억제하기 위하여 방제수단을 써야 하는 밀도 수준이다.
주요 해충	일반평형밀도 > 경제적 피해허용수준
돌발해충	환경조건에 의해 경제적 피해허용수준을 넘는 경우
2차 해충	방제 등으로 인해 생태계의 평형이 파괴되어 밀도 급증

42 벚나무 해충 방제에 관한 설명으로 옳지 않은 것은?

① 벚나무모시나방은 집단 월동 유충을 포살한다.
② 벚나무응애는 월동 시기에 기계유제로 방제한다.
③ 벚나무사향하늘소 유충은 성페르몬트랩으로 유인 포살한다.
④ 복숭아혹진딧물은 7월 이후에는 월동 기주에서 방제하지 않는다.
⑤ 벚나무깍지벌레는 발생 전에 이미다클로프리드 분산성 액제를 나무주사하여 방제한다.

정답 39 ④ 40 ③ 41 ④ 42 ③

해설

벚나무사향하늘소의 유충을 방제하기 위해서는 나무 줄기에 약제를 살포한 후 비닐 등으로 감싸 훈증 효과를 주는 방제법을 주로 사용하며, 성페르몬트랩으로는 성충을 유인하여 포살한다.

43 해충과 천적의 연결로 옳은 것은?

① 밤나무혹벌 – 남색긴꼬리좀벌
② 미국흰불나방 – 주둥이노린재
③ 복숭아명나방 – 긴등기생파리
④ 솔잎혹파리 – 독나방살이고치벌
⑤ 오리나무잎벌레 – 혹파리살이먹좀벌

해설

해충과 천적

해충	천적
미국흰불나방	긴등기생파리
복숭아명나방	명충알벌
솔잎혹파리	솔잎혹파리먹좀벌과 혹파리살이먹좀벌, 혹파리등뿔먹좀벌, 혹파리반뿔먹좀벌
오리나무잎벌레	거북무당벌레
매미나방	독나방살이고치벌

44 A 곤충의 온도(X)와 발육률(Y)의 회귀식이 Y=0.05X−0.5이다. 1년 중 7~8월에는 일일 평균온도가 12℃이고, 그 외의 달은 10℃ 이하로 가정하면, A 곤충의 연간 발생세대수는?(단, 소수점 이하는 버린다.)

① 1회 ② 2회
③ 4회 ④ 6회
⑤ 8회

해설

- 발육영점온도
  $y=ax+b,\ y=0$
  $0=ax+b,\ ax=-b$
  $x=-\frac{b}{a}=-\left(\frac{-0.5}{0.05}\right)=10℃$
- 7, 8월 두 달은 발육영점온도 이상(= 62일)이고 나머지 달은 무효이고 62(일) × 2(발육영점 온도보다 높은 온도) = 124일
- 유효적산온도(DD) : 기울기의 역수 $\frac{1}{a}=\frac{1}{0.05}=20$일(DD)
  따라서 $=\frac{124}{20}=6.2=6$회

45 해충의 기계적 방제에 대한 설명으로 옳지 않은 것은?

① 일부 깍지벌레류는 솔로 문질러 제거한다.
② 해충이 들어 있는 가지를 땅속에 묻어 죽인다.
③ 소나무재선충병 피해목은 두께 1.5cm 이하로 파쇄한다.
④ 광릉긴나무좀 성충과 유충은 전기 충격으로 제거한다.
⑤ 주홍날개꽃매미나 매미나방은 알 덩어리를 찾아 문질러 제거한다.

해설

해충 방제법

구분	내용
물리적 방제	• 온도, 습도, 색깔을 이용, 이온화에너지, 음파 등을 이용한 방제법도 물리적 방제법이다. • 음파, 전기를 이용하는 방제법
기계적 방제	포살법, 유살법, 소각법, 매몰법, 박피법, 파쇄법, 제재법, 진동법, 차단법 등

46 병원균 매개충과 충영을 형성하는 해충 순으로 나열한 것은?

① 광릉긴나무좀 – 외줄면충
② 솔수염하늘소 – 목화진딧물
③ 장미등에잎벌 – 큰팽나무이
④ 알락하늘소 – 때죽납작진딧물
⑤ 벚나무사향하늘소 – 조팝나무진딧물

해설

- 광릉긴나무좀(Platypus koryoensis) : 참나무시들음병원균인 Raffaelea sp.를 매개
- 솔수염하늘소 : 소나무 재선충병의 매개충
- 충영 형성 : 외줄면충, 큰팽나무이, 때죽납작진딧물

47 종실을 가해하는 해충은?

① 도토리거위벌레, 전나무잎응애
② 복숭아명나방, 오리나무잎벌레
③ 솔알락명나방, 호두나무잎벌레
④ 대추애기잎말이나방, 버들바구미
⑤ 백송애기잎말이나방, 도토리거위벌레

정답 43 ① 44 ④ 45 ④ 46 ① 47 ⑤

해설

해충별 가해 습성

구분	내용
전나무잎응애	잎에서 양분 흡수
복숭아명나방	유충이 사과, 복숭아, 밤, 자두, 살구 등의 과실을 가해
오리나무잎벌레, 호두나무잎벌레	유충과 성충이 잎을 가해
솔알락명나방	구과(잣송이)를 가해하여 잣 수확을 감소시킴
대추애기잎말이나방	유충은 대추 잎이 전개되는 봄부터 1개의 잎 또는 주위의 여러 개의 잎을 함께 묶어 갉아먹고 가해하며, 과일이 커지면 구멍을 뚫고 들어가 가해
버들바구미	천공성 해충의 하나로 묘목과 어린 나무에 주로 피해

48 곤충의 과명－목명 연결이 옳은 것은?

① 솔잎혹파리－Cecidomyiidae－Diptera
② 솔나방－Lasiocampidae－Hymenoptera
③ 오리나무잎벌레－Diaspididae－Coleoptera
④ 갈색날개매미충－Ricaniidae－Lepidoptera
⑤ 벚나무깍지벌레－Chrysomelidae－Hemiptera

해설

해충별 과명 및 목명

해충명	과명	목명
솔나방	Lasiocampidae	Lepidoptera
오리나무잎벌레	Chrysomelidae	Coleoptera
갈색날개매미충	Ricaniidae	Hemiptera
벚나무깍지벌레	Pseudaulacaspis	Hemiptera

49 갈색날개매미충과 미국선녀벌레에 관한 설명 중 옳지 않은 것은?

① 미국선녀벌레 약충은 흰색 밀랍이 몸을 덮고 있다.
② 갈색날개매미충은 1년에 1회 발생하며, 알로 월동한다.
③ 갈색날개매미충은 잎과 어린가지 등에서 수액을 빨아먹는다.
④ 갈색날개매미충의 수컷은 복부 선단부가 뾰족하고, 암컷은 둥글다.
⑤ 미국선녀벌레는 1년생 가지 표면을 파내고 2열로 알을 낳는다.

해설

미국선녀벌레는 기주식물의 수피 아래 갈라진 틈 사이에 90여 개를 산란한다. ⑤는 갈색날개매미충의 산란과정이다.

50 다음 설명에 해당하는 해충을 〈보기〉 순서대로 나열한 것은?

〈보기〉
ㄱ. 수피와 목질부 표면을 환상으로 가해한다.
ㄴ. 기주전환을 하며 쑥으로 이동하여 여름을 난다.
ㄷ. 유충이 겨울눈 조직 속에서 충방을 형성하여 겨울을 난다.
ㄹ. 바나나 송이 모양의 황록색 벌레 혹을 만들고 그 속에서 가해한다.

① 박쥐나방－복숭아혹진딧물－붉나무혹응애－밤나무혹벌
② 박쥐나방－사사키잎혹진딧물－밤나무혹벌－때죽납작진딧물
③ 알락하늘소－목화진딧물－때죽납작진딧물－사철나무혹파리
④ 복숭아유리나방－사사키잎혹진딧물－큰팽나무이－솔잎혹파리
⑤ 복숭아유리나방－조팝나무진딧물－사사키잎혹진딧물－큰팽나무이

해설

해충별 특징

박쥐나방	ㄱ. 수피와 목질부 표면을 환상으로 가해한다.
사사키잎혹진딧물	ㄴ. 기주전환을 하며 쑥으로 이동하여 여름을 난다.
밤나무혹벌	ㄷ. 유충이 겨울눈 조직 속에서 충방을 형성하여 겨울을 난다. 벚나무 잎 표면의 엽맥을 따라 땅콩 모양의 충영을 형성한다.
때죽납작진딧물	ㄹ. 바나나 송이 모양의 황록색 벌레 혹을 만들고 그 속에서 가해한다.

정답 48 ① 49 ⑤ 50 ②

3과목 수목생리학

51 개화한 다음 해에 종자가 성숙하는 수종은?

① 소나무, 신갈나무
② 소나무, 졸참나무
③ 잣나무, 굴참나무
④ 잣나무, 떡갈나무
⑤ 가문비나무, 갈참나무

해설

참나무속 분류와 아속의 특징

갈참나무류(White Oak)	상수리나무류(Red Oak)
• 종자는 개화 당년에 익음 • 낙엽성 : 갈참나무, 졸참나무, 신갈나무, 떡갈나무 • 상록성 : 종가시나무, 가시나무, 개가시나무	• 종자는 개화 이듬해에 익음 • 낙엽성 : 상수리나무, 굴참나무, 정릉참나무 • 상록성 : 붉가시나무, 참가시나무

• 소나무속 : 2년에 걸쳐 종자가 성숙
  – 소나무류(소나무, 리기다소나무, 곰솔 등)
  – 잣나무류(잣나무, 섬잣나무, 눈잣나무 등)
• 소나뭇과 그 밖의 속 : 당년에 성숙(전나무류, 가문비나무류, 낙엽송류)

52 잎의 구조와 기능에 관한 설명으로 옳지 않은 것은?

① 소나무 잎의 유관속 개수는 잣나무보다 많다.
② 1차 목부는 하표피 쪽에, 1차 사부는 상표피 쪽에 있다.
③ 대부분 피자식물은 기공의 수가 앞면보다 뒷면에 많다.
④ 나자식물에서는 내피와 이입조직이 유관속을 싸고 있다.
⑤ 소나무류는 왁스층이 기공의 입구를 싸고 있어 증산작용을 효율적으로 억제한다.

해설

1차 목부는 상표피에, 1차 사부는 하표피에 존재한다.

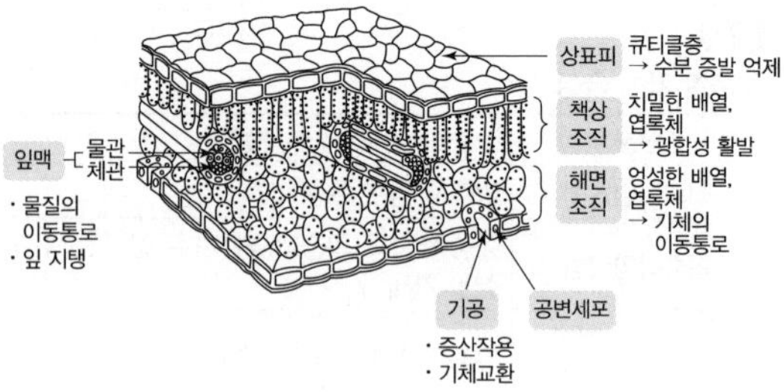

잎의 구조

53 수목이 능동적으로 에너지를 사용하는 활동을 모두 고른 것은?

ㄱ. 잎의 기공 개폐
ㄴ. 수분의 세포벽 이동
ㄷ. 목부를 통한 수액 상승
ㄹ. 세포의 분열, 신장, 분화
ㅁ. 원형질막을 통한 무기영양소 흡수

① ㄱ, ㄹ, ㅁ　　② ㄴ, ㄷ, ㄹ
③ ㄷ, ㄹ, ㅁ　　④ ㄱ, ㄴ, ㄹ, ㅁ
⑤ ㄱ, ㄷ, ㄹ, ㅁ

해설

능동운반과 수동운반

• 자유공간을 이용한 무기염의 이동은 비선택적, 가역적, 에너지 소모가 없다(수동운반).
  – 수분의 세포벽 이동(자유공간 이동, 아포플라스트)
  – 목부를 통한 수액 상승(증산작용으로 수동적 수분 이동)
• 식물이 무기염을 흡수하는 과정은 선택적, 비가역적, 에너지를 소모한다(능동운반).
  – 원형질막을 통한 무기영양소 흡수
• 세포분열 및 기공의 개폐에는 에너지가 소모된다(능동적).
  – 잎의 기공 개폐
  – 세포의 분열, 신장, 분화

정답　51 ③　52 ②　53 ①

54 수목의 뿌리생장에 관련된 설명으로 옳은 것은?

① 주근에서는 측근이 내피에서 발생한다.
② 외생균근이 형성된 수목들은 뿌리털의 발달이 왕성하다.
③ 온대지방에서 뿌리의 신장은 이른 봄에 줄기의 신장보다 늦게 시작한다.
④ 수목은 봄철 뿌리의 발달이 시작되기 전에 이식하는 것이 바람직하다.
⑤ 주근은 뿌리의 표면적을 확대시켜 무기염과 수분의 흡수에 크게 기여한다.

해설

① 내초에서 측근이 발생한다.
② 외생균근은 뿌리털이 발달하지 않는다.
③ 뿌리의 신장이 먼저 시작된다.
⑤ 세근이 무기염과 수분흡수에 기여한다.

55 온대지방 수목이 수고생장에 관한 설명으로 옳은 것은?

① 느티나무와 단풍나무는 고정생장을 한다.
② 도장지는 침엽수보다 활엽수에 더 많이 나타난다.
③ 액아가 측지의 생장을 조절하는 것을 유한생장이라 한다.
④ 임분 내에서는 우세목이 피압목보다 도장지를 더 많이 만든다.
⑤ 정아우세 현상은 지베렐린이 측아의 생장을 억제하기 때문이다.

해설

① 느티나무, 단풍나무는 자유생장을 한다.
③ 액아가 측지의 생장을 조절하는 것은 무한생장이다.
④ 피압목에 도장지가 많이 발생된다.
⑤ 정아우세 현상은 옥신이 측아 발생을 억제하기 때문이다.

56 수목의 광합성에 관한 설명으로 옳은 것은?

① 회양목은 아까시나무보다 광보상점이 낮다.
② 포플러와 자작나무는 서어나무보다 광포화점이 낮다.
③ 광도가 낮은 환경에서는 주목이 포플러보다 광합성 효율이 낮다.
④ 광합성은 물의 산화과정이며, 호흡작용은 탄수화물의 환원과정이다.
⑤ 단풍나무류는 버드나무류보다 높은 광도에서 광보상점에 도달한다.

해설

수목의 내음성 정도

내음성	수목의 종류
극음수	주목, 개비자나무, 니한백, 사철나무, 회양목, 굴거리나무
음수	전나무, 가문비나무, 솔송나무, 너도밤나무, 서어나무, 함박꽃나무, 칠엽수, 녹나무, 단풍나무류
중용수	잣나무, 편백, 느릅나무류, 참나무류, 은단풍, 목련, 동백나무, 물푸레나무, 산초나무, 층층나무, 철쭉류, 피나무, 팽나무, 굴피나무, 벚나무류
양수	은행나무, 소나무류, 측백나무, 향나무, 낙우송, 밤나무, 오리나무, 버짐나무, 오동나무, 사시나무, 일본잎갈나무, 느티나무, 아까시나무
극양수	방크스소나무, 왕솔나무, 잎갈나무, 연필향나무, 버드나무, 자작나무, 포플러

광보상점과 과포화점
- 광보상점 : 호흡으로 방출되는 CO_2양=광합성으로 흡수하는 CO_2양
- 광포화점 : 광도가 증가해도 더 이상 광합성이 증가하지 않는 포화 상태의 광도

57 질소고정 미생물의 종류, 생활 형태와 기주식물을 바르게 나열한 것은?

① Cyanobacteria – 내생공생 – 소철
② Frankia – 내생공생 – 오리나무류
③ Rhizobium – 내생공생 – 콩과식물
④ Azotobacter – 외생공생 – 나자식물
⑤ Clostridium – 외생공생 – 나자식물

해설

질소고정 미생물의 종류와 기주 및 질소고정량

구분	미생물 종류	생활 형태	기주	질소고정량
단독	Azotobacter	호기성	–	0.2~1.0
	Clostridium	혐기성	–	15~44
공생	Cyanobacteria	외생공생	지의류, 소철	3~4
	Rhizobium	내생공생	콩과식물	100~200
	Bradyrhizobium	내생공생	콩과식물	
	Frankia(방선균)	내생공생	오리나무류, 보리수나무류	12~300

정답 54 ④ 55 ② 56 ① 57 ②

58 광색소와 광합성 색소에 관한 설명으로 옳지 않은 것은?

① Pfr은 피토크롬의 생리적 활성형이다.
② 크립토크롬은 일주기현상에 관여한다.
③ 적색광이 원적색광보다 많은 때 줄기생장이 억제된다.
④ 카로티노이드는 광산화에 의한 엽록소 파괴를 방지한다.
⑤ 엽록소 외에도 녹색광을 흡수하며 광합성에 기여하는 색소가 존재한다.

해설

적색광은 잎이 햇빛을 직접 받는 상태이고, 원적색광은 그늘진 상태이다.

광색소 및 광합성 색소

1. 피토크롬
   - 적색광(파장 660nm) 비추면 Pr 형태 → Pfr 형태
   - 원적색광(파장 730nm) 비추면 Pfr 형태 → Pr 형태(환원되는 양은 정확하게 시간에 비례)
2. 크립토크롬
   - 자귀나무와 같이 24시간 주기로 야간에 잎이 접히는 일주기 현상
   - 혹은 생체리듬을 조절하고 종자와 유묘의 생장을 조절
   - 철새의 경우 자기장을 감지하여 이동경로를 찾음
3. 카로티노이드
   - 식물에게 노란색, 오렌지색, 적색 등을 나타냄
   - 엽록소를 보조하여 햇빛을 흡수하며 보조색소 역할을 함(500~600nm)
   - 광도가 높을 경우 광산화작용에 의한 엽록소 파괴 방지

59 수목의 형성층 활동에 대한 설명으로 옳지 않은 것은?

① 옥신에 의해 조절된다.
② 정단부의 줄기부터 형성층 세포분열이 시작된다.
③ 상록활엽수가 낙엽활엽수보다 더 늦은 계절까지 지속한다.
④ 임분 내에서 우세목이 피압목보다 더 늦게까지 지속된다.
⑤ 고정생장 수종은 수고생장과 함께 형성층 활동도 정지된다.

해설

고정생장

- 당년에 자랄 원기가 전년도에 형성된 동아 속에 형성된다.
- 동아의 성장이 끝난 후에도 직경생장(형성층의 활동)은 계속할 수 있다.

60 다음 (　) 안에 들어갈 내용으로 바르게 나열된 것은?

- 밀식된 숲은 밀도가 낮은 숲보다 호흡량이 (ㄱ).
- 기온이나 토양 온도가 상승하면 호흡량이 (ㄴ)한다.
- 노령이 될수록 총광합성량에 대한 호흡량의 비율이 (ㄷ)한다.
- 잎 주위에 이산화탄소 농도가 높아지면 기공이 닫혀 호흡량이 (ㄹ)한다.

① (ㄱ) 많다, (ㄴ) 증가, (ㄷ) 증가, (ㄹ) 감소
② (ㄱ) 많다, (ㄴ) 증가, (ㄷ) 증가, (ㄹ) 증가
③ (ㄱ) 많다, (ㄴ) 증가, (ㄷ) 감소, (ㄹ) 증가
④ (ㄱ) 적다, (ㄴ) 감소, (ㄷ) 감소, (ㄹ) 감소
⑤ (ㄱ) 적다, (ㄴ) 감소, (ㄷ) 증가, (ㄹ) 감소

해설

수목호흡

- 임분의 밀도와 그늘
  - 밀식된 임분은 광합성량은 적고, 호흡량은 그대로이다.
  - 형성층의 표면적이 더 많아 호흡량이 증가한다.
- 산림의 종류
  - 전체 호흡량은 숲의 성숙 정도와 위도에 따라 다르다.
  - 단위 건중량당 호흡량 : 어린 숲 > 성숙한 숲
  - 총광합성량 대비 호흡량 비율 : 어린 숲 < 성숙한 숲
- 온도와 호흡
  - Q_{10} : 10℃ 상승 시 호흡량의 증가율
  - 대부분의 식물은 5~25℃에서 Q_{10}의 값은 2.0~2.5이다.
  - 야간의 온도가 주간보다 낮아야(5~10℃ 정도) 수목이 정상적으로(광합성 고정탄수화물 > 호흡소모량) 성장

정답 58 ③ 59 ⑤ 60 ①

61 탄수화물의 합성과 전환에 관한 설명으로 옳은 것은?

① 줄기와 가지에는 수와 심재부에 전분 형태로 축적된다.
② 전분은 잎에서는 엽록체, 저장조직에서는 전분체에 축적된다.
③ 잎에서 합성된 전분은 단당류로 전환되어 사부에 적재된다.
④ 엽육세포 원형질에는 포도당이 가장 높은 농도로 존재한다.
⑤ 열매 속에 발달 중인 종자 내에서는 전분이 설탕으로 전환된다.

해설

탄수화물의 합성과 전환

- 탄수화물의 합성은 광합성의 암반응으로부터 시작된다.
- 엽록체 속에서 캘빈회로를 통하여 단당류가 합성 · 전환된다.
- 광합성을 하는 잎의 세포 내에는 단당류인 포도당, 과당의 농도보다 2당류인 설탕의 농도가 높다.
- 설탕의 합성은 세포질에서 이루어진다.
- 설탕으로 전환에는 조효소인 UTP가 에너지를 공급한다.
- 전분은 가장 주요한 저장 탄수화물로 잎 – 엽록체, 저장조직 – 전분체(색소체)에 축적된다.
- 탄수화물은 다른 형태로 쉽게 전환되는데, 지방이나 단백질을 합성하기 위한 예비 화합물로도 쉽게 전환된다.
- 자라고 있는 종자 : 설탕 → 전분, 성숙해 가는 종자 : 전분 → 설탕
- 셀룰로오스, 펙틴과 같이 세포벽에 부착된 탄수화물은 전환되지 않는다.

62 수목 내 탄수화물 함량의 계절적 변화에 관한 설명으로 옳지 않은 것은?

① 겨울에 줄기의 전분 함량은 증가하고 환원당의 함량은 감소한다.
② 낙엽수는 계절에 따른 탄수화물 함량 변화폭이 상록수보다 크다.
③ 가을에 낙엽이 질 때 줄기의 탄수화물 농도가 최고치에 달한다.
④ 초여름에 밑동을 제거하면, 탄수화물 저장량이 적어 맹아지 발생을 줄일 수 있다.
⑤ 상록수는 새순이 나올 때 줄기의 탄수화물 농도는 감소하고 새 줄기의 탄수화물 농도는 증가한다.

해설

탄수화물의 계절적 변화

- 탄수화물 최고치 : 늦가을
- 탄수화물 최저치 : 늦은 봄
- 겨울철 전분 함량은 감소하고 환원당의 함량은 증가(내한성 증가)

63 식물에서 질소를 포함하지 않는 물질은?

① DNA, RNA
② 니코틴, 카페인
③ ABA, 지베렐린
④ 엽록소, 루비스코
⑤ 아미노산, 폴리펩타드

해설

주요 질소화합물과 기능

- 아미노산, 단백질 그룹
  - 단백질은 원형질의 구성성분
  - 모든 효소는 단백질로 구성
  - 식물체에는 저장 물질
  - 전자전달 매개체 역할
- 핵산 관련 그룹
  - 핵산은 피리미딘(Pyrimidine), 푸린(Purine), 5탄당, 인산으로 구성 예 DNA, RNA
  - 핵산은 세포의 핵에 존재, 유정정보를 가진 염색체의 중요한 화합물
  - Nucleotide : 핵산의 기본단위[Purine + 단당류(5탄당) + 인산)]
  - 조효소 : 효소의 활동을 도움
    예 AMP, ADP, ATP, NAD, NADP, Coenzyme A
  - 티아민(Thiamine), 시토키닌(Cytokinins, 식물호르몬)
- 대사중개물질 그룹
  - 질소를 함유한 대사에 관여하는 물질 중 가장 흔한 것은 피롤(Pyrrole)이다.
  - 4개의 피롤이 모여 포르피린(Porphyrin)을 형성한다.
  - 포르피린화합물 : 엽록소(Chloropyll), 피토크롬(Phytochrome), 헤모글로빈(Hemoglobin)
  - IAA(옥신의 일종)도 질소를 가지고 있다.
- 대사의 2차 산물 그룹
  - 알칼로이드(Alkaloids) : 질소를 함유한 환상화합물로 쌍자엽식물에 나타나고 나자식물에는 별로 없다.
    예 초본식물 : Morphine, Atropine, Ephedrine, Quinine
    목본식물 : 차나무(Caffeine)
  - 알칼로이드는 잎, 수피 또는 뿌리에 주로 축적된다.

정답 61 ② 62 ① 63 ③

64 수목의 질소대사에 관한 설명으로 옳은 것은?

① 탄수화물 공급이 느려지면 질소환원도 둔화된다.
② 소나무류는 주로 잎에서 질산태 질소가 암모늄태로 환원된다.
③ 산성토양에서는 질산태 질소가 축적되고, 이를 균근이 흡수한다
④ 흡수한 암모늄 이온은 고농도로 축적되며, 아미노산 생산에 이용된다.
⑤ 뿌리에 흡수된 질산은 질산염 산화효소에 의해 아질산태로 산화된다.

해설

질소환원

- 질소환원장소
  - 토양에서 뿌리로 NO_3^- 흡수 $\xrightarrow{\text{질소환원}}$ NH_4^+형태로 전환되어야 한다.
  - 루핀(Lupine)형 뿌리에서 $NO_3^- \rightarrow NH_4^+$
    예 나자식물, 진달래류, 프로테아과
  - 도꼬마리형 잎에서 $NO_3^- \rightarrow NH_4^+$
    예 나머지 식물
  - 탄수화물 공급이 느려지면 질산환원도 둔화된다.
- 뿌리에서 흡수되는 형태
  - 대부분 질산태(NO_3^-) 형태로 흡수된다. 경작토양에서 NH_4^+비료는 질산화박테리아에 의해 NO_3^-로 토양용액에 녹는다.
  - 산성토양은 질산화박테리아를 억제하여 NH_4^+(암모늄태 질소)을 축적한다(균근의 도움을 받아 흡수).

65 낙엽이 지는 과정에 관한 설명으로 옳지 않은 것은?

① 분리층의 세포는 작고 세포벽이 얇다.
② 신갈나무는 이층 발달이 저조한 수종이다.
③ 옥신은 탈리를 지연시키고, 에틸렌은 촉진한다.
④ 탈리가 일어나기 전 목전질이 축적되며 보호층이 형성된다.
⑤ 겨울철 잎의 색소 변화와 함께 엽병 밑부분에 이층 형성이 시작된다.

해설

낙엽 전의 질소이동

- 수목은 낙엽에 대비해 어린잎에서부터 엽병 밑부분에 이층을 사전에 형성한다.
- 이층의 세포는 다른 부위에 비해서 세포가 작고 얇다.
- 낙엽이 지면 분리층에 수베린(Suberin), 검(Gum)을 분비하여 보호층을 형성한다. → 탈리현상
- N, P, K는 감소하고, Ca, Mg은 증가한다.

※ 회수된 질소는 사부의 방사선 유조직에 저장하고 이때 질소의 이동은 사부를 통해 이루어진다. 봄철 저장단백질은 분해되어 목부를 통해 새로운 잎으로 이동한다.

66 수목에 함유된 성분 중 페놀화합물로 나열된 것은?

ㄱ. 고무	ㄴ. 큐틴
ㄷ. 타닌	ㄹ. 리그닌
ㅁ. 스테롤	ㅂ. 플라보노이드

① ㄱ, ㄴ, ㄹ　　② ㄱ, ㄷ, ㅂ
③ ㄴ, ㄷ, ㅂ　　④ ㄷ, ㄹ, ㅁ
⑤ ㄷ, ㄹ, ㅂ

해설

지질의 종류

종류	예
지방산 및 지방산 유도체	팔미트산, 단순지질(지방, 기름), 복합지질(인지질, 당지질), 납(Wax), 큐틴, 수베린
이소프레노이드 화합물	정유, 테르펜, 카로티노이드, 고무, 수지, 스테롤
페놀화합물	리그닌, 타닌, 플라보노이드

67 수목의 물질대사에 관한 설명으로 옳은 것은?

① 광주기를 감지하는 피토크롬은 마그네슘을 함유한다.
② 세포벽의 섬유소는 초식동물이 소화할 수 없는 화합물이다.
③ 지방은 설탕(자당)으로 재합성된 후 에너지가 필요한 곳으로 이동한다.
④ 겨울철 자작나무 수피의 지질함량은 낮아지고 설탕(함량)은 증가한다.
⑤ 콩꼬투리와 느릅나무 내수피 주변에서 분비되는 검과 점액질은 지질의 일종이다.

정답 64 ① 65 ⑤ 66 ⑤ 67 ③

해설

지방의 분해와 전환

- 지방은 에너지 저장수단으로 분해 시 O_2를 소모하고 ATP를 생산하는 호흡작용을 한다.
- 지방분해
  - 올레오좀에 있는 리파아제 효소에 의해 지방이 글리세롤과 지방산으로 분해된다.
  - 지방의 분해에는 3개 소기관[Glyoxysome(단막), Oleosome(불완전한 반막), Mitochondria(이중막)]이 관련된다.
  - 지방은 분해된 후 말산염 형태로 세포질로 이동되어 역해당작용에 의해 설탕으로 합성 후 다른 곳으로 이동한다.

68 잎과 줄기의 발생과 초기 발달에 관한 설명으로 옳지 않은 것은?

① 잎차례는 눈이 싹트면서 결정된다.
② 눈 속에 잎과 가지의 원기가 있다.
③ 전형성층은 정단분열조직에서 발생한다.
④ 잎이 직접 달린 가지는 잎과 나이가 같다.
⑤ 소나무 당년지 줄기는 목질화되면 길이 생장이 정지된다.

해설

잎차례는 수목의 성숙 정도에 따른 특징이다.

유시성(유형)의 특징

- 잎의 모양
- 가시의 발달
- 엽서(잎차례) : 잎이 배열하는 순서와 각도가 성숙하면서 변화 예 유칼리나무
- 삽목의 용이성
- 곧추선 가지
- 낙엽의 지연성
- 수간의 해부학적 특성
- 그 외 유형기에 밋밋한 수피와 덩굴성 특징을 가지기도 함

69 방사(수선)조직에 관한 설명으로 옳지 않은 것은?

① 전분을 저장한다.
② 2차 생장 조직이다.
③ 중심의 수에서 사부까지 연결된다.
④ 방추형시원세포의 수층분열로 발생한다.
⑤ 침엽수 방사조직을 구성하는 세포에는 가도관세포가 포함된다.

해설

수선조직은 수간의 횡단면에서 방사 방향으로 중앙부를 향해 뻗어 있으며, 살아 있는 유세포이다. 방추형시원세포의 병층분열로 발생한다.

형성층의 세포분열

- 병층분열 : 목부나 사부의 시원세포를 추가로 만들기 위한 접선 방향의 세포분열

- 수층분열 : 나무의 직경이 굵어져 세포수가 부족할 때 방사선 방향으로 세포벽을 만드는 세포분열

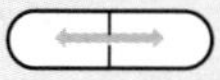

70 무기영양소인 칼슘에 관한 설명으로 옳지 않은 것은?

① 산성토양에서 쉽게 결핍된다.
② 심하게 결핍되면 어린 순이 고사된다.
③ 펙틴과 결합하여 세포 사이의 중엽층을 구성한다.
④ 세포 외부와의 상호작용에서 신호전달에 필수적이다.
⑤ 칼로스(Callose)를 형성하여 손상된 도관 폐쇄에 이용된다.

해설

칼로스(Callose)는 유합조직을 말한다. 침엽수는 송진을 축적하고, 활엽수는 검이나 전충체로 도관을 차단한다.

칼슘

- 칼슘은 세포벽에서 중엽층을 구성하며, 세포막의 정상적 기능에 기여한다.
- 아밀라아제(Amylase) 효소 등의 활성제 역할을 한다.
- 결핍 시 뿌리 끝, 줄기 끝, 어린잎에서 결핍현상이 나타나고 분열조직이 기형으로 죽는다.

토양산도에 따른 무기영양소의 유용성 변화

- 산성토양에서 결핍현상 : P, Ca, Mg, B 등
- 알칼리성토양에서 결핍현상 : Fe, Cu, Zn 등

정답 68 ① 69 ④ 70 ⑤

71 도관이 공기로 공동화되어 통수기능이 손실되는 현상과 양(+)의 상관관계가 아닌 것은?

① 근압의 증가
② 벽공의 손상
③ 가뭄으로 인한 토양의 건조
④ 도관의 길이와 직경의 증가
⑤ 목부의 반복되는 동결과 해동

해설

근압은 능동적 흡수에 의해 생기는 뿌리 내 압력을 말한다(삼투압에 의해 발생).

72 버섯을 만드는 외생균근을 형성하는 수종으로 나열된 것은?

① 상수리나무, 자작나무, 잣나무
② 다릅나무, 사철나무, 자귀나무
③ 대추나무, 이팝나무, 회화나무
④ 왕벚나무, 백합나무, 사과나무
⑤ 구상나무, 아까시나무, 쥐똥나무

해설

외생균근(주로 목본식물)

- 곰팡이의 균사가 세포 안으로 들어가지 않고 기주세포 밖에만 머문다.
- 균사는 뿌리 표면을 두껍게 싸서 균투를 형성한다.
- 뿌리 속 피층까지 침투하여 세포 간극에 하티그망을 형성한다.
- 피층보다 더 안쪽으로 들어가지 않는다.
- 효율적으로 무기염을 흡수한다.
- 담자균과 자낭균
- 숲 나이가 15~80년으로 생활력이 가장 왕성할 때, 기주 선택성이 강하다.

기주식물의 범위

- 소나뭇과 : 소나무, 전나무, 가문비나무, 일본잎갈나무, 솔송나무류
- 참나뭇과 : 참나무, 밤나무류, 너도밤나무류
- 버드나뭇과 : 버드나무, 포플러류
- 자작나뭇과 : 자작나무류, 오리나무류, 서어나무류, 개암나무류
- 피나뭇과 : 피나무, 염주나무

73 토양의 건조에 관한 수목의 적응반응이 아닌 것은?

① 기공을 닫아 증산을 줄인다.
② 잎의 삼투퍼텐셜을 감소시킨다.
③ 조기낙엽으로 수분 손실을 줄인다.
④ 휴면을 앞당겨 생장기간을 줄인다.
⑤ 수평근을 발달시켜 흡수표면적을 증가시킨다.

해설

수평근보다 수직근을 발달시킨다(심근성).

내건성의 근원

- 심근성
  - 심근성 수목 : 테다소나무, 루브라참나무
  - 천근성 수목 : 피나무, 낙우송, 자작나무
- 건조저항성
- 건조인내성
- 건조회피성(건조도피성)

74 수분함량이 감소함에 따라 발생하는 잎의 시들음(위조)에 관한 설명으로 옳은 것은?

① 위조점에서 엽육세포의 팽압은 0이다.
② 위조점에서 엽육세포의 삼투압은 음(−)의 값이다.
③ 엽육세포의 팽압은 수분함량에 반비례하여 증가한다.
④ 위조점에서 엽육조직의 수분퍼텐셜은 삼투퍼텐셜보다 작다.
⑤ 영구적인 위조점에서 엽육세포의 수분퍼텐셜은 −1.5MPa이다.

해설

위조점 = 뿌리 내의 수분퍼텐셜 = 토양 용액의 수분퍼텐셜이 같은 상태이다.

삼투퍼텐셜

- 주로 액포 속에 용해되어 있는 여러 가지 용질이 나타내는 삼투압을 표시한 것이다.
- 그 값은 항상 0보다 작은 음수(−)이다.
- 삼투압은 양(+) 값이고, 삼투퍼텐셜은 음(−) 값이다.

압력퍼텐셜(ϕ_p)

- 세포가 수분을 흡수함으로써 원형질막이 세포벽을 향해 밀어내서 나타내는 압력(팽압)이다. −값은 +, −, 0

정답 71 ① 72 ① 73 ⑤ 74 ①

- 수분을 충분히 흡수한 경우 : +
- 수분을 잃어 원형질 분리가 일어난 경우 : 0
- 증산작용으로 인해 도관세포 내에서 장력하에 있을 때 : −
- 삼투퍼텐셜 ↔ 압력퍼텐셜 → 서로 반대 방향으로 작용한다.

75 지베렐린 생합성 저해물질인 파클로부트라졸을 처리했을 때 수목에 미치는 영향으로 옳은 것은?

① 조기낙엽을 유도한다.
② 줄기조직이 연해진다.
③ 신초의 길이 생장이 감소한다.
④ 잎의 엽록소 함량이 감소한다.
⑤ 꽃에 처리하면 단위결과가 유도된다.

해설

지베렐린의 상업적 이용
- 성장촉진제
- 감귤, 월귤(Vaccinium) : 착과 촉진
  - 포도나무와 사과나무 : 과실의 크기, 품질 향상
  - 바나나, 귤 : 노쇠와 과실성숙 지연
- 생장억제제
  - GA의 생합성을 방해하여 줄기의 생장 억제
  - 포스폰−D(Phosphon−D), Amo−1618, CCC(Cycocel), 파크로부트라졸(Pacrobutrazol)

4과목 산림토양학

76 토양 입단화에 대한 설명으로 옳지 않은 것은?

① 유기물은 토양입단 형성 및 안정화에 중요한 역할을 한다.
② 나트륨이온은 점토입자들을 응집시켜 입단화를 촉진시킨다.
③ 다가 양이온은 점토입자 사이에서 다리 역할을 하여 입단 형성에 도움을 준다.
④ 뿌리의 수분흡수로 토양의 젖음−마름 상태가 반복되어 입단 형성이 가속화된다.
⑤ 사상균의 균사는 점토입자들 사이에 들어가 토양입자와 서로 엉키며 입단을 형성한다.

해설

- Na이온의 농도가 높은 토양에서는 입단의 분산이 일어난다(수화반지름이 크기 때문).
- 수화란 물에 용해된 용질분자나 이온을 물 분자가 둘러싸 상호작용하여 하나의 분자처럼 되는 것을 뜻한다.

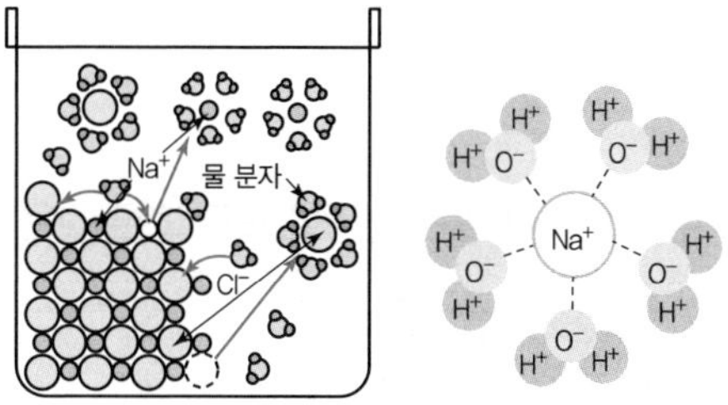

수화작용과 수화반지름

77 도시숲 토양에서 답압 피해를 관리하는 방법으로 옳지 않은 것은?

① 수목 하부의 낙엽과 낙지를 제거한다.
② 토양표면에 수피, 우드칩, 매트 등을 멀칭한다.
③ 토양 내에 유기질 재료를 처리하여 입단을 개선한다.
④ 토양에 구멍을 뚫고 모래, 펄라이트, 버미큘라이트 등을 넣는다.
⑤ 나지 상태가 되지 않도록 초본, 관목 등으로 토양표면을 피복한다.

해설

수목 하부의 낙엽과 낙지 제거는 완충능력을 줄여 답압피해를 가중시킨다.

78 토양 수분퍼텐셜에 대한 설명으로 옳지 않은 것은?

① 매트릭(기질)퍼텐셜은 항상 음(−)의 값을 갖는다.
② 토양수는 퍼텐셜이 높은 곳에서 낮은 곳으로 이동한다.
③ 수분 불포화 상태에서 토양수의 이동은 압력퍼텐셜의 영향을 받지 않는다.
④ 중력퍼텐셜은 임의로 설정된 기준점보다 상대적 위치가 낮을수록 커진다.
⑤ 불포화 상태에서 토양수의 이동은 주로 매트릭(기질)퍼텐셜에 의하여 발생한다.

정답 75 ③ 76 ② 77 ① 78 ④

해설

중력퍼텐셜
- 중력의 작용으로 인해 물이 가질 수 있는 에너지를 말한다.
- 크기는 물의 상대적인 위치에 따라 결정된다.
- 중력은 비가 많이 오거나 관수한 후에 대공극에 채워진 과잉 수분을 제거하는 데 작용한다.
- 기준면의 중력퍼텐셜은 0이다.

79 부식에 대한 옳은 설명을 모두 고른 것은?

ㄱ. 토양 입단화를 증진시킨다.
ㄴ. 양이온교환용량을 증가시킨다.
ㄷ. pH의 급격한 변화를 촉진한다.
ㄹ. 모래보다 g당 표면적이 작다.
ㅁ. 미량원소와 킬레이트화합물을 형성한다.

① ㄱ, ㄴ ② ㄱ, ㄴ, ㄹ
③ ㄱ, ㄴ, ㅁ ④ ㄱ, ㄴ, ㄹ, ㅁ
⑤ ㄴ, ㄷ, ㄹ, ㅁ

해설

같은 교질물인 점토광물보다 부식의 양이온교환능력이 더 크다.

부식의 효과

종류	효과
생물학적 효과	• 미생물의 활성 • 식물성장촉진제
화학적 효과	• 양이온 치환능력 증가 • pH 완충작용 • 식물 생장에 필요한 영양원(질소, 인, 황 등)공급 • 인의 가용성 증가 • 킬레이트화합물을 형성하여 독성 경감
물리적 효과	• 입단화 증진 • 토양 공극 증가 • 통기성과 배수성 향상 • 보수력 증가 • 지온을 상승시켜 토양생물의 활성

80 산림토양 내 미생물에 관한 설명 중 옳지 않은 것은?

① 공생질소고정균은 뿌리혹을 형성하여 공중질소를 기주식물에게 공급한다.
② 사상균은 종속영양생물이기 때문에 유기물이 풍부한 곳에서 활성이 높다.
③ 한국 산림토양에서 방선균은 유기물분해와 양분 무기화에 중요한 역할을 한다.
④ 조류(Algae)는 독립영양생물로 광합성을 할 수 있기 때문에 임상에서 풍부하게 존재한다.
⑤ 세균 중 종속영양세균은 가장 수가 많으며 호기성, 혐기성 또는 양쪽 모두를 포함하기도 한다.

해설

산림토양 내 미생물

구분	내용
곰팡이 (사상균)	유기물과 낙엽을 분해하는 과정에서 핵심역할을 하는데 낙엽이 썩을 때 분해가 안 되는 섬유소를 분해
균근	목본식물의 수분과 양분흡수, 양분순환에서 매우 중요한 역할
방선균 (Actinomycetes)	세균과 곰팡이의 중간적 성질을 가지는 것으로, 습도가 높고, 유통이 좋은 곳에서 생육이 활발하며, 생육 적정 pH가 6.0~7.5로서 산성에 매우 약하므로 산림토양에는 거의 존재하지 않음

81 토양 산성화의 원인으로 옳지 않은 것은?

① 염기포화도 증가
② 유기물 분해 시 유기산 생성
③ 식물 뿌리와 토양 미생물의 호흡
④ 질소질비료의 질산화작용에 의한 수소 이온 생성
⑤ 지속적인 강우에 의한 토양 내 교환성 염기 용탈

해설

염기포화도 증가는 염류화(알칼리화)를 말하며 산성화와 반대 개념이다.

82 토양 공기 중 뿌리와 생물의 에너지를 생성하는 과정에서 발생하며, 대기와 조성비율 차이가 큰 기체는?

① 질소 ② 아르곤
③ 아산화황 ④ 이산화탄소
⑤ 일산화탄소

정답 79 ③ 80 ③ 81 ① 82 ④

해설

대기와 토양 공기의 구성비 차이

구분	대기(%)	심토층(%)
질소(N_2)	79	75~80
산소(O_2)	20.9	3~10
이산화탄소(CO_2)	0.035	7~18
수증기	20~90	98~100

83 토양의 교환성 양이온이 아래와 같은 경우 염기성포화도는?(단, 양이온교환용량은 16cmolc/kg)

- H^+ =3cmolc/kg
- K^+ =3cmolc/kg
- Na^+ =3cmolc/kg
- Ca^{2+} =3cmolc/kg
- Mg^{2+} =3cmolc/kg
- Al^{3+} =1cmolc/kg

① 19% ② 25%
③ 50% ④ 75%
⑤ 100%

해설

$$\text{염기포화도}(\%) = \frac{\text{교환성염기의 총량(cmolc/kg)}}{\text{양이온교환용량(cmolc/kg)}} \times 100$$
$$= \frac{3(K^+)+3(Na^+)+3(Ca^{2+})+3(Mg^{2+})}{16}$$
$$= 75\%$$

84 온대습윤 지방에서 주요 1차 광물의 풍화내성이 강한 순으로 배열된 것은?

① 휘석 > 백운모 > 흑운모 > 석영 > 회장석
② 흑운모 > 백운모 > 석영 > 휘석 > 각섬석
③ 백운모 > 정장석 > 흑운모 > 감람석 > 휘석
④ 석영 > 백운모 > 흑운모 > 조장석 > 각섬석
⑤ 석영 > 백운모 > 흑운모 > 정장석 > 감람석

해설

1차 광물 풍화내성 정도

석영(SiO_2) > 백운모(K) > 미사장석(K) > 정장석(K) > 흑운모(K) > 조장석(Na) > 각섬석(Ca, Mg, Fe) > 휘석(Ca, Mg, Fe) > 회장석(Ca) > 감람석(Mg, Fe)

85 농경지토양과 비교하여 산림토양의 특성으로 볼 수 없는 것은?

① 미세기후의 변화는 농경지토양보다 적다.
② 낙엽과 고사근에 의해 유기물이 토양으로 환원된다.
③ 산림토양의 양분순환은 농경지토양에 비해 빠르다.
④ 산림토양의 수분 침투능력은 농경지토양보다 낮다.
⑤ 낙엽층은 산림토양의 수분과 온도의 급격한 변화를 완충시킨다.

해설

산림토양의 수분 침투능력은 농경지토양보다 높다.

86 토양조사를 위한 토양단면 작성방법 중 옳지 않은 것은?

① 토양단면은 사면 방향과 직각이 되도록 판다.
② 깊이 1m 이내에 기암이 노출된 경우에는 기암까지만 판다.
③ 토양단면 내에 보이는 식물 뿌리는 원 상태로 남겨둔다.
④ 낙엽층은 전정가위로 단면 예정선을 따라 수직으로 자른다.
⑤ 임상이나 지표면의 상태가 정상적인 곳을 조사지점으로 정한다.

해설

토양단면 내에 보이는 식물 뿌리는 종류, 양과 크기 순으로 기재하고 잘라낸다.

87 토양생성 작용에 의하여 발달한 토양층 중 진토층은?

① A층+B층
② A층+B층+C층
③ O층+A층+B층
④ O층+A층+B층+C층
⑤ O층+A층+B층+C층+R층

해설

토양층의 분류

- 진토층 : A층, E층, B층
- 전토층 : A층, E층, B층, C층

정답 83 ④ 84 ④ 85 ④ 86 ③ 87 ①

88 온난 습윤한 열대 또는 아열대 지역에서 풍화 및 용탈작용이 일어나는 조건에서 발달하여, 염기포화도 30% 이하인 토양목은?

① Oxisol ② Ultisol
③ Entisol ④ Histosol
⑤ Inceptisol

해설

토양목의 종류별 특징

종류	특징
알파솔 (성숙토)	• 표층에서 용탈된 점토가 B층에 집적되는 특징 • 염기포화도가 35% 이상
아리디솔 (건조토)	• 건조한 기후지대에서 아리딕(Aridic) 수분상의 조건에서 생성 • 염기포화도가 50% 이상
엔디솔 (미숙토)	• 토양의 발달과정이 거의 진행하지 않은 토양 • 저항성이 매우 강한 모재로 된 토양
히스토솔 (이탄토)	• 수생식물의 잔재가 얕은 연못이나 습지에서 퇴적되어 형성된 토양 • 유기물함량이 20~30% 이상 되어야 함 • 유기물토양층이 40cm 이상 되어야 함
인셉티솔 (반숙토)	• 온대 또는 열대의 습윤한 기후조건에서 발달 • 토양분화가 중간 정도인 토양
몰리솔 (율색토)	• 표층에 유기물이 많이 축적되어 있고 Ca이 풍부한 토양 • 스텝이나 프레리 식생하에서 발달
옥시솔 (라테라이트)	• 풍화와 용탈이 매우 심하게 일어나는 고온 다습한 열대기후에 발달 • 카올리나이트, 석영 및 철과 알루미늄산화물을 주로 함유 • 양이온교환용량과 친환성 염기의 함량이 적음
스포도솔 (과용탈토)	• 사질 모재조건과 냉온대의 습윤한 기후조건에서 발달 • 낙엽이 분해될 때 산의 생성이 많고 염기공급이 부족한 침엽수림에 잘 나타남 • 백색의 E층이 발달
울티솔 (과숙토)	온난 습윤한 열대 또는 아열대지역에서 풍화와 용탈작용이 일어나는 조건에서 발달
버티솔 (팽창토)	• 팽창형 점토광물을 가진 토양으로 수분 상태에 따라 팽창과 수축이 매우 심하게 발생 • 초지이며 온난하고 건조 습윤한 기후에서 나타남
안디솔 (흑색토)	• 화산분출물에 의해 잘 발달된 토양이며, 열대우림, 몬순림, 건조한 산림지역에 나타난다. • 안디솔의 중심 개념은 화산회, 부석, 분석, 용암과 같은 화산분출물이나 화산쇄설물 위에서 발달되고, 교질 부분이 앨러페인(Allophane), 이모고라이트(Imogolite), 페리하이드라이트(Ferrihydrite) 등과 같은 Short－Order－Range(비결정형) 광물이거나 Al－유기복합체가 주가 되는 토양(USDA, 1999)
젤리솔 (영구동토)	영구동결층, 빙하토

89 기후 및 식생대의 영향을 받아 생성된 성대성 토양은?

① 소택토양 ② 암쇄토양
③ 염류토양 ④ 충적토양
⑤ 툰드라 토양

해설

토양생성 인자에 따른 토양 분류

구분	내용
성대성 토양	• 기후나 식생과 같이 넓은 지역에 공통적으로 영향을 끼치는 요인에 의하여 생성된 토양 • 라테라이트, 적색토, 사막토, 체르노젬, 밤색토, 갈색토, 포드졸, 툰드라토
간대성 토양	• 좁은 지역 내에서 토양 종류의 변이를 유발하는 지형과 모재, 시간의 영향을 주로 받아 형성된 토양 • 테라로사, 화산회토, 레구르, 이탄토, 글레이토 등
무대토양	• 토양의 퇴적 연대가 짧거나 침식이 심하여 토양 단면의 발달을 볼 수 없는 토양 • 3개 대토양군 : 리고솔(염류토), 리토솔(암설토), 충적토(Alluvial)

90 한국 산림토양의 특성이 아닌 것은?

① 산림토양형은 8개이다.
② 토성은 주로 사양토와 양토이다.
③ 산림토양의 분류체계는 토양군, 토양아군, 토양형 순이다.
④ 토양단면의 발달이 미약하고 유기물 함량이 적은 편이다.
⑤ 화강암과 화강편마암으로부터 생성된 산성토양이 주로 분포한다.

해설

우리나라의 산림토양 분류

현재까지 8개 토양군, 11개의 토양아군, 28개의 토양형으로 분류하고 있다.

91 수목이 쉽게 이용할 수 있는 인의 형태는?

① 무기인산 이온
② 철인산 화합물
③ 칼슘인산 화합물
④ 불용성 유기태 인
⑤ 인회석(Apatite) 광물

정답 88 ② 89 ⑤ 90 ① 91 ①

해설

토양 중의 인

- 토양 중 인의 총함량은 0.05~0.15%이다.
- 토양용액으로부터 $H_2PO_4^-$나 HPO_4^{2-}와 같은 무기인산의 형태로 흡수한다.
- pH 2~7 : $H_2PO_4^-$ 형태로 존재한다.
- pH 7.22에서는 $H_2PO_4^-$과 HPO_4^{2-} 농도가 같다.
- pH 7~13 : HPO_4^{2-} 형태로 존재한다.

92 코어($200cm^3$)에 있는 300g의 토양시료를 건조하였더니 건조된 시료의 무게가 260g이었다. 이 토양의 액상, 기상의 비율은 얼마인가?(단, 토양의 입자 밀도는 $2.6g/cm^3$, 물의 비중은 $1.0g/cm^3$로 가정한다.)

① 20%, 20% ② 20%, 25%
③ 20%, 30% ④ 30%, 20%
⑤ 30%, 30%

해설

- 용적밀도 = 260/200 = $1.3g/cm^3$
- 공극률 = 1 − (1.3/2.6) = 50%
- 중량수분함량 = 40/260×100 = 15.4%
- 용적수분함량 = 15.4×1.3 = 20%
- 나머지 기상 = 30%

93 토양 입자 크기에 따라 달라지는 토양의 성질이 아닌 것은?

① 교질물 구조 ② 수분보유력
③ 양분 저장성 ④ 유기물 분해
⑤ 풍식 감수성

해설

입자 크기가 토양의 성질에 미치는 영향

수분보유력, 통기성, 배수속도, 유기물함량수준, 유기물분해, 온도변화, 압밀성, 풍식감수성, 수식감수성, 팽창수축력, 차수능력, 오염물질 용탈능력, 양분저장능력, pH 완충능력

94 토양 산도(Acidity)에 대한 설명으로 옳지 않은 것은?

① 토양산도는 활산도, 교환성산도 및 잔류산도 등 세 가지로 구분한다.
② 산림에서 낙엽의 분해로 발생하는 유기산은 토양의 산도를 감소시킨다.
③ 산림토양에서 pH값은 가을에 가장 높고 활엽수림이 침엽수림보다 높다.
④ 산림에 있는 유기물층과 A층은 주로 산성을 띠고 아래로 갈수록 산도가 감소한다.
⑤ 한국 산림토양은 모암의 영향도 있지만, 주로 강우현상에 의한 염기용탈로 산성을 띤다.

해설

산림에서 낙엽의 분해로 발생하는 유기산은 토양의 산도를 증가시킨다.

토양 산성화의 원인

모암	산성암인 화강암과 화강편마암
기후	강우에 의한 염기의 용탈
점토에 흡착된 H^+의 해리	$(Al^{3+} + H_2O \Leftrightarrow Al(OH)^{2+} + H^+)$
부식에 의한 산성화	−COOH와 OH에서 H^+의 해리
CO_2에 의한 산성화	$CO_2 + H_2O \Leftrightarrow H_2CO_3 \Leftrightarrow H^+ + HCO^{3-} \Leftrightarrow H^+ + CO_3^{2-}$
유기산에 의한 산성화	미생물로 유기물이 분해될 때 유기산이 생성
무기산에 의한 산성화	산성비
비료에 의한 산성화 (질산화작용)	$NH_4^+ + 2O_2 \rightarrow NO_3^- + H_2O + H^+$

※ 농경지 토양에서 작물을 수확하면 Ca, Mg 및 K도 함께 제거되어 산성화됨

95 토양 질소순환 과정에서 대기와 관련된 것은?

ㄱ. 질산염 용탈작용 ㄴ. 질산염 탈질작용
ㄷ. 암모니아 휘산작용 ㄹ. 미생물에 의한 부동화작용
ㅁ. 콩과식물의 질소 고정작용

① ㄱ, ㄴ, ㄷ ② ㄱ, ㄴ, ㄹ
③ ㄱ, ㄷ, ㅁ ④ ㄴ, ㄷ, ㅁ
⑤ ㄴ, ㄹ, ㅁ

해설

질소순환은 질소고정 → 암모니아화 반응 → 질산화 반응 → 탈질산화 반응이 반복한다.

정답 92 ③ 93 ① 94 ② 95 ④

질소순환에 관여하는 균

구분	내용
탈질	$NO_3^- \rightarrow N_2$
질산화	$NH_4^+ \rightarrow NO_3^-$
질산환원	$NO_3^- \rightarrow NH_4^+$
암모니아화(무기화)	유기 N → NH_4^+
부동화(고정화)	NH_4^+ → 유기 N
암모니아 휘산	질소 → NH_3^+

96 균근에 대한 설명으로 옳지 않은 것은?

① 근권 내 병원균 억제
② 식물생장호르몬 생성
③ 토양입자의 입단화 촉진
④ 난용성 인산의 흡수 촉진
⑤ 수목의 한발 저항성 억제

해설
수목의 한발 저항성을 증대시켜 준다.

97 다음 ( ) 안에 들어갈 용어를 순서대로 나열한 것은?

> 요소(Urea)비료는 생리적 (ㄱ) 비료이며, 화학적 (ㄴ) 비료이고, 효과 측면에서는 (ㄷ) 비료이다.

① (ㄱ) 산성, (ㄴ) 중성, (ㄷ) 속효성
② (ㄱ) 중성, (ㄴ) 산성, (ㄷ) 완효성
③ (ㄱ) 중성, (ㄴ) 중성, (ㄷ) 속효성
④ (ㄱ) 산성, (ㄴ) 염기성, (ㄷ) 완효성
⑤ (ㄱ) 중성, (ㄴ) 염기성, (ㄷ) 완효성

해설
요소비료는 생리적 중성비료이며, 화학적 중성비료이고 효과 측면에서는 속효성 비료이다.

• **화학적 반응** : 수용액의 직접적인 반응

화학적 산성비료	화학적 중성비료	화학적 염기성비료
과인산석회, 중과인산석회, 황산암모늄(유안)	요소, 질산암모늄(초안), 황산칼륨, 염화칼륨, 질산칼륨	생석회, 소석회, 암모니아수, 탄산칼륨, 탄산암모니아, 석회질소, 용성인비, 규산질비료, 규회석비료

• **생리적 반응** : 시비 후 토양 중에서 식물뿌리의 흡수작용이나 미생물의 작용을 받은 뒤에 나타나는 반응

생리적 산성비료	생리적 중성비료	생리적 염기성비료
황산암모늄(유안), 염화암모늄, 황산칼륨 등	질산암모늄, 질산칼륨, 요소	질산나트륨, 질산칼슘, 탄산칼륨(초목회)

98 특이산성토양의 특성에 대한 설명으로 옳지 않은 것은?

① 토양의 pH가 3.5 이하인 산성토층을 가진다.
② 황화수소(H_2S)의 발생으로 수목의 피해가 발생한다.
③ 한국에서는 김해평야와 평택평야 등지에서 발견된다.
④ 담수 상태에서 환원 상태인 황화합물에 의해 산성을 나타낸다.
⑤ 개량방법은 석회를 사용하는 것이나 경제성이 낮아 적용하기가 어렵다.

해설
특이산성토양(Acidic Sulfate Soil)

• 강의 하구나 해안지대의 배수가 불량한 곳에서 늪지 퇴적물을 모재로 하여 발달한 토양으로서 황철석(FeS_2)과 같은 황화물을 많이 함유한 토양이다.
• 이러한 토양은 인위적인 배수를 통하여 통기성이 좋아지면 황철석의 산화과정을 통하여 pH 가 4.0 이하인 강한 산성을 띤다.
• 배수가 되기 전의 습윤 또는 담수 상태에서는 황화합물들이 환원 상태로 존재하기 때문에 이러한 토양은 중성인 것이 보통이다.
• 토양을 지속적으로 담수 상태로 유지하거나 석회를 시용하여 관리한다.

99 토양의 특성 중 산불 발생으로 인해 상대적으로 변화가 적은 것은?

① pH ② 토성
③ 유기물 ④ 용적밀도
⑤ 교환성 양이온

정답 96 ⑤ 97 ③ 98 ④ 99 ②

해설

산불로 인한 토성은 변함이 없다.

산불의 피해
- 부식층을 태워 토양이 노출되면 토양이 침식
- 물의 이수기능 저하
- 지표유출수 증가
- 토양투수성 감소
- 토사유출량 증가

100 산림토양에서 미생물에 의한 낙엽 분해에 관한 설명으로 옳지 않은 것은?

① 낙엽에 의한 유기물 축적은 열대림보다 온대림에서 많다.
② 낙엽의 분해율은 분해 초기에는 진행이 빠르지만 점차 느려진다.
③ 주로 탄질비(C/N)가 높은 낙엽이 분해속도와 양분방출속도가 빠르다.
④ 양분 이온들은 미생물의 에너지 획득과정의 부산물로 토양수로 들어간다.
⑤ 낙엽의 양분함량이 많고 적음에 따라 미생물에 의한 양분방출속도가 다르다.

해설

탄질률이 큰 유기물은 탄질률이 작은 유기물보다 분해속도가 훨씬 느리다.

5과목 수목관리학

101 미상화서(꼬리꽃차례)인 수종은?

① 목련, 동백나무
② 벚나무, 조팝나무
③ 등나무, 때죽나무
④ 작살나무, 덜꿩나무
⑤ 버드나무, 굴참나무

해설

미상화서
- 꽃잎이 없다. : 포플러류, 가래나무류
- 꽃잎, 꽃받침 없다. : 버드나무류
- 수꽃의 꽃대가 연하여 밑으로 처지는 화서이며, 대부분은 포로 싸인 단성화이다.
- 버드나뭇과, 참나뭇과, 자작나뭇과, 가래나뭇과, 포플러류

102 도시숲의 편익에 관한 설명으로 옳지 않은 것은?

① 유거수와 토양침식을 감소시킨다.
② 잎은 미세먼지 흡착 기여도가 가장 큰 기관이다.
③ 건물의 냉·난방에 소요되는 에너지 비용을 절감한다.
④ 휘발성 유기화합물(VOC)을 발산하여 O_3 생성을 억제한다.
⑤ SO_2, NOx, O_3 등 대기오염물질을 흡수 또는 흡착하여 대기의 질을 개선한다.

해설

휘발성 유기화합물(VOC)은 광화학 반응으로 오존 등을 생성한다.

도시숲의 편익
- 나무와 숲은 미세먼지를 흡착하거나 정화하는 기능을 갖고 있다.
- 수목은 잎과 수피의 표면이 불규칙하고 거칠기 때문에 미세먼지를 흡착할 수 있다.
- 큐티클층에 부착된 미세먼지는 그 속으로 함몰되거나 광합성을 하면서 흡수되어 정화되기도 한다.
- 미세먼지를 흡착하는 능력은 잎과 수피의 구조와 숲의 형태에 따라 차이가 난다.
- 상록성이며, 잎이 작고, 엽량이 많으며, 털이 많고, 표면이 거칠고, 가장자리에 굴곡이 많으면 흡착능력이 더 크다.
- 흡착능력이 큰 침엽수에는 주목, 측백나무, 낙우송, 엽초(잎의 기부)가 있는 소나무류가 있다.
- 흡착능력이 큰 활엽수에는 처진 자작나무, 느릅나무, 팥배나무류가 있다.
- 잎의 미세먼지 흡착능력이 큰 수종일수록, 광합성이 더 감소한다.

정답 100 ③ 101 ⑤ 102 ④

103 식물건강관리(PHC) 프로그램에 관한 설명으로 옳지 않은 것은?

① 인공지반 위에 식재한 경우 균근을 활용한다.
② 환경과 유전 특성을 반영하여 수목을 선정하고 식재한다.
③ 병해충 모니터링과 수목 피해의 사전 방지가 강조된다.
④ PHC의 기본은 수목 식별과 해당 수목의 생리에 대한 지식이다.
⑤ 교목 아래에 지피식물을 식재하는 것이 유기물로 멀칭하는 것보다 더 바람직하다.

해설

이식목의 지표면과 그 주변에 잔디, 초화류, 화관목을 심는 것은 부적당하다.

멀칭

- 수목을 이식한 후 볏짚, 솔잎, 나무껍질, 우드 칩 등으로 멀칭한다.
- 토양의 수분증발을 억제하여 활착에 도움을 준다.
- 피복하는 면적은 근분직경의 3배가량 되게 원형으로 실시하며 5~10cm로 깐다.
- 잔디나 화관목이 수분과 양료를 빼앗아 간다.

104 수목 이식에 관한 설명 중 옳지 않은 것은?

① 일반적으로 7월과 8월은 적기가 아니다.
② 가시나무와 층층나무는 이식 성공률이 낮은 편이다.
③ 대형수목 이식 시 근분의 높이는 줄기의 직경에 따라 결정한다.
④ 근원직경 5cm 미만의 활엽수는 가을이나 봄에 나근 상태로 이식할 수 있다.
⑤ 교목은 한 개의 수간에 골격지가 적절한 간격으로 균형 있게 발달한 것을 선정한다.

해설

근분의 크기는 근원직경의 크기에 따른다(너비, 높이).

근분의 크기

- 수간의 직경은 근원경으로 표시
- 직경 10cm 미만은 지상 15cm에서 측정
- 직경 10cm 이상은 지상 30cm 높이에서 측정
- 직경 5cm 미만 – 수간직경의 12배
- 직경 8~15cm – 수간직경의 10배
- 직경 30cm 이상 – 수간직경의 6~8배(대경목)

이식 적기

- 온대지방에서 수목을 이식하기에 적절한 시기는 수목이 휴면 상태에 있는 기간
- 늦가을~이른봄
  - 가을 이식의 경우 낙엽이 진 후 아직 토양이 얼기 전에 가능(이상난동과 겨울 가뭄으로 상록수 고사 가능성 높음)
  - 봄철 새로운 뿌리의 발생은 잎이 트는 시기보다 2주 이상 앞선다.

  예 낙엽활엽수 : 봄 이식 적당
  침엽수 : 이식 시기가 좀 더 길
  상록활엽수 : 봄 이식이 유리
  - 수목 이식에 부적당한 시기는 7월과 8월로, 높은 증산작용과 뿌리의 발생이 가장 저조하기 때문

105 전정에 관한 설명으로 옳지 않은 것은?

① 자작나무, 단풍나무는 이른 봄이 적기이다.
② 구조전정, 수관솎기, 수관축소는 모두 바람의 피해를 줄인다.
③ 구획화(CODIT)의 두 번째 벽(Well 2)은 종축유세포에 의해 형성된다.
④ 침엽수 생울타리는 밑부분의 폭을 윗부분보다 넓게 유지하는 것이 좋다.
⑤ 주간이 뚜렷하고 원추형 수형을 갖는 나무는 전정을 거의 하지 않아도 안정된 구조를 형성한다.

해설

성숙한 자작나무, 단풍나무는 이른 봄보다 늦가을, 겨울 초기, 아니면 잎이 완전히 나온 후 전정을 하여 수액이 나오는 시기를 피한다.

106 수목의 위험성을 저감하기 위한 처리방법으로 옳지 않은 것은?

① 죽었거나 매달려 있는 가지 – 수관을 청소하는 전정을 실시한다.
② 매몰된 수피로 인한 약한 가지 부착 – 줄당김이나 쇠조임을 실시한다.
③ 부후된 가지 – 보통 이하의 부후는 길이를 축소하고, 심하면 쇠조임을 실시한다.

정답 103 ⑤ 104 ③ 105 ① 106 ③

④ 부후된 수간－부후가 경미하면 수관을 축소 전정하고, 심하면 해당 수목을 제거한다.
⑤ 초살도가 낮고 끝이 무거운 수평 가지－가지의 무게와 길이를 줄이고 지지대를 설치한다.

해설

죽은 가지와 피해 가지는 제거한다.

수관 회복
- 태풍, 병충해, 뿌리고사, 사고, 지나친 두목작업, 이식, 노쇠목으로 수형이 많이 훼손된 나무의 경우 수형을 바로잡고 건강을 회복시키기 위하여 실시
- 수간이 건전하고 골격지가 살아 있는 경우 과감한 전정을 통해 구제
- 수관회복과 외과수술을 병행하여 수간을 복구

107 수목관리자의 조치로 옳지 않은 것은?

① 토양경도가 3.6kg/cm^2인 식재부지를 심경하였다.
② 배수관로가 매설된 지역에 참느릅나무를 식재하였다.
③ 제초제 피해를 입은 수목의 토양에 활성탄을 혼화처리하였다.
④ 해안매립지에 염분차단층을 설치하고, 성토한 다음 모감주나무를 식재하였다.
⑤ 복토가 불가피하여 나무 주변에 마른 우물을 만들고, 우물 밖에 유공관을 설치한 다음 복토하였다.

해설

배수관로 지역에 참느릅나무를 식재할 경우 뿌리가 관로를 막아 침수의 피해를 일으킬 수 있다.
참느릅나무는 습기가 많고 비옥한 계곡이나 하천변에서 잘 자라지만 건조와 수분 스트레스도 잘 견딘다.

염해에 강한 수종

분류	수목의 종류
교목류	동백나무, 곰솔, 섬잣나무, 산벚나무, 때죽나무, 모감주나무, 수양버들, 아까시나무, 이팝나무, 위성류, 팽나무 등
관목류	산철쭉, 화살나무, 무화과나무, 댕강나무, 해당화, 순비기나무, 탱자나무, 천선과나무, 좀작살나무, 개나리 등

108 조상(첫서리) 피해에 관한 설명으로 옳지 않은 것은?

① 벌채 시기에 따라 활엽수의 맹아지가 종종 피해를 입는다.
② 생장휴지기에 들어가기 전 내리는 서리에 의한 피해이다.
③ 남부지방 원산의 수종을 북쪽으로 옮겼을 경우 피해를 입기 쉽다.
④ 찬 공기가 지상 1～3m 높이에서 정체되는 분지에서 가끔 피해가 나타난다.
⑤ 잠아로부터 곧 새순이 나오기 때문에 수목에 치명적인 피해는 주지 않는다.

해설

새순을 죽여 수목에 치명적인 피해를 준다.

조상
- 원인 : 늦가을에 나무가 생장하고 있어 내한성이 없는 상태에서 별안간 온도가 0℃ 이하로 내려가 잎 등이 피해를 받는 것
- 병징
  - 새순과 잎에서 나타나는데, 소나무의 경우 잎의 기부가 피해를 입어 잎이 밑으로 쳐짐
  - 모든 새순을 죽여 그 후유증이 1～2년간 지속되어 만상보다 더 나무의 모양을 훼손
  - 나무가 왜성 혹은 관목형으로 변하기도 함
- 방제
  - 늦여름 시비를 자제하여 가을에 생장을 일찍 정지시킴
  - 일기예보에 따라 서리가 오기 전에 스프링클러로 안개비를 만들거나 연기를 발생시키거나 송풍기로 바람을 만들어 피해를 줄임

109 한해(건조 피해)에 관한 설명으로 옳지 않은 것은?

① 토양에서 수분결핍이 시작되면 뿌리부터 마르기 시작한다.
② 인공림과 천연림 모두 수령이 적을수록 피해를 입기 쉽다.
③ 포플러류, 오리나무, 들메나무와 같은 습생식물은 한해에 취약하다.
④ 조림지의 경우에 수목을 깊게 심는 것도 한해를 예방하는 방법이다.
⑤ 침엽수의 경우 건조 피해가 초기에 잘 나타나지 않기 때문에 주의가 필요하다.

정답 107 ② 108 ⑤ 109 ①

해설

뿌리가 가장 늦게 영향을 받는다.

수분 스트레스
- 잎과 줄기에서 수분퍼텐셜이 낮아지면 수분부족현상은 뿌리까지 전달되지만 뿌리에서는 시간적으로 늦게 나타난다. 또한 수분을 공급하는 토양에 존재하여 제일 먼저 회복한다.
- 원인
  - 낮의 증산작용으로 수분을 과다하게 잃고 수분의 부족으로 나타남
  - 천근성 수종과 토심이 낮은 곳에서 자라는 수목의 피해가 더 큼
  - 내건성이 높은 수종 : 소나무, 곰솔, 향나무, 가죽나무, 회화나무, 사철나무, 사시나무, 아까시나무 등
  - 내건성이 약한 수종 : 낙우송, 삼나무, 느릅나무, 칠엽수, 물푸레나무, 단풍나무, 층층나무, 버드나무, 포플러, 들매나무 등

110 바람 피해에 관한 설명으로 옳은 것은?

① 천근성 수종인 가문비나무와 소나무가 바람에 약하다.
② 수목의 초살도가 높을수록 바람에 대한 저항성이 낮다.
③ 폭풍에 의한 수목의 도복은 사질토양보다 점질토양에서 발생하기 쉽다.
④ 주풍에 의한 침엽수의 편심생장은 바람이 부는 반대 방향으로 발달한다.
⑤ 방풍림의 효과를 충분히 발휘시키기 위해서는 주풍방향에 직각으로 배치해야 한다.

해설

① 소나무는 심근성 수종이다.
② 초살도가 낮아야 바람에 대한 저항성이 있다.
③ 도복은 사질토양에서 더 쉽게 일어난다.
④ 침엽수의 편심생장은 바람 부는 방향이다.

방풍식재용 수목
- 심근성이면서 가지가 강한 수종
- 지엽이 치밀한 수종
- 낙엽수보다는 상록수가 바람직
- 파종하여 자란 자생수종으로 직근을 가진 수종
- 소나무, 곰솔, 향나무, 가시나무, 아왜나무, 동백나무 등

방풍림 혹은 방풍벽 설치
- 상록수로 된 방풍림이나 인공방풍벽을 북서향에 조성하여 한랭한 바람 차단
- 대개 풍상 측은 수고의 5배, 풍하 측은 10~25배의 거리까지 효과
- 일반적으로 수고를 높게, 임분대의 폭을 넓게, 차폐를 어느 정도 높게 하면 감소효과가 증가
- 풍속이 감소하면 증산이 억제되고 지온이나 기온이 상승
- 방풍림 효과를 충분히 발휘하려면 주풍 방향에 직각으로 배치
  - 주로 겨울 계절풍의 영향을 크게 받으므로 북서 방향에 대해 직각으로 조성
  - 해풍이나 염풍은 해안선에 직각 방향으로 조성
  - 폭풍은 대개 남서~남동에 면하는 쪽에 임분대를 설치
- 임분대의 폭은 대개 100~150m가 적당

111 제설염 피해에 관한 설명으로 옳지 않은 것은?

① 침엽수는 잎끝부터 황화현상이 발생하고 심하면 낙엽이 진다.
② 일반적으로 수목 식재를 위한 토양 내 염분한계농도는 0.05% 정도이다.
③ 상대적으로 낙엽수보다 겨울에도 잎이 붙어 있는 상록수에서 피해가 더 크다.
④ 토양 수분퍼텐셜이 높아져서 식물이 물과 영양소를 흡수하기가 어려워진다.
⑤ 피해를 줄이기 위해 토양 배수를 개선하고, 석고를 사용하여 나트륨을 치환해준다.

해설

토양 수분퍼텐셜이 낮아져서 식물이 물과 영양소를 흡수하기가 어려워진다.
※ 수분은 수분퍼텐셜이 높은 곳에서 낮은 곳으로 이동한다.

112 수종별 내화성에 관한 설명으로 옳지 않은 것은?

① 소나무는 줄기와 잎에 수지가 많아 연소의 위험이 높다.
② 가문비나무는 음수로 임내에 습기가 많아 산불 위험도가 낮다.
③ 녹나무는 불에 강하며, 생엽이 결코 불꽃을 피우며 타지 않는다.

정답 110 ⑤ 111 ④ 112 ③

④ 은행나무는 생가지가 수분을 많이 함유하고 있어 잘 타지 않는다.
⑤ 리기다소나무는 맹아력이 강하여 산불 발생 후 소생하는 경우가 많다.

해설

수종별 내화력

구분	내화력이 강한 수종	내화력이 약한 수종
침엽수	은행나무, 잎갈나무, 분비나무, 가문비나무, 개비자나무, 대왕송 등	소나무, 곰솔, 삼나무, 편백 등
상록 활엽수	아왜나무, 굴거리나무, 후피향나무, 붓순, 합죽도, 황벽나무, 동백나무, 비쭈기나무, 사철나무, 가시나무, 회양목 등	녹나무, 구실잣밤나무 등
낙엽 활엽수	피나무, 고로쇠나무, 마가목, 고광나무, 가중나무, 네군도단풍나무, 난티나무, 참나무, 사시나무, 음나무, 수수꽃다리 등	아까시나무, 벚나무, 능수버들, 벽오동, 참죽나무, 조릿대 등

113 다음 ( ) 안에 들어갈 내용으로 바르게 나열한 것은?

> PAN의 피해는 주로 (ㄱ)에 나타나고, O_3에 의한 가시적 장해의 조직학적 특징은 (ㄴ)이 선택적으로 파괴되는 경우가 많으며, 느티나무는 O_3에 대한 감수성이 (ㄷ).

① (ㄱ) 어린잎, (ㄴ) 책상조직, (ㄷ) 작다.
② (ㄱ) 어린잎, (ㄴ) 책상조직, (ㄷ) 크다.
③ (ㄱ) 어린잎, (ㄴ) 해면조직, (ㄷ) 작다.
④ (ㄱ) 성숙 잎, (ㄴ) 해면조직, (ㄷ) 작다.
⑤ (ㄱ) 성숙 잎, (ㄴ) 책상조직, (ㄷ) 크다.

해설

아황산가스와 오존은 성숙엽에 피해가 생기고, PAN은 어린잎에 피해가 발생한다.

PAN

활엽수의 경우 잎 뒷면에 광택이 나면서 후에 청동색으로 변한다. 고농도에서 잎 표면(엽육조직)도 피해를 입는다.

오존(O_3)

- 활엽수 : 잎 표면에 주근깨 같은 반점 형성, 책상조직이 먼저 붕괴된다. 반점이 합쳐져 표면이 백색화
- 침엽수 : 잎끝의 괴사, 황화현상의 반점, 왜성 황화된 잎

- 오존에 강한 수종
  - 활엽수 : 삼나무, 곰솔, 편백, 화백, 서양측백나무, 은행나무 등
  - 침엽수 : 버즘나무, 굴참나무, 졸참나무, 개나리, 금목서, 녹나무, 광나무, 돈나무, 태산목 등

114 산성비의 생성 및 영향에 관한 설명으로 옳지 않은 것은?

① 활엽수림보다 침엽수림이 산 중화 능력이 더 크다.
② 황산화물과 질소산화물이 산성비 원인 물질이다.
③ 활성 알루미늄으로 인해 인산 결핍을 초래한다.
④ 토양 산성화로 미생물, 특히 세균의 활동이 억제된다.
⑤ 잎 표면의 왁스층을 심하게 부식시켜 내수성을 상실한다.

해설

활엽수림의 산 중화 능력이 더 크다.

산성비

- pH 5.6 이하의 강우를 뜻한다.
- 아황산가스와 질소산화물이 햇빛에 의해 산화되어 각각 황산과 질산으로 변한 후 빗물에 녹아 산성비가 된다.
- 토양이 산성화되어 토양 내 알루미늄의 독성이 나타나고 칼슘과 마그네슘의 흡수가 방해되어 결핍 증상을 유발한다.
- 큐티클층을 용해시켜 얇게 만들고, 이로 인해 칼륨 같은 무기물이 용탈된다.
- 엽록소를 감소시켜 광합성을 저해하고, 생장장애를 초래하여 발아나 개화가 지연된다.
- 산성비의 피해
  - pH 3.0 이하 : 수목의 가시적 피해(잎에 황색 반점 출현 및 조직의 파괴)
  - pH 3.1~4.5 : 수목의 간접적 피해(엽록소 파괴, 잎의 양료 용탈)
  - pH 4.6~5.5 : 수목의 간접적 피해(엽록소 감소, 광합성 저해, 종자 발아 및 개화 지연)
- 산성비에 저항성 수목
  - 침엽수 : 곰솔, 소나무, 리기다소나무, 전나무, 편백, 삼나무, 일본잎갈나무 등
  - 활엽수 : 자작나무, 참나무, 느티나무, 포플러, 밤나무, 양버즘나무, 은행나무 등

정답 113 ② 114 ①

115 침투성 살충제에 관한 설명으로 옳지 않은 것은?

① 흡즙성 해충에 약효가 우수하다.
② 유효성분 원제의 물에 대한 용해도가 수 mg/L 이상이어야 한다.
③ 네오니코티노이드계 농약인 아세타미프리드, 티아메톡삼이 있다.
④ 보통 경엽처리제로 제형화하며, 토양에 처리하는 입제로는 적합하지 않다.
⑤ 흡수된 농약이 이동 중 분해되지 않도록 화학적·생화학적 안정성이 요구된다.

해설

침투성 살충제

- 약제가 식물체 내로 흡수·이행되어 식물체 각 부위로 이동·분포되는 특징이 있다.
- 접촉독제는 살포 부위에만 부착되지만, 침투성 살충제는 흡즙성 해충에 대한 약효가 우수하다.
- 약제가 침투성을 나타내기 위해서는 물에 대한 용해도가 수 mg/L 이상이어야 하며, 이동 중 분해되지 않도록 화학적·생화학적 안정성이 요구된다.
- 반침투성과 침투이행성으로 구분된다.
  - 반침투성 : 약제가 부착된 잎 표면의 왁스질 큐티클에서 확산에 의해 잎의 밑면으로 이동하지만 작물 전체로는 이동하지 못한다.
  - 침투이행성 : 토양에 살포하여도 작물 전체로 이행된다.
- 토양에 살포하는 입제 제형이 가능하다.

116 천연식물보호제가 아닌 것은?

① 비펜트린
② 지베렐린
③ 석회보르도액
④ 비티쿠르스타키
⑤ 코퍼하이드록사이드

해설

비펜트린(Bifenthrin)은 합성 피레스로이드계 약제로 Na 통로 변조에 의한 반복흥분을 유발하여 살충한다.

117 보호살균제에 관한 설명으로 옳지 않은 것은?

① 정확한 발병 시점을 예측하기 어려우므로 약효 지속기간이 길어야 한다.
② 병 발생 전에 식물에 처리하여 병의 발생을 예방하기 위한 약제이다.
③ 식물의 표피조직과 결합하여, 발아한 포자의 식물체 침입을 막아준다.
④ 발달 중의 균사 등에 대한 살균력이 낮아, 일단 발병하면 약효가 떨어진다.
⑤ 석회보르도액과 각종 수목의 탄저병 등 방제에 쓰이는 만코제브는 이에 해당한다.

해설

살균제

- 보호살균제(Protectant) : 약제가 식물체 내로 침투하는 능력이 낮고, 병 발생 전에 살포하여야 효과가 있다.
- 직접살균제(Eradicant) : 병원균의 발아, 침입 방지뿐만 아니라 침입한 병원균을 살멸시킬 수 있으므로 발병 후에도 사용이 가능한 식물체 내로의 침투력이 있는 것을 말하며, 많은 유기합성 살균제 및 항생물질이 해당한다. 주로 병원균 포자의 발아 억제 또는 살멸로 병원균이 식물체 내에 침입하는 것을 방지한다.

118 반감기가 긴 난분해성 농약을 사용하였을 때 발생할 수 있는 문제점으로 옳지 않은 것은?

① 토양의 알칼리화
② 토양 중 농약 잔류
③ 후작들의 생육 장해
④ 잔류농약에 의한 만성독성
⑤ 생물농축에 의한 생태계 파괴

해설

일반적으로 토양의 pH가 높을수록 농약의 분해가 촉진된다.

토양잔류성 농약

- 농약의 반감기간이 180일 이상인 농약으로서 병해충방제를 위하여 사용한 성분이 토양에 남아 후작물에 잔류되는 것이다.
- 우리나라에서 사용 중인 농약의 대부분은 반감기가 120일 미만으로 토양 중 농약잔류의 우려가 없는 편이다.

정답 115 ④ 116 ① 117 ③ 118 ①

119 농약의 제형 중 액제(SL)에 관한 설명으로 옳지 않은 것은?

① 원제가 극성을 띠는 경우에 적합한 제형이다.
② 원제가 수용성이며 가수분해의 우려가 없는 것이어야 한다.
③ 원제를 물이나 메탄올에 녹이고, 계면활성제를 첨가하여 제제한다.
④ 저장 중에 동결에 의해 용기가 파손될 우려가 있으므로 동결방지제를 첨가한다.
⑤ 살포액을 조제하면 계면활성제에 의해 유화성이 증가되어 우윳빛으로 변한다.

해설

액제(SL)
- 원제가 수용성이며 가수분해의 우려가 없는 경우에 물 또는 메탄올에 녹이고, 계면활성제나 동결방지제를 첨가하여 제제한 액상제형이다.
- 살포액은 투명하다.
- 겨울철에 저장할 때에는 주의한다.
- 극성을 띤다(물에 잘 녹는다).

120 잔디용 제초제 벤타존이 볏과와 사초과 식물 사이에 보이는 선택성은 어떠한 차이에 의한 것인가?

① 약제와의 접촉
② 체내로의 흡수
③ 작용점으로의 이행
④ 대사에 의한 무독화
⑤ 작용점에서의 감수성

해설

컨주게이션(결합화) 형성에 의한 불활성화로 제초제에 저항성이 발생하는데 벤타존 2, 4－D는 화본과(볏과) 식물에는 살초 효과가 없다.

제초제의 선택성 요인

1. 생리 · 생태적 선택성
   - 형태학적 선택성 : 쌍자엽식물(근엽생 중심부에 생장점), 단자엽식물(수직성 잎)
   - 처리 시기 선택성 : 천근성인 잡초는 빨리 자라므로 발아전 제초제 살포(파라콰트, 글리포세이트)
   - 처리 위치 선택성 : 토양처리형 제초제를 뿌리면 얕은 표층에 자라는 잡초 제거
   - 배치 선택성 : 나무에 잎이 없을 때 비선택성 제초제를 살포
   - 제초제의 토양흡착성 : 제초제가 수용성이면 깊이 침투하여 심근성 식물에 작용하고, 제초제가 흡착성이 강하면 표층의 천근성 식물에 작용
   - 식물체 내 이행성 : 2, 4－D는 화본과 식물과 광엽잡초 사이에 선택성을 보임
   - 콩과와 화본과 중에 콩과가 감수성임
2. 생화학적 선택성
   - 활성화 기작 : 모화합물 자체는 제초활성이 없으나 식물체내에서 활성화되어 살초
   - 2, 4－DB, MCPB 등
   - 불활성 기작(분해에 의한 불활성화) : 제초제 활성 전에 효소와 작용하여 분해

121 신경 및 근육에서의 자극 전달 작용을 저해하는 살충제에 해당하지 않는 것은?

① 비펜트린(3a)
② 아바멕틴(6)
③ 디플루벤주론(15)
④ 페니트로티온(1b)
⑤ 아세타미프리드(4a)

해설

디플루벤주론은 벤조닐우레아계 약제이다.

살충제별 특성

1. 마크로라이드계(6)
   - 염소통로 활성화
   - 아바멕틴은 방선균에서 분리
   - 살선충, 살응애
   - 약제 : Abamectin, Emamectin, Benzoate, Milbemectin 등
2. 네오니코틴노이드계(4a)
   - 신경전달물질 수용체 차단
   - 독성이 강하고 빛에 잘 분해되어 잔효성이 짧음
   - 흡즙성 해충에 살충효과가 우수
   - 약제 : Imidacloprid, Acetamiprid, Clothianidin, Dinotefuran, Nitenpyram, Thiacloprid, Thiamethoxam 등
3. 디아마이드계(28)
   - 라이아노딘 수용체 조절
   - 2010년 이후 개발 약제, 근육을 과도하게 수축시킴

정답 119 ⑤ 120 ④ 121 ③

- 약제 : Chloranraniliprole, Cyantraniliprole, Cyclaniliprole, Flubendiamide

4. 벤조닐우레아계(15)
   - 키틴 생합성 저해
   - IGR(곤충생장조절제), 인축독성이 낮고, 환경오염 적으며 곤충과 동물 간에 선택 독성이 높음
   - 약제 : Bistrifluron, Chlorfluazuron, Novaluron, Lufeluron, Triflumuron
5. 뷰프로페진(16)
   - 키틴 생합성 저해
   - IGR(곤충생장조절제)
6. 벤조일하이드라진계(18)
   - 탈피호르몬수용체 기능 향상
   - IGR(곤충생장조절제)
   - Tebufenozide, Methoxyfenozide

122 여러 가지 수목병에 사용되는 살균제인 마이클로뷰타닐과 테부코나졸의 작용기작은?

① 스테롤합성 저해, 스테롤합성 저해
② 단백질합성 저해, 단백질합성 저해
③ 지방산합성 저해, 지방산합성 저해
④ 스테롤합성 저해, 단백질합성 저해
⑤ 지방산합성 저해, 스테롤합성 저해

해설

살균제 주요 작용기작

- 세포분열 저해(저항성 유발)
  - 경엽살포용, 포자발아, 발아관 신장, 부착기 형성, 균사 생장 저해
  - 벤지미다졸계(나1) : 베노밀, 티오파네이트메틸, 카벤다짐
- 호흡 저해(에너지 생성 저해)
  스트로빌루린계 – 아족시스트로빈, 멘데스트로빈, 오리사스트로빈, 트리플옥시스트로빈
- 막에서 스테롤생합성 저해
  - 트레아졸계 : 식물의 생장점으로 흡수, 침투이행성, 보호 및 치료 효과
  - 약해 없음. 에스고스테롤의 생합성 저해 (사1)
  - 디니코나졸, 디페노코나졸, 메코나졸, 비테르타놀, 헥사코사졸
- 세포벽 생합성 저해
  - 난균문 방제 살균제 : 유사균류는 에르고스테롤이 존재하지 않음
  - CAA살균제(카르복실 Acid Amide) : 미메토모르프, 벤티아빌리카브, 발리페날레이트

- 다점 접촉 : 보르도액, 만코제브(디티오카바메이트계=유기황계)

123 「소나무 재선충병 방제지침」 소나무 재선충병 예방사업 중 나무주사 대상지 및 대상목에 관한 설명으로 옳지 않은 것은?

① 집단발생지 및 재선충병 확산이 우려되는 지역
② 발생지역 중 잔존 소나무류에 대한 예방조치가 필요한 지역
③ 발생지역 중 피해 외곽지역 단본 형태로 감염목이 발생하는 지역
④ 국가 주요시설, 생활권 주변의 도시공원, 수목원, 자연휴양림 등 소나무류 관리가 필요한 지역
⑤ 나무주사 우선순위 이외 지역의 소나무류에 대해서는 피해 고사목 주변 20m 내외 안쪽에 한해 예방나무주사 실시

해설

선단지 및 재선충병 확산이 우려되는 지역이 대상지이다.

소나무 재선충병 방제지침

1. 매개충 나무주사 대상지(다음의 우선순위에 따름)
   - 선단지 및 재선충병 확산이 우려되는 지역. 다만, 송이, 식용 잣 채취지역 등 약제 피해가 우려되는 지역은 제외
   - 발생지역 중 피해 외곽지역 단본 형태로 감염목이 발생하는 지역
2. 대상목 선정
   - 예방 및 합제 나무주사 우선순위 이외 지역의 소나무류에 대하여는 피해고사목 주변 20m 내외 안쪽에 한해 예방나무주사 실시
   - 재선충병에 감염되지 않은 우량한 소나무류를 선정하고, 형질이 불량하거나 쇠약한 나무, 가슴높이 지름이 10cm 미만인 나무 등은 제외
   - 전수조사 방법으로 조사하되, 나무주사 구역이 넓은 경우 등은 표준지조사를 실시하고 필요한 경우 대상목 선목 실시
   - 단목벌채, 소구역모두베기, 모두베기 등의 방제 효과를 높이기 위하여 잔존 소나무에 대하여는 벌채방법에 따른 나무주사를 시행

정답 122 ① 123 ①

124 「산림병해충 방제규정」 방제용 약종의 선정 기준이 아닌 것은?

① 경제성이 높을 것
② 사용이 간편할 것
③ 대량구입이 가능할 것
④ 항공방제의 경우 전착제가 포함되지 않을 것
⑤ 약효시험 결과 50% 이상 방제효과가 인정될 것

해설

방제용 약종의 선정 기준

- 예방 및 살충 · 살균 등 방제효과가 뛰어날 것
- 입목에 대한 약해가 적을 것
- 사람 또는 동물 등에 독성이 적을 것
- 경제성이 높을 것
- 사용이 간편할 것
- 대량구입이 가능할 것
- 항공방제의 경우 전착제가 포함되지 않을 것

125 「산림보호법」 과태료 부과기준의 개별 기준 중 아래의 과태료 금액에 해당하지 않는 위반행위는?

- 1차 위반 : 50만 원
- 2차 위반 : 70만 원
- 3차 위반 : 100만 원

① 나무의사가 보수교육을 받지 않은 경우
② 나무의사가 진료부를 갖추어 두지 않은 경우
③ 나무병원이 나무의사의 처방전 없이 농약을 사용한 경우
④ 나무의사가 정당한 사유 없이 처방전 등 발급을 거부한 경우
⑤ 나무의사가 진료사항을 기록하지 않거나 또는 거짓으로 기록한 경우

해설

처방전 없이 농약을 사용하거나 처방전과 다르게 농약을 사용한 경우 과태료 금액은 다음과 같다.

- 1차 : 150만 원
- 2차 : 300만 원
- 3차 : 500만 원

정답 124 ⑤ 125 ③

과년도 기출문제 9회(2023년 7월 1일)

1과목 수목병리학

01 수목 병원체 관찰 및 진단법으로 옳지 않은 것은?

① 세균 – 그람염색법을 이용한 광학현미경 관찰
② 곰팡이 – 포자와 균사를 광학현미경으로 관찰
③ 바이러스 – 음성염색법을 이용한 광학현미경 관찰
④ 파이토플라스마 – DAPI 염색법을 이용한 형광현미경 관찰
⑤ 선충 – 베르만(Baermann) 깔때기법을 이용한 광학현미경 관찰

해설

바이러스 – 전자현미경, 면역학적 진단법, 분자생물학적 진단법

그람염색법
- 세균의 세포벽 특성을 그람염색법으로 구분한다.
- 그람음성균은 붉은색(분홍색)이고 그람양성균은 보라색(자색)이다.

세균 동정
- 바이오로그(Biolog)에 의한 탄소원 이용 여부의 검정방법이 많이 응용된다.
- 정확한 동정을 위해서는 70여 가지 영양원(당류, 아미노산 등)의 분해 및 반응검사가 필요하다.
- 일반적인 동정은 그람염색 및 10여 가지의 영양원과 생리화학반응검사를 실시하여 세균의 속과 종을 결정한다.

02 수목 병원균류의 영양기관은?

① 버섯 ② 균사체
③ 자낭구 ④ 분생포자좌
⑤ 분생포자층

해설

균사로 이루어진 균사체는 영양기관이다.

영양기관
- 기본적인 영양기관은 균사, 균사의 집단(균사체)이다.
- 세포벽이 있고, 키틴이 주성분이다.
- 유격벽균사, 무격벽균사(다핵균사)로 나뉜다.
- 핵, 선단소체, 골지체, 미토콘드리아, 소포체, 액포 등의 구조를 가짐
- 종류 : 균사층, 균사속, 근상균사속, 자좌, 균핵 등이 있다.
  - 자좌 : 균사가 치밀하게 접합하여 된 조직, 주로 균사 다발이나 번식기관의 주변에 형성한다.
  - 균핵 : 균사가 서로 엮여서 짜인 구형 또는 타원형 조직(영양분을 저장)이다.

03 포플러류 모자이크병의 병징으로 옳지 않은 것은?

① 잎의 황화
② 잎의 뒤틀림
③ 잎자루와 주맥에 괴사반점
④ 기형이 되는 잎들은 조기낙엽
⑤ 잎에 불규칙한 모양의 퇴록반점

해설

포플러류 모자이크병의 병징에 잎의 황화는 없다.

포플러류 모자이크병
- 포플러의 생장에 상당한 피해를 주는 중요한 병(30~40% 재적 감소)
- 병징
  - 잎에 불규칙한 모양의 퇴록반점
  - 모자이크 증상
  - 잎이 붉게 변하거나 잎맥에 괴저반점이 나타남
  - 잎이 뒤틀리면서 모양이 일그러짐
  - 기형의 잎은 조기낙엽
  - 병든 잎은 손으로 쥐면 쉽게 부서짐
  - 모자이크 증상은 여름에 사라졌다가 가을에 다시 나타남

정답 01 ③ 02 ② 03 ①

• 방제법
  – 무병 삽수를 채취
  – 감염된 나무가 없도록 관리
  – 접목, 꺾꽂이 등에 사용하는 칼은 제2인산소다 10% 액에 자주 소독 관리

04 백색부후에 관한 설명으로 옳지 않은 것은?

① 대부분의 백색부후균은 담자균문에 속한다.
② 주로 활엽수에 나타나지만 침엽수에서도 나타난다.
③ 조개껍질버섯, 치마버섯, 간버섯 등은 백색부후균이다.
④ 목재 성분인 셀룰로오스, 헤미셀룰로오스, 리그닌이 모두 분해되고 이용된다.
⑤ 부후된 목재는 암황색으로 네모난 형태의 금이 생기고 쉽게 부러진다.

해설

⑤는 갈색부후균에 대한 설명이다.

갈색부후
• 자낭균이나 담자균류(덕다리버섯)로 헤미셀룰로오스와 셀룰로오스를 분해하고 리그닌은 남긴다.
• 갈색으로 변색되고 작은 벽돌 모양으로 금이 가면서 쪼개진다.

05 수목병의 병징에서 병든 부분과 건전부분의 경계가 뚜렷하지 않은 것은?

① 붉나무 모무늬병
② 포플러 잎마름병
③ 회양목 잎마름병
④ 쥐똥나무 둥근무늬병
⑤ 참나무류 갈색둥근무늬병

해설

회양목 잎마름병
• 병든 잎은 조기낙엽되어 앙상한 모양이다.
• 병원균 : Hyponectria buxi(각균강), Dithiorella candollei(총생균강)
• 병징
  – 잎 뒷면에 회갈색의 점무늬가 나타난다.
  – 병반 주위에는 짙은 갈색의 띠가 형성되며, 건전부와 경계는 뚜렷하지 않다.
  – 잎 뒷면의 병반 위에 검은 돌기(분생포자각)를 형성한다.

06 수목의 내부 부후 진단 시 상처를 최소화한 기기 또는 방법은?

① 생장추
② 저항기록드릴
③ 현미경 조직검경
④ 분자생물학적 탐색
⑤ 음파 단층 이미지 분석

해설

생장추, 저항기록드릴, 현미경 조직검경, 분자생물학적 탐색 등은 모두 표본을 채취해야 하는 진단방법이다.

목재 부후를 탐색하는 방법

구분	내용
파괴적인 방법	생장추
비파괴적인 방법	육안검사, 이온조사 컴퓨터 단층 X촬영, 열, 전자파, 초음파 핵자기공명(NMR), 중성자, 화상기법, 면역탐색법, 분자생물학적 탐색법 등

07 분생포자가 1차 전염원이 아닌 수목병은?

① 사철나무 탄저병
② 포플러 갈색무늬병
③ 느티나무 갈색무늬병
④ 쥐똥나무 둥근무늬병
⑤ 소나무류 갈색무늬병(갈색무늬잎마름병)

해설

① 사철나무 탄저병(Gloeosporium euonymicola)
  – 1차 전염원 : 분생포자반의 분생포자
② 포플러 갈색무늬병(Pseudocercospora salicina)
  – 1차 전염원 : 자낭포자
③ 느티나무 흰무늬병(갈색무늬병, 갈반병, Pseudocercospora zelkovae)
  – 1차 전염원 : 분생포자
④ 쥐똥나무 둥근무늬병(원형반점병, Pseudocercospora ligustri)
  – 1차 전염원 : 분생포자
⑤ 소나무류 갈색무늬잎마름병(갈반병, Lecanosticta acicula)
  – 1차 전염원 : 분생포자

정답 04 ⑤ 05 ③ 06 ⑤ 07 ②

08 사과나무 불마름병(화상병)의 방제법으로 옳지 않은 것은?

① 매개충 방제
② 테부코나졸 약제 살포
③ 병든 가지는 매몰 또는 소각
④ 도구는 사용할 때마다 차아염소산나트륨으로 소독
⑤ 감염된 가지는 감염 부위로부터 최소 30cm 아래에서 제거

해설

테부코나졸 약제는 작용기작 사1이며, 세포막에서 스테롤의 생합성을 저해하는 약제이다. 세균의 방제에는 주로 단백질의 생합성을 저해하는 약제를 사용한다.

> 불마름병(Erwinia amylovora)
> 1. 병징
>   - 늦은 봄에 어린잎과 꽃, 작은 가지들이 갑자기 시든다.
>   - 처음에는 물이 스며든 듯한 모양을 보인다.
>   - 빠르게 갈색, 검은색으로 변하고 불에 탄 듯 보인다.
>   - 초기 병징은 잎 가장자리에서 나타나고, 잎맥을 따라 발달한다.
>   - 꽃은 암술머리에서 처음 발생한다.
> 2. 방제법
>   - 줄기의 궤양은 늦여름이나 가을, 겨울에 외과수술을 한다.
>   - 감염된 가지는 감염 부위로부터 최소한 30cm 이상 아래로 잘라내야 한다.
>   - 양쪽으로 10cm 정도 잘라낸다.
>   - 감수성 수종은 스트렙토마이신과 구리계 살균제를 조합하여 예방한다.
>   - 인산, 칼리질 비료를 시비하고, 매개충을 방제한다.
>   - 개화기에 농용신 수화제나 아그로마이신 수화제를 살포한다.

09 수목 병원균의 월동장소로 옳지 않은 것은?

① 대추나무 빗자루병 – 고사된 가지
② 삼나무 붉은마름병 – 병환부의 조직 내부
③ 명자나무 불마름병(화상병) – 병든 가지의 궤양 주변부
④ 단풍나무 역병(파이토프토라뿌리썩음병) – 감염 뿌리 조직
⑤ 소나무 가지끝마름병(디플로디아 순마름병) – 병든 낙엽 또는 가지

해설

파이토플라스마는 가을에 뿌리로 이동하여 겨울에 월동하고 봄에 수액의 이동과 더불어 줄기부분으로 올라와 증식한다.

10 수목에 발생하는 병에 관한 설명으로 옳지 않은 것은?

① 배롱나무 흰가루병의 피해는 7~9월 개화기에 심하다.
② 미국밤나무는 일반적으로 밤나무 줄기마름병에 감수성이 크다.
③ 포플러류 점무늬잎떨림병은 주로 수관하부의 잎에서 시작된다.
④ 느티나무 흰별무늬병에서 흔하게 나타나는 증상은 조기낙엽이다.
⑤ 소나무 재선충병 매개충은 우화, 탈출 시기에 살충제를 살포하여 방제한다.

해설

조기낙엽은 느티나무 갈색무늬병(흰무늬병)에서 나타나는 증상이다.

> 느티나무 흰별무늬병
> - 묘목에 흔히 발생한다.
> - 성목은 그늘에 심은 나무에 발생한다.
> - 조기낙엽되지는 않는다.
> - 병원체는 Sphaerulina abeliceae(Septoria abeliceae)이다.
> - 병징
>   - 잎에 갈색의 점무늬가 나타난다.
>   - 병반의 가운데는 회백색이다.
>   - 병반 위에 흑갈색의 분생포자각이 형성된다.

11 Marssonina 속에 의한 병 발생 및 병원균의 특성에 관한 설명으로 옳은 것은?

① 분생포자각을 형성한다.
② 분생포자는 막대형이며 여러 개의 세포로 나뉘어 있다.
③ 은백양은 포플러류 점무늬잎떨림병에 감수성이 있다.
④ 증상이 심한 병반에는 짧은 털이 밀생한 것처럼 보인다.
⑤ 장미 검은무늬병은 봄비가 잦은 해에는 5~6월에도 심하게 발생한다.

정답 08 ② 09 ① 10 ④ 11 ⑤

해설

Marssonina 속

- 분생포자반을 형성한다.
- 분생포자는 무색의 두 세포이다.
- 은백양과 일본사시나무는 저항성이고, 이태리계 개량포플러는 감수성이다.
- 습할 때는 다량의 분생포자가 흰색의 분생포자 덩이로 보인다(희게 보인다).
- Marssonina에 의한 병
  - 불완전균문 유각균강 분생포자반균목
  - 모두 잎에 점무늬병을 일으킨다.
  - 분생포자반에 분생포자(흰색)를 형성

  예 포플러류 점무늬잎떨림병, 참나무 갈색둥근무늬병, 장미 검은무늬병

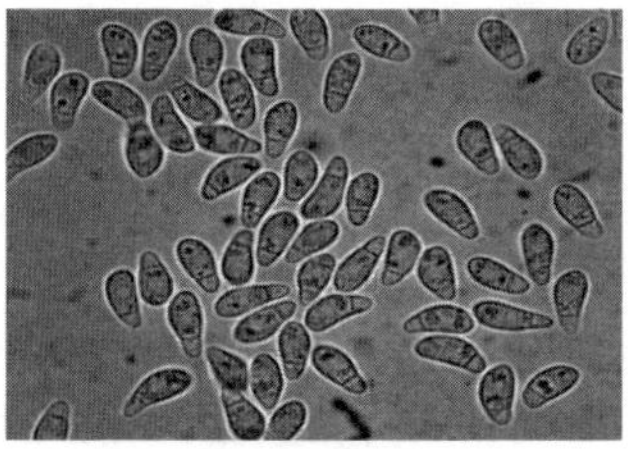

Marssonina

12 다음에 설명된 수목 병원체에 관한 내용으로 옳은 것은?

- 원핵생물계에 속하며 일정한 모양이 없는 다형성 미생물이다.
- 세포벽이 없고 원형질막으로 둘러싸여 있다.

① 병원체는 감염된 수목의 체관부에 기생한다.
② 주로 즙액, 영양번식체, 매개충에 의해 전반된다.
③ 매미충류, 나무이, 꿀벌 등이 매개충으로 알려져 있다.
④ 옥시테트라사이클린과 페니실린계 항생제에 감수성이 있다.
⑤ 병원체의 크기는 바이러스보다 크고 세균과 유사하다.

해설

② 즙액전염, 종자전염은 되지 않는다.
③ 꿀벌은 매개충에 해당하지 않는다.
④ 옥시테트라사이클린에는 감수성이지만, 페니실린계에는 저항성이다.
⑤ 병원체의 크기는 세균 > 파이토플라스마 > 바이러스 순이다.

13 한국에 적용 살균제가 등록되어 있는 수목병은?

① 사철나무 탄저병
② 명자나무 점무늬병
③ 칠엽수 잎마름병(얼룩무늬병)
④ 멀구슬나무 점무늬병(갈색무늬병)
⑤ 동백나무 갈색잎마름병(겹둥근무늬병)

해설

사철나무는 다른 나무들에 비해 많은 식재가 이루어지는 조경수종이다.

사철나무 탄저병의 등록약제

- 병 : 탄저병(아족시스트로빈 · 프로피코나졸 유제, 크레속심메틸 입상수화제), 흰가루병(마이클로뷰타닐 수화제, 이미녹타딘트리아세테이트 액제, 트리플루미졸 수화제)
- 해충 : 사철깍지벌레(트리플루미졸 수화제)

14 수목병의 관리방법으로 옳지 않은 것은?

① 쥐똥나무 빗자루병 – 매개충 방제
② 밤나무 가지마름병 – 주변 오리나무 제거
③ 밤나무 잉크병 – 물이 고이지 않게 배수관리
④ 전나무 잎녹병 – 발생지 부근의 뱀고사리 제거
⑤ 소나무 리지나뿌리썩음병 – 주변에서 취사행위 금지

해설

밤나무 가지마름병 – 주변 아까시나무 제거

밤나무 가지마름병

- 아까시나무는 주요 전염원이므로 밤나무, 호두나무, 사과나무 재배 시 아까시나무는 제거한다.
- 병원균(Bptryosphaeria dothidea)
  - 자낭균 각균강
  - 자낭각은 대체로 구형 암갈색 또는 검은색으로 목(Neck) 부분의 돌기가 표피 밖으로 나온다.
- 병징
  - 초기에는 병이 가는 뿌리에서 굵은 뿌리로 진행된다. 피층이 벗겨져 목질부만 남고 검은색으로 변하며 자낭각이 형성된다.

정답 12 ① 13 ① 14 ②

– 열매에 감염되면 흑색썩음병에 걸리는데, 과육은 진물이 나고 연부되며 검은색으로 변색되고 특유의 술 냄새가 난다.
- 방제법
  – 감염된 가지는 잘라서 태우며, 비배 및 배수 관리에 유의한다.
  – 햇빛이 부족할 경우 가지치기를 한다.
  – 접목 시 칼을 수시로 소독한다.

15 수목병의 병징 및 표징에 관한 설명으로 옳지 않은 것은?

① 철쭉류 떡병 – 잎이 국부적으로 비대
② 밤나무 갈색점무늬병 – 건전부와의 경계에 황색 띠 형성
③ 버즘나무 탄저병 – 주로 엽육 조직에 적갈색 반점 다수 형성
④ 은행나무 잎마름병 – 분생포자반에서 분생포자가 포자덩이뿔로 분출
⑤ 호두나무 탄저병 – 잎자루와 잎맥에 흑갈색 병반이 형성되면서 잎은 기형이 됨

해설

버즘나무 탄저병(Apiognomonia veneta)
- 봄비가 잦은 해에 어린잎과 가지가 고사하여 서리를 맞은 듯하다.
- 병징
  – 초봄에 발생하면 어린 싹이 까맣게 말라죽는다.
  – 잎이 전개된 후에 발생하면 잎맥을 중심으로 번개 모양의 갈색반점을 형성하고 조기낙엽된다.
  – 잎맥 주변에 무수히 작은 점(분생포자반)이 나타난다.
  – 1차 전염원 : 분생포자

16 회색고약병에 관한 설명으로 옳지 않은 것은?

① 병원균은 깍지벌레 분비물을 영양원으로 이용한다.
② 두꺼운 회색 균사층이 가지와 줄기 표면을 덮는다.
③ 병원균은 외부기생으로 수피에서 영양분을 취하지 않는다.
④ 병원균은 Septobasidium spp.로 담자포자를 형성한다.
⑤ 줄기 또는 가지 표면의 균사층을 들어내면 깍지벌레가 자주 발견된다.

해설

고약병균은 초기에는 깍지벌레 분비물로부터 영양을 섭취하지만 차츰 균사를 통하여 수피에서도 영양을 취한다.

17 편백 · 화백 가지마름병에 관한 설명으로 옳지 않은 것은?

① 병반 조직 수피 아래에 분생포자층을 형성한다.
② 감염된 가지와 줄기의 수피가 세로로 갈라진다.
③ 분생포자는 방추형이며 세포 6개로 나뉘어 있다.
④ 감염 부위에서 누출된 수지가 굳어 적색으로 변한다.
⑤ 병원균은 Seiridium unicorne(=Monochaetia unicornis)이다.

해설

편백 · 화백 가지마름병은 감염 부위에서 누출된 수지가 굳어져 흰색으로 변한다.

18 회화나무 녹병에 관한 설명으로 옳지 않은 것은?

① 병원균은 Uromyces truncicola이다.
② 줄기와 가지에 방추형 혹이 생기고 수피가 갈라진다.
③ 병든 낙엽과 가지 또는 줄기의 혹에서 겨울포자로 월동한다.
④ 잎 아랫면에 황갈색 가루덩이가 생긴 후 흑갈색으로 변한다.
⑤ 늦은 봄 수피의 갈라진 틈에 흑갈색 가루덩이(포자퇴)가 나타난다.

해설

회화나무 녹병
- 8월 중순쯤부터는 황갈색의 여름포자 덩이에 섞여서 껍질 밑에 흑갈색의 가루덩이(겨울포자)가 무더기로 나타난다.
- 여름포자 : 황갈색 포자덩이
- 겨울포자 : 흑갈색의 포자덩이

정답 15 ③ 16 ③ 17 ④ 18 ⑤

19 뿌리혹병(근두암종병)에 관한 설명으로 옳지 않은 것은?

① 목본과 초본 식물에 발생한다.
② 토양에서 부생적으로 오랫동안 생존할 수 있다.
③ 한국에서는 1973년 밤나무 묘목에 크게 발생하였다.
④ 병원균은 그람음성세균이며 짧은 막대 모양의 단세포이다.
⑤ 주요 병원균으로는 Agrobacterium tumefaciens, A. radiobacter K84 등이 있다.

해설

- 뿌리혹병의 병원균은 Agrobacterium tumefaciens이고 길항세균은 Agrobacterium radiobacter이다.
- Agrobacterium radiobacter는 유기물질을 함유한 토양(rhizosphere)에서 발견되는 그람음성간균이다.
- A. radiobacter는 agrocin 84라는 물질을 합성하고 분비하며 A tumefaciens가 DNA를 복제하는 능력을 차단하여 번식 능력을 효과적으로 정지시킨다.

20 느릅나무 시들음병에 관한 설명으로 옳지 않은 것은?

① 세계 3대 수목병 중 하나이다.
② 매개충은 나무좀으로 알려져 있다.
③ 병원균은 뿌리접목으로 전반되지 않는다.
④ 방제법으로는 매개충 방제, 감염목 제거 등이 있다.
⑤ 병원균은 자낭균문에 속하며, 학명은 Ophiostoma (novo－)ulmi이다.

해설

느릅나무 시들음병의 병원균은 수목의 아랫부분으로 이동하여 뿌리접목으로 다른 나무의 물관부로 이동한다.

21 병원균의 속(Genus)이 동일한 병만 고른 것은?

ㄱ. 밤나무 잉크병	ㄴ. 참나무 급사병
ㄷ. 삼나무 잎마름병	ㄹ. 철쭉류 잎마름병
ㅁ. 포플러 잎마름병	ㅂ. 동백나무 겹둥근무늬병

① ㄱ, ㄴ, ㄹ ② ㄱ, ㄴ, ㅁ
③ ㄷ, ㄹ, ㅁ ④ ㄷ, ㄹ, ㅂ
⑤ ㄷ, ㅁ, ㅂ

해설

- Phytophthora : 밤나무 잉크병, 참나무 급사병(난균문)
- Pestalotiopsis : 철쭉류 잎마름병, 동백나무 겹둥근무늬병, 삼나무 잎마름병(불완전균문)
- Septotis : 포플러 잎마름병(불완전균문 유각균강 분생포자각균목)

22 흰날개무늬병의 특징만 고른 것은?

ㄱ. 감염목의 뿌리 표면에 균핵이 형성된다.
ㄴ. 감염된 나무뿌리는 흰색 균사막으로 싸여 있다.
ㄷ. 뿌리꼴균사다발이나 뽕나무버섯이 주요한 표징이다.
ㄹ. 병원균은 리지나뿌리썩음병과 동일한 문(Phylum)에 속한다.

① ㄱ, ㄴ ② ㄱ, ㄷ
③ ㄴ, ㄷ ④ ㄴ, ㄹ
⑤ ㄷ, ㄹ

해설

ㄱ. 흰날개무늬병과 자주날개무늬병의 증상은 비슷하여 균사다발로 휘감기고 균핵이 형성된다.
ㄴ. 뿌리는 흰색의 균사막으로 싸여 있고, 굵은 뿌리의 수피를 제거하면 부채 모양의 균사막과 실 모양의 균사다발이 있다.
ㄷ. 뿌리꼴균사다발이나 뽕나무버섯은 아밀라리아뿌리썩음병의 표징이다.
ㄹ. 흰날개무늬병은 리지나뿌리썩음병과 함께 자낭균에 의한 병이다.

23 아래 수목병 증상을 나타내는 병원균은?

봄에 새순과 어린잎이 회갈색으로 변하면서 급격히 말라 죽는다. 여름부터 초가을까지 말라 죽은 침엽 기부의 표피를 뚫고 검은색 작은 분생포자각이 나타난다.

① Marssonina rosae
② Lecanosticta acicola
③ Sphaeropsis sapinea
④ Entomosporium mespili
⑤ Drepanopeziza brunnea

해설

① Marssonina rosae(장미 검은무늬병)
② Lecanosticta acicola(소나무류 갈색무늬잎마름병)

정답 19 ⑤ 20 ③ 21 ④ 22 ①, ④ 23 ③

③ Sphaeropsis sapinea(소나무류 가지끝마름병)
④ Entomosporium mespili(홍가시나무 점무늬병, 채진목 점무늬병)
⑤ Drepanopeziza brunnea(포플러 점무늬잎떨림병)

24 침엽수와 활엽수를 모두 가해하는 뿌리썩음병만 고른 것은?

ㄱ. 흰날개무늬병
ㄴ. 자주날개무늬병
ㄷ. 리지나뿌리썩음병
ㄹ. 안노섬뿌리썩음병
ㅁ. 아밀라리아뿌리썩음병
ㅂ. 파이토프토라뿌리썩음병

① ㄱ, ㄴ, ㄹ
② ㄱ, ㄴ, ㅁ
③ ㄱ, ㄷ, ㄹ
④ ㄴ, ㄷ, ㅂ
⑤ ㄴ, ㅁ, ㅂ

해설

ㄱ. 흰날개무늬병(활엽수 발병)
ㄴ. 자주날개무늬병(활엽수, 침엽수 발병)
ㄷ. 리지나뿌리썩음병(침엽수 발병)
ㄹ. 안노섬뿌리썩음병(활엽수, 주로 침엽수 발병)
ㅁ. 아밀라리아뿌리썩음병(활엽수, 침엽수 발병)
ㅂ. 파이토프토라뿌리썩음병(활엽수, 침엽수 발병)

25 수목의 줄기 부위를 부후하는 균만 고른 것은?

ㄱ. 말굽버섯(Fomes fomentarius)
ㄴ. 느타리(Pleurotus ostreatus)
ㄷ. 왕잎새버섯(Meripilus giganteus)
ㄹ. 해면버섯(Phaeolus schweinitzii)
ㅁ. 덕다리버섯(Laetiporus sulphureus)
ㅂ. 소나무잔나비버섯(Fomitopsis pinicola)

① ㄱ, ㄴ, ㄷ
② ㄱ, ㄷ, ㅂ
③ ㄴ, ㄹ, ㅁ
④ ㄴ, ㅁ, ㅂ
⑤ ㄷ, ㄹ, ㅁ

해설

주로 뿌리에 발생하는 왕잎새버섯과 그루터기에 발생하는 해면버섯을 제외하여야 한다.

ㄱ. 말굽버섯(Fomes fomentarius) : 구멍장이 버섯속, 활엽수의 고사목 줄기에서 주로 발생
ㄴ. 느타리(Pleurotus ostreatus) : 활엽수의 고목, 그루터기 등에 군생하며 중첩하여 발생해 백색부후균을 형성
ㄷ. 왕잎새버섯(Meripilus giganteus) : 구멍장이버섯속, 주로 뿌리에 발생
ㄹ. 해면버섯(Phaeolus schweinitzii) : 침엽수 그루터기썩음병(해면버섯, 꽃송이버섯)
ㅁ. 덕다리버섯(Laetiporus sulphureus) : 침엽수 심재썩음병(덕다리버섯, 말굽잔나비버섯)
ㅂ. 소나무잔나비버섯(Fomitopsis pinicola) : 줄기심재썩음병(소나무잔나비버섯)

2과목 수목해충학

26 노린재목에 관한 설명으로 옳지 않은 것은?

① 노린재아목, 매미아목, 진딧물아목 등으로 나뉜다.
② 진딧물은 찔러 빨아 먹는 전구식 입틀을 갖고 있다.
③ 식물을 가해하면서 병원균을 매개하는 종도 있다.
④ 노린재아목의 일부 종은 수서 또는 반수서 생활을 한다.
⑤ 진딧물아목의 미성숙충은 성충과 모양이 비슷하지만 기능적인 날개가 없다.

해설

노린재목

- 매미아목(Homoptera)과 진딧물아목(Sternorrhyncha)은 후구식 입틀을 가지고 있다.
- 노린재목(Hemiptera)은 노린재아목(Heteroptera), 매미아목(Homoptera), 진딧물아목(Sternorrhyncha)으로 구분한다.
- 노린재아목(Heteroptera)은 날개가 반초시를 갖고, 대부분 하구식이나 전구식의 찔러 빠는 입틀도 있다.

정답 24 ⑤ 25 ④ 26 ②

27 매미나방의 분류 체계를 나타낸 것이다. ( ) 안에 들어갈 명칭을 순서대로 나열한 것은?

강 Class : Insecta 목 Order : Lepidoptera 과 Family : (ㄱ) 속 Genus : (ㄴ) 종 Species : (ㄷ)

	(ㄱ)	(ㄴ)	(ㄷ)
①	Erebidae	Lymantria	dispar
②	Erebidae	Lymantria	auripes
③	Notodontidae	Ivela	dispar
④	Notodontidae	Ivela	auripes
⑤	Notodontidae	Lymantria	dispar

해설

매미나방은 태극나방과에 속한다.

- Erebidae : 태극나방과
- Lymantriinae : 독나방아과
- Lymantria dispar : 매미나방
- Notodontiae : 재주나방과
- Ivela auripes : 황다리독나방

28 유충(약충)과 성충의 입틀이 서로 다른 곤충목을 나열한 것은?

① 나비목, 벼룩목
② 나비목, 총채벌레목
③ 딱정벌레목, 벼룩목
④ 딱정벌레목, 파리목
⑤ 총채벌레목, 파리목

해설

곤충목의 종류

- 나비목(Lepidoptera) : 유충은 씹는 입, 성충은 빠는 입, 복부는 보통 5쌍의 배다리를 갖는다.
- 벼룩목(Siphonaptera) : 유충은 씹는 입, 성충은 빠는 입, 모든 벼룩은 흡혈하는 외부기생자이다.
- 총채벌레목(Thysanoptera) : 유충, 성충 모두 빠는 입을 갖는다.
- 딱정벌레목(Coleoptera) : 유충, 성충 모두 씹는 입, 유충은 3쌍의 가슴다리, 배다리는 없다.
- 파리목(Diptera) : 유충은 씹는 입, 성충은 빠는 입을 갖는다.

29 벚나무류를 가해하는 해충을 모두 고른 것은?

ㄱ. 벚나무깍지벌레	ㄴ. 미국선녀벌레
ㄷ. 회양목명나방	ㄹ. 복숭아유리나방

① ㄱ　② ㄴ, ㄷ
③ ㄱ, ㄴ, ㄹ　④ ㄴ, ㄷ, ㄹ
⑤ ㄱ, ㄴ, ㄷ, ㄹ

해설

회양목명나방은 회양목을 가해하는 단식성이다.

단식성 해충
- 회화나무 – 줄마디가지나방
- 회양목 – 회양목명나방
- 개나리 – 개나리잎벌, 밤나무혹벌, 혹응애류
- 자귀나무, 주엽나무 – 자귀뭉뚝나방, 솔껍질깍지벌레, 검은배네줄면충

30 곤충 생식기관 부속샘의 분비물에 관한 설명으로 옳지 않은 것은?

① 정자를 보관한다.
② 알의 보호막 역할을 한다.
③ 암컷의 행동을 변화시킨다.
④ 정자가 이동하기 쉽게 한다.
⑤ 산란 시 점착제 역할을 한다.

해설

암컷, 수컷 모두 정자를 보관하는 역할은 저장낭에서 한다.

부속샘
- 암컷의 부속샘 : 알의 보호막이나 점착액을 분비하여 알을 감싼다.
- 수컷의 부속샘 : 정액과 정자주머니를 만들어 정자가 이동하기 쉽도록 한다.

31 곤충과 날개의 변형이 옳지 않은 것은?

① 대벌레 – 연모(Fringe)
② 오리나무좀 – 초시(Elytra)
③ 갈색여치 – 가죽날개(Tegmina)
④ 아까시잎혹파리 – 평균곤(Haltere)
⑤ 갈색날개노린재 – 반초시(Hemelytra)

정답 27 ① 28 ① 29 ③ 30 ① 31 ①

해설

곤충의 날개

- 대벌레 : 입틀은 전구식, 활엽수를 광식한다. 날개는 없고 연 1회 알로 월동한다.
- 굳은 날개(Elytron, 딱지날개, 초시) : 딱정벌레의 앞날개에서 볼 수 있듯이 단단하게 경화된 것으로, 비행보다는 뒷날개를 보호하는 역할을 한다.
- 반굳은날개(Hemelytron, 반초시) : 노린재의 앞날개. 기부 쪽이 단단한 반면, 정단부 쪽은 막질에 가까운 부드러운 날개이다.
- 두텁날개(Tegmen, 혁질, 가죽날개) : 메뚜기, 바퀴, 사마귀 등에 있다. 주로 비행에 활용하기보다는 뒷날개를 보호하는 기능을 하며, 가죽 같은 느낌의 질깃질깃하고 두터운 날개이다.
- 평균곤 : 파리목 곤충에서 몸의 평형을 유지하는 역할을 하는 곤봉 모양의 돌기로 뒷날개가 퇴화되어 생긴 것이다.

32 성충의 외부 구조에 관한 설명으로 옳은 것은?

① 백송애기잎말이나방은 머리에 옆홑눈이 있다.
② 네눈가지나방의 기문은 머리와 배 부위에 분포한다.
③ 갈색날개매미충의 다리는 3쌍이며 배 부위에 있다.
④ 알락하늘소의 더듬이는 머리에 있으며 세 부분으로 구성된다.
⑤ 진달래방패벌레의 날개는 앞가슴과 가운뎃가슴에 각각 1쌍씩 있다.

해설

성충의 외부 구조

- 홑눈(Ocelli)에는 등홑눈(Dorsal Ocelli)과 옆홑눈(Lateral Ocelli)이 있다.
  - 등홑눈 : 성충과 불완전변태류의 약충에 흔히 발견된다. 머리의 등쪽 또는 안면부에 2~3개 존재한다.
  - 옆홑눈 : 완전변태류 유충과 일부 성충에 나타난다. 머리의 측면에 있고 1~6쌍이 존재한다.
- 기문 : 기문의 수는 앞가슴과 가운뎃가슴 사이에 1쌍, 가운뎃가슴과 뒷가슴 사이에 1쌍, 복부 앞 8마디에 1쌍식 모두 10쌍이 있다.
- 곤충의 가슴은 앞가슴, 가운뎃가슴, 뒷가슴으로 나뉘고 각 마디에 1쌍의 다리가 있다.
- 더듬이는 밑마디, 흔들마디, 채찍마디로 구분된다.
- 날개는 가운뎃가슴에 1쌍, 뒷가슴에 1쌍이 있다.

33 곤충의 말피기관에 관한 설명으로 옳은 것은?

① 맹관으로 체강에 고정된 상태이다.
② 중장 부위에 붙어 있으며 개수는 종에 따라 다르다.
③ 분비작용 과정에서 많은 칼륨이온이 관외로 배출된다.
④ 육상 곤충의 단백질 분해 산물은 암모니아 형태로 배설된다.
⑤ 대사산물과 이온 등 배설물을 혈림프에서 말피기관 내강으로 분비한다.

해설

곤충의 말피기관

- 말피기관은 가늘고 긴 맹관으로 끝은 체강 내에 유리된 상태로 있는 것이 보통이다.
  ※ 맹관 : 내장 기관 가운데, 맹장 따위와 같이 한쪽 끝이 막힌 관강(管腔)
- 말피기관은 후장의 시단부에 있다.
- 분비작용을 하는 과정에서 많은 칼륨이온이 관 내로 유입된다.
- 곤충의 단백질 분해산물은 주로 요산이나 그 밖에 요산의 산화생성물인 알란토인(Allantoin)과 알란토산(Allantonic Acid)이 나비목과 노린재목 등에서 볼 수 있다.
- 말피기관은 대사산물과 이온 등 배설물을 혈림프에서 말피기관 내강으로 분비하거나 체내에 다시 흡수하는 역할을 한다.

34 곤충의 내분비계에 관한 설명으로 옳은 것은?

① 알라타체는 탈피호르몬을 분비한다.
② 카디아카체는 유약호르몬을 분비한다.
③ 내분비샘에서 성페로몬과 집합페로몬을 분비한다.
④ 신경분비세포에서 분비되는 호르몬은 엑디스테로이드이다.
⑤ 성충의 유약호르몬은 알에서의 난황축적과 페로몬 생성에 관여한다.

해설

곤충의 내분비계

- 알라타체에서는 유약호르몬(Juvenile Hormone)을 합성하고 분비한다.
- 카디아카체는 앞가슴샘 자극호르몬을 분비하여 탈피호르몬(엑디스테로이드)을 분비하게 한다.
- 내분비샘은 호르몬을 생산하여 순환계로 방출하며, 페로몬은 외분비샘에서 분비한다.

정답 32 ④ 33 ⑤ 34 ⑤

• 신경분비세포에서 특정한 화학적 메신저를 생성하고 분비하여 자극에 반응하는 전문화된 신경세포이다. 신경계와 내분비계 사이의 연결고리 역할이다.
  예 뇌 호르몬, 경화 호르몬, 이뇨 호르몬, 알라타체 자극 호르몬 등
• 유약호르몬은 성충에서 알의 난황 축적, 부속샘의 활동 조절, 페로몬 생성 등에 관여한다.

35 각 해충의 연간 발생횟수, 월동장소, 월동태를 옳게 나열한 것은?

① 몸큰가지나방 – 3회, 흙 속, 알
② 독나방 – 3~4회, 낙엽 사이, 알
③ 갈색날개매미충 – 1회, 가지 속, 알
④ 극동등에잎벌 – 1회, 낙엽 및 흙 속, 번데기
⑤ 이세리아깍지벌레 – 1회, 가지 속, 번데기

해설
① 몸큰가지나방 : 연 2회 발생, 낙엽 밑이나 흙 속에서 번데기로 월동
② 독나방 : 연 1회 발생, 잡초나 낙엽 사이에서 유충으로 월동
④ 극동등에잎벌 : 연 3~4회 발생, 낙엽 밑 또는 흙 속에서 유충으로 월동
⑤ 이세리아깍지벌레 : 연 2~3회 발생, 3령 약충 또는 성충으로 월동

36 두 해충의 온도(X)와 발육률(Y)의 관계에 관한 설명으로 옳은 것은?

• 해충 A : y = 0.01x − 0.1 • 해충 B : y = 0.02x − 0.2

① 두 해충의 발육영점온도는 같다.
② 두 해충의 유효적산온도는 같다.
③ 해충 A의 발육영점온도는 12℃이다.
④ 해충 A의 유효적산온도는 50온일도(Degree Day)이다.
⑤ 같은 환경 조건에서 해충 A의 발육이 해충 B보다 빠르다.

해설
• 적산온도법칙 : 온도와 곤충의 성장 관계를 나타내는 법칙
• 단순선형 회귀식(표본회귀식)을 이용한 추정(예측)

$$Y = ax + b$$

여기서, a는 회귀계수(기울기), b는 회귀상수(y절편)

Y = 0.01x − 0.1의 발육영점온도 = −(−0.1)/0.01 = 10℃
유효적산온도 = 1/0.01 = 100온 일도(DD)
Y = 0.02x − 0.2의 발육영점온도 = −(−0.2)/0.02 = 10℃
유효적산온도 = 1/0.02 = 50온일도(DD)

• $\text{발육영점온도} = -\dfrac{\text{b(0℃의 발육률)}}{\text{a(직선회귀식의 기울기)}} = \dfrac{-b}{a}\text{℃}$

$\text{유효적산온도(온일도)} = \dfrac{1}{a}\text{DD(Degree − Days)}$

37 겨울철에 약제처리가 적합한 해충을 나열한 것은?

① 꽃매미, 소나무재선충
② 오리나무잎벌레, 꽃매미
③ 소나무재선충, 솔껍질깍지벌레
④ 갈색날개매미충, 솔껍질깍지벌레
⑤ 갈색날개매미충, 오리나무잎벌레

해설
해충별 약제처리 방법
• 꽃매미 : 부화시기인 4월 하순부터 약제를 살포한다.
• 소나무재선충 : 나무주사 시기(11~3월) 및 실행요령을 반드시 준수하여 실시한다.
• 솔껍질깍지벌레 : 후약충 시기인 11~2월 약제를 살포한다.
• 갈색날개매미충 : 알에서 부화하는 약충 초기인 5~6월에 약제를 살포한다.
• 오리나무잎벌레 : 4~6월에 성충과 유충을 동시에 방제할 수 있게 약제를 살포한다.

38 단식성 해충으로 나열한 것은?

① 박쥐나방, 큰팽나무이
② 박쥐나방, 붉나무혹응애
③ 큰팽나무이, 붉나무혹응애
④ 노랑쐐기나방, 큰팽나무이
⑤ 노랑쐐기나방, 붉나무혹응애

해설
단식성 해충
큰팽나무이, 붉나무혹응애, 회양목명나방, 제주집명나방, 뽕나무명나방, 자귀나무이, 뽕나무이, 아까시잎혹파리, 황다리

정답 35 ③ 36 ① 37 ③ 38 ③

독나방, 후박나무방패벌레, 자귀뭉뚝나방, 개나리잎벌, 줄마디가지나방, 솔껍질깍지벌레, 검은배네줄면충 등

광식성 해충

박쥐나방, 노랑쐐기나방, 독나방, 매미나방, 천막벌레나방, 애모무늬잎말이나방, 목화진딧물, 조팝나무진딧물, 복숭아혹진딧물 등

39 소나무재선충과 솔수염하늘소의 특성에 관한 설명으로 옳지 않은 것은?

① 소나무재선충은 소나무, 곰솔, 잣나무에 기생하여 피해를 입힌다.
② 솔수염하늘소는 제주도를 제외한 전국에 분포하며 1년에 2회 발생한다.
③ 솔수염하늘소 부화유충은 목설을 배출하고 2령기 후반부터는 목질부도 가해한다.
④ 소나무로 침입한 재선충 분산기 4기 유충은 바로 탈피하여 성충이 되고 교미하여 증식한다.
⑤ 솔수염하늘소 성충은 우화하여 어린 가지의 수피를 먹고 몸에 지니고 있는 소나무재선충을 옮긴다.

해설

솔수염하늘소는 연 1회, 유충으로 기주에서 월동한다.

40 해충과 방제방법의 연결이 옳지 않은 것은?

① 솔나방 – 기생성 천적을 보호
② 말매미 – 산란한 가지를 잘라서 소각
③ 매미나방 – 성충 우화시기에 유아등으로 포획
④ 이세리아깍지벌레 – 가지나 줄기에 붙어 있는 알덩어리를 제거
⑤ 솔잎혹파리 – 지표면에 비닐을 피복하여 성충이 월동처로 이동하는 것을 차단

해설

솔잎혹파리

- 지표면에 비닐을 피복하여 유충이 월동처로 이동하는 것을 차단한다.
- 연 1회 발생하며 유충으로 흙 속에서 월동한다.

41 수목해충의 약제처리에 관한 설명으로 옳지 않은 것은?

① 꽃매미는 어린 약충기에 수관살포한다.
② 갈색날개매미충은 어린 약충기인 4월 하순부터 수관살포한다.
③ 미국선녀벌레는 어린 약충기에 수관살포한다.
④ 밤바구미는 성충 우화기인 6월 초순경에 수관살포한다.
⑤ 솔나방은 월동한 유충의 활동기인 4월 중하순경에 경엽살포한다.

해설

밤바구미

- 연 1회 발생하며, 흙 속에서 유충으로 월동한다.
- 우화 최성기는 밤이 익는 9월 중하순이다.

42 수목해충의 천적에 관한 설명으로 옳은 것은?

① 꽃등에의 유충과 성충 모두 응애류를 포식한다.
② 개미침벌은 솔수염하늘소 번데기에 내부기생한다.
③ 중국긴꼬리좀벌은 밤나무혹벌 유충에 외부기생한다.
④ 혹파리살이먹좀벌은 솔잎혹파리 유충에 내부기생한다.
⑤ 홍가슴애기무당벌레는 진딧물류의 체액을 빨아먹는 포식성이다.

해설

① 꽃등에는 유충기에 진딧물, 응애를 포식하고, 성충기에는 꿀을 먹는다.
② 개미침벌, 가시고치벌 등은 외부기생한다.
③ 중국긴꼬리좀벌은 내부기생한다.
⑤ 홍가슴애기무당벌레는 저작성 포식을 한다.

정답 39 ② 40 ⑤ 41 ④ 42 ④

43 제시된 수목해충의 방제법으로 옳지 않은 것은?

> • 곰팡이를 지니고 다니면서 옮긴다.
> • 연간 1회 발생하며, 주로 노숙 유충으로 월동한다.
> • 유충과 성충이 신갈나무 목질부를 가해하여 외부로 목설을 배출한다.

① 나무를 흔들어 낙하한 유충을 죽인다.
② 우화 최성기 이전까지 끈끈이롤트랩을 설치한다.
③ 고사목과 피해목의 줄기와 가지를 잘라서 훈증한다.
④ 6월 중순을 전후하여 페니트로티온 유제를 수간살포한다.
⑤ 4월 하순부터 5월 하순까지 ha당 10개소 내외로 유인목을 설치한다.

해설

광릉긴나무좀에 대한 설명이다. 광릉긴나무좀은 연 1회 발생하고, 유충으로 줄기의 목질부 내에서 월동한다. 즉, 나무를 흔들어도 유충은 떨어지지 않는다.

44 해충에 의한 피해 또는 흔적의 연결로 옳지 않은 것은?

① 때죽납작진딧물 – 잎에 혹 형성
② 물푸레면충 – 줄기나 새순에 구멍이 뚫림
③ 전나무잎응애 – 잎의 변색 또는 반점 형성
④ 천막벌레나방 – 거미줄과 유사한 실이 있음
⑤ 매실애기잎말이나방 – 잎을 묶거나 말음

해설

물푸레면충
• 피해
 – 여름기주 : 전나무
 – 겨울기주 : 물푸레나무, 들메나무
 – 이른 봄 잎과 어린 가지를 흡즙, 가해 부위가 오그라드는 증상이 생긴다.
 – 흰색 분비물질을 분비한다.
• 생활사
 – 연 수회 발생, 알로 월동(물푸레나무 등 수피 틈)
 – 여름기주 전나무 밑동에서 7~8세대(개미와 공생생활) 경과한다.

45 격발현상(Resurgence)에 관한 설명이다. 2차 해충에게 이러한 현상이 일어나는 이유를 옳게 나열한 것은?

> 살충제 처리가 2차 해충에 유리하게 작용하여 개체군의 증가 속도가 빨라지거나 그 밀도가 종전보다 높아지는 현상이다.

① 항생성, 생태형
② 생태형, 천적 제거
③ 천적 제거, 항생성
④ 경쟁자 제거, 항생성
⑤ 천적 제거, 경쟁자 제거

해설

격발현상
대상 해충뿐만 아니라 천적과 경쟁자까지 제거함으로써 약제 살포 후 해충의 밀도 회복속도가 빨라지고 약제처리 전보다 밀도가 높아지거나 2차 해충의 피해가 발생하여 피해가 증대되는 것

46 해충과 밀도 조사방법의 연결이 옳지 않은 것은?

① 소나무좀 – 유인목트랩
② 벚나무응애 – 황색수반트랩
③ 복숭아명나방 – 유아등트랩
④ 잣나무별납작잎벌 – 우화상
⑤ 솔껍질깍지벌레 – 성페로몬트랩

해설

응애류는 흡충기나 털어잡기 등을 이용한 방법으로 조사한다.

> 황색수반트랩
> 물이 들어 있는 황색 수반에 날아드는 해충을 채집하여 조사

47 버즘나무방패벌레와 진달래방패벌레에 관한 공통적인 설명으로 옳은 것은?

① 성충이 잎 앞면의 조직에 1개씩 산란한다.
② 성충의 날개에 X자 무늬가 뚜렷이 보인다.
③ 낙엽 사이나 지피물 밑에서 약충으로 월동한다.
④ 약충이 잎 앞면과 뒷면을 가리지 않고 가해한다.
⑤ 잎응애 피해 증상과 비슷하지만 탈피각이 붙어 있어 구별된다.

정답 43 ① 44 ② 45 ⑤ 46 ② 47 ⑤

해설

버즘나무방패벌레

- 성충은 주맥과 부맥이 만나는 곳에 무더기로 알을 낳는다.
- 날개는 그물망 모양의 유백색을 띠고, X자 모양이 나타나지 않는다.

진달래방패벌레

- 성충은 잎 뒷면의 조직에 1개씩 산란한다.
- 날개를 겹치면 X자 모양의 갈색 무늬가 나타난다.

※ 버즘나무방패벌레와 진달래방패벌레의 공통점은 둘 다 낙엽 사이나 지피물 밑에서 성충으로 월동하며, 성충과 약충이 동시에 잎 뒷면에서 집단으로 흡즙한다는 것이다.

48 각 수목해충의 기주와 가해 부위를 옳게 나열한 것은?

① 식나무깍지벌레 성충 – 사철나무, 잎
② 벚나무모시나방 유충 – 벚나무, 가지
③ 황다리독나방 유충 – 층층나무, 가지
④ 주둥무늬차색풍뎅이 유충 – 벚나무, 잎
⑤ 느티나무벼룩바구미 성충 – 느티나무, 가지

해설

기주별 가해 부위

- 식나무깍지벌레 : 성충과 약충이 잎, 가지, 줄기, 과실 등을 가해한다(감나무, 고욤나무, 목련, 식나무, 협죽도 등 90여 종을 가해).
- 벚나무모시나방 : 어린 유충은 잎 뒷면의 잎살만 가해하고, 중령유충은 잎에 작은 구멍을 만들며 가해한다. 벚나무류, 매실나무, 복숭아나무, 사과나무, 살구나무 등 주로 장미과 수종을 가해한다.
- 황다리독나방 : 층층나무만 가해한다. 잎의 주맥을 남기고 전부 갉아 먹는다.
- 주둥무늬차색풍뎅이 : 광식성 해충으로 유충은 뿌리를 가해하고 성충은 잎을 가해한다.
- 느티나무벼룩바구미 : 성충은 잎 표면에 구멍을 뚫어 가해하고, 유충은 잎의 가장자리부터 터널을 형성하며 가해한다.

49 흡즙성, 천공성, 종실 해충 순으로 옳게 나열한 것은?

① 박쥐나방, 자귀나무이, 밤바구미
② 자귀나무이, 박쥐나방, 솔알락명나방
③ 복숭아명나방, 돈나무이, 솔알락명나방
④ 자귀나무이, 도토리거위벌레, 복숭아유리나방
⑤ 백송애기잎말이나방, 솔알락명나방, 복숭아유리나방

해설

- 흡즙성 해충 : 자귀나무이, 돈나무이
- 천공성 해충 : 박쥐나방, 복숭아유리나방
- 종실 해충 : 밤바구미, 솔알락명나방, 복숭아명나방, 도토리거위벌레, 백송애기잎말이나방

50 수목해충의 물리적 또는 기계적 방제법에 해당하는 설명을 모두 고른 것은?

ㄱ. 수확한 밤을 30℃ 온탕에 7시간 침지 처리한다.
ㄴ. 간단한 도구를 사용하여 매미나방 알을 직접 제거한다.
ㄷ. 해충 자체나 해충이 들어가 있는 수목 조직을 소각한다.
ㄹ. 석회와 접착제를 섞어 수피에 발라 복숭아유리나방의 산란을 방지한다.

① ㄱ　　② ㄱ, ㄴ
③ ㄱ, ㄴ, ㄷ　　④ ㄱ, ㄴ, ㄹ
⑤ ㄱ, ㄴ, ㄷ, ㄹ

해설

ㄱ. 수확한 밤을 30℃ 온탕에 7시간 침지 처리한다(물리적 방제, 습도 이용).
ㄴ. 간단한 도구를 사용하여 매미나방 알을 직접 제거한다(기계적 방제, 포살법).
ㄷ. 해충 자체나 해충이 들어가 있는 수목 조직을 소각한다(기계적 방제, 소각법).
ㄹ. 석회와 접착제를 섞어 수피에 발라 복숭아유리나방의 산란을 방지한다(기계적 방제, 차단법).

방제의 구분

- 기계적 방제 : 손이나 간단한 기구를 이용하여 해충을 방제
- 물리적 방제 : 온도, 색깔, 습도, 이온화에너지 및 기타 방법으로 방제

정답 48 ① 49 ② 50 ⑤

3과목 수목생리학

51 환공재, 산공재, 반환공재로 구분할 때 나머지와 다른 수종은?

① 벚나무　　② 느티나무
③ 단풍나무　　④ 자작나무
⑤ 양버즘나무

해설

연륜

춘재(세포지름이 크고 세포벽이 얇다)와 추재(지름이 작고 세포벽이 두껍다) 사이에 뚜렷한 경계

- 환공재 : 춘재도관 지름 > 추재도관 지름
  예 참나무, 물푸레나무, 밤나무, 느릅나무
- 산공재 : 춘재도관 지름 = 추재도관 지름
  예 단풍나무, 포플러, 벚나무, 버즘나무
- 반환공재 : 환공재와 산공재의 중간 형태
  예 호두나무, 가래나무

52 수목의 뿌리에서 코르크형성층과 측근을 만드는 조직은?

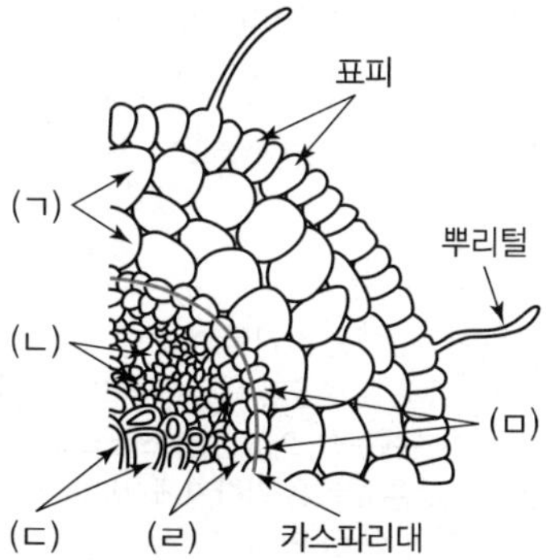

① ㄱ　　② ㄴ
③ ㄷ　　④ ㄹ
⑤ ㅁ

해설

측근형성 순서

내초의 병층분열 → 수층분열 → 측근

이 과정에서 상처가 생겨 병원균, 박테리아가 침입하기도 한다.

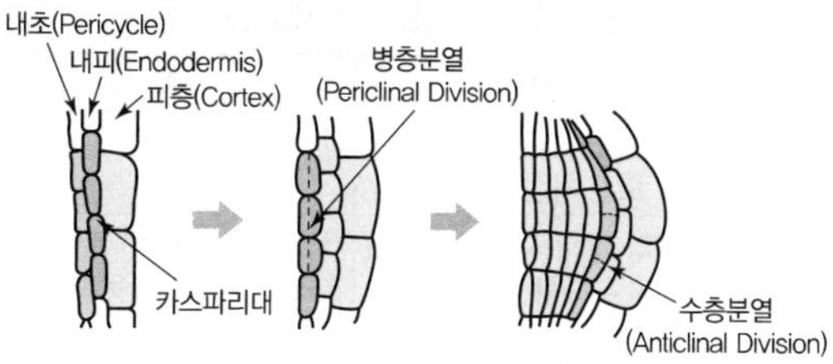

53 잎에 유관속이 두 개 존재하고, 엽육조직이 책상조직과 해면조직으로 분화되지 않은 수종은?

① 주목　　② 소나무
③ 잣나무　　④ 전나무
⑤ 은행나무

해설

국내 소나무속의 분류와 아속의 특징

분류(아속)	엽속 내 잎의 숫자	잎의 유관속 숫자	아린의 성질	잎이 부착된 자리 특성	목재의 성질	수종의 예
소나무류 (Hardpine)	2개 혹은 3개	2개	잎이 질 때 남음	도드라짐	비중이 높아 굳음	소나무, 곰솔, 리기다소나무
잣나무류 (Soft Pine)	3개 혹은 5개	1개	첫해 여름 탈락	밋밋함	비중이 낮아 연함	잣나무, 백송, 섬잣나무

54 수목의 꽃에 관한 설명으로 옳지 않은 것은?

① 버드나무는 2가화이다.
② 자귀나무는 불완전화이다.
③ 벚나무는 암술과 수술이 한 꽃에 있다.
④ 상수리나무는 암꽃과 수꽃이 한 그루에 달린다.
⑤ 단풍나무는 양성화와 단성화가 한 그루에 달린다.

해설

자귀나무는 완전화이다.

정답 51 ② 52 ④ 53 ② 54 ②

목본 피자식물 꽃의 네 가지 기본 구조에 따른 분류

명칭	특징	수종
완전화	꽃받침, 꽃잎, 암술, 수술을 모두 가짐	벚나무, 자귀나무
불완전화	위의 네 가지 중 한 가지 이상 부족함	버드나무류, 자작나무류, 가래나무류, 참나뭇과
양성화	암술과 수술을 한 꽃에 가짐	벚나무, 자귀나무
단성화	암술과 수술 중 한 가지만 가짐	버드나무류, 자작나무류
잡성화	양성화와 단성화가 한 그루에 달림	물푸레나무, 단풍나무
1가화	암꽃과 수꽃이 한 그루에 달림	참나무류, 오리나무류, 자작나무류, 가래나뭇과
2가화	암꽃과 수꽃이 각각 다른 그루에 달림	버드나무류, 포플러류

55 온대지방 수목에서 지하부의 계절적 생장에 관한 설명으로 옳은 것은?

① 잎이 난 후에 생장이 시작된다.
② 생장이 가장 활발한 시기는 한여름이다.
③ 지상부의 생장이 정지되기 전에 뿌리의 생장이 정지된다.
④ 수목을 이식하려면 봄철 뿌리 발달이 시작한 후에 하는 것이 좋다.
⑤ 지상부와 지하부 생장 기간 차이는 자유생장보다 고정생장 수종에서 더 크다.

해설

- 잎이 생장을 시작하기 전에 뿌리는 활동을 시작한다.
- 뿌리의 신장속도 적온은 20~30℃, 최적온도는 25℃이다.
- 뿌리는 봄에 줄기보다 먼저 신장을 시작하여, 가을에 줄기보다 늦게까지 신장한다.
- 이식시기
  - 이른 봄, 영상 5℃ 넘으면 세포분열 시작(5월 중순은 이식이 부적당한 시기)
  - 봄철 겨울눈이 트기 2~3주 전에 나무을 이식하는 것이 가장 좋은 방법
  - 수목은 봄철에 겨울눈이 트기 2~3주 전부터 새 뿌리를 만들기 시작

※ 이식하기에 가장 부적절한 시기는 5월 중순(나무 뿌리가 가장 왕성하게 자라는 때)

56 수목의 직경생장에 관한 설명으로 옳지 않은 것은?

① 유관속형성층이 생산하는 목부는 사부보다 많다.
② 유관속형성층의 병층분열은 목부와 사부를 생산한다.
③ 유관속형성층의 수층분열은 형성층의 세포수를 증가시킨다.
④ 유관속형성층이 봄에 활동을 시작할 때 목부가 사부보다 먼저 만들어진다.
⑤ 유관속형성층이 안쪽으로 생산한 2차 목부조직에 의해 주로 이루어진다.

해설

- 옥신/지베렐린의 비율이 크면 목부를, 작으면 사부를 생산한다.
- 온대지방은 봄에 사부가 먼저 생산된다(설탕의 이동).

57 온대지방 낙엽활엽수의 무기영양에 관한 설명으로 옳은 것은?

① 가을이 되면 잎의 Ca 함량은 감소한다.
② 가을이 되면 잎의 P, K 함량은 증가한다.
③ Fe, Mn, Zn, Cu는 필수미량원소에 해당한다.
④ 양분요구도가 낮은 수목은 척박지에서 더 잘 자란다.
⑤ 무기양분 요구량은 농작물보다 많고 침엽수보다 적다.

해설

① 칼슘함량은 어린잎에는 적지만 계속 증가하고, 낙엽 전에 급격히 증가. Ca은 노폐물과 더불어 밖으로 배출
② 낙엽이 지는 시기에는 N, P, K는 감소하고, Ca, Mg은 증가
④ 양분요구도가 낮은 수목은 척박지에서도 생존이 가능
⑤ 수종에 다른 무기영양소의 요구 : 농작물 > 활엽수 > 침엽수 > 소나무류

수목별 무기영양소요구도

무기영양소 요구도	활엽수	침엽수
상	피나무, 물푸레나무, 백합나무, 아까시나무, 사탕단풍나무	독일가문비나무, 낙우송, 테다소나무, 서양측백나무
중	자작나무, 포플러, 루브라참나무	잣나무, 전나무, 솔송나무, 가문비나무
하	대왕송, 방크스소나무, 미국적송, 버지니아향나무	

정답 55 ⑤ 56 ④ 57 ③

58 수목 뿌리에서 무기이온의 흡수와 이동에 관한 설명으로 옳은 것은?

① 뿌리의 호흡이 중단되더라도 무기이온의 흡수는 계속된다.
② 세포질 이동은 내피 직전까지 자유공간을 이동하는 것이다.
③ 자유공간을 통해 무기이온이 이동할 때는 에너지를 소모하지 않는다.
④ 내초에는 수베린이 축적된 카스파리대가 있어 무기이온 이동을 제한한다.
⑤ 원형질막을 통한 무기이온의 능동적 흡수과정은 비선택적이고 가역적이다.

해설

무기염이 흡수되는 과정에는 뿌리의 활발한 활동이 필요하다.

- 무기염이 토양에서 뿌리 표면으로 이동
- 뿌리 세포 내 축적
- 중앙의 목부조직을 향한 횡적 이동
- 뿌리에서 줄기로 이동(목부에서 수액상승과 함께 이동)
- 세포질 이동은 원형질로 구성되어 원형질연락사로 이웃하고 있는 세포와 서로 연결되어 있는 부분으로 이동
- 내피에 카스파리대가 존재
- 능동적 흡수는 선택적이고 비가역적

59 햇빛이 있을 때 기공이 열리는 기작으로 옳지 않은 것은?

① K^+이 공변세포 내포 유입된다.
② 공변세포 내 음전하를 띤 Malate가 축적된다.
③ 이른 아침에 적색광보다 청색광에 민감하게 반응한다.
④ H^+ ATPase가 활성화되어 공변세포 안으로 H^+가 유입된다.
⑤ 공변세포의 기공 쪽 세포벽보다 반대쪽 세포벽이 더 늘어나 기공이 열린다.

해설

공변세포막에 있는 H^+−ATPase 효소가 활성화되어 H^+를 방출한다.

60 수목의 수분흡수와 이동에 관한 설명으로 옳은 것은?

① 액포막에 있는 아쿠아포린은 세포의 삼투조절에 관여한다.
② 토양용액의 무기이온 농도와 뿌리의 수분흡수 속도는 비례한다.
③ 능동흡수는 증산작용에 의해 수분이 집단유동하는 것을 의미한다.
④ 이른 봄 고로쇠나무에서 수액을 채취할 수 있는 것은 근압 때문이다.
⑤ 일액현상은 온대지방에서 초본식물보다 목본식물에서 흔하게 관찰된다.

해설

② 토양용액의 무기이온 농도가 높으면 뿌리에서 수분을 흡수하기 어렵다(반비례한다).
③ 수동흡수는 증산작용에 의해 수분이 집단유동하는 것을 의미한다.
④ 고로쇠나무에서 수액을 채취하는 것은 수간압 때문이다.
⑤ 일액현상은 목본식물보다는 초본식물에 흔하게 나타난다.

61 햇빛양을 감지하여 광 형태 형성을 조절하는 광수용체를 고른 것은?

ㄱ. 엽록소 a	ㄴ. 엽록소 b
ㄷ. 피토크롬	ㄹ. 카로티노이드
ㅁ. 크립토크롬	ㅂ. 포토트로핀

① ㄱ, ㄴ, ㄷ ② ㄱ, ㄹ, ㅂ
③ ㄴ, ㄹ, ㅁ ④ ㄷ, ㄹ, ㅁ
⑤ ㄷ, ㅁ, ㅂ

해설

광수용체

- 식물체 내에서 햇빛을 감지하는 역할을 담당하는 화합물, 세포 혹은 기관을 말한다.
- 광수용체 화합물 중에는 피토크롬, 포토트로핀, 크립토크롬 세 가지 단백질이 알려져 있다.

정답 58 ③ 59 ④ 60 ① 61 ⑤

62 스트레스에 대한 수목의 반응으로 옳은 것은?

① 바람에 자주 노출된 수목은 뿌리 생장이 감소한다.
② 가뭄 스트레스를 받으면 춘재 구성세포의 직경이 커진다.
③ 대기오염물질에 피해를 받으면 균근 형성이 촉진된다.
④ 상륜은 발달 중인 미성숙 목부세포가 서리 피해를 입어 생긴다.
⑤ 동일 수종일지라도 북부산지 품종은 남부산지보다 동아 형성이 늦다.

해설

① 바람은 뿌리를 발달시켜 바람에 대한 저항성을 높인다.
② 수분 스트레스는 춘재에서 추재로의 이행을 촉진하게 되어 춘재 발달에 지장을 초래한다.
③ 대기오염물질은 세근과 균근 뿌리를 파괴한다.
⑤ 북부산지 품종은 남부산지보다 동아 형성이 빠르다.

63 수목의 호흡에 관한 설명으로 옳은 것은?

① 뿌리에 균근이 형성되면 호흡이 감소한다.
② 형성층에서는 호기성 호흡만 일어난다.
③ 그늘에 적응한 수목은 호흡을 높게 유지한다.
④ 잎의 호흡량은 잎이 완전히 자란 직후 최대가 된다.
⑤ 유령림은 성숙림보다 단위건중량당 호흡량이 적다.

해설

① 균근 뿌리의 호흡량은 전체 호흡량의 25%이다. 즉, 호흡이 증가한다(전체 뿌리의 5% 정도 세근에만 균근 형성).
② 형성층의 조직은 외부와 직접 접촉하지 않아 혐기성 호흡이 일어난다.
③ 음수는 양수에 비해 그늘에서 호흡작용을 경제적으로 수행한다.
⑤ 단위건중량당 호흡량은 어린 숲 > 성숙한 숲이고, 총광합성량 대비 호흡량 비율은 어린 숲 < 성숙한 숲이다.

64 줄기의 수액에 관한 설명으로 옳지 않은 것은?

① 사부수액은 목부수액보다 pH가 낮다
② 수액 상승 속도는 침엽수가 활엽수보다 느리다.
③ 수액 상승 속도는 증산작용이 활발한 주간이 야간보다 빠르다.
④ 목부수액에는 질소화합물, 탄수화물, 식물호르몬 등이 용해되어 있다.
⑤ 환공재는 산공재보다 기포에 의한 공동화현상(Cavitation)에 취약하다.

해설

수액의 성분

구분	내용
목부수액 (pH 4.5～5.0)	• 무기염, 질소화합물, 탄수화물, 효소, 식물호르몬 등 용해 • 암모늄태나 질산태 질소는 거의 없다. ※ 질소화합물 : (아미노산+ureides) 형태로 발견
사부수액(pH 7.5)	탄수화물의 이동

65 유성생식에 관한 설명으로 옳지 않은 것은?

① 화분 입자가 작을수록 비산 거리가 늘어난다.
② 온도가 높고 건조한 낮에 화분이 더 많이 비산된다.
③ 잣나무의 암꽃은 수관 상부에, 수꽃은 수관 하부에 달린다.
④ 피자식물은 감수 기간에 배주 입구에 있는 주공에서 수분액을 분비한다.
⑤ 소나무는 탄수화물 공급이 적은 상태에서 수꽃을 더 많이 만드는 경향이 있다.

해설

주공이 아닌 주두(암술머리)에서 수분액을 분비한다.

피자식물
- 수분이란 화분이 수술에서 암술머리로 이동하는 현상(주두가 감수성을 나타내야 수분)이다.
- 화분이 비산할 때 주두가 감수성이 높은 상태를 '동시성'이 있다고 한다.
- 주두에 화합성을 가진 화분이 도착하면 화분은 곧 발아하여 화분관을 형성한다.

정답 62 ④ 63 ④ 64 ① 65 ④

66 수목의 호흡 과정에 관한 설명으로 옳지 않은 것은?

① 해당작용은 세포질에서 일어난다.
② 기질이 산화되어 에너지가 발생한다.
③ 크렙스회로는 미토콘드리아에서 일어난다.
④ 말단전자전달경로의 에너지 생산효율이 크렙스 회로보다 높다.
⑤ 말단전자전달경로에서 전자는 최종적으로 피루브산에 전달된다.

해설

말단전자전달경로

NADH로 전달된 전자와 수소가 최종적으로 산소에 전달되어 H_2O로 환원되면서 추가로 ATP를 생산한다.

67 수목에서 탄수화물에 관한 설명으로 옳지 않은 것은?

① 공생하는 균근균에 제공된다.
② 단백질을 합성하는 데 이용된다.
③ 호흡과정에서 에너지 생산에 이용된다.
④ 겨울에 빙점을 낮춰 세포가 어는 것을 방지한다.
⑤ 잣나무 종자의 저장물질 중 가장 높은 비율을 차지한다.

해설

잣나무 종자의 저장물질 중 가장 높은 비율을 차지하는 것은 지방이다.

수목 내 탄수화물과 지방의 비율
- 참나무류는 탄수화물 비율이 높고, 소나무류는 지방의 비율이 높다.
- 잣나무 종자에는 64.2%의 지방이 들어 있다.
- 개암나무 종자에도 65%의 지방이 들어 있다.

68 다당류에 관한 설명으로 옳지 않은 것은?

① 전분은 주로 유세포에 전분립으로 축적된다.
② 셀룰로오스는 포도당 분자들이 선형으로 연결되어 있다.
③ 펙틴은 중엽층에서 세포들을 결합시키는 접착제 역할을 한다.
④ 세포의 2차 벽에는 헤미셀룰로오스가 셀룰로오스보다 더 많이 들어 있다.
⑤ 잔뿌리 끝에서 분비되는 점액질은 토양을 뚫고 들어갈 때 윤활제 역할을 한다.

해설

헤미셀룰로오스는 1차 세포벽에 더 많이 들어 있다.

- Hemicellulose(반섬유소)
- 1차 벽의 25~50%, 2차 벽의 30%를 차지한다.
- −5탄당(아라반, 자일란)+6탄당(갈락탄, 만난)의 중합체

69 수목의 사부수액에 관한 설명으로 옳은 것은?

① 흔하게 발견되는 당류는 환원당이다.
② 탄수화물은 약 2% 미만으로 함유되어 있다.
③ 탄수화물과 무기이온이 주성분이며 아미노산은 발견되지 않는다.
④ 참나뭇과 수목에는 자당(Sucrose)보다 라피노즈(Raffinose) 함량이 더 많다.
⑤ 장미과 마가목속 수목은 자당(Sucrose)과 함께 소르비톨(sorbitol)도 다량 포함하고 있다.

해설

수목의 사부수액
- 사부조직을 통해 운반되는 탄수화물은 비환원당(소당류, 올리고당)만으로 구성된다.
- 사부수액에는 당류가 보통 20%가량 함유되어 있다.
- 탄수화물 이외에 아미노산, K, Mg, Ca, Fe 등도 조금 포함하여 증산작용을 하지 않는 과실이나 눈에 탄수화물과 무기양분을 전달한다.
- 참나뭇과 수목은 자당의 함량이 더 많다.

사부의 당의 종류에 따른 분류

그룹	구성	수종
1그룹	설탕(대부분)+약간의 라피노즈	대부분의 수목
2그룹	설탕+상당량의 라피노즈	노박덩굴과 수목
3그룹	설탕+상당량의 만니톨 설탕+상당량의 소르비톨(설탕보다 많이) 설탕+상당량의 둘시톨	물푸레나무속, 장미과(사과나무속, 벚나무속, 배나무속, 마가목속, 조팝나무속), 노박덩굴과 수목

정답 66 ⑤ 67 ⑤ 68 ④ 69 ⑤

70 수목의 호르몬에 관한 설명으로 옳은 것은?

① 옥신은 줄기에서 곁가지 발생을 촉진한다.
② 뿌리가 침수되면 에틸렌 생산이 억제된다.
③ 아브시스산은 겨울눈의 휴면타파를 유도한다.
④ 일장이 짧아지면 브라시노스테로이드가 잎에 형성되어 낙엽을 유도한다.
⑤ 암 상태에서 발아한 유식물에 시토키닌을 처리하면 엽록체가 발달한다.

해설

- 옥신은 정아우세 현상을 발생한다(측아 발생 억제).
- 뿌리가 침수되면 에틸렌의 생산이 증가한다.
- 아브시스산은 생장억제물질로 휴면을 유도한다.
- 일장이 짧아지면 아브시스산은 생장을 정지하면서 탈리현상을 촉진한다.

브라시노스테로이드

세포벽 합성과 신장에 관여하는 유전자 발현을 유도하며, 목부세포 분화의 2차벽 형성에 관여한다. 세포신장과 통도조직 분화를 촉진한다.

71 수목의 질산환원에 관한 설명으로 옳지 않은 것은?

① 흡수된 NO_3^-는 아미노산 합성 전에 NH_4^+로 환원된다.
② 잎에서 질산환원을 광합성속도와 부(−)의 상관관계를 갖는다.
③ 산성토양에서 자라는 진달래류는 질산환원이 뿌리에서 일어난다.
④ 산성토양에서 자라는 소나무의 목부 수액에는 NO_3^-가 거의 없다.
⑤ 질산환원효소(Nitrate Reductase)에 의한 환원은 세포질에서 일어난다.

해설

탄수화물 공급이 느려지면 질산환원도 둔화된다.

질소환원과정

단계	내용
첫 단계 (질산환원 단계)	• 세포질 내에서 일어나며, 관련 세포소기관은 없다. • 이 효소는 낮에 활력이 높고, 밤에는 줄어드는 일변화를 보인다.
두 번째 단계 (아질산환원 단계)	• 루핀형이나 목본식물은 탄수화물의 공급이 있어야 색소체에서 일어난다. • 도꼬마리형은 엽록체 안에서 일어난다(페레독신으로부터 전자와 H^+를 전달받음).

72 목본식물의 질소 함량 변화에 관한 설명으로 옳지 않은 것은?

① 낙엽수나 상록수 모두 계절적 변화가 관찰된다.
② 오래된 가지, 수피, 목부의 질소함량비는 나이가 들수록 감소한다.
③ 줄기 내 질소 함량의 계절적 변화는 사부보다 목부에서 더 크다.
④ 질소 함량은 낙엽 직전에 잎에서는 감소하고 가지에서는 증가한다.
⑤ 봄철 줄기 생장이 개시되면 목부 내 질소 함량이 감소하기 시작한다.

해설

저장된 질소를 공급하는 조직은 주로 사부조직(내수피)이다. 즉, 사부의 질소 함량 변화가 더 크다.

73 수목의 지방 대사에 관한 설명으로 옳지 않은 것은?

① 지방은 에너지 저장수단이다.
② 지방의 해당작용은 엽록체에서 일어난다.
③ 지방 분해과정의 첫 번째 효소는 리파아제(Lipase)이다.
④ 지방의 분해는 O_2를 소모하고 ATP를 생산하는 호흡작용이다.
⑤ 지방은 글리세롤과 지방산으로 분해된 후 자당(Sucrose)으로 합성된다.

해설

해당작용(포도당 분해)

- 세포기질(세포질)에서 일어난다.
- 산소를 요구하지 않는 단계이다.
- 고등식물, 효모균에 의해 발생한다.
- 에너지(ATP) 생산효율이 낮다.

정답 70 ⑤ 71 ② 72 ③ 73 ②

74 수목의 페놀화합물에 관한 설명으로 옳지 않은 것은?

① 감나무 열매의 떫은맛은 타닌 때문이다.
② 플라보노이드는 주로 액포에 존재한다.
③ 페놀화합물은 토양에서 타감작용을 한다.
④ 이소플라본은 파이토알렉신 기능을 한다.
⑤ 나무좀의 공격을 받으면 리그닌 생산이 촉진된다.

해설

수지

수지는 C_{10}~C_{30}의 탄소를 가진 수지산(Resin Acid), 지방산, 납(Wax), 테르펜(Terpenes) 등의 혼합체이다.

- 수지는 저장에너지의 역할을 하지 않는다.
- 목재의 부패를 방지한다.
- 나무좀의 공격에 대해 저항성을 준다.
- 소나무류에서 채취하는 올레오레진(Oleoresins)이 상업적으로 가장 중요하다.

75 광합성에 영향을 주는 요인으로 옳은 설명을 고른 것은?

ㄱ. 침수는 뿌리호흡을 방해하여 광합성량을 감소시킨다.
ㄴ. 성숙 잎이 어린잎보다 단위면적당 광합성량이 적다.
ㄷ. 수목은 광도가 광보상점 이상이어야 살아갈 수 있다.
ㄹ. 그늘에 적응한 나무는 광반(Sunfleck)에 신속하게 반응한다.
ㅁ. 수목은 이른 아침에 수분 부족으로 인한 일중침체 현상을 겪는다.
ㅂ. 상록수의 광합성량은 낙엽수보다 완만한 계절적 변화를 보인다.

① ㄱ, ㄴ, ㄷ, ㅂ ② ㄱ, ㄷ, ㄹ, ㅁ
③ ㄱ, ㄷ, ㄹ, ㅂ ④ ㄴ, ㄷ, ㄹ, ㅁ
⑤ ㄴ, ㄹ, ㅁ, ㅂ

해설

ㄴ. 성숙 잎의 단위면적당 광합성량이 더 많다.
ㅁ. 오전 12시가 가까울 때 수목은 하루 중 광합성이 가장 왕성한데, 오전 동안 수분을 어느 정도 잃어버리면 일시적인 수분 부족 현상으로 기공을 닫게 된다. 이를 일중침체 현상이라고 한다.

4과목 산림토양학

76 SiO_2 함량이 66% 이상인 산성암은?

① 반려암 ② 섬록암
③ 안산암 ④ 현무암
⑤ 석영반암

해설

SiO_2 함량이 66% 이상인 산성암은 화강암, 석영반암, 유문암이다.

주요 화성암의 구분

구분	산성암 $SiO_2 > 66\%$	중성암 SiO_2 66~52%	염기성암 $SiO_2 < 52\%$
심성암	화강암	섬록암	반려암
반심성암	석영반암	섬록반암	휘록암
화산암	유문암	안산암	현무암

77 배수와 통기성이 양호하며 뿌리의 발달이 원활한 심층토에서 주로 발달하는 토양구조는?

① 괴상구조 ② 단립구조
③ 입상구조 ④ 판상구조
⑤ 견과상구조

해설

괴상구조

- 배수와 통기성이 양호하며, 뿌리 발달이 원활한 심층토에서 발달한다.
- 외면에 각이 있으면 각괴, 각이 없으면 아각괴라고 한다.
- 30cm~1m 이내의 심층 토양이다.

78 모래, 미사, 점토 함량(%)이 각각 40, 40, 20인 토양의 토성은?

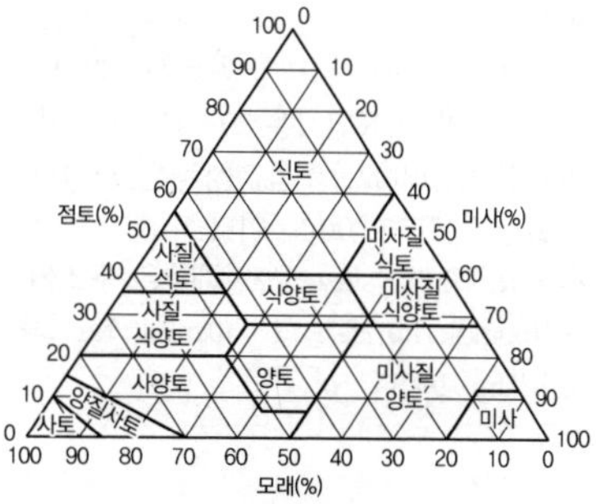

USDA 법

정답 74 ⑤ 75 ③ 76 ⑤ 77 ① 78 ①

① L(양토)　　② SL(사양토)
③ CL(식양토)　　④ SiL(미사질양토)
⑤ SCL(사질식양토)

해설

점토가 20%인 곳에서 그은 직선과 모래가 40%인 곳에서 그은 직선과 미사가 40%에 그은 직선이 만나는 곳은 양토이다.

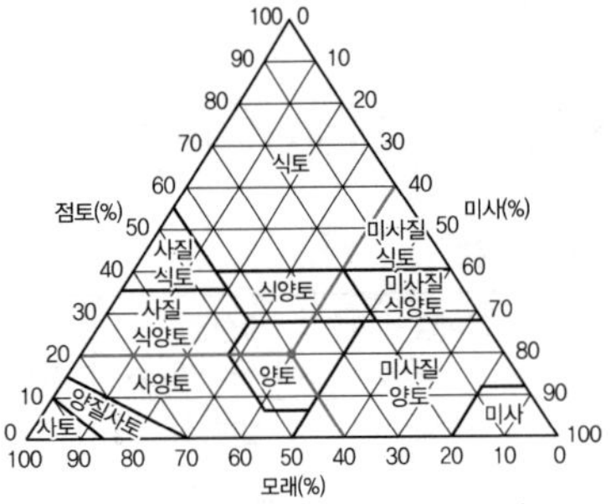

USDA 법

79 점토광물 중 양이온교환용량(CEC)이 가장 높은 것은?

① 일라이트(Illite)
② 클로라이트(Chlorite)
③ 카올리나이트(Kaolinite)
④ 할로이사이트(Halloysite)
⑤ 버미큘라이트(Vermiculite)

해설

양이온교환용량

버미큘라이트 > 일라이트 > 클로라이트 > 할로이사이트 > 카올리나이트

점토광물의 특징

- 버미큘라이트(Vermiculite) : 음전하는 100~200cmolc/kg의 음전하를 가지며, 600~800m^2/g의 큰 비표면적을 가짐
- 일라이트(Illite) : 음전하는 20~40cmolc/kg를 가진다.
- 클로라이트(Chlorite) : 비팽창형광물로 전하량은 10~40cmolc/kg이며, 비표면적은 70~150m^2/g이다.
- 카올리나이트(Kaolinite) : 음전하량은 2~15cmolc/kg이며, 비표면적은 7~30m^2/g이다.
- 할로이사이트(Halloysite) : 음전하량은 구조에 따라 다르며 5~10cmolc/kg, 또는 10~40cmolc/kg이다. 비표면적은 30~94m^2/g이다.

80 한국의 산림토양 특성에 관한 설명으로 옳지 않은 것은?

① 토양형으로 생산력을 예측할 수 있다.
② 가장 널리 분포하는 토양은 암적색 산림토양이다.
③ 토양의 분류 체계는 토양균, 토양아군, 토양형 순이다.
④ 주로 모래 함량이 많은 사양토이며 산성토양이다.
⑤ 수분 상태는 건조, 약건, 적윤, 약습, 습으로 구분한다.

해설

우리나라에 가장 널리 분포하는 토양은 갈색산림토양군으로 인셉티솔(Inceptisol)에 해당한다.

갈색산림토양군(B)

습윤한 온대 및 난대 기후하에 분포하는 A－B－C 층위를 갖는 산성토양

- 갈색산림토양아군 : A층은 암갈색~흑갈색으로 유기물이 많고 B층은 갈색~밝은 갈색의 광물토층으로 되어 있다.
- 적색계갈색산림토양아군 : 표고가 낮은 산지에 넓게 분포하고, 적색풍화현상이 있는 주변에 출현한다.

※ 인셉티솔(Inceptisol)에 속하며 경사가 급하고 염기가 많은 지역에 분포한다.

81 온대 또는 열대의 습윤한 기후에서 발달하며 Cambic, Umbric 표층을 가지는 토양목은?

① 알피졸(Alfisol)　　② 울티졸(Ultisol)
③ 엔티졸(Entisol)　　④ 앤디졸(Andisol)
⑤ 인셉티졸(Inceptisol)

해설

인셉티졸(Inceptisol)

온대 또는 열대의 습윤한 기후조건에서 발달하며, 토층의 분화가 중간 정도인 토양이다.
이 토양은 캄빅층(Cambic), 오크릭(Ochric), 경작층(Plaggen), 안트로픽층(Anthropic) 및 움브릭층(Umbric) 표층을 가진다.

- 감식표층(표토층의 특징)
  - 오크릭층(Ochric) : 토색이 옅은색이거나 유기물이 적은 토층으로 담색표층이다.
  - 경작층(Plaggen) : 인공적으로 만든 표토층 50cm 이상의 토심을 갖는다.
  - 비료를 많이 시비해 암색표층이다.

정답 79 ⑤ 80 ② 81 ⑤

- 안트로픽층(Anthropic) : 장기간 경작에 의한 것으로 인산 함량이 풍부하며, 암색표층이다.
- 움브릭층(Umbric) : 염기가 결핍[염기포화도(BS) 50% 이하]되어 있으며, 암색표층이다.

• 감식차표층(심토층의 특징)
- 캄빅층(Cambic) : 토양 발달 초기의 약한 B층으로 점토 유기물이 약간 있지만 집적되지 않는다.
- 옥식층(Oxic) : 과분해된 층으로 철 또는 알루미늄과 결합해 있는 부분의 규산이 없어지거나 변형된다.

82 광물의 풍화 내성이 강한 것부터 약한 순서로 나열한 것은?

① 미사장석 > 백운모 > 흑운모 > 감람석 > 석영
② 감람석 > 석영 > 미사장석 > 백운모 > 흑운모
③ 백운모 > 흑운모 > 석영 > 미사장석 > 감람석
④ 석영 > 백운모 > 미사장석 > 흑운모 > 감람석
⑤ 흑운모 > 백운모 > 감람석 > 석영 > 미사장석

해설

암석의 풍화내성

• 1차 광물 : 석영(SiO_2) > 백운모(K) > 미사장석(K) > 정장석(K) > 흑운모(K) > 조장석(Na) > 각섬석(Ca, Mg, Fe) > 휘석(Ca, Mg, Fe) > 회장석(Ca) > 감람석(Mg, Fe)
• 2차 광물 : 침철광 > 적철광 > 깁사이트 > 점토광물 > 백운석 > 방해석 > 석고

83 칼륨과 길항관계이며 엽록소의 구성성분인 식물 필수원소는?

① 인
② 철
③ 망간
④ 질소
⑤ 마그네슘

해설

• 마그네슘(Mg)은 엽록소의 구성성분이다.
• N(질소)는 K(칼륨)과 B(붕소)의 흡수를 억제하며, Mg(마그네슘)의 흡수를 돕는다.
• P(인)은 Fe(철), K(칼륨)과 Cu(구리)의 흡수를 방해하고 Mg(마그네슘)의 흡수를 돕는다.
• K(칼륨)은 특히 서로 Na(나트륨)의 흡수를 방해하고, Ca(칼슘), Mg(마그네슘)의 흡수를 방해하고 Mn(망간), Fe(철)의 흡수를 돕는다.

84 물에 의한 토양침식에 관한 설명으로 옳지 않은 것은?

① 유기물 함량이 많으면 토양유실이 줄어든다.
② 토양에 대한 빗방울의 타격은 토양 입자를 비산시킨다.
③ 분산 이동한 토양입자들은 공극을 막아 수분의 토양침투를 어렵게 한다.
④ 강우강도는 강우량보다 토양침식에 더 많은 영향을 미치는 인자이다.
⑤ 토양유실은 면상침식이나 세류침식보다 계곡침식에서 대부분 발생한다.

해설

토양유실은 대부분 가시적으로 확실히 구분되는 협곡침식보다 면상침식이나 세류침식에 의해 일어난다.

수식의 종류

구분	내용
면상침식 (세류간침식)	강우에 의하여 비산된 토양이 토양 표면을 따라 얇고 일정하게 침식되는 것이다.
세류침식 (누구침식, 누로침식)	면상침식이 진행되면서 침식에 약한 부분에 작은 수로를 형성하는데 이렇게 유출수에 의해 일어나는 침식이다.
협곡침식 (구곡침식)	세류침식은 강우량 및 강우강도가 증가함에 따라 침식의 규모가 더욱 커진다. 이를 협곡침식이라고 한다.

85 토양의 질산화작용 중 각 단계에 관여하는 미생물의 속명이 옳게 연결된 것은?

1단계 ($NH_4^+ \rightarrow NO_2^-$)	2단계 ($NO_2^- \rightarrow NO_3^-$)

① Nitrocystis　Rhizobium
② Nitrosomonas　Frankia
③ Nitrosospira　Nitrobacter
④ Rhizobium　Nitrosococcus
⑤ Pseudomonas　Nitrosomonas

해설

질산화작용

• (질산) $NO_3^- \rightarrow NH_4^+$(암모늄)으로 전환되는 것을 말한다.
• 2단계의 산화반응이다.

정답 82 ④ 83 ⑤ 84 ⑤ 85 ③

$$NH_4^+ \xrightarrow{\text{Nitrosomonas}} (\text{아질산})\ NO_2^- \xrightarrow{\text{Nitrobacter}} NO_3^-$$

- 첫 단계는 암모니아산화균(Nitrosomonas, Nitrosococcus, Nitrosospira)
- 두 번째 단계는 아질산산화균(Nitrobacter, Nitrocystis)

86 토양포화침출액의 전기전도도(EC)가 4dS/m 이상이고, 교환성 나트륨퍼센트(ESP)가 15% 이하이며, 나트륨흡착비(SAR)는 13 이하인 토양은?

① 염류토양 ② 석회질토양
③ 알칼리토양 ④ 나트륨토양
⑤ 염류나트륨성 토양

해설
전기전도도(EC)가 4dS/m 이상은 염류토양의 특징이고, 나트륨흡착비(SAR)가 13 이상은 나트륨토양의 특징이다. 위의 예문은 전기전도도(EC)가 4dS/m 이상(염류토양), 나트륨흡착비(SAR)가 13 이하로 정상토양, 염류토양의 특징이다.

염류집적토양의 분류

구분	전기 전도도 EC (dS/m)	교환성 나트륨 퍼센트 (ESP)	pH	나트륨 흡착비 (SAR)
정상토양 (Normal Soil)	<4	<15	<8.5	<13
염류토양 (Saline Soil)	>4	<15	<8.5	<13
나트륨성토양 (Sodic Soil)	<4	>15	>8.5	>13
염류나트륨성 토양 (Saline – Sodic Soil)	>4	>15	<8.5	>13

87 균근에 관한 설명으로 옳지 않은 것은?

① 균근은 균과 식물뿌리의 공생체이다.
② 인산을 제외한 양분 흡수를 도와준다.
③ 굴참나무는 외생균근, 단풍나무는 내생균근을 형성한다.
④ 균사는 토양을 입단화하여 통기성과 투수성을 증가시킨다.
⑤ 식물은 토양으로 뻗어나온 균사가 흡수한 물과 양분을 얻는다.

해설
균근은 인산처럼 유효도가 낮거나 적은 농도로 존재하는 토양 양분을 쉽게 흡수할 수 있게 한다.

88 토양의 완충용량에 관한 설명으로 옳지 않은 것은?

① 식물양분의 유효도와 밀접한 관계가 있다.
② 완충용량이 클수록 토양의 pH 변화가 적다.
③ 모래 함량이 많은 토양일수록 완충용량은 커진다.
④ 부식의 함량이 많을수록 완충용량은 커진다.
⑤ 양이온교환용량이 클수록 완충용량은 커진다.

해설
점토의 함량이 증가할수록 양이온교환용량이 증가하여 완충용량이 증가한다.

89 산불이 산림토양에 미치는 영향으로 옳은 설명만 고른 것은?

ㄱ. 교환성 양이온(Ca^{2+}, Mg^{2+}, K^+)은 일시적으로 증가한다.
ㄴ. 입단구조 붕괴, 재에 의한 공극 폐쇄, 점토입자 분산 등으로 토양 용적밀도가 감소한다.
ㄷ. 지표면에 불투수층이 형성되어 침투능이 감소하고 유거수와 침식이 증가한다.
ㄹ. 양이온교환능력은 유기물 손실량에 비례하여 증가한다.

① ㄱ, ㄴ ② ㄱ, ㄷ
③ ㄱ, ㄹ ④ ㄴ, ㄷ
⑤ ㄴ, ㄹ

해설
ㄴ. 토양의 용적밀도가 증가한다(용적밀도 = 질량/부피).
ㄹ. 유기물의 손실량에 비례하여 양이온교환용량은 감소한다.

90 콩과식물의 레그헤모글로빈 합성에 필요한 원소는?

① 규소 ② 나트륨
③ 셀레늄 ④ 코발트
⑤ 알루미늄

정답 86 ① 87 ② 88 ③ 89 ② 90 ④

해설

질소고정에 필요한 무기영양소

- 코발트 : 레그헤모글로빈(Leghaemoglobin)의 생합성에 필요하다.
- 몰리브덴 : Nitrogenase의 보조인자로 작용한다.
- 인과 칼륨도 질소고정에 영향을 끼친다.

91 토양유기물 분해에 관한 설명으로 옳지 않은 것은?

① 토양이 산성화 또는 알칼리화되면 유기물 분해속도는 느려진다.

② 페놀화합물 함량이 유기물 건물 중량의 3～4%가 되면 분해속도는 빨라진다.

③ 발효형 미생물은 리그닌의 분해를 촉진시키는 기폭효과를 가지고 있다.

④ 탄질비가 300인 유기물도 외부로부터 질소가 공급되면 분해속도가 빨라진다.

⑤ 리그닌과 같은 난분해성 물질은 유기물 분해의 제한요인으로 작용할 수 있다.

해설

- 페놀함량이 건물 무게의 3～4%가 포함되어 있으면 분해속도가 대단히 느리다.
- 유기물의 분해속도는 리그닌 함량에 따라 달라진다.
- 리그닌은 어린 식물에 5%, 성숙한 식물에 약 15%, 성숙한 나무의 조직에 35～50%를 차지한다.

92 식물영양소의 공급기작에 관한 설명으로 옳은 것은?

① 인산이 칼륨보다 큰 확산계수를 가진다.

② 칼슘과 마그네슘은 주로 확산에 의해 공급된다.

③ 식물이 필요로 하는 영양소의 대부분은 집단류에 의해 공급된다.

④ 집단류에 의한 영양소 공급기작은 접촉교환학설이 뒷받침한다.

⑤ 뿌리차단(Root Interception)에 의한 영양소 흡수량은 뿌리가 발달할수록 적어진다.

해설

토양에서 영양소의 확산속도

NO_3^-, Cl^-, SO_4^{2-} > K^+ > $H_2PO_4^-$

음이온이 양이온보다 확산속도가 빠른 이유는 토양교질이 음이온이기 때문이다.

93 식물체 내에서 영양소와 생리적 기능의 연결로 옳지 않은 것은?

① 칼륨 – 이온 균형 유지

② 붕소 – 산화환원반응 조절

③ 칼슘 – 세포벽 구조 안정화

④ 인 – 핵산과 인지질의 구성원소

⑤ 니켈 – 요소분해효소의 보조인자

해설

붕소는 탄수화물대사에 관여하며, 구리는 산화효소의 구성요소이다.

94 석회질비료에 관한 설명으로 옳지 않은 것은?

① 토양 개량으로 양분 유효도 개선을 기대할 수 있다.

② 석회석의 토양 산성 중화력은 생석회보다 더 높은 편이다.

③ 석회고토는 백운석($CaCO_3 \cdot MgCO_3$)을 분쇄하여 분말로 제조한 것이다.

④ 소석회는 알칼리성이 강하므로 수용성 인산을 함유한 비료와 배합해서는 안 된다.

⑤ 부식과 점토 함량이 낮은 토양의 산도 교정에는 생석회를 많이 사용하지 않아도 된다.

해설

산도 교정능력은 생석회(80%) > 소석회(60%) > 석회고토(53%) > 석회석(45%) 순이다.

95 답압이 토양에 미치는 영향으로 옳은 것은?

① 입자밀도가 높아진다.

② 수분 침투율이 증가한다.

③ 표토층 입단이 파괴된다.

④ 토양 공기의 확산이 증가한다.

⑤ 토양 3상 중 고상의 비율이 감소한다.

해설

① 입자밀도는 변하지 않는다.

② 용적밀도가 높아져서 수분 침투율이 하락한다.

정답 91 ② 92 ③ 93 ② 94 ② 95 ③

④ 토양 공기의 유통통로인 대공극이 줄어들어 확산이 감소한다.
⑤ 고상, 기상, 액상의 3상 중 고상의 비율이 증가한다.

96 토양콜로이드 입자의 표면에 흡착된 양이온 중 토양을 산성화시키는 원소만 모두 고른 것은?

ㄱ. 수소	ㄴ. 칼륨
ㄷ. 칼슘	ㄹ. 나트륨
ㅁ. 마그네슘	ㅂ. 알루미늄

① ㄱ, ㄹ　② ㄱ, ㅂ
③ ㄱ, ㅁ, ㅂ　④ ㄴ, ㄷ, ㄹ, ㅁ
⑤ ㄱ, ㄴ, ㄷ, ㄹ, ㅁ

해설

- 산성화 이온 : 수소, 알루미늄
- 염기성 이온 : 칼륨, 칼슘, 나트륨, 마그네슘

97 토양 코어(부피 100cm^3)를 사용하여 채취한 토양의 건조 후 무게는 150g이었다. 중량수분 함량이 20%일 때 토양의 공극률(%)과 용적수분 함량(%)은?(단, 입자밀도는 3.0g/cm^3, 물의 밀도는 1.0g/cm^{3}이다.)

① 30, 20　② 40, 20
③ 40, 30　④ 50, 30
⑤ 60, 30

해설

- 용적밀도 = 고형입자의 무게/전체 용적(고상의 부피 + 액상의 부피 + 기상의 부피) = 150/100 = 1.5g/cm^3
- 공극률 = 공극의 용적/전체 토양의 용적
  = [1 − (용적밀도/입자밀도)] × 100
  $= \left\{1-\left(\frac{1.5}{3.0}\right)\right\} \times 100 = 0.5 \times 100 = 50\%$
- 중량수분 함량 = 토양수분의 무게/건조한 토양의 무게
  $20\% = \frac{x}{150g} \times 100$, $(20 \times 150)/100 = x$,
  x(토양수분의 무게) = 30g
- 용적수분 함량 = 토양수분의 부피/전체 토양의 부피
  = 중량수분 함량 × 용적밀도
  = 20 × 1.5 = 30%

98 토양수분 특성에 관한 설명으로 옳지 않은 것은?

① 위조점은 식물이 시들게 되는 토양 수분 상태이다.
② 포장용수량은 모든 공극이 물로 채워진 토양수분 상태이다.
③ 흡습수와 비모세관수는 식물이 이용하지 못하는 수분이다.
④ 물은 토양수분퍼텐셜이 높은 곳에서 낮은 곳으로 이동한다.
⑤ 포장용수량에 해당하는 수분 함량은 점토의 함량이 높을수록 많아진다.

해설

- 최대수분용량(Maximum Retentive Capacity) = 최대용수량 : 토양의 모든 공극이 물로 채워진 상태, 즉 포화된 상태로 토양이 최대한 가질 수 있는 수분 함량
- 포장용수량(Field Capacity) : 충분한 관개나 많은 비가 내린 후 시간이 흐르면서 큰 공극에 존재하는 과잉수분이 중력에 의해 배수된 상태의 토양수분 함량. 토양수분은 대부분 매트릭퍼텐셜에 의하여 남아 있는 상태가 됨

99 토양의 용적밀도에 관한 설명으로 옳지 않은 것은?

① 답압이 발생하면 높아진다.
② 공극량이 많을 때 높아진다.
③ 유기물 함량이 많으면 낮아진다.
④ 토양 내 뿌리 자람에 영향을 미친다.
⑤ 공극을 포함한 단위용적에 함유된 고상의 중량이다.

해설

용적밀도
- 치밀함의 정도를 나타낸다(질량/부피).
- 공극량이 증가하면 용적밀도는 낮아진다.

100 질소 저장량을 추정하고자 조사한 내용이 아래와 같을 때, 이 토양 A층의 1ha 중 질소 저장량(ton)은?

• A층 토심 : 10cm	• 용적밀도 : 1.0g/cm^3
• 질소농도 : 0.2%	• 석력 함량 : 0%

① 0.02　② 0.2
③ 2　④ 20
⑤ 200

정답 96 ② 97 ④ 98 ② 99 ② 100 ③

해설

용적밀도

- 고형입자의 무게/전체 용적(고상의 부피 + 액상의 부피 + 기상의 부피)
- 단위는 g/cm^3, mg/m^3
- 전체용적 = $1ha(10,000m^2) \times 0.1m = 1,000m^3$

  $1.0g/cm^3 = \frac{x}{1,000}$, $x = 1.000ton$, $1ton = 1,000,000g$이다.
- 전체 토양의 양 1,000ton 중 질소농도는 0.2%이므로 $1,000 \times (0.2/100) = 2ton$이다.

5과목 수목관리학

101 수목 이식에 관한 설명으로 옳지 않은 것은?

① 나무의 크기가 클수록 이식성공률이 낮다.
② 낙엽수는 상록수보다, 관목은 교목보다 이식이 잘 된다.
③ 교목은 인접한 나무와 수관이 맞닿을 정도로 식재한다.
④ 수피 상처와 피소를 예방하고자 수간을 피복한다.
⑤ 대경목의 뿌리돌림은 이식 2년 전부터 2회에 걸쳐 실시하는 것이 바람직하다.

해설

인접한 나무와 수관이 맞닿을 경우 작은 나무가 피압을 당하게 되고 수광량이 줄어들어 직경생장에 지장을 받게 되면서 정상적인 생장이 어렵게 된다.

102 가로수에 관한 설명으로 옳지 않은 것은?

① 내병충성과 강한 구획화 능력이 요구된다.
② 보행자 통행에 지장이 없는 나무로 선정한다.
③ 보도 포장의 융기와 훼손을 예방하려고 천근성 수종을 선정한다.
④ 식재지역의 역사와 문화에 적합하고 향토성을 지닌 나무를 선정한다.
⑤ 난대지역에 적합한 수종으로는 구실잣밤나무, 녹나무, 먼나무, 후박나무 등이 있다.

해설

가로수의 구비조건

- 직립성이고, 지하고가 높으며, 대기오염에 강할 것
- 상처, 가지치기 후 부패하지 않은 것
- 보행자가 위험하거나 도보 시 방해되지 않을 것

  예 느릅나무, 느티나무, 은행나무, 칠엽수, 회화나무

103 다음 설명에 해당하는 전정 유형은?

> - 한 번에 총엽량의 1/4 이상을 제거해서는 안 된다.
> - 성숙한 나무가 필요 이상으로 자라 크기를 줄일 때 적용하는 방법이다.
> - 줄당김, 수간외과수술 등과 연계하여 나무의 파손 가능성을 줄일 목적으로 적용한다.

① 수관 솎기 ② 수관 청소
③ 수관 축소 ④ 수관 회복
⑤ 수관 높이기

해설

수관축소

- 성숙목이 처음 식재 당시의 목적에 맞지 않게 필요 이상 크게 자라면 크기를 줄여 주어야 한다.
- 위쪽의 원가지를 자를 때 아래쪽에 남겨 둘 옆 가지의 직경이 잘려나가는 원가지 직경의 1/2가량 되도록 한다.
- 두목작업을 실시하면 수형도 기형적으로 되고 맹아지가 대량으로 발생하여 수형을 망친다.

104 다음 설명에 해당하는 수종은?

> - 층층나뭇과의 낙엽활엽교목이다.
> - 가지 끝에 달리는 산방꽃차례에 흰색 꽃이 5월에 핀다.
> - 잎은 어긋나고 측맥은 6~9쌍이며 뒷면에 흰 털이 발달한다.
> - 열매는 핵과이고 둥글며 검은색으로 익는다.

① Cornus kousa
② Cornus walteri
③ Cornus officinalis
④ Cornus controversa
⑤ Cornus macrophylla

정답 101 ③ 102 ③ 103 ③ 104 ④

해설

① Cornus kousa(산딸나무) : 꽃잎과 수술은 각각 4개, 잎은 마주나기, 열매는 취과이며 붉은색
② Cornus walteri(말채나무) : 잎은 마주나기, 꽃은 취산꽃차례이며 흰색, 열매는 핵과이고 검은색
③ Cornus officinalis(산수유) : 잎은 마주나기, 꽃은 노란색의 산형꽃차례, 열매는 장과이며 장타원형
④ Cornus controversa(층층나무) : 잎은 어긋나기, 꽃은 산방꽃차례이며 흰색, 열매는 핵과이며 검은색
⑤ Cornus macrophylla(곰의말채나무) : 잎은 마주나기, 꽃은 원추상 취산꽃차례, 열매는 핵과이며 둥글고 검은색

105 수목관리방법이 옳은 것은?

① 공사현장의 수목보호구역은 수목의 형상비를 기준으로 설정한다.
② 고층건물의 옥상 녹지에 목련, 소나무, 느릅나무 등 경관수목을 식재한다.
③ 토양유실로 노출된 뿌리에서 경화가 확인되면 원지반 높이까지만 흙을 채운다.
④ 산림에 인접한 주택은 건물 외벽으로부터 폭 10m 이내에 교목과 아교목을 혼식하여 방화수림대를 조성한다.
⑤ 내한성이 약한 식수대(Planter) 생육 수목을 야외에서 월동시킬 경우, 노출된 식수대 외벽에 단열재를 설치한다.

해설

수목관리방법

- 수목보호구역 크기와 형태를 결정짓는 요소
  - 충격에 대한 수종의 민감성
  - 건강과 나이
  - 뿌리와 수간의 입체적 형태
  - 개발에 대한 제약 등
- 고층건물의 옥상 녹지에는 교목을 피하고 관목과 아교목 위주로 식재
- 수목의 경화된 노출 뿌리는 복토하면 안 됨
- 내화수림대의 조성
  - 내화수림대의 폭은 30m 내외로 함
  - 조림작업을 할 경우에는 마을, 도로, 농경지의 인접 산림에 참나무류 등 활엽수종을 중심으로 내화수림대를 조성
  - 숲가꾸기 작업을 할 경우에는 마을 도로, 농경지의 인접 산림에 솎아베기를 통해 침엽수와 활엽수 혼효림을 내화수림대로 전환

※ 정답 없으므로 전 항 정답처리

106 수목 지지시스템의 적용방법이 옳지 않은 것은?

① 부러질 우려가 있는 처진 가지에 지지대를 설치한다.
② 할렬로 파손 가능성이 있는 줄기를 쇠조임한다.
③ 기울어진 나무는 다시 곧게 세우고 당김줄을 설치한다.
④ 쇠조임을 위한 줄기 관통구멍의 크기는 삽입할 쇠막대 지름의 2배로 한다.
⑤ 결합이 약한 동일 세력 줄기의 분기 지점으로부터 분기 줄기의 2/3 되는 지점을 줄당김으로 연결한다.

해설

쇠조임 방법

- 관통 쇠조임(Through－bracing)과 데드 엔드 쇠조임(Dead－end bracing) 두 가지가 있다.
- 관통형 쇠조임을 위한 구멍은 조임 강봉 직경과 같거나 크게 뚫는다.
- 데드 엔드 쇠조임의 조임 강봉 설치용 구멍은 설치될 강봉보다 1/6～1/8인치 더 가는 비트를 사용하여 두 줄기/가지 중 직경이 가는 줄기/가지 쪽에서 천공을 시작한다.

107 녹지의 잡초에 관한 설명으로 옳지 않은 것은?

① 잡초 종자는 수명이 길고 휴면성이 좋다.
② 방제법으로는 경종적 · 물리적 · 화학적 방법 등이 있다.
③ 대부분의 잡초 종자는 광조건과 무관하게 발아한다.
④ 다년생 잡초에는 쑥, 쇠뜨기, 질경이, 띠, 소리쟁이, 개밀 등이 있다.
⑤ 병해충의 서식지, 월동장소 등을 제공하여 병해충 발생을 조장하는 잡초종도 있다.

해설

잡초는 광조건에 민감하게 반응한다. 예로 멀칭의 장점으로 잡초의 발생 억제가 있다.

108 두절에 대한 가로수의 반응으로 옳지 않은 것은?

① 뿌리 생장이 위축된다.
② 맹아지가 과도하게 발생한다.
③ 절단면에 부후가 발생하기 쉽다.
④ 저장된 에너지가 과다하게 소모된다.
⑤ 지제부의 직경생장이 급격하게 증가한다.

정답 105 모두 정답 106 ④ 107 ③ 108 ⑤

해설

두절은 수목을 작게 유지하는 축소절단으로 주지가 제거되므로 직경생장이 줄어든다.

- 두절 : 당년지나 1년생 가지를 어떤 눈에서 절단하는 것으로 축소절단에 해당한다.
- 두목전정 : 나무의 주간과 골격지 등을 짧게 남기고 전봇대 모양으로 잘라 맹아지만 나오게 하는 전정이다.

109 우박 및 우박 피해에 관련되 내용으로 옳지 않은 것은?

① 상층 수관에 피해를 일으키는 경우가 많다.
② 우박 피해는 줄기마름병 피해와 증상이 흡사하다.
③ 지름 1~2cm인 우박은 14~20m/s 속도로 낙하한다.
④ 가지에 난 우박 상처가 오래되면 궤양 같은 흔적을 남긴다.
⑤ 우박은 불안정한 대기에서 만들어지며 상승기류가 발생하는 지역에 자주 내린다.

해설

우박피해

- 과수원과 채소농장에 큰 피해를 주지만 조경수의 경우에는 잎이 찢어지거나 잔가지가 부러지고 수피에 상처가 나는 가벼운 피해이다.
- 우박은 위에서 떨어지면서 잔가지 수피의 위쪽에만 상처를 만들어 가지 전체에 퍼지는 줄기마름병과 구별된다.

110 수목의 낙뢰 피해에 관한 설명으로 옳지 않은 것은?

① 방사조직이 파괴되어 영양분을 상실한다.
② 대부분의 경우 나무 전체에 피해가 나타난다.
③ 피해 즉시보다 일정기간 생존 후 고사하는 사례가 많다.
④ 수간 아래로 내려오면서 피해 부위가 넓어지는 것이 특징이다.
⑤ 느릅나무, 칠엽수 등 지질이 많은 수종에서 피해가 심하다.

해설

낙뢰의 피해 특징

- 전기가 수피를 타고 땅속으로 가면서 수피가 깊게 파이거나 갈라진다.
- 낙뢰는 키가 큰 거목일수록 피해 확률이 높다.
- 나무 꼭대기에서 밑동으로 내려가면서 갈라진 수피의 폭이 넓어진다.
- 수피만 벗겨지는 경우와 목질부까지 검게 타는 경우가 있다.
- 전분의 함량과 수피의 특징에 따라 낙뢰 확률이 다르다.

수종별 낙뢰 위험도

낙뢰 위험도	수종
높음	느릅나무, 단풍나무, 물푸레나무, 솔송나무, 아까시나무, 야자수, 참나무류, 백합나무, 포플러
보통	가문비나무, 개오동, 버즘나무, 소나무류, 자작나무
낮음	너도밤나무, 가시칠엽수, 호랑가시나무

111 수목의 기생성 병과 비기생성 병의 특징에 관한 설명으로 옳은 것은?

① 기생성 병은 기주 특이성이 높지만 비기생성 병은 낮다.
② 기생성 병과 비기생성 병 모두 표징이 존재하는 경우도 있다.
③ 기생성 병은 수목 조직에 대한 선호도가 없지만 비기생성 병은 있다.
④ 기생성 병은 병의 진전도가 비슷하게 나타나지만 비기생성 병은 다양하게 나타난다.
⑤ 기생성 병은 수목 전체에 같은 증상이 나타나나, 비기생성 병은 증상이 임의로 나타난다.

해설

② 기생성 병은 표징이 존재하지만, 비기생성 병은 표징이 존재하지 않는다.
③ 기생성 병은 수목 조직에 대한 선호성이 있다(조직특이적 병해).
④ 비기생성 병은 병의 진전이 비슷하게 나타나지만 기생성 병은 같은 수목에서도 다르게 나타날 수 있다.
⑤ 비기생성 병은 수목 전체에 같은 증상이 나타나고, 기생성 병은 증상이 임의적으로 나타난다.

정답 109 ② 110 ②, ⑤ 111 ①

112 1991년에 만들어진 도시공원의 토양조사 결과 pH 8.5이며, EC는 4.5dS/m이다. 이 토양에서 일어나기 쉬운 수목 피해에 관한 설명으로 옳은 것은?

① 균근 형성률이 증가한다.
② 잎의 가장자리가 타들어간다.
③ 잎 뒷면이 청동색으로 변한다.
④ 소나무 줄기에서 수지가 흘러내린다.
⑤ 엽육조직이 두꺼운 수종에서는 과습 돌기가 만들어진다.

해설

토양용액의 삼투압이 더 높아 수분을 흡수하기 어려워 잎의 가장자리가 타 들어간다.

① 알칼리성 토양에서는 균근 형성률이 떨어진다.
③ 잎의 뒷면이 청동색으로 변하는 것은 PAN의 피해 현상이다.
④ 뿌리의 공기유통 부족은 잎이 퇴색되고, 줄기에 혹이나 수액이 나온다.
⑤ 과습 돌기(Edema)는 토양이 과습할 때 나타나는 현상이다.

113 햇볕에 의한 고온 피해로 옳지 않은 것은?

① 목련, 배롱나무는 피소에 민감하다.
② 성숙 잎보다 어린잎에서 심하게 나타난다.
③ 양엽에서는 햇볕에 의한 고온 피해가 일어나지 않는다.
④ 엽육조직이 손상되어 피해 조직에서는 광합성을 하지 못한다.
⑤ 피소되어 형성층이 파괴되면 양분과 수분 이동이 저해된다.

해설

- 고온 피해는 양엽이나 음엽에 관계없이 잎의 온도를 낮춰주지 못하면 발생할 수 있다.
- 수분 부족이나 장마철에 응달이 계속되다 갑자기 햇빛이 비춘다던가 하면 발생한다.
- 엽소는 여름철 고온이 지속되면서 일사량이 높을 경우 과다한 증산작용으로 탈수현상이 일어나 잎이 누렇게 타는 것이다.

114 도시공원의 토양 분석표이다. 조경수 생육에 부족한 원소는?

구분	함량
총질소	0.13%
유효인산	20mg/kg
교환성 칼륨	1cmolc/kg
교환성 칼슘	5cmolc/kg
교환성 마그네슘	2cmolc/kg

① 인 ② 질소
③ 칼륨 ④ 칼슘
⑤ 마그네슘

해설

조경수 식재에 적합한 토양의 물리 · 화학적 기준

평가항목		함량
항목	단위	
토양산도(pH)	–	5.5~6.5
전기전도도(EC)	dS/m	0.5 미만
염기치환용량(CEC)	cmolc/kg	10~20 이상
전질소량(T–N)	%	0.1 이상
유효태인산	mg/kg	50~100 이상
치환성 칼륨(K^+)	cmolc/kg	0.25~1.0 이상
치환성 칼슘(Ca^{2+})	cmolc/kg	2.5~5.0 이상
치환성 마그네슘(Mg^{2+})	cmolc/kg	0.5~2.0 이상
염분농도	%	0.05 미만
유기물 함량	%	2.0 이상
토성	%	사질양토~양토

115 농약 명명법에서 제품의 형태를 표기하는 것은?

① 상표명 ② 일반명
③ 코드명 ④ 품목명
⑤ 화학명

해설

제품의 형태는 제형을 말한다. 즉, 제형을 표기하는 것은 품목명이다.

농약의 명명법

구분	내용
화학명	• 농약의 유효 성분의 화학구조에 따라 붙여지는 전문적이고 과학적인 명칭으로 IUPAC(국제순수 및 응용화학연합)에서 명칭을 정한다. • 2, 2–dichlorvinyl dimethyl phosphate

정답 112 ② 113 ②, ③ 114 ① 115 ④

구분	내용
일반명	• 농약을 구성하는 화합물의 이름을 암시하면서 단순화시킨 것으로 국제적으로 통용된다. • 디클로르보스(Dichlorvos), 이미다클로프리드(Imidacloprid)
품목명	• 농약의 제제화와 관련된 이름으로 영문의 일반명을 한글로 표시하고 뒤에 제형을 붙인다. • 이미다클로프리드 미탁제, 베노밀 수화제
상표명 (상품명)	• 농약을 제품화할 때 농약회사에서 붙인 고유의 이름으로 같은 농약이라도 생산회사에 따라 이름이 다르다. • 코니도, 크로스, 어드마이어, 노다지

116 다음 내용에 해당하는 농약의 제형은?

- 유탁제의 기능을 개선한 것
- 유기용제를 소량 사용하여 조제한 것
- 살포액을 조제하였을 때 외관상 투명한 것
- 최근 나무 주사액으로 많이 사용하는 것

① 미탁제　② 분산성 액제
③ 액상 수화제　④ 입상 수용제
⑤ 캡슐현탁제

해설

유탁제 및 미탁제

구분	내용
유탁제 (EW)	• 유제에 사용되는 유기용제를 줄이기 위한 방안으로 개발된 제형이다. • 소량의 소수성 용매에 원제를 용해하고, 유화제를 사용하여 물에 유화시켜 제제한다. • 유화성이 우수한 유화제 선발이 가장 중요하다.
미탁제 (ME)	• 유탁제의 기능을 더욱 개선한 것으로 살포액은 투명한 상태이다. • 유제나 유탁제에 비해 약효가 우수하다.

117 유기분사 방식으로 분무 입자를 작게 만들어 고속으로 회전하는 송풍기를 통해 풍압으로 살포하는 방법은?

① 분무법　② 살분법
③ 연무법　④ 훈증법
⑤ 미스트법

해설

미스트법

- 분무법을 개선하여 살포액의 입자크기를 더 작게 함으로써 노동력을 절감하고, 살포의 균일성을 향상시킨 방법이다.
- 살포액분사 노즐에 압축공기를 같이 주입하는 유기분사방식이며, 살포액입자를 더 작게 만들어 분출한 후 고속으로 회전하는 송풍기를 통해 풍압으로 살포액을 분출시켜 멀리 살포할 수 있다.
- 살포액량을1/3~1/5로 줄여 살포가 가능하다.
- 입자 크기는 35~100μm이다.

118 농약의 독성평가에서 특수독성시험은?

① 최기형성 시험
② 염색체이상 시험
③ 피부자극성 시험
④ 급성경구독성 시험
⑤ 지발성신경독성 시험

해설

최기형성 시험

임신된 태아 동물의 기관 형성기에 농약을 경구 투여하여 임신 말기에 배자의 사망, 배자의 발육지연 및 기형 등을 알아본다.

농약의 독성

- 급성독성
  - 급성경구독성
  - 급성경피독성
  - 급성흡입독성
- 아급성독성
- 만성독성
- 변이독성
  - 복귀돌연변이 시험
  - 염색체 이상시험
  - 소핵시험
- 지발성 신경독성
- 자극성
  - 피부자극성 시험
  - 안점막 자극성 시험
  - 피부감작성 시험
- 특수독성
  - 발암성
  - 최기형성
  - 번식독성 시험

정답 116 ① 117 ⑤ 118 ①

119 미국흰불나방 방제에 사용되는 디아마이드(Diamide)계 살충제의 작용기작은?

① 키틴 합성 저해
② 나트륨이온 통로 변조
③ 라이아노딘 수용체 변조
④ 아세틸콜린에스테라제 저해
⑤ 니코틴 친화성 아세틸콜린 수용체의 경쟁적 변조

해설

디아마이드계(28)
- 라이아노딘 수용체 조절
- 2010년 이후에 개발된 약제
- 라이아노딘 수용체(근육세포 내 칼슘 채널 저해)와 결합하여 근육을 마비시키는 약제
- Cyantrannililprole, Cylaniliprole, Tetranniliprole, Flubendiamide

120 플루오피람 액상 수화제(유효성분 함량 40%)를 4,000배 희석하여 500L를 조제할 때 소요되는 약량과 살포액의 유효성분 농도는?(단, 희석수의 비중은 1이다.)

	약량(mL)	농도(ppm)
①	125	50
②	125	100
③	125	200
④	250	100
⑤	250	200

해설

소요약량＝(500×1,000mL)/4,000＝125mL
1ppm＝1L/1,000,000이고, 1mL＝1L/1,000이다.
그러면 유효성분의 약량은 125×0.4＝50mL, 살포액(500L)의 유효성분 농도＝50mL/500,000mL×100%＝0.01%
1%＝10,000ppm이므로 0.01%＝100ppm

배액 조제법
- 액체 제형의 농약은 부피/부피를 기준으로 희석한다.
- 고체 제형의 농약은 무게/부피를 기준으로 희석한다.
- 1,000배액은 1L물에 1mL의 농약을 가하거나, 농약 1g을 가한 것을 말한다.
- 소요약량(mL, g) $= \frac{\text{단위면적당 살포량}}{\text{희석배수}}$

121 아바멕틴 미탁제에 관한 설명으로 옳지 않은 것은?

① 접촉독 및 소화중독에 의하여 살충효과를 나타낸다.
② 꿀벌에 대한 독성이 강하여 사용에 주의하여야 한다.
③ 소나무에 나무주사 시 흉고직경 cm당 원액 1mL로 사용하여야 한다.
④ 작용기작은 글루탐산 의존성 염소이온 통로 다른 자리입체성 변조이다.
⑤ 미생물 유래 천연성분 유도체이므로 계속 사용하여도 저항성이 생기지 않는다.

해설

저항성의 발생원인은 한 가지 작용기작의 약제를 연용함으로써 발생한다.

약의 저항성

구분	내용
약제저항성	한 가지 약제를 연속하여 사용했을 때 방제 대상이 약제에 대한 저항성이 강한 개체가 살아 남는다.
교차저항성	한 가지 약제에 대하여 저항성이 발달한 병원균, 해충, 잡초가 이전에 한 번도 사용한 적이 없는 약제에 대해 저항성을 보인다.
복합저항성	작용기작이 서로 다른 2종 이상의 약제에 대해 저항성을 나타낸다.

122 테부코나졸 유탁제에 관한 설명으로 옳지 않은 것은?

① 스트로빌루린계 살균제이다.
② 작용기작은 사1로 표기한다.
③ 세포막 스테롤 생합성 저해제이다.
④ 침투이행성이 뛰어나 치료 효과가 우수하다.
⑤ 리기다소나무 푸사리움가지마름병 방제에 사용한다.

해설

- 스트로빌루린계(Strobiluline) – 다3. 호흡저해(에너지 생성 저해)
  - 미토콘드리아의 전자전달계를 저해
  - 아족시스트로빈(Azoxystrobin), 오리사스트로빈(Orysastrobin), 트리플록시스트로빈(Trifloxystrobin), 피라클로스트로빈(Pyraclostrobin), 피콕시스트로빈(Picoxystrobin)
- 트레아졸계(사1)
  - 막에서 스테롤생합성 저해

정답 119 ③ 120 ② 121 ⑤ 122 ①

- 식물의 생장점으로 흡수, 침투이행성, 보호 및 치료 효과
- 약해 없다. 에르고스테롤(Ergosterol)의 생합성 저해
- 디니코나졸, 디페노코나졸, 맷코나졸, 비테르타놀, 헥사코사졸, 테부코나졸

123 「농약관리법 시행규칙」상 잔류성에 의한 농약 등의 구분에 의하면 '토양잔류성 농약 등은 토양 중 농약 등의 반감기간이 ( )일 이상인 농약 등으로서 사용결과 농약 등을 사용하는 토양(경지를 말한다)에 그 성분이 잔류되어 후작물에 잔류되는 농약 등'이라고 정의하고 있다. ( ) 안에 들어갈 일수는?

① 60 ② 90
③ 120 ④ 180
⑤ 365

해설

토양잔류성 농약

농약의 반감기간이 180일 이상인 농약으로서 병해충방제를 위하여 사용한 성분이 토양에 남아 후작물에 잔류되는 것
※ 우리나라에서 사용 중인 농약의 대부분은 반감기가 120일 미만으로 토양 중 농약잔류의 우려가 없는 편이다.

124 「소나무 재선충병 방제특별법 시행령」상 반출금지구역에서 소나무를 이동하였을 때 위반 차수별 과태료 금액이 옳은 것은?(단위 : 만 원)

	1차	2차	3차
①	30	50	150
②	50	100	150
③	50	100	200
④	100	150	200
⑤	100	150	300

해설

제10조(소나무류의 이동제한 등)

반출금지구역에서는 소나무류의 이동을 금지한다.

- 1차 : 100만 원
- 2차 : 150만 원
- 3차 : 200만 원

「소나무 재선충병 방제특별법 시행령」상 과태료 기준

위반행위	과태료 (금액 단위 : 만 원)		
	1차 위반	2차 위반	3차 위반
해당 산림의 연접 토지소유자는 재선충병 피해방제를 위한 산림소유자 등의 토지 출입에 응하여야 한다.	30	50	100
산림소유자 등은 제4조의 규정에 의하여 국가 및 지방자치단체가 재선충병 방제를 위해 필요한 조치를 할 경우 협조하여야 한다.	30	50	100
산림소유자는 모두베기 방법에 의한 감염목 등의 벌채작업을 한 경우에는 사전 전용허가를 받은 경우를 제외하고는 농림축산식품부령이 정하는 바에 따라 그 벌채지에 조림을 하여야 한다.	해당 조림 비용 전액		
소나무류를 취급하는 업체에 대하여 관련 자료를 제출하게 할 수 있으며, 소속 공무원에게 사업장 또는 사무소 등에 출입하여 장부 · 서류 등을 조사 · 검사하게 하거나 재선충병 감염 여부 확인에 필요한 최소량의 시료를 무상으로 수거하게 할 수 있다.	50	100	150
소나무류를 취급하는 업체는 소나무류의 생산 · 유통에 대한 자료를 작성 · 비치하여야 한다.	50	100	200
누구든지 제10조(반출금지구역에서는 소나무류의 이동을 금지한다), 제10조의2(반출금지구역이 아닌 지역에서 생산된 소나무류를 이동하고자 하는 자는 농림축산식품부령이 정하는 바에 따라 산림청장 또는 시장 · 군수 · 구청장으로부터 생산확인표를 발급받아야 한다)를 위반한 소나무류를 취급하여서는 아니 된다.	100	150	200
다음 명령 위반 시 1. 감염목 등의 소유자 또는 대리인에 대한 해당 임목의 벌채명령 2. 감염목 등의 소유자 또는 대리인에 대한 해당 임목의 훈증, 소각, 파쇄 등의 조치명령 3. 감염목 등의 소유자 또는 대리인에 대한 해당 임목 등의 양도 · 이동의 제한 또는 금지명령 4. 발생지역의 운반용구, 작업도구 등 물품이나 작업장 등 시설의 소유자 또는 대리인에 대한 해당 물품 또는 시설의 소독 등의 조치명령	50	100	150

정답 123 ④ 124 ④

125 '2023년도 산림병해충 예찰, 방제계획'에 제시된 주요 산림병해충에 관한 기본 방향으로 옳지 않은 것은?

① 솔껍질깍지벌레 : 해안가 우량 곰솔림에 대한 종합방제사업 지속 발굴 · 추진
② 소나무 재선충병 : 드론예찰을 통한 예찰체계 강화로 사각지대 방제 및 누락 방지
③ 참나무 시들음병 : 매개충의 생활사 및 현지 여건을 고려한 복합방제로 피해 확산 저지
④ 솔잎혹파리 : 피해도 '심' 이상 지역, 중점관리지역 등은 임업적 방제 후 적기에 나무주사 시행
⑤ 외래 · 돌발 · 혐오 병해충 : 대발생이 우려되는 외래 · 돌발 병해충에 사전 적극 대응해 국민 생활 안전 보장

해설

솔잎혹파리

피해도 '중' 이상 지역, 중점관리지역, 주요 지역 등은 임업적 방제 후 적기에 나무주사 시행

정답 125 ④

과년도 기출문제 10회(2024년 2월 24일)

1과목 수목병리학

01 전염원이 바람에 의해 직접적으로 전반되는 수목병으로 옳지 않은 것은?

① 잣나무 털녹병
② 동백나무 탄저병
③ 은행나무 잎마름병
④ 사철나무 흰가루병
⑤ 사과나무 불마름병

해설

- 불마름병은 곤충의 매개에 의해 식물체를 가해할 때 상처 또는 꽃이나 잎의 자연개구를 통해 식물체 내부로 침입한다.
- 한 식물체 상에서는 세균점액이 빗물에 씻겨 다른 부분으로 옮겨지기도 한다.
- 병든 가지를 자른 전정가위 등에 의해서도 전염된다.

02 봄에 향나무 잎과 줄기에 형성된 노란색 또는 오렌지색 구조체에 생성되는 것은?

① 녹포자
② 유주포자
③ 겨울포자
④ 여름포자
⑤ 녹병정자

해설

- 향나무에서는 여름포자를 형성하지 않고, 겨울포자만 형성하는 중세대형 녹병균이다.
- 장미과 수목에서는 녹병정자와 녹포자를 형성한다.

주요 수목의 이종기생 녹병균

녹병균	병명	기주식물	
		녹병정자, 녹포자	여름포자, 겨울포자
Cronartium ribicola	잣나무 털녹병	잣나무	송이풀, 까치밥나무
Cronartium quercuum	소나무 혹병	소나무, 곰솔	졸참나무, 신갈나무 등
Cronartium flaccidum	소나무 줄기녹병	소나무	모란, 작약, 송이풀
Coleosporium asterum	소나무 잎녹병	소나무	참취, 쑥부쟁이
Coleosporium phellodendri	소나무 잎녹병	소나무	황벽나무
Gymnosporangium asiaticum	향나무 녹병	배나무	향나무(겨울포자세대만 형성)
Melampsora laricipopulina	포플러 잎녹병	낙엽송	포플러류
Uredinopsis komagatakensis	전나무 잎녹병	전나무	뱀고사리
Chrysomyxa rhododendri	산철쭉 잎녹병	가문비나무	산철쭉

03 병원균의 분류군 나머지와(속) 다른 것은?

① 소나무 잎마름병
② 회양목 잎마름병
③ 명자나무 점무늬병
④ 느티나무 갈색무늬병
⑤ 배롱나무 갈색점무늬병

해설

1. Cercospora에 의한 병

소나무 잎마름병 삼나무 붉은마름병 두릅나무 뒷면무늬병 쥐똥나무 둥근무늬병	배롱나무 갈색무늬병 포플러 갈색무늬병 멀구슬나무 갈색무늬병 벚나무 갈색무늬구멍병 느티나무 흰무늬병(갈색무늬병)	무궁화 점무늬병 명자나무 점무늬병 족제비싸리 점무늬병 때죽나무 점무늬병 모과나무 점무늬병

- 점무늬병 : 무궁화, 명자나무, 족제비싸리, 때죽나무, 모과나무(자낭포자 월동)

정답 01 ⑤ 02 ③ 03 ②

• 갈색무늬병 : 배롱나무, 포플러(자낭포자 월동), 멀구슬나무, 벚나무(자낭포자 월동), 느티나무
※ 배롱나무 갈색무늬병의 정명은 배롱나무 갈색점무늬병입니다.

2. 기타 점무늬병의 종류
회양목 잎마름병 : 병든 잎은 조기낙엽되어 앙상한 모양이다.
[병원균] Hyponectria buxi(각균강), Dithiorella candollei(총생균강)
[병징] • 잎 뒷면에 회갈색의 점무늬가 나타난다.
• 잎 뒷면의 병반 위에 검은 돌기(분생포자각)를 형성한다.

04 표징을 관찰할 수 없는 것은?

① 회화나무 녹병
② 뽕나무 오갈병
③ 벚나무 빗자루병
④ 배나무 붉은별무늬병
⑤ 단풍나무 타르점무늬병

해설

• 표징 : 감염된 병원체가 증식하여 병원체의 전체 또는 일부가 겉으로 드러나 확인할 수 있는 것
• 곰팡이에 의한 병들은 육안이나 루페 등을 통해 확인할 수 있지만, 파이토플라스마에 의한 병들은 전자현미경 등을 통해서 확인할 수 있다.
  – 병원균이 곰팡이인 것 : 회화나무 녹병, 벚나무 빗자루병, 배나무 붉은별무늬병, 단풍나무 타르점무늬병
  – 병원균이 파이토플라스마인 것 : 뽕나무 오갈병, 대추나무 빗자루병, 오동나무 빗자루병

05 무성생식으로 생성되는 포자를 모두 고른 것은?

ㄱ. 자낭포자	ㄴ. 담자포자
ㄷ. 난포자	ㄹ. 분생포자
ㅁ. 유주포자	ㅂ. 후벽포자

① ㄱ, ㅁ
② ㄱ, ㅂ
③ ㄴ, ㅂ
④ ㄷ, ㄹ
⑤ ㄹ, ㅁ

해설

곰팡이의 번식과 생활환

무성생식	유성생식
무성포자 : 무성생식으로 만들어지는 포자 분열포자 : 균사의 일부가 잘리듯이 형성 후벽포자 : 두꺼운 껍데기에 싸임 분아포자 : 싹 트는 모양과 같음 분생포자 : 분생포자경이 생겨 그 끝에 형성. 분생포자각, 분생포자반에서 포자 형성 유주포자 : 균사의 일부분에서 유주포자낭경이 생기며 그 끝에 유주포자낭이 달리고 그 속에 형성	원형질유합과 핵융합, 그리고 감수분열을 거쳐 발생 : 난포자, 접합포자, 자낭포자, 담자포자 등

06 수목병과 병원균이 형성하는 유성세대 구조체의 연결로 옳지 않은 것은?

① 밤나무 잉크병 – 자낭자좌
② 밤나무 줄기마름병 – 자낭각
③ 벚나무 빗자루병 – 나출자낭
④ 단풍나무 흰가루병 – 자낭구
⑤ 소나무 피목가지마름병 – 자낭반

해설

① 밤나무 잉크병(파이토프토라뿌리썩음병)
[병원균] Phytophthora katsurae, Phytophthora cinnamomi, Phytophthora cambivora – 난포자, 유주포자
② 밤나무 줄기마름병(동고병)
[병원균] Cryponectria parasitica – 자낭균문 각균강(자낭각)
③ 벚나무 빗자루병
[병원균] Taphrinawiesneri – 자낭균류 반자낭균강(나출자낭)
④ 흰가루병
  • 1차 전염원 : 자낭구의 자낭포자(각균강으로 분류되나 자낭구를 형성)
  • 2차 전염원 : 분생포자
⑤ 소나무 피목가지마름병
[병원균] Cenangium ferruginisum – 자낭균문 반균강(자낭반)

정답 04 ② 05 ⑤ 06 ①

07 수목 병원성 곰팡이에 관한 설명으로 옳지 않은 것은?

① 빗자루병을 일으킬 수 있다.
② Biolog 검정법을 통해 동정할 수 있다.
③ 기공과 피목을 통해 식물체 내부로 침입할 수 있다.
④ 휴면 · 월동 구조체인 균핵과 후벽포자는 전염원이 될 수 있다.
⑤ 탄저병을 일으키는 Colletotrichum 속은 강모(Setae)를 형성하기도 한다.

해설

- 세균 동정 : Biolog에 의한 탄소원 이용 여부의 검정방법이 많이 응용된다.
  - 정확한 동정을 위해서는 70여 가지의 영양원(당류, 아미노산 등)의 분해 및 반응검사가 필요하다.
  - 일반적인 동정은 Gram 염색 및 10여 가지의 영양원과 생리화학반응검사를 실시하여 세균의 속과 종을 결정한다.

※ 탄저병은 분생포자반에 강모가 있으면 Colletotrichum 속으로 분류하고, 강모가 없으면 Gloeosporium 속으로 분류되었으나 최근에는 Colletotrichum 속이나 다른 속으로 재분류 중에 있다.

08 병의 진단에 사용하는 코흐(Koch)의 원칙에 관한 설명으로 옳지 않은 것은?

① 병원체는 반드시 병든 부위에 존재해야 한다.
② 재분리한 병원체의 유성생식이 확인되어야 한다.
③ 병반에서 분리한 병원체는 순수 배양이 가능해야 한다.
④ 순수 분리된 병원체를 동종 수목에 접종했을 때 동일한 병징이 재현되어야 한다.
⑤ 병징이 재현된 감염 조직에서 접종했던 병원체와 동일한 것이 재분리되어야 한다.

해설

코흐의 원칙

- 병든 생물체에 병원체로 추정되는 특정 미생물이 존재해야 한다.
- 그 미생물은 기주로부터 분리되고 배지에서 순수 배양되어야 한다.
- 순수 배양한 미생물을 건전한 동일 기주에 접종하였을 때 병든 기주에서와 동일한 병이 발생해야 한다.
- 접종하여 병든 기주로부터 접종할 때 사용하였던 미생물과 동일한 특성의 미생물이 분리되고 배양되어야 한다.

09 병원체와 제시된 병명의 연결이 모두 옳은 것은?

ㄱ. 벚나무 빗자루병	ㄴ. 뽕나무 자주날개무늬병
ㄷ. 감귤 궤양병	ㄹ. 소나무 혹병
ㅁ. 호두나무 근두암종병	ㅂ. 배나무 붉은별무늬병
ㅅ. 쥐똥나무 빗자루병	ㅇ. 소나무재선충병

① 선충 – ㅁ, ㅇ
② 세균 – ㄷ, ㄹ
③ 곰팡이 – ㄴ, ㄹ
④ 바이러스 – ㄴ, ㅂ
⑤ 파이토플라스마 – ㄱ, ㅅ

해설

병원체	병명
선충	소나무재선충병
세균	감귤 궤양병, 호두나무 근두암종병
곰팡이	벚나무 빗자루병, 뽕나무 자주날개무늬병, 소나무 혹병, 배나무 붉은별무늬병
바이러스	–
파이토플라스마	쥐똥나무 빗자루병

10 포플러 잎녹병에 관한 설명으로 옳지 않은 것은?

① 중간기주로 일본잎갈나무(낙엽송) 등이 알려져 있다.
② 한국에서는 대부분 Melampsora laricipopulina에 의해 발생한다.
③ 한국에서도 포플러 잎녹병에 대한 저항성 클론이 개발 · 보급되었다.
④ 월동한 겨울포자가 발아하여 생성된 담자포자가 포플러 잎을 감염한다.
⑤ 여름포자는 핵상이 n+n이며 기주를 반복 감염하여 피해를 증가시킨다.

해설

포플러 잎녹병의 중간기주는 낙엽송(녹병정자, 녹포자)이며 포플러(여름포자, 겨울포자)에서 생성된 담자포자는 낙엽송으로 전반된다.

정답 07 ② 08 ② 09 ③ 10 ④

11 병원체에 관한 설명으로 옳은 것은?

① 곰팡이는 자연개구로 침입할 수 없다.
② 식물기생선충은 구침을 가지고 있지 않다.
③ 바이러스는 식물체에 직접 침입할 수 있다.
④ 세균은 수목의 상처를 통해서만 침입할 수 있다.
⑤ 파이토플라스마는 새삼이나 접목을 통해 전반될 수 있다.

해설

① 곰팡이는 자연개구로 침입할 수 있다.
② 선충은 구침을 가지고 있다.
- 식도형 구침의 선충은 모두 이동성 외부기생선충이다.
- 구강형 구침의 선충은 종류에 따라 기생형태가 다르다.

③ 바이러스는 식물체에 직접 침입할 수 없다.
④ 세균은 조직을 직접 침입할 수 없지만, 상처, 기공, 피목, 수공, 밀선과 같은 자연개구를 통하여 침입한다.

12 바이러스에 관한 설명으로 옳지 않은 것은?

① 세포 체제를 가지고 있지 않다.
② 절대기생성이며 기주특이성이 없다.
③ 복제 시 핵산에 돌연변이가 발생할 수 있다.
④ 식물체 내 원거리 이동 통로는 주로 체관이다.
⑤ 유전자 발현은 기주의 단백질 합성 기구에 의존한다.

해설

- 바이러스는 절대기생체이며, 기주특이성이 있다.
- 식물바이러스는 기주 단백질 합성 기구에 의존하여 복제하며, 이때 핵산과 단백질은 각각 다른 시기와 장소에서 합성된 후에 바이러스 입자로 조립된다.
- 식물바이러스는 세포가 없고 기주 세포의 내용물과 구분하는 이중막이 없다.
- 식물바이러스는 핵산의 변이에 의하여 돌연변이가 계속 발생한다.

13 파이토플라스마에 관한 설명으로 옳지 않은 것은?

① 세포벽을 통해 양분흡수와 소화효소 분비를 조절한다.
② 매개충을 통해 전반되며 수목에 전신 감염을 일으킨다.
③ 16S rRNA 유전자 염기서열 분석으로 동정할 수 있다.
④ 오동나무 빗자루병, 붉나무 빗자루병 등의 병원체이다.
⑤ 병든 나무는 벌채 후 소각하거나 옥시테트라사이클린 나무주사로 치료한다.

해설

파이토플라스마 – 순활물기생체

- 파이토플라스마 감염 분석 방법 : 단일크론항체, DNA probes, RELP profile 및 16S rRNA 유전자 분석 등
- 파이토플라스마의 특성과 진단 : 파이토플라스마의 형태는 구형, 난형 및 불규칙한 타원형이고, 필라멘트 형태도 관찰된다. 또한, 진정한 세포벽이 없고, 원형질막으로만 둘러싸인 세포질이 있으며, 리보솜과 핵물질 가닥이 존재한다.

파이토플라스마 입자를 간단히 검정
- Toluidine blue의 조직염색에 의한 광학현미경 기법
- Dienes 염색약을 사용한 광학현미경 기법
- Confocal laser microscopy(레이저 현광현미경의 일종으로 조금 더 선명하게 보인다.)

14 수목병의 표징에 관한 설명으로 옳지 않은 것은?

① 호두나무 탄저병 : 병반 위에 분생포자덩이를 형성한다.
② 회화나무 녹병 : 줄기와 가지에 길쭉한 혹이 만들어진다.
③ 삼나무 잎마름병 : 분생포자덩이가 분출되어 마르면 뿔 모양이 된다.
④ 아밀라리아뿌리썩음병 : 주요 표징 중 하나는 뿌리꼴균사다발이다.
⑤ 호두나무 검은(돌기)가지마름병 : 분생포자덩이가 빗물에 씻겨 수피로 흘러 내리면 잉크를 뿌린 것처럼 보인다.

해설

병징과 표징의 관찰

병징	기주식물에 나타나는 기능장애로 세포, 조직, 기관 등에 형태적 · 생리적 이상이 외부로 나타나는 반응이다. – 회화나무 녹병
표징	감염된 병원체가 증식하여 병원체의 전체 또는 일부가 겉으로 드러나 확인할 수 있다. – 호두나무 탄저병, 삼나무 잎마름병, 아밀라리아뿌리썩음병, 호두나무 검은(돌기)가지마름병

정답 11 ⑤ 12 ② 13 ① 14 ②

15 수목병 진단기법에 관한 설명으로 옳은 것은?

① 바이러스 봉입체는 전자현미경으로만 관찰된다.
② 그람염색법으로 소나무 혹병의 병원균을 동정한다.
③ 사철나무 대화병은 병환부를 습실처리하여 표징 발생을 유도한다.
④ 오동나무 빗자루병은 Toluidine blue를 이용한 면역학적 기법으로 진단한다.
⑤ 향나무 녹병 진단을 위해 병원균 DNA의 ITS 부위를 PCR로 증폭하여 염기서열을 분석한다.

해설

① 바이러스 봉입체는 광학현미경으로 관찰 가능하다.
② 그람염색법으로 세균병을 동정한다.
③ 사철나무 대화병은 줄기나 가지가 띠모양으로 납작해져서 기형이 되는 병으로 생리적 병이다.
④ Toluidine blue의 조직염색에 의한 광학현미경 기법이다.

16 수목병을 관리하는 방법에 관한 설명으로 옳지 않은 것은?

① 배롱나무 흰가루병 : 일조와 통기 환경을 개선한다.
② 소나무 잎녹병 : 중간기주인 뱀고사리를 제거한다.
③ 소나무 가지끝마름병 : 수관 하부를 가지치기한다.
④ 대추나무 빗자루병 : 옥시테트라사이클린을 나무 주사한다.
⑤ 벚나무 갈색무늬구멍병 : 병든 잎을 모아 태우거나 땅속에 묻는다.

해설

소나무 잎녹병

병원균	기주	중간기주
Coleosporium asterum	소나무, 잣나무	참취, 개미취, 과꽃, 개쑥부쟁이, 까실쑥부쟁이
C. eupatorii	잣나무	골등골나물, 등골나물
C. campalulae	소나무	금강초롱꽃, 넓은잔대
C. phellodendri	소나무	넓은잎황벽나무, 황벽나무
C. zanthoxyli	곰솔	산초나무
C. plectranthi	–	소엽(차즈기),들깨, 들깨풀, 산박하

17 비기생성 원인에 의한 수목병의 일반적인 특성으로 옳은 것은?

① 기주특이성이 높다.
② 병원체가 병환부에 존재하고 전염성이 있다.
③ 수목의 모든 생육단계에서 발생할 수 있다.
④ 환경조건이 개선되어도 병이 계속 진전된다.
⑤ 미기상(Microclimate) 변화에 직접적인 영향을 받지 않는다.

해설

기생성 병과 비기생성 병의 발생 특성

특징	기생성 병	비기생성 병
발병부위	식물체 일부	식물체 전체
발병면적	제한적임	넓음
병 진전도	다양함	비슷함
종 특이성	높음	매우 낮음
병원체 존재	병환부에 있음	없음

18 제시된 특징을 모두 갖는 병원균에 의한 수목병은?

- 분생포자를 생성한다.
- 세포벽에 키틴을 함유한다.
- 균사 격벽에 단순격벽공이 있다.

① 철쭉 떡병
② 동백나무 흰말병
③ 오리나무 잎녹병
④ 사과나무 흰날개무늬병
⑤ 느티나무 줄기밑둥썩음병

해설

- 분생포자를 생성한다. → 자낭균 또는 불완전균이다.
- 세포벽에 키틴을 함유한다. → 진균류에 해당한다.
- 균사 격벽에 단순격벽공이 있다. → 자낭균이다. 담자균은 이중격벽(유연격벽)이다.

정답 15 ⑤ 16 ② 17 ③ 18 ④

19 Ophiostoma 속 곰팡이에 관한 설명으로 옳지 않은 것은?

① 토양 속에 균핵을 형성한다.
② 천공성 해충의 몸에 붙어 전반된다.
③ 느릅나무 시들음병의 병원균이 이에 속한다.
④ 멜라닌 색소를 합성하여 목재 변색을 일으킨다.
⑤ 변재부의 방사유조직에서 생장하여 감염 부위가 나타난다.

해설

- 나무좀은 목부 형성층 부위를 가해할 때, 물관이 노출되고, 병원균이 물관부로 유입된다.
- 청변곰팡이는 침엽수, 특히 소나무류의 변재부위를 가장 먼저 침입한다.
- Ceratocystis, Ophiostoma라는 이 청변균들은 변재 부위에 가장 먼저 침입하고, 방사상 유조직 세포와 수지관에 주로 존재한다.
- 균사 내의 멜라닌 색소에 기인한다.
- Ophiostoma 속의 곰팡이는 DHN 경로에 의해 멜라닌을 합성한다.

20 수목 뿌리에 발생하는 병에 관한 설명으로 옳은 것은?

① 파이토프토라뿌리썩음병균은 유주포자낭을 형성한다.
② 안노섬뿌리썩음병균은 아까시흰구멍 버섯을 형성한다.
③ 리지나뿌리썩음병균은 자낭반 형태의 뽕나무버섯을 형성한다.
④ 모잘록병은 기주 우점병이며 주요 병원균으로는 Pythium 속과 Rhizoctonia solani 등이 있다.
⑤ 뿌리혹선충은 뿌리 내부에 침입하여 세포와 세포 사이를 이동하는 이주성 내부기생 선충이다.

해설

② 안노섬뿌리썩음병균은 말굽버섯속의 균이고, 아까시흰구멍 버섯은 근주심재부후병(줄기밑동썩음병)을 유발한다.
③ 리지나뿌리썩음병균은 자낭반 형태의 파상땅해파리버섯이고, 뽕나무버섯은 아밀라리아뿌리썩음병을 유발한다.
④ 모잘록병은 병원균 우점병이고, 주요 병원균으로는 Pythium 속과 Rhizoctonia solani 등이 있다.
⑤ 뿌리혹선충은 뿌리 내부에 침입하여 세포와 세포 사이를 이동하는 고착성 내부기생 선충이다. 고착성 내부기생 선충은 대표적으로 뿌리혹선충, 시스트선충, 감귤선충 등이 있다.

21 소나무 가지끝마름병에 관한 설명으로 옳지 않은 것은?

① 피해 입은 새 가지와 침엽은 수지에 젖어 있다.
② 감염된 어린 가지는 말라 죽으며, 아래로 구부러지는 증상을 보인다.
③ 침엽 및 어린 가지의 병든 부위에는 구형 또는 편구형 분생포자각이 형성된다.
④ 가뭄, 답압, 과도한 피음 등으로 수세가 약해진 나무에서는 굵은 가지에도 발생한다.
⑤ 병원균은 Guignardia 속에 속하며 병든 낙엽, 가지 또는 나무 아래의 지피물에서 월동한다.

해설

⑤ 병원균은 Sphaeropsis sapinea(Diplodia pinea) – 불완전균류 유각균 분생포자각에 속하며 병든 낙엽, 가지 또는 나무 아래의 지피물에서 월동한다.
※ Guignardia에 의해 발생하는 병으로는 칠엽수 잎마름병(얼룩무늬병)과 낙엽송 가지끝마름병이 있다. Guignardia는 소방자낭균으로 자낭자좌에 자낭각을 형성한다.

22 한국에서 발생하는 참나무 시들음병에 관한 설명으로 옳지 않은 것은?

① 주요 피해 수종은 신갈나무이다.
② 감염된 나무는 변재부가 변색된다.
③ 병원균은 유성세대가 알려지지 않은 불완전균류이다.
④ 물관부의 수분 흐름이 감소되어 나무 전체가 시든다.
⑤ 병원균은 기주수목의 방어반응을 이겨내기 위해 체관 내에 전충체(Tylose)를 형성한다.

해설

전충체는 방어구조로 병원체가 아니라 수목이 분비하는 물질이다.

식물체의 방어체계

기존적 방어	병원체의 공격 이전부터 가지고 있는 기존의 구조적 특성 및 생화학적 물질에 의한 방어 예 표피 세포벽의 구조, 기공 및 피목의 구조(크기, 위치, 형태 등), 페놀화합물, 파이토안토시티시핀, 타닌, 사포닌 등

정답 19 ① 20 ① 21 ⑤ 22 ⑤

유도적 방어	병원체의 공격에 의해 유도된 구조적 특성 및 생화학적 물질에 의한 방어로, 원래 없었던 구조나 물질들이 병원체의 침입에 의해 유도되어 생성
	• 감염으로 유도되는 방어구조 : 코르크층 형성, 이층 형성, 전충체 형성, 검물질 침전 및 조직 괴사를 동반하는 과민성 반응 등 • 감염으로 유도되는 생화학물질 : 페놀화합물, 파이토알렉신 및 발병 관련 단백질 등

23 수목에 기생하는 겨우살이에 관한 설명으로 옳지 않은 것은?

① 진정겨우살이는 침엽수에 피해를 준다.
② 기주식물에 흡기를 만들어 양분과 수분을 흡수한다.
③ 수간이나 가지의 감염 부위는 부풀고 강풍에 쉽게 부러질 수 있다.
④ 방제를 위해 감염된 가지를 전정한 후 상처도포제를 처리하는 것이 좋다.
⑤ 진정겨우살이는 광합성을 할 수 있으나 수분과 무기양분은 기주식물에 의존한다.

해설

진정겨우살이는 주로 활엽수와 녹음수에 기생한다.
※ 식물병리학(월드사이언스, p715), 수목병리학(향문사, p242)의 겨우살이에 대한 설명에서는 노간주나무나 편백 등의 겉씨식물에도 기생한다고 기록되어 있습니다.

겨우살이의 분류

겨우살이 (진정겨우살이)	겨우살이속 : 산에 드물게 자라는 반기생성 상록 떨기나무이다. 참나무속, 밤나무속, 팽나무속, 오리나무속, 자작나무속, 배나무속 등의 식물 줄기에 기생한다. 전체가 새 둥지처럼 둥글게 자란다.
	동백나무겨우살이속 : 해발 700m 아래 동백나무, 감탕나무, 모새나무 등의 줄기나 가지에 기생하는 상록 반떨기나무이다.
	꼬리겨우살이속 : 밤나무나 참나무류의 가지에 기생하는 낙엽 활엽 반기생성 떨기나무이다. 가지는 짙은 자갈색이며, 털이 없고 서로 엇갈려 있는 모양으로 갈라져 새 둥지 모양이 된다.
	참나무겨우살이속 : 구실잣밤나무, 동백나무, 후박나무, 육박나무, 생달나무, 참나무 등 낮은 지대의 상록수에 반기생하는 상록성 작은떨기나무로 높이는 40~60cm이다.
난쟁이겨우살이 (꼬마겨우살이)	송백류(소나무종류)가 자라는 곳에 발생하고 미국에 널리 퍼져 있다.

24 벚나무 번개무늬병에 관한 설명으로 옳지 않은 것은?

① 접목에 의한 전염이 가능하다.
② 병원체는 American plum line pattern virus 등이 있다.
③ 봄에 나온 잎의 주맥과 측맥을 따라 황백색 줄무늬가 나타난다.
④ 병징은 매년 되풀이되어 나타나며 심할 경우 나무는 고사한다.
⑤ 감염된 잎의 즙액을 지표식물에 접종하면 국부병반이 나타나고, ELISA로 진단할 수 있다.

해설

벚나무 번개무늬병의 병징

- 5월쯤부터 잎맥을 따라 번개무늬 모양이 나타난다.
- 병징은 항상 봄에 자란 잎에서만 나타나고, 그 후에 자란 잎에는 나타나지 않는다.
- 매년 되풀이해서 병징이 나타나지만 수세에는 큰 영향이 없다.

25 버즘나무 탄저병에 관한 설명으로 옳지 않은 것은?

① 병원균의 유성세대는 Apiognomonia 속에 속한다.
② 병원균은 무성세대 포자형성기관인 분생포자각을 형성한다.
③ 감염된 낙엽과 가지를 제거하면 추가 감염을 예방하는 효과가 있다.
④ 봄에 잎이 나온 후 비가 자주 내릴 때 많이 발생하며, 어린 잎과 가지가 말라 죽는다.
⑤ 잎이 전개된 이후에 감염되면 엽맥을 따라 번개 모양의 갈색 병반을 보이며 조기 낙엽을 일으킨다.

해설

버즘나무 탄저병 – 불완전균문 유각균강 분생포자반균목

- 봄비가 잦은 해에 어린 잎과 가지가 고사하여 서리를 맞은 듯하다.
- 병원균은 Apiognomonia veneta이다.

정답 23 ① 24 ④ 25 ②

2과목 수목해충학

26 곤충이 번성한 이유에 관한 설명으로 옳지 않은 것은?

① 외골격은 가볍고 질기며 수분 투과를 막는다.
② 식물과 공진화하여 먹이 자원에 대한 종 특이성이 발달하였다.
③ 크기가 작아 소량의 먹이로도 살아갈 수 있고 공간 요구도가 낮다.
④ 이동분산 능력을 증대시키는 날개가 있어 탐색활동이나 교미활동에 유리하다.
⑤ 세대 간 간격이 짧아 도태나 돌연변이가 일어나지 않아 종 다양성이 증가하였다.

해설

곤충이 번성하게 된 이유
- 소형 : 먹이가 적거나 공간이 좁아도 생존 가능하다.
- 변태 : 지구의 급격한 기후 변화에 적응하기 쉽다.
- 짧은 세대 기간 : 세대 교체가 빈번히 이루어져 도태를 받을 기회나 돌연변이가 일어날 기회가 많다.
- 적응성 : 다양한 서식공간에 적응하는 속도가 빠르다.
- 날개 : 이동 분산능력이 커서 산란 장소와 배우 행동 등의 확대가 가능하다.

27 곤충의 기원과 진화에 관한 설명으로 옳은 것은?

① 데본기에 날개가 있는 곤충이 출현하였다.
② 무시류 곤충은 캄브리아기에 출현하였다.
③ 근대 곤충 목(目, Order)은 대부분 삼첩기에 출현하였다.
④ 다리가 6개인 절지동물류는 모두 곤충강으로 분류한다.
⑤ 곤충강에 속하는 분류군은 입틀이 머리덮개 안으로 함몰되어 있다.

해설

① 석탄기에 날개가 있는 곤충이 출현하였다.
② 무시류 곤충은 데본기에 출현하였다.
④ 다리가 6개인 절지동물류는 모두 육각류로 분류한다.
⑤ 곤충강에 속하는 분류군은 겉입틀류이다.
※ 육각류(육각아문)
- 속입틀류(내구강) : 톡토기목, 낫발이목, 좀붙이목
- 겉입틀류(외구강) : 곤충강[무시아강, 유시아강(고시류, 신시류)]

28 곤충 성충의 외부형태적 특징에 관한 설명으로 옳지 않은 것은?

① 홑눈은 낱눈 여러 개로 채워져 있다.
② 날개는 체벽이 신장되어 생겨난 것이다.
③ 더듬이의 마디는 밑마디, 흔들마디, 채찍마디로 되어 있다.
④ 입틀은 큰턱과 작은턱이 각각 1쌍이고 윗입술, 아랫입술, 혀로 구성되어 있다.
⑤ 다리의 마디는 밑마디, 도래마디, 넓적마디, 종아리마디, 발목마디로 되어 있다.

해설

겹눈	• 대형의 시각기, 많은 낱눈으로 구성되어 있다. • 한 개의 겹눈을 구성하는 낱눈의 수는 적게는 1~8개, 많게는 20,000개 이상도 있다.
홑눈	성충의 경우 보통 머리 앞면에 2~3개가 있지만 없는 종도 있다.

29 곤충의 특징에 관한 설명으로 옳은 것은?

① 외표피는 키틴을 다량 함유한다.
② 메뚜기류의 고막은 앞다리 넓적마디에 있다.
③ 중추신경계는 뇌와 앞가슴샘이 신경색으로 연결되어 있다.
④ 순환계는 소화관의 아래쪽에 위치하며, 대동맥과 심장으로 되어 있다.
⑤ 기관계에서 바깥쪽 공기는 기문을 통해 곤충 몸 안으로 들어가고, 기관지와 기관 소지를 통해 세포까지 공급된다.

해설

① 외표피는 표피층 가장 바깥쪽 부분이며 시멘트층, 왁스층, 표피소층(리포단백질, 지방산)으로 이루어져 있다. 키틴을 함유하는 것은 원표피이다.
② 메뚜기류의 고막은 복부에 있다. 앞다리 종아리마디에 고막이 있는 것은 귀뚜라미류와 여치류이다.
③ 중추신경계는 뇌와 앞가슴샘이 신경절로 연결되어 있다.
④ 순환계는 소화관의 위쪽에 위치하며, 대동맥과 심장으로 되어 있다.

정답 26 ⑤ 27 ③ 28 ① 29 ⑤

30 곤충분류학 용어에 관한 설명으로 옳지 않은 것은?

① 속명과 종명은 라틴어로 표기한다.
② 계－문－강－목－과－속－종의 체계로 이루어져 있다.
③ 명명법은 「국제동물명명규약」에 규정되어 있다.
④ 신종 기재 시에는 1개체만 완모식표본으로 설정한다.
⑤ 종결어미는 과명에서 '－inae'이고 아과명에서는 '－idae'이다.

해설

⑤ 종결어미는 과명에서 '－idae'이고 아과명에서는 '－inae'이다.
※ 상과(Superfamily)－[접미사－oidea], 과(Family)－[접미사－idae], 아과(Subfamily)－[접미사－inae], 종(Tribe)－[접미사－ini]

31 제시된 특징의 곤충 분류군(목)은?

- 잎을 가해하고 간혹 대발생한다.
- 주로 단위생식을 하며 독립생활을 한다.
- 수관부를 섭식하며, 알을 한 개씩 지면으로 떨어뜨린다.
- 앞가슴마디가 짧고, 가운데가슴마디와 뒷가슴마디가 길다.

① 벌목(Hymenoptera)
② 대벌레목(Phasmida)
③ 나비목(Lepidoptera)
④ 메뚜기목(Orthoptera)
⑤ 딱정벌레목(Coleoptera)

해설

대벌레목
- 더듬이는 길고 가늘며, 알을 날개로 지면으로 떨어뜨린다.
- 일반적으로 날개가 발달하지 않고 막대기처럼 생겼다.
- 머리가 작고 전구식, 씹는형 입틀을 갖는다.
- 모두 식식성이고, 환경에 따라 단위생식을 한다.

32 해충 개체군의 특징에 관한 설명으로 옳은 것은?

① 어린 유충기의 집단생활은 생존율을 낮춘다.
② 어린 유충기에 집단생활을 하는 종으로 솔잎벌이 있다.
③ 환경저항이 없는 서식처에서 로지스틱(Logistic) 성장을 한다.
④ 생존곡선에서 제3형(C형)은 어린 유충기에서 죽는 비율이 높다.
⑤ 서열 경합 경쟁은 종간경쟁의 한 종류이며, 생태적 지위가 유사한 종간에서 발생한다.

해설

① 어린 유충기의 집단생활은 생존율을 높인다.
② 솔잎벌의 유충은 한 침엽에 1마리씩 가해한다.
③ 환경저항이 없는 서식처에서 지수함수적(기하급수적)인 성장을 한다. 로지스틱(Logistic) 성장은 일정하지 않은 환경, 한정된 자원 내에서의 개체군 밀도가 증가함에 따라 자원 요구가 증가하게 되고 이는 개체당 출생률의 감소, 개체당 사망률의 증가를 가져오게 되므로 개체군의 성장은 감소할 것임을 보여준다.

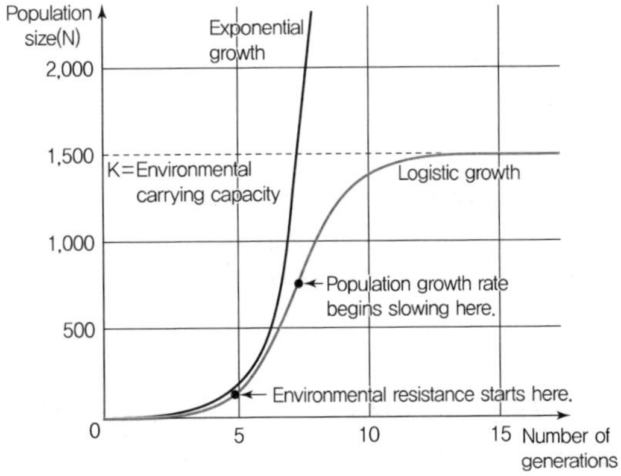

개체군의 생장곡선

④ 개체군의 생존곡선 유형

제1형(Ⅰ형)	연령이 어린 개체들의 사망률이 낮은 경우로 사람과 같은 경우에 해당
제2형(Ⅱ형)	사망률이 연령에 관계없이 일정
제3형(Ⅲ형)	어린 연령의 개체들의 사망률이 높은 경우로 대부분의 곤충들이 속한 유형

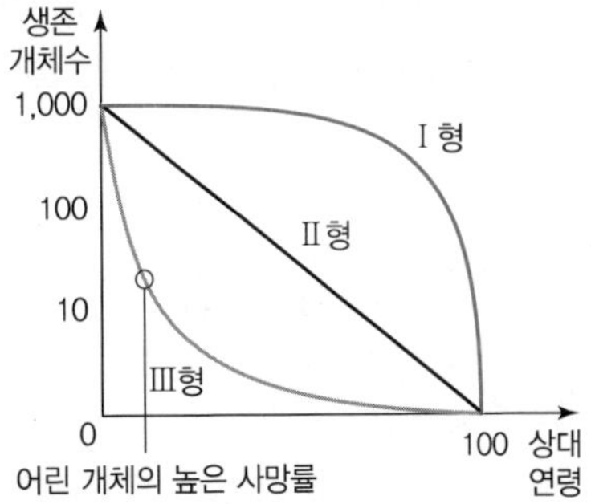

⑤ 서열 경합 경쟁은 종내경쟁의 한 종류이며, 생태적 지위가 유사한 종간에서 발생한다.

- 종내경쟁
  - 무서열 경쟁 : 임계밀도를 넘으면 자원을 균일하게 배분하여 대부분의 개체들이 사멸한다.
  - 서열 경쟁 : 임계밀도를 넘어도 일부 개체들만 자원을 독점하여 경쟁 후에도 일정 밀도가 유지된다.

33 곤충의 신경계에 관한 설명으로 옳지 않은 것은?

① 신경계에서 호르몬이 분비된다.
② 뇌에 신경절 2쌍이 연합되어 있다.
③ 말초신경계는 운동신경과 체벽에 분포한 감각신경을 포함한다.
④ 신경계는 감각기를 통해 환경자극을 전기에너지로 전환한다.
⑤ 내장신경계는 내분비기관, 생식기관, 호흡기관 등을 조절한다.

해설

② 중추신경계에서는 신경절이 몸과 각 마디에 1쌍이 가까이 붙어 있고, 그 사이를 1쌍의 신경색이 연결하고 있으며, 이는 머리에서 배 끝까지 이어진다.

34 곤충의 내분비계에 관한 설명으로 옳지 않은 것은?

① 알라타체는 유약호르몬을 분비한다.
② 탈피호르몬은 뇌호르몬의 자극을 받아 분비된다.
③ 앞가슴샘은 유충과 성충에서 탈피호르몬을 분비하는 내분비기관이다.
④ 내분비계에는 앞가슴샘, 카디아카체, 알라타체, 신경분비세포가 있다.
⑤ 카디아카체는 뇌의 신경분비세포에서 신호를 받은 후에 저장된 앞가슴샘에서 자극호르몬을 방출한다.

해설

앞가슴샘이 탈피호르몬을 분비하여 탈피나 용화가 이루어진다. 그러나 이것은 성장기에 있는 약충 또는 유충에 필요한 호르몬이고, 성충이 된 이후에는 탈피가 필요하지 않다.

35 곤충과 온도의 관계에 관한 설명으로 옳은 것은?

① 온대지역에서 고온치사임계온도는 35℃이다.
② 적산온도법칙은 고온임계온도를 초과한 높은 온도에도 적용한다.
③ 발육속도는 해당 온도구간에서 발육기간(일)의 역수로 계산한다.
④ 유효적산온도는 발육영점[(평균온도 – 온도) ÷ 발육기간(일)]로 계산한다.
⑤ 발육영점온도는 실험온도와 발육속도의 직선회귀식으로 얻은 기울기를 절편 Y값으로 나눈 것이다.

해설

① 온대지역에서 고온치사임계온도는 50℃이다.
② 적산온도법칙은 발육영점온도에서 발육한계 고온도 전까지 적용한다.
④ 유효적산온도는 [(평균온도 – 발육영점온도) × 발육기간(일)]로 계산한다.

$K = D \times (T - T_0)$

D : 발육단계를 완료하는 데 필요한 시간
K : 정수로서 유효적산온도
T : 이 기간 중의 평균온도
T_0 : 발육이 시작되는 최저온도, 즉 발육한계온도

⑤ 발육영점온도는 실험온도와 발육속도의 직선회귀식으로 얻은 기울기를 절편 X값으로 나눈 것이다.

$Y = aT + b$

Y : 발육률(1/발육기간)
a : 직선회귀식의 기울기
T : 온도
b : 0℃에서의 발육률

발육영점온도 = $-b/a$
※ 발육영점온도 : 발육률이 0이 되는 온도를 추정한다.
유효적산온도 = $1/a$
※ 유효적산온도 : 곤충이 일정한 발육을 완료하기까지 필요한 총온열량이다. 기울기의 역수를 취한 값이다.

정답 33 ② 34 ③ 35 ③

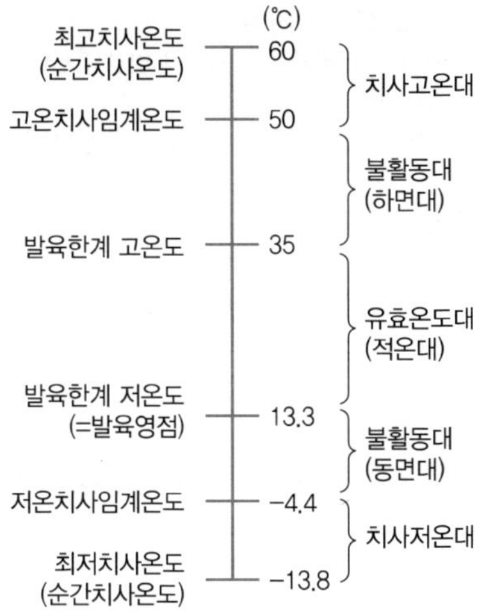

목화바구미의 생활과 온도와의 관계

36 딱정벌레목과 벌목의 특징에 관한 설명으로 옳지 않은 것은?

① 바구미과는 나무좀아과와 긴나무좀아과를 포함한다.
② 딱정벌레목의 다식아목에는 하늘소과, 풍뎅이과, 딱정벌레과가 포함된다.
③ 비단벌레과는 금속 광택이 특징이며 유충기에 수목의 목질부를 가해한다.
④ 잎벌아목 성충의 산란관은 톱니 모양으로 발달하여 잎이나 줄기를 절개하고 산란한다.
⑤ 벌목의 잎벌아목과 벌아목은 뒷가슴과 제1배마디가 연합된 자루마디의 유무로 구분된다.

해설

② 풍뎅이과, 하늘소과는 다식아목에 해당하지만 딱정벌레과는 식육아목에 해당한다.

딱정벌레목(Coleoptera)

- 식육아목(Adephaga) : 주로 육식성 곤충들이 속하며, 길앞잡이와 같은 종류가 포함
- 원시딱정벌레아목(Archostemata) : 가장 원시적인 딱정벌레들이 속하는 아목
- 식균아목(Myxophaga) : 주로 미생물을 먹는 작은 딱정벌레들이 속함
- 풍뎅이아목(Polyphaga, 다식아목) : 가장 다양한 아목으로, 무당벌레, 바구미, 하늘소, 풍뎅이 등이 포함

37 곤충의 주성에 관한 설명으로 옳지 않은 것은?

① 양성주광성은 빛이 있는 방향으로 이동하려는 특성이다.
② 양성주풍성은 바람이 불어오는 방향으로 이동하려는 특성이다.
③ 양성주지성은 중력에 반응하여 식물체 위로 기어 올라가는 특성이다.
④ 양성주화성은 특정 화합물이 있는 방향으로 이동하려는 특성이다.
⑤ 주촉성은 자신의 몸을 주변 물체에 최대한 많이 접촉하려는 특성이다.

해설

양성주지성이란 자극에 대해서 곤충이 자극의 방향으로 이동하는 뜻이므로, 중력의 방향으로 내려가려는 특성을 말한다. 음성주지성은 이와 반대 의미이다.

38 곤충의 적응과 휴면(Diapause)에 관한 설명으로 옳지 않은 것은?

① 암컷 성충만 월동하는 곤충도 있다.
② 적산온도법칙은 휴면기간 중에도 적용한다.
③ 휴면 유도는 이전 발육단계에서 결정되는 경우가 많다.
④ 휴면이 일어나는 발육단계는 유전적으로 정해져 있다.
⑤ 휴면을 결정하는 여러 요인 중에서 광주기가 중요한 역할을 한다.

해설

휴면(Diapause)은 규칙적이고 보다 광범위한 계절적 변화에 대한 적응으로, 불리한 환경이 닥치기 전에 발육을 억제함으로써 불리함을 극복하는 과정이다. 휴면기간 동안에는 적산온도법칙이 성립하지 않으며, 이는 내분비기구의 지배에 의해 자율적인 발육이 정지된 상태이기 때문이다.

정답 36 ② 37 ③ 38 ②

39 곤충의 성페로몬과 이용에 관한 설명으로 옳지 않은 것은?

① 단일 혹은 2개 이상의 화합물로 구성된다.
② 신경혈액기관에서 생성되어 체외로 방출된다.
③ 개체군 조사, 대량유살, 교미교란에 이용된다.
④ 유인력 결정에는 화합물의 구성비가 중요하다.
⑤ 한쪽 성에서 생산되어 반대쪽 성을 유인한다.

해설

성페로몬은 곤충의 외분비샘에서 생성되어 체외로 방출되는 화학물질이다. 신경혈액기관은 호르몬을 생성하지만, 성페로몬의 생성과는 관련이 없다. 식도하신경절에서 생산된 페로몬 생합성촉진 신경펩타이드(PBAN) 분비로부터 페로몬 분비가 시작된다.

페로몬 생합성촉진 신경펩타이드(PBAN) : 성페로몬의 합성에 관여하는 효소를 활성화함

40 천공성 해충과 충영형성 해충을 옳게 나열한 것은?

	천공성 해충	충영형성 해충
①	박쥐나방 알락하늘소	돈나무이 외발톱면충
②	개오동명나방 광릉긴나무좀	외줄면충 자귀나무이
③	복숭아유리나방 벚나무사향하늘소	외발톱면충 큰팽나무이
④	솔수염하늘소 큰솔알락명나방	벚나무응애 때죽납작진딧물
⑤	소나무좀 목화명나방	공깍지벌레 복숭아가루진딧물

해설

천공성 해충이 아닌 것 : 목화명나방
충영형성 해충이 아닌 것 : 돈나무이, 자귀나무이, 벚나무응애, 공깍지벌레, 복숭아가루진딧물

- 돈나무이(충영형성하지 않음)
  돈나무에 약충이 새순이나 새잎의 앞면을 흡즙하고 흰색 밀납물질을 분비, 피해 잎은 앞쪽으로 말리거나 기형, 부생성 그을음병 유발
- 자귀나무이(충영형성하지 않음)
  자귀나무에 성충과 약충이 집단으로 잎을 흡즙하고 배설물로 그을음병 유발
- 개오동명나방(천공성 해충) : 유충은 개오동의 가는 가지의 중심부를 갉아먹어 해를 입힘
- 벚나무응애(충영형성하지 않음) : 성충과 약충이 잎 뒷면에서 집단으로 흡즙
- 외발톱면충(충영형성) : 느티나무, 느릅나무를 주로 가해하는 충영형성 해충

41 제시된 생태적 특징을 지닌 해충으로 옳은 것은?

- 장미과 수목의 잎을 가해한다.
- 연 1회 발생하며 유충으로 월동한다.
- 유충의 몸에는 검고 가는 털이 있다.
- 유충의 몸은 연노란색이고 검은 세로줄이 여러 개 있다.

① 노랑쐐기나방 ② 복숭아명나방
③ 황다리독나방 ④ 노랑털알락나방
⑤ 벚나무모시나방

해설

1. 노랑털알락나방
   - 피해 : 사철나무에서 피해가 큼, 화살나무, 참빗살나무, 줄사철나무, 사프레피나무 등
     - 매년 동일 장소에서 반복적으로 발생
     - 대발생 시 가지만 남기고 잎 전체를 가해
   - 생활사 : 연 1회, 알로 월동(가는 가지)
     - 유충은 잎 뒷면에서 집단으로 탈피하여 탈피각 남김
2. 벚나무모시나방
   - 피해 : 벚나무류, 매실나무, 복숭아나무, 사과나무, 살구나무, 자두나무 등 장미과 식물
     - 어린 유충 → 잎 뒷면의 잎살을 가해
     - 중령유충 → 잎에 작은 구멍을 만들며 가해
     - 노숙유충 → 잎 전부를 식해
   - 생활사 : 연 1회, 유충 월동(지피물, 낙엽에서 집단)
3. 노랑쐐기나방
   - 피해 : 다양한 수종, 어린 유충은 잎 뒷면에서 잎살만 식해, 성장하면 주맥만 남기고 식해
     - 피부에 닿으면 통증과 염증
   - 생활사 : 연 1회, 유충 월동(새알 모양 고치)
4. 황다리독나방
   - 피해 : 층층나무 단식성
   - 생활사 : 연 1회, 알로 월동(줄기)
   - 방제법 : 황다리독나방기생고치벌

정답 39 ② 40 ③ 41 ⑤

42 해충의 외래종 여부 및 원산지의 연결이 옳은 것은?

	해충명	외래종여부 (○, ×)	원산지
①	매미나방	×	한국, 일본, 중국, 유럽
②	솔잎혹파리	×	한국, 일본
③	밤나무혹벌	○	유럽
④	별박이자나방	○	일본
⑤	갈색날개매미충	○	미국

해설

- 미국흰불나방 : 1958년 – 미국
- 버즘나무방패벌레 : 1995년 – 미국
- 소나무재선충 : 1988년 – 북미
- 주홍날개꽃매미 : 2006년 – 중국
- 밤나무혹벌 : 1958년 – 일본
- 솔잎혹파리 : 1929년 – 일본
- 갈색날개매미충 : 2010년 – 중국
- 미국선녀벌레 : 2009년 – 미국

※ 별박이자나방 : 한국, 일본, 중국, 러시아에 분포하며, 쥐똥나무, 광나무, 물푸레나무, 층층나무, 수수꽃다리 등의 잎을 가해한다.

43 벚나무류 해충의 가해 및 피해 특징에 관한 설명으로 옳지 않은 것은?

① 사사키잎혹진딧물 : 잎이 뒷면으로 말리고 붉게 변한다.
② 뽕나무깍지벌레 : 가지, 줄기에 집단으로 모여 흡즙한다.
③ 갈색날개매미충 : 1년생 가지에 산란하면서 상처를 유발한다.
④ 남방차주머니나방 : 유충이 잎맥 사이를 가해하여 구멍을 뚫는다.
⑤ 복숭아유리나방 : 유충이 수피를 뚫고 들어가 형성층 부위를 가해한다.

해설

사사키잎혹진딧물

- 피해 : 벚나무류
  - 성충과 약충이 벚나무 새눈에 기생하며 잎 뒷면에서 흡즙
  - 가해 부위가 오목하게 들어가고 잎 앞면에는 잎맥을 따라 주머니 모양 벌레혹 형성
- 생활사 : 년 수회, 알로 월동(가지)
  - 5~6월 유시형 암컷 출현 후 여름기주 – 쑥으로 이동, 잎 뒤면에서 기생
  - 10월경 암컷과 수컷이 출현 벚나무로 이동

44 해충별 과명, 가해 부위 및 연 발생 세대 수의 연결이 옳지 않은 것은?

① 외줄면충 : 진딧물과 – 잎 – 수회
② 솔잎혹파리 : 혹파리과 – 잎 – 1회
③ 소나무왕진딧물 : 진딧물과 – 가지 – 3~4회
④ 루비깍지벌레 : 깍지벌레과 – 줄기, 가지, 잎 – 1회
⑤ 뿔밀깍지벌레 : 밀깍지벌레과 – 가지, 잎 – 1회

해설

루비깍지벌레는 밀깍지벌레과에 속한다.

밀깍지벌레과

- 뿔밀깍지벌레[Ceroplastes ceriferus(Fabricius)]
- 거북밀깍지벌레(Ceroplastes japonicus Green)
- 루비깍지벌레(Ceroplastes rubens Maskell)
- 솜깍지벌레류
- 대륙털깍지벌레(Psilococcus ruber Borchsenius)
- 쥐똥밀깍지벌레[Ericerus pela(Chavannes)]
- 공깍지벌레류
- 줄솜깍지벌레[Takahashia japonica(Cockerell)]

45 제시된 해충의 생태에 관한 설명으로 옳지 않은 것은?

- 소나무류를 가해한다.
- 학명은 Tomicus piniperda이다.

① 성충으로 지제부 부근에서 월동한다.
② 연 1회 발생하며 월동한 성충이 봄에 산란한다.
③ 신성충은 여름에 새 가지에 구멍을 뚫고 들어가 가해한다.
④ 쇠약한 나무에서 내는 물질이 카이로몬 역할을 하여 월동한 성충이 유인된다.
⑤ 봄에 수컷 성충이 먼저 줄기에 구멍을 뚫고 들어가면 암컷이 따라 들어가 교미한다.

정답 42 ① 43 ① 44 ④ 45 ⑤

해설

소나무좀

- 피해 : 소나무, 곰솔, 잣나무 등 소나무속
  - 성충과 유충이 형성층과 목질부를 가해
  - 수세가 약한 이식목, 벌채목, 고사목 등
  - 피해목은 수피가 잘 벗겨져 갱도 관찰이 용이
  - 신성충은 새가지의 줄기 속을 가해하는 후식피해는 수관 상부, 정아지에 피해
- 생활사 : 연 1회, 성충 월동(지제부 부근)
  - 평균기온 15℃로 2~3일 지속되면 활동 시작
  - 암컷 성충이 먼저 침입하면 수컷이 뒤따라옴
  - 우화 : 6월 상순부터

46 해충의 가해 및 월동 생태에 관한 설명으로 옳은 것은?

① 뽕나무이 : 성충으로 월동하며 열매에 알을 낳는다.
② 벚나무응애 : 잎 뒷면에서 흡즙하고 가지 속에서 알로 월동한다.
③ 사철나무혹파리 : 유충은 1년생 가지에 파고 들어가 충영을 만든다.
④ 아까시잎혹파리 : 땅속에서 번데기로 월동 후 우화하여 잎 앞면 가장자리에 알을 낳는다.
⑤ 식나무깍지벌레 : 잎 뒷면에 집단으로 모여 가해하며, 암컷이 약충 또는 성충으로 가지에서 월동한다.

해설

① 뽕나무이 : 성충으로 월동하며 새순이나 잎 뒷면에 200~300개의 알을 낳는다.
② 벚나무응애 : 잎 뒷면에서 흡즙하고 수정한 암컷성충으로 수피틈에서 월동한다.
③ 사철나무혹파리 : 유충은 사철나무 잎 뒷면에 울퉁불퉁하게 부풀어 오르는 벌레혹을 형성한다.
④ 아까시잎혹파리 : 땅속에서 번데기로 월동 후 우화하여 새잎 뒷면의 가장자리에 알을 낳는다.

47 종합적 해충방제 이론에서 약제방제를 해야 하는 시기로 옳은 것은?

① 일반 평형밀도에 도달 전
② 일반 평형밀도에 도달 후
③ 경제적 가해수준에 도달 후
④ 경제적 피해 허용수준에 도달 전
⑤ 경제적 피해 허용수준에 도달 후

해설

일반 평형밀도	약제방제와 같은 외부 간섭을 받지 않고 천적의 영향으로 장기간에 걸쳐 형성된 해충 개체군의 평균밀도
경제적 피해수준	해충에 의한 피해액과 방제비가 같은 수준의 밀도로 경제적 손실이 나타나는 최저밀도
경제적 피해 허용수준	해충의 밀도가 경제적 피해수준에 도달하는 것을 억제하기 위하여 방제수단을 써야 하는 밀도 수준
주요해충	일반 평형밀도 > 경제적 피해 허용수준
돌발해충	환경조건에 의해 경제적 피해 허용수준을 넘는 경우
2차 해충	방제 등으로 인해 생태계의 평형이 파괴되어 밀도 급증

48 곤충의 밀도조사법에 관한 설명으로 옳지 않은 것은?

① 함정트랩 : 지표면을 배회하는 곤충을 포획한다.
② 황색수반트랩 : 꽃으로 오인하게 하여 유인한 후 끈끈이에 포획한다.
③ 털어잡기 : 지면에 천을 놓고 수목을 쳐서 아래로 떨어지는 곤충을 포획한다.
④ 우화상 : 목재나 토양에서 월동하는 곤충류가 우화, 탈출할 때 포획한다.
⑤ 깔때기트랩 : 수관부에 설치하고 비행성 곤충이 깔때기 아래 수집통으로 들어 가게 하여 포획한다.

해설

② 황색수반트랩 : 물이 들어 있는 황색 수반에 날아드는 해충을 채집하여 조사한다.

49 해충과 천적의 연결이 옳지 않은 것은?

① 솔잎혹파리 – 솔잎혹파리먹좀벌
② 복숭아유리나방 – 남색긴꼬리좀벌
③ 붉은매미나방 – 독나방살이고치벌
④ 황다리독나방 – 나방살이납작맵시벌
⑤ 낙엽송잎벌 – 낙엽송잎벌살이뾰족맵시벌

해설

② 남색긴꼬리좀벌은 밤나무혹벌의 천적이며, 복숭아유리나방의 기생성 천적의 효과가 높은 종은 아직 밝혀지지 않았다.

정답 46 ⑤ 47 ⑤ 48 ② 49 ②

천적관계

해충	천적
매미나방, 붉은매미나방	집시나방벼룩좀벌, 독나방살이고치벌
황다리독나방	나방살이납작맵시벌
낙엽송잎벌	낙엽송잎벌살이뾰족맵시벌
호두나무잎벌레	남생이무당벌레
솔잎벌	솔잎혹파리먹좀벌, 혹파리살이먹좀벌, 혹파리등불먹좀벌, 혹파리반뿔먹좀벌
밤나무혹벌	중국긴꼬리좀벌, 남색긴꼬리좀벌, 노랑왕꼬리좀벌, 큰다리남색꼬리좀벌, 배잘록왕꼬리좀벌, 참나무혹살이좀벌
아까시잎혹파리	아까시민날개납작먹좀벌
북방수염하늘소, 솔수염하늘소	성페로몬(모노카몰, 알파피넨) 및 에탄올로 구성된 유인제

50 해충의 예찰과 방제에 관한 설명으로 옳은 것은?

① 솔잎혹파리는 집합페로몬트랩으로 예찰하여 방제 시기를 결정한다.
② 광릉긴나무좀 성충의 침입을 차단하기 위해 끈끈이롤트랩을 줄기 하부에서 상부 방향으로 감는다.
③ 미국흰불나방 유충 발생 초기에 곤충생장 조절제인 람다사이할로트린 수화제를 5월 말에 경엽처리한다.
④ 「농촌진흥청 농약안전정보시스템」에 따르면 솔껍질깍지벌레는 정착약충기에 약제로 방제하는 것이 효과적이다.
⑤ 「농촌진흥청 농약안전정보시스템」에 따르면 양버즘나무에 발생하는 버즘나무방패벌레는 겨울에 아세타미프리드 액제를 나무주사하여 방제한다.

해설

① 솔잎혹파리는 우화상황과 충영형성률을 예찰하여 방제시기를 결정한다.
③ 미국흰불나방 유충 발생 초기에 곤충생장 조절제인 클로르플루아주론 유제를 5월 말에 경엽처리한다.
※ Na 이온통로 조절제는 람다사이할로트린이다.
④ 「농촌진흥청 농약안전정보시스템」에 따르면 솔껍질깍지벌레는 후약충기에 약제로 방제하는 것이 효과적이다.
※ 정착약충 단계에서는 하면을 하는 중으로 흡즙을 하지 않으므로 효과가 적다.
⑤ 양버즘나무에 버즘나무방패벌레는 발생 초기에 아세타미프리드 액제를 나무주사하여 방제한다.
※ 월동하는 성충은 흡즙을 하지 않는다.

3과목 수목생리학

51 줄기 정단분열조직에 의해서 만들어진 1차 분열조직으로 옳은 것만을 나열한 것은?

① 수, 피층, 전형성층
② 주피, 내초, 원표피
③ 엽육, 원표피, 1차물관부
④ 원표피, 전형성층, 기본분열조직
⑤ 피층, 유관속형성층, 기본분열조직

해설

1차 분열조직은 정단분열조직을 말하고, 2차 분열조직은 측방분열조직을 말한다.

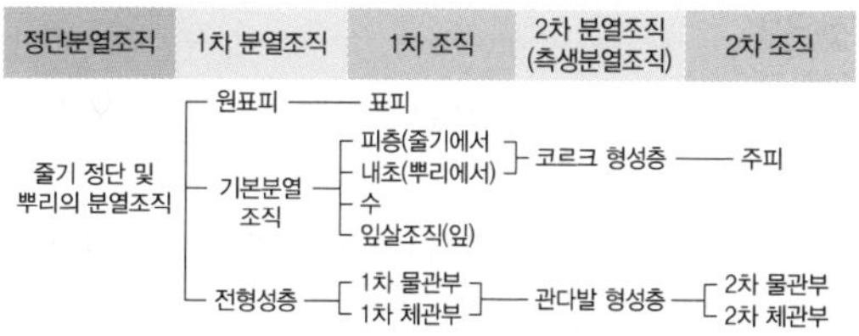

식물체의 분열조직과 이로부터 생기는 조직

52 수목의 수피에 관한 설명으로 옳지 않은 것은?

① 주피는 코르크형성층에서 만들어진다.
② 수피는 유관속형성층 바깥에 있는 조직이다.
③ 코르크형성층은 원표피의 유세포로부터 분화된다.
④ 코르크 세포의 2차벽에 수베린(Suberin)이 침착된다.
⑤ 성숙한 외수피는 죽은 조직이지만 내수피는 살아있는 조직이다.

해설

① 주피는 코르크피층, 코르크형성층, 코르크층으로 코르크조직을 말하며 모두 코르크형성층이 만든다.
③ 코르크형성층은 뿌리에서는 내초, 줄기에서는 피층세포에서 기원한다.
④ 코르크 세포의 2차벽에 수베린(Suberin)이 생김으로 인해 병원균에 대한 저항성도 같이 생겨난다.

정답 50 ② 51 ④ 52 ③

53 C3 식물의 광호흡이 일어나는 세포소기관으로 옳은 것만을 나열한 것은?

① 엽록체, 소포체, 퍼옥시솜
② 액포, 리소좀, 미토콘드리아
③ 소포체, 리보솜, 미토콘드리아
④ 리보솜, 엽록체, 미토콘드리아
⑤ 엽록체, 퍼옥시솜, 미토콘드리아

해설

- 광호흡 : 광조건하에서만 일어나는 호흡
- 광호흡 관여 기관 : 엽록체, 미토콘드리아, 퍼옥시솜

54 수목의 뿌리생장에 관한 설명으로 옳지 않은 것은?

① 세근은 주로 표토층에 분포하며 수분과 양분을 흡수한다.
② 내생균근을 형성한 뿌리에는 뿌리털이 발달하지 않는다.
③ 근계는 점토질토양보다 사질토양에서 더 깊게 발달한다.
④ 측근은 주근의 내피 안쪽에 있는 내초 세포가 분열하여 만들어진다.
⑤ 온대지방에서 뿌리의 생장은 줄기보다 먼저 시작하고, 줄기보다 늦게까지 지속된다.

해설

내생균근

- 곰팡이의 균사가 기주식물의 피층세포 안으로 침투한다. 피층에 한정되며, 내피 안쪽으로 들어가지 않는다.
- 균사의 생장은 뿌리 밖으로 연장되어 자란다. 균투를 형성하지 않고, 뿌리털이 정상적으로 발달한다.
- 내생균 : VAM(Vesicular－Arbuscular Mycorrhiza), 난초형 균근, 진달래형 균근
- 기주범위는 외생균근보다 훨씬 넓다(대부분의 식물 : 초본류, 주요작물, 쌍자엽식물 등). 십자화과, 명아주과는 균근을 형성하지 않는다.
- 접합자균(Zygomycetes)－Glomus, Scutellospora(바람에 의한 전파되지 않음)

55 줄기의 2차생장에 관한 설명으로 옳지 않은 것은?

① 생장에 불리한 환경에서는 목부 생산량이 감소한다.
② 만재는 조재보다 치밀하고 단단하며 비중이 높다.
③ 정단부에서 시작되고, 수간 밑동 부근에서부터 멈추기 시작한다.
④ 고정생장 수종은 수고생장이 멈추기 전에 직경생장이 정지한다.
⑤ 일반적으로 수종이나 생육환경에 상관없이 사부보다 목부를 더 많이 생산한다.

해설

고정생장 수종은 정단분열조직의 원기, 즉 수고생장을 제한하는 것이고, 직경생장은 옥신의 함량에 따라 지속될 수 있다.

56 명반응과 암반응이 함께 일어나야 광합성이 지속될 수 있는 이유로 옳은 것은?

① 명반응 산물인 O_2가 암반응에 반드시 필요하기 때문이다.
② 명반응에서 만들어진 물이 포도당 합성에 이용되기 때문이다.
③ 명반응 산물인 ATP와 NADPH가 암반응에 이용되기 때문이다.
④ 암반응 산물인 포도당이 명반응에서 ATP 생산에 이용되기 때문이다.
⑤ 명반응이 일어나지 않으면 그라나에서 CO_2를 흡수할 수 없기 때문이다.

해설

① 명반응 산물인 O_2는 네 가지 단백질군이 물분자를 분해하여 산소가 발생한다(망간 · 철 · 구리가 포함된 라멜라 단백질체).
② 명반응에서 만들어지는 것은 산소, NADPH, ATP이다.
④ ATP는 일반적으로 호흡작용 과정에서 탄수화물을 분해하여 생기는 물질로 힘의 원동력이 되는 화합물이다.
⑤ 암반응은 스트로마에서 일어나며 명반응에서 만들어진 ATP, NADPH가 있을 경우에만 가능하다.

정답 53 ⑤ 54 ② 55 ④ 56 ③

57 수목의 줄기생장에 관한 설명으로 옳지 않은 것은?

① 정아를 제거하면 측아 생장이 촉진된다.
② 연간 생장한 마디의 길이는 1차생장으로 결정된다.
③ 고정생장 수종은 정아가 있던 위치에 연간 생장 마디가 남는다.
④ 자유생장 수종은 겨울눈이 봄에 성장한 직후 다시 겨울눈을 형성한다.
⑤ 고정생장 수종의 봄에 자란 줄기와 잎의 원기는 겨울눈에 들어 있던 것이다.

해설

자유생장은 동아 속에 미리 만들어져 있던 원기는 봄에 자라서 춘엽이 되고, 곧이어 새로 만들어진 원기가 여름 내내 하엽을 생산하여 종류가 다른 잎을 가진 이엽지를 만든다.

58 수목의 내음성에 관한 설명으로 옳지 않은 것은?

① 양수가 그늘에서 자라면 뿌리 발달이 줄기 발달보다 더 저조해진다
② 내음성은 낮은 광도조건에서 장기간 생육을 유지할 수 있는 능력이다
③ 음수는 낮은 광도에서 광합성 효율이 높아 그늘에서 양수보다 경쟁력이 크다
④ 음수는 성숙 후에 내음성 특성이 나타나 나이가 들수록 양지에서 생장이 둔해진다.
⑤ 음수는 양수보다 광반에 빠르게 반응하여 짧은 시간 내에 광합성을 하는 능력이 있다.

해설

내음성은 그늘에서 견딜 수 있는 정도를 말한다. 음수도 어릴 때에만 그늘을 선호하며, 유묘시기를 지나면 햇빛에서 더 잘 자란다.

59 수목의 호흡작용에 관한 설명으로 옳은 것만을 모두 고른 것은?

ㄱ. O_2는 환원되어 물분자로 변한다.
ㄴ. 해당작용은 산화적 인산화를 통해 ATP를 생산한다.
ㄷ. 기질이 환원되어 CO_2분자로 분해된다.
ㄹ. TCA 회로에서는 아세틸 CoA가 C4 화합물과 반응하여 피루빈산이 생산된다.
ㅁ. TCA 회로는 미토콘드리아에서 일어난다.

① ㄱ, ㄹ ② ㄱ, ㅁ
③ ㄴ, ㄷ ④ ㄷ, ㄹ
⑤ ㄹ, ㅁ

해설

ㄱ. 기질(탄수화물)은 산화되어 CO_2가 되며, 흡수한 산소(O_2)는 환원되어 물이 된다.
ㄴ. 전자전달계는 산소가 있어야 진행되며, 미토콘드리아 내막에 존재하는 전자전달계와 ATP 합성효소에 의해 산화적 인산화 과정을 통해 다량의 ATP가 생성된다.
ㄷ. 기질이 산화되어 CO_2분자가 된다.
ㄹ. TCA 회로에서는 아세틸 CoA가 C4 화합물과 반응하여 시트르산을 만들고 CO_2를 발생, NADH를 생산하는 단계이다.
ㅁ. TCA 회로는 미토콘드리아의 기질에서 일어난다.

60 수목 내의 탄수화물에 관한 설명으로 옳지 않은 것은?

① 포도당은 물에 잘 녹고 이동이 용이한 환원당이다.
② 세포벽에서 섬유소가 차지하는 비율은 1차벽보다 2차벽에서 크다.
③ 전분은 불용성 탄수화물이지만 효소에 의해 쉽게 포도당으로 분해된다.
④ 잎에서 자당(Sucrose)은 엽록체 내에서 합성되고, 전분은 세포질에 축적된다.
⑤ 펙틴은 세포벽의 구성성분이며, 구성 비율은 2차벽보다 1차벽에서 더 크다.

해설

- 설탕의 합성은 엽록체가 아닌 세포질에서 이루어진다.
- 전분은 가장 주요한 저장탄수화물이다. 잎에서는 엽록체에, 저장조직에서는 전분체(색소체)에 축적된다.

정답 57 ④ 58 ④ 59 ② 60 ④

61 수목 내 질소의 계절적 변화에 관한 설명으로 옳은 것은?

① 가을철 잎의 질소는 목부를 통하여 회수된다.
② 질소의 계절적 변화량은 사부보다 목부에서 크다.
③ 잎에서 회수된 질소는 목부와 사부의 방사유조직에 저장된다.
④ 봄에 저장단백질이 분해되어 암모늄태 질소로 사부를 통해 이동한다.
⑤ 저장조직의 연중 질소함량은 봄철 줄기 생장이 왕성하게 이루어질 때 가장 높다.

해설

① 회수된 질소는 사부의 방사선 유조직에 저장하고 이때 질소의 이동은 사부를 통해 이루어진다.
② 저장된 질소를 공급하는 조직은 주로 사부조직(내수피)이므로 변화량이 크다.
④ 봄에 저장단백질이 분해되어 아미노산, 아미드류(Amides), 우레이드류(Ureides) 등의 형태로 목부를 통해 잎으로 이동한다.
⑤ 연중 질소함량이 제일 적은 시기는 봄철이며, 한겨울에 질소 함량이 제일 많다.

62 페놀화합물에 관한 설명으로 옳지 않은 것은?

① 수용성 플라보노이드는 주로 액포에 존재한다.
② 이소플라본은 병원균의 공격을 받은 식물의 감염부위 확대를 억제한다.
③ 리그닌은 주로 목부조직에서 발견되며, 초식동물로부터 보호하는 역할을 한다.
④ 타닌(Tannin)은 목부의 지지능력을 향상해 수분이동에 따른 장력에 견딜 수 있도록 한다.
⑤ 초본식물보다 목본식물에 함량이 많으며, 리그닌과 타닌은 미생물에 의한 분해가 잘 안 된다.

해설

타닌의 역할
- 곰팡이와 박테리아의 침입방어
- 떫은맛으로 초식동물의 기피 유도
- 타감물질 역할

※ 목부의 지지능력을 향상하는 역할을 하는 것은 리그닌이다.

63 수목의 지질대사에 관한 설명으로 옳지 않은 것은?

① 종자에 있는 지질은 세포 내 올레오솜에 저장된다.
② 지방은 분해된 후 글리옥시솜에서 자당으로 합성된다.
③ 지질은 탄수화물에 비해 단위 무게당 에너지 생산량이 많다.
④ 가을이 되면 내수피의 인지질 함량이 증가하여 내한성이 높아진다.
⑤ 지방 분해는 O_2를 소모하고 에너지를 생산하는 호흡작용에 해당한다.

해설

지방은 분해된 후 말산염 형태로 세포질로 이동되어 역해당작용에 의해 설탕으로 합성 후 다른 곳으로 이동한다.

64 수목의 질소화합물에 관한 설명으로 옳지 않은 것은?

① 엽록소, 피토크롬, 레그헤모글로빈은 질소를 함유한 물질이다.
② 효소는 단백질이며, 예로 탄소 대사에 관여하는 루비스코가 있다.
③ 원형질막에 존재하는 단백질은 세포의 선택적 흡수 기능에 기여한다.
④ 핵산은 유전정보를 가지고 있는 화합물이며 예로 DNA와 RNA가 있다.
⑤ 알칼로이드 화합물은 주로 나자식물에서 발견되며, 예로 소나무의 타감물질이 있다.

해설

알칼로이드(Alkaloids)
- 질소를 함유한 환상화합물로, 쌍자엽식물에 나타나고 나자식물에는 별로 없다.
  - 예 초본식물로 Morphine, Atropine, Ephedrine, Quinine 등과 목본식물로 차나무(Caffeine)가 있다.
- 알칼로이드는 잎, 수피 또는 뿌리에 주로 축적된다.

정답 61 ③ 62 ④ 63 ② 64 ⑤

65 수목의 호흡에 관한 설명으로 옳지 않은 것은?

① 형성층 조직에서는 혐기성 호흡이 일어날 수 있다.
② Q_{10}은 온도가 10℃ 상승함에 따라 나타나는 호흡량 증가율이다.
③ 균근이 형성된 뿌리는 균근이 미형성된 뿌리보다 호흡량이 증가한다.
④ 종자를 낮은 온도에서 보관하는 것은 호흡을 줄이는 효과가 있다.
⑤ 눈비늘(아린)은 산소를 차단하여 호흡을 억제하므로 눈의 호흡은 계절적 변동이 없다.

해설

상부의 수목호흡

- 잎의 호흡활동이 가장 왕성하다.
- 눈의 호흡은 계절적으로 변동이 심하다. 아린은 산소를 차단하여 겨울철 눈의 호흡을 억제하는 효과를 가진다.
- 굵은 가지, 수간의 호흡은 형성층 주변조직에서 일어나며, 형성층의 조직은 외부와 직접 접촉하지 않아 혐기성 호흡이 일어난다.
- 조피는 피목에서 가스 교환이 이루어진다.

66 나자식물의 질산환원 과정이다. (ㄱ), (ㄴ), (ㄷ)에 들어갈 내용을 순서대로 옳게 나열한 것은?

$$NO_3^- \xrightarrow[(ㄱ)]{\text{질산 환원효소}} (ㄴ) \xrightarrow[(ㄷ)]{\text{아질산 환원효소}} NH_4^+$$

	ㄱ	ㄴ	ㄷ
①	엽록체	NO_2^-	액포
②	색소체	NO^-	세포질
③	액포	NO_2^-	색소체
④	세포질	NO_2^-	색소체
⑤	액포	NO^-	엽록체

해설

질소환원과정과 관련 효소 및 장소

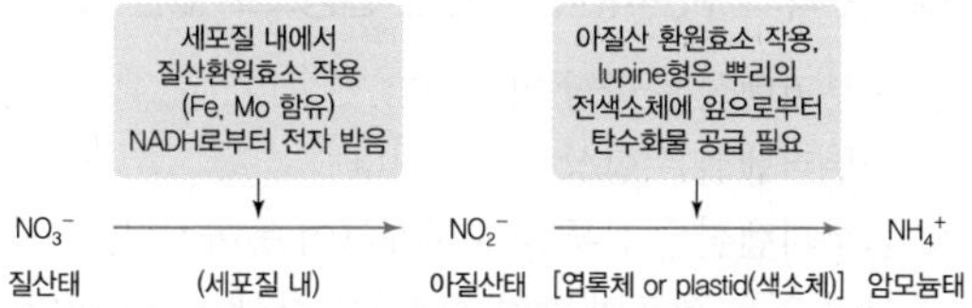

67 무기양분에 관한 설명으로 옳은 것은?

① 철은 산성토양에서 결핍되기 쉽다.
② 대량원소에는 철, 염소, 구리, 니켈 등이 포함된다.
③ 질소와 인의 결핍증상은 어린잎에서 먼저 나타난다.
④ 식물 건중량의 1% 이상인 대량원소와 그 미만인 미량원소로 나뉜다.
⑤ 칼륨은 광합성과 호흡작용에 관여하는 다양한 효소의 활성제 역할을 한다.

해설

① 철은 알칼리토양에서 결핍되기 쉽다.
② 대량원소에는 질소, 칼륨, 칼슘, 인, 마그네슘, 황 등이 있다.
③ 질소와 인의 결핍증상은 성숙잎에서 먼저 나타난다.
④ 식물 건중량의 건중량 0.1%(1,000ppm) 이상 함유한 물질인 대량원소와 그 미만인 미량원소로 나뉜다.

68 수목의 균근 또는 균근균에 관한 설명으로 옳지 않은 것은?

① 균근 형성률은 토양의 비옥도가 낮을 때 높다.
② 균근은 토양에 있는 암모늄태 질소의 흡수를 촉진한다.
③ 내생균근은 세포의 내부에 하티그 망(Hartig net)을 형성한다.
④ 외생균근을 형성하는 곰팡이는 담자균과 자낭균에 속하는 균류이다.
⑤ 외생균근은 균사체가 뿌리의 외부를 둘러싸서 균투(Fungal mantle)를 형성한다.

해설

외생균근(주로 목본식물)

- 곰팡이의 균사가 세포 안으로 들어가지 않고 기주세포 밖에만 머문다.
- 균사는 뿌리표면을 두껍게 싸서 균투를 형성한다.
- 뿌리 속 피층까지 침투하여 세포 간극에 하티그 망을 형성한다.
- 피층보다 더 안쪽으로 들어가지 않는다.
- 효율적으로 무기염 흡수한다.
- 담자균과 자낭균이다.
- 숲의 나이 15~80년의 가장 생활력이 왕성할 때, 기주선택성이 강하다.

정답 65 ⑤ 66 ④ 67 ⑤ 68 ③

69 수액 상승에 관한 설명으로 옳은 것은?

① 교목은 목부의 수액 상승에 많은 에너지를 소비한다.
② 목부의 수액 상승은 압력유동설로 설명한다.
③ 수액의 상승 속도는 대체로 환공재나 산공재가 가도관재보다 빠르다.
④ 산공재는 환공재에 비해 기포에 의한 도관폐쇄 위험성이 상대적으로 더 크다.
⑤ 수액이 나선 방향으로 돌면서 올라가는 경향은 가도관재보다 환공재에서 더 뚜렷하다.

해설

① 교목은 목부의 수액 상승에 에너지를 소비하지 않는다.
② 목부의 수액 상승은 응집력설로 설명한다.
④ 산공재는 환공재에 비해 기포에 의한 도관폐쇄 위험성이 상대적으로 더 작다.
⑤ 수액이 나선 방향으로 돌면서 올라가는 경향은 가도관재가 환공재보다 더 뚜렷하다.

수액의 상승각도

- 활엽수의 경우 일반적으로 곧바로 올라가고 나선 방향으로 올라가는 수종도 있다.
- 침엽수에서 두드러진다(나선형).
- 수액이 나선상으로 돌면서 수분을 골고루 분배하는 역할을 한다.

70 생식과 번식에 관한 설명으로 옳지 않은 것은?

① 수령이 증가할수록 삽목이 잘된다.
② 수목은 유생기(유형기)에는 영양생장만 한다.
③ 화분 생산량은 일반적으로 풍매화가 충매화보다 많다.
④ 봄에 일찍 개화하는 장미과 수종의 꽃눈 원기는 전년도에 생성된다.
⑤ 수목의 품종 특성을 그대로 유지하기 위해서는 무성번식으로 증식한다.

해설

유시성(유형)의 특징

잎의 모양	• 서양담쟁이 덩굴의 유엽은 결각, 성엽은 둥글게 자란다. • 향나무의 유엽은 바늘 같은 뾰족한 침엽이고 성엽은 비늘 같은 인엽이다.
가시의 발달	귤나무, 아까시나무는 유형기에 가시가 발달한다.
엽서	잎이 배열하는 순서와 각도가 성숙하면서 변화한다. 예 유칼리나무
삽목의 용이성	유형기에는 삽목이 쉽다.
곧추선 가지	가지가 왕성하게 곧추 자란다. 예 일본잎갈나무
낙엽의 지연성	
수간의 해부학적 특성	• 활엽수 : 환공재의 특성이 잘 나오지 않음 • 침엽수 : 춘재 → 추재로 전이가 점진적

그 밖에 유형기에 밋밋한 수피와 덩굴성 특징을 가지기도 함

71 꽃눈원기 형성부터 종자가 성숙할 때까지 3년이 걸리는 수종은?

① 소나무　② 배롱나무
③ 신갈나무　④ 가문비나무
⑤ 개잎갈나무

해설

꽃눈의 원기 형성시기부터 하면 3년이고, 개화시기를 기준으로 하면 2년에 종자가 성숙하는 종을 말한다.

개화시기에 따른 종자와 열매의 성숙

White oak	개화 당년에 종자가 성숙(신갈, 갈참, 졸참나무)
Black oak	2년에 걸쳐 종자가 성숙(상수리나무, 굴참나무)
소나무속	2년에 걸쳐 종자가 성숙(소나무류, 잣나무류)
소나무과 그 밖의 속	당년에 성숙(전나무류, 가문비나무류, 낙엽송류 등)

72 수목의 수분퍼텐셜에 관한 설명으로 옳은 것은?

① 수분퍼텐셜은 항상 양수이다.
② 삼투퍼텐셜은 항상 0 이하이다.
③ 삼투퍼텐셜은 삼투압에 비례하여 높아진다.
④ 살아 있는 세포의 압력퍼텐셜은 항상 0 이하이다.
⑤ 물은 수분퍼텐셜이 낮은 곳에서 높은 곳으로 흐른다.

정답　69 ③　70 ①　71 ①　72 모두 정답

해설

퍼텐셜의 종류와 값

퍼텐셜의 종류	값
삼투퍼텐셜	항상 음수(−)
압력퍼텐셜	+, −, 0 모두 가능
중력퍼텐셜	항상 음수(−)
기질퍼텐셜	수분을 가진 식물은 거의 0이라 무시

※ 각 수분퍼텐셜을 모두 합치면 0에 수렴한다.

73 식물호르몬에 관한 설명으로 옳은 것은?

① 옥신 : 탄소 2개가 이중결합으로 연결된 기체이며 과실 성숙을 촉진한다.
② 에틸렌 : 최초로 발견된 호르몬으로 세포신장, 정아우세에 관여한다.
③ 아브시스산 : 세스퀴테르펜의 일종으로 외부 환경 스트레스에 대한 반응을 조절한다.
④ 시토키닌 : 벼의 키다리병을 일으킨 곰팡이에서 발견되었으며, 줄기생장을 촉진한다.
⑤ 지베렐린 : 담배의 유상조직 배양연구에서 밝혀졌으며 세포분열을 촉진하고 잎의 노쇠를 지연시킨다.

해설

① 에틸렌 : 탄소 2개가 이중결합으로 연결된 기체이며 과실 성숙을 촉진한다.
② 옥신 : 최초로 발견된 호르몬으로 세포신장, 정아우세에 관여한다.
④ 지베렐린 : 벼의 키다리병을 일으킨 곰팡이에서 발견되었으며, 줄기생장을 촉진한다.
⑤ 시토키닌 : 담배의 유상조직 배양연구에서 밝혀졌으며 세포분열을 촉진하고 잎의 노쇠를 지연시킨다.

74 종자에 관한 설명으로 옳은 것을 모두 고른 것은?

ㄱ. 배는 자엽, 유아, 하배축, 유근으로 구성되어 있다.
ㄴ. 두릅나무와 솔송나무는 배유종자를 생산한다.
ㄷ. 배휴면은 배 혹은 배 주변의 조직이 생장억제제를 분비하여 발아를 억제하는 것이다.
ㄹ. 콩과식물의 휴면타파를 위한 열탕처리는 낮은 온도에서 점진적으로 온도를 높이면서 진행한다.

① ㄱ, ㄴ
② ㄱ, ㄹ
③ ㄴ, ㄷ
④ ㄴ, ㄹ
⑤ ㄷ, ㄹ

해설

ㄱ. 배 : 1개 이상의 자엽, 유아, 하배축, 유근으로 구성되어 있다.
ㄴ. 자엽이 저장물질을 가진 경우 배유가 없고, 무배유종자라 한다.
- 무배유종자(너도밤나무, 아까시나무)
- 배유종자[두릅나무속(작은 배), 솔송나무속(큰 배)]

ㄷ. 배휴면
- 미성숙 배 상태에 있기 때문에 발아가 안 된다.
- 후숙으로 발아할 수 있다.

예 물푸레나무, 덜꿩나무, 은행나무 등

ㄹ. 콩과식물의 휴면타파를 위한 열탕처리는 콩과식물의 씨앗을 뜨거운 물(75~100℃)에 잠깐 담근다. 처리 후에는 종피가 부드러워져 공기 유통이 원활해진다.

※ 배 혹은 배 주변의 조직이 생장억제제를 분비하여 발아를 억제하는 것은 생리적 휴면이다.

75 제시된 설명의 특성을 모두 가진 식물 호르몬은?

- 사이클로펜타논(Cyclopentanone) 구조를 가진 화합물로, 불포화지방산의 일종인 리놀렌산에서 생합성된다.
- 잎의 노쇠와 엽록소 파괴를 촉진하고, 루비스코 효소 억제를 통한 광합성 감소를 유발한다.
- 환경 스트레스, 곤충과 병원균에 대한 저항성을 높인다.

① 폴리아민(Polyamine)
② 살리실산(Salicylic acid)
③ 자스몬산(Jasmonic acid)
④ 스트리고락톤(Strigolactone)
⑤ 브라시노스테로이드(Brassinosteroid)

해설

재스몬산(Jasmonic acid)
- 사이클로펜타논링을 가진 구조
- 재스민 오일에서 추출
- 줄기와 뿌리 정단부, 어린 잎, 미성숙 열매에서 주로 생산
- 상처를 받거나 수분부족에 노출되면 증가
- 아브시스산과 유사하지만 곤충과 병원균에 대한 저항성을 높임. 엽록소 파괴, 루비스코효소 억제, 호흡증가, 낙엽촉진

정답 73 ③ 74 ① 75 ③

4과목 산림토양학

76 제시된 특성을 모두 가지는 점토광물로 옳은 것은?

- 비팽창성 광물이다.
- 층 사이에 Brucite라는 팔면체층이 있다.
- 기저면 간격(Interlayer spacing)은 약 1.4nm이다.

① 일라이트(Illite)
② 클로라이트(Chlorite)
③ 헤마타이트(Hematite)
④ 카올리나이트(Kaolinite)
⑤ 버미큘라이트(Vermiculite)

해설

Chlorite

- 대표적인 혼층형 광물로서 2 : 1 : 1의 비팽창형광물
- 2 : 1층 사이의 공간에 자리잡고 있는 K^+이온 대신 Brucite $Mg(OH)_2$라고 부르는 양전하를 띠는 팔면체층을 가짐
- Brucite층은 팔면체의 중심 이온인 Mg^{2+} 대신 Al^{3+}, Fe^{3+}, Fe^{2+} 등이 치환되면서 양전하를 가짐
- 두 개의 사면체층과 팔면체층이 결합된 구조로 볼 수 있는 2 : 2형 점토광물이라고도 함
- 비팽창형광물이며, 전하량은 10~40cmolc/kg이며, 비표면적은 70~150m^2/g임
- Chlorite는 Mg을 많이 포함하는 팔면체층을 가짐

77 산림토양과 농경지토양의 차이점을 비교한 내용으로 옳은 것만을 고른 것은?

	비교사항	산림토양	농경지토양
ㄱ	토양온도의 변화	크다	작다
ㄴ	낙엽 공급량	적다	많다
ㄷ	토양 동물의 종류	많다	적다
ㄹ	미기상의 변동	작다	크다

① ㄱ, ㄴ　② ㄱ, ㄷ
③ ㄴ, ㄷ　④ ㄴ, ㄹ
⑤ ㄷ, ㄹ

해설

산림토양은 낙엽층의 존재로 인해 온도 변화가 적고, 유기물인 낙엽의 공급이 원활하다.

78 USDA의 토양분류체계에 따른 12개 토양목 중 제시된 토양목을 풍화정도(약 → 강)에 따라 옳게 나열한 것은?

Alfisols(알피졸)	Entisols(엔티졸)
Oxisols(옥시졸)	Ultisols(울티졸)

① Alfisols → Entisols → Ultisols → Oxisols
② Entisols → Alfisols → Oxisols → Ultisols
③ Entisols → Alfisols → Ultisols → Oxisols
④ Oxisols → Entisols → Alfisols → Ultisols
⑤ Oxisols → Ultisols → Alfisols → Entisols

해설

토양 발달 순서

미숙토(Entisols) → 반숙토(Inceptisols) → 완숙토(Alfisols) → 과숙토(Ultisols) → 과분해토(Oxisols)

79 면적 1ha, 깊이 10cm인 토양의 탄소저장량(Mg = ton)은?(단, 이 토양의 용적밀도, 탄소농도, 석력함량은 각각 1.0g/cm^3, 3%, 0%로 한다.)

① 0.3　② 3
③ 30　④ 300
⑤ 3,000

해설

용적밀도 = 고형물질의 질량(X)/전체 부피(Y)

1.0 = X/10,000×0.1 = X/1,000, X = 1,000Mg

토양의 무게 1,000Mg 중 3% 함량으로 탄소가 저장되어 있다. 그러므로 탄소저장량은 1,000×0.03 = 30Mg(ton)이다.

80 토양의 수분 침투율에 관한 설명으로 옳지 않은 것은?

① 다져진 토양은 침투율이 낮다.
② 동결된 토양에서는 침투현상이 거의 일어나지 않는다.
③ 입자가 큰 토양은 입자가 작은 토양보다 침투율이 높다.
④ 식물체가 자라지 않던 토양에 식생이 형성되면 침투율이 감소한다.

정답　76 ②　77 ⑤　78 ③　79 ③　80 ④

⑤ 침투율은 강우 개시 후 평형에 도달할 때까지 시간이 지남에 따라 감소한다.

해설

토양에 식생이 형성되면 토양공극이 증가하고 수분의 침투율이 증가하여 유거수가 감소한다.

침투율에 영향을 끼치는 요인
- 토성과 구조
- 식생
- 표면봉합과 덮개 : 빗방울이 공극을 막는 현상
- 토양의 소수성과 동결

81 입단 형성에 관한 설명으로 옳지 않은 것은?

① 응집현상을 유발하는 대표적인 양이온은 Na^+이다.
② 균근균은 균사뿐 아니라 글로멀린을 생성하여 입단 형성에 기여한다.
③ 토양이 동결－해동을 반복하면 팽창－수축이 반복되어 입단 형성이 촉진된다.
④ 유기물이 많은 토양에서 식물이 가뭄에 잘 견딜 수 있는 것은 입단의 보수력이 크기 때문이다.
⑤ 토양수분 공급과 식물의 수분흡수에 따라 토양의 젖음－마름 상태가 반복되면 입단 형성이 촉진된다.

해설

응집현상은 입단의 형성을 촉진하는 것으로 점토의 응집, 양이온의 함량, 부식의 함량에 따라 증가 또는 감소한다. 그러나 양이온 중 Na^+은 토양입자의 응집을 방해한다.
※ Na 이온의 농도가 높은 토양에서는 입단의 분산이 일어난다(수화반지름이 크기 때문).

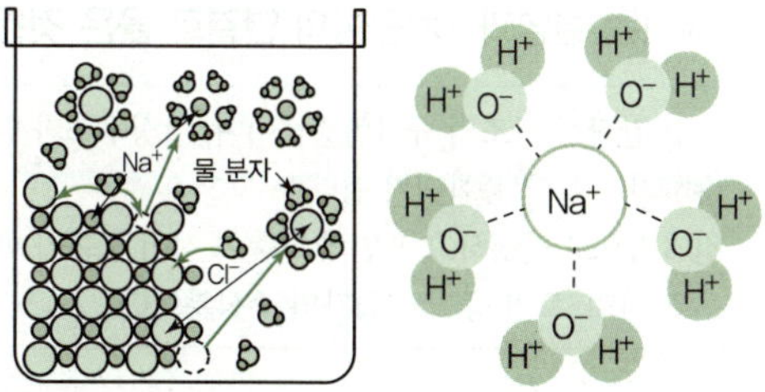

82 토성이 식토, 식양토, 사양토, 사토 순으로 점점 거칠어질 때 토양특성의 변화가 옳게 연결된 것은?

	보수력	비표면적	용적밀도	통기성
①	감소	감소	감소	감소
②	감소	감소	증가	증가
③	감소	감소	감소	증가
④	증가	증가	증가	변화없음
⑤	증가	감소	감소	변화없음

해설

- 보수력 : 식토 > 식양토 > 사양토 > 사토
- 비표면적 : 식토 > 식양토 > 사양토 > 사토
- 용적밀도 : 식토 < 식양토 < 사양토 < 사토
- 통기성 : 식토 < 식양토 < 사양토 < 사토

83 5개 공원 토양의 수분보유곡선이 그림과 같을 때 유효수분 함량이 가장 많은 곳은?

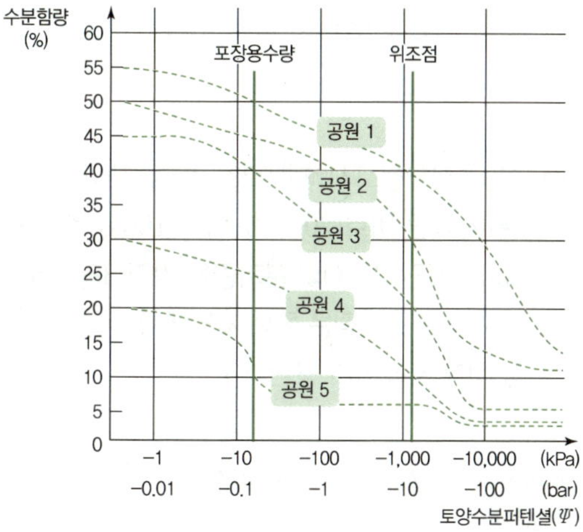

① 공원 1　　② 공원 2
③ 공원 3　　④ 공원 4
⑤ 공원 5

해설

유효수분 함량＝포장용수량－위조점 수분량, 즉 포장용수량에서 위조점 수분량을 뺀 값 중에 가장 큰 것이다(기울기가 가장 급한 것).
① 공원 1＝50%－40%＝10%
② 공원 2＝45%－30%＝15%
③ 공원 3＝40%－20%＝20%
④ 공원 4＝25%－10%＝15%
⑤ 공원 5＝10%－5%＝5%

정답 81 ① 82 ② 83 ③

84 토양의 화학적 특성에 관한 설명으로 옳지 않은 것은?

① Fe^{3+}는 산화되면 Fe^{2+}로 된다.
② 풍화가 진행될수록 pH가 낮아진다.
③ 점토는 모래보다 양이온교환용량이 크다.
④ 산이나 염기에 의한 pH 변화에 대한 완충능을 갖는다.
⑤ 산성 토양에 비해 알칼리성 토양에서 염기포화도가 높다.

해설

① Fe^{2+}는 산화되면 Fe^{3+}로 된다.

산화환원반응의 정의
- 산화(Oxidation) : 화합물이 전자(e^-)를 잃어 산화수가 증가하는 반응
- 환원(Reduction) : 전자를 얻어 산화수가 감소되는 반응

$$Fe^{3+}(\text{산화}) + e^- \rightleftarrows Fe^{2+}(\text{환원})$$

85 「농촌진흥청고시」제2023－24호 제5조(비료의 성분)에 따른 비료(20－10－10) 100kg 중 K의 무게(kg)는?(단, K, O의 분자량은 각각 39g/mol, 16g/mol이다. 소수점은 둘째 자리에서 반올림하여 소수점 첫째 자리까지 구한다.)

① 4.4　② 5.0
③ 8.3　④ 10.0
⑤ 20.0

해설

「농촌진흥청고시」제2023－24호 제5조에서 정하는 비료의 성분

[별표 4] 비료의 성분 중 산화물로 정하는 규격

원소명	인	칼륨	칼슘	마그네슘	규소	붕소	망간
성분명	인산	칼리	석회	고토	규산	붕소	망간
규격표시	P_2O_5	K_2O	CaO	MgO	SiO_2	B_2O_3	MnO

산화칼륨의 총 몰수에서 순수 칼륨의 몰수를 나누고, 실제 비료에 섞인 양과 곱하면 된다.
칼륨(K_2O)의 총몰수를 계산하면 K＝39g/mol, O＝16g/mol
K_2O의 총 몰수＝(39×2)＋(16×1)＝94g/mol
K의 무게＝비료의 무게×(K_2의 mol/K_2O의 mol)
＝10kg×(78/94)
＝10kg×0.829787234＝8.29787234
＝8.3kg

86 산림토양 산성화의 원인으로 옳은 것을 모두 고른 것은?

ㄱ. 황화철 산화
ㄴ. 질산화작용
ㄷ. 토양유기물 분해로 인한 유기산 생성
ㄹ. 토양호흡으로 생성되는 CO_2의 용해
ㅁ. 식물 뿌리의 양이온 흡수로 인한 H^+ 방출

① ㄱ
② ㄱ, ㄴ
③ ㄱ, ㄴ, ㄷ
④ ㄱ, ㄴ, ㄷ, ㄹ
⑤ ㄱ, ㄴ, ㄷ, ㄹ, ㅁ

해설

토양산성화의 원인 : H^+의 증가, 염기의 용탈
- 모암 : 산성암인 화강암과 화강편마암
- 기후 : 강우에 의한 염기의 용탈
- 점토에 흡착된 H^+의 해리[$Al^{3+} + H_2O \Leftrightarrow Al(OH)^{2+} + H^+$]
- 부식에 의한 산성화 : －COOH와 OH에서 H^+의 해리
- CO_2에 의한 산성화 : $CO_2 + H_2O \Leftrightarrow H_2CO_3 \Leftrightarrow H^+ + HCO_3^- \Leftrightarrow H^+ + CO_3^{2-}$
- 유기산에 의한 산성화 : 미생물로 유기물이 분해될 때 유기산이 생성
- 무기산에 의한 산성화 : 산성비
- 비료에 의한 산성화(질산화작용) : $NH_4^+ + 2O_2 \rightarrow NO_3^- + H_2O + H^+$
- 농경지 토양에서 작물을 수확하면 Ca, Mg 및 K도 함께 제거되어 산성화됨

87 제시된 설명과 1차광물의 연결로 옳은 것은?

ㄱ. 가장 간단한 구조의 규산염광물이며, 결정구조가 단순하기 때문에 풍화되기 쉽다.
ㄴ. 전기적으로 안정하고 표면의 노출이 적어 풍화가 매우 느리며, 토양 중 모래입자의 주성분이다.

	ㄱ	ㄴ
①	각섬석	휘석
②	감람석	석영
③	휘석	장석
④	감람석	휘석
⑤	각섬석	석영

정답 84 ① 85 ③ 86 ⑤ 87 ②

해설

1차 광물의 풍화내성 크기

석영 > 백운모(K) > 미사장석(K) > 정장석(K) > 흑운모(K) > 조장석(Na) > 각섬석(Ca, Mg, Fe) > 휘석(Ca, Mg, Fe) > 회장석(Ca) > 감람석(Mg, Fe)

88 화산회로부터 유래한 토양에 많이 함유되어 있으며 인산의 고정력이 강한 점토광물은?

① 알로판(Allophane)
② 돌로마이트(Dolomite)
③ 스멕타이트(Smectite)
④ 벤토나이트(Bentonite)
⑤ 할로이사이트(Halloysite)

해설

인산은 Al^{3+}, Fe^{3+}, Ca^{2+} 등과 결합하여 불용형태인 $AlPO_4$, $FePO_4$, $Ca(PO_4)_3OH$ 등으로 고정된다. 즉, Al^{3+}, Fe^{3+}, Ca^{2+} 등을 다량 함유한 광물 중 Al^{3+}가 많은 광물을 찾으면 된다.

- Andisols의 중심 개념은 화산회, 부석, 분석, 용암과 같은 화산분출물이나 화산쇄설물 위에서 발달되고, 교질 부분이 Allophane, Imogolite, Ferrihydrite 등과 같은 Short – order – range(비결정형) 광물이거나 Al – 유기복합체가 주가 되는 토양이다(USDA, 1999).
- Allophane : 화산재의 풍화로 생성되며, 토양의 풍화과정에서 생성되는 중간산물이다.
- 백운석(Dolomite) : $CaCO_3 \cdot MgCO_3$은 이차광물이다.
- 스멕타이트(Smectite) : 대표적인 2 : 1층상 규산염광물이며 규소사면체층에서는 Si^{4+} 대신 Al^{3+}의 동형치환이 흔히 일어나고, 알루미늄팔면체층에서도 Al^{3+} 대신 Fe^{2+}, Fe^{3+}, Mg^{2+} 등이 치환되어 들어갈 수 있다.
- 벤토나이트 : 몬모릴로나이트(Montmorillonite) 계통의 팽창성3층판(Si – Al – Si)으로 이루어진 점토이며 납석(Pyrophylite) 화학 구조식인 $Al_2Si_4(OH)$로 형성되어 있다.
- 카올린계(Kaoline) : 규소사면체와 알루미늄팔면체층이 1 : 1로 결합된 광물로 Kaolinite, Halloysite 등이 있다.

89 화학적 반응이 중성인 비료는?

① 요소　　② 생석회
③ 용성인비　　④ 석회질소
⑤ 황산암모늄

해설

- 화학적 반응 : 수용액의 직접적인 반응

화학적 산성비료	화학적 중성비료	화학적 염기성비료
과인산석회, 중과인산석회 황산암모늄(유안)	요소, 질산암모늄(초안), 황산칼륨, 염화칼륨, 질산칼륨 등	생석회, 소석회, 암모니아수, 탄산칼륨, 탄산암모니아, 석회질소, 용성인비, 규산질비료, 규석회비료 등

- 생리적 반응 : 시비 후 토양 중에서 식물뿌리의 흡수 작용이나 미생물의 작용을 받은 뒤에 나타나는 반응

생리적 산성비료	생리적 중성비료	생리적 염기성비료
황산암모늄(유안), 염화암모늄, 황산칼륨	요소, 질산암모늄, 질산칼륨	질산나트륨, 질산칼슘, 탄산칼륨(초목회) 등

90 토양유기물 분해에 영향을 미치는 설명으로 옳은 것을 모두 고른 것은?

ㄱ. 유기물 분해속도는 토양 pH와 관계없이 일정하다.
ㄴ. 페놀화합물이 유기물 건물량의 3~4% 포함되어 있으면 분해속도가 빨라진다.
ㄷ. 탄질비가 200을 초과하는 유기물도 외부로부터 질소를 공급하면 분해 속도가 빨라진다.
ㄹ. 리그닌 함량이 높은 유기물은 리그닌 함량이 낮은 유기물보다 분해가 느리다.

① ㄱ, ㄴ　　② ㄱ, ㄷ
③ ㄴ, ㄷ　　④ ㄴ, ㄹ
⑤ ㄷ, ㄹ

해설

유기물분해에 미치는 요인

- 환경요인
  - pH : 대부분의 미생물은 중성상태를 좋아한다.
  - 산소와 수분 : 호기성인 조건에서 빨라진다.
  - 온도 : 적정온도 25~35℃
- 유기물의 구성요소
  - 유기물의 분해속도는 리그닌 함량에 따라 달라진다.
  - 어린 식물 5%, 성숙한 식물 약 15%, 성숙한 나무의 조직 35~50%.
  - 페놀함량이 건물 무게의 3~4%가 포함되어 있으면 분해속도가 대단히 느리다.
- 탄질률
  - 분해속도는 탄질률이 큰 유기물은 탄질률이 작은 유기물보다 분해속도가 훨씬 느리다.

정답 88 ① 89 ① 90 ⑤

91 A, B 두 토양의 소성지수(Plastic index)가 15%로 같다. 두 토양의 액성한계(Liquid limit)에서의 수분함량이 각각 40%, 35%라면 두 토양의 소성한계(Plastic limit)에서의 수분함량(%)은?

	A	B
①	15	15
②	25	20
③	40	35
④	50	55
⑤	55	50

해설

소성지수(PI) = LL(액성한계) − PL(소성한계)

- A의 소성지수 15 = 40 − X, X(소성한계) = 25%
- B의 소성지수 15 = 35 − X, X(소성한계) = 20%

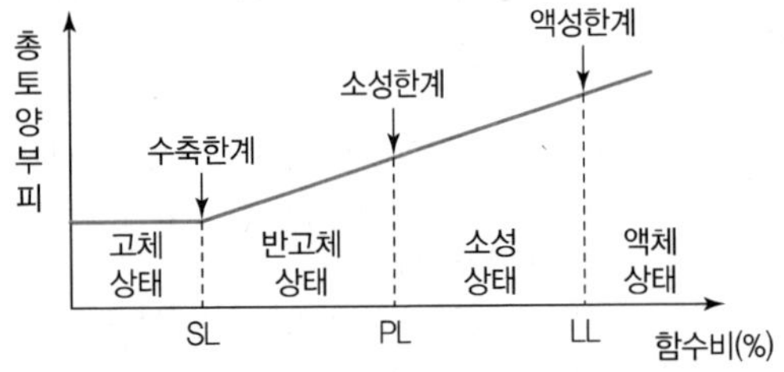

92 균근에 관한 설명으로 옳지 않은 것은?

① 토양 중 인의 흡수를 촉진한다.
② 상수리나무에서 수지상체를 형성한다.
③ 병원균이나 선충으로부터 식물을 보호한다.
④ 강산성과 독성 물질에 의한 식물 피해를 경감한다.
⑤ 균사가 뿌리세포에 침투하는 양상에 따라 분류한다.

해설

- 내생균근은 양분을 저장하는 역할의 낭상체와 피층의 세포벽에 들어가 나뭇가지 모양의 수지상체를 구성한다.
- 외생균근 기주식물의 범위

소나무과	소나무, 전나무, 가문비나무, 일본잎갈나무, 솔송나무류
참나무과	참나무, 밤나무류, 너도밤나무류
버드나무과	버드나무, 포플러류
자작나무과	자작나무류, 오리나무류, 서어나무류, 개암나무류
피나무과	피나무, 염주나무

균근의 역할

- 무기염의 흡수촉진 [비옥도가 높을수록 / 인산함량이 높을수록] 균근 형성률 저하
- 토양의 건조, 낮거나 높은 pH, 토양독극물, 극단적 토양온도에 대한 저항성
- 항생제를 생산하여 병원균에 대한 저항성
- 산성토양에서 암모늄태 질소의 흡수
- 건조한 토양에서 수분의 흡수(수분포텐셜 −1.5~2.0MPa까지 수분을 흡수)

93 유기물질을 퇴비로 만들 때 유익한 점만을 모두 고른 것은?

> ㄱ. 퇴비화 과정 중 발생하는 높은 열로 병원성 미생물이 사멸된다.
> ㄴ. 유기물이 분해되는 동안 CO_2가 방출됨으로써 부피가 감소되어 취급이 편하다.
> ㄷ. 질소 외 양분의 용탈없이 유기물을 좁은 공간에서 안전하게 보관할 수 있다.
> ㄹ. 퇴비화 과정에서 방출된 CO_2 때문에 탄질비가 높아져 토양에서 질소 기아가 일어나지 않는다.

① ㄱ, ㄴ ② ㄱ, ㄷ
③ ㄱ, ㄹ ④ ㄴ, ㄷ
⑤ ㄴ, ㄹ

해설

ㄷ. 탄소외 양분의 용탈없이 유기물을 좁은 공간에서 안전하게 보관할 수 있다.
ㄹ. 퇴비화 과정에서 방출된 CO_2 때문에 탄질비가 낮아져 토양에서 질소 기아가 일어나지 않는다.

퇴비의 유익한 점

- 탄소 이외의 양분 용탈없이 좁은 공간에 보관이 가능하다.
- 퇴비화 과정에서 방출된 CO_2 때문에 부피가 감소되어 취급하기가 편리하다.
- 퇴비화 과정에 탄질률이 낮아져 토양에 질소기아현상이 일어나지 않는다.
- 탄질률이 높은 유기물의 분해를 돕는다.
- 퇴비화과정의 열에 의해 잡초의 씨앗 및 병원성 미생물을 사멸시킨다.
- 퇴비화과정 중 독성화합물이 분해된다.
- Pseudomonas, Bacillus, Actinomycetes 등과 같은 미생물이 토양병원균의 활성을 막는다.

정답 91 ② 92 ② 93 ①

94 필수양분과 주요 기능의 연결로 옳지 않은 것은?

① Mg : 엽록소 구성 원소
② Mo : 기공의 개폐 조절
③ P : 에너지 저장과 공급
④ Zn : 단백질 합성과 효소 활성
⑤ Mn : 과산화물제거효소의 구성 성분

해설

염소와 칼륨은 기공의 개폐에 관여한다.

몰리브덴
- 식물요구도가 가장 낮다.
- 주로 산화상태로 존재한다[Mo^{6+}(MoO_4^{2-})].
- 질소고정에 핵심작용을 하는 효소(Nitrogenase, Nitrate reducatase)에 함유되어 있으며, $NO_3^- \rightarrow NH_3$로 환원되는 과정에 필수적이다.
- 콩과식물은 몰리브덴이 많이 필요하다.

몰리브덴 부족 시
- 황화현상이 발생한다.
- 잎 주변이 오그라든다.
- 잎이 작아진다.
- 괴사반점이 생긴다.

95 제시된 설명에 모두 해당하는 오염토양 복원 방법은?

- 비용이 많이 소요된다.
- 현장 및 현장 외에 모두 적용할 수 있다.
- 전기적으로 용융하여 오염물질 용출이 최소화된다.
- 유기물, 무기물, 방사성 폐기물 등에 모두 적용할 수 있다.

① 소각(incineration)
② 퇴비화(composting)
③ 유리화(vitrification)
④ 토양경작(land farming)
⑤ 식물복원(phytoremediation)

해설

- 유리화(Vitrification) : 전기적으로 오염된 토양 및 슬러지를 용융시킴으로써 용출측성이 매우 작은 결정구조로 만드는 방법으로, 이 방법은 휘발성 유기물질, 준휘발성 유기물질, 디옥신, PCBs 등의 처리에 적용된다.
- Landfarming : 토양을 굴착하여 깔아놓고 정기적으로 뒤집어줌으로써 공기를 공급해 주는 호기성 생분해공정으로 수분함량, 산소함량, 양분, pH, 토양이 부피 등을 조절한다.
- Phytoremediation(식물복원) : 식물복원방법은 수목, 초본식물, 수생식물 등을 이용하여 환경오염물질을 제거, 분해, 안정화시키는 것을 말한다.

종류	특징
Enhanced rhizosphere biodergradation (높은 효율성의 근권 생물분해)	뿌리에서 분비된 주로 유기성 물질이 미생물들의 대사기질이 되어 근권 미생물의 군집을 다양하게 하고 유해 물질의 분해능을 촉진시키는 방법
Phytoextraction (식물추출법)	토양으로부터 목적 물질을 흡수하여 체내에 고농도로 축적시킬 수 있는 축적종을 이용
Phytodegradation (식물분해법)	식물체가 생산한 효소로 식물체 내에서 오염물질을 대사 분해시키는 기술
Phytostabillization (식물안정화법)	식물을 현장에서 재배하여 독성 금속을 불활성하는 방법

96 간척지 염류토양 개량방법으로 옳은 것을 모두 고른 것은?

ㄱ. 내염성 식물을 재배한다.
ㄴ. 유기물을 시용한다.
ㄷ. 양질의 관개수를 이용하여 과잉염을 제거한다.
ㄹ. 효과적인 토양배수체계를 갖춘다.
ㅁ. 석고를 시용한다.

① ㄱ
② ㄱ, ㄴ
③ ㄱ, ㄴ, ㄷ
④ ㄱ, ㄴ, ㄷ, ㄹ
⑤ ㄱ, ㄴ, ㄷ, ㄹ, ㅁ

해설

해안매립지
- 지하수위가 높고 염분이 표토로 올라옴
- 배수, 관수, 석고시비, 멀칭, 고농도 비료사용으로 염분 제거

97 산불발생지 토양에서 일어나는 변화로 옳지 않은 것은?

① 토색이 달라진다.
② 침식량이 증가한다.
③ 수분 증발량이 증가한다.
④ 수분 침투율이 증가한다.
⑤ 토양층에 유입되는 유기물의 양이 감소한다.

정답 94 ② 95 ③ 96 ⑤ 97 ④

해설

④ 수분 침투율이 감소한다.

산불의 피해
- 부식층을 태워 토양이 노출되어 토양침식
- 물의 이수기능 저하
- 지표유출수 증가
- 토양 투수성 감소
- 토사유출량 증가

※ 이수기능 : 하천을 흐르는 물의 양을 조정하여 용수를 공급하고 수력 발전에 이용하는 기능

98 제시된 식물 생육 반응곡선을 따르지 않는 것은?

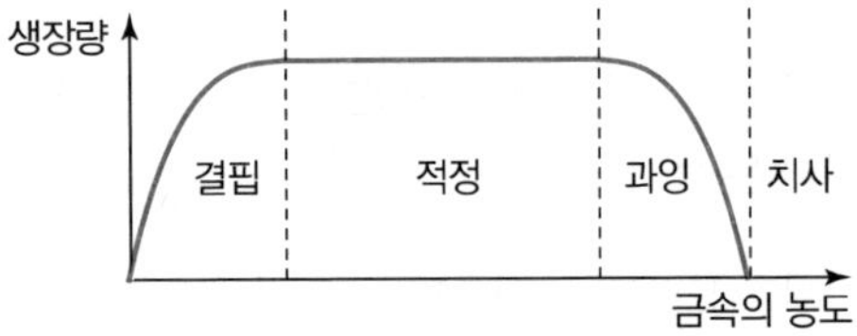

① Cd ② Cu

③ Fe ④ Mo

⑤ Zn

해설

중금속의 농도에 대한 생육반응곡선은 필수금속과 비필수금속에 따라 다르게 나타난다.

Cd 같은 비필수금속은 농도가 낮을 때 식물의 생육에 큰 영향을 나타내지 못하다가 일정농도부터 독성을 나타내는 상위한계농도만 존재한다.

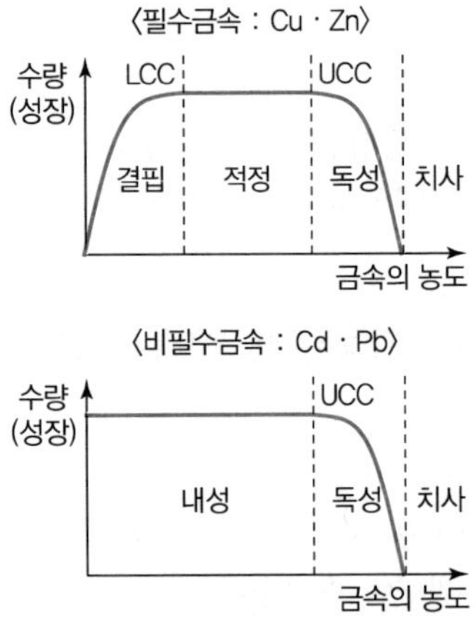

중금속의 농도에 대한 식물 생육 반응곡선

99 「토양환경보전법 시행규칙」 제1조의 2(토양오염물질)에 규정된 토양오염물질로만 나열되지 않은 것은?

① 구리, 에틸벤젠

② 카드뮴, 톨루엔

③ 철, 벤조(a)피렌

④ 아연, 석유계총탄화수소

⑤ 납, 테트라클로로에틸렌

해설

토양오염물질(제1조의2 관련)

1. 카드뮴 및 그 화합물
2. 구리 및 그 화합물
3. 비소 및 그 화합물
4. 수은 및 그 화합물
5. 납 및 그 화합물
6. 6가크롬화합물
7. 아연 및 그 화합물
8. 니켈 및 그 화합물
9. 불소화합물
10. 유기인화합물
11. 폴리클로리네이티드비페닐
12. 시안화합물
13. 페놀류
14. 벤젠
15. 톨루엔
16. 에틸벤젠
17. 크실렌
18. 석유계총탄화수소
19. 트리클로로에틸렌
20. 테트라클로로에틸렌
21. 벤조(a)피렌
22. 1,2－디클로로에탄
23. 다이옥신(퓨란을 포함한다)
24. 그 밖에 위 물질과 유사한 토양오염물질로서 토양오염의 방지를 위하여 특별히 관리할 필요가 있다고 인정되어 환경부장관이 고시하는 물질

100 현장에서 임지생산능력을 판정하기 위한 간이산림토양조사 항목이 아닌 것은?

① 방위 ② 지형

③ 토성 ④ 견밀도

⑤ 경사도

정답 98 ① 99 ③ 100 ①

해설

간이산림토양조사

임목생장에 영향이 큰 산림토양의 중요인자인 토심, 지형, 건습도, 경사, 퇴적양식, 침식, 견밀도, 토성 등을 조사하여 입지인자별 점수 합계를 I급지에서 V급지로 구분한다.

정밀산림토양조사

기후, 토양, 조림 후 관리 등의 요인을 조사하여 적수를 선정하는 방법이다.

- 기후요인 : 연평균기온, 연평균강수량, 적설량, 온량지수, 계절별 강수량을 조사한다.
- 토양요인 : 토층의 두께, 견밀도, 지하수위, 유효토심, 토성, 토양수분, 통기성, 투수성과 토양산도, 부식함량, 양분 보유력 등을 조사한다.

5과목 수목관리학

101 수목의 상처 치유 및 치료에 관한 설명으로 옳은 것은?

① 내수피가 보존되어 있어야 유합조직이 형성될 수 있다.
② 긴 상처에 부착할 수피 조각은 못으로 고정하고 건조시킨다.
③ 오염을 방지하기 위해 상처 면적의 두 배 이상 수피를 제거한다.
④ 들뜬 수피는 제자리에 고정하고 햇빛이 비치게 투명 테이프로 감싼다.
⑤ 새순이 붙어 있는 건강한 가지를 이용하여 넓게 격리된 수피를 연결한다.

해설

수피이식

환상으로 수피가 벗겨진 경우 수피이식을 통해 살릴 수 있다.

- 상처부위를 깨끗이 하고 상처의 위아래에서 높이 2cm가량의 살아 있는 수피를 수평으로 벗겨 내고 비슷한 두께의 신선한 수피를 이식한다.
- 상처가 수평으로 길게 이어진 경우 5cm 길이로 잘라 연속적으로 부착 후 고정한다.
- 젖은 천으로 감싸고 비닐로 덮어 마르지 않게 한다.
- 수피이식은 늦은 봄에 실시하면 성공률이 높다.

102 토목공사장에서 수목을 보전하는 방법에 관한 설명으로 옳지 않은 것은?

① 바람 피해가 예상되면 수관을 축소한다.
② 햇볕 피해를 예방하기 위해 그늘에 있던 줄기는 마대로 감싼다.
③ 부득이하게 중장비가 이동하는 곳에서는 지표면에 설치한 유공철판을 제거한다.
④ 차량이 수관폭 내부로 접근하지 못하도록 보전할 수목의 주변에 울타리를 설치한다.
⑤ 보전할 수목에 도움이 안 되는 주변의 수목은 밑동까지 바짝 자르거나 뿌리까지 제거한다.

해설

③ 부득이하게 중장비가 이동하는 곳에서는 지표면에 설치한 유공철판을 설치하여 답압을 줄일 수 있다. 유공철판은 공사할 때 쓰는 구멍이 있는 철판을 말한다.

103 수목의 상태에 따른 피해 발생에 관한 설명으로 옳은 것은?

① 밑동을 휘감는 뿌리가 있으면 바람 피해의 가능성이 적다.
② 줄기의 한 곳에 가지가 밀생하면 가지 수피가 함몰될 가능성이 크다.
③ 가지가 줄기에서 둔각으로 자라면 겨울에 찢어질 가능성이 크다.
④ 수간에 큰 공동이 있으면 수간 하중 감소로 바람 피해의 가능성이 적다.
⑤ 음파로 줄기를 조사하여 음파가 목재를 빠르게 통과하는 부위가 많으면 부러질 가능성이 크다.

해설

① 밑동을 휘감는 뿌리가 있으면 직경생장을 할 수 없어 바람 피해의 가능성이 커진다.
※ 뿌리조임과 뿌리꼬임의 증상

정답 101 ① 102 ③ 103 ②

• 주로 경급이 큰 나무에 피해가 발생
• 뿌리조임은 지제부 수간을 감아 직경생장을 할 수 없어 도관(가도관)의 생성을 방해하여 서서히 고사한다.

③ 가지가 줄기에서 예각으로 자라면 겨울에 찢어질 가능성이 커지므로 쇠조임을 하고, 둔각으로 자라면 가지가 부러질 우려가 있으므로 지지대나 줄당김을 한다.
④ 수간에 큰 공동이 있으면 수관을 지탱하는 힘의 감소로 바람 피해의 가능성이 커진다.
⑤ 음파로 줄기를 조사하여 음파가 목재를 빠르게 통과하는 부위는 부후가 없다는 뜻으로 부러질 가능성이 적다.

104 제시된 수종 중 양수 2종을 고른 것은?

ㄱ. 낙우송	ㄴ. 녹나무
ㄷ. 회양목	ㄹ. 느티나무
ㅁ. 비자나무	ㅂ. 사철나무

① ㄱ, ㄹ　② ㄴ, ㄷ
③ ㄷ, ㅁ　④ ㄹ, ㅁ
⑤ ㅁ, ㅂ

해설

ㄱ. 낙우송(양수)　ㄴ. 녹나무(음수)
ㄷ. 회양목(극음수)　ㄹ. 느티나무(양수)
ㅁ. 비자나무(음수)　ㅂ. 사철나무(극음수)

내음성	수목의 종류
극음수	주목, 개비자나무, 나한백, 사철나무, 회양목, 굴거리나무
음수	전나무, 가문비나무, 솔송나무, 너도밤나무, 서어나무, 함박꽃나무, 칠엽수, 녹나무, 단풍나무류
중용수	잣나무, 편백, 느릅나무류, 참나무류, 은단풍, 목련, 동백나무, 물푸레나무, 산초나무, 층층나무, 철쭉류, 피나무, 팽나무, 굴피나무, 벚나무류
양수	은행나무, 소나무류, 측백나무, 향나무, 낙우송, 밤나무, 오리나무, 버짐나무, 오동나무, 사시나무, 일본잎갈나무, 느티나무, 아까시나무
극양수	방크스소나무, 왕솔나무, 잎갈나무, 연필향나무, 버드나무, 자작나무, 포플러

105 느티나무 가지를 길게 남겨 전정하였는데 남은 가지에서 시작되어 원줄기까지 부후되고 있다. 이 현상의 원인에 관한 설명으로 옳은 것은?

① 전정 상처가 유합되지 않았기 때문이다.
② 남겨진 가지에 지의류가 발생하였기 때문이다.
③ 전정 시 가지밑살(지륭)이 제거되었기 때문이다.
④ 원줄기의 지피융기선이 부후균에 감염되었기 때문이다.
⑤ 수목의 과민성반응에 의하여 가지와 원줄기의 세포들이 사멸했기 때문이다.

해설

가지터기를 남기고 절단하였을 경우 나무는 상처를 회복하려 하지만 가지터기의 물리적 방해 때문에 새살의 생성이 중단되고 더 이상 상처를 회복할 기회를 잃는다.

106 수목의 다듬기 전정 시기에 관한 설명으로 옳지 않은 것은?

① 향나무는 어린 가지를 여름에 전정해도 된다.
② 무궁화는 4월에 전정해 당년에 꽃을 볼 수 있다.
③ 측백나무는 당년지를 늦봄에 잘라서 크기를 조절한다.
④ 백목련은 등(나무) 개화기 전에 전정하면 다음 해에 꽃을 볼 수 없다.
⑤ 중부지방에서는 소나무의 적심을 잎이 나오기 전인 5월 중하순경에 실시한다.

해설

무궁화의 화아원기를 형성하는 시기는 5월 하순이고, 개화시기는 7월 중순~9월 초순이다.
백목련의 화아원기를 형성하는 시기는 5월 하순이고, 개화시기는 이듬해 4월이다.
등의 화아원기를 형성하는 6월이고, 개화시기는 이듬해 5월이므로 등의 개화기에 백목련을 가지치기하여도 화아원기를 형성하는 데는 문제가 없다.

화관목의 개화기와 화아원기 형성기

수종	개화기	화아원기 형성기
개나리	4월	9월 하순
금목서	9~10월	8월 초순
단풍철쭉	5월	8월 초순
동백나무	3~4월	6월 중순~7월 중순
등	5월	6월
만병초	5월	6월 중순
매화나무	2~3월	8월 중순
명자꽃	4월	9월 초순
모란	4월 하순~5월 하순	7월 하순
무궁화	7월 중순~9월 초순	5월 하순

정답 104 ① 105 ① 106 ④

수종	개화기	화아원기 형성기
배롱나무	8월~9월 중순	6월 중순
백목련	4월	5월 하순
복사나무	4월 중, 하순	8월 초순
산수유	3월 중순~4월 초순	6월 중순
싸리	8월 중순~9월 하순	7월 초순~8월 초순
천리향	3~4월	7월 초순
수국	6~7월	10월 중순
라일락	4월 중순~5월 하순	7월 중순
왕벚나무	4월 초, 중순	7월 하순
조팝나무	4월 중순~5월 초순	10월 초순
찔레꽃	5월 중, 하순	4월 초, 중순
치자나무	6월	7월 하순

107 제시된 내용 중 수목의 이식성공률을 높이는 방법을 모두 고른 것은?

ㄱ. 어린나무를 이식한다.
ㄴ. 지주목을 5년 이상 유지한다.
ㄷ. 생장이 활발한 시기에 이식한다.
ㄹ. 용기묘는 휘감는 뿌리를 절단한다.
ㅁ. 굴취 전에 수간을 보호재로 피복한다.

① ㄱ, ㄴ, ㄷ　② ㄱ, ㄴ, ㄹ
③ ㄱ, ㄹ, ㅁ　④ ㄴ, ㄷ, ㅁ
⑤ ㄷ, ㄹ, ㅁ

해설

ㄴ. 이식 후 지주목을 2년이 경과하면 지주목을 제거하여 스스로 버틸 힘을 기른다.
ㄷ. 온대지방에서 수목을 이식하기에 적절한 시기는 수목이 휴면 상태에 있는 기간으로 늦가을~이른 봄이다.

108 과습에 대한 저항성이 큰 수종으로만 나열한 것은?

① 낙우송, 벚나무, 사시나무
② 전나무, 오리나무, 버드나무
③ 곰솔, 아까시나무, 층층나무
④ 낙우송, 물푸레나무, 오리나무
⑤ 가문비나무, 버드나무, 양버즘나무

해설

- 과습에 높은 저항성 : 낙우송, 물푸레나무, 버즘나무류, 오리나무류, 포플러류, 버드나무류
- 과습에 낮은 저항성 : 가문비나무, 서양측백나무, 소나무, 전나무, 벚나무류, 아까시나무, 자작나무류, 층층나무

109 수목에 필요한 무기양분 중 철에 관한 설명으로 옳지 않은 것은?

① 엽록소 생성과 호흡과정에 관여한다.
② 토양에 과잉되면 수목에 인산이 결핍될 수 있다.
③ 결핍 현상은 알칼리성 토양에서 자라는 수목에서 흔히 나타난다.
④ 결핍되면 침엽수와 활엽수 모두 잎에 황화현상이 나타난다.
⑤ 체내 이동성이 낮아 성숙한 잎에서 먼저 결핍증상이 나타난다.

해설

⑤ 체내 이동성이 낮아 어린잎에서 먼저 결핍증상이 나타난다.

철의 결핍현상

수종		증상
활엽수	잎	• 유엽의 엽맥 사이가 황화(엽맥은 정상) • 가지의 기부에 있는 성숙엽은 짙은 녹색으로 남아 있음 • 황화된 잎은 갈색으로 변하며 잎의 가장자리와 끝이 타들어감 • 낙엽 • 잎이 작고 쌀쌀한 봄에 심하게 나타남
	가지	• 가늘고 길어짐 • 고사함
	열매	색깔이 빈약함
침엽수	잎	• 새순이 황화현상과 왜성화 • 성숙엽과 수관하부는 정상적으로 녹색을 유지함 (알칼리성 토양에서 자주 나타남)

110 대기오염물질인 오존(O_3)과 PAN에 관한 설명으로 옳은 것은?

① 오존과 PAN은 황산화물과 탄화수소의 광화학 반응으로 발생한다.
② 오존은 해면조직에, PAN은 책상조직에 가시적인 피해를 일으킨다.

정답 107 ③　108 ④　109 ⑤　110 ④

③ 오존은 성숙한 잎보다 어린잎이, PAN은 어린잎보다 성숙한 잎이 감수성이 크다.

④ 느티나무와 왕벚나무는 오존 감수성 수종이며, 은행나무와 삼나무는 오존 내성 수종이다.

⑤ 오존의 피해 증상은 엽록체가 파괴되어 백색 반점이 나타나면서 괴사되나 황화현상은 나타나지 않는다.

해설

① 오존과 PAN은 질소산화물과 탄화수소의 광화학 반응(자외선)으로 발생한다.
② 오존은 책상조직에, PAN은 해면조직에 피해를 일으킨다.
③ 오존은 성숙 잎이, PAN은 어린잎이 감수성이 크다.
⑤ 오존의 피해 증상은 엽록체가 파괴되어 황화현상이 일어나고 이후 백색화된다.

식나무의 오존피해 경과

111 제설염 피해에 관한 설명으로 옳지 않은 것은?

① 상록수는 수관 전체 잎의 90% 이상 피해를 받으면 고사할 수 있다.

② 낙엽활엽수에서 잎 피해는 새싹이 자라면서 봄 이후에 증상이 나타난다.

③ 제설염을 뿌리기 전에 수목 주변의 토양 표면을 비닐로 멀칭해 주면 예방효과가 있다.

④ 상록수는 겨울철에 증산억제제를 평소보다 적게 뿌려줌으로써 피해를 줄일 수 있다.

⑤ 수액이 위로 곧게 상승하는 수종은 흡수한 뿌리와 같은 방향에서 피해 증상이 나타난다.

해설

④ 상록수는 겨울철에 증산억제제를 평소보다 많이 뿌려줌으로써 수분의 상실을 줄여 토양의 삼투압이 높아 수분의 흡수가 어려운 발생하는 피해를 줄일 수 있다.

112 산불에 관한 설명으로 옳은 것은?

① 산불의 3요소는 연료, 공기, 바람이다.

② 산불 확산 속도는 평지가 계곡부보다 훨씬 빠르다.

③ 내화수림대 조성에 적합한 수종은 황벽나무, 굴참나무, 가시나무, 동백나무 등이다.

④ 산불은 지표화, 수간화, 수관화, 지중화로 구분되며, 한국에서 피해가 가장 큰 것은 수간화이다.

⑤ 산불로 인한 재는 질소 성분이 많고, 인산석회와 칼륨 등이 있어 토양척박화를 막아 준다.

해설

① 산불의 3요소는 연료, 공기, 열이다.
② 산불 확산 속도는 평지보다 경사지에서 훨씬 빨리 번진다.
④ 산불은 지표화, 수간화, 수관화, 지중화로 구분되며, 한국에서 피해가 가장 큰 것은 수관화이다.
⑤ 산불로 인한 재는 질소 성분은 날아가버리고, 인산석회와 칼륨 등이 있지만 빗물에 의해 유실되므로 점점 토양이 척박해진다.

내화력에 따른 수목의 구분

구분	내화력이 강한 수종	내화력이 약한 수종
침엽수	은행나무, 잎갈나무, 분비나무, 가문비나무, 개비자나무, 대왕송 등	소나무, 곰솔, 삼나무, 편백 등
상록활엽수	아왜나무, 굴거리나무, 후피향나무, 붓순, 합죽도, 황벽나무, 동백나무, 비쭈기나무, 사철나무, 가시나무, 회양목 등	녹나무, 구실잣밤나무 등
낙엽활엽수	피나무, 고로쇠나무, 마가목, 고광나무, 가중나무, 네군도단풍나무, 난티나무, 참나무, 사시나무, 음나무, 수수꽃다리 등	아까시나무, 벚나무, 능수버들, 벽오동, 참죽나무, 조릿대 등

113 토양경화(답압)에 의해 발생하는 현상이 아닌 것은?

① 용적밀도 감소

② 가스 교환 방해

③ 뿌리 생장 감소

④ 토양공극률 감소

⑤ 수분침투율 감소

정답 111 ④ 112 ③ 113 ①

해설

답압은 용적밀도가 증가하는 특징이 있다.
※ 용적밀도 : 치밀함의 정도를 나타낸다.

$$용적밀도 = \frac{질량}{부피}$$

114 수목 생장에 필수인 미량원소만 나열한 것은?

① 아연, 구리, 망간
② 카드뮴, 납, 구리
③ 구리, 수은, 비소
④ 납, 아연, 알루미늄
⑤ 알루미늄, 카드뮴, 망간

해설

다량원소(식물체 내에 0.1% 이상)

1차 영양소	N	NO_3^-, NH_4^+	아미노산, 단백질, 핵산, 효소 등
	P	$H_2PO_4^-$, HPO_4^{2-}	에너지 저장과 공급(ATP 핵심)
	K	K^+	기공개폐 조절, 효소 형태
2차 영양소	Ca	Ca^{2+}	세포벽 중엽층 구성
	Mg	Mg^{2+}	엽록소 분자 구성
	S	SO_4^{2-}, SO_2^-	황함유 아미노산

미량원소(식물체 내에 0.1% 미만)

Fe	F^{2+}, Fe^{3+}, chelate	시토크롬, 광합성의 전자전달
Cu	Cu^{2+}, chelate	산화효소의 구성요소
Zn	Zn^{2+}, chelate	알코올탈수소효소 구성요소
Mn	Mn^{2+}	탈수소효소 및 카르보닐효소 구성
Mo	MoO_4^{2-}, chelate	질소환원효소 구성
B	H_3BO_3	탄수화물대사에 관여
Cl	Cl^-	물의 광분해

115 다음 ( ) 안에 들어갈 명칭이 옳게 연결된 것은?

구조식	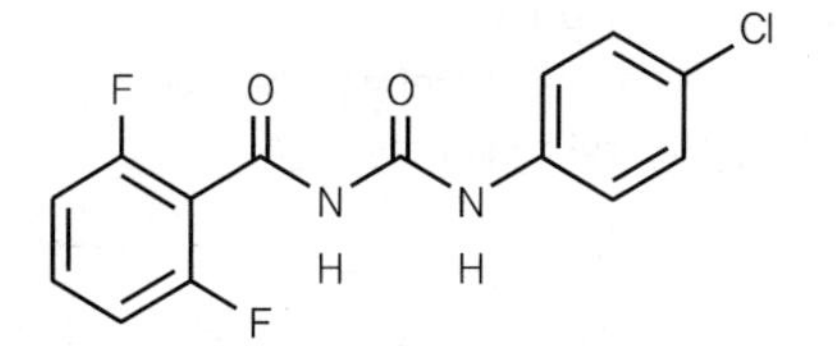
(ㄱ)	1-(4-chlorophenyl)-3-(2,6-difluorobenzoyl)urea
(ㄴ)	디플루벤주론 수화제
(ㄷ)	Diflubenzuron
(ㄹ)	디밀린

	ㄱ	ㄴ	ㄷ	ㄹ
①	상표명	화학명	일반명	품목명
②	일반명	품목명	상표명	화학명
③	품목명	일반명	화학명	상표명
④	화학명	상표명	품목명	일반명
⑤	화학명	품목명	일반명	상표명

해설

농약의 명명법

화학명	• 농약의 유효 성분의 화학구조에 따라 붙여지는 전문적이고 과학적인 명칭으로 IUPAC(국제순수 및 응용화학연합)에서 명칭을 정한다. • 2,2-dichlorvinyl dimethyl phosphate
일반명	• 농약을 구성하는 화합물의 이름을 암시하면서 단순화시킨 것으로 국제적으로 통용된다. • Dichlorvos, Imidacloprid
품목명	• 농약의 제제화와 관련된 이름으로 영문의 일반명을 한글로 표시하고 뒤에 제형을 붙인다. • 이미다클로프리드 미탁제, 베노밀 수화제
상표명 (상품명)	• 농약을 제품화할 때 농약회사에서 붙인 고유의 이름으로 같은 농약이라도 생산회사에 따라 이름이 다르다. • 코니도, 크로스, 어드마이어, 노다지

116 농약 사용 방법에 관한 설명으로 옳지 않은 것은?

① 농약 살포 방법은 분무법, 미스트법, 미량살포법 등 다양하다.
② 농약의 작물부착량은 제형, 살포액의 농도, 작물의 종류에 따라서 달라진다.
③ 농약의 효과는 살포량에 비례하기 때문에 많은 양을 살포할수록 효과는 계속 증가한다.
④ 무인멀티콥터로 농약을 살포할 때 기류의 영향을 크게 받기 때문에 주변으로 비산되는 것을 주의해야 한다.
⑤ 희석살포용 농약의 경우 정해진 희석배율로 조제하여 살포하지 않으면 약효가 저하되거나 약해가 유발될 수 있다.

해설

약효를 높이는 방법으로 제형의 입자를 작게 하거나 살포입자를 작게 하는 방법이 있다.

정답 114 ① 115 ⑤ 116 ③

농약 제형의 효과

1. 부착량의 증가
   - 식물표면에 약액 부착량을 많게 하는 것이 중요
   - 식물 표면은 왁스로 덮여 물방울을 튕기는 성질을 가져 계면활성제를 첨가하여 표면장력을 낮춰, 잘 젖게 하여 부착량을 높인다.
   - 약액의 표면장력이 낮을수록 부착량이 많아진다.
2. 식물에 침투량 증가
   - 농약의 효력을 높이기 위해 이용되는 첨가물을 보조제라고 한다.
   - 보조제의 역할은 농약의 부착량이나 침투량을 증가시키고 고착성을 좋게 한다.

부착성이나 침투량을 높이는 보조제	계면활성제, 광물유, 식물유 등
고착성을 높이는 보조제	고분자화합물 등

3. 입자 크기에 따른 효력 증가 : 입자의 크기가 작아지면 약효가 증가

117 제제의 형태가 액상이 아닌 것은?

① 액제 ② 유제
③ 미탁제 ④ 수용제
⑤ 액상수화제

해설

농약제제의 제형

- 직접살포제
  - 고체 : 분제(DP), 미립제(MG), 입제(GR)
- 희석살포제
  - 고체 : 수화제,(WP) 과립수화제(WG), 수용제(SP), 과립수용제(SG), 정제(WT)
  - 액체 : 액상수화제(SC), 유탁제(EW), 유제(EC), 액제(SL), 캡슐현탁제(CS)
  - 기체 : 훈연제(FU)

118 농약 안전사용기준 설정 과정의 모식도이다. ( ) 안에 들어갈 용어로 옳게 연결된 것은?(단, ADI : 1일 섭취허용량, MRL : 농약잔류 허용기준, NOEL : 최대무독성용량이다.)

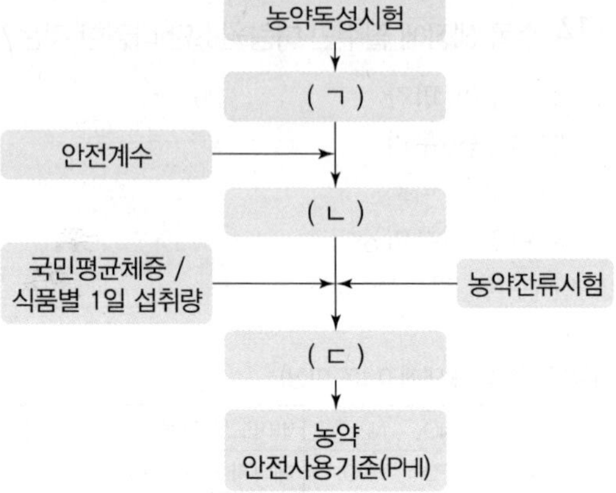

	ㄱ	ㄴ	ㄷ
①	ADI	MRL	NOEL
②	ADI	NOEL	MRL
③	NOEL	ADI	MRL
④	NOEL	MRL	ADI
⑤	MRL	ADI	NOEL

해설

- NOEL(최대무독성용량, 최대무작용량), (mg/kg/일)로 표시한다.
  - 개별 농약에 대하여 실험동물을 대상으로 만성독성시험을 수행하여 시험동물에 아무런 영향을 주지 않는 최대무작용량을 얻는다.
- ADI(1일 섭취허용량, kg당 허용농약의 양)
  - 인간에 대해서는 실험동물에 대한 최대무작용량의 1/100~1/1,000만을 허용하겠다는 의미이다.
    ADI(mg/kg/일) = 최대무작용량(NOEL) × 안전계수
- MRL(잔류허용기준)
  - 표준체중 60kg의 일일섭취량에 대한 각각의 식품에 들어 있는 농약의 합계에 대한 기준

정답 117 ④ 118 ③

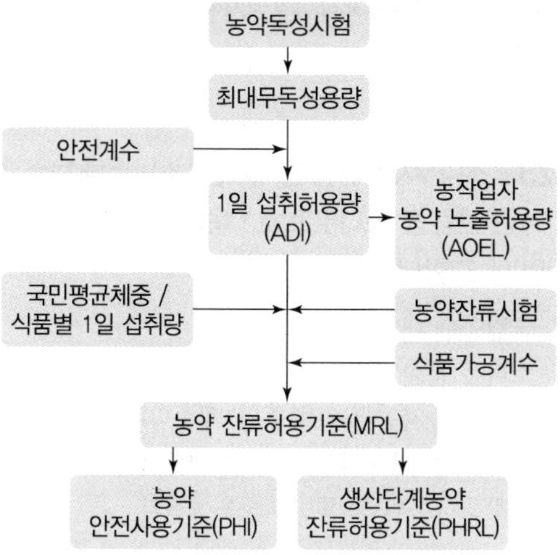

농약의 독성시험 및 안전성 관리기준

119 에르고스테롤 생합성저해 작용기작을 지닌 살균제가 아닌 것은?

① 메트코나졸(Metconazole)
② 테부코나졸(Tebuconazole)
③ 펜피라자민(Fenpyrazamine)
④ 마이클로뷰타닐(Myclobutanil)
⑤ 피라클로스트로빈(Pyraclostrobin)

해설

호흡저해(에너지 생성저해)
스트로빌루린계
아족시스트로빈, 멘데스트로빈, 오리사스트로빈, 트리플옥시스트로빈

막에서 스테롤 생합성 저해
트레아졸계(사1)
- 식물의 생장점으로 흡수, 침투이행성, 보호 및 치료 효과
- 약해 없음. Ergosterol의 생합성 저해
- 디니코나졸, 디페노코나졸, 메트코나졸, 비테르타놀, 헥사코사졸
- 사1 : 탈메틸 효소 기능 저해(피리미딘계, 이미다졸계 등)
- 사2 : 이성질화 효소 기능 저해
- 사3 : 케토환원효소 기능 저해(펜헥사미드, 펜피라자민)
- 사4 : 스쿠알렌 에폭시다제 효소 기능 저해

120 살충제 설폭사플로르(Sulfoxaflor)의 작용기작은?

① 키틴합성 저해(15)
② 라이아노딘 수용체 변조(28)
③ 신경전달물질 수용체 변조(4c)
④ 현음기관 TRPV 통로 변조(9b)
⑤ 아세틸콜린에스테라제 저해(1a)

해설

니코틴 친화성 아세틸콜린 수용체의 경쟁적 변조
- 4a : 네오니코틴노이드(이미다클로프리드)
- 4b : 니코틴
- 4c : 설폭사민계(설폭사플로르)
- 4d : 뷰테놀리드계(플루피라디퓨론)
- 4e : 메소오이온닉계(트리플루메조피렘)

121 글루포시네이트암모늄+티아페나실 액상수화제의 유효성분별 작용기작을 옳게 나열한 것은?

① 엽록소 생합성 저해(H14)+광계 II 저해(H05)
② 글루타민 합성효소 저해(H10)+광계 II 저해(H05)
③ 글루타민 합성효소 저해(H10)+엽록소 생합성 저해(H14)
④ 아세틸 CoA 카르복실화 효소 저해(H01)+글루타민 합성효소 저해(H10)
⑤ 엽록소 생합성 저해(H14)+아세틸 CoA 카르복실화 효소 저해(H01)

해설

제초제의 기작

아미노산 생합성 저해	H02	분지 아미노산 생합성 저해(ALS 저해)
	H09	방향족 아미노산 생합성 저해(EPSP 저해), 글리포세이트, 글리포세이트암모늄, 글리포세이트이소프로필아민, 글리포세이트포타슘
	H10	글루타민 합성효소 저해, 글루포시네이트암모늄, 글루포시네이트-p
색소 생합성 저해	H14	엽록소 생합성 저해(PPO 저해), 옥시플루오르펜, 사플루페나실, 피라플루펜-에틸, 뷰타페나실, 비페녹스, 설펜트라존, 옥사디아길, 옥사디아존, 카펜트라존에틸, 클로르니트로펜, 클로메톡시펜, 트리플루디목사진, 티아페나실, 펜톡사존
	H12	카로티노이드 생합성 저해(PDS 저해), 베플루부타미드

정답 119 ⑤ 120 ③ 121 ③

색소 생합성 저해	H27	카로티노이드 생합성 저해(HPPD 저해), 벤조비사이클론
	H34	카로티노이드 생합성 저해(Lycopene Cyclase)
	H13	DXP(Deoxy－D－Xylulose Phosphate Synthase) 저해

122 농약의 대사과정 중 복합기능 산화 효소(Mixed function oxidase)가 관여하는 반응이 아닌 것은?

① 에폭시화
② O－탈알킬화
③ 방향족 수산화
④ 니트로기의 아민 변환
⑤ 산소 원자의 황 원자 치환

해설

Nitro기의 환원 : 니트로 화합물은 생체 내에서 쉽게 Amino 화합물로 환원된다. 즉, 환원반응이다.

- phase I 반응
  - 효소작용에 의하여 외래분자 내에 극성기인 OH, SH, COOH, NH_2 등이 도입되는 과정이다.
  - 동물, 식물 및 미생물 사이에 거의 비슷한 과정을 밟는다.
- 1－1 산화
  - Microsomal oxidases계 효소(마크로솜 산화 효소계)－대부분의 약물이 해당
    - ㉠ 수산화 반응
    - ㉡ 탈알킬화
    - ㉢ Epoxy화
    - ㉣ 산화적 탈황화
    - ㉤ Sulfide의 산화
  - 비Microsome oxidases 효소계의 탈수소 반응
  - FMO에 의한 산화
  - 고리 개열에 관여하는 산화 효소계
- 1－2 환원
  - 생체 내에서 환원반응은 Nitro, Azo, Hydroxylamine, N－oxide sulfoxide, Epoxide, Alkene, Aldehyde, Ketone 등의 화합물에서 일어나는 것으로 알려져 있다.
  - 할로겐 화합물도 환원적으로 탈할로겐화되어 수소원자와 치환되고, 또 일부 염소계 농약도 환원적으로 탈염소화물이 생성된다.
- 1－3 가수분해
  중성인산 Ester는 포유동물, 곤충, 미생물 등에 널리 분포하는 Esterase에 의해 가수분해(Hydrolysis)된다. 이 효소는 인산의 Mono 또는 Diester를 가수분해하는 인산염과는 다르기 때문에 Arylesterase, A－esterase, Phosphotriesterase라고 불리며, 중성 인산 유도체의 가장 산성인 기와 인과의 결합을 절단한다.

123 「소나무재선충병 방제지침」 소나무류 보존 가치가 큰 산림 중 '소나무 보호 · 육성을 위한 법적 관리지역'에 포함되지 않는 것은?

① 국립공원 내 소나무림
② 소나무 문화재용 목재생산림
③ 소나무 종자공급원(채종원, 채종림)
④ 산림유전자원보호구역 내 소나무림
⑤ 금강소나무림 등 특별수종육성권역

해설

소나무류 보존가치가 큰 산림지역([별표 25])

번호	구분	대상
1	소나무 보호 · 육성을 위한 법적 관리 지역	보호수
		천연기념물(시 · 도 기념물)
		산림유전자원보호구역 내 소나무림
		소나무 종자공급원(채종원, 채종림)
		소나무 문화재용 목재생산림(특수용도목재생산구역)
		금강소나무림 등 특별수종육성권역
2	법적 보호지역의 가치와 건강성 증진을 위해 보호가 필요한 경우	유네스코 생물권보전지역 내 소나무림
		국립공원 내 소나무림
		백두대간보호지역 내 소나무림
		왕릉 보호지역 내 소나무림, 명승 및 유적 주변 소나무림
		전통사찰 주변 소나무림
		수목원 · 정원 내 소나무림
		시험림 내 소나무림
3	국민적 이용 가치 증진을 위해 보호가 필요한 경우	도립공원 및 군립공원 내 소나무림
		소나무 마을숲, 학교숲, 가로수
		자연휴양림, 산림욕장, 산림교육시설, 산림치유시설, 산림레포츠시설, 숲속야영장, 숲길, 수목장림 내 소나무림
		공원 · 유원지 소나무림
4	산림 이용과 육성 잠재력이 높아 보호가 필요한 경우	국유림 경제림육성단지 내 소나무림
		금강소나무 생태경영림
		기타 8영급 이상 소나무 노령림 등

정답 122 ④ 123 ①

우선순위	기준
1순위	피해지역으로부터 최단직선거리로 10km 이내인 "번호 1" 지역
2순위	피해지역으로부터 최단직선거리로 10km 이내인 "번호 2" 지역
3순위	피해지역으로부터 최단직선거리로 5km 이내인 "번호 3" 지역
4순위	피해지역으로부터 최단직선거리로 2km 이내인 "번호 4" 지역

※ 각 보호지역은 산림병해충통합관리시스템을 통해 확인 가능

124 「산림보호법 시행령」 제12조의 10에 따른 나무병원 등록의 취소 또는 영업정지의 세부기준에 관한 설명으로 옳지 않은 것은?

① 부정한 방법으로 나무병원 등록을 변경한 경우 등록이 취소된다.
② 나무병원 등록 기준에 미치지 못하는 경우 3차 위반 시 등록이 취소된다.
③ 나무병원의 등록증을 다른 자에게 빌려준 경우 1차 위반 시 영업정지 6개월, 2차 위반 시 등록이 취소된다.
④ 위반행위의 횟수에 따른 행정처분 기준은 최근 5년 동안 같은 위반행위로 행정처분을 받은 경우에 적용한다.
⑤ 위반행위가 고의나 중대한 과실이 아닌 사소한 부주의나 오류로 인한 것으로 인정되는 영업정지인 경우 그 처분의 2분의 1 범위에서 감경할 수 있다.

해설

나무병원 등록의 취소 또는 영업정지의 세부기준(제12조의 10 관련) 중 개별기준

위반행위	근거 법조문	행정처분기준			
		1차 위반	2차 위반	3차 위반	4차 이상 위반
거짓이나 부정한 방법으로 등록을 한 경우	법 제21조의 10 제1항 제1호	등록 취소			
법 제21조의 9 제1항에 따른 등록 기준에 미치지 못하게 된 경우	법 제21조의 10 제1항 제2호	영업 정지 6개월	영업 정지 12개월	등록 취소	
법 제21조의 9 제3항을 위반하여 변경등록을 하지 않은 경우	법 제21조의 10 제1항 제3호	영업 정지 3개월	영업 정지 6개월	영업 정지 12개월	등록 취소
법 제21조의 9 제3항을 위반하여 부정한 방법으로 변경등록을 한 경우	법 제21조의 10 제1항 제3호	등록 취소			
법 제21조의 9 제5항을 위반하여 다른 자에게 등록증을 빌려준 경우	법 제21조의 10 제1항 제4호	영업 정지 12개월	등록 취소		
법 제21조의 14 제1항에 따른 보고 또는 자료제출을 정당한 사유 없이 이행하지 않거나 조사·검사를 거부한 경우	법 제21조의 10 제1항 제4호의 2	영업 정지 1개월	영업 정지 3개월	영업 정지 6개월	영업 정지 12개월
영업정지 기간에 수목진료 사업을 하거나 최근 5년간 3회 이상 영업정지 명령을 받은 경우	법 제21조의 10 제1항 제5호	등록 취소			
폐업한 경우	법 제21조의 10 제1항 제6호	등록 취소			

정답 124 ③

125 「산림보호법 시행규칙」 제19조의 9(진료부 · 처방전 등의 서식 등)에 따라 나무의사가 작성하는 진료부에 명시되지 않은 항목은?

① 생육환경
② 진단결과
③ 수목의 표시
④ 수목의 상태
⑤ 처방 · 처치 등 치료방법

해설

진료부에는 진료일자, 소유자(관리자), 수목의 표시, 수목의 상태, 진단결과, 처방, 처치의 방법, 첨부서류를 기재한다. 생육환경은 처방전에만 기입하며 증명서, 진단서에는 처방에 관한 사항이 없다.

■ 산림보호법 시행규칙 [별지 제10호의17서식] <개정 2023. 6. 26.>

진 료 부

※ [ ]에는 해당되는 곳에 √표를 합니다.

진료 일자	년 월 일		[ ]소유자 [ ]관리자	성명	
				전화번호	
수목의 표시	소 재 지		수목의 종류		
	본수 또는 식재면적		식재연도 또는 수목의 나이		
수목의 상태	잎				
	줄기 및 수간				
	뿌리				
진단결과					
처방 · 처치 등 치료방법	※ 농약을 사용하거나 처방한 경우에는 농약의 명칭 · 용법 · 용량 및 처방일수를 기재해야 합니다.				

정답 125 ①

과년도 기출문제 11회(2025년 2월 22일)

1과목 수목병리학

01 다음 중 나무주사의 예방 또는 방제 효과가 가장 낮은 것은?

① 뽕나무 오갈병
② 느릅나무 시들음병
③ 대추나무 빗자루병
④ 밤나무 줄기마름병
⑤ 소나무 재선충병(시들음)병

해설
매개충에 의해 전염되는 전염병들에 대한 문제로, 뽕나무 오갈병, 대추나무 빗자루병은 매미충류에 의해 전염되고, 느릅나무 시들음병은 유럽 느릅나무좀에 의해 전염되며, 소나무 시들음병은 솔수염하늘소에 의해 전염되는데 모두 나무주사로 예방을 할 수 있다. 반면 밤나무 줄기마름병은 나무주사보다는 살포에 의한 방제가 더 효과적이다.

02 〈보기〉에서 병을 일으키는 병원체가 담자균에 속한 것을 모두 고른 것은?

ㄱ. 철쭉 떡병
ㄴ. 소나무 혹병
ㄷ. 뽕나무 오갈병
ㄹ. 밤나무 뿌리혹병
ㅁ. 벚나무 빗자루병
ㅂ. 대추나무 빗자루병
ㅅ. 밤나무 가지마름병
ㅇ. 잣나무 아밀라리아뿌리썩음병

① ㄱ, ㄴ, ㅅ
② ㄱ, ㄴ, ㅇ
③ ㄷ, ㄹ, ㅂ
④ ㄷ, ㅁ, ㅇ
⑤ ㄹ, ㅁ, ㅂ

해설
- 담자균 : 철쭉 떡병, 소나무 혹병, 잣나무 아밀라리아뿌리썩음병
- 파이토플라스마 : 뽕나무 오갈병, 대추나무 빗자루병
- 세균 : 밤나무 뿌리혹병,
- 자낭균 : 벚나무 빗자루병, 밤나무 가지마름병

03 〈보기〉의 병원체의 종류와 증상을 옳게 나열한 것은?

ㄱ. 곰팡이	ㄴ. 세균
ㄷ. 바이러스	ㄹ. 파이토플라스마
ㅁ. 기생식물	ㅂ. 선충

① 혹 : ㄴ, ㄹ, ㅂ
② 점무늬 : ㄱ, ㄴ, ㄷ
③ 목재부후 : ㄱ, ㄷ, ㅁ
④ 뿌리썩음 : ㄱ, ㄹ, ㅂ
⑤ 빗자루 : ㄱ, ㄴ, ㄷ, ㄹ, ㅁ

해설
① 혹 : ㄱ(소나무혹병, 회화나무혹병 등), ㄴ(뿌리혹병), ㅁ(겨우살이)
② 점무늬 : 곰팡이, 파이토플라스마, 세균은 모두 잎에 점무늬를 일으킨다.
③ 목재부후 : ㄱ(백색부후는 목재부후균, 갈색부후 대부분은 담자균이고 일부가 자낭균이며, 연부후는 자낭균이다.)
④ 뿌리썩음 : 곰팡이와 선충에 의해 뿌리가 썩는다.
⑤ 빗자루 : 곰팡이(벚나무 빗자루병, 전나무 빗자루병), 파이토플라스마(대추나무 빗자루병), 흡즙성 해충, 제초제에 의해 나타날 수 있다.

정답 01 ④ 02 ② 03 ②

04 수목병 및 병원체 진단에 관한 설명으로 옳지 않은 것은?

① 습실처리법은 곰팡이 감염이 의심될 때 주로 사용한다.
② 광학현미경으로 바이러스 감염에 의한 봉입체를 관찰할 수 있다.
③ 곰팡이에 의한 병 중에도 코흐의 원칙을 적용할 수 없는 경우가 있다.
④ 면역학적 진단을 하려면 대상 병원체에 대한 항혈청을 가지고 있어야 한다.
⑤ 썩고 있는 뿌리를 DAPI로 염색하여 형광현미경으로 관찰하면 감염 여부를 알 수 있다.

해설

파이토플라스마에 의한 병징에 뿌리가 썩는 증상은 없다.

파이토플라스마의 감염 여부 확인
- 형광현미경
  - DAPI(4,6－diamidion－2－phenylindole · 2HCl) 등의 형광염색소를 사용하여 확인한다.
  - 파이토플라스마 입자 관찰은 어렵다.
  - 형광염색소가 DNA와 결합하는 성질이 있어 체관 속에 있는 파이토플라스마는 특이적인 형광을 나타낸다.

05 수목 또는 산림 쇠락에 관한 일반적인 설명으로 옳지 않은 것은?

① 도관을 갖고 있는 수종에서만 발생이 보고되고 있다.
② 생물적 요인과 비생물적 요인에 의하여 복합적으로 나타난다.
③ 한두 그루에 국한하지 않고 성숙목 또는 성숙림에서 광범위하게 발생한다.
④ 나무 생존에 대한 위협이라기보다는 자연 평형 유지 등 생태적 현상이라는 견해도 있다.
⑤ 비생물적 요인 등 1차 요인에 의해 시작되어 생물적 요인 등 2차 요인에 의해 피해가 심해진다.

해설

활엽수뿐만 아니라 침엽수에서도 발생한다. 수목 또는 산림의 쇠락이란 비교적 넓은 지역에서 자라는 하나 또는 여러 수종에서 특별한 원인이 알려지지 않은 채 활력이 점진적 또는 급격히 감퇴하거나 집단으로 고사하는 현상이다.

산림 쇠락의 3가지 요인
- 발병소인 : 토양, 입지, 기후 등 장기간에 걸쳐 서서히 바뀌는 인자들이다.
- 유인인자 : 나무에 영향을 미치는 기간이 짧은 것으로 식엽성 해충, 서리, 가뭄 등이 있다.
- 기여인자 : 쇠락의 후반기에 나타나는 나무를 고사로 몰고 가는 환경인자와 암종병균, 부후균, 천공성 해충 등 생물적 요인들이다.

06 다음 버섯과 관련된 설명으로 옳지 않은 것은?

㉠ 말(발)굽잔나비버섯(Fomitopsis officinalis)
㉡ 말똥진흙버섯(Phellinus igniarius)

① ㉠과 ㉡은 모두 목재부후균이다.
② ㉠은 주로 침엽수를, ㉡은 주로 활엽수를 감염한다.
③ ㉡의 피해가 심해지면 목질부가 스펀지처럼 쉽게 부서진다.
④ ㉠의 피해를 심하게 받은 목질부는 네모 모양으로 금이 가면서 쪼개진다.
⑤ ㉠은 리그닌을 완전히 분해하지만, ㉡은 리그닌을 거의 분해하지 못한다.

해설

말굽잔나비버섯은 갈색부후균이고, 말똥진흙버섯은 백색부후균이다. 따라서 말굽잔나비버섯은 리그닌을 분해하지 못한다.

주요 목질부후균

구분	일반명	기주	부후 특징
살아 있는 나무의 변재나 심재 병원체 및 부후균			
Echodontium tinctorium	침이빨버섯	소나무 등 침엽수	백색, 작은 가지
Fomes fomentarius	말굽버섯	자작나무 등 활엽수	백색, 상처
Fomitopsis officinalis	말굽잔나비버섯	침엽수	갈색, 큰 흰색 버섯
Ganoderma applanatum	영지버섯속	침엽수, 활엽수	백색, 생나무에서도 발생
Inonotus glomeratus	시루뻔버섯속	단풍나무	백색, 작은 버섯
Inonotus obliquus	차가버섯	자작나무 등 활엽수	백색, 딱딱한 큰 버섯
Laetiporus sulphureus	붉은덕다리버섯	침엽수, 활엽수	갈색, 죽은 나무 줄기

정답 04 ⑤ 05 ① 06 ⑤

구분	일반명	기주	부후 특징
Phellinus igniarius	진흙버섯	활엽수	백색, 진흙덩이 같은 버섯
Phellinus pini	붉은진흙버섯	침엽수	백색, 흰색 포켓 형성
Polyporus squamosus	구멍장이버섯	침엽수, 활엽수	백색, 큰 부채 모양
Steruem sanguinolentum	꽃구름버섯	침엽수	갈색, 적색의 심재부후버섯

07 밤나무에 발생하는 줄기마름병(㉠)과 가지마름병(㉡)에 관한 설명으로 옳지 않은 것은?

① ㉠균보다 ㉡균의 기주범위가 훨씬 넓다.
② ㉠균과 ㉡균 모두 감염부위에 자낭각을 만든다.
③ ㉠균은 감염부위에 분생포자각을 만들지만 ㉡균은 분생포자반을 만든다.
④ ㉠균과 ㉡균 모두 밤나무 가지와 줄기를 감염하지만, 병원균 속(Genus)은 다르다.
⑤ ㉠과 ㉡의 발생을 줄이기 위해서는 밤나무의 비배와 배수 관리에 유의하여야 한다.

해설

밤나무 줄기마름병과 밤나무 가지마름병의 병원체는 자낭균 각균에 해당하고 유성세대는 자낭각, 무성세대는 분생포자각을 형성하다.

구분	밤나무 줄기마름병(동고병)	밤나무 잉크병	밤나무 가지마름병
병원균	Cryponectria parasitica • 자낭균문 각균강 • 수피 밑에 자좌(황갈색)의 밑에 플라스크 모양의 자낭각을 형성한다.	Phytophthora katsurae, Phytophthora cinnamomi, Phytophthora cambivora, 난균류	Bptryosphaeria dothidea • 자낭균문 각균강 • 자낭각은 대체로 구형 암갈색 또는 검은색으로 목(Neck) 부분의 돌기가 표피 밖으로 나온다.

08 병든 가지를 접수로 사용하였을 때 접목부를 통하여 전염되는 병이 아닌 것은?

① 벚나무 번개무늬병
② 오동나무 빗자루병
③ 쥐똥나무 빗자루병
④ 포플러류 갈색무늬병
⑤ 포플러류 모자이크병

해설

접목전염이 되는 병원체는 파이토플라스마 바이러스이다. 그리고 원생동물, 곰팡이에 의한 뿌리병해와 줄기 또는 가지에 생기는 병도 접목전염이 가능하다. 그러나 포플러류 갈색무늬병은 잎에 생기는 병으로 접목전염이 되지 않는다.

09 전염경로를 차단하여 수목병을 관리하는 방법으로 옳지 않은 것은?

① 꽃사과나무 근처에 향나무를 심지 않는다.
② 소나무재선충 감염목은 발견 즉시 제거하여 소각한다.
③ 포플러류 조림지 근처에는 일본잎갈나무를 심지 않는다.
④ 장미 모자이크병 예방을 위하여 감염된 낙엽을 긁어 모아 태운다.
⑤ 유관속 감염균이 우려되는 나무는 전정할 때 전정도구를 70% 에틸알코올로 자주 소독한다.

해설

전염경로의 차단에는 ① 전염원의 제거, ② 중간기주의 제거, ③ 토양소독, ④ 작업기구류 및 작업자의 위생관리 등이 있다. 그런데 장미 모자이크병은 바이러스병으로 병원체가 체관부에 존재한다. 따라서 낙엽만 제거해서는 전염원을 차단할 수 없다.

10 식물병원체 중 세포벽을 가지고 있는 원핵생물의 생태에 관한 설명으로 옳지 않은 것은?

① 주로 상처나 자연개구를 통하여 기주식물로 침입한다.
② 화상병균은 토양 속에서 기주식물이 없으면 수가 급격히 감소한다.
③ 기주식물 밖에서도 살 수 있지만, 대부분 기주식물 안에서 기생한다.
④ 매개충에 의해 전반되는 것은 많으나, 매개충 체내에서 증식하는 것은 없다.
⑤ 뿌리혹병균(Agrobacterium tumefaciens)은 기주식물이 없어도 토양 속에서 오랫동안 살 수 있다.

해설

원핵생물은 핵막이 없는 것을 말하고, 핵막이 있는 것은 진핵

정답 07 ③ 08 ④ 09 ④ 10 ④

생물이라고 하는데 원핵생물의 종류에는 세균, 고세균이 이에 해당한다. 마이코플라스마(Mycoplasma)는 원핵생물계 몰리큐트강(Molicutes)에 속한다. 세포벽이 있는 원핵생물은 세균이고, 세포벽이 없는 원핵생물은 파이토플라스마이다.

- 세균의 전파는 주로 물, 곤충, 동물 또는 인간에 의해서 이루어진다. 짧은 거리는 스스로 이동이 가능하고, 자연상태에서는 빗물에 튀겨서 식물체의 낮은 곳으로 이동한다. 어떤 종류의 세균은 곤충 체내에서 증식과 전반을 곤충에 의존하기도 한다. 그러나 세균이 전반하는 데는 곤충이 중요한 역할을 하지만 필수적이지는 않을 수 있다.
- 파이토플라스마는 구침을 통해 곤충 체내로 들어가 침샘, 소화기관, 말피기관, 헤모림프, 지방체 등에서 증식한 후 건전한 식물에 구침을 통해서 전염된다.

11 다음 수목병 진단 결과에서 ( ) 안에 알맞은 것은?

- 6~7월경 모과나무 잎에 노란색과 갈색반점이 나타나며 잎의 뒷면 반점 부위에 회갈색 긴 털 모양인 (㉠)가 다수 형성되어 있다.
- 이것을 광학현미경으로 관찰하면 노란색 둥근 (㉡)가 다수 보인다.

	㉠	㉡
①	녹포자기	녹포자
②	녹포자기	녹병정자
③	녹병정자기	녹포자
④	녹병정자기	녹병정자
⑤	겨울포자퇴	겨울포자

해설

녹병균	병명	기주식물	
		녹병정자, 녹포자	여름포자, 겨울포자
Gymnosporangium asiaticum	향나무 녹병	배나무	향나무(겨울포자세대만 형성)

배나무의 기주교대(Gymnosporangium asiaticum의 생활사)
- 4~5월 겨울포자퇴에서 담자포자가 형성된다.
- 담자포자가 배나무에 침입할 때는 개화기 직후이다.
- 6~7월 녹병정자와 녹포자가 형성된다.
- 녹포자는 비산되어 향나무의 잎과 줄기 속에 침입하여 균사로 월동한다.

12 옥신의 양이 증가되어 이상비대 증상을 일으키는 병이 아닌 것은?

① 철쭉 떡병
② 소나무 혹병
③ 향나무 녹병
④ 감나무 뿌리혹병
⑤ 대추나무 빗자루병

해설

⑤ 대추나무 빗자루병 : 잔가지와 황록색의 작은 잎이 밀생하여 빗자루 모양, 엽화현상, 개화 및 결실이 되지 않는다. 빗자루병에는 혹과 같은 이상비대 현상이 없다.

옥신의 영향에 의해 혹이 발생하는 병들
- 철쭉 떡병 : 감염된 조직의 세포가 이상증식 및 이상비대된 결과이다.
- 소나무 혹병 : 가지나 줄기에 혹이 생겨 그것이 해마다 커진다.
- 향나무 녹병 : 돌기, 혹, 빗자루 증상, 가지 및 줄기 고사 등이 나타난다.
- 감나무 뿌리혹병 : 뿌리나 줄기의 지제부에 혹이 생기는 것이 일반적이고, 줄기나 가지에 생기는 수도 있다.

13 다음 특징을 나타내는 뿌리병은?

- 병원체보다 기주가 병 발생에 더 큰 영향을 미친다.
- 침엽수와 활엽수에 모두 발생한다.
- 병원체의 영양생장기관에는 유연공 격벽이 존재한다.

① 뿌리혹선충병
② 흰날개무늬병
③ 리지나뿌리썩음병
④ 아밀라리아뿌리썩음병
⑤ 파이토프토라뿌리썩음병

해설

④ 아밀라리아 뿌리썩음병에 대한 설명이다.
- 병원균 우점병 : 모잘록병, 파이토프토라뿌리썩음병, 리지나뿌리썩음병
- 기주 우점병 : 아밀라리아뿌리썩음병, 안노섬뿌리썩음병, 자주날개무늬병, 흰날개무늬병

정답 11 ① 12 ⑤ 13 ④

14 목재부후에 관한 설명으로 옳지 않은 것은?

① 연부후 피해 목재는 마르면 할렬이 나타난다.
② 일부 진균과 방선균은 목재부후균 생장 억제 효과가 있다.
③ 감염부위에 따라 뿌리 · 밑동, 줄기 · 가지 썩음으로 구분할 수 있다.
④ 아까시흰구멍버섯은 갈색부후균으로 심재를 먼저 분해하고 변재를 분해한다.
⑤ 음파 전기저항 특성 등을 이용해 , 수목 내부 부후 정도를 측정할 수 있다.

해설

④ 아까시흰구멍버섯은 백색부후균으로 심재를 먼저 분해하고 변재를 분해한다.

갈색부후	• 셀룰로스, 헤미셀룰로스는 분해되지만, 리그닌은 잘 분해되지 않고 남아 있다. • 암황색의 네모난 형태의 금이 생기고 잘 부서진다. • 주로 침엽수에 나타나지만, 활엽수에도 나타난다.
연부후	• 목재가 함수율이 높은 상태에서 발생하는 부후이다. • 표면이 연해지고 암갈색으로 변하지만, 내부는 건전 상태를 유지한다. • 피해목재를 건조시키면 할렬이 길이 방향으로 나타난다.

15 〈보기〉의 수목병을 일으키는 병원균의 속(Genus)이 같은 것은?

> ㄱ. 감귤 궤양병
> ㄴ. 배나무 뿌리혹병
> ㄷ. 사과나무 화상병
> ㄹ. 포도나무 피어스병
> ㅁ. 살구나무 세균구멍병

① ㄱ, ㄷ
② ㄱ, ㅁ
③ ㄴ, ㅁ
④ ㄴ, ㄹ
⑤ ㄷ, ㄹ

해설

Xanthomonas속의 세균병은 감귤 궤양병, 살구나무 세균구멍병이다.
ㄱ. 감귤 궤양병 : Xanthomonas axonopodis
ㄴ. 배나무 뿌리혹병 : Agrobacterium tumefaciens
ㄷ. 사과나무 화상병 : Erwinia amylovora
ㄹ. 포도나무 피어스병 : Xylella fastidiosa
ㅁ. 살구나무 세균구멍병 : Xanthomonas arboricola

16 수목병의 방제법에 관한 설명으로 옳지 않은 것은?

① 살충제와 살균제를 살포해 그을음병을 방제한다.
② 항생제 나무주사로 오동나무 빗자루병을 방제한다.
③ 일조와 통기를 개선하여 사철나무 흰가루병을 방제한다.
④ 살선충제 수관살포로 소나무 재선충병(시들음병)을 방제한다.
⑤ 혹을 도려낸 부위에는 석회유황합제(결정석회황합제)를 발라 뿌리혹병을 방제한다.

해설

매개충 방제는 나무주사와 수관살포로 할 수 있으나 살선충제는 나무주사로 수목의 내부에 주사해야 효과를 볼 수 있다.

17 수목 병원체가 기주에 침입하는 방법에 관한 설명으로 옳지 않은 것은?

① 바이러스는 선충에 의해 침입할 수 있다.
② 곰팡이와 세균은 자연개구로 침입할 수 있다.
③ 파이토플라스마는 매개충에 의해 침입할 수 있다.
④ 곰팡이는 수목 세포 내부로 직접 침입할 수 있다.
⑤ 세균은 부착기와 흡기로 수목에 직접 침입할 수 있다.

해설

부착기와 침입관, 흡기로 수목에 침입하는 것은 곰팡이이다.

곰팡이와 세균의 침입방법

- 식물체의 표면을 통한 직접 침입(곰팡이만 가능) : 균류에서 가장 많이 볼 수 있는 방법이다. 포자가 발아하여 발아관을 만들고 말단부에 부착기를 형성하고, 그 아래쪽에 침입관을 만들어 침입한다. 참고로 흰가루병 등 일부 균류는 흡기를 형성하여 영양분을 흡수한다(세균, 파이토플라스마, 바이러스는 표피를 통한 침입하지 못한다).
- 자연개구를 통한 침입(곰팡이, 세균이 침입) : 기공, 피목, 수공, 밀선 등과 같은 식물체의 자연개구를 통해 대부분의 균류와 세균이 기주 내로 침입한다. 기공을 통한 침입이 가장 많다.
- 상처를 통한 침입(곰팡이, 세균, 파이토플라스마, 바이러스 침입) : 대부분의 병원균이 기주의 상처를 통해 침입한다.

정답 14 ④ 15 ② 16 ④ 17 ⑤

18 다음 특징을 지닌 병원체가 일으키는 수목병에 관한 설명으로 옳지 않은 것은?

> • 분류학적으로 몰리큐트강에 속한다.
> • 세포는 원형질막으로만 둘러싸여 있다.
> • 사부조직에 존재하고 전신감염성이다.

① 매미충에 의해 주로 전반된다.
② 항생제 엽면살포와 토양관주는 방제 효과를 보기 어렵다.
③ 형광염색소를 이용한 형광현미경기법으로 진단할 수 있다.
④ 매개충은 병원체를 최초 획득한 후 기주수목에 바로 전반시킬 수 있다.
⑤ 병원체는 매개충 체내에 존재하며 매개충 탈피 과정에서도 살아남는다.

해설

파이토플라스마

• 파이토플라스마는 원핵생물계 몰리큐트강에 속한다.
• 파이토플라스마의 특성과 진단 : 진정한 세포벽이 없고, 원형질막으로만 둘러싸인 세포질이 있고, 리보솜과 핵물질 가닥이 존재한다.
• 파이토플라스마의 분류 : 세포벽이 없다는 것 외에는 세균과 비슷하다.
• 파이토플라스마의 생태
 – 파이토플라스마와 식물 : 스피로플라스마는 주로 식물의 체관 즙액 속에 존재한다.
 – 매미충류에 의해 식물체에 전염된다.
 – 나무이와 멸구류에 의해서도 전염된다.
 – 체관부에만 존재한다.

매개충의 병원균 증식과정
(매개충의 구침 → 침샘, 소화기관, 말피기씨관, 헤모림프, 지방체에서 증식 → 전염)
• 성숙한 식물보다 어린식물을 흡즙할 때 보독이 더 잘 된다.
• 흡즙한 후 바로 전염시키지 못한다.
• 30℃에서는 10일, 10℃에서는 45일의 증식기간을 거친 후에 전염이 가능하다.
• 보독기간이 필요하며, 전염력은 폐사할 때까지 유지한다.
• 성충보다는 약충에 효과적으로 들어가고 탈피과정에도 살아 남는다.

파이토플라스마의 감염 여부 확인방법
• 현광현미경 : DAPI(4,6 – diamidion – 2 – phenylindole · 2HCl) 등의 형광염색소를 사용하여 확인한다.
• 파이토플라스마의 입자 관찰은 어렵다.
• 형광염색소가 DNA와 결합하는 성질이 있어 체관 속에 있는 파이토플라스마는 특이적인 형광을 나타낸다.

19 병원성 곰팡이의 특징으로 옳은 것은?

① 상처를 통해 침입할 수 없다.
② 균핵과 후벽포자는 휴면을 위해 형성된다.
③ 담자균류는 영양생장기관의 단순공격벽 근처에 꺽쇄연결이 존재한다.
④ 유성생식을 통해 자낭균은 분생포자를, 담자균은 녹포자를 형성한다.
⑤ 분생포자는 주로 1차 전염원이 되고, 월동한 자낭과에서 형성된 자낭포자는 2차 전염원이 된다.

해설

• 균핵 : 곰팡이가 불리한 환경에서 생존하기 위해 만드는 경화된 균사체 덩어리로, 내부에 영양분을 저장하고 있다. 이는 곰팡이의 생명주기에서 중요한 휴면 구조이다.
• 후벽포자 : 곰팡이(진균)가 불리한 환경에서 생존하기 위해 형성하는 두꺼운 벽을 가진 휴면성 포자이다.
 – 담자균류는 유연공격벽을 갖는다.
 – 자낭균의 유성세대는 자낭포자, 담자균의 유성세대는 담자포자를 형성한다.
 – 분생포자는 주로 2차 전염원이 되고, 월동한 자낭과에서 형성된 자낭포자는 1차 전염원이 된다.

20 〈보기〉에서 같은 종류의 자낭과를 형성하는 수목병만을 고른 것은?

> ㄱ. 섬잣나무 잎떨림병
> ㄴ. 밤나무 줄기마름병
> ㄷ. 물푸레나무 흰가루병
> ㄹ. 곰솔 리지나뿌리썩음병
> ㅁ. 단풍나무 타르점무늬병
> ㅂ. 잣나무 송진가지마름병

① ㄱ, ㄷ, ㄹ
② ㄱ, ㄷ, ㅂ
③ ㄱ, ㄹ, ㅁ
④ ㄴ, ㄹ, ㅁ
⑤ ㄴ, ㅁ, ㅂ

정답 18 ④ 19 ② 20 ③

해설

- 자낭반을 형성하는 병해 : 섬잣나무 잎떨림병(Lophodermium spp), 곰솔 리지나뿌리썩음병(Rhizina undulata), 단풍나무 타르점무늬병(Rhytisma acerinum)
- 자낭각을 형성하는 병해 : 밤나무 줄기마름병(Cryponectria parasitica)
- 자낭구를 형성하는 병해 : 물푸레나무 흰가루병(Phyllatinia)
- 분생포자를 형성하는 병해 : 잣나무 송진가지마름병(Fusarium)

21 적절한 풀베기로 병 발생 또는 피해 확산을 감소시킬 수 있는 수목병만을 나열한 것은?

① 소나무 혹병, 향나무 녹병
② 곰솔 잎녹병, 전나무 잎녹병
③ 전나무 빗자루병, 전나무 잎녹병
④ 잣나무 털녹병, 오리나무 잎녹병
⑤ 모과나무 붉은별무늬병, 회화나무 녹병

해설

풀베기로 중간기주를 제거할 수 있는 병들을 찾아보면 전나무 빗자루병(점나도나물), 전나무 잎녹병(뱀고사리)이 있다.

주요 수목의 이종기생 녹병균

녹병균	병명	기주식물	
		녹병정자, 녹포자	여름포자, 겨울포자
Cronartium ribicola	잣나무 털녹병	잣나무	송이풀, 까치밥나무
Cronartium quercuum	소나무 혹병	소나무, 곰솔	졸참나무, 신갈나무 등
Cronartium flaccidum	소나무 줄기녹병	소나무	모란, 작약, 송이풀
Coleosporium asterum	소나무 잎녹병	소나무	참취, 쑥부쟁이
Coleosporium phellodendri	소나무 잎녹병	소나무	황벽나무
Gymnosporangium asiaticum	향나무 녹병	배나무	향나무(겨울포자세대만 형성)
Melampsora laricipopulina	포플러 잎녹병	낙엽송	포플러류
Uredinopsis komagatakensis	전나무 잎녹병	전나무	뱀고사리
Chrysomyxa rhododendri	산철쭉 잎녹병	가문비나무	산철쭉

22 뿌리혹선충에 관한 설명으로 옳지 않은 것은?

① 구침을 가지고 있으며 알로 증식한다.
② 2기 유충이 뿌리에 침입하여 정착한다.
③ 감염한 기주식물에 거대세포 형성을 유도한다.
④ 밤나무, 아까시나무, 오동나무 등 주로 활엽수 묘목을 가해한다.
⑤ 4차 탈피를 마치고 성충이 되면 암수의 형태가 유사해진다.

해설

4회 탈피하는 것은 맞지만 일반적으로 암수 형태는 비슷하고, 일부만 형태가 다른 자웅이형의 형태를 갖는다. 즉, 성충이 되어서 유사해지는 것이 아니다.

선충의 형태

- 대부분 길이가 1mm 내외이다.
- 육안으로 식별이 어렵고 현미경을 통해 관찰할 수 있다.
- 일반적으로 암수 형태는 비슷하지만, 일부는 자웅이형이다.
- 선충은 큐티클(각피)로 덮여 있다.

선충의 성장과 생활사

- 유충의 성장 : 탈피를 통해 성장하지만 생식기관을 제외하고, 세포 수가 증가하지 않고 크기가 커진다.
- 성충은 유충보다 3~10배 정도 커진다.
- 식물선충은 4회 탈피한다. 알에서 1차 탈피하여 2령 유충이 된다.

23 Cercospora속 또는 Pseudocercospora속이 일으키는 수목병에 관한 설명으로 옳지 않은 것은?

① 소나무 잎마름병은 주로 묘목에 발생한다.
② 때죽나무점무늬병균은 월동한 후 분생포자가 1차 전염원이 된다.
③ 느티나무흰무늬병균은 병반 안쪽에 분생포자경 및 분생포자가 밀생한다.
④ 벚나무갈색무늬구멍병균은 흑색 돌기 형태의 분생포자퇴나 자낭각을 형성한다.
⑤ 무궁화 점무늬병이 심하게 발생하면 기주의 수세는 약해지나 개화에는 영향이 없다.

해설

무궁화 점무늬병은 그늘지고 밀식된 곳에서 흔히 나타나고 심하며 잎이 조기낙엽되므로 수세가 약화되고, 개화도 불량해진다.

정답 21 ③ 22 ⑤ 23 ⑤

무궁화 점무늬병(Pseudocercospora abelmoschi)
- 잎이 조기낙엽되어 관상가치가 하락한다.
- 병징
  - 잎 표면에 옅은 점무늬가 흑갈색 점무늬로 진전된다.
  - 병환부에 회색의 털 같은 균사체(분생포자경 및 분생포자)가 밀생한다.
  - 병든 잎은 황색을 띠고 조기낙엽한다.
  - 1차 전염원 : 분생포자

24 소나무류 병명과 병원체 속(Genus)의 연결이 옳지 않은 것은?

① 혹병 – Cronartium
② 가지마름병 – Fusarium
③ 피목가지마름병 – Diplodia
④ 가지끝마름병 – Sphaeropsis
⑤ 재선충병 – Bursaphelenchus

해설
- 피목가지마름병 : Cenangium ferruginisum – 자낭균문 반균강 균핵병균목(Helotiales)
- 소나무 가지끝마름병(디플로디아 순마름병) : Sphaeropsis sapinea(Diplodia pinea) – 불완전균류 유각균 분생포자각

25 삼나무 아랫가지의 잎이 회백색으로 변하고 검은 점들이 발견되었다. 광학현미경 기법을 사용하여 이 부분에서 아래 병원체를 관찰하였다. 이에 관한 설명으로 옳지 않은 것은?

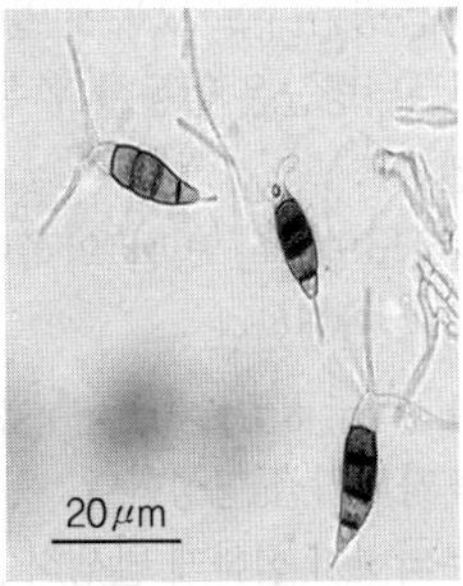

① 병원체의 무성세대 포자이다.
② 병원체의 유성세대 포자는 자낭포자이다.
③ 잎 표면에 뿔 모양의 분생포자덩이를 만든다.
④ 관찰한 포자의 중앙세포와 부속사의 특징에 따라 분류할 수 있다.
⑤ 분류학적 위치는 Septoria속이며, 다양한 수종에 점무늬병을 일으킨다.

해설
그림은 Pestalotiopsis 병원균이고 대부분 잎을 침해하는 병이다.
- 잎 가장자리에 병반 → 잎마름 증상이 나타난다.
- 검은 점(병반)은 분생포자반에 암갈색의 분생포자가 나타나기 때문이다.
- 분생포자는 중앙의 세 세포는 착색되어 있고, 양쪽 세포는 무색이며, 부속사를 갖는다.

2과목 수목해충학

26 곤충 목(Order)의 특징에 관한 설명으로 옳은 것은?

① 참나무 시들음병 매개충은 노린재목에 속한다.
② 벼룩목은 원래 날개가 없는 무시아강에 속한다.
③ 기생성 천적에는 사마귀목에 속하는 종이 있다.
④ 나비목 유충의 입 구조는 찔러 빠는 형태이다.
⑤ 총채벌레목 곤충은 줄쓸어빠는 비대칭형 입틀을 가진다.

해설
① 참나무 시들음병의 매개충은 광릉긴나무좀(Platypus koryoensis)으로 딱정벌레목(Coleoptera) – 바구미과(Curculionidae) – 참긴나무좀속(Platypus)이다.
② 벼룩목(Siphonaptera)은 유시아강의 완전변태류(내시류)로 날개가 퇴화하여 없다(원래 날개가 없는 무시아강이 아니다). 무시아강의 대표 종류로는 돌좀목(Archaeognatha)과 좀목(Zygentoma)이 있다.
③ 천적은 기생성 천적과 포식성 천적으로 나뉘는데 사마귀는 포식성 천적에 해당하고, 기생성 천적은 내부기생과 외부기생으로 나뉜다.
- 기생성 천적 : 해충의 몸에 산란하고 성장하여 기주인 해충을 죽이는 곤충
  - 기생벌류(맵시벌상과, 먹좀벌상과, 좀벌상과 등), 기생파리류(쉬파리과, 기생파리과 등)
  - 내부기생성 천적 : 긴 산란관으로 기주의 체내에 알을 낳고 부화유충은 체내에 기생
    예 먹좀벌류, 진디벌류
  - 외부기생성 천적 : 기주의 체외에서 영양을 섭취하는 기생 곤충
    예 개미침벌, 가시고치벌 등
- 포식성 천적 : 해충을 먹이로 하는 생물종

정답 24 ③ 25 ⑤ 26 ⑤

– 씹는형 입틀 : 무당벌레, 사마귀, 풀잠자리, 말벌류
– 빠는형 입틀 : 꽃등에 유충, 풀잠자리 유충, 침노린재, 애꽃노린재
– 곤충 외 천적 : 포식성 응애류, 거미류, 조류, 양서류, 파충류, 포유류 등

④ 나비목(Lepidoptera)의 유충은 씹는 입을 갖고 성충은 흔적만 있거나 태엽모양 관(Pipe) 모양을 갖는다. 일부 원시목에서는 성충이 씹는 입을 가진 것도 있다.

27 곤충의 형태에 관한 설명으로 옳은 것은?

① 대벌레 머리는 후구식이다.
② 미국흰불나방의 번데기는 위용이다.
③ 소나무좀 유충은 배다리를 가지고 있다.
④ 매미나방 수컷성충의 더듬이는 실 모양이다.
⑤ 아까시잎혹파리의 뒷날개는 곤봉 형태로 변형되어 있다.

해설

① 대벌레 머리는 전구식으로 식엽성 곤충이고, 하구식은 메뚜기와 같은 포식성 곤충이며, 후구식은 노린재 같은 흡즙성해충이 이에 해당한다.
② 미국흰불나방의 번데기는 피용이다. 나비류의 번데기는 피용에 해당하고, 위용은 파리류가 있고 딱정벌레류, 풀잠자리류 등 대부분의 곤충은 나용이다.
③ 소나무좀 유충은 배다리가 없다. 딱정벌레목의 유충은 홑눈과 씹는 입을 갖고 3쌍의 가슴다리는 있으나, 배다리는 없다. 그리고 유충의 형태는 좀붙이형, 굼벵이형, 방아벌레형으로 나뉜다.
④ 매미나방 수컷성충의 색깔은 암갈색이고, 날개에 물결모양의 검은무늬가 있고, 더듬이는 깃털모양이다. 암컷 성충의 색깔은 회백색이고, 날개에 담흑색 가로띠가 4개 있으며, 더듬이는 실모양이다.

28 곤충의 외표피에 관한 설명으로 옳지 않은 것은?

① 표피층의 가장 바깥쪽 부분이다.
② 가장 바깥층을 시멘트층이라 한다.
③ 색소침착이 일어나 진한 색을 띤다.
④ 방향성을 가진 왁스층이 표피소층 바로 위에 있다.
⑤ 수분 손실을 줄이고 이물질의 침입을 차단하는 기능을 한다.

해설

• 색소침착은 외원표피의 분화과정에서 경화반응 동안 단백질분자와 퀴논화합물의 결합과정에서 멜라민 색소의 침착이 동반되어 주로 어두운 갈색이 나타난다(경화 또는 흑화라고 부름).
• 외골격은 외표피(시멘트층, 왁스층, 표피소층), 원표피(외원표피, 내원표피), 진피세포, 기저막으로 나뉜다.

외표피의 구분

시멘트층	단백질과 지질로 구성되고 왁스층을 보호하는 역할을 한다.
왁스층	• 주요 구성성분이 탄화수소, 지방산 및 에스터 화합물이다. • 가장 중요한 기능은 수분 증산 억제이며, 표피세포에서 만들어지고 공관과 왁스관을 통하여 표피세포로부터 분비된다.
표피소층 (내부 외표피층)	지질단백질이 주요성분이고, 외원표피와 마찬가지로 경화반응이 일어난다.
표피소층 (외부 외표피층)	곤충이 탈피할 때 가장 먼저 분비되며 분비와 동시에 경화가 일어나고, 곤충 몸 표면의 모든 구조를 결정한다.

원표피의 구분

탄수화물인 키틴과 단백질로 구성되어 있다.

내원표피	두께가 10～20μm이며, 표피층의 대부분을 차지하며, 새로운 표피층을 만들 때 표피세포에 흡수된 후 다시 사용된다.
외원표피	• 단백질 분자들이 퀴논 등으로 서로 연결되어 3차원 구조를 형성 • 표피층이 딱딱해지는 경화반응이 일어나는 부위(멜라민 색소 침착됨) • 매우 단단하고 안정된 구조로 근육의 부착점 • 곤충의 몸을 지탱하는 외골격의 역할

29 곤충의 날개에 관한 설명으로 옳은 것은?

① 꿀벌은 날개가시형의 연결방식을 취한다.
② 외시류 곤충은 날개를 배 위로 접어 놓을 수 없다.
③ 노린재목의 날개는 가죽질 형태로 변형되어 있다.
④ 딱정벌레목의 앞날개는 딱딱하게 변형되어 뒷날개를 보호한다.
⑤ 완전변태를 하는 모든 곤충은 비행할 수 있는 날개를 가지고 있다.

해설

날개를 접을 수 없는 종류는 고시류로 잠자리목, 하루살이목이 있다. 내시류(완전변태) 중에 벼룩목은 날개가 퇴화하여 없다.

정답 27 ⑤ 28 ③ 29 ④

앞, 뒤 날개 연결방식

날개가시형	뒷날개의 기부 앞쪽에 날개가시가 나와 앞날개의 간직틀에 연결(나비목)
날개걸이형	앞날개의 날개걸이가 뒷날개의 기부와 연결(나비목)
날개고리형	뒷날개의 앞쪽에 날개걸쇠가 앞날개를 연결하는 방식(벌목)

날개의 변형

딱지날개(초시)	뒷날개의 보호덮개 역할(딱정벌레목, 집게벌레목)
반초시	기부는 가죽이나 양피지 같고 끝으로 갈수록 막질인 앞날개(노린재목의 노린재아목)
가죽날개 (두텁날개)	전체가 가죽이나 양피지 같은 앞날개(메뚜기목, 바퀴목, 사마귀목)
평균곤	비행 중 회전운동의 안정기 역할. 곤봉모양의 뒷날개(파리목) 부채벌레는 앞날개가 평균곤이다.

30 곤충 소화기관에 관한 설명으로 옳지 않은 것은?

① 위식막은 중장의 상피세포를 보호한다.
② 여과실은 식엽성 곤충에서 발달된 구조이다.
③ 소화기관은 전장, 중장, 후장으로 구성된다.
④ 중장은 소화된 영양분을 상피세포를 통하여 혈림프로 흡수한다.
⑤ 모이주머니는 일시적인 먹이 저장소로 종에 따라 모양이 다양하다.

해설

여과실

- 주로 식물 즙액을 흡수하는 노린재목 곤충에서 많이 나타나는 소화기관
- 식물 즙액은 영양분이 적어 다량 흡수하는데, 이때 물을 다량 체내로 흡수하여 혈림프의 염농도 및 삼투압 유지에 문제가 발생할 수 있다.
- 이러한 문제를 해결하기 위하여 중장의 앞, 뒷부분 및 후장의 앞부분이 겹쳐져서 얇은 막으로 된 여과실을 생성하는데, 중장 앞부분의 물을 뒷부분 또는 후장 앞부분으로 직접 흡수하여 몸 밖으로 빨리 배설할 수 있게 해준다.

31 곤충의 배설과정에 관한 설명으로 옳지 않은 것은?

① 육상곤충은 암모니아보다 요산 배설이 유리하다.
② 말피기관은 함질소 노폐물을 거르는 역할을 한다.
③ 말피기관은 물이나 무기이온 등 몸에 필요한 성분을 능동적으로 재흡수한다.
④ 말피기관에서 형성된 1차 배설물은 소화관으로 이동하면서 최종 배설물로 전환된다.
⑤ 은신계는 전장벽에 붙어있어 삼투압차를 이용하여 전장에서 바로 노폐물과 함께 수분을 흡수한다.

해설

- 은신계(Cryptonephric system)는 후장에 위치한다.
- 은신계(Cryptonephric system)은 곤충의 일부(특히 건조한 환경에 서식하는 딱정벌레류와 나비목 유충 등)에서 발견되는 특수한 배설계 구조이다. 이 시스템에서는 말피기관(Malpighian tubule)의 끝부분이 자유롭게 체강에 떠 있는 것이 아니라, 직장(Rectum) 벽에 밀착되어 주변이 '주신막(Perinephric membrane)'으로 둘러싸여 있다.
- 이러한 구조적 특징 덕분에, 말피기관과 직장 사이에 높은 이온 농도가 형성되어 삼투압에 의해 장에서 물을 효과적으로 끌어올 수 있다.

32 곤충의 신경계에 관한 설명으로 옳은 것은?

① 억제성 신경전달물질은 GABA이다.
② 중대뇌는 광감각을 수용하는 신경절이다.
③ 휴지전위 시 신경세포와 세포돌기의 내부는 양전하를 띤다.
④ 흥분성 신경전달물질은 연접후세포막의 염소이온 통로를 개방한다.
⑤ 중추신경계는 뇌, 뇌 아래신경절 가슴 및 내장신경절로 구성된다.

해설

- 휴지전위 시 신경세포와 세포돌기의 내부는 음전하를 띠고, 외부는 양전하를 가진다.
- 흥분성 신경전달물질(Acetylcholine, Glutamate)은 신경연접후 세포막의 염소이온통로를 폐쇄하고, 억제성 신경전달물질[GABA(Gamma－aminobutyric acid)]은 개방한다.
- 중추신경계 : 중추신경계는 뇌, 식도하신경절, 복면신경색으로 구성된다.
- 내장신경계는 전장신경계, 후장신경계로 나뉜다.

중추신경계

전대뇌	겹눈과 홑눈의 시신경을 담당
중대뇌	더듬이
후대뇌	윗입술과 전위를 담당
식도하신경절	윗입술을 제외한 입의 나머지 신경을 담당

정답 30 ② 31 ⑤ 32 ①

33 곤충의 감각기관에 관한 설명으로 옳은 것은?

① 다리의 진동과 청각 기능을 수행하는 것은 존스톤 기관이다.
② 완전변태류의 유충에 있는 유일한 광감각기관은 윗홑눈이다.
③ 압력, 중력, 진동 등의 물리적 자극을 감지하는 것은 감간체이다.
④ 근육과 연결조직 등에 분포하여 다극성 신경세포를 가지고 있는 것은 신장감각기이다.
⑤ 구기, 다리, 산란관 등에 분포하여 용액 상태의 물질에 반응하는 것은 냄새감각기이다.

해설

- 더듬이 : 제1마디 – 자루마디(밑마디), 제2마디 – 팔굽마디(존스톤기관 – 소리), 제3마디 : 채찍마디(냄새를 맡는 감각기)
- 홑눈은 앞홑눈(등홑눈)과 옆홑눈으로 나뉜다.
- 앞홑눈 : 곤충의 모든 성충과 불완전변태류의 약충 머리 앞쪽에 역삼각형으로 3개가 발달하였다.
  - 일부는 2개이거나 없는 것도 있다.
  - 앞홑눈은 광원에 대한 방향잡기나 낮은 광도에서의 활동에 관여한다.
- 옆홑눈 : 겹눈이 없는 완전변태류의 유충에서만 볼 수 있다.
  - 머리 양쪽에서 1~6쌍까지 다양하다.
  - 각막렌즈와 수정렌즈를 가지고 있으며 모양을 형성할 수 있다.
- 기계감각기는 접촉수용체, 자기수용체, 소리수용체를 통해 신장이나 굽힘, 압축, 진동, 다른 기계적 요동에 반응한다. 낱눈에서 빛을 감지하는 부분을 감간체라고 부른다.
- 신장수용기(신장감각기)는 기계감각기의 한 종류로 마디 사이의 세포막과 소화기관의 근육성 벽에 내장되어 있다. 신장수용기를 자극하면 섭식을 멈추거나 산란이 시작된다.
- 화학감각기는 후각수용체와 미각수용체로 나뉘며 후각수용체(냄새감각기)는 더듬이에 가장 많지만, 입틀이나 외부생식기에도 있을 수 있다. 미각수용체는 더듬이, 발목마디, 생식기(특히 암컷의 산란관 끝부분)에서도 볼 수 있다.

34 곤충의 호르몬에 관한 설명으로 옳지 않은 것은?

① 유약호르몬은 알라타체에서 분비된다.
② 앞가슴샘자극호르몬은 카디아카체에서 합성된다.
③ 번데기로 용화할 때는 유약호르몬의 농도가 낮아진다.
④ 탈피호르몬은 앞가슴샘에서 합성되어 혈림프로 분비된다.
⑤ 허물벗기호르몬(Eclosion hormone)은 뇌의 신경분비세포에서 합성된다.

해설

- 앞가슴샘 : 엑디스테로이드호르몬(탈피호르몬)을 생성 분비
- 알라타체 : 카디아카체 바로 위에 있는 내분비샘으로 유약호르몬을 생성 분비
- 뇌신경분비세포가 앞가슴샘자극호르몬(PTTH)를 생성하고, 카디아카체를 분비

35 수목해충의 산란행동에 관한 설명으로 옳지 않은 것은?

① 개나리잎벌은 잎의 조직 속에 1~2줄로 산란한다.
② 복숭아유리나방은 수피 틈에 1개씩 산란한다.
③ 박쥐나방은 날아다니면서 알을 지면에 떨어뜨린다.
④ 솔껍질깍지벌레는 가지에 알주머니 형태로 낳는다.
⑤ 극동등에잎벌은 잎 가장자리 조직 속에 덩어리로 산란한다.

해설

잎벌의 산란형태

해충명	산란형태
장미등에잎벌	암컷이 톱같은 산란관으로 가지를 찢고 그 속에 덩어리로 산란
극동등에잎벌	암컷이 톱같은 산란관을 잎 가장자리 속에 일렬로 산란
솔잎벌	성충은 침엽의 중간 부근에 잎 하나당 한 개의 알을 산란. 70개
개나리잎벌	성충은 잎의 조직 속에 1~2줄로 알을 산란
남포잎벌	잎 뒷면의 잎맥을 다라 일렬로 산란. 11개
좀검정잎벌	4월 중순~하순에 산란

36 곤충의 방어행동 관련 용어에 대한 설명으로 옳지 않은 것은?

① 의사는 적의 공격을 받았을 때 갑자기 죽은 체하는 행동이다.
② 위장은 주변과 유사하게 색깔을 바꾸어 구별하기 어렵게 하는 행동이다.
③ 경고는 냄새, 소리, 눈에 띄는 몸 색깔 등으로 상대에게 위협을 가하는 행동이다.

정답 33 ④ 34 ② 35 ⑤ 36 ⑤

④ 은폐는 잎에 앉아 있는 곤충이 사람이 다가가면 잎의 뒷면으로 숨는 행동을 포함한다.
⑤ 베이트형 모방은 독을 가지고 있는 곤충들끼리 유사한 패턴을 유지하여 공격을 피하는 전략적 행동이다.

해설

보호색의 형태

은폐	주변 환경과 색이 유사한 곤충은 포식자와 기생자에 의한 탐지를 피할 수 있다.
모방	주변 환경의 다른 물체와 닮아서 눈에 띄지 않는다.
경고색	능동적인 방어수단 : 경고색, 밝은색
의태	뚜렷한 시각적인 외형이 맛없는 곤충을 연상하게 한다.

모방의 종류

모방 유형	모방자 특징	모델(본보기) 특징	효과 및 목적
베이트형 모방 (Batesian mimicry)	무해 (독 없음, 맛있음)	유해 (독 있음, 맛 없음)	포식자가 유해종을 피하는 습성을 이용해 무해종도 보호받음
뮬러형 모방 (Müllerian mimicry)	유해 (독 있음, 맛 없음)	유해 (독 있음, 맛 없음)	여러 유해종이 비슷한 경고색을 공유해 포식자 학습 효과 극대화
공격적 모방 (Aggressive mimicry)	포식자 또는 기생자	먹이 또는 숙주	포식자나 기생자가 먹이나 숙주를 속여 접근 · 포획 · 기생함

37 수목해충의 월동생태에 관한 설명으로 옳지 않은 것은?

① 호두나무잎벌레는 성충으로 월동한다.
② 거북밀깍지벌레는 교미 후 암컷성충만 월동한다.
③ 점박이응애는 수정한 암컷성충으로 수피나 낙엽 등에서 월동한다.
④ 벚나무모시나방은 노숙유충으로 지피물이나 낙엽 밑에서 집단으로 월동한다.
⑤ 솔알락명나방은 노숙유충으로 흙 속에서 월동하거나 알이나 어린유충으로 구과에서 월동한다.

해설

벚나무모시나방

- 피해 : 벚나무류, 매실나무, 복숭아나무, 사과나무, 살구나무, 자두나무 등 장미과 식물
  - 어린 유충 : 잎 뒷면의 잎살을 가해 후 10월 하순에 월동처로 이동
  - 중령유충 : 잎에 작은 구멍을 만들며 가해. 4월경부터 활동 시작
  - 노숙유충 : 잎 전부를 식해. 6월 중순~하순경 노숙유충이 됨
  - 성충 : 9~10월에 우화 후 산란
- 생활사 : 연 1회, 어린 유충 월동(지피물, 낙엽에서 집단)

38 감로와 분비물로 인해 발생되는 그을음병과 관련이 없는 해충류는?

① 잎응애류
② 나무이류
③ 매미충류
④ 가루이류
⑤ 깍지벌레류

해설

응애류는 잎을 황화, 갈변, 혹, 조기낙엽을 일으키지만 그을음병을 일으키지는 않는다.

- 응애류는 거미강 응애목에 속하는 절지동물로 잎응애과(Tetranychidae)와 혹응애과(Eriophyidae)로 나뉜다. 잎응애과(Tetranychidae)는 피해가 진전되면 잎 전체가 황화되고 갈변되며 곧 낙엽이 진다. 다리는 4쌍이며 혹응애과(Eriophyidae)는 밤나무혹응애처럼 벌레혹을 만들거나 녹응애류처럼 갈변을 일으킨다. 또한 포도혹응애 같이 잎 뒷면에 돌기를 많이 발생시키며, 다리는 2쌍이다.
- 그을음병은 진딧물, 깍지벌레, 가루이 등 흡즙성 곤충의 분비물을 영양원으로 번성하는 부생성 외부착생균이다.

39 솔수염하늘소의 방제 방법으로 옳지 않은 것은?

① 성충 우화시기에 드론 · 지상방제를 실시한다.
② 목재 중심부 온도를 56.6℃에서 30분 이상 열처리한다.
③ 중대경목 벌채산물은 1.5cm 이하의 두께로 제재하여 활용한다.
④ 성충이 우화하기 전에 티아메톡삼 분산성액제로 나무주사를 한다.
⑤ 목질부에 있는 유충의 방제는 7월에 고사목을 벌채하여 훈증, 파쇄, 그물망 피복 등을 실시한다.

해설

7월이면 이미 우화 최성기를 지난 시기로 유충방제보다는 성충방제에 집중해야 하는 시기이다.

정답 37 ④ 38 ① 39 ⑤

솔수염하늘소 방제 시기

예방나무주사(유충)	매개충나무주사(유충)	약제살포(성충)	유인트랩설치(성충)	고사목방제(유충)
11~3월	4월 초~5월 초	5월 중~10월 하순	4월 초~5월 초	9월~이듬해 5월

솔수염하늘소의 생활사

곤충의 단계	시기	주요활동 및 특징
산란(알)	6~8월	암컷이 쇠약목, 고사목의 수피가 얇은 부위에 산란관을 꽂아 1회 1개씩, 총 100여 개의 알을 낳음
유충	7월~이듬해 4, 5월	알에서 부화한 유충은 목질부 속으로 파고들어 목질을 먹으며 성장. 4~5령(월동)
번데기	4~5월	월동을 마친 유충이 번데기가 됨. 번데기 기간은 약 1주일
성충 우화	5월 중순~8월 상순	번데기에서 성충으로 우화, 우화 최성기는 6월 하순. 성충은 소나무 껍질을 갉아 먹으며 활동, 재선충을 매개
성충 활동	5월 중순~8월 상순	교미와 산란이 평균 1년에 1세대이나, 일부 지역 · 조건에서는 2년에 1세대도 가능

40 'A' 수목해충의 발육영점온도를 10℃로 가정할 때, 다음 표의 1주일간 일평균기온에 따른 유효적산온도(Degree day, DD)는?

3월/일	11	12	13	14	15	16	17
평균 기온(℃)	7	8	10	12	15	18	20

① 20
② 25
③ 30
④ 45
⑤ 90

해설

온도가 10℃를 넘는 날만 계산에 사용한다.

- 발육영점온도 : 곤충의 발육에 필요한 최저온도로 표에서 10℃ 이상만 유효하다.
- 유효적산온도 : 곤충이 일정한 발육을 완료하기까지 필요한 총온열량이다.
  $(12-10)+(15-10)+(18-10)+(20-10)$
  $=2+5+8+10=25\text{DD}$

41 「농촌진흥청 농약안전정보시스템」에 등록된 약제의 해충 방제 시기 및 방법에 관한 설명으로 옳은 것은?

① 매미나방은 유충발생 초기인 7월에 경엽처리를 한다.
② 솔잎혹파리는 유충발생 초기인 4월에 수관처리를 한다.
③ 밤나무혹벌은 성충발생 최성기인 7월에 수관처리를 한다.
④ 오리나무잎벌레는 유충발생 초기인 4월에 경엽처리를 한다.
⑤ 잣나무별납작잎벌(잣나무넓적잎벌)은 유충발생 초기인 4~5월에 경엽처리를 한다.

해설

- 매미나방은 4월 중순경 부화하고 성충은 7~8월에 나타난다.
- 솔잎혹파리의 우화기는 5월 중순~7월 중순이고 최성기는 6월 상 · 중순이다. 4월에는 흙속에 있다.
- 밤나무혹벌의 우화기는 6월 하순~7월 하순으로 최성기는 7월이다. 성충이 혹에서 나오므로 수관살포한다.
- 오리나무잎벌레는 4월 하순에 월동성충이 나타나고, 5월 하순~6월 하순에 산란하고 15일 후에 부화한다. 즉, 4월은 월동성충의 활동기이다.
- 잣나무별납작잎벌의 월동유충은 5월 하순~7월 중순 땅속에서 번데기가 되고, 6월 중순~8월 상순에 성충이 된다.

42 해충 발생밀도 조사방법과 대상해충의 연결이 옳은 것은?

① 먹이트랩 – 솔껍질깍지벌레
② 성페로몬트랩 – 솔잎혹파리
③ 유아등트랩 – 복숭아명나방
④ 털어잡기 – 소나무좀
⑤ 황색수반트랩 – 버즘나무방패벌레

해설

- 먹이트랩 : 미끼를 이용하여 해충을 포획, 조사하는 방법으로 소나무좀의 유인목 설치가 대표적이다.
- 성페로몬트랩 : 동종 간 통신물질을 발산하여 해충을 유인 포획하는 방법으로 나방류와 솔껍질깍지벌레의 수컷성충을 유인하기 위해 사용한다. 딱정벌레류나 노린재류에서는 집합페로몬을 주로 이용한다.
- 유아등트랩 : 주광성이 있고 활동성이 높은 성충을 야간에 광원을 이용하여 유인포획하는 방법이다. 광원은 자외선 근처의 빛을 사용한다. 예 복숭아명나방 등

정답 40 ② 41 ③ 42 ③

• 털어잡기 : 지면에 천이나 끈끈이판을 놓고 수목을 쳐서 곤충을 조사하는 방법으로 활동성이 약한 수관부 서식해충에 유용한다. 예 잎벌레류, 바구미류, 하늘소류 등
• 황색수반트랩 : 물이 들어 있는 황색 수반에 날아드는 해충을 채집조사하는 방법으로 물에 계면활성제를 섞는다. 예 총채벌레, 진딧물

43 수목해충의 친환경 방제 방법에 관한 설명으로 옳지 않은 것은?

① 사사키잎혹진딧물은 성충이 탈출하기 전에 혹이 생긴 잎을 채취하여 매몰한다.
② 소나무좀은 신성충의 그해 산란 피해를 막기 위해 끈끈이롤트랩을 줄기에 감싼다.
③ 솔껍질깍지벌레는 성페로몬을 이용한 끈끈이트랩으로 수컷을 대량 유살한다.
④ 주둥무늬차색풍뎅이는 월동성충이 알을 낳기 전에 유아등을 이용하여 포획한다.
⑤ 큰이십팔점박이무당벌레는 잎 뒷면에 산란한 알덩어리를 채취하여 소각한다.

해설

② 소나무좀의 산란 피해를 막기 위해 끈끈이롤트랩을 줄기에 감쌀 수는 있으나 신성충은 월동을 하고 이듬해 봄에 교미 후 산란한다.

44 진딧물류 중 기주전환을 하지 않는 종만을 나열한 것은?

① 곰솔왕진딧물, 붉은테두리진딧물
② 물푸레면충, 소나무왕진딧물
③ 소나무왕진딧물, 조록나무혹진딧물
④ 외줄면충, 호리왕진딧물
⑤ 조팝나무진딧물, 진사진딧물

해설

• 곰솔왕진딧물, 소나무왕진딧물, 조록나무혹진딧물, 호리왕진딧물, 진사진딧물은 기주이동을 하지 않는다.
• 붉은테두리진딧물 : 여름기주(벼과식물), 겨울기주(벚나무 속)
• 물푸레면충 : 여름기주(전나무), 겨울기주(물푸레나무)
• 외줄면충 : 여름기주(대나무), 겨울기주(느티나무)
• 조팝나무진딧물 : 여름기주(명자나무, 귤나무), 겨울기주(사과나무, 조팝나무)

45 천적의 기주 및 방사시기에 관한 설명으로 옳지 않은 것은?

① 칠레이리응애는 점박이응애의 알과 성충을 포식한다.
② 진디혹파리 유충은 목화진딧물의 약충과 성충을 포식한다.
③ 콜레마니진디벌은 복숭아혹진딧물의 약충과 성충 몸속에 산란한다.
④ 혹파리살이먹좀벌은 솔잎혹파리 유충이 지면에 낙하하는 11월에 방사한다.
⑤ 중국긴꼬리좀벌은 밤나무혹벌의 기생성 천적으로 4월 하순~5월 상순에 방사한다.

해설

• 혹파리살이먹좀벌은 솔잎혹파리 우화 최성기인 5월 하순~6월 하순에 방사한다.
• 기생성 천적 : 해충의 몸에 산란하고 성장하여 기주인 해충을 죽이는 곤충
  – 기생벌류(맵시벌상과, 먹좀벌상과, 좀벌상과 등), 기생파리류(쉬파리과, 기생파리과 등)

기생성 천적의 기생형태

내부기생성 천적	긴 산란관으로 기주의 체내에 알을 낳고 부화유충은 체내에 기생 예 먹좀벌류, 진디벌류
외부기생성 천적	기주의 체외에서 영양을 섭취하는 기생 곤충 예 개미침벌, 가시고치벌등

46 수목해충인 잎벌류와 기주수목의 연결이 옳지 않은 것은?

① 극동등에잎벌 – 진달래, 철쭉
② 남포잎벌 – 야광나무, 쥐똥나무
③ 솔잎벌 – 곰솔, 잣나무
④ 장미등에잎벌 – 찔레꽃, 해당화
⑤ 좀검정잎벌 – 개나리, 광나무

해설

남포잎벌

• 피해 : 신갈나무, 떡갈나무 등. 굴참나무는 가해하지 않음
• 생활사 : 연 1회, 노숙유충 월동(토양 속) – 7월

정답 43 ② 44 ③ 45 ④ 46 ②

47 수목해충에 관한 설명으로 옳은 것은?

① 소나무허리노린재는 최근 정착한 외래해충으로 잣나무 종실을 가해한다.
② 황다리독나방은 일부 지역의 회화나무 가로수에서 돌발적으로 대발생하며, 섭식량도 많다.
③ 미국흰불나방은 북미로 출항하는 선박에 알덩어리가 존재하는지 여부를 검사받아야 한다.
④ 갈색날개노린재는 암컷성충이 산란을 위해 2년생 가지에 상처를 내기 때문에 가지가 말라 죽게 된다.
⑤ 매미나방은 연 2회 발생하는 것으로 알려졌으나 최근 남부지방에서 3화기 성충이 확인되고 있다.

해설

① 소나무허리노린재는 2010년 경남 창원에서 처음 국내 침입이 확인되었고 성충으로 월동하며, 봄에 산란 후 유충과 성충이 모두 소나무류 구과를 흡즙해 잣 생산 등 종자 형성에 큰 피해를 끼친다.
② 황다리독나방은 층층나무를 가해하는 단식성 해충이다. 회화나무를 가해하는 해충은 줄마디가지나방이다. 연 2회 발생하고 번데기로 월동한다(토양).
③ 미국흰불나방은 지피물밑에서 번데기로 월동하고, 매미나방은 줄기 또는 가지에 산란하는데 산란처가 다양하여 북미로 출항하는 선박에 알덩어리가 존재하는지 여부를 검사받아야 한다.
④ 갈색날개매미충는 1년생 가지에 상처를 내기 때문에 가지가 말라 죽게 된다. 갈색날개노린재는 잎 뒷면에 5월 중순부터 잎 뒷면에 알을 15개씩 마름모꼴로 산란한다.
⑤ 매미나방은 연 1회 발생하고 알로 월동한다.

48 수목해충별 가해부위 연간 발생횟수, 월동태의 연결이 옳은 것은?

① 붉은매미나방 : 잎 – 1회 – 유충
② 솔알락명나방 : 잣송이 – 1회 – 성충
③ 사철나무혹파리 : 잎 – 1회 – 번데기
④ 루비깍지벌레 : 줄기 · 가지 · 잎 – 1회 – 암컷성충
⑤ 밤혹응애(밤나무혹응애) : 잎 – 1회 – 암컷성충

해설

• 붉은매미나방 : 잎 식해, 연 1회 발생하며 알로 나무줄기에서 월동한다.
• 솔알락명나방 : 구과 가해, 연 1회 발생하며 생활경과가 불규칙하여 토중에서 노숙유충으로 월동하는 것과 알이나 어린 유충으로 구과에서 월동하는 것이 있다.
• 사철나무혹파리 : 잎 흡즙, 연 1회 발생하며 벌레혹속에서 3령유충으로 월동한다.
• 밤나무혹응애 : 잎을 흡즙하여 혹 형성, 연 수회 발생하며 성충으로 월동한다.

49 다음 피해증상을 유발하는 수목해충은?

• 잎 아랫면에 기생하여 분비물로 흰색의 깍지를 만들어 덮는다. • 여름형 깍지는 동심원형이고, 가을형은 편심원형이다. • 잎 윗면에는 뿔 모양의 벌레혹을 만든다.

① 큰팽나무이 ② 회화나무이
③ 뿔밀깍지벌레 ④ 줄솜깍지벌레
⑤ 때죽납작진딧물

해설

큰팽나무이
• 피해 : 팽나무만 가해하는 단식성이다. 약충이 잎 뒷면에 기생하며, 잎 표면에 고깔 모양의 벌레혹을 형성하고 잎 뒷면에는 흰색 분비물로 된 깍지를 만든다.
• 여름형 – 동심원형, 가을형 – 편심원형
• 생활사 : 연 2회 발생, 알로 월동(수피 틈, 지피물)

50 〈보기〉의 수목해충 중에서 광식성만을 모두 고른 것은?

ㄱ. 뽕나무이	ㄴ. 미국흰불나방
ㄷ. 왕공깍지벌레	ㄹ. 전나무잎응애
ㅁ. 검은배네줄면충	ㅂ. 뽕나무깍지벌레
ㅅ. 식나무깍지벌레	ㅇ. 줄마디가지나방

① ㄱ, ㄴ, ㄷ, ㄹ
② ㄴ, ㄹ, ㅂ, ㅅ
③ ㄴ, ㅂ, ㅅ, ㅇ
④ ㄴ, ㅁ, ㅂ, ㅅ
⑤ ㄷ, ㄹ, ㅁ, ㅇ

해설

• 단식성 해충 : 뽕나무이, 검은배네줄면충(느릅나무), 줄마디가지나방(회화나무)
• 광식성 해충 : 미국흰불나방, 왕공깍지벌레, 뽕나무깍지벌레, 식나무깍지벌레, 전나무잎응애

정답 47 ① 48 ④ 49 ① 50 ②

구분	내용	종류	
단식성	한 종의 수목만 가해하거나 같은 속의 일부 종만 가해	줄마디가지나방(회화나무), 회양목명나방, 개나리잎벌, 밤나무혹벌, 혹응애류, 자귀뭉뚝나방(자귀나무,주엽나무), 솔껍질깍지벌레, 검은배네줄면충	
협식성	기주수목이 1~2개 과로 한정	솔나방, 솔잎벌, 북방수염하늘소, 광릉긴나무좀, 참나무재주나방, 대나무쐐기나방, 차독나방, 밤바구미, 도토리거위벌레, 벚나무깍지벌레, 쥐똥밀깍지벌레, 왕공깍지벌레, 소나무굴깍지벌레, 때죽납작진딧물, 외줄면충, 방패벌레류	
광식성	여러 과의 수목을 가해하는 해충	독나방, 매미나방, 천막벌레나방, 애모무늬잎말이나방	
		진딧물	목화진딧물, 조팝나무진딧물, 복숭아혹진딧물, 붉나무소리진딧물 등
		깍지벌레	뿔밀깍지벌레, 거북밀깍지벌레, 뽕나무깍지벌레, 식나무깍지벌레, 가루깍지벌레, 이세리아깍지벌레, 샌호제깍지벌레 등
		잎응애류	전나무잎응애, 점박이응애, 차응애 등
		천공성	대부분 오리나무좀, 알락하늘소, 왕바구미, 가문비왕나무좀, 붉은목나무좀 등

3과목 수목생리학

51 진정쌍떡잎식물의 성숙한 자성배우체(암배우체)에 있는 핵의 개수는?

① 5　② 6　③ 7　④ 8　⑤ 9

해설

성배우체에는 반족세포 3개, 극핵 2개, 조세포 2개, 난세포 1개에 각각 핵이 있다.

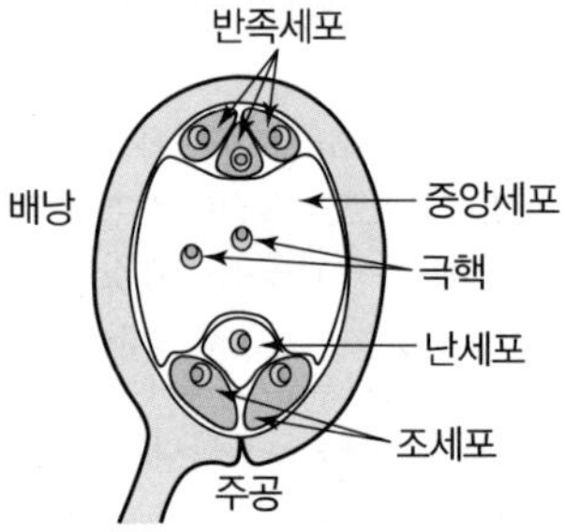

52 〈보기〉에서 수목의 뿌리 생장에 관한 옳은 설명만을 고른 것은?

> ㄱ. 뿌리털은 주피 세포에서 만들어진다.
> ㄴ. 코르크 형성층은 피층에서 만들어진다.
> ㄷ. 측근은 내초의 분열 활동으로 만들어진다.
> ㄹ. 소나무와 상수리나무에서는 뿌리털이 형성되지 않는다.

① ㄱ, ㄴ
② ㄱ, ㄹ
③ ㄴ, ㄷ
④ ㄴ, ㄹ
⑤ ㄷ, ㄹ

해설

ㄱ. 뿌리털은 내초에서 만들어진다.
ㄴ. 코르크 형성층은 줄기에서는 피층에서 생성되고, 뿌리에서는 내초에서 생성된다.
ㄹ. 외생균근에 감염된 소나무와 상수리나무에서는 뿌리털이 형성되지 않으나 감염되지 않은 소나무와 상수리나무에서는 뿌리털이 형성된다.

정답 51 ④ 52 정답 없음

53 다음 중 잎의 자연적 수명이 가장 긴 수종은?

① 주목　② 소나무
③ 동백나무　④ 리기다소나무
⑤ 스트로브잣나무

해설

상록수 잎의 수명

수종	수명(년)	수종	수명(년)
대왕소나무	2	스트로브잣나무	2~3
방크스소나무	2~3	리기다소나무	2~3
잣나무	4~5	동백나무	3~4
테다소나무	2~5	전나무류	4~6
소나무	3~4	가문비나무류	4~6
주목류	5~6		

54 수목에서 발견되는 탄수화물 중 갈락투론산(Galacturonic acid)의 중합체만을 나열한 것은?

① 전분(Starch), 포도당(Glucose)
② 검(Gum), 무실리지(Mucilage)
③ 리그닌(Lignin), 칼로스(Callose)
④ 카로테노이드(Carotenoid), 스테롤(Sterol)
⑤ 헤미셀룰로스(Hemicellulose), 셀룰로스(Cellulose)

해설

갈락투론산은 펙틴 · 각종 식물의 점질물 · 세균의 다당류 등의 구성 성분이다. 갈락투론산 중합체 종류에는 펙틴, 검(Gum), 무실리지(Mucilage) 등이 있다.

검과 점액질(Mucilage)
- 갈락투론산의 중합체로, 단백질로 함유된다.
- 검은 수피와 종자껍질에 주로 존재한다.
- 벚나무속에 병원균과 곤충의 피해를 입을 때 분비(검)한다.
- 점액질 : 콩과식물의 콩꼬투리, 느릅나무 내수피와 잔뿌리 끝 주변에 분비되며, 잔뿌리의 윤활제 역할을 한다.

55 버드나무류의 꽃에 해당하는 것만을 나열한 것은?

① 완전화, 양성화, 일가화
② 완전화, 양성화, 이가화
③ 완전화, 단성화, 이가화
④ 불완전화, 단성화, 일가화
⑤ 불완전화, 단성화, 이가화

해설

목본 피자식물 꽃의 네 가지 기본 구조에 따른 분류

명칭	특징	수종
완전화	꽃받침, 꽃잎, 암술, 수술을 모두 가짐	벚나무, 자귀나무
불완전화	위의 네 가지 중 한 가지 이상 부족함	버드나무류, 자작나무류, 가래나무류, 참나무과
양성화	암술과 수술을 한 꽃에 가짐	벚나무, 자귀나무
단성화	암술과 수술 중 한 가지만 가짐	버드나무류, 자작나무류
잡성화	양성화와 단성화가 한 그루에 달림	단풍나무, 물푸레나무
1가화	암꽃과 수꽃이 한 그루에 달림	참나무류, 오리나무류, 자작나무류, 가래나무과
2가화	암꽃과 수꽃이 각각 다른 그루에 달림	버드나무류, 포플러류

56 중력을 감지하는 관주세포(평형세포)가 포함된 뿌리의 조직은?

① 내초　② 표피
③ 중심주　④ 뿌리골무
⑤ 분열지연중심부

해설

뿌리골무(근관)는 생장점 바깥부분을 말한다.

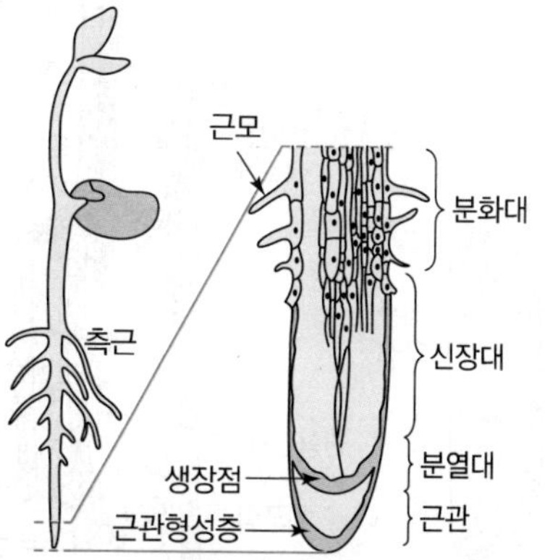

〈어린뿌리의 분열조직〉

정답 53 ① 54 ② 55 ⑤ 56 ④

뿌리의 분류
- 어린뿌리의 분열 조직 : 정단분열조직은 끝부분에 존재
- 근관의 기능
  - 분열조직보호
  - 굴지성 유도
  - Mucigel을 분비(윤활유 역할)
  - 미생물이 많이 존재

57 성숙한 체세포(Sieve cell) 소기관만을 나열한 것은?

① 리보솜, 핵　② 리보솜, 액포
③ 색소체, 액포　④ 미토콘드리아, 핵
⑤ 미토콘드리아, 색소체

해설

체세포(Sieve cell)는 사세포를 말하고, 체관요소는 사관세포를 말한다.

구분	기본세포	보조세포	유세포	지지세포	물질이동 수단
피자식물	사관세포	반세포	사부유세포	사부섬유	사공, 사부막공(사역)
나자식물	사세포	알부민세포	사부유세포	사부섬유	사부막공(사역)

세포 내 소기관의 종류
- 복막구조체(두 겹의 막) : 핵, 엽록체, 미토콘드리아
- 단막구조체(한 겹의 막) : 소포체, 리보솜, 골지체, 퍼옥시솜, 올레오솜, 글리옥시솜, 액포

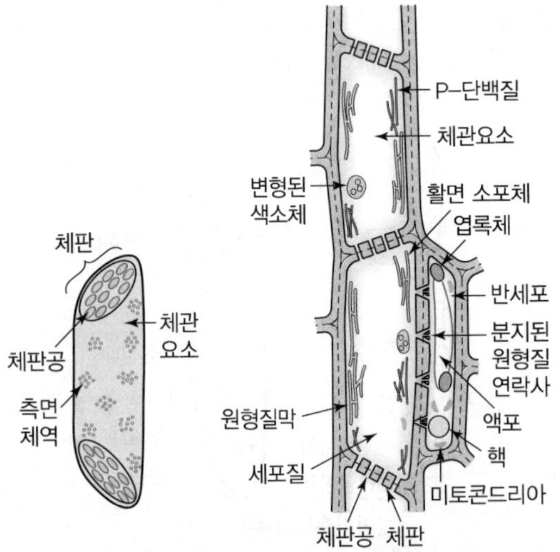

〈성숙한 체요소(체관요소)들이 연결된 모식도〉

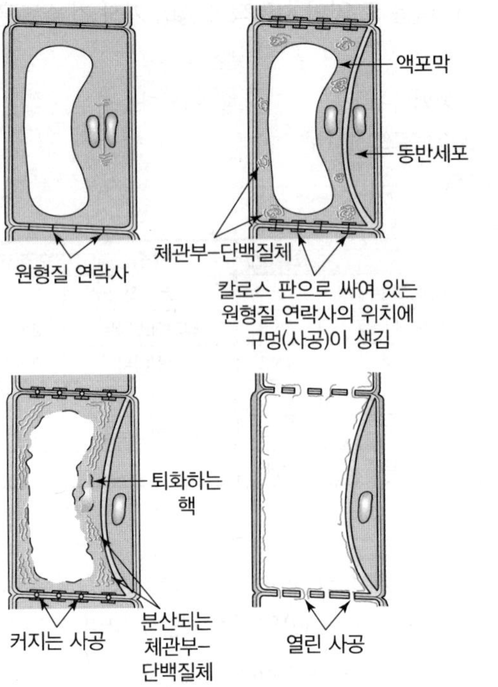

위 그림은 체관요소가 성숙해져 감에 따라 사관세포는 미토콘드리아와 색소체만 남고, 반세포로 분화되는 것을 보여준다.

58 지름이 큰 도관이 춘재에 환상으로 배열되는 수종만을 나열한 것은?

① 이팝나무, 느티나무, 회화나무
② 자작나무, 물푸레나무, 밤나무
③ 상수리나무, 목련, 아까시나무
④ 호두나무, 가래나무, 단풍나무
⑤ 신갈나무, 붉가시나무, 칠엽수

해설

- 환공재의 경우
  - 1년 혹은 2년에 형성된 도관 사용
  - 대부분의 수종, 참나무, 밤나무
  - 당년에 형성된 도관 사용
  - 느릅나무, 물푸레나무
- 산공재의 경우
  - 최근에 형성된 1~3개의 연륜 사용
  - 단풍나무, 벚나무, 버즘나무, 포플러

정답 57 ⑤ 58 ①

59 줄기의 1차 분열조직과 이로부터 발생한 1차 조직의 연결이 옳은 것은?

① 원표피 – 내피
② 전형성층 – 주피
③ 개재분열조직 – 수
④ 기본분열조직 – 피층
⑤ 코르크 형성층 – 표피

해설

코르크 형성층은 줄기에서는 피층세포에서, 뿌리에서는 내초세포에서 기원한다.

정단분열 조직	1차 분열조직	1차 조직	2차 분열조직(측방분열조직)	2차 조직
줄기 정단 및 뿌리의 분열조직	원표피	표피		
	기본 분열조직	피층 (줄기에서)	코르크 형성층	주피
		내초 (뿌리에서)		
		수		
		잎살조직 (잎)		
	전형성층	1차 물관부	관다발 형성층	2차 물관부
		1차 체관부		2차 체관부

*개재분열조직(절간분열조직, 부간분역조직) 성숙한 조직이나 마디 사이에 끼어 있어서 이름지어졌다. 예로 벼과 식물에서 줄기의 절간과 잎의 엽초와 엽신의 기부에 분포한다.

60 다음 중에서 수액상승 속도가 빠른 수종부터 순서대로 나열한 것은?

① 가래나무 > 단풍나무 > 느티나무 > 소나무
② 단풍나무 > 느티나무 > 가래나무 > 소나무
③ 느티나무 > 가래나무 > 단풍나무 > 소나무
④ 단풍나무 > 느티나무 > 소나무 > 가래나무
⑤ 느티나무 > 단풍나무 > 소나무 > 가래나무

해설

수액의 상승속도 : 환공재 > 반환공재 > 산공재 > 가도관

앞의 58번 문제의 환공재와 산공재를 구별할 수 있어야 한다. 대부분의 활엽수종은 환공재이므로 산공재인 단풍나무, 벚나무, 버즘나무, 포플러 등을 기억해야 한다.

61 ( ) 안에 들어갈 용어로 알맞은 것은?

- 비탈에서 자라는 나무는 이상재가 형성되기 쉽다.
- 침엽수는 비탈의 (㉠) 방향에 이상재가 생기고 이를 (㉡) 이상재라고 한다.
- 활엽수는 (㉢) 방향에 이상재가 생기고 이를 (㉣) 이상재라고 한다.

	㉠	㉡	㉢	㉣
①	위쪽	압축	위쪽	신장
②	위쪽	신장	아래쪽	압축
③	위쪽	압축	아래쪽	신장
④	아래쪽	신장	위쪽	압축
⑤	아래쪽	압축	위쪽	신장

해설

이상재
- 침엽수 : 바람이 불어가는 쪽(압축이상재)
- 활엽수 : 바람이 불어오는 쪽(신장이상재)
- 이상재의 형성은 식물호르몬(옥신)의 재분배로 인해 유도된다.

압축 이상재	• 기울어진 수간의 아래쪽에 옥신의 농도 증가하여, 세포분열 촉진, 넓은 연륜 가짐(정아나 수간에 IAA처리 시 발생) • 에틸렌도 압축이상재 발생
신장 이상재	• 기울어진 수간의 위쪽에 나타남. 기울어진 수간의 위쪽에 옥신의 농도가 감소하여 발생 • 옥신을 처리하면 이상재 형성 억제하고 옥신의 길항제인 TIBA를 처리하면 이상재 형성 촉진

62 다음 설명에 해당하는 식물호르몬은?

- 선구물질은 리놀렌산(Linolenic acid)이다.
- 해충과 병원균에 대한 저항성에 관여한다.
- 수목에서 합성되는 곳은 줄기와 뿌리의 정단부, 어린 잎과 열매 등이다.

① 폴리아민(Polyamine)
② 사이토키닌(Cytokinin)
③ 살리실산(Salicylic acid)
④ 자스몬산(Jasmonic acid)
⑤ 브라시노스테로이드(Brassinosteroid)

정답 59 ④ 60 ③ 61 ⑤ 62 ④

해설

호르몬의 종류		합성하는 곳	주요기능	선구물질
새로운 호르몬	브라시노스테로이드	종자, 열매, 잎, 새가지, 꽃눈	줄기와 뿌리 세포 분화촉진, 생식기관 발달 촉진, 낙화와 낙과 억제, 스트레스 저항성 증가, 노화 억제	캄페스테롤
	자스몬산	줄기 정단부, 어린잎, 뿌리 정단부, 미성숙 열매	뿌리생장과 광합성 억제 등 ABA와 유사한 기능, 곤충과 병원균에 저항, 노화 촉진	리놀렌산
	살리실산	잎, 병원균 침입된 잎	개화 촉진, 꽃잎 노화 지연, 천남성꽃 열 발생, 병원균에 대한 전신적 저항	트랜스-신남산
	스트리고락톤	뿌리	새가지의 분열 억제, 기생식물 발아 촉진, 수지상 균근균사 생장 촉진	베타카로틴
	폴리아민	식물체의 거의 모든 세포에 존재, 다른 호르몬보다 높은 농도에서 반응	세포분열 촉진, 막의 안정성, 열매성숙 촉진, 잎의 노쇠 방지, 스트레스 내성, DNA와RNA 및 단백질 합성 촉진	아지닌

63 〈보기〉 중 뿌리에서 무기 양분의 능동적 흡수와 이동에 관한 옳은 설명만을 고른 것은?

> ㄱ. 에너지가 소모되지 않는다.
> ㄴ. 선택적이고 비가역적인 과정이다.
> ㄷ. 무기 양분은 운반단백질에 의해 원형질막을 통과한다.
> ㄹ. 뿌리 호흡을 억제하면 무기 양분의 흡수가 증가한다.

① ㄱ, ㄴ　② ㄱ, ㄹ
③ ㄴ, ㄷ　④ ㄴ, ㄹ
⑤ ㄷ, ㄹ

해설

무기염의 선택적 흡수와 능동운반

- 무기염의 흡수는 단순한 삼투압에 의한 현상이 아니다.
- 자유공간을 이용한 무기염의 이동은 비선택적, 가역적, 에너지 소모가 없다(수동운반).
- 식물이 무기염을 흡수하는 과정은 선택적, 비가역적, 에너지를 소모한다(능동운반).
  - 운반체설로 설명 : 운반체는 원형질막에 있는 단백질(능동운반의 주역)
- 능동운반
  - 원형질막의 운반체에 의함
  - 농도가 낮은 곳에서 높은 곳으로 농도 구배에 역행운반
  - 대사에 에너지를 소모함
  - 선택적으로 이루어지는 무기염의 이동

64 광호흡에 관한 설명으로 옳지 않은 것은?

① 햇빛이 있을 때 주로 잎에서 일어난다.
② 햇빛으로 잎의 온도가 올라가면 광호흡이 증가한다.
③ C_3 식물보다 C_4 식물에서 광합성량 대비 광호흡량이 더 많다.
④ 광합성으로 고정한 탄수화물의 일부가 다시 분해되어 미토콘드리아에서 CO_2로 방출되는 과정이다.
⑤ 퍼옥시솜에는 광호흡 과정에서 생성된 과산화수소를 제거하기 위한 카탈라제가 풍부하게 들어 있다.

해설

C_3 식물이 C_4 식물보다 광호흡량이 많다.
- 광호흡 : 광조건하에서만 일어나는 호흡
- 광호흡관여 기관 : 엽록체, 미토콘드리아, 퍼옥시솜

> C_3 식물
> - C_3 식물은 광합성으로 고정한 CO_2의 20~40%가량을 광호흡으로 방출한다.
> - 광호흡은 야간호흡보다 2~3배 정도 더 빠르게 진전된다.
> - C_3 식물에서 이산화탄소를 처음 고정하는 효소는 RuBP (친화력 $O_2 < CO_2$, 낮의 광호흡량>밤의 호흡량)이다.
>
> C_4 식물
> - C_4 식물의 RuBP는 유관속초 세포에 국한된다(말산에서 CO_2 배출).

65 〈보기〉에서 수분부족에 따른 수목의 반응으로 옳은 것만을 고른 것은?

> ㄱ. 프롤린이 축적되어 삼투퍼텐셜을 높인다.
> ㄴ. 심한 수분부족은 막단백질의 변형을 일으킨다.
> ㄷ. 추재가 형성되는 시기가 늦어진다.
> ㄹ. 체내 수분함량이 적어져 팽압이 감소하며 수분퍼텐셜이 낮아진다.

① ㄱ, ㄴ　② ㄱ, ㄹ
③ ㄴ, ㄷ　④ ㄴ, ㄹ
⑤ ㄷ, ㄹ

정답 63 ③ 64 ③ 65 ④

해설

ㄱ. 프롤린이 축적되어 삼투퍼텐셜을 낮춘다.
ㄷ. 추재가 형성되는 시기가 빨라진다.

수분 스트레스로 Proline 축적
- 글루탐산염(Glutamate)로부터 Proline이 합성될 때 귀환 억제작용이 상실되어 체내에서 이용되지 않기 때문이다.
- 수분 스트레스로 가장 예민하게 반응하는 것은 세포신장, 세포벽의 합성, 단백질의 합성이다.
- 수분포텐셜 : 0.5MPa때부터 Abscisic acid를 생산한다.
- 수분부족 초기에 활성화되는 효소는 α-아밀라제와 리보뉴클레아제의 활동이 증가한다(가수분해효소가 전분 등을 분해하여 삼투포텐셜을 낮춰 건조저항성을 높인다).
- 목부세포의 수, 직경생장의 지속시간, 목부와 사부의 비율, 춘재에서 추재의 이행시기 등에 영향을 준다.

66 세포호흡에 관한 설명으로 옳은 것은?

① 세포질에서 크레브스회로가 진행된다.
② 호흡과정을 통해 물이 분해되고 산소가 방출된다.
③ 전자전달계는 기질 수준의 인산화를 통해 많은 ATP를 생성한다.
④ 해당작용은 미토콘드리아에서 일어나며, 피루브산과 CO_2, ATP가 생성된다.
⑤ 크레브스회로에서 생성된 NADH와 $FADH_2$는 전자전달계에 전자를 운반하는 역할을 한다.

해설

호흡작용의 세 단계
- 해당작용(포도당 분해)
  - 세포기질(세포질)에서 일어난다.
  - 산소를 요구하지 않는 단계이고 고등식물, 효모균에 의해 발생한다.
  - 에너지(ATP) 생산효율이 낮다.
- Krebs 회로
  - 3개의 CO_2를 발생한다.
  - NADH, $FADH_2$ 생산, 미토콘드리아 기질에서 발생, 산소가 있어야 진행된다.
- 말단전자전달경로
  - NADH로 전달된 전자와 전자와 수소가 최종적으로 산소에 전달되어 H_2O로 환원되면서 추가로 ATP 생산한다.
  - 산소소모, 호기성 호흡

67 ( ) 안에 들어갈 용어로 적합한 것은?

> 종자 활력 간이검사법의 하나인 테트라졸륨 시험 시, 세포의 호흡에서 중추적 역할을 하는 (㉠) 효소는 테트라졸륨 용액과 결합하면 (㉡)이 되어 (㉢)색을 띠게 된다.

	㉠	㉡	㉢
①	탈수소	포르말린	검은
②	탈수소	포르마잔	붉은
③	탈수소	포르말린	노란
④	탈수소	포르마잔	붉은
⑤	탈수소	포르말린	검은

해설

'탈수소=산화된다', '탈산소=환원된다'라는 의미이다. 그리고 데히드로게나아제(산화효소)에 의해 붉은색의 포르마잔으로 바뀌며, 살아 있는 조직이 붉은색으로 염색된다.

테트라졸륨 시험
- 종자 내 산화효소가 살아 있는지 여부를 여러 시약의 발색반응으로 검사(테트라졸륨이 산화효소에 의해 붉게 변색)
  - 물에 침적(18~20시간)
  - 종피에 상처유도 : 칼로 주공쪽을 약간 잘라 낸다.
  - 1% 테트라졸륨 용액에서 종자 침적 : PH 6.5~7.0, 30℃, 48시간
  - 종자가 핑크색으로 염색된 정도를 검사
- 단점 : 어떤 종자는 염색이 잘 안되며, 염색 정도를 해석하는 데 어려움이 있고, 비정상발아를 찾아낼 수 없다.

68 수목의 증산에 관한 설명으로 옳지 않은 것은?

① 증산작용은 잎의 온도를 낮춘다.
② 증산작용은 무기염의 흡수와 이동을 촉진한다.
③ 낙엽수는 한겨울에는 증산작용을 하지 않는다.
④ 잎의 표면에 각피를 두껍게 만들거나 털을 많이 만들어 증산을 억제한다.
⑤ 소나무류는 잎의 표피 안쪽 깊숙한 곳에 기공이 위치하여 증산을 억제한다.

해설

- 낙엽수는 한겨울에도 증산작용을 상당량 수행한다.
- 낙엽수는 잎이 없지만 가지와 줄기의 표면에서 증산작용을 한다.

정답 66 ⑤ 67 ② 68 ③

69 〈보기〉에서 강한 빛에 의해 광합성 기구가 손상되는 것을 막기 위한 수목의 반응으로 옳은 것을 모두 고른 것은?

ㄱ. 카로테노이드는 들뜬 에너지를 흡수하여 열로 방출한다.
ㄴ. 잔토필(Xanthophyll) 회로에 따라 제아크산틴을 합성한다.
ㄷ. 광계 사이에 에너지 분배를 조절하여 광저해 현상을 억제한다.
ㄹ. 엽록체는 입사광에 평행한 측벽으로 이동하여 빛 흡수를 최소화한다.

① ㄱ, ㄴ　　② ㄷ, ㄹ
③ ㄱ, ㄴ, ㄷ　　④ ㄴ, ㄷ, ㄹ
⑤ ㄱ, ㄴ, ㄷ, ㄹ

해설

카로테로이드

- 식물체의 녹색 이외에 황색, 주황색, 적색, 갈색 등 다양한 색깔을 나타낸다.
  - Isoprene(C_5H_8) 8개가 모인 화합물
  - 뿌리, 줄기, 잎, 꽃, 열매 등의 색소체에 존재
- Carotene 중 β-carotene(노란색), Xanthophyll(노란, 갈색) 중 Lutein은 엽록체에서 가장 많이 존재하는 카로테노이드이다.
- 카로테로이드는 암흑 속에서도 합성(노란색)한다.
- 무기영양소 결핍, 한발, 저온 등에도 남아 노란색을 나타낸다.
- 광합성 보조색소로 햇빛에 의한 광산화를 방지한다.

70 수목의 호흡작용으로 옳지 않은 것은?

① 오존(O_3)에 노출되었을 때 잎의 호흡이 증가한다.
② 수피를 벗겨 상처를 만들면 호흡이 증가한다.
③ 광도가 높을 때 양엽의 호흡량은 음엽보다 낮다.
④ 답압과 침수는 산소의 공급을 방해하여 뿌리호흡의 감소를 유발한다.
⑤ 잎은 완전히 자란 직후에 중량 대비 호흡량이 가장 많다.

해설

양엽의 광보상점이 음엽보다 높다. 즉, 흡량이 더 많다.

광도

- 광보상점과 광포화점
  - 광보상점 : 호흡으로 방출되는 CO_2양=광합성으로 흡수하는 CO_2양
  - 광포화점 : 광도가 증가해도 더 이상 광합성량이 증가하지 않는 포화상태의 광도
- 양엽과 음엽

양엽	• 높은 광도에서 광합성이 효율적, 광포화점 높고, 책상조직이 빽빽하게 배열되어 있다. • Cuticle층과 잎의 두께가 두껍다.
음엽	• 낮은 광도에서 광합성이 효율적, 양엽보다 넓다. • 엽록소의 함량이 더 많고, 광포화점이 낮고, 책상조직이 엉성하다. • Cuticle층과 잎의 두께가 얇다.

71 수목의 광합성 명반응에 관한 설명으로 옳지 않은 것은?

① 엽록소가 있는 그라나에서 이뤄지며 산소가 발생한다.
② 빛에너지를 NADPH ATP와 에 저장하는 과정으로 물의 분해가 일어난다.
③ H^+이 루멘에 축적되어 틸라코이드막을 경계로 H^+ 농도의 차이가 발생한다.
④ ATP합성효소에 의해 H^+이 스트로마에서 루멘으로 들어오면서 ATP가 생성된다.
⑤ 물이 분해되면서 방출된 전자는 광계 Ⅱ에서 광계 Ⅰ로 전달되어 $NADP^+$를 환원시키는 데 기여한다.

해설

H^+이 루멘에서 스트로마로 ATP합성효소(ATP synthase)를 통해 이동할 때 ATP가 생성된다. 즉, H^+은 농도가 높은 루멘에서 농도가 낮은 스트로마로 확산되며, 이때 방출되는 에너지가 ATP 합성에 이용된다.

72 무기영양소에 관한 설명으로 옳은 것은?

① 식물체 내에서 효소의 보조인자인 Mg, Si는 다량원소이다.
② 미량원소는 식물조직 내에 건중량의 0.1% 이하로 함유되어 있는 것을 말한다.

정답　69 ⑤　70 ③　71 ④　72 정답 없음

③ Fe은 체내에서 이동이 용이하지 않으며, 기공의 삼투압을 가감하여 개폐시키는 작용을 한다.

④ 이동성이 빠른 원소인 P, Mg 등은 결핍증이 세포분열이 일어나는 곳인 어린잎에서 먼저 나타난다.

⑤ 무기영양소를 식물체 내에서 재분배하기 위해 이동시킬 때 사부를 이용하지 않고 목부를 통해 이동시킨다.

해설

① 식물체 내에서 효소의 보조인자는 Mg, Mn 등 대부분 미량원소이다.

② 미량원소는 식물조직 내에 건중량의 0.1% 미만으로 함유되어 있는 것을 말한다.

③ Fe은 체내에서 이동이 용이하지 않으며, 기공의 삼투압을 가감하여 개폐시키는 작용을 하는 것은 K이다.

④ 이동성이 빠른 원소인 P, Mg 등은 결핍증이 세포분열이 일어나는 곳인 성숙잎에서 먼저 나타난다.

⑤ 무기영양소를 식물체 내에서 재분배하기 위해 이동시킬 때 목부를 통해 이동시킨다.

73 수목의 균근에 관한 설명으로 옳은 것은?

① 내생균근균은 주로 담자균, 자낭균에 속한다.

② 균근균의 기주범위는 내생균근이 외생균근보다 훨씬 넓다.

③ 외생균근균은 균투를 형성하지 않아 뿌리털이 정상적으로 발생한다.

④ 내생균근은 온대지방에서는 소나무과, 참나무과, 자작나무과 등에서 흔히 발견된다.

⑤ 외생균근균의 균사는 뿌리의 피층보다 더 안쪽으로 침입하여 하르티히망을 만든다.

해설

① 내생균근균은 접합자균에 속한다.

③ 내생균근균은 균투를 형성하지 않아 뿌리털이 정상적으로 발생한다.

④ 외생균근은 온대지방에서는 소나무과, 참나무과, 자작나무과 등에서 흔히 발견된다.

⑤ 외생균근균의 균사는 뿌리의 피층보다 더 안쪽으로 침입하지 않는다. 즉, 내피는 침입하지 않는다.

74 ( ) 안에 들어갈 용어로 알맞은 것은?

> 수목의 질산환원은 뿌리로 흡수된 (㉠) 형태의 질소가 아미노산 합성에 이용되기 전에 (㉡) 형태의 질소로 환원되는 과정이다. 산성 토양에서 자라는 소나무류, 진달래류 등은 질산환원이 (㉢)에서 일어나지만 그렇지 않은 식물은 (㉣)에서 일어난다.

	㉠	㉡	㉢	㉣
①	NH_4^+	NO_3^-	뿌리	줄기
②	NO_3^-	NH_4^+	잎	뿌리
③	NH_4^+	NO_3^-	줄기	잎
④	NH_4^+	NO_3^-	잎	뿌리
⑤	NO_3^{--}	NH_4^+	뿌리	잎

해설

질소환원 장소

질소환원

토양에서 뿌리로 NO_3^- 흡수 → 흡수 NH_4^+ 형태로 전환되어야 한다.

토양에서 뿌리로 NO_3^- 흡수 NH_4^+ 형태로 전환되어야 한다.

- Lupine형 뿌리에서 $NO_3^- \rightarrow NH_4^+$
  예 나자식물, 진달래류, 프로테아과
- 도꼬마리형 잎에서 $NO_3^- \rightarrow NH_4^+$
  예 나머지 식물
- 탄수화물 공급이 느려지면 질산 환원도 둔화된다.

75 〈보기〉에서 수목의 수분 흡수와 이동에 관한 설명으로 옳은 것만을 고른 것은?

> ㄱ. 여름철 증산작용이 활발한 낮에 근압이 높아진다.
> ㄴ. 수간압의 증가로 고로쇠나무에서 수액이 흘러나오기도 한다.
> ㄷ. 근압은 도관에서 기포에 의한 공동현상을 제거하는데 기여한다.
> ㄹ. 뿌리의 삼투압으로 물을 능동 흡수하여 수간압이 높아진다.

① ㄱ, ㄴ ② ㄱ, ㄹ
③ ㄴ, ㄷ ④ ㄴ, ㄹ
⑤ ㄷ, ㄹ

정답 73 ② 74 ⑤ 75 ③

해설

ㄱ. 근압은 뿌리의 삼투압에 의하여 수분을 흡수하는 경우로 낙엽수가 겨울철에 수분을 능동적으로 흡수하는 것을 말한다.

ㄹ. 뿌리의 삼투압으로 물을 능동 흡수하는 것을 근압이라고 한다.

근압과 수간압

근압	능동적 흡수에 의해 생기는 뿌리 내의 압력을 말한다.
일액현상	• 배수조직을 통해 수분이 밖으로 나와서 물방울이 맺힌다. • 초본식물은 야간에 기온이 온화, 토양의 통기성 좋고, 토양수분이 충분할 때 나타난다. • 대표수종 : 자작나무, 포도나무 – 나자식물은 발견되지 않는다.
수간압	• 낮에 CO_2가 수간의 세포간극에 축적되어 압력이 증가하여 수액이 상처를 통해 누출한다. • 밤에 CO_2가 흡수되어 압력이 감소하면 뿌리에서 물이 상승하여 도관을 재충전한다.
수간압의 조건	야간온도가 영하로 내려가고 주 · 야간의 온도차가 10℃ 이상 발생할 때이다.

4과목 산림토양학

76 도시숲 1ha에 질소성분 함량이 46%인 요소비료 200kg을 시비할 경우 공급될 질소량(kg)은?

① 46 ② 92
③ 146 ④ 192
⑤ 200

해설

1kg의 요소비료에 0.46kg의 질소성분이 있다는 것이므로 200×0.46＝92kg, 즉 92kg의 질소성분이 들어 있다.

77 C/N비(탄질률)에 관한 설명으로 옳지 않은 것은?

① 생톱밥은 분뇨에 비하여 C/N비가 크다
② 식물의 C/N비는 생육 기간 중 변화될 수 있다.
③ 낙엽의 C 함량 50%, N 함량 0.5%일 때 C/N비는 86이다
④ C/N비가 큰 유기물은 작은 유기물보다 분해속도가 느리다.
⑤ 일반적으로 C/N비가 30보다 높은 유기물을 토양에 가하면 식물은 일시적 질소기아현상을 나타낸다.

해설

탄질률(C/N)은 탄소(C)와 질소(N)의 비율로서 탄소/질소로 나타낸다. 낙엽의 C 함량 50%, N 함량 0.5%일 때 탄질률(C/N)은 50/0.5이므로 100이다.

• 탄질률 : 탄질률이 큰 유기물은 탄질률이 작은 유기물보다 분해속도가 훨씬 느리다.
• 질소기아현상 : 일반적으로 탄질률이 20~30보다 높은 유기물이 토양에 가해질 경우 유기물 분해에 필요한 질소가 부족하여 미생물이 질소의 일부를 토양용액으로부터 이용하기 때문에 식물이 일시적으로 질소부족에 시달린다.

78 인(P)에 관한 설명으로 옳지 않은 것은?

① 핵산과 인지질 등의 구성요소이다.
② 수목 잎의 인 함량은 N나 K보다 낮다
③ 인산의 유실은 토사유출과 동반하여 일어날 수 있다.
④ 알칼리성 토양에서 인은 Fe, Al 등과 결합하여 불용화된다.
⑤ 식물 중 인의 기능은 광합성을 통하여 얻은 에너지를 저장하고 전달하는 것이다.

해설

산성의 토양에 사용한 인산질비료는 철(Fe)과 알루미늄(Al)과 결합하여 불용화되고, 알칼리성 토양에서는 칼슘(Ca)과 결합하여 불용화된다.

79 다음 표에서 ㉡, ㉣, ㉥에 알맞은 특성을 바르게 나열한 것은?

구분	모래	미사	점토
유기물 분해 속도	㉠	중간	㉡
pH 완충 능력	㉢	중간	㉣
양분 저장	㉤	중간	㉥

	㉡	㉣	㉥
①	느림	낮음	높음
②	느림	높음	높음
③	빠름	낮음	높음
④	빠름	낮음	낮음
⑤	빠름	높음	높음

정답 76 ② 77 ③ 78 ④ 79 ②

해설

토성에 따른 토양특성

구분	모래	미사	점토
수분 보유 능력	낮음	중간	높음
통기성	좋음	중간	나쁨
유기물 함량 수준	낮음	중간	높음
유기물 분해	빠름	중간	느림
풍식 감수성	중간	높음	낮음
수식 감수성	낮음	높음	낮음
온도 변화	빠름	중간	느림
양분 저장 능력	나쁨	중간	높음
pH 완충 능력	낮음	중간	높음

80 도시공원 내 산성토양 개량용 석회 물질의 시용에 관한 설명으로 옳지 않은 것은?

① 석회요구량은 필요한 석회량을 $Ca(OH)_2$로 계산하여 나타낸 값이다.
② 개량에 사용되는 석회물질은 토양 교질의 Al과 직접 반응한다.
③ 유기물 함량이 높은 토양은 낮은 토양보다 석회요구량이 더 많다.
④ 동일한 양의 석회를 시용할 때는 입자가 고운 석회물질의 반응이 더 빠르다.
⑤ 점토 함량이 높은 토양은 모래 함량이 높은 토양보다 석회요구량이 더 많다.

해설

석회요구량은 산성 토양의 pH를 일정 수준으로 중화시키는 데 필요한 석회물질의 양을 $CaCO_3$으로 환산하여 나타낸 값이다.

81 토양의 점토광물에 관한 설명으로 옳지 않은 것은?

① 2 : 1형 점토광물로 장석, 운모 등이 있다.
② 비규산염 2차 광물로 AlOOH, FeOOH 등이 있다.
③ 비팽창형 점토광물로 Kaolinite, Chlorite 등이 있다.
④ Si와 O로 이루어진 규산염광물의 기본구조는 규소사면체이다.
⑤ 비결정형 점토광물인 Allophane은 화산지대 토양의 주요 구성 물질이지만 일반 토양의 점토에도 존재한다.

해설

장석류와 운모류는 1차 광물로 규소사면체의 기본구조를 갖는다.

점토광물

점토 : 지름 2μm(0.002mm)이하인 토양 무기광물의 입자이다.

- 1차 광물 : 용암의 응결과정을 토하여 결정화된 이후 화학적 변화를 전혀 받지 않은 것. 규소사면체를 결정의 기본구조로 가지고 주로 모래나 미사 크기로 존재
  예 화성암(석영, 장석, 휘석, 운모, 각섬석, 감람석 등)
- 2차 광물 : 1차 광물이 그 구조가 변화되거나, 1차 광물의 풍화산물이 재결정화된 것. 토양의 점토는 주로 2차광물(Secondary minerals)들로 구성

2차 광물의 종류

분류	종류
결정형 점토광물	• 1 : 1형 : Kaolinite(고령토) – 판상, Halloysite – 튜브모양 • 2 : 1형 : Montmorillonite, Vermiculite, Ilite • 2 : 1 : 1형 : Chlorite(넓은 의미로 2 : 1 광물에 포함) – 녹니석
비결정형 점토광물	Gibbsite, Goethite, Hematite, Immogolite, Allophane

82 토양용액에 존재하는 다음 이온 중 일반적으로 농도가 가장 낮은 것은?

① K^+
② Ca^{2+}
③ Mg^{2+}
④ SO_4^{2-}
⑤ $H_2PO_4^-$

해설

다량원소의 토양함유량

원소	함량(%)	흡수형태	식물작용
칼륨(K)	0.5~2.5	K^+	기공개폐 조절, 효소형태
칼슘(Ca)	0.1~5	Ca^{2+}	세포벽 중엽층 구성
마그네슘(Mg)	0.05~0.5	Mg^{2+}	엽록소 분자구성
황(S)	0.01~0.1	SO_4^{2-}, SO_2^-	황함유 아미노산
인(P)	0.005~0.15	$H_2PO_4^-$, HPO_4^{2-}	에너지 저장과 공급(ATP핵심)

정답 80 ① 81 ① 82 ⑤

83 토양침식성 인자(Soil erodibility factor) K에 관한 설명으로 옳지 않은 것은?

① K값의 범위는 0~0.1이다.
② K값이 0.04보다 큰 토양은 쉽게 침식된다.
③ 토양이 가진 본래의 침식가능성을 나타내는 것이다.
④ K값은 풍력의 단위침식능력에 의한 유실량을 나타낸다.
⑤ 토양 구조의 안정성은 K값에 영향을 끼치는 중요한 특성이다.

해설

바람에 의한 단위침식능력은 I(토양풍식성 인자)이다.

수식(물)에 의한 토양유실예측공식

$A = R \times K \times LS \times C \times P$

여기서, A : 연간 토양유실량
R : 강우인자
K : 토양침식성 인자
LS : 경사도와 경사장 인자
C : 작부인자
P : 토양관리인자

- 토양침식성 인자(K) : 토양이 가지는 본래의 침식가능성을 나타낸 것
  - K값은 강우의 단위침식능력에 의해 유실된 양을 나타내는 것
  - 조건은 식생이 없는 나지상태로 유지된 길이 22.1m, 경사 9%의 표준포장에서 실시한 실험에 의한 값
  - K값에 영향을 주는 두 가지 토양 특성 : 침투율과 토양 구조의 안정성
  - K값의 범위는 0~0.1
  - 침투율이 높은 토양은 0.025 이하
  - 침식을 쉽게 받는 토양은 0.04 이상

*풍식예측공식

$E = I \times K \times C \times L \times V$

여기서, E : 풍식에 의한 토양유실량
I : 토양풍식성인자
K : 토양면의 조도인자
C : 그 지방의 기후인자
L : 포장의 너비
V : 식생인자

84 토양미생물에 관한 설명으로 옳지 않은 것은?

① Frankia속은 오리나무와 공생한다.
② 조류(Algae)는 광합성을 할 수 있는 엽록소를 가지고 있다.
③ Achromobacter속을 식물에 접종하면 질소 고정력이 증가한다.
④ Azotobacter속, Clostridium속 등은 단생 (독립) 질소고정균이다.
⑤ Nitrosomonas속, Nitrobacter속 등은 질소화합물을 산화하여 에너지를 얻는다.

해설

탈질균

- $NO_3^- \rightarrow N_2$ 형태로 대기 중으로 휘산하는 현상
- 탈질화세균 : Pseudomonas, Bacillus, Micrococcus, Achromobacter

탈질현상이 일어나는 환경요인

- 유기물과 질산(NO_3^-)이 풍부하고
- 온도가 25~35℃이며
- pH가 중성
- 토양의 산소가 10% 미만일 때

85 석회암 등을 모재로 하여 생성된 토양으로 Ca과 Mg 함량이 높은 산림 토양군은?

① 갈색산림토양군
② 암적색산림토양군
③ 적황색산림토양군
④ 화산회산림토양군
⑤ 회갈색산림토양군

해설

암적색산림토양군(DR ; Dark Red forest soils)

주로 퇴적암지역의 석회암과 퇴적암을 모재로 하는 곳에서 나타나며, 모재의 영향을 가장 크게 받은 토양으로 모재층으로 갈수록 적색이 강하다.

- 암적색산림토양아군 : 모재가 석회암이다. 수분상태 등에 따라 3개의 토양형으로 분류한다.
- 암적갈색산림토양아군 : 모재가 퇴적암이다. 수분상태 등에 따라 2개의 토양형으로 분류한다.

정답 83 ④ 84 ③ 85 ②

86 토양의 수분퍼텐셜에 관한 다음 설명에서 ( ) 안에 들어갈 알맞은 용어는?

- 비가 오거나 관수 후 대공극에 채워진 과잉 수분을 제거하는 데 (㉠)퍼텐셜이 작용한다.
- 토양 표면에 흡착되는 부착력과 토양 입자 사이의 모세관에 의하여 만들어지는 힘 때문에 (㉡)퍼텐셜이 생성된다.
- 주로 수면 이하에서 상부의 물 무게에 의해 (㉢)퍼텐셜이 생성된다.
- 토양 용액 중에 존재하는 이온이나 용질의 농도 차이로 (㉣)퍼텐셜이 발생한다.

	㉠	㉡	㉢	㉣
①	매트릭	중력	삼투	압력
②	매트릭	중력	압력	삼투
③	삼투	매트릭	중력	압력
④	중력	매트릭	압력	삼투
⑤	중력	삼투	압력	매트릭

해설

토양의 수분퍼텐셜에 영향을 끼치는 요인과 기준상태

퍼텐셜	영향요인	기준상태
메트릭퍼텐셜	토양의 수분흡착 (Adsorption of water to soil)	자유수 (Free water)
삼투퍼텐셜	용존물질 (Dissolved solutes)	순수수 (Pure water)
중력퍼텐셜	중력 높이 (Elevation in gravitational field)	기준 높이 (Reference elevation)
압력퍼테셜	적용 압력 (Applied pressure)	대기압 (Atmospheric pressure)

87 매립지의 알칼리성 토양을 개량하는 데 적합한 토양개량제는?

① 탄산칼슘($CaCO_3$)
② 황산칼슘($CaSO_4$)
③ 수산화칼슘[$Ca(OH)_2$]
④ 탄산마그네슘($MgCO_3$)
⑤ 탄산칼슘마그네슘[$CaMg(CO_3)_2$]

해설

- 황산칼슘(석고)은 알칼리성 토양에서 나트륨을 치환해 배출시키고 토양 구조를 개선하며, 칼슘과 황을 공급하는 대표적인 토양 개량제이다.
- 산도 교정능력은 생석회(80%) > 소석회(60%) > 석회고토(53%) > 석회석(45%) 순이다.
  - 생석회(CaO) : 산화칼슘, 석회석($CaCO_3$)을 가열해 만듦
  - 소석회[$Ca(OH)_2$] : 수산화칼슘, 생석회에 물을 넣어 반응시켜 생성
  - 석회석($CaCO_3$) : 탄산칼슘, 자연 광물인 라임스톤
  - 석회고토[$CaMg(CO_3)_2$] : 탄산칼슘과 탄산마그네슘이 함께 있는 돌로마이트(백운석)
  - 석회수[$Ca(OH)_2$(수용액)] : 소석회(수산화칼슘)의 수용액

88 수목 시비에 관한 설명으로 옳은 것은?

① 미량원소 결핍은 보통 한 성분에 의해 나타나는 경우가 많다.
② 양분 결핍 여부를 판단하기 위한 가장 좋은 방법은 잎분석이다.
③ 질소가 결핍되면 어린잎과 새순에서 먼저 부족현상이 나타난다.
④ 양분 공급량에 따라 생체량이 증가하는 현상을 보수점감의 법칙이라 한다.
⑤ 경사지에 위치하는 어린 수목에 시비할 때는 양쪽 수관 끝에 측방시비하는 것이 좋다.

해설

① 미량원소 결핍은 토양 pH에 따라서 큰 영향을 받는다. 양이온으로 존재하는 Fe, Mn, Cu, Zn, B 등의 유효도는 산성일수록 증가하고, Mo은 반대로 Ph가 높을수록 유효도가 증가한다.
③ 질소가 결핍되면 성숙잎에서 결핍현상이 나타난다. 이동성이 높은 N, P, K는 성숙잎에 결핍증상이 난다.
④ 리비히의 최소율(최소양분율)의 법칙(Liebig's Law of the Minimum) : 식물의 생산량은 가장 부족되는 무기성분량에 의하여 지배된다[1862년 리비히(Liebig)].
  - 보수점감의 법칙 : 양분의 공급량에 대한 수량의 증가율이 점차 줄어드는 현상
⑤ 경사지에 위치하는 어린 수목에 시비할 때는 경사지 위쪽에 시비하는 것이 좋다.

정답 86 ④ 87 ② 88 ②

89 다음 설명에 해당하는 필수원소가 수목 내에서 일으키는 생리작용은?

- 결핍 시 침엽수의 잎끝이 괴사하거나 갈색으로 변하고 잎 중간에 황색 띠가 나타나는 증상을 보인다.
- 활엽수에서는 담녹색 잎맥과 잎맥 주위가 담황색으로 변하는 결핍증상을 보인다.

① 과산화물 제거　② 단백질의 구성성분
③ 세포막의 기능 유지　④ ATP의 기능 활성화
⑤ 공변세포의 팽압 조절

해설

- 침엽수 : 잎끝 괴사 · 갈변 + 잎 중간 황색 띠
- 활엽수 : 잎맥은 담녹색, 주변은 담황색 (맥간 황화) → 마그네슘(Mg) 결핍 증상과 일치

원소별 생리작용

번호	생리작용	해당 원소	근거 및 설명
①	과산화물 제거	Mn(망간)	Mn은 SOD(과산화물 디스무타제)의 보조인자로 활성산소 제거에 관여
②	단백질 구성성분	N(질소)	질소는 아미노산의 주요 성분으로 단백질 합성에 필수
③	세포막 기능 유지	Ca(칼슘)	Ca는 세포막 안정화 및 신호전달에 관여하며, 결핍 시 막 투과성 증가
④	ATP 기능 활성화	Mg	Mg는 ATP와 결합해 고에너지 인산 결합을 안정화시켜 효소 활성화
⑤	공변세포 팽압 조절	K(칼륨)	K는 공변세포의 삼투압 조절을 통해 기공 개폐를 조절

90 ( ) 안에 들어갈 알맞은 용어는?

- 부집적작용 중 분해가 양호한 유기물은 (㉠)이다.
- 침엽수 등의 식생에 의하여 공급되는 유기물이 토양미생물의 활동 부족으로 일부분만 분해된 것은 (㉡)이다.
- 그 중간단계의 특성을 보이는 유기물은 (㉢)이다.

	㉠	㉡	㉢
①	Moder	Mull	Mor
②	Mor	Moder	Mull
③	Mor	Mull	Moder
④	Mull	Mor	Moder
⑤	Mull	Moder	Mor

해설

① 부식집적작용 : 동식물의 유체가 토양미생물에 의해 분해되면서 토양 중에 부식이 재합성되어 집적된다.
- 조부식(Mor, 유기물층) : 히스(Heath, 진달래과 식물), 침엽수 등의 식생에 의하여 공급되는 유기물이 미생물의 활동부족으로 일부만 분해된 것
- 정부식(Mull, Mild hummus) : 분해가 양호한 유기물, ph가 4.5~6.5로 입상구조를 가진 A층을 형성한다.
- 반부식Moder(Mor와 Mull 중간) : 표층에는 분해되지 않은 유기물이 있고, 그 밑에는 A층과 혼합된 Mull층과 비슷하다.

91 산불 피해지의 용적밀도가 미피해지에 비해 높아지는 이유가 아닌 것은?

① 토양입단의 증가
② 세근 점유 공간의 감소
③ 유기물층 소실에 따른 부식 유입의 감소
④ 침식에 의한 유기물 및 세립질 토양입자의 유실
⑤ 토양 소동물의 감소로 인한 토양 내 이동 공간의 축소

해설

토양입단이 파괴되어 용적밀도가 증가한다.
- 입단(떼알구조) : 작은 토양입자들이 서로 응집하여 뭉쳐진 덩어리 형태의 토양
  - 토양의 물리적 구조를 변화시켜 수분 보유력과 통기성을 향상시킨다.

92 〈보기〉에서 토양 내 H^+ 발생과 소비에 관한 옳은 설명만을 고른 것은?

ㄱ. 공중질소의 고정효소는 H^+을 발생시킨다.
ㄴ. 이산화탄소가 물에 용해되어 H^+을 발생시킨다.
ㄷ. 토양 내 전하의 균형은 H^+에 의해 이루어진다.
ㄹ. 정장석의 가수분해에 의한 풍화는 H^+을 발생시킨다.
ㅁ. 암모니아가 질산태질소로 산화되면서 H^+을 발생시킨다.

① ㄱ, ㄴ, ㄷ　② ㄱ, ㄷ, ㄹ
③ ㄱ, ㄹ, ㅁ　④ ㄴ, ㄷ, ㅁ
⑤ ㄴ, ㄹ, ㅁ

정답 89 ④ 90 ④ 91 ① 92 ④

해설

ㄱ. 공중질소의 고정효소는 공중질소(N_2) 한 분자로 2분자의 암모늄(NH_4)을 생성하며, 동시에 H^+을 결합시켜 한 분자의 수소(H_2)를 생성한다.

N_2 환원 : $N_2 + 6e^- + 12ATP + 8H^+ \rightarrow 2NH_4^+ + 12ADP + 12Pi$

ㄹ. 정장석의 가수분해에 의한 풍화는 OH^-을 발생시킨다.

$KAlSi_3O_8 + H_2O \leftrightarrow HAlSi_3O_8 + K^+ + OH^-$

토양산성화의 원인 : H^+의 증가, 염기의 용탈

① 모암 : 산성암인 화강암과 화강편마암
② 기후 : 강우에 의한 염기의 용탈
③ 점토에 흡착된 H^+의 해리[$Al^{3+} + H_2O \Leftrightarrow Al(OH)^{2+} + H^+$]
④ 부식에 의한 산성화 : $-COOH$와 OH에서 H^+의 해리
⑤ CO_2에 의한 산성화 : $CO_2 + H_2O \Leftrightarrow H_2CO_3 \Leftrightarrow H + HCO_3^- \Leftrightarrow H^+ + CO_3^{2-}$
⑥ 유기산에 의한 산성화 : 미생물로 유기물이 분해될 때 유기산이 생성
⑦ 무기산에 의한 산성화 : 산성비
⑧ 비료에 의한 산성화(질산화작용) : $NH_4^+ + 2O_2 \rightarrow NO_3^- + H_2O + H^+$
⑨ 농경지 토양에서 작물을 수확하면 Ca, Mg 및 K도 함께 제거되어 산성화됨

93 탈질작용에 관여하는 미생물 속(Genus)만을 나열한 것은?

① Bacillus, Mycobacter
② Bacillus, Micrococcus
③ Derxia, Nitrosomonas
④ Pseudomonas, Klebsiella
⑤ Beijerinckia, Azotobacter

해설

• 탈질 : $NO_3^- \rightarrow N_2$ 형태로 대기 중으로 휘산하는 현상
  – 탈질화세균 : Pseudomonas, Bacillus, Micrococcus, Achromobacter 등
• 인산가용화균의 종류
  Pseudomonas, Mycobacter, Bacillus, Enterobacter, Acromobacter, Flavobacterium, Erwinia, Rahmella 등

• 단독질소고정균

세균 종류	특징
Azotobacter	타급영양의 호기성세균, 중성 또는 알칼리성 토양에 분포
Beijerinkia, Derxia	광범위한 pH 조건에 존재, 열대지방의 산성토양에도 발견
Klebsiella, Azospririllum, Bacillus	미호기성 질소고정균
Clostridium, Desulfovibrio, Desulfomaculum	편성혐기성 세균
Cyanobacteria	광합성세균으로 질소공급원

• 질산화작용 : (질산) $NO_3^- \rightarrow NH_4^+$(암모늄)로 전환되는 것을 말한다.
  – 2단계의 산화반응이다. Nitrosomonas(암모늄산화균), Nitrobacter(아질산산화균)

$$NH_4^+ \xrightarrow{\text{Nitrosomonas}} (\text{아질산})\ NO_2^- \xrightarrow{\text{Nitrobacter}} NO_3^-$$

94 토양오염의 특징에 관한 설명으로 옳지 않은 것은?

① 농약의 장기간 연용 및 산성비는 점오염원이다.
② 미량원소인 Mo은 산성조건에서 용해도가 감소한다.
③ 부식은 Cu^{2+}, Pb^{2+} 등과 킬레이트 화합물을 형성할 수 있다.
④ 토양에 시비하는 질소 비료와 인산 비료는 강이나 호소의 부영양화를 일으킨다.
⑤ 오염된 토양을 개량하고 복원하는 방법에는 물리적 · 화학적 · 생물적 방법 등이 포함된다.

해설

발생원에 따른 토양오염원

점오염원	폐기물매립지, 대단위 가축사육장, 산업지역, 건설지역, 운영 중인 광산, 송유관, 유류 및 유독물 저장시설(유류 및 유독물저장 시설만이 토양환경보전법의 관리대상) 등
비점오염원	농약 및 화학비료의 장기간 연용, 휴 · 폐 광산의 광미나 폐석으로부터 유출되는 중금속, 산성비, 방사성 물질 등

정답 93 ② 94 ①

95 토양 내 점토와 부식의 함량이 각각 30%, 5%일 때의 양이온교환용량(cmolc/kg)은?(단, 점토와 부식의 양이온 교환용량은 각각 30과 200이며 모래와 미사의 양이온교환용량은 0으로 가정한다)

① 10　　② 14
③ 15　　④ 16
⑤ 19

해설

토양 전체를 100%로 볼 때 그중에 점토 30%, 부식 5%가 있다는 설명이다.
점토의 양이온교환용량 : (30/100)×30 = 9,
부식의 양이온교환용량 : (5/100)×200 = 10
점토(9) + 부식(10) = 19cmolc/kg

96 토양수분에 관한 설명으로 옳지 않은 것은?

① 토양수는 토양수분퍼텐셜이 높은 곳에서 낮은 곳으로 이동한다.
② 판상구조 토양의 수리전도도는 입상구조 토양의 것보다 크다.
③ 사질토양은 모세관의 공극량이 적어 위조점의 수분함량도 낮다.
④ 식질토양의 배수가 불량한 이유는 미세공극이 많이 발달해 있기 때문이다.
⑤ 텐시오미터법은 유효수분 함량을 평가할 수 있으며 관수시기와 관수량을 결정하는 데 활용된다.

해설

토양구조와 수분과의 관계

토양구조	수분침투성	배수	통기성
주상	양호	양호	양호
괴상	양호	중간	중간
입상	양호	최상	최상
판상	불량	불량	불량

97 음이온의 형태로 식물체에 흡수되는 원소만을 나열한 것은?

① Fe, S　　② K, Mn
③ Ca, Zn　　④ Mg, Cu
⑤ Mo, Cl

해설

분류		원소	흡수형태	기능
다량원소	비무기성	C	HCO_3^-, CO_3^{2-}, CO_2	흡수 후 유기물질 생성
		H	H_2O	
		O	O_2, H_2O	
	1차 영양소	N	NO_3^-, NH_4^+	아미노산, 단백질, 핵산, 효소 등
		P	$H_2PO_4^-$, HPO_4^{2-}	에너지 저장과 공급(ATP핵심)
		K	K^+	기공개폐 조절, 효소 형태
	2차 영양소	Ca	Ca^{2+}	세포벽 중엽층 구성
		Mg	Mg^{2+}	엽록소 분자구성
		S	SO_4^{2-}, SO_2^-	황함유 아미노산
미량원소		Fe	F^{2+}, Fe^{3+}, chelate	시토크롬, 광합성의 전자전달
		Cu	Cu^{2+}, chelate	산화효소의 구성요소
		Zn	Zn^{2+}, chelate	알코올탈수소효소 구성요소
		Mn	Mn^{2+}	탈수소효소 및 카르보닐효소 구성
		Mo	MoO_4^{2-}, chelate	질소환원효소 구성
		B	H_3BO_3	탄수화물대사에 관여
		Cl	Cl^-	물의 광분해

98 토양의 이온교환에 관한 설명으로 옳은 것은?

① 양이온교환용량에 대한 H^+의 총량을 염기포화도라 한다.
② Fe과 Al이 많은 산성토양에는 음이온흡착용량이 매우 낮다.
③ 양이온교환용량은 점토보다 모래의 영향을 더 많이 받는다.
④ 양이온의 흡착 강도는 양이온의 수화반지름이 작을수록 증가한다.
⑤ 토양 pH가 증가하면 pH의존성 전하가 감소하기 때문에 양이온교환이 증가한다.

해설

- 염기포화도 : 양이온 중 수소와 알루미늄 이온을 제외한 양이온들, Ca, Mg, K, Na 등 교환성 염기이다.
  염기포화도(%) = '교환성 염기의 총량(cmolc/kg)'/'양이온교환용량(cmolc/kg)'×100

정답 95 ⑤ 96 ② 97 ⑤ 98 ④

- 교질물(점토, 토양유기교물질(부식))은 물리적 · 화학적 현상에 관여하고, 미사와 모래는 물리적 현상에 관여한다. 즉, 교질물이 CEC와 깊은 관련이 있다.
- 양이온 흡착의 세기 변화 요인은 양이온의 전하가 증가할수록, 양이온의 수화반지름이 작을수록, 교환체의 음전하가 증가할수록 증가한다.
- 영구전하와 가변전하의 특징

영구전하	가변전하
• pH에 영향을 받지 않음 • 규소사면체와 알루미늄팔면체에서 동형치환 • 광물결정의 변두리(결합에 관여 않은 음전하) • 2 : 1형 점토광물 • 2 : 1 : 1형 점토광물 • 1 : 1형 점토광물은 동형치환을 거의 하지 않음	• pH에 영향을 받음 • pH가 낮은 조건에서 양전하 • pH가 높은 조건에서 음전하 • Kaolinite 등과 같은 규산염 층상 광물 • 금속산화물 또는 수산화물 • 토양 부식

99 토성을 판별하기 위해 모래, 미사, 점토의 비율을 분석하는 방법만을 나열한 것은?

① 피펫법, 비중계법
② 피펫법, 건토 중량법
③ 촉감법, 건토 중량법
④ 촉감법, 코어 측정법
⑤ 비중계법, EDTA 적정법

해설

침강법을 이용하는 미세입자분석법
- 모래를 제외한 미사와 점토를 분석하는 방법
- 토양 현탁액이 중력에 의해 침강하고, 큰 입자일수록 침강속도가 빠르다.
  - 침강속도는 입자의 크기와 액체의 점성에 의하여 결정된다.
  - 비중계법과 피펫법이 있다.

100 'A' 도시공원에서 토양 코어($400cm^3$)로 채취한 토양의 물리적 특성이 다음과 같을 때 이 토양의 공극률(%)은?

건조 전 토양의 무게(g)	건조 후 토양의 무게(g)	고형입자의 용적(cm^3)
600	440	220

① 40 ② 45
③ 50 ④ 55
⑤ 60

해설

공극률은 전체 토양용적에 대한 공극의 비율을 말한다.

공극률 = (공극의 용적/전체 토양의 용적)×100
= (1 − 용적밀도/입자밀도)×100
$= \left(1 - \frac{1.1}{2}\right) \times 100 = 45\%$

- 용적밀도 $= \frac{440}{400} = 1.1g/cm^3$
- 입자밀도 $= \frac{440}{220} = 2g/cm^3$

5과목 수목관리학

101 식재지 환경과 그에 적합한 수종의 연결이 옳지 않은 것은?

① 토양이 척박한 지역 – 보리수나무, 곰솔
② 배수가 잘 안되는 지역 – 왕버들, 낙우송
③ 토양이 건조한 지역 – 호랑가시나무, 눈향나무
④ 고층건물에 가려진 그늘 지역 – 느티나무, 개잎갈나무
⑤ 염분을 함유한 바람이 많은 해안 지역 – 때죽나무 향나무

해설

느티나무와 개잎갈나무는 양수이므로 그늘진 곳에서는 생존이 어렵다.

조경수종의 내음성 정도(전광은 햇빛의 최대로 비칠 때의 광도)

분류	기준	침엽수	활엽수
극음수	전광의 1~3%에서 생존 가능	개비자나무, 금송, 나한백, 주목	굴거리나무, 백량금, 사철나무, 식나무, 자금우, 호랑가시나무, 황칠나무, 회양목
음수	전광의 3~10%에서 생존 가능	가문비나무류, 비자나무, 솔송나무, 전나무류	너도밤나무, 녹나무, 단풍나무류, 서어나무류, 송악, 칠엽수, 함박꽃나무
중성수	전광의 10~30%에서 생존 가능	잣나무류, 편백, 화백	개나리, 노각나무, 느릅나무류, 때죽나무, 동백나무, 마가목, 목련류, 물푸레나무류, 산사나무, 산초나무, 산딸나무, 생강나무, 수국, 은단풍, 참나무류, 채진목, 철쭉류, 탱자나무, 피나무, 회화나무

정답 99 ① 100 ② 101 ④

분류	기준	침엽수	활엽수
양수	전광의 30~60%에서 생존 가능	낙우송, 메타세쿼이아, 삼나무, 소나무류, 은행나무, 측백나무, 향나무류, 개잎갈나무	가죽나무, 과수류, 느티나무, 등, 라일락, 모감주나무, 무궁화, 밤나무, 배롱나무, 벚나무류, 산수유, 아까시나무, 오동나무, 오리나무, 위성류, 이팝나무, 자귀나무, 주엽나무, 쥐똥나무, 층층나무, 백합나무, 양버즘나무
극양수	전광의 60% 이상에서 생존 가능	일본잎갈나무(낙엽송), 대왕송, 방크스소나무, 연필향나무	두릅나무, 버드나무, 붉나무, 예덕나무, 자작나무, 포플러류

102 도시의 수목 생육 환경에 관한 설명으로 옳지 않은 것은?

① 대도시는 건물에 의한 대기의 흐름 변화 등으로 미기후의 변화가 크다.
② 대도시의 야간 상시조명이 주변 수목의 생식생장에 영향을 줄 수 있다.
③ 대기오염이 심한 도심환경의 경우 식재할 수 있는 가로수의 수종 선택이 제한될 수 있다.
④ 도시의 토양은 주기적인 낙엽 제거로 산림토양에 비해 용적밀도는 낮고, 투수계수는 높다.
⑤ 남부지방 수종을 중부지방 도심에 식재하면 극단적 기상 발생 시 큰 피해를 입을 수 있다.

해설

낙엽은 유기물의 효과를 기대할 수 있는데 이를 제거함으로써 유기물 공급과 반대효과를 얻는다.

> **유기물 효과**
> 유기물은 모두 생물체로부터 기원하여 추가된 물질이다.
> - 토양의 입단구조 개선
> - 공극과 통기성 증가(용적비중을 낮춤)
> - 토양온도의 변화 완화
> - 토양의 보수력 증가
> - 토양의 무기양료에 대한 흡착능력 향상
> - 유기물이 분해되어 무기양료가 됨
> - 토양미생물이 필요로 하는 에너지 제공

103 매립지 식재에 관한 설명으로 옳지 않은 것은?

① 폐기물매립지에는 키가 작고 천근성이며 내습성이 있는 수종을 식재한다.
② 해안매립지에는 곰솔, 감탕나무, 아까시나무, 녹나무 등을 식재한다.
③ 폐기물매립지 식재지반에는 가스수집정 우물과 가스배출용 배기파이프를 설치한다.
④ 해안매립지에서는 전기전도도(EC)가 이하인 물을 관수하여 0.7dS/m 토양 내 염분을 제거한다.
⑤ 해안매립지 식재지반에는 점토질 토양을 갯벌 바닥에 40cm 이상의 두께로 포설하여 염분차단층을 설치한다.

해설

해안매립지에 점토를 포설하면 삼투압과 모세관현상이 더 활성화되어 밑에 있는 염분이 지표로 올라오게 된다.

> **해안매립지**
> - 지하수위가 높고 염분이 표토로 올라옴
> - 배수, 관수, 석고시비, 멀칭, 고농도 비료사용으로 염분을 제거

104 전정에 관한 설명으로 옳지 않은 것은?

① 죽은 가지는 지륭을 손상시키지 않고 바짝 자른다.
② 3개의 동일세력줄기가 발생한 낙엽활엽교목은 그 중 1개를 억제한다.
③ 이듬해 꽃을 감상하고자 하는 백목련, 등, 치자나무는 당년에 꽃이 지자마자 전정한다.
④ 토피어리(Topiary) 수목의 형태를 유지하기 위해서는 생육기간 중에 2회 이상 전정한다.
⑤ 송전선 주변의 수목은 필요한 만큼만 전정하고, 가지가 전선을 피해 자랄 수 있도록 유도한다.

해설

② 수목의 주지는 하나로 자라게 한다(줄기를 반드시 하나만 키우라는 것이 아니라 같은 높이와 굵기를 가진 주지를 나란히 2개 자라게 하지 말라는 것이다).

105 ( ) 안에 들어갈 최솟값으로 적합한 것은? (「ANSI A300」을 준용한다.)

정답 102 ④ 103 ⑤ 104 ② 105 ⑤

아래 그림과 같이 수간에 공동이 있는 수목은 외곽의 조직이 정상이어도 도복의 위험성이 있다. 그러나 건전한 목부의 두께(A)가 전체 직경(B)의 (   ) 이상이면 안전한 것으로 판단할 수 있다.

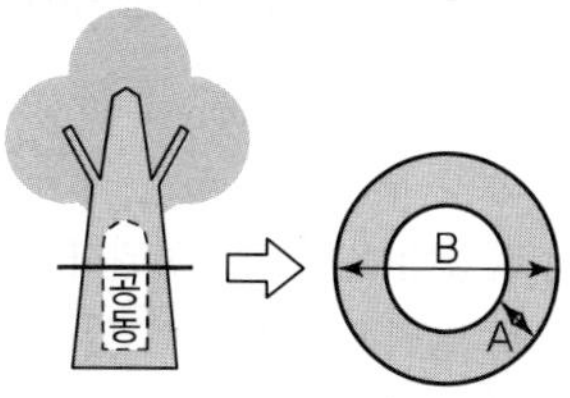

① 1/2 ② 1/3
③ 1/4 ④ 1/5
⑤ 1/6

해설

이 문제는 저자에 판단에는 정답 오류로 보인다. 이규화(저), 《수목관리학》 (주)바이오사이언스 출판과 이경준 외(저) 《조경수식재관리기술》 서울대학교 출판문화원 출판을 보면 '건전부가 1/3정도 남아 있으면 안전하다고 본다'고 기술되어 있고, 저자가 ANSI 300을 찾아본 결과도 다음의 해설과 같다.

부위별 · 결함유형별로 위험수준에 따라 평가점수를 부여하고 점수에 따라 관망(2점 이하), 예방조치(3~4점), 보호조치(4~5점 이상) 등 해당 수준에 상응하는 대응 조치를 취해야 한다. 아래의 식에 맞춰 예를 들어보면 건전부가 1/6이 남는 직경 60cm, 부후직경이 5/6에 해당하는 50cm일 경우 (503÷603)×100 =57.87%로 4점을 넘어가므로 위험하다. 건전부가 1/3이 남는 경우 나무직경 60cm, 부후직경 40cm를 계산해 보면 (403÷603) ×100=29.62%로 30% 이하이므로 3점에 해당하여 아직은 안전하다고 볼 수 있다.

미국 국가표준(TCIA)의 수목파손 한계값(Tree failure threshold) 0.3을 기준으로 목재 강도 손실이 10% 이하는 1점, 10~20%는 2점, 20~30%는 3점, 30% 초과는 4점으로 평가한다.
*수목 파손 한계값 0.3 : 수간의 강도가 30% 이상 손실되면 파손되기 쉽다는 것을 의미하며 원통 배관을 기준으로 수간 목재 중 70% 정도가 부후로 상실되었을 때에 해당한다.

부후로 인한 목재 강도 손실 계산 공식(Harris 등, 2004)
- 개구(開口, Opening)가 없는 내부 공동
  $(d^3/D^3)\times 100$
- 개구를 통해 노출된 공동
  $d^3+r(d^3-D^3)\times 100/D^3$

여기서, d : 부후 기둥의 직경
D : 수피 내부 평균 줄기 직경
r : 공동 개구 폭 ÷ 줄기 둘레

106 물리적 충격에 의해 손상된 수피의 치료 방법으로 옳은 것은?

① 구획화된 상처조직에 건전한 수피를 이식한다.
② 치료가 끝난 상처는 즉시 햇빛에 노출시킨다.
③ 들뜬 수피는 즉시 제자리에 밀착시키고 작은 못이나 테이프로 고정한다.
④ 상처부위를 깨끗하게 손질한 다음 상처도포제를 여러 번 두껍게 바른다.
⑤ 상처 가장자리는 건전조직을 일부 제거하더라도 보기 좋은 모양으로 다듬어 준다.

해설

구획화된 상처조직은 이미 방어벽을 형성한 것이다.

들뜬 수피의 고정
- 상처를 받은 지 오래되지 않았다면 즉시 조치하여 형성층을 살릴 수 있다.
- 목질부와 수피 사이에 부서진 조각이나 이물질을 제거한다.
- 들뜬 수피를 제자리에 밀착하고 못을 박거나 테이프로 고정한다.
- 상처부위에 젖은 천, 종이 타올 혹은 보습제로 패드를 만들어 덮어 습도를 유지한다.
- 비닐로 패드를 덮어 단단히 고정한다(상처에 햇빛을 차단).
- 2주 후 유상조직이 자라는지 확인한다.

107 가지 기부에서 선단부까지의 길이가 6.0m와 9.0m인 두 개의 골격지를 줄당김으로 보강하고자 한다. 이때 기부로부터 각 고정장치의 설치 위치가 옳은 것은?(단, 위치 결정은 「ANSI A300」을 준용한다.)

	6.0m 골격지	9.0m 골격지
①	1.0m	2.5m
②	2.0m	3.0m
③	3.0m	4.5m
④	4.0m	6.0m
⑤	5.0m	7.5m

해설

주지의 길이의 2/3지점에 설치한다.
6.0×2/3=4m, 9×2/3=6m이다.

정답 106 ③ 107 ④

쇠조임 설치 기본사항

- 건전 목재 비율 : 건전한 목재가 수간이나 가지 직경의 40% 미만인 부후된 부위에서는 관통하는 고정 장치(Anchor)를 설치해서는 안 되며, 동적 줄당김의 설치도 삼가야 한다.
- 케이블 설치 위치 : 케이블은 지지될 가지나 주지의 길이(높이)의 2/3지점에 설치하되, 수목의 구조와 형태, 설치지점의 강도, 주변 환경 등을 고려하여 조절할 수 있다. 길이(높이)는 지지될 분기로부터 측정된다. 케이블을 가지 연결지점에서 멀리 설치할수록 효과적이지만 멀어질수록 가늘어져 부하를 감당하기 어렵게 된다. 즉, 설치 위치가 안쪽으로 이동할수록 케이블의 강도를 높여준다.
- 케이블 각도 : 케이블 설치 각도는 케이블이 설치될 두 수목 조직이 이루는 각도를 양분하는 가상선에 대해 수직이 되게 한다.

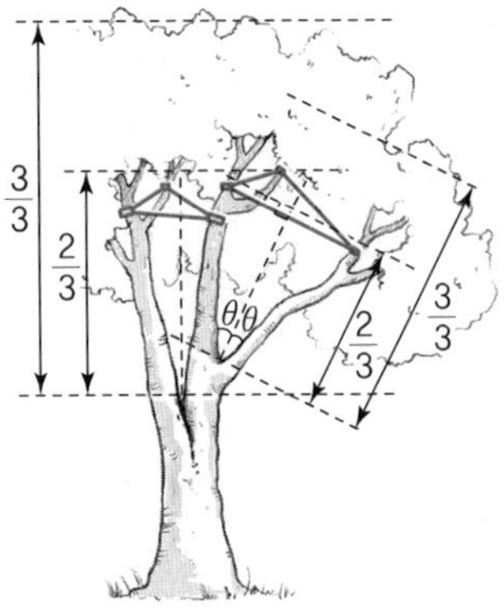

108 수목의 동해에 관한 설명으로 옳은 것은?

① 사시나무, 자작나무 오리나무는 동해를 자주 받는다.
② 생육기간 중에 낮은 기온으로 나타나는 저온 피해를 의미한다.
③ 고위도 생육 수종은 저위도 생육 수종보다 내한성이 약하다.
④ 피해를 받은 낙엽 활엽수의 어린 가지를 이른 봄에 제거한다.
⑤ 봄에 개화하고 열매가 다음 해에 익는 수종은 열매가 월동 중에 피해를 받을 수 있다.

해설

① 사시나무, 자작나무 오리나무는 내한성이 강한 수종이다.
② 겨울 중에 낮은 기온으로 나타나는 저온 피해를 의미한다.
③ 고위도 생육 수종은 저위도 생육 수종보다 내한성이 더 강하다.
④ 피해를 받은 낙엽 활엽수의 어린 가지는 봄에 회복되는 것을 보고 천천히 제거한다.

109 수목의 침수 후 나타나는 변화에 관한 설명으로 옳은 것은?

① 줄기의 신장이 촉진된다.
② 뿌리에서 다량의 옥신이 생성된다.
③ 잎이 안으로 말리고 오래 붙어 있다.
④ 주목은 잎 아랫면에 과습돌기(Edema, 수종 물혹)가 형성된다.
⑤ 벚나무, 층층나무는 침수 후 과습 토양에서 큰 피해가 없다.

해설

① 줄기의 신장이 ABA, 에틸렌의 영향으로 생장이 정지된다.

과습피해

원인	토양 중에 수분이 너무 많으면 과습해지고 배수불량한 토양이 되며 산소부족으로 인해 뿌리가 제 기능을 하지 못한다.
병징	• 초기증상은 엽병이 누렇게 변하면서 아래로 처지는 현상(에틸렌) • 더 진행되면 잎이 작아지고 황화현상을 보이고 가지생장이 둔화 • 더 진전되면 잎이 마르고 어린 가지가 고사하며 동해에도 약함 • 주목에는 검은색 수종(Edima)이 발생(사마귀 모양), 뿌리썩음병, 부정근생, 뿌리가 검은색으로 변색되고 벗겨짐 • 가장 확실한 후기 병징은 수관 꼭대기부터 가지가 밑으로 죽어 내려오면서 수관이 축소 • 과습에 높은 저항성 : 낙우송, 물푸레나무, 버짐나무류, 오리나무류, 포플러류, 버드나무류 • 과습에 낮은 저항성 : 가문비나무, 서양측백나무, 소나무, 전나무, 벚나무류, 아까시나무, 자작나무류, 층층나무
방제	• 침수된 물을 5일 이내에 배수하지 않으면 치명적 피해 • 배수불량한 토양 : 비가 많이 온 후 웅덩이(깊이 1m)의 물이 5일이 경과한 후에도 남은 경우 • 토양에 모래를 섞어 토양을 개량 • 명거배수 혹은 암거배수 시설을 통해 과습상태를 개선 • 과습 토양에서 잘 견디는 수종을 식재 • 활엽수가 침엽수에 비해 습해에 견디는 힘이 큼

정답 108 ⑤ 109 ④

110 수목의 볕뎀(볕데기) 피해 및 관리에 관한 설명으로 옳은 것은?

① 어두운 색깔의 수피를 가진 나무는 피해가 적다.
② 햇볕에 노출된 토양의 온도가 상승하면 피해가 심해진다.
③ 햇볕에 노출된 줄기를 검은색 끈끈이롤트랩으로 감싼다.
④ 줄기의 상단부에서 피해가 심하여 이 부분을 마대로 감싼다.
⑤ 장마 후 고온 건조하면 묵은 잎보다 새잎에서 탈수현상이 심하다.

해설

볕뎀(볕데기, 피소)

원인	도로포장으로 인한 지열 반사, 건물에서 열 반사, 지구온난화, 벽면의 유리의 빛반사 등 • 수간의 남서쪽 수피가 오후 햇빛에 직접 노출되어 수피의 온도가 상승한다. • 이때 수분부족이 함께 오면 온도를 낮추는 증산작용을 못해 형성층가지가 파괴된다.
병징	• 남서쪽에 노출된 지표면에 가까운 수피가 여름철 햇빛과 열에 의해 형성층 파괴로 벗겨진다. • 대개 수직방향으로 불규칙하게수피가 갈라지면서 괴사하여 수피가 지저분해진다. • 밀식 재배하던 수목, 그늘속에 있던 수피, 수피가 얇은 수종 • 죽은 수피는 매우 불규칙하게 벗겨지고 죽은 조직의 가장자리가 지저분하여 새로운 유상조직이 자라지 못한다(부후균 침입의 원인). • 벚나무, 단풍나무, 목련, 매화나무, 물푸레나무, 배롱나무 등
방제	• 지상 2m 이내에서 피해가 생기므로 이 부분을 마대로 감싸준다. • 어린 나무는 흰색 도포제(석회황합제), 수성페인트 또는 종이테이프로 감싸준다. • 노출된 검은 토양을 유기물로 멀칭한다. • 상처가 발생한 경우 상처를 도려내고 상처도포제를 발라 새로운 유상조직의 형성을 유도한다. • 관수를 실시하여 증산작용을 촉진하여 냉각효과를 발생시킨다.

111 복토 또는 심식 피해에 관한 설명으로 옳지 않은 것은?

① 활엽수는 잎이 작아지고 황화된다.
② 수목의 지제부에 병목현상이 있고 뿌리가 썩는다.
③ 굵은 뿌리의 노출된 부분이 거의 없고, 잎이 일찍 떨어진다.
④ 활엽수에서는 수관의 아래에서 위로 가지 고사가 진행된다.
⑤ 침엽수 수관 전체의 잎이 퇴색하여 마르면 수세를 회복하기 힘들다.

해설

복토나 심식 시 나타나는 증상

- 초기증상은 잎에 황화증상이 나타난다.
- 잎이 작아지고 새가지의 길이가 짧아지는 생장감소현상이 발생한다(영양결핍과 비슷).
- 더 진전되면 수관의 맨 꼭대기에 있는 가지부터 잎이 탈락하면서 서서히 죽기 시작하여 밑으로 확산하며 여기저기 맹아가 발생한다.
- 결국 수관이 축소되고 나무의 건강이 극도로 악화된다.
- 이때 뿌리를 파보면 잔뿌리의 발달이 없고, 뿌리껍질이 힘없이 벗겨진다.

112 백로류의 집단 서식으로 수목이 피해를 받았을 때 토양에 처리할 것으로 옳은 것은?

① 황, 석고
② 생석회, 소석회
③ 황산철, 킬레이트철
④ 붕사, 킬레이트아연
⑤ 황산구리, 황산망간

해설

백로의 배설물에는 요산이 있는데, 이 배설물 때문에 토양이 산성화되어 수목이 고사하게 된다. 따라서 산을 중화시킬 수 있는 석회를 살포하면 된다.

113 ( ) 안에 들어갈 원소로 옳은 것은?

(㉠)의 결핍증은 어린잎에서 먼저 나타나고, (㉡)의 결핍증은 성숙잎에서 먼저 나타난다.

	㉠	㉡
①	인	철
②	붕소	칼슘
③	질소	칼슘
④	칼슘	칼륨
⑤	질소	마그네슘

정답 110 ② 111 ④ 112 ② 113 ④

해설

무기영양소의 이동성
- 이동이 용이한 원소 : N, P, K, Mg 결핍증세는 성숙잎부터
- 이동이 어려운 원소 : Ca, Fe, B 결핍증세는 어린잎부터
- 이동이 중간인 원소 : S, Zn, Cu, Mo

114 디캄바에 관한 설명으로 옳지 않은 것은?

① 뿌리와 잎을 통해 흡수된다.
② 광엽 잡초에 살초 효과가 있다.
③ 이동성이 우수하여 인접지에 약해가 발생할 수 있다.
④ 소나무 잎이 뒤틀리고 가지가 비대해지는 약해가 발생한다.
⑤ 약해가 발생하면 뿌리에서 지상부로 이동하는 옥신이 과다해진다.

해설

Dicamba – H04
- 옥신 활성을 보이나 약하고, 식물체 내 또는 토양 중에서의 안정성이 더 높고 살포범위가 넓다.
- 광엽 잡초, 화본과 잡초 방제
- 물에 잘 녹고 토양 중에서 쉽게 이동한다.
- 활엽수의 잎은 기형으로 자라면서 비대생장을 한다.
- 소나무의 경우 새 가지 끝이 굵어지면서 꼬부라지고, 잎이 붙어있는 가지 끝이 비대성장한다.
- 은행나무는 잎 끝이 말려들어 가고, 주목은 황화현상을 일으킨다.

115 나비목 유충의 중장에 작용하여 탁월한 살충 효과를 나타내므로 살충제로 개발된 미생물은?

① Bacillus thuringiensis
② Streptomyces avermitilis
③ Pseudomonas fluorescence
④ Saccharopolyspora spinosa
⑤ Lumbriconereis heteropoda

해설

해충의 중장 파괴(작용기작 11)
- Basillus thuringiensis, Israelensis, Aizawai, Kurstaki, Tenebrionis 등 미생물 기원 살충제로 실용화되었다.
- Bt의 살충성분은 포자나 배양액 중의 δ – endotoxin이라 불리는 단백질 독소이다.

116 아세타미프리드에 관한 설명으로 옳지 않은 것은?

① 작용기작 분류기호는 4a이다.
② 침투이행성 살충성분으로 토양처리가 가능하다.
③ 인축과 꿀벌에 독성이 낮아 IPM에 활용된다.
④ 솔잎혹파리나 왕벚나무혹진딧물 방제에 사용된다.
⑤ 신경전달물질 수용체를 차단하여 살충작용을 나타낸다.

해설

니코틴계 – 4a, 4b, 신경전달물질 수용체 차단
- 단점을 보완한 네오니코틴계 개발이 활발
- 니코틴은 독성이 강하고 빛에 잘 분해되어 잔효성이 짧음
- 흡즙성 해충에 대해 살충력이 우수

이미다클로프리드	• 해충의 중추신경의 시냅스 후막의 아세틸콜린수용체(AChR)에 작용하여 자극전달을 과다하게 하여 흥분, 마비를 통하여 살충 • 선충이나 응애에는 효과가 없음
디노테퓨란	• 잎 뒷면에 처리하여도 잎 전체에 골고루 퍼져 안정적 효과
클로티아니딘	• 다양한 종류의 흡즙해충 방제 • 신속한 살충효과와 잔효성이 긴 약제
아세타미프리드	• 꿀벌에 대한 독성이 높다.
티아메톡삼 티아클로프리드	–

117 포유동물과 해충 간 선택성이 높은 IGR(Insect growth regulator)계 성분으로 키틴 합성효소를 저해하여 성충보다 유충방제에 효과적인 것은?

① 카탑 ② 노발루론
③ 아바멕틴 ④ 인독사카브
⑤ 테부페노자이드

해설

곤충의 생장 조절제(IGR)

유약호르몬 활성물질 – 7	Methoprene, Fenoxycarb, Pyriproxyfen
탈피호르몬 활성물질 – 18	Tebufenozide, Chromafenozide, Halofenozide 등
키틴생합성 저해 – 15 – 16	• Bistrifluron, Chlorfluazuron, Novaluron, Triflumurone • 뷰프로페진

정답 114 ⑤ 115 ① 116 ③ 117 ②

118 아미노산 생합성 억제작용기작을 갖는 비선택성 제초제로서, 경엽처리에는 사용되지만 토양에서 쉽게 흡착되거나 분해되어 토양처리제로 사용되지 않는 성분만을 나열한 것은?

① 플라자설퓨론, 벤타존
② 플라자설퓨론,비페녹스
③ 글루포시네이트, 시메트린
④ 티아페나실, 글리포세이트
⑤ 글루포시네이트, 글리포세이트

해설

제초제

작용기작 구분	기호	세부 작용기작 및 계통(성분)
지질(지방산) 생합성저해	H01	아세틸CoA 카르복실화 효소 저해 플루아지포프-p-뷰틸, 펜옥사프로프-p-에틸 세톡시딤, 클레토딤, 프로프옥시딤
아미노산 생합성 저해	H02	분지 아미노산 생합성 저해(ALS 저해)
	H09	방향족 아미노산 생합성 저해(EPSP 저해) 글리포세이트, 글리포세이트암모늄, 글리포세이트이소프로필아민, 글리포세이트포타슘
	H10	글루타민 합성효소 저해 글루포시네이트암모늄, 글루포시네이트-P

119 병원균의 호흡작용을 저해하는 살균제가 아닌 것은?

① 베노밀
② 카복신
③ 보스칼리드
④ 크레속심- 메틸
⑤ 피라클로스트로빈

해설

베노밀은 살균제 중 가장 많이 출제되는 작용기작의 하나인 벤지미다졸계이고, 다른 하나는 사1. 스테롤의 합성을 저해하는 약제인 트레아졸계이다.

벤지미다졸계(Benzimidazole계)-나1.세포분열 저해

- 고활성이며 광범위한 병해에 효과
- 대부분 물관으로 이동하여 과실보다 잎과 생장점으로 이행, 효과
- 저항성을 유발하므로 교호 사용

베노밀(Benomyl)	식물의 경엽에 발생하는 병해, 저장병해, 종자전염성 병해 및 토양병해 등 광범위한 병해에 효과, 연용을 피해야 함
카벤다짐 (Carbendazim =MBC)	베노밀, 티오파네이트 메틸의 생체 내 대사 활성물질로서 보호 및 치료 효과를 겸비한 침투이행성 살균제
티오파네이트 메틸 (Tiophanate-methyl)	베노밀, 티오파네이트 메틸의 생체 내 대사 활성물질로서 보호 및 치료 효과를 겸비한 침투이행성 살균제

120 약제 저항성 발달을 억제하기 위한 방안이 아닌 것은?

① 동일 품목 약제를 반복 사용한다.
② 경종적 방법이나 기계적 방법을 병행하여 방제한다.
③ 병해충의 발달 상황을 고려하여 농약 살포적기를 준수한다.
④ 경제적 피해허용수준을 준수하여 농약의 불필요한 사용을 억제한다.
⑤ 약제의 권장사용량 미만 사용이 양적저항성을 유발하므로 권장사용량을 준수한다.

해설

약제 저항성 대책

- 약제의 교호 사용
- 종합적 방제
- 경종적 방제법
- 생물학적 방제수단 투입

121 버즘나무방패벌레를 8% 클로티아니딘 입상수용제로 방제하려 한다. 2,000배 희석 살포액을 100L 조제하여 수관살포할 때, 필요한 약량과 적절한 사용법을 옳게 연결한 것은?

① 50g-입제살포법
② 50g-분무법
③ 50mL-관주법
④ 20mL-연무법
⑤ 20g-미스트법

정답 118 ⑤ 119 ① 120 ① 121 ②

해설

- 고체상태의 약제는 g으로 측정하고, 액체상태의 약제는 부피인 mL로 측정한다.

희석살포약제는 배액법으로 조제하는데 값을 구하는 방법은 다음과 같다.

필요약량 = 살포량/희석배수
= (100L×1,000mL)/2,000배
= 50g

- 살포방법은 물에 희석하여 살포하므로 분무법을 사용한다.

122 농약 안전사용기준을 설정하는 데 고려하는 내용이 아닌 것은?

① 사용 횟수 ② 적용대상 농작물
③ 어독성과 방제효과 ④ 사용제형과 사용시기
⑤ 약제의 잔류허용기준

해설

농약허용물질목록화(PLS, Positive List System)

- 등록된 농약 이외에는 잔류농약 허용기준을 일률기준(0.01mg/kg = 0.01ppm)으로 관리
- 2019년 1월 1일 시행
- 해당 작물에 등록되지 않은 농약 판매 및 사용 금지
- 안전사용 기준
  - 등록된 농약만 사용
  - 희석 배수와 살포 횟수 준수
  - 출하 전 마지막 살포일 준수
  - 포장지 표기사항을 반드시 확인하고 사용

123 「소나무재선충병 방제 지침」 소나무재선충병 집단발생지에 관한 설명으로 옳지 않은 것은?

① 1개 표준지 크기는 0.04ha(20m×20m)이다.
② 1개 표준지 내 소나무류 비율이 25% 이상이다.
③ 1개 표준지 내 소나무류 중 이상 20% 고사한 경우이다.
④ 피해가 집단으로 발생한 경북 경주·안동·고령·성주·대구 달성 등 7개 지역을 특별방제구역으로 지정하였다.
⑤ 피해고사목과 기타고사목이 집단적으로 발생한 표준지가 1년 동안 25개 이상 예찰·조사된 읍·면·동을 말한다.

해설

"집단발생지"란 피해고사목과 기타고사목이 집단적으로 발생한 표준지가 1년 동안 25개 이상 예찰·조사된 읍·면·동을 말한다. 단, 1개 표준지의 크기는 0.04ha(20m×20m)로 하며, 표준지 안에 소나무류 비율이 25% 이상이고 소나무류가 10% 이상 고사한 경우로 한정한다.

※ 특별방제구역 : 경북 경주·포항·안동·고령·성주, 대구 달성, 경남 밀양 등 7개 시·군 지정

(산림청, 2024-11-01. [현장앨범] 경북 경주 특별방제구역 소나무재선충병 방제 수종전환 확대)

124 「2025년도 산림병해충 예찰·방제계획」 소나무재선충병 확산 저지를 위한 기본방향 및 세부추진 계획에 관한 설명 중 옳지 않은 것은?

① 피해지역 추가 확산을 막기 위한 전략방제 추진력을 확보한다.
② 매개충 혼생 권역(충남·경북)은 9월부터 이듬해 4월까지 방제한다.
③ 북방수염하늘소 권역(경기·강원·충북)은 9월부터 이듬해 4월까지 방제한다.
④ 대규모 반복·집단적 피해 발생지에 대한 수종전환 방제 적극 도입한다.
⑤ 솔수염하늘소 권역(전북·전남·경남·제주)은 9월부터 이듬해 5월까지 방제한다.

해설

(방제기간) 방제 대상목 급증에 따른 고사목 제거 기간 최대 확보

- (기존) 매개충 우화기를 반영한 방제기간(10월~이듬해 3월, 제주 4월)
- (개선) 매개충 분포지역을 추가로 고려, 전국을 3개 권역으로 구분하여 확대
  - 북방수염하늘소 권역(경기·강원·충북) : 8월~이듬해 4월
  - 혼생 권역(충남·경북) : 9월~이듬해 4월
  - 솔수염하늘소 권역(전북·전남·경남·제주) : 9월~이듬해 5월

* 특광역시 : 경기(서울·인천), 충남(대전·세종), 전남(광주), 경북(대구), 경남(울산·부산)

정답 122 ③ 123 ③ 124 ③

125 「산림보호법 시행령」 제12조7에 따른 '나무의사 등의 자격취소 및 행정처분의 세부기준'에 관한 설명 중 옳지 않은 것은?

① 나무의사 등의 자격증을 빌려준 경우 1차 위반 시 자격정지 2년에 처한다.
② 위반행위가 둘 이상일 경우 각각의 처분기준이 다를 때 그 중 무거운 처분기준을 따른다.
③ 거짓이나 부정한 방법으로 나무의사 등의 자격을 취득한 경우 1차 위반 시 자격이 취소된다.
④ 둘 이상의 처분기준이 같은 자격정지인 경우에 각 처분 기준일을 합산한 기간 동안을 자격 정지하되 5년을 초과할 수 없다.
⑤ 위반행위의 횟수에 따른 행정처분 기준은 최근 3년 동안 같은 위반행위로 행정처분을 받은 경우에 적용받는다.

해설

나무의사 등의 자격취소 및 정지처분의 세부기준(제12조의7 관련)

1. 일반기준
   가. 위반행위의 횟수에 따른 행정처분기준은 최근 3년 동안 같은 위반행위로 행정처분을 받은 경우에 적용한다. 이 경우 기간의 계산은 위반행위에 대하여 행정처분을 받은 날과 그 처분 후 다시 같은 위반행위를 하여 적발된 날을 기준으로 한다.
   나. 가목에 따라 가중된 행정처분을 하는 경우 가중처분의 적용 차수는 그 위반행위 전 부과처분 차수(가목에 따른 기간 내에 행정처분이 둘 이상 있었던 경우에는 높은 차수를 말한다)의 다음 차수로 한다.
   다. 위반행위가 둘 이상인 경우로서 그에 해당하는 각각의 처분기준이 다른 경우에는 그중 무거운 처분기준에 따르고, 둘 이상의 처분기준이 같은 자격정지인 경우에는 각 처분기준을 합산한 기간 동안 자격을 정지하되 3년을 초과할 수 없다.

정답 125 ④

MEMO

MEMO

MEMO

저자소개

농학석사
나무의사
문화재수리기술자(식물보호)
산림기사
식물보호기사
도시농업관리사

저서

나무의사 핵심문제집(2023, 예문에듀, 공저)

나무의사 필기

발행일 | 2024. 1. 10. 초판 발행
2025. 1. 10. 개정 1판1쇄
2026. 1. 20. 개정 2판1쇄

저 자 | 김 태 성
발행인 | 정 용 수
발행처 | 예문사

주 소 | 경기도 파주시 직지길 460(출판도시) 도서출판 예문사
TEL | 031) 955-0550
FAX | 031) 955-0660
등록번호 | 11-76호

정가 : 38,000원

ISBN 978-89-274-5898-2 13520